中文版Mastercam X9技术大全

本 书 部 分 实 例 效 果 展 示

第1章 Mastercam X9基础入门

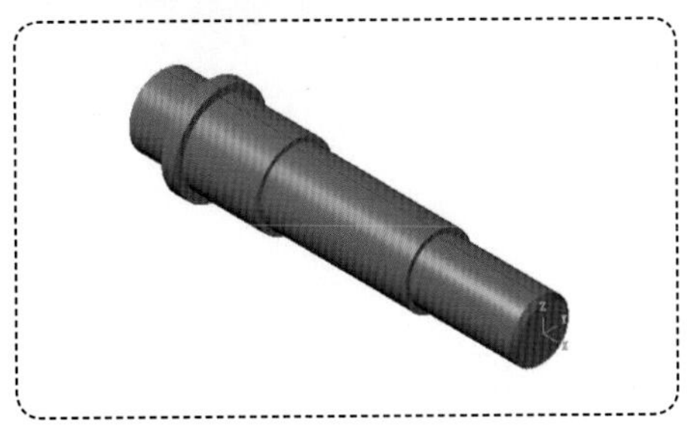

阶梯轴

第2章 二维绘图

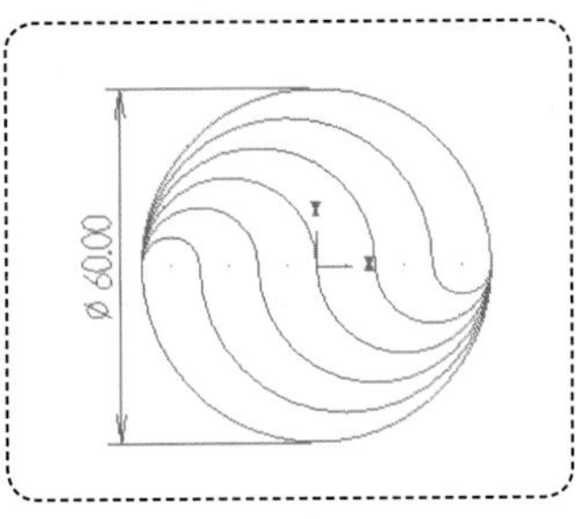

切弧

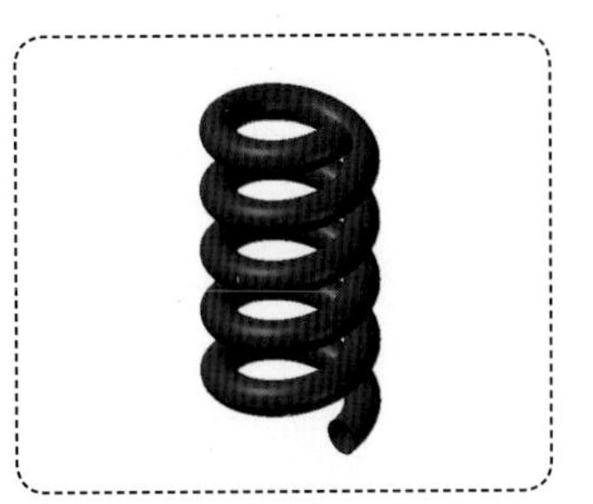

电话线发圈

第3章 二维图形编辑

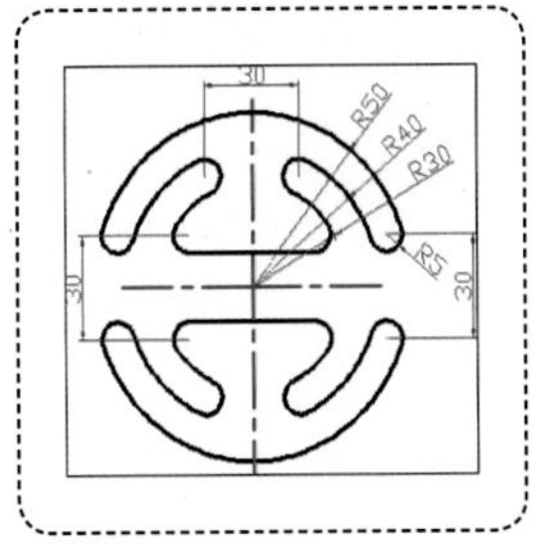

镜像

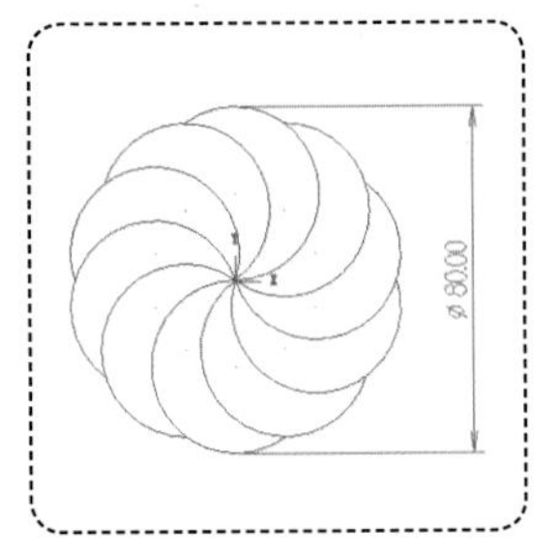

旋转

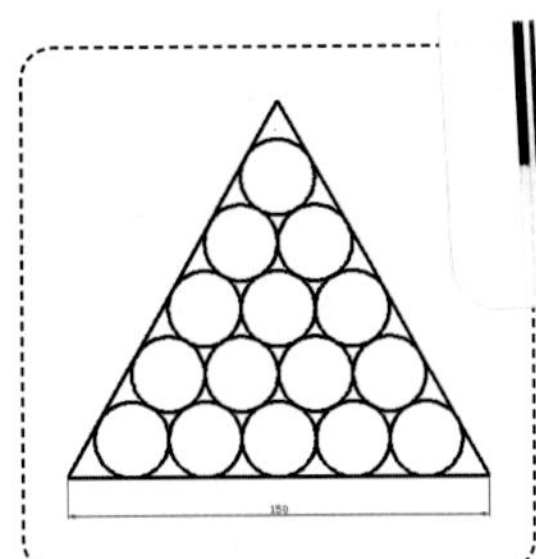

缩放

串联补正

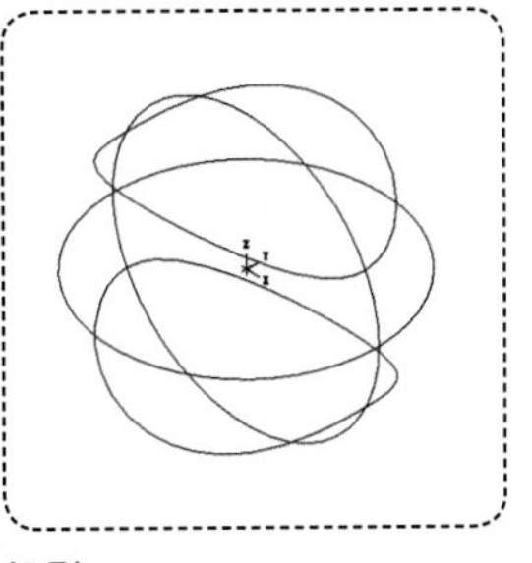

投影

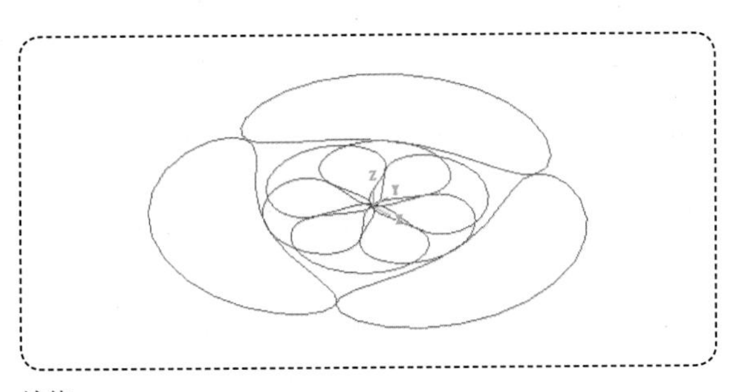

缠绕

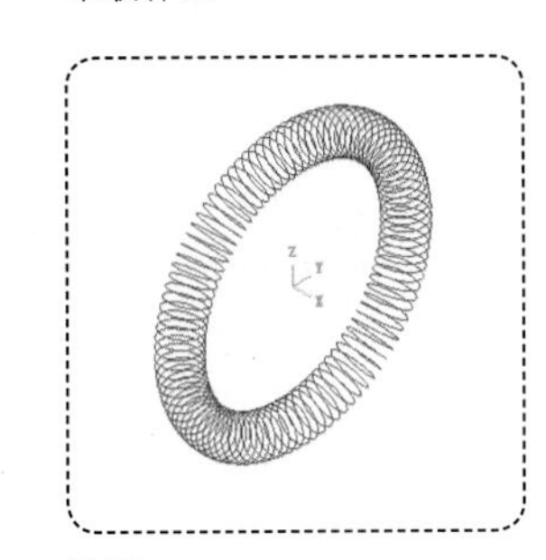

缠绕

第4章 图形标注

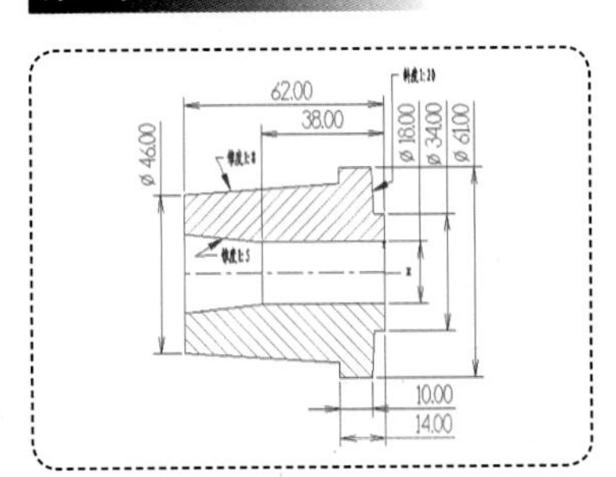

轴套剖面标注

第5章 属性设置、修改和对象分析

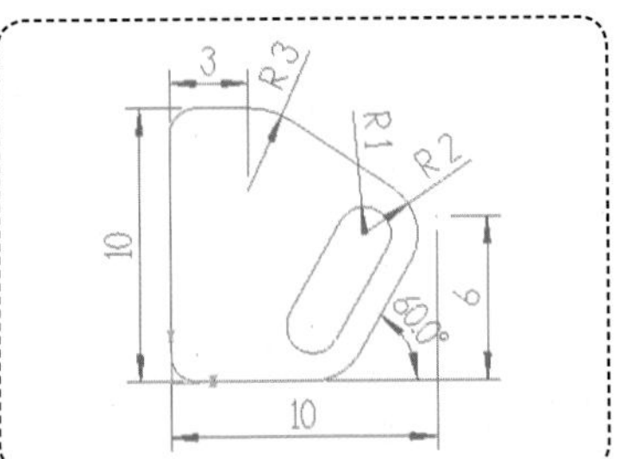

修改点型

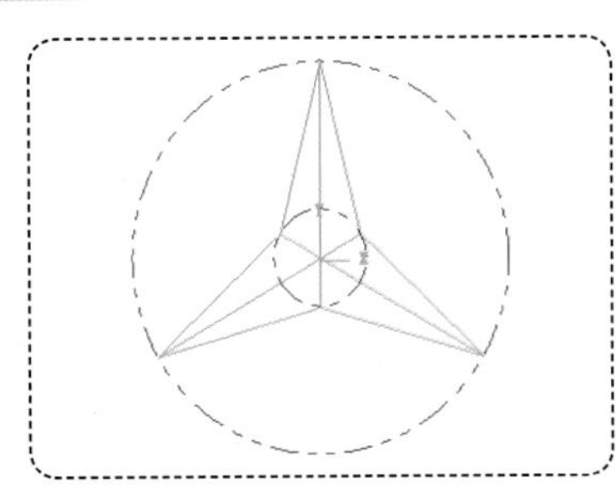

修改线型

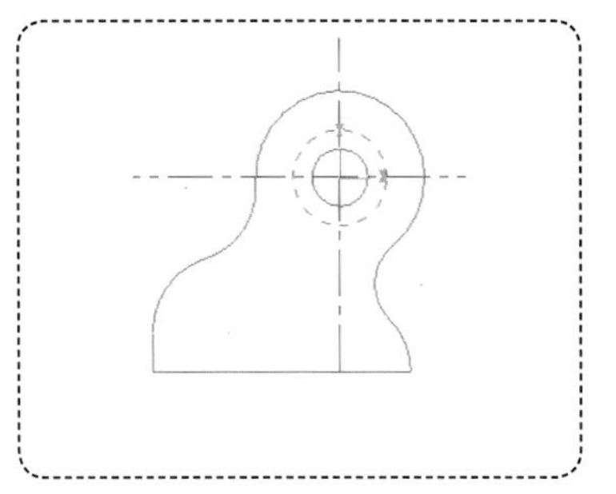

修改颜色

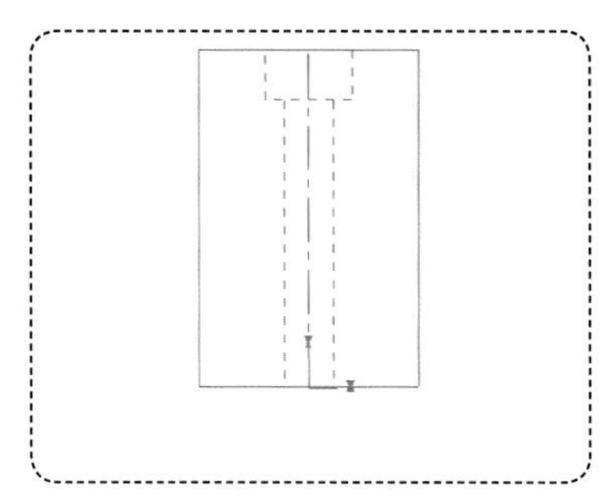

更改层别

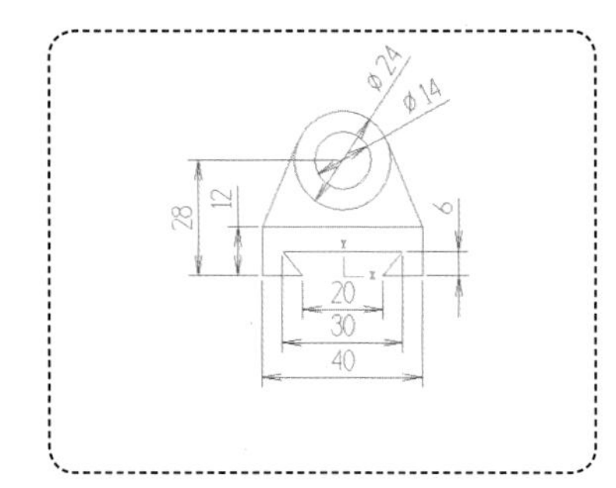

属性分析修改图形

第6章 实体造型

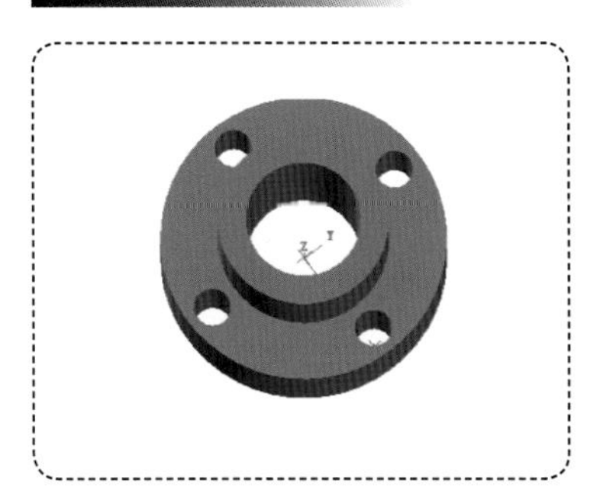

圆柱体

圆锥体

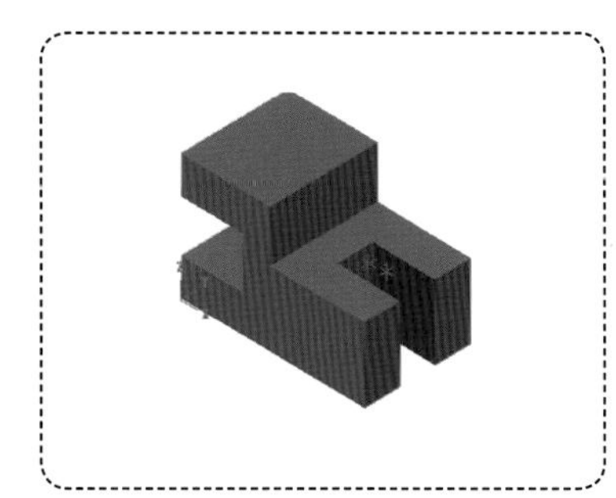

立方体

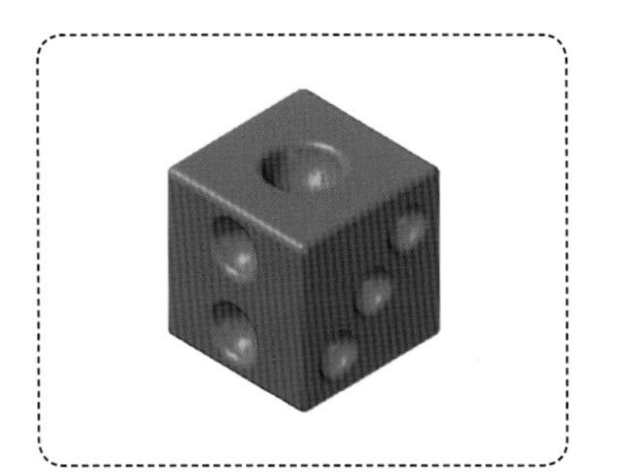

骰子

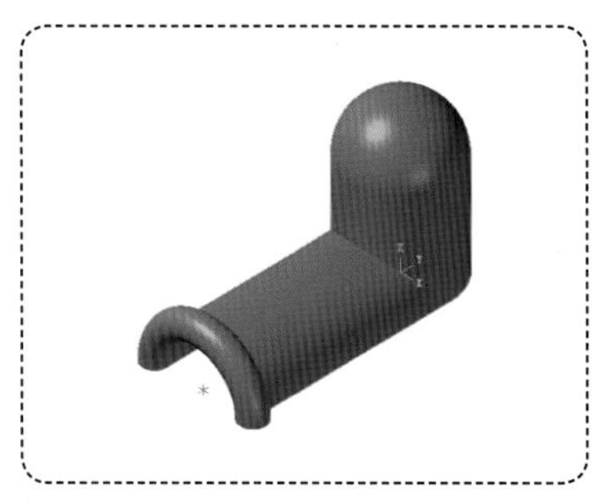

圆环体

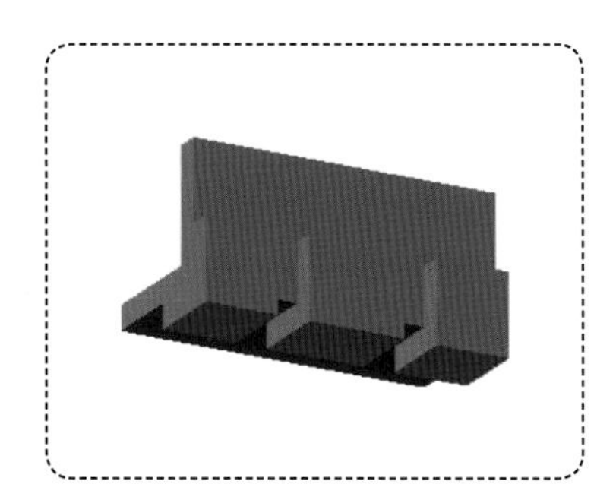

拉伸实体

旋转实体

扫描实体

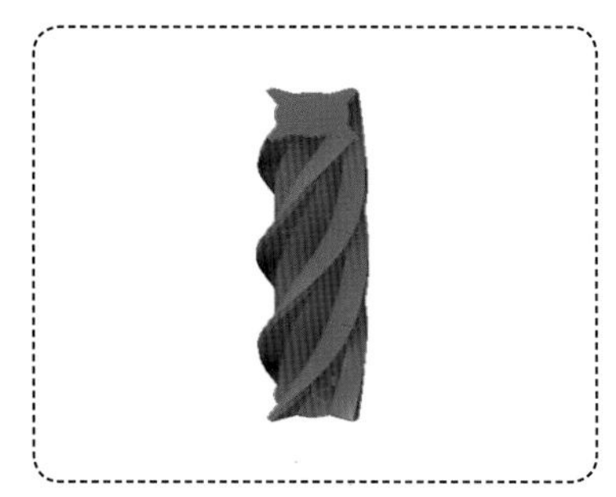

举升实体

中文版Mastercam X9技术大全

本 书 部 分 实 例 效 果 展 示

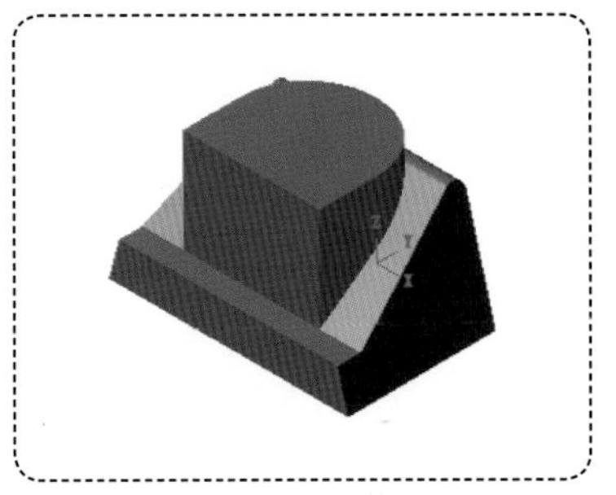

增加

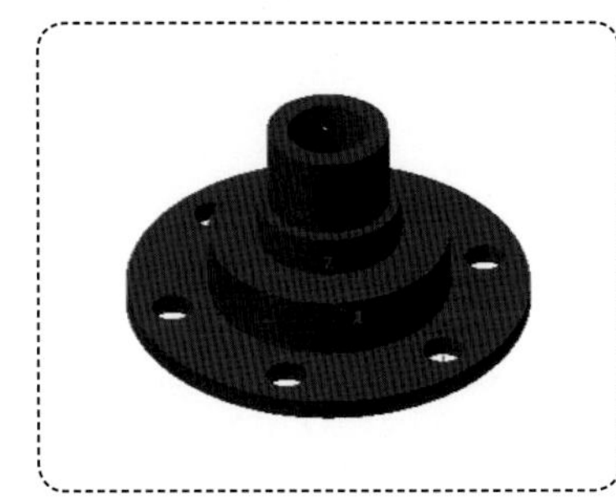

移除

布尔文集

固定半径倒圆角和可变半径倒圆角

面与面倒圆角

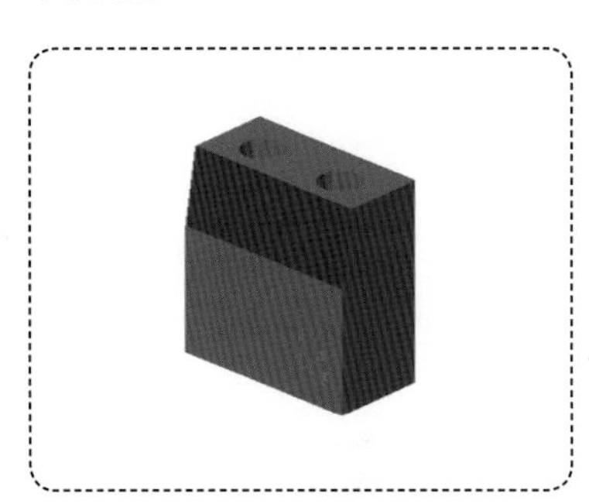

实体倒角

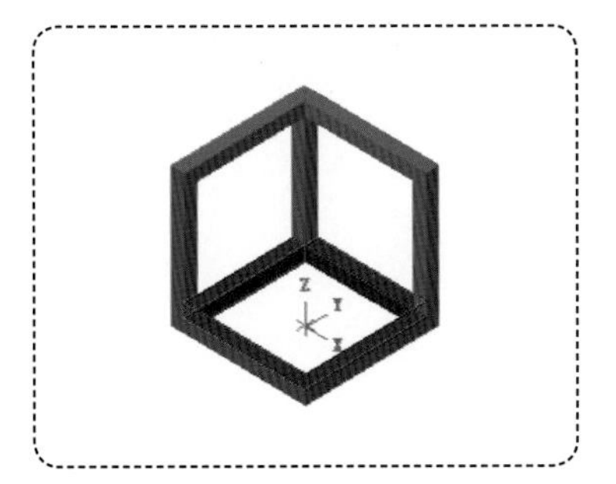

抽壳

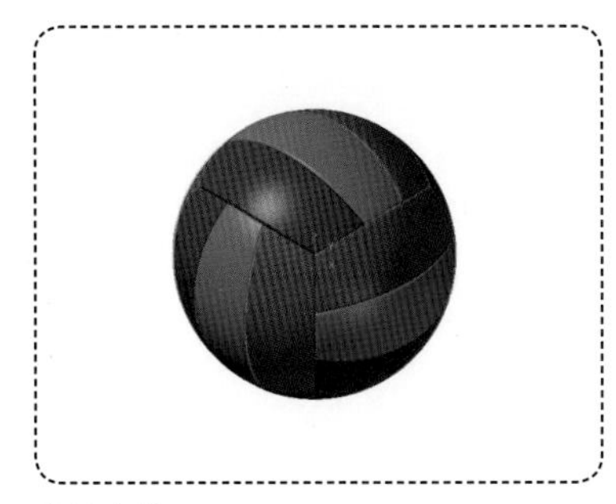

修剪实体

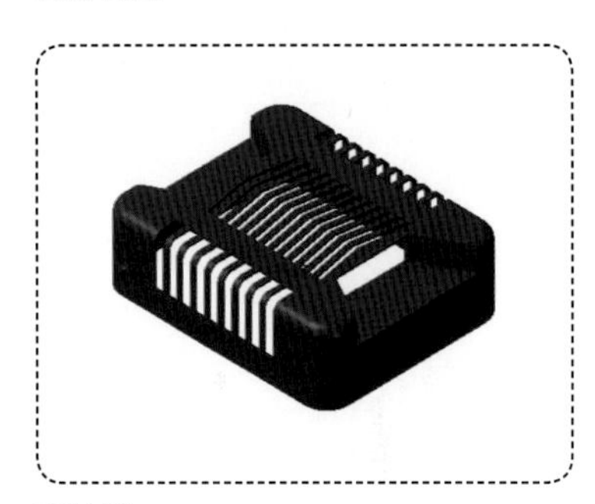

驱蚊器

第7章 工程图设计

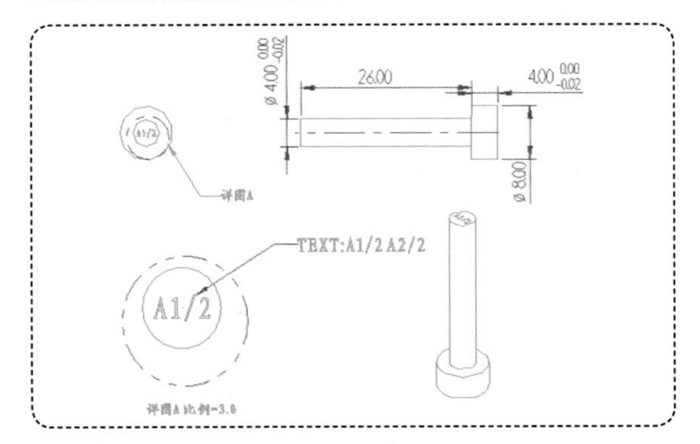

顶针工程图

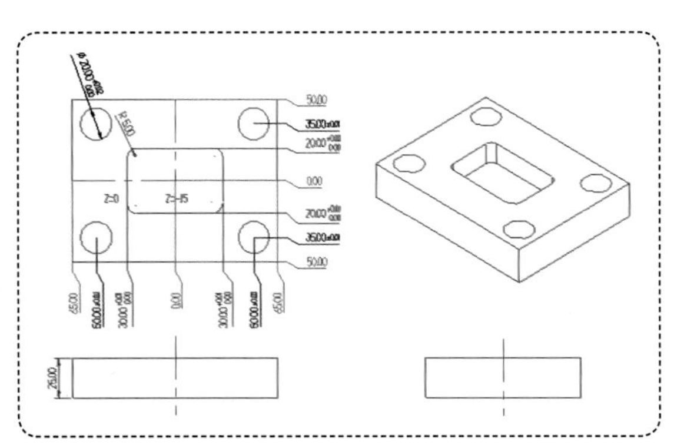

模板工程图

中文版Mastercam X9技术大全

本 书 部 分 实 例 效 果 展 示

第8章 三维实体造型设计案例

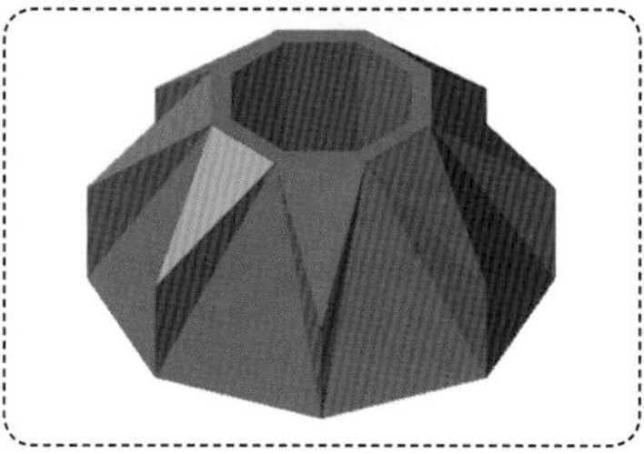
八边多面体

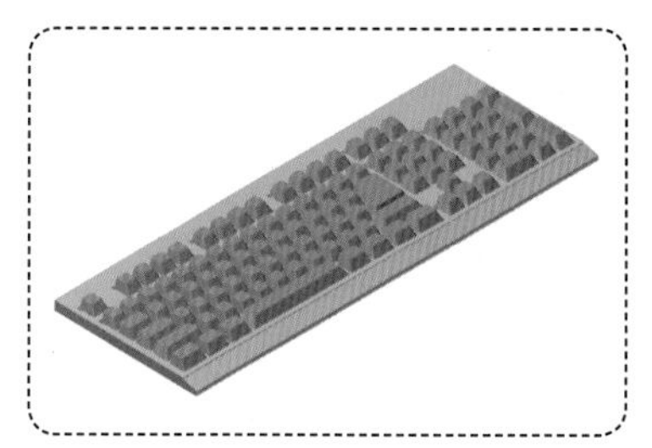
键盘

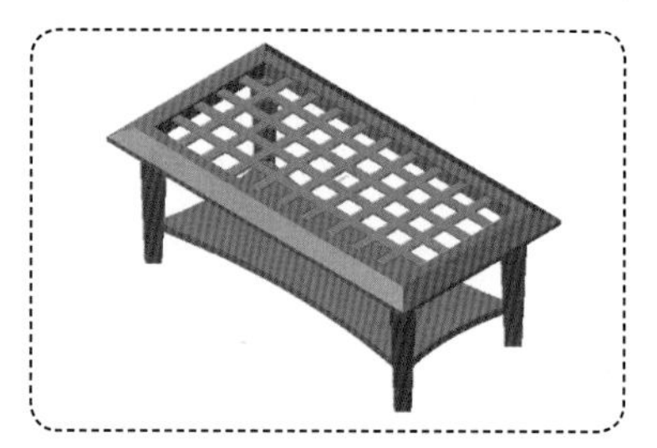
木桌

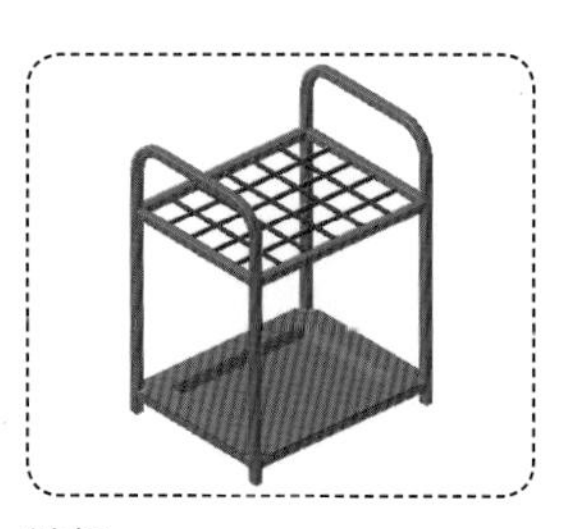
鞋架

计算器

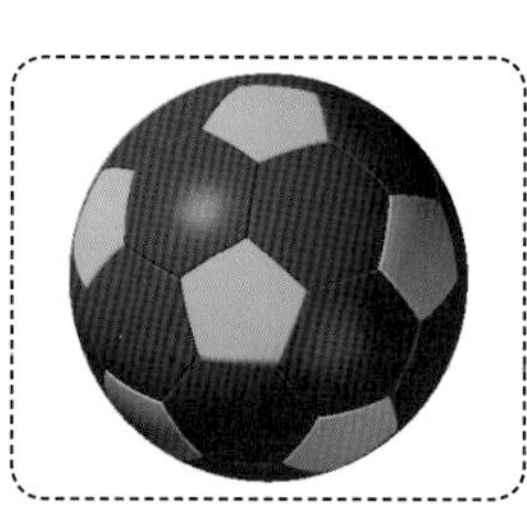
足球

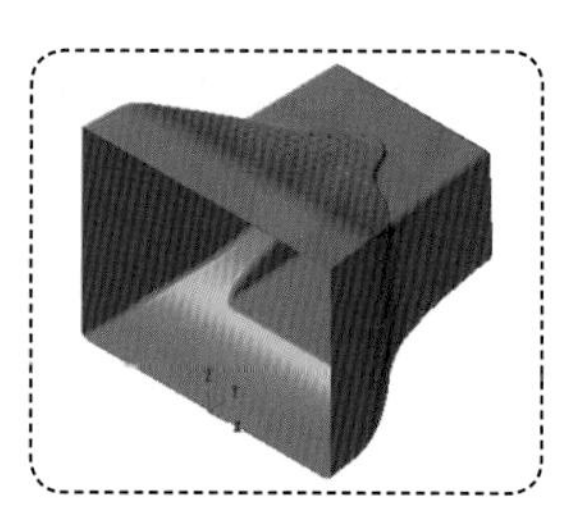
显示器后壳

第9章 曲面曲线和空间曲线

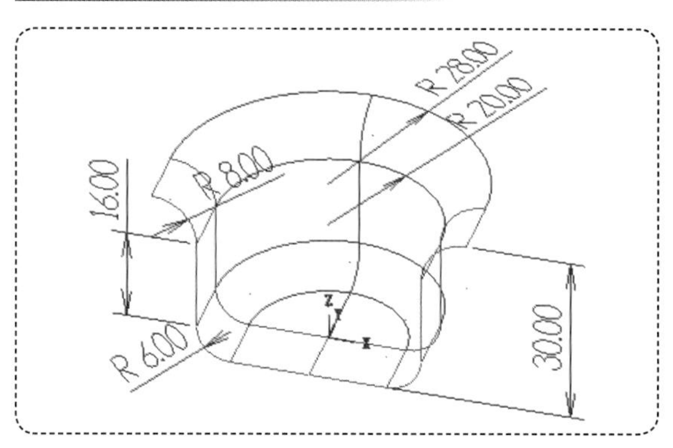

椅形线架

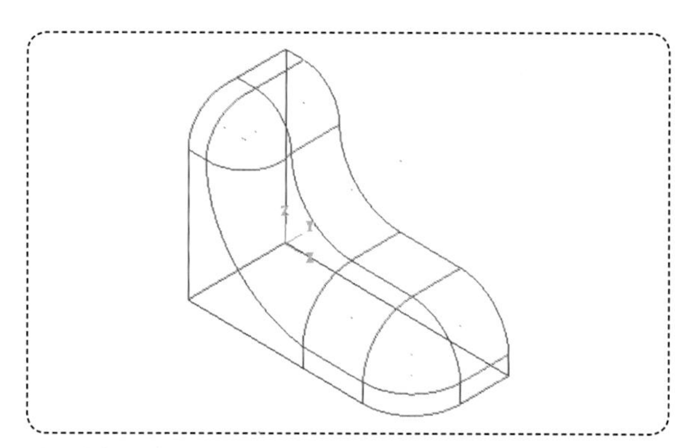
鞋型线架

第10章 曲面造型

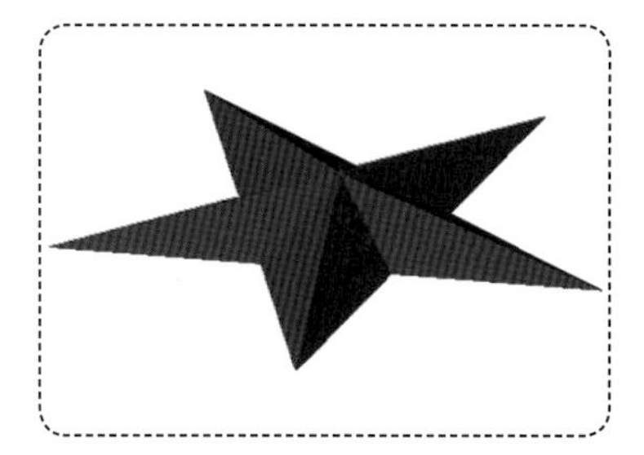
直线和举升曲面

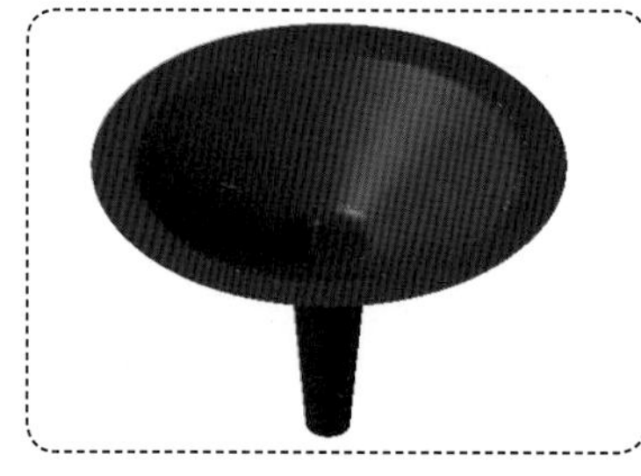
旋转曲面

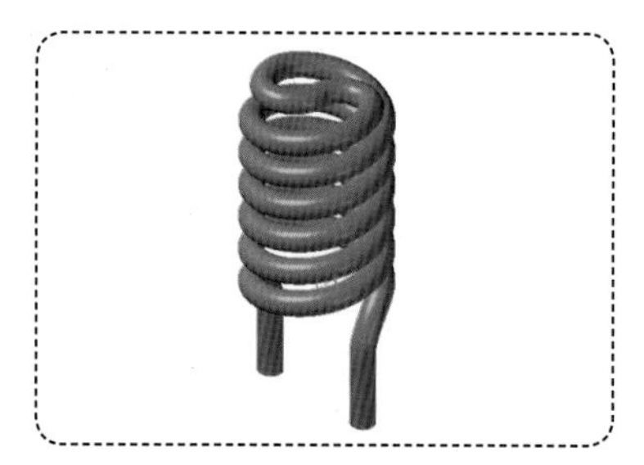
扫描曲面

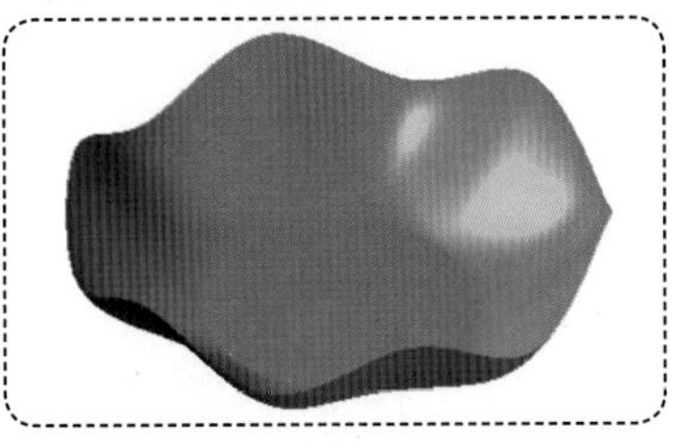
网状曲面

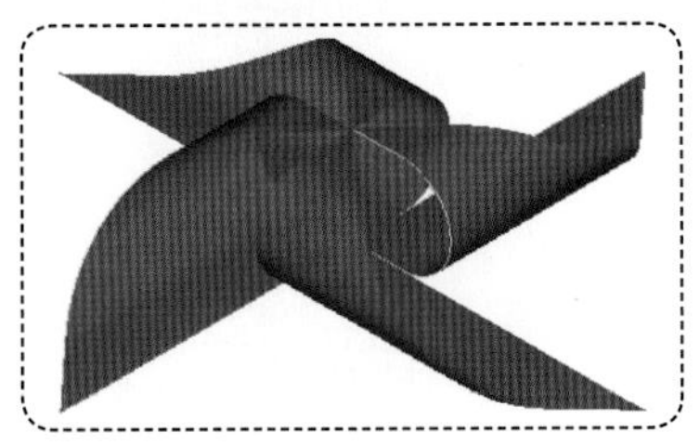
围篱曲面

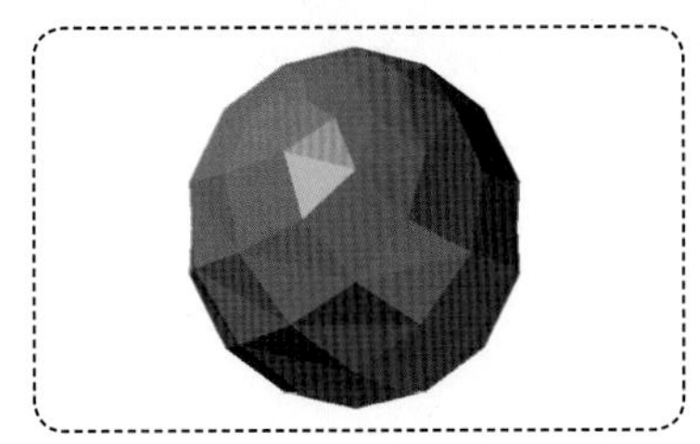
水晶球

第11章 曲面编辑

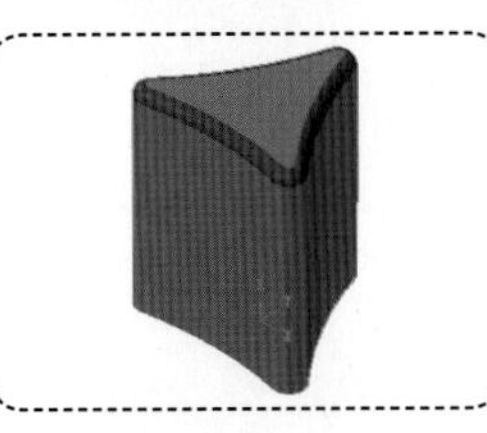
曲面与曲面倒圆角

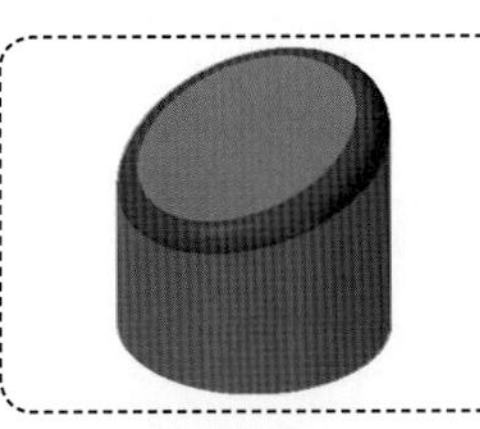
曲面与曲面修剪

曲面与曲面熔接

水壶曲面造型

第12章 三维曲面造型设计案例

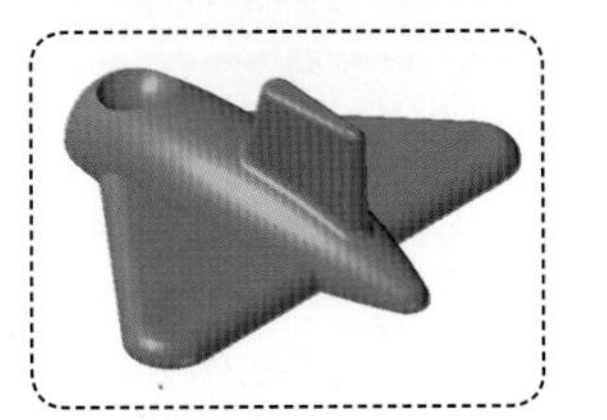
飞机模型

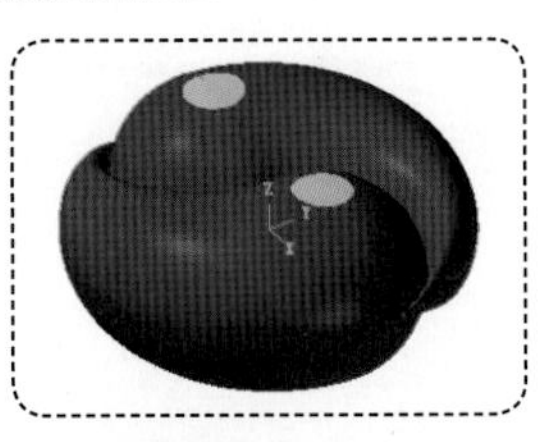
太极八卦

轮毂

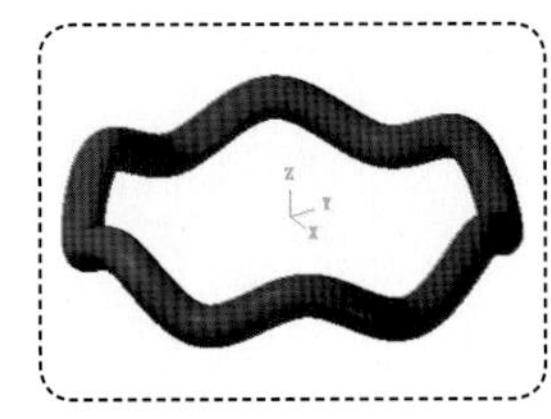
波浪环曲面

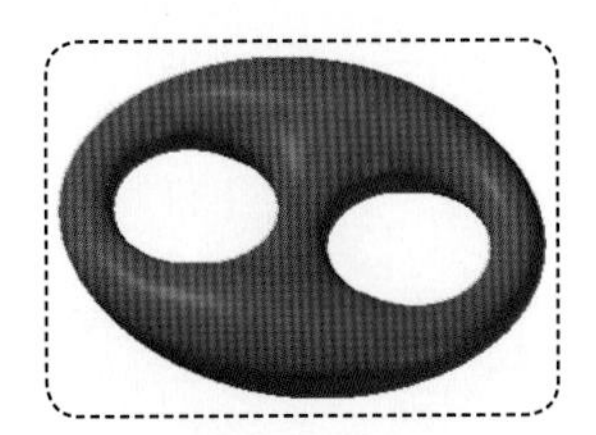
8字环曲面

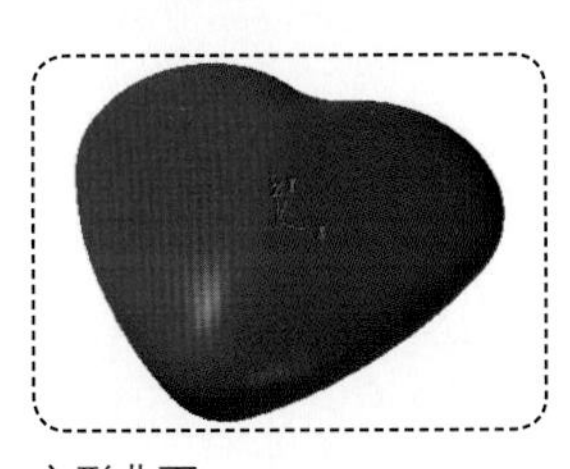
心形曲面

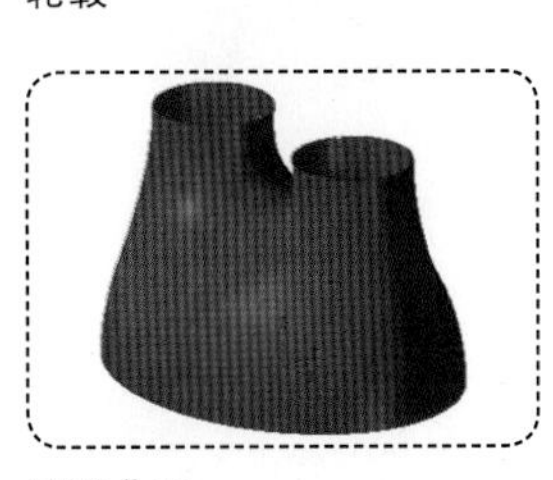
裤形曲面

第13章 模具设计

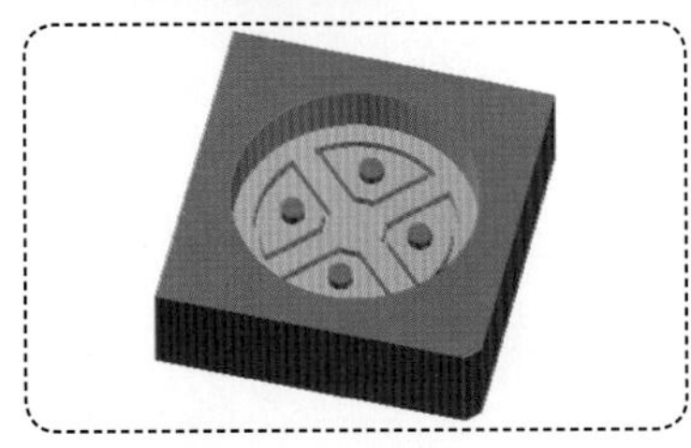
塑料盖母模

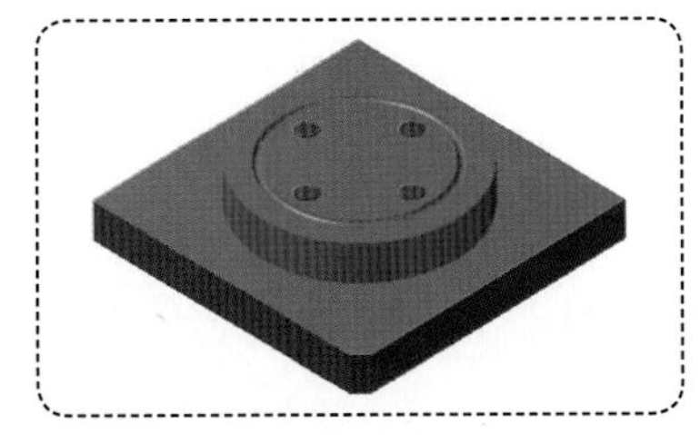
塑料盖公模

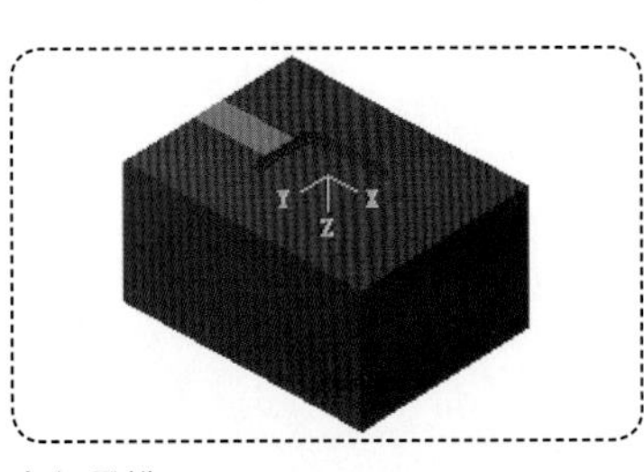
卡扣母模

中文版Mastercam X9技术大全

本 书 部 分 实 例 效 果 展 示

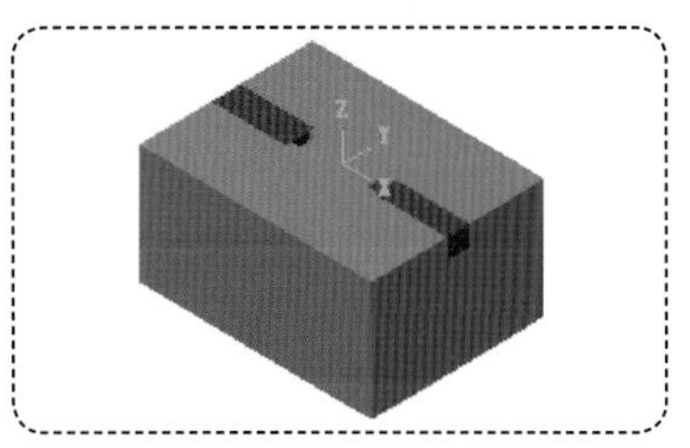

卡扣公模

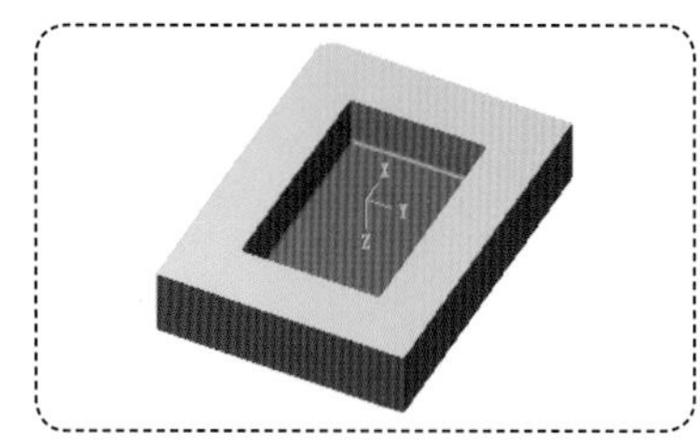

塑料上盖母模

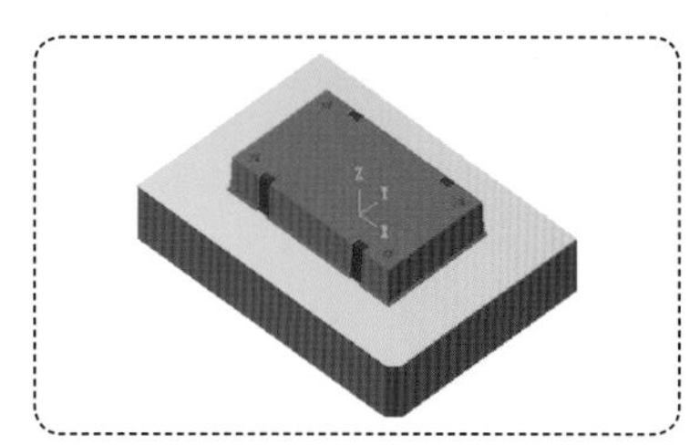

塑料上盖公模

第14章 数控加工参数

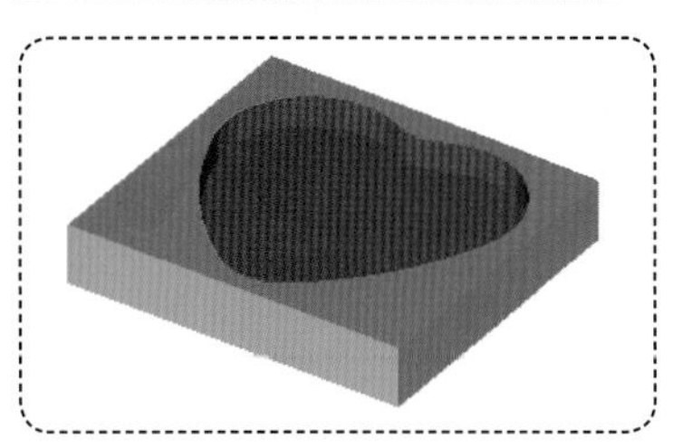

心形二维线框加工

第15章 二维铣削加工

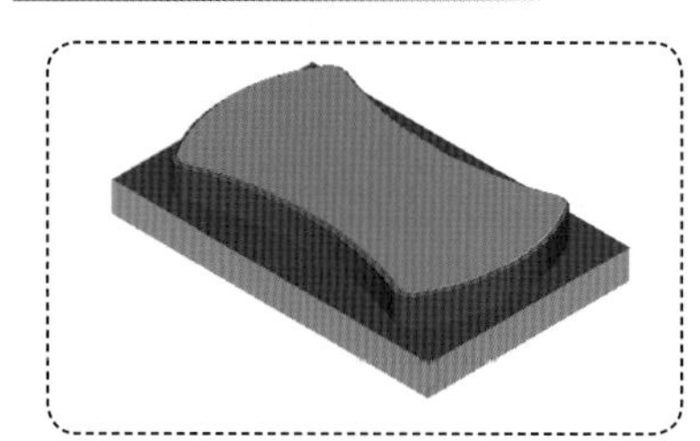

2D外形铣削加工

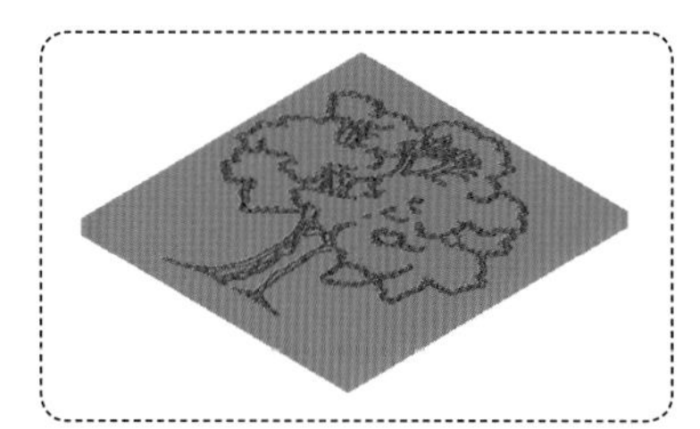

摆线或加工

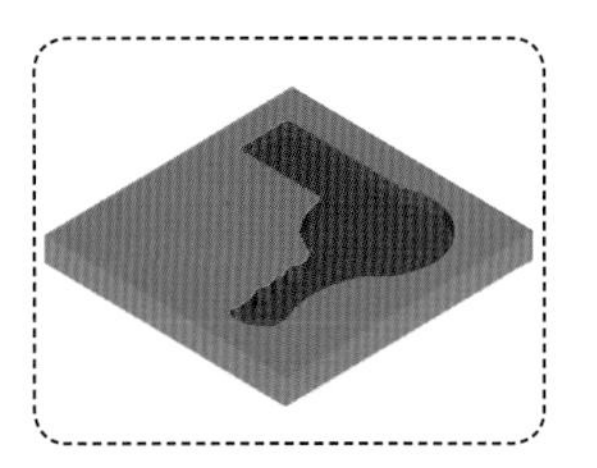

挖槽加工

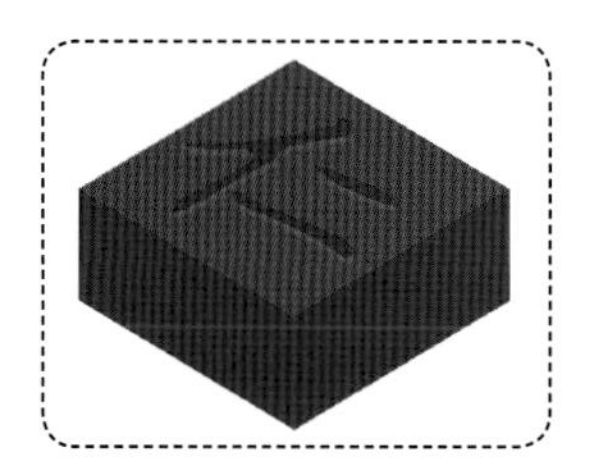

木雕加工

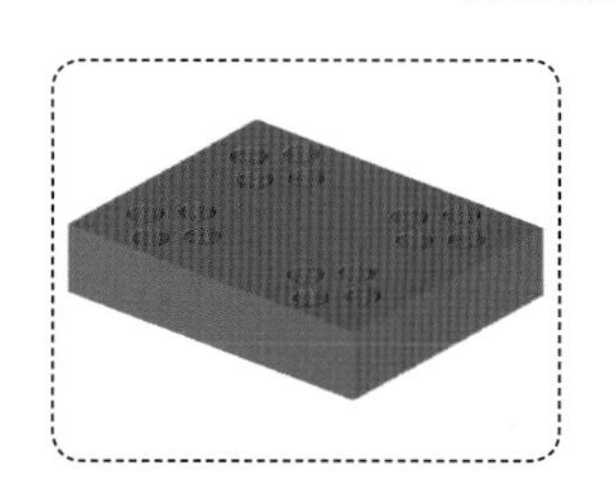

钻孔加工

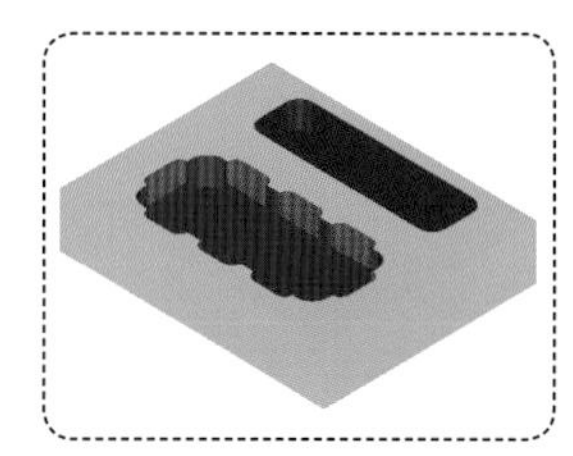

箱体面铣加工

第16章 曲面粗加工

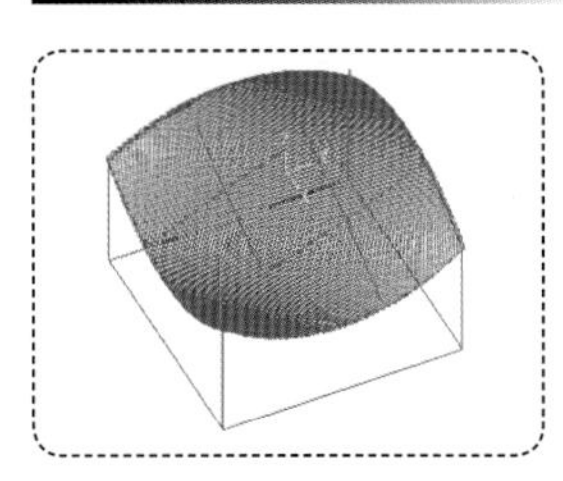

平行粗加工路径

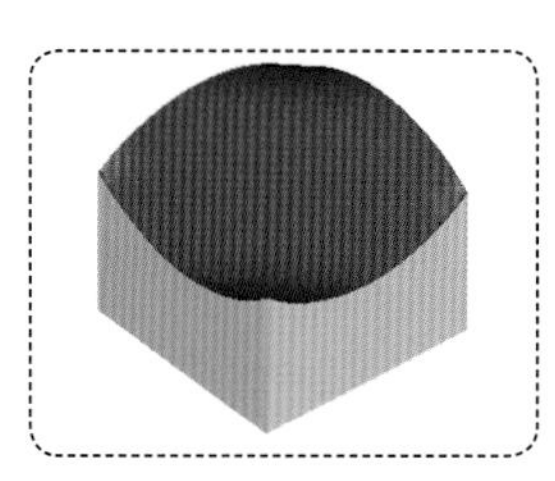

平行粗加工结果

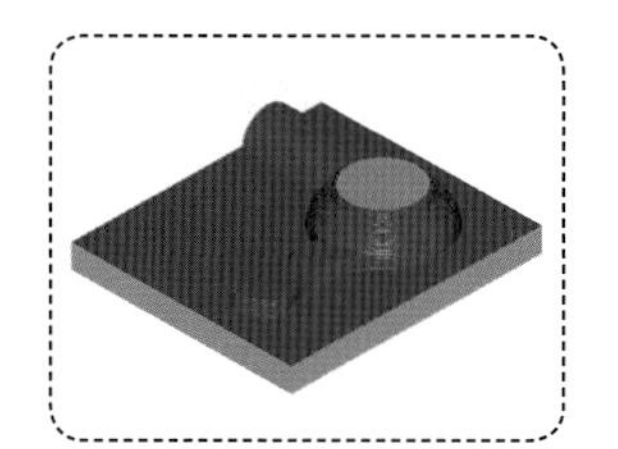

挖槽粗加工

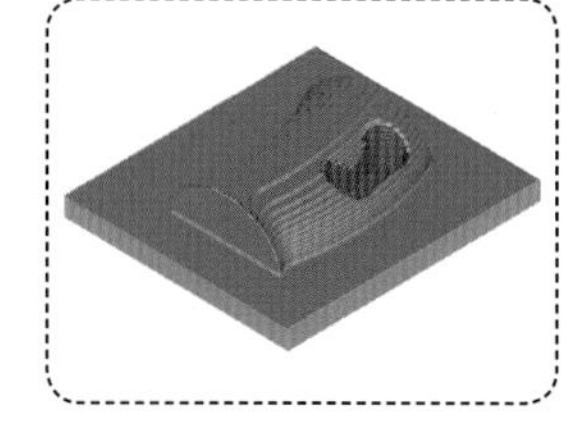

残料粗加工

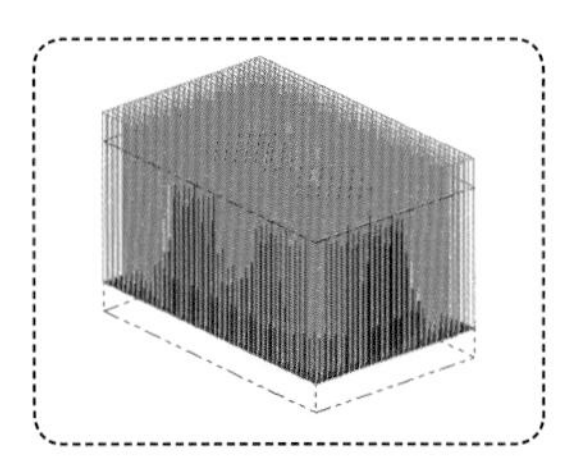

插削加工路径

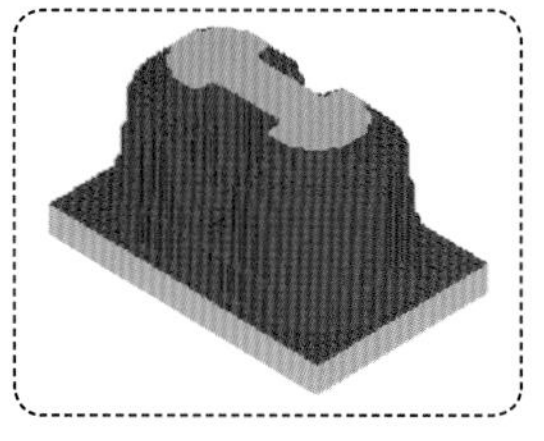

插削加工结果

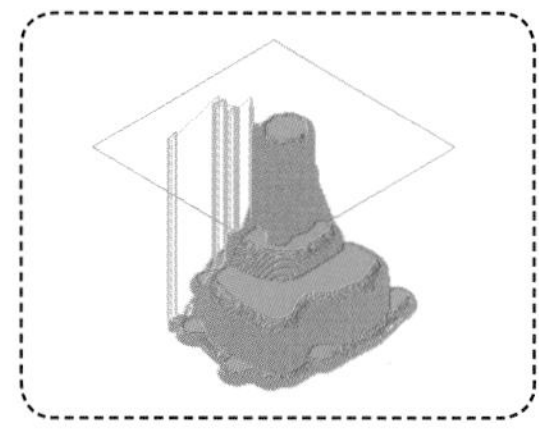

等高外形粗加工路径

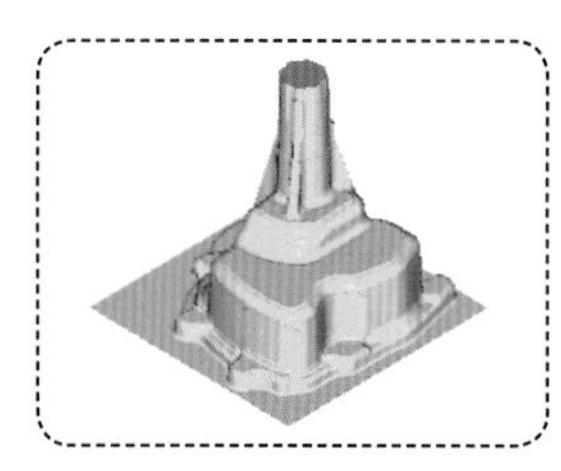

等高外形粗加工结果

中文版Mastercam X9技术大全

本 书 部 分 实 例 效 果 展 示

第17章 曲面精加工

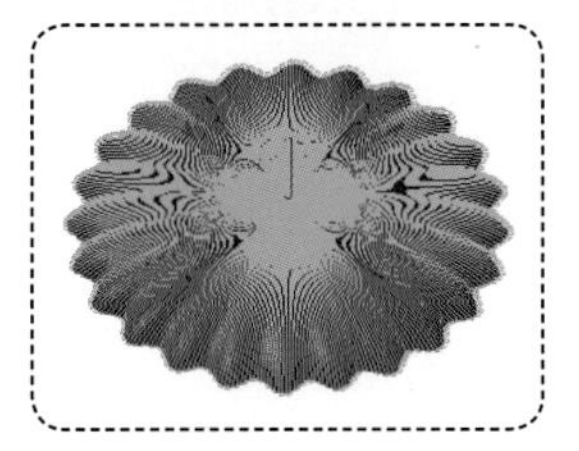
放射状精加工刀路

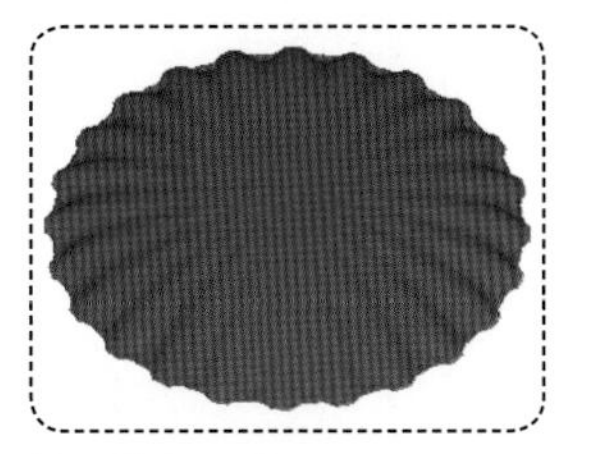
放射精加工结果

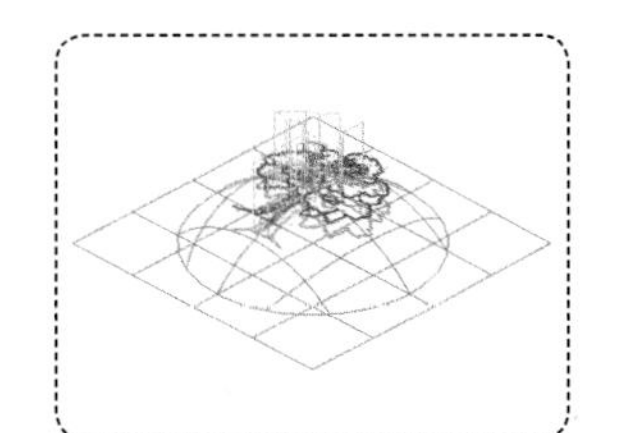
投影精加工刀路

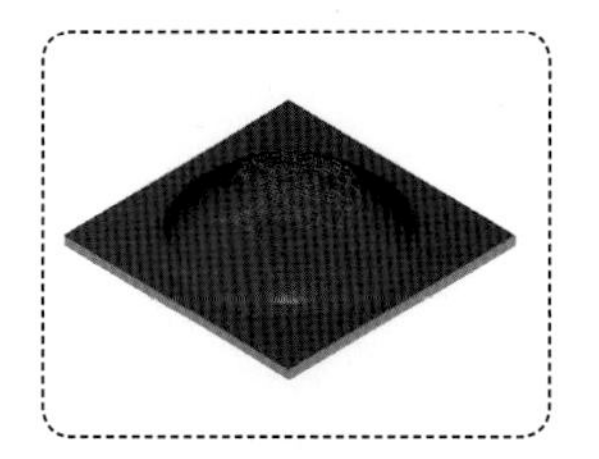
投影精加工结果

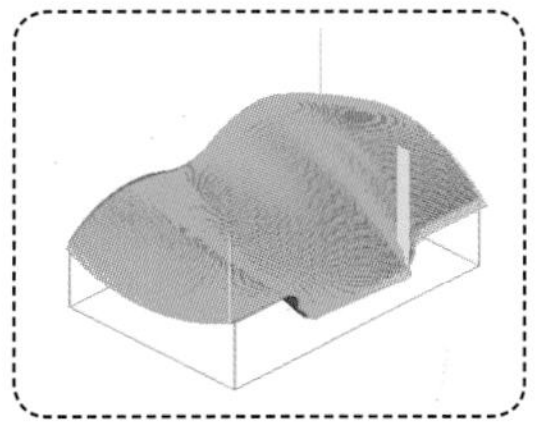
曲面流线精加工刀路

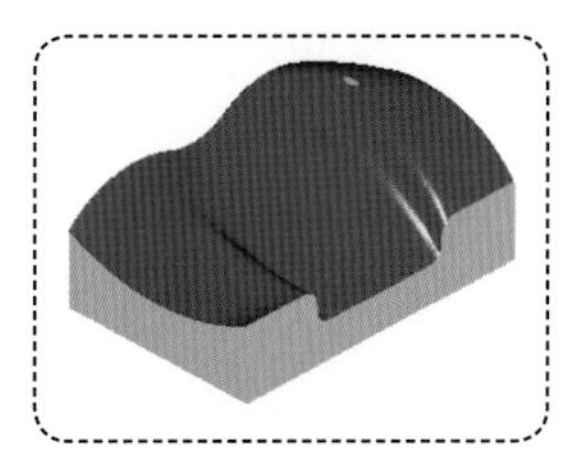
曲面流线精加工结果

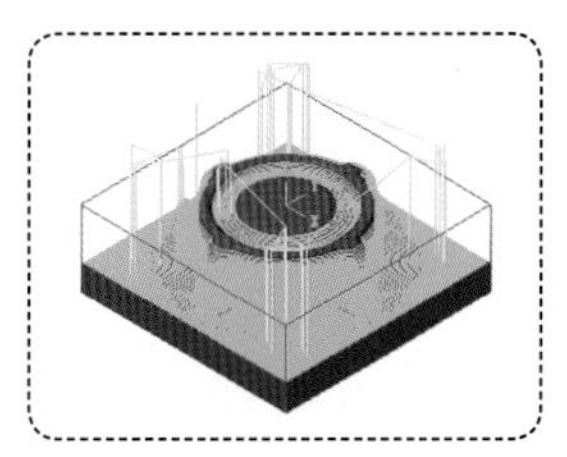
等高外形精加工刀路

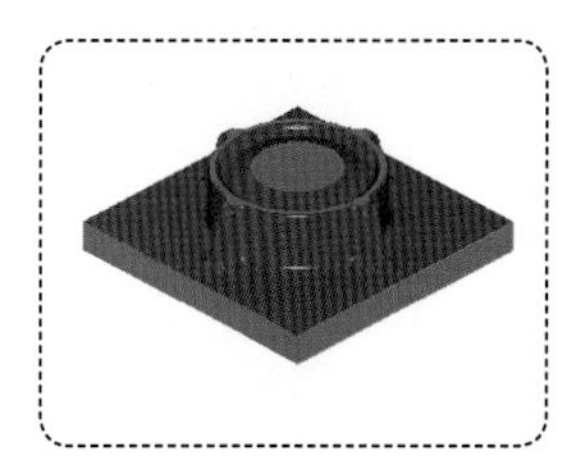
等高外形结果

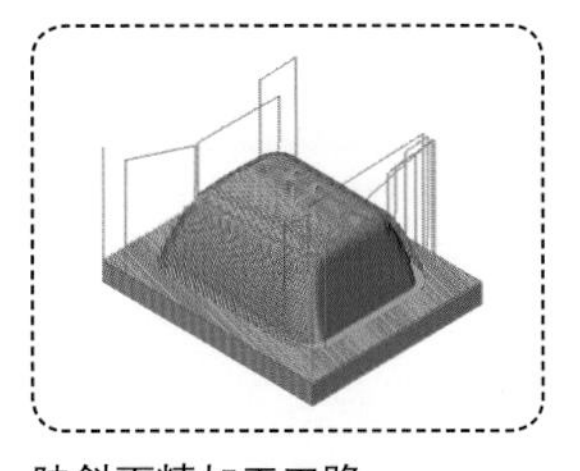
陡斜面精加工刀路

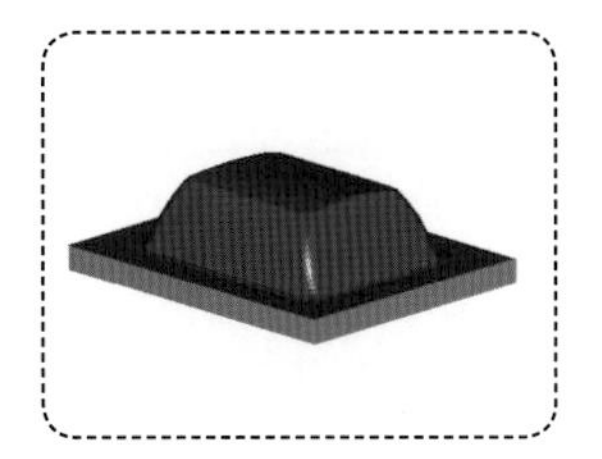
陡斜面精加工结果

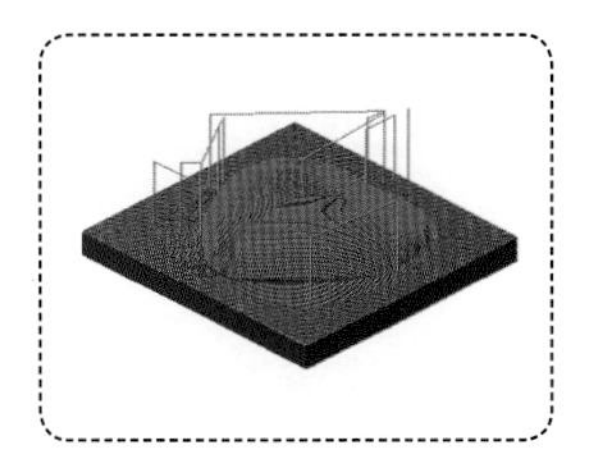
浅平面精加工刀路

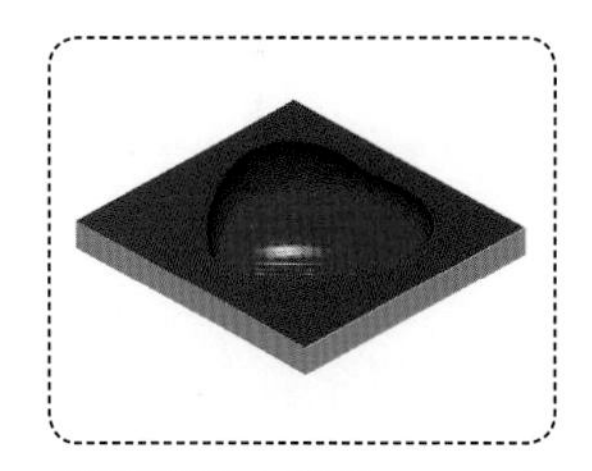
浅平面精加工结果

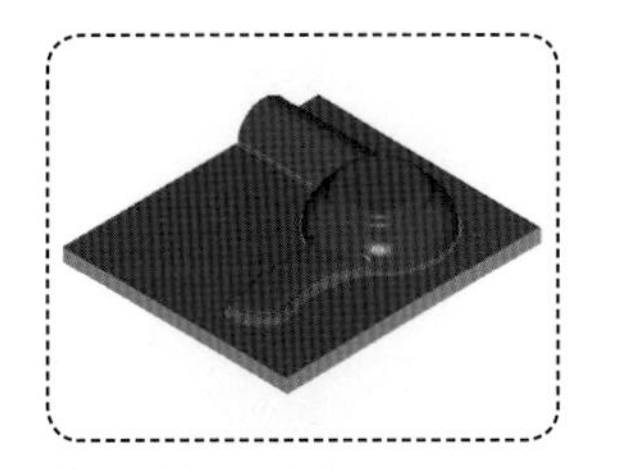
交线清角精加工

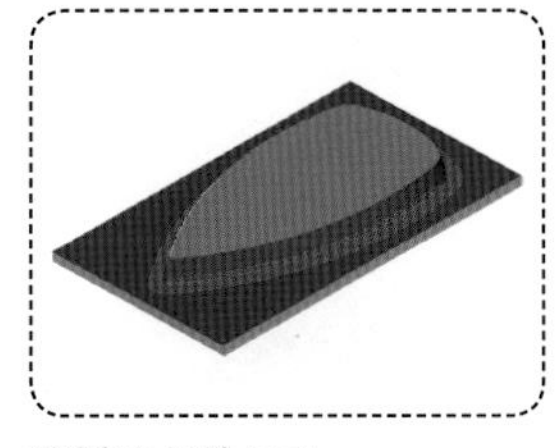
残料清角精加工

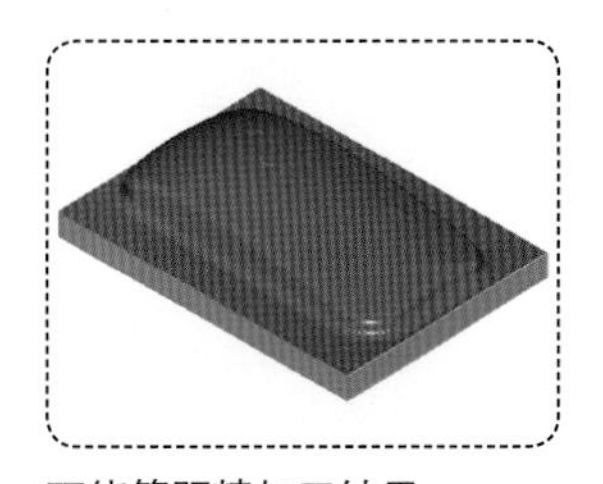
环绕等距精加工结果

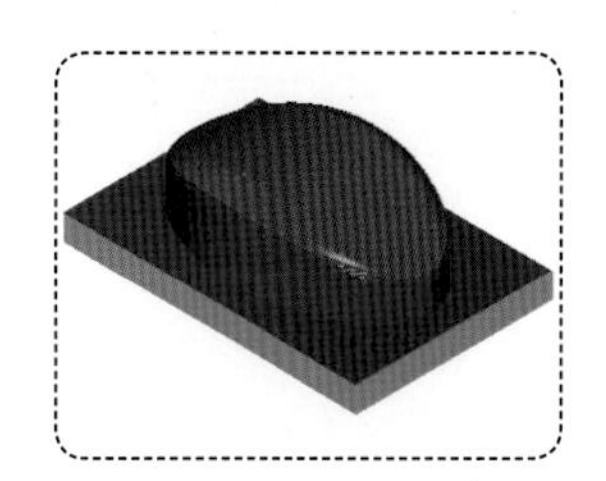
熔接精加工结果

第18章 多轴加工

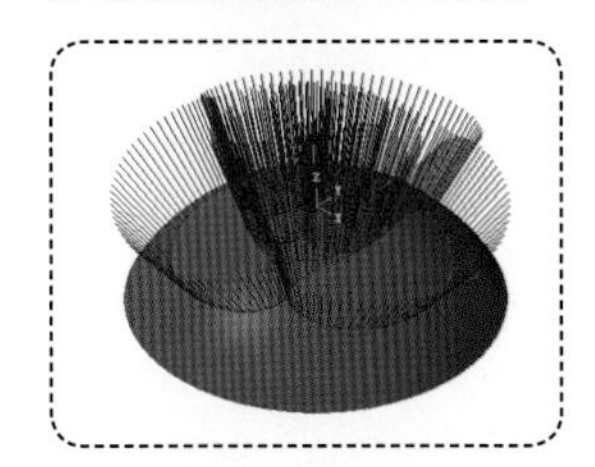
曲线五轴加工刀路

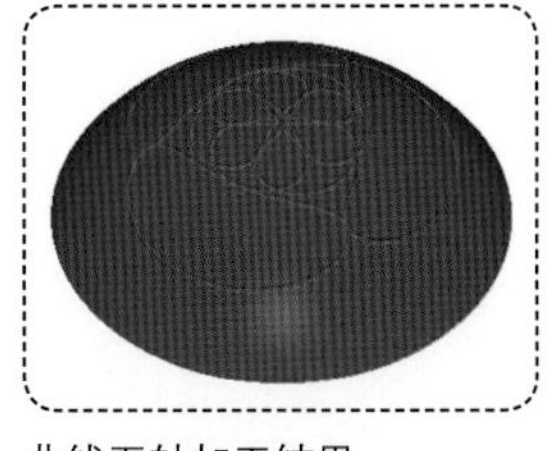
曲线五轴加工结果

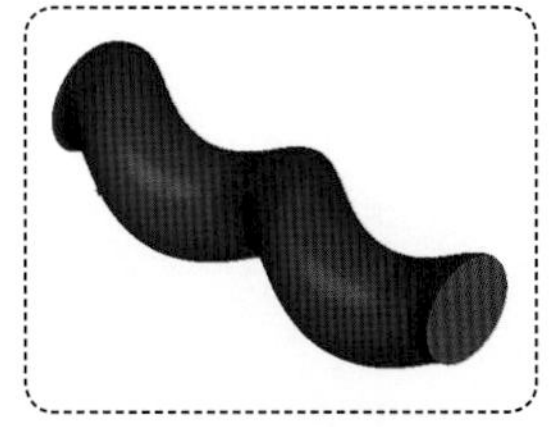
沿面五轴加工结果

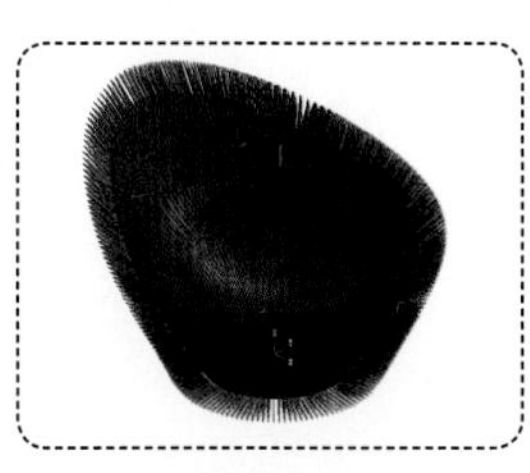
多曲面五轴加工刀路

中文版Mastercam X9技术大全

本　书　部　分　实　例　效　果　展　示

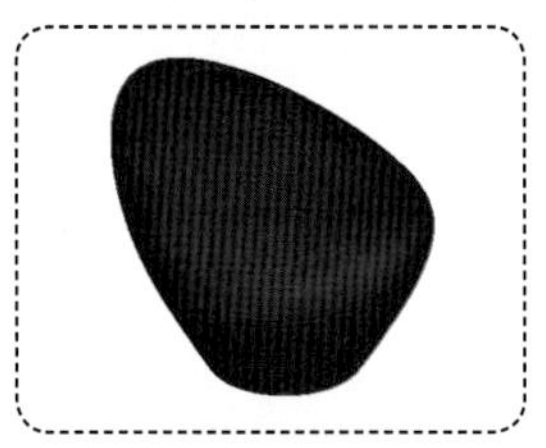
多曲面五轴加工结果

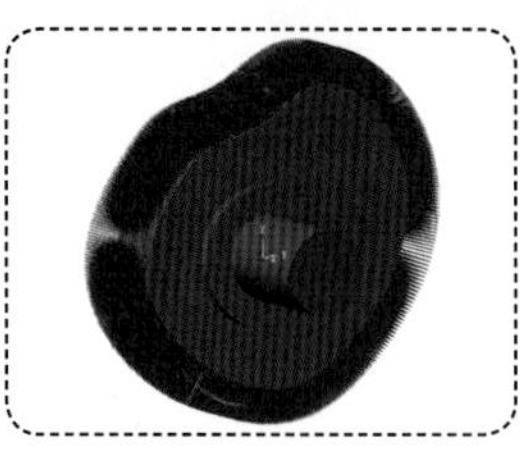
旋转四轴加工刀路

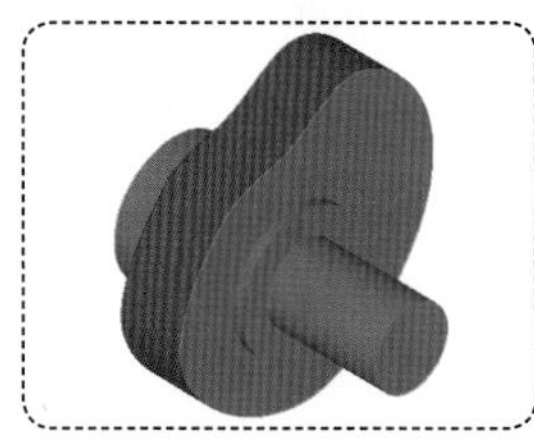
旋转四轴加工结果

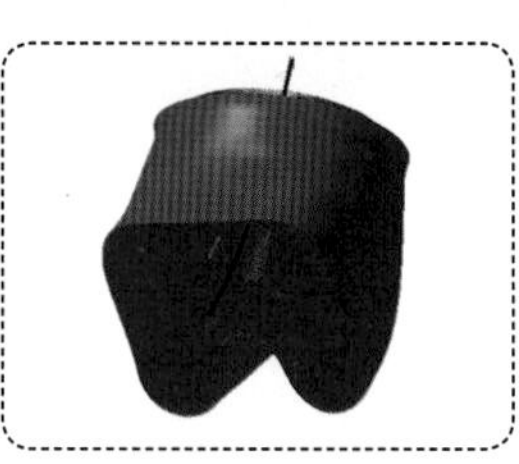
管道五轴加工刀路

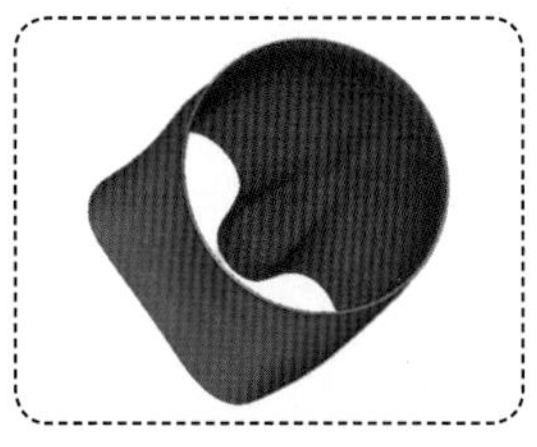
管道五轴加工结果

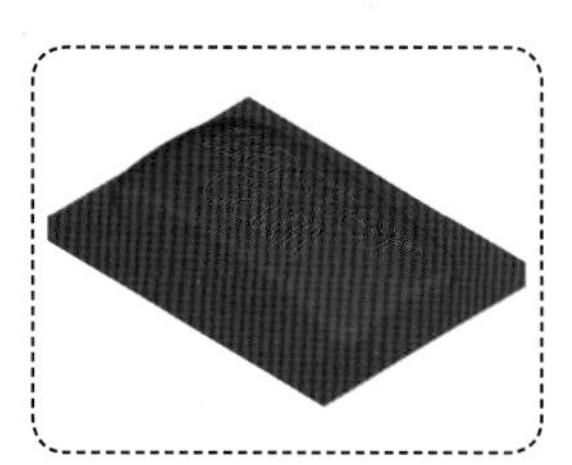
投影五轴加工结果

第19章　车削加工

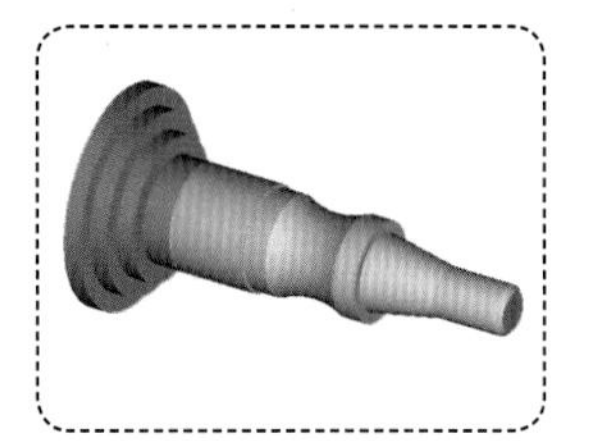
粗车削

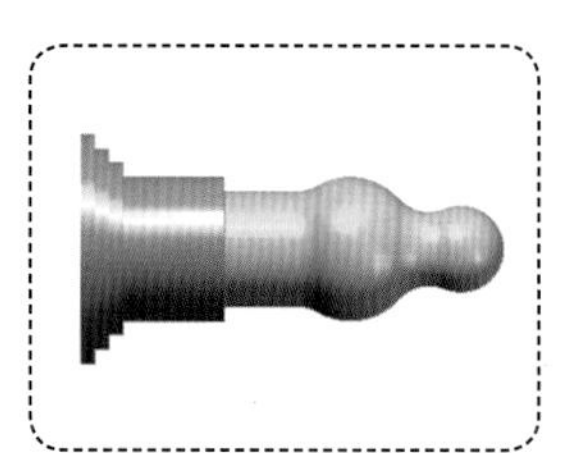
精车削

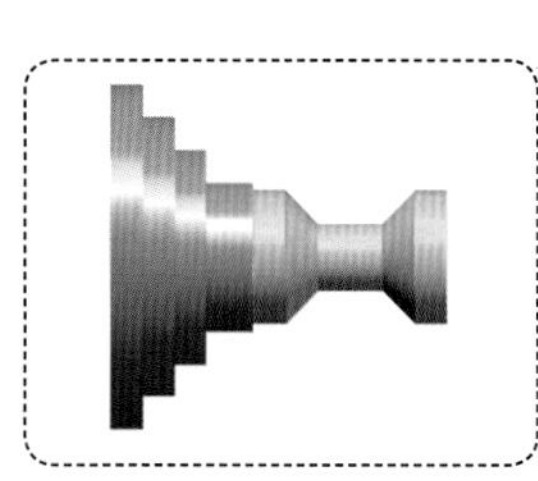
车槽

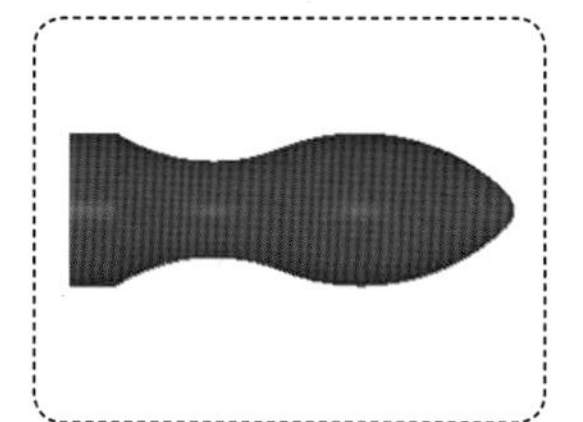
外形车削循环

第20章　线切割加工

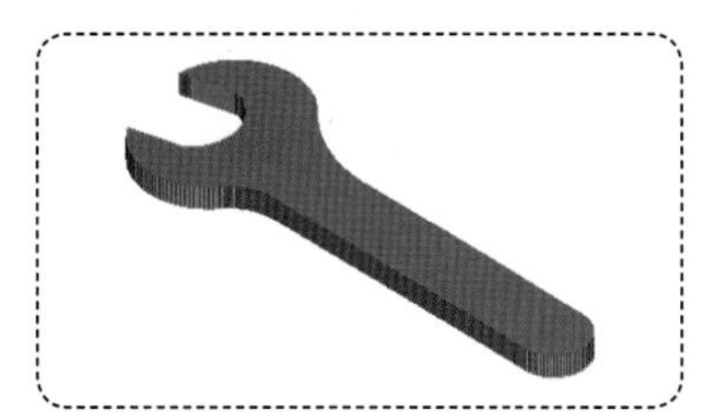
外形线切割结果

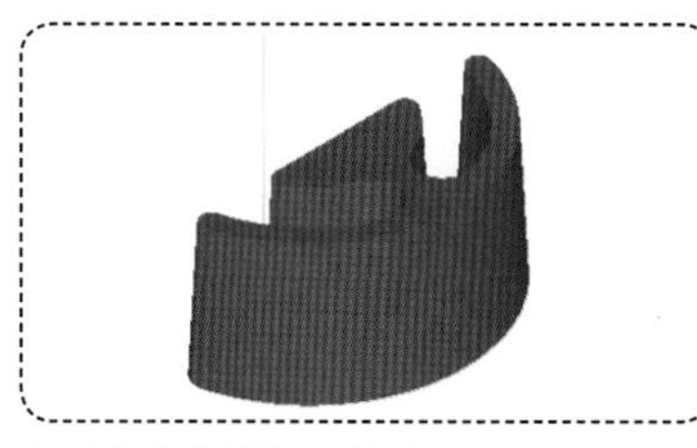
外形带锥度线切割结果

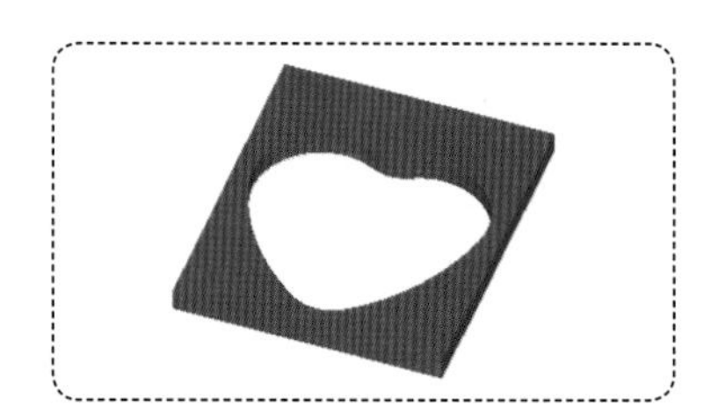
无屑线切割结果

第21章　模具加工案例解析

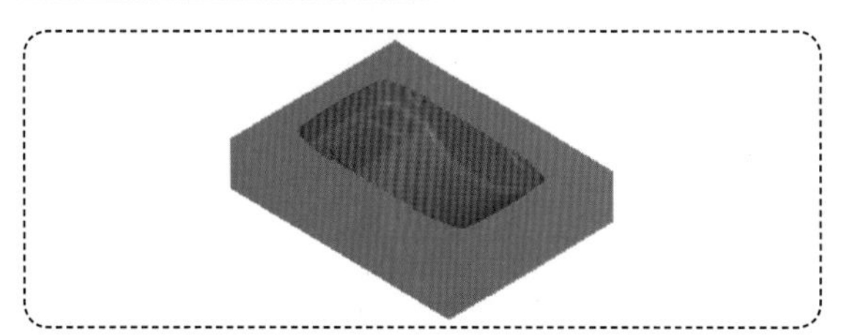
玩具车凹模加工结果

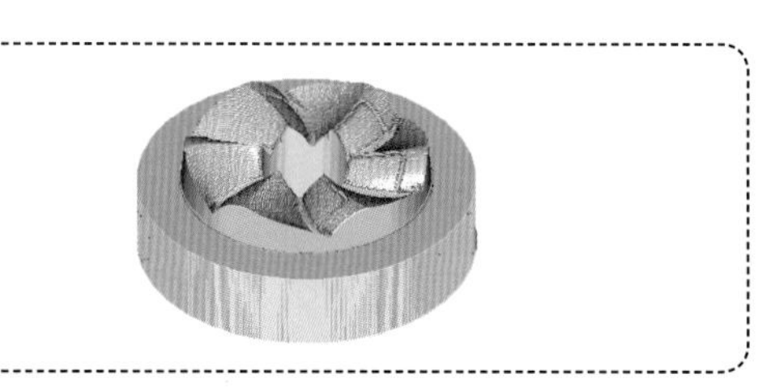
电风扇公模加工结果

中文版 Mastercam X9 技术大全

孔祥臻 蒋守勇 编著

人民邮电出版社
北京

图书在版编目（CIP）数据

中文版Mastercam X9技术大全 / 孔祥臻，蒋守勇编著. -- 2版. -- 北京 : 人民邮电出版社，2019.3(2023.5重印)
ISBN 978-7-115-49712-3

Ⅰ. ①中… Ⅱ. ①孔… ②蒋… Ⅲ. ①计算机辅助制造—应用软件 Ⅳ. ①TP391.73

中国版本图书馆CIP数据核字(2018)第236807号

内容提要

本书以 Mastercam X9 中文版为应用环境，介绍软件基础操作、造型设计、模具设计以及编程的技巧。

全书共 21 章，分两大部分进行讲解。第一部分（第 1～13 章）主要介绍 Mastercam X9 的二维绘图、三维实体造型设计、曲面造型设计和模具设计等功能；第二部分（第 14～21 章）主要介绍用 Mastercam X9 进行两轴、三轴和多轴的加工，以及车削、线切割、模具加工编程和应用。

随书配套的资源文件内容丰富，包含了全书所有实例的素材文件和源文件，以及 14 小时的高清语音教学视频，专业工程师的详细讲解将大幅提高读者的学习效率。

本书图文并茂，内容层次分明，重点和难点的分析透彻，适合广大 CAD 工程设计人员、CAM 加工制造人员、模具设计人员、一线加工操作人员与相关专业的大中专院校学生学习和培训使用，也可供加工制造以及设计领域的爱好者参考。

◆ 编　　著　孔祥臻　蒋守勇
责任编辑　杨　璐
责任印制　陈　犇
◆ 人民邮电出版社出版发行　　北京市丰台区成寿寺路 11 号
邮编　100164　　电子邮件　315@ptpress.com.cn
网址　http://www.ptpress.com.cn
固安县铭成印刷有限公司印刷
◆ 开本：787×1092　1/16　　彩插：4
印张：43　　2019 年 3 月第 2 版
字数：1366 千字　　2023 年 5 月河北第 5 次印刷

定价：99.00 元

读者服务热线：(010)81055410　印装质量热线：(010)81055316
反盗版热线：(010)81055315
广告经营许可证：京东市监广登字20170147号

前言

Mastercam X9是由美国CNCsoftware公司推出的基于PC平台的CAD/CAM一体化软件，该公司于1981年推出第一代Mastercam产品，30年来功能不断地更新与完善。Mastercam被工业界及学校广泛采用。Mastercam X9对三轴和多轴功能做了大幅度的提升，涵盖了三轴曲面加工和多轴刀路功能。它由于具有卓越的设计及加工功能，因此在世界上拥有众多的忠实用户，被广泛应用于机械、电子和航空等领域。

本书内容

本书以Mastercam X9为基础，详细讲解了Mastercam X9的基本二维绘图、三维曲面造型设计、三维实体造型设计、多轴加工编程、三轴曲面粗加工和精加工、四轴和五轴加工等功能。

全书共21章，包括Mastercam X9基础入门，二维绘图，二维图形编辑，图形标注，属性设置、修改和对象分析，实体造型，工程图设计、三维实体造型设计案例，曲面曲线和空间曲线，曲面造型，曲面编辑，三维曲面造型设计案例，模具设计，数控加工参数，二维铣削加工，曲面粗加工，曲面精加工，多轴加工，车削加工，线切割加工以及模具加工案例等内容，每一章内容均按知识要点、案例解析、界面与命令详解、实例精讲、实例演练、拓展训练、课后习题的结构来编写。

❖ 知识要点：知识要点包括本章造型和加工的重点和难点。

❖ 案例解析：对本章重点案例预览、介绍所使用的命令或用到的知识结构特点等。

❖ 界面与菜单详解：详细讲解造型的设计思维方法、操作技巧或者刀路操作步骤及其方法与技巧。

❖ 实例精讲：采用实例来介绍章节中重要的造型案例的设计方法或者刀路的详细操作步骤，目的是让读者掌握此造型的设计思维方法和刀路的加工工艺操作。

❖ 拓展训练：对本章造型或者刀路中的重点和难点内容结合实际的运用技巧进行介绍，通过对实例的分析和操作步骤，使读者养成对造型设计的思维习惯和具有加工工艺的分析能力。

❖ 课后习题：提供课后思考和练习内容，读者可参照完成的练习结果文件来操作。

资源及其下载说明

本书正文中所述资源文件内容均已作为学习资料提供下载，扫描右侧二维码即可获得文件下载方式。内容包括本书所有实训、拓展训练案例的多媒体教学视频，视频长达850分钟，是作者多年工作经验的结晶；还包括实训、拓展训练和课后习题的所有案例所需要的源文件、结果文件，其中源文件是读者操作需要的原始文件，结果文件是操作完成的实例文件。

如果大家在阅读或使用过程中遇到任何与本书相关的技术问题或者需要相关的帮助，请发邮件至szys@ptpress.com.cn，我们会尽力为大家解答。

本书特色

本书从软件的基本应用及行业知识入手，以Mastercam X9软件应用为主线，以实例为导向，按照由浅入深、举一反三的方式，讲解造型技巧和刀路的操作步骤以及分析方法，使读者能快速掌握Mastercam X9的软件造型设计，以及编程加工的思维和方法。

对于Mastercam X9的软件造型设计和加工编程，本书讲解得非常详细。在讲解上力求达到实例和思维的有机统一，使本书内容既有战术上的具体步骤演练操作，又有战略上的思维技巧分析，使读者不仅学会使用软件，还学会思维方法。本书图文并茂，讲解层次分明，思维简明，重难点突出，技巧独特。把众多造型和编程知识点有机地融合到每章的具体内容中。本书技巧点拨精准，能够开拓读者思维，使其掌握方法和思维技巧，提高对造型设计和编程加工的综合运用能力。通过对本书内容的学习、理解和练习，读者能快速提高Mastercam X9造型和编程的水平。

本书既可以作为大中专院校机械CAD、模具设计与数控编程加工等专业的教材，也可作为对制造行业有兴趣的读者的自学教程。

由于时间仓促，加上本书编者水平有限，书中难免存在不足之处，恳请广大读者批评指正，编者将不胜感激。

编者

目录

视频目录

本书为广大读者提供Mastercam X9实体和曲面造型、模具设计、三轴以及多轴加工、车削加工、线切割编程、模具加工等全方位多媒体教学任务，作者精心准备了长达14小时的案例演示视频文件。让读者按照视频的演示，结合书中案例快速掌握Mastercam X9软件所有的基本功能。作者全面的详细讲解，能使读者获得工程设计和实际加工工艺经验，并掌握软件的基本操作技巧，是本书最基本的目的。

下面列出各章案例视频的详细布局，帮助读者便捷地找到所需的视频内容。

第1章 Mastercam X9基础入门

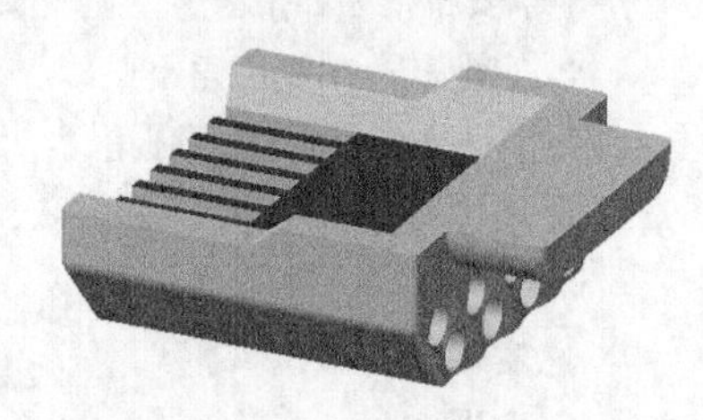

本章主要讲解Mastercam X9文件的管理、系统配置、图素的选择以及限定选取方法等，文件的管理伴随工作的始终，需要对文件进行新建、打开、关闭、保存、另存等操作。本书中还提供了很多种选取方法，主要有单体选择、串联选择、矩形选择、多边形选择、向量选择、区域选择、部分串联选择以及限定选择方法，用户只有熟练掌握这些选取方法，才能快速设计和编程。

本章安排视频如下。

- ❖ 实训01——转换图档
- ❖ 实训02——阶梯轴
- ❖ 拓展训练——天圆地方模型

第2章 二维绘图

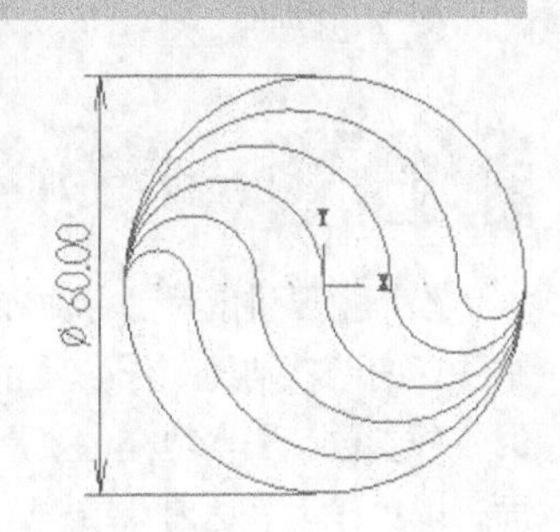

本章主要讲解二维图形的绘制，主要采用点、线、圆、曲线等基本二维命令来绘制图形。Mastercam二维绘图命令非常强大，提供了很多便捷操作。例如，在圆的相切中，切弧就是非常优化的命令，给操作带来极大的方便。本章还讲解了关于二维绘图的一些基本思维技巧，帮助读者快速掌握软件的入门思考方式，让读者更快、更有效地掌握二维绘图的方法。

本章安排视频如下。

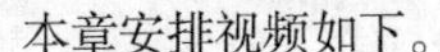

- ❖ 实训03——绘制直线
- ❖ 实训04——绘制平行线
- ❖ 实训05——绘制圆心点圆
- ❖ 实训06——绘制极坐标圆弧
- ❖ 实训07——绘制三点画圆
- ❖ 实训08——绘制两点画弧
- ❖ 实训09——绘制三点画弧
- ❖ 实训10——绘制切弧
- ❖ 实训11——绘制矩形
- ❖ 实训12——绘制椭圆

❖ 实训13——绘制八角星
❖ 实训14——绘制边界盒
❖ 实训15——绘制标准弹簧
❖ 实训16——绘制盘旋弹簧
❖ 拓展训练——绘制月牙扳手

第3章 二维图形编辑

本章主要讲解图素的编辑和转换功能。在图形绘制过程中，往往需要进行多次编辑才能绘制出用户想要的结果，所以编辑功能用得非常多，特别是修剪功能。另外，当图形特征有多个相同或相似时，如果采用直接绘制，往往会费时，采用转换功能，则可大大提高效率，为用户节约宝贵的设计时间。

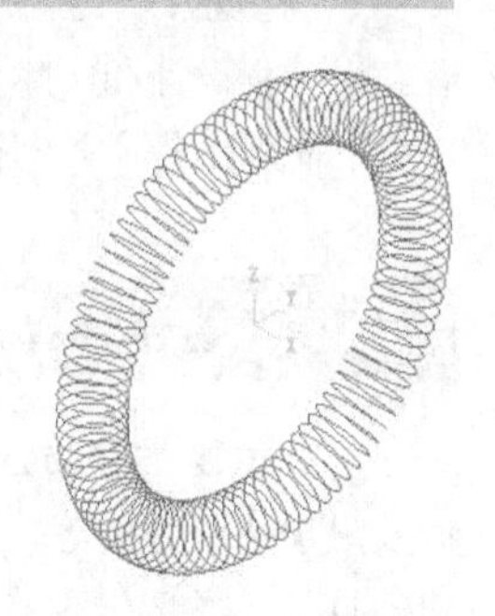

本章安排视频如下。

❖ 实训17——倒圆角
❖ 实训18——串联倒圆角
❖ 实训19——修剪
❖ 实训20——平移
❖ 实训21——镜像
❖ 实训22——旋转
❖ 实训23——缩放
❖ 实训24——单体补正
❖ 实训25——串联补正
❖ 实训26——投影
❖ 实训27——阵列
❖ 实训28——缠绕
❖ 拓展训练——电话线发圈

第4章 图形标注

本章主要讲解尺寸标注和填充图案等内容。尺寸标注和图案填充是绘制二维图形的两项辅助工作。尺寸标注的主要工作是标注尺寸和文本，以表达零件的各种参数。图案填充主要是将某种图案填充到空白的区域作为零件的剖切截面，以更好地表达内部结构。

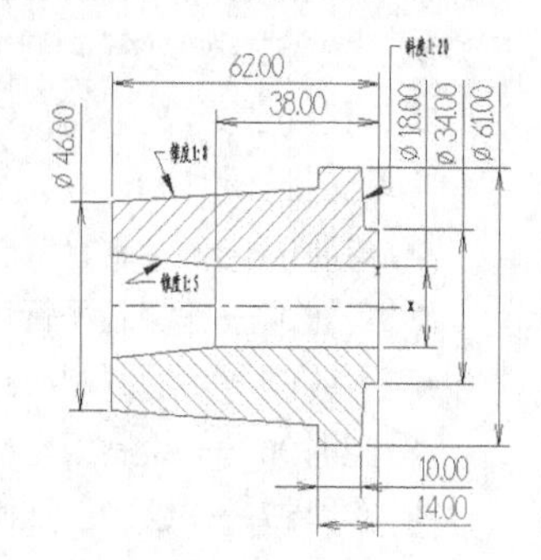

本章安排视频如下。

❖ 实训29——水平标注
❖ 实训30——垂直标注
❖ 实训31——平行标注
❖ 实训32——角度标注
❖ 实训33——正交标注
❖ 实训34——相切标注
❖ 实训35——图案填充
❖ 拓展训练——绘制轴套剖面图

第5章 属性设置、修改和对象分析

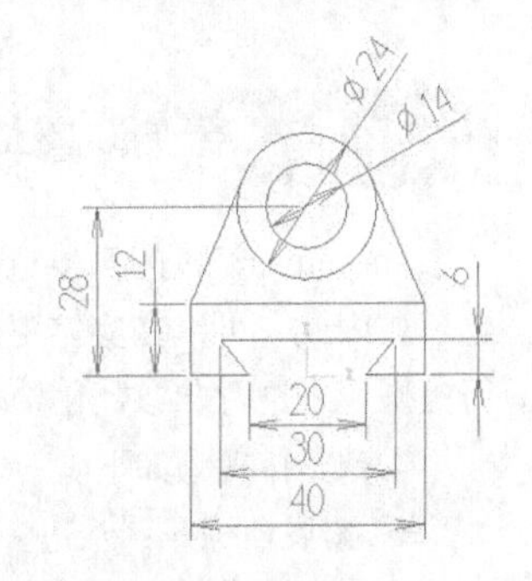

本章主要讲解点、线等图素的基本属性设置，为后续的绘图、编辑修改、打印等带来方便。只有了解各种属性的设置，才能掌握各种属性的修改编辑。

本章安排视频如下。

- ❖ 实训36——修改点型
- ❖ 实训37——修改线型
- ❖ 实训38——修改颜色
- ❖ 实训39——更改图层
- ❖ 拓展训练——分析与修改图形

第6章 实体造型

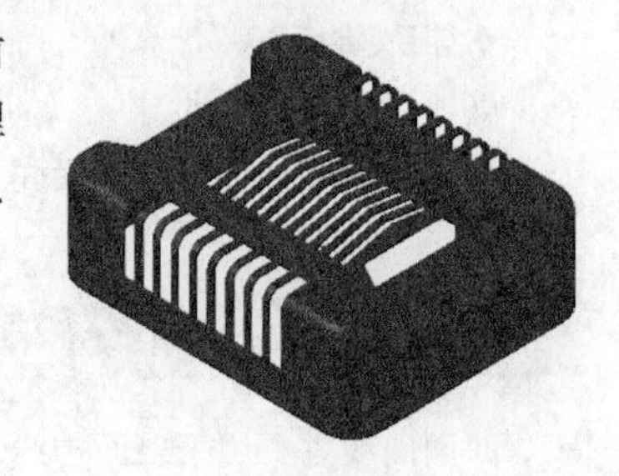

本章主要介绍实体造型。实体概念的发展要比曲面晚，实体造型目前没有曲面造型强大，但是，由于实体造型更加形象易懂，便于读者学习理解，因此，本书先介绍实体，再介绍曲面。先利用基本的拉伸挤出、扫描、旋转、举升等，再利用布尔运算和其他编辑操作，即可完成实体建模。

本章安排视频如下。

- ❖ 实训40——圆柱体
- ❖ 实训41——圆锥体
- ❖ 实训42——立方体
- ❖ 实训43——球体
- ❖ 实训44——圆环体
- ❖ 实训45——挤出实体
- ❖ 实训46——旋转实体
- ❖ 实训47——扫描实体
- ❖ 实训48——举升实体
- ❖ 实训49——布尔增加
- ❖ 实训50——布尔移除
- ❖ 实训51——布尔交集
- ❖ 实训52——倒圆角
- ❖ 实训53——面与面倒圆角
- ❖ 实训54——倒角
- ❖ 实训55——抽壳
- ❖ 实训56——修剪实体
- ❖ 拓展训练——驱蚊器

第7章 工程图设计

Mastercam X9创建的实体可以直接生成工程图，而不需进行软件转换。Mastercam X9实体工程图可以创建一般性的视图，这基本上能满足通常情况下的工程制图。

本章安排视频如下。

❖ 拓展训练一：顶针工程图
❖ 拓展训练二：模板工程图

第8章 三维实体造型设计案例

Mastercam X9的实体造型功能非常强大，可以进行参数化和非参数化混合建模。因此，可以在实体建模后期对实体参数进行变更。也可以采用移除实体历史操作来进行非参数化处理。本章主要讲解带参数化的实体建模。

本章安排视频如下。

❖ 拓展训练一：八边多面体
❖ 拓展训练二：键盘
❖ 拓展训练三：木桌
❖ 拓展训练四：鞋架
❖ 拓展训练五：计算器
❖ 拓展训练六：足球
❖ 拓展训练七：显示器后壳

第9章 曲面曲线和空间曲线

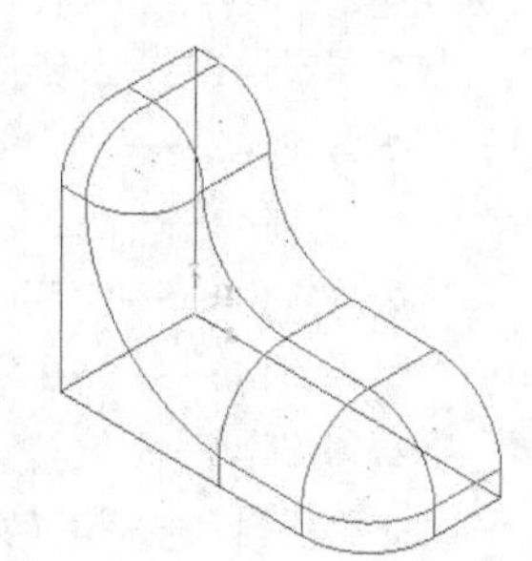

曲面曲线主要用于以面构线，即在已经存在的面上创建线，用于辅助曲面编辑。而空间曲线主要是在创建曲面之间铺设3D空间的线架构。因此，掌握曲面曲线和空间曲线的创建，是掌握曲面创建和曲面编辑的基础。

本章安排视频如下。

❖ 实训57——空间曲线1
❖ 实训58——空间曲线2
❖ 实训59——空间曲线3
❖ 实训60——空间曲线4
❖ 实训60——空间曲线5
❖ 实训62——空间曲线6
❖ 实训63——空间曲线7
❖ 实训64——空间曲线8
❖ 实训65——空间曲线9
❖ 拓展训练——空间鞋型线架

第10章 曲面建模

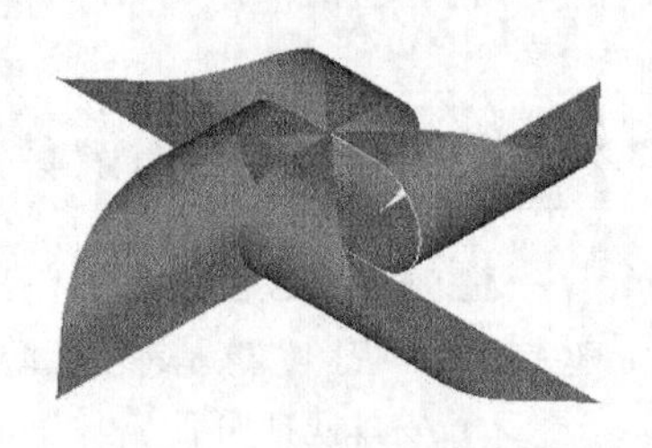

本章主要讲解三维曲面基础和常用的曲面创建方法，读者要掌握基础的曲面建模，如网状曲面、旋转曲面、扫描曲面和举升曲面。在遇到一些曲面问题时，能迅速从大脑中调出基本的模型，也就是能从复杂的曲面中抽取部分的曲面用网状曲面、旋转曲面、扫描曲面和举升曲面等基础曲面来绘制，然后用其他的编辑命令编辑曲面，即可绘制完毕。

本章安排视频如下。

- ❖ 实训66——直纹和举升曲面
- ❖ 实训67——旋转曲面
- ❖ 实训68——扫描曲面
- ❖ 实训69——网状曲面
- ❖ 实训70——围篱曲面
- ❖ 拓展训练——创建水晶球

第11章 曲面编辑

本章主要讲解Mastercam X9曲面编辑，主要包括曲面圆角、曲面补正、曲面延伸、曲面修剪，以及曲面熔接等命令。在绘制比较复杂的造型曲面时，只使用基础曲面是无法完成的，此时只有采用曲面编辑命令对曲面进行添加或修剪，以及圆角、熔接等相关操作，才能达到造型的目的。

本章安排视频如下。

- ❖ 实训71——曲面与曲面圆角
- ❖ 实训72——曲面与曲面修剪
- ❖ 实训73——曲面与曲面熔接
- ❖ 拓展训练——水壶曲面造型

第12章 三维曲面造型设计案例

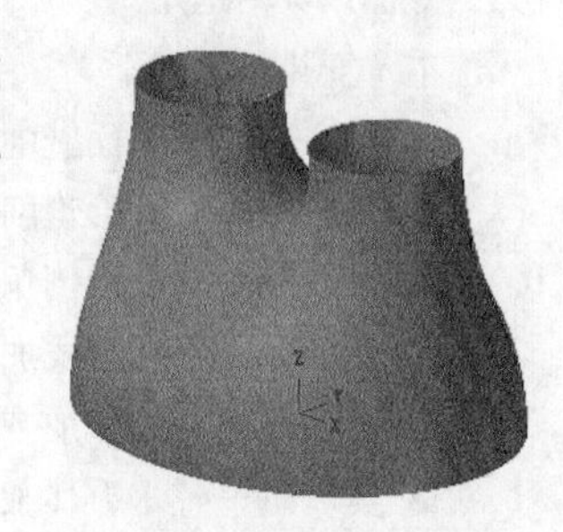

本节主要讲解Mastercam X9曲面造型设计的方法和技巧。Mastercam X9曲面在原有版本的基础上做了很大的改进，绘制曲面更加自由和灵活，本章将以大量的案例来讲解三维曲面造型设计的具体步骤和操作方式。

本章安排视频如下。

- ❖ 拓展训练一：八边形多面体
- ❖ 拓展训练二：飞机模型
- ❖ 拓展训练三：太极八卦
- ❖ 拓展训练四：轮毂
- ❖ 拓展训练五：波浪环曲面
- ❖ 拓展训练六：8字环曲面
- ❖ 拓展训练七：心形曲面
- ❖ 拓展训练八：裤型曲面

第13章 模具设计

本章主要讲解模具设计的基础理论和设计步骤，以及使用Mastercam X9进行拆模的具体操作过程。采用Mastercam X9进行分模，可以解决大部分的一般性模具，但对于比较复杂的模具，采用Mastercam X9进行分模就比较麻烦，读者可以以此章作为基础，主要学习其分模方法和思路。

本章安排视频如下。

❖ 拓展训练一：塑料盖分模

❖ 拓展训练二：利用分模线分模

❖ 拓展训练三：侧抽芯模具分模

❖ 拓展训练四：斜顶模具分模

第14章 数控加工参数

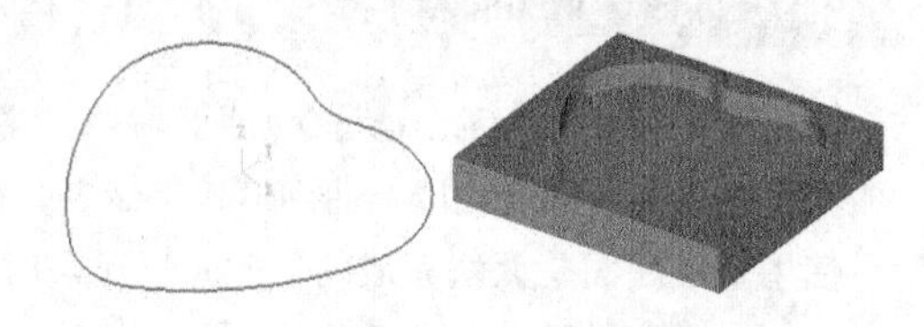

本章主要讲解Mastercam X9二维加工和三维加工相关的参数设置，包括通用参数和一些刀路的特殊专有参数，只有掌握这些参数的含义和设置步骤，才能快速准确地编制高效的加工刀路。

本章安排视频如下。

❖ 拓展训练——心形二维线框加工

第15章 二维铣削加工

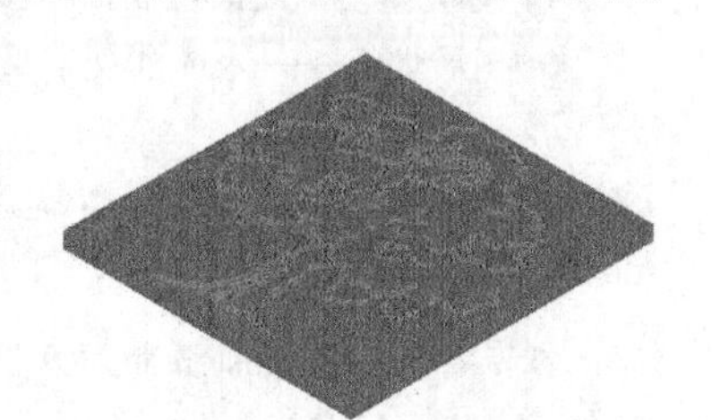

本章主要讲解平面铣削、外形铣削、2D挖槽、木雕、钻孔等二维刀路。其中外形加工和挖槽加工又分多种刀路，在实际加工过程中使用也比较频繁。钻孔刀路有多种钻孔方式，读者要理解每一种钻孔方式的差异，并加以灵活运用。

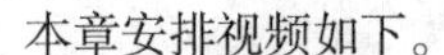

本章安排视频如下。

❖ 实训74——平面铣削

❖ 实训75——外形铣削加工

❖ 实训76——外形倒角加工

❖ 实训77——摆线式加工

❖ 实训78——挖槽加工

❖ 实训79——木雕加工

❖ 实训80——钻孔加工

❖ 拓展训练——箱体面铣加工

第16章 曲面粗加工

本章主要讲解曲面粗加工刀路加工技法。曲面粗加工刀路主要用来开粗，即快速去除大部分残料，讲究效率和速度。本章通过8个案例分别讲解了Mastercam X9的8个粗加工操作，分别是平行粗加工、放射状粗加工、投影粗加工、挖槽粗加工、残料粗加工、钻削式粗加工、曲面流线粗加工、等高外形粗加工。

本章安排视频如下。

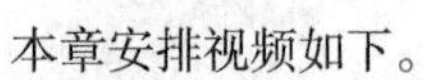

❖ 实训81——平行粗加工

❖ 实训82——放射状粗加工

❖ 实训83——投影粗加工

- ❖ 实训84——挖槽粗加工
- ❖ 实训85——残料粗加工
- ❖ 实训86——钻削式粗加工
- ❖ 实训87——曲面流线粗加工
- ❖ 实训88——等高外形粗加工
- ❖ 拓展训练——模具公模粗加工

第17章 曲面精加工

本章主要讲解曲面精加工技法。Mastercam提供了非常多的精加工刀路，包括平行精加工、放射精加工、陡斜面精加工、浅平面精加工、交线清角精加工、残料清角精加工、环绕等距精加工、熔接精加工等11种精加工刀路。其中，平行精加工、环绕等距精加工等使用较多。平行精加工刀路相互平行，刀路稳定、刀具切削负荷平稳、加工精度较好，是非常好的刀路。环绕等距加工通常用于清除曲面最后一层残料，能产生在曲面上等间距排列的刀路，对陡斜面和浅平面都适用。

本章安排视频如下。

- ❖ 实训89——平行精加工
- ❖ 实训90——放射精加工
- ❖ 实训91——投影精加工
- ❖ 实训92——曲面流线精加工
- ❖ 实训93——等高外形精加工
- ❖ 实训94——陡斜面精加工
- ❖ 实训95——浅平面精加工
- ❖ 实训96——交线清角精加工
- ❖ 实训97——残料清角精加工
- ❖ 实训98——环绕等距精加工
- ❖ 实训99——熔接精加工
- ❖ 拓展训练——吹风机公模精加工

第18章 多轴加工

本章主要讲解多轴加工技法。Mastercam多轴加工功能比行业内其他软件开发的时间都要早，而且功能也比其他软件多，随着近些年的不断完善，Mastercam X9的多轴加工功能已经非常强大，包括标准的多轴加工和一些特殊的高级五轴加工在一些特殊行业和特殊零件上的应用。

本章安排视频如下。

- ❖ 实训100——曲线五轴加工
- ❖ 实训101——沿边五轴加工
- ❖ 实训102——沿面五轴加工
- ❖ 实训103——多曲面五轴加工
- ❖ 实训104——旋转四轴加工

❖ 实训105——管道五轴加工
❖ 实训106——投影五轴加工

第19章 车削加工

本章主要讲解车削编程技法，包括车床坐标系、工件设置等基础知识，以及各种车削编程技法，使读者掌握基本的粗车削技法、精车削技法、车槽技法、车削端面技法等。此外，还会编制如快速简式粗车、快速简式精车、快速简式径向车削等快速简式车削模组和粗车循环、精车循环、径向车削循环以及外形车削循环等循环车削模组。

本章安排视频如下。

❖ 实训107——粗车削加工
❖ 实训108——精车削加工
❖ 实训109——车槽加工
❖ 实训110——车削端面加工
❖ 实训111——其他车削加工

第20章 线切割加工

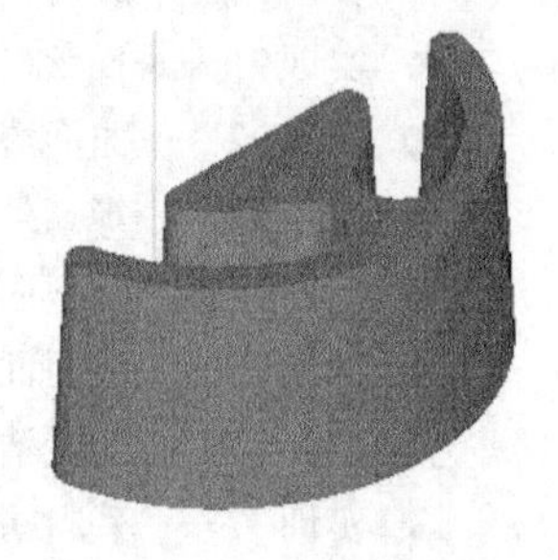

本章主要讲解线切割加工技法，线切割加工是放电加工的一种，在现代模具制造业中应用非常广泛。线切割加工包括外形线切割、无屑线切割、四轴线切割等。外形线切割可以加工垂直侧壁或者加工带有锥度的零件，无屑线切割可以加工类似于铣削凹槽的工件，四轴线切割可以加工上下异形工件。通过本章的学习，读者要注意电参数的设置，放电间隙的设置对实际的影响非常大。在此基础上，掌握各种线切割加工技法，重点掌握外形线切割加工技法。

本章安排视频如下。

❖ 实训112——外形线切割加工
❖ 实训113——外形带锥度线切割加工
❖ 实训114——无屑线切割加工
❖ 实训115——四轴线切割加工

第21章 模具加工案例

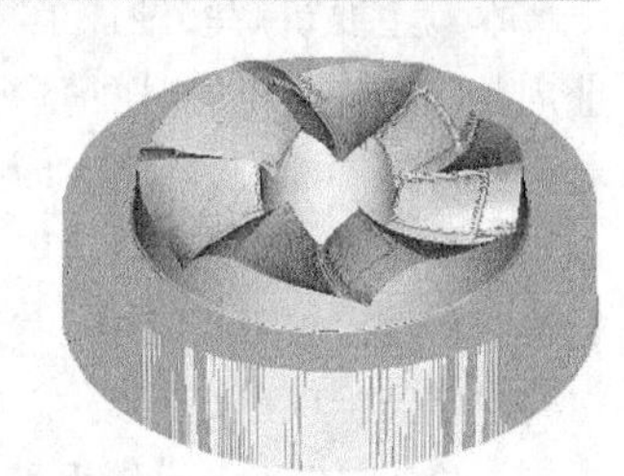

模具有很多种，如金属冲压模具、塑胶成型模、压铸模具、锻造模具、粉末冶金模具、橡胶模具等。模具加工是指成型和制坯工具的加工。通常情况下，模具由上模和下模两部分组成。例如，冲压模具是将钢板放置在上下模之间，在压力机的作用下实现材料的成型，当压力机打开时，会获得由模具形状所确定的工件或去除相应的废料。塑料注射成型所用的模具称为注塑成型模具，简称为注塑模。使用时，将模具固定在注塑机上，通过注塑机将高温高压熔融后的塑料注入模腔，经过冷却及固化成型后，开模取出制品。

本章安排视频如下。

❖ 拓展训练一：玩具车凹模加工
❖ 拓展训练二：电风扇公模加工

第1章

Mastercam X9基础入门

作为一款CAD/CAM集成软件，Mastercam系统包括设计（CAD）和加工（CAM）两大部分。其中设计（CAD）部分主要由Design模块实现，它具有完整的曲线曲面功能，不仅可以设计和编辑二维、三维空间曲线，还可以生成方程曲线；采用NURBS、PARAMETERICS等数学模型，可以以多种方法生成曲面，并具有丰富的曲面编辑功能。

本章主要讲解Mastercam X9造型和编程的入门基础知识，帮助用户快速掌握Mastercam X9操作技巧。

知识要点

※ 了解Mastercam X9软件基础知识。
※ 熟悉Mastercam X9软件界面。
※ 了解Mastercam X9软件常用设置。
※ 掌握Mastercam X9的文件管理方式。
※ 掌握Mastercam X9的选择方式。

案例解析

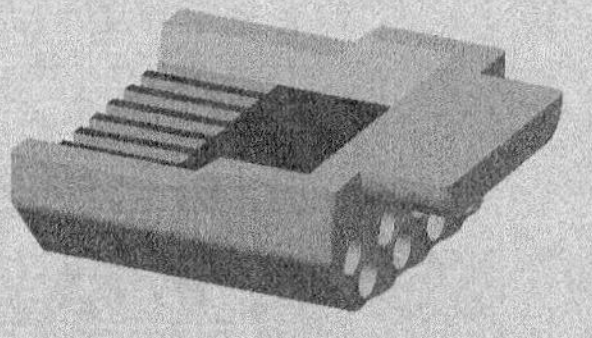

▲水晶头部件

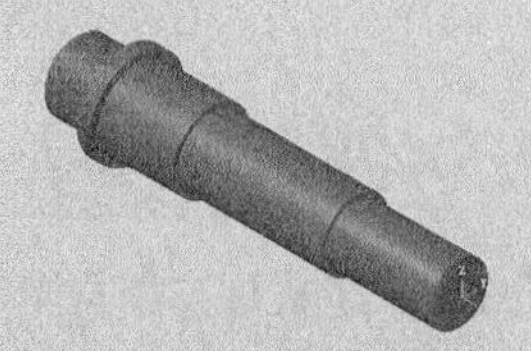

▲阶梯轴

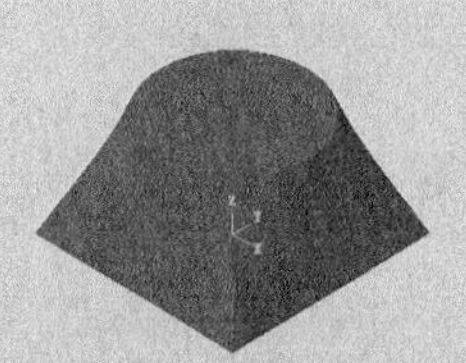

▲天圆地方模型

1.1 Mastercam X9的工作界面

在桌面上启动软件后，即出现Mastercam X9软件的工作界面，该工作界面包括标题栏、菜单栏、工具栏、状态栏、操作管理器、快捷工具栏、绘图区等，如图1-1所示。

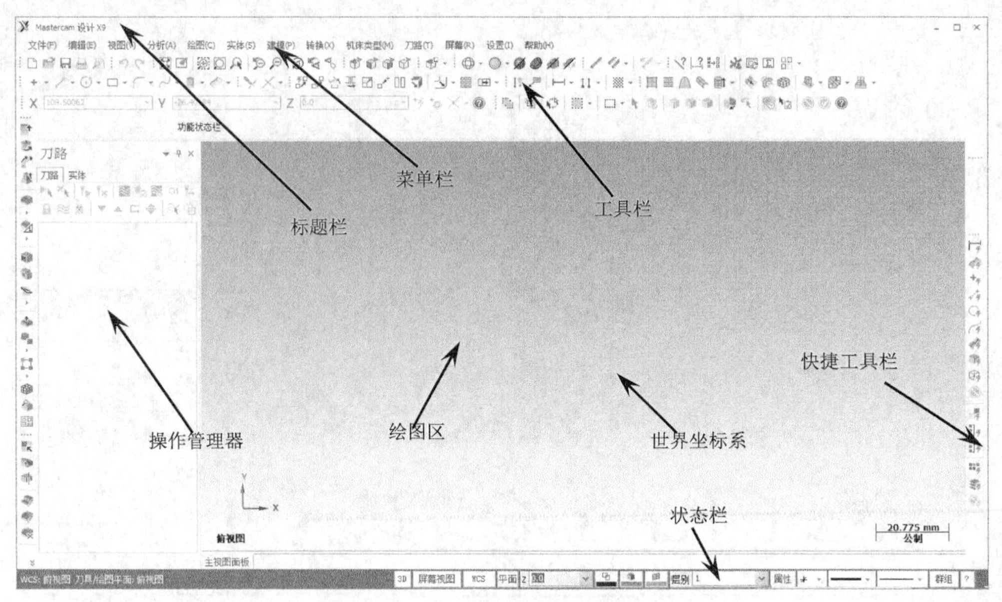

图1-1 Mastercam X9工作界面

部分选项的功能如下。

❖ 标题栏：用于显示当前软件的版本信息、当前使用的模块、打开文件的路径及文件名称等。

❖ 菜单栏：显示软件所有的菜单栏，其中包含软件当前板块的所有命令。由于各个模块被整合为一体，因此不管哪个模块，菜单栏都相同。

❖ 工具栏：位于菜单栏下方，提供常用菜单项的快捷图标。

❖ 操作管理器：用来管理实体和刀路。操作管理器可以折叠，也可以打开。所有实体相关的操作都可以在实体管理器中完成，所有刀路相关的操作都可以在刀路管理器中完成，实现了实体与刀路的便捷操作。

❖ 状态栏：用来设置或更改图形的属性信息，包括颜色、Z深度、图层、线型和线宽等。

1.2 文件管理

文件管理包括新建文件、打开文件、插入已有文件、导入和导出文件等。在绘制图素后，需要对图素进行管理，如保存和新建等。这些功能是文件处理过程中经常会用的，用户必须要合理地管理文件，以方便以后的调取或随时重新进行编辑。

1.2.1 新建文件

在启动软件时，系统就默认新建了一个文件，用户不需要再新建文件，可以直接在当前窗口绘图。若用户在使用后，想再新建一个文件，可以在菜单栏执行【文件】→【新建】命令，弹出询问对话框，询问用户是否对刚才的文件进行保存，如图1-2所示。

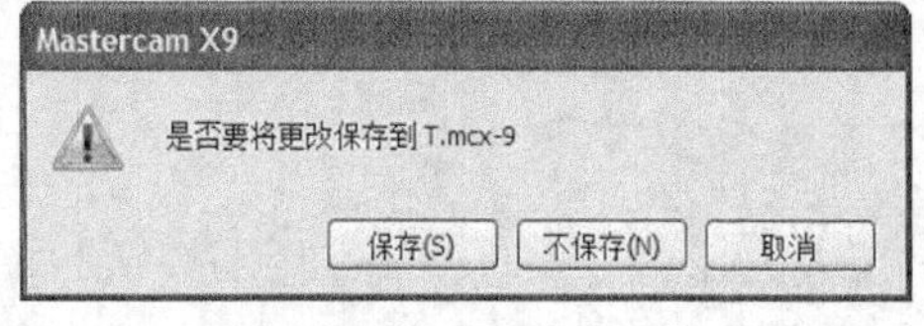

图1-2 询问是否保存文件

在询问对话框中单击【保存】按钮，则对刚才的文件进行保存，弹出【另存为】对话框，该对话框用来设置保存路径，如图1-3所示。在询问对话框中单击【不保存】按钮，则删除先前的图素，直接新建文件。

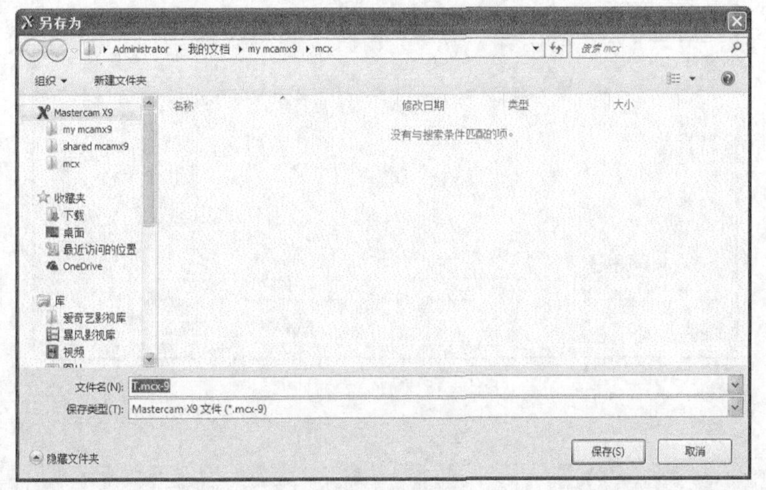

图1-3　保存文件

1.2.2　打开文件

如果要调取其他文件，可以在菜单栏执行【文件】→【打开】命令，弹出【打开】对话框，该对话框用来查找打开目录，调取需要的文件。还可以在右边的预览框预览所选的图形，查看是否是自己需要的文件，从而方便选择，如图1-4所示。

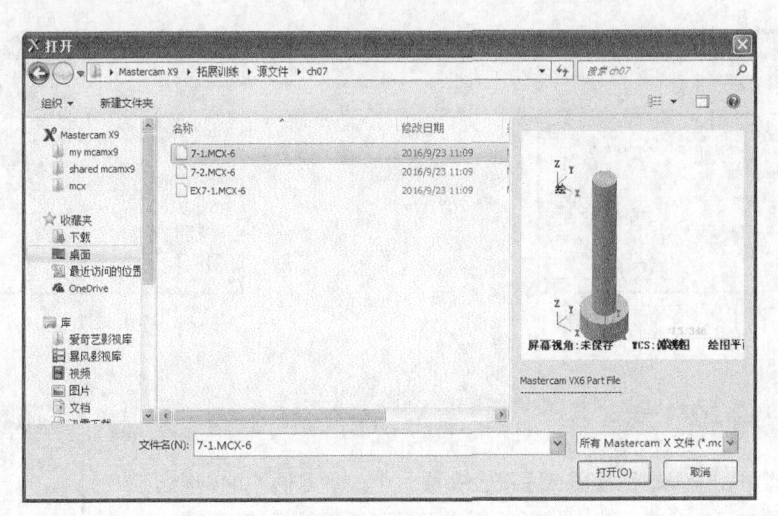

图1-4　打开文件

1.2.3　保存文件 / 另存文件 / 保存部分文件

保存文件有3种方式，保存文件、另存文件和保存部分文件。如果用户需要保存所完成的文件，可以在菜单栏执行【文件】→【保存文件】命令，弹出【另存为】对话框，设置保存文件的路径，如图1-5所示。

另存文件和保存部分文件时，弹出的对话框一样。另存为是将当前文件复制一份副本另外存储，相当于保存副本。保存部分文件是选择绘图区某一部分图素进行保存，而没有选择的则不保存。

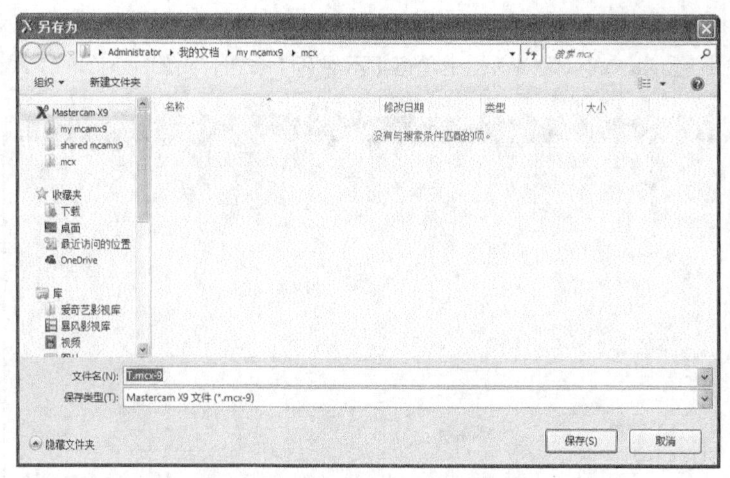

图1-5 【另存为】对话框

1.2.4 导入/导出文件

导入/导出文件主要是将不同格式的文件相互转换。导入是将其他类型文件转换为MCX格式的文件。导出是将MCX格式的文件转换为其他格式文件。

在菜单栏执行【文件】→【导入文件夹】命令，弹出【导入文件夹】对话框，在【导入文件类型】下拉列表中选择要转换的文件格式，如图1-6所示。

在菜单栏执行【文件】→【导出文件夹】命令，弹出【导出文件夹】对话框，在【输出文件类型】下拉列表中选择要转换成的文件格式，如图1-7所示。

图1-6 【导入文件夹】对话框

图1-7 【导出文件夹】对话框

1.2.5 设置网格

设置网格功能主要用来辅助绘图，系统会在屏幕上显示等间距的密布矩形点阵，用户在绘图时可以参考网格点进行绘制，而且可以用鼠标捕捉网格点来绘制图形。在菜单栏执行【屏幕】→【网格设置】命令，弹出【网格参数】对话框，如图1-8所示，该对话框用来设置网格的相关参数。

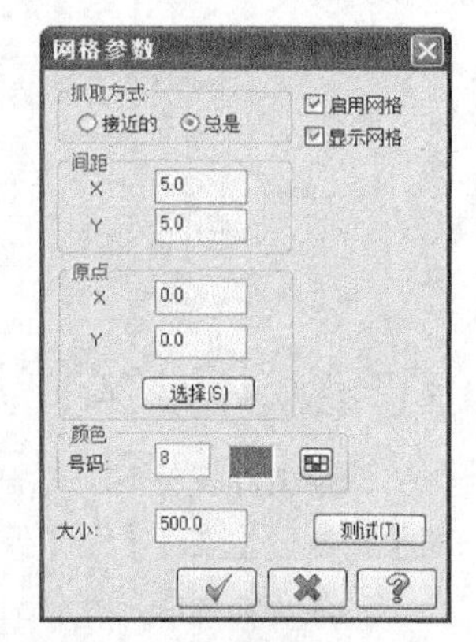

图1-8 【网格参数】对话框

1.2.6　系统配置设定

系统配置主要用来控制Mastercam X9所有系统参数的设定，包括绘图颜色、工作区背景颜色、绘图单位制以及绘图和刀路等。要更改系统配置，可以在菜单栏执行【设置】→【系统配置】命令，弹出【系统配置】对话框，如图1-9所示，该对话框用来设置系统内定参数。

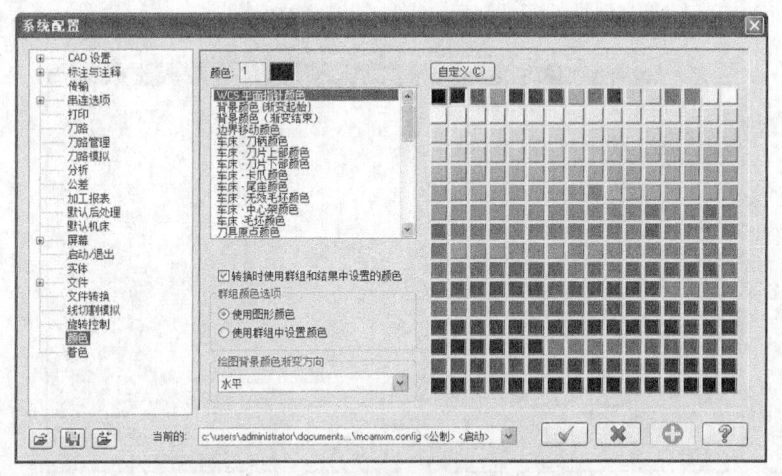

图1-9　【系统配置】对话框

实训01——转换图档

将图1-10所示的水晶头主体图形的Parasolid格式转换为STP格式。

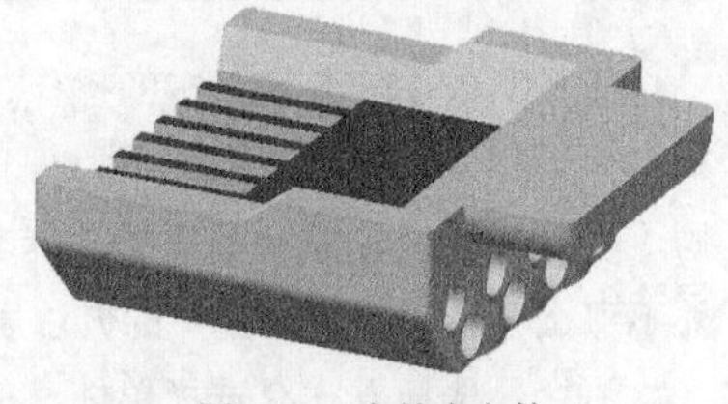

图1-10　水晶头主体

操作技巧

目前流行的3D软件种类较多，但有些3D软件不能直接读取其他软件的文件，必须通过中间的媒介格式来进行转换，如STP格式就是其他主流3D软件的实体转档格式，IGS格式为3D软件的曲面转档格式。

01 打开源文件。在菜单栏执行【文件】→【打开文件】命令，弹出【打开】对话框，在【文件类型】下拉列表中选择打开文件的类型为“Parasolid文件（x_t）”格式，选择“实训\源文件\Ch01\1-1.x_t”文件，如图1-11所示。

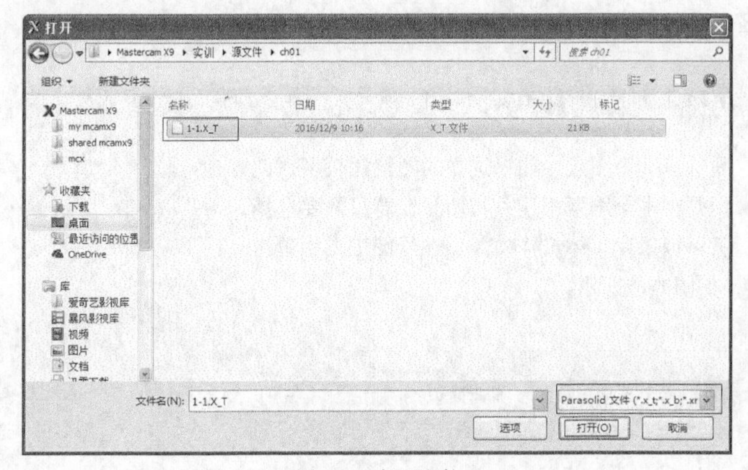

图1-11　打开文件

02 在【打开】对话框中单击【打开】按钮［打开(O)］，系统打开如图1-12所示的x_t格式的文件。

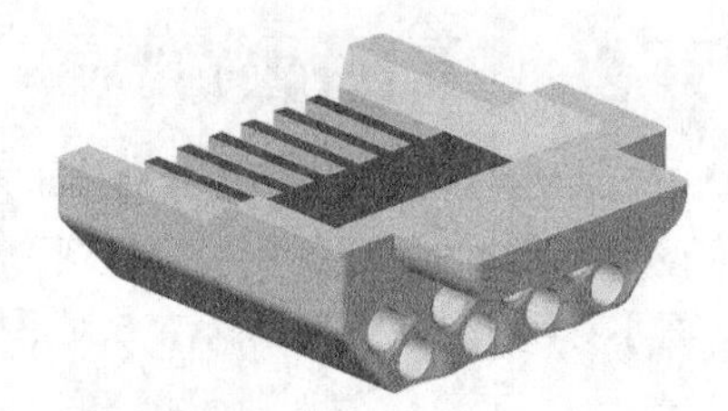
图1-12 打开结果

03 另存文件。在菜单栏执行【文件】→【另存文件】命令，弹出【另存为】对话框，如图1-13所示。在【保存类型】下拉列表中选择另存文件的类型为“step文件”格式，单击【保存】按钮［保存(S)］，系统将当前图形保存为副本stp格式。结果文件见“实训\结果文件\Ch01\1-1.stp”。

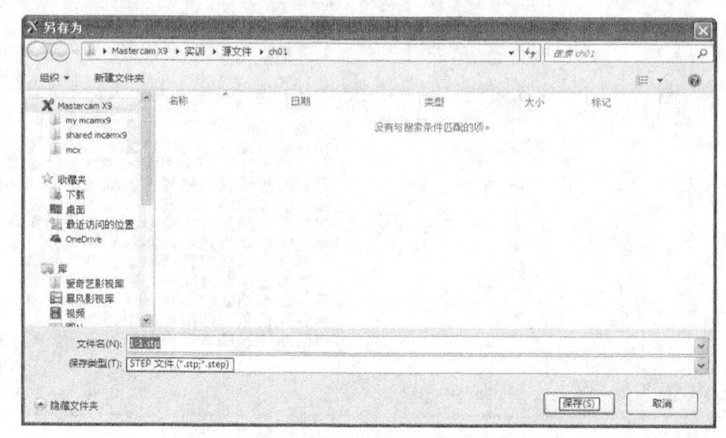

图1-13 另存文件

1.3 图素的选择方式

选择图素是软件最基本的操作，对图素执行操作之前必须先选择图素，才可以对其执行操作，因此，快速、准确地选择图素是非常必要的。随着绘图区叠加的图素越来越多，在繁多的图素中选择想要的图素并不那么容易，但掌握选择的方法后，选择图素就变得容易多了。

图素的选择方式有选择单体、选择串联、窗选、选择多边形、向量选择和区域选择等。有两种方式可以调取，一种是在没有调取任何命令时，直接在工具栏上切换选择工具，然后即可进行选择；另外一种是在调取了某一工具后，在弹出的【串联选项】对话框中切换多种选择方式，与工具栏中的选择方式相同，如图1-14所示。

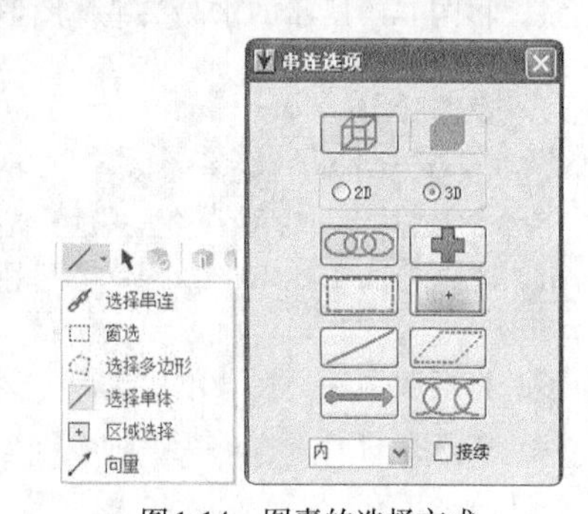

图1-14 图素的选择方式

下面详细讲解各种选择方式的含义和操作。

1.3.1 选择单体

选择单体是一次只选择一个图素，如果选择的图素比较多，此方式比较费时费力。但是在多个图素相连并相切时，若只需要选择某一个单独的图素，就可以采用单体选择模式。在绘图工具栏单击【选择单体】按钮，如图1-15所示。

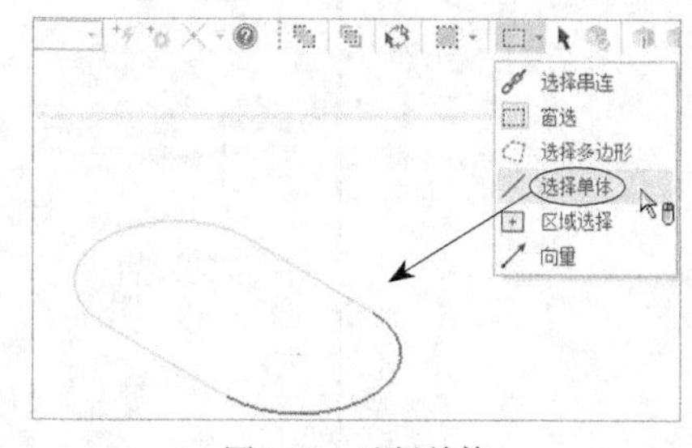

图1-15 选择单体

技术支持

选择单体方式除了可以逐个选择对象外，在曲面边界的选择过程中，如果曲面边界没有曲线，就可以采用选择单体方式直接选择曲面边界，而无须再抽取曲面的边界曲线。

1.3.2　串联选择

当多个图素首尾相连组成串联时，逐个选择图素太浪费时间，这时可以采用选择串联方式一次选择所有相连接的图素，选择效率比较高。串联分为开放式串联和封闭式串联。开放式串联不形成环，即不封闭，存在独立的起点和终点。封闭式串联是一个封闭环，起点和终点重合。串联选择有3种方式。

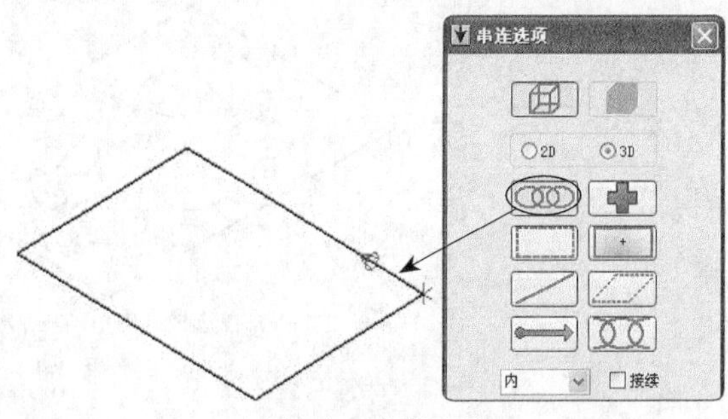

图1-16　串联选项

❖ 在选择工具栏单击【选择串联】按钮，再在绘图区选择串联。

❖ 按住Shift键的同时，在绘图区选择串联。

❖ 在弹出的【串联选项】对话框中单击【串联】按钮，如图1-16所示，即可在绘图区实现串联选择。

1.3.3　窗选

当要选择的图素较多，而且它们之间不形成串联时，可以采用窗选方式选择图素。调取窗选方式有两种方法：一种是在弹出的【串联选项】对话框模式下窗选，选择方式如图1-17所示；另一种是在工具栏中选择窗选。后一种窗选分为范围内和范围外，因此根据窗选区域的不同，窗选的类型也有区别。窗选类别下拉列表中包括范围内、范围外、内+相交、外+相交和相交5种窗选类型，如图1-18所示。

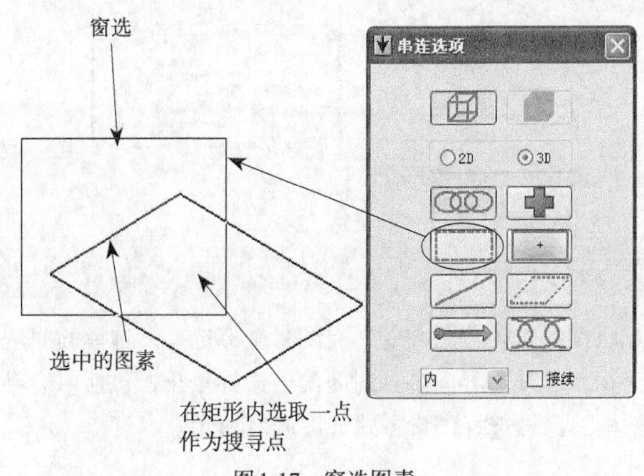

图1-17　窗选图素

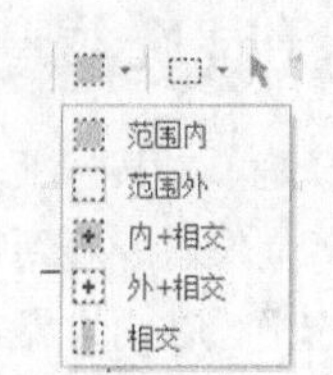

图1-18　窗选类别

各种窗选类别的含义如下。

❖ 范围内：只选中矩形框之内的图素。

❖ 范围外：只选中矩形框之外的图素。

❖ 内+相交：选中矩形框之内的和与矩形框相交的图素。

❖ 外+相交：选中矩形框之外的和与矩形框相交的图素。

❖ 相交：只选中与矩形框相交的图素。

1.3.4　选择多边形

当要选择的图素较多，它们之间不形成串联，并且也不集中在矩形框之内时，可以采用多边形选择方式选择图素，如图1-19所示。

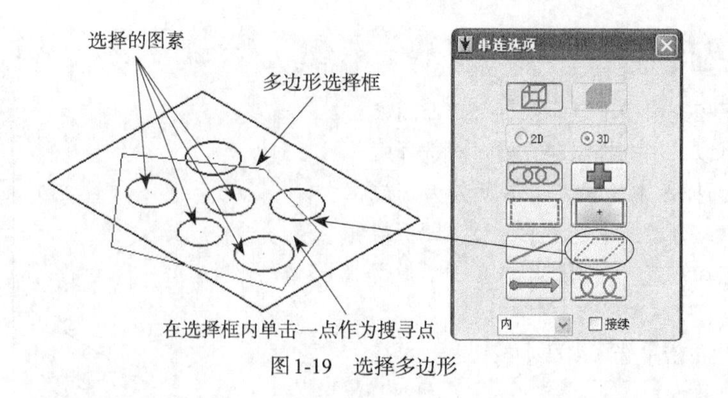

图1-19　选择多边形

1.3.5　向量选择

向量选择是拖曳鼠标拉出一段或多段向量，凡是与向量相交的串联都被选择，也就是说与向量相交的图素，以及与此图素相连组成的串联都被选择，如图1-20所示。

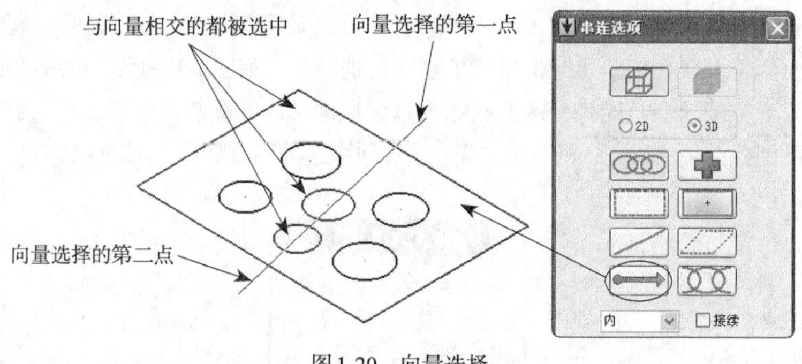

图1-20　向量选择

1.3.6　区域选择

区域选择是单击某一点，系统会将此点所在的封闭范围内的所有图素全部选择，选择的原理是以此点作为中心，向四周发散，直到封闭的外边界为止，从外边界向内到封闭的内边界停止，包括内边界。在外边界之外的不被选中，在内边界之内的也不被选中。区域选择图素方式如图1-21所示。

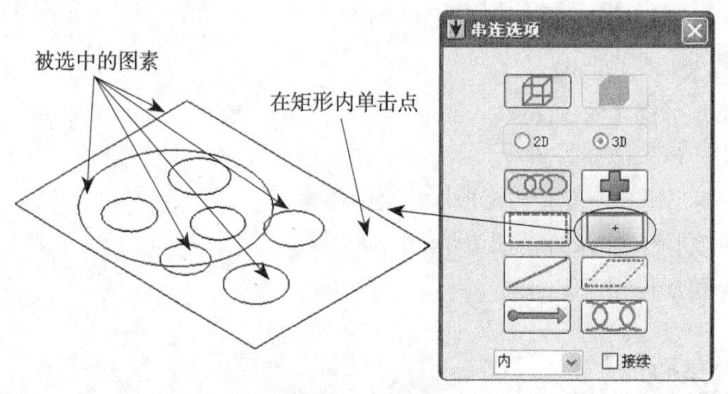

图1-21　区域选择

1.3.7　部分串联

当只需要选择串联中的某一部分图素时，采用串联选择会多选，采用单体选择会少选，此时可以采用部分串联功能，只选择需要的。或者当图素较多时，并且存在分歧点时，即3个或3个以上图素有共同的交点时，可以采用部分串联。在【串联选项】对话框中单击【部分串联】按钮，系统提示【选择第一个图素】，选择直线，接着提示【选择最后一个图素】，选择另外一条直线，如图1-22所示。

技术支持

部分串联主要用于选择串联曲线中的一部分，避免采用串联方式选择到不需要的全部曲线。此外，当一串联中间存在分叉时，采用串联是无法选择的，而采用部分串联却可以通过分叉选择整条曲线。

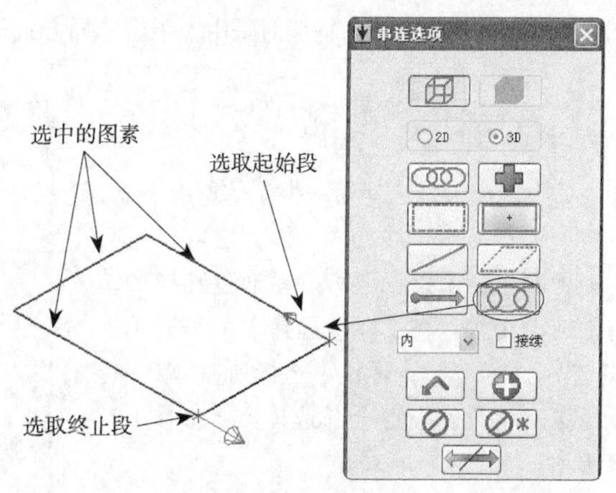

图1-22　部分串联

实训02——部分串联

本实训通过阶梯轴来说明串联选择方式在曲面建模中的运用，如图1-23所示。

下面详细讲解其绘制步骤。

01 在菜单栏执行【文件】→【打开文件】命令，打开“实训\源文件\Ch01\1-2.mcx-9”，源文件如图1-24所示。

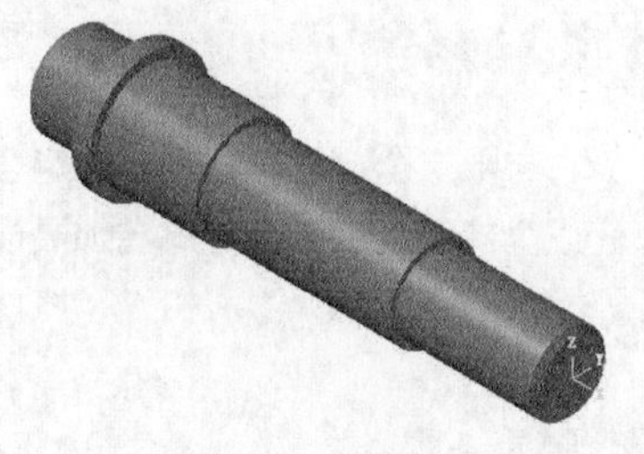

图1-23　阶梯轴

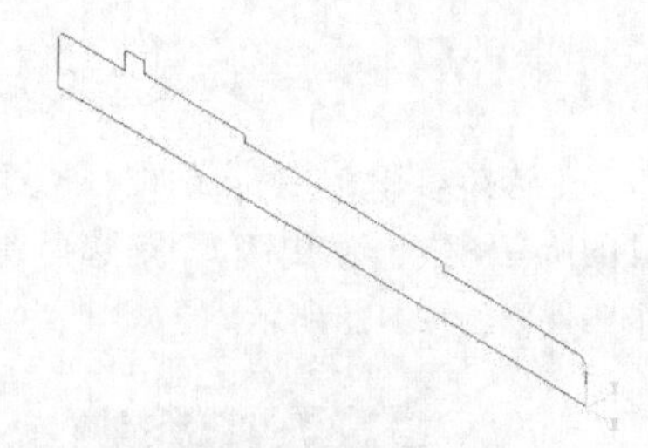

图1-24　源文件

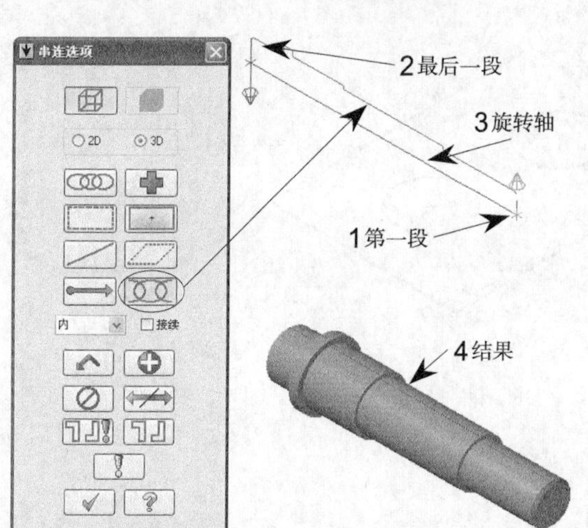

图1-25　旋转操作

02 绘制旋转曲面。在菜单栏执行【旋转曲面】按钮，然后按图1-25所示操作创建旋转曲面。

03 旋转结果如图1-26所示。结果文件见“实训\结果文件\Ch01\1-2.mcx-9”。

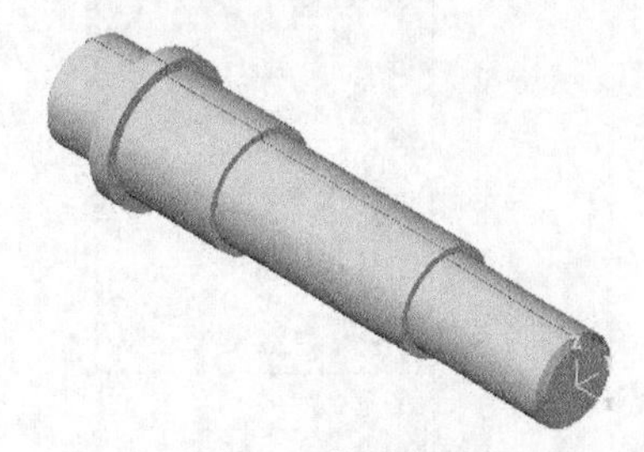

图1-26　旋转结果

1.4　限定选择方式

限定选择方式是设置限定的条件，系统根据条件来选择某一类图素，此方式适合于绘图区图素非常多，选择的图素又有明显的特征时采用。限定选择方式包括限定全部和限定单一两种。下面将具体讲解。

1.4.1 限定全部

限定全部是选择某一类型的所有图素，类型可以是点、线、面、体，也可以是某一种颜色的图素，还可以是通过转换的结果或群组等。在【标准选择】工具栏单击【单一】按钮，弹出【选择所有-单一选择】对话框。限定全部选择方式如图1-27所示。

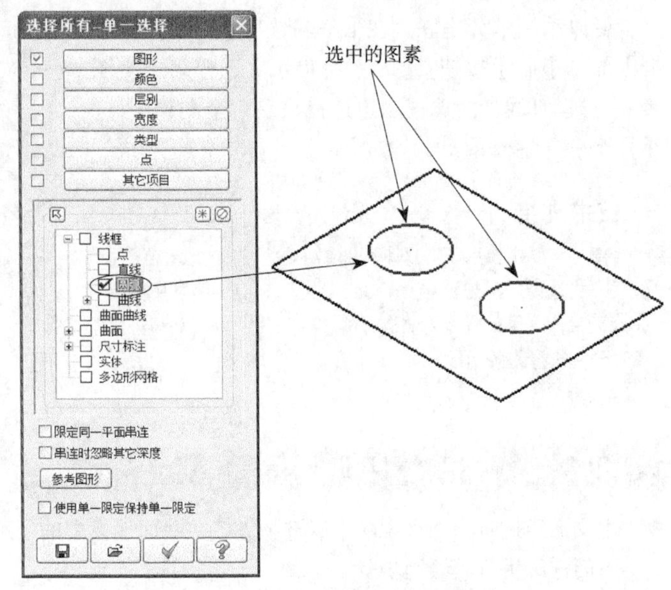

图1-27 限定全部

技术支持

限定全部是通过选择类集的方式来选择某一类的所有图素，在辅助绘图功能中使用比较多，如隐藏、转层和编辑颜色等。此种方式不需要直接选择对象，因此选择范围广，速度快。

1.4.2 限定单一

限定单一是选择具备一类特征的类型，然后再在绘图区中选。它与限定全部的区别是，限定全部是选择具备该条件的所有图素，而限定单一是选择具备该条件的某一部分或全部图素，选择方式更加灵活，而且可以选择多个条件，如图1-28所示。

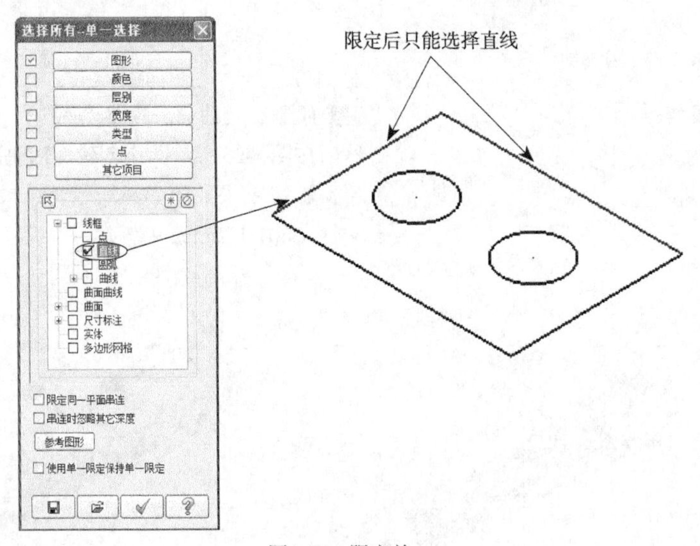

图1-28 限定单一

技术支持

限定单一选择方式是弥补限定全部方式的不足，当对象比较多不好选，需要选择某一类对象中的部分时，就不能采用全部限定，而只能采用单一限定方式，然后再选择需要的对象。

1.4.3　手动捕捉点

在绘图过程中，有时不容易捕捉点，从而导致选择错误，这时可以采用手动捕捉，增加捕捉的成功率。手动捕捉特别适合在某些特征点相互靠近，采用自动捕捉非常难选时采用。单击工具栏【手动捕捉】按钮的下拉按钮，弹出手动捕捉下拉列表，如图1-29所示。

另外，在绘制曲面时，如果曲面边界没有曲线，想选择边界的端点，就必须手动捕捉端点。需要将矩形曲面的中心移动到坐标系原点，就必须找出矩形曲面的中心点，因此矩形曲面对角点连线的中点即为曲面中心。绘制对角线的步骤，如图1-30所示。

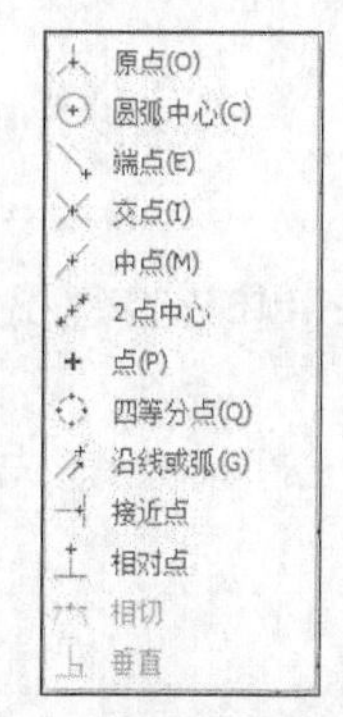

图1-29　手动捕捉下拉列表

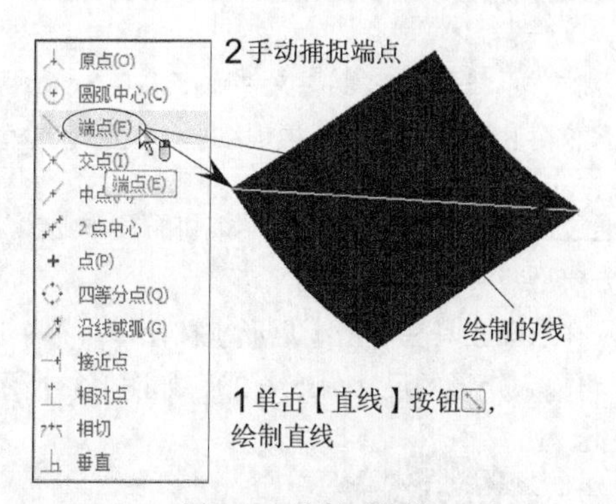

图1-30　绘制对角线

技术支持

捕捉点功能提供了精确选择点模式，它有时比系统自动捕捉点模式更加精准，而且有些点是自动捕捉无法捕捉到的，如曲面的端点等。在点比较多的地方，手动捕捉点比自动捕捉点更加具有优势。

1.4.4　串联选项设置

在选择图素时，有时候需要进行相关设置，可以在【串联选项】对话框中单击【串联设置】按钮，弹出【串联选项】对话框，设置串联相关参数，如图1-31所示。

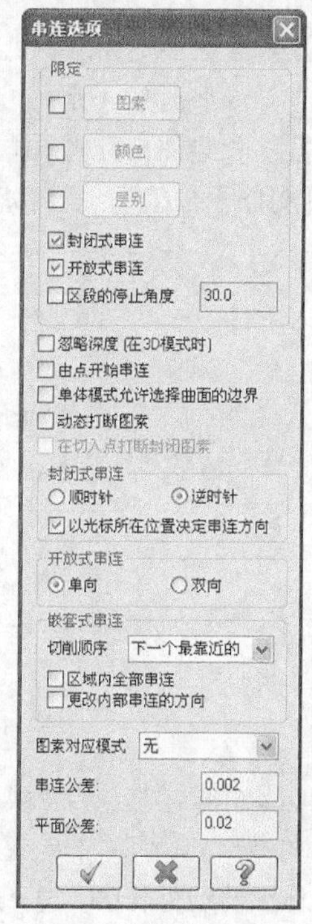

图1-31　设置串连选项

各选项含义如下。

❖ 限定：设置串联限定选择的类型。

❖ 封闭式串联：勾选该复选框，可以选择封闭式串联。

❖ 开放式串联：勾选该复选框，可以选择开放式串联。

❖ 忽略深度：勾选该复选框，在3D模式下，可以选择不在同一深度下的串联。

❖ 单体模式允许选择曲面的边界：勾选该复选框，在采用单体选择时，可以直接选择曲面边，而不用抽取曲面的边界。

❖ 封闭式串联：设置串联方向，有顺时针和逆时针两种。

❖ 图素对应模式：设置串联的对应方式，可以根据图形选择依据图素、依据节点、手动等方式。

❖ 串连公差：设置选择串联公差，当实际公差大于设置的选择公差，无法选择串联时，可以通过加大公差来进行串联。

技术支持

串联公差决定用户选择曲线的精度，当串联曲线内部存在间隙，间隙大于设置的串联公差时，就无法选择，此时可以通过加大串联公差来选择串联，此种方式适用于选择转档过来的曲线和投影后的曲线。

1.5 拓展训练——创建天圆地方模型

引入文件：无

结果文件：拓展训练\结果文件\Ch01\1-3.mcx-9

视频文件：视频\Ch01\拓展训练——天圆地方模型.avi

本例主要通过绘制天圆地方模型来具体讲解串联选择方式的使用技巧。采用串联选择方式绘制如图1-32所示的天圆地方模型。

01 绘制矩形。在绘图工具栏单击【矩形】按钮，再单击【设置基准点为中心】按钮，先输入圆心点坐标为（0,0,0），再输入矩形的尺寸为20×20，如图1-33所示。

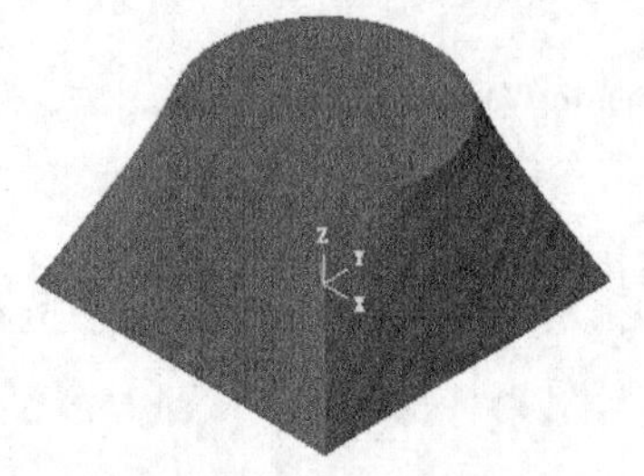

图1-32　天圆地方模型

图1-33　绘制底部矩形

02 绘制圆。在绘图工具栏单击【绘圆】按钮，输入圆心点坐标为（0,0,10），再输入直径为15，绘制圆的结果如图1-34所示。

03 在绘图工具栏单击【修剪\打断\延伸】按钮，在弹出的工具条中单击【修剪至点】按钮，再单击【打断】按钮，选择矩形边后选择中点为打断点。打断结果如图1-35所示。

图1-34　绘制顶部圆

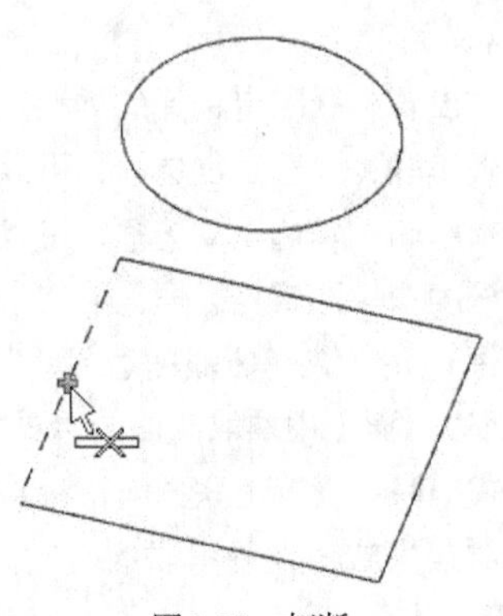

图1-35　打断

04 在菜单栏执行【实体】→【举升】命令，弹出【串联选项】对话框，单击【串联】按钮，靠近刚才打断点处选择矩形串联后再选择圆，绘制出举升实体，如图1-36所示。

05 将线框转层。选择所有线框，在层别按钮上单击鼠标右键，修改图层编号为2，操作步骤如图1-37所示。

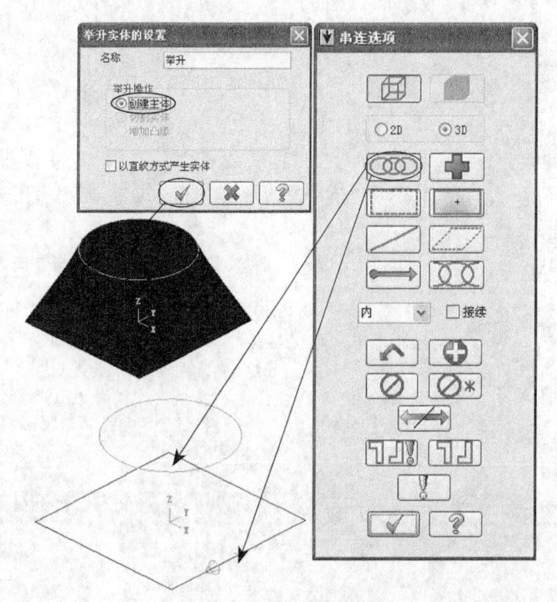

图1-36　绘制举升实体

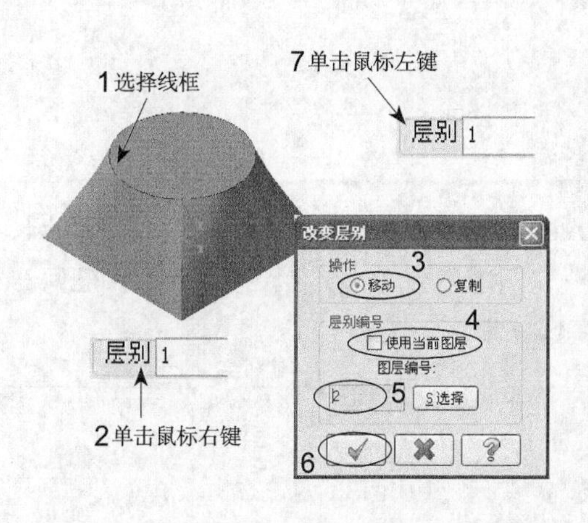

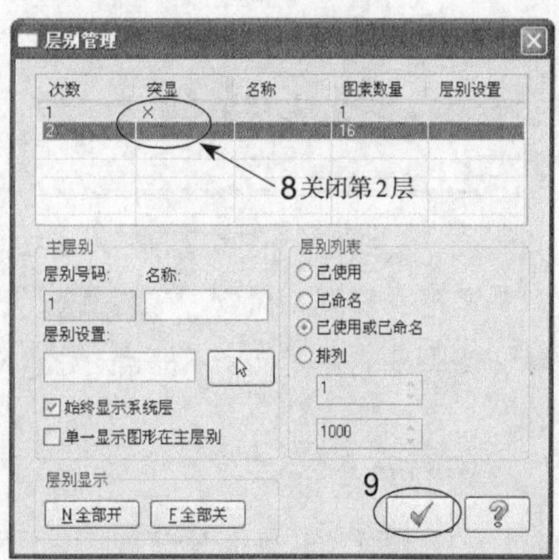

图1-37　转层

06 图层关闭后线架被隐藏，结果如图1-38所示。

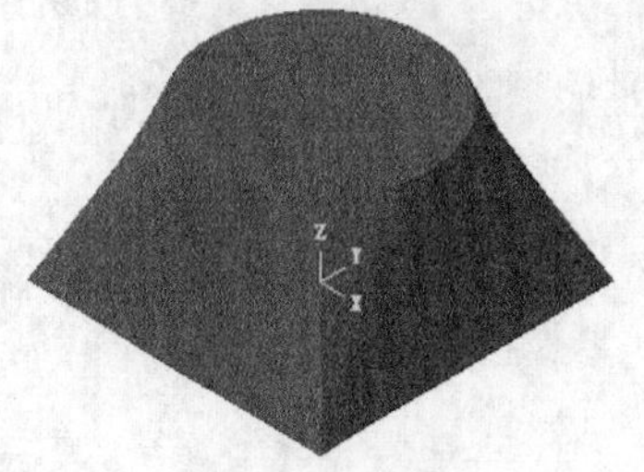

图1-38　结果

操作技巧

打开图层是在图层按钮上单击，而要将图素转层或者将图素复制到其他层，则需要在图层按钮上单击鼠标右键，并在弹出的【改变图别】对话框中进行相关设置。

1.6　课后习题

（1）比较各种选择方式的优缺点。

（2）部分串联在什么情况下使用？

（3）什么情况下使用手动捕捉点？

（4）限定全部和限定单一选择方式有什么区别？

（5）窗选有哪几种形式？

第2章

二维绘图

二维图形的绘制是Mastercam建模和加工的基础，包括点、线、圆、矩形、椭圆、盘旋、螺旋线、曲线、圆角和倒角、文字和边界盒等。任何一个图形的建模都离不开点、线、圆等基本几何元素。

知识要点

※ 掌握点、线、圆和曲线的基本绘制技巧。
※ 理解二维造型的思维方法。
※ 掌握切弧的造型技巧。
※ 掌握矩形的定位方式。
※ 掌握多边形和椭圆的造型方法。
※ 掌握曲线绘制技巧。

案例解析

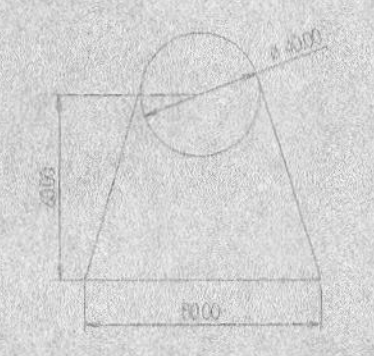

▲绘制线

▲绘制平行线

▲绘制圆

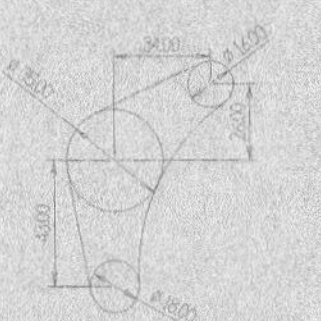

▲三点画圆

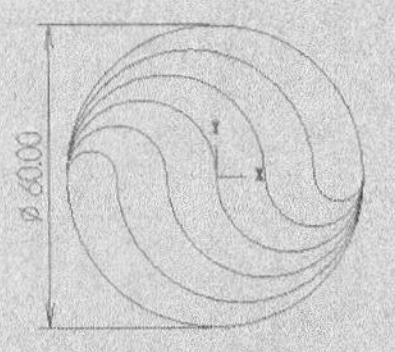

▲切弧

▲弹簧

2.1　Mastercam X9二维造型的基本思维方法

在绘制二维图形时，首先要看懂图形，理清图素之间的位置和形状关系，以及图形的结构和尺寸（如定位尺寸、定形尺寸和总体尺寸），并找出长度方向和高度方向基准。以基准方向作为绘图的基准，画出一些主要的定位尺寸线，再依据总体尺寸绘制出图形的框架，然后绘制局部细节，最后绘制倒圆角和倒角等辅助细节部分。所有图形绘制完毕，再消除一些不必要的线条、替换颜色和整理图层等以完善细节。因此，二维造型和建筑一样，框架正确了，再填充就不难，思维方法对了，绘图技巧就比较容易掌握。

绘图的基本思维是先绘制相对位置、基准等，然后再联想局部图素和Mastercam X9的基本点、线、圆的关联关系，即这些组合起来的图素都是由基本的点、线、圆和曲线通过一定的规律和位置排列而成的，这样想就很容易找到绘图的突破口了。

2.1.1　点

点是几何图素中最基本的元素，点在实际建模中用得并不多，但是点的思想贯穿整个建模和加工过程。在建模过程中，用户不需要创建点，而是直接创建线、圆和其他图素，但是，线也是由两点创建而来的，所以点是创建其他所有图素的基础。下面说明点的创建过程。

2.1.2　指定位置绘点

任意位置点主要用于作为鼠标位置点或在屏幕图素上捕捉的特殊点。另外，还可以采用鼠标捕捉特殊点来绘制点。例如，先绘制100mm × 100mm的矩形，并将矩形全部倒圆角R20，需要在此矩形的特殊位置上添加点，如图2-1所示。在菜单栏执行【绘图】→【绘点】→【绘点】命令，用鼠标左键捕捉倒圆角矩形的9个特殊点，即可在该位置创建点，如图2-2所示。

图2-1　矩形倒圆角

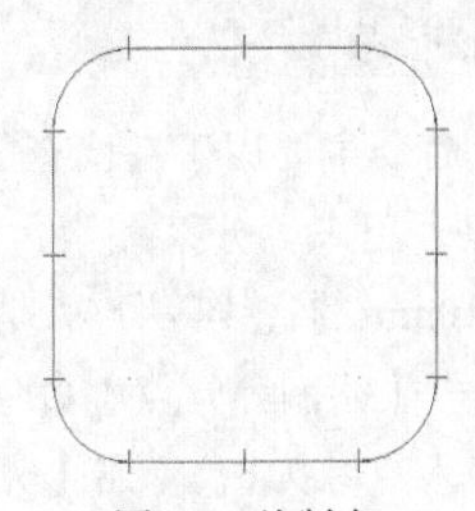

图2-2　绘制点

另外，还可以直接在坐标输入栏输入点的坐标。也可以直接单击【快速输入点】按钮，在弹出的【快速输入框】中输入点的坐标。例如，输入“x10y20z30”创建该坐标点，如图2-3所示。

除了可以带x、y、z输入外，还有更快捷的输入方式，例如，仍要输入x10y20z30的坐标点，直接输入“10,20,30”即可，坐标之间用逗号连接，如图2-4所示。

x10y20z30

图2-3　快速输入点

10,20,30

图2-4　快速输入

技术支持

记住此时的输入法一定要在英文状态下，如果在中文输入法环境下，就会出错。另外，如果觉得每次都要单击【快速输入点】图标麻烦，可以直接按Space键（即空格键）打开快速输入栏，甚至可以直接输入数字，系统会自动切换到快速输入坐标模式，这样输入更加便捷。

2.1.3 动态绘制点

动态绘制点命令用于在线段、圆、圆弧、曲线、曲面曲线、曲面及实体面等几何图素上动态绘制点。所有绘制的点都在选择的图素上。例如，先绘制曲线，如图2-5所示，然后采用动态绘制点命令在曲线上创建部分点。在菜单栏执行【绘图】→【绘点】→【动态绘点】命令，单击选中曲线，并移动鼠标指针到需要创建点的位置，单击即可确定点。同样的方法可以绘制多个点，按Esc键退出命令，如图2-6所示。

图2-5　绘制的曲线　　图2-6　动态绘制点

另外，还可以在线上绘制指定长度的点，此点以线的起点为参考依据，距离是从起点到此点的距离。如在一条曲线上绘制距离是30mm的点，在菜单栏执行【绘图】→【绘点】→【动态绘点】命令，单击选中曲线，在参数输入栏输入【距离】为30，单击【完成】按钮，从距离线的起点位置30mm的地方创建点，如图2-7所示。

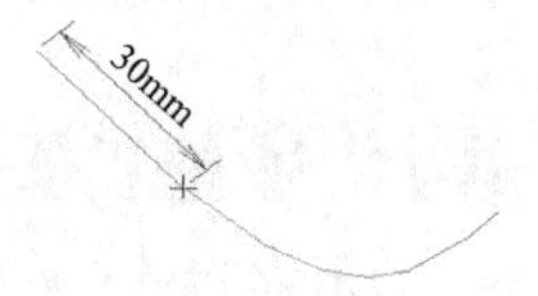

图2-7　绘制结果

2.1.4 绘制曲线节点

绘制曲线节点命令用于在曲线的节点处产生点。绘制节点的操作方法很简单，在菜单栏执行【绘图】→【绘点】→【曲线节点】命令，系统提示选择曲线。在绘图区选择一条曲线，系统即自动将此曲线的节点全部创建出来，如图2-8所示。

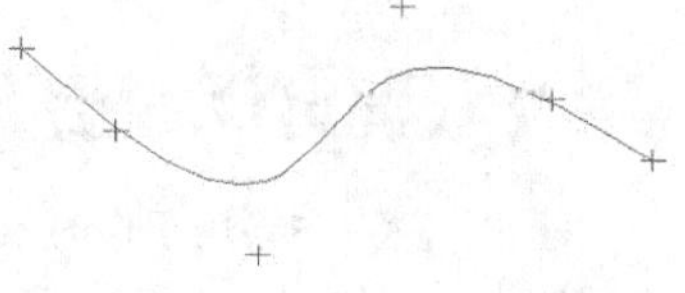

图2-8　节点

2.1.5 绘制等分点

绘制等分点命令主要用于在已有的图素上创建等分点或者指定距离的点，用来等分某图素，或用距离等分某图素。例如，将长为110mm的直线等分为5段，在菜单栏执行【绘图】→【绘点】→【绘制等分点】命令，在绘图区选择直线，在数量输入栏输入点数为6，单击【完成】按钮，完成参数输入，系统根据参数生成结果，如图2-9所示，每段的距离都为22mm。

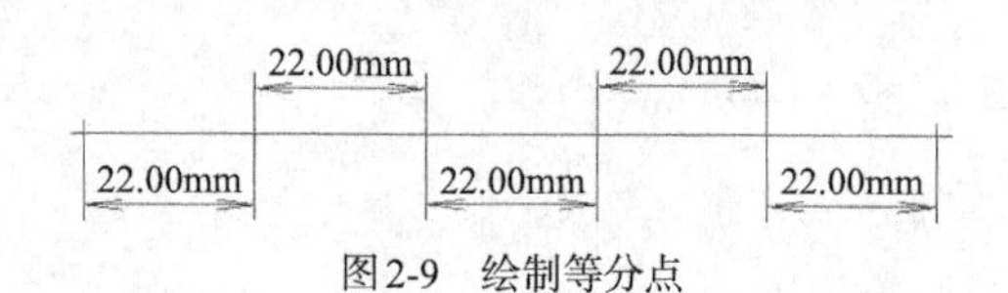

图2-9　绘制等分点

技术支持

输入的点数与需要等分的段数并不相等，一般段数加1就等于点数，因此，等分5段需要6点才可以，此处需要理解清楚。

2.1.6 绘制端点

绘制端点命令能够自动绘制出所有图素的端点，在菜单栏执行【绘图】→【绘点】→【绘制端点】命令，自动绘制出屏幕上所有图素的端点，如图2-10所示。

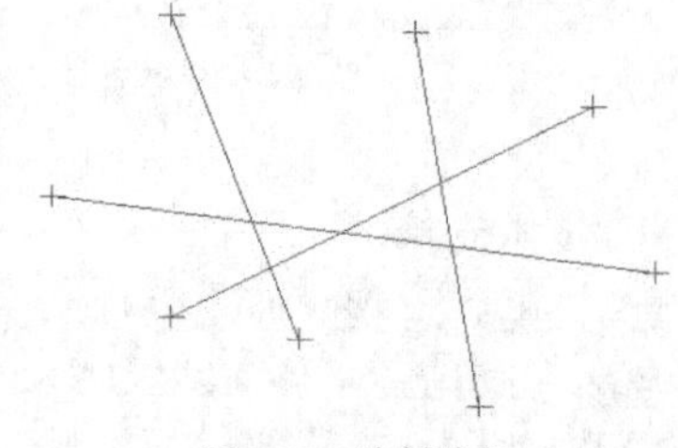

图2-10　绘制端点

2.1.7　绘制小弧圆心点

小弧圆心点命令用于绘制小于指定半径的圆或圆弧的圆心点，用于寻找圆弧的圆心点。在绘图工具栏单击【小弧圆心】按钮，将【过滤半径】设为15mm，再选择所有的圆和圆弧，单击【完成】按钮，结果如图2-11所示。

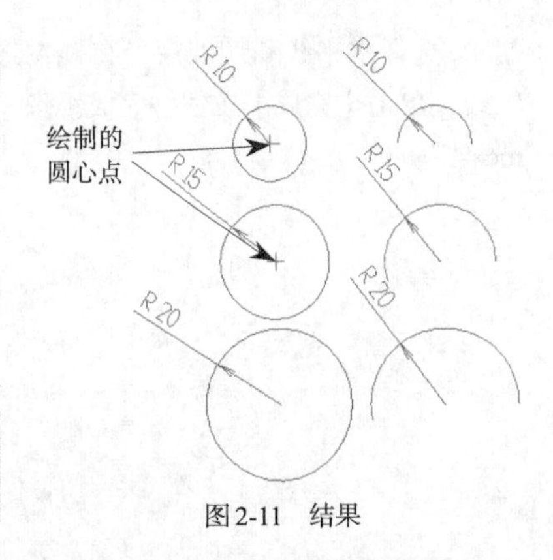

图2-11　结果

技术支持

如果在状态栏单击【对圆弧有效】按钮，则表示对圆和圆弧都有效，图2-11右边半径小于或等于15的圆弧的圆心也会被创建。

2.2　直线

在菜单栏执行【绘图】→【直线】命令，在弹出的【直线绘制】菜单中共有5种绘制直线的命令，对应5种绘制直线的方法。也可以直接在绘图工具栏单击【直线】按钮旁的下拉按钮，调出绘制直线的所有命令。

2.2.1　通过两点绘制直线

两点绘制直线命令可以通过任意两点创建一条直线，通过捕捉两个点或输入两个点的坐标也可以创建两点直线。通过捕捉矩形的对角点来创建一条矩形对角线，如图2-12所示。

图2-12　绘制直线

实训03——绘制直线

采用直线命令绘制如图2-13所示的图形。

01 绘制圆。在绘图工具栏单击【绘圆】按钮，选择原点为圆心，输入半径为20，绘制的圆如图2-14所示。

02 绘制竖直线。在绘图工具栏单击【绘制直线】按钮，选择圆心点为起点，绘制竖直线，输入长度为60，结果如图2-15所示。

03 绘制水平线。在绘图工具栏单击【绘制直线】按钮，选择竖直线下端点为起点，绘制水平线，输入长度为40，结果如图2-16所示。

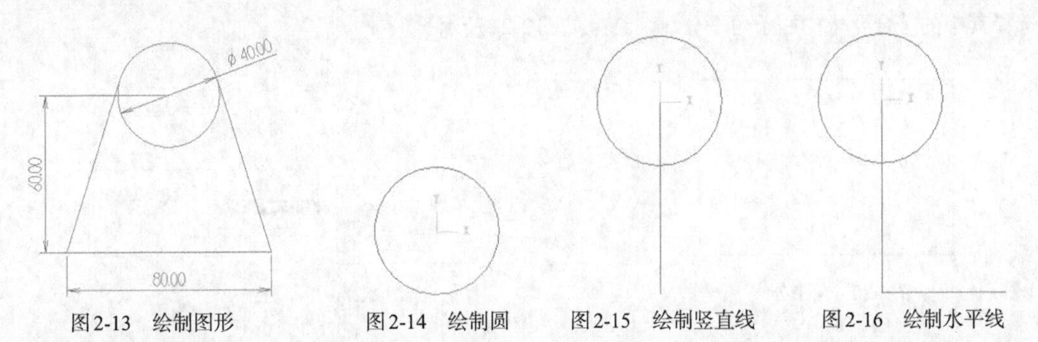

图2-13　绘制图形　　图2-14　绘制圆　　图2-15　绘制竖直线　　图2-16　绘制水平线

04 绘制切线。在绘图工具栏单击【绘制直线】按钮，并单击【相切】按钮，将相切选项激活，然后选择水平线的右端点为直线起点，再靠近圆捕捉圆上的切点为终点，结果如图2-17所示。

05 镜像切线和水平线。在绘图工具栏单击【镜像】按钮，弹出【镜像】对话框，选择镜像类型为【复制】，选择水平线和切线后，在镜像选项对话框中选择镜像轴为【直线】，返回绘图区，选择竖直线为轴线，单击【完成】按钮，完成镜像，结果如图2-18所示。结果文件见下载资源“实训\结果文件\Ch02\2-1.mcx-9”。

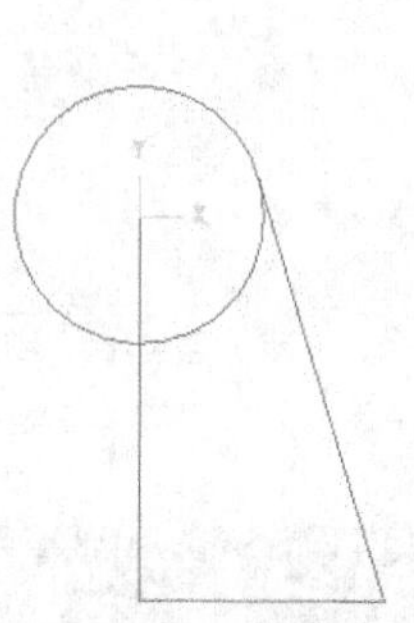

图2-17　绘制切线

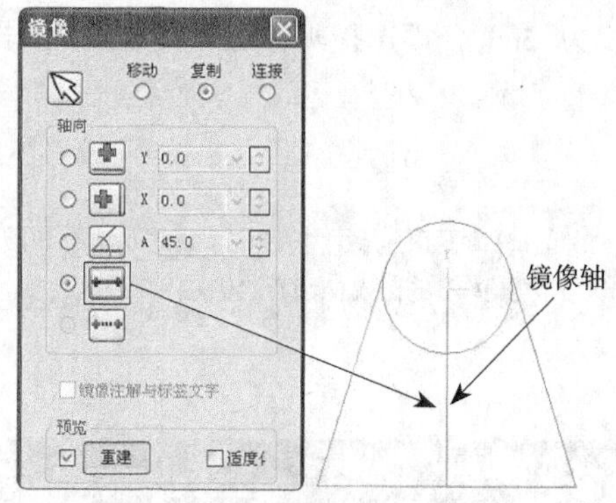

图2-18　镜像

操作技巧

采用长度加角度选项，可以绘制极坐标直线，采用水平线、竖直线可以绘制直角坐标系内的直线。采用相切命令可以绘制切线，采用角度加相切选项可以绘制指定角度并相切于某图素的直线。

2.2.2　绘制近距线

绘制近距线命令用于绘制两个图素之间最近的距离线。在菜单栏执行【绘图】→【直线】→【绘制近距线】命令，选择绘图区的直线和圆弧，系统即创建圆弧和直线之间距离最近的直线，如图2-19所示。

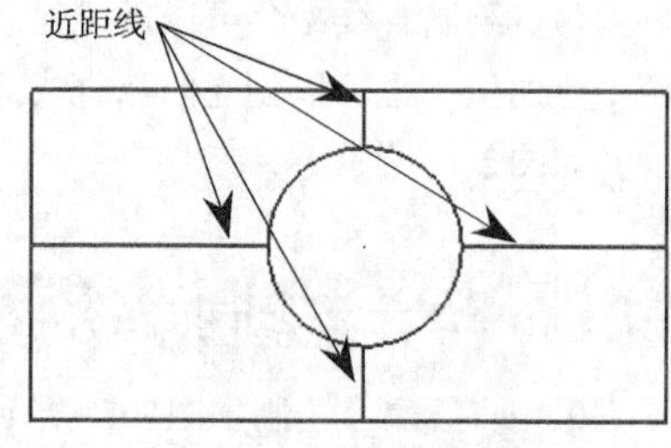

图2-19　绘制近距线

2.2.3　绘制角平分线

平面内两条非平行线必然存在交点，并且形成夹角。角平分线命令用于绘制两相交直线的角平分线。由于直线没有方向性，因此两条相交直线组成的夹角共有4个，产生的角平分线当然也应该有4种，所以需要选择所需要的平分线。在绘图工具栏单击【角平分线】按钮，选择两条线，系统根据选择的直线位置绘制出角平分线，如图2-20所示。或者在角平分线工具条选择【四解模式】后再选择两条线，出现4条角平分线，选择其中的符合要求的一条角平分线，结果如图2-21所示。

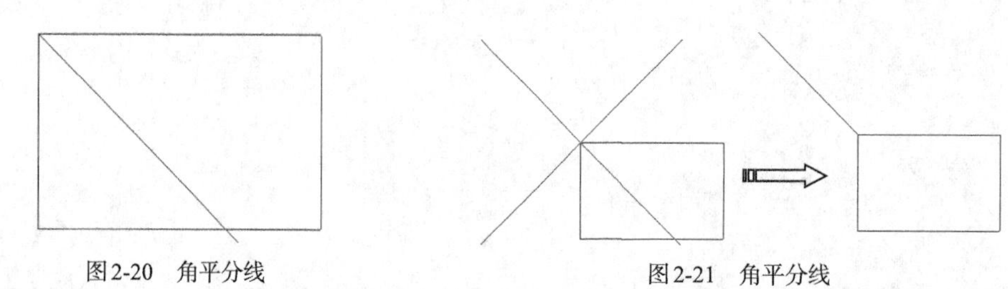

图2-20　角平分线

图2-21　角平分线

技术支持

其实两相交直线的特殊情况即平行，两直线的夹角为0°，角平分线与它们的夹角也是0°。因此，此种情况绘制的角平分线也与原平行线平行，并且到两平行线之间的距离相等。

2.2.4　绘制正交线

绘制正交线命令是过某图素上的一点，绘制一条图素在该点处的法线。在绘图工具栏单击【绘正交线】按钮，选择圆，再选择矩形角点，即可绘制出经过矩形角点的圆的法线，如图2-22所示。

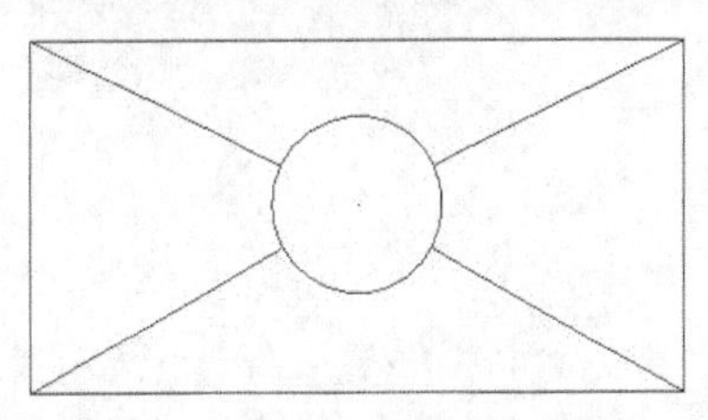

图2-22　正交线

技术支持

过线外一点做此线的垂线，如果没有使用线外的点，而是换为线上一点，同样可以做垂线。此时，过此线上点的切线的垂线应该有两条，所以需要选择一条保留。

2.2.5　绘制平行线

绘制平行线是在已有直线的基础上，绘制一条与之平行的直线，如图2-23所示。偏移的方向是已知直线的法线方向。

图2-23　平行线

实训04——绘制平行线

采用平行线命令绘制如图2-24所示的图形。

01 绘制矩形。在绘图工具栏单击【矩形】按钮，并单击【以中心点定位】按钮，输入矩形的尺寸为80×80，选择定位点为原点，如图2-25所示。

02 绘制线。在绘图工具栏单击【绘制直线】按钮，再选择矩形的对角点进行连线，连线结果如图2-26所示。

图2-24　平行线

图2-25　绘制矩形

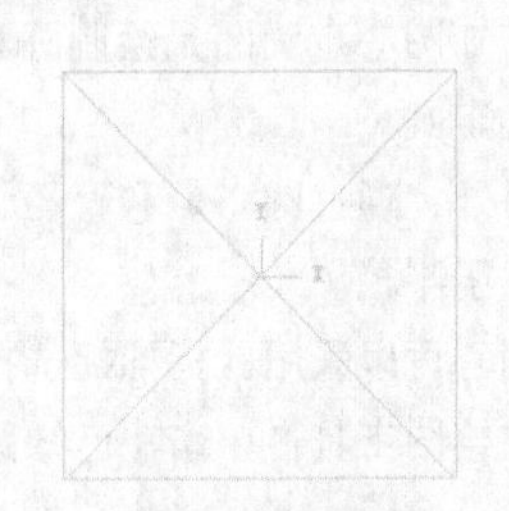

图2-26　绘制线

03 绘制平行线。在绘图工具栏单击【绘制平行线】按钮，选择矩形的对角线为要偏移的线，单击线两侧进行偏移。单击【输入平行距离】按钮，激活【距离】选项，输入距离为10，绘制平行线如图2-27所示。

04 修剪。在绘图工具栏单击【修剪/打断/延伸】按钮，弹出【修剪】工具条，在工具条中单击【分割物体】按钮，单击要修剪的地方，如图2-28所示。结果文件见“实训\结果文件\Ch02\2-2.mcx-9”。

图2-27　绘制平行线

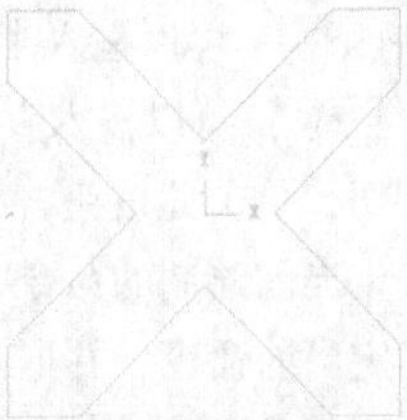

图2-28　修剪

05 绘制线。在绘图工具栏绘制【直线】按钮，选择平行线交点为线的起点，分别拉出水平线和竖直线，长度任意，绘制结果如图2-29所示。

06 修剪。在绘图工具栏单击【修剪/打断/延伸】按钮，弹出【修剪】工具条，在工具条中单击【两物体修剪】按钮，单击要修剪的两条线，修剪结果如图2-30所示。

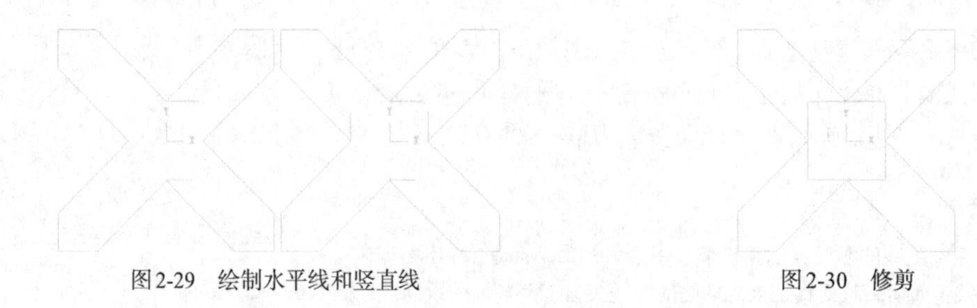

图2-29　绘制水平线和竖直线　　图2-30　修剪

操作技巧

Mastercam X9的多种修剪工具其实都带有延伸功能，也就是说，在修剪的同时也可以延伸。本例采用两物体修剪，不需要两条线相交，就可以直接进行修剪，系统会寻找它们的交点，并进行相应的延伸和修剪操作，非常方便。

2.3　圆和圆弧

Mastercam X9提供了7种绘制圆弧的工具，如图2-31所示。采用这些命令可以绘制绝大多数有关圆弧的图形，下面将详细讲解绘制步骤。

已知圆心点画圆
极坐标圆弧
已知边界三点画圆
两点画弧
三点画弧
极坐标画弧
切弧

图2-31　绘圆命令

2.3.1　已知圆心点画圆

已知圆心点画圆是绘制圆和圆弧最基本的方法，只需要定义圆心点的位置和半径就可以确定圆。

另外，通过圆心点和直径、圆心点和圆上任意一已知点，或者圆心和相切条件也可以确定圆。圆上点间接提供了半径。

圆心可以采用鼠标捕捉选择点，或者通过坐标输入点的方式确定点。

在绘图工具栏单击【已知圆心点画圆】按钮，弹出【绘圆】工具条，如图2-32所示。

图2-32　【绘圆】工具条

各按钮含义如下。

- ：已知点绘圆。
- ：指定圆心点，单击此按钮可以修改圆心位置。
- 6.68257：可以输入半径值，单击前面的按钮，可以锁定半径值。
- 13.36515：可以输入直径值，单击前面的按钮，可以锁定直径值。
- ：相切，单击此按钮，指定与圆相切的条件。
- ：确定当前绘制的命令，但不退出当前命令。
- ：确定当前命令，并退出命令。
- ：打开帮助文件。

实训05——绘制圆心点圆

采用绘制圆命令绘制图2-33所示的模仁避空角图形。

01 绘制矩形。在绘图工具栏单击【矩形】按钮，并单击【以中心点进行定位】按钮，再输入矩形的尺寸为130×100，选择定位点为原点，如图2-34所示。

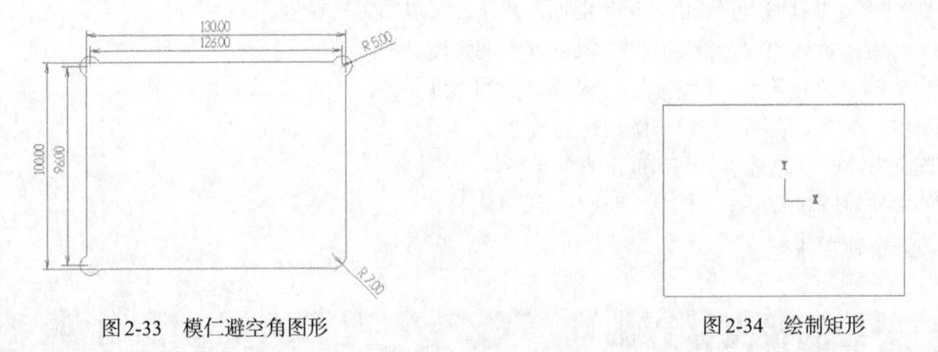

图2-33　模仁避空角图形　　图2-34　绘制矩形

02 绘制圆。在绘图工具栏单击【已知圆心点画圆】按钮，输入半径为5，并单击【半径】图标锁定半径，输入圆心点坐标为（63,48）、（−63,48）、（−63,−48），绘制圆的结果如图2-35所示。

03 修剪。在绘图工具栏单击【修剪/打断/延伸】按钮，弹出【修剪】工具条，在工具条中单击【分割物体】按钮，单击要修剪的地方，结果如图2-36所示。

04 倒圆角作为基准角。在绘图工具栏单击【固定实体倒圆角】按钮，弹出【倒圆角】工具条，在【倒圆角】工具条上修改倒圆角半径为7，再选择右下角的两条边线，倒圆角结果如图2-37所示。结果文件见“实训\结果文件\Ch02\2-3.mcx-9”。

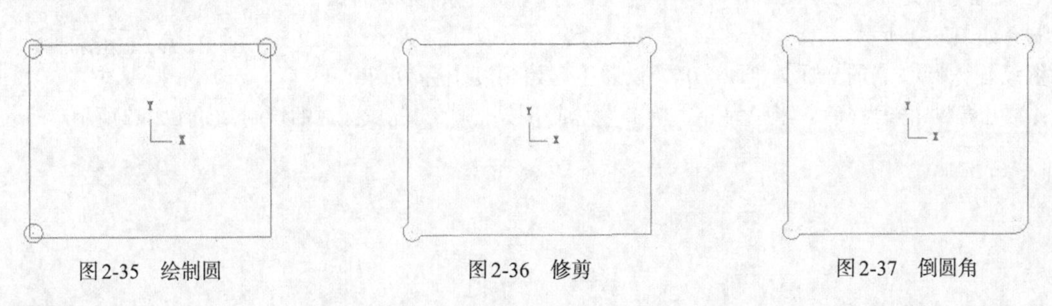

图2-35　绘制圆　　图2-36　修剪　　图2-37　倒圆角

操作技巧

通过【切圆】命令，还可以绘制与已知图素相切的圆。要输入【半径】时，可以直接按R键；要输入【直径】时，可以直接按D键；要输入【相切】时，可以直接按T键。这样可以提高输入速度。

2.3.2　极坐标圆弧

极坐标圆弧是通过以圆心点为极点，圆半径为极径，圆弧的起点作为极坐标起始点，圆弧终点作为极坐标终点的方式绘制圆弧。

在绘图工具栏单击【极坐标圆弧】按钮，指定圆心点位置、圆上起点以及终点位置，即可绘制极坐标圆弧，极坐标圆弧工具条如图2-38所示。

图2-38　【极坐标圆弧】工具条

各按钮含义如下。

❖ ：极坐标圆弧。

❖ ：指定圆心点位置。

❖ ：切换圆弧方向。

❖ 6.36618：可以输入半径值，单击前面的按钮，可以锁定半径值。

❖ 12.73235：可以输入直径值，单击前面的按钮，可以锁定直径值。

❖ 357.58891：起始角度，指定极坐标圆弧起点的角度。

❖ 81.72411：终止角度，指定极坐标圆弧终点的角度。

❖ ：相切，单击此按钮，指定与圆相切的条件。

❖ ：确定当前绘制的命令，但不退出当前命令。

❖ ：确定当前绘制的命令，并退出命令。

❖ ：打开帮助文件。

实训06——绘制极坐标圆弧

采用极坐标绘制圆弧命令，绘制图形，如图2-39所示。

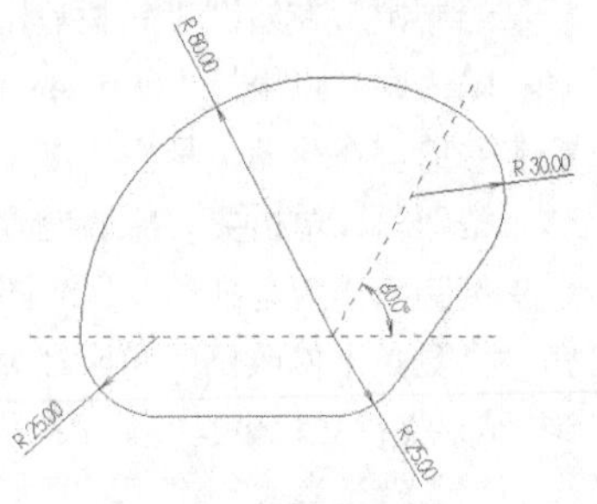

图2-39　极坐标圆弧

01 在绘图工具栏单击【绘制极坐标圆弧】按钮 极坐标圆弧，系统提示选择圆心点，输入圆心坐标为“X0Y0Z0”，输入半径为R80，设置【起始角度】为60°，设置【终止角度】为180°。单击【完成】按钮，完成圆弧的绘制，如图2-40所示。

02 继续输入圆心点的坐标为“X-（80-25）Y0”，设置【起始角度】为180°，设置【终止角度】为270°。单击【完成】按钮，完成圆弧的绘制，如图2-41所示。

03 继续输入圆心点的坐标为“X0Y0”，设置【起始角度】为270°，设置【终止角度】为60°。半径为25，单击【完成】按钮，完成圆弧的绘制，如图2-42所示。

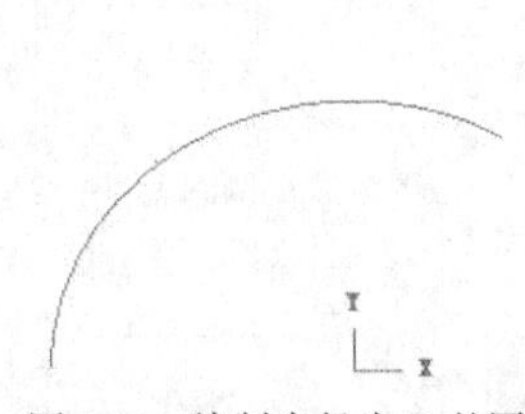

图2-40　绘制半径为80的圆

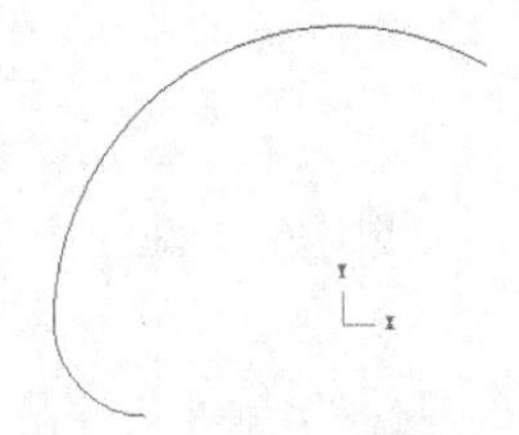

图2-41　绘制1/4圆弧

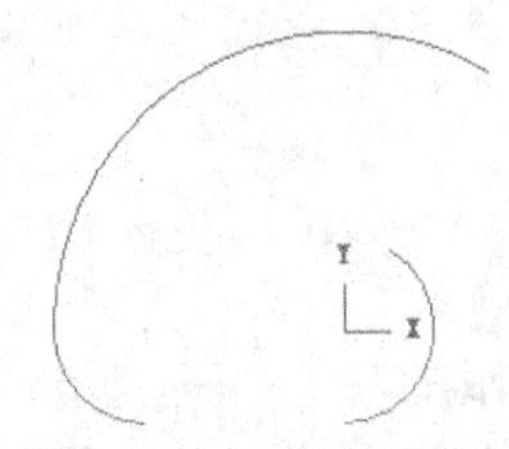

图2-42　绘制第三段圆弧

04 在菜单栏执行【任意线】命令，单击R80圆弧的起点和原点，并将直线的长度修改为30，如图2-43所示。

05 在绘图工具栏绘制【极坐标圆弧】按钮 极坐标圆弧，捕捉刚才绘制的直线的终点为圆心点，输入半径为R30，设置【起始角度】为270°，设置【终止角度】为60°。单击【完成】按钮，完成圆弧的绘制，如图2-44所示。

06 在菜单栏执行【任意线】命令，连接R25圆弧的端点，再在工具条上单击【相切】按钮，绘制圆弧的相切线，如图2-45所示。

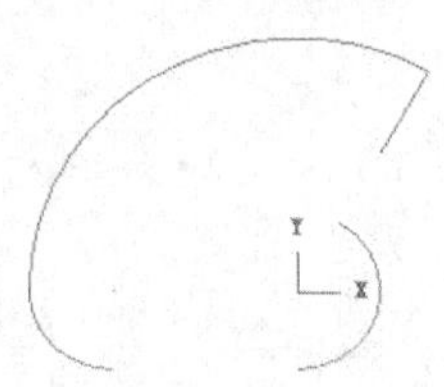

图2-43　绘制直线

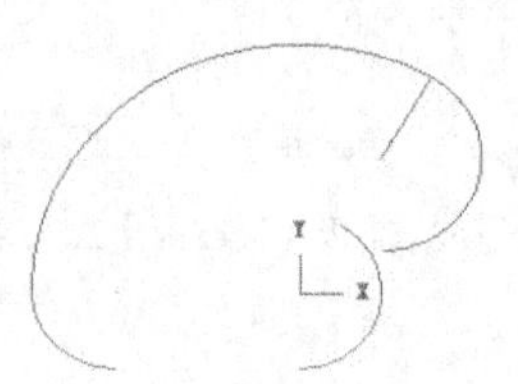

图2-44　绘制R30的圆

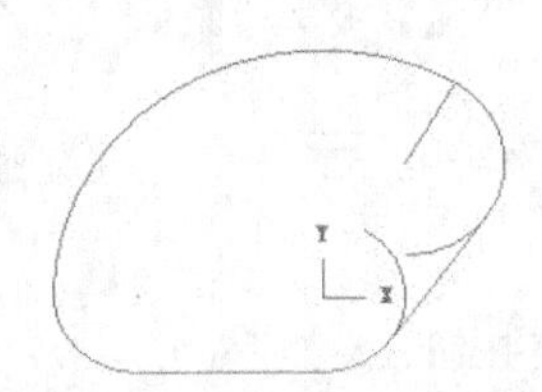

图2-45　绘制圆弧的相切线

07 在绘图工具栏单击【修剪/打断/延伸】按钮，再单击【修剪至点】按钮，修剪和延伸后，结果如图2-46所示。

08 修改线型。选择刚才延伸的斜线，用鼠标右键单击绘图区下方状态栏上的【线型】按钮，弹出【设置线型】对话框，设置线型为【点划线】，单击【完成】按钮，完成修改，结果如图2-47所示。结果文件见“实训\结果文件\Ch02\2-4.mcx-9”。

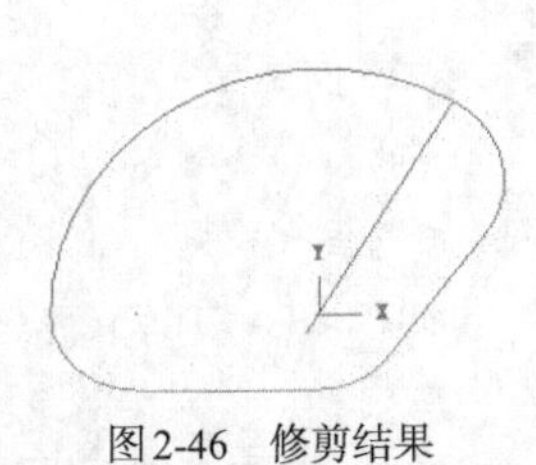

图2-46　修剪结果

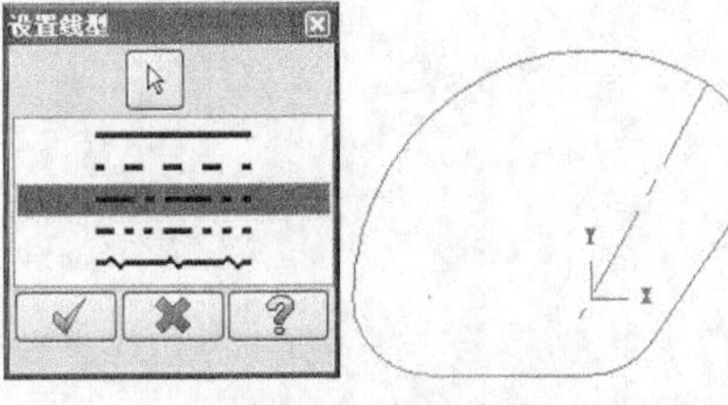

图2-47　修改线型

操作技巧

输入坐标值“X-（80-25）Y0”可以得到坐标X-55Y0，是利用Mastercam系统可以计算的特性，因为系统可以计算加、减、乘、除、括号运算。所以，很多值没有必要人工计算，可以直接输入表达式让系统自动计算，非常方便。

2.3.3　已知边界三点画圆

已知边界三点画圆是采用圆上3点来确定一个圆，3点可以唯一确定一个圆。在绘图工具栏单击【边界三点画圆】按钮，弹出【边界三点画圆】工具条，如图2-48所示。

图2-48 【边界三点画圆】工具条

各工具按钮含义如下。

- ：边界三点画圆。
- ：指定第一点。
- ：指定第二点。
- ：指定第三点。
- ：采用三点确定圆。
- ：采用两点作为圆直径确定圆。
- ：指定相切。

实训07——已知边界三点画圆

采用【已知边界三点画圆】命令绘制如图2-49所示的图形。

01 绘制三角形。在绘图工具栏单击【画多边形】按钮，弹出【画多边形】对话框，将多边形的【边数】设为3，【内接圆半径】设为50，再单击系统原点作为三角形的放置点，如图2-50所示。

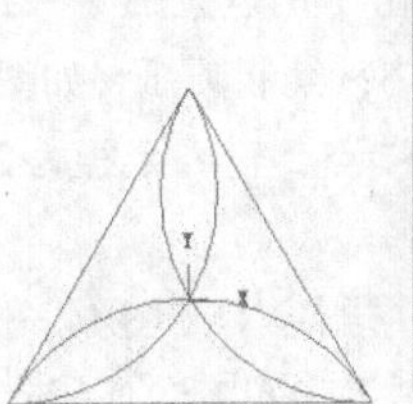
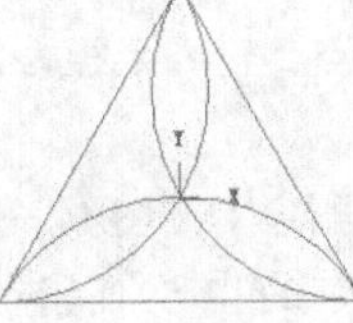
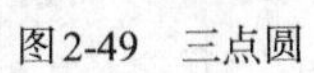

图2-49　三点圆

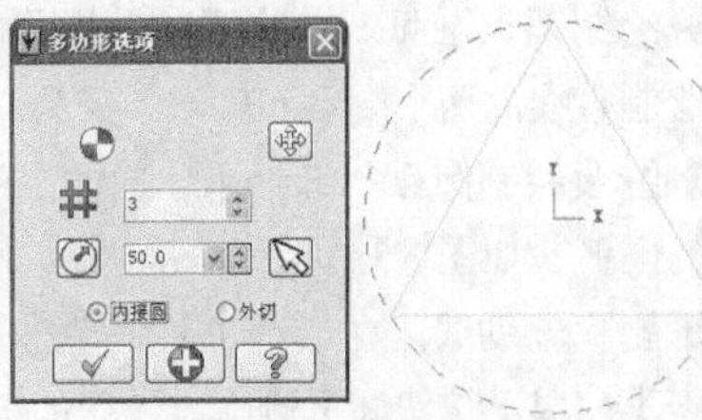

图2-50　绘制三角形

02 绘制三点圆。在绘图工具栏单击【三点圆】按钮，弹出【边界三点画圆】工具条，依次选择三角形的顶点、原点、三角形另一个顶点，绘制圆如图2-51所示。

再以同样的方式绘制另外两个三点圆，结果如图2-52所示。

03 修剪。在绘图工具栏单击【修剪/打断/延伸】按钮，弹出【修剪】工具条，在工具条中单击【分割物体】按钮，再单击要修剪的地方，结果如图2-53所示。结果文件见“实训\结果文件\Ch02\2-5.mcx-9”。

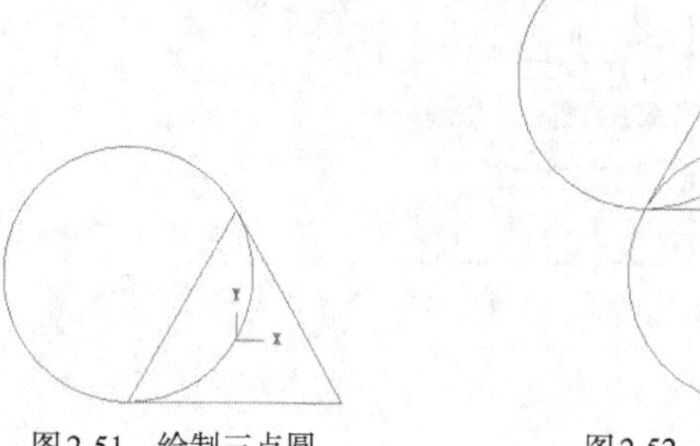

图2-51 绘制三点圆

图2-52 绘制3个三点圆

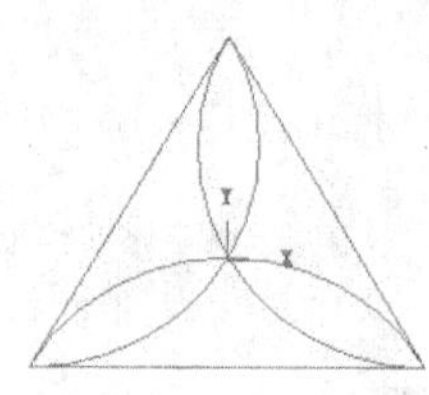

图2-53 修剪结果

2.3.4 两点画弧

【两点画弧】命令通过选择两点和输入半径值来确定圆弧，或直接选择两点和圆上一点来确定圆弧。在绘图工具栏单击【两点画弧】按钮，弹出【两点画弧】工具条，如图2-54所示。

图2-54 【两点画弧】工具条

各工具按钮的含义如下。

- ：两点画弧。
- ：指定起点。
- ：指定终点。
- 9.34775：指定半径。单击前面的按钮，可以锁定半径值。
- 18.69551：指定直径。单击前面的按钮，可以锁定直径值。
- ：指定相切。

实训08——绘制两点画弧

采用两点画弧命令绘制图形，如图2-55所示。

01 绘制直线。在绘图工具栏单击【绘制直线】按钮，选择任意点为起点，输入水平距离为20，绘制水平线如图2-56所示。

02 绘制两点画弧。在绘图工具栏单击【两点画弧】按钮，选择刚才绘制直线的两个端点，输入半径为15，绘制圆弧，如图2-57所示。

03 继续绘制圆弧。选择刚才的两个端点，输入半径为25，并选择需要的圆弧，如图2-58所示。

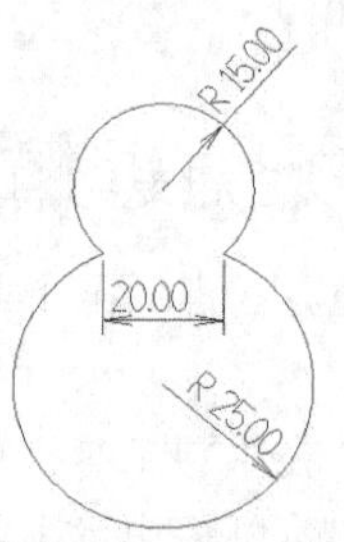

图2-55 两点画弧

图2-56 绘制线

04 删除辅助线。在绘图工具栏单击【删除】按钮，选择水平线后单击【完成】按钮即可删除，最后的结果如图2-59所示。结果文件见“实训\结果文件\Ch02\2-6.mcx-9”。

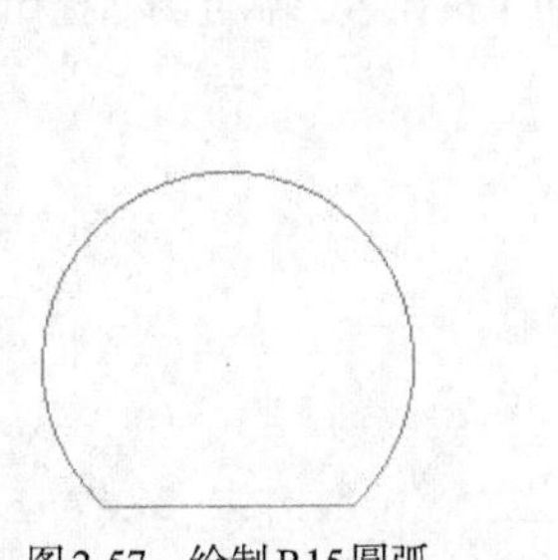

图2-57　绘制R15圆弧

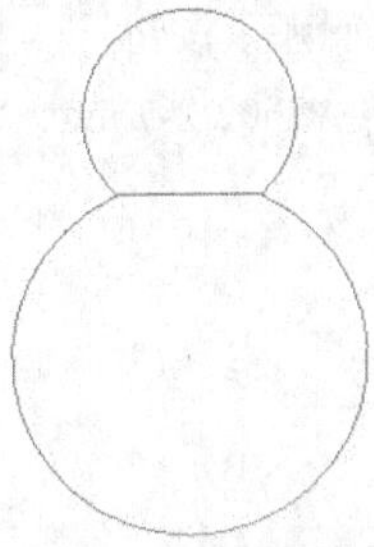

图2-58　R15圆弧结果

图2-59　R25圆弧结果

技术支持

在使用两点画弧时，可以将两点选好后，在大概的地方单击确定该圆弧，再修改半径值，也可以输入半径值后选择所需要的圆弧。

2.3.5　三点画弧

三点画弧与三点画圆非常类似，是采用3点来确定一条圆弧。如果与相切组合，可以绘制三切弧。在绘图工具栏单击【三点画弧】按钮，弹出【三点画弧】工具条，如图2-60所示。

图2-60　【三点画弧】工具条

各工具按钮的含义如下。

- ❖ ：三点画弧。
- ❖ ：指定圆弧的第一点。
- ❖ ：指定圆弧的第二点。
- ❖ ：指定圆弧的第三点。
- ❖ ：指定和圆弧相切的图素。

实训09——绘制三点画弧

采用三点画弧命令绘制如图2-61所示的图形。

01 绘制圆。在绘图工具栏单击【绘圆】按钮，输入圆心点坐标为（0,0），再输入直径为35，绘制圆，如图2-62所示。

02 继续绘制圆。输入圆心点坐标为（0,-43），再输入直径为18，绘制圆，如图2-63所示。

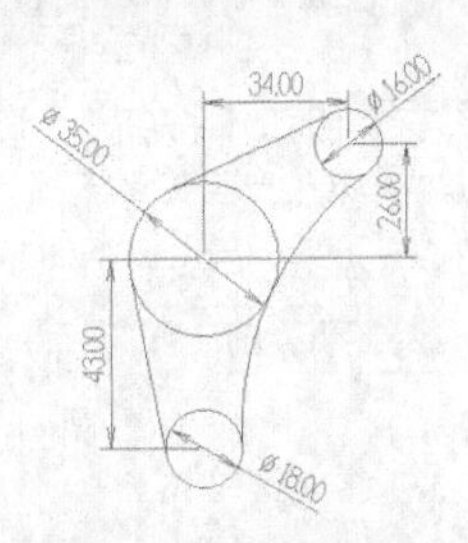

图2-61　三点画弧

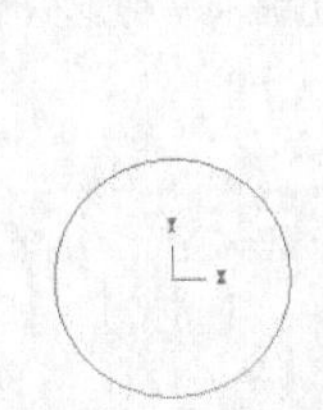

图2-62　绘制圆

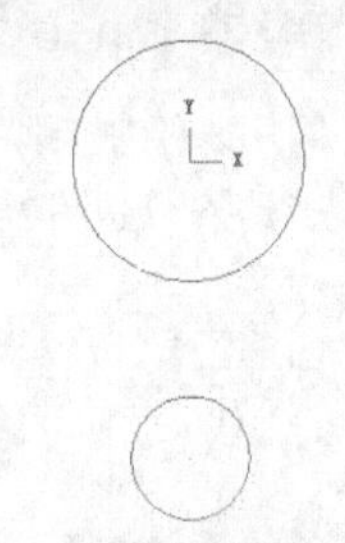

图2-63　绘制圆

03 继续绘制圆。输入圆心点坐标为（34,26），再输入直径为16，绘制圆的结果如图2-64所示。

04 绘制切线。在绘图工具栏单击【绘制直线】按钮，再单击【相切】按钮，将相切选项激活，然后靠近圆捕捉切点，结果如图2-65所示。

05 绘制三点切弧。在绘图工具栏单击【三点画弧】按钮，再单击【相切】按钮，靠近圆捕捉切点，结果如图2-66所示。结果文件见“实训\结果文件\Ch02\2-7.mcx-9”。

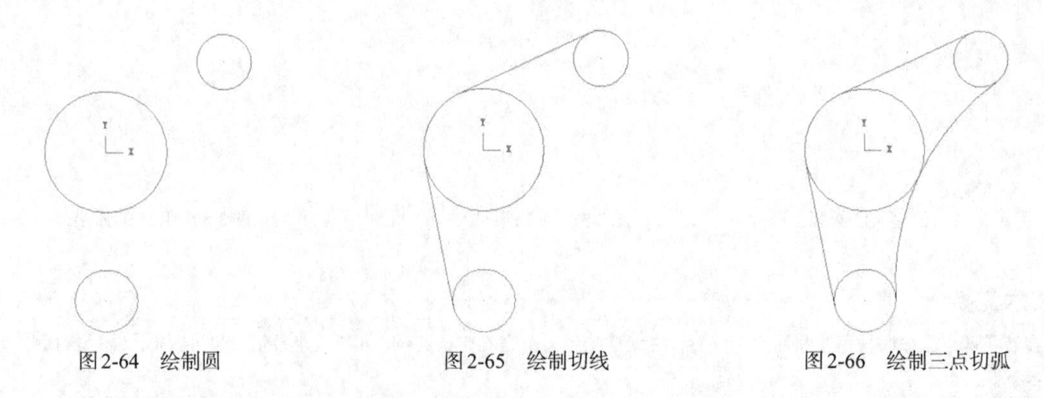

图2-64　绘制圆　　图2-65　绘制切线　　图2-66　绘制三点切弧

2.3.6　创建极坐标画弧

通过极坐标画弧是采用端点、起始角度、终止角度和半径值来确定某一圆弧。此命令不一定要知道所有的选项，起始和终止角度有时候只需要一个即可。另外，圆弧计算角度的正方向为逆时针方式。

在绘图工具栏单击【极坐标画弧】按钮 极坐标圆弧，弹出【极坐标画弧】工具条，如图2-67所示。

图2-67　【极坐标画弧】工具条

各工具按钮的含义如下。

- ❖ ：极坐标圆弧。
- ❖ ：圆弧通过点。
- ❖ ：切换起点。
- ❖ ：切换终点。
- ❖ 30.0：可以输入半径值，单击前面的按钮，可以锁定半径值。
- ❖ 60.0：可以输入直径值，单击前面的按钮，可以锁定直径值。
- ❖ 0.0：指定极坐标圆弧起点的角度。
- ❖ 0.0：指定极坐标圆弧终点的角度。

2.3.7　切弧

切弧专门用来绘制与某图素相切的圆弧。切弧有7种形式，在绘图工具栏单击【切弧】按钮 切弧，弹出【切弧】工具条，如图2-68所示。

图2-68　【切弧】工具条

各工具条的含义如下。

- ❖ ：切弧。
- ❖ ：切一个物体，相切于某一个图素。
- ❖ ：经过一点，即相切于某一图素，并且经过另外一点。
- ❖ ：中心线，即相切于某一直线，圆心经过另外一条相交直线。

- ❖ ：动态切弧，采用动态绘制方式画弧。
- ❖ ：三物体切弧，绘制相切于3个物体的弧。
- ❖ ：三物体切圆，绘制相切于3个物体的圆。
- ❖ ：两物体切弧，绘制相切于2个物体的切弧。
- ❖ ：输入切弧的半径。
- ❖ ：输入切弧的直径。

实训10——绘制切弧

采用切弧绘制图形，如图2-69所示。

01 在绘图工具栏单击【已知圆心点画圆】按钮，系统提示【选择圆心点】，选择原点，并输入【直径】为60，单击【完成】按钮，完成圆的绘制，如图2-70所示。

02 在绘图工具栏单击【切弧命令】按钮，选择切弧类型为【相切于一物体】，并输入直径为50，选择刚才的圆作为要相切的物体，分别选择圆的中点和起点作为切点。系统出现4条半圆弧供用户选择，选择圆内的半圆，单击【完成】按钮，完成当前圆弧的绘制，如图2-71所示。

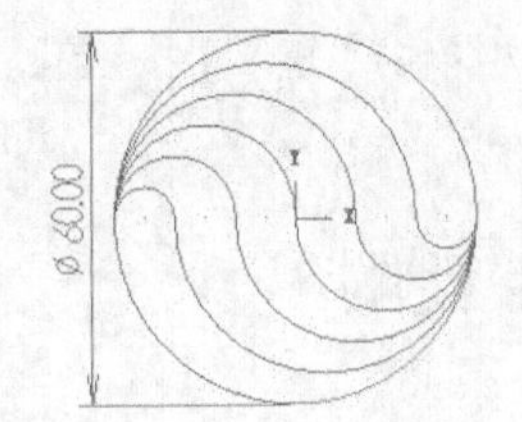

图2-69　切弧绘制图形

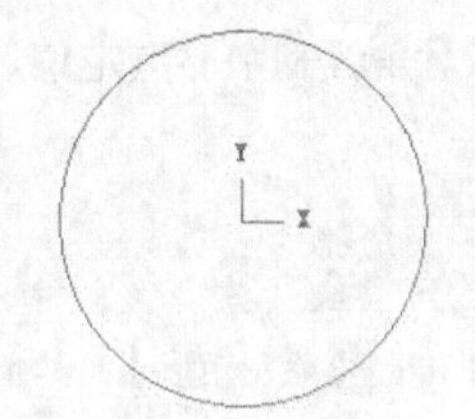

图2-70　绘制圆

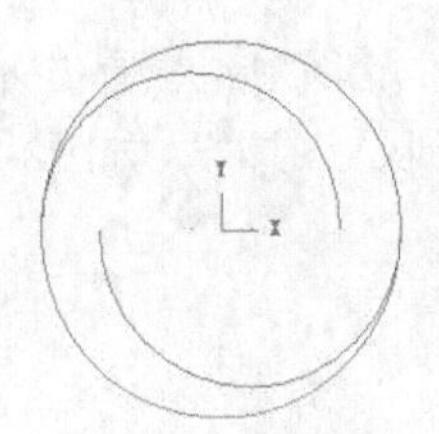

图2-71　绘制切弧

03 继续绘制切弧。在直径栏输入直径为40，选择最外围圆作为要相切的物体，分别选择圆的中点和起点作为切点。系统出现4条半圆弧供用户选择，选择圆内的半圆，单击【完成】按钮，完成当前圆弧的绘制。如图2-72所示。

04 继续绘制切弧。在直径栏输入直径为30，选择最外围的圆作为要相切的物体，分别选择圆的中点和起点作为切点。系统出现4条半圆弧供用户选择，选择圆内的半圆，单击【完成】按钮，完成当前圆弧的绘制，如图2-73所示。

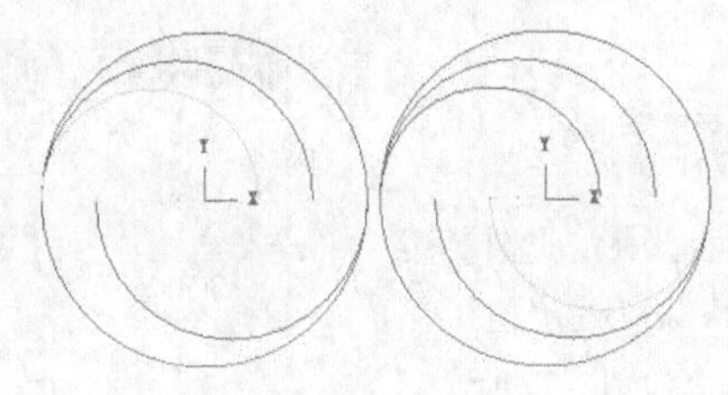

图2-72　切弧

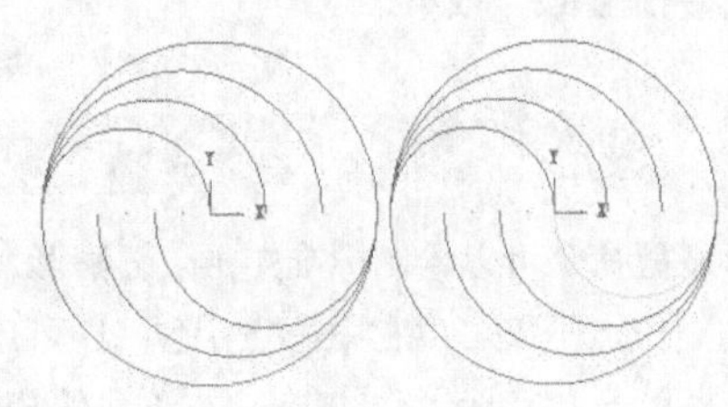

图2-73　切弧

05 继续绘制切弧。在直径栏输入直径为20，选择最外围的圆作为要相切的物体，分别选择圆的中点和起点作为切点。系统出现4条半圆弧供用户选择，选择圆内的半圆，单击【完成】按钮，完成当前圆弧的绘制，如图2-74所示。

06 继续绘制切弧，在直径栏输入直径为10，选择最外围的圆作为要相切的物体，分别选择圆的中点和起点作为切点。系统出现4条半圆弧供用户选择，选择圆内的半圆，单击【完成】按钮，完成当前圆弧的绘制，如图2-75所示。结果文件见“实训\结果文件\Ch02\2-8.mcx-9”。

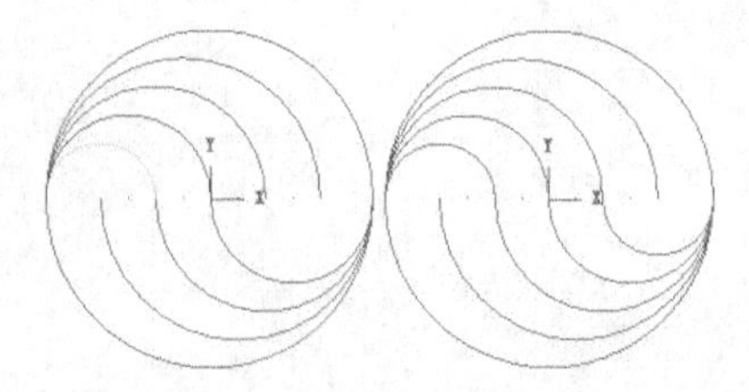

图2-74　切弧

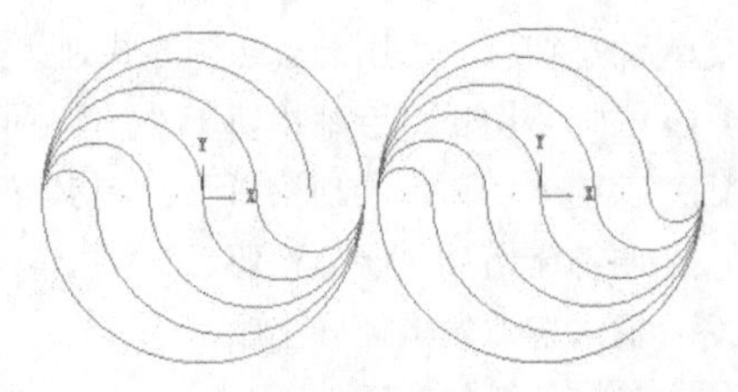

图2-75　切弧

2.4　绘制矩形

在绘图过程中，很多图形都存在矩形，采用矩形命令，可以很快捷方便地绘制出图形，避免使用直线绘制的烦琐过程。绘制矩形有两种方式，一种是标准的以中心定位或者以矩形对角定位的方式来绘制。另一种是矩形形状设置，可以以矩形中心和边角特殊点来定位矩形，并且可以设置矩形的形状。

2.4.1　标准矩形

标准矩形的形状是固定不变的，可以用对角线和中心点定位。在绘图工具栏单击【矩形】按钮，出现【绘制矩形】工具条，如图2-76所示。

图2-76　【绘制矩形】工具条

各工具按钮的含义如下。

- ❖ ：矩形。
- ❖ ：输入矩形的长度。
- ❖ ：输入矩形的宽度。
- ❖ ：中心定位，单击此按钮，以矩形中心点定位，否则以矩形对角线定位。
- ❖ ：绘制矩形为曲面。
- ❖ ：指定或修改第一点。
- ❖ ：指定或修改第二点。

2.4.2　矩形设置

矩形设置命令可以绘制标准矩形、键槽形、D形和双D形4种矩形，此外，矩形设置的定位点不仅可以在中心点定位，还可以在矩形的9个特殊点处定位。在绘图工具栏单击【矩形设置】按钮，弹出【矩形选项】对话框，如图2-77所示。

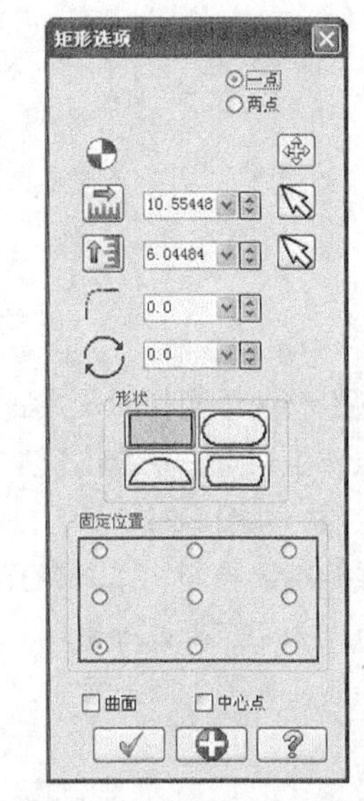

图2-77　【矩形选项】对话框

各选项含义如下。

- ❖ 一点：采用中心点和边角点的9个特殊点定位方式绘制矩形。
- ❖ 两点：采用矩形的对角点定位来绘制矩形。
- ❖ ：指定定位点。
- ❖ ：指定宽度。在按钮右边栏输入矩形宽度，也可以单击此按钮锁定宽度。
- ❖ ：指定高度。在按钮右边栏输入矩形高度，也可以单击此按钮锁定高度。
- ❖ ：指定圆角。
- ❖ ：指定旋转角度。
- ❖ ：绘制标准矩形。

❖ ：绘制键槽形。
❖ ：绘制D形。
❖ ：绘制双D形。
❖ 固定位置：指定定位点，分别为中心点和边角点总共9个特殊点。
❖ 中心点：绘制矩形时添加中心点。
❖ 曲面：绘制矩形时创建矩形曲面。

实训11——绘制矩形

采用变形矩形绘制图形，如图2-78所示。

01 在菜单栏执行【矩形设置】按钮，弹出【矩形选项】对话框，该对话框用来设置矩形参数。在【矩形选项】对话框中设置矩形形状为【键槽形】，设置【长度】为32，【宽度】为12。以【中心点】为定位锚点，选择定位点为原点，单击【完成】按钮，完成参数设置，系统根据参数生成图形，如图2-79所示。

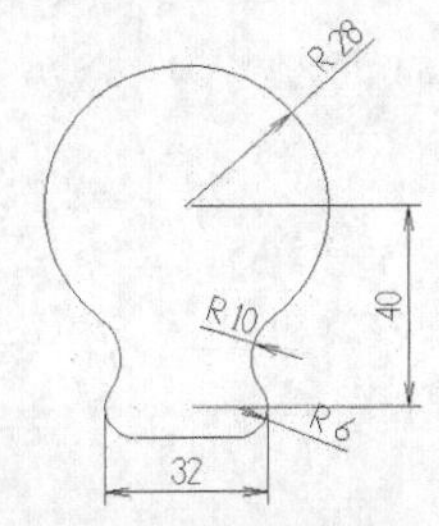

图2-78　变形矩形

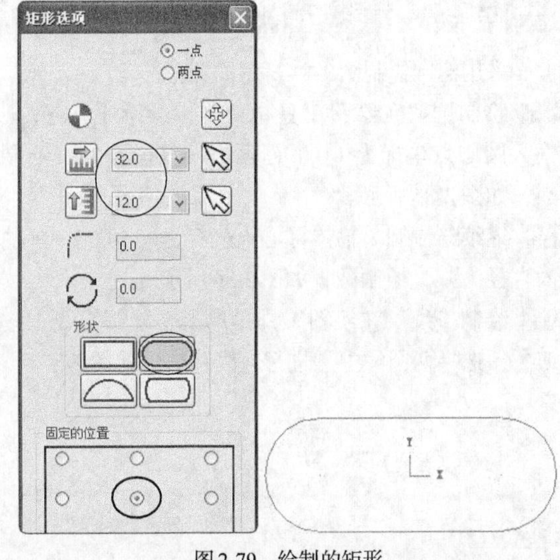

图2-79　绘制的矩形

02 在绘图工具栏单击【绘圆】按钮，输入圆心点为“X0Y40”，并输入半径为28，单击【完成】按钮，完成圆的绘制，如图2-80所示。

03 在绘图工具栏单击【固定实体倒圆角】按钮，输入倒圆角半径为10，并选择要倒圆角的图素，如图2-81所示。

04 删除线。在绘图工具栏单击【删除】按钮，选择多余的直线，单击【完成】按钮，完成删除，结果如图2-82所示。结果文件见“实训\结果文件\Ch02\2-9.mcx-9”。

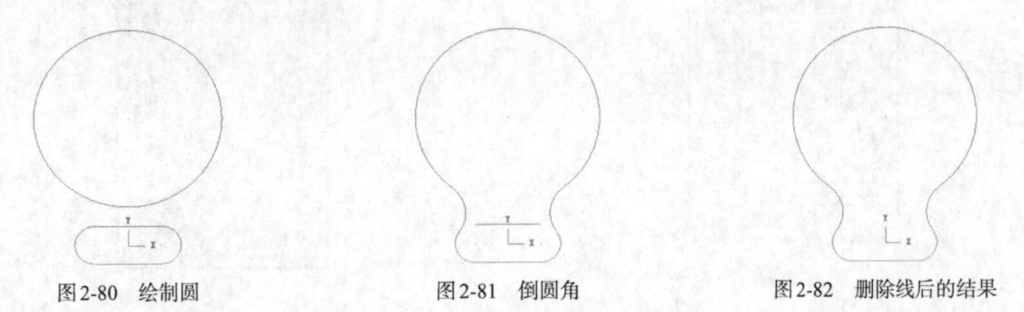
图2-80　绘制圆　　图2-81　倒圆角　　图2-82　删除线后的结果

技术支持

此处采用键槽形矩形直接绘制，避免采用圆来绘制，提高了效率，而且简单、直观。如果采用圆来绘制，还需要通过转换尺寸来定位圆，比较麻烦。另外，变形矩形的定位方式很多，在绘制过程中可以灵活运用，非常方便。

2.5 绘制椭圆

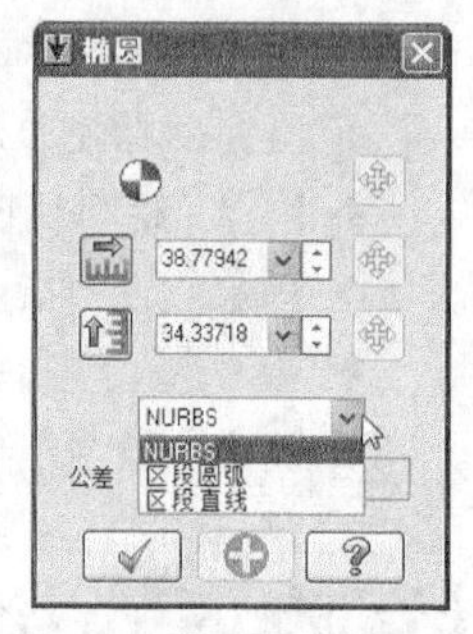

图2-83 【椭圆】对话框

椭圆是圆锥曲线的一种，由平面以某种角度切割圆锥所得截面的轮廓线即是椭圆。在绘图工具栏单击【画椭圆】按钮，弹出【椭圆】对话框，如图2-83所示。

各选项含义如下。

- ❖ ：指定定位点。
- ❖ ：指定宽度。在按钮右边栏输入值，也可以单击此按钮锁定宽度。
- ❖ ：指定高度。在按钮右边栏输入值，也可以单击此按钮锁定高度。

实训12——绘制椭圆

采用椭圆绘制图2-84所示的图形。

01 绘制圆。在绘图工具栏单击【绘圆】按钮，输入圆心点坐标为（0,0），再输入直径为33，绘制圆，如图2-85所示。

02 继续绘制圆。输入圆心点坐标为（60,0），再输入直径为14，绘制圆，如图2-86所示。

03 绘制直线。在绘图工具栏单击【绘制直线】按钮，选择两圆的中点进行连线，结果如图2-87所示。

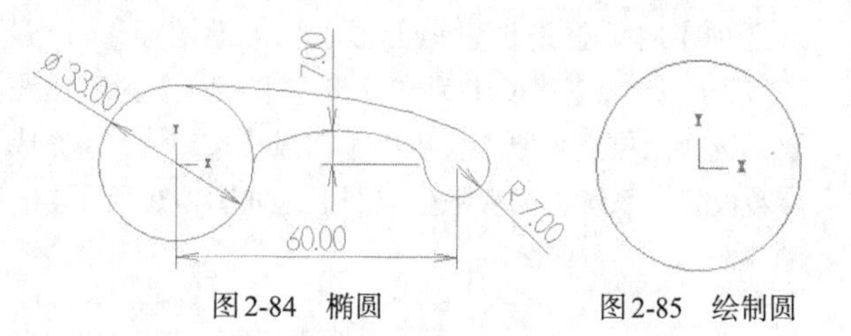

图2-84 椭圆　　图2-85 绘制圆

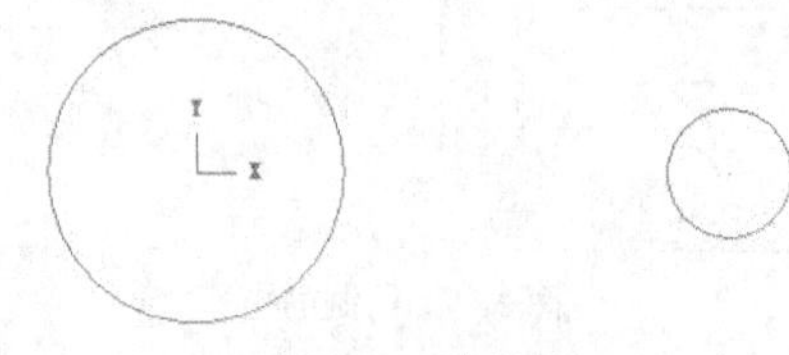

图2-86 绘制圆

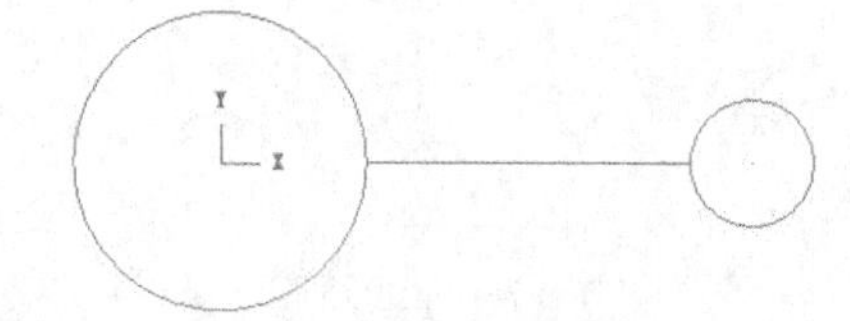

图2-87 绘制直线

04 绘制椭圆。在绘图工具栏单击【画椭圆】按钮，弹出【椭圆选项】对话框，选择直线中点为椭圆圆心，再选择小圆的中点为长半轴端点，输入短半轴为7，结果如图2-88所示。

05 绘制椭圆。在绘图工具栏单击【画椭圆】按钮，弹出【椭圆选项】对话框，选择原点为椭圆圆心，再选择小圆的零点为长半轴端点，大圆90°象限点为短半轴端点，绘制椭圆，如图2-89所示。

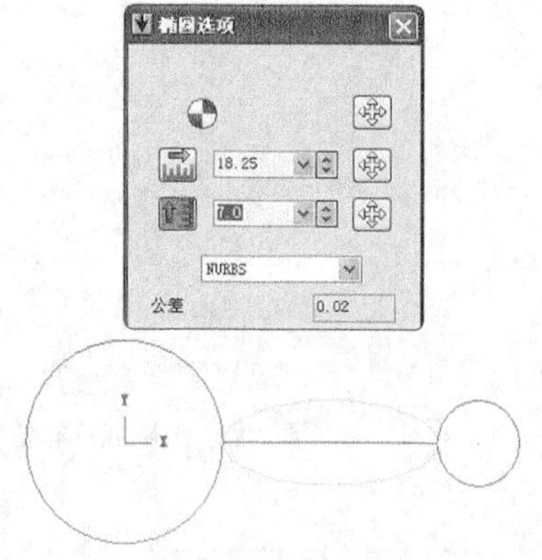

图2-88 绘制椭圆

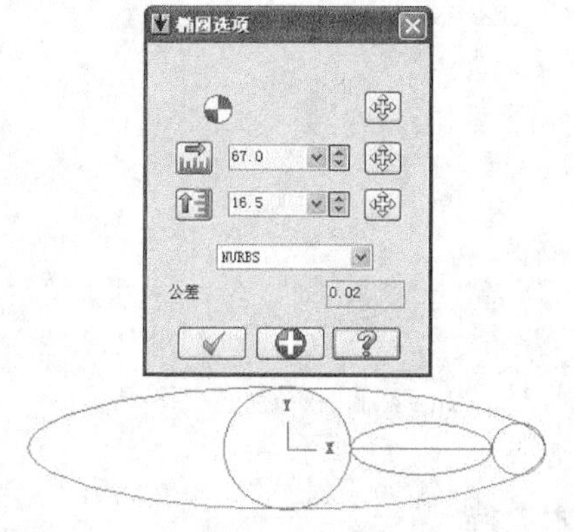

图2-89 绘制椭圆

06 修剪。在绘图工具栏单击【修剪/打断/延伸】按钮，弹出【修剪】工具条，在工具条中单击【修剪于点】按钮，单击要修剪的图素，再指定修剪点，结果如图2-90所示。

07 删除线。在绘图工具栏单击【删除】按钮，选择多余的直线，单击【完成】按钮，完成删除，结果如图2-91所示。结果文件见“实训\结果文件\Ch02\2-10.mcx-9”。

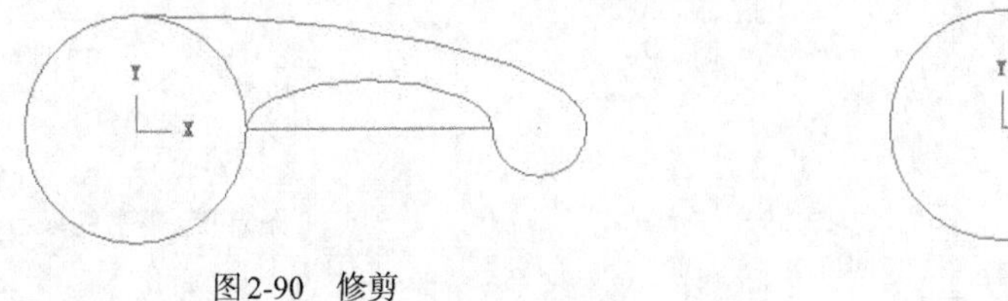

图2-90　修剪

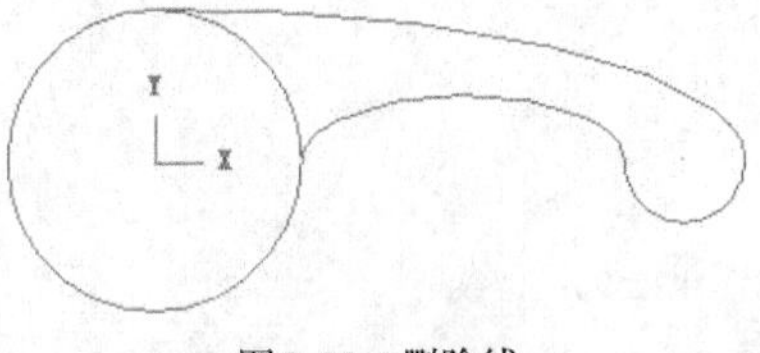

图2-91　删除线

2.6　画多边形

画正多边形命令可以绘制边数为3~360的正多边形，要启动绘制多边形命令，可以在绘图工具栏单击【画多边形】按钮，弹出【多边形】对话框，如图2-92所示。

图2-92 【多边形】对话框

各选项含义如下。

- ：指定多边形中心定位点。
- ：指定多边形的边数。
- ：指定多边形的内接圆半径或者外切圆半径。单击此按钮，可以锁定半径。
- 内接圆：绘制内接圆形式的多边形。
- 外切圆：绘制外切圆形式的多边形。

实训13——绘制八角星

采用画正多边形命令绘制图2-93所示的图形。

图2-93　八角星

01 绘制正八边形。在绘图工具栏单击【画多边形】按钮，弹出【多边形选项】对话框，设置【边数】为8，【内接圆半径】为50，如图2-94所示。

02 绘制连续线。在绘图工具栏单击【绘制直线】按钮，单击【连续线】按钮，再选择八边形顶点（每隔一个顶点进行选择）进行连线，结果如图2-95所示。

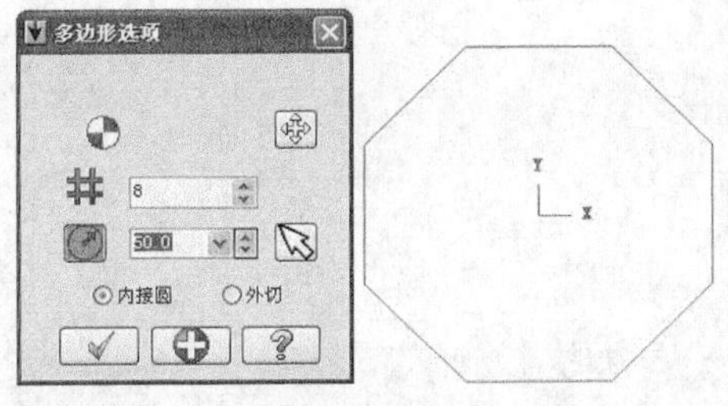

图2-94　八边形

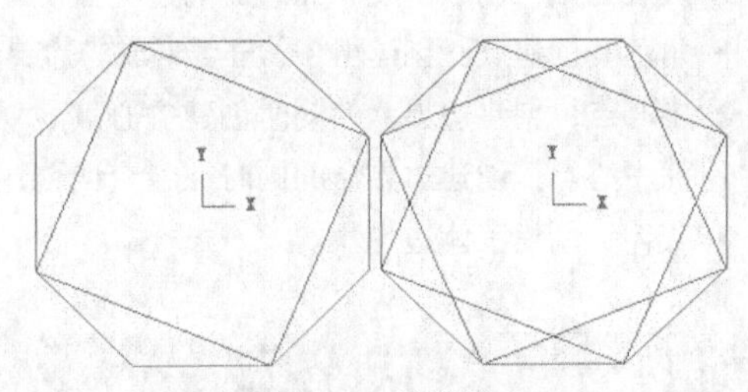

图2-95　连续线

03 继续连线。选择八边形的对角进行连线，如图2-96所示。然后选择先前连线的交点进行连线，如图2-97所示。

04 修剪。在绘图工具栏单击【修剪/打断/延伸】按钮，弹出【修剪】工具条，在工具条中单击【分割物体】按钮，单击要修剪的地方，如图2-98所示。结果文件见“实训\结果文件\Ch02\2-11.mcx-9”。

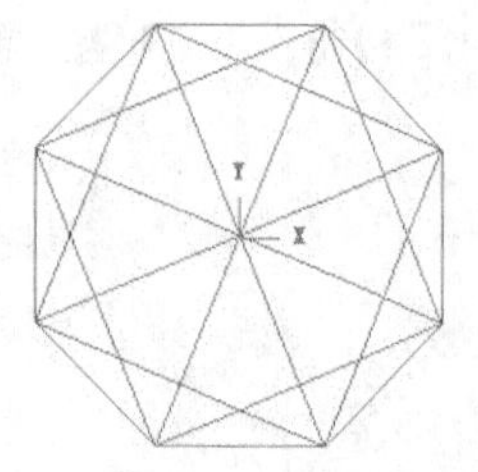

图2-96　连线

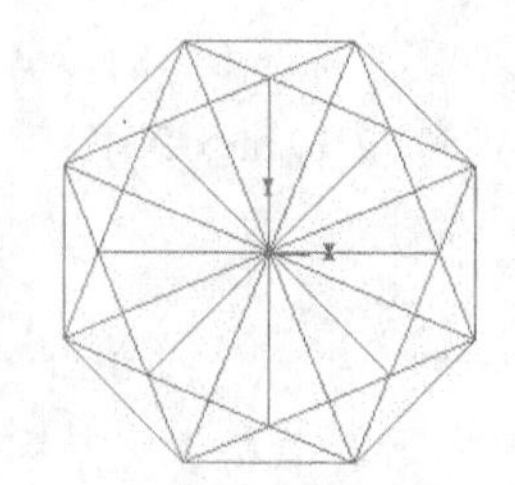

图2-97　连线

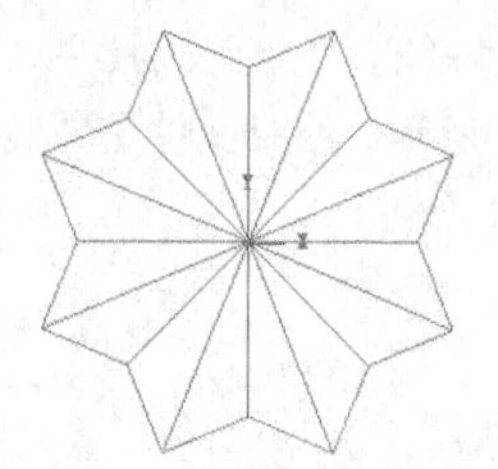

图2-98　修剪结果

2.7　画边界盒

画边界盒命令常用于加工操作中，用户可以用该命令获得工件加工时所需的最小尺寸，便于设置加工毛坯。要启动边界盒命令，可以在绘图工具栏单击【边界盒】按钮，弹出【边界盒】对话框，如图2-99所示。

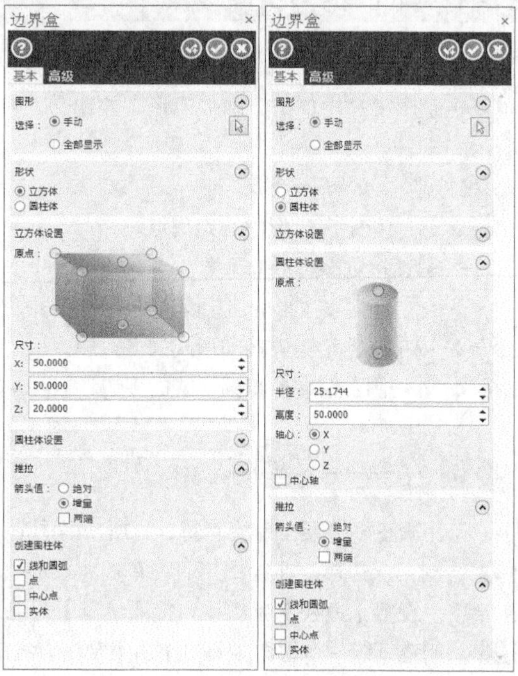

图2-99　【边界盒】对话框

各选项含义如下。

❖ 手动：通过手动选取加工边界（封闭的曲线）来创建边界盒。

❖ 全部显示：自动将整个窗口中的所有的图形都包容在边界盒中。

❖ 立方体：指定边界盒的形状为“立方体”。

❖ 圆柱体：指定边界盒的形状为“圆柱体”。

❖【立方体】设置选项组：指定立方体的原点，设定立方体的X轴、Y轴及Z轴方向上的尺寸。

❖【圆柱体设置】选项组：设定底面圆的半径、圆柱体高度及圆柱体的原点等值。

❖【推拉】选项组：可以手动推拉边界盒在6个方向的深度。可以“绝对”值来计算推拉，也可以“增量”值来计算推拉。勾选【两端】复选框可以同时推拉边界图形的两侧。

❖ 线或圆弧：创建由线和弧组成的边界盒。

❖ 角落和创建点：创建由8个角点组成的边界盒。

❖ 中心点：创建边界盒的同时创建中心点。

❖ 面中心点：创建边界盒的同时在各个面创建面中心点。

❖ 实体：创建实体边界盒。

实训14——绘制边界盒

将图2-100所示图形的顶面中心点移动到坐标系原点，方便加工编程。

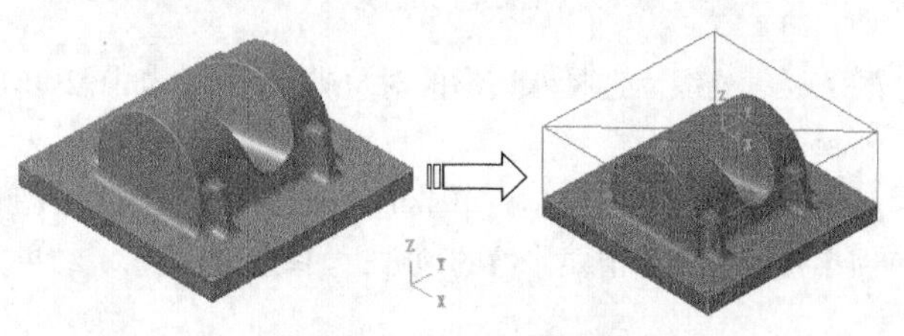

图2-100　移动后的结果

01 打开原文件。在菜单栏执行【文件】→【打开文件】命令，打开“实训\源文件\Ch02/2-12.mcx-9”，如图2-101所示。

02 创建边界盒。在绘图工具栏单击【边界盒】

按钮，弹出【边界盒】对话框，边界盒将实体用矩形框包络，如图2-102所示。

图2-101　打开源文件

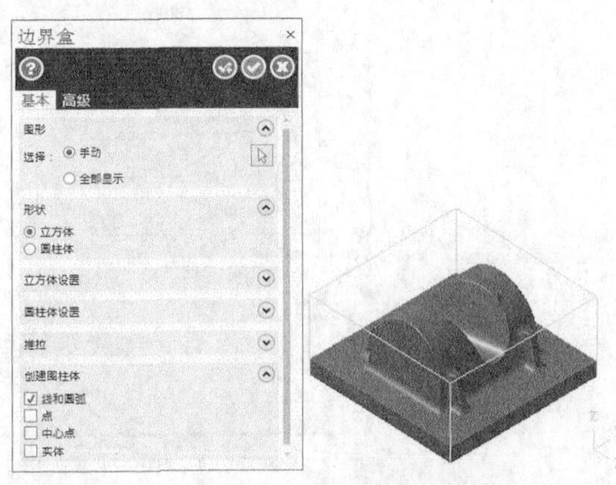

图2-102　边界盒

03 绘制对角线。在绘图工具栏单击【绘制直线】按钮，选择边界盒顶面矩形的对角点进行连线，结果如图2-103所示。

04 移动图形。在绘图工具栏单击【移动到原点】按钮，系统自动选择所有对象进行移动，选择绘制的对角线中点作为移动起点，终点系统默认为原点，移动后的结果如图2-104所示。结果文件见“实训\结果文件\Ch02\2-12.mcx-9”。

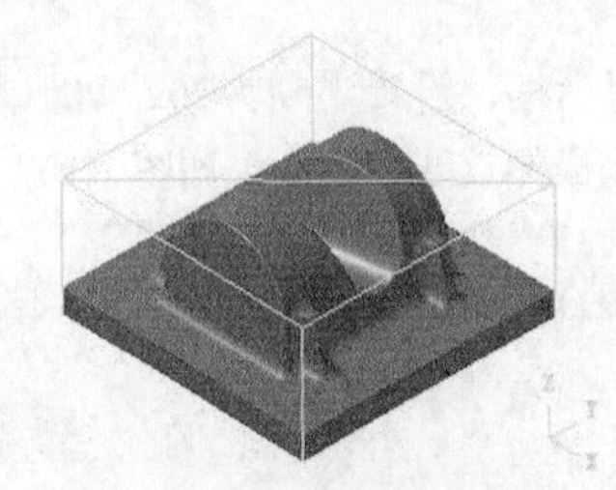

图2-103　绘制对角线

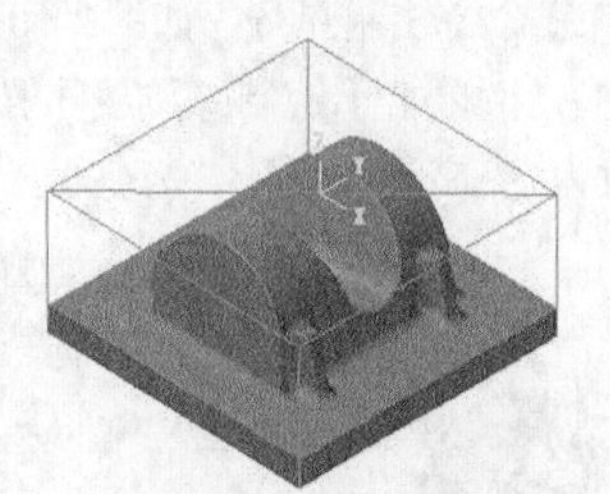

图2-104　移动到原点

技术支持

进入加工环境后，在【边界盒】对话框中除了【线或圆弧】、【实体】选项外，还有【工件】选项，专门用于设置加工工件。

2.8　螺旋线

螺旋线命令常用于绘制不标准弹簧或盘绕线，通常采用扫描曲面或扫描实体工具进行扫描。螺旋线有两种：间距螺旋线和螺旋线（锥度）。

2.8.1　螺旋线（间距）

要启动螺旋线（间距）命令，可以在绘图工具栏单击【螺旋线（间距）】按钮，弹出【螺旋】对话框，如图2-105所示。

各选项含义如下。

❖ 螺旋间距：包括俯视图螺旋间距和侧视图螺旋间距。俯视图螺旋间距用来指定正面螺旋线间距，包括起始间距和结束间距。侧视图螺旋间距用来指定侧面两螺旋线间距，也包括起始间距和结束间距。

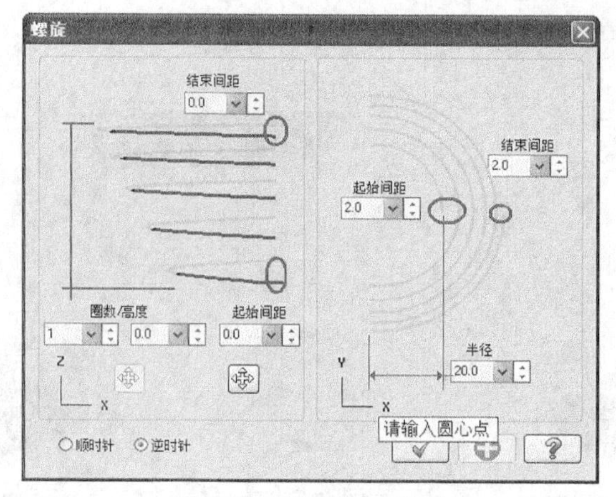

图2-105 【螺旋形】对话框

- ❖ 圈数：指定螺旋线的螺旋圈数。
- ❖ 高度：指定螺旋线总高度。
- ❖ 半径：指定螺旋线的内圈半径。

实训15——绘制标准弹簧

采用螺旋线命令绘制弹簧，如图2-106所示。

01 在绘图工具栏单击【绘制螺旋线】按钮，弹出【螺旋形】对话框，设置半径为20，间距为20，锥度角为0，圈数为5，高度自动计算为100，单击【完成】按钮，完成螺旋线的绘制，如图2-107所示。

图2-106 弹簧

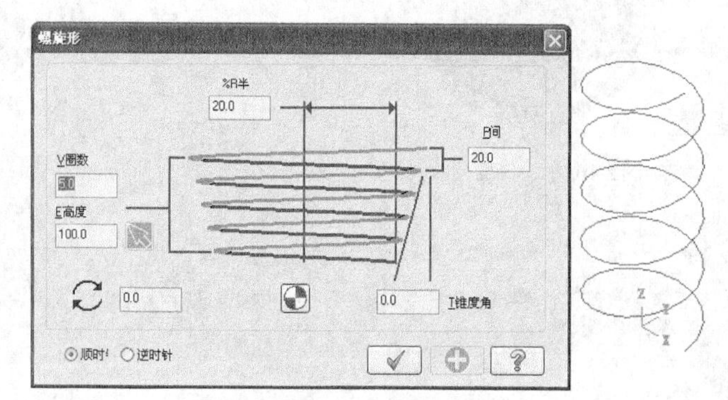

图2-107 螺旋线

02 在绘图工具栏单击【前视构图面】按钮，再单击【绘圆】按钮，输入半径为5，选择螺旋线的端点作为圆心点，单击【完成】按钮，完成圆的绘制，如图2-108所示。

03 在绘图工具栏单击【扫描曲面】按钮，选择刚才绘制的圆作为扫描截面，螺旋线作为扫描轨迹，单击【完成】按钮，完成扫描曲面的绘制，如图2-109所示。结果文件见"实训\结果文件\Ch02\2-13.mcx-9"。

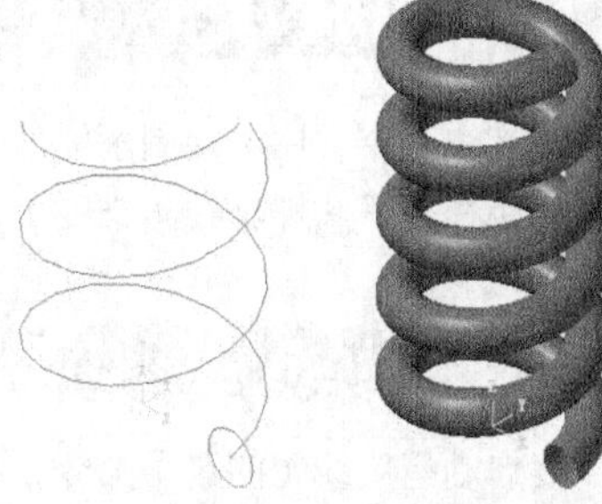

图2-108 绘制圆　图2-109 扫描曲面

技术支持

螺旋间距、圈数和高度3个参数是联动的，只需要设置其中两个即可，如设置圈数和间距，系统即可自动计算出总高度，反之亦然。

2.8.2　螺旋线（锥度）

螺旋线（锥度）通常用来绘制螺纹和标准等距弹簧，螺旋线只是绘制弹簧的线，还需要通过实体工具或曲面工具将螺旋线扫描成实体或曲面。

在绘图工具栏单击【螺旋线】按钮，弹出【螺旋状】对话框，如图2-110所示。

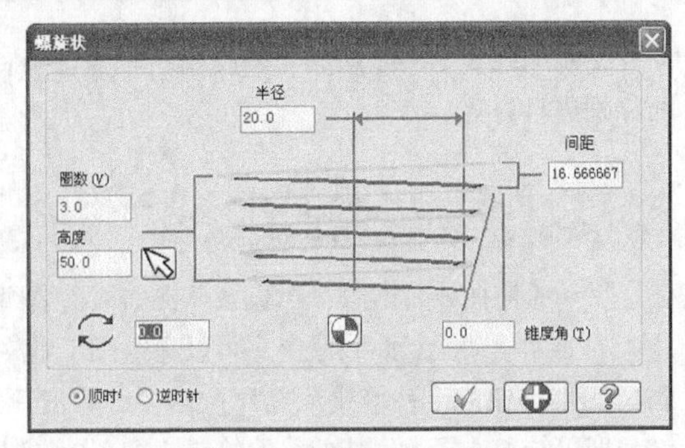

图2-110 【螺旋状】对话框

各选项含义如下。

❖ 圈数：设置螺旋线的圈数。
❖ 高度：设置螺旋线的总高度。
❖ 半径：设置螺旋线的半径。
❖ 间距：设置螺旋线的节距。
❖ 锥度角：设置螺旋线的锥度角。

实训16——绘制盘旋弹簧

采用螺旋线命令绘制弹簧，如图2-111所示。

图2-111　弹簧

01 在绘图工具栏单击【绘制螺旋线】按钮，弹出【螺旋形】对话框，设置半径为35，俯视起始间距为10，结束间距为20，侧视起始间距为10，结束间距为20，圈数为5，高度自动计算为75，选择原点为定位点，单击【完成】按钮，完成螺旋线的绘制，如图2-112所示。

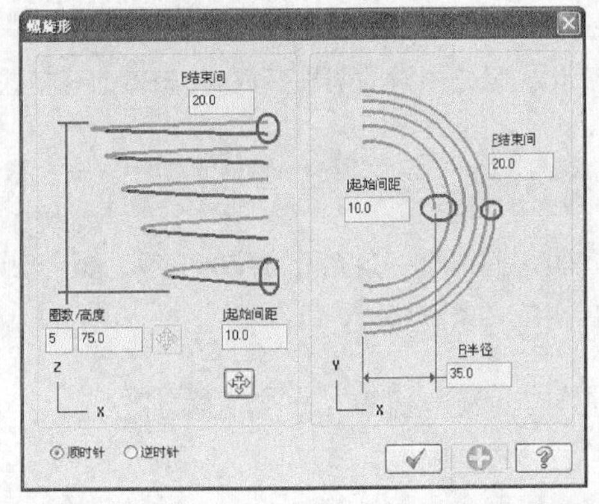

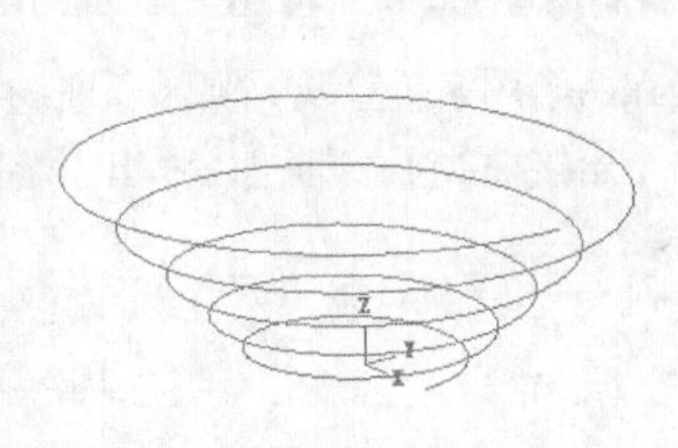

图2-112　螺旋线

02 在绘图工具栏单击【前视构图面】按钮，再单击【绘圆】按钮，输入半径为5，选择螺旋线的端点作为圆心点，单击【完成】按钮，完成圆的绘制，如图2-113所示。

03 在绘图工具栏单击【扫描曲面】按钮，选择刚才绘制的圆作为扫描截面，螺旋线作为扫描轨迹，单击【完成】按钮，完成扫描曲面的绘制，如图2-114所示。结果文件见“实训\结果文件\Ch02\2-14.mcx-9”。

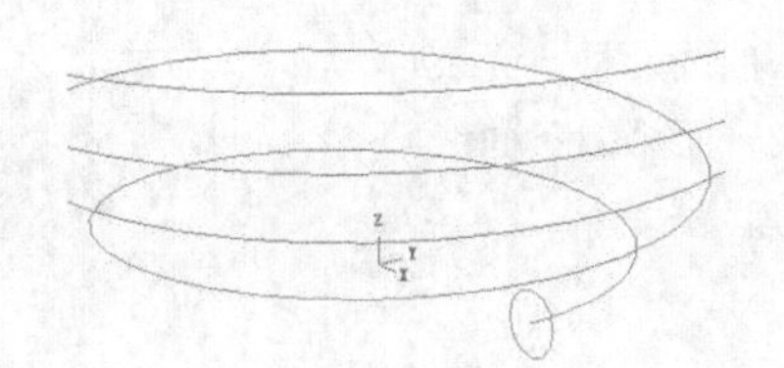

图2-113　绘制圆

图2-114　扫描曲面

2.9 绘制曲线

绘制曲线命令用于绘制样条曲线，有手动绘制曲线、自动绘制曲线、转成单一曲线、熔接曲线4种，下面分别进行讲解。

2.9.1 手动绘制曲线

手动绘制曲线是通过鼠标直接捕捉曲线需要经过的点形成曲线。要启动手动绘制曲线命令，可以在绘图工具栏单击【手动绘制曲线】按钮，系统提示选择点，连续单击几点，再按Enter键，即可结束选择，完成曲线的绘制，如图2-115所示。

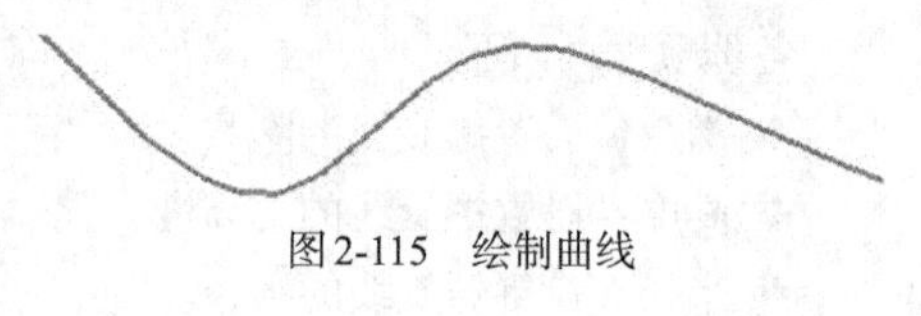
图2-115 绘制曲线

2.9.2 自动绘制曲线

【自动绘制曲线】命令用于系统自动选择某些点形成曲线，所选择的点必须是已经存在的点，而且至少3点。在绘图工具栏单击【自动绘制曲线】按钮，系统提示选择第一点、第二点和最后一点。单击【完成】按钮，即可自动生成曲线，如图2-116所示。

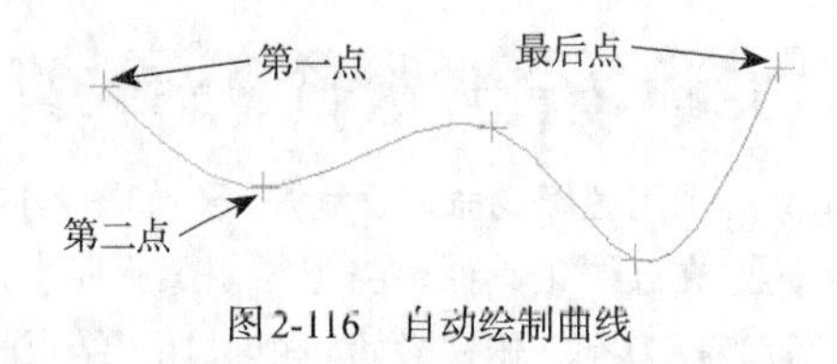

图2-116 自动绘制曲线

2.9.3 转成单一曲线

【转成单一曲线】命令可以将现有的直线、连续线、圆弧等转换成单一的曲线。在绘图工具栏单击【转成单一曲线】按钮，即可调取此命令。

转成单一曲线后，原有图素外形并没有发生变化，只是图素的属性变成NURBS曲线格式。

2.9.4 熔接曲线

熔接曲线是在两个图素（直线、圆弧、曲线等）之间产生一条光滑过渡的曲线。要启动该命令，可以在绘图工具栏单击【熔接曲线】按钮，弹出【熔接】工具条，如图2-117所示。

1.0 1.0 两者

图2-117 【熔接】工具条

各选项含义如下。

- ❖ ：熔接曲线。
- ❖ ：选择第一条曲线。
- ❖ ：指定第一点位置。
- ❖ ：选择第二条曲线。
- ❖ ：指定第二点位置。
- ❖ ：指定修剪类型。有无、两者、第一条曲线、第二条曲线几种。无表示不修剪；两者表示都修剪；第一条曲线是只修剪第一条曲线，而第二条曲线不修剪；第二条曲线是只修剪第二条曲线，而第一条曲线不修剪。

通过熔接工具绘制的光滑曲线，如图2-118所示。

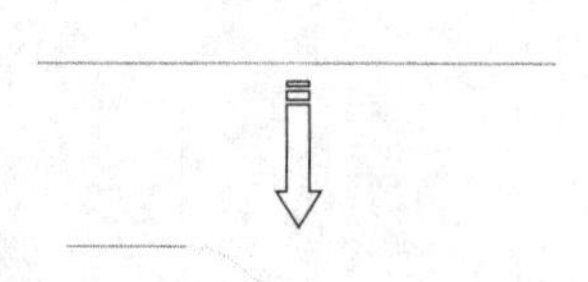
图2-118 光滑曲线

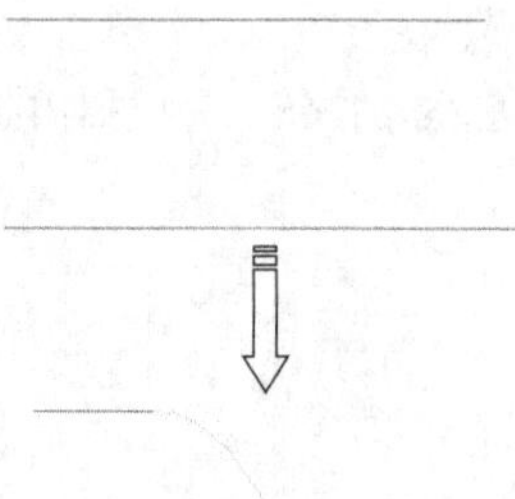

2.10 拓展训练——绘制月牙扳手

引入文件：无

结果文件：拓展训练\结果文件\Ch02\2-15.mcx-9

视频文件：视频\Ch02\拓展训练——绘制月牙扳手.avi

本节主要通过绘制日常生活常见的扳手来讲解二维图形的绘制技巧，以及绘制思路。

扳手是生活中常见的工具，主要用来装卸螺丝等，其图形尺寸如图2-119所示。下面具体讲解二维扳手图形的绘制步骤。

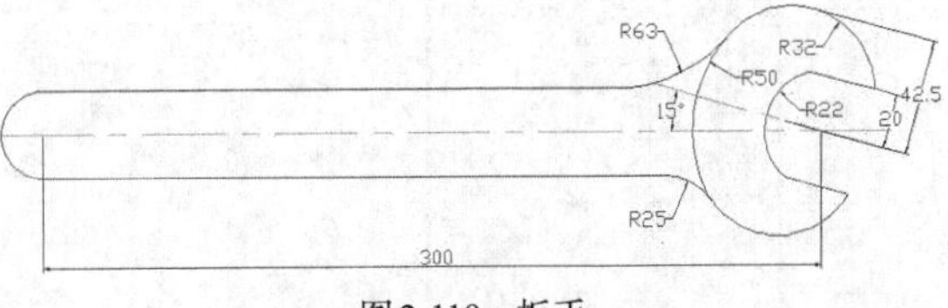

图2-119 扳手

01 绘制基准线。在绘图工具栏单击【直线】按钮，绘制长为50mm的水平线，再以同样方式绘制角度为165°，长为50mm的斜线，绘制结果如图2-120所示。

02 绘制圆。在绘图工具栏单击【绘圆】按钮，选择原点为圆心，再输入半径为22mm和50mm，绘制圆，如图2-121所示。

03 修剪。在工具栏单击【修剪】按钮，弹出【修剪】工具条，在工具条中单击【修剪于点】按钮，单击要修剪的图素后，单击修剪的点，结果如图2-122所示。

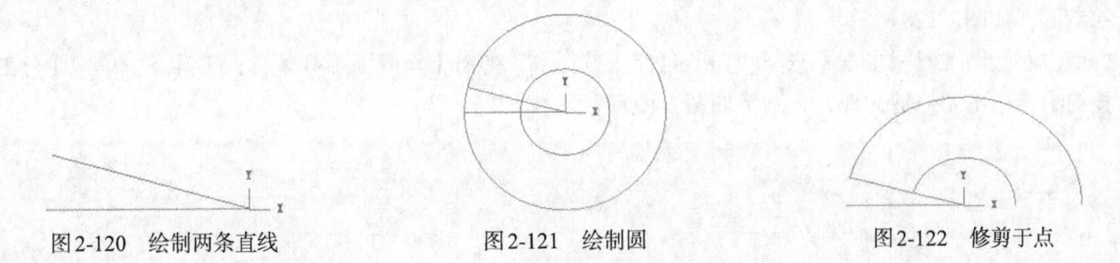

图2-120 绘制两条直线 图2-121 绘制圆 图2-122 修剪于点

04 绘制平行线。在绘图工具栏单击【平行线】按钮，分别偏移斜线的距离为20mm和42.5mm，如图2-123所示。

05 倒圆角。在绘图工具栏单击【固定实体倒圆角】按钮，输入倒圆角半径为32mm，倒圆角结果如图2-124所示。

06 修剪整理。在绘图工具栏单击【修剪/打断/延伸】按钮，并单击【两物体修剪】按钮，对图形进行修剪整理，结果如图2-125所示。

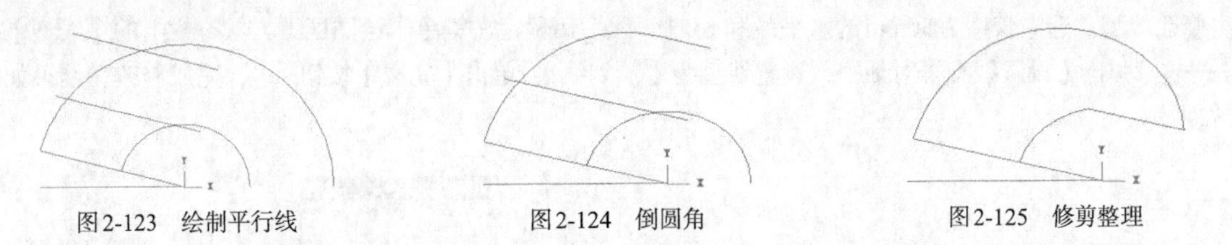

图2-123 绘制平行线 图2-124 倒圆角 图2-125 修剪整理

操作技巧

此处的圆弧R=32mm，另外还知道圆弧相切点与15°的中心线相距42.5mm并且与R=50mm的圆弧相切，此R=32mm的圆弧与R=50mm圆弧以及与尺寸线相切加上本身半径的条件即构成“相切、相切、半径”，可以采用三点画圆命令中的两相切加半径来绘制，但是用倒圆角绘制“相切、相切、半径”将更加简单。因此，这里将-15°的中心线偏移42.5mm构造相切条件，即可采用倒圆角，而无须绘制很多的辅助线。

07 对图形进行镜像。选择刚才绘制的图形，再单击工具栏中的【镜像】按钮，选择165° 的斜线作为镜像轴，如图2-126所示。

08 绘制矩形。在绘图工具栏单击【矩形设置】按钮，设置【锚点】为【右中点】，矩形尺寸为300mm×32mm，如图2-127所示。

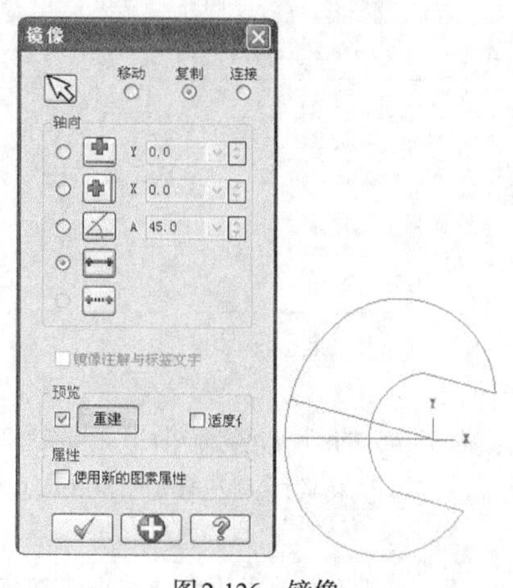

图2-126　镜像

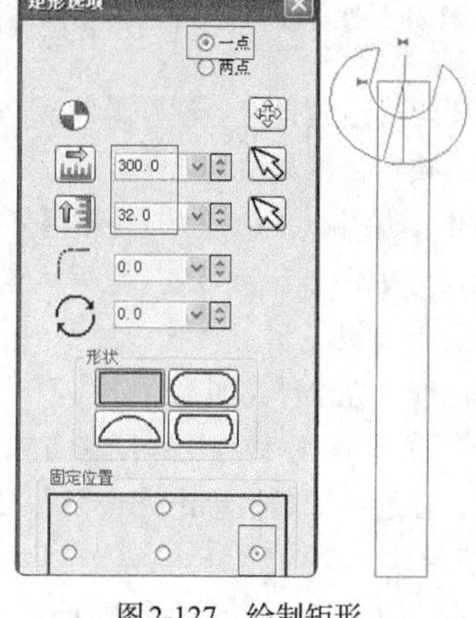

图2-127　绘制矩形

09 绘制圆，在绘图工具栏单击【绘圆】按钮，选择刚才绘制矩形的左边线中点为圆心，再输入直径为32，绘制圆，如图2-128所示。

10 修剪。在绘图工具栏单击【修剪/打断/延伸】按钮，弹出【修剪】工具条，在工具条中单击【分割物体】按钮，单击要修剪的地方，结果如图2-129所示。

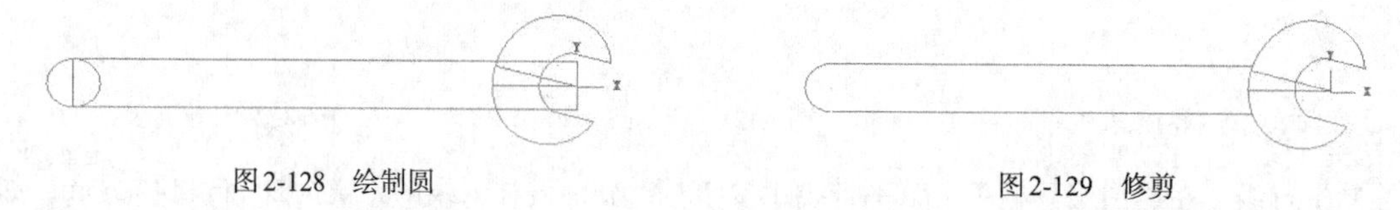

图2-128　绘制圆　　图2-129　修剪

11 倒圆角。在绘图工具栏单击【固定实体倒圆角】按钮，并单击【不修剪模式】按钮，选择半径为50mm的圆弧和矩形上边线倒圆角R=63，再选择矩形下边线和镜像后半径为50mm的圆弧倒圆角R=25，结果如图2-130所示。

12 修剪。在绘图工具栏单击【修剪/打断/延伸】按钮，弹出【修剪】工具条，在工具条中单击【分割物体】按钮，单击要修剪的地方，结果如图2-131所示。

13 修改线型。选中长度为50mm的水平线和165° 斜线，用鼠标右键单击绘图区下方状态栏上的【线型】按钮，弹出【设置线型】对话框，设置线型为【点划线】，单击【完成】按钮，完成修改，结果如图2-132所示。

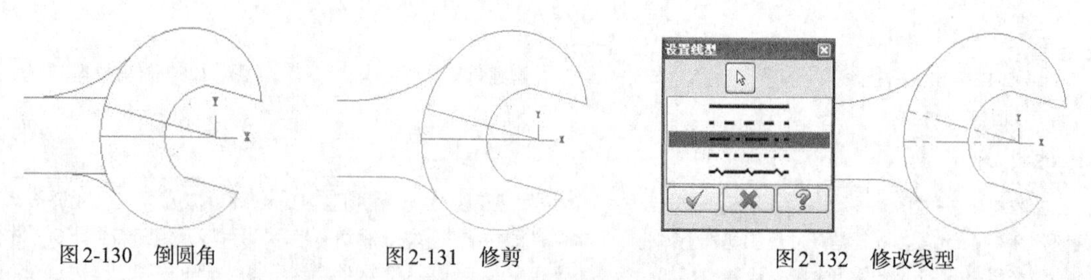

图2-130　倒圆角　　图2-131　修剪　　图2-132　修改线型

14 延长水平中心线。在绘图工具栏单击【修剪/打断/延伸】按钮，弹出【修剪】工具条，在工具条中单击【修剪于点】按钮，单击要延伸的水平中心线后，在线外单击修剪的点，延伸结果如图2-133所示。

图2-133　延长水平中心线

2.11　课后习题

（1）二维绘图基本思路是怎样的？

（2）直线有哪几种类型？

（3）输入点有哪几种方式？

（4）利用多边形创建图2-134所示的五角星形。

（5）采用切弧命令绘制香皂盒外形，香皂盒外形尺寸如图2-135所示。

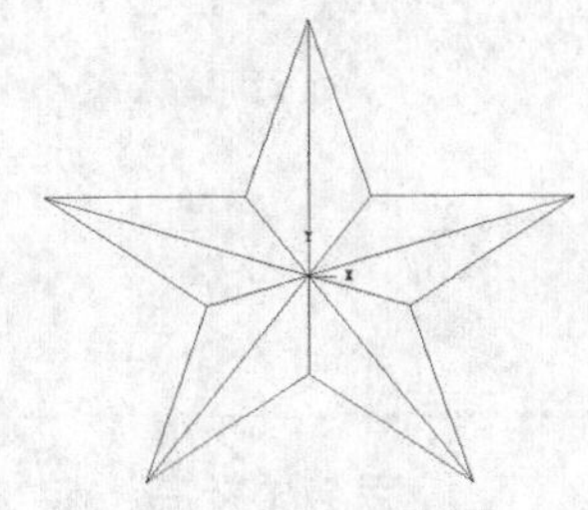

图2-134　五角星

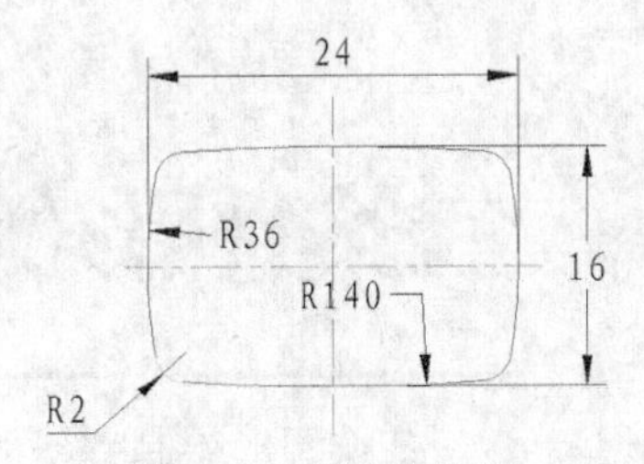

图2-135　香皂盒外形

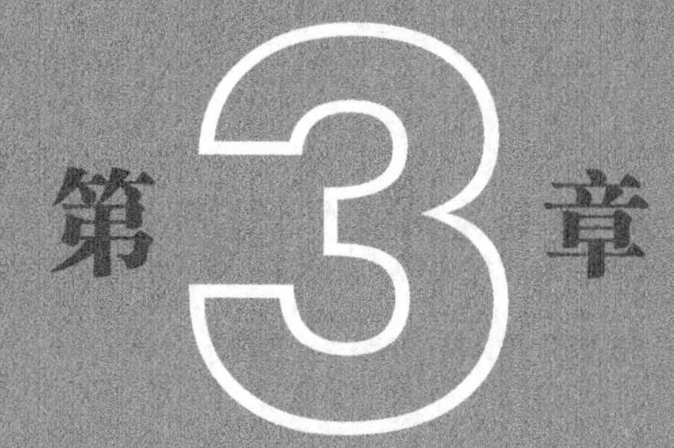

第3章

二维图形编辑

二维图形绘制完毕后会留下很多多余线条，与最后结果还有一定的差别，需要通过修剪、倒圆角等工具做最后的修饰，剪掉不需要的图素。本章将讲解修剪、打断、倒圆角和倒角等图形编辑命令的应用。

知识要点

※ 掌握几种修剪和打断命令的运用。

※ 掌握倒圆角和倒角的运用。

※ 重点掌握平移、转换、镜像在二维图形编辑中的应用。

※ 用缠绕命令绘制一些特殊造型的图形。

案例解析

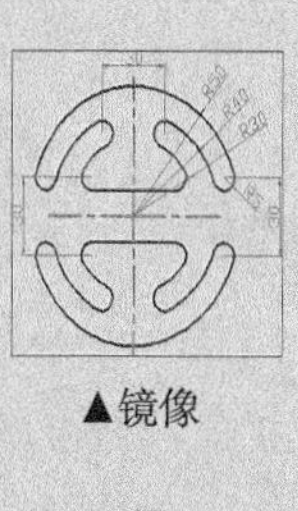

▲镜像

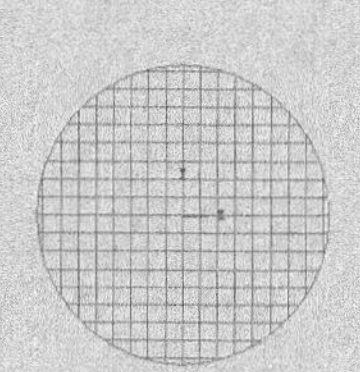

▲多物体修剪

▲串联补正

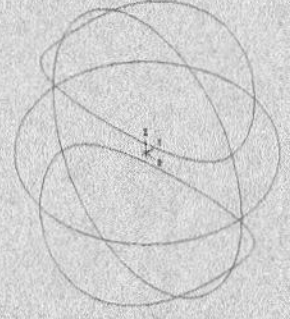

▲篮球骨架线

▲卷花

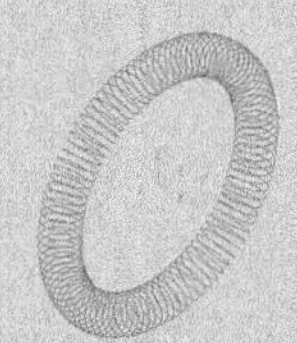

▲电话线发圈

3.1　编辑图素

编辑图素包括修剪、延伸、连接图形、恢复全圆、打断等，通过这些命令，用户可以快速从基本图素中编辑得到想要的结果。

3.1.1　倒圆角

倒圆角是将两个相交图素（直线、圆弧或曲线）进行圆角过渡，避免尖角出现。倒圆角有两种：两物体倒圆角和串联倒圆角。要启动倒圆角功能，可以在绘图工具栏单击【固定实体倒圆角】按钮，出现【倒圆角】工具条，如图3-1所示。

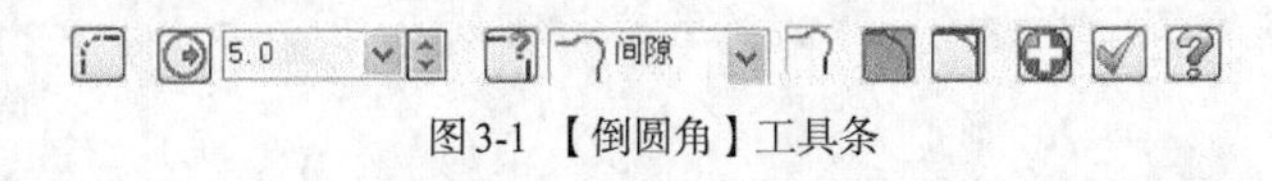

图3-1 【倒圆角】工具条

各参数的含义如下。

- ❖ ：倒圆角。
- ❖ ：输入圆角半径。
- ❖ ：倒圆角的类型，有常规、反转、循环、间隙4种。
- ❖ ：倒圆角的同时修剪边界。
- ❖ ：倒圆角的同时不修剪边界。
- ❖ ：常规倒圆角。
- ❖ ：反转倒圆角。
- ❖ ：循环倒圆角。
- ❖ ：间隙倒圆角。

实训17——倒圆角

采用倒圆角命令绘制图3-2所示的图形。

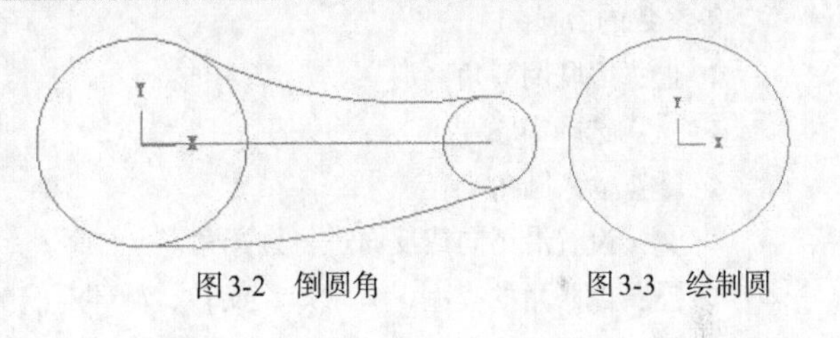
图3-2　倒圆角　　图3-3　绘制圆

01 绘制圆。在绘图工具栏单击【已知圆心点画圆】按钮，选择原点为圆心，再输入直径为36，绘制圆，如图3-3所示。

02 绘制线。在绘图工具栏单击【绘制直线】按钮，选择原点为起点，输入水平长度为60，绘制水平线，如图3-4所示。

03 绘制圆。在绘图工具栏单击【已知圆心点画圆】按钮，选择刚才绘制的直线右端点为圆心，输入直径为16，绘制圆，如图3-5所示。

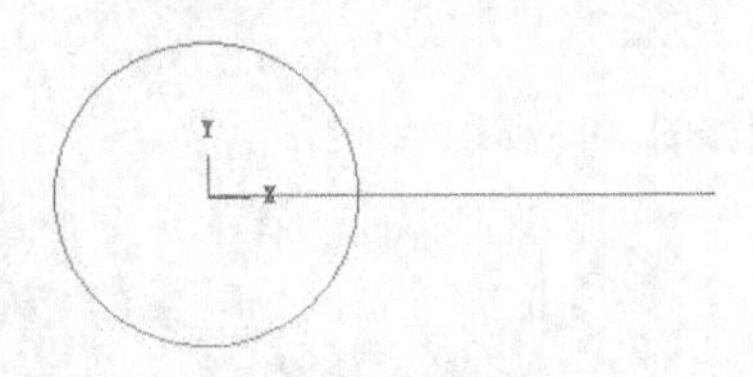
图3-4　绘制直线

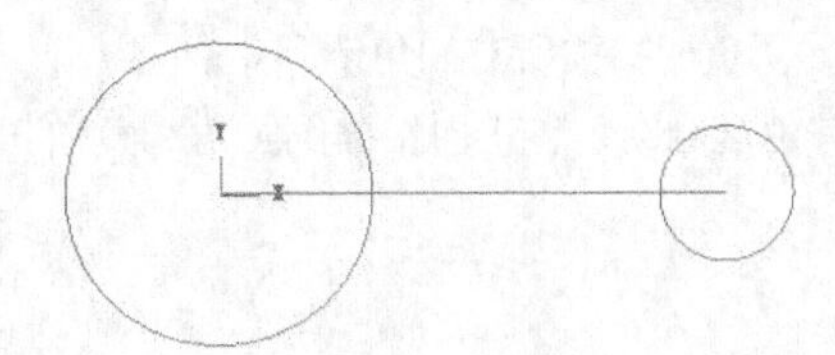
图3-5　绘制圆

04 倒圆角。在绘图工具栏单击【固定实体倒圆角】按钮，输入倒圆角半径为80，选择直径为36的圆和直径为16的圆上部分，系统出现多种情况，接受默认的虚线圆，结果如图3-6所示。

05 继续绘制倒圆角。输入倒圆角半径为160，选择直径为36的圆和直径为16的圆下部分，系统出现多种情况，接受默认的虚线圆，结果如图3-7所示。结果文件见“实训\结果文件\Ch03\3-1.mcx-9”。

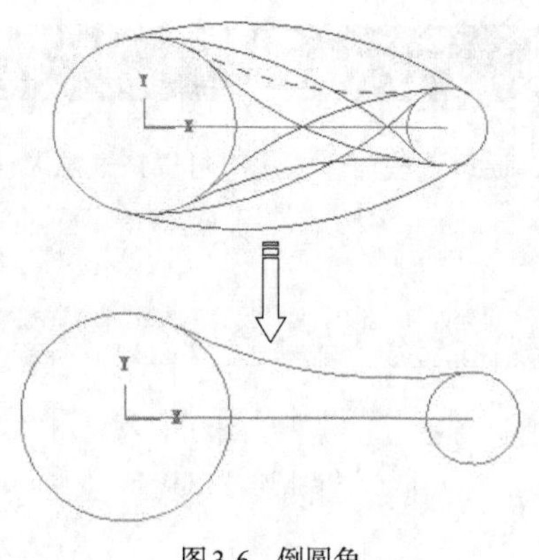

图3-6　倒圆角

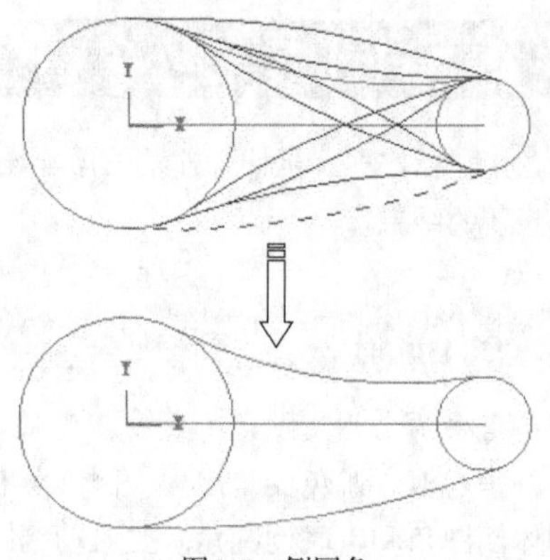

图3-7　倒圆角

—— **技术支持** ——

倒圆角根据单击位置的不同，会有不同的结果，所以单击要准确，倒圆角时单击的位置是要保留的位置。另外倒圆角过程中会有多个选项需要用户选择，根据图形选择适合的即可。

3.1.2　串联倒圆角

串联倒圆角功能用于对整个串联进行倒圆角。在绘图工具栏单击【串连倒圆角】按钮，弹出【串连倒圆角】工具条，如图3-8所示。

图3-8　【串连倒圆角】工具条

各参数的含义如下。

- ❖ ：串联倒圆角。
- ❖ ：选择串联。
- ❖ ：输入圆角半径。
- ❖ ：设置沿正向或反向进行倒圆角。
- ❖ ：倒圆角的类型，有常规、反转、循环、间隙4种。
- ❖ ：倒圆角的同时修剪边界。
- ❖ ：倒圆角的同时不修剪边界。
- ❖ ：所有角落倒圆角。
- ❖ ：正向扫描所有凸角倒圆角。
- ❖ ：负向扫描所有凹角倒圆角。

所有角落倒圆角、正向扫描倒圆角和负向扫描倒圆角的区别如图3-9所示。

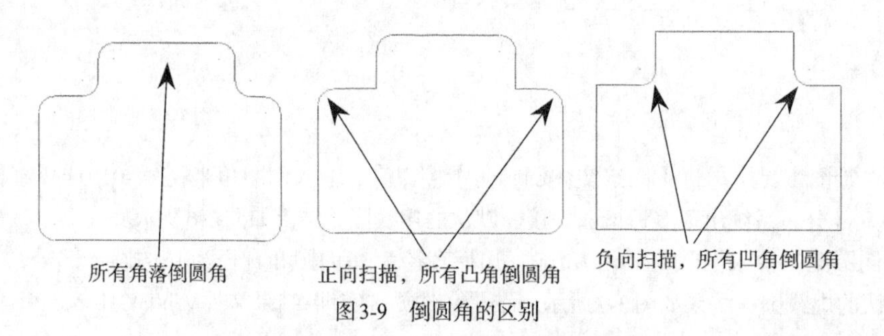

图3-9　倒圆角的区别

实训18——串联倒圆角

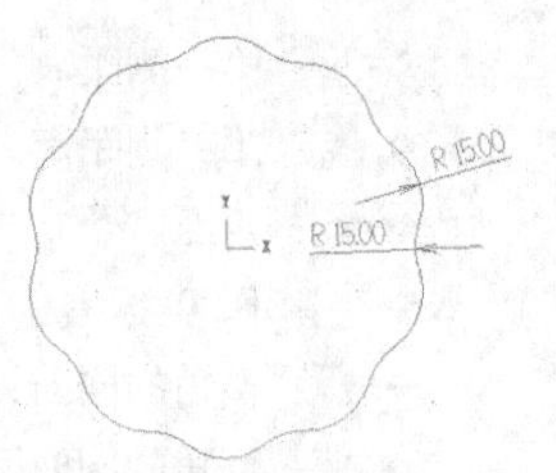

图3-10　串联倒圆角

采用串联倒圆角命令绘制图3-10所示的图形。

01 绘制正五边形。在绘图工具栏单击【画多边形】按钮，弹出【多边形选项】对话框，设置边数为5，内接圆半径为50，选择原点(O)原点为中心点，如图3-11所示。

02 单击【旋转】按钮，框选选择正五边形后单击Enter键确认，然后进行旋转复制，旋转角度为36度，如图3-12所示。

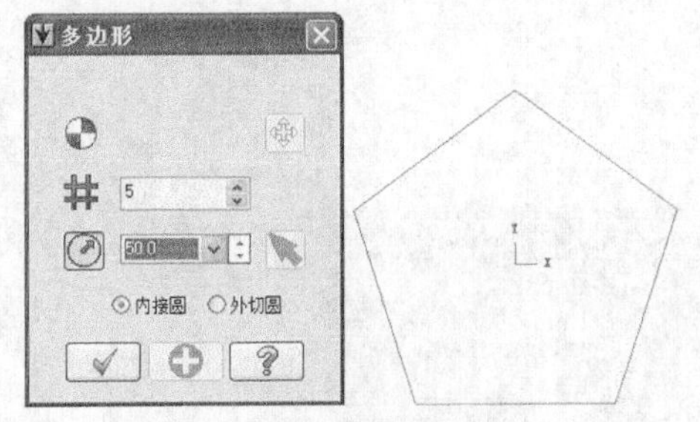

图3-11　绘制正五边形

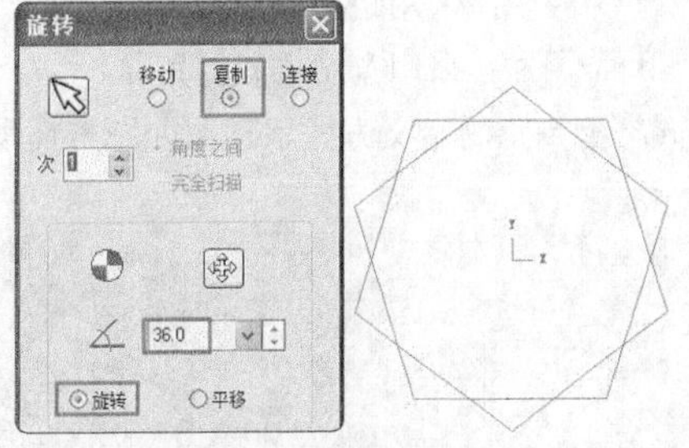

图3-12　创建5边形

03 修剪。在绘图工具栏单击【修剪/打断/延伸】按钮，弹出【修剪】工具条，在工具条中单击【分割物体】按钮，单击要修剪的地方，结果如图3-13所示。

04 串联倒圆角。在绘图工具栏单击【串连倒圆角】按钮，输入倒圆角半径为15，再选择整个串联，倒圆角结果如图3-14所示。结果文件见“实训\结果文件\Ch03\3-2.mcx-9”。

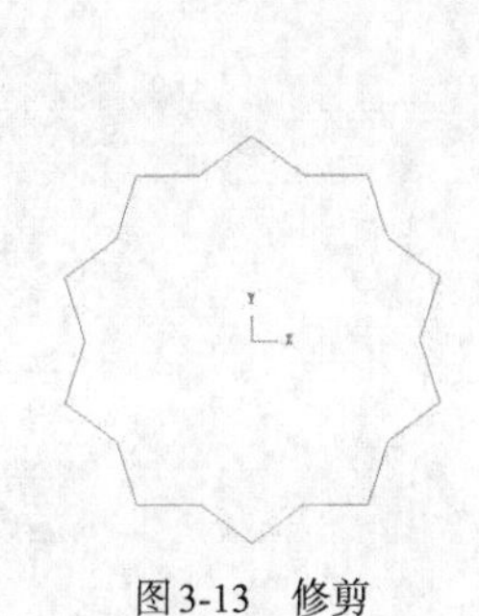

图3-13　修剪

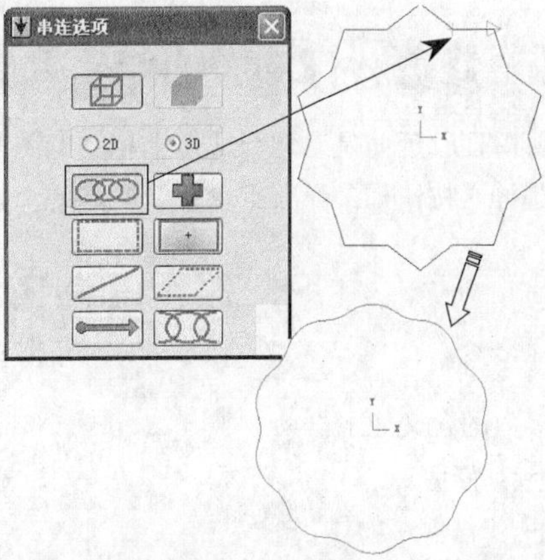

图3-14　串联倒圆角

3.1.3　倒角

倒角是对零件上的尖角部位进行倒斜角处理，在五金零件和车床零件中应用得比较多。在绘图工具栏单击【倒角】按钮，弹出【倒角】工具条，如图3-15所示。

图3-15　【倒角】工具条

各工具按钮的含义如下。

❖ ：倒角。

❖ ：第一侧距离。

❖ ：第二侧距离。

❖ ：角度。

❖ ：倒角类型。

❖ ：倒角的同时修剪边界。

❖ ：倒角的同时不修剪边界。

❖ 距离 1：单一距离倒角。

❖ 距离 2：采用不同距离倒角。

❖ 距离/角度：采用距离和角度倒角。

❖ 宽：采用宽度方式倒角。

不同类型倒角的定义方式示意图如图3-16所示。

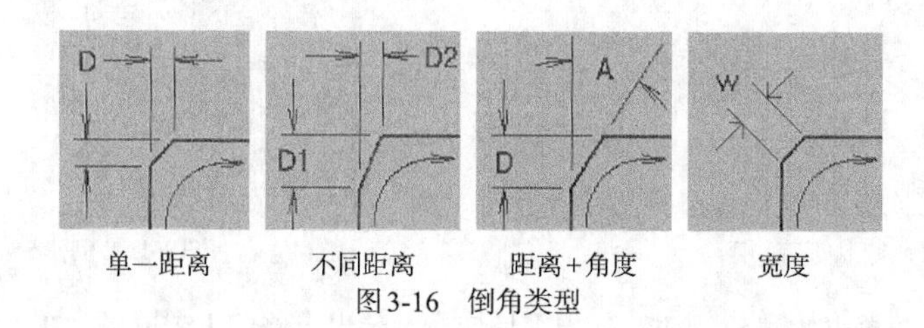

单一距离　不同距离　距离+角度　宽度

图3-16　倒角类型

技术支持

在不同距离和距离加角度倒角中，先选择的一边为第一侧，后选择的边为第二侧，同时第一侧也是参考边。

3.1.4　修剪/打断/延伸

修剪/打断/延伸是对两个或多个相交的图素在交点处进行修剪、打断或延伸。在绘图工具栏单击【修剪/打断/延伸】按钮，弹出【修剪】工具条，如图3-17所示。

图3-17　【修剪】工具条

各参数的含义如下。

❖ ：修剪。

❖ ：修剪一物体。

❖ ：修剪两物体。

❖ ：修剪三物体。

❖ ：分割/删除。

❖ ：修剪至点。

❖ ：延伸/缩短指定长度。

❖ ：修剪。

❖ ：打断。

❖ ：确定退出。

1. 修剪一物体

修剪一物体是采用一条边界来修剪一个图素，选择的部分保留，没有选择的部分被删除，先选择的物体是要被修剪的物体，后选的物体是用来修剪的工具。在绘图工具栏单击【修剪/打断/延伸】按钮，并单击单物体【修剪两物体】按钮，选择直线P1，再选择修剪边界P2，单击【完成】按钮，完成修剪，如图3-18所示。

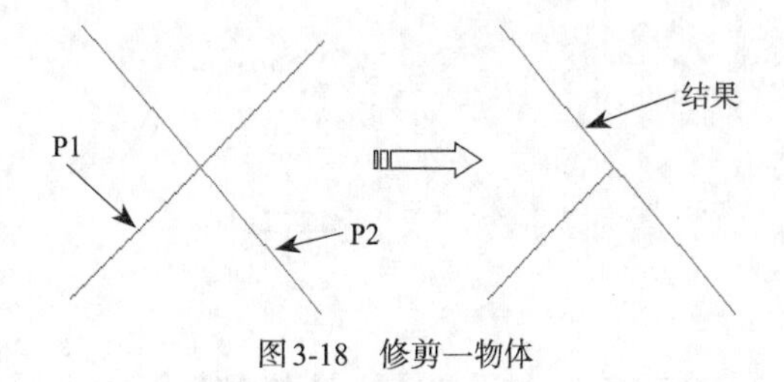

图3-18 修剪一物体

技术支持

系统采用边界P2将直线P1修剪，P1单击的位置被保留，另一端被修剪。修剪边界时P2只作工具，不被修剪。

2. 修剪两物体

修剪两物体是选择两个图素，两个图素之间相互作为边界，并且相互之间进行修剪或延伸，选择的部分是保留的部分，没有选择的部分被修剪。在绘图工具栏单击【修剪/打断/延伸】按钮，并单击【修剪两物体】按钮，选择直线P1，再选择直线P2，单击【完成】按钮，完成修剪，如图3-19所示。

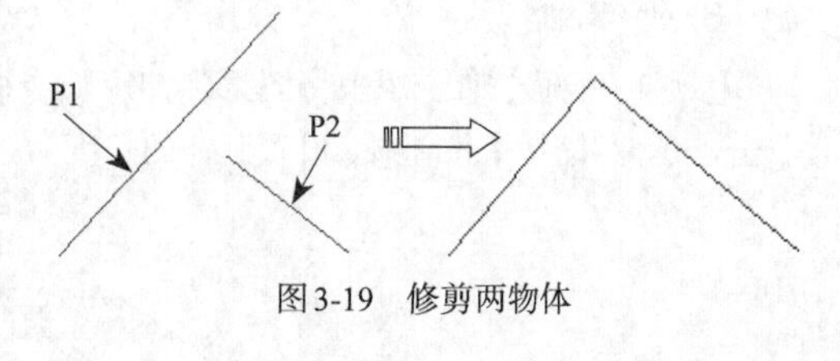

图3-19 修剪两物体

操作技巧

修剪两物体时，相当于两个单物体修剪，先用P2修剪P1，再用P1修剪P2，最后的效果就是两物体相互修剪。从以上实例来看，修剪不仅可以裁剪多余的部分，还可以延伸不足的部分。因此，所有的修剪都具备延伸功能。

3. 修剪三物体

修剪三物体是选择3个物体进行修剪。一个三物体修剪相当于两个两物体修剪，即三物体修剪是第一物体和第三物体进行两物体修剪，同时，第二物体和第三物体进行两物体修剪，所得结果即是三物体修剪。在绘图工具栏单击【修剪/打断/延伸】按钮，再单击【三物体修剪】按钮，选择直线P1和P2，再选择直线P3，单击【完成】按钮，完成修剪，如图3-20所示。

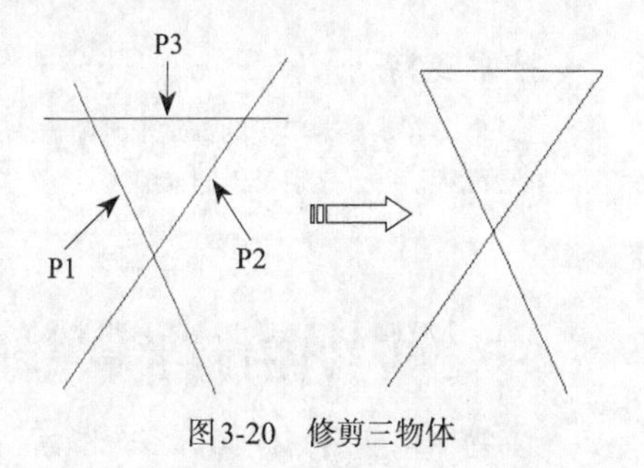

图3-20 修剪三物体

技术支持

三物体修剪相当于将第一个要修剪的图素P1与修剪边界P3采用两物体修剪，再将第二个要修剪的物体P2与修剪边界P3采用两物体修剪，最后结果即是三物体修剪。并且，修剪图素保留部位是鼠标单击的位置，而修剪边界不管单击位置在何处，都是夹在两修剪图素的中间部分保留下来，两端删除。三物体修剪同样带有延伸功能。

4. 分割/删除图素

分割/删除图素是直接在边界上将图素分割修剪，如果没有边界，系统直接将图素删除。【分割/删除图素】命令修剪简单图形的效率非常高，操作也比较便捷。在绘图工具栏单击【修剪/打断/延伸】按钮再单击【分割/删除】按钮，选择直线P1完成修剪，如图3-21所示。

5. 修剪至点

修剪至点是直接在图素上选择某点作为修剪位置，所有在此点之后的图素将全部修剪，所有在此点之前的图素将全部延伸到此点终止。此修剪方式是最为灵活的修剪方法。在绘图工具栏单击【修剪/打断/延伸】按钮，再单击【修剪至点】按钮，选择直线P1，再单击修剪点P2，完成修剪，如图3-22所示。

操作技巧

修剪至点相对前面的修剪命令更加直接，不需要任何修剪边界，想修剪到哪里就修剪到哪里，只需要选择修剪终止点即可。修剪至点的原理是先选择要修剪的图素，再选择修剪终止点，系统会将该图素从选择的第一点开始到修剪终止点结束，超过终止点位置的图素全部被剪掉，如果终止点在此线的延长线上，系统就将此线延伸到终止点。

图3-21　分割/删除　　　　图3-22　修剪至点

6. 延伸/缩短

【延伸/缩短】命令用来将图素延伸定长或缩短定长，在绘图工具栏单击【修剪/打断/延伸】按钮，并单击【延伸/缩短】按钮，设置延伸的长度为20mm，选择直线P1的右上端，即将直线延伸，如图3-23所示。

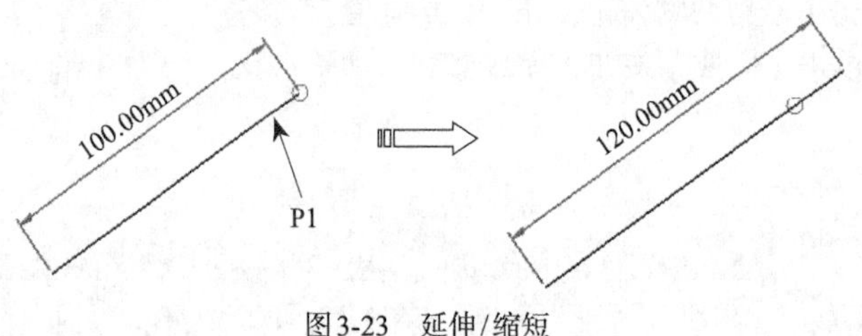

图3-23　延伸/缩短

技术支持

延伸图素是根据单击的位置来判断需要延伸哪一侧的，因此单击时一定要注意。此延伸不能作为修剪，只能用来延伸或缩短图素，并且是定长延伸或缩短。

3.1.5　多物体修剪

多物体修剪是一次修剪多个图素，在绘图工具栏单击【多物修剪】按钮，弹出【多物体修剪】工具条，如图3-24所示。

图3-24 【多物体修剪】工具条

各参数的含义如下。

- ❖ ：多物体修剪。
- ❖ ：选择要修剪的物体。
- ❖ ：切换修剪侧。
- ❖ ：修剪。
- ❖ ：打断。
- ❖ ：完成退出。

3.1.6　连接图形

连接图形是将两个图素连接在一起，两个图素相互独立，但是必须具有某些共性，如直线必须共线，圆弧必须同心且半径相等才可以，对于曲线，两曲线必须是源自同一曲线，否则就不能连接在一起。在绘图工具栏单击【连接图形】按钮，系统提示【选择要连接的图素】，选择图素，单击【完成】按钮，即可将图素连接在一起，如图3-25所示。

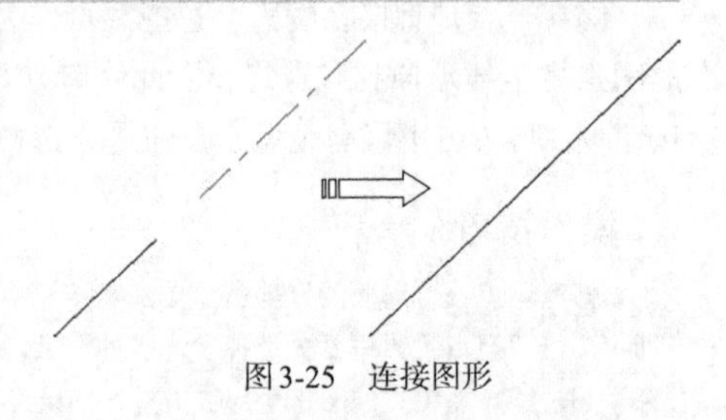

图3-25　连接图形

3.1.7 恢复全圆

【恢复全圆】命令用于将圆弧恢复到整圆，由于圆弧具有整个圆的信息，不管是多小的圆弧，都包含圆的半径和圆心点，所以，所有圆弧都可以恢复成整圆。在绘图工具栏单击【恢复全圆】按钮，系统提示选择圆弧，选择绘图区的圆弧，单击【完成】按钮，即可将圆弧封闭成全圆，如图3-26所示。

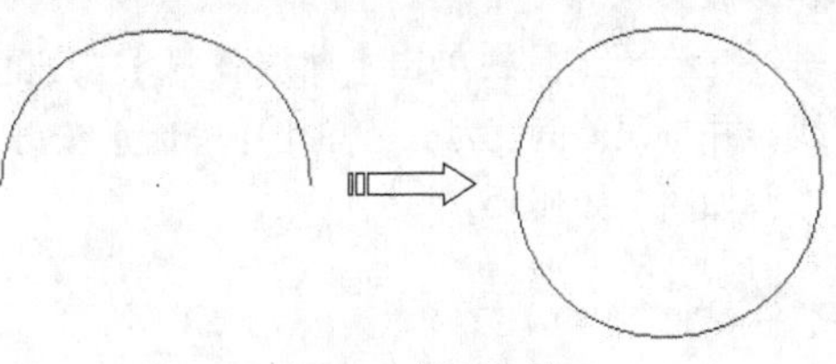
图3-26 恢复全圆

3.1.8 打断全圆

【打断全圆】命令用于将整圆打断成多段圆弧，与恢复全圆是相反的。在绘图工具栏单击【打断全圆】按钮，选择圆，单击【完成】按钮，在输入框中输入段数为3，单击【完成】按钮，即可将圆打断成3段，如图3-27所示。

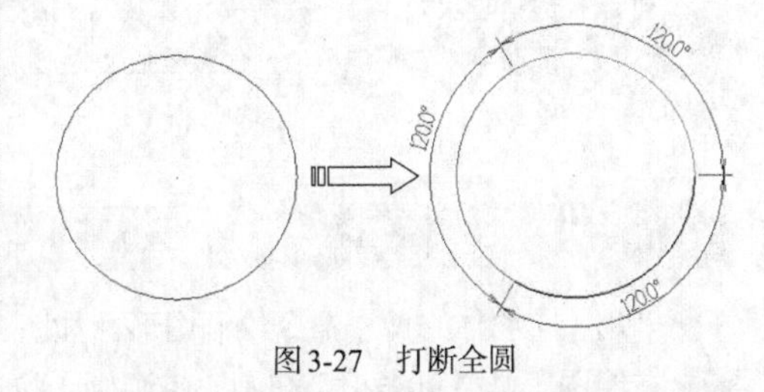

图3-27 打断全圆

3.1.9 打成若干段

【打成若干段】命令可以将图素打断成多段线段，不管是圆，还是曲线，都可以打断成直线段，而不是圆弧或曲线段。在绘图工具栏单击【打成若干段】按钮，弹出【打断成多段】工具条，如图3-28所示。

图3-28 【打断成多段】工具条

各参数含义如下。

- ：打断成多段。
- ：精确距离。
- ：整数距离。
- ：打断的段数。
- ：打断的距离。
- ：打断的误差。
- 删除：选择原图素是删除、保留还是隐藏。
- ：打断成曲线。
- ：打断成直线。

3.1.10 曲线变弧

【曲线变弧】命令是将曲线转变成圆弧，因为有些机器不支持NURBS曲线，所以要将NURBS曲线转变成圆弧才可以。在绘图工具栏单击【曲线变弧】按钮，弹出【曲线变弧】工具条，如图3-29所示。

图3-29 【曲线变弧】工具条

各参数的含义如下。

- ：曲线变弧。
- ：选择曲线。
- ：设置曲线变弧的误差。

❖ 删除 ：选择对原曲线的处理方式，有删除、保留和隐藏。

在绘图工具栏单击【曲线变弧】按钮，选择绘制的曲线，并将误差值设为10，单击【完成】按钮，完成曲线变弧操作，如图3-30所示。

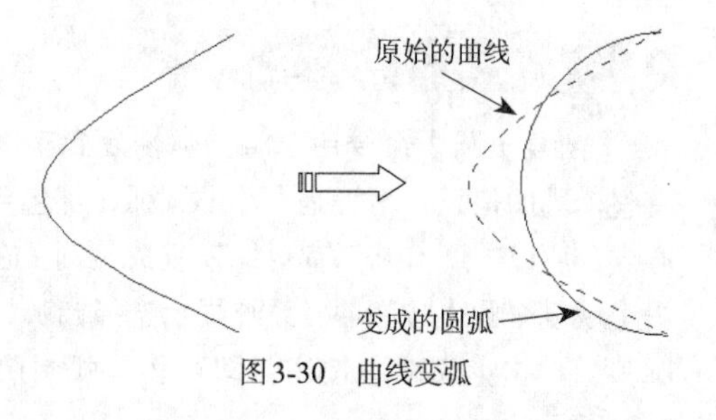

图3-30 曲线变弧

技术支持

如果曲线的阶次太大就不能转变为圆弧，一般是二次曲线才可以转变成圆弧。另外，如果误差值设置过小，转变一般也会失败，此时可以调整误差值，使误差值慢慢增大，直到变成圆弧为止。

实训19——修剪

采用【多物体修剪】命令绘制图形，如图3-31所示。

01 在绘图工具栏单击【已知圆心点画圆】按钮，输入圆直径为50，选择系统原点为圆心，单击【完成】按钮完成圆的绘制，如图3-32所示。

02 在绘图工具栏单击【绘制直线】按钮，并单击【竖直线】按钮，任意画一条直线，并在竖直坐标栏输入竖直位置为0，单击【完成】按钮，完成竖直线的绘制，如图3-33所示。

03 继续绘制线。单击【水平线】按钮，任意画一条直线，在水平参数输入栏输入水平位置为0，单击【完成】按钮，完成水平线的绘制，如图3-34所示。

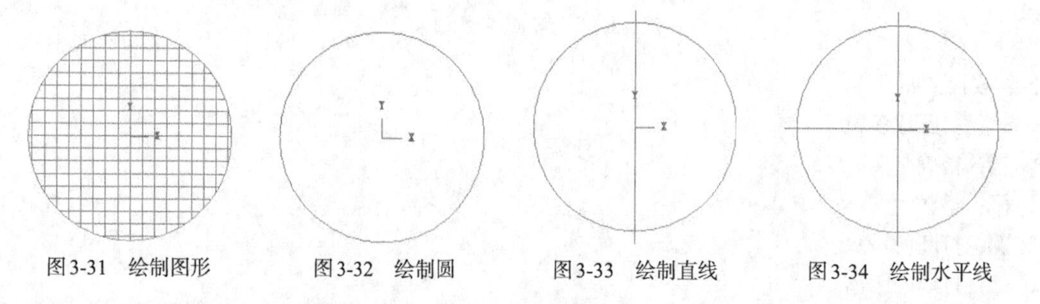
图3-31 绘制图形　图3-32 绘制圆　图3-33 绘制直线　图3-34 绘制水平线

04 在绘图工具栏单击【单体补正】按钮，弹出【补正】对话框，设置补正类型为【复制】，次数为16次，补正距离为3，并单击方向按钮两次，以采用双向补正，再选择刚才绘制的竖直线，如图3-35所示。

05 继续单体补正。在【补正】对话框中设置补正类型为复制，次数为16次，补正距离为3，并单击方向按钮两次，以采用双向补正，再选择刚才绘制的水平线，如图3-36所示。

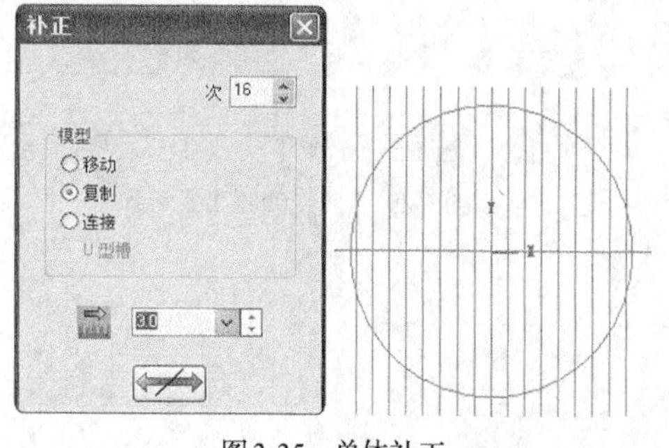

图3-35 单体补正

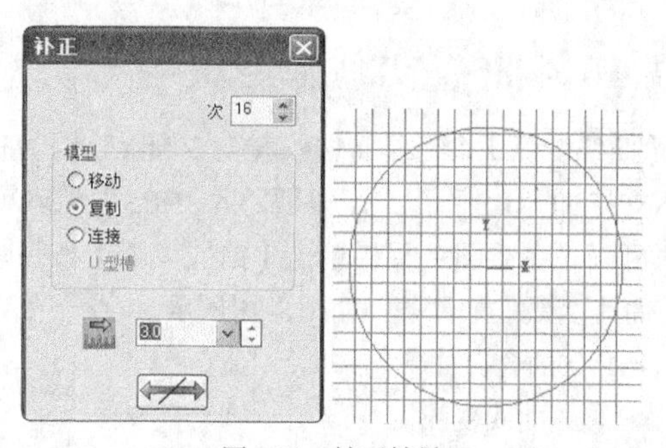

图3-36 补正结果

06 在绘图工具栏单击【多物修剪】按钮，选择全部直线作为修剪对象，单击【完成】按钮，再选择圆作为修剪边界，单击【完成】按钮，选择圆内部作为保留侧，系统即将圆外部修剪，如图3-37所示。结果文件见“实训\结果文件\Ch03\3-3.mcx-9”。

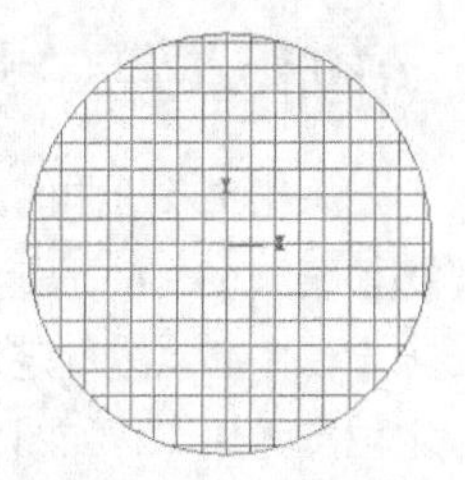

图3-37 最后修剪结果

操作技巧

此处在选择所有直线时，由于数量比较多，可以先框选所有图素后再复选圆，复选对象即可取消选择，这样就可以把圆排除在选择集外，剩下在选择集中的就是所有直线了，这样可以修剪多物体。

3.2 变换操作

在创建复杂的二维图形时，除了使用编辑功能外，还需要使用变换功能，包括镜像、旋转、平移等。变换功能能提高设计效率，用户要熟练掌握。

3.2.1 平移

平移是将原始图素移动到另一个地方，在绘图工具栏单击【平移】按钮，弹出【平移选项】对话框，如图3-38所示。

图3-38 设置平移参数

各参数含义如下。

- ：选择要平移的图素。
- 移动：将图素移动到另外一个地方，原来的图素将消失。
- 复制：将图素移动到另外一个地方，原来的图素保留。
- 连接：将图素移动到另外一个地方，原来的图素和移动后的图素对应点以直线连接。
- 次数：平移的次数。
- ⊙两点间的距离：以两点之间的距离来度量平移的距离。
- ○整体距离：以所有平移的图素所占的整体距离来度量平移距离。
- 极座标：平移的方式为直角坐标系方式。
- ΔX：X方向上的增量，右为正，左为负。
- ΔY：Y方向上的增量，前为正，后为负。
- ΔZ：Z方向上的增量，上为正，下为负。
- 从一点到另一点：采用点到点的平移方式。
- ：平移起点。
- ：平移终点。
- ：以直线作为平移的方向和距离。
- 极座标：采用极坐标的平移方式。
- ：极角。
- ：极径。
- ：反向平移。
- 预览：结果即时显示。

技术支持

平移方式有多种，用户可以根据实际需要选择直角坐标X、Y、Z方向上的增量平移、点到点平移，以及极坐标方式进行平移。

实训20——平移

采用平移绘制图3-39所示的图形。

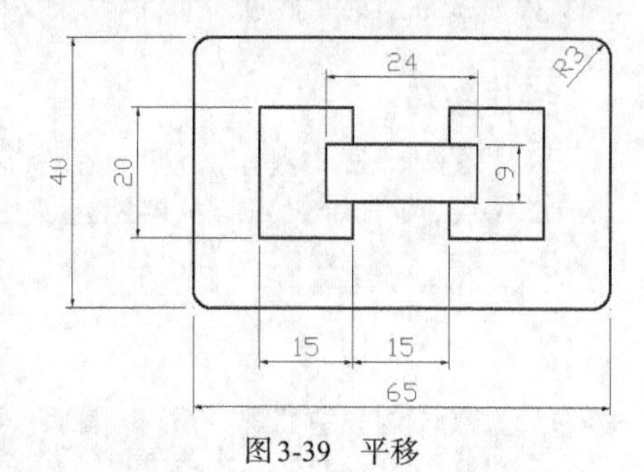

图3-39　平移

01 绘制65×40的矩形。在绘图工具栏单击【矩形】按钮，并单击【以中心点进行定位】按钮，输入矩形的尺寸为65×40，选择定位点为原点，如图3-40所示。

02 继续绘制24×9的矩形。在标注矩形输入框输入矩形长宽为24、9后，选择原点为中心，结果如图3-41所示。

03 继续绘制15×20的矩形。在标注矩形输入框输入矩形长宽为15、20后，选择原点为中心，结果如图3-42所示。

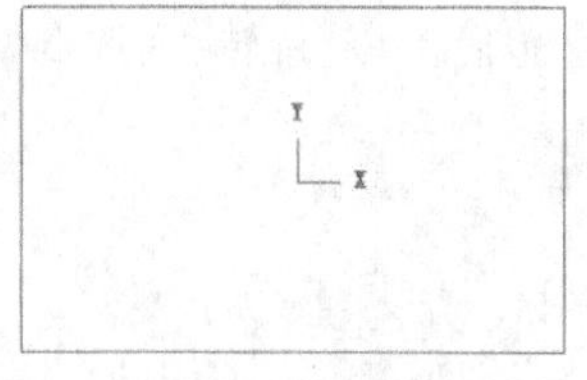

图3-40　绘制矩形

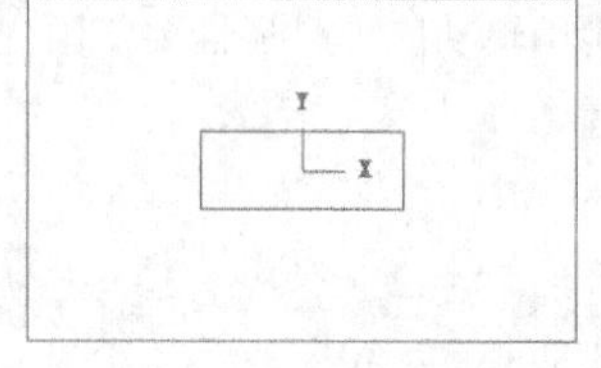

图3-41　绘制矩形

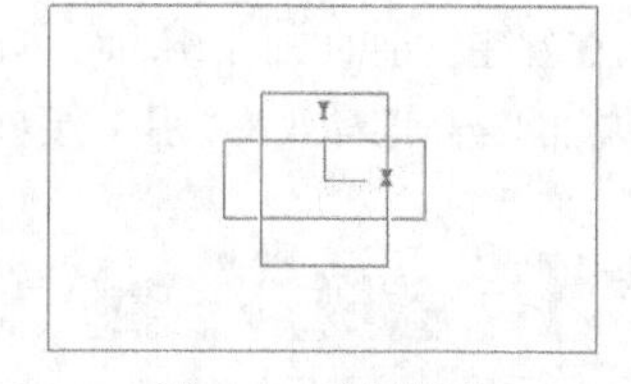

图3-42　绘制矩形

04 平移。在绘图工具栏单击【平移】按钮，弹出【平移选项】对话框，选择平移类型为移动，数量为1，距离为X方向15，方向为双向同时平移，结果如图3-43所示。

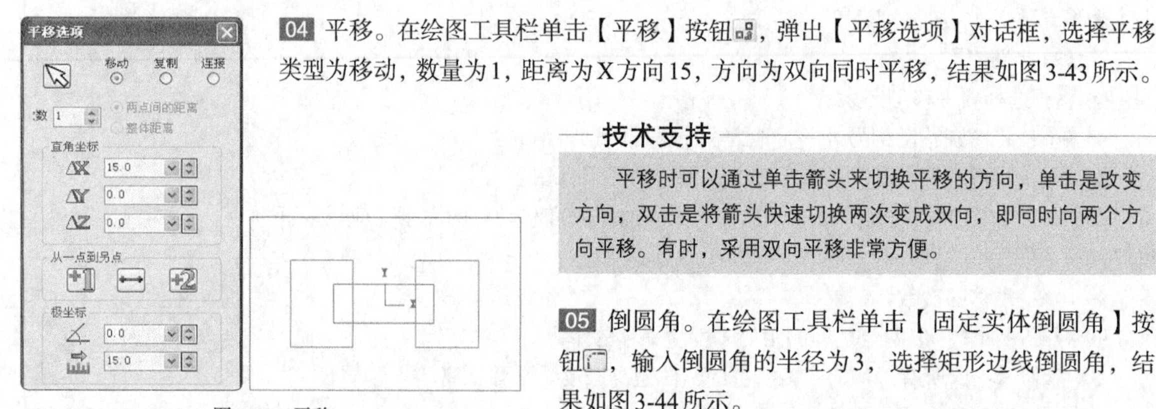

图3-43　平移

技术支持

平移时可以通过单击箭头来切换平移的方向，单击是改变方向，双击是将箭头快速切换两次变成双向，即同时向两个方向平移。有时，采用双向平移非常方便。

05 倒圆角。在绘图工具栏单击【固定实体倒圆角】按钮，输入倒圆角的半径为3，选择矩形边线倒圆角，结果如图3-44所示。

06 修剪。在绘图工具栏单击【修剪/打断/延伸】按钮，弹出【修剪】工具条，在工具条中单击【分割物体】按钮，单击要修剪的地方，结果如图3-45所示。结果文件见“实训\结果文件\Ch03\3-4.mcx-9”。

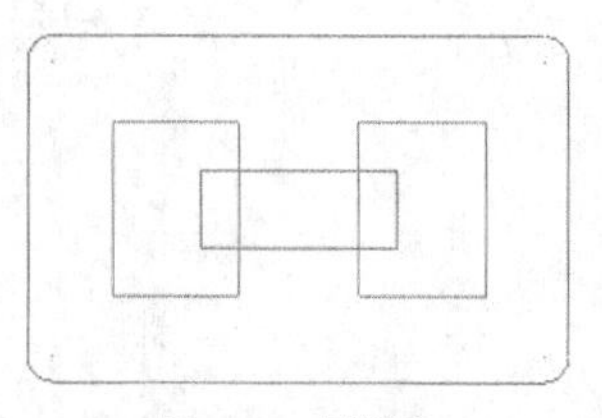

图3-44　倒圆角

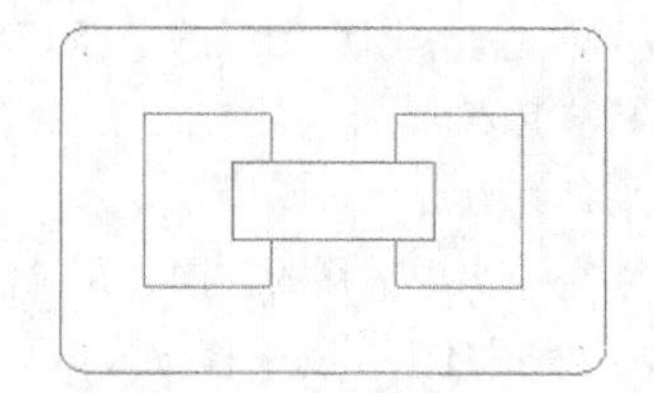

图3-45　修剪

3.2.2　镜像

【镜像】命令主要用于绘制对称几何图形，可以将几何图形以某一直线、两点、X轴或Y轴为对称轴进行镜像。在绘图工具栏单击【镜像】按钮，弹出【镜像】对话框，如图3-46所示。

各参数含义如下。

❖ ：选择镜像图素。

❖ Y 0.0：以解析几何Y=0的轴为镜像轴。

❖ X 0.0：以解析几何X=0的轴为镜像轴。

❖ A 45.0：以45°的极坐标线为镜像轴。

❖ ：以选择的直线作为镜像轴。

❖ ：以选择的两点作为镜像轴。

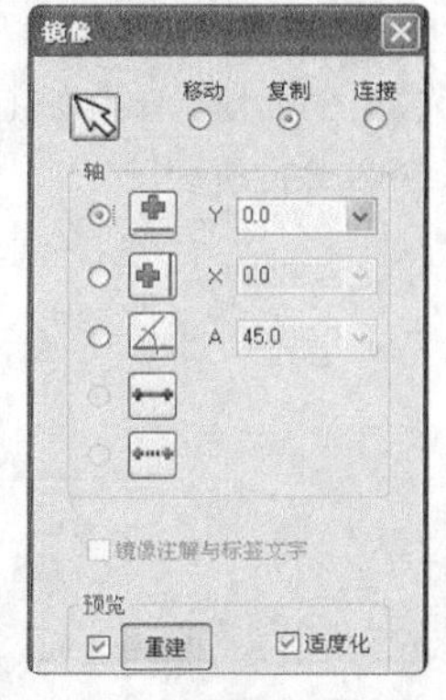

图3-46 【镜像】对话框

实训21——镜像

采用【镜像】命令绘制图3-47所示的图形。

01 绘制圆。在绘图工具栏单击【已知圆心点画圆】按钮，选择原点为圆心，输入半径为50，绘制圆，如图3-48所示。

02 修剪于点。在绘图工具栏单击【修剪/打断/延伸】按钮，弹出【修剪】工具条，在工具条中单击【修剪于点】按钮，单击要修剪的圆，然后单击修剪的点为90°象限点处，修剪结果如图3-49所示。

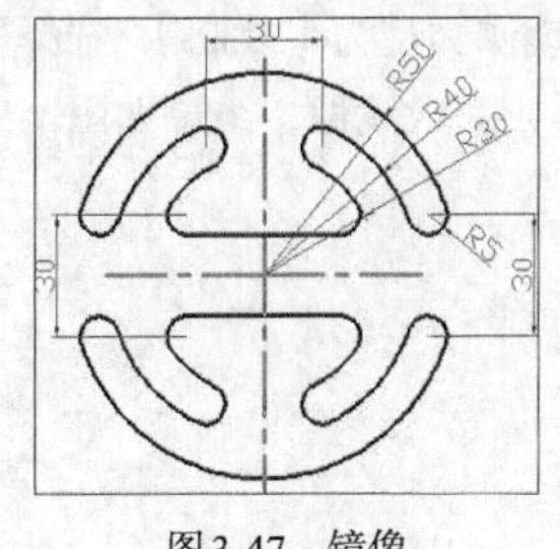

图3-47　镜像

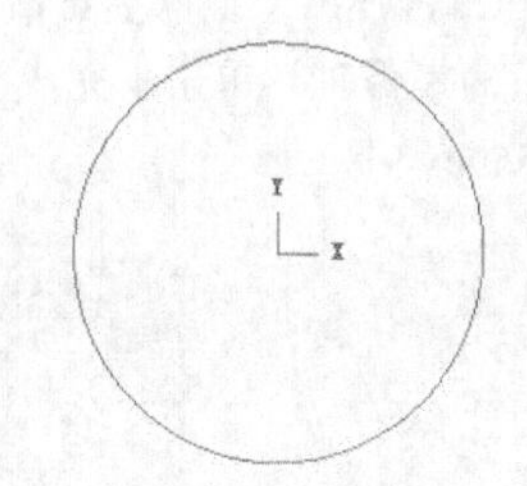
图3-48　绘制圆

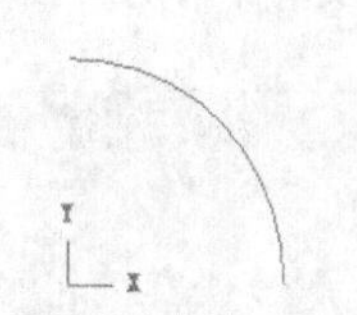
图3-49　修剪于点

03 单体补正。在绘图工具栏单击【单体补正】按钮，弹出【补正选项】对话框，在对话框中输入补正距离为10，数量为2，类型为复制，单击【完成】按钮，完成补正，如图3-50所示。

04 绘制竖直线。在绘图工具栏单击【绘制直线】按钮，单击【竖直】按钮，再选择任意点拉出竖直线，输入长度值为10，结果如图3-51所示。

05 绘制水平线。在绘图工具栏单击【绘制直线】按钮，单击【水平】按钮，再选择任意点拉出水平线，输入水平位置值为10，结果如图3-52所示。

06 绘制三切弧。在绘图工具栏单击【三点画弧】按钮，再单击【相切】按钮，选择要相切的圆，结果如图3-53所示。

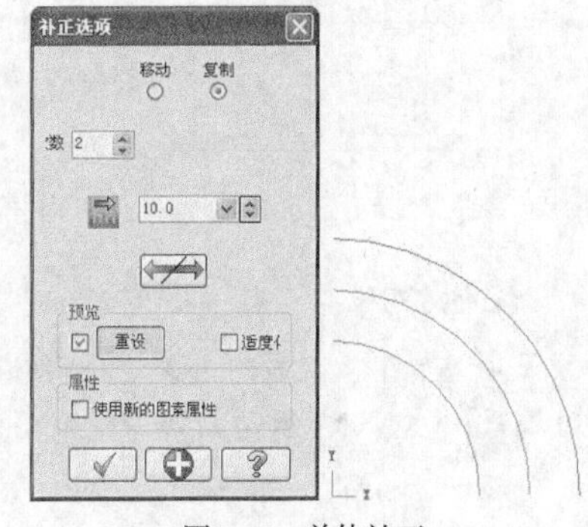

图3-50　单体补正

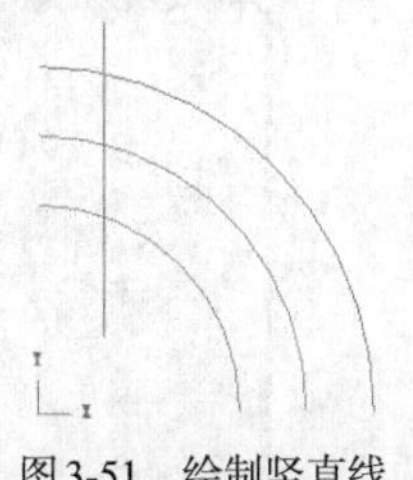
图3-51　绘制竖直线

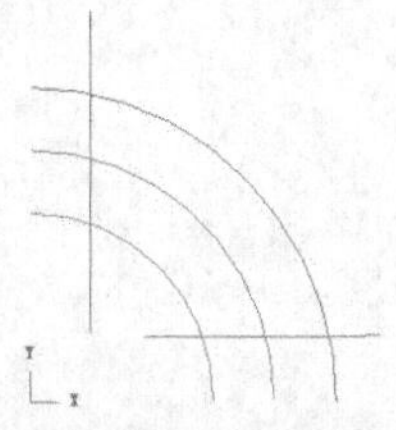
图3-52　绘制水平线

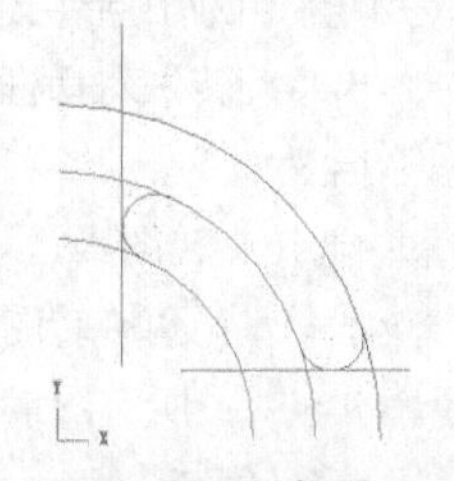
图3-53　三切弧

07 修剪。在绘图工具栏单击【修剪/打断/延伸】按钮，弹出【修剪】工具条，在工具条中单击【分割物体】按钮，单击要修剪的地方，结果如图3-54所示。

08 延伸到原点。在绘图工具栏单击【修剪/打断/延伸】按钮，弹出【修剪】工具条，在工具条中单击

【修剪于点】按钮，单击要延伸的直线，再选择要延伸到的点为原点，结果如图3-55所示。

09 倒圆角。在绘图工具栏单击【固定实体倒圆角】按钮，输入倒圆角的半径为5，选择同心圆弧，结果如图3-56所示。

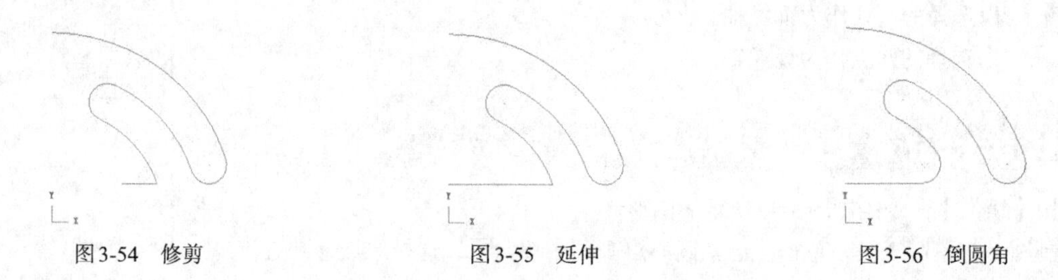

图3-54 修剪　　图3-55 延伸　　图3-56 倒圆角

10 镜像。在绘图工具栏单击【镜像】按钮，弹出【镜像】对话框，选择镜像类型为【复制】，选择所有图素后，在【镜像】对话框中选择【X=0】为镜像轴，单击【完成】按钮，完成镜像，结果如图3-57所示。

11 镜像。在绘图工具栏单击【镜像】按钮，弹出【镜像】对话框，选择镜像类型为【复制】，选择所有图素后，在【镜像】对话框中选择【Y=0】为镜像轴，单击【完成】按钮，完成镜像，结果如图3-58所示。结果文件见"实训\结果文件\Ch03\3-5.mcx-9"。

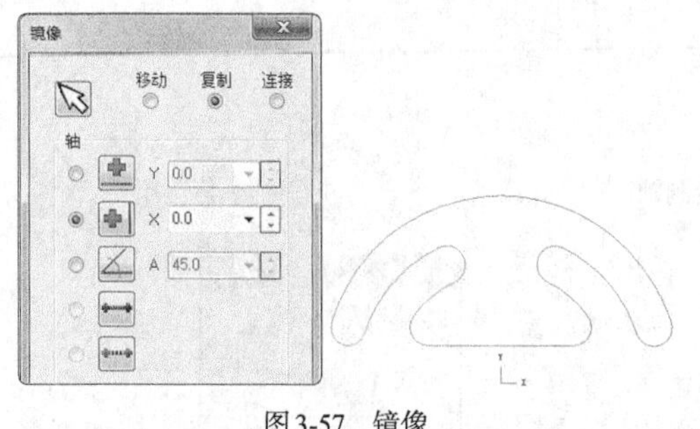

图3-57 镜像

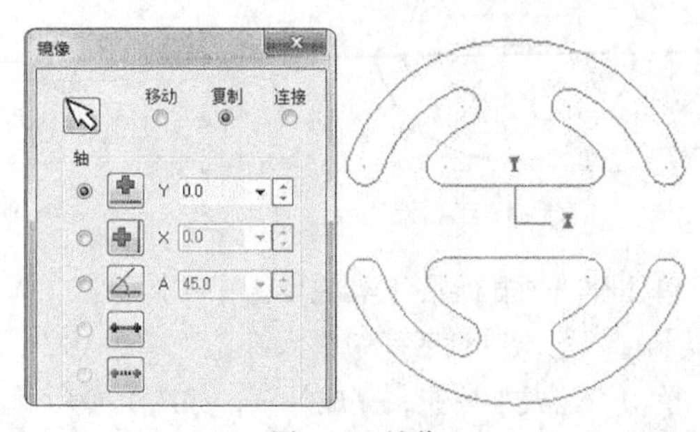

图3-58 镜像

操作技巧

此案例图形为左右上下对称，即图形关于中心对称，具有非常明显的对称关系，这类图形都可以先绘制一半再采用【镜像】命令完成，或者或者先绘制1/4，再通过两次镜像完成。

3.2.3 旋转

旋转用于将几何图形绕选择的点旋转一定的角度。在绘图工具栏单击【旋转】按钮，弹出【旋转】对话框，如图3-59所示。

图3-59 【旋转】对话框

各参数含义如下。

❖ ：选择旋转图素。
❖ 单次旋转角度：两旋转图素之间的旋转角度。
❖ 整体旋转角度：所有图素整体覆盖的角度。
❖ ：定义旋转中心。
❖ 30.0：输入旋转角度。
❖ 旋转：图素本身绕中心旋转。
❖ 平移：图素本身绕中心平移。
❖ ：方向反向。

❖ 删除项目。
❖ 重设项目。

实训22——旋转

采用【旋转】命令绘制图形，如图3-60所示。

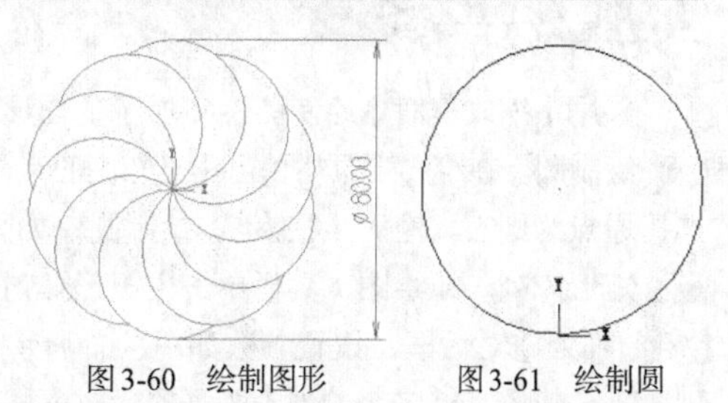

图3-60　绘制图形　　图3-61　绘制圆

01 在绘图工具栏单击【3点绘圆】按钮，在弹出的工具条中单击【两点直径圆】按钮，选择原点作为第一个端点，在坐标输入栏输入第二点的坐标为“X0Y40”，单击【完成】按钮，完成圆的绘制，如图3-61所示。

02 旋转。在绘图工具栏单击【旋转】按钮，选择刚才绘制的圆，单击【完成】按钮，完成选择。弹出【旋转】对话框，设置【旋转类型】为【移动】，次数为10，总旋转角度为360°，单击【完成】按钮，系统根据参数生成的图形如图3-62所示。

03 修剪。在绘图工具栏单击【修剪/打断/延伸】按钮，弹出【修剪】工具条，在工具条中单击【修剪于点】按钮，单击要修剪的图素后，单击交点为修剪的点，结果如图3-63所示。结果文件见“实训\结果文件\Ch03\3-6.mcx-9”。

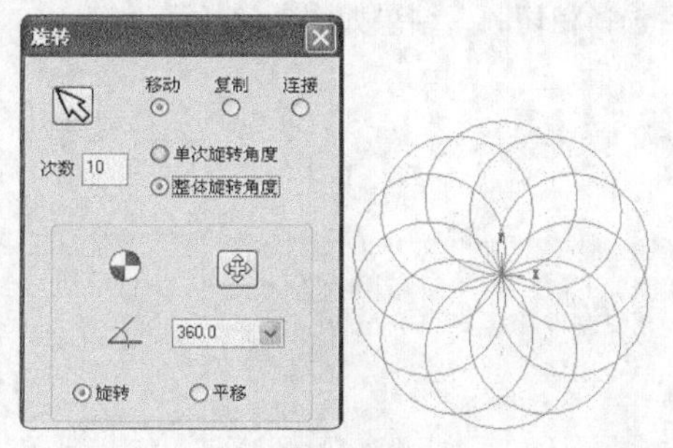

图3-62　旋转

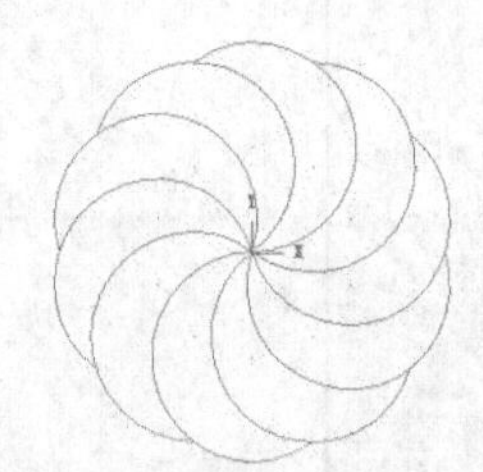

图3-63　修剪

技术支持

此处采用修剪的方式并不能一次修剪完毕，修剪后，靠近原点的弧段被切断，因此先采用【修剪于点】命令修剪，再通过【修剪于点】命令延伸到原点，即可完成编辑。

3.2.4　比例缩放

【比例缩放】命令用于将选择的图形以某点为基准缩放，可以设置等比例缩放，也可以设置不等比例缩放。在绘图工具栏单击【缩放】按钮，弹出【比例】对话框，如图3-64所示。

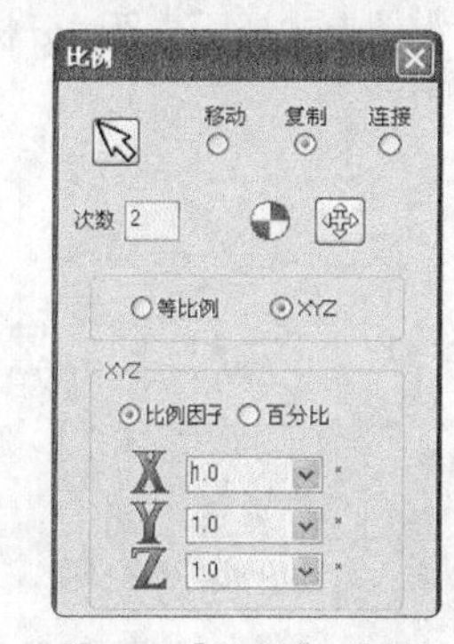

图3-64　【比例】对话框

各参数含义如下。

❖ ：选择要缩放的图素。
❖ ：定义缩放中心。
❖ 等比例：等比例缩放。
❖ XYZ：不等比例缩放，XYZ可以分别定义不同的比例。
❖ 比例因子：设置比例因子。
❖ 百分比：设置百分比。

❖ X：X方向比例。

❖ Y：Y方向比例。

❖ Z：Z方向比例。

实训23——缩放

采用【缩放】命令绘制图3-65所示的图形。

01 绘制圆。在绘图工具栏单击【已知圆心点画圆】按钮，选择原点为圆心，输入半径为5，绘制圆，如图3-66所示。

02 矩形阵列。在绘图工具栏单击【矩形阵列】按钮，弹出【矩形阵列】对话框，设置参数如图3-67所示。单击【删除副本】按钮，将多余的副本阵列删除。

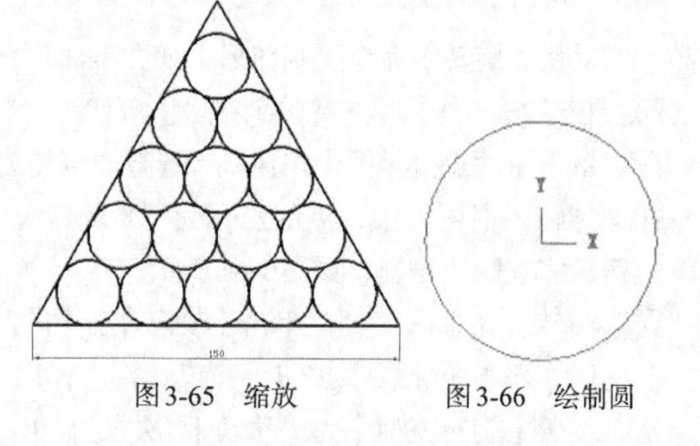

图3-65 缩放　　图3-66 绘制圆

技术支持

此处的阵列技巧非常重要，首先采用两个60° 的方向阵列列出菱形阵列，然后采用【删除副本】命令删除阵列中多余的副本，这样采用一步阵列命令完成了多个步骤才能完成的操作，方便快捷。

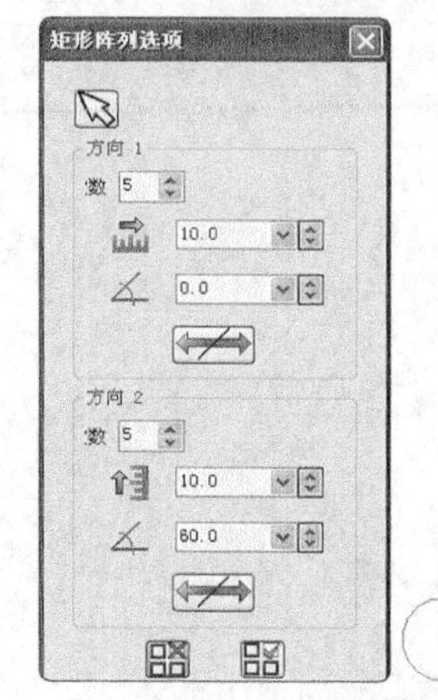

图3-67 阵列

绘制切线。在绘图工具栏单击【绘制直线】按钮，并单击【相切】按钮，将【相切选项】激活，然后选择相切圆，结果如图3-68所示。

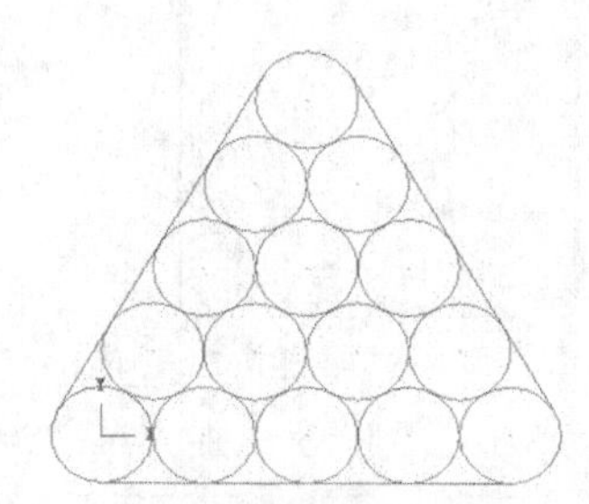

图3-68 绘制切线

修剪。在绘图工具栏单击【修剪/打断/延伸】按钮，弹出【修剪】工具条，在工具条中单击【两物体修剪】按钮，单击刚才绘制的线，结果如图3-69所示。

分析长度。在菜单栏执行【分析】→【属性分析】命令，选择底部水平直线，弹出【线的属性】对话框，如图3-70所示。显示分析长度为57.321。

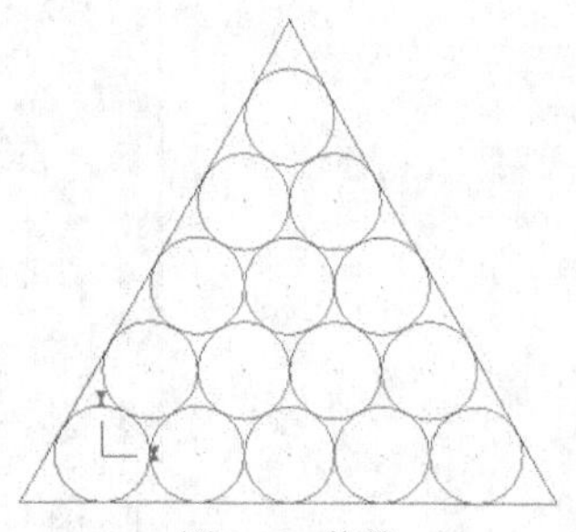

图3-69 修剪

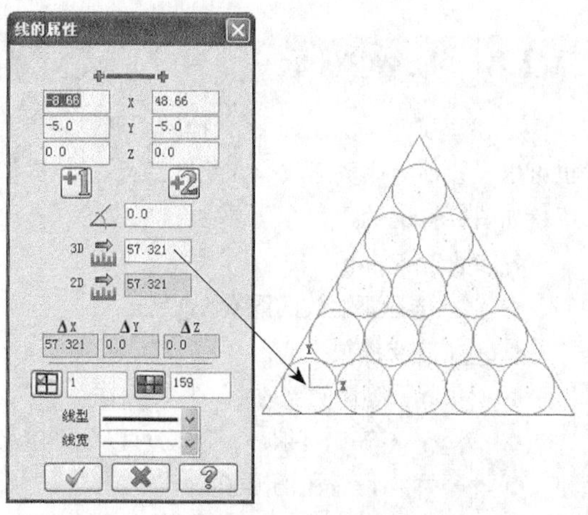

图3-70 分析属性

操作技巧

此处分析的长度是为了给下一步的放缩命令提供缩放参考，使缩放的结果更精确。

比例缩放。在绘图工具栏单击【缩放】按钮，在选择所有图素后，单击【完成】按钮，弹出【比例缩放选项】对话框，设置缩放类型为【移动】，比例因子为150/57.321，系统会自动计算出结果，如图3-71所示。

技术支持

此处是采用分析的数据，套用公式，计算缩放比例因子，得到比例因子后，系统即通过比例因子进行缩放。比例因子=缩放结果/缩放前。缩放前是分析数据，缩放结果是150，因此比例因子采用150/57.321即可。

标注。在绘图工具栏单击【快速标注】按钮，选择水平线进行标注，结果如图3-72所示。结果文件见"实训\结果文件\Ch03\3-7.mcx-9"。

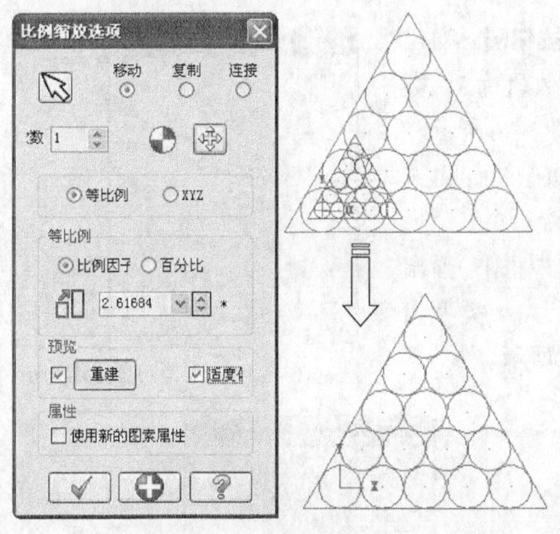

图3-71　比例缩放

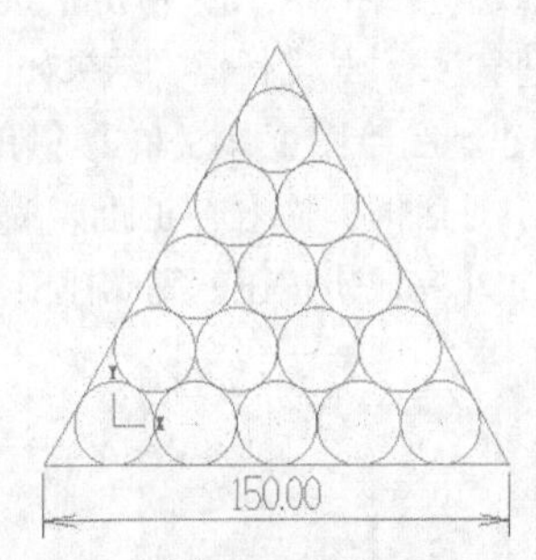

图3-72　标注

3.2.5　移动到原点

移动到原点是平移转换的一种特殊形式，在刀路编制过程中，为保证坐标系统一，经常需要将顶面中心点移到坐标系原点。在绘图工具栏单击【移动到原点】按钮，系统提示选择点，选择点后，系统会将所有图素从该点移到坐标系原点。

3.2.6　单体补正

【单体补正】命令用于对单个图素（可以是直线、圆、圆弧、曲线等），沿其法向进行偏移补正。在绘图工具栏单击【单体补正】按钮，弹出【补正】对话框，如图3-73所示。

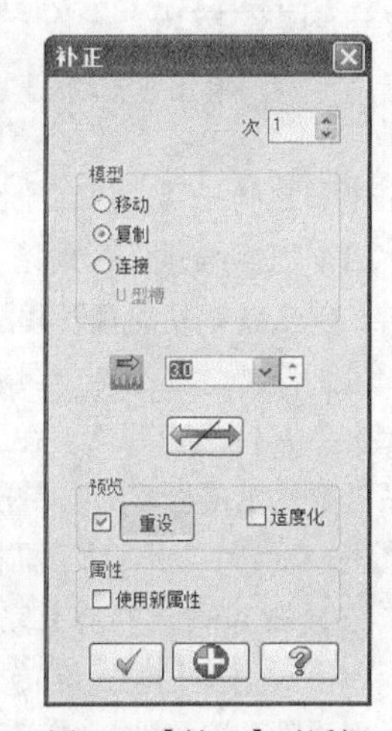

图3-73　【补正】对话框

各选项含义如下。

- ❖ 次数：指定偏移的数量。系统会根据输入的距离进行多重偏移。
- ❖ 移动：偏移后本体消失。
- ❖ 复制：偏移后本体保留。
- ❖ ：指定偏移后的对象相对本体偏移的距离。
- ❖ ：切换偏移方向。
- ❖ 连接：保留原始图形及连接。

实训24——单体补正

采用单体补正绘制图3-74所示的图形。

01 绘制圆。在绘图工具栏单击【已知圆心点画圆】按钮，选择原点为圆心，再输入直径为76，绘制圆如图3-75所示。

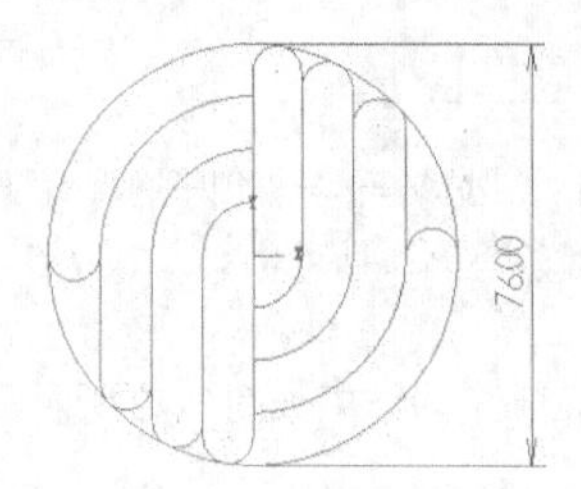

图3-74 单体补正

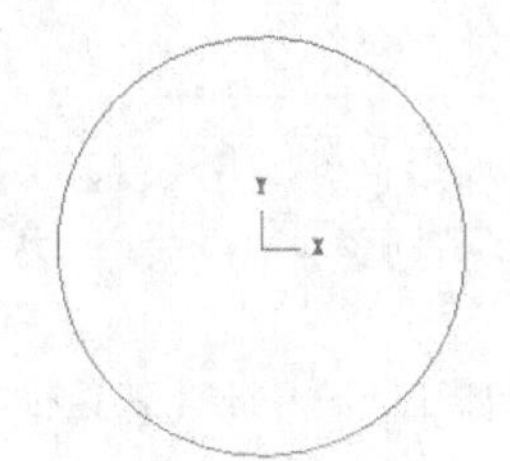

图3-75 绘制圆

02 单体补正。在绘图工具栏单击【单体补正】按钮，弹出【补正选项】对话框，输入补正距离为76/8=9.5，数量为3，类型为【复制】，单击【完成】按钮，完成补正，如图3-76所示。

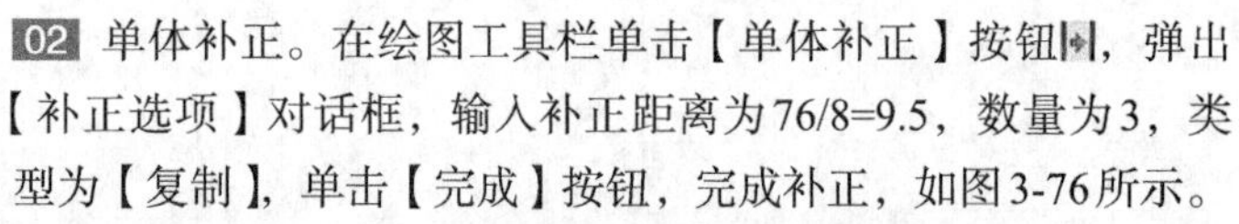

03 绘制直线。在绘图工具栏单击【绘制直线】按钮，再选择原点绘制竖直线，长度任意，结果如图3-77所示。

04 单体补正。在绘图工具栏单击【单体补正】按钮，弹出【补正选项】对话框，输入补正距离为9.5，数量为4，类型为【复制】，单击【完成】按钮，完成补正，如图3-78所示。

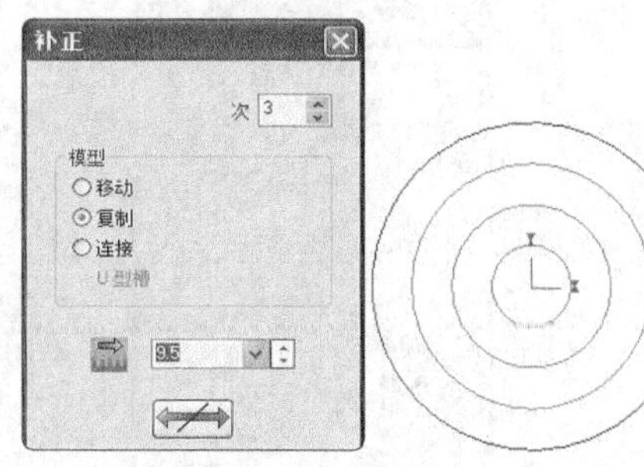

图3-76 单体补正

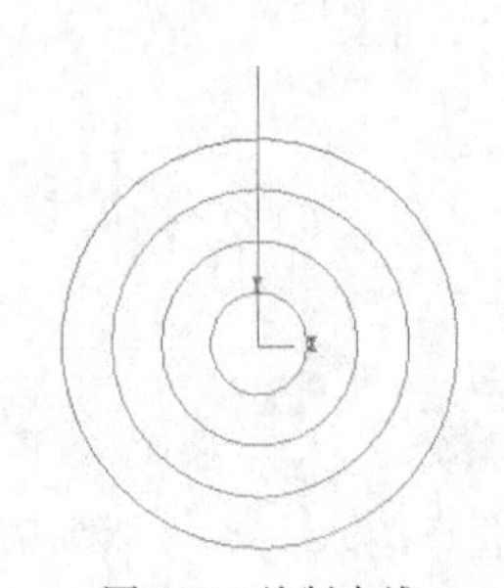

图3-77 绘制直线

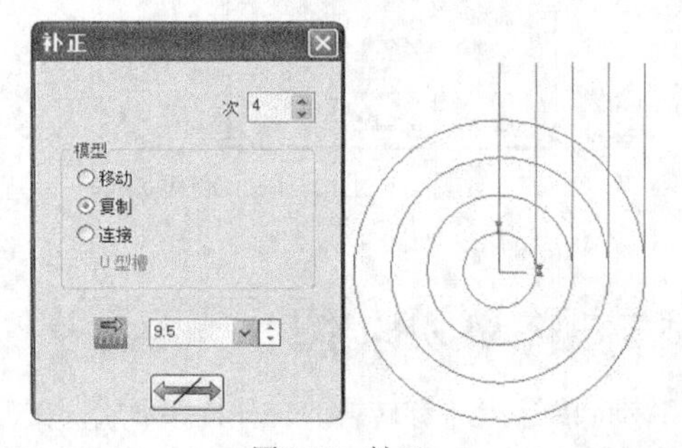

图3-78 补正

操作技巧

单体补正不只适用于直线，而且适用于圆弧和曲线，可以对选中的对象进行多重偏移。

05 绘制三切弧。在绘图工具栏单击【三点画弧】按钮，弹出【三点画弧】工具条，在工具条上单击【相切】按钮，依次单击要相切的直线和圆，结果如图3-79所示。

06 修剪。在绘图工具栏单击【修剪/打断/延伸】按钮，弹出【修剪】工具条，在工具条中单击【修剪于点】按钮，单击要修剪的图素后，单击要修剪的点，结果如图3-80所示。

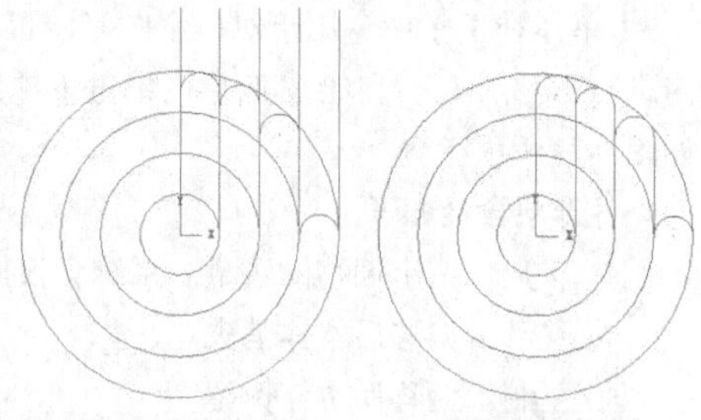

图3-79 绘制三切弧　　图3-80 修剪

07 旋转。在绘图工具栏单击【旋转】按钮，选择刚才绘制的圆弧和线，单击【完成】按钮，完成选择。弹出【旋转选项】对话框，设置旋转类型为【复制】，次数为1，总旋转角度为180°，单击【完成】按钮，系统根据参数生成的图形如图3-81所示。

08 修剪。在绘图工具栏单击【修剪/打断/延伸】按钮，弹出【修剪】工具条，在工具条中单击【分割物体】按钮，单击要修剪的地方，结果如图3-82所示。结果文件见“实训\结果文件\Ch03\3-8.mcx-9”。

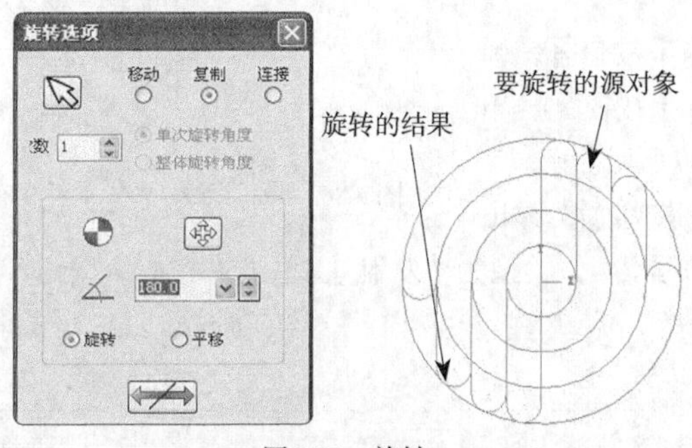

图3-81　旋转

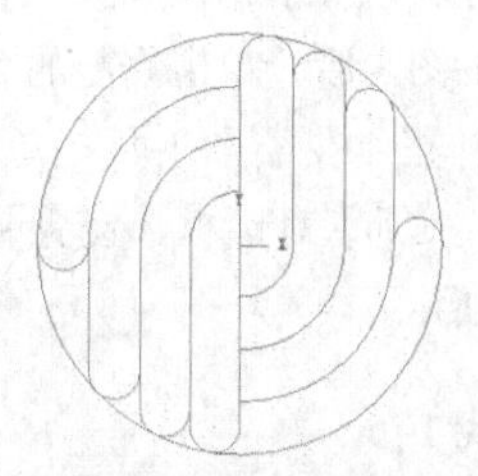

图3-82　修剪

3.2.7　串联补正

串联补正是将整个串联沿曲线的法向偏移，与单体补正的区别是，串联补正是对整个串联而言的。在绘图工具栏单击【串联补正】按钮，弹出【串联补正选项】对话框，该对话框用来设置要进行补正的串联。在绘图区选择要偏移的曲线后，单击【完成】按钮，完成选择，弹出【串联补正】对话框，如图3-83所示。

图3-83　【串联补正】对话框

各参数含义如下。

- ❖ ：选择要补正的串联。
- ❖ ：水平方向上的补正距离。
- ❖ ：Z深度方向上的补正距离。
- ❖ ：补正极坐标角度。
- ❖ ：方向反向。
- ❖ 转角：设置转角方式。
- ❖ 无：转角采用直角。
- ❖ 尖角：小于135° 转角采用圆弧转角。
- ❖ 全部：所有转角采用圆弧转角。

实训25——串联补正

用【串联补正】命令绘制图3-84所示的图形。

01 绘制圆。在绘图工具栏单击【已知圆心点画圆】按钮，输入圆心点坐标为（0,20），再输入半径为20，绘制圆，如图3-85所示。

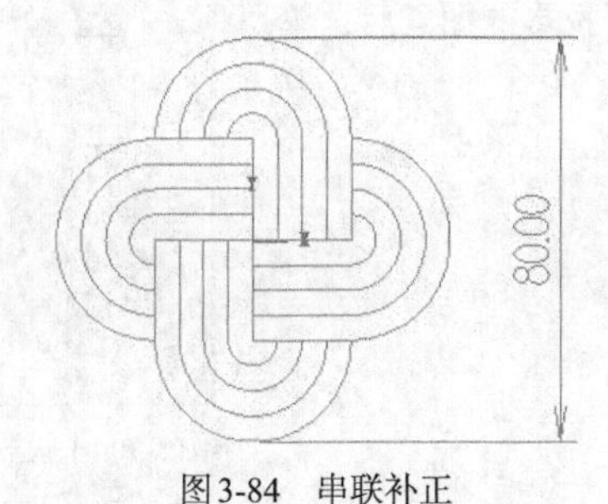

图3-84　串联补正

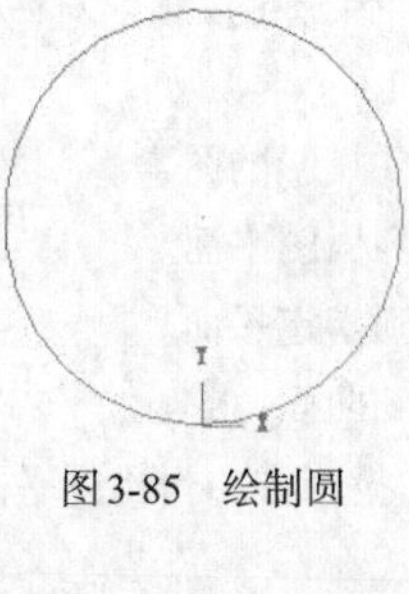

图3-85　绘制圆

02 绘制直线。在绘图工具栏单击【绘制直线】按钮，选择圆的右象限点，绘制竖直向下，长度为20的直线，如图3-86所示。

03 修剪。在绘图工具栏单击【修剪/打断/延伸】按钮，弹出【修剪】工具条，在工具条中单击【修剪于点】按钮，单击要修剪的图素后，单击修剪的点，结果如图3-87所示。

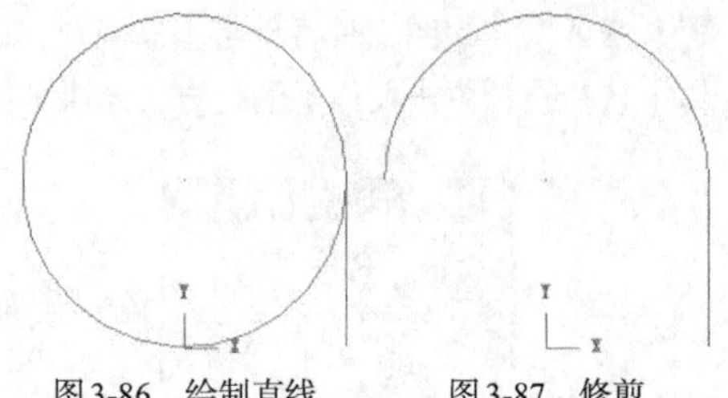

图3-86 绘制直线　　图3-87 修剪

04 串联补正。在绘图工具栏单击【串联补正】按钮，弹出【串联补正选项】对话框，设置补正距离为5，数量为4，类型为【复制】，单击【完成】按钮，完成补正，如图3-88所示。

操作技巧

此处的串联补正进行多重补正后，圆弧消失，即圆弧补正后变为0。用户要会利用补正时串联内部会自动进行修剪和延伸操作的特性。

05 旋转。在绘图工具栏单击【旋转】按钮，选择所有图素，单击【完成】按钮，完成选择。弹出【旋转选项】对话框，设置旋转类型为【移动】，次数为4，总旋转角度为360°，单击【完成】按钮，系统根据参数生成的图形如图3-89所示。结果文件见“实训\结果文件\Ch03\3-9.mcx-9”。

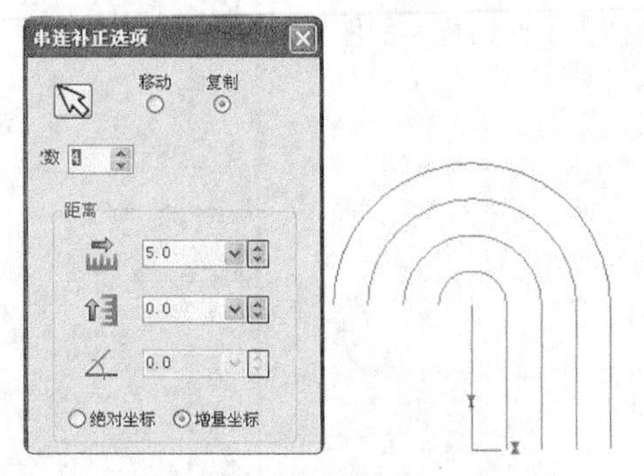

图3-88 串联补正

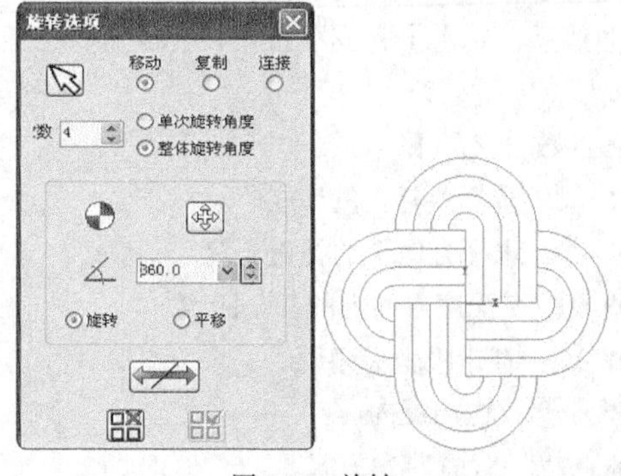

图3-89 旋转

操作技巧

旋转时要特别注意旋转类型为复制和移动的差别，特别是在绕轴旋转360°时，要采用移动方式。如果采用复制方式，旋转结果将会复制一个对象。

3.2.8 投影

【投影】命令用于将选择的图形在当前构图面上投影一定的距离，或投影到指定的平面或曲面上。在绘图工具栏单击【投影】按钮，选择要投影的图素后，单击【完成】按钮，弹出【投影】对话框，如图3-90所示。

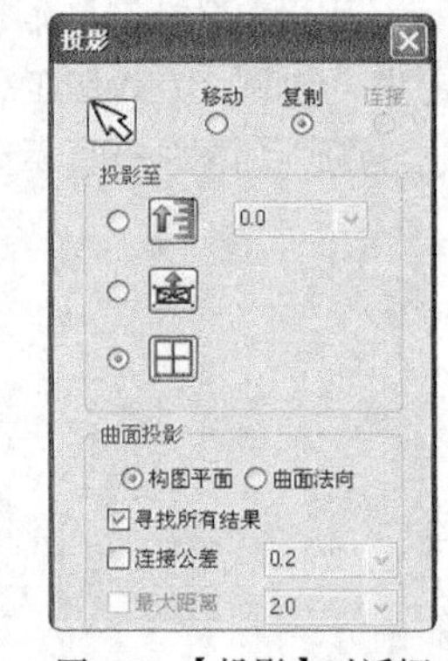

图3-90 【投影】对话框

各参数含义如下。

❖ ：选择要投影的图素。

❖ ：投影到构图平面。

❖ ：投影到指定平面。

❖ ：投影到曲面。

❖ 构图平面：投影方向为构图平面的法向。

❖ ○曲面法向：投影方向为曲面的法向。

❖ □连接公差：投影到曲面上的投影线与曲面之间的误差。

实训26——投影

采用【投影】命令绘制图形，如图3-91所示。

01 在绘图工具栏单击【已知圆心点画圆】按钮，输入圆半径为100，输入圆心点坐标X为0，Y为0，Z为0，单击Enter键后再单击【完成】按钮完成圆的绘制，如图3-92所示。

02 系统继续提示选择圆心点，在绘图工具栏单击【前视构图面】按钮，并输入圆心坐标为“X0Y0Z0”，输入圆半径为100，单击【完成】按钮，完成圆的绘制，如图3-93所示。

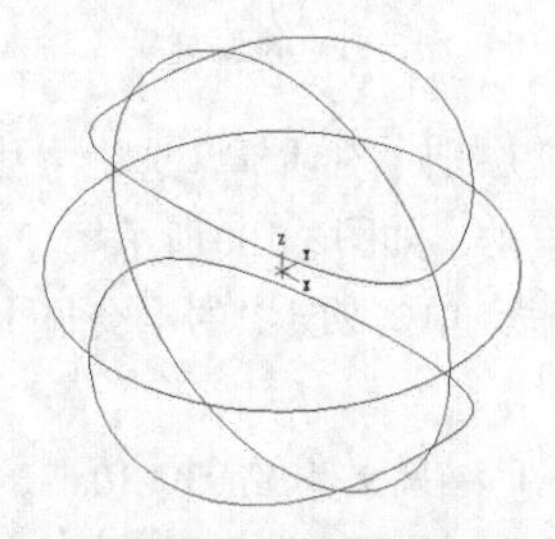

图3-91　绘制图形

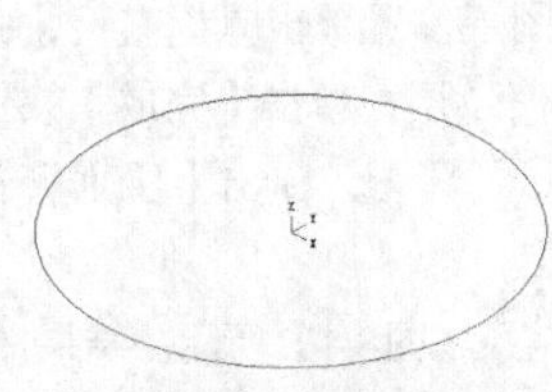

图3-92　绘制圆

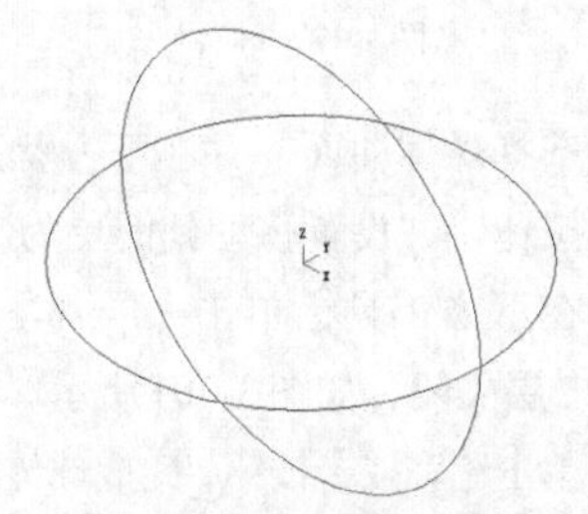

图3-93　绘制侧面圆

03 在绘图工具栏单击【绘制椭圆】按钮，弹出【椭圆曲面】对话框，如图3-94所示。

04 选择视图为【俯视构图面】，在【椭圆曲面】对话框中输入椭圆的长半轴为90，短半轴为70，并选择原点作为定位点，单击【完成】按钮，完成椭圆的绘制，如图3-95所示。

05 在绘图工具栏单击【画球体】按钮，弹出【球体】对话框，如图3-96所示。

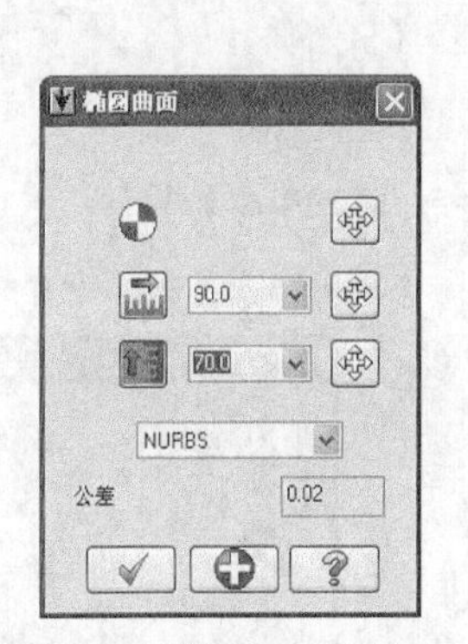

图3-94 【椭圆曲面】对话框

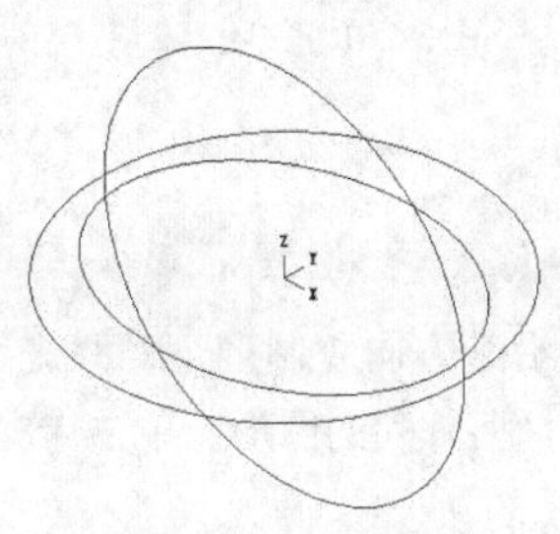

图3-95　绘制椭圆

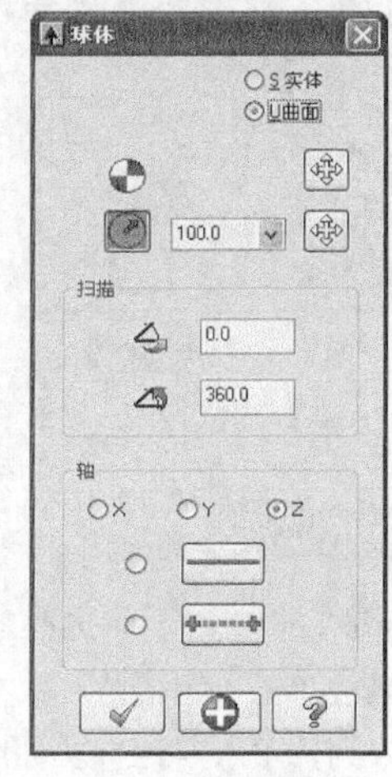

图3-96　设置球体参数

06 在【球体】对话框中设置球体类型为【曲面】，输入球半径为100，选择球体定位点为原点，单击【完成】按钮，完成球体绘制，如图3-97所示。

07 在绘图工具栏单击【投影】按钮，选择椭圆作为要投影的图素，单击【完成】按钮，完成选择，弹出【投影】对话框，如图3-98所示。

08 在【投影】对话框中设置投影类型为【移动】，投影至曲面，并选择球面，单击【完成】按钮，完成投影操作，如图3-99所示。

图3-97　球体

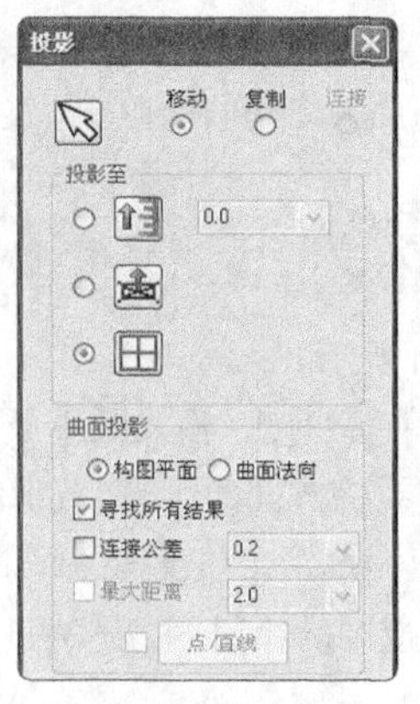

图3-98　设置投影参数

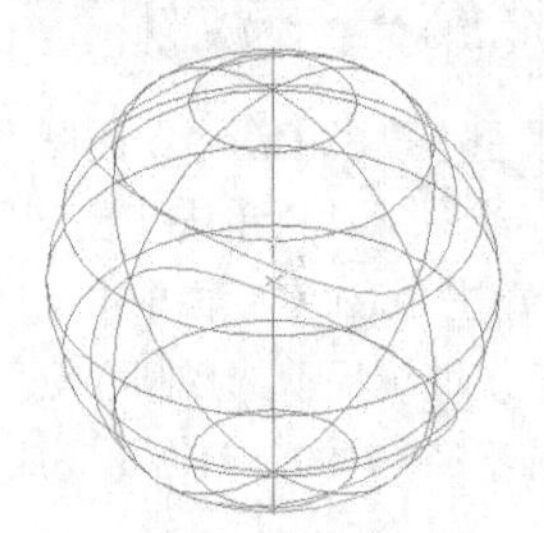
图3-99　投影结果

09 选择球体曲面，并在下方状态栏中的图层位置单击鼠标右键，弹出【改变层别】对话框，选中【移动】单选按钮，并设置移动到的层为2，即移到第2层，单击【完成】按钮，完成移动，如图3-100所示。

10 在下方工具栏单击【层别】按钮 层别: 1 ，弹出【层别管理】对话框，单击2层中的【突显】栏，将第2层关闭，如图3-101所示。

11 单击【完成】按钮，完成球体的隐藏，结果如图3-102所示。结果文件见“实训\结果文件\Ch03\3-10.mcx-9”。

图3-100　改变层别

图3-101　关闭第2层

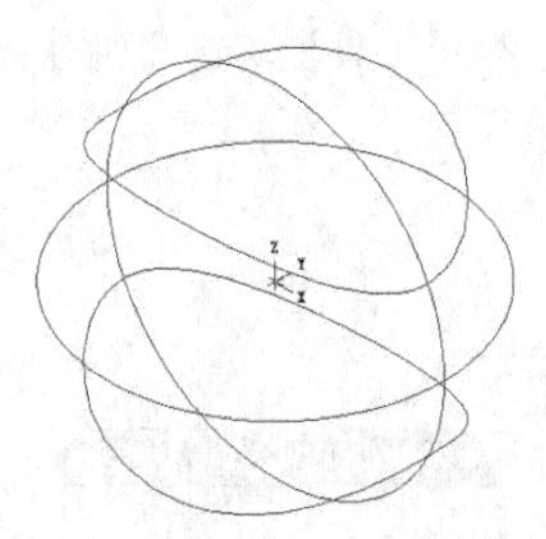
图3-102　最后结果

3.2.9　阵列

【阵列】命令用于将选择的几何图形沿某方向复制多个，并进行平移。在绘图工具栏单击【矩形阵列】按钮，选择要阵列的图形，单击【完成】按钮，弹出【阵列选项】对话框，如图3-103所示。

各参数含义如下。

- ❖ ：选择要阵列的图素。
- ❖ ：阵列第一方向或第二方向的距离。
- ❖ ：阵列第一方向或第二方向的角度。
- ❖ ：方向反向。
- ❖ ：删除项目。
- ❖ ：项目重设。

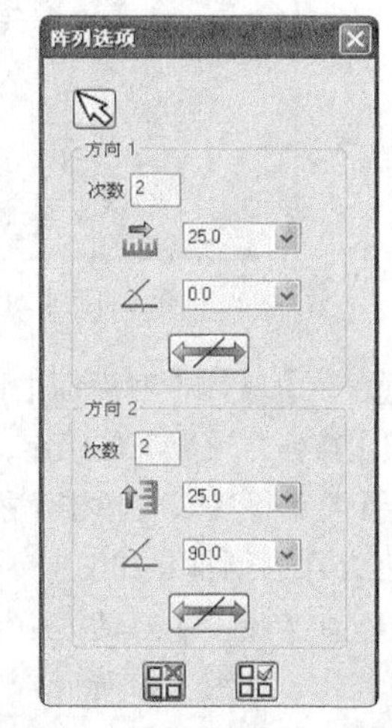

图3-103 【阵列选项】对话框

实训27——阵列

采用【矩形阵列】命令绘制图3-104所示的图形。

01 绘制矩形。在绘图工具栏单击【矩形】按钮，再单击【以中心点进行定位】按钮，输入矩形的尺寸为61×30，选择定位点为原点，绘制矩形，如图3-105所示。

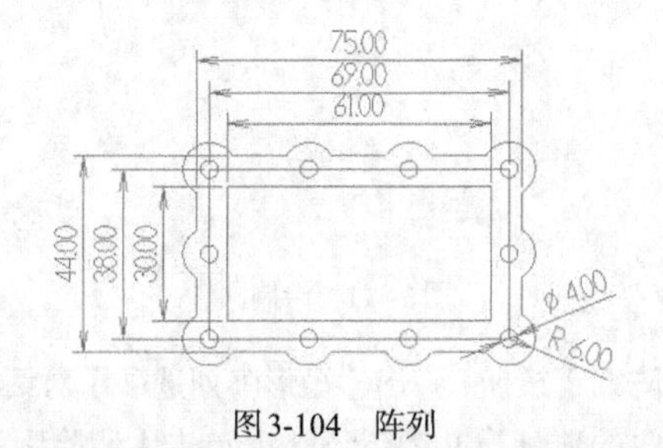

图3-104　阵列

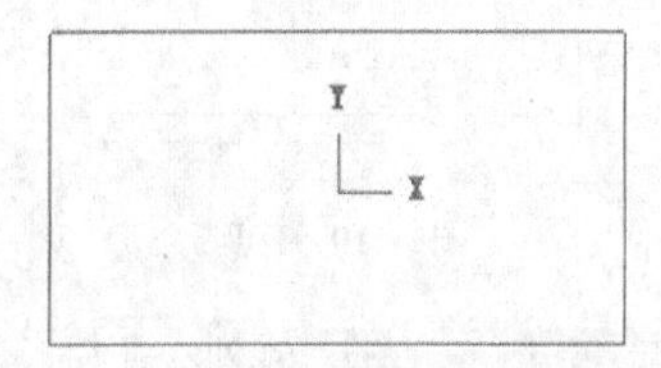

图3-105　绘制矩形

02 串联补正。在绘图工具栏单击【串联补正】按钮，弹出【串联补正选项】对话框，输入补正距离为4，数量为1，类型为【复制】，方向向外，转角类型为【无】，单击【完成】按钮，完成补正，如图3-106所示。

03 继续串联补正。输入补正的距离为3，数量为1，类型为【复制】，方向向外，转角类型为【无】，单击【完成】按钮，完成补正，如图3-107所示。

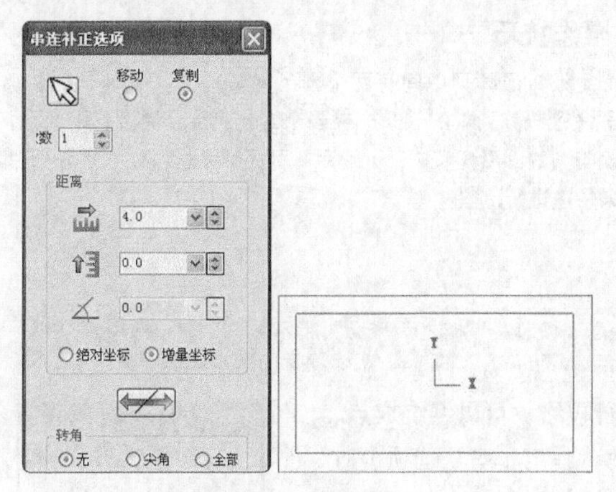

图3-106　串联补正

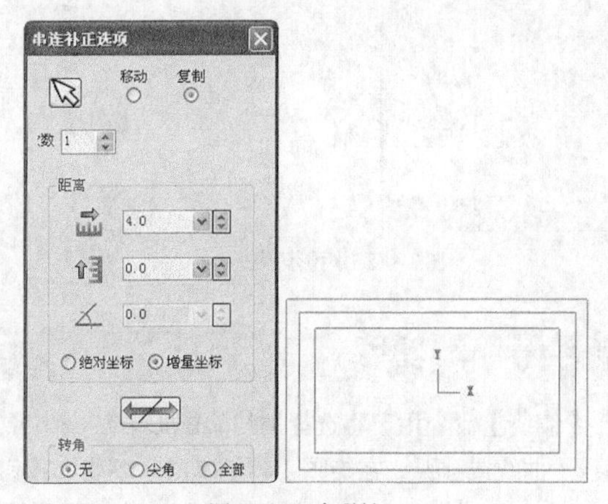

图3-107　串联补正

04 绘制圆。在绘图工具栏单击【已知圆心点画圆】按钮，选择刚才绘制矩形的左上角点为圆心，再输入半径为6，绘制圆，如图3-108所示。

05 阵列。在绘图工具栏单击【矩形阵列】按钮，弹出【矩形阵列选项】对话框，设置方向1的数量为4，距离为23，方向2的数量为3，距离为19，单击【删除副本】按钮，将多余的副本阵列删除，如图3-109所示。

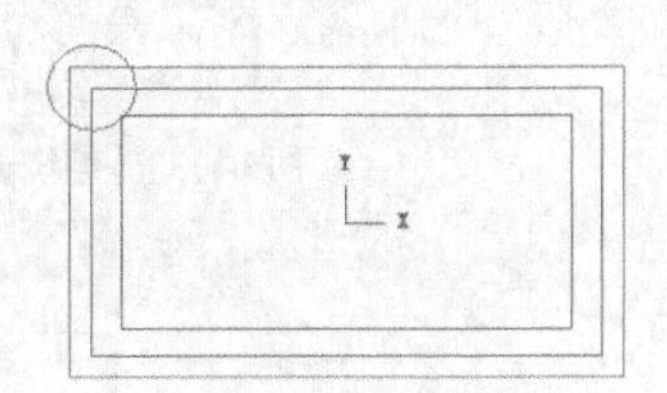

图3-108　绘制圆

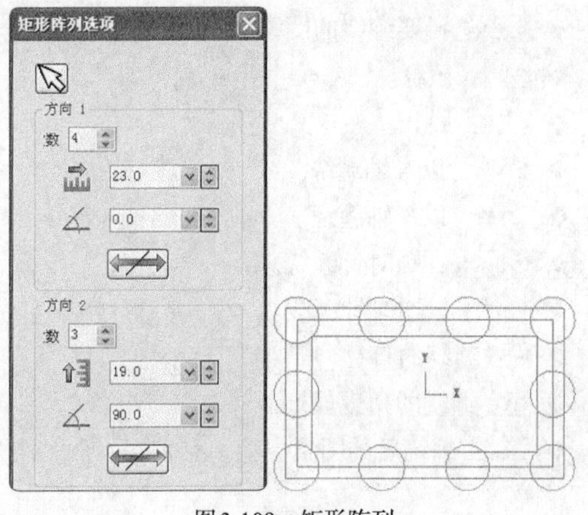

图3-109　矩形阵列

06 修剪。在绘图工具栏单击【修剪/打断/延伸】按钮，弹出【修剪】工具条，在工具条中单击【分割物体】按钮，单击要修剪的地方，结果如图3-110所示。

07 绘制圆。在绘图工具栏单击【已知圆心点画圆】按钮，选择刚才绘制矩形的左上角点为圆心，再输入半径为2，绘制圆，如图3-111所示。

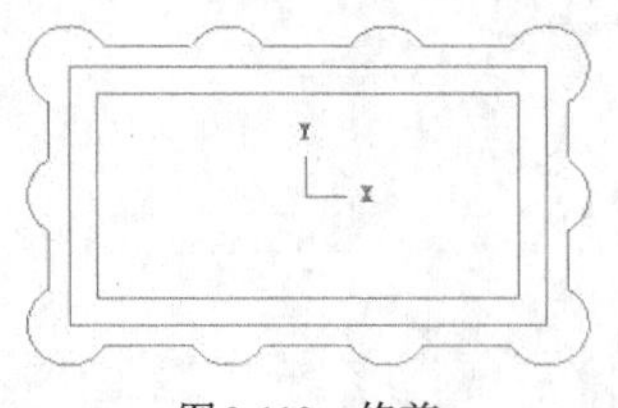

图3-110　修剪

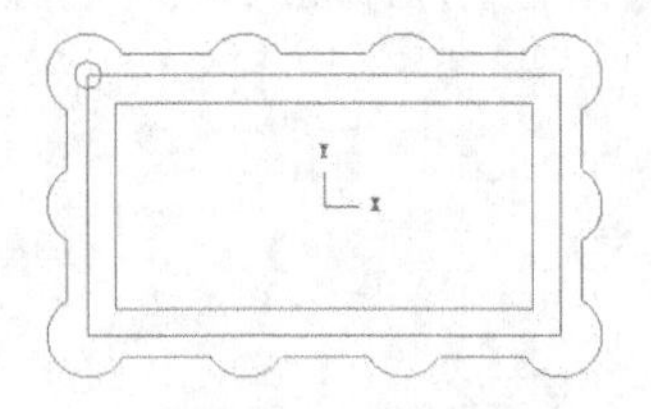

图3-111　绘制圆

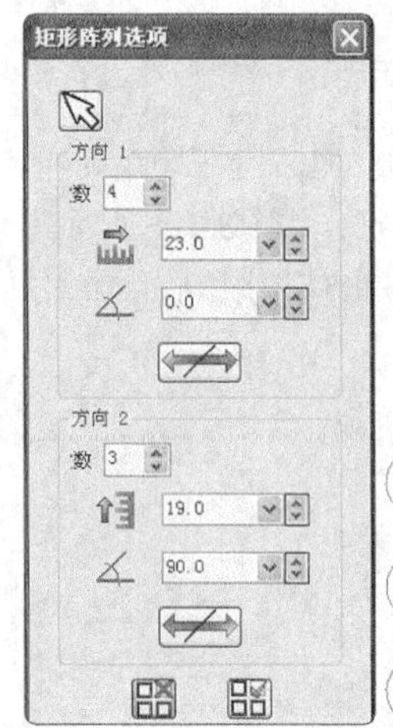

08 阵列。在绘图工具栏单击【矩形阵列】按钮，弹出【矩形阵列选项】对话框，设置方向1的数量为4，距离为23，方向2的数量为3，距离为19，单击【删除副本】按钮，将多余的副本阵列删除，如图3-112所示。结果文件见"实训\结果文件\Ch03\3-11.mcx-9"。

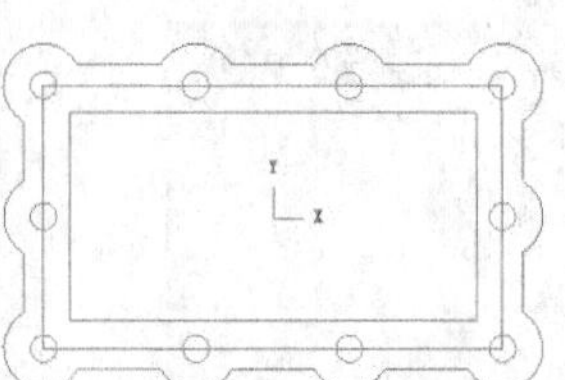

图3-112　矩形阵列

操作技巧

此处矩形阵列中间有两个圆不需要，可以采用【删除副本】命令将阵列中的某一个或多个副本删除。通过这个功能，即使阵列的图形只有一部分满足阵列关系，也可以采用阵列命令来快速进行造型。

3.2.10　缠绕

【缠绕】命令用于将选择的线架图形沿某一半径进行包络，可以缠绕成点、直线、曲线或圆弧。在绘图工具栏单击【缠绕】按钮，弹出【串联选项】对话框，该对话框用来选择缠绕的串联，选择图素后单击【完成】按钮，弹出【缠绕选项】对话框，如图3-113所示。

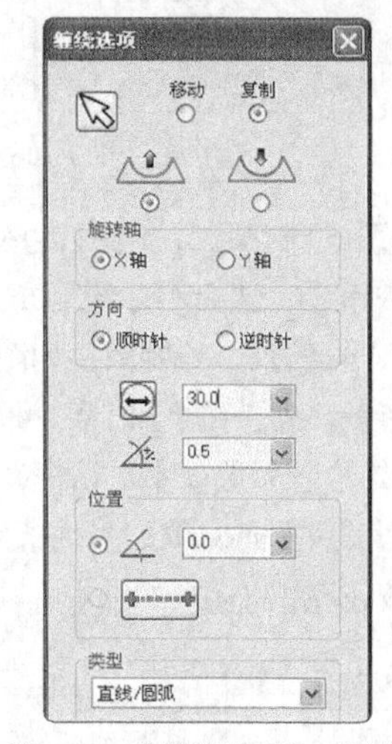

图3-113　【缠绕选项】对话框

各参数的含义如下。

- ❖ ：选择要缠绕的图素。
- ❖ ：缠绕。
- ❖ ：展开。
- ❖ X轴：以X轴缠绕。
- ❖ Y轴：以Y轴缠绕。
- ❖ 顺时针：顺时针缠绕。
- ❖ 逆时针：逆时针缠绕。
- ❖ ：缠绕的直径。
- ❖ ：缠绕的角度误差。
- ❖ 类型 直线/圆弧：缠绕后的图素类型，有直线、点、圆弧、曲线等。

实训28——缠绕

采用【缠绕】命令绘制图形，如图3-114所示。

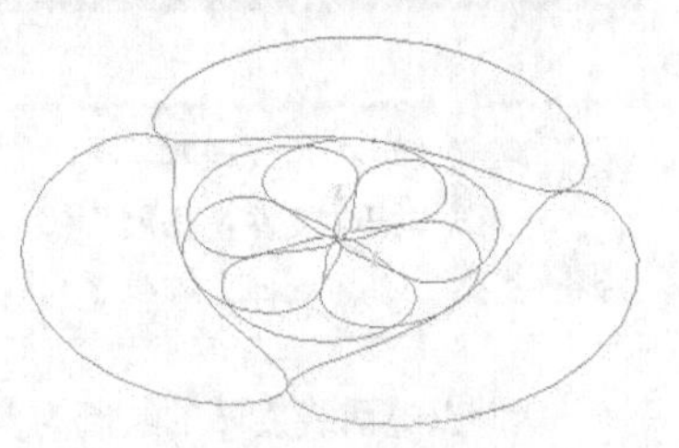
图3-114　绘制图形

01 在绘图工具栏单击【已知圆心点画圆】按钮，输入半径为10，选择原点作为圆心，单击【完成】按钮，完成圆的绘制，如图3-115所示。

02 在绘图工具栏单击【矩形阵列】按钮，系统提示选择图素，选择刚才绘制的圆，单击【完成】按钮，完成选择，弹出【阵列选项】对话框，如图3-116所示。

03 在【阵列选项】对话框中设置阵列次数都为2，方向都为双向，距离都为10，单击【完成】按钮，完成阵列，如图3-117所示。

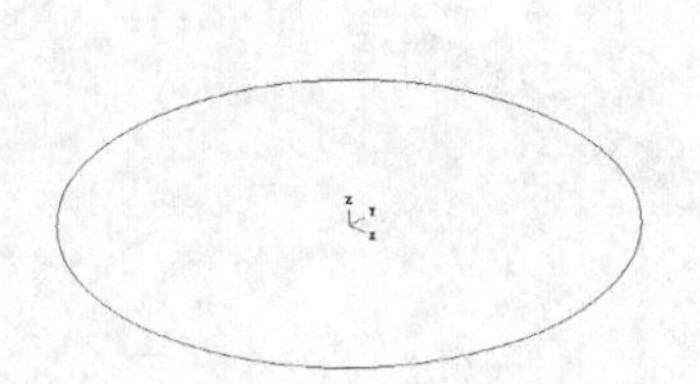
图3-115　绘制圆

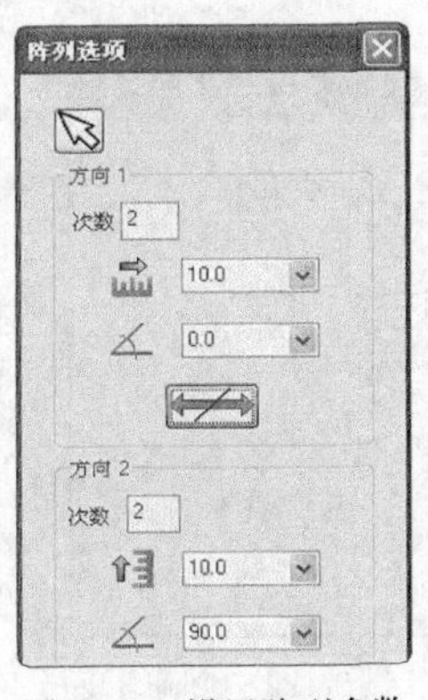

图3-116　设置阵列参数

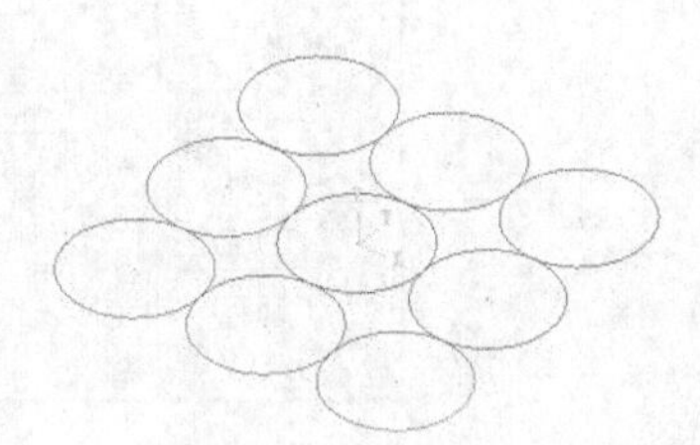
图3-117　阵列结果

04 在绘图工具栏单击【缠绕】按钮，弹出【串联选项】对话框，如图3-118所示。

05 在绘图工具栏单击【右视图】按钮，在【串联选项】对话框中单击【窗选】按钮，窗选绘图区的所有圆，单击【完成】按钮，完成选择，弹出【缠绕选项】对话框，如图3-119所示。

06 在【缠绕选项】对话框中选择缠绕类型为【移动】，并沿X轴旋转，缠绕直径为30/3.14，缠绕后的曲线类型为【曲线】，单击【完成】按钮，完成设置，系统产生缠绕曲线，如图3-120所示。结果文件见“实训\结果文件\Ch03\3-12.mcx-9”。

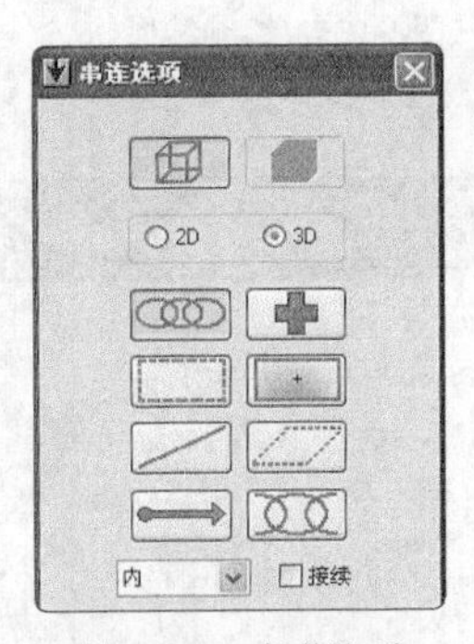

图3-118　串联选项

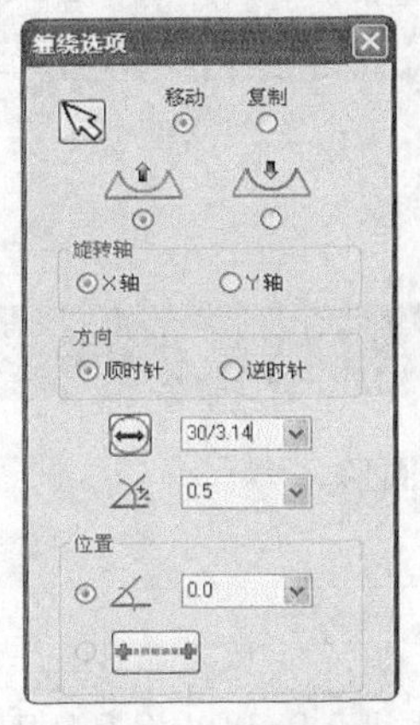

图3-119　缠绕选项

图3-120　缠绕结果

操作技巧

此处缠绕时一定要换成【右视图】或【前视图】，读者可以思考这样做的原因是什么。另外，此处的缠绕直径套用D=C/π。

3.3 拓展训练——绘制电话线发圈

引入文件：无

结果文件：拓展训练\结果文件\Ch03\3-13.mcx-9

视频文件：视频\Ch03\拓展训练——电话线发圈.avi

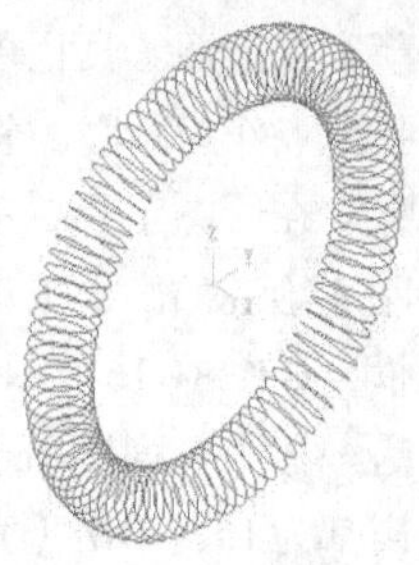

图3-121 电话线发圈

本例以电话线发圈的绘制为例，讲解缠绕功能的应用，最终效果如图3-121所示。

01 在绘图工具栏单击【前视图】按钮，将视图设置为【前视构图面】。在绘图工具栏单击【绘制螺旋线】按钮，弹出【螺旋形】对话框，设置参数与绘制结果如图3-122所示。

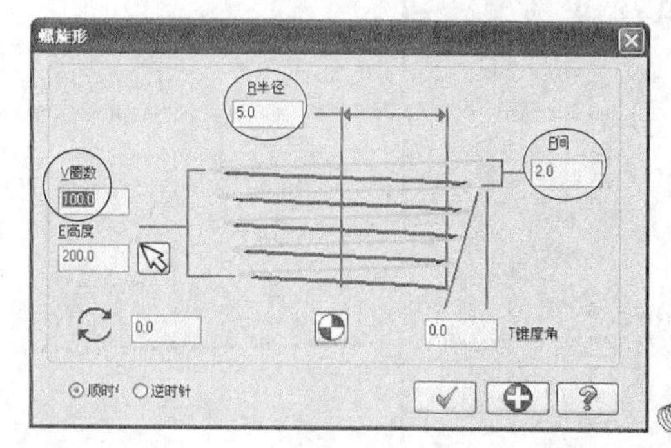

图3-122 绘制螺旋线

02 在绘图工具栏单击【俯视图】按钮，将视图设置为【俯视构图面】。在绘图工具栏单击【缠绕】按钮，设置参数与绘制结果如图3-123所示。

操作技巧

直径处输入200/3.14，系统可以自动计算，无须用户自己计算。由于螺旋线总高度为200mm，缠绕后成为圆，即圆的周长是螺旋的总高度200mm，根据圆的周长计算公式：πd=C（其中，π是圆周率，取3.1415926，d为直径，C为周长），因此，d=C/π=200/3.1415926=63.6619783mm。

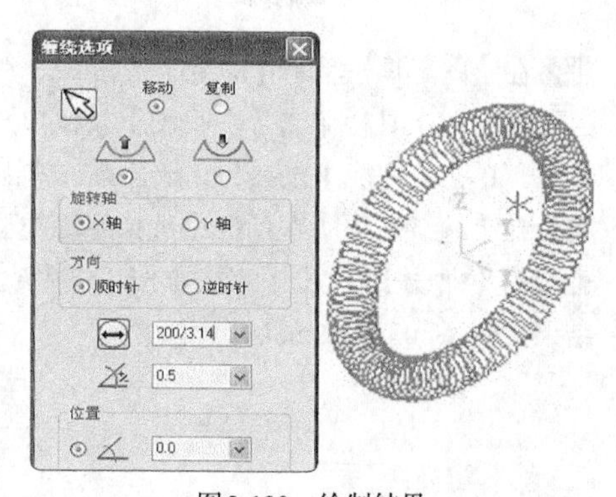

图3-123 绘制结果

3.4 课后习题

采用【阵列】命令绘制图3-124所示的图形。

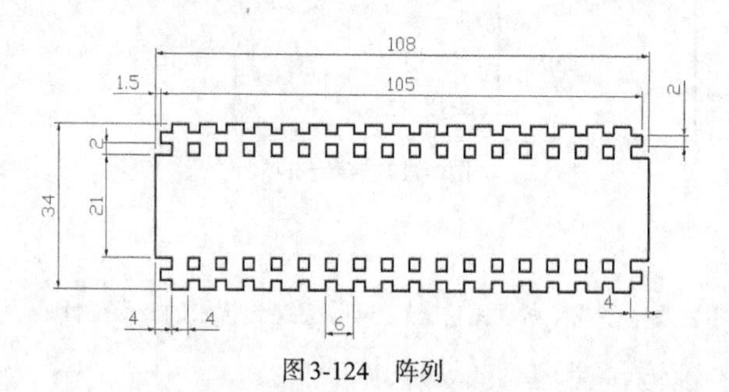

图3-124 阵列

第4章

图形标注

图形绘制完毕后，只有借助量化信息，才可以表达图形的各种参数，因此需要对图形添加尺寸和文字标注。图形标注是Mastercam X9系统一个很好用的功能，也是很重要的一个环节，它包括尺寸标注、文字说明、符号说明、注释、表格、图框、图案填充等内容。此外，零件和产品的生产、检验、加工、交付使用等都是按照图纸中的尺寸来进行的，尺寸标注得合理与否，将影响零件的质量。

知识要点

※ 掌握尺寸标注的3个要求。

※ 掌握基本的水平标注和垂直标注方法。

※ 会用图案填充绘制基本的剖面图。

※ 掌握智能尺寸标注方法。

案例解析

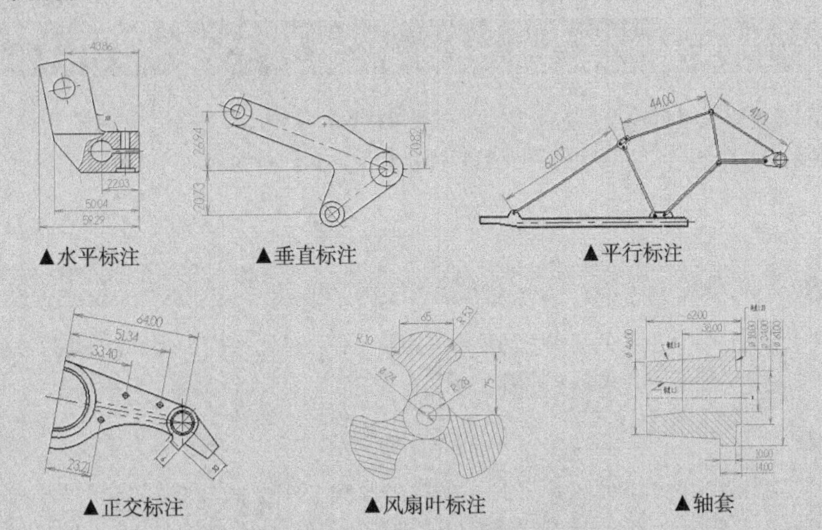

▲水平标注　▲垂直标注　▲平行标注

▲正交标注　▲风扇叶标注　▲轴套

4.1 尺寸标注的基本内容

尺寸标注正确与否直接影响到其他人对图的理解，因此需要掌握尺寸标注的基础知识。

4.1.1 尺寸标注的要素

尺寸标注包括尺寸界线、尺寸线和尺寸数字3个要素，如图4-1所示。

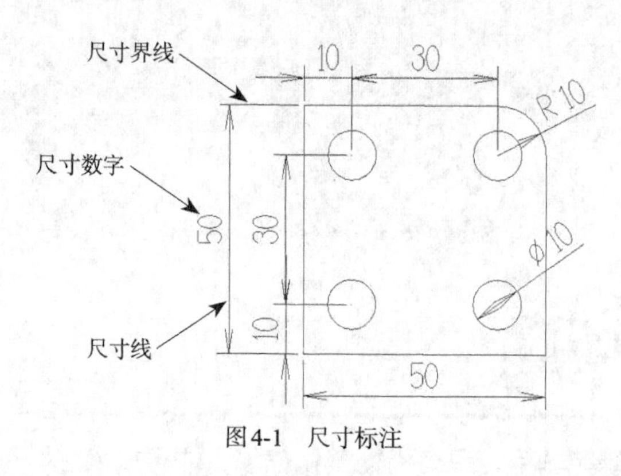

图4-1 尺寸标注

4.1.2 尺寸标注的基本原则

尺寸标注时很容易遗漏尺寸和重复标注尺寸，甚至可能出现错误的尺寸。因此，尺寸标注是一项艰难、烦琐的工作，另外，一旦出现错误，就会给加工带来很大的麻烦，导致无法加工，甚至会产生废品，造成经济损失。掌握尺寸标注的一般原则，能减少错误的发生。尺寸标注的一般原则如下。

❖ 尺寸标注必须首先满足正确性，其次才能考虑美观。

❖ 尺寸标注不能遗漏，也不能重复。

❖ 尺寸尽量标注在基准上，不要标注无法直接用于加工的尺寸或间接进行计算的尺寸，以免造成累计误差。

❖ 尺寸标注不能形成封闭尺寸链。

4.2 尺寸标注

Mastercam系统提供了多种尺寸标注形式，在菜单栏执行【绘图】→【尺寸标注】→【标注尺寸】命令，即可进行相关的标注，也可以直接在绘图工具栏单击相应的标注按钮启动尺寸标注。下面介绍各种尺寸标注形式。

4.2.1 水平标注

水平标注命令用于标注选择的两点之间的水平距离，在菜单栏执行【绘图】→【尺寸标注】→【标注尺寸】→【水平标注】命令，即可调取水平标注命令。

技术支持

水平标注可以选择水平线或者倾斜线进行标注，也可以选择两点进行标注，选择的两点可以在一条水平线上，也可以不在一条水平线上，如果不在一条水平线上，则标注的是两点之间的水平距离。

实训29——水平标注

对图4-2所示的图形进行水平标注，标注结果如图4-3所示。

01 打开源文件。在菜单栏执行【文件】→【打开文件】命令，打开“实训\源文件/Ch04/4-1. mcx-9”，如图4-4所示。

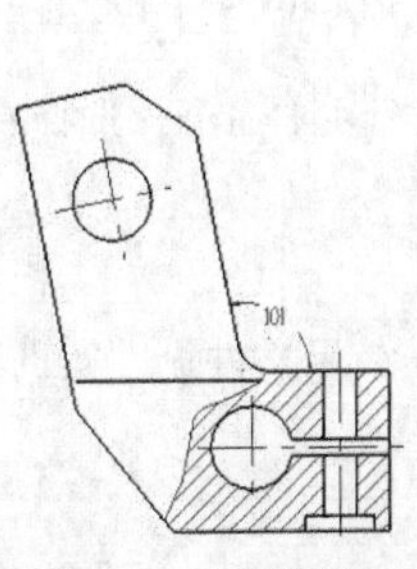

图4-2　水平标注

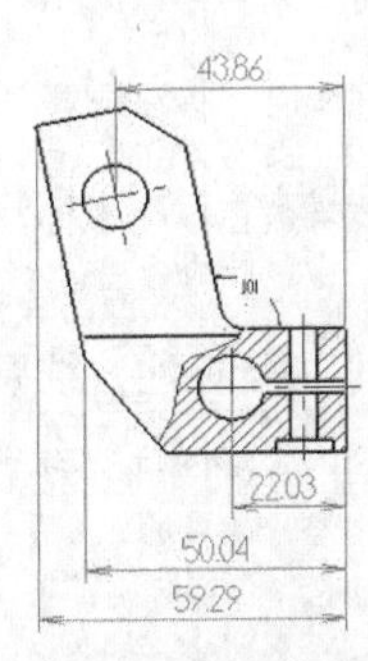

图4-3　标注结果

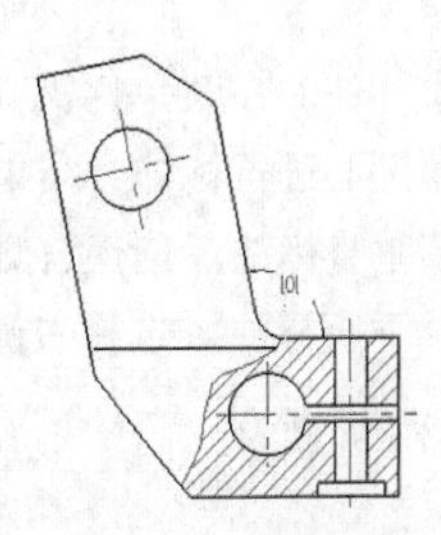

图4-4　打开源文件

02 水平标注。在菜单栏执行【绘图】→【尺寸标注】→【标注尺寸】→【水平标注】命令，选择右侧线端点和圆心进行标注，结果如图4-5所示。

03 继续进行水平标注。选择右侧线端点和左上圆心进行标注，结果如图4-6所示。

04 继续进行水平标注。选择右侧线端点和角点进行标注，结果如图4-7所示。结果文件见“实训\结果文件\Ch04\4-1.mcx-9”。

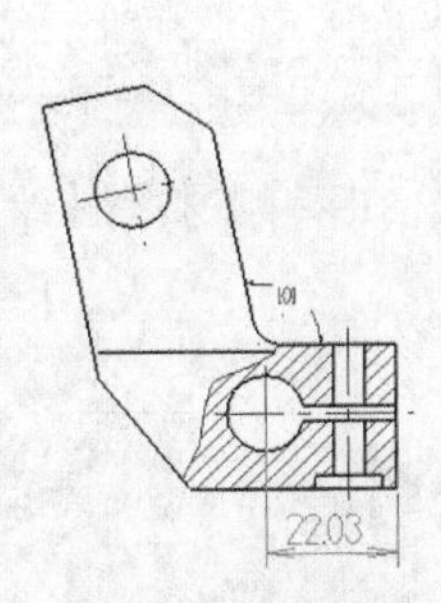

图4-5　水平标注

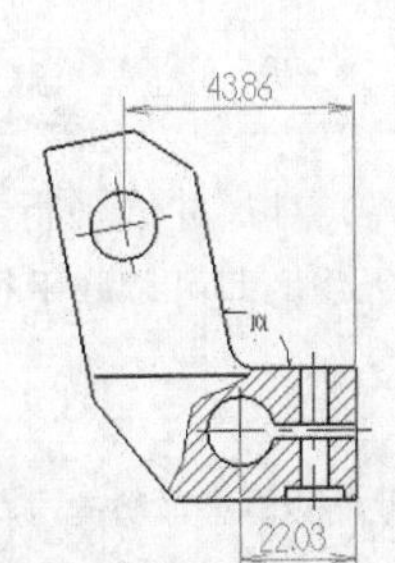

图4-6　水平标注

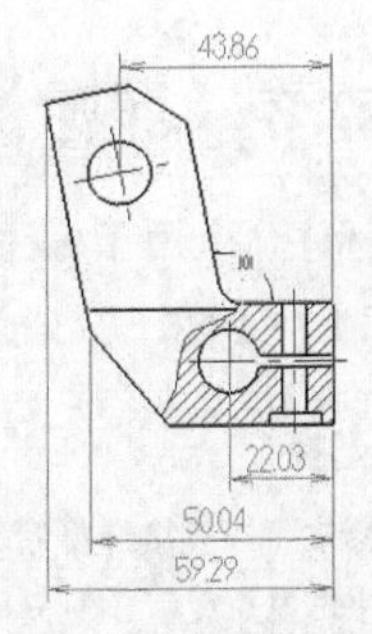

图4-7　水平标注

4.2.2　垂直标注

垂直标注用于标注两点之间的垂直距离，在菜单栏执行【绘图】→【尺寸标注】→【标注尺寸】→【垂直标注】命令，即可调取垂直标注命令。

技术支持

垂直标注可以选择垂直线或者倾斜线进行标注，也可以选择两点进行标注，选择的两点可以在一条垂直线上，也可以不在一条垂直线上，如果不在一条垂直线上，则标注的是两点之间的垂直距离。

实训30——垂直标注

对图4-8所示的图形进行垂直标注，标注结果如图4-9所示。

01 打开源文件。在菜单栏执行【文件】→【打开文件】命令，打开“实训\源文件/Ch04/4-2. mcx-9”，如图4-10所示。

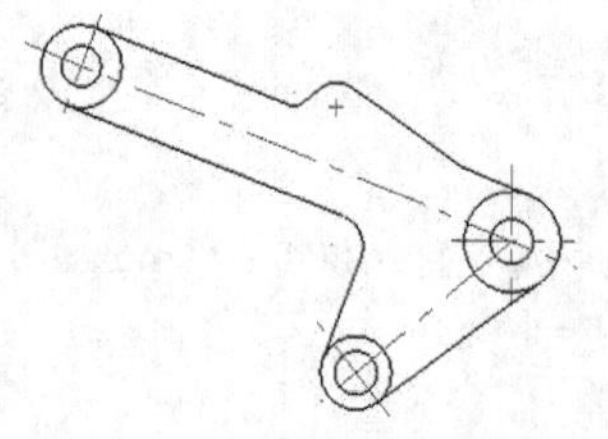
图4-8　垂直标注

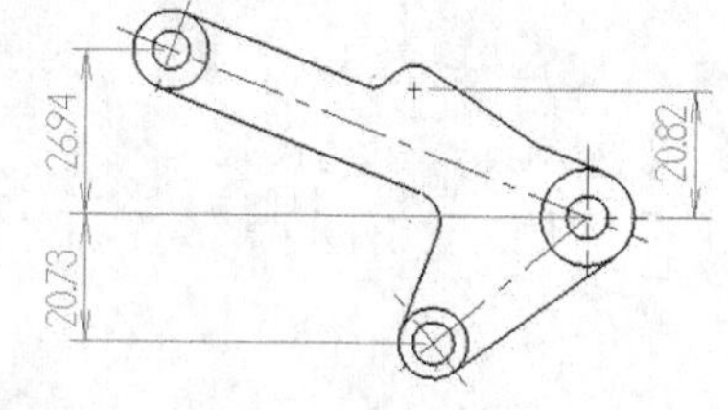

图4-9　标注结果

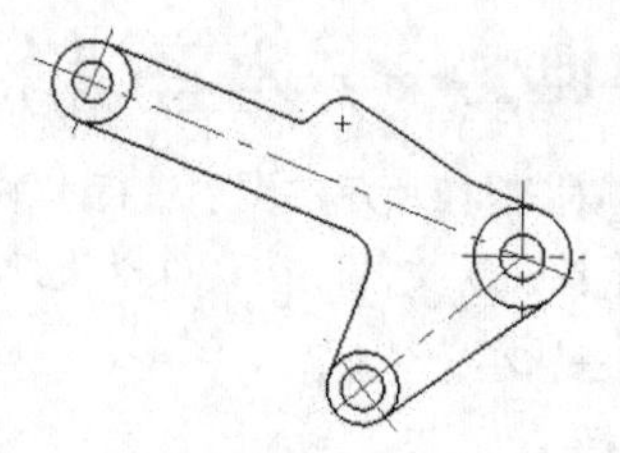
图4-10　打开源文件

02 垂直标注。在菜单栏执行【绘图】→【尺寸标注】→【标注尺寸】→【垂直标注】命令，选择右侧圆心和左上角圆心进行标注，结果如图4-11所示。

03 继续垂直标注。选择右侧圆心和左下角圆心进行标注，结果如图4-12所示。

04 继续垂直标注。选择右侧圆心和圆弧的圆心进行标注，结果如图4-13所示。结果文件见“实训\结果文件\Ch04\4-2.mcx-9”。

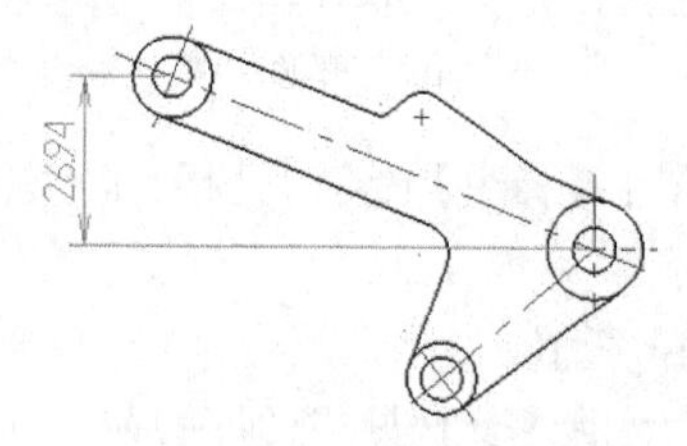

图4-11　垂直标注

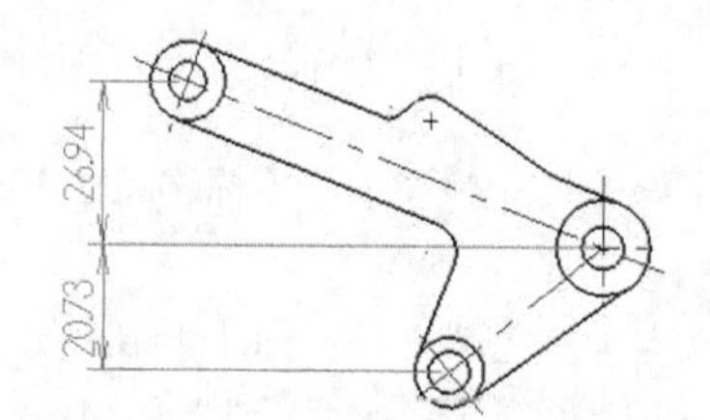

图4-12　垂直标注

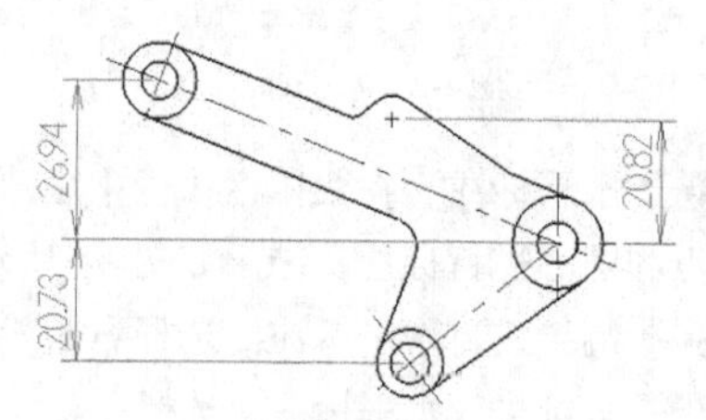

图4-13　垂直标注

4.2.3　平行标注

平行标注命令用于标注任意两点间的距离，且尺寸线平行于两点间的连线。在菜单栏执行【绘图】→【尺寸标注】→【标注尺寸】→【平行标注】命令，即可调取平行标注命令。

技术支持

平行标注可以直接选择倾斜线标注倾斜长度，也可以选择倾斜的两点标注两点之间的距离。当然，平行标注也可以用来标注水平的两点或者垂直的两点之间的距离，此时与水平标注和垂直标注作用相同。

实训31——平行标注

对图4-14所示的图形进行水平标注，标注结果如图4-15所示。

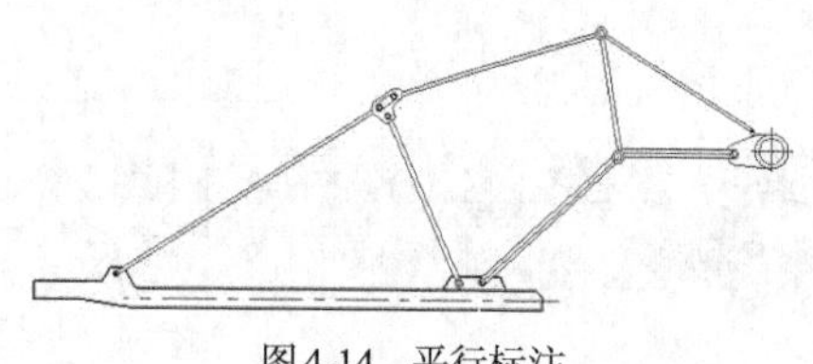
图4-14　平行标注

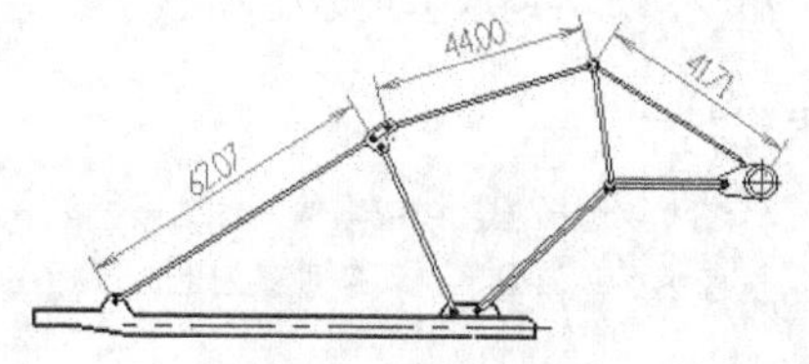

图4-15　标注结果

01 打开源文件。在菜单栏执行【文件】→【打开文件】命令，打开“实训\源文件/Ch04/4-3. mcx-9”，如图4-16所示。

02 平行标注。在菜单栏执行【绘图】→【尺寸标注】→【标注尺寸】→【平行标注】命令，选择左侧圆心和中上侧圆心进行标注，结果如图4-17所示。

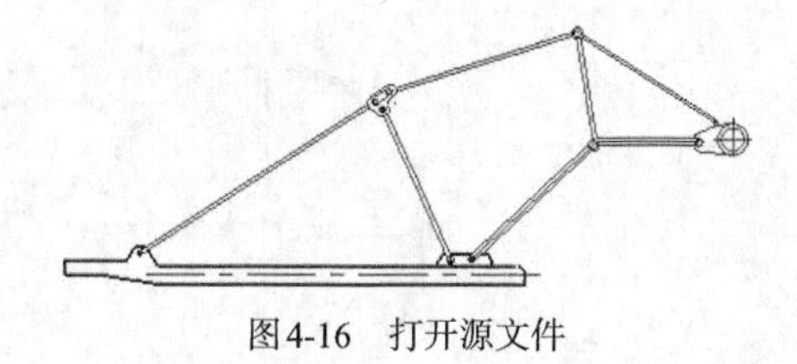

图4-16　打开源文件

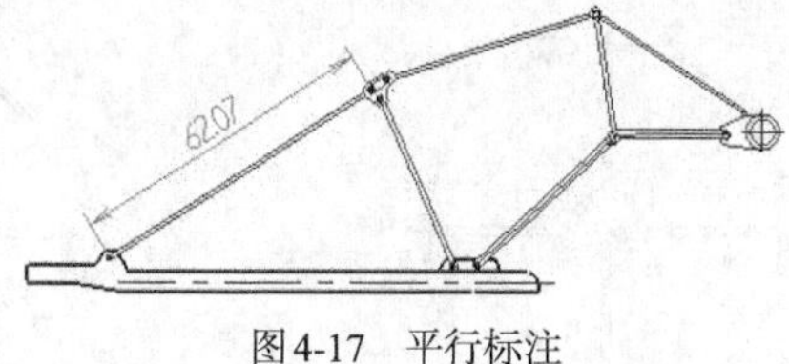

图4-17　平行标注

03 继续平行标注。选择中上侧圆心和右上侧圆心进行标注，结果如图4-18所示。

04 继续平行标注。选择右上侧圆心和右侧圆心进行标注，结果如图4-19所示。结果文件见“实训\结果文件\Ch04\4-3.mcx-9”。

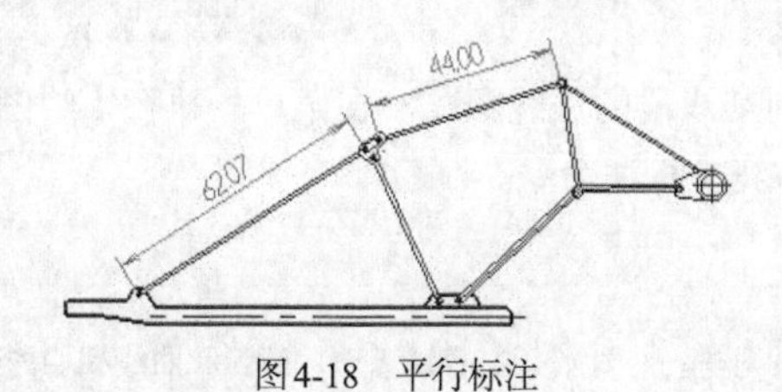

图4-18　平行标注

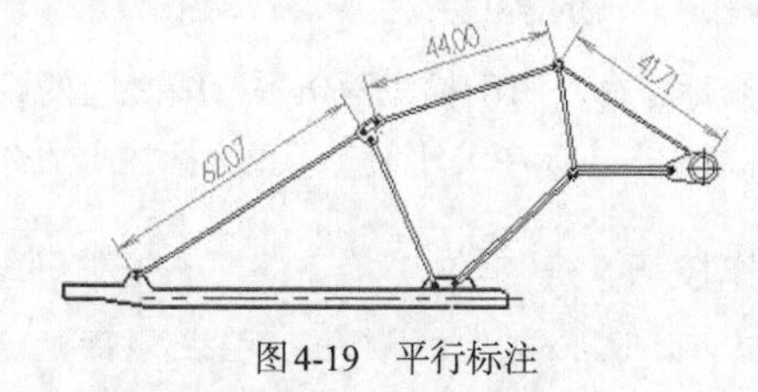

图4-19　平行标注

4.2.4　角度标注

角度标注命令用于标注两条直线间或圆弧的角度。在菜单栏执行【绘图】→【尺寸标注】→【标注尺寸】→【角度标注】命令，即可调取角度标注命令。

技术支持

角度标注除了可以标注两条直线之间的角度外，还可以标注3点之间的角度，标注时先选择角点，再选择角边界上的两点，即可创建由3点组成的角度标注。

实训32——角度标注

对图4-20所示的图形进行角度标注，标注结果如图4-21所示。

01 打开源文件。在菜单栏执行【文件】→【打开文件】命令，打开“实训\源文件/Ch04/4-4. mcx-9”，如图4-22所示。

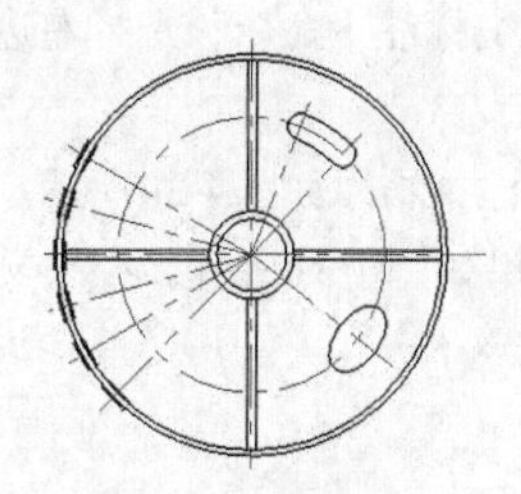

图4-20　角度标注

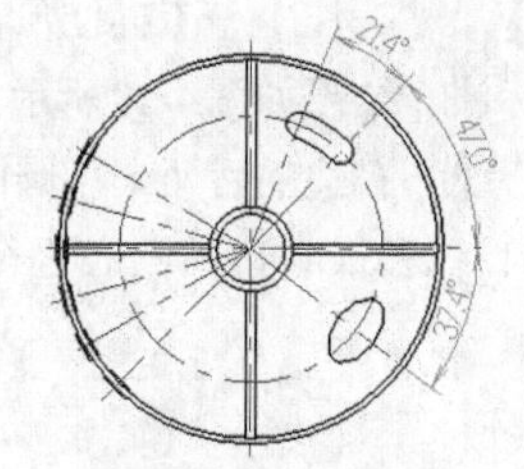

图4-21　结果

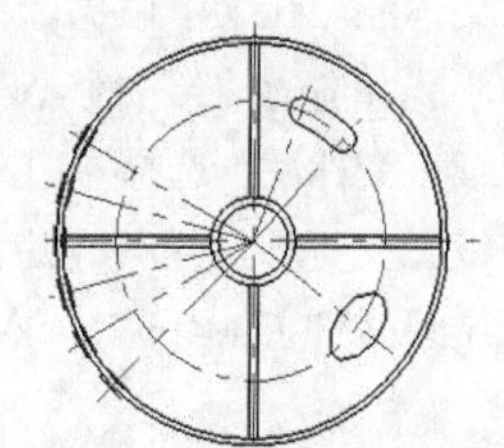

图4-22　打开源文件

02 角度标注。在菜单栏执行【绘图】→【尺寸标注】→【标注尺寸】→【角度标注】命令，选择轮辐上的水平中心线和倾斜径向中心线进行标注，结果如图4-23所示。

03 继续角度标注。选择轮辐上刚标注的中心线和其左侧的径向线进行标注，结果如图4-24所示。

04 继续角度标注。选择轮辐上的水平中心线和椭圆中心线进行标注，结果如图4-25所示。结果文件见“实训\结果文件\Ch04\4-4.mcx-9”。

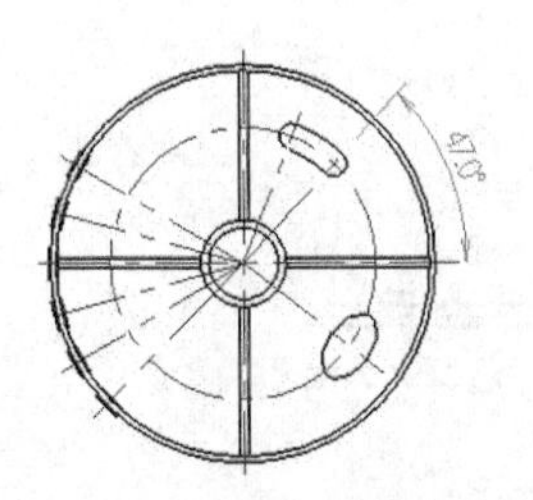

图4-23　角度标注

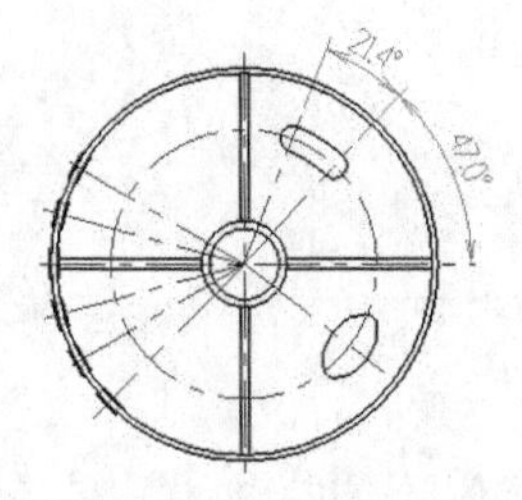

图4-24　角度标注

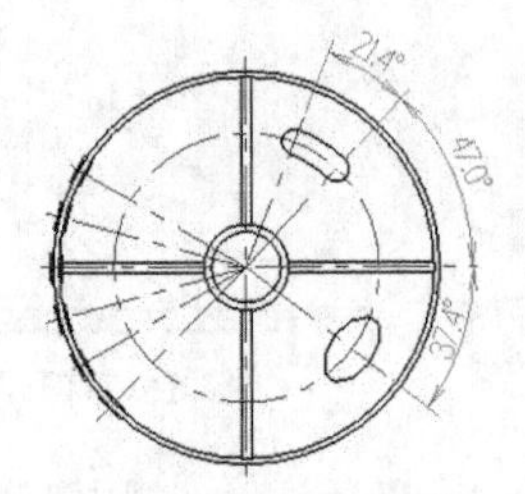

图4-25　角度标注

4.2.5　正交标注

正交标注命令用于标注两条平行线之间的距离，或点到某线段的法线距离。在菜单栏执行【绘图】→【尺寸标注】→【标注尺寸】→【正交标注】命令，即可调取正交标注命令。

操作技巧

正交标注即是法向标注，首先选择直线，然后选择直线或者点即可进行标注。正交标注无法对圆弧和曲线相切的部分进行标注。

实训33——正交标注

对图4-26所示的图形进行正交标注，标注结果如图4-27所示。

01 打开源文件。在菜单栏执行【文件】→【打开文件】命令，打开“实训\源文件/Ch04/4-5. mcx-9”，如图4-28所示。

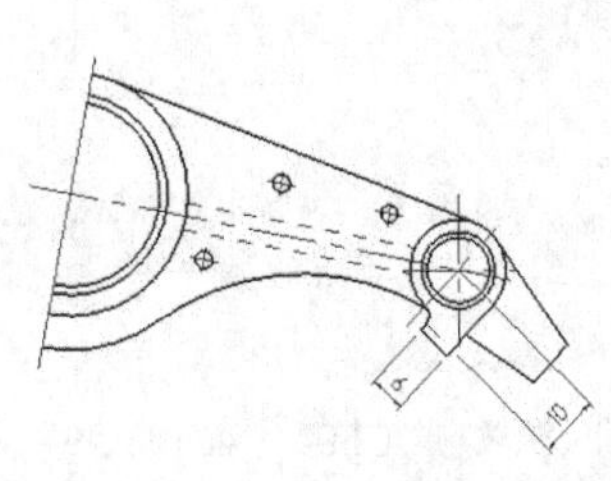

图4-26　正交标注

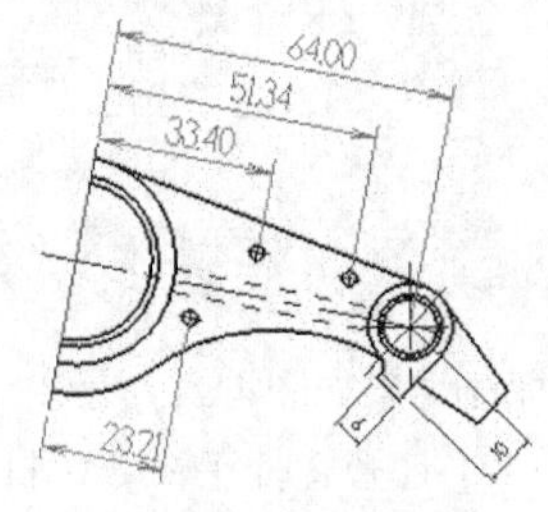

图4-27　结果

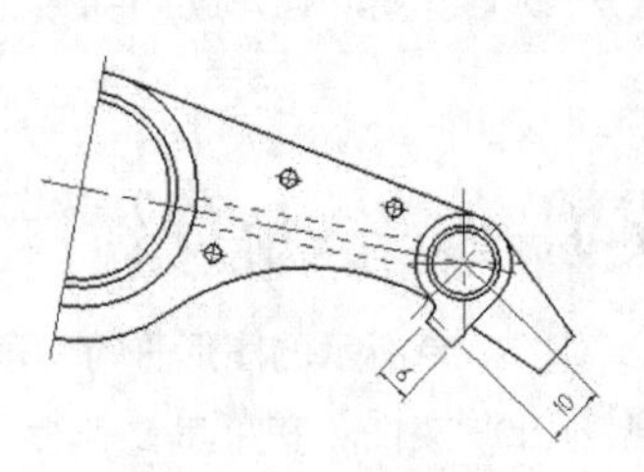

图4-28　打开源文件

02 正交标注。在菜单栏执行【绘图】→【尺寸标注】→【标注尺寸】→【正交标注】命令，选择左边圆的倾斜中心线和右边的第一个小圆圆心进行标注，结果如图4-29所示。

03 继续正交标注。选择左边圆的倾斜中心线和右边的后两个小圆圆心进行标注，结果如图4-30所示。

04 继续正交标注。选择左边圆的倾斜中心线和最右边的圆心进行标注，结果如图4-31所示。结果文件见“实训\结果文件\Ch04\4-5.mcx-9”。

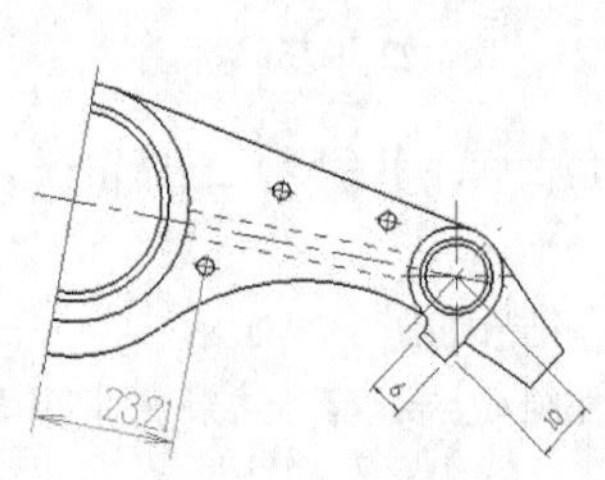

图4-29　正交标注

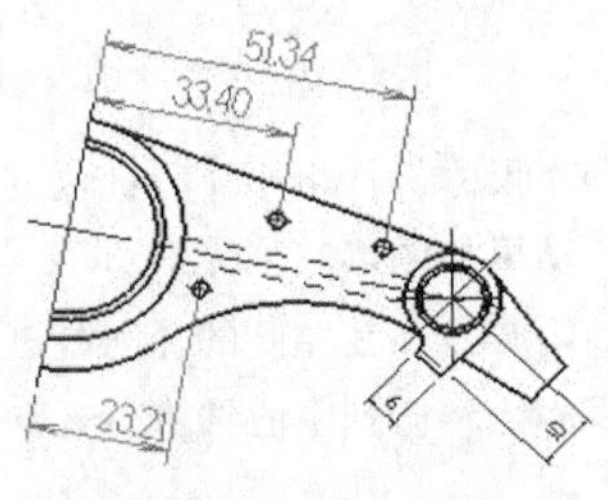

图4-30　正交标注

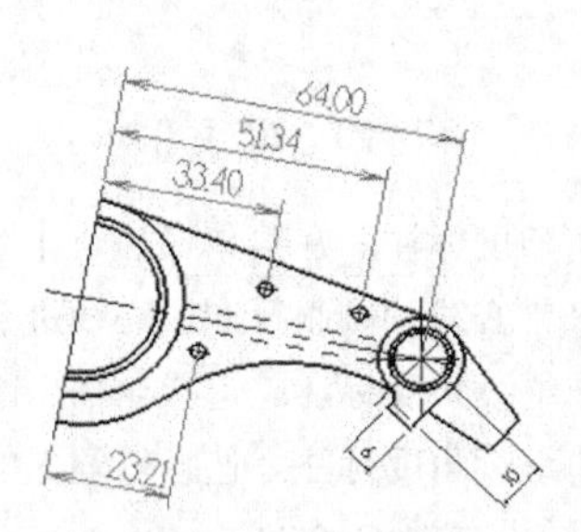

图4-31　正交标注

4.2.6　相切标注

相切标注用于标注某点与某圆弧相切的尺寸，在菜单栏执行【绘图】→【尺寸标注】→【标注尺寸】→【相切标注】命令，即可调取相切标注命令。

实训34——相切标注

对图4-32所示的图形进行相切标注，标注结果如图4-33所示。

图4-32　相切标注　　　　图4-33　标注结果

01 打开源文件。在菜单栏执行【文件】→【打开文件】命令，打开“实训\源文件/Ch04/4-6. mcx-9”，如图4-34所示。

02 相切标注。在菜单栏执行【绘图】→【尺寸标注】→【标注尺寸】→【相切标注】命令，选择左边的圆和右边圆的圆心进行标注，结果如图4-35所示。

图4-34　打开源文件　　　　图4-35　相切标注

03 继续相切标注。选择右上侧的圆和圆心进行标注，结果如图4-36所示。

04 继续相切标注。选择右下侧的圆和圆心进行标注，结果如图4-37所示。结果文件见“实训\结果文件\Ch04\4-6.mcx-9”。

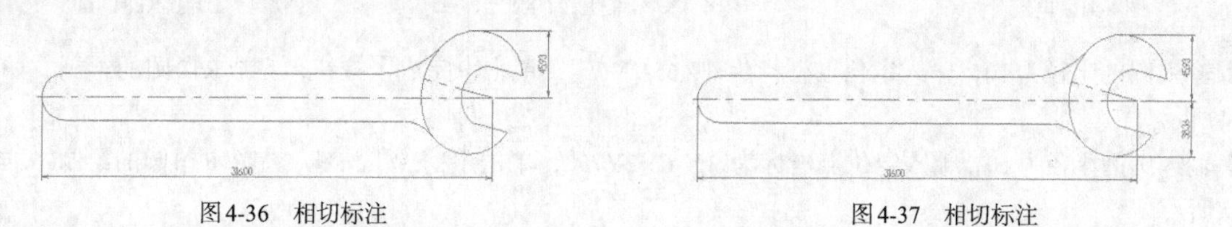

图4-36　相切标注　　　　图4-37　相切标注

4.3　图案填充

在工程图中为了表达内部信息，往往采用剖视图，因此，除了常用的标注外，还需要创建各种图案填充。要启动图案填充命令，可以在菜单栏执行【绘图】→【尺寸标注】→【剖面线】命令，弹出【剖面线】对话框，该对话框用来设置剖面线的相关参数，如图4-38所示。

在【剖面线】对话框中单击【用户定义剖面线图样】按钮 用户定义剖面线图样(U) ，弹出【自定义剖面线图样】对话框，该对话框用来提供用户自定义样式，如图4-39所示。

在【自定义剖面线图样】对话框中单击【新建剖面】按钮 新建剖面(N) ，弹出【自定义剖面线图样】对话框即可创建剖面线编号，并且可以对新建编号的剖面设置线型，如图4-40所示。

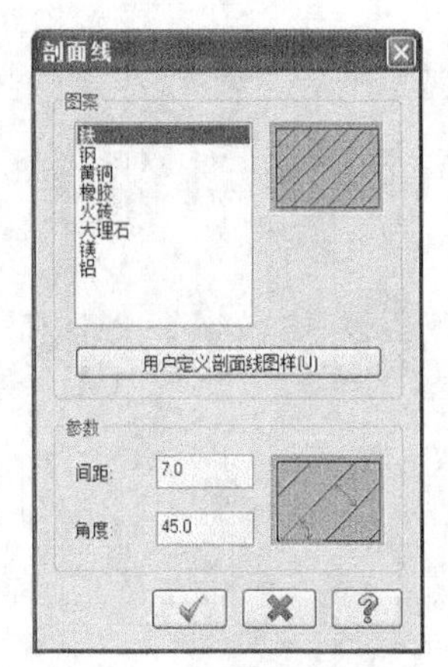

图4-38 【剖面线】对话框

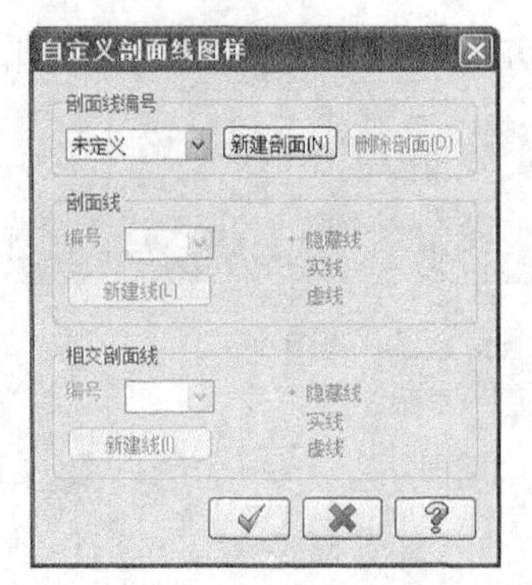

图4-39 【自定义剖面线图样】对话框

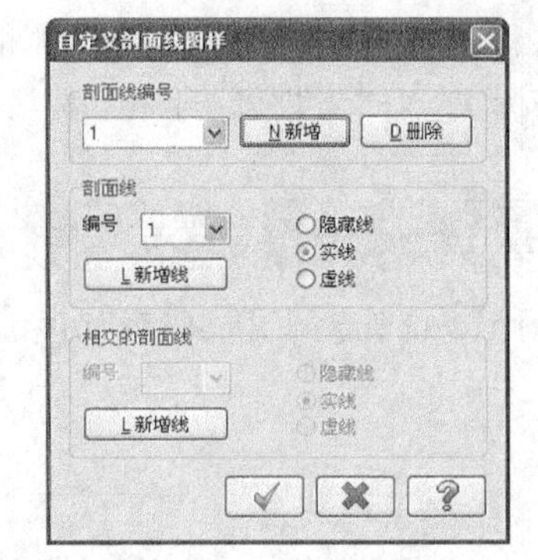

图4-40 【自定义剖面线图样】对话框

实训35——图案填充

绘制如图4-41所示的电扇叶等图形。

01 在绘图工具栏单击【绘圆】按钮，输入圆半径为12，选择原点为定位点，单击【完成】按钮，完成R12圆的绘制，如图4-42所示。

02 继续输入圆的半径为28，选择原点为定位点，单击【完成】按钮，完成R28圆的绘制，如图4-43所示。

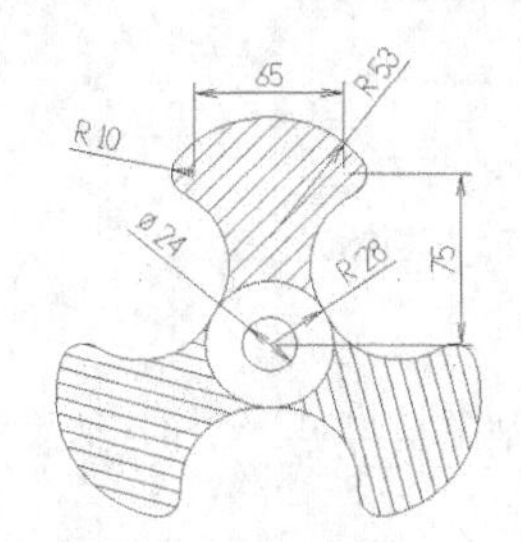

图4-41 电扇叶片

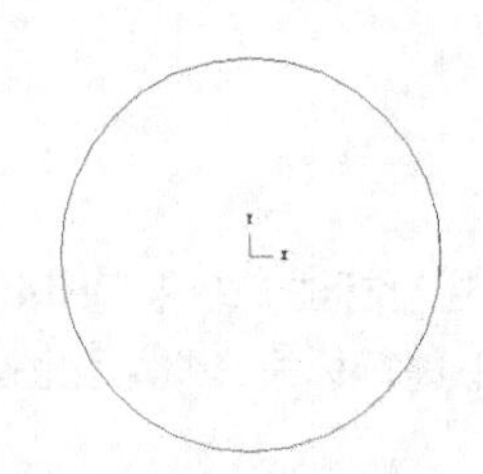

图4-42 绘制R12的圆

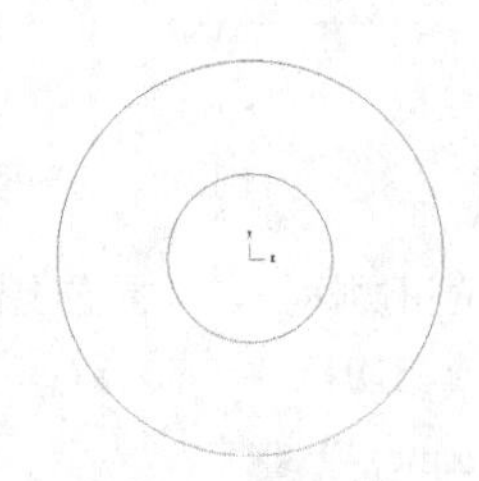

图4-43 绘制R28的圆

03 输入圆的半径为10，输入定位点坐标为“X65/2Y75”，单击【完成】按钮，完成R10圆的绘制，如图4-44所示。

04 输入圆的半径为10，输入定位点坐标为“X-65/2Y75”，单击【完成】按钮，完成R10圆的绘制，如图4-45所示。

05 在绘图工具栏单击【固定实体倒圆角】按钮，输入倒圆角半径为53，单击【不修剪】按钮，选择要倒圆角的边，再选择需要的圆弧，单击【完成】按钮，完成R53圆弧的绘制，如图4-46所示。

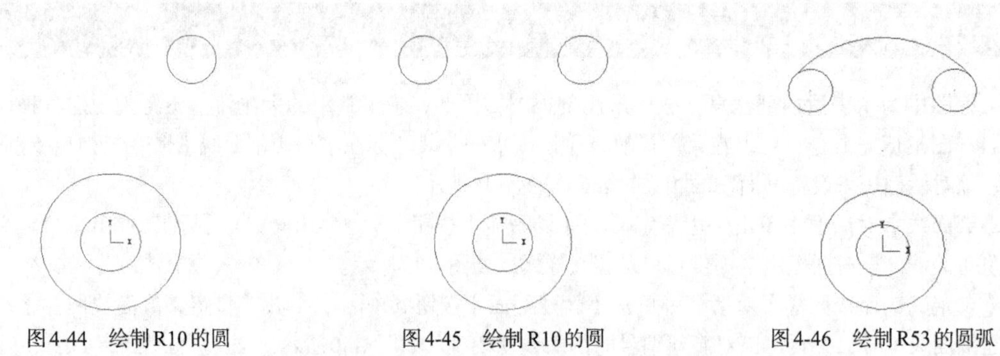

图4-44 绘制R10的圆　　图4-45 绘制R10的圆　　图4-46 绘制R53的圆弧

06 输入倒圆角半径为35，选择要倒圆角的边，再选择需要的圆弧，单击【完成】按钮，完成R35圆弧的绘制，如图4-47所示。

07 在绘图工具栏单击【修剪/打断/延伸】按钮，再单击【两物体修剪】按钮，选择要修剪的图素，单击【完成】按钮，完成修剪，如图4-48所示。

08 在修剪工具栏单击【打断】按钮，将R28的圆弧在交点处打断，如图4-49所示。

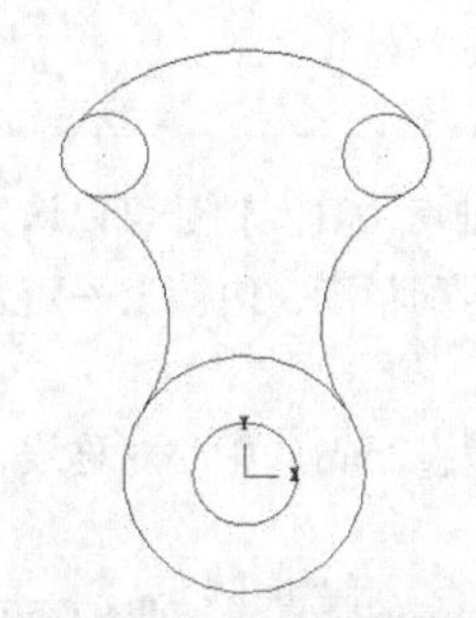

图4-37　绘制R35的圆弧

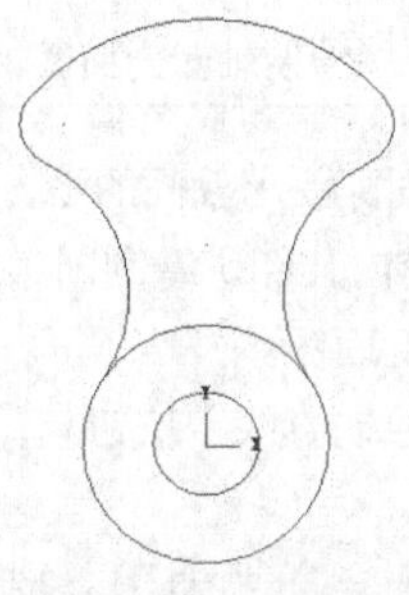

图4-48　修剪结果

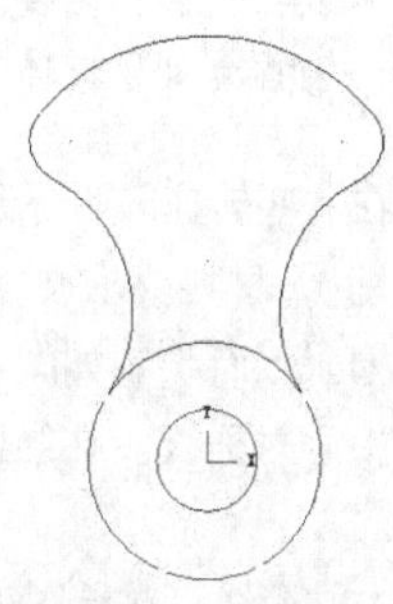

图4-49　打断结果

09 在菜单栏执行【绘图】→【尺寸标注】→【剖面线】命令，弹出【剖面线】对话框，设置剖面线的相关参数，如图4-50所示。

10 单击【完成】按钮，弹出【串联选项】对话框，单击【窗选】按钮，选择矩形框内的图素，单击【完成】按钮，完成选择，如图4-51所示。

11 单击【完成】按钮后，系统即生成填充图案，如图4-52所示。

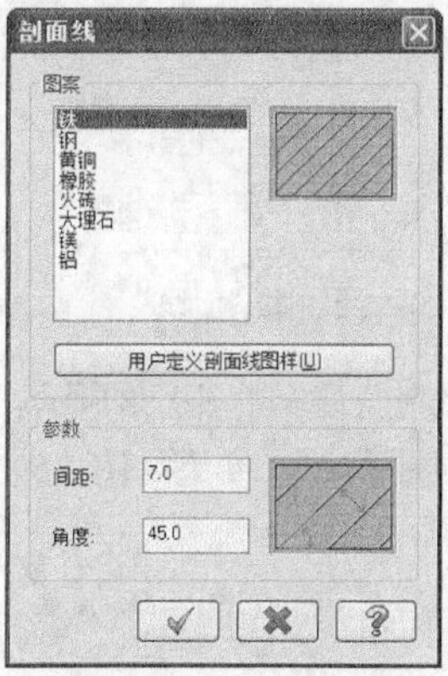

图4-50　剖面线

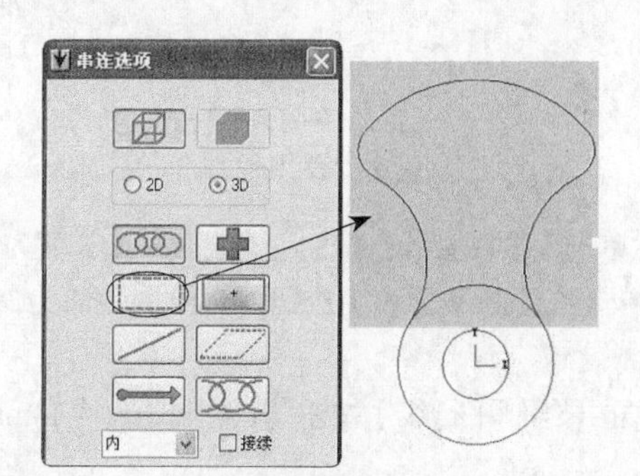

图4-51　框选图素

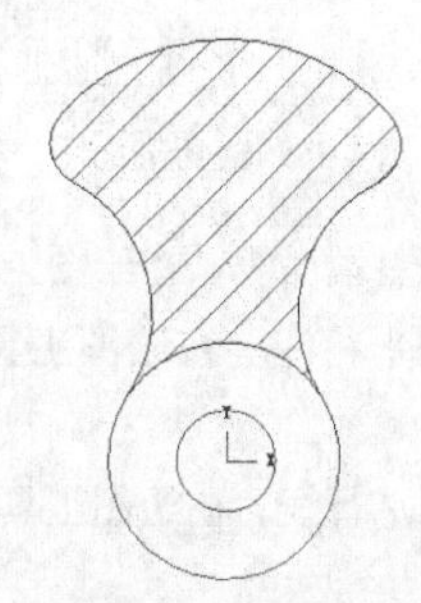

图4-52　填充图案

12 在绘图工具栏单击【旋转】按钮，选择刚才填充的图案和边界，单击【完成】按钮，完成选择，弹出【旋转】对话框，设置类型为【复制】，次数为1，角度为120°，方向为双向，单击【完成】按钮，完成设置，如图4-53所示。

13 在绘图工具栏单击【智能标注】按钮，对上一步绘制的图形进行标注，标注结果如图4-54所示。结果文件见“实训\结果文件\Ch04\4-7.mcx-9”。

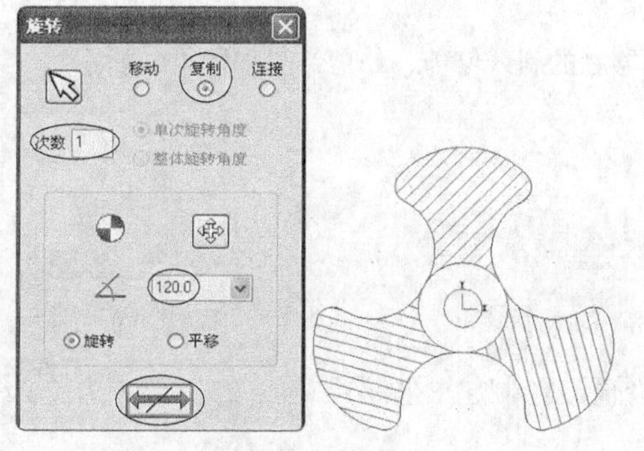

图4-53　旋转

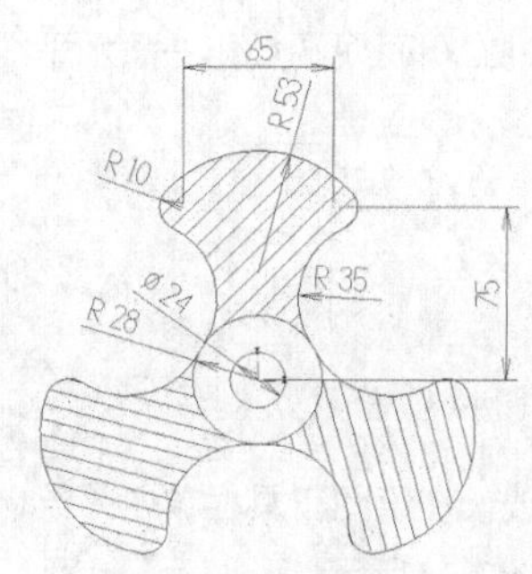

图4-54　最后结果

4.4 拓展训练——绘制轴套剖面图

引入文件：无

结果文件：拓展训练\结果文件\Ch04\4-8.mcx

视频文件：视频\Ch04\拓展训练——绘制轴套剖面图.avi

轴套在一些转速较低、径向载荷较高且间隙要求较高的地方用来替代滚动轴承（其实轴套可以认为是一种滑动轴承），材料要求硬度低且耐磨，轴套内孔经研磨刮削，能达到较高的匹配精度，内壁上一定要有润滑油的油槽。下面绘制如图4-55所示的轴套剖面图。

01 绘制中心对称线。在绘图工具栏单击【绘制直线】按钮，绘制一条长度为62mm的中心对称线，如图4-56所示。

02 绘制左端面线。在绘图工具栏单击【绘制直线】按钮，绘制一条长度为23mm的竖直线，如图4-57所示。

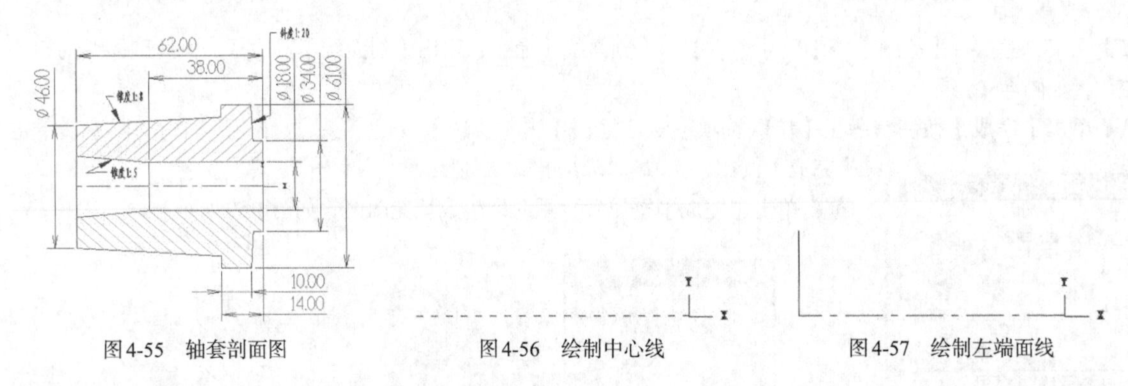

图4-55　轴套剖面图　　图4-56　绘制中心线　　图4-57　绘制左端面线

03 绘制右端面线。在绘图工具栏单击【绘制直线】按钮，绘制一条长度为17mm的竖直线，如图4-58所示。

04 绘制平行线。在绘图工具栏单击【绘制平行线】按钮，绘制距离为30.5mm的平行线，结果如图4-59所示。

05 绘制平行线。在绘图工具栏单击【绘制平行线】按钮，绘制距离为14mm的平行线，结果如图4-60所示。

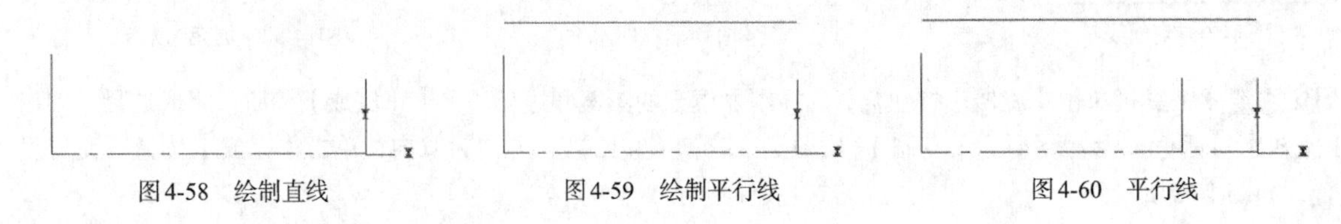

图4-58　绘制直线　　图4-59　绘制平行线　　图4-60　平行线

06 修剪。将刚才绘制的两条平行线修剪，结果如图4-61所示。

07 绘制斜线。在绘图工具栏单击【绘制直线】按钮，绘制起点坐标为（-4, 30.5），终点坐标为（-4+1, 30.4-20）的直线，如图4-62所示。

08 修剪。过右端面线端点作一条水平线并将刚才绘制的斜线修剪，修剪结果如图4-63所示。

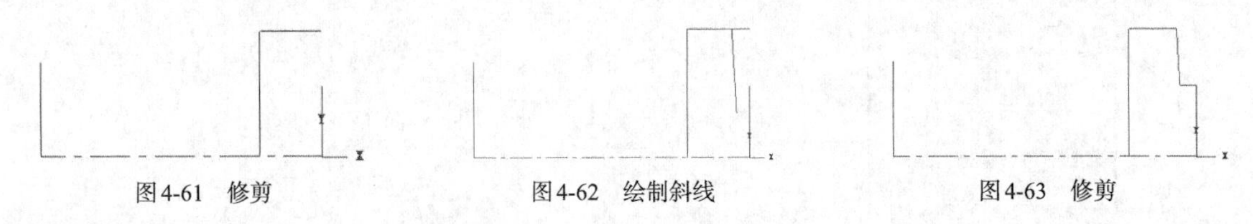

图4-61　修剪　　图4-62　绘制斜线　　图4-63　修剪

09 绘制斜线。在绘图工具栏单击【绘制直线】按钮，绘制起点坐标为（-62, 23），终点为（-62+8, 23+0.5）的斜线，如图4-64所示。

10 修剪。对刚绘制的斜线进行修剪，修剪结果如图4-65所示。

11 绘制水平线。在绘图工具栏单击【绘制直线】按钮，并单击【水平线】按钮，过原点绘制一条长度为38mm的直线，设置水平线高度为9mm，如图4-66所示。

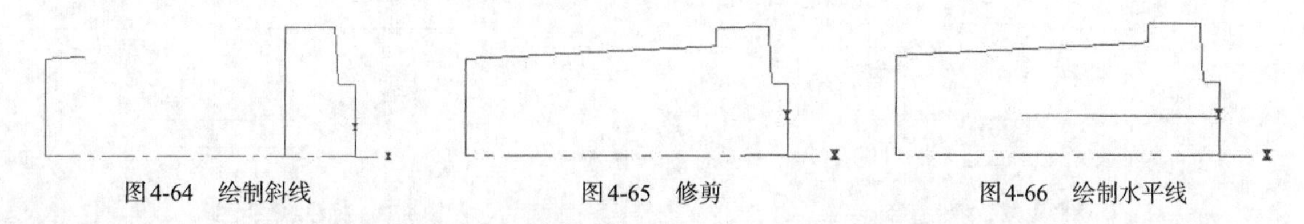

图4-64　绘制斜线　　图4-65　修剪　　图4-66　绘制水平线

12 绘制斜线。在绘图工具栏单击【绘制直线】按钮，绘制起点坐标为（-38, 9），终点坐标为（-38-5, 9+0.5）的斜线，如图4-67所示。

13 修剪。对刚才绘制的斜线进行修剪，修剪结果如图4-68所示。

14 绘制垂直线。在绘图工具栏单击【绘制直线】按钮，并单击【竖直线】按钮，绘制结果如图4-69所示。

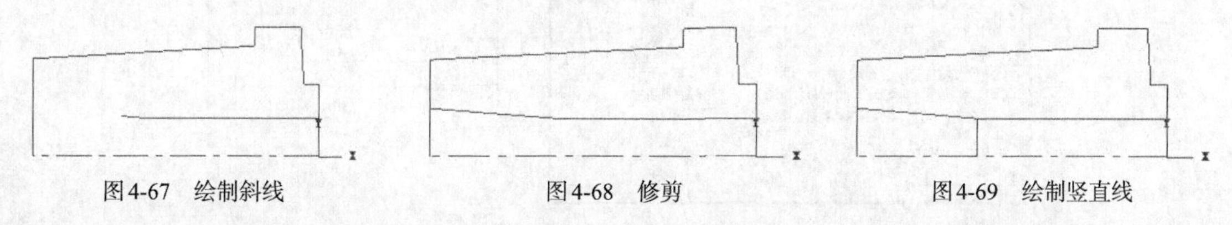

图4-67　绘制斜线　　图4-68　修剪　　图4-69　绘制竖直线

15 填充图案。在绘图工具栏单击【剖面线】按钮，弹出【剖面线】对话框，设置图样为【铁】，间距为3mm，角度为45°，填充结果如图4-70所示。

16 镜像图形。将刚才绘制的所有图素选中，单击工具栏中的【镜像】按钮，选择水平中心线为镜像轴，镜像结果如图4-71所示。

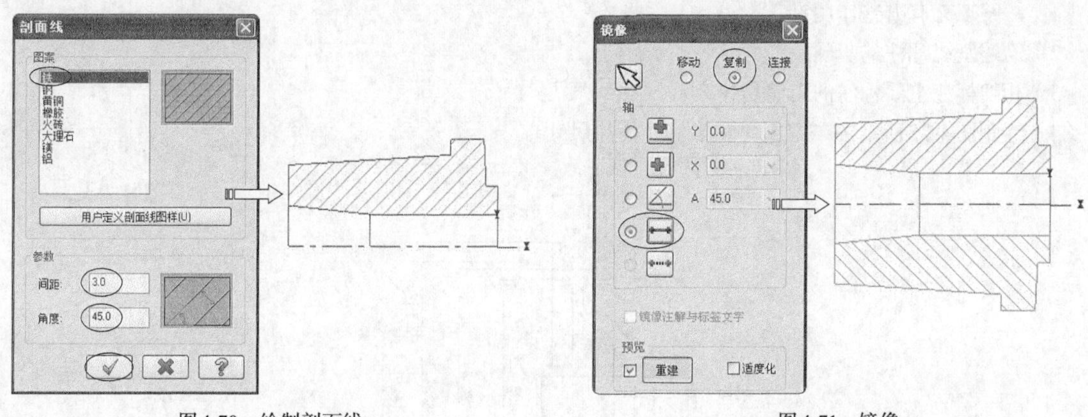

图4-70　绘制剖面线　　图4-71　镜像

17 标注直径。在绘图工具栏单击【灵活尺寸标注】按钮，选择要标注的两点，再单击【直径】按钮，标注直径，结果如图4-72所示。

18 标注水平尺寸。在绘图工具栏单击【灵活尺寸标注】按钮，选择要标注的两点，单击鼠标左键放置尺寸，标注结果如图4-73所示。

19 标注斜度和锥度。在菜单栏执行【绘图】→【尺寸标注】→【注解文字】命令，在弹出的【注解文字】对话框中输入“锥度1:5”或“斜度1:20”，标注结果如图4-74所示。

操作技巧

Mastercam X9无法采用符号标注来表示锥度和斜度。因此可以采用文字注解的方式来表示锥度和斜度。

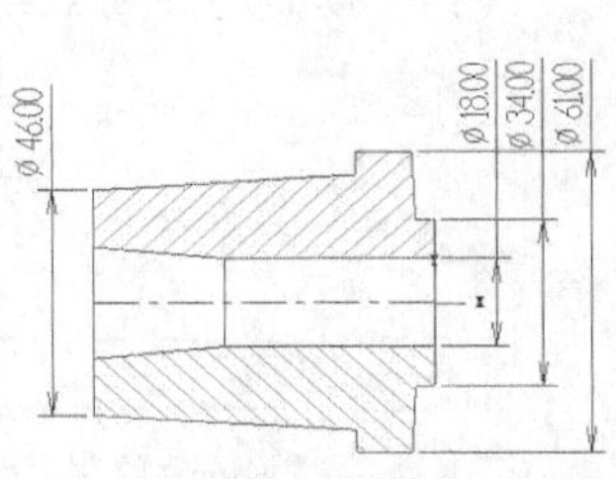

图4-72　标注直径

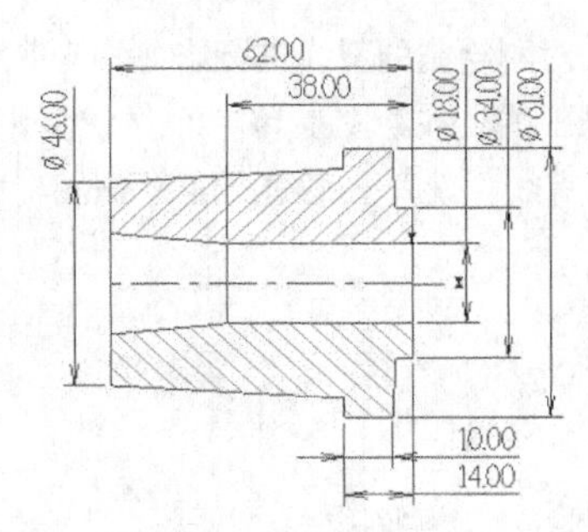

图4-73　标注水平尺寸

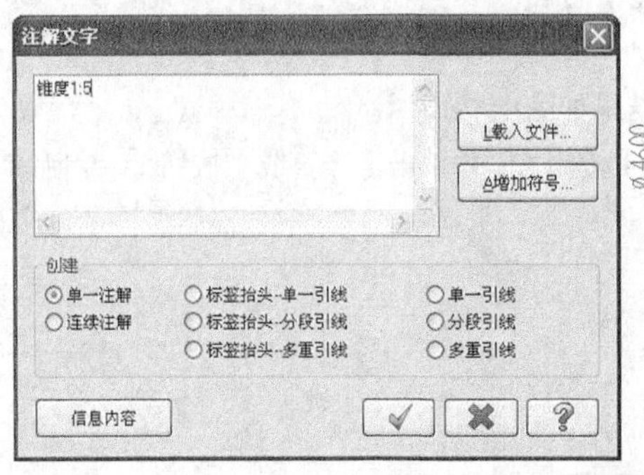

图4-74　标注斜度和锥度

4.5　课后习题

（1）图案填充有哪些作用?

（2）简述基线标注的步骤。

（3）相切标注主要标注的对象是什么?

（4）绘制图4-75所示的二维剖面图形，并标注尺寸。

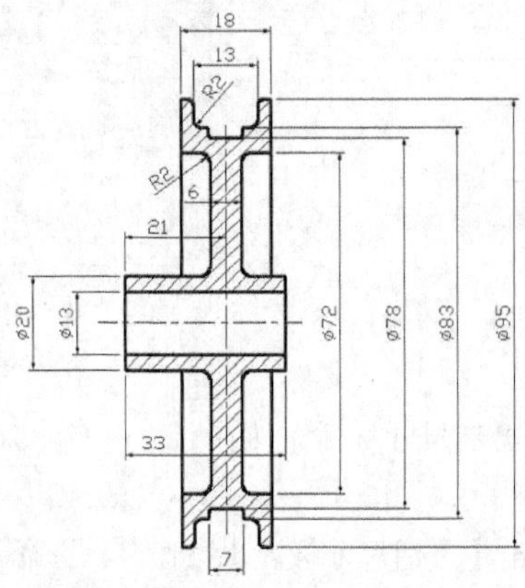

图4-75　法兰轴套

第5章

属性设置、修改和对象分析

本章主要讲解点、线等图素的基本属性设置，为后续的绘图、编辑修改、打印等打下基础。本章的设置是基础，只有清楚各种属性的设置，才能掌握各种属性的修改。通过对象分析获得必要的设计信息，使设计更加合理。

知识要点

※ 掌握工作区背景颜色、系统绘图颜色、图层和特征属性的设置。

※ 掌握对象属性的修改。

※ 会分析对象。

※ 掌握利用分析属性功能修改图形。

案例解析

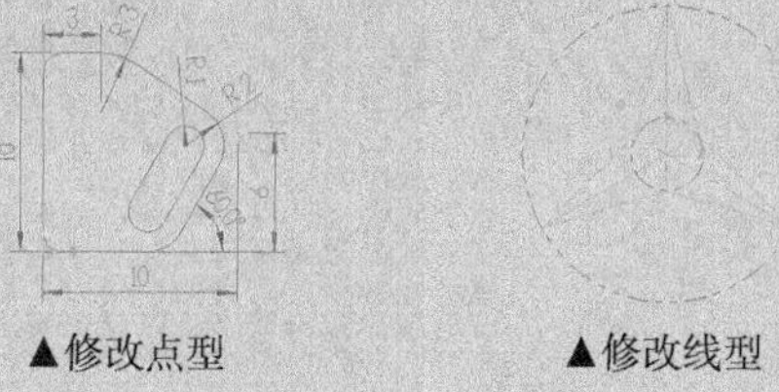

▲修改点型　　▲修改线型

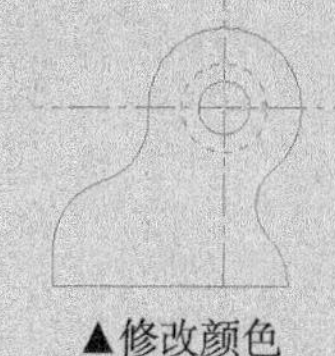

▲修改颜色

▲更改层别　　▲属性分析修改图素

5.1 属性设置

属性是对特征的描述，使用Mastercam绘制的任何图素都是一个单独的特征，都有其本身的属性。属性包括颜色、图层、形状、粗细等。设置属性能够为用户使用软件带来方便，用户可以根据属性了解其特征，如在选择特征时，就可以依据属性来判断。

5.1.1 工作区背景颜色的设置

工作区就是软件绘图背景窗口。软件默认的工作区背景颜色为蓝色，用户可以根据自己的喜好改变颜色。例如，将工作区背景颜色改成黑色，工作区图素会显得更加清晰。在菜单栏执行【设置】→【系统配置】命令，弹出【系统配置】对话框，如图5-1所示。

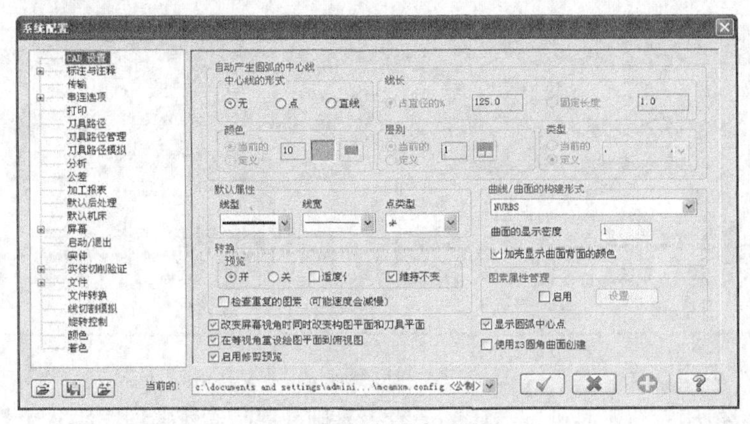

图5-1 【系统配置】对话框

在【系统配置】对话框左侧的列表框中单击【颜色】选项，弹出【颜色】选项区，向下拖动列表框的滑块，选中【绘图区背景颜色】选项，在右侧选择【白色】为背景颜色，如图5-2所示。单击【完成】按钮 ，完成工作区背景设置，退出【系统配置】对话框。

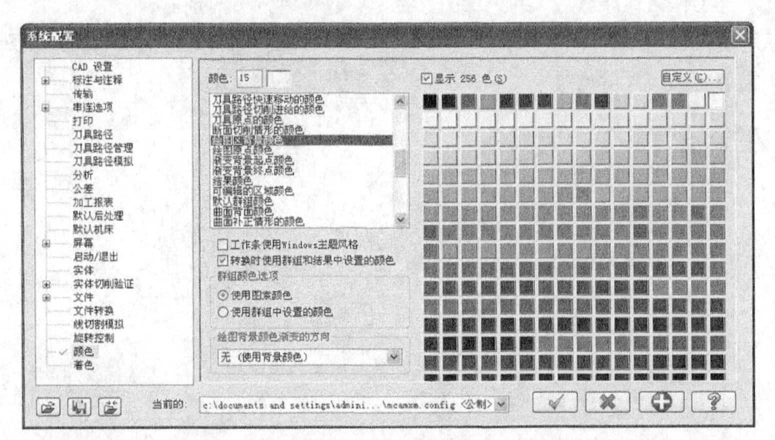

图5-2 修改背景色

需要将背景修改为其他颜色时，按此步骤操作即可。在工作中，一般使用黑色背景。

5.1.2 系统颜色设置

为了方便显示图形，图形都设有某种颜色。系统默认为10号颜色，用户也可以设置为其他颜色。

单击状态栏中的【系统颜色】按钮，弹出【颜色】对话框，系统预设有16色、256色和自定义3种类型的颜色，如图5-3所示。

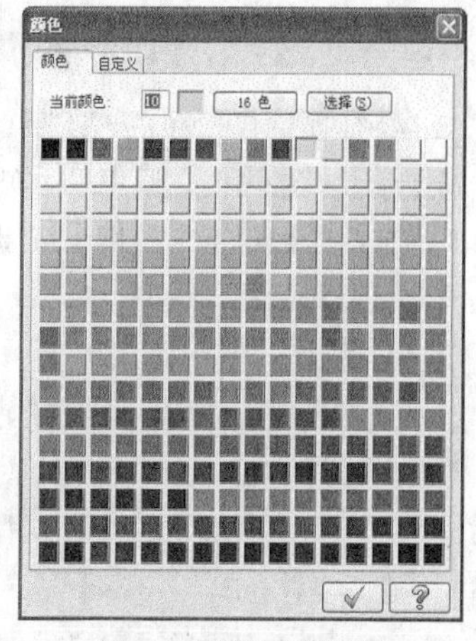

图5-3 【颜色】对话框

1. 16色

Mastercam将一些常用颜色放在一起，组成16色标准色样。除特殊情况外，16色标准色样基本上可以满足用户的需求。单击【16色】按钮，打开【颜色】对话框，如图5-3所示。单击某一种颜色图标，如红色，单击【完成】按钮，完成颜色的设置。

2. 256色

256色是根据三原色取不同的R、G、B值，组成256种相近，但不同的色样。单击【256色】按钮，打开【颜色】对话框，如图5-4所示。单击某一种颜色图标，如红色，如图5-5所示。单击【完成】按钮，完成颜色的设置。

3. 自定义颜色

如果系统预设的颜色不能满足需求，用户还可以根据R、G、B值调置满意的颜色。在【自定义】选项卡中拖动红、绿、蓝三原色滑块调整颜色，直到颜色满意为止，如图5-6所示。单击【完成】按钮，完成颜色的设置。

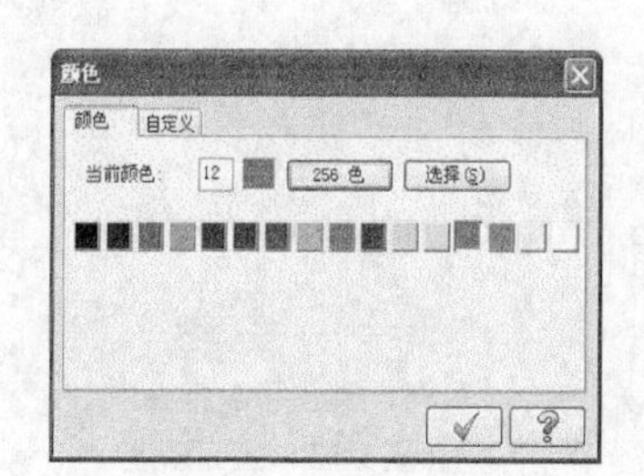

图5-4　16色

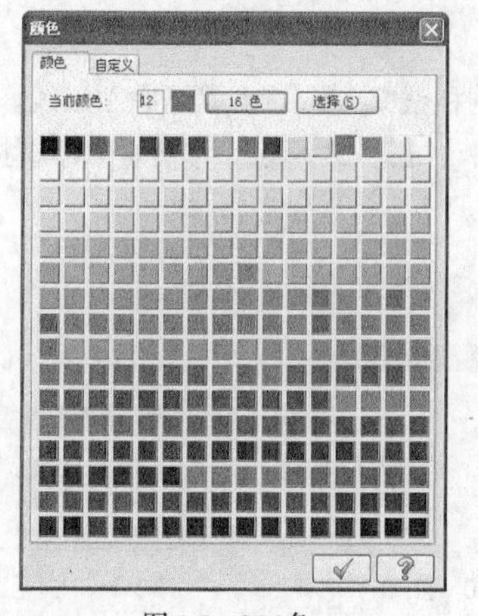

图5-5　256色

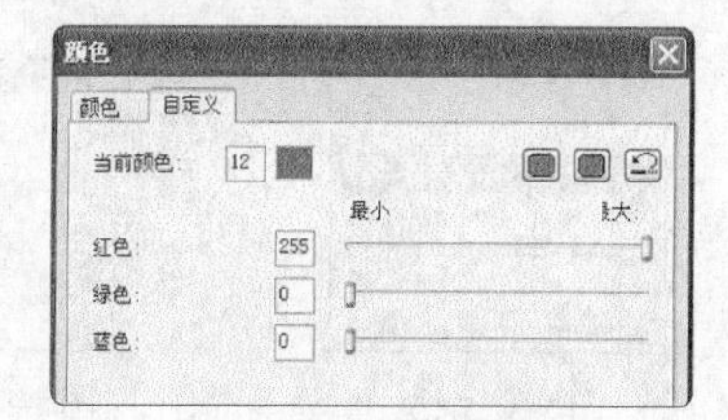

图5-6　自定义颜色

5.1.3　设置图层

为了管理图形方便，将图素按照某种分类放进不同的图层。关闭或开启图层，可以让所在图层的图素显示或者隐藏。这样给较多图素的管理带来了极大的便利。Mastercam预设有255层。

单击状态栏中的 层别 按钮（或按Alt+Z快捷键），弹出【层别管理】对话框，如图5-7所示。在【主层别】选项组中的【层别编号】文本框中输入#，即可将输入层设为当前构图层，当前构图层的颜色为黄色，其后所建图素都将放入该层。可以在图层列表区的【突显】选项下打钩【√】，代表显示打开此图层，反之取消打钩【√】，代表隐藏关闭此图层。通过这样的操作可以控制此层中的图素显示或隐藏。

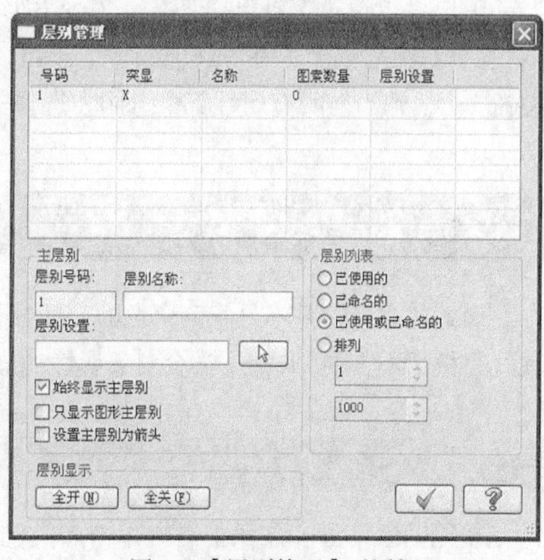

图5-7 【层别管理】对话框

5.1.4 设置特征属性

特征属性包括颜色、线型、点型、层别、线宽、曲面密度等。可以将基本的属性全部设置完成，避免以后单项设置的麻烦。

在状态栏单击【属性】按钮，弹出【属性】对话框，如图5-8所示。通过此对话框可以对颜色、线型、点型、层别、线宽、曲面密度等属性进行设置。

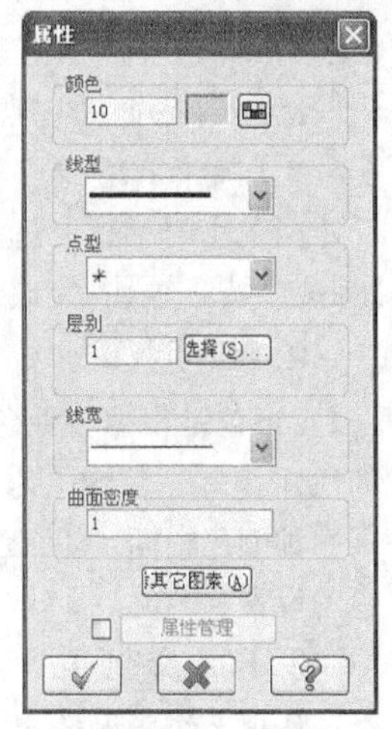

图5-8 【属性】对话框

1. 线型

线型即线的样式，线型有实线、虚线、中心线、双点划线、断开线5种可供选择。其设置方法是在【属性】对话框的【线型】下拉列表（见图5-9）中选择一种线型，其后所有新建的线即采用该线型。

2. 点型

点型有多种，如实心点、空心点、圆形点、矩形点等。其设置方法是在【属性】对话框【点型】下拉列表（见图5-10）中选择某种点型，其后所有新建点即采用该点型。

3. 线宽

线宽（即线的宽度）一般在打印时需要设置。其设置方法是在【属性】对话框的【线宽】下拉列表（见图5-11）中选择某一种线宽，其后所有新建线即默认使用该线宽。

4. 曲面密度

曲面密度可以用相互垂直的曲面网格线来表示，也就是曲面流线。其设置方法是在【属性】对话框的【曲面密度】输入框中输入曲面密度值，如图5-12所示。单击【完成】按钮，完成曲面密度的设置，其后所有新建曲面均采用该曲面密度值显示。

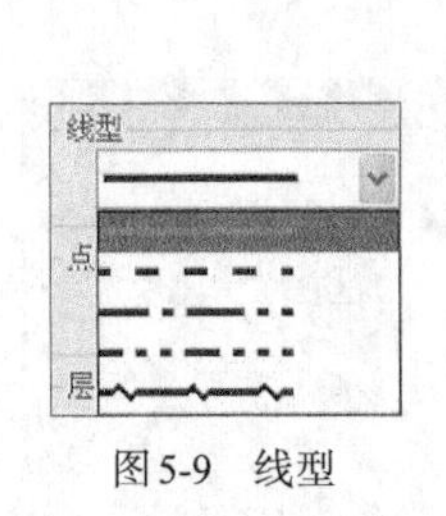

图5-9 线型

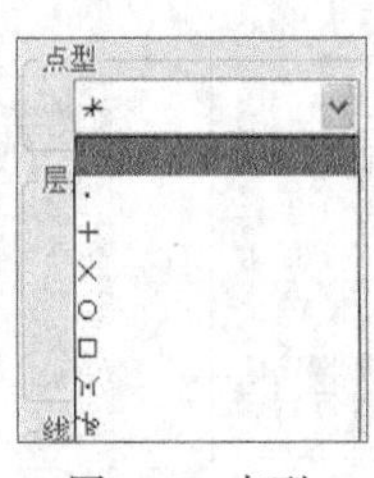

图5-10 点型

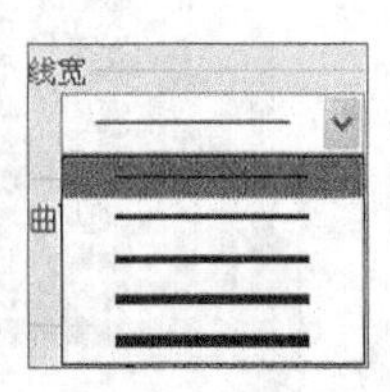

图5-11 线宽

图5-12 曲面密度

5. 参考其他图素

用户可以通过选择某个图素，并利用该图素所包含的属性信息来导入当前图素属性。其设置方法是在【属性】对话框单击【参考其他图素】按钮，系统返回绘图区，提示选择图素，选择任意图素，单击【完成】按钮，则当前所有属性都参考刚才选择的图素属性。

5.2 修改对象属性

设置对象属性并不是一劳永逸的，当图形中对象属性种类很多时，频繁设置对象属性就显得极为不方便，因此，学会对象属性的修改，可以在绘制完毕后快速修改对象属性。

5.2.1 修改点型

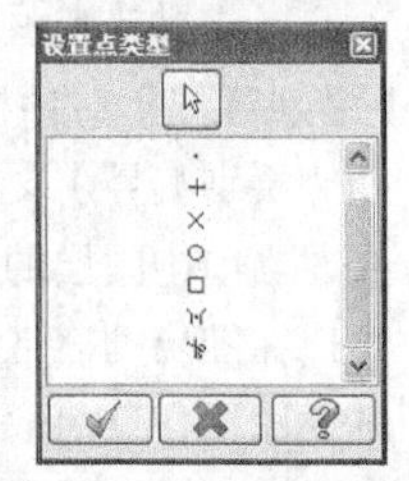

图5-13 修改点型

在绘图区下方状态条上右键单击点类型栏，选择点后确定，弹出【设置点类型】对话框，如图5-13所示。在该对话框中选择要修改的点型，单击【完成】按钮，即可完成点型的修改。

实训36——修改点型

绘制图5-14所示的图形，并采用修改点型命令辅助标注。

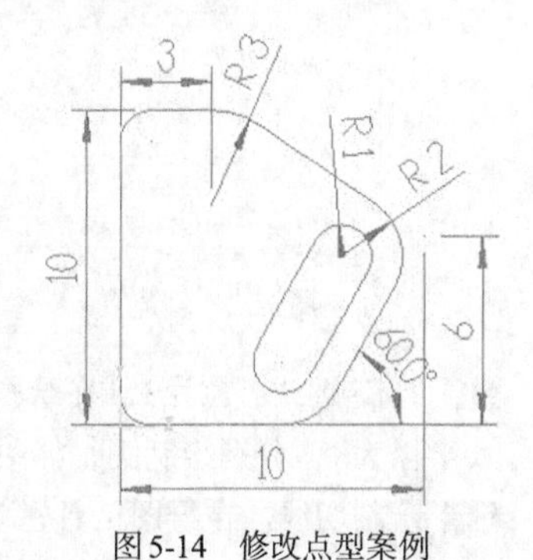

图5-14 修改点型案例

01 绘制10×10的矩形。在绘图工具栏单击【矩形】按钮，选择【原点】为矩形定位点，再在弹出的矩形绘制状态条中输入长为10，宽为10，单击【完成】按钮，完成矩形的绘制，如图5-15所示。

02 绘制平行线。在绘图工具栏单击【绘制平行线】按钮，选择矩形的下边线为要偏移的线，然后单击矩形内侧进行偏移，单击【输入平行距离】按钮，激活距离选项，输入距离为6，绘制平行线，如图5-16所示。

03 采用同样的方式将矩形左边线往右侧偏移3，偏移后的结果如图5-17所示。

图5-15 绘制矩形

图5-16 绘制平行线

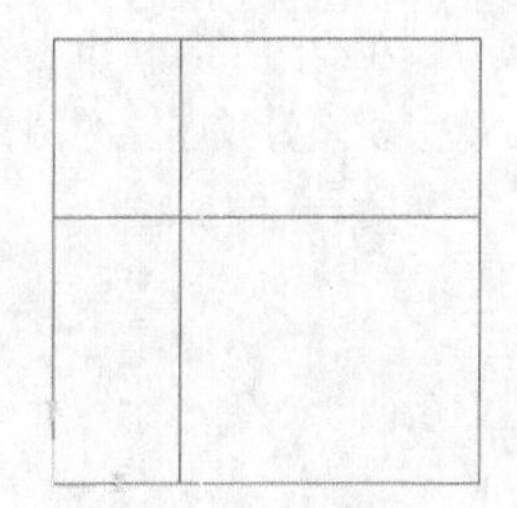
图5-17 绘制平行线

04 绘制切弧，半径为3。在绘图工具栏单击【切弧】按钮，选择切弧类型为【相切于一物体】，输入半径值为3，选择矩形上边线作为要相切的物体，再选择偏移线和上边线交点作为切点，系统出现4条半圆弧供用户选择，选择矩形内的半圆，单击【完成】按钮，完成当前圆弧的绘制。如图5-18所示。

05 绘制切线。在绘图工具栏单击【任意线】按钮，选择矩形右边线和偏移线交点为起点，在工具条上单击【相切】按钮，选择圆弧切点，作圆弧的相切线，如图5-19所示。

06 绘制极坐标直线。长度为8，角度为240°。在绘图工具栏单击【绘制直线】按钮，选择矩形的右边线和偏移线交点为起点，在【任意线】工具条上输入长度为8，角度为240°，结果如图5-20所示。

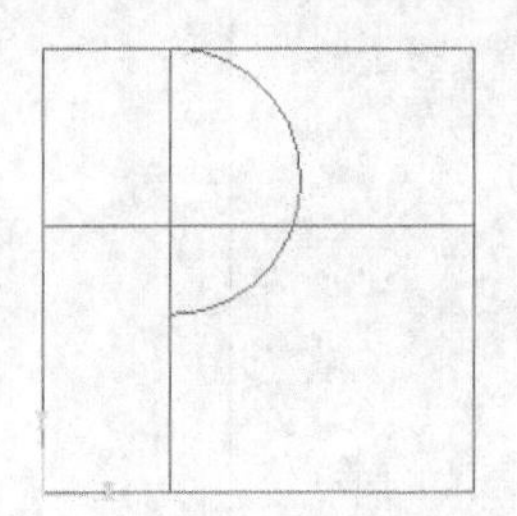
图5-18 绘制切弧

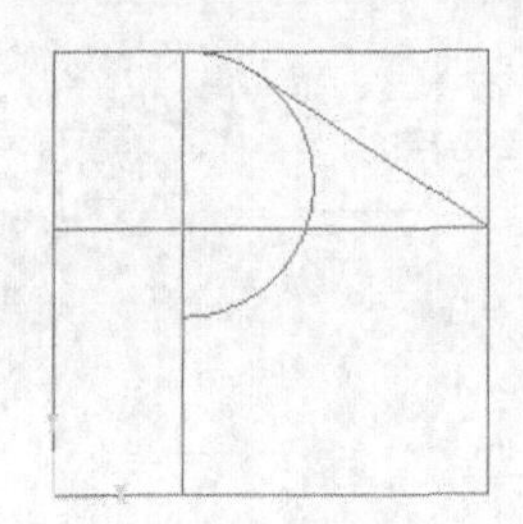
图5-19 绘制切线

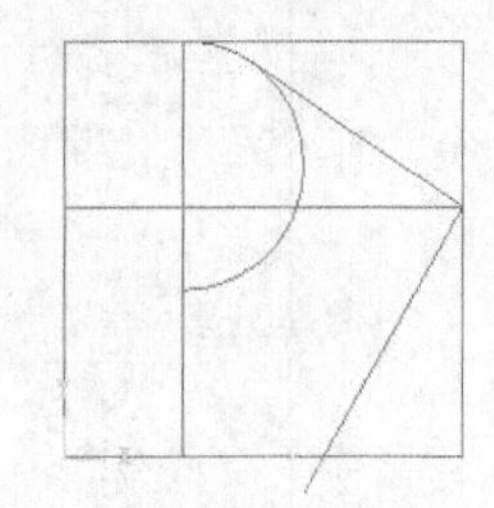
图5-20 绘制极坐标线

07 修剪。在绘图工具栏单击【修剪/打断/延伸】按钮，在弹出的【修剪】工具条中单击【分割物体】按钮，单击要修剪或删除的图素，修剪结果如图5-21所示。

08 创建点。在绘图工具栏单击【创建点】按钮，弹出【创建点】工具条，选择右侧两斜线交点为放置点，结果如图5-22所示。

09 倒圆角，半径分别为2和1。在绘图工具栏单击【固定实体倒圆角】按钮，在弹出的【倒圆角】工具条上修改倒圆角半径为2，选择右侧和右下侧要倒圆角的两条边线，倒圆角结果如图5-23所示。再以同样的方式，修改倒圆角半径为1，选择

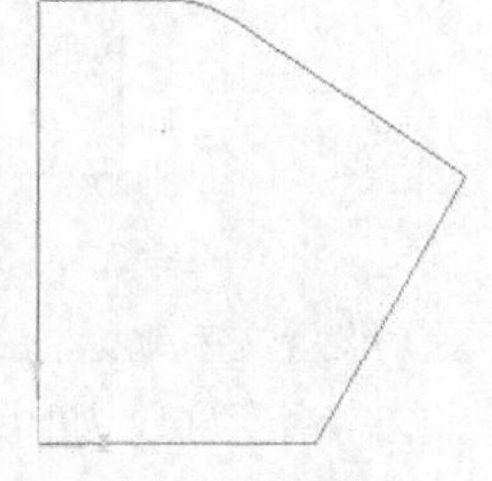
图5-21 修剪

左上侧和左下侧要倒圆角的边线，倒圆角结果如图5-24所示。

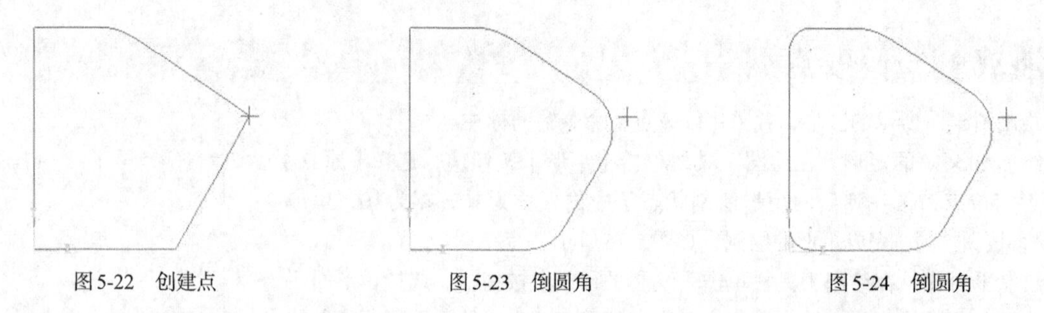

图5-22　创建点　　　　图5-23　倒圆角　　　　图5-24　倒圆角

10 绘制圆，半径为1。在绘图工具栏单击【绘圆】按钮，选择两个半径为2的倒圆角圆心为圆心，再输入半径为1，分别绘制圆，如图5-25所示。

11 绘制切线。在绘图工具栏单击【绘制直线】按钮，并单击【相切】按钮，将相切选项激活，然后靠近圆捕捉切点，创建公切线，结果如图5-26所示。

12 修剪。在绘图工具栏单击【修剪/打断/延伸】按钮，在弹出的【修剪】工具条中单击【分割物体】按钮，单击要修剪或删除的图素，修剪结果如图5-27所示。

图5-25　绘制圆　　　　图5-26　绘制切线　　　　图5-27　修剪

13 设置标注样式。按Alt+D组合键，弹出【自定义选项】对话框。在该对话框中单击【尺寸属性】选项，弹出【尺寸属性】选项区，在【小数位数】输入栏中输入数值0，单击【完成】按钮，完成小数位数的设置，如图5-28所示。

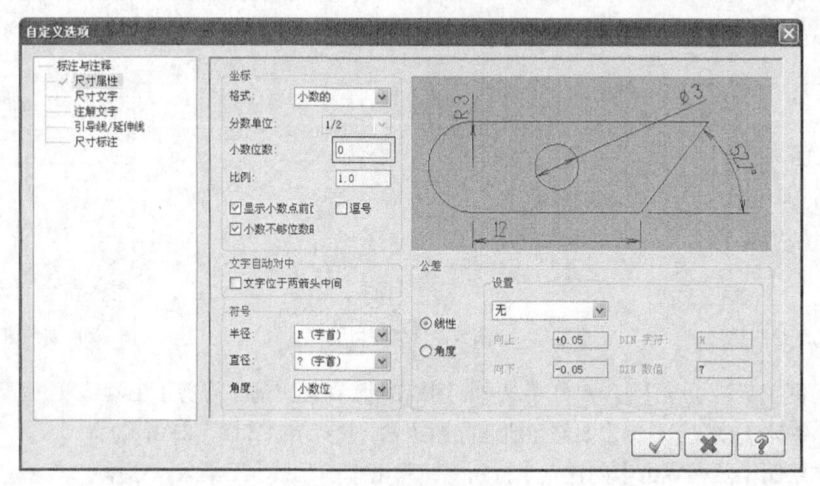

图5-28　设置小数位数

14 设置文字高度。在【自定义选项】对话框中单击【尺寸文字】选项，弹出【尺寸文字】选项区，设置尺寸文字高度为1，如图5-29所示。

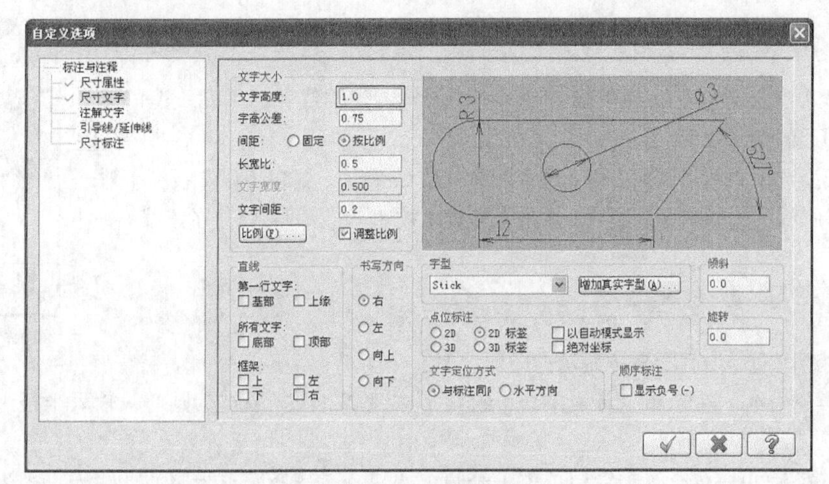

图5-29 设置文字高度

15 设置引导线/延伸线。在【自定义选项】对话框中单击【引导线/延伸线】选项，弹出【引导线/延伸线】选项区，设置尺寸间隙为0.5，延伸量为0.5，并修改尺寸箭头样式为填充三角形，高度为1，宽度为0.25，如图5-30所示。

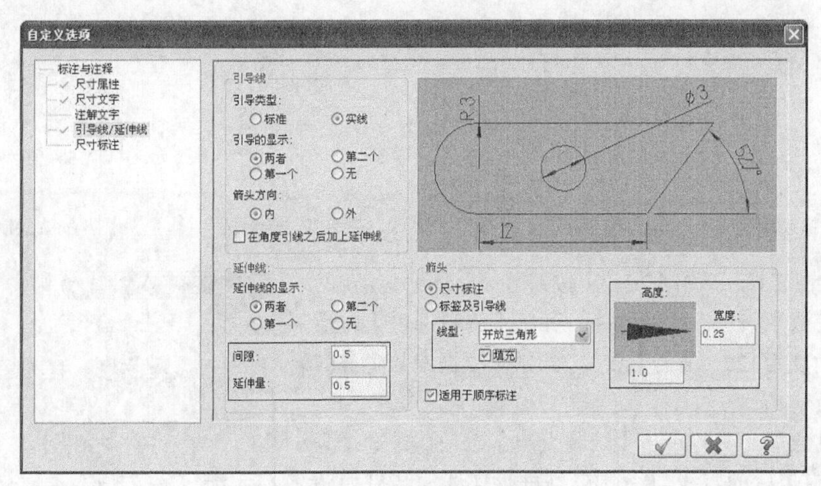

图5-30 设置引导线/延伸线

16 标注。在绘图工具栏单击【快速标注】按钮，弹出【快速标注】工具条，选择要标注的点拉出尺寸，单击放置尺寸，标注结果如图5-31所示。

17 修改点类型。选中图形右侧的辅助点，在状态栏中用鼠标右键单击点样式选项，弹出【设置点类型】对话框，如图5-32所示。在该对话框中选取点型为【圆点】，修改点型后的结果如图5-33所示。结果文件见"实训\结果文件\Ch05\5-1.mcx-9"。

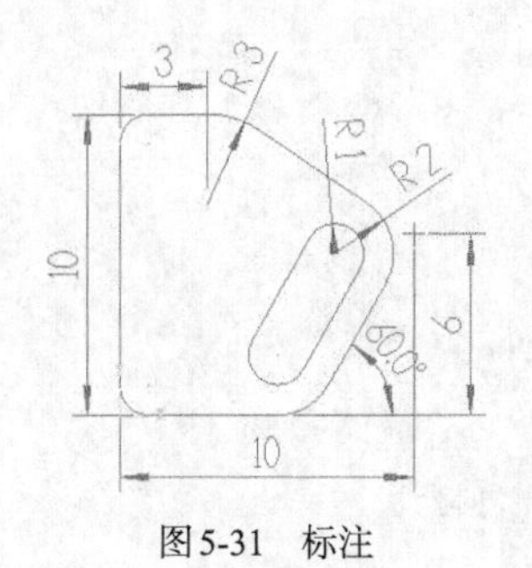

图5-31 标注

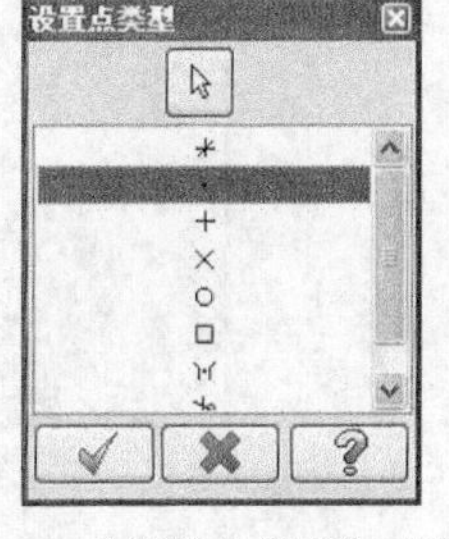

图5-32 【设置点类型】对话框

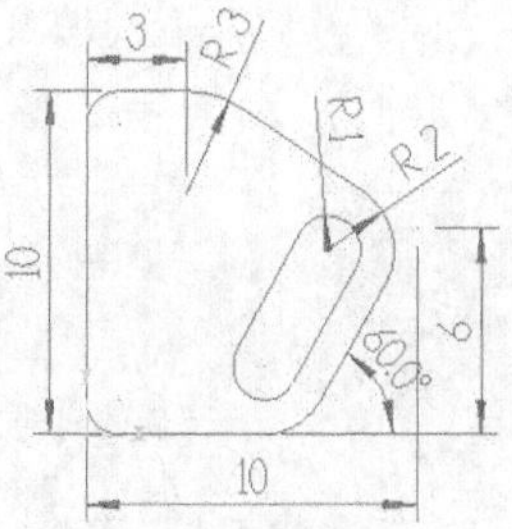

图5-33 修改点类型

5.2.2 修改线型

图形中一般存在多种线型，如实线、虚线、中心线、建构线等，掌握线型的修改，可以提高图形的绘制效率。

在状态栏线型选项上单击鼠标右键，选择图素并按Enter键，弹出【设置线型】对话框，如图5-34所示。选择某种线型后，单击【完成】按钮，即可修改图素线型。

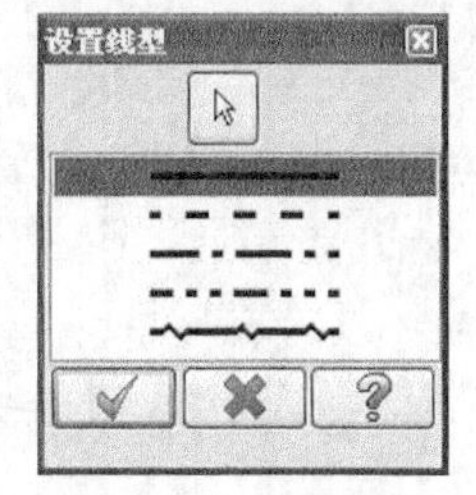

图5-34 设置线型

实训37——修改线型

采用基本的绘图命令绘制图5-35所示的图形。

01 绘制圆，半径为40。在绘图工具栏单击【绘圆】按钮，选择原点为圆心，输入半径为40，绘制圆，如图5-36所示。

02 绘制圆，直径为20。在绘图工具栏单击【绘圆】按钮，选择原点为圆心，输入直径为20，绘制圆，如图5-37所示。

03 绘制直线。在绘图工具栏单击【绘制直线】按钮，选择大圆的上象限点和小圆的下象限点，进行连线，结果如图5-38所示。

图5-35 修改线型案例　图5-36 绘制圆　图5-37 绘制圆　图5-38 绘制直线

04 旋转。在绘图工具栏单击【旋转】按钮，选择刚才绘制的直线，单击【完成】按钮，完成选择。弹出【旋转选项】对话框，设置旋转角度为120，复制数量为2，系统根据参数生成的图形如图5-39所示。

05 连接线。在绘图工具栏单击【绘制直线】按钮，选择竖直线上端点和旋转后的直线与小圆交点进行连线，结果如图5-40所示。

06 旋转。在绘图工具栏单击【旋转】按钮，选择刚才绘制的直线，单击【完成】按钮，完成选择。弹出【旋转选项】对话框，设置旋转角度为120，复制数量为2，系统根据参数生成的图形如图5-41所示。

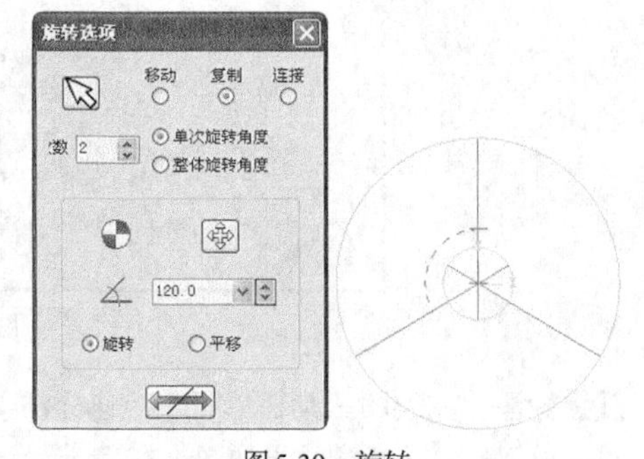

图5-39 旋转

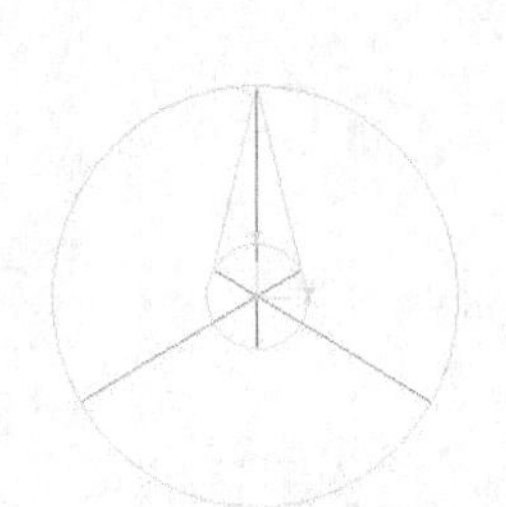
图5-40 连接线

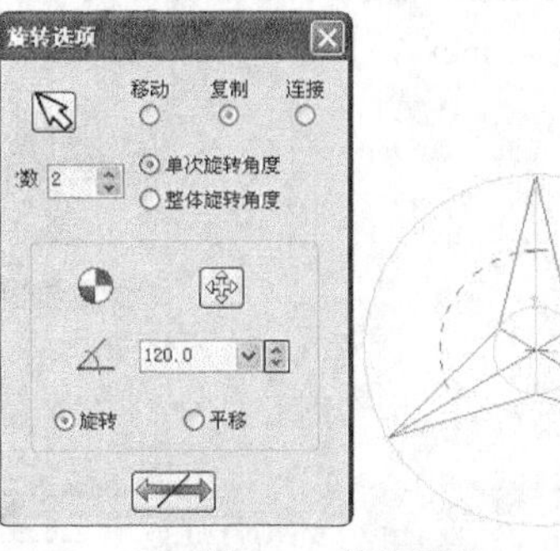

图5-41 旋转复制

07 修改线型。选择圆，用鼠标右键单击绘图区下方的状态栏上的【线型】按钮，弹出【设置线型】对话框，设置线型为【双点划线】，单击【完成】按钮，完成修改，结果如图5-42所示。结果文件见“实训\结果文件\Ch05\5-2.mcx-9”。

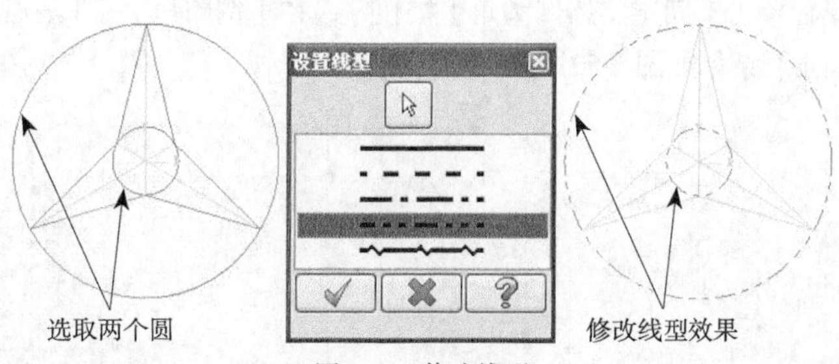

图5-42　修改线型

5.2.3　修改颜色

图形中图素比较多，图素相互交错，容易导致看图不清晰。为了便于区分，通常会改变某些图素的颜色，使不同的图素具有不同的颜色，方便看图。

用鼠标右键单击状态栏的颜色选项，选择图素并按Enter键，弹出【颜色】对话框，如图5-43所示。选择某种颜色后，单击【完成】按钮，即可修改图素颜色。

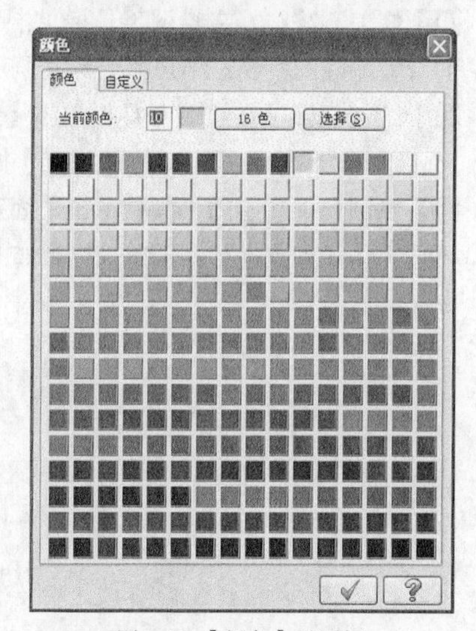

图5-43　【颜色】对话框

实训38——修改颜色

采用基本命令绘制图形，并修改中心线颜色为红色，沉头隐藏线为灰色，标注线为绿色，结果如图5-44所示。

01 创建水平竖直线。在绘图工具栏单击【绘制直线】按钮，再单击【水平线】按钮，选择任意点为起点，绘制水平线，输入水平位置坐标为0，再单击【竖直线】按钮，选择任意点为起点，绘制竖直线，输入竖直位置坐标为0，结果如图5-45所示。

02 绘制圆，半径为18。在绘图工具栏单击【绘圆】按钮，选择原点为圆心，再输入半径为18，绘制圆，如图5-46所示。

03 绘制平行线。在绘图工具栏单击【绘制平行线】按钮，选择竖直线为要偏移的线，输入向左距离为40，向右输入距离为15，绘制平行线，如图5-47所示。

图5-44　修改颜色实例　　图5-45　绘制水平线与竖直线　　图5-46　绘制圆　　图5-47　绘制平行线

04 绘制平行线。在绘图工具栏单击【绘制平行线】按钮，选择水平线为要偏移的线，然后输入向下距离为40，再选择刚才绘制的平行线为要偏移对象，向上输入距离为8，绘制平行线，如图5-48所示。

05 绘制切弧。在绘图工具栏单击【切弧】按钮，选择切弧类型为【相切于一物体】，输入半径值为16，左侧竖直线为切线，交点为切点，再选择满足要求的圆弧，单击【完成】按钮，完成切弧的绘制，如图5-49所示。

06 倒圆角。在绘图工具栏单击【固定实体倒圆角】按钮，在【倒圆角】工具条上修改倒圆角半径为15，再选择切弧和圆进行倒圆角，结果如图5-50所示。

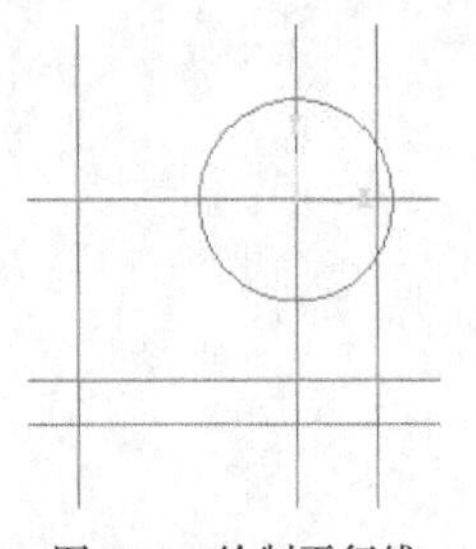
图5-48　绘制平行线

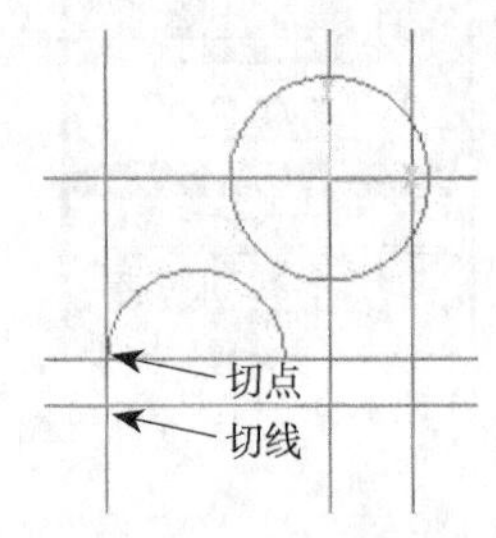

图5-49　绘制切弧

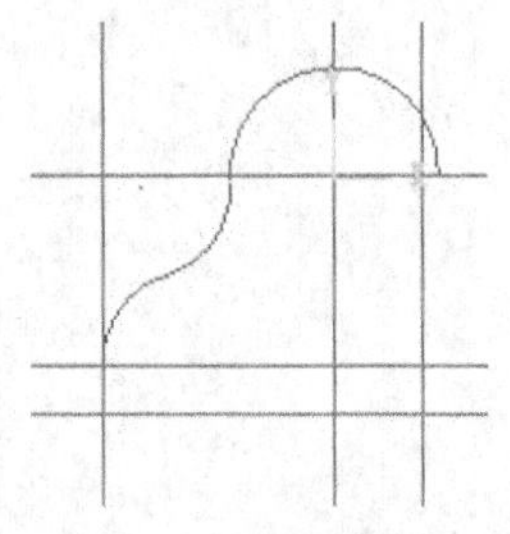
图5-50　绘制倒圆角

07 修剪删除线。在绘图工具栏单击【修剪/打断/延伸】按钮，并单击【分割/删除】按钮，选择要修剪或者删除的直线，结果如图5-51所示。

08 绘制切弧。在绘图工具栏单击【切弧】按钮，选择切弧类型为【相切于一物体】，并输入半径为15，选择切线和切点，单击【完成】按钮，完成切弧的绘制，如图5-52所示。

09 倒圆角。在绘图工具栏单击【固定实体倒圆角】按钮，在【倒圆角】工具条上修改倒圆角半径为10，再选择切弧和圆进行倒圆角，结果如图5-53所示。

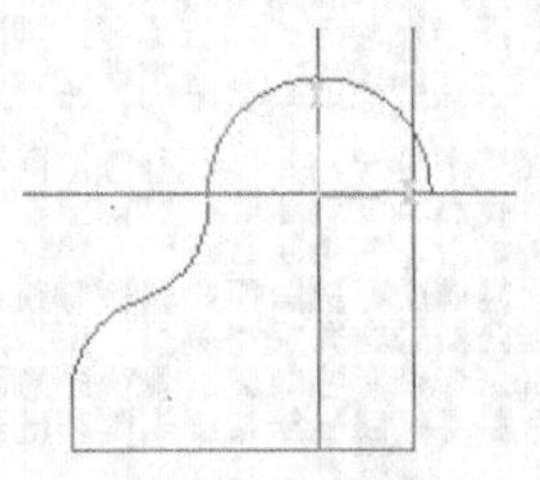
图5-51　修剪删除

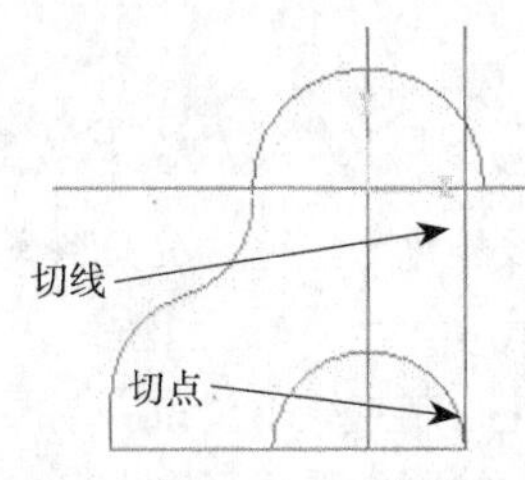

图5-52　切弧

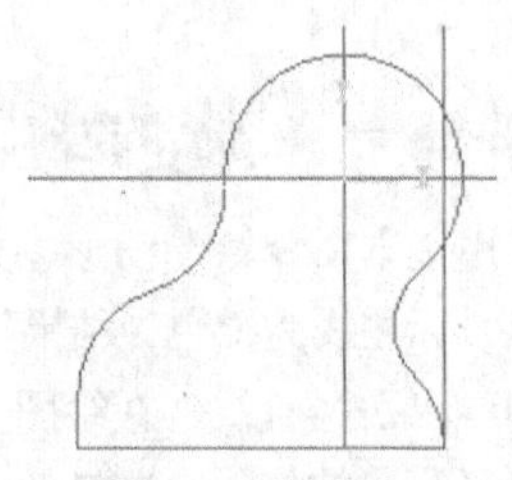
图5-53　倒圆角

10 删除线。在绘图工具栏单击【删除】按钮，选择竖直线后单击【完成】按钮删除，结果如图5-54所示。

11 修改十字交线为中心线，并修改颜色为红色。选择十字交线，用鼠标右键单击绘图区下方状态栏上的【属性】按钮属性，弹出【属性】对话框，设置线型为【点划线】，颜色为12号红色，单击【完成】按钮，完成修改，结果如图5-55所示。

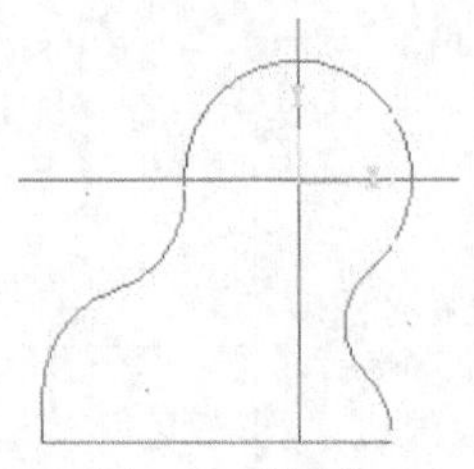
图5-54　删除线

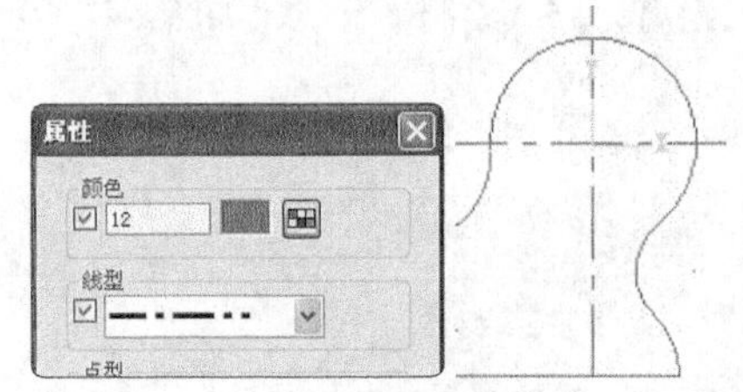

图5-55　修改线型

12 绘制圆。在绘图工具栏单击【绘圆】按钮，选择原点为圆心，再在工具条直径栏输入直径为20和12，绘制圆，如图5-56所示。

13 修改圆的颜色为灰色，线型为虚线。选择十字交线，用鼠标右键单击绘图区下方状态栏上的【属性】按钮属性，弹出【属性】对话框，设置线型为虚线线，颜色为8号灰色，单击【完成】按钮，完成修改，结果如图5-57所示。

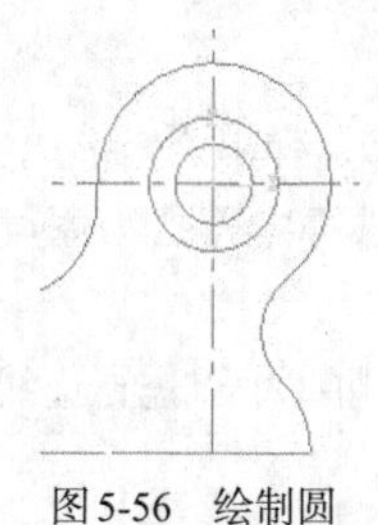

图5-56 绘制圆

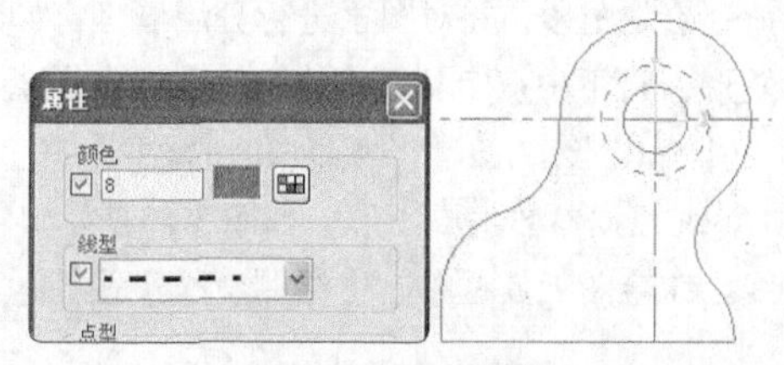

图5-57 修改属性

14 标注。在绘图工具栏单击【快速标注】按钮，弹出【快速标注】工具条，选择要标注的点拉出尺寸，单击放置尺寸，标注结果如图5-58所示。

15 修改标注颜色。选择刚才标注的尺寸，用鼠标右键单击绘图区下方状态栏上的【系统颜色】按钮▼，弹出【颜色】对话框，修改颜色为10号绿色，单击【完成】按钮，完成修改，结果如图5-59所示。结果文件见“实训\结果文件\Ch05\5-3.mcx-9”。

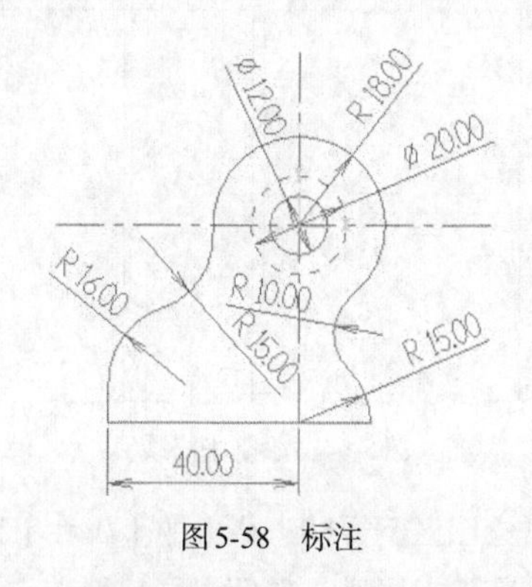

图5-58 标注

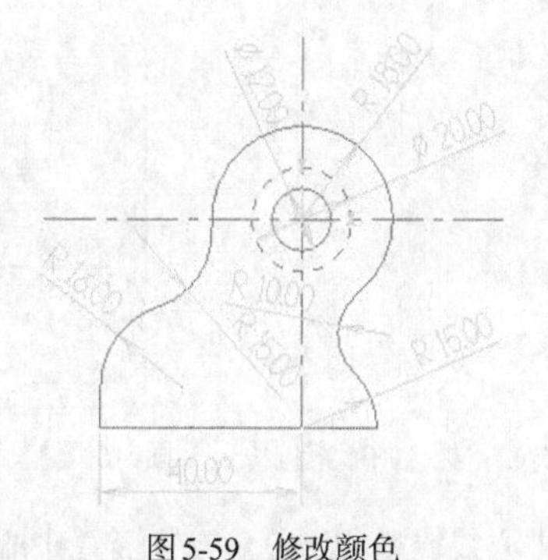

图5-59 修改颜色

5.2.4 修改线宽

在绘图时为了使绘图区清晰，一般线宽不能太宽，但是打印时线宽又不能太细，因此有时需要快速更改线宽。特别是需要区分轮廓线和其他隐藏线以及中心线。轮廓线通常要比其他线宽。

在状态栏线宽选项上单击鼠标右键，选择图素并按Enter键，弹出【设置线宽】对话框，如图5-60所示。选择要修改的宽度，单击【完成】按钮，即可修改线宽。

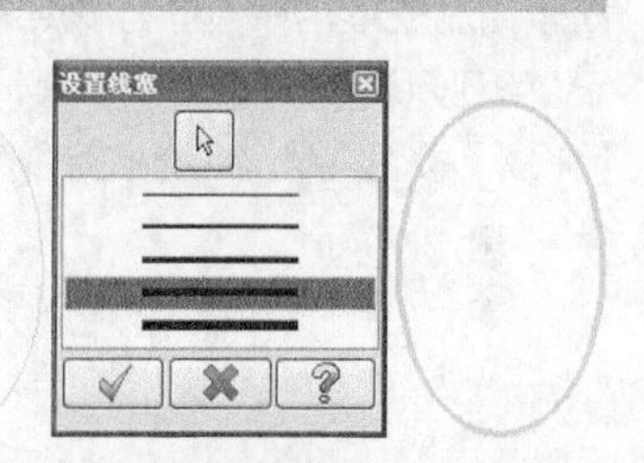

图5-60 修改线宽

5.2.5 更改层别

当图形中图素比较多时，采用图层进行分层管理是避免出现错误的最佳途径。图素绘制完成后，为了不干扰后面选择图素，需要将完成的图素转到其他层并关闭层。在新建其他图素时，就不会出现多选或少选图素而导致创建失败。

在状态栏层别选项上单击鼠标右键，选择图素并按Enter键，弹出【更改层别】对话框，如图5-61所示。选择【选项】为移动或者复制，在【层别编号】栏输入要移动到的层，单击【完成】按钮，即可将所选的图素移动到输入的层中。

图5-61 更改层别

实训39——更改图层

采用基本命令绘制图形，并对图素进行分层管理，如图5-62所示。

01 绘制变形矩形，将下中点定位到原点。在菜单栏执行【矩形设置】按钮，弹出【矩形选项】对话框，设置矩形形状为【标准形】，设置长度为20，宽度为30。以下中点为锚点，选择定位点为原点，单击【完成】按钮，系统根据参数生成图形，如图5-63所示。

02 绘制中心线。在绘图工具栏单击【绘制直线】按钮，再选择矩形的上下边线中点进行连线，结果如图5-64所示。

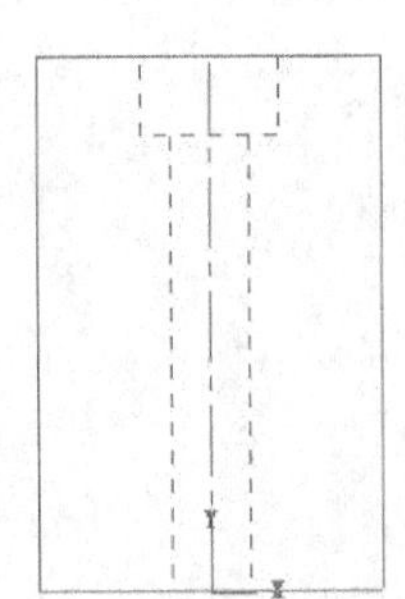
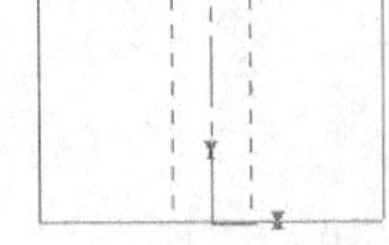

图5-62　更改图层案例

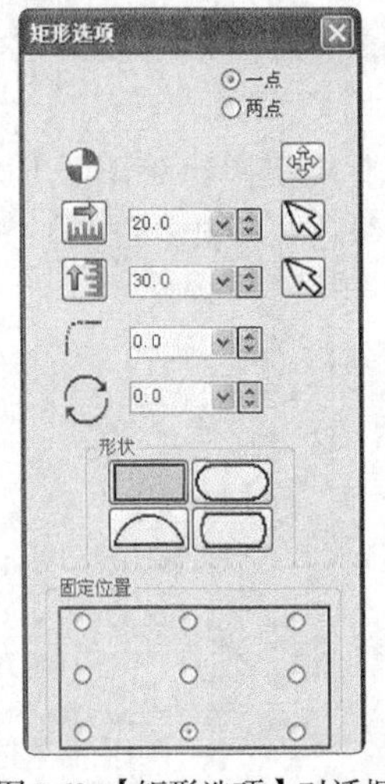

图5-63 【矩形选项】对话框

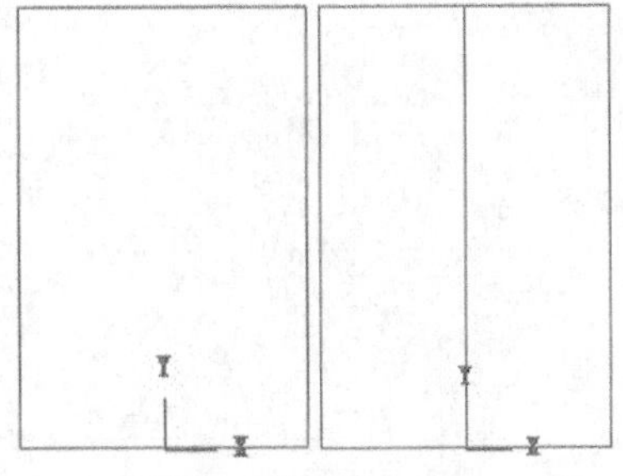

图5-64　绘制中心线

03 修改中心线线型和颜色。选择竖直中心线，用鼠标右键单击绘图区下方状态栏上的【属性】按钮，弹出【属性】对话框，设置线型为中心线，颜色为12号红色，单击【完成】按钮，完成修改，结果如图5-65所示。

04 绘制变形矩形，将上中点定位到原点。在菜单栏执行【矩形设置】按钮，弹出【矩形选项】对话框，设置矩形形状为标准形，设置长度为8，宽度为4.5。以上中点为锚点，选择定位点为矩形上边线中点，单击【完成】按钮，系统根据参数生成图形，如图5-66所示。

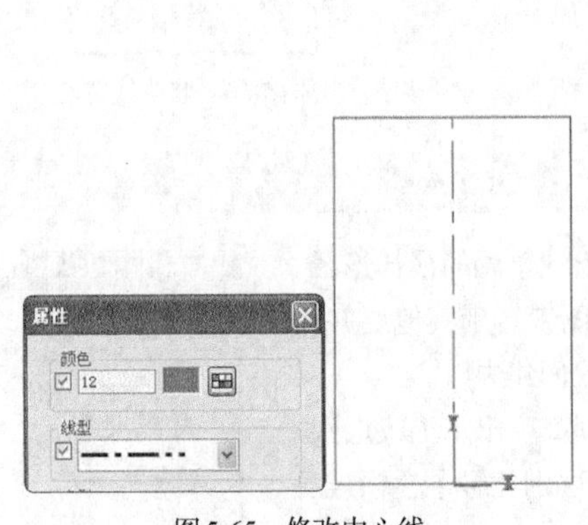

图5-65　修改中心线

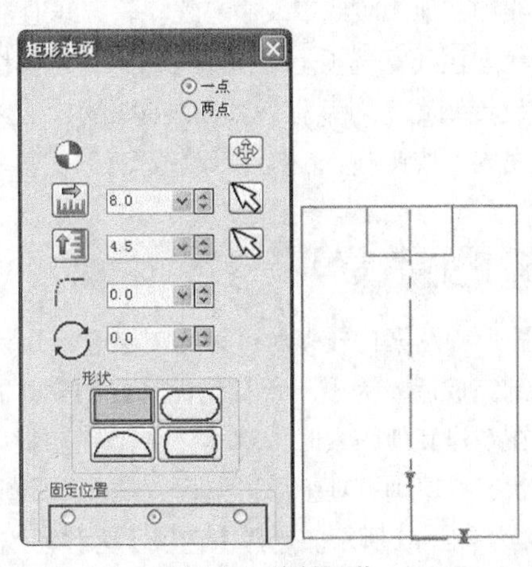

图5-66　绘制矩形

05 绘制平行线。在绘图工具栏单击【绘制平行线】按钮，选择竖直线为要偏移的线，然后输入距离为2.25（4.5/2），往左右各偏移一条竖直线，绘制平行线，如图5-67所示。

06 修剪。在绘图工具栏单击【修剪/打断/延伸】按钮，并单击【分割/删除】按钮，选择刚才偏移后需要删除的部分，完成修剪，如图5-68所示。

07 修改线型。选择刚才修剪的竖直线，用鼠标右键单击绘图区下方状态栏上的【线型】按钮，弹出【设置线型】对话框，设置线型为【点划线】，单击【完成】按钮，完成修改，结果如图5-69所示。

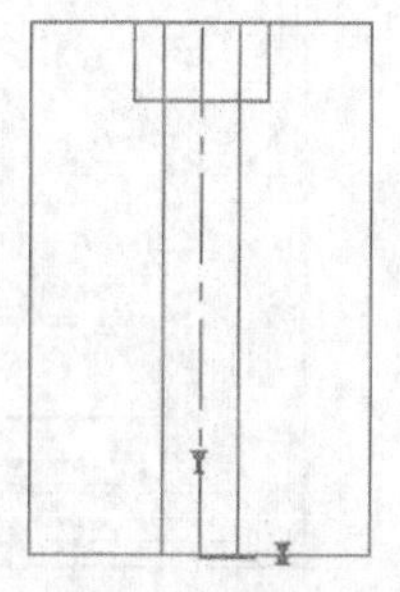

图5-67 绘制平行线

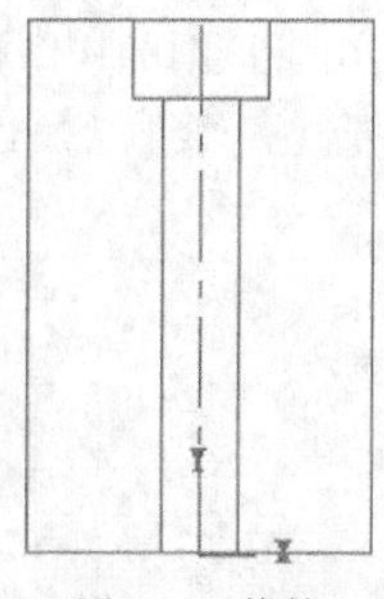

图5-68 修剪

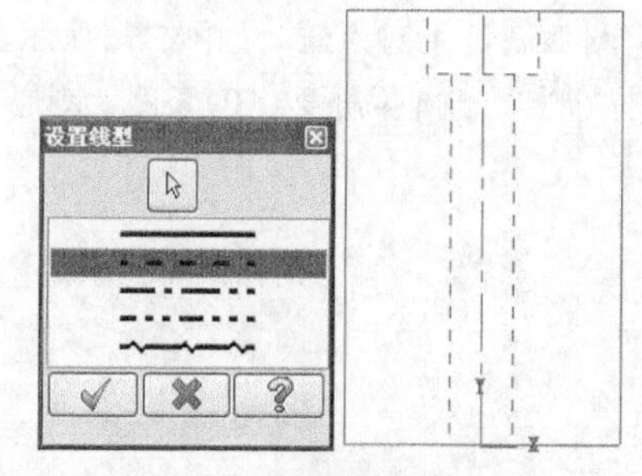

图5-69 修改线型

08 更改层别并进行管理。选择竖直中心线，在下方状态栏中用鼠标右键单击【层别】按钮，弹出【更改层别】对话框，选择【移动】，并将移动到的层设为2，即移到第2层，单击【完成】按钮，完成移动，如图5-70所示。单击【层别】按钮，弹出【层别管理】对话框，将刚才创建的层2重命名为【中心线】，结果如图5-71所示。

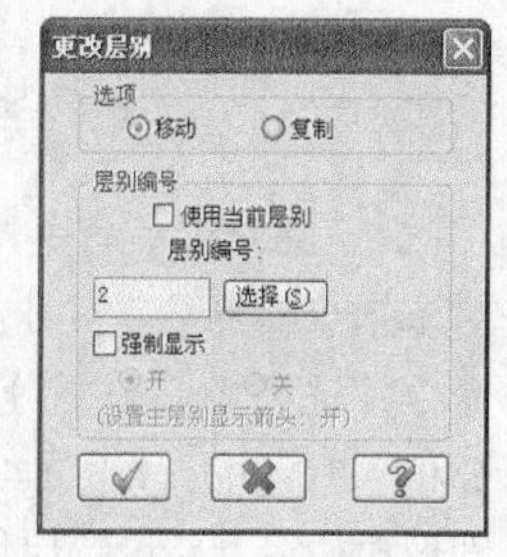

图5-70 更改层别

09 更改层别。选择隐藏线，用鼠标右键单击下方状态栏中的【层别】按钮，弹出【更改层别】对话框，移动到的层设为3，即移到第3层，单击【完成】按钮，完成移动，如图5-72所示。单击【层别】按钮，弹出【层别管理】对话框，将刚才创建的层3重命名为【隐藏线】，结果如图5-73所示。结果文件见“实训\结果文件\Ch05\5-4.mcx-9”。

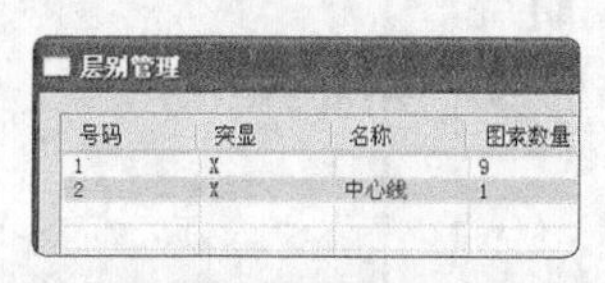

号码	突显	名称	图素数量
1	X		9
2	X	中心线	1

图5-71 层别管理

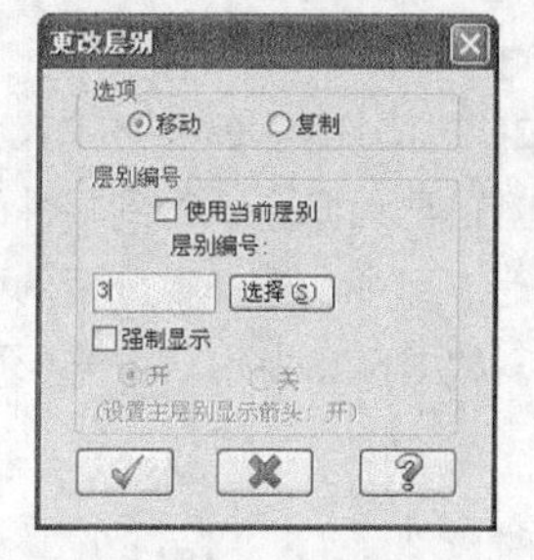

图5-72 更改层别

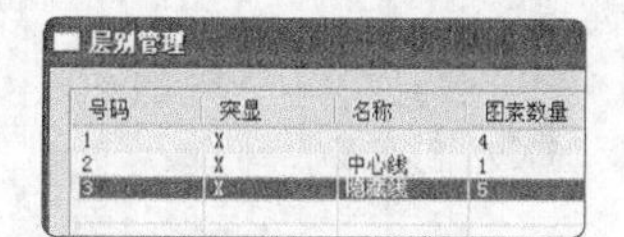

号码	突显	名称	图素数量
1	X		4
2	X	中心线	1
3	X	隐藏线	5

图5-73 层别管理

5.3 对象分析

Mastercam X9系统提供了方便快捷的分析功能，使用户可以随时了解产品在设计过程中的长度、角度、面积、体积等相关参数。要启动分析功能，在菜单栏中的【分析】菜单可以分析图素属性、点位、两点间距、体质、面积、串连、外形、角度等，如图5-74所示。

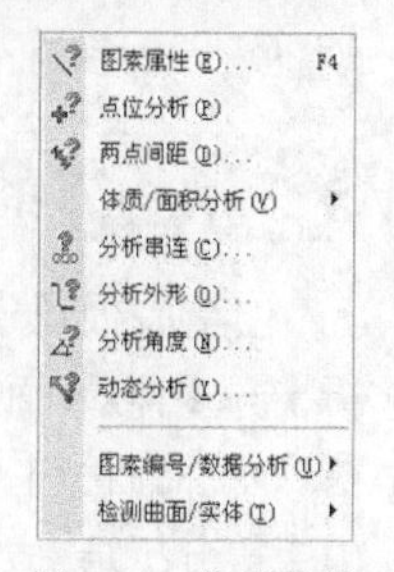

图5-74 分析菜单

5.3.1 图素属性分析

图素属性分析能够给出分析对象的颜色、线型、线宽、所处图层、所处视图、部分参数等属性。在菜单栏执行【分析】→【图素属性】命令，选择要分析的图素，如选择如图5-75所示的半径为15的圆，单击【完成】按钮，弹出【圆弧属性】对话框，如图5-76所示。其中列出了该圆的构图视角、中心点坐标、半径、圆弧角度、3D长度、图层、线型、颜色、线宽等属性。

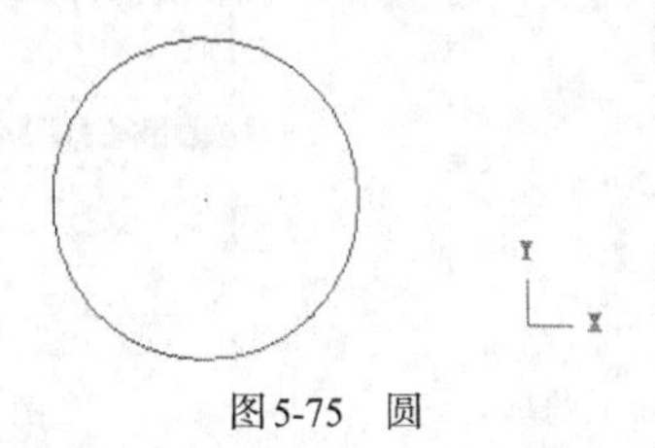

图5-75 圆

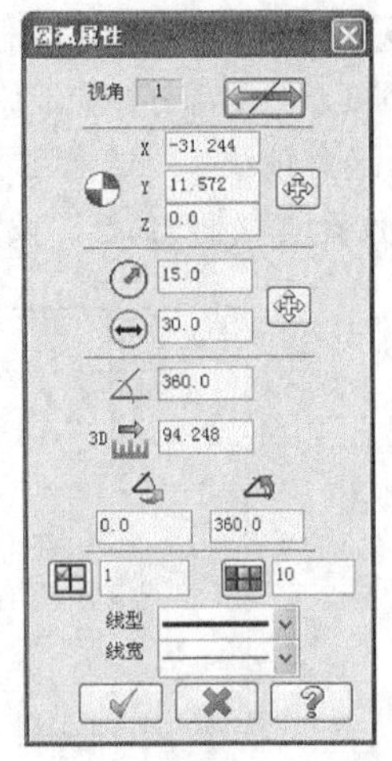

图5-76 【圆弧属性】对话框

5.3.2 点位分析

【点位分析】命令用来分析所选点的X、Y、Z坐标值，此命令对未知点的测量非常方便。在菜单栏上单击【分析】→【点位分析】命令，选择圆心为要分析的点，单击【完成】按钮 ，弹出【点分析】对话框，如图5-77所示。该对话框可以显示该圆的圆心坐标、图形单位以及精度等属性。

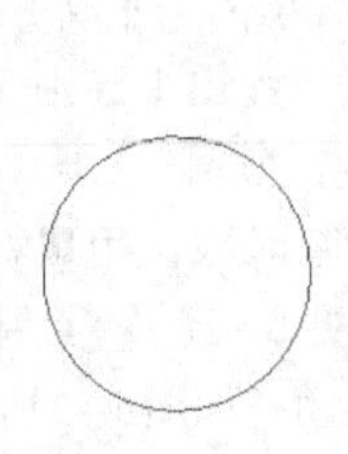

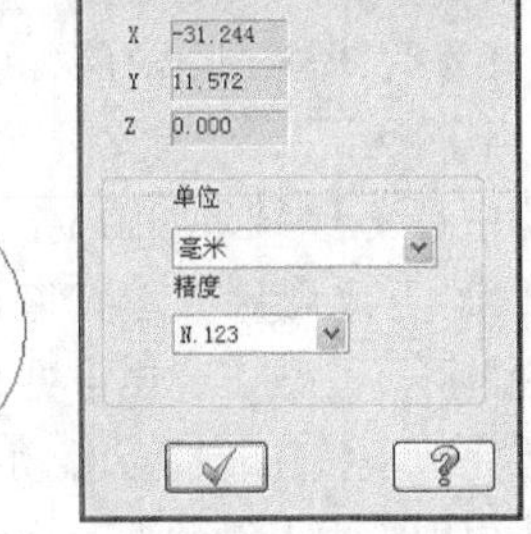

图5-77 【点分析】对话框

5.3.3 两点间距

【两点间距】用来分析所选两点间的2D、3D距离及两点的X、Y、Z坐标。在刀路中，还可以利用两点间距来分析边界盒的两对角点，得到零件的长、宽、高等信息。在菜单栏执行【分析】→【两点间距】命令，选择要分析的两点，单击【完成】按钮 ，弹出【距离分析】对话框，如图5-78所示。由分析可知，此边界盒的长△X、宽△Y、高△Z。

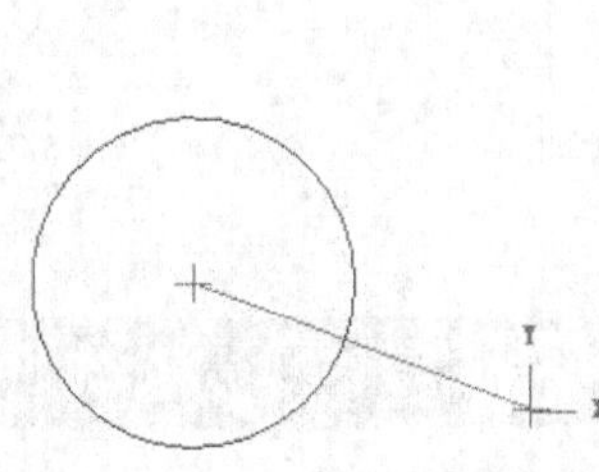

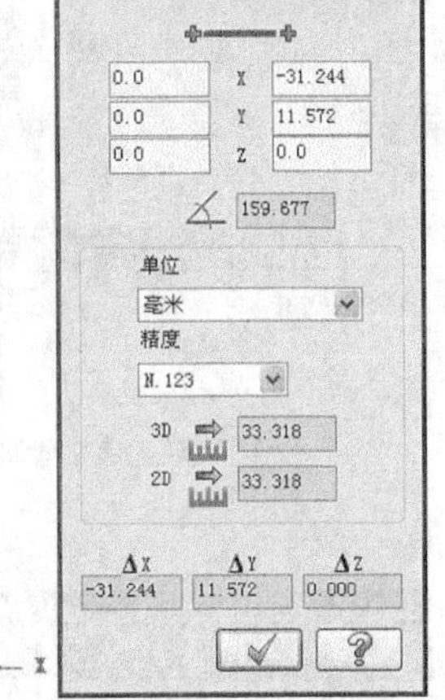

图5-78 【距离分析】对话框

5.3.4 体质/面积分析

【体质/面积分析】命令能够快速分析2D几何图形的面积、曲面面积和3D实体体积。在菜单栏执行【分析】→【体质/面积分析】→【平面面积】命令，选择曲面的边界串联，单击【完成】按钮 ，弹出【分析2D平面面积】对话框，如图5-79所示。此对话框显示了轮廓内的面积、周长，以及重心坐标、X，Y惯性力矩等分析结果。

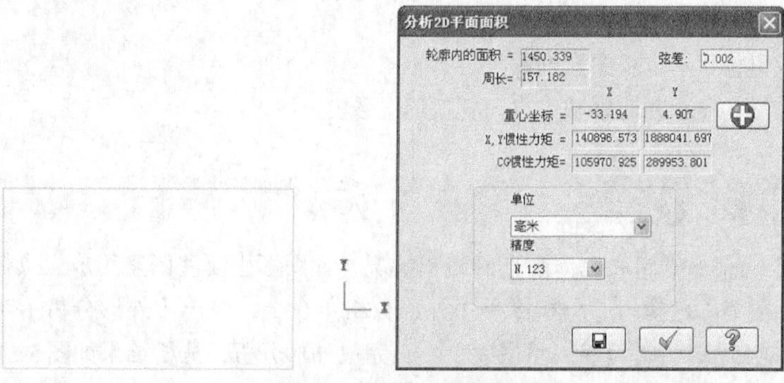

图5-79　分析平面面积

在菜单栏上单击【分析】→【体质/面积分析】→【曲面表面积】命令，选择曲面后单击【完成】按钮，弹出【曲面面积分析】对话框，如图5-80所示。此对话框显示曲面的面积和弦差。

在菜单栏执行【分析】→【体质/面积分析】→【实体特征】命令，弹出【实体属性】对话框，如图5-81所示。此对话框显示分析实体的结果，包括密度、体积、质量、重心坐标等实体属性。

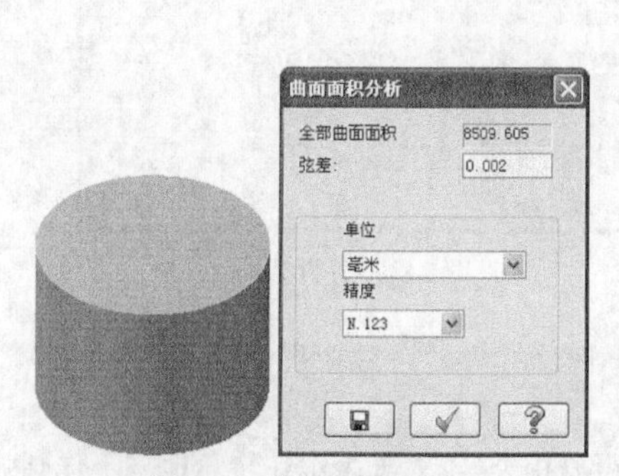

图5-80　分析曲面面积

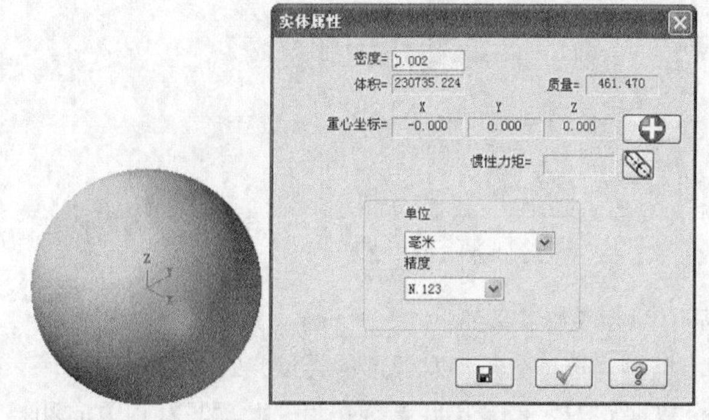

图5-81　【实体属性】对话框

5.3.5　分析串联

【分析串联】命令能够分析串联几何图形的参数，若几何图形存在串联错误，则可以设置【在有问题的区域创建图形】进行标记。在菜单栏执行【分析】→【串联分析】命令，弹出【分析串联】对话框，单击【完成】按钮，完成串联分析，分析结果如图5-82所示。

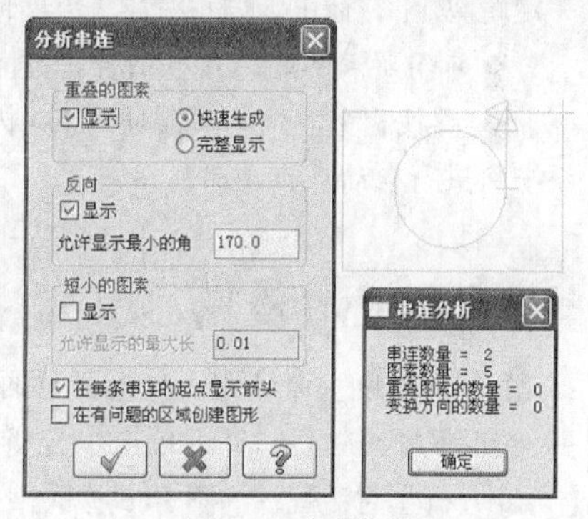

图5-82　串联分析

其中部分参数含义如下。

❖ 重叠的图素：选中【显示】复选框，表示将显示重叠的图素，且有快速生成和完整显示两种。

❖ 反向：检查串联反向。在一个串联中存在多个图素，并且串联方向发生改变时，系统即可检查出来。

❖ 短小的图素：检查串联中存在不容易发现的短小图素。只要图素小于【允许显示的最大长】选项中设置的值，就可以被系统检测到。

❖ 在每条串联的起点显示箭头：选中该复选框后，系统在每条串联的起点以箭头显示，方便查看。

❖ 在有问题的区域创建图形：选中该复选框后，系统在检测到问题区域时，以红色的圆圈标记显示。

❖ 串联数量：显示分析串联结果。

❖ 图素数量：显示此串联中包含图素的数量。

❖ 重叠图素的数量：显示重叠图素的数量。

❖ 变换方向的数量：显示在此串联中方向变换的次数。

5.3.6 分析外形

【分析外形】命令用来分析串联几何图形的组成情况，如图形由哪些图素组成、具体的点坐标、线的长度、圆弧的半径等。在菜单栏执行【分析】→【外形分析】命令，弹出【外形分析】对话框，如图5-83所示。在【外形分析】对话框中单击【完成】按钮，完成外形分析，分析结果如图5-84所示。

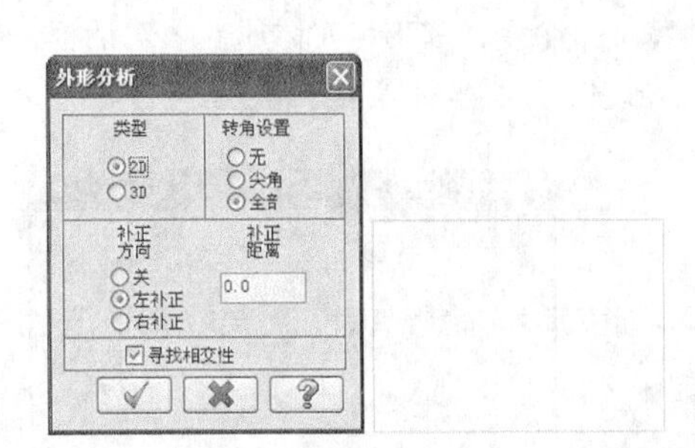

图5-83 外形分析

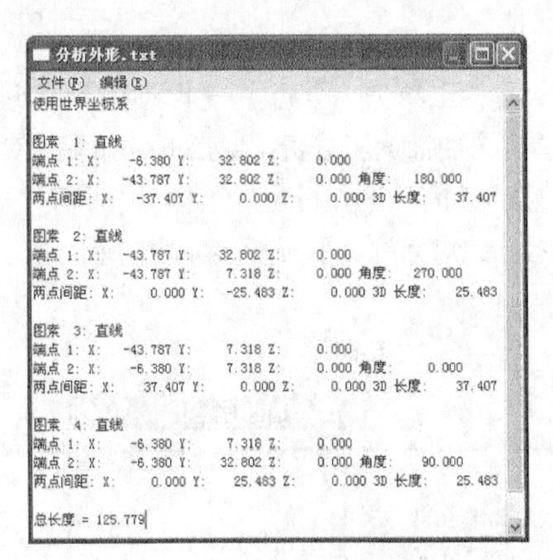

图5-84 分析结果

其中部分参数含义如下。

❖ 类型：选择分析串联外形的类型：2D或3D串联。

❖ 转角设置：设置串联是否转角。此项与补正方向和补正距离相关。【无】表示在转角地方不作圆弧过渡，以直角过渡。【尖角】表示小于120度时采用圆弧过渡。【全部】表示不管角度为多少，所有转角的地方全部采用圆弧过渡。

❖ 补正方向：表示将原串联向某一方向补正。【关】表示不补正。【左补正】表示沿箭头方向向左补正一定距离。【右补正】表示沿箭头方向向右补正一定距离。

❖ 补正距离：输入串联沿补正方向偏移的距离。

❖ 寻找相交性：此项针对补正向内发生相交时的处理。将此项选中，在补正向串联内发生串联自交时，系统将进行自动修剪处理。

5.3.7 分析角度

【分析角度】命令用于分析任意两条线段之间或3点之间的夹角，并给出补角。在菜单栏上单击【分析】→【分析角度】命令，弹出【角度分析】对话框，如图5-85所示。

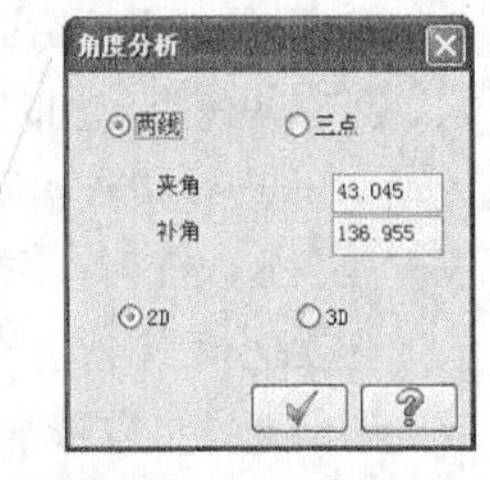

图5-85 【角度分析】对话框

其中部分参数含义如下。

❖ 两线：分析两条线的夹角。

❖ 三点：分析由3点组成的夹角。

❖ 夹角：显示分析的角度结果。

❖ 补角：显示分析角度相应的补角。

❖ 2D：分析的角度为图素在2D构图平面上的2D角度。

❖ 3D：分析的角度为空间3D角度。

5.3.8　动态分析

【动态分析】命令能够动态分析几何图素上任意点的坐标，若选择的是圆弧、曲线或曲面，系统还将给出半径或曲率。在菜单栏上单击【分析】→【动态分析】命令，弹出【动态分析】对话框，如图5-86所示。

其中部分参数的含义如下。

❖ 点：显示动态分析箭头点的坐标。

❖ 标准：显示此点在X、Y、Z方向上的切向斜率。

❖ 角度：显示箭头所在点的切向角度。

❖ 半径：显示箭头所在点处的曲面或曲线的曲率半径。

❖ 向量：显示箭头所在点处的切向向量。

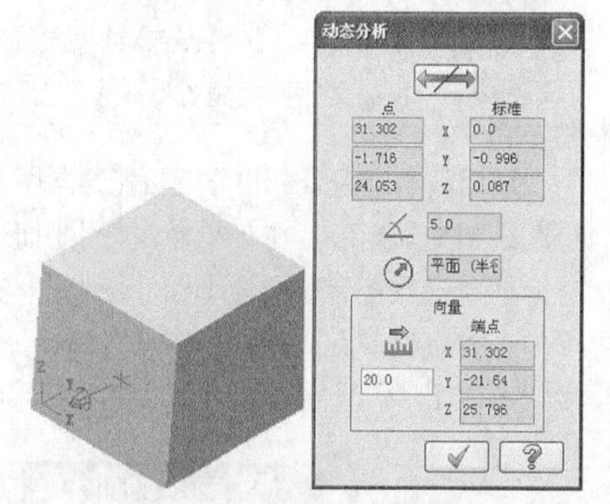

图5-86 【动态分析】对话框

5.3.9　曲面检测

【曲面检测】功能可以对曲面进行基础曲面检测、过切检查和正向切换等操作，并给出曲面是否存在错误的提示，主要检测曲面是否存在突然转向的问题曲面。在菜单栏执行【分析】→【检测曲面/实体】→【曲面检测】命令，弹出【曲面检测】对话框，如图5-87所示。单击【选择】按钮选择图5-88所示的曲面，单击【完成】按钮，即可完成分析，分析结果如图5-89所示。

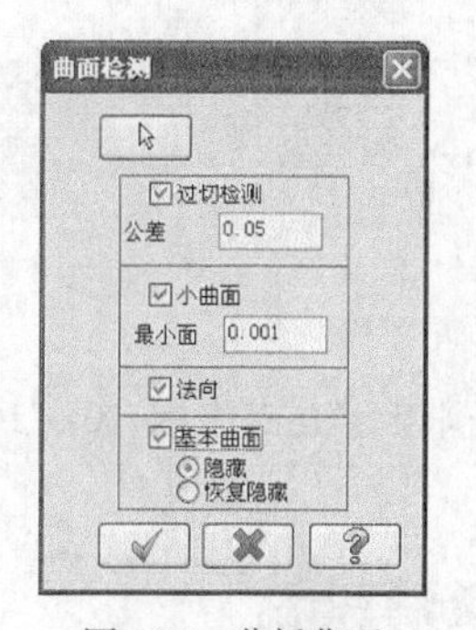

图5-87　分析曲面

图5-88　选择曲面

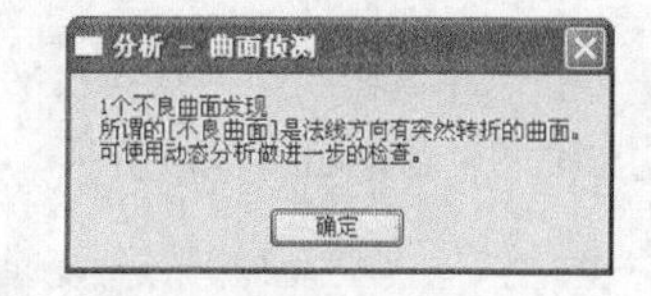

图5-89　分析结果

其中部分参数的含义如下。

❖ 过切检测：对曲面进行过切检查，检查曲面是否存在突然转向的问题，避免曲面在加工时产生过切情况。

❖ 小曲面：检查不容易发现的小曲面，或者碎曲面。这类曲面有时也会影响加工刀具突然抬刀。

❖ 法向：检测曲面法向是否改变。

❖ 基本曲面：检测曲面中是否存在基本曲面。

5.3.10　实体检测

【实体检测】命令能对实体进行正确性检查，检查是否存在错误，并给出实体是否存在错误的提示。在菜单栏上选择【分析】→【检测曲面/实体】→【实体检测】命令，弹出【检查实体】对话框，如图5-90所示，显示没有发现错误。

图5-90　实体检测

5.4 拓展训练——分析与修改图形

引入文件：无

结果文件：拓展训练\结果文件\Ch05\5-5.mcx-9

视频文件：视频\Ch05\拓展训练——分析与修改图形.avi

采用基本绘图命令和分析功能绘制图5-91所示的图形。

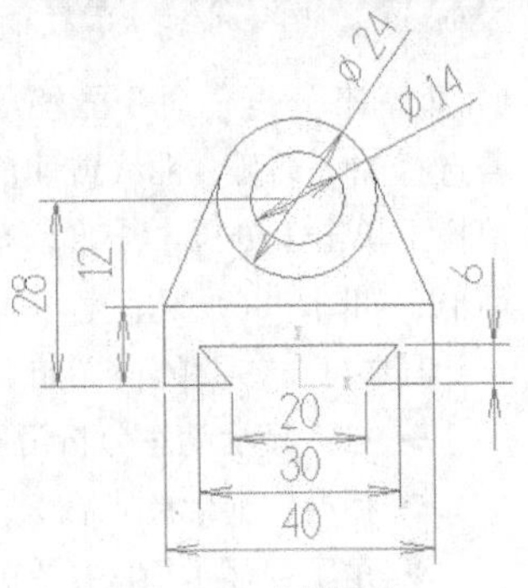

图5-91 分析属性

01 绘制变形矩形。在菜单栏执行【矩形设置】按钮，弹出【矩形选项】对话框，设置矩形形状为【标准矩形】，输入矩形长、宽分别为40、12，以下中点为定位锚点，选择定位点为原点，单击【完成】按钮，系统根据参数生成图形。采用同样的方式绘制20×6的变形矩形，如图5-92所示。

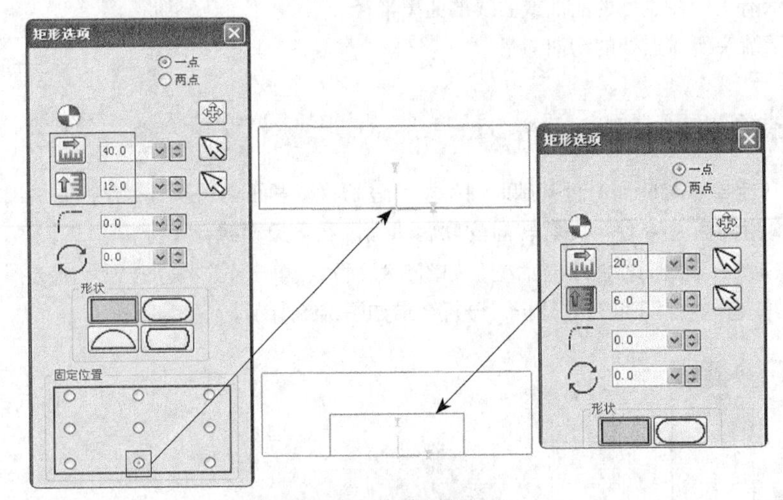

图5-92 绘制变形矩形

02 分析水平直线属性。选择水平直线后按F4键，弹出【线的属性】对话框，将起点的X坐标-10和10修改为-15和15，结果如图5-93所示。

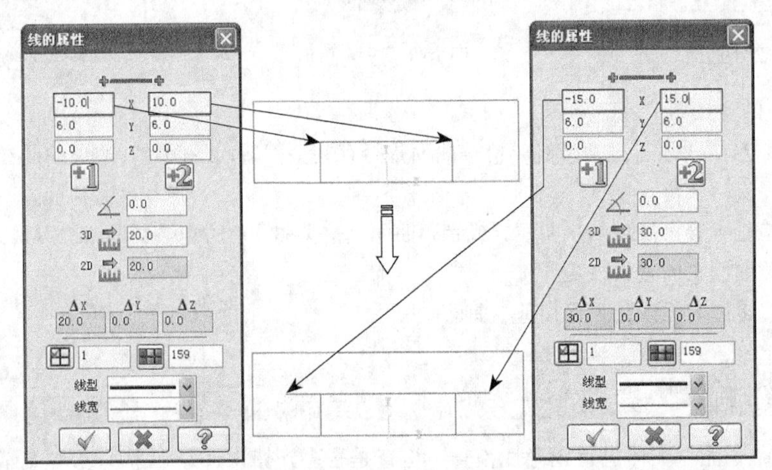

图5-93 分析水平直线的属性

03 分析竖直直线属性。选择竖直直线，按F4键，弹出【线的属性】对话框，将终点X坐标-10修改为-15，结果如图5-94所示。

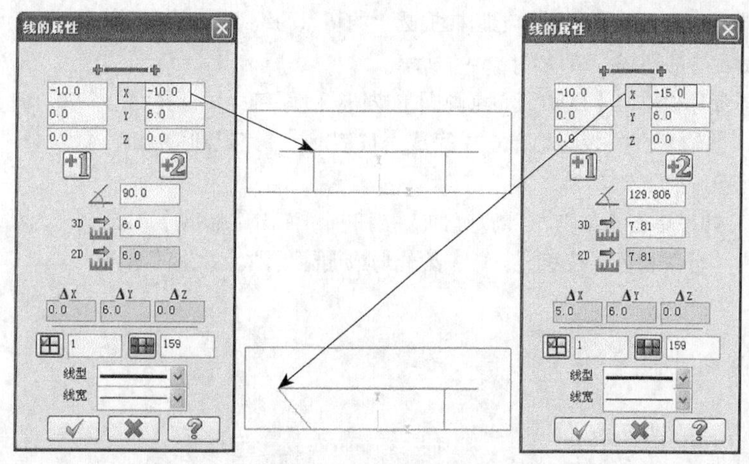

图5-94　分析竖直直线的属性

04 分析竖直直线属性。选择竖直直线，按F4键，弹出【线的属性】对话框，将起点的X坐标10修改为15，结果如图5-95所示。

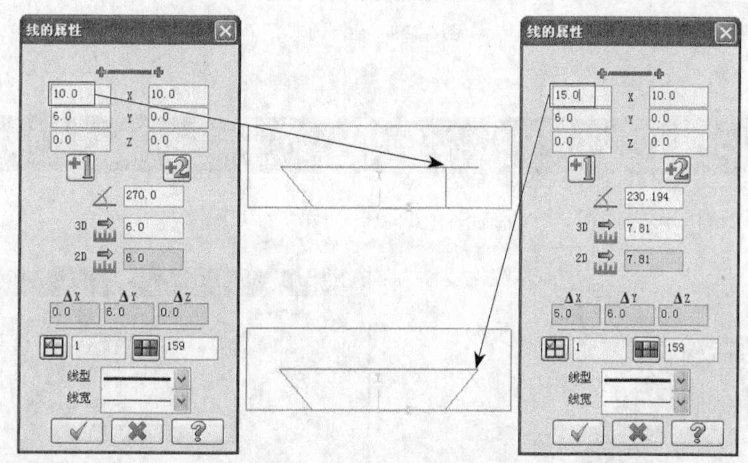

图5-95　分析竖直直线的属性

05 绘制圆。在绘图工具栏单击【已知圆心点画圆】按钮，系统提示选择圆心点，选择原点，并输入直径D=24，单击【完成】按钮，完成圆的绘制，如图5-96所示。

06 分析圆的属性。选择刚才绘制的圆，按【F4】键，弹出【圆弧属性】对话框，将圆心点的Y坐标0修改为28，结果如图5-97所示。

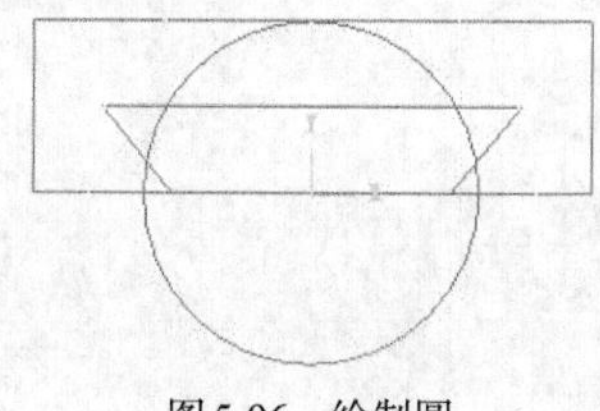

图5-96　绘制圆

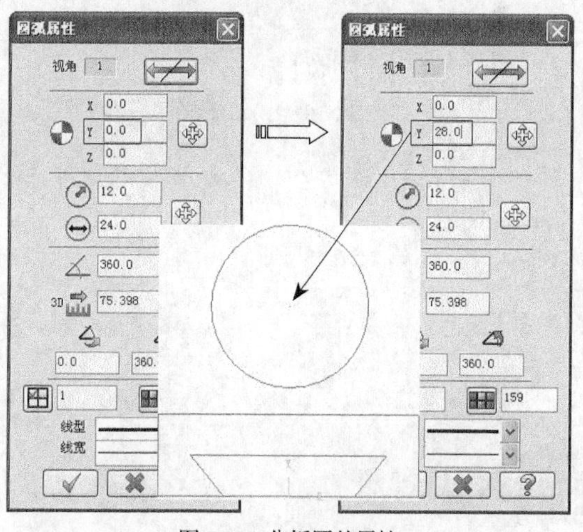

图5-97　分析圆的属性

07 绘制切线。在绘图工具栏单击【绘制直线】按钮，并单击【相切】按钮，将【相切选项】激活，然后选择水平线的左端点为直线起点，再靠近圆捕捉圆上的切点为终点，结果如图5-98所示。同理绘制右边的切线，结果如图5-99所示。

08 绘制圆。在绘图工具栏单击【已知圆心点画圆】按钮，系统提示选择圆心点，选择大圆圆心，并输入直径为14，单击【完成】按钮，完成圆的绘制，如图5-100所示。

09 修剪。在绘图工具栏单击【修剪/打断/延伸】按钮，弹出【修剪】工具条，在工具条中单击【分割物体】按钮，单击要修剪或删除的图素，修剪结果如图5-101所示。

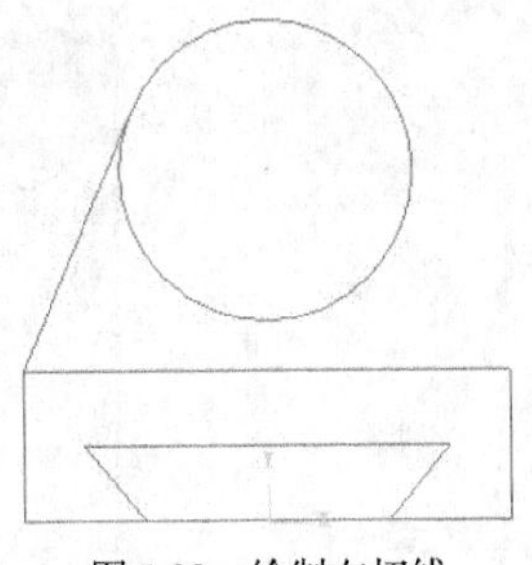
图5-98 绘制左切线

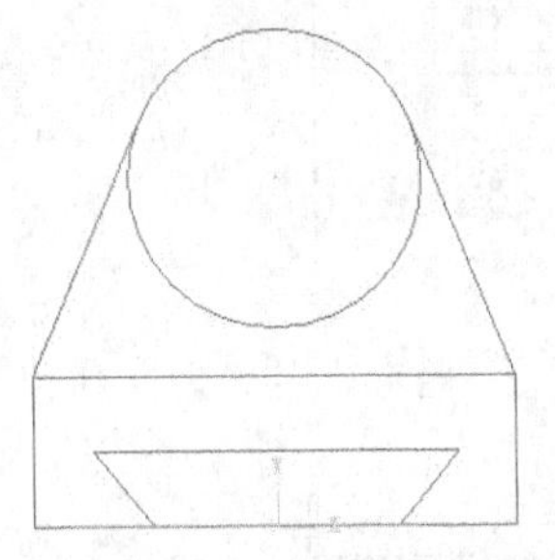
图5-99 绘制右切线

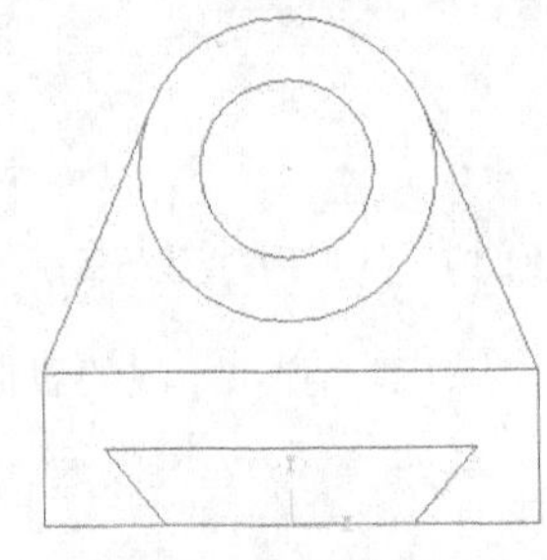
图5-100 绘制圆

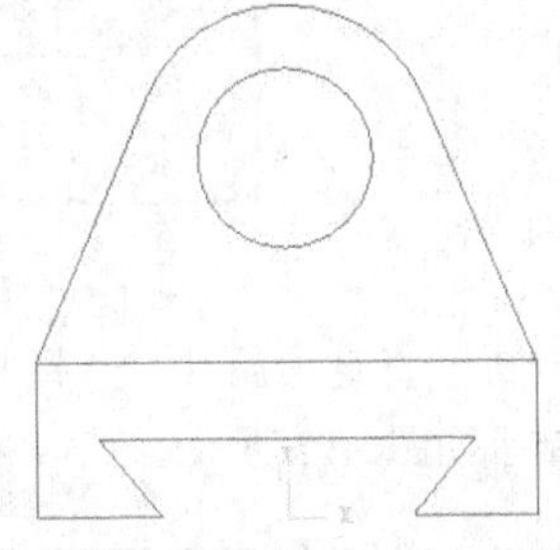
图5-101 修剪

5.5 课后习题

分析图5-102所示的图形的体积。分析结果如图5-103所示。

图5-102 分析体积

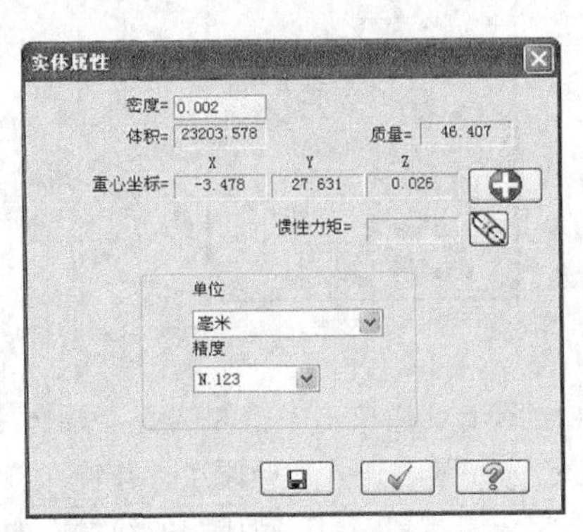

图5-103 分析结果

第6章

实体造型

实体造型是Mastercam X9造型中比较实用的功能，操作非常简单。本章讲解的实体造型分为两部分，一部分为实体成型工具，即通过实体操作命令直接建模。另一部分是实体编辑命令，即在原有实体上编辑获得另外造型的建模方式。

知识要点

※ 掌握拉伸、切割等操作。
※ 掌握镜像、旋转、复制等操作。
※ 掌握扫描、举升、牵引等操作。
※ 掌握实体拔模、抽壳等操作。

案例解析

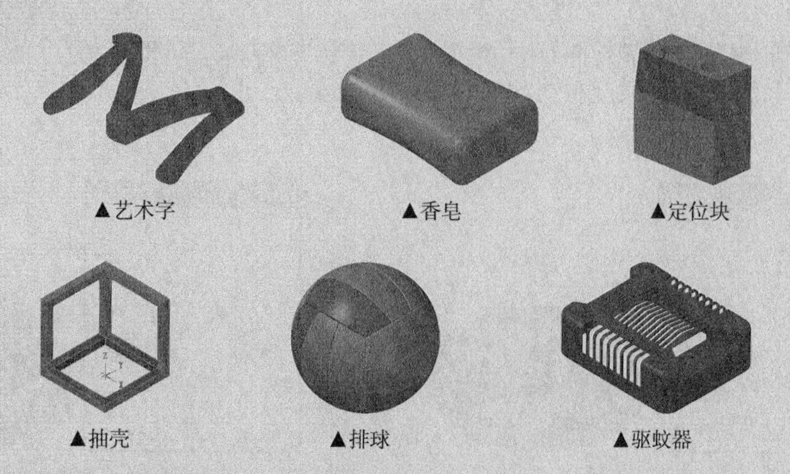

▲艺术字 ▲香皂 ▲定位块

▲抽壳 ▲排球 ▲驱蚊器

6.1 实体简介

实体是指三维封闭几何体，具有质量、体积、厚度等特性，占有一定的空间，由多个面组成。实体分为两种，一种是上面所说的封闭实体，还有是一种片体，如图6-1所示。片体更像是曲面，即薄片实体，它是一种特殊的实体，是零厚度、零体积、零质量的片体，带有曲面的特性。不过这种片体不能直接得到，是不带任何参数的实体。

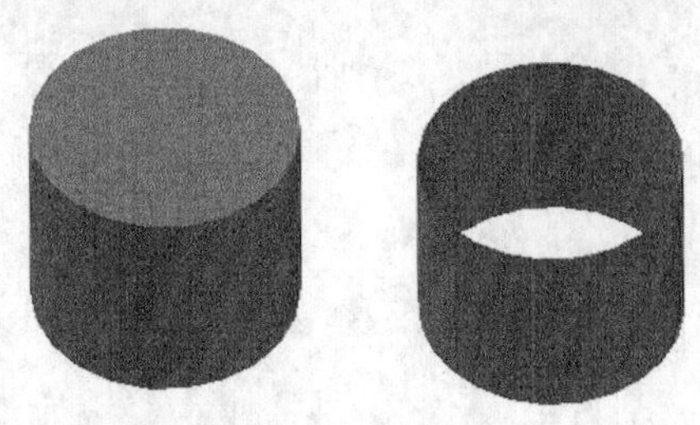

图6-1　实体和片体

基本实体包括圆柱体、圆锥体、球体、立方体、圆环体5种基本类型，如图6-2所示。

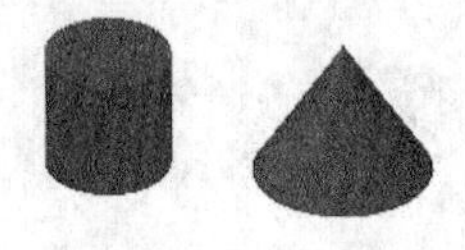

图6-2　基本实体

基本实体的调取方法有两种，一种是直接在绘图工具栏选择相应的图标按钮，另一种是在菜单栏执行【绘图】→【基本实体】命令，再单击相应的实体命令即可。

6.1.1 圆柱体

圆柱体是矩形绕其一条边旋转一周而成的。在菜单栏执行【绘图】→【基本实体】→【圆柱体】命令，弹出【圆柱体】对话框，如图6-3所示。

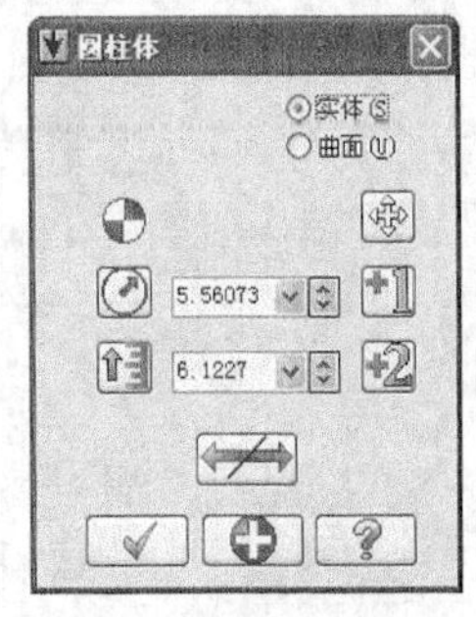

图6-3 【圆柱体】对话框

实训40——圆柱体

采用【圆柱体】命令绘制图6-4所示的图形。

图6-4　圆柱体

01 绘制圆柱体。在绘图工具栏单击【圆柱体】按钮，弹出【圆柱体】对话框，设置圆柱体类型为【实体】，半径为25，高度为6，选择底面中心定位点为原点，如图6-5所示。

02 继续绘制圆柱体。在【圆柱体】对话框中设置圆柱体半径为15，高度为20，类型为【实体】，选择底面中心定位点为原点，如图6-6所示。

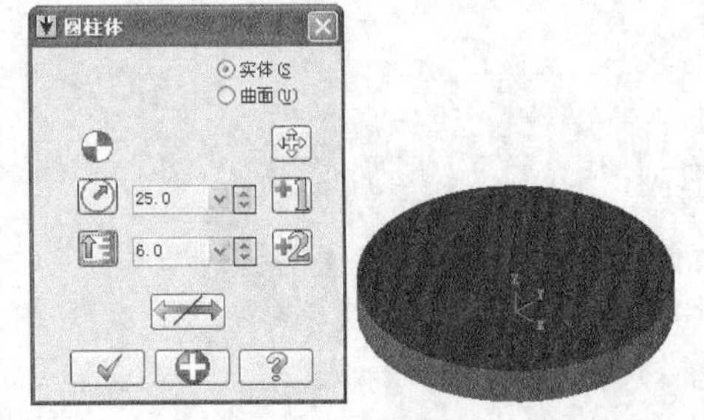

图6-5　绘制圆柱体

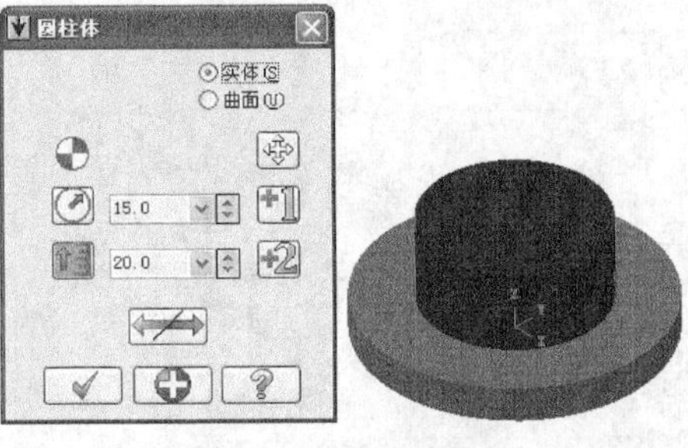

图6-6　绘制圆柱体

图6-7　合并

03 合并。在绘图工具栏单击【布尔增加运算】按钮，然后选择半径为25的圆柱体为目标实体，再选择半径为15的圆柱体为工具实体，单击【完成】按钮，完成合并，合并后的实体为一个整体，如图6-7所示。

04 绘制圆柱体。在绘图工具栏单击【圆柱体】按钮，弹出【圆柱体】对话框，设置圆柱体类型为【实体】，半径为10，高度为25，选择底面中心定位点为原点，如图6-8所示。

05 继续绘制圆柱体。在【圆柱体】对话框中设置圆柱体半径为3，高度为20，输入底面中心定位点的坐标为（20,0），如图6-9所示。

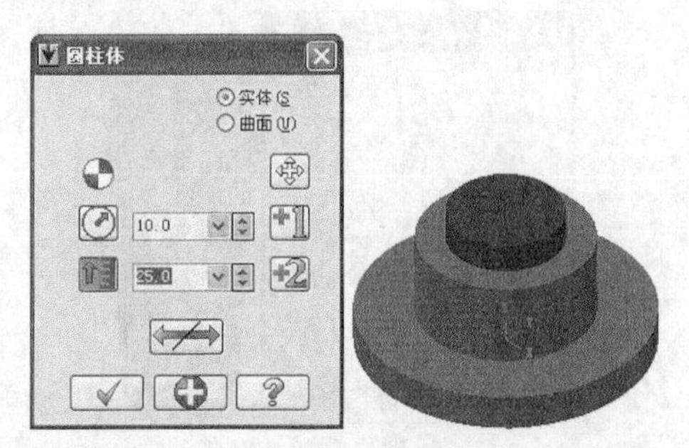

图6-8　绘制圆柱体

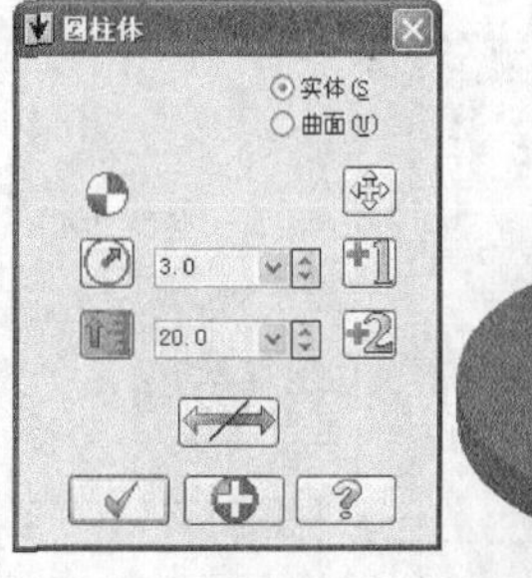

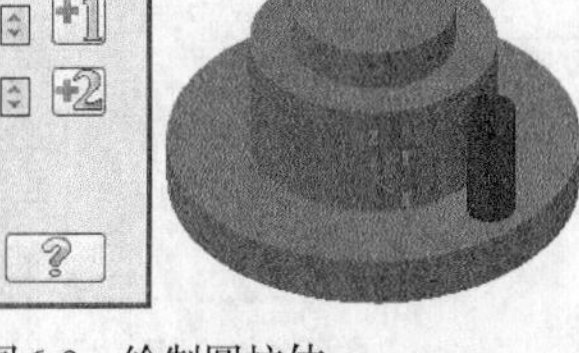
图6-9　绘制圆柱体

06 旋转阵列。选择刚才绘制的圆柱体，单击工具栏中的【旋转】按钮，弹出【旋转选项】对话框，设置旋转类型为【复制】，次数为3，旋转角度为90°，单击【完成】按钮，系统根据参数生成的图形，如图6-10所示。

07 移除。在菜单栏执行【实体】→【布尔移除运算】命令，选择合并的实体为目标实体，再选择余下的实体为工具实体，单击【完成】按钮，完成布尔移除运算，结果如图6-11所示。结果文件见“实训\结果文件\Ch06\6-1.mcx-9”。

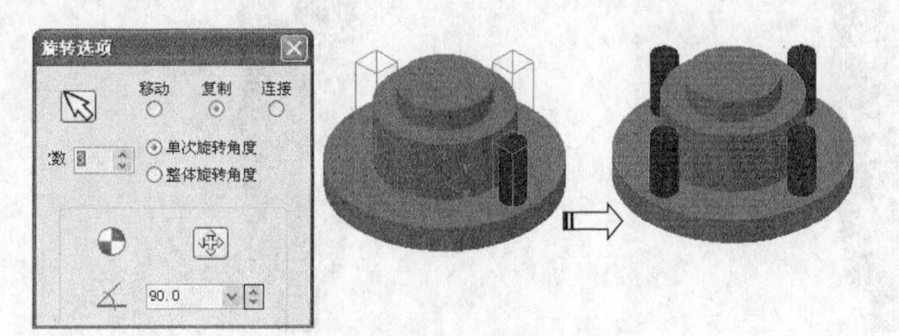

图6-10　旋转阵列

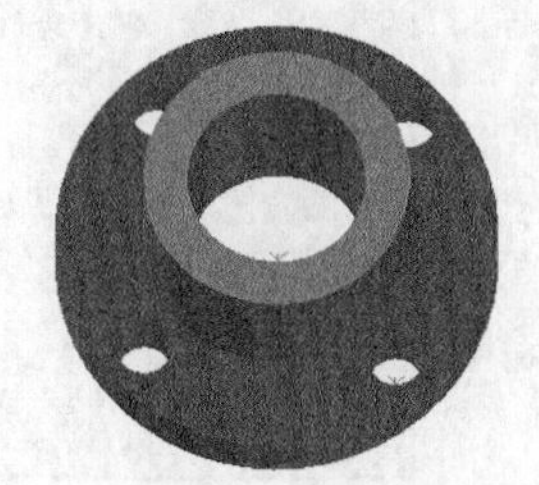
图6-11　移除

操作技巧

此案例采用【圆柱体】和布尔运算命令完成，无须绘制二维截面。一般情况下，能不绘制二维截面尽量不绘制，除避免麻烦外，效率是关键，这样做可以快速建模，省去二维绘制的时间。

6.1.2　圆锥体

圆锥体由一条母线绕其轴线旋转而成，圆锥体底面为圆，顶面为尖点。在菜单栏执行【绘图】→【基本实体】→【圆锥体】命令，弹出【锥体】对话框，该对话框用来设置圆锥体参数，如图6-12所示。

图6-12　【锥体】对话框

实训41——圆锥体

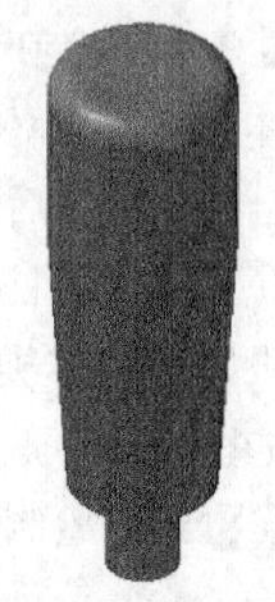

图6-13　圆锥体

采用【圆锥体】命令绘制图6-13所示的图形。

01 绘制圆柱体。在绘图工具栏单击【圆柱体】按钮，弹出【圆柱体】对话框，设置圆柱体类型为实体，半径为10，高度为20，选择底面中心定位点为原点，如图6-14所示。

02 绘制圆锥体。在绘图工具栏单击【圆锥体】按钮，弹出【锥体】对话框，设置类型为【实体】，圆柱底部半径为10，顶部半径为8，高度为30，定位点为原点，结果如图6-15所示。

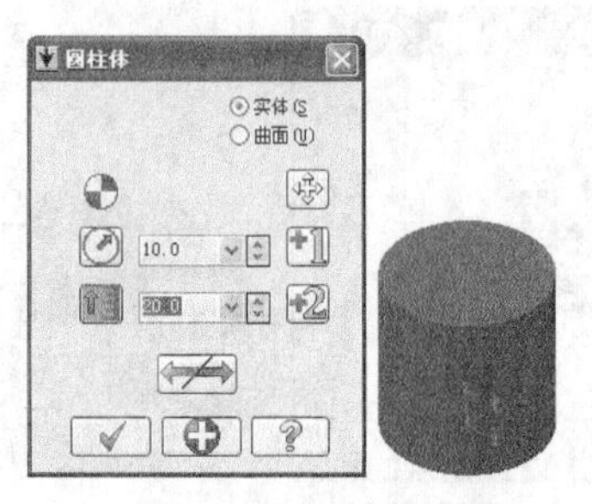

图6-14　绘制圆柱体

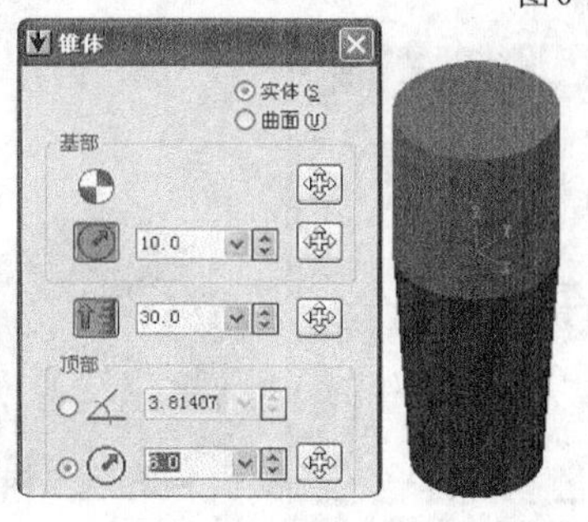

图6-15　绘制圆锥体

03 绘制圆柱体。在绘图工具栏单击【圆柱体】按钮，弹出【圆柱体】对话框，设置圆柱体类型为【实体】，半径为4，高度为10，选择圆台体底面中心为定位点，如图6-16所示。

04 合并。在绘图工具栏单击【布尔增加运算】按钮，选择半径为10的圆柱体为目标实实体，再选择圆锥体和半径为4的圆柱体为工具实体，单击【完成】按钮，完成合并，合并后的实体为一个整体，如图6-17所示。

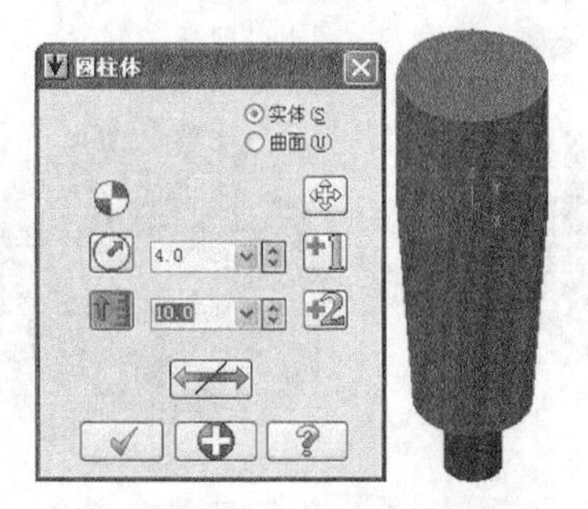

图6-16　绘制圆柱体

图6-17　合并

05 倒圆角。在绘图工具栏单击【实体边倒圆角】按钮，选择要倒圆角的边，单击【完成】按钮，弹出【倒圆角参数】对话框，输入倒圆角半径为3，单击【完成】按钮，完成倒圆角，如图6-18所示。

06 继续倒圆角。选择要倒圆角的边，单击【完成】按钮，弹出【倒圆角参数】对话框，输入倒圆角半径为20，单击【完成】按钮，完成倒圆角，如图6-19所示。结果文件见“实训\结果文件\Ch06\6-2.mcx-9”。

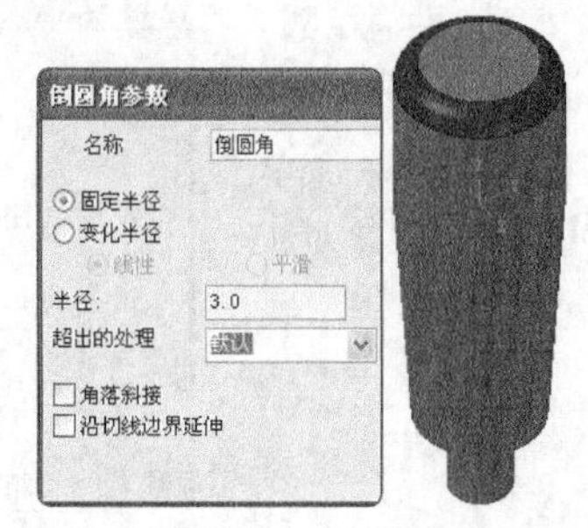

图6-18　倒圆角

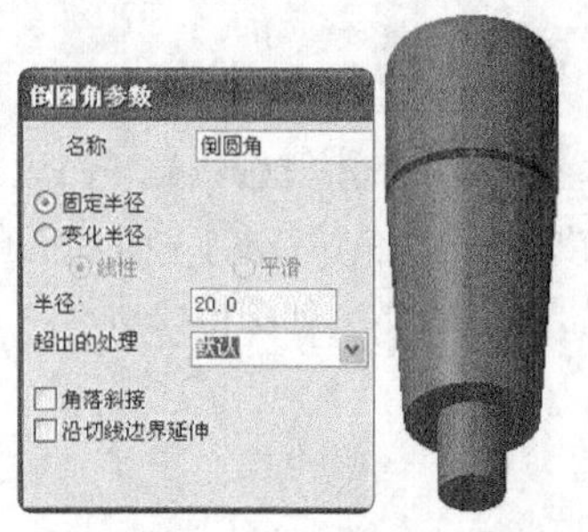

图6-19　倒圆角

6.1.3　立方体

立方体的6个面都是矩形，在菜单栏执行【绘图】→【基本实体】→【立方体】命令，弹出【立方体选项】对话框，如图6-20所示。

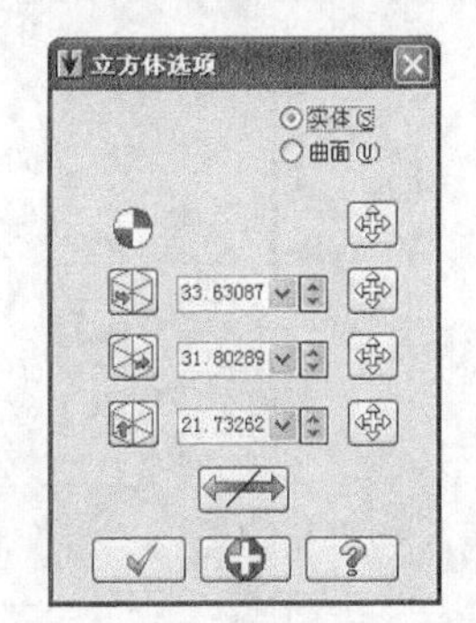

图6-20　【立方体选项】对话框

各选项含义如下。

❖ 实体(S)：创建实体立方体。
❖ 曲面(U)：创建曲面立方体。
❖ ：设置定位点。
❖ ：输入立方体的长度（L）。
❖ ：输入立方体的宽度（W）。
❖ ：输入立方体的高度（H）。
❖ ：切换立方体的轴向。
❖ ：设置立方体的旋转角度。
❖ ：选择直线作为立方体的轴向。
❖ ：选择两点作为立方体的轴向。
❖ X　Y　Z：选择X、Y、Z方向为立方体的轴向。

实训42——立方体

采用【立方体】命令绘制图6-21所示的图形。

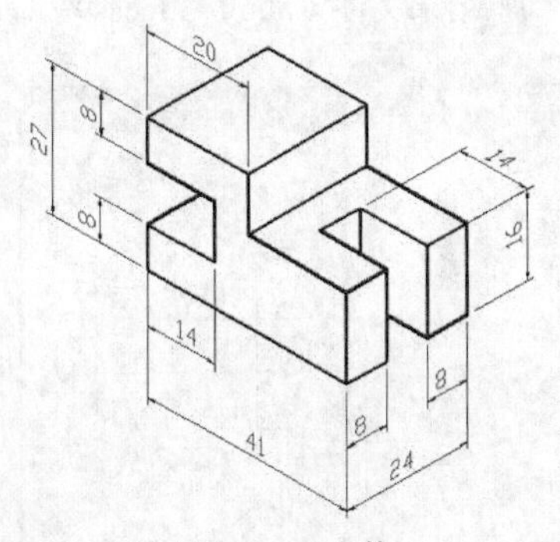

图6-21　立方体

01 绘制立方体。在绘图工具栏单击【立方体】按钮，弹出【立方体选项】对话框，选择类型为【实体】，设置长为41，宽为24，高为27，定位点为底面矩形的左下角，选择原点为定位点，结果如图6-22所示。

02 继续绘制立方体。设置长为14，宽为25，高为11，定位点为(0,0,8)，结果如图6-23所示。

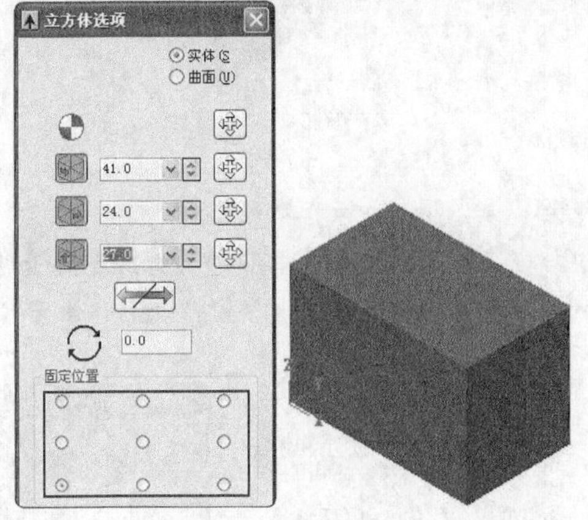

图6-22　绘制立方体

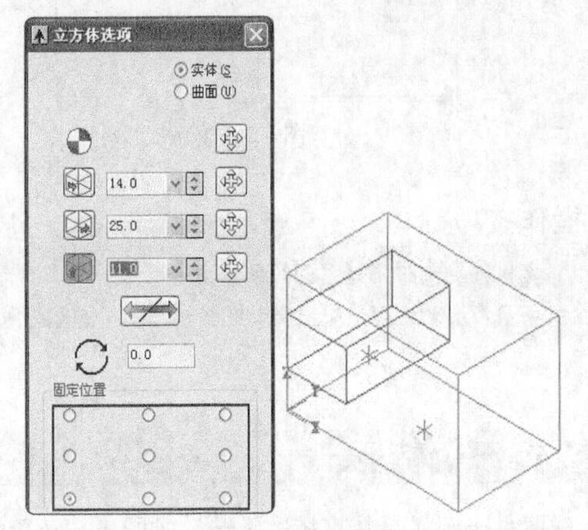

图6-23　绘制立方体

03 继续绘制立方体。设置长为21，宽为25，高为11，定位点为右中点并选择实体边中点，方向为双向，结果如图6-24所示。

04 移除。在菜单栏执行【实体】→【布尔移除运算】命令，选择第一步创建的立方体为目标实体，再选择余下的实体为工具实体，单击【完成】按钮，完成布尔移除运算，结果如图6-25所示。

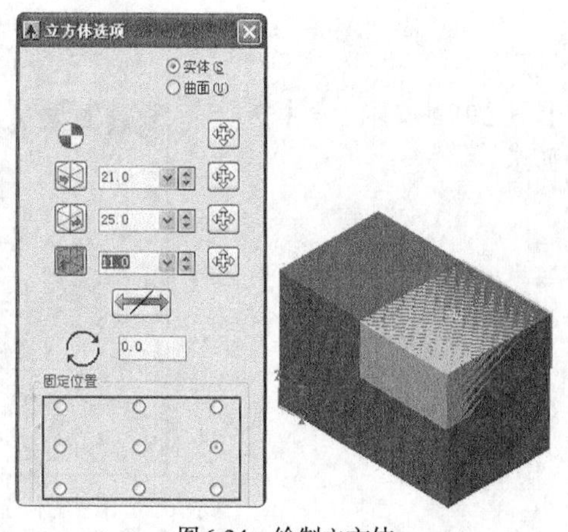

图6-24　绘制立方体

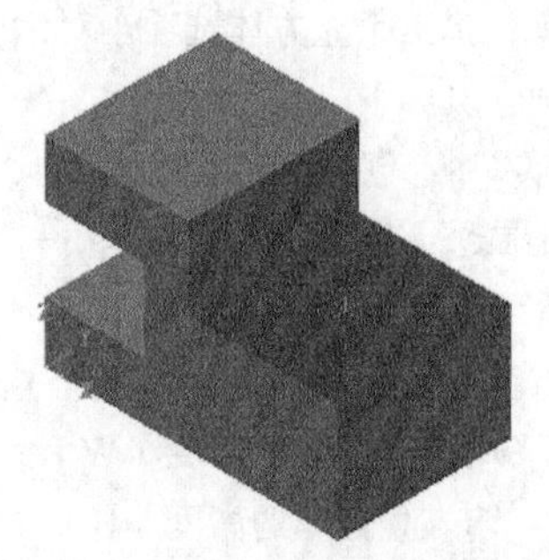
图6-25　移除

05 绘制立方体。在绘图工具栏单击【立方体】按钮，弹出【立方体选项】对话框，选择类型为【实体】，设置长为14，宽为8，高为20，定位点为底面矩形的右中点，选择实体边的中点为定位点，结果如图6-26所示。

06 移除。在菜单栏执行【实体】→【布尔运算】命令，选择先前布尔移除后的实体为目标实体，再选择刚才创建的实体为工具实体，单击【完成】按钮，完成布尔移除运算，结果如图6-27所示。结果文件见“实训\结果文件\Ch06\6-3.mcx-9”。

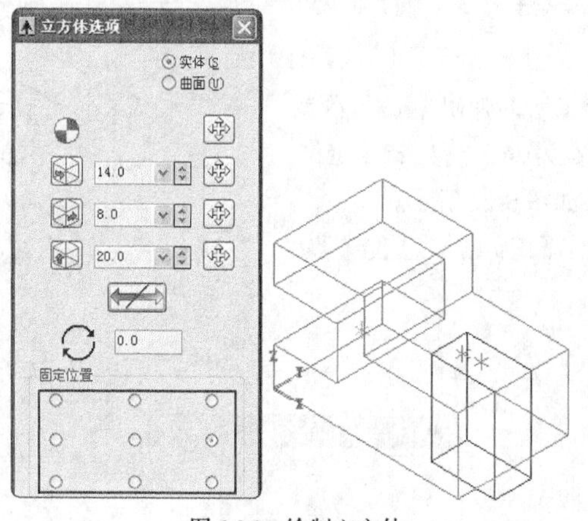

图6-26　绘制立方体

图6-27　移除

操作技巧

本案例在绘制时所有图形都尽量绘制得比所要求的造型偏大一些，但偏大的部分都是一些不参与造型的部分，也就是多余的部分不会对后续造型结果造成影响，多出的部分只是为了在布尔运算时方便选择计算。

6.1.4　球体

球体是半圆弧沿其直径边旋转生成的。在菜单栏执行【绘图】→【基本实体】→【球体】命令，弹出【圆球体选项】对话框，如图6-28所示。

创建球体主要是定义球体半径和球中心定位点。球体参数比较简单，用户可以参照前面的圆柱体参数。

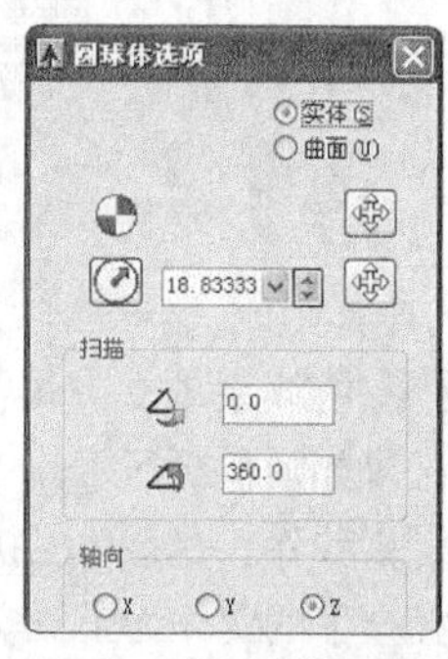

图6-28 【圆球体选项】

实训43——球体

采用【球体】命令绘制图6-29所示的图形。

01 绘制立方体。在绘图工具栏单击【立方体】按钮，弹出【立方体选项】对话框，选择类型为【实体】，设置长为20，宽为20，高为20，定位点为底面矩形的中心点，选择原点为定位点，结果如图6-30所示。

图6-29　球体

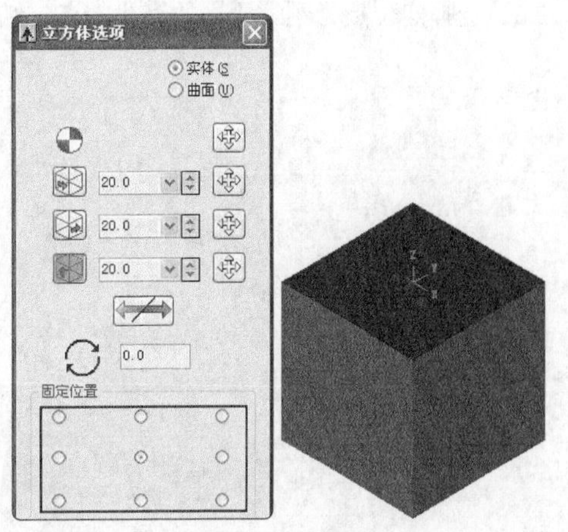

图6-30　立方体

02 绘制线。在绘图工具栏单击【绘制直线】按钮，再选择立方体面的对角点进行连线，结果如图6-31所示。

03 绘制球体。在绘图工具栏单击【球体】按钮，弹出【圆球体选项】对话框，选择类型为【实体】，设置球半径为4，选择定位点为顶面线的交点，结果如图6-32所示。

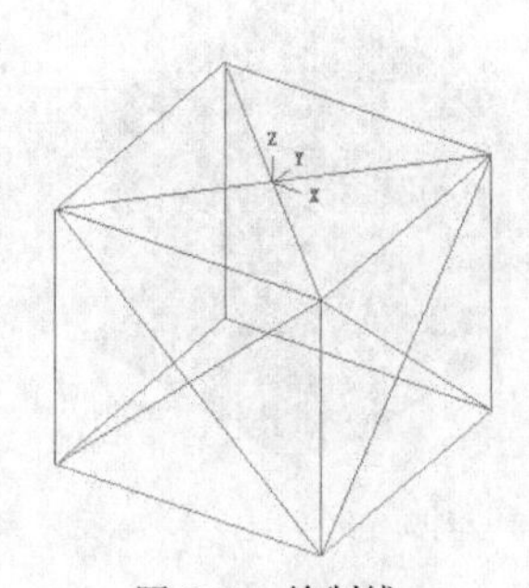

图6-31　绘制线

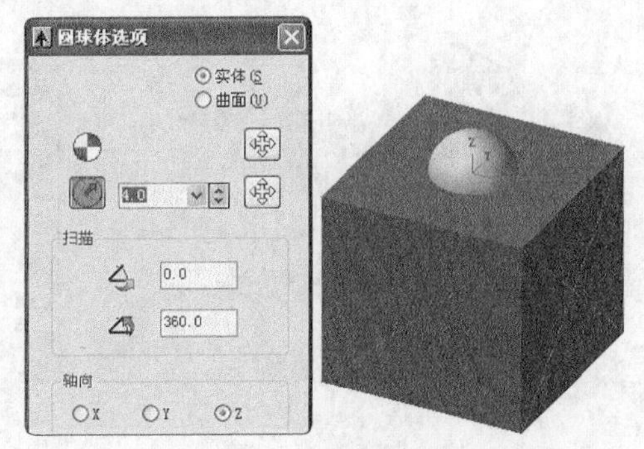

图6-32　绘制球体

04 绘制线。在绘图工具栏单击【绘制直线】按钮，选择构图面为【前视图】，再选择立方体前面的对角点交点为起点绘制线，线长为5，分别向上和向下，绘制的结果如图6-33所示。

05 绘制球体。在绘图工具栏单击【球体】按钮，弹出【圆球体选项】对话框，选择类型为【实体】，设置球半径为3，选择定位点为刚才绘制的直线端点，结果如图6-34所示。

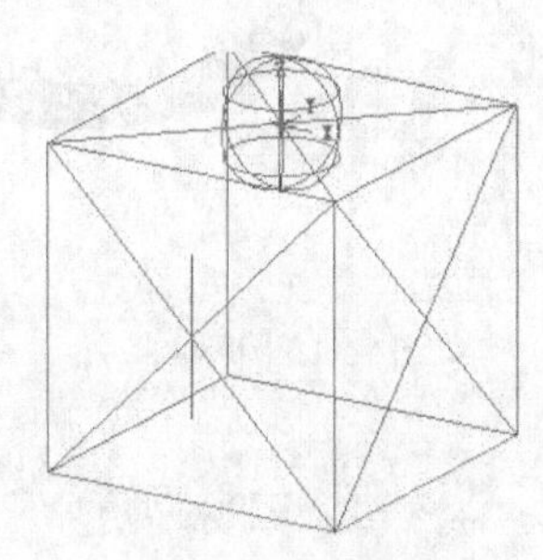

图6-33　绘制线

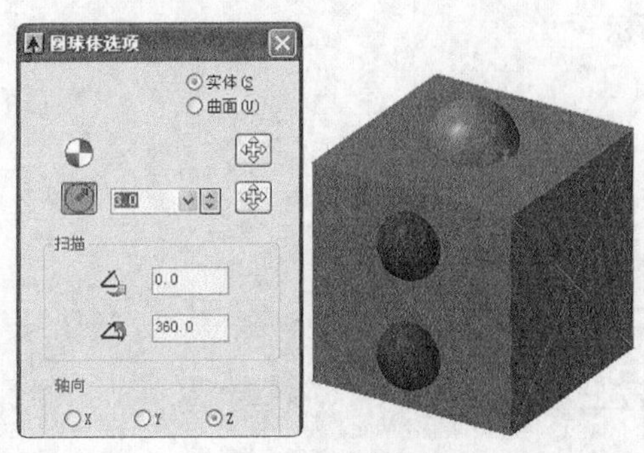

图6-34　绘制球体

06 分割。在绘图工具栏单击【修剪/打断/延伸】按钮，弹出【修剪】工具条，在工具条中单击【分割物体】按钮，设置修剪类型为【分割】，单击要修剪的地方，结果如图6-35所示。

07 在绘图工具栏单击【球体】按钮，弹出【圆球体选项】对话框，选择类型为【实体】，设置球半径为2.5，选择定位点为刚才绘制的直线中点，结果如图6-36所示。

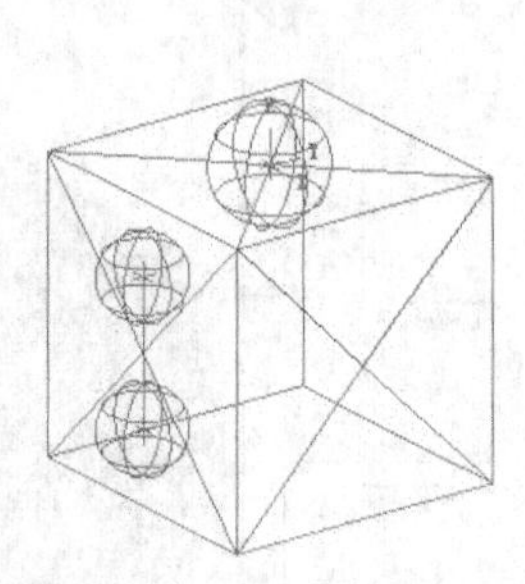

图6-35　分割

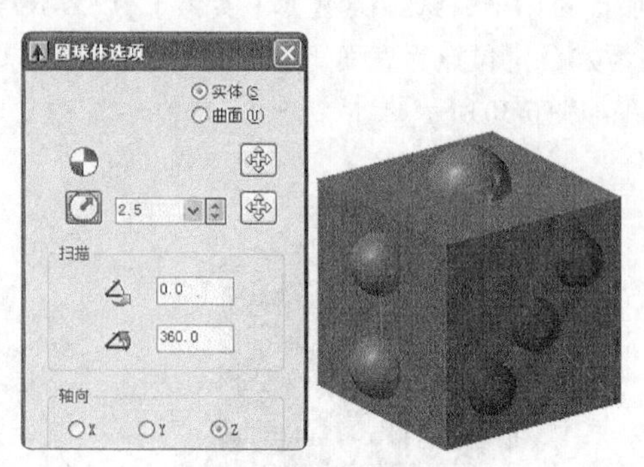

图6-36　绘制球体

08 移除。在菜单栏执行【实体】→【布尔移除运算】命令，选择立方体为目标实体，再选择余下的实体为工具实体，单击【完成】按钮，完成布尔移除运算，结果如图6-37所示。

09 倒圆角。在绘图工具栏单击【实体边倒圆角】按钮，选择整个实体，单击【完成】按钮弹出【倒圆角参数】对话框，输入倒圆角半径为1，单击【完成】按钮，完成倒圆角，如图6-38所示。结果文件见“实训\结果文件\Ch06\6-4.mcx-9”。

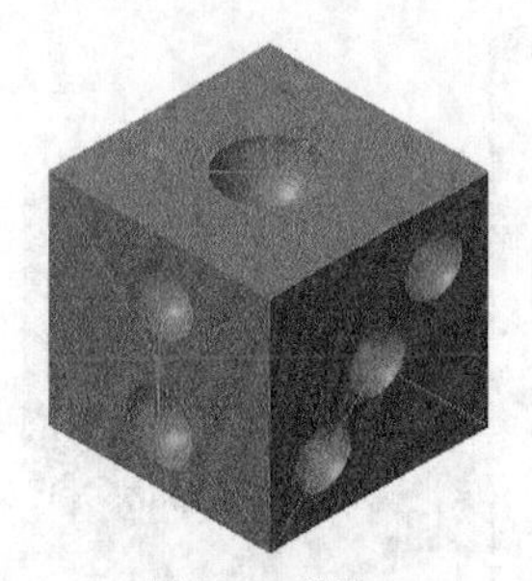

图6-37　移除

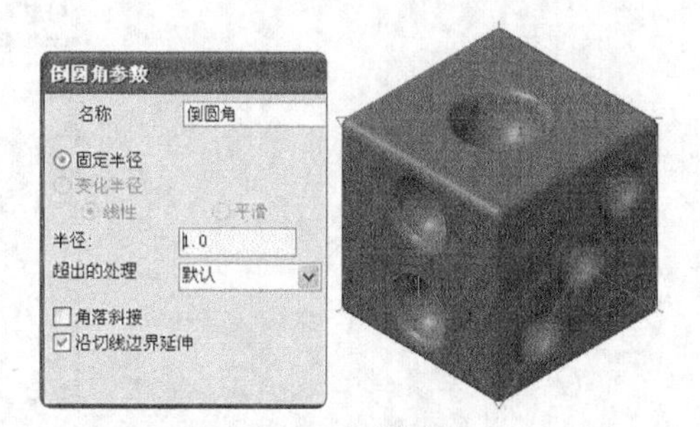

图6-38　倒圆角

6.1.5　圆环体

一个截面圆沿一个轴心圆进行扫描产生圆环体。在菜单栏执行【绘图】→【基本实体】→【圆环体】命令，弹出【圆环体】对话框，该对话框用来设置圆环体参数，如图6-39所示。

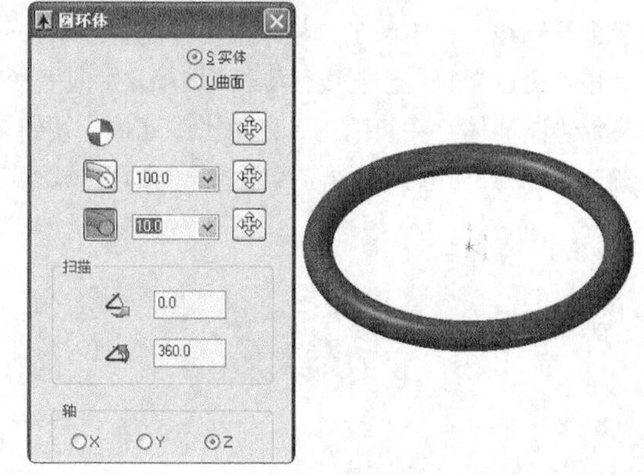

图6-39　圆环体

实训44——圆环体

采用基本实体和布尔加运算，绘制简单的三维实体图形，如图6-40所示。

图6-40　绘制图形

01 在菜单栏执行【绘图】→【基本实体】→【圆柱体】命令，弹出【圆柱体】对话框，如图6-41所示。

02 在【圆柱体】对话框中设置类型为【实体】，输入圆柱体半径为20，高度为40，以Z轴定位，并选择原点作为定位点，单击【完成】按钮，完成圆柱体的绘制，如图6-42所示。

03 继续在【圆柱体】对话框中输入半径为20，高为80，扫描角度为0~180，以Y轴作为旋转轴，如图6-43所示。

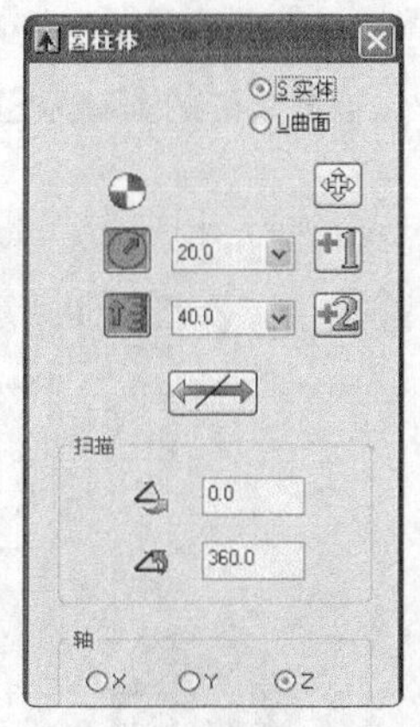

图6-41　设置圆柱体参数

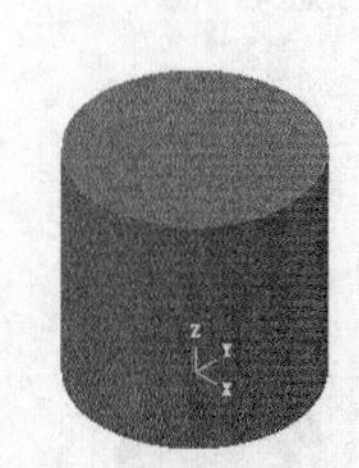
图6-42　绘制圆柱体

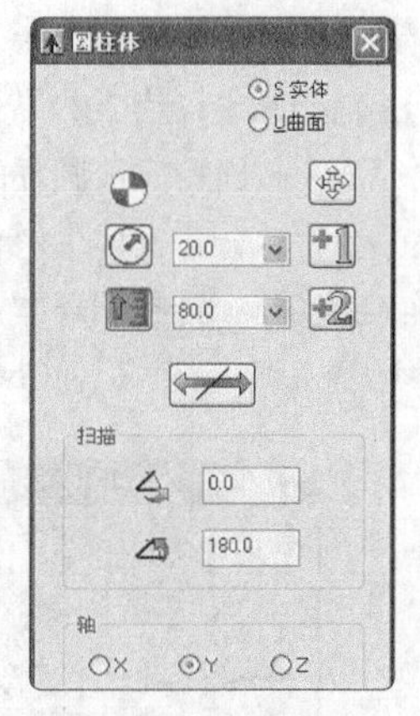

图6-43　设置参数

04 在绘图区选择原点作为定位点，单击【完成】按钮，完成圆柱体的绘制，如图6-44所示。

05 在菜单栏执行【绘图】→【基本实体】→【球体】命令，弹出【球体】对话框，如图6-45所示。

06 在【球体】对话框中设置球体类型为【实体】，输入半径为20，单击【完成】按钮，完成球体的绘制，如图6-46所示。

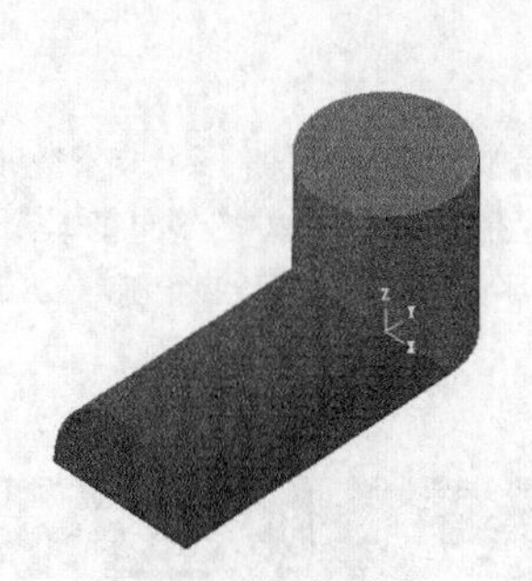
图6-44　绘制圆柱体

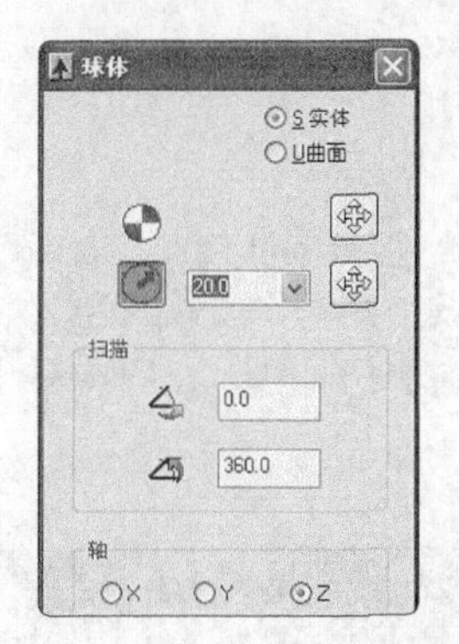

图6-45　【球体】对话框

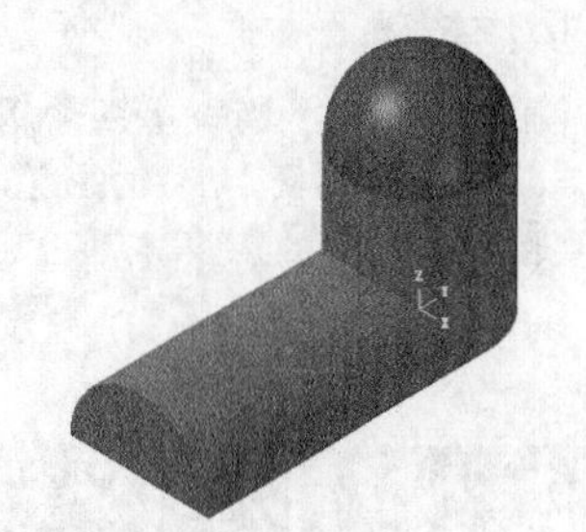
图6-46　绘制球体

07 在菜单栏执行【实体】→【布尔合并运算】命令，选择第一个圆柱体作为目标实体，选择其他所有实体作为工具实体，单击【完成】按钮，完成合并，如图6-47所示。

08 在菜单栏执行【实体】→【抽壳】命令，系统提示选择要移除的面，选择底面和侧面，单击【完成】按钮，弹出【实体薄壳的设置】对话框，输入厚度为5，单击【完成】按钮，完成抽壳操作，系统将选择的面移除，并将其余面抽成均匀薄壳，如图6-48所示。

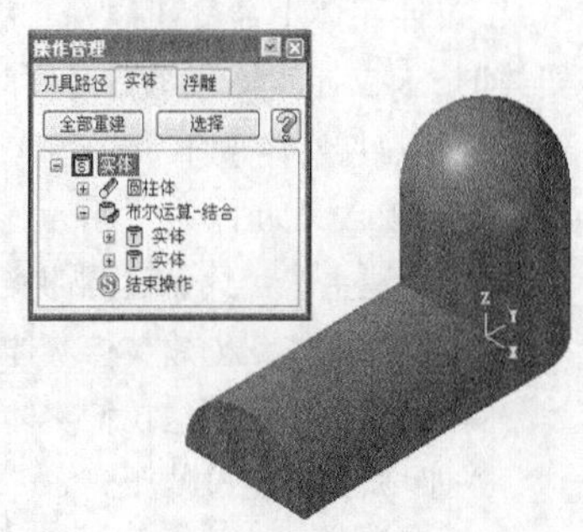

图6-47　合并

图6-48　抽壳

09 在菜单栏执行【绘图】→【基本实体】→【圆环体】命令，弹出【圆环体】对话框，设置圆环体类型为【实体】，轴心圆半径为20，截面圆半径为5，扫描角度为0°~180°，以Y轴定位，捕捉半圆的圆心为定位点，单击【完成】按钮，完成圆环的绘制，如图6-49所示。

10 在菜单栏执行【实体】→【布尔增加运算】命令，系统提示选择目标实体，选择第一个圆柱体，系统提示选择工具实体，选择圆环体，单击【完成】按钮，完成合并，即完成所有实体的绘制，如图6-50所示。结果文件见“实训\结果文件\Ch06\6-5.mcx-9”。

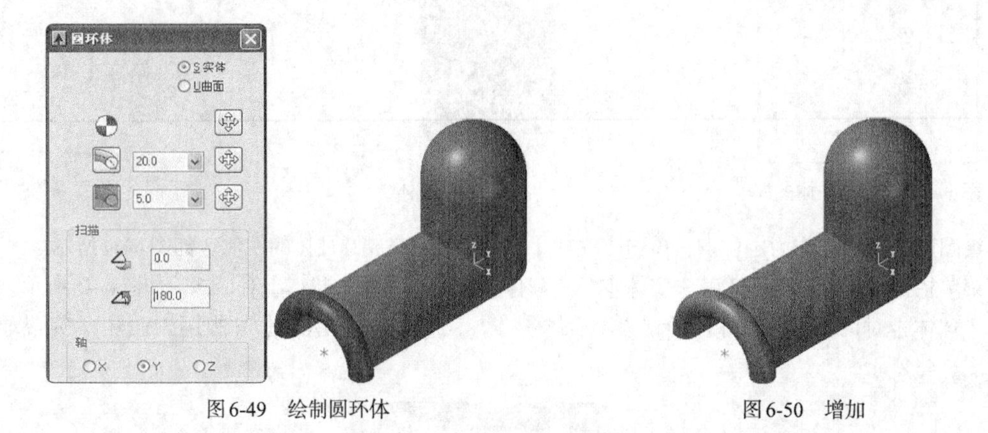

图6-49　绘制圆环体

图6-50　增加

操作技巧

通过基本实体绘制的内容虽然也可以采用其他方法绘制，但是，基本实体不需要绘制二维线条，只需要给定参数和定位点即可，非常方便。在平时的建模过程中，要多利用基本实体，以提高效率。要在复杂的实体模型中分离出基本实体，需要观察实体模型的某些局部是否可以利用基本实体来绘制。能用基本实体绘制的图形尽量不要采用草绘来绘制。

6.2　拉伸实体

【拉伸实体】命令可以将二维截面沿截面垂直方向拉伸一定的高度，或者产生薄壁拉伸。当存在基本实体时，【拉伸实体】命令还可以绘制挤出切割实体、薄壁切割实体和增加凸台体等。在菜单栏执行【实体】→【拉伸实体】命令，选择挤出串联确定后，弹出【实体拉伸】对话框，如图6-51所示。

各选项含义如下。

❖ 创建主体：只创建拉伸实体。
❖ 切割主体：创建拉伸实体的同时和已有的实体做布尔减运算。
❖ 增加凸台：创建拉伸实体的同时和已有的实体做布尔加运算。
❖ 距离：指定拉伸距离。
❖ 全部贯通：切割时全部穿透实体。

❖ 修剪到指定的面：以指定的曲面来修剪拉伸的实体。

❖ 两端同时延伸：双向同时拉伸。

如果需要拉伸实体为薄壁件，还需要设置薄壁参数，在【实体拉伸】对话框中单击【高级】选项卡，如图6-52所示。

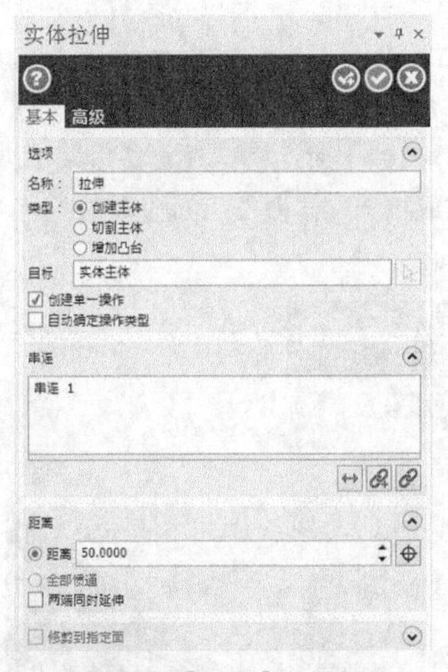

图6-51 【基本】选项卡

图6-52 【高级】选项卡

实训45——拉伸实体

采用拉伸命令绘制实体，如图6-53所示。

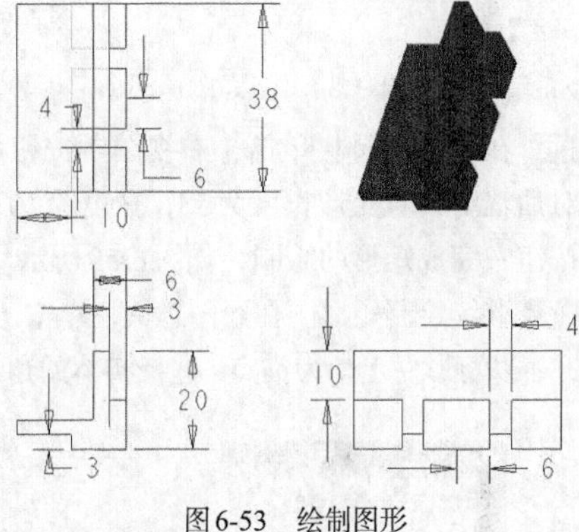

图6-53　绘制图形

01 在绘图工具栏单击【前视图】按钮，再在绘图工具栏单击【矩形设置】按钮，弹出【矩形选项】对话框，设置矩形长度为6，宽度为20，以矩形右下点为锚点，选择系统坐标系原点作为定位点，单击【完成】按钮，完成矩形的绘制，如图6-54所示。

02 继续绘制矩形，在【矩形选项】对话框中输入长度为20，宽度为6，选择原点为定位点，单击【完成】按钮，完成矩形的绘制，如图6-55所示。

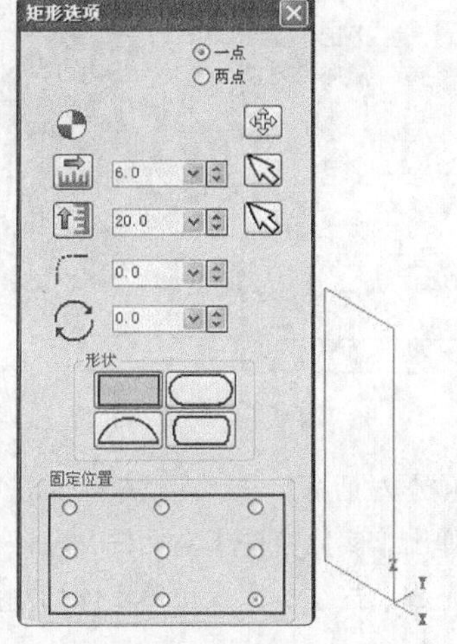

图6-54　绘制的矩形

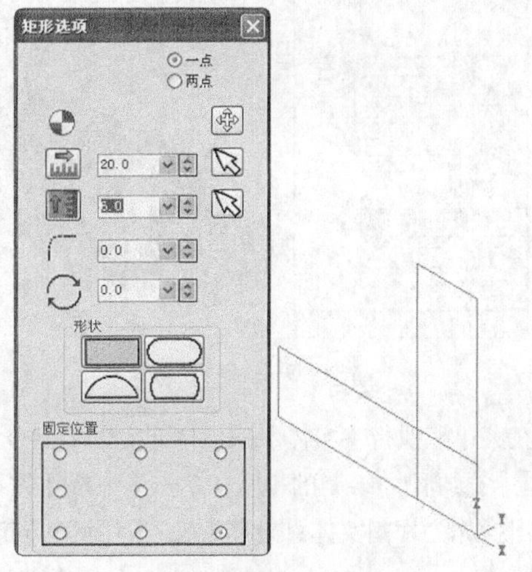

图6-55　绘制第二个矩形

03 在绘图工具栏单击【修剪/打断/延伸】按钮，再单击【两物体修剪】按钮，选择要修剪的两条直线，单击【完成】按钮，完成修剪，如图6-56所示。

04 在绘图工具栏单击【删除】按钮，选中重复的图素，单击【完成】按钮，完成删除操作，如图6-57所示。

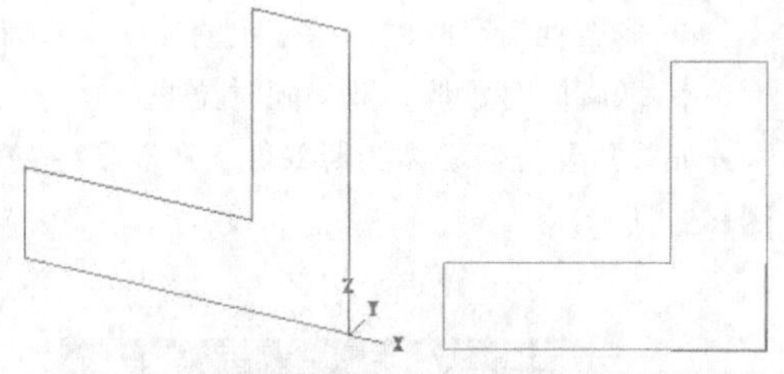

图6-56　两物体修剪　　图6-57　删除重复的线

05 在菜单栏执行【实体】→【拉伸实体】命令，弹出【串联选项】对话框，在该对话框中单击【串联】按钮，选择刚才绘制的串联，单击【完成】按钮，完成选择，弹出【实体拉伸】对话框，设置挤出操作为【创建主体】，距离为19，采用【两边同时延伸】，单击【完成】按钮，完成拉伸实体操作，如图6-58所示。

图6-58　拉伸实体

06 在绘图工具栏单击【右视图】按钮，再在绘图工具栏单击【矩形设置】按钮，弹出【矩形选项】对话框，设置矩形长度为38，宽度为10，以矩形左上点为锚点，选择实体的左上点为定位点，单击【完成】按钮，完成矩形的绘制，如图6-59所示。

07 继续绘制矩形。在绘图工具栏单击【俯视图】按钮，在【矩形选项】对话框中输入长度为10，宽度为38，以矩形左上角为锚点，选择实体的角点为定位点，单击【完成】按钮，完成矩形的绘制，如图6-6所示。

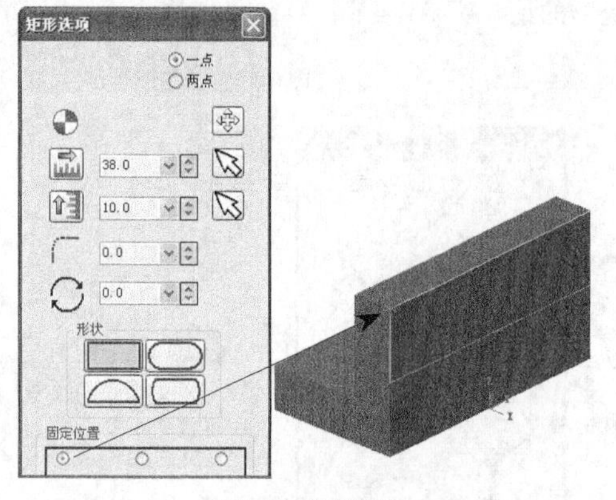

图6-59　绘制矩形

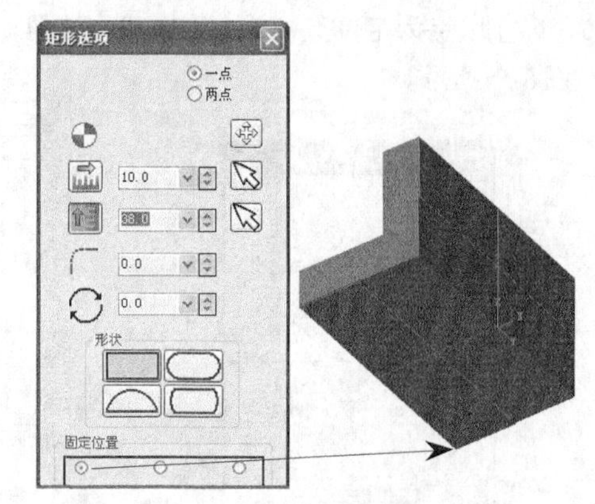

图6-60　绘制矩形

08 在菜单栏执行【实体】→【拉伸实体】命令，弹出【串联选项】对话框，在该对话框中单击【串联】按钮，选择刚才绘制的串联，单击【完成】按钮，完成选择，弹出【实体拉伸】对话框，在该对话框中设置挤出操作为切割实体，距离为3，采用两边同时延伸，单击【完成】按钮，完成拉伸实体切割操作，如图6-61所示。

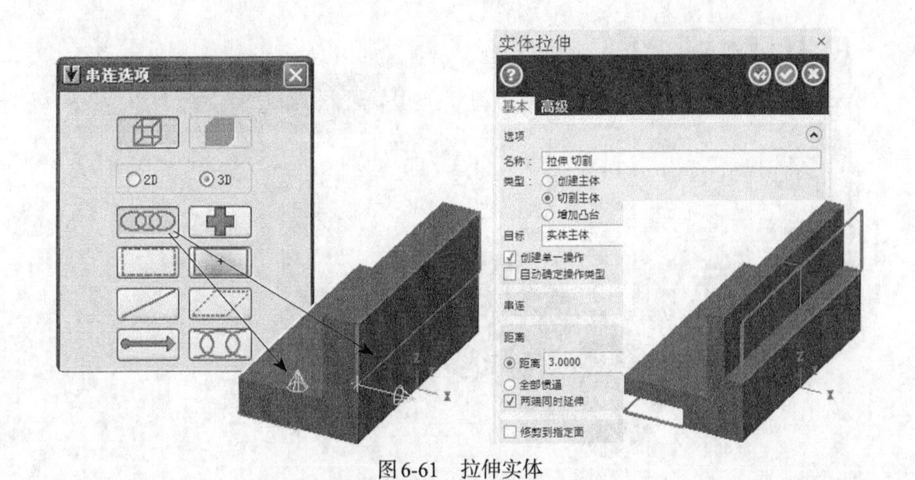

图6-61　拉伸实体

操作技巧

在拉伸切割时，通常可以选择多个实体一起拉伸，并采用两边同时延伸，这样不必考虑拉伸方向的影响。例如，刚才绘制的拉伸切割，同时选择两个，如果拉伸方向不一致，还要进行换向，而采用两边同时延伸，就避免了此问题。用户要注意理解，什么时候可以使用这种方法。

09 在绘图工具栏单击【右视图】按钮，再在绘图工具栏单击【矩形设置】按钮，弹出【矩形选项】对话框，设置矩形长度为4，宽度为10，以矩形左下点为锚点，输入定位点坐标为“X6Y0”，单击【完成】按钮，完成矩形的绘制，如图6-62所示。

10 在【矩形选项】对话框中选择右下角为锚点，输入长度为4，宽度为10，在坐标输入栏输入定位点坐标为“X-6Y0”，单击【完成】按钮，完成矩形的绘制，如图6-63所示。

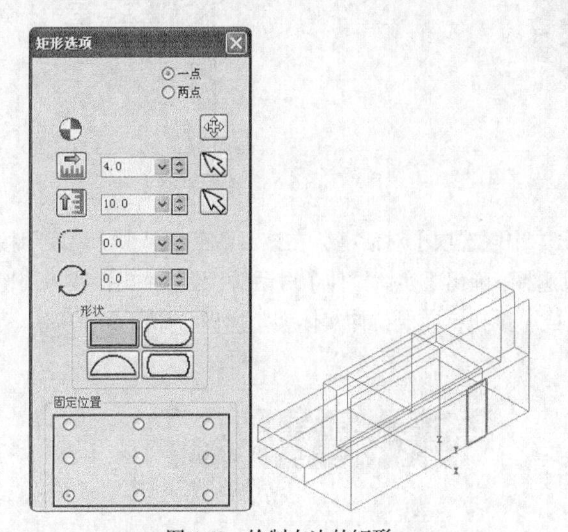

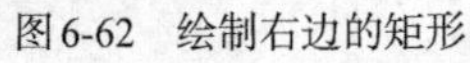

图6-62　绘制右边的矩形

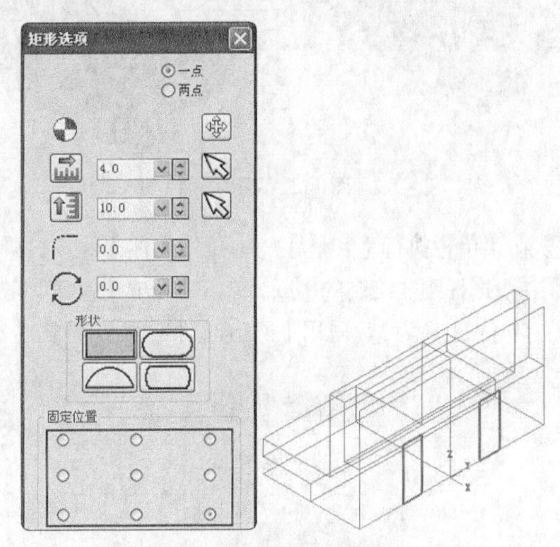

图6-63　绘制左边的矩形

11 在菜单栏执行【实体】→【拉伸实体】命令，弹出【串联选项】对话框，在该对话框中单击【串联】按钮，选择刚才绘制的串联，单击【完成】按钮，完成选择，弹出【实体拉伸】对话框，设置挤出操作为【切割主体】，距离为3，采用【两边同时延伸】，单击【完成】按钮，完成拉伸实体切割操作，如图6-64所示。

12 更改图层。选择所有的曲线，在状态栏用鼠标右键单击【图层】按钮，弹出【更改层别】对话框，将选项设置为【移动】，并选择要移动到的层，单击【完成】按钮，即可将选择的层进行隐藏，如图6-65所示。

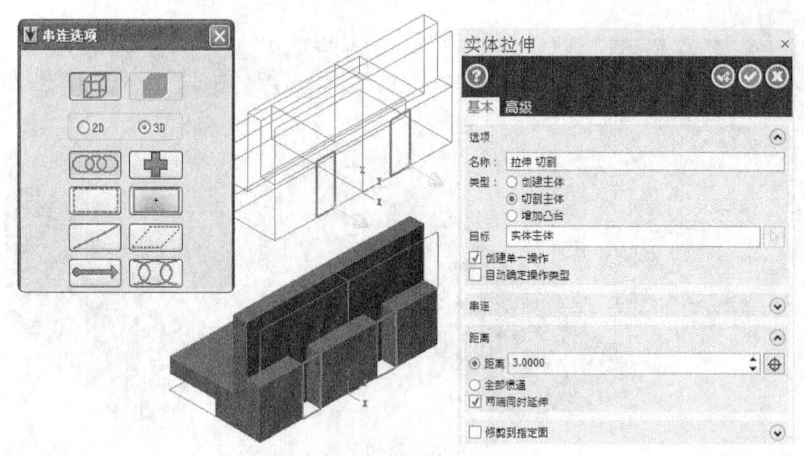

图6-64　挤出切割结果

13 将视图切换为【俯视图】按钮，在绘图工具栏单击【矩形设置】按钮，弹出【矩形选项】对话框，设置矩形长度为10，宽度为4，以矩形左下点为固定点，选择实体切割后的点为定位点，单击【完成】按钮，完成矩形的绘制，如图6-66所示。

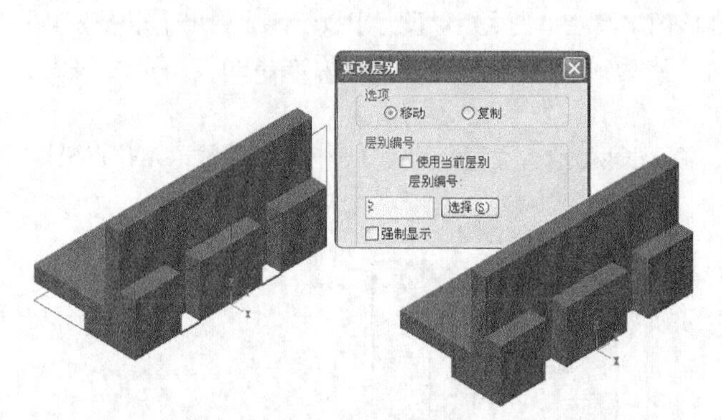

图6-65　更改层别

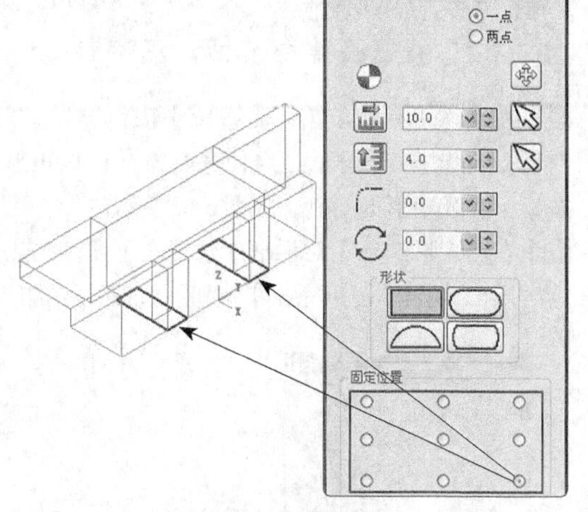

图6-66　绘制矩形

14 在菜单栏执行【实体】→【拉伸实体】命令，弹出【串联选项】对话框，在该对话框中单击【串联】按钮，选择刚才绘制的串联，单击【完成】按钮，完成选择，弹出【实体拉伸】对话框，设置挤出操作为【切割主体】，距离为3，采用【两边同时延伸】，单击【完成】按钮，完成拉伸实体切割操作，如图6-67所示。

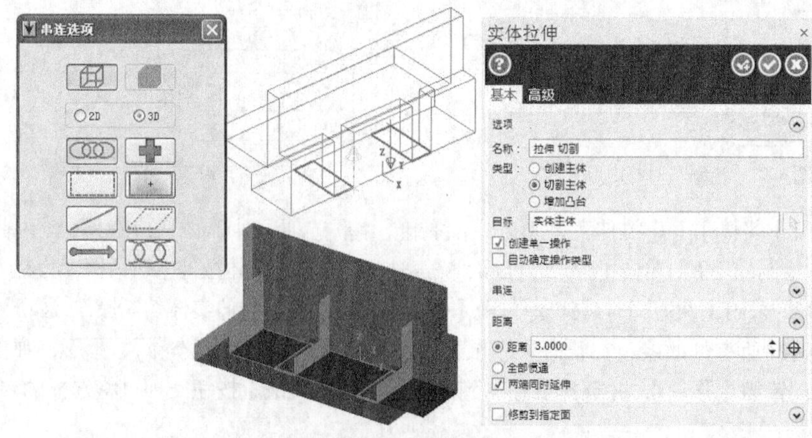

图6-67　拉伸实体

15 更改图层。选择所有的曲线，在状态栏用鼠标右键单击【图层】按钮，弹出【更改层别】对话框，将选项设置为【移动】，设置要移动到第2层，单击【完成】按钮，即可将选择的层移动到第2层，如图6-68所示。结果文件见“实训\结果文件\Ch06\6-6.mcx-9”。

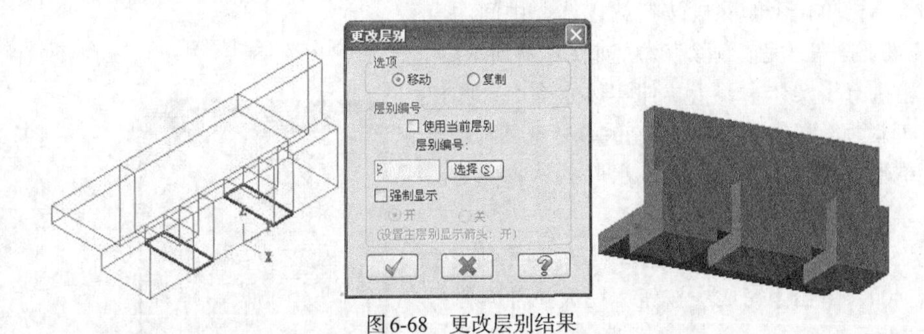

图6-68　更改层别结果

6.3　旋转实体

【旋转实体】命令能将选择的旋转截面绕指定的旋转中心轴旋转一定的角度产生旋转实体或薄壁件。在菜单栏执行【实体】→【旋转】命令，选择旋转截面和旋转轴，弹出【旋转实体】对话框，如图6-69所示。

各选项含义如下。

- 创建主体：只创建旋转实体，不做任何布尔操作。
- 切割主体：在创建旋转实体的同时，采用创建的实体来切割现有的实体。
- 增加凸台：在创建旋转实体的同时，采用创建的实体作为工具实体来和现有实体做布尔加运算。
- 增加串连：单击此按钮，可以新增旋转截面来创建多旋转实体。
- 起始角度：输入旋转开始的角度。
- 结束角度：输入旋转结束的角度。
- 旋转轴反向：切换旋转轴向。

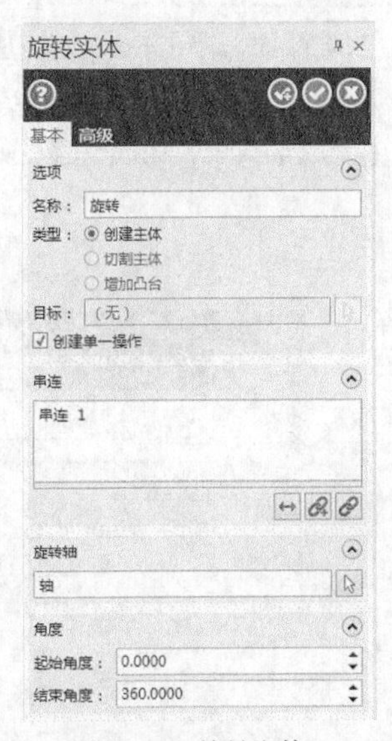

图6-69　旋转实体

实训46——旋转实体

采用【旋转实体】命令绘制图形，如图6-70所示。

01 在绘图工具栏单击【前视图】按钮，并单击【矩形设置】按钮，弹出【矩形选项】对话框，设置矩形长度为400，宽度为20，以矩形上中点为锚点，选择系统坐标系原点作为定位点，单击【完成】按钮，完成矩形的绘制，如图6-71所示。

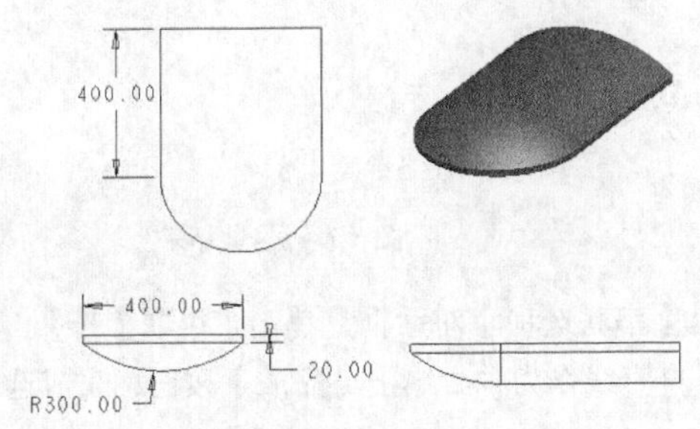

图6-70　绘制图形

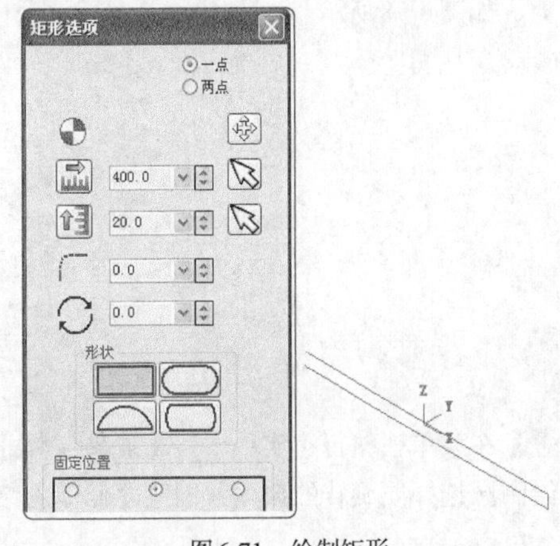

图6-71　绘制矩形

02 在绘图工具栏单击【两点绘弧】按钮，选择矩形的两点，输入半径为300，单击【完成】按钮，完成圆弧的绘制，如图6-72所示。

03 在绘图工具栏单击【删除】按钮，选择中间的直线，单击【完成】按钮，完成删除直线，如图6-73所示。

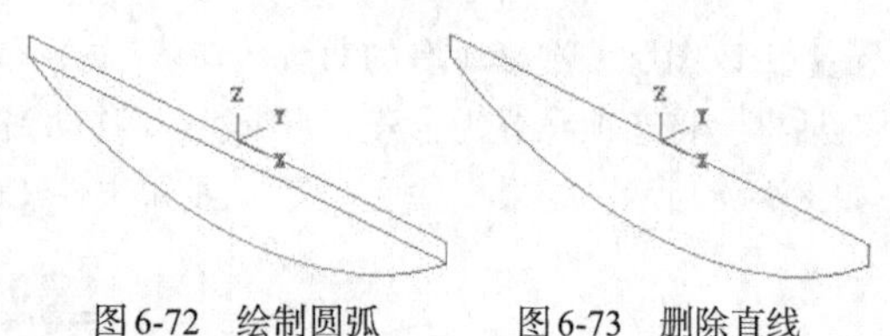

图6-72　绘制圆弧　　　图6-73　删除直线

04 在菜单栏执行【实体】→【拉伸实体】命令，弹出【串联选项】对话框，单击【串联】按钮，选择刚才绘制的串联，单击【完成】按钮，完成串联的选择，如图6-74所示。

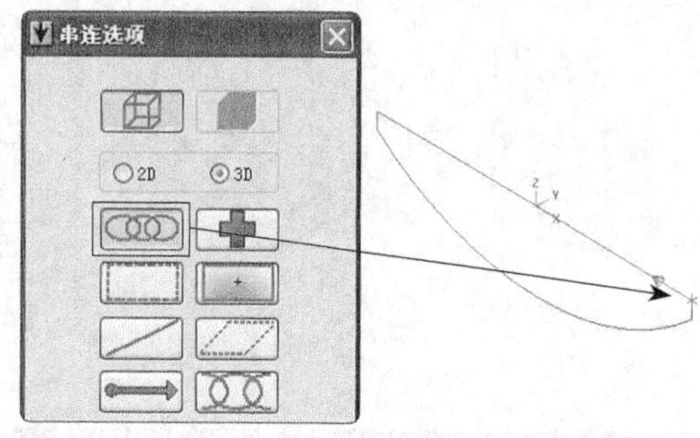

图6-74　选择串联

05 弹出【实体拉伸】对话框，设置挤出操作为【创建主体】，距离为400，单击【完成】按钮，完成拉伸实体操作，如图6-75所示。

06 在绘图工具栏单击【平移】按钮，选择刚才拉伸的二维截面，单击Enter键完成选择，弹出【平移选项】对话框，设置平移类型为【复制】，平移Z距离为400，单击【完成】按钮，完成平移，如图6-76所示。

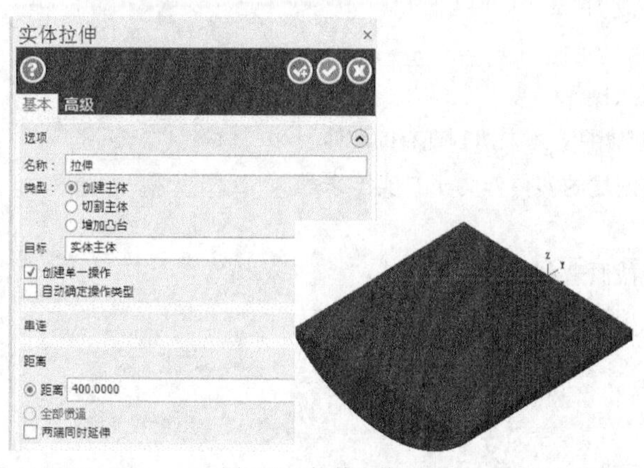

图6-75　拉伸实体

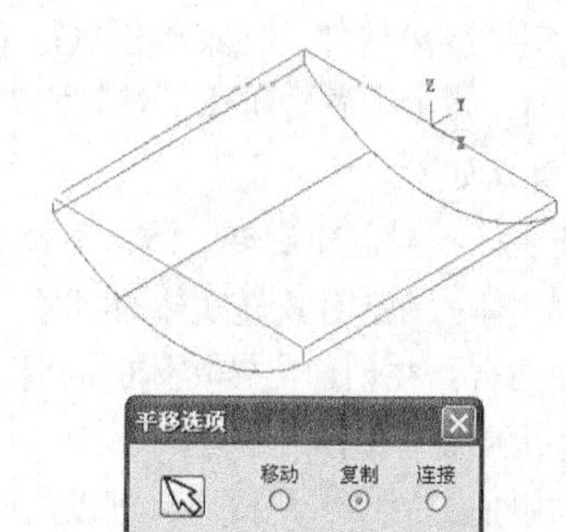

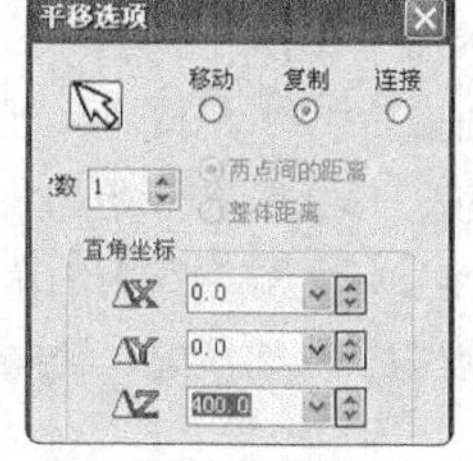

图6-76　平移

07 在绘图工具栏单击【任意线】按钮，选择直线和圆弧的中点进行连线，结果如图6-77所示。

08 在绘图工具栏单击【修剪/打断/延伸】按钮，单击【分割物体】按钮，单击要修剪的直线，完成修剪，如图6-78所示。

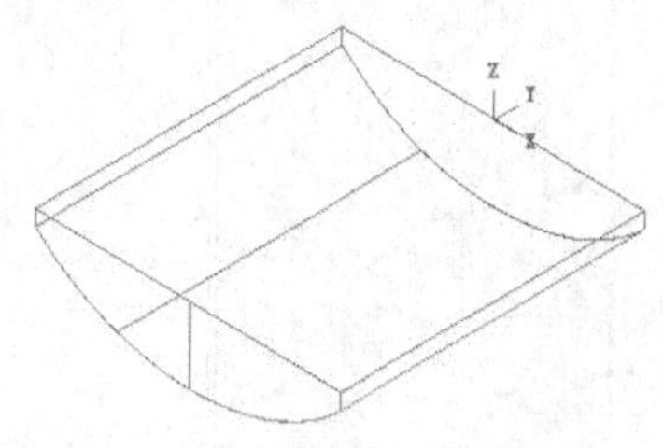

图6-77　绘制直线

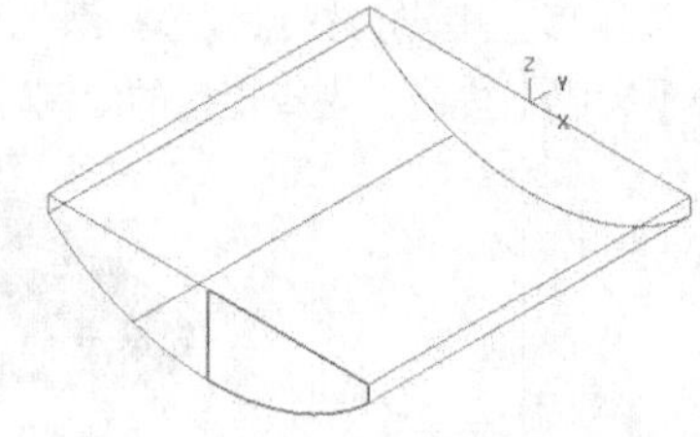

图6-78　修剪结果

09 在菜单栏执行【实体】→【旋转实体】命令，弹出【串联选项】对话框，单击【串联】按钮，并在绘图区选择要旋转的截面，即刚才修剪的结果，选择竖直直线作为轴，单击【完成】按钮，完成选择，如图6-79所示。

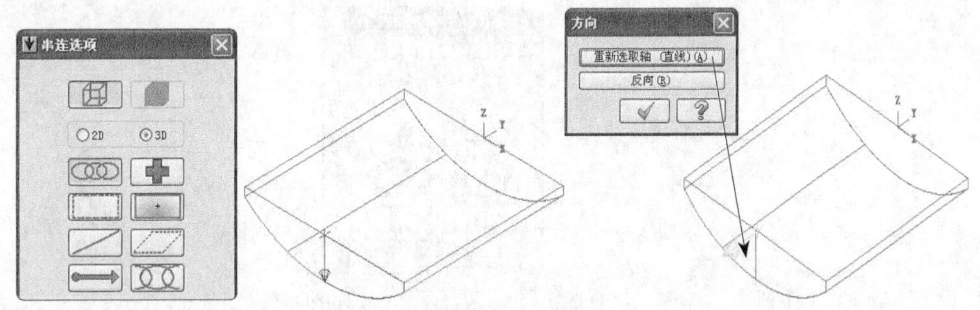

图6-79　选择串联

10 弹出【旋转实体】对话框，在该对话框中设置旋转操作为【增加凸台】，旋转角度为0~360°，单击【完成】按钮，完成旋转，如图6-80所示。结果文件见“实训\结果文件\Ch06\6-7.mcx-9”。

图6-80　旋转结果

操作技巧

此处本来旋转0°~180°就够了，但是图中直接旋转成360°，这样多余部分进行合并即可，而无须旋转180°，并且不需要判断旋转方向是否正确，因此旋转360°更加方便。

6.4　扫描实体

扫描实体是将截面沿指定的轨迹进行扫描形成实体。扫描截面必须封闭，否则扫描实体失败。只有生成扫描薄壁件时，截面才允许开放。在菜单栏执行【实体】→【扫描】命令，选择扫描截面，确定后再选择扫描轨迹，弹出【扫描】对话框，该对话框用来设置扫描实体的相关参数，如图6-81所示。

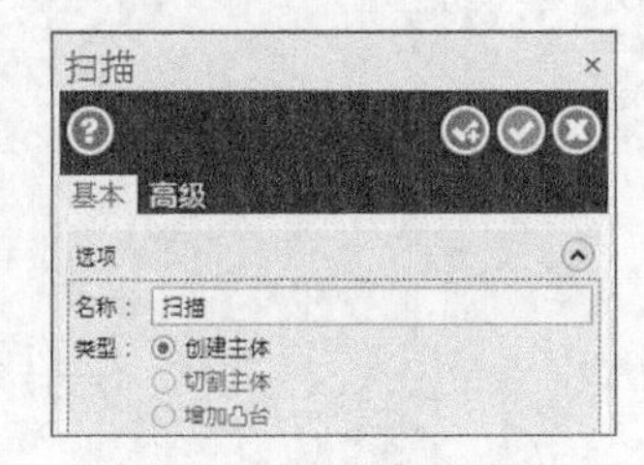

图6-81　【扫描】对话框

实训47——扫描实体

采用【扫描实体】命令，绘制图形，如图6-82所示。

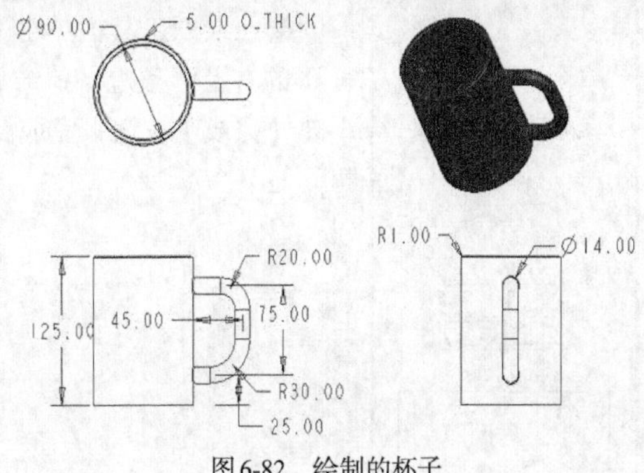

图6-82　绘制的杯子

01 在绘图工具栏单击【已知圆心点画圆】按钮，输入圆直径为90，输入圆心点坐标X为0，Y为0，Z为0，单击Enter键后再单击【完成】按钮完成圆的绘制，如图6-83所示。

02 在菜单栏执行【实体】→【拉伸实体】命令，弹出【串联选项】对话框，在该对话框中单击【串联】按钮，选择刚才绘制的圆，单击【完成】按钮，完成选择，如图6-84所示。

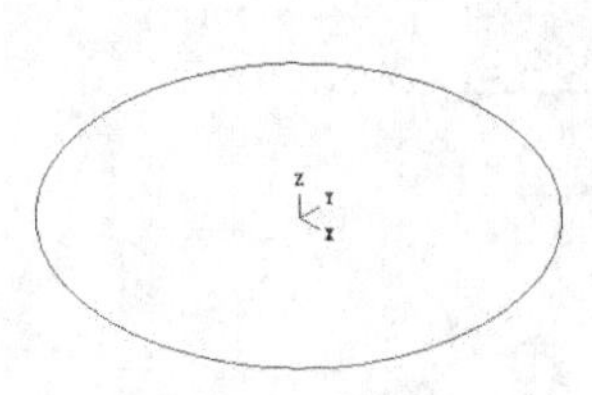

图6-83　绘制圆

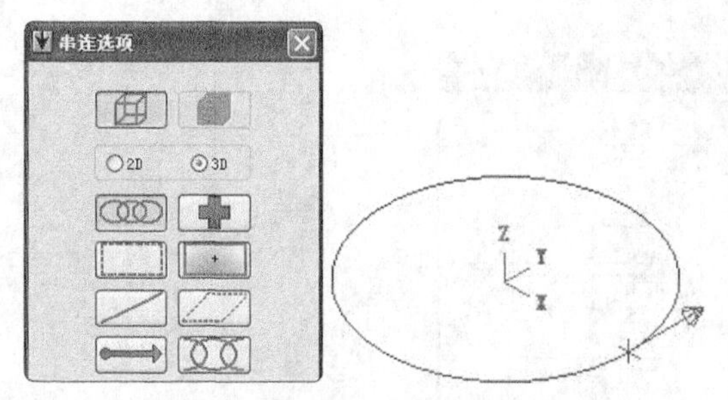

图6-84　选择串联

03 弹出【实体拉伸】对话框，设置挤出操作为【创建主体】，拉伸距离为125，单击【完成】按钮，完成拉伸操作，如图6-85所示。

04 在菜单栏执行【实体】→【抽壳】命令，系统提示选择要移除的面，选择圆柱体顶面，单击【完成】按钮，完成选择，弹出【抽壳】对话框，设置朝内的厚度为5，单击【完成】按钮，完成参数设置，如图6-86所示。

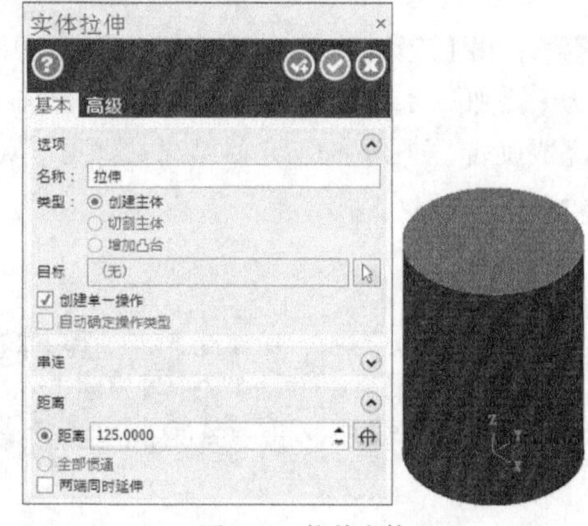

图6-85　拉伸实体

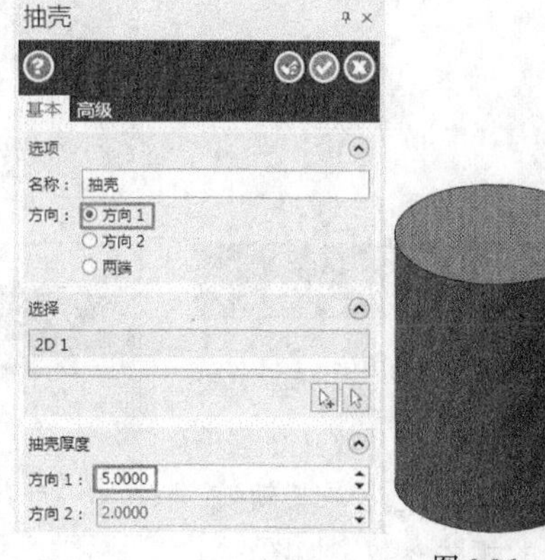

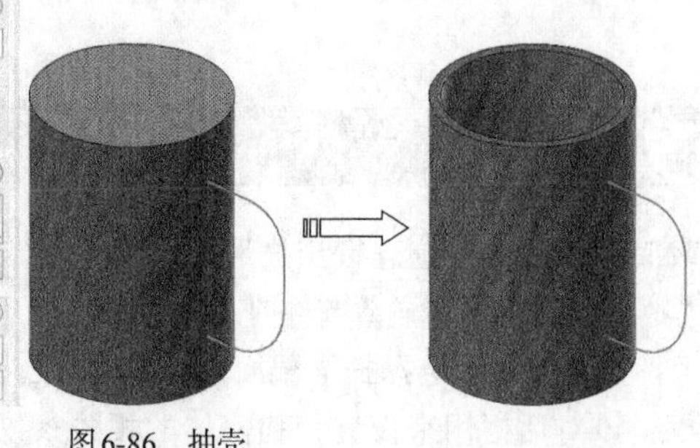

图6-86　抽壳

05 在绘图工具栏单击【前视图】按钮，并单击【矩形设置】按钮，弹出【矩形选项】对话框，设置矩形长为50，宽为75，输入定位点为“X40Y25”，单击【完成】按钮，完成矩形的绘制，如图6-87所示。

06 在绘图工具栏单击【固定实体倒圆角】按钮，输入倒圆角半径为20，单击矩形的右上两条边，单击【完成】按钮，再输入半径为30，单击下方要倒圆角边，单击【完成】按钮，完成倒圆角，如图6-88所示。

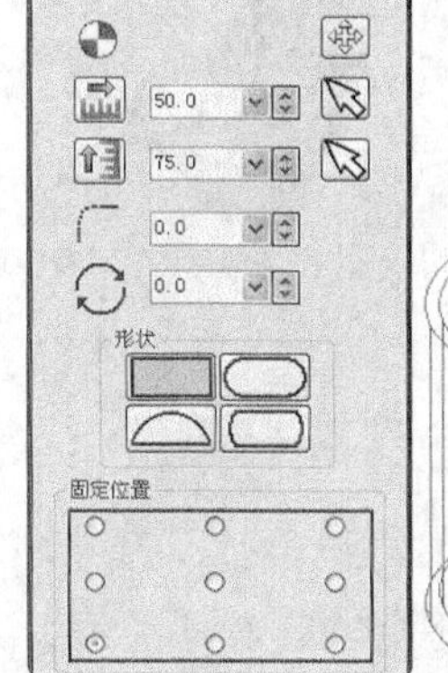

图6-87　绘制矩形

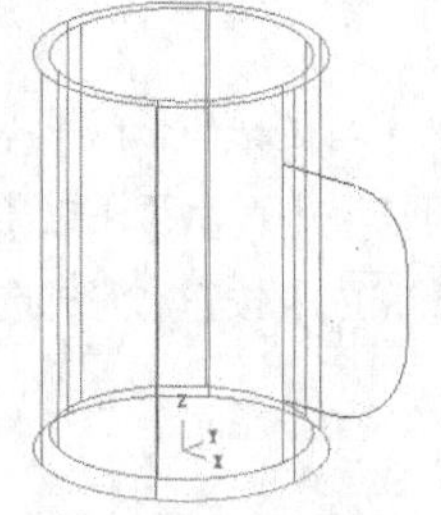

图6-88　倒圆角

07 在绘图工具栏单击【删除】按钮，选择竖直线，单击【完成】按钮，删除直线，如图6-89所示。

08 在绘图工具栏单击【右视图】按钮，并单击【绘圆】按钮，输入圆直径为14，选择刚才绘制的扫描轨迹的端点，单击【完成】按钮，完成圆的绘制，如图6-90所示。

图6-89　删除直线　　　　图6-90　绘制圆

09 在菜单栏执行【实体】→【扫描实体】命令，弹出【串联选项】对话框，选择刚才绘制的圆，系统提示选择轨迹，选择与圆垂直的轨迹，单击【完成】按钮，完成选择，弹出【扫描实体】对话框，设置扫描操作为增加凸台，单击【完成】按钮，完成扫描，如图6-91所示。

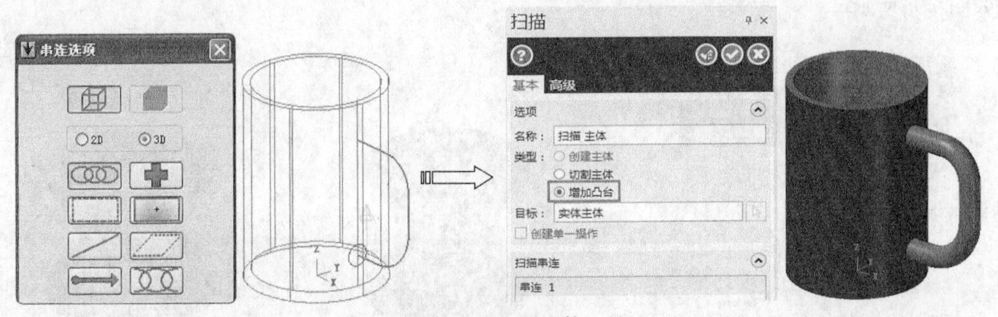

图6-91　扫描实体

10 在菜单栏执行【实体】→【倒圆角】→【固定圆角半径】命令，系统提示选择要倒圆角的边，选择实体边，输入倒圆角半径为5，单击【完成】按钮，完成选择，如图6-92所示。

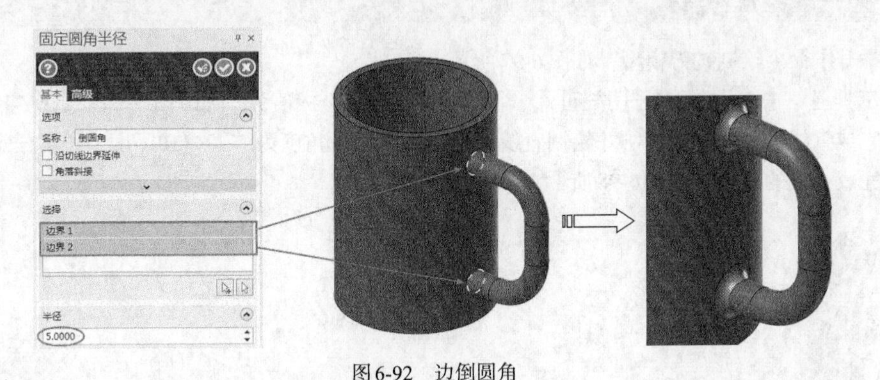

图6-92　边倒圆角

11 继续倒圆角，选择杯子口部边界，输入倒圆角半径为1，单击【完成】按钮，完成倒圆角，如图6-93所示。结果文件见“实训\结果文件\Ch06\6-8.mcx-9”。

操作技巧

本实训在绘制杯子手柄处的草绘时，将草绘往杯子内多绘制了5mm。多绘制的原因是，如果线与杯子外壁相接，扫描的手柄将与杯身相切，造成临界条件，实体布尔合并会失败报错，往内多延伸一段，可以有效解决此问题。

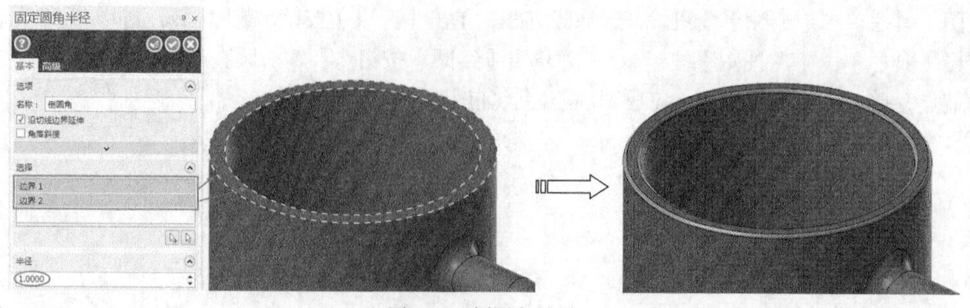

图 6-93　倒圆角结果

6.5　举升实体

【举升】命令能将选择的多个截面产生平滑过渡实体。在菜单栏执行【实体】→【举升】命令，选择举升截面，确定后弹出【举升】对话框，如图6-94所示。

【举升】命令可以产生截面之间光顺过渡的实体，如图6-95所示。也可以产生截面之间直接过渡的直纹实体，如图6-96所示。

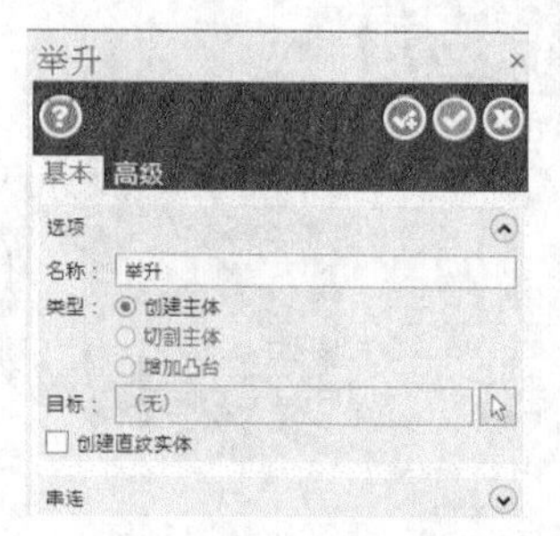

图 6-94　【举升】对话框

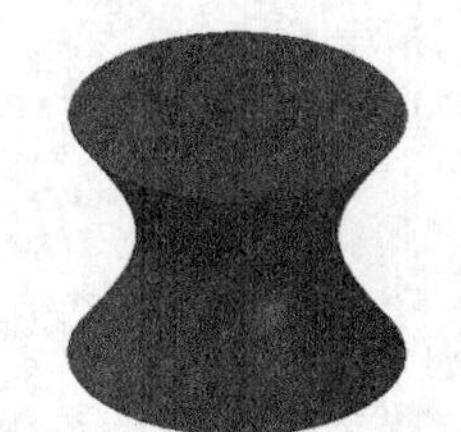

图 6-95　光顺过渡的实体

图 6-96　直纹实体

实训 48——举升实体

采用【举升】命令绘制铣刀模型，如图6-97所示。

01 在绘图工具栏单击【绘制直线】按钮，输入直线端点的坐标值为“X16Y1”和“X16Y-1”，单击【完成】按钮，完成直线的绘制。捕捉刚才绘制直线的下端点，输入角度为“90+110”度，长度任意，单击【完成】按钮，完成直线的绘制，如图6-98所示。

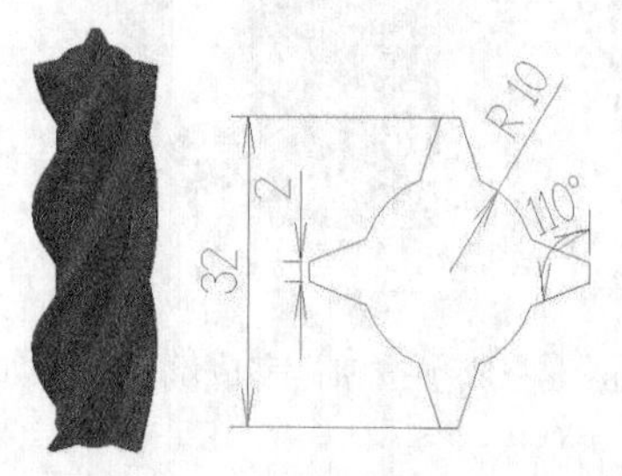

图 6-97　铣刀模型

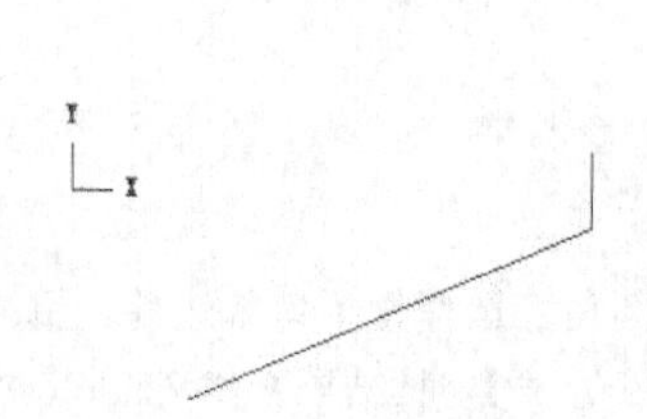

图 6-98　绘制直线

02 在绘图工具栏单击【镜像】按钮，选择刚才绘制的斜直线，单击【完成】按钮，完成选择，弹出【镜像】对话框，设置镜像类型为【复制】，选择沿Y轴镜像，单击【完成】按钮，完成设置，如图6-99所示。

03 在绘图工具栏单击【旋转】按钮，选择所有的直线，单击【完成】按钮，完成选择，弹出【旋转选项】对话框，设置旋转类型为【移动】，次数为4，整体旋转角度为360°，单击【完成】按钮，完成设置，旋转结果如图6-100所示。

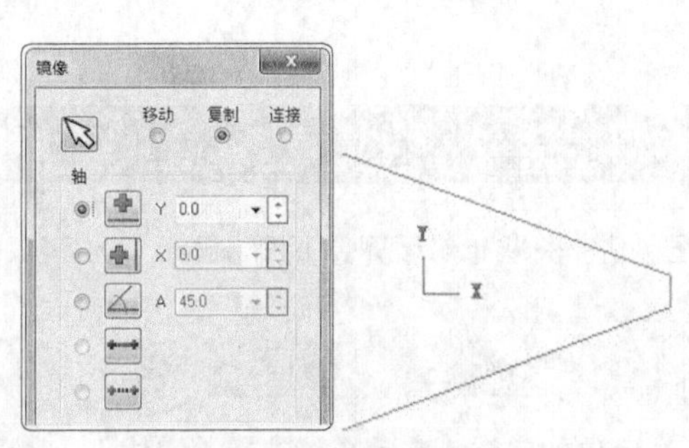

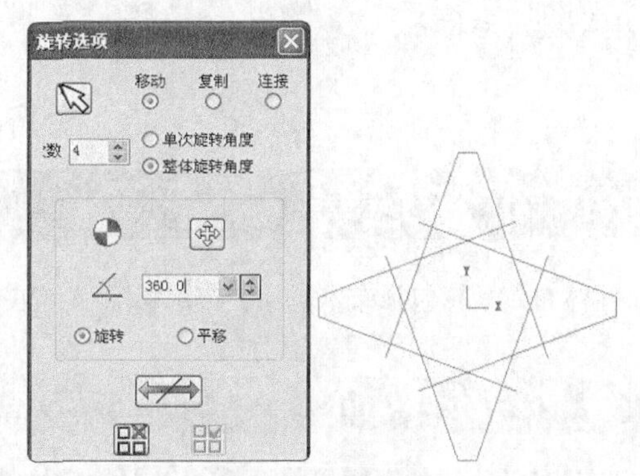

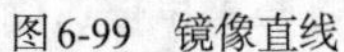

图6-99　镜像直线　　图6-100　旋转结果

04 在绘图工具栏单击【绘圆】按钮，输入圆半径为10，选择原点为定位点，单击【完成】按钮，完成圆的绘制，如图6-101所示。

05 在绘图工具栏单击【修剪/打断/延伸】按钮，并单击【分割物体】按钮，选择要分割的部分，即进行修剪，如图6-102所示。

06 在绘图工具栏单击【平移】按钮，选择所有图素，单击【完成】按钮，完成选择，弹出【平移选项】对话框，在该对话框中设置平移类型为【复制】，次数为1，Z方向平移距离为20，单击【完成】按钮，完成设置，平移结果如图6-103所示。

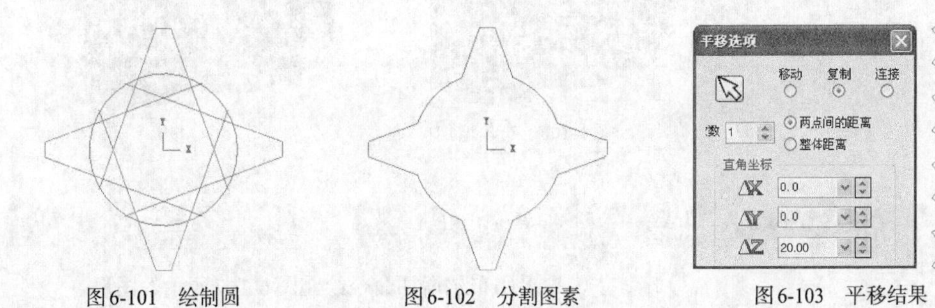

图6-101　绘制圆　　图6-102　分割图素　　图6-103　平移结果

07 在菜单栏执行【实体】→【举升】命令，弹出【串联选项】对话框，在该对话框中单击【串联】按钮，依次选择图6-104所示的串联，单击【完成】按钮，完成选择。

08 弹出【举升】对话框，保持默认的【创建主体】，在该对话框中单击【完成】按钮，完成举升实体操作，如图6-105所示。结果文件见“实训\结果文件\Ch06\6-9.mcx-9”。

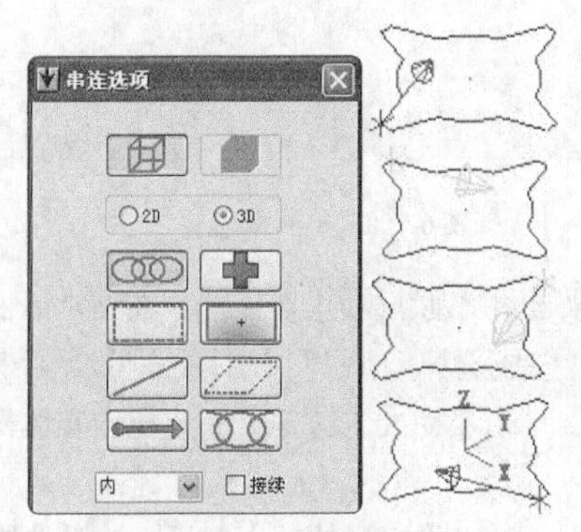

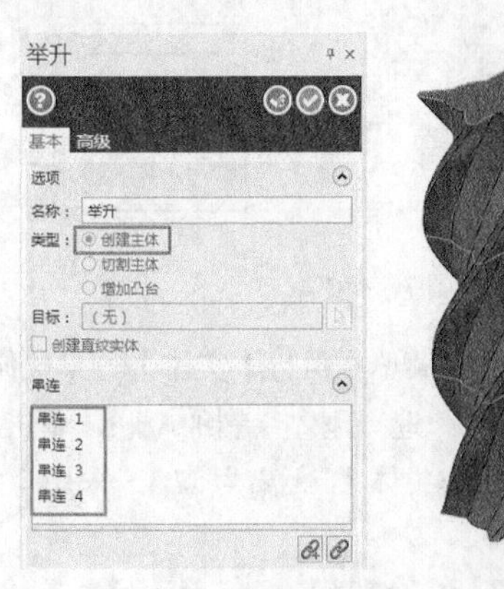

图6-104　选择串联　　图6-105　举升实体

操作技巧

正常情况下，举升实体要求点对齐，但是本实训比较特别，要求起始点要对应旋转45°，因此，【举升】命令需要起始点对应（也包括对齐）。

6.6 布尔运算

实体布尔运算包括布尔增加、布尔移除和布尔交集，还包括非关联布尔运算。下面讲解布尔运算法则。

6.6.1 布尔增加

“布尔运算-增加”可以将两个及以上的实体结合成一个整体的实体。在菜单栏执行【实体】→【布尔运算】命令，系统提示选择目标实体和工具实体，单击【完成】按钮，弹出【布尔运算】对话框，选择【增加】类型，即可将目标实体和工具实体合并成一个实体，如图6-106所示。

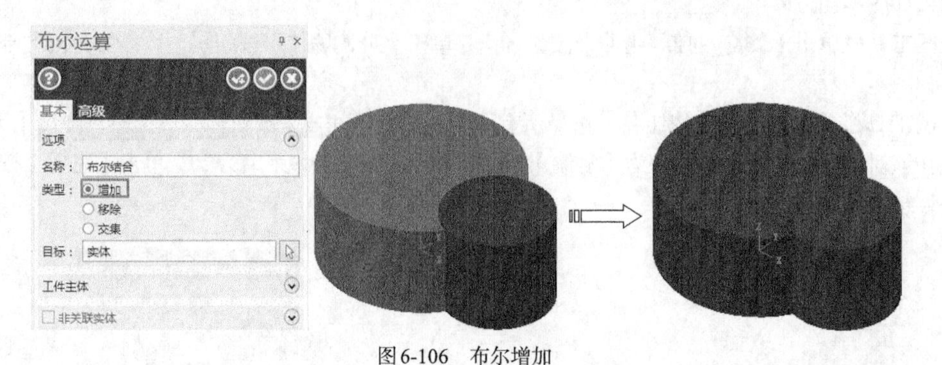

图6-106 布尔增加

实训49——布尔增加

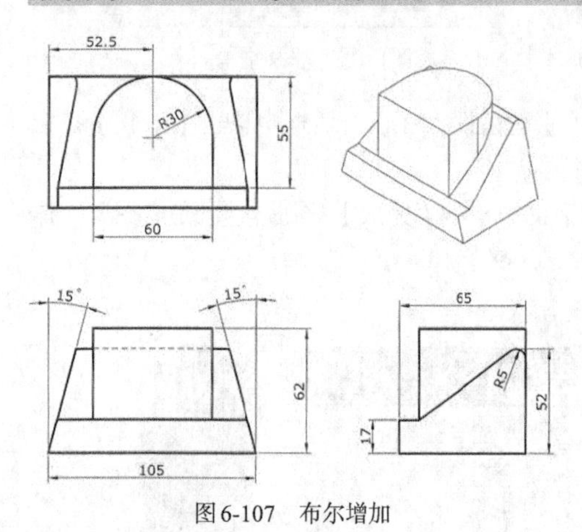

图6-107 布尔增加

采用布尔增加命令绘制图6-107所示的图形。

01 切换视图到【右视图】，采用直线和倒圆角命令绘制二维截面，如图6-108所示。

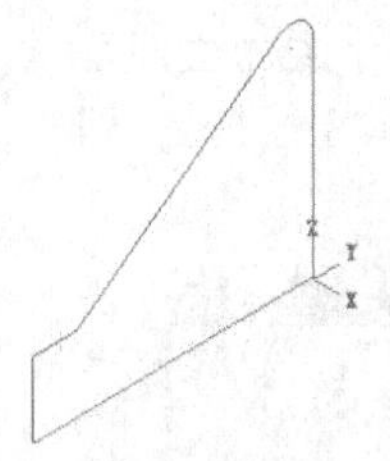

图6-108 绘制截面

02 拉伸实体。在菜单栏执行【实体】→【拉伸实体】命令，弹出【串联选项】对话框，在该对话框中单击【串联】按钮，选择刚才绘制的串联，单击【完成】按钮，完成选择，弹出【实体拉伸】对话框，设置挤出操作为【创建主体】，距离为52.5，采用【两端同时延伸】，单击【完成】按钮，完成拉伸实体操作，如图6-109所示。

03 切换视图到【俯视图】，单击绘制【矩形设置】按钮，弹出【矩形选项】对话框，设置矩形长度为60，宽度为55，以矩形上中点为锚点，选择系统坐标系原点作为定位点，单击【完成】按钮，完成矩形的绘制，如图6-110所示。

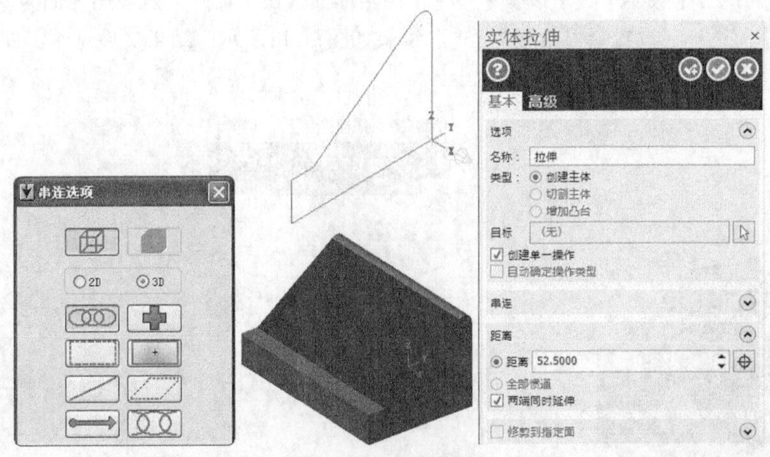

图6-109　拉伸实体

04 拉伸实体。在菜单栏执行【实体】→【拉伸实体】命令，弹出【串联选项】对话框，在该对话框中单击【串联】按钮，选择刚才绘制的串联，单击【完成】按钮，完成选择，弹出【实体拉伸】对话框，设置挤出操作为【创建主体】，距离为62，单击【完成】按钮，完成拉伸实体操作，如图6-111所示。

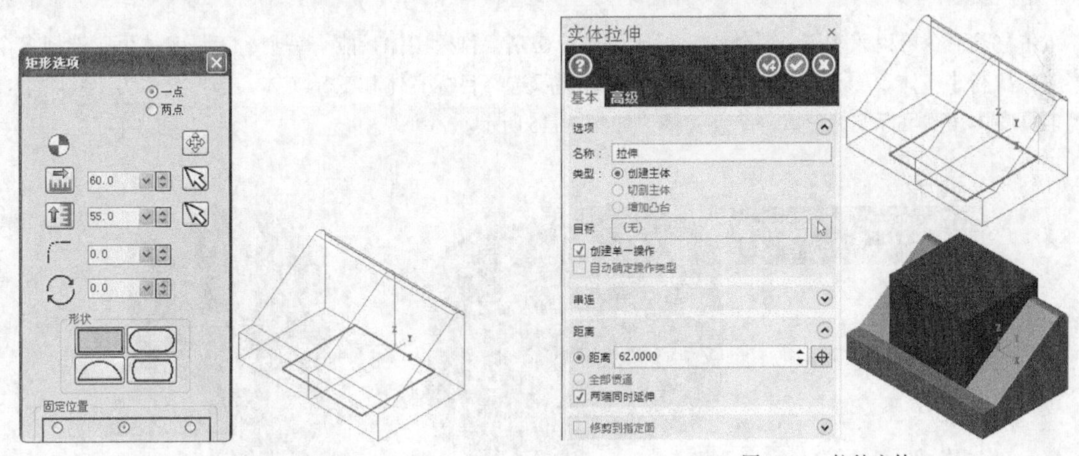

图6-110　绘制截面图形　　　　图6-111　拉伸实体

05 倒圆角。在绘图工具栏单击【实体边倒圆角】按钮，选择要倒圆角的边，单击【完成】按钮，弹出【固定圆角半径】对话框，输入倒圆角半径为30，单击【完成】按钮，完成倒圆角，如图6-112所示。

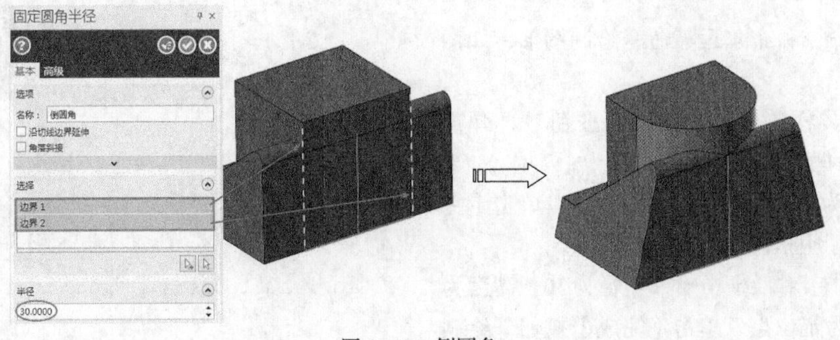

图6-112　倒圆角

06 布尔增加操作。在绘图工具栏单击【布尔运算】按钮，然后选择底部实体为目标实体，再选择刚才倒圆角的实体为工具实体，单击【完成】按钮，完成合并，合并后的实体为一个整体，如图6-113所示。

07 拔模。在菜单栏执行【实体】→【拔模】→【依照实体面拔模】命令，选择两侧面为要拔模的面，弹出【依照实体面拔模】对话框，设置牵引角度为15°，结果如图6-114所示。结果文件见"实训\结果文件\Ch06\6-10.mcx-9"。

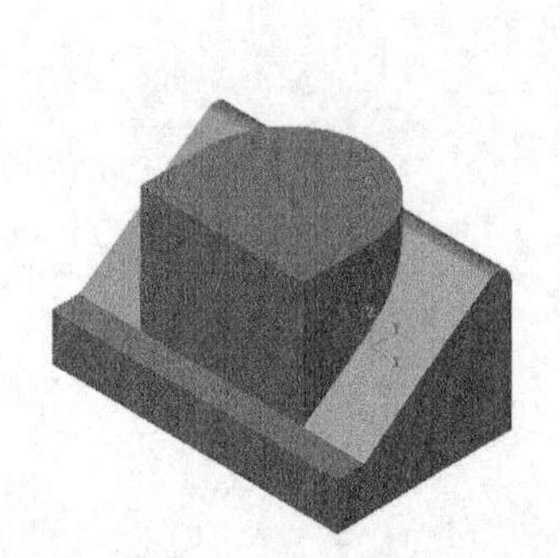

图6-113　布尔合并

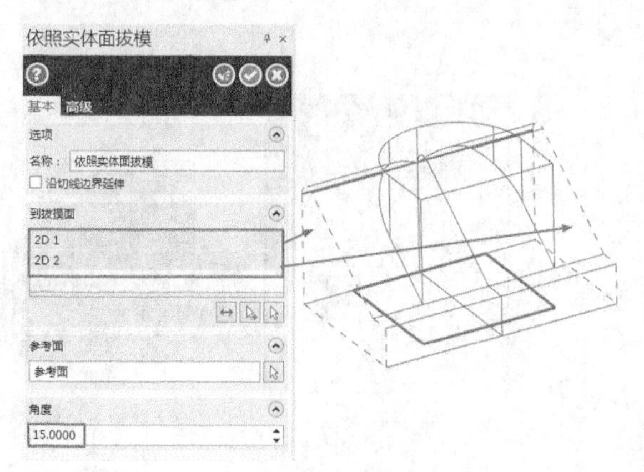

图6-114　拔模

6.6.2　布尔移除

布尔移除命令可以采用工具实体对目标实体进行切割，目标实体只能有一个，工具实体可以选择多个。在菜单栏执行【实体】→【布尔运算】命令，系统提示选择目标实体和工具实体，选择类型为【移除】，即可用工具实体切割目标实体形成一个新实体，如图6-115所示。

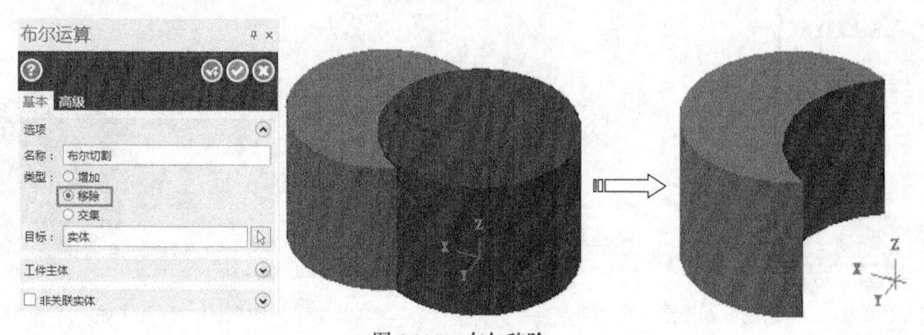

图6-115　布尔移除

实训50——布尔移除

以圆柱体命令和布尔运算命令绘制图形，如图6-116所示。

01 在绘图工具栏单击【圆柱体】按钮，弹出【圆柱体】对话框，设置圆柱体类型为【实体】，半径为50，高度为5，选择原点为定位点，单击【完成】按钮，绘制圆柱体，如图6-117所示。

02 在【圆柱体】对话框中输入半径为30，高度为20，选择原点为定位点，单击【完成】按钮，绘制

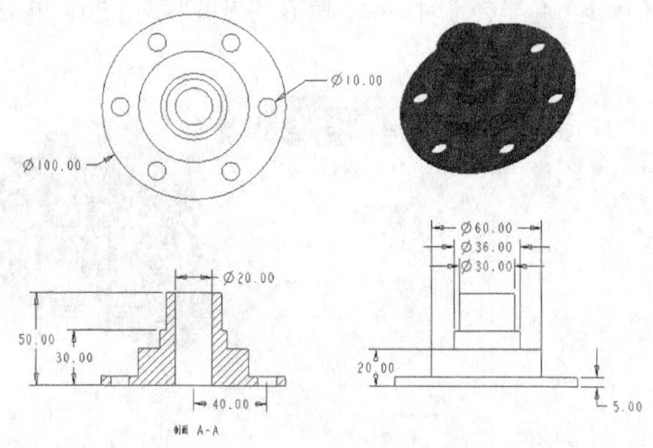

图6-116　绘制图形

第二个圆柱体，如图6-118所示。

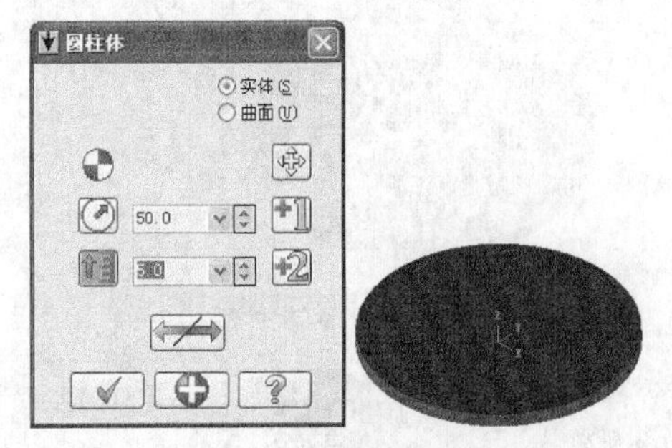

图6-117　绘制圆柱体

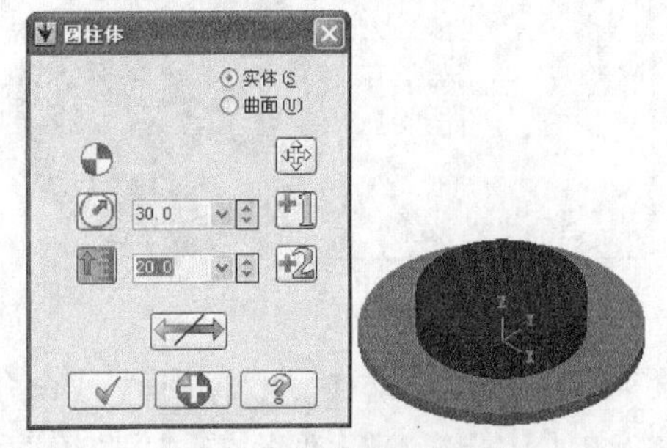

图6-118　绘制第二个圆柱体

03 在【圆柱体】对话框中输入半径为18，高度为30，选择原点为定位点，单击【完成】按钮，绘制第三个圆柱体，如图6-119所示。

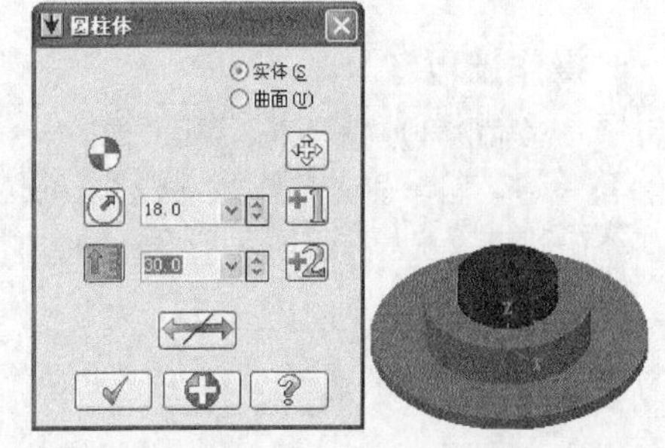

图6-119　绘制第三个圆柱体

04 在【圆柱体】对话框中输入半径为15，高度为50，选择原点为定位点，单击【完成】按钮，绘制第四个圆柱体，如图6-120所示。

05 在【圆柱体】对话框中输入半径为10，高度为55，选择原点为定位点，单击【完成】按钮，绘制第五个圆柱体，如图6-121所示。

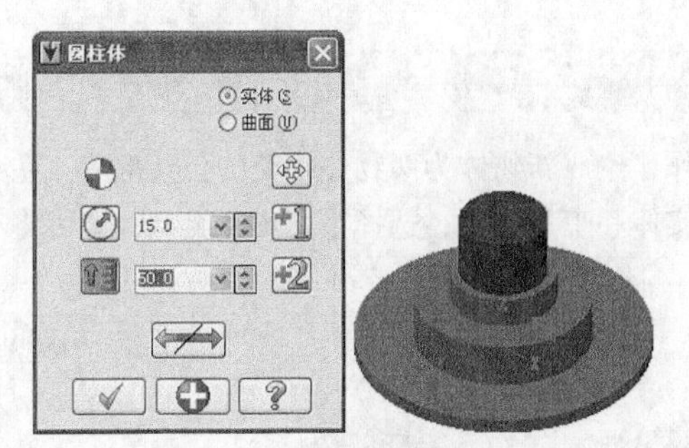

图6-120　绘制第四个圆柱体

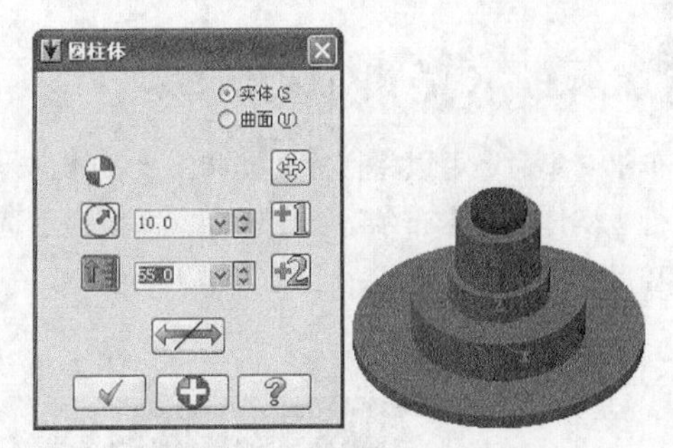

图6-121　绘制第五个圆柱体

操作技巧

此处将圆柱体的高度设为55，比其他的都要高，主要是为了方便后面布尔运算的选择，如果高度一样高，在选择实体时不容易选到。

06 在【圆柱体】对话框中输入半径为5，高度为10，输入定位点的坐标值“X40Y0”，单击【完成】按钮，绘制最后一个圆柱体，如图6-122所示。

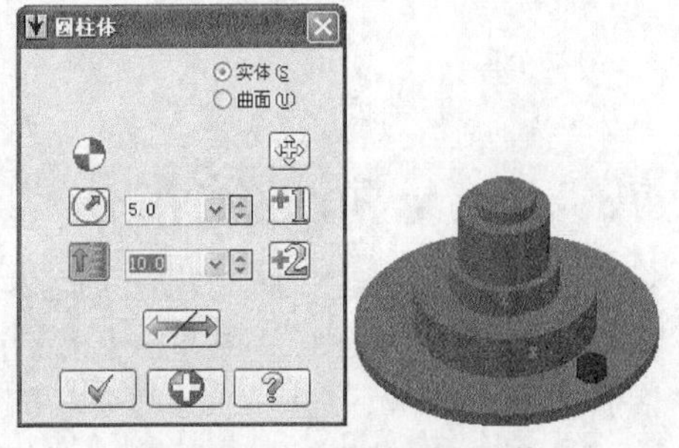

图6-122　绘制最后一个圆柱体

07 在绘图工具栏单击【旋转】按钮，选择刚才绘制的R5圆柱体，单击【完成】按钮，完成选择，弹出【旋转选项】对话框，设置旋转类型为【移动】，次数为6，总旋转角度为360，单击【完成】按钮，系统对选择的圆柱体进行旋转，如图6-123所示。

08 在菜单栏执行【实体】→【布尔运算】命令，选择目标实体和工具实体，在【布尔运算】对话框选择【增加】类型，单击【完成】按钮完成合并，如图6-124所示。

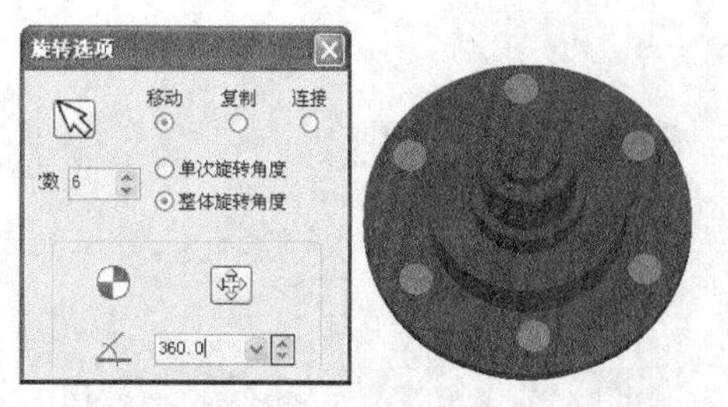

图6-123　旋转结果

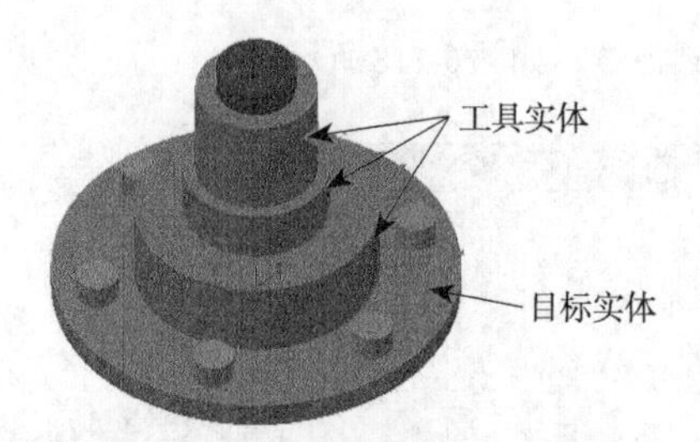

图6-124　布尔增加运算

09 在菜单栏执行【实体】→【布尔运算】命令，系统提示选择目标实体和工具实体，在【布尔运算】对话框选择【移除】类型，单击【完成】按钮，完成切割，如图6-125所示。

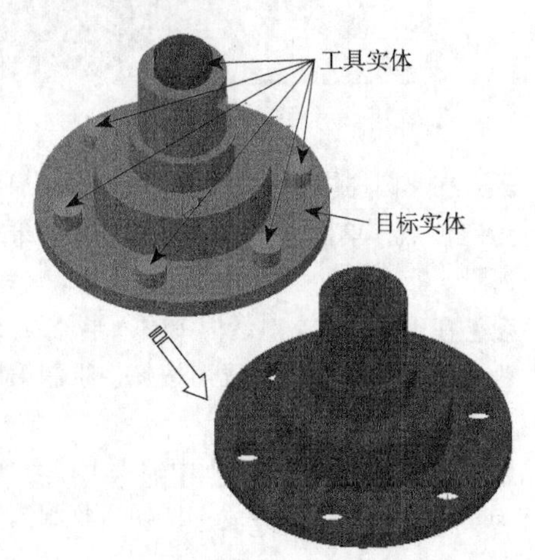

图6-125　布尔移除

操作技巧

布尔增加和布尔移除操作都是先选择一个目标实体，其后所有的都是工具实体，工具实体的数量可以无限多。单击【完成】按钮，即可完成布尔运算。

6.6.3　布尔交集

布尔交集命令可以将目标实体和工具实体进行求交操作，生成新物体为两物体相交的公共部分。在菜单栏执行【实体】→【布尔运算】命令，系统提示选择目标实体和工具实体，选择【交集】类型，即可将工具实体和目标实体相交形成一个新实体，如图6-126所示。

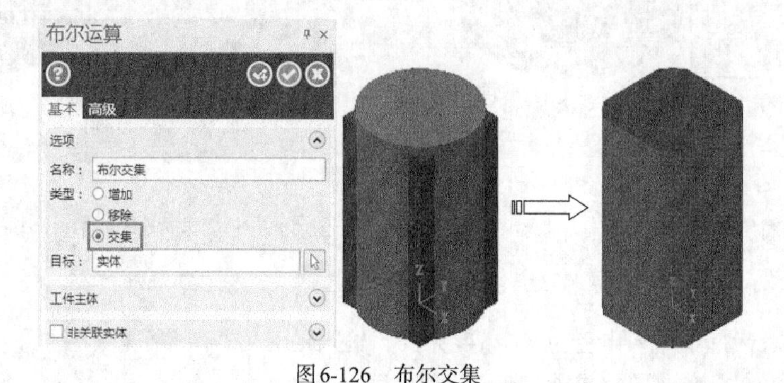

图6-126　布尔交集

实训51——布尔交集

采用布尔交集绘制图6-127所示的艺术立体字。

01 创建文字。在绘图工具栏单击【文字】按钮A，弹出【绘制文字】对话框，输入字母M，选择真实字型为【方正隶变简体】，高度为20，单击【完成】按钮，选择原点为定位点，结果如图6-128所示。

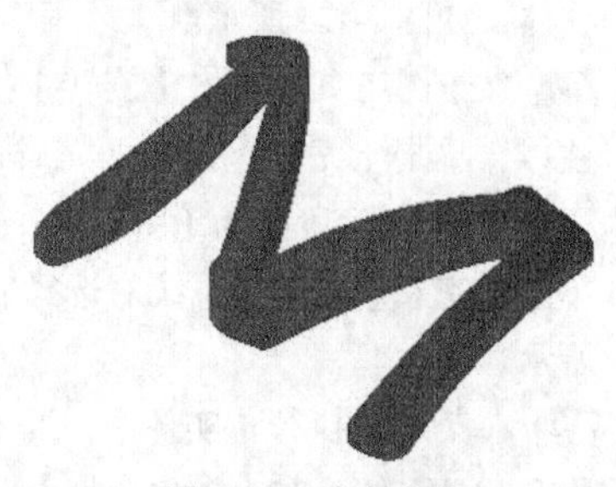
图6-127　布尔交集

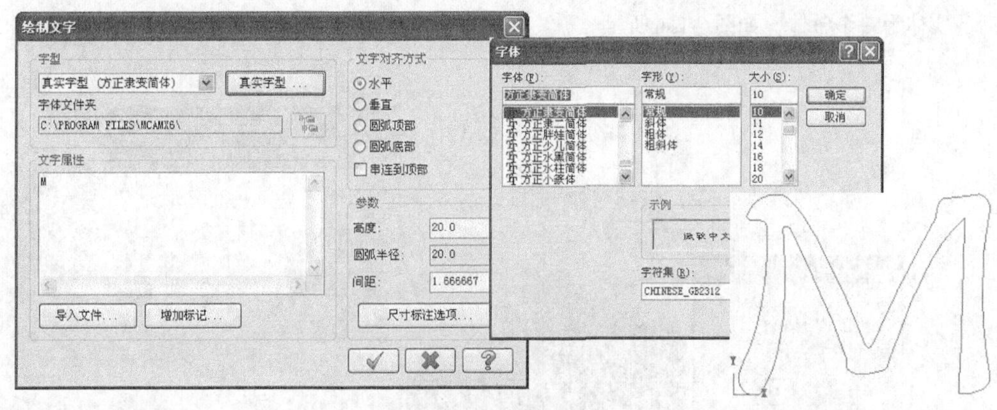

图6-128 绘制文字

02 创建边界盒。在绘图工具栏单击【边界盒】按钮，弹出【边界盒选项】对话框，系统自动选择所有的图素，创建类型为中心点、线或弧，延伸边界为0，单击【完成】按钮，创建的边界盒如图6-129所示。

03 移动到原点。在绘图工具栏单击【移动到原点】按钮，系统自动选择所有图素进行移动，选择移动起点为边界盒中心，系统即自动将所有图素从边界盒中心移动到原点，结果如图6-130所示。

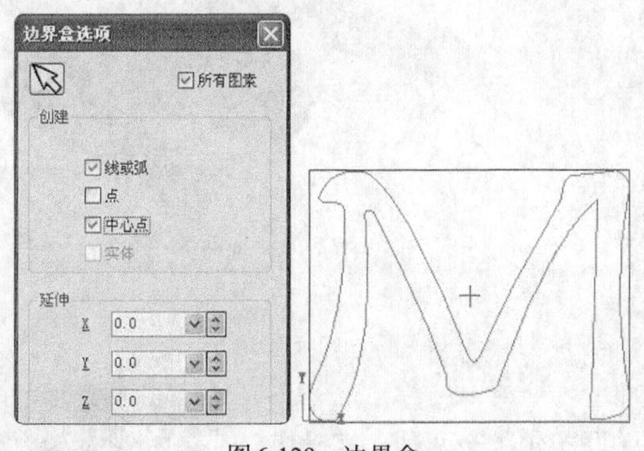

图6-129 边界盒

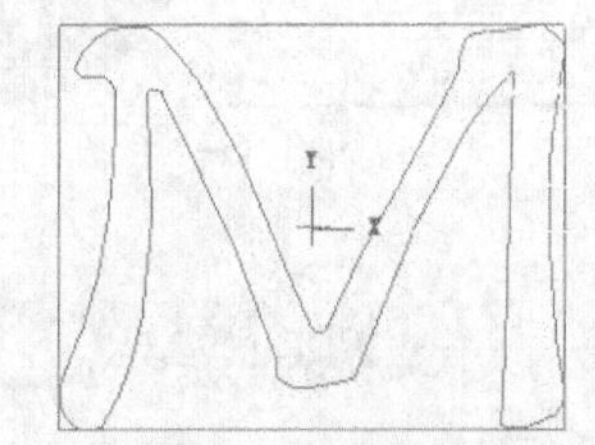

图6-130 移动到原点

04 删除辅助边界盒的线和点。在绘图工具栏单击【删除】按钮，然后选择所有边界盒的线和点，单击【完成】按钮，完成删除，结果如图6-131所示。

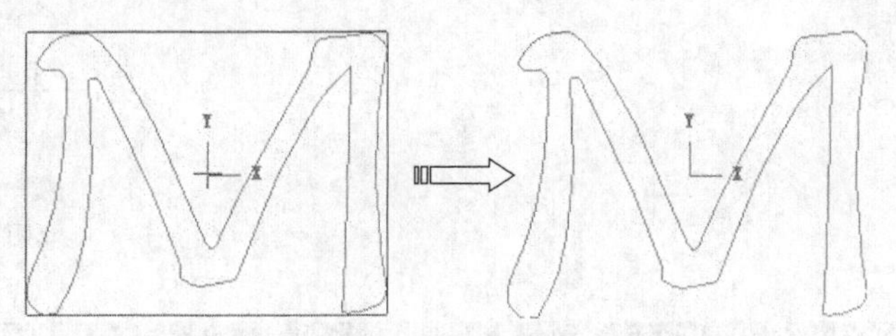

图6-131 删除

05 在菜单栏执行【实体】→【拉伸实体】命令，弹出【串联选项】对话框，单击【串联】按钮，选择刚才绘制的文字串联，单击【完成】按钮，完成选择，弹出【实体拉伸】对话框，设置挤出操作为【创建主体】，距离为10，单击【完成】按钮，完成拉伸实体操作，如图6-132所示。

06 绘制球体。在绘图工具栏单击【球体】按钮，弹出【圆球选项】对话框，选择类型为【实体】，设置球半径为30，输入定位点坐标为（0,0，-25），绘制球体，如图6-133所示。

07 布尔交集运算。在菜单栏执行【实体】→【布尔运算】命令，选择字母拉伸实体为目标实体，再选择半径30的球体为工具实体。在【布尔运算】对话框选择【交集】类型，单击【完成】按钮完成交集运算，布尔交集后的实体为一个整体，如图6-134所示。

图6-132　拉伸实体

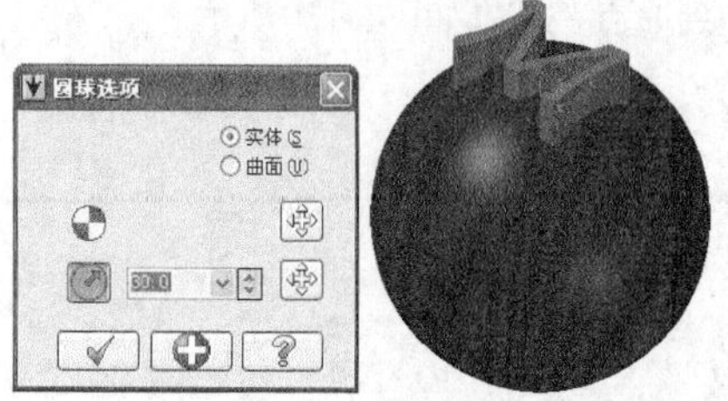

图6-133　球体

图6-134　布尔交集运算

6.6.4　非关联实体运算

非关联实体的运算包括非关联布尔移除和非关联布尔求交两种，其操作步骤与相关联的布尔运算类似，不同之处在于，非关联布尔运算可以选择保留目标实体和工具实体，如图6-135所示。

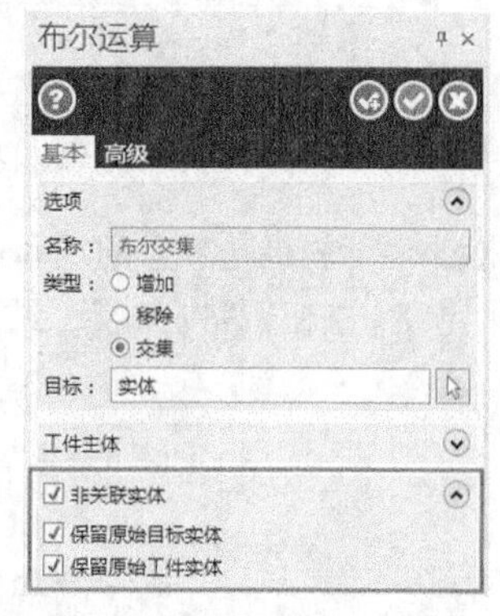

图6-135　非关联的布尔运算

6.7　实体编辑

在绘制某些复杂的图形时，只有实体操作和布尔运算还不够，还需要固定半径倒圆角和倒角以及实体抽壳、薄壁加厚、实体拔模等功能进行辅助编辑，才能达到想要的效果。

6.7.1　固定半径倒圆角

【固定半径倒圆角】命令可以对实体尖角部分进行圆角处理，以减少应力或避免伤人。在菜单栏执行【实体】→【倒圆角】→【固定半径倒圆角】命令，弹出【固定圆角半径】对话框，如图6-136所示。选择某条边后，单击【完成】按钮，完成倒圆角，如图6-137所示。

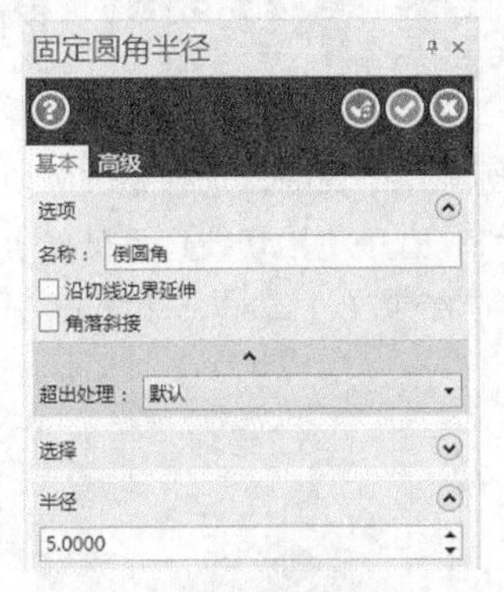

图6-136　固定半径倒圆角

图6-137　倒圆角结果

实训52——固定半径倒圆角和可变半径倒圆角

采用【倒圆角命令】绘制图6-138所示的图形。

01 绘制立方体。在绘图工具栏单击【立方体】按钮，弹出【立方体选项】对话框，选择类型为【实体】，设置长为120，宽为80，高为20，定位点为底面矩形的中心点，选择原点为定位点，并单击箭头进行双向成长，结果如图6-139所示。

图6-138　倒圆角

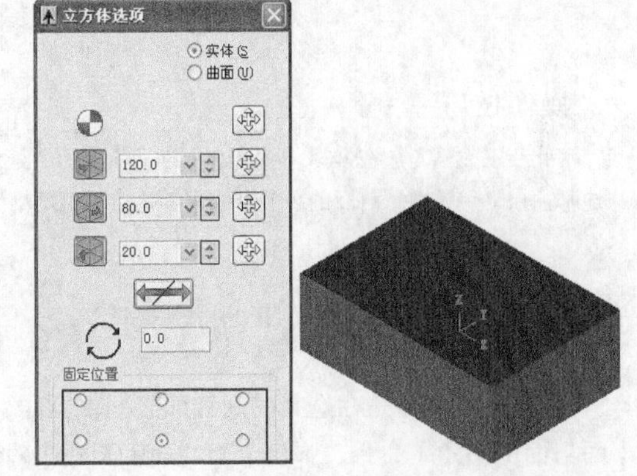

图6-139　立方体

02 可变半径倒圆角。在菜单栏执行【实体】→【倒圆角】→【变化半径倒圆角】命令，选择要倒圆角的边，单击【完成】按钮弹出【变化圆角半径】对话框，选择类型为【线性】，输入线性倒圆角半径为10，并在中点插入可变圆角半径为20，单击【完成】按钮，完成倒圆角，如图6-140所示。同理，在矩形体平行的其余3条边也创建相同的可变半径圆角。

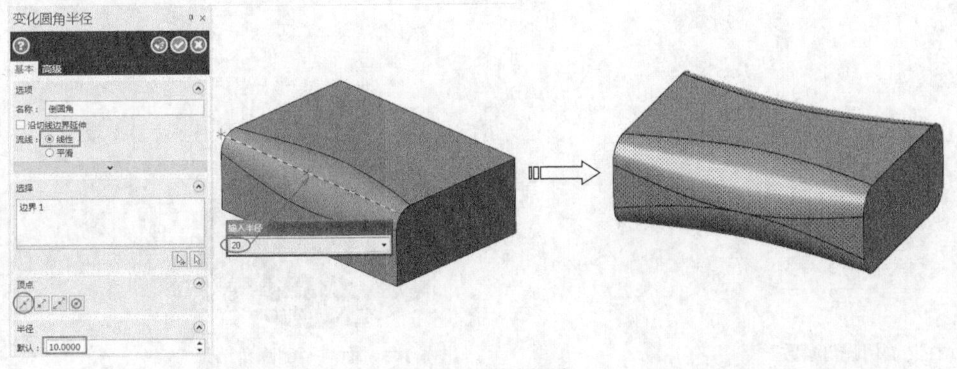

图6-140　可变倒圆角

操作技巧

可变圆角的方法是在普通圆角的基础上，在边界选项上单击鼠标右键，在弹出的快捷菜单中选择在中点插入选项，再靠近中点单击，即可插入可变点，然后修改圆角半径。原则上可以插入多个不同的半径。

03 倒圆角。在菜单栏执行【实体】→【倒圆角】→【固定半径倒圆角】命令，选择要倒圆角的边，单击【完成】按钮，弹出【固定圆角半径】对话框，输入倒圆角半径为8，选中【沿切线边界延伸】复选框，单击【完成】按钮，完成倒圆角，如图6-141所示。结果文件见“实训\结果文件\Ch06\6-13.mcx-9”。

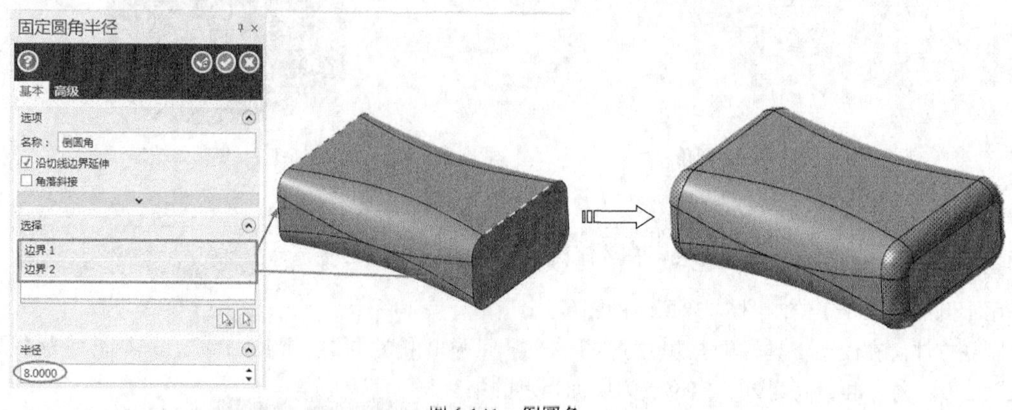

图6-141 倒圆角

操作技巧

此步骤倒圆角放在最后，并且选中【沿切线边界延伸】复选框，这样做的好处是只需选择一条边，凡是与此边相切的边都会自动倒圆角。前面的可变倒圆角就构造了整圈相切，再进行倒圆角就非常方便了。

6.7.2 面与面倒圆角

面与面倒圆角是在选择的面和面之间倒圆角，还可以倒椭圆角。在菜单栏执行【实体】→【倒圆角】→【面与面倒圆角】命令，弹出【面与面倒圆角】对话框，如图6-142所示。

各参数含义如下。

❖ 半径：直接采用输入半径进行倒圆角，此种方式与普通的边倒圆角一样。

❖ 宽度：采用输入宽度和两个方向的跨度比控制圆角，如果比值不为1，则倒圆角为椭圆倒圆角。

❖ 控制线：采用倒圆角公共边相对的两条边线作为控制线来控制圆角。

选择两面后，并分别单击【完成】按钮，完成面与面倒圆角，如图6-143所示。

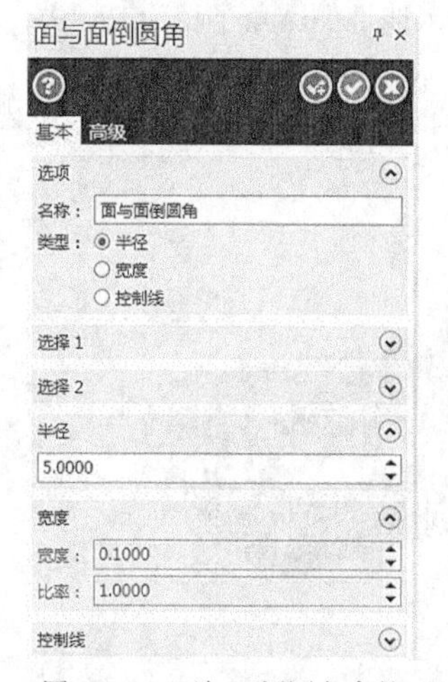

图6-142 面与面倒圆角参数

图6-143 面与面倒圆角结果

实训53——面与面倒圆角

采用实体和实体编辑命令绘制图形，如图6-144所示。

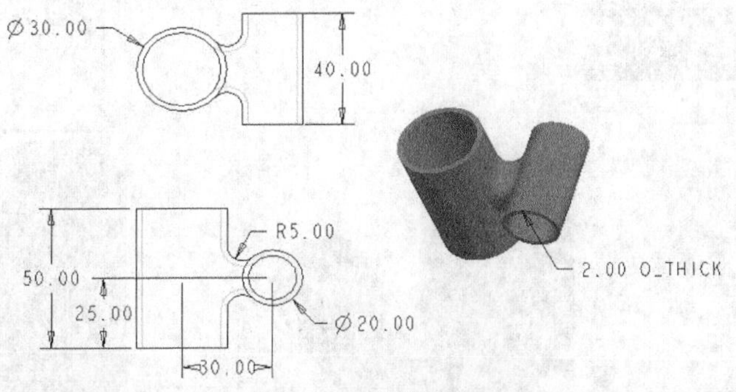

图6-144 绘制图形

01 在绘图工具栏单击【已知圆心点画圆】按钮，输入直径为30，输入圆心点坐标X为0，Y为0，Z为0，单击Enter键后再单击【完成】按钮完成圆的绘制，如图6-145所示。

02 在绘图工具栏单击【已知圆心点画圆】按钮，输入直径为20，输入圆心点坐标X为30，Y为25，Z为0，单击Enter键后再单击【完成】按钮完成圆的绘制，如图6-146所示。

图6-145 绘制D30的圆　　图6-146 绘制D20的圆

03 在菜单栏执行【实体】→【拉伸实体】命令，选择D30的圆，单击【完成】按钮，完成选择，弹出【实体拉伸】对话框，将挤出操作设置为【创建立体】，指定距离为50，在【实体拉伸】对话框中单击【完成】按钮，完成拉伸操作，如图6-147所示。

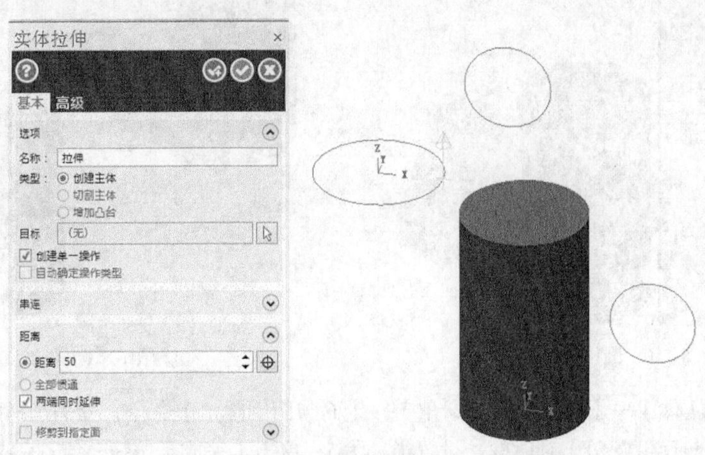

图6-147 拉伸实体

04 在菜单栏执行【实体】→【拉伸实体】命令，选择D20的圆，单击【完成】按钮，完成选择，弹出【实体拉伸】对话框，将挤出操作设置为【创建立体】，指定距离为20，并选择【两端同时延伸】选项，在【实体拉伸】对话框中单击【完成】按钮，完成拉伸操作，如图6-148所示。

05 在菜单栏执行【实体】→【倒圆角】→【面与面倒圆角】命令，分别选择两圆柱面后【确定】，弹出

【处理实体期间出错】对话框，提示用户两组实体面必须是同一个实体的两个实体面才能倒圆角，如图6-149所示。结果文件见“实训\结果文件\Ch06\6-14.mcx-9”。

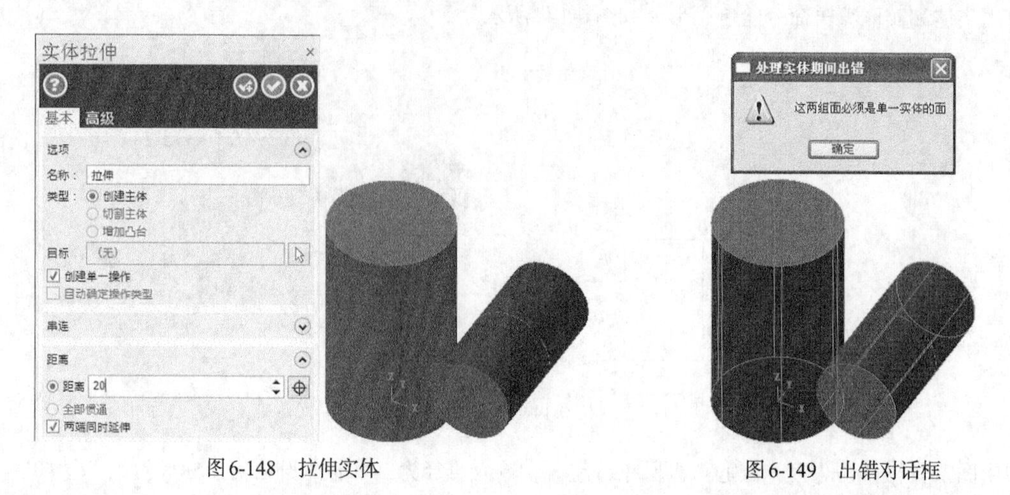

图6-148　拉伸实体　　　　图6-149　出错对话框

操作技巧

此步骤无法倒圆角的原因是倒圆角的前提条件是必须在同一个实体的基础上进行边倒圆角或者面倒圆角。因此，解决方法是先创建一个辅助特征将两实体合并成一个实体，然后再倒圆角。

在绘图工具栏单击【绘制圆柱体】按钮，弹出【圆柱体】对话框，设置类型为【实体】，圆柱体半径为3，长度为10，并双击【方向】按钮，选择定位轴为X轴，选择D20圆柱体圆的中点为定位点，如图6-150所示。

在菜单栏执行【实体】→【布尔运算】命令，系统提示选择目标实体，选择大圆柱体，系统继续提示选择工具实体，选择另外两个圆柱体，单击【完成】按钮，完成合并，如图6-151所示。

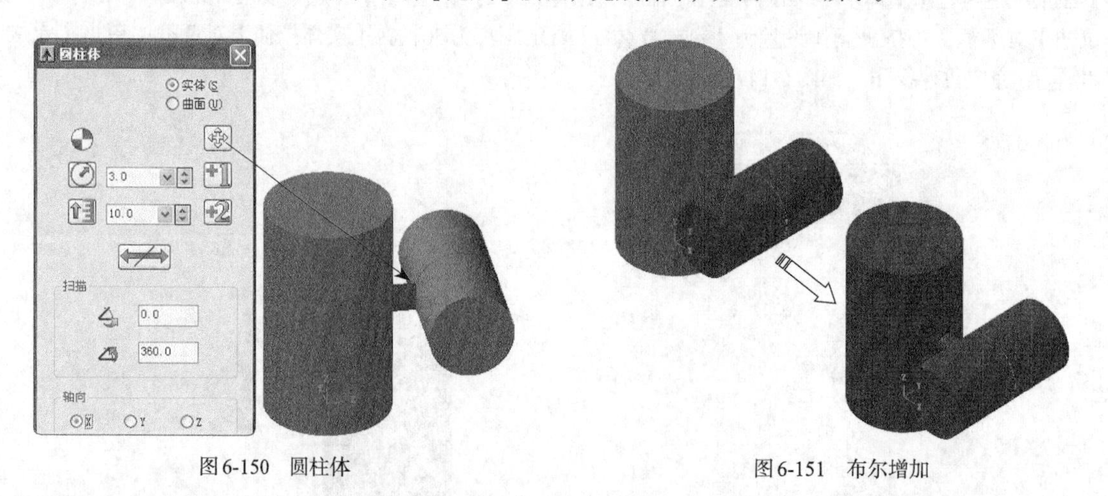

图6-150　圆柱体　　　　图6-151　布尔增加

在菜单栏执行【实体】→【固定半径倒圆角】→【面与面倒圆角】命令，分别选择两圆柱面后单击【完成】按钮，弹出【面与面倒圆角】对话框，设置半径为5，单击【完成】按钮，完成倒圆角，如图6-152所示。

在菜单栏执行【实体】→【抽壳】命令，系统提示选择要移除的面，选择两个圆柱体的端面，单击【完成】按钮，弹出【抽壳】对话框，设置朝内的厚度为2，单击【完成】按钮，完成抽壳，如图6-153所示。

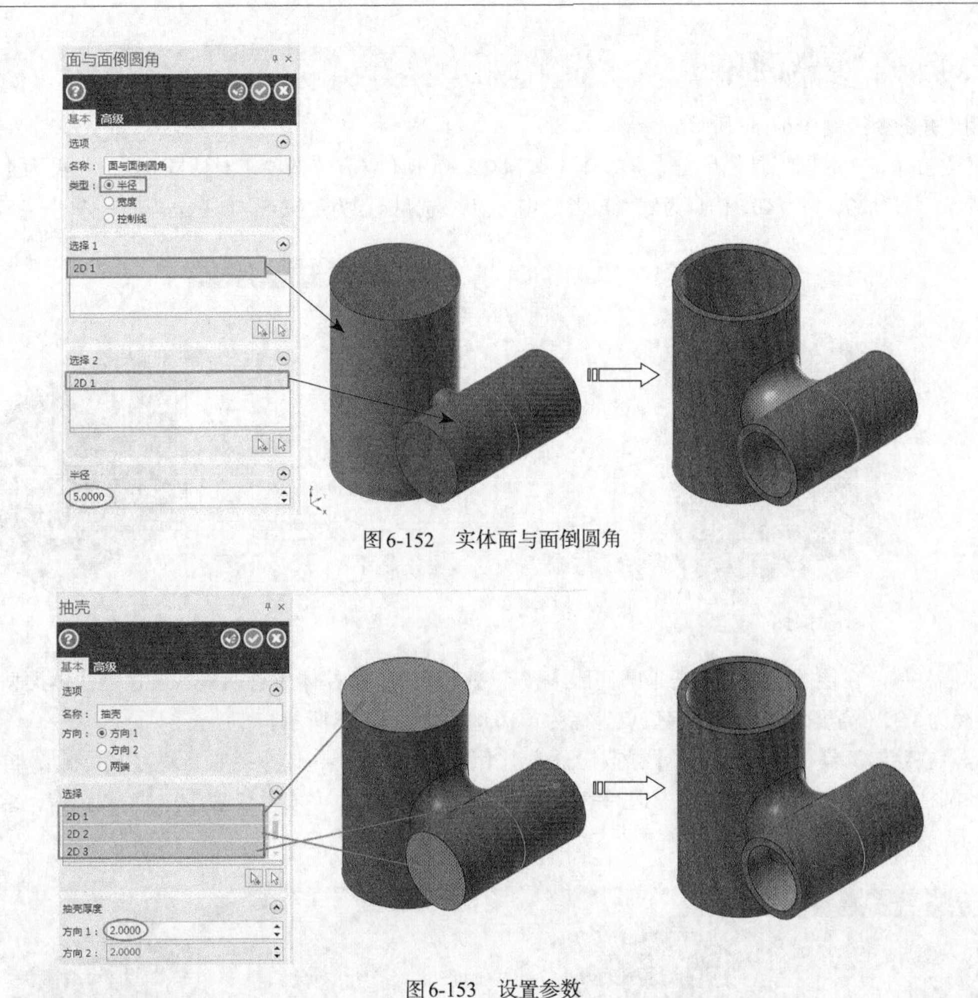

图6-152　实体面与面倒圆角

图6-153　设置参数

6.7.3　实体倒角

实体倒角有3种：单一距离倒角、不同距离倒角和距离/角度。在菜单栏执行【实体】→【倒角】→【单一距离倒角】命令，选择要倒角的边单击【完成】按钮，完成选择，弹出【单一距离倒角】对话框，如图6-154所示。设定倒角距离后单击【完成】按钮，完成倒角的创建，如图6-155所示。

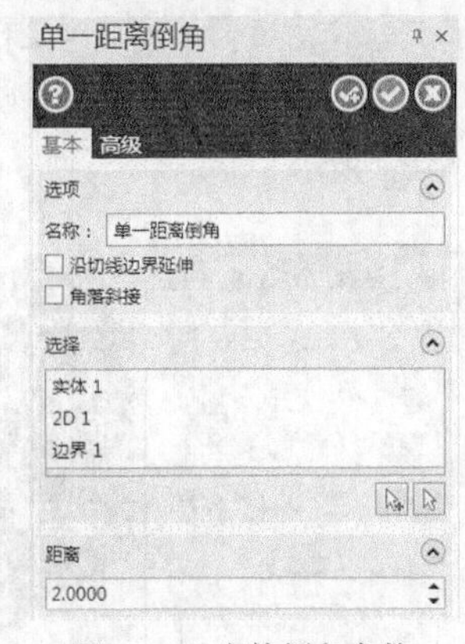

图6-154　实体倒角参数

图6-155　倒角结果

实训54——实体倒角

采用倒角命令绘制图6-156所示的图形。

01 创建立方体。在绘图工具栏单击【立方体】按钮，弹出【立方体选项】对话框，选择类型为【实体】，设置长为40，宽为20，高为40，锚点为底面矩形的中心点，选择原点为定位点，创建立方体，如图6-157所示。

图6-156　倒角

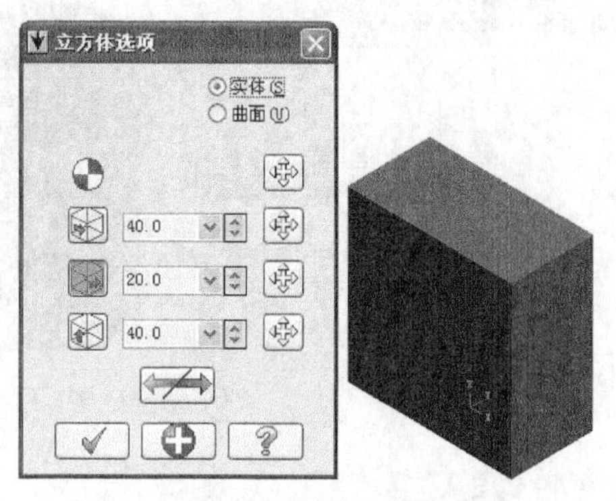

图6-157　创建立方体

02 创建圆柱体。在绘图工具栏单击【圆柱体】按钮，弹出【圆柱体】对话框，设置圆柱体类型为【实体】，半径为3.25，高度为50，输入定位点坐标为（10,0），如图6-158所示。

03 镜像。在绘图工具栏单击【镜像】按钮，弹出【镜像】对话框，选择镜像类型为【复制】，再选择刚才创建的圆柱体，在【镜像】对话框中选择镜像轴为【X=0】，单击【完成】按钮，完成镜像，结果如图6-159所示。

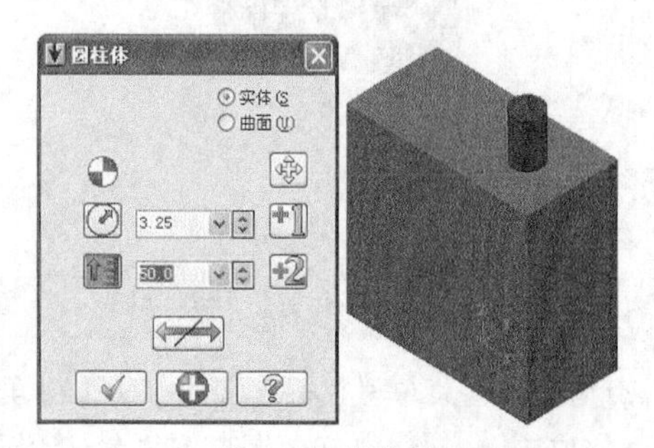

图6-158　圆柱体

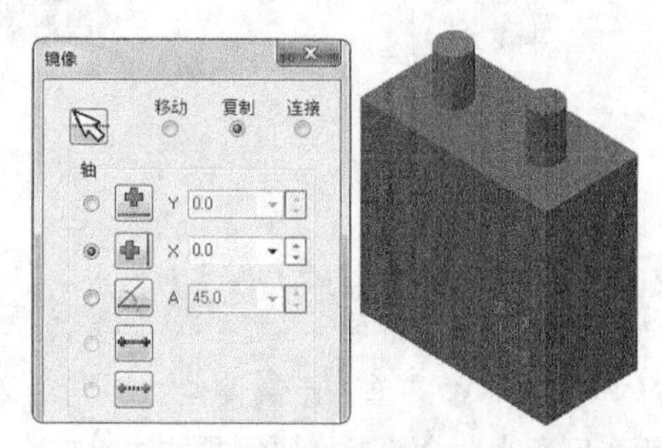

图6-159　镜像

04 布尔移除。在菜单栏执行【实体】→【布尔运算】命令，选择立方体为目标实体，再选择余下的圆柱体为工具实体，在【布尔运算】对话框选择【移除】类型，完成布尔移除运算，结果如图6-160所示。

05 创建圆柱体。在绘图工具栏单击【圆柱体】按钮，弹出【圆柱体】对话框，设置圆柱体类型为【实体】，半径为4.5，高度为6.5，选择圆孔的圆心为定位点，如图6-161所示。

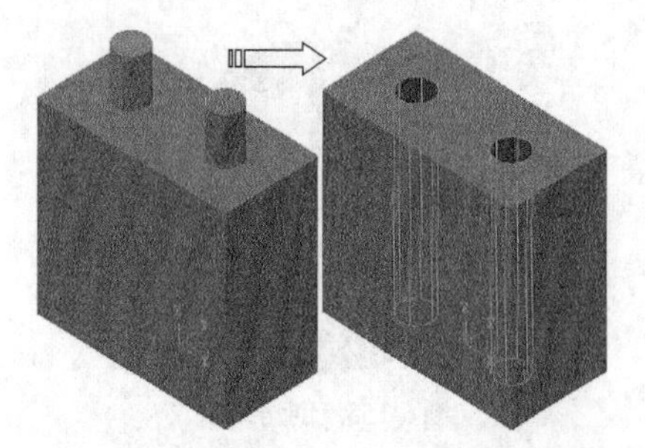

图6-160　布尔移除

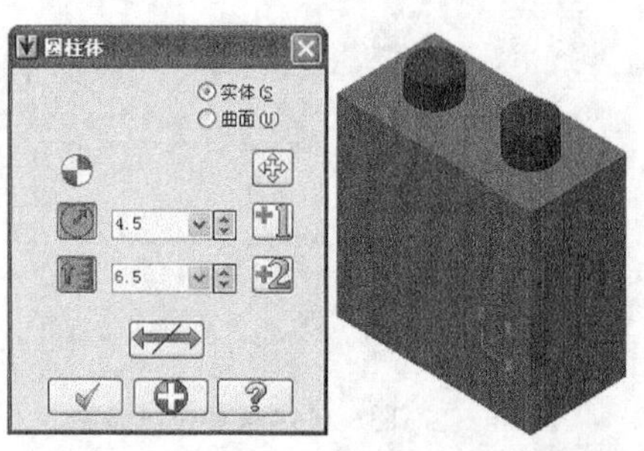

图6-161　圆柱体

06 布尔移除。在菜单栏执行【实体】→【布尔运算】命令，选择立方体为目标实体，再选择刚才绘制的圆柱体为工具实体，在【布尔运算】对话框选择【移除】类型，完成布尔移除运算，结果如图6-162所示。

07 倒角。在左侧的实体工具栏单击【距离/角度倒角】按钮，选择要倒角的边，弹出【选择参考面】对话框，选择实体的前侧面为参考面，单击【完成】按钮弹出【距离与角度倒角】对话框，输入倒角距离为15，角度为10，单击【完成】按钮，完成倒角，如图6-163所示。结果文件见“实训\结果文件\Ch06\6-15.mcx-9”。

图6-162　布尔移除

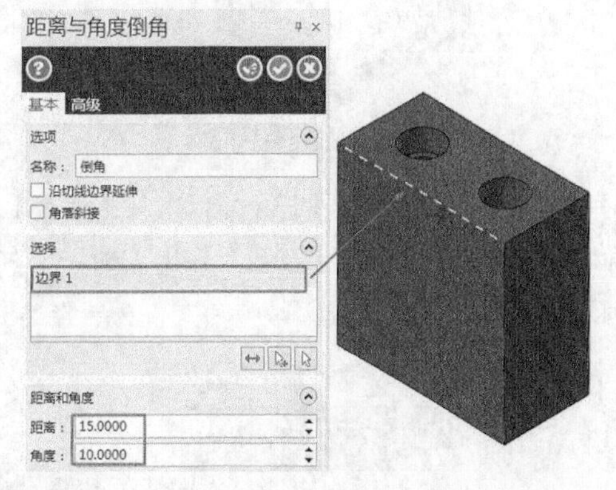

图6-163　倒角

操作技巧

倒角时，除了45°倒角不需要选择参考面外，其他的倒角都要选择参考面，参考面的意义是在设计距离或者角度时可以参考此面。

6.7.4　实体抽壳

通常需要将塑料产品抽成均匀薄壁，以利于产品均匀收缩。在菜单栏执行【实体】→【抽壳】命令，系统提示选择要移除的面，单击【完成】按钮，弹出【抽壳】对话框，如图6-164所示。

图6-164　【抽壳】对话框

各选项含义如下。

❖ 实体抽壳方向：用来定义实体抽壳掏空的方向，有方向1、方向2、两端3种方式掏空。

❖ 朝内：在实体表面向内偏移一定距离后，在偏移面内部全部掏空。

❖ 朝外：在实体表面向外偏移一定距离后，在实体面内部全部掏空。

❖ 两端：在实体表面向内和外都偏移设定距离后，在内偏移面内部的实体材料全部掏空。

❖ 朝内的厚度：实体面向内偏移的距离。

❖ 朝外的厚度：实体面朝外偏移的距离。

实训55——抽壳

采用【抽壳】命令绘制图形，如图6-165所示。

01 绘制立方体。在绘图工具栏单击【立方体】按钮，弹出【立方体选项】对话框，设置长、宽、高都为50，选择定位点为原点，单击【完成】按钮，完成立方体的绘制，如图6-166所示。

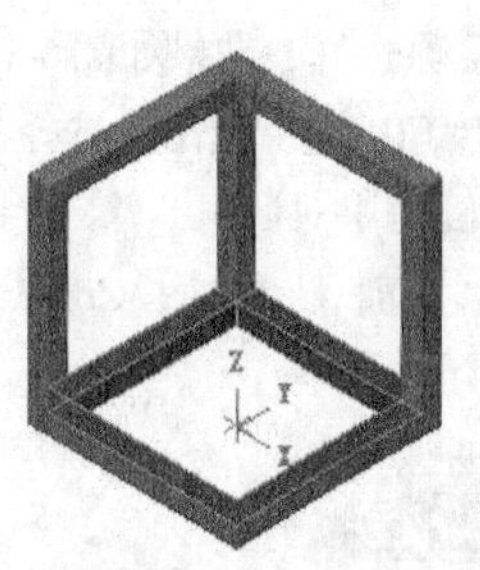

图6-165　抽壳结果

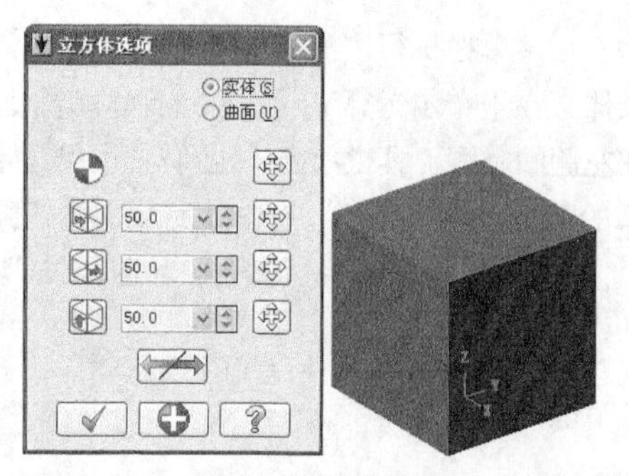

图6-166　立方体

02 实体抽壳。在菜单栏执行【实体】→【抽壳】命令，系统提示选择要移除的面，选择立方体前、顶、右侧面3个面，单击【完成】按钮，弹出【抽壳】对话框，设置朝内的厚度为5，单击【完成】按钮，完成抽壳，如图6-167所示。

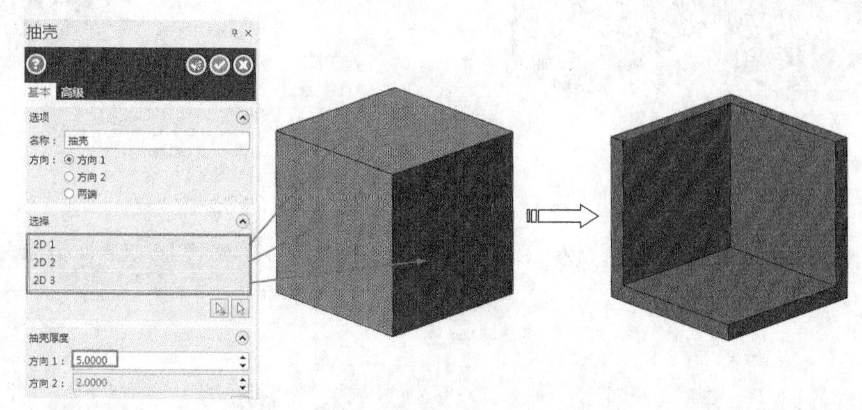

图6-167　抽壳

03 继续实体抽壳。在菜单栏执行【实体】→【抽壳】命令，系统提示选择要移除的面，选择立方体左侧面和它的对面，单击【完成】按钮，弹出【抽壳】对话框，设置朝内的厚度为5，单击【完成】按钮，完成抽壳，如图6-168所示。

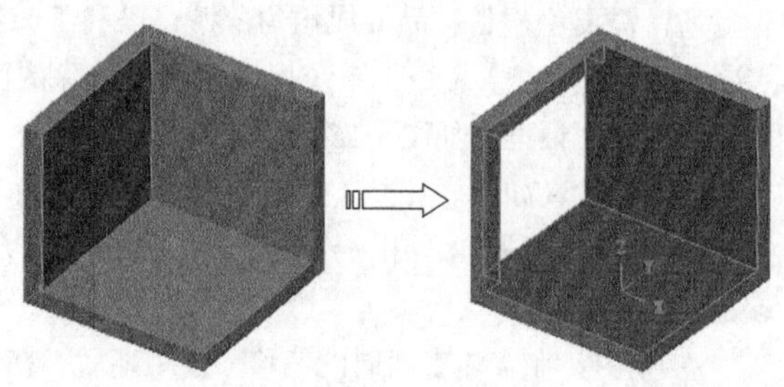

图6-168　抽壳结果

04 采用相同的方法对后侧面和底侧面进行抽壳，结果如图6-169所示。结果文件见“实训\结果文件\Ch06\6-16.mcx-9”。

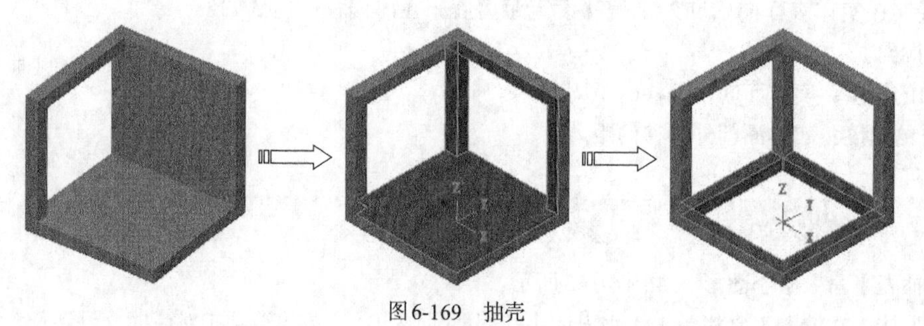

图6-169　抽壳

操作技巧

抽壳主要是选择移除面，移除面不同，抽壳结果也有所不同，要掌握抽壳就要清楚该移除哪些面。

6.7.5　由曲面生成实体

【曲面生成实体】命令可以将显示的曲面全部转化成实体。在菜单栏执行【实体】→【曲面生成实体】命令，弹出【由曲面生成实体】对话框，在该对话框中单击【完成】按钮，完成转化操作，生成实体。虽然外形没变，但属性已经变成实体了，如图6-170所示。

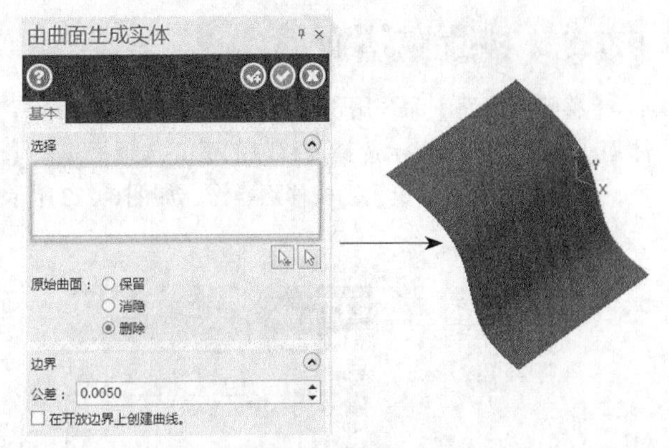

图6-170　曲面转为实体

6.7.6　薄片加厚

【薄片加厚】命令可以对开放的薄片实体（薄片实体就是将实体的某个面通过【移除实体面】删除而形成的）进行加厚处理，形成封闭实体。在菜单栏执行【实体】→【薄片加厚】命令，弹出【加厚】对话框，单击【完成】按钮，完成实体加厚，如图6-171所示。

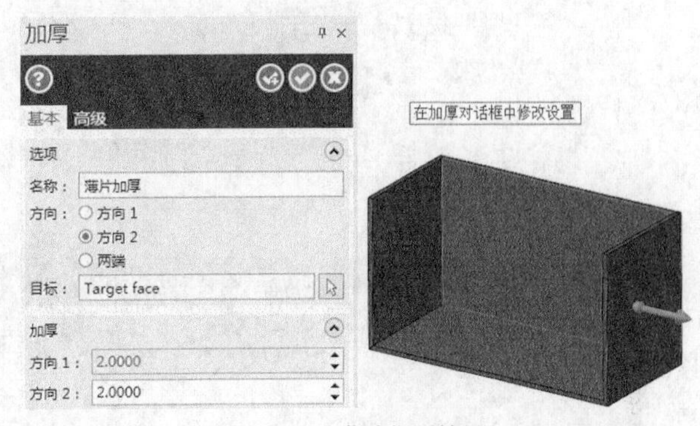

图6-171　薄片加厚结果

6.7.7　拔模

【拔模】命令用于绘制塑料产品的脱模角度。塑料产品在脱模时，如果没有脱模角，就会脱模困难和刮伤产品表面，导致废品出现。在菜单栏执行【实体】→【拔模】→【依照实体面拔模】命令，弹出【依照实体面拔模】对话框，选择正面作为要拔模的面，顶面作为方向平面，设置牵引角度为5°，单击【完成】按钮，结果如图6-172所示。

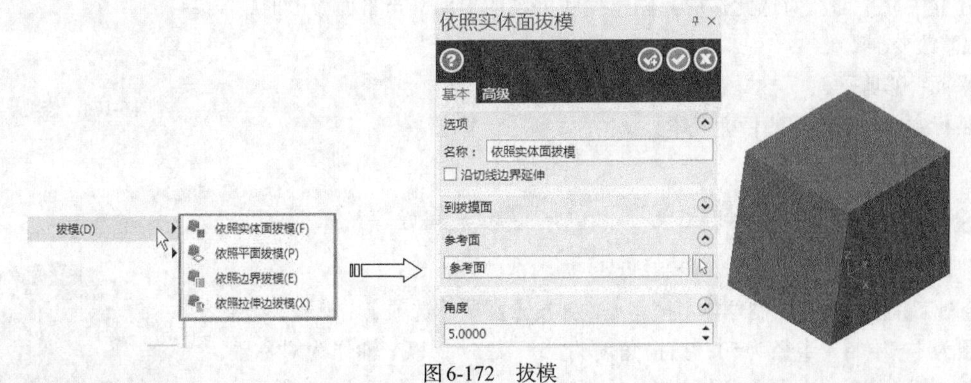

图6-172　拔模

技术支持

拔模需要理解3点，第一点是拔模面，即需要倾斜的面，方便模具脱模；第二点是拔模方向，即开模方向；第三点是中性平面，即模具分型面。理解了这3点再拔模就比较简单了。

6.7.8 移除实体面

【移除实体面】命令用于将实体某部分的表面移除，形成开放实体。在菜单栏执行【建模】→【移除实体面】命令，系统提示选择要移除的面，选择后单击【完成】按钮，完成选择，弹出【移除实体面】对话框，单击【完成】按钮，完成移除操作，如图6-173所示。

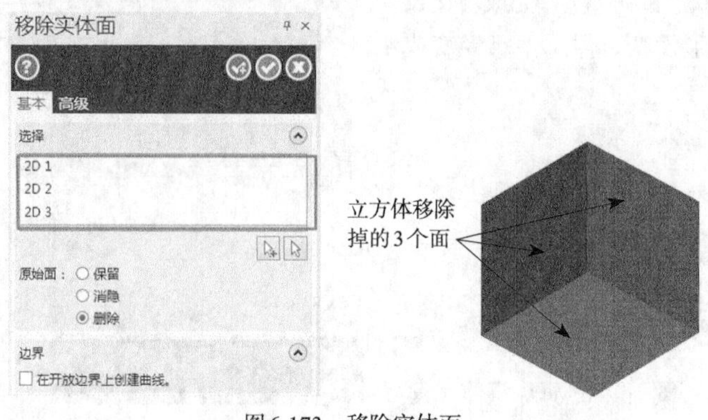

图6-173 移除实体面

操作技巧

移除实体面是将封闭实体的面移除，变成开放的薄片实体，操作类似于抽壳，只是与抽壳的操作结果有些不一样，抽壳的结果是带有一定厚度的封闭实体，相当于将移除实体面的结果加厚。

6.7.9 修剪实体

【修剪】命令用于在实体造型过程中不方便直接绘制图形时，采用平面修剪实体、曲面修剪实体、薄片修剪实体来获得想要的结果。在菜单栏执行【实体】→【修剪】→【依照平面修剪】命令，弹出【依照平面修剪】对话框，如图6-174所示。

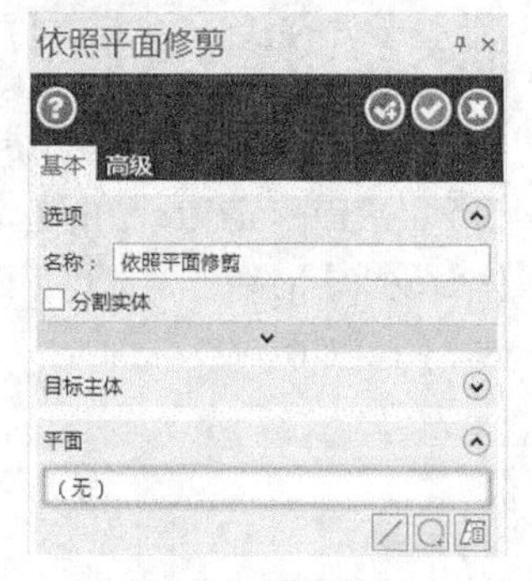

图6-174 修剪实体

各选项含义如下。

❖ 分割实体：用来分割实体但保留目标主体和刀具体。

❖ 建立关联平面：勾选此选项，创建关联关系的平面，当平面修改时，操作也跟着改变。

❖ 平面：修剪平面。

❖ 目标主体：要修剪的目标实体。

实训56——修剪实体

采用【依照平面修剪】命令，绘制排球，如图6-175所示。

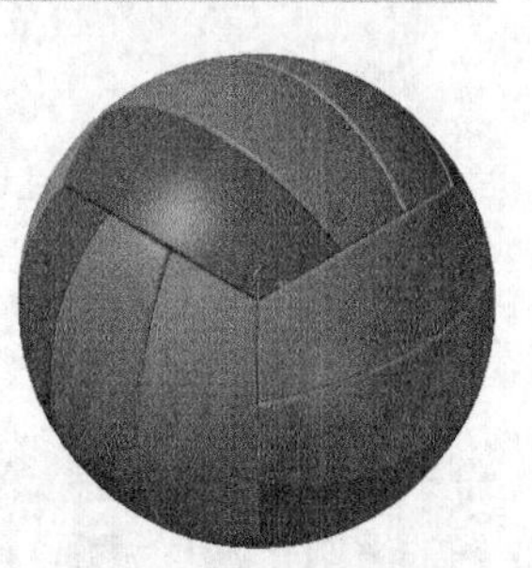

图6-175 排球绘制

01 在绘图工具栏单击【绘制球体】按钮，弹出【圆球体选项】对话框，设置球体类型为【实体】，半径为50，扫描角度为45°~135°，以Y轴作为对称轴，选择原点为定位点，单击【完成】按钮，绘制四分之一球体，如图6-176所示。

02 在绘图工具栏单击【旋转】按钮，选择刚绘制的四分之一球体，单击【完成】按钮，弹出【旋转选项】对话框，设置旋转类型为【复制】，次数为1，角度为90°，单击【完成】按钮，旋转结果如图6-177所示。

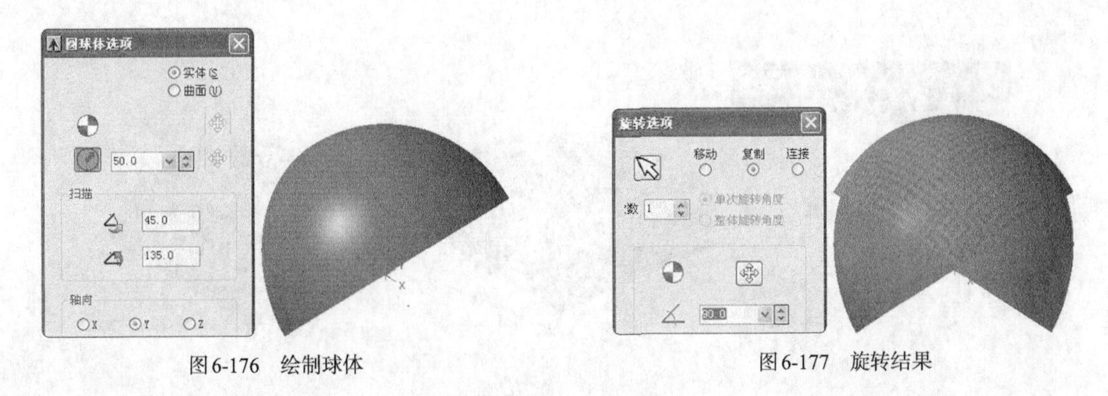

图6-176　绘制球体　　　　图6-177　旋转结果

03 在菜单栏执行【实体】→【布尔运算】命令，选择刚才绘制的两个半球体分别作为目标实体和工具体，单击【完成】按钮，系统即产生交集结果，如图6-178所示。

04 在绘图工具栏单击【前视图】按钮，并单击【绘制直线】按钮，选择原点为第一点，输入角度为75°，长度为70，单击【完成】按钮，完成绘制。系统提示选择第二条线的第一点，再次选择原点作为第一点，输入角度为105°，长度为70，单击【完成】按钮，完成直线的绘制，如图6-179所示。

图6-178　交集结果　　　　图6-179　绘制直线

05 在菜单栏执行【实体】→【修剪】→【依照平面修剪】命令，弹出【依照平面修剪】对话框。单击【依照直线平面】按钮，选择一条直线来定义平面，随后自动完成修剪，结果如图6-180所示。

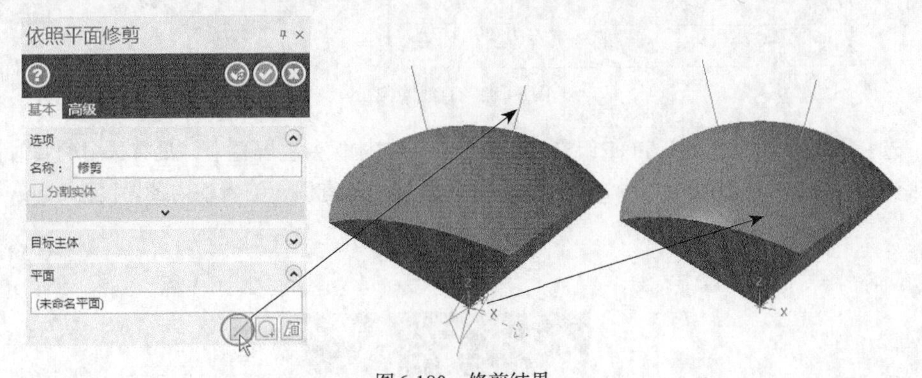

图6-180　修剪结果

06 同理，继续单击【依照直线平面】按钮，选择另一条直线来定义平面，随后自动完成修剪，结果如图6-181所示。

07 更改图层。选择所有的曲线，在状态栏用鼠标右键单击【图层】按钮，弹出【更改层别】对话框，将类型设置为【移动】，设置要移动到第2层，单击【完成】按钮，将选择的线移动到第2层，如图6-182所示。

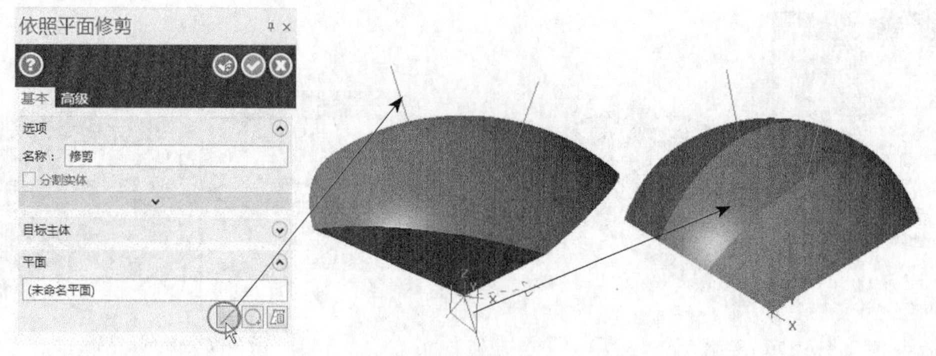

图6-181　修剪结果

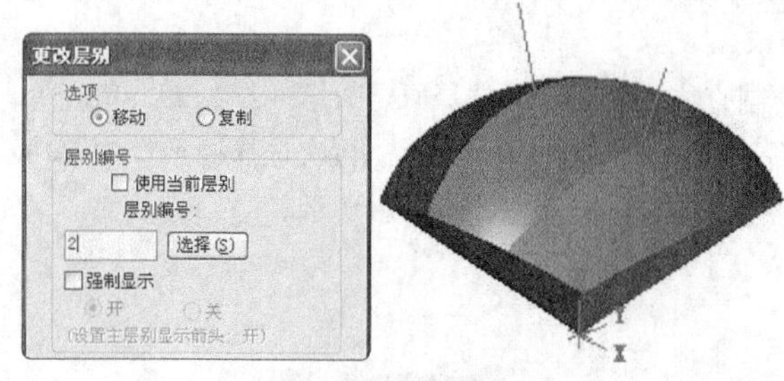

图6-182　改变图层

08 打开和关闭图层。在绘图区下方工具栏的图层栏单击，弹出【层别管理】对话框，在该对话框中【突显】栏下第2层的“X”单击取消突显，单击【完成】按钮，完成转层，即将第2层的所有直线隐藏不显示在绘图区，如图6-183所示。

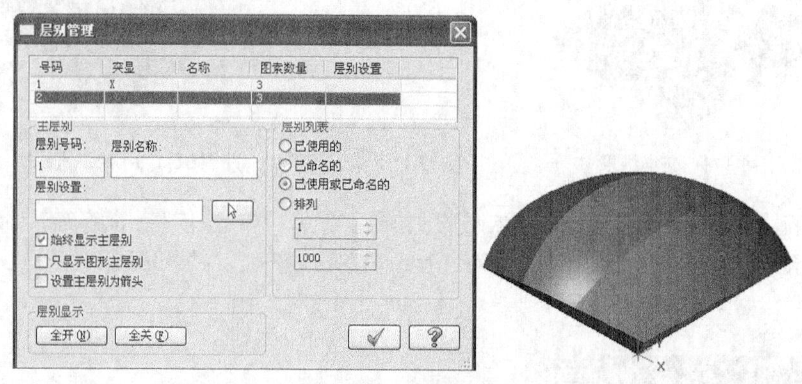

图6-183　直线隐藏

09 抽壳。选中其中一个实体，按Alt+E组合键，将选中的实体保留在屏幕上，没有选中的暂时保留隐藏，在菜单栏执行【实体】→【抽壳】命令，选中除球面外的其他所有面，输入朝内的厚度为5mm，结果如图6-184所示。

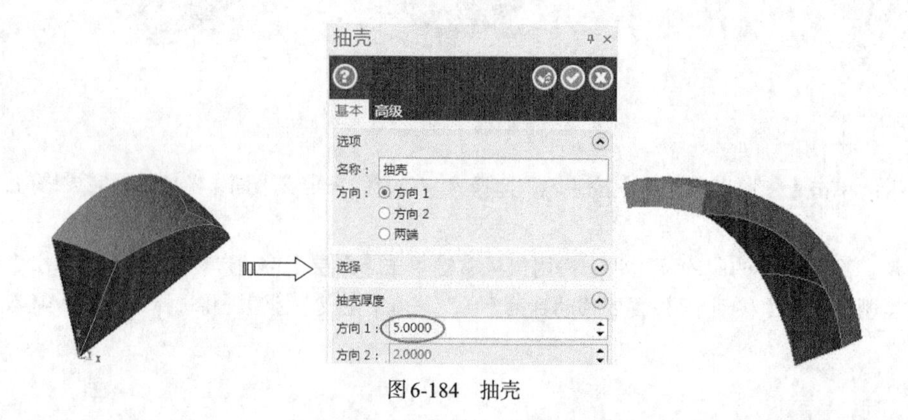

图6-184　抽壳

10 按Alt+E组合键，将刚才隐藏的面全部显示在屏幕上，重复以上抽壳步骤，全部抽壳，结果如图6-185所示。

11 倒圆角。在菜单栏执行【实体】→【倒圆角】→【固定半径倒圆角】命令，选择所有实体，倒圆角半径为1mm，结果如图6-186所示。

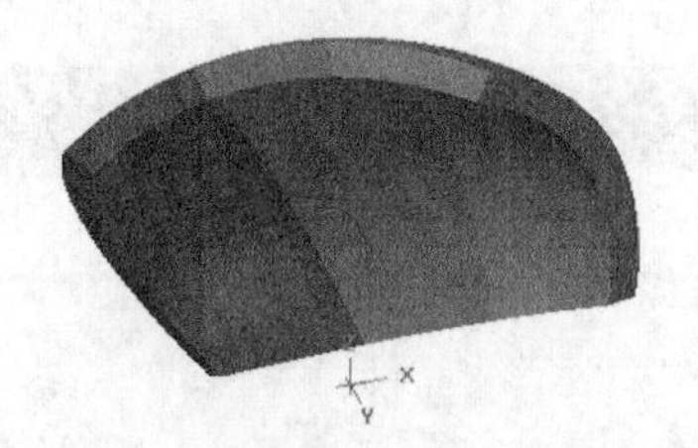

图6-185　抽壳

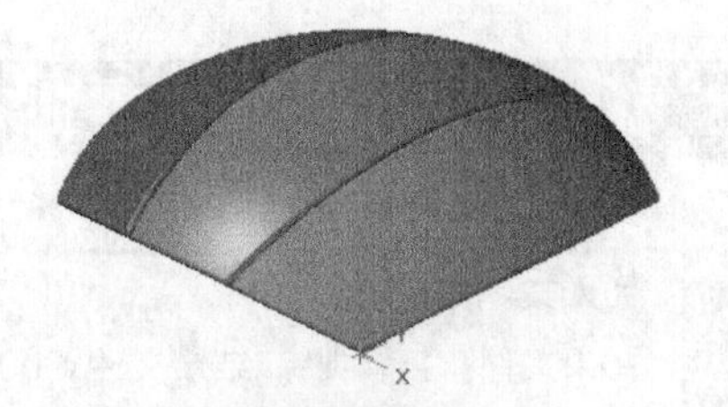

图6-186　倒圆角

12 在绘图工具栏单击【右视图】按钮，再在绘图工具栏单击【旋转】按钮，选择所有实体，单击【完成】按钮，弹出【旋转选项】对话框，设置旋转类型为【移动】，次数为4，总旋转角度为360°，单击【完成】按钮，完成设置，如图6-187所示。

13 在绘图工具栏单击【前视图】按钮，再在绘图工具栏单击【旋转】按钮，选择上下两半实体，单击【完成】按钮，弹出【旋转选项】对话框，设置旋转类型为【复制】，次数为1，角度为90°，单击【完成】按钮，完成设置，如图6-188所示。

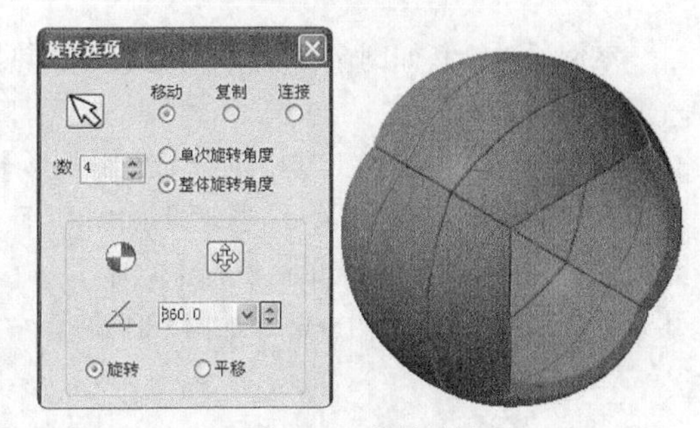

图6-187　旋转结果

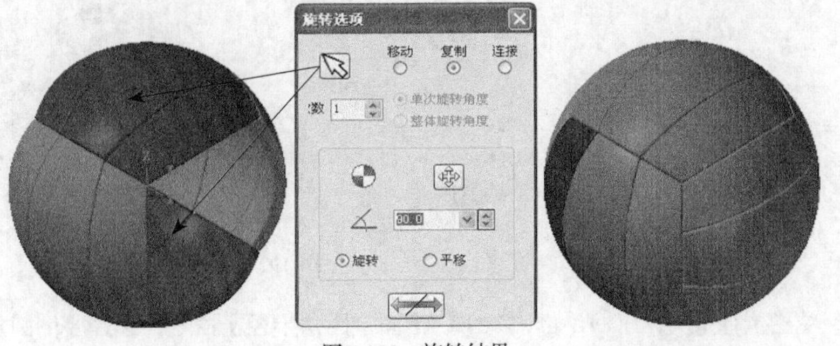

图6-188　旋转结果

14 在绘图工具栏单击【俯视图】按钮，再在绘图工具栏单击【旋转】按钮，选择刚才选择的实体，单击【完成】按钮，弹出【旋转选项】对话框，设置旋转类型为【移动】，次数为1，角度为90°，单击【完成】按钮，完成设置，如图6-189所示。结果文件见“实训\结果文件\Ch06\6-17.mcx-9”。

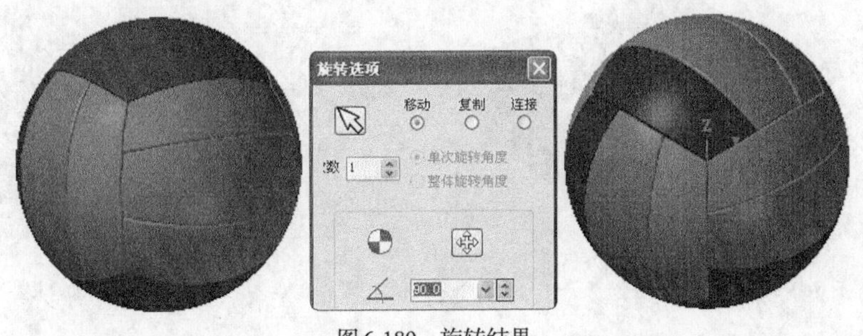

图6-189　旋转结果

操作技巧

旋转后颜色全部变成洋红色，可以单击【屏幕】→【清除颜色】命令来还原颜色。本实训主要通过实体切割和多次灵活运用旋转，达到最后的结果。

6.8 拓展训练——驱蚊器

引入文件：无

结果文件：拓展训练\结果文件\Ch06\6-18.mcx-9

视频文件：视频\Ch06\6-18.avi

本例通过绘制如图6-190所示的电蚊香加热器外壳来分析实体建模的一般步骤和方法。

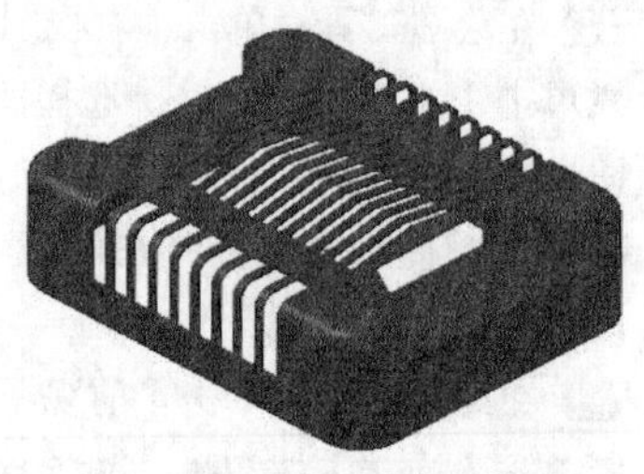

图6-190　电蚊香加热器外壳

01 绘制矩形。在绘图工具栏单击【绘制矩形】按钮，以中心点定位，矩形尺寸为50mm×40mm，结果如图6-191所示。

02 创建拉伸实体。在菜单栏执行【实体】→【实体拉伸】命令，选择刚才绘制的矩形，设置为15mm，如图6-192所示。

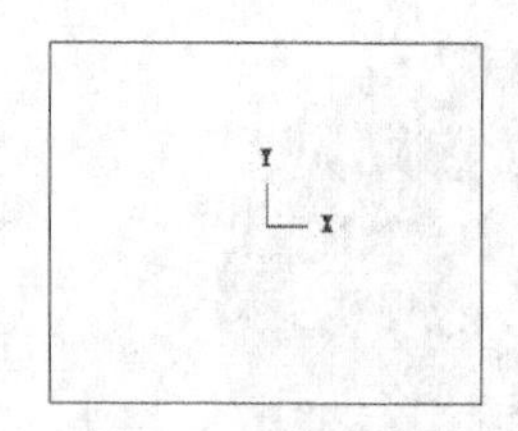

图6-191　绘制矩形

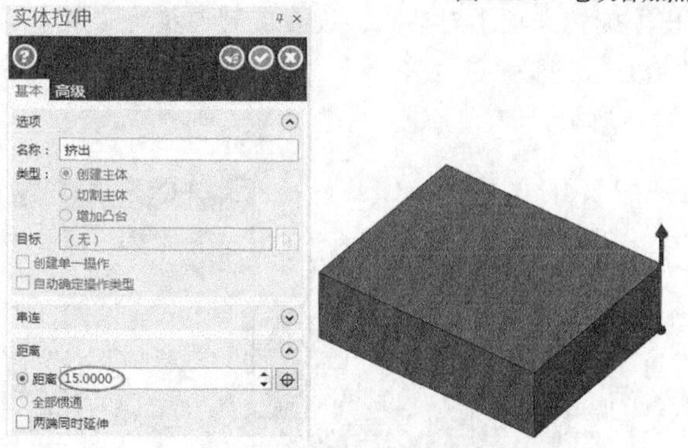

图6-192　绘制拉伸实体

03 倒圆角。在菜单栏执行【实体】→【倒圆角】→【固定圆角半径】命令，选择要倒圆角的边，R=5mm，结果如图6-193所示。

04 倒圆角。采用上一步骤的方法继续倒圆角，R=2mm，结果如图6-194所示。

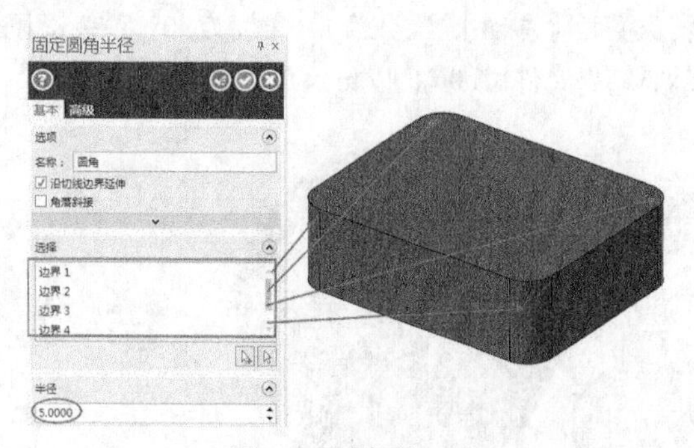

图6-193　倒圆角R5

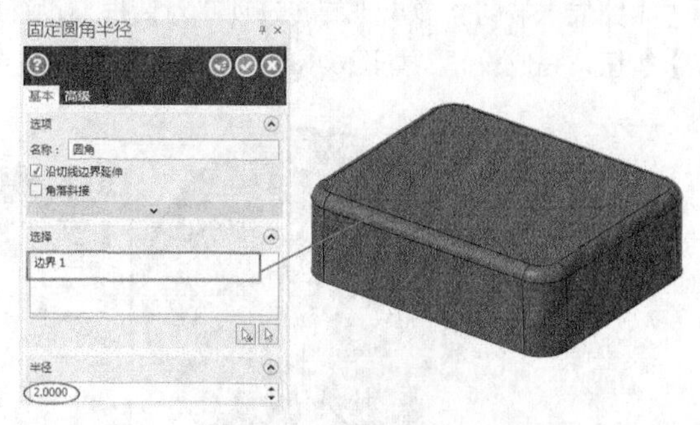

图6-194　倒圆角R2

05 绘制梯形。在绘图工具栏单击【直线】按钮，绘制过原点的直线，角度为28°，再绘制两条竖直线，竖直的宽度为15mm和35mm，通过修剪，结果如图6-195所示。

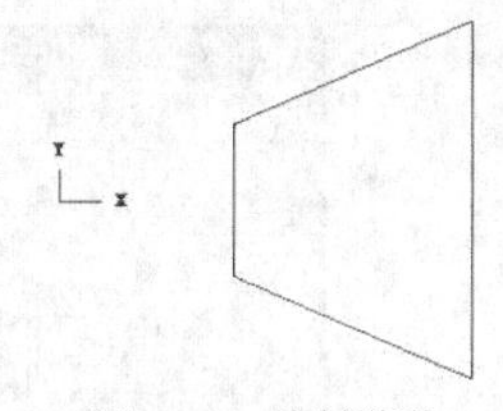

图6-195 绘制梯形

06 镜像平移梯形。将刚才绘制的梯形镜像到左边，再一起向Z轴正方向平移10mm，如图6-196所示。

07 拉伸切割实体。在菜单栏执行【实体】→【拉伸实体】命令，选择刚才绘制的所有梯形，在弹出的【实体拉伸】对话框中设置参数，如图6-197所示。

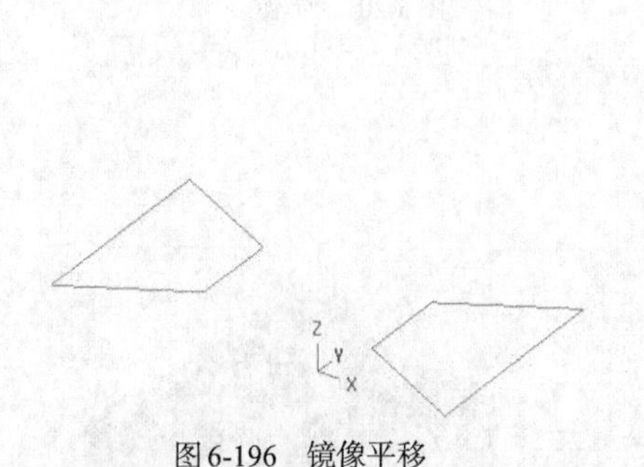

图6-196 镜像平移

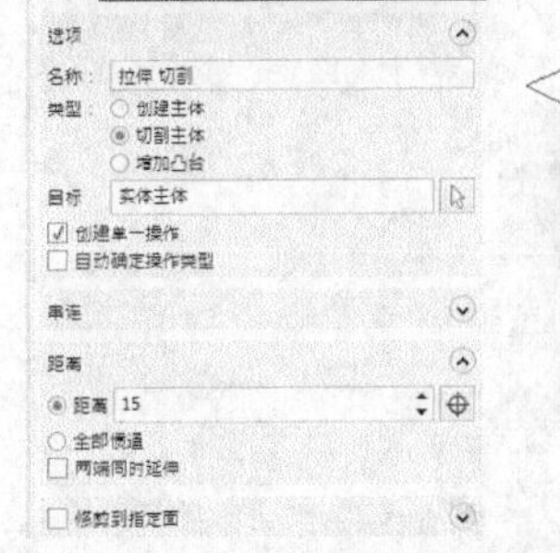

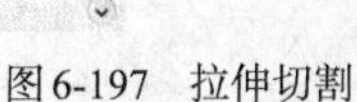

图6-197 拉伸切割

08 抽壳。在菜单栏执行【实体】→【抽壳】命令，选择要移除的实体面，输入朝内的厚度为0.5mm，如图6-198所示。

09 绘制矩形。单击【矩形设置】按钮，弹出【矩形选项】对话框，设置矩形长度为2，宽度为10，以矩形上中点为固定点，输入定位点坐标为（-13, 15, 5），单击【完成】按钮，完成矩形的绘制，如图6-199所示。

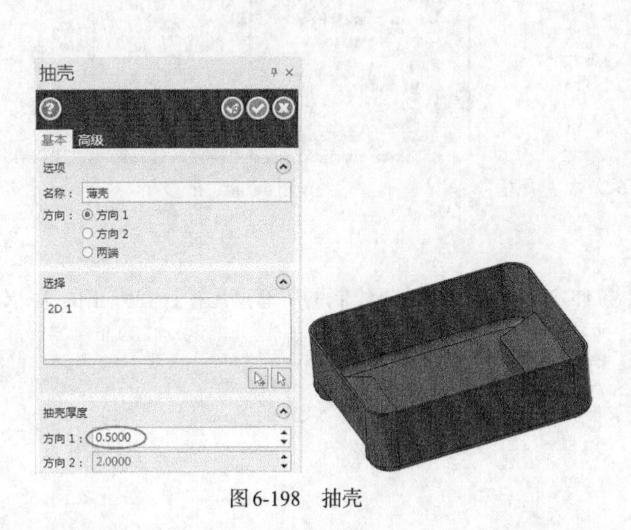

图6-198 抽壳

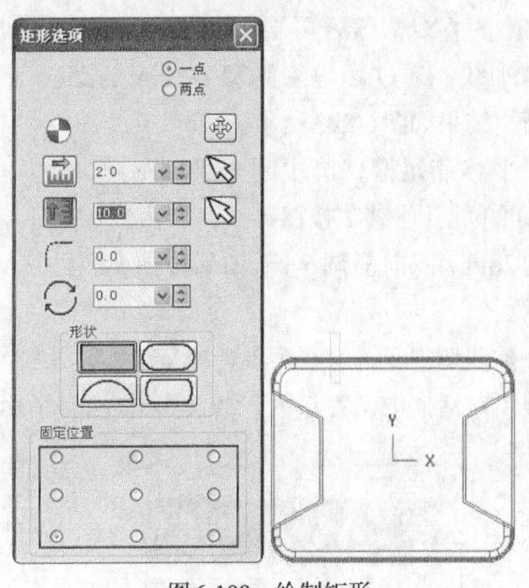

图6-199 绘制矩形

10 平移矩形。选中刚才绘制的矩形，再单击【平移】按钮，平移距离为X方向3mm，总共复制8个，结果如图6-200所示。

11 镜像矩形。将刚才平移的矩形全部选中，再在绘图工具栏单击【镜像】按钮，以Y=0的轴作为镜像轴，结果如图6-201所示。

12 拉伸切割实体。在菜单栏执行【实体】→【拉伸实体】命令，选择刚才绘制的所有矩形，在弹出的【实体拉伸】对话框中设置参数，结果如图6-202所示。

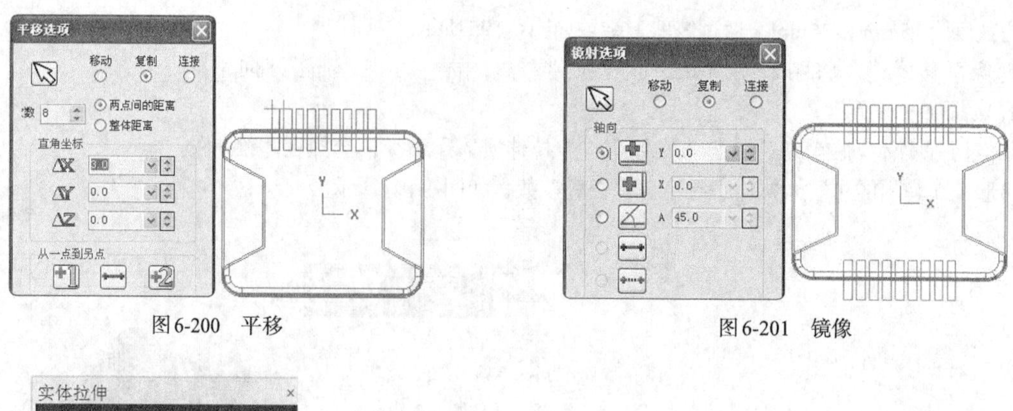

图6-200　平移　　　　图6-201　镜像

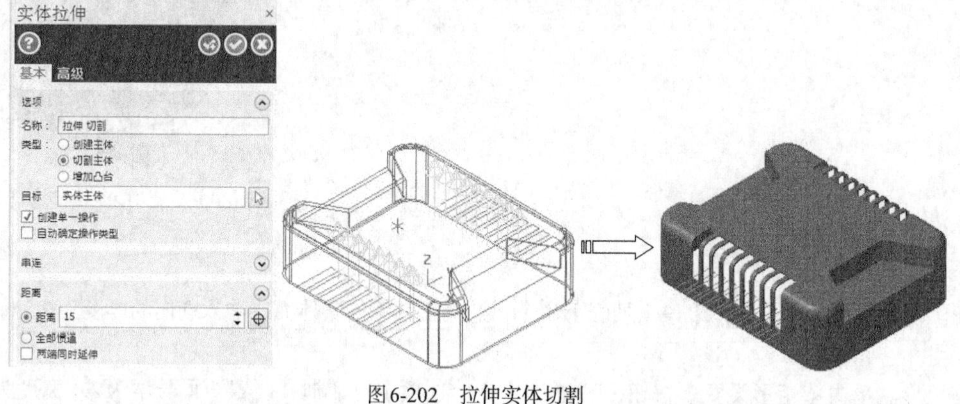

图6-202　拉伸实体切割

13 绘制燕尾槽型。在绘图工具栏单击【绘制直线】按钮，绘制过原点的角度为80°的直线，然后再绘制高度为10mm的水平线。通过修剪绘制宽为1mm的燕尾槽，结果如图6-203所示。

14 平移燕尾槽。选中刚才绘制的燕尾槽，再单击【平移】按钮，平移距离为X方向2mm，双向复制6个，结果如图6-204所示。

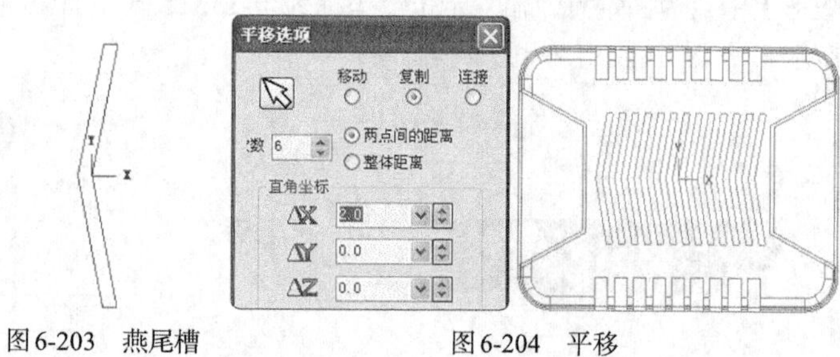

图6-203　燕尾槽　　　　图6-204　平移

15 拉伸切割实体。在菜单栏执行【实体】→【拉伸实体】命令，选择绘制的所有燕尾槽，在弹出的【实体拉伸】对话框中设置参数，结果如图6-205所示。

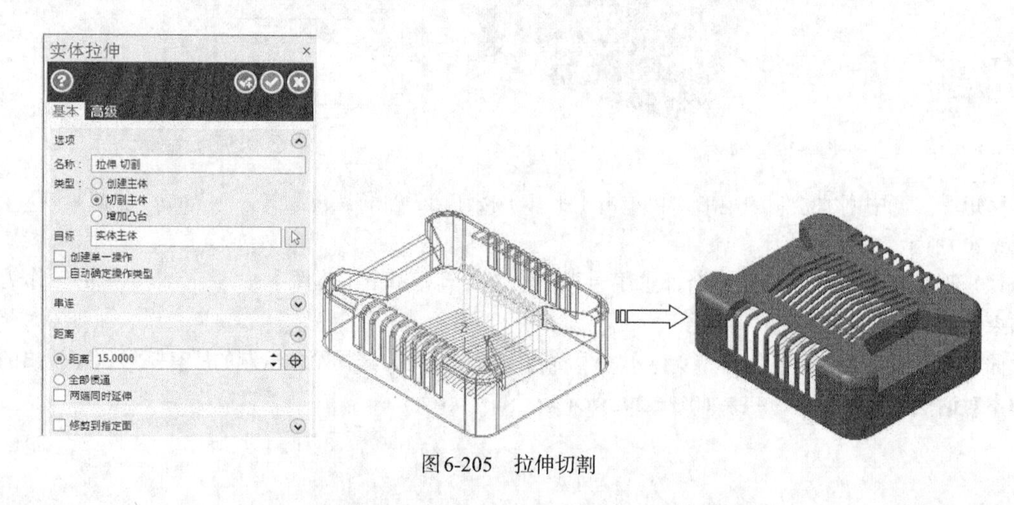

图6-205　拉伸切割

16 抽壳。在菜单栏执行【实体】→【抽壳】命令，选择要移除的实体面，输入朝内的厚度为0.5mm，结果如图6-206所示。

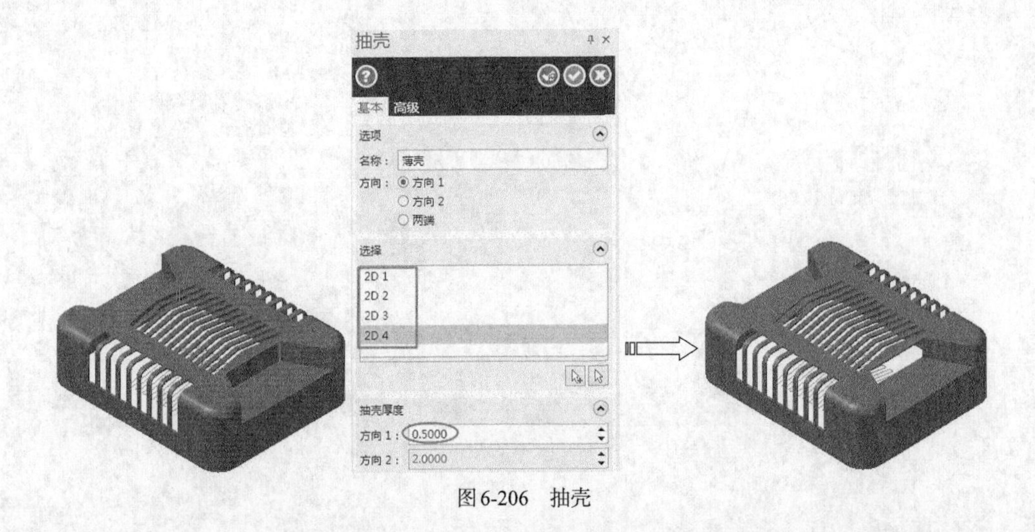

图6-206　抽壳

6.9　课后习题

（1）为什么实体造型没有曲面造型功能强大？

（2）实体造型基本思路有哪几种？

（3）布尔运算有哪几种？

（4）使用形体分析法分析图6-207所示的组合体图形，并分别采用叠加法和切割法进行绘制。

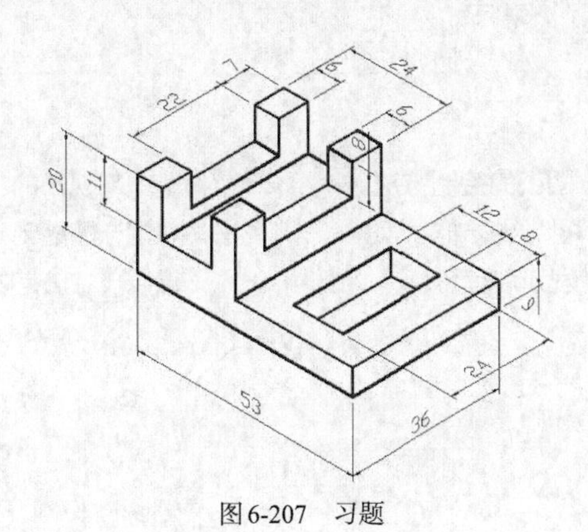

图6-207　习题

第7章

工程图设计

Mastercam X9创建的实体可以直接生成工程图，而不需进行软件转换。Mastercam X9实体工程图可以创建一般性的视图，基本上能满足通常情况下的工程制图需求。

知识要点

※ 掌握实体工程图纸的绘制方法。
※ 理解实体工程图纸的方向。
※ 掌握隐藏线的显示和消除。
※ 掌握剖视图的创建方法。
※ 掌握详图的创建方法。
※ 掌握尺寸公差的标注方法。

案例解析

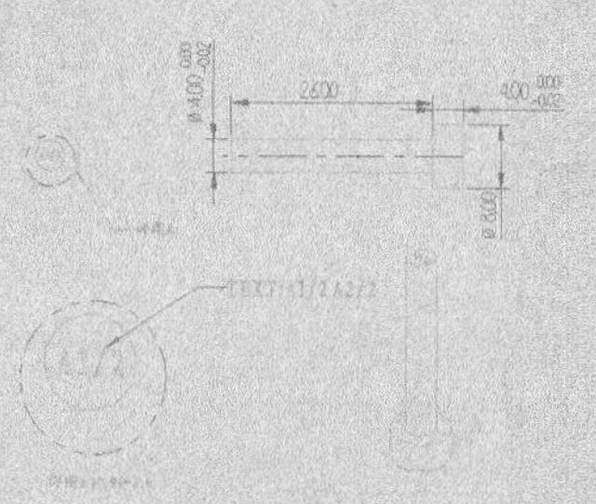

▲顶针工程图

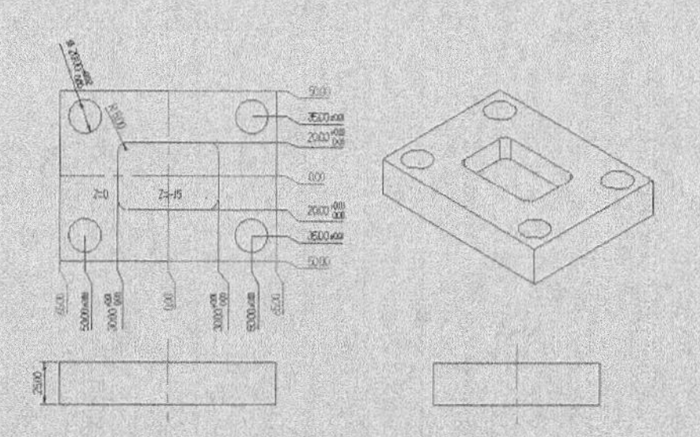

▲模板工程图

7.1 实体工程图纸

Mastercam X9实体生成工程图可以通过图纸布局生成系统预定的视图。系统根据实际需要，定制了多种规则的图纸布局。在菜单栏执行【实体】→【工程图】命令，弹出【实体工程图纸】对话框，如图7-1所示。

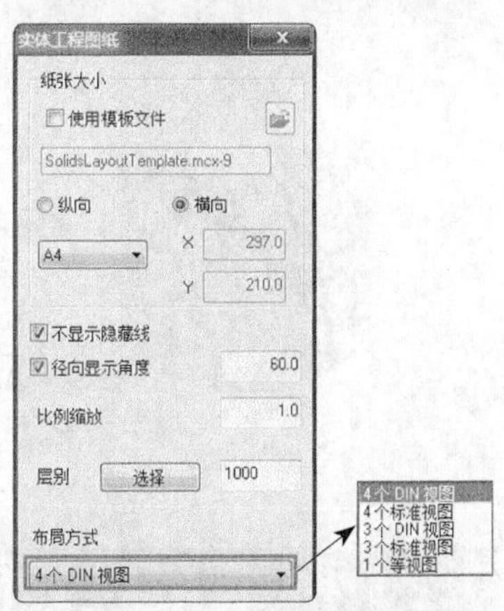

图7-1 【实体工程图纸】对话框

系统提供了5种布局方式，分别为4个DIN视图、4个标准视图、3个DIN视图、3个标准视图和1个等视图。下面将分别进行讲解。

1. 4个DIN视图

4个DIN视图采用德国DIN标准视图，分别为底视图（Bottom）、前视图（Front）、左视图（Left）和等轴侧视图（isometric views），如图7-2所示。

2. 4个标准视图

4个标准视图采用美国标准（ANSI）的4个视图，分别俯视图（Top）、前视图（Front）、右视图（Right）和等轴侧视图（isometric view）。4个视图的摆放位置和对应关系如图7-3所示。此标准视图即是按通常的第三视角来创建的。

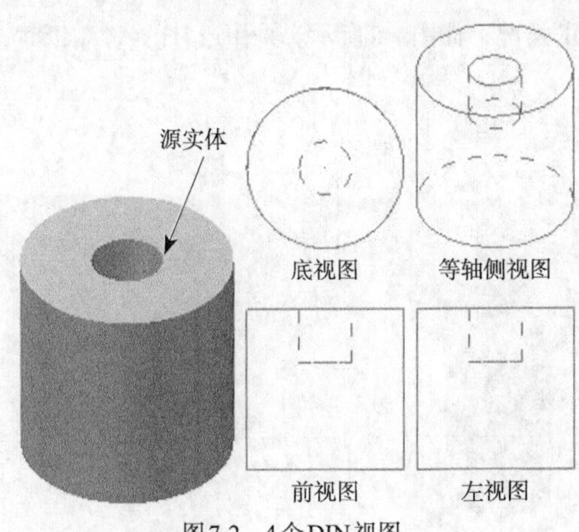

图7-2　4个DIN视图

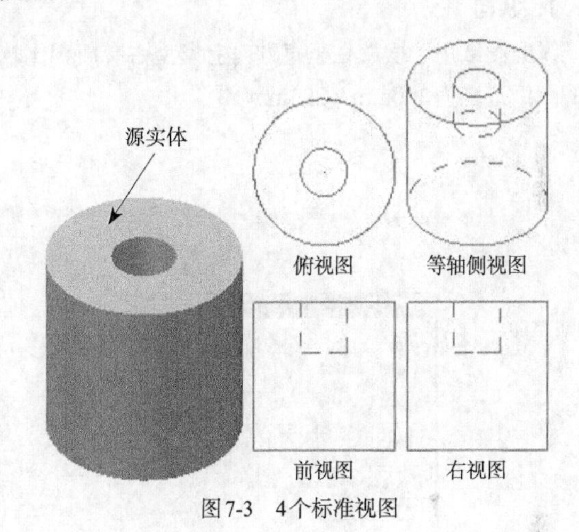

图7-3　4个标准视图

3. 3个DIN视图

3个DIN视图采用德国DIN标准3视图，分别为底视图（Bottom）、前视图（Front）和左视图（Left），如图7-4所示。DIN标准采用的是第一视角。此种方式和“4个DIN视图”类型创建布局的差别在于没有等轴侧视图。

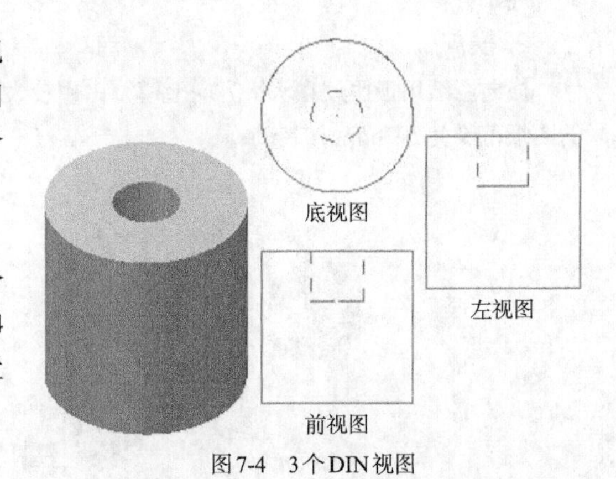

图7-4　3个DIN视图

4. 3个标准视图

3个标准视图采用美国标准（ANSI）的3个视图，分别俯视图（Top）、前视图（Front）、右视图（Right）。与4个标准视图相比缺少了等轴侧视图，此种布局的摆放位置和对应关系如图7-5所示。

5. 1个等视图

1个等视图即创建等轴侧视图（isometric view），此种布局方式专门用来添加等轴侧视图，创建结果如图7-6所示。

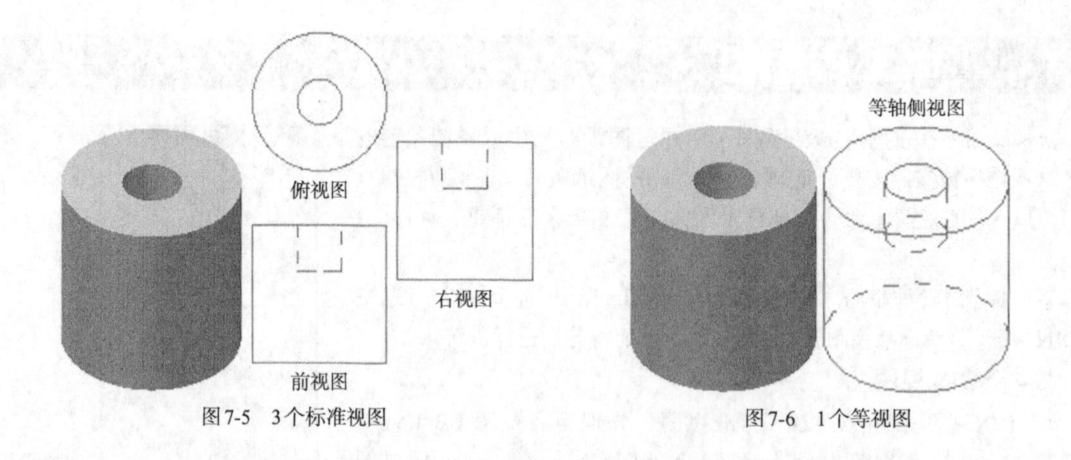

图7-5　3个标准视图　　图7-6　1个等视图

7.2 图纸布局方向

根据图形的特点，以及图形摆放位置需要，图形布局可以有两种方式，即纵向和横向摆放方式。在【实体工程图纸】对话框中可以设置纵向和横向方向，如图7-7所示。

1. 纵向

纵向图纸用于摆放在竖直方向上模型占有面积比较大的情况，如图7-8所示。采用通常的A4图纸时，纵向的图纸范围为210mm × 297mm。

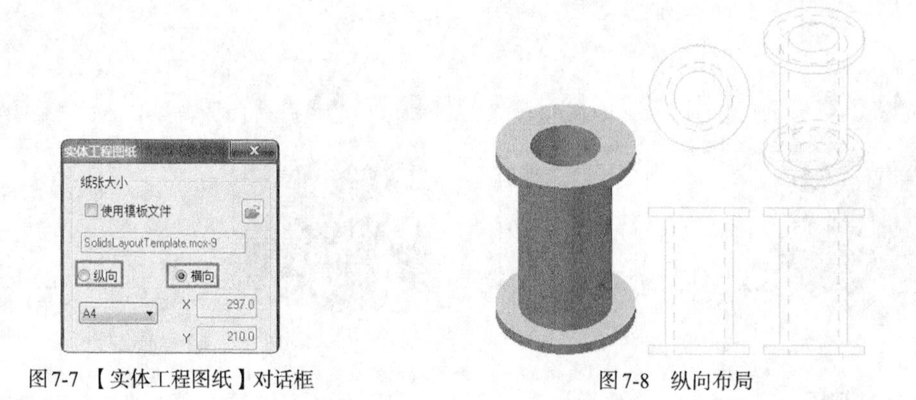

图7-7 【实体工程图纸】对话框　　图7-8　纵向布局

2. 横向

横向图纸用于摆放在水平方向上模型占用较大面积的情况，如图7-9所示。采用通常的A4图纸时，横向的图纸范围为297mm × 210mm。

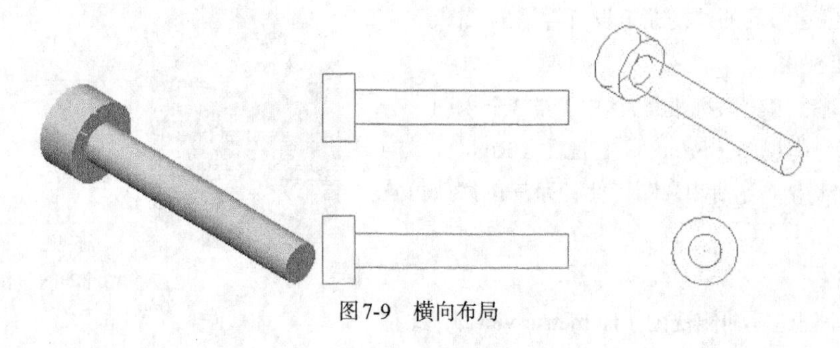
图7-9　横向布局

7.3　隐藏线的显示和消除

为了看图和表达的需要，有时需要显示隐藏线，但是隐藏线过多也会干扰看图。因此，开启或者消除隐藏线，要看图形表达的需要。在能清楚表达模型的前提下，为了图纸的美观，尽可能不显示或者少显示隐藏线。

设置好布局后，单击【完成】按钮，弹出【实体工程图】对话框，如图7-10所示。

各选项含义如下。

❖ 单一视图：设置某个视图隐藏线的显示与否。此按钮为切换按钮，在显示隐藏线和消除隐藏线之间进行切换。如果某视图当前是显示隐藏线状态，则单击此按钮后，再选择某视图，该视图所有隐藏线全部消除，如图7-11所示。反之亦然。

图7-10 【实体工程图纸】对话框

图7-11　单一视图隐藏

❖ 全部切换：对所有的视图进行切换，此按钮也是切换按钮，即使多个视图不统一，比如前视图显示了隐藏线，右视图没有显示隐藏线，则单击此按钮切换后，结果为前视图不显示隐藏线，右视图显示隐藏线，如图7-12所示。

图7-12　全部切换隐藏线

❖ 全部隐藏：此按钮可以隐藏图纸中所有视图的隐藏线。此按钮为关闭按钮，即不管视图是否显示隐藏线，单击此按钮后，所有视图的隐藏线全部隐藏，如图7-13所示。

❖ 全部显示：此按钮可以显示图纸中所有视图的隐藏线。此按钮为开启按钮，即不管视图是否显示隐藏线，单击此按钮后，所有视图的隐藏线全部显示，如图7-14所示。

图7-13　全部隐藏

图7-14　全部显示

7.4　创建剖视图

创建剖视图即创建模型的断面图，通过一个假想的平面或3D面来剖切模型，平面或3D面与模型的相交部分即是剖面。

在【实体工程图】对话框中单击“增加截面”按钮 增加截面 ，弹出“截面类型”对话框，如图7-15所示。

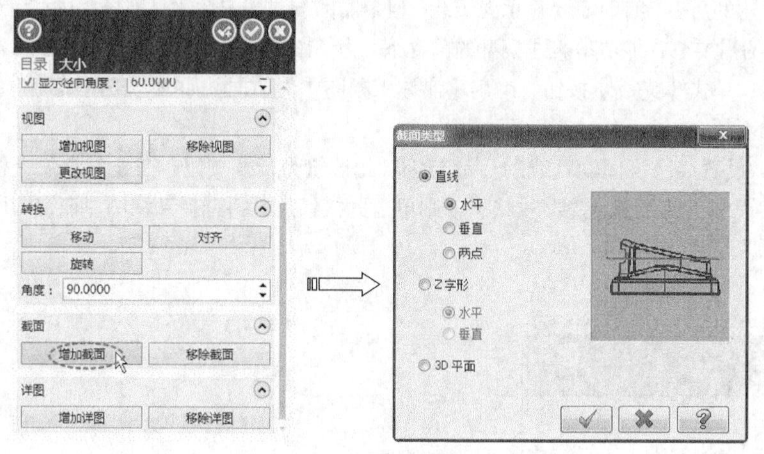

图7-15 截面类型

各选项含义如下。

（1）直线：采用直线作为剖切线对视图进行剖切。有3种方式：水平、垂直和两点。

❖ 水平：采用水平剖切线剖切视图，剖切面为经过水平剖切线，并与屏幕垂直的平面。水平剖面创建结果如图7-16所示。

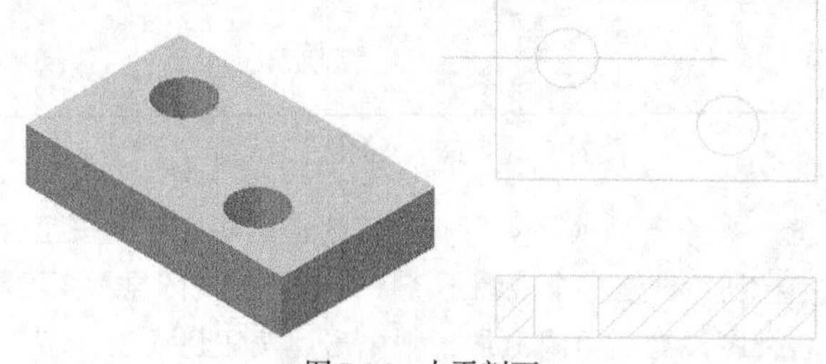
图7-16 水平剖面

❖ 垂直：采用垂直剖切线剖切视图，剖切面为经过垂直剖切线，并与屏幕垂直的平面。垂直剖面结果如图7-17所示。

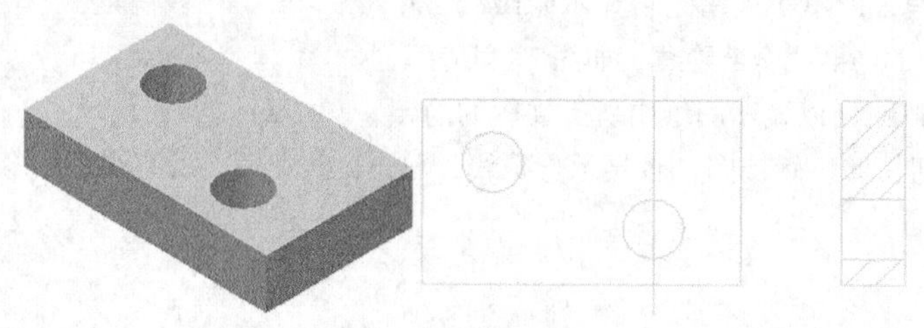
图7-17 垂直剖面

❖ 两点：采用两点定义剖切线，此两点连线即为剖切线，剖切面为经过两点连线并与屏幕垂直的平面，如图7-18所示。

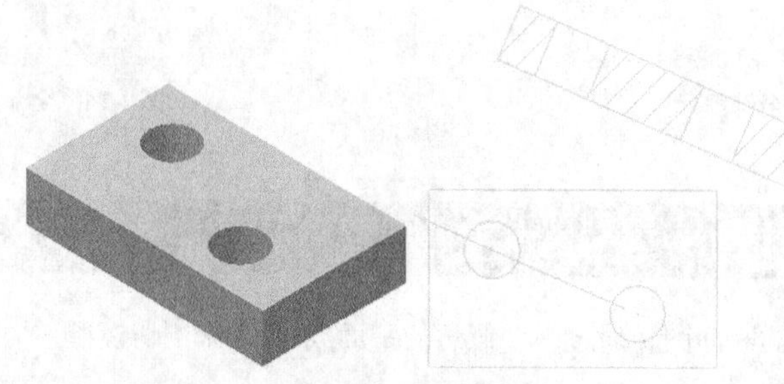
图7-18 两点剖面

（2）Z字形：采用折弯的阶梯线为剖切线，剖切面为阶梯面。

❖ 水平：采用水平方向的阶梯线进行剖切。

❖ 垂直：采用垂直方向的阶梯线进行剖切。

（3）3D平面：采用不在水平和垂直方向上的三维平面来剖切模型。

采用水平阶梯线进行剖切后的剖面如图7-19所示。

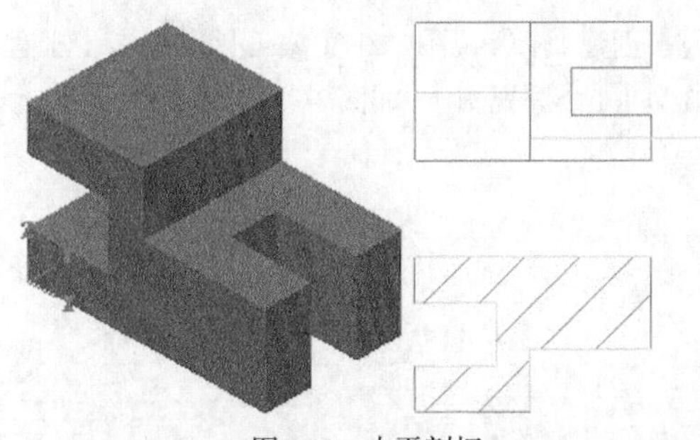

图7-19 水平剖切

7.5 创建详图

详图即局部的详细视图。主要用于对工程图中局部需要具体说明或者比较重要的细小部位进行放大显示。详图在原始图的基础上放大的倍数可以自行设置。详图的边界有两种：矩形边界和圆形边界。

在【实体工程图纸】对话框中单击“增加详图”按钮，弹出【详图类型】对话框，如图7-20所示。

各选项含义如下。

❖ 矩形：采用矩形框的方式定义详图，详图的边界即是矩形框范围。

❖ 圆柱：采用圆柱的方式定义详图，详图的边界即是圆柱区域。

图7-21为采用矩形框定义的详图边界。

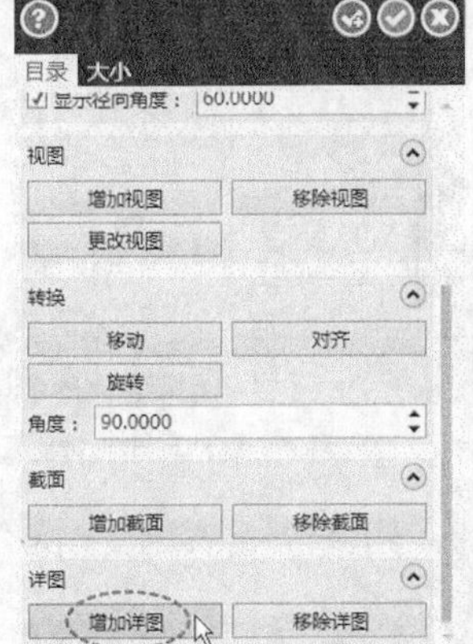

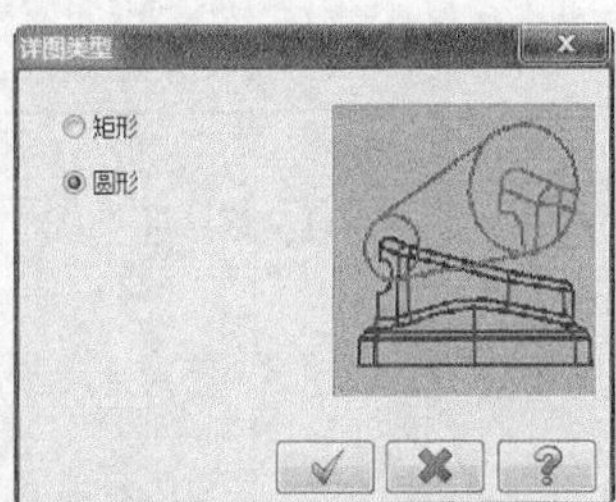

图7-20 【详图类型】对话框

图7-21 矩形框边界详图

7.6 拓展训练

本节主要以创建模具零件工程图为例来讲解工程图创建、工程图标注，以及公差标注。

7.6.1 训练一：顶针工程图

引入文件：拓展训练\源文件\Ch07\7-1.mcx-9

结果文件：拓展训练\结果文件\Ch07\7-1.mcx-9

视频文件：视频\Ch07\拓展训练一：顶针工程图.avi

采用基本命令创建顶针工程图并标注尺寸和公差，如图7-22所示。

01 打开源文件。单击【打开】按钮，从资源文件打开“拓展训练\源文件\Ch7\7-1.mcx-9”，单击【完成】按钮，完成文件的调取。

02 创建1个等视图。在实体工具栏单击【工程图】按钮，弹出【实体工程图纸】对话框，将布局方式设置为【1个等视图】，如图7-23所示。

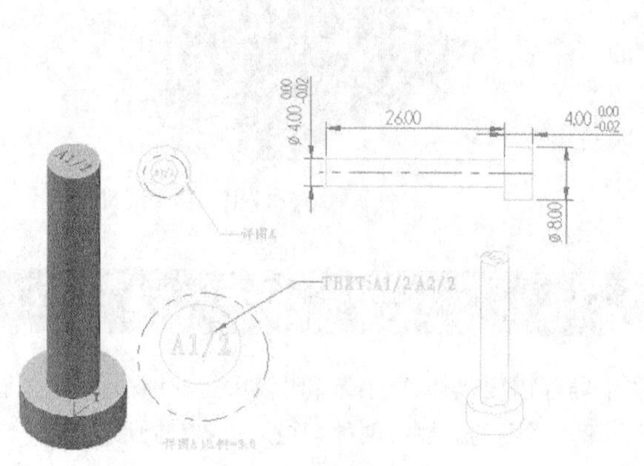

图7-22　顶针工程图

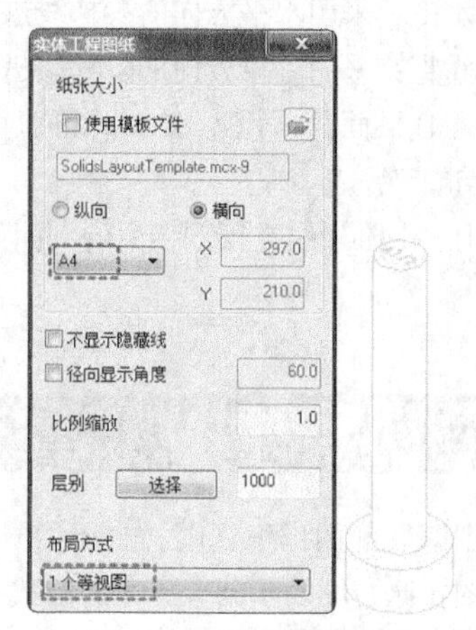

图7-23　创建布局视图

03 创建俯视图。在【实体工程图纸】对话框中单击【完成】按钮，弹出【实体工程图】对话框，选择【增加视图】→【俯视图】选项，设置比例为1，单击放置点，如图7-24所示。

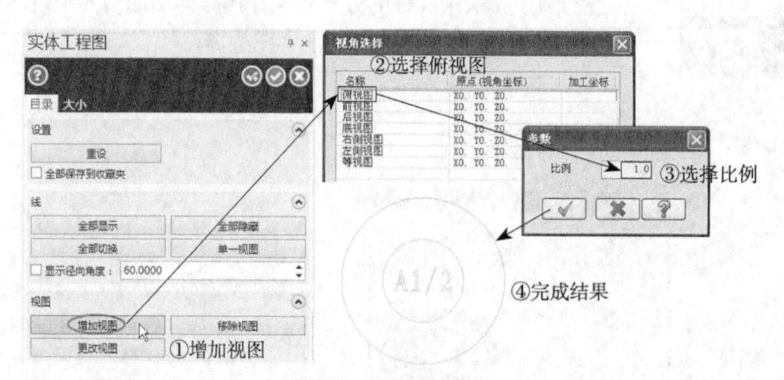

图7-24　创建俯视图

04 创建右视图。在【实体工程图】对话框选择【增加视图】→【右侧视图】选项，设置比例为1，设置角度为90°，单击放置点，如图7-25所示。

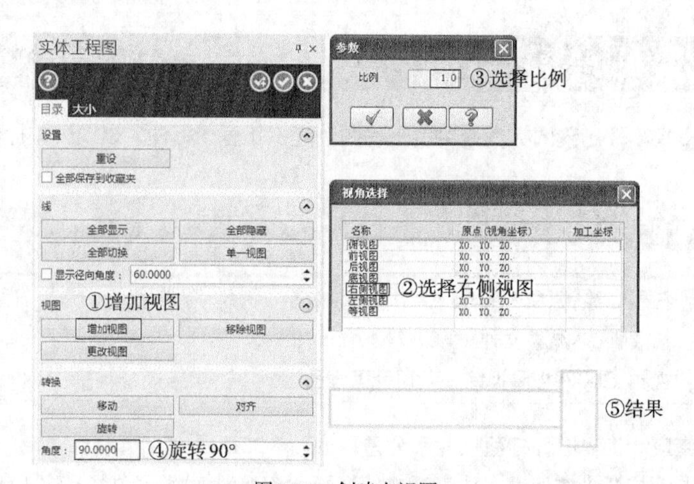

图7-25　创建右视图

05 创建详图。在【实体工程图】对话框单击【增加详图】按钮，设置详图类型为【圆柱】，设置比例为3，在原始图上绘制圆，再单击放置点，生成详图，如图7-26所示。

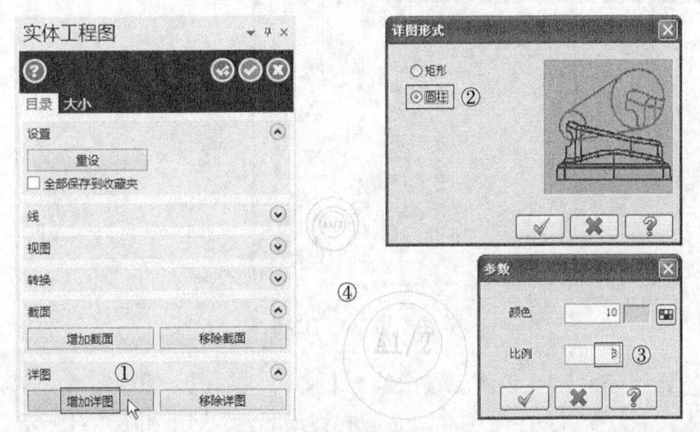

图7-26　创建详图

06 移动排列视图。在【实体工程图】对话框选择【对齐】选项，先选择固定视图，再选择要移动的视图对应点，系统即将后选择的视图与先前视图对齐，如图7-27所示。

图7-27　排列视图

07 修改详图边界颜色和线型。选择详图边界圆，用鼠标右键单击绘图区下方状态栏上的【属性】按钮属性，弹出【属性】对话框，设置线型为【双点划线】，颜色为13号洋红色，单击【完成】按钮，完成修改，结果如图7-28所示。

08 添加箭头。在绘图工具栏单击【引导线】按钮，选择要标注的位置，再选择放置点，按Esc键完成创建，结果如图7-29所示。

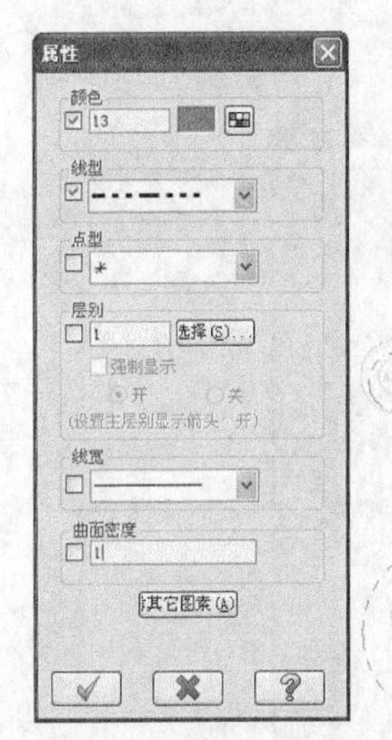

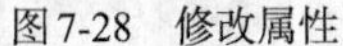
图7-28　修改属性

图7-29　添加箭头

09 书写文字“详图A”。在菜单栏选择【绘图】→【文字】命令A，弹出【绘制文字】对话框，在【文字属性】文本框中输入文字“详图A”，放置在箭头附近，结果如图7-30所示。

图7-30　书写文字

10 添加文字“详图A比例=3.0”。在绘图工具栏单击【文字】按钮，弹出【绘制文字】对话框，在【文字属性】文本框中输入文字“详图A比例=3.0”，放置在详图下方，结果如图7-31所示。

11 标注尺寸。在绘图工具栏单击【快速标注】按钮，弹出【快速标注】工具条，选择要标注的点拉出尺寸，单击放置尺寸，标注结果如图7-32所示。

图7-31　添加文字　　　　图7-32　标注尺寸

12 多重编辑添加公差。在绘图工具栏单击【多重编辑】按钮，选择尺寸4，单击【完成】按钮，弹出【自定义选项】对话框，设置公差选项为【线性+/-】，设置【向上】为+0.0，【向下】为-0.02，单击【完成】按钮，结果如图7-33所示。

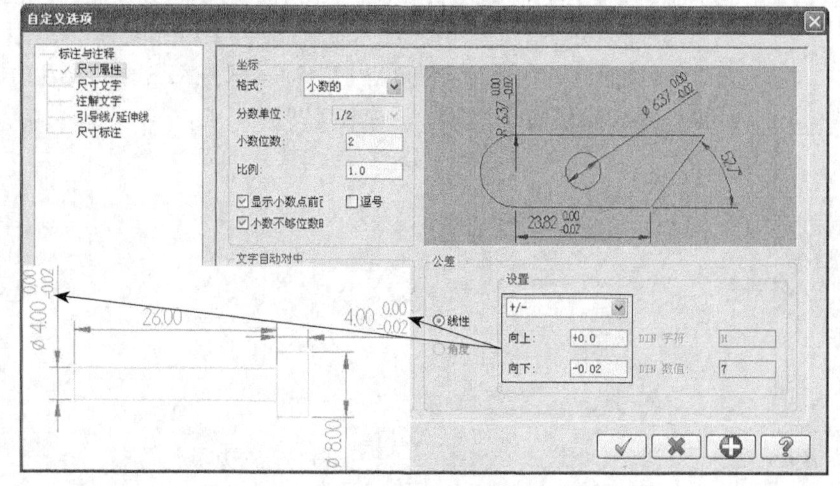

图7-33　修改公差

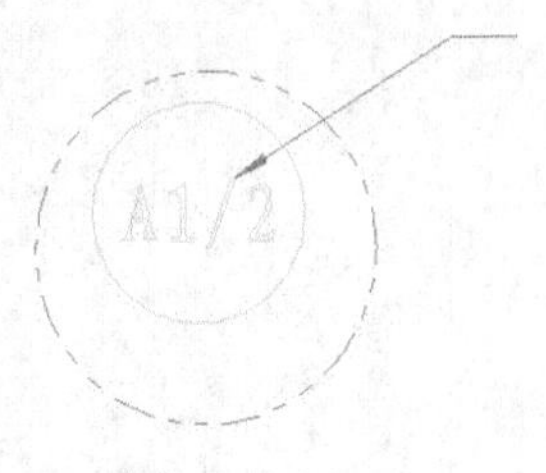

图7-34　添加箭头

13 添加箭头。在绘图工具栏单击【引导线】按钮，选择要标注的位置，再选择放置点，按Esc键，完成创建，结果如图7-34所示。

14 添加文字。在绘图工具栏单击【文字】按钮，弹出【绘制文字】对话框，在【文字属性】文本框中输入文字“TEXT:A1/2 A2/2”，放置在箭头右侧，结果如图7-35所示。

图7-35　添加文字

15 添加中心对称线。在绘图工具栏单击【绘制直线】按钮，再选择矩形的左边线中点为起点绘制水平线，并设置线型为【中心线】，结果如图7-36所示。

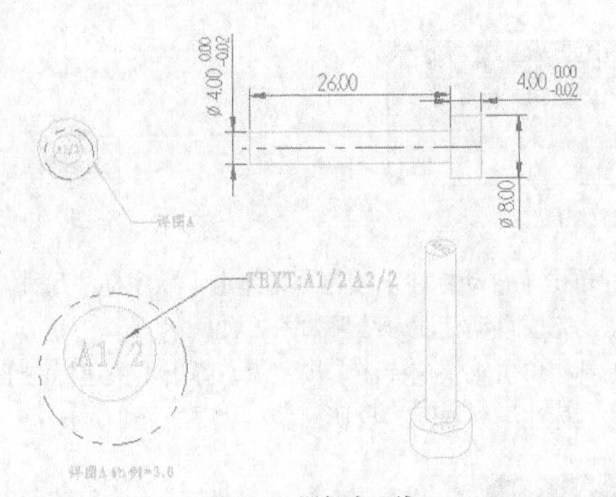

图7-36　添加中心线

7.6.2　训练二：模板工程图

引入文件：拓展训练\源文件\Ch07\7-2.mcx-9
结果文件：拓展训练\结果文件\Ch07\7-2.mcx-9
视频文件：视频\Ch07\拓展训练二：模板工程图.avi

采用基本命令创建模板工程图，并标注其尺寸，如图7-37所示。

01 打开本例源文件。

02 创建4个标准视图。在实体工具栏单击【工程图】按钮，弹出【实体工程图纸】对话框，将布局方式设置为4个标准视图，纸张大小为A3，如图7-38所示。

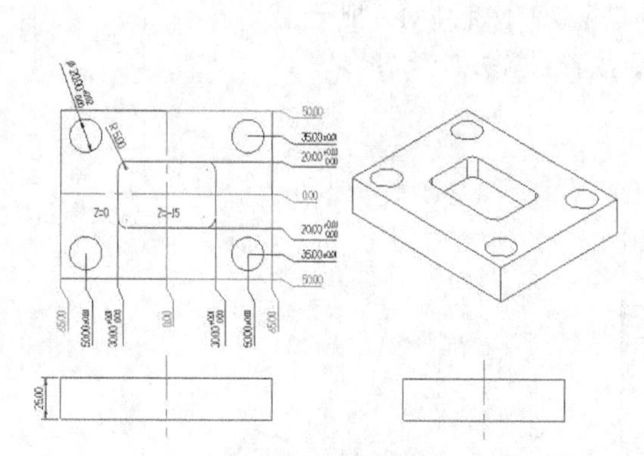

图7-37　模板工程图

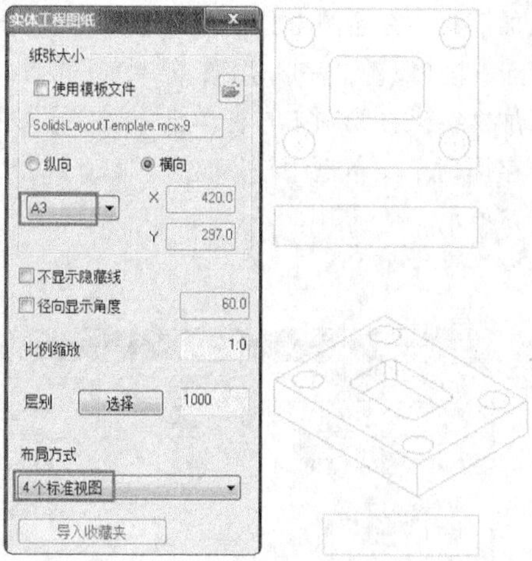

图7-38　创建布局视图

03 将工程图所在层设为当前层，关闭第一层。按Alt+Z组合键，打开【层别管理】对话框，设置500层为当前层，并关闭第1和第2层，如图7-39所示。

04 创建中心线。在绘图工具栏单击【绘制直线】按钮，选择各边中点绘制中线，并设置线型为中心线，结果如图7-40所示。

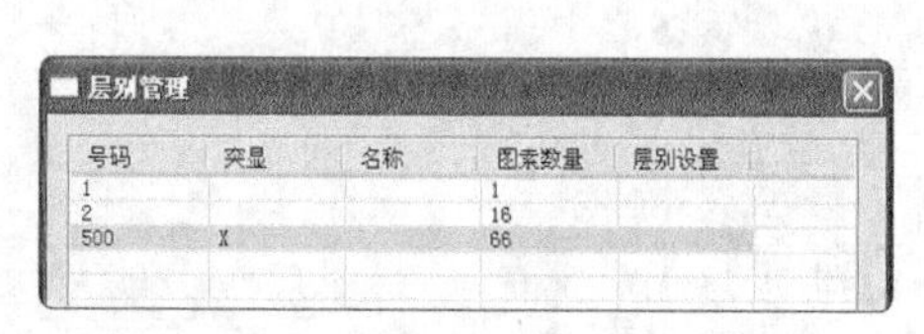

层别管理

号码	突显	名称	图素数量	层别设置
1			1	
2			16	
500	X		66	

图7-39　设置图层

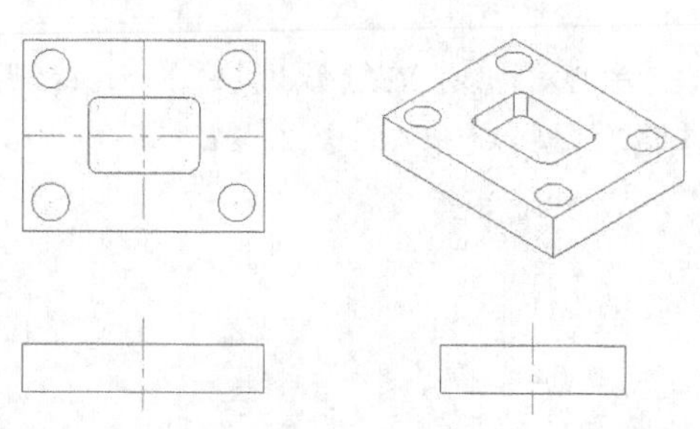

图7-40　创建中心线

05 自动标注。在绘图工具栏单击【自动标注】按钮，弹出【顺序标注尺寸/自动标注】对话框，选择所有的图素后单击【完成】按钮，完成自动标注，结果如图7-41所示。

06 标注圆和圆弧。在绘图工具栏单击【快速标注】按钮，弹出【快速标注】工具条，选择要标注的圆和圆角拉出尺寸，单击放置尺寸，标注结果如图7-42所示。

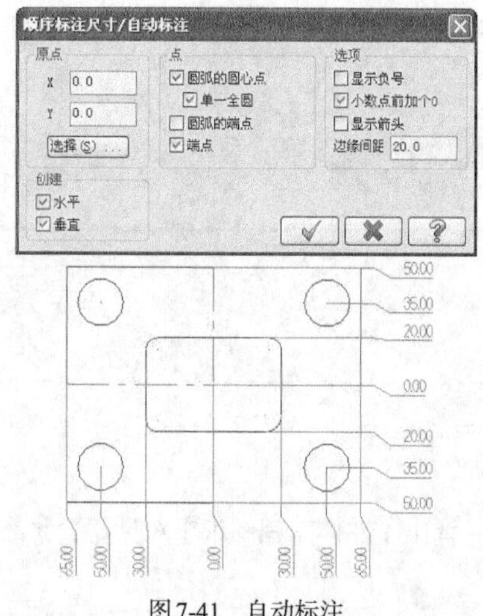

图7-41　自动标注

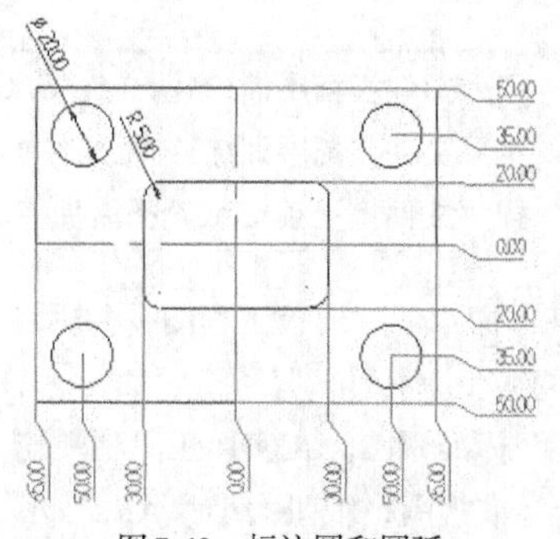

图7-42　标注圆和圆弧

07 多重编辑添加公差。在绘图工具栏单击【多重编辑】按钮，选择模仁精框的4个尺寸，【确定】后弹出【自定义选项】对话框，设置公差选项为【线性+/-】,【向上】为+0.01,【向下】为-0.0，单击【完成】按钮，结果如图7-43所示。

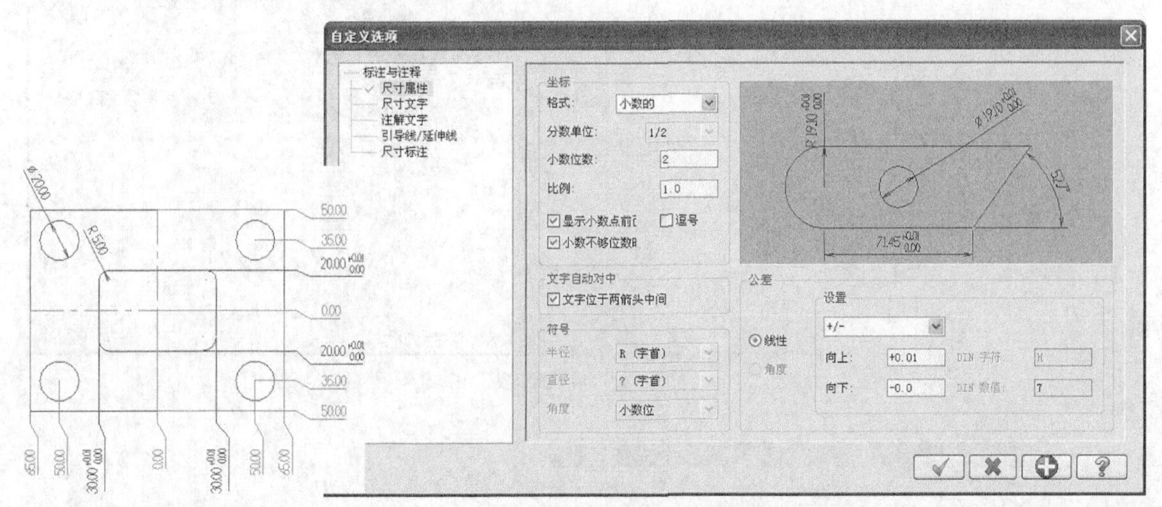

图7-43　修改公差

08 修改导柱孔公差。在绘图工具栏单击【多重编辑】按钮，选择模仁导柱孔的4个定位尺寸，【确定】后弹出【自定义选项】对话框，设置公差选项为【线性+/-】,【向上】为+0.01,【向下】为-0.01，单击【完成】按钮，结果如图7-44所示。

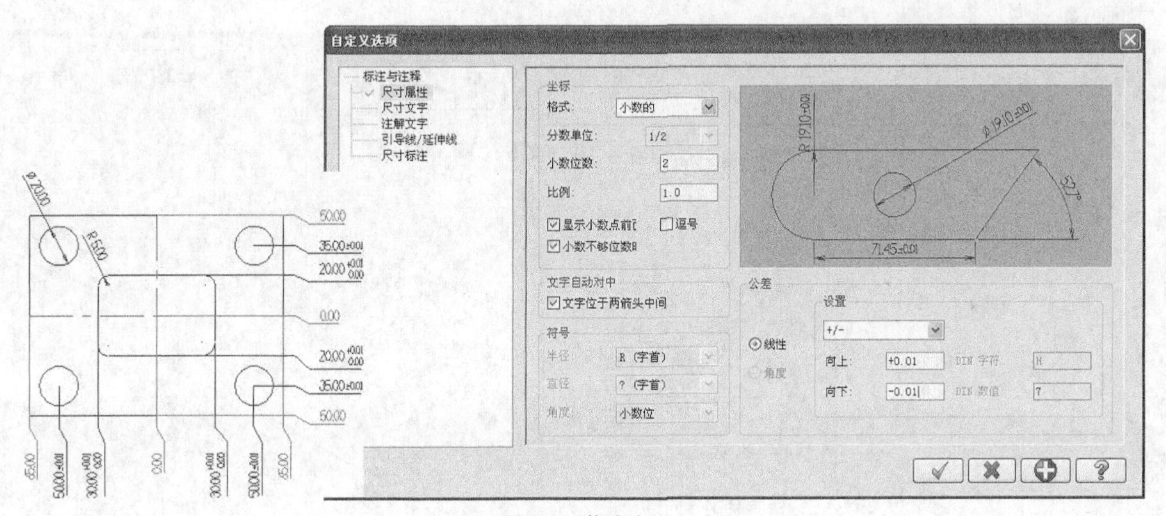

图7-44　修改公差

09 修改导柱孔外形公差。在绘图工具栏单击【多重编辑】按钮，选择模仁导柱孔外形直径尺寸，【确定】后弹出【自定义选项】对话框，设置公差选项为【线性+/-】,【向上】为+0.02,【向下】为-0.00，单击【完成】按钮，结果如图7-45所示。

10 添加文字。在绘图工具栏单击【文字】按钮，弹出【绘制文字】对话框，在【文字属性】文本框中输入文字“Z=0　Z=-15”，放置在详图下方，结果如图7-46所示。

11 标注高度。在绘图工具栏单击【快速标注】按钮，弹出【快速标注】工具条，选择要标注的高度线拉出尺寸，单击放置尺寸，标注结果如图7-47所示。

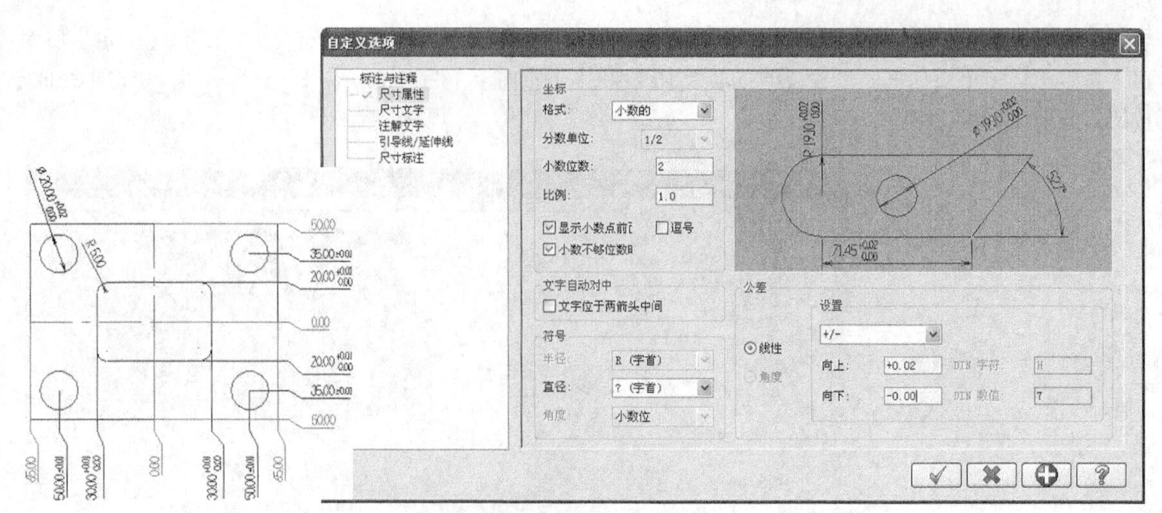

图 7-45　修改公差

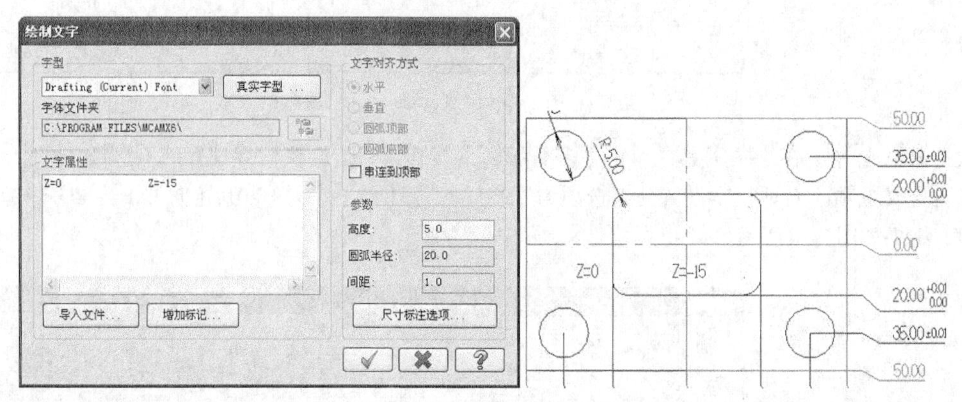

图 7-46　添加文字

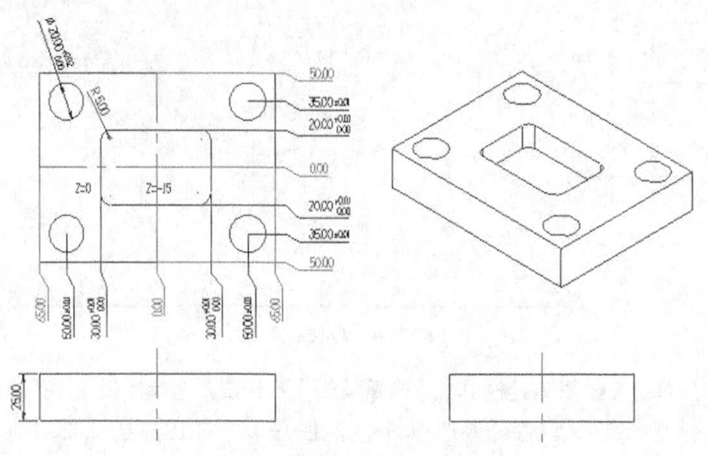

图 7-47　标注

7.7　课后习题

对图 7-48 所示的带肩轴套图形创建工程图，结果如图 7-49 所示。

图7-48　带肩轴套

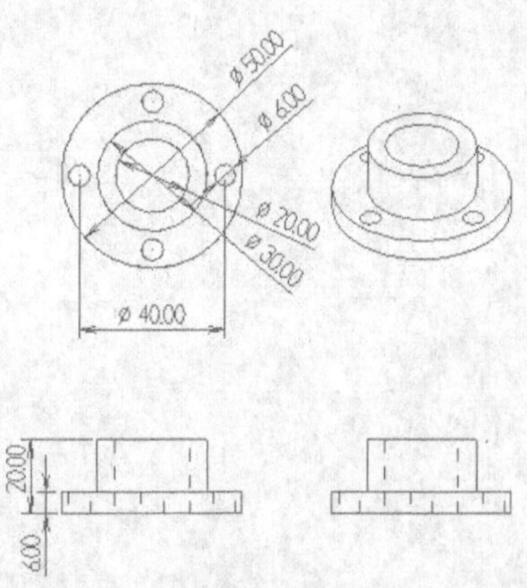

图7-49　工程图

第8章

三维实体造型设计案例

Mastercam X9的实体造型功能非常强大，可以进行参数化和非参数化的混合建模。因此，可以在实体建模后期对实体参数进行变更。也可以采用移除实体历史操作来进行非参数化处理。本章主要讲解带参数化的实体建模。

知识要点

※ 掌握实体造型的思维方法。
※ 掌握实体成型的方法和技巧。
※ 掌握隐藏和显示技巧在绘图中的运用。
※ 掌握实体组件的绘制技巧。
※ 掌握图层的设置和修改技巧。

案例解析

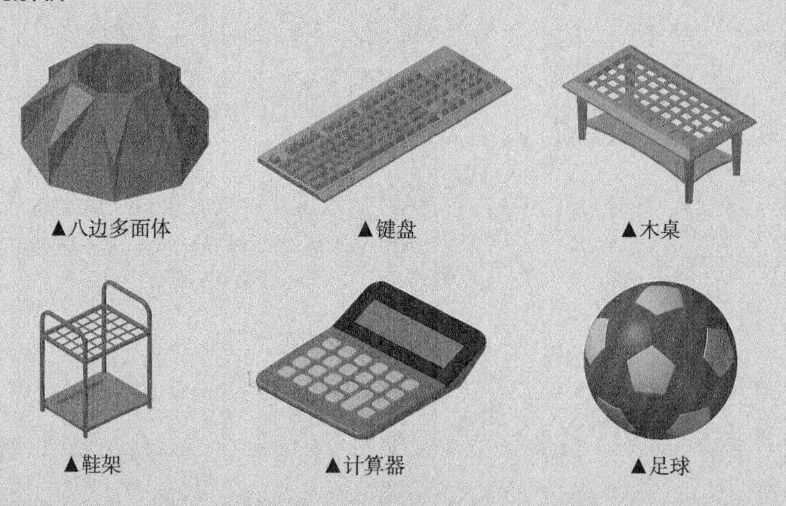

▲八边多面体　▲键盘　▲木桌

▲鞋架　▲计算器　▲足球

8.1　造型基础

造型简而言之就是创造出来的物体的形象，在这里即是采用软件构造出产品的模型。造型按不同时期分可以分5个阶段，分别为手工绘图、二维计算机绘图、三维线架绘图、曲面造型和实体造型。本章主要讲解曲面造型和实体造型。

8.2　实体造型思维方法

利用Mastercam软件对产品进行造型设计，可以较好地表达设计意图，并且修改方便。在使用Mastercam软件造型时，采用合理的建模思路和顺序是保证产品设计成功的关键。任何三维软件及其相关的建模操作命令都只是实现设计意图的工具，因此合理的建模思路是三维造型的关键。

实体造型思维方法主要是指分析方法，通常的分析方法为形体分析法，特别是对组合体采用形体分析法，可以快速找到造型的突破口。

首先采用形体分析法分析模型是由多少个形体特征组成，例如由圆柱体、圆锥体、圆球体、圆环体和立方体等基体特征组成，或者由拉伸实体、旋转实体、扫描实体和举升实体等基本实体特征组成。然后使用工程特征命令（如倒圆角、倒角、抽壳、拔模等）进行布尔运算（如布尔加、减和交运算等）来完成最终的结果。此法适合于结构相对简单、外形比较规则的组合实体建模。

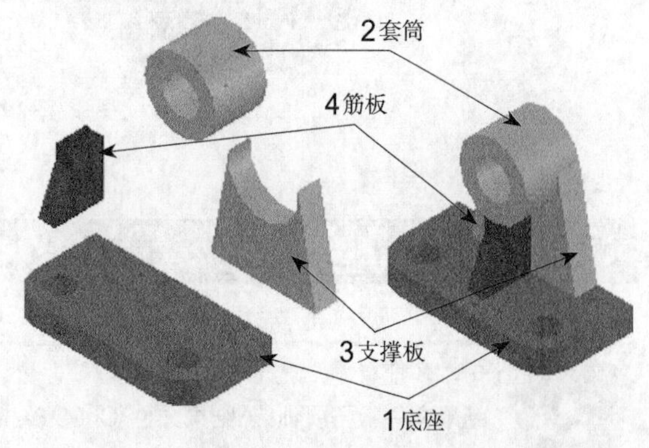

图8-1　轴承座形体分析

下面以轴承座为例来说明形体分析法的步骤，轴承座可以分成4个形体部分，分别采用1~4号标记，如图8-1所示。

8.3　实体造型成型方法

对组合体进行形体分析后，可以了解组合体的各组成部分，将这些组成部分与Mastercam X9中的所有实体造型命令对应，再选择相应的造型命令来创建对应的部分模型。

实体造型方法根据组合体特点可以分为3种，即叠加法、切割法和综合法。

叠加法：是将多个基本形体像堆积木一样叠加形成产品。每个形体可以采用基本预定义实体，或通过拉伸、旋转、扫描和举升等基本操作实体绘制出来。图8-2可以采用叠加法绘制。

切割法：是将产品分解为从整体中切割掉某个或某些局部，且这些局部是由一些比较规则的预定义实体或通过拉伸、旋转、扫描和举升等基本操作实体绘制出来的实体。图8-3即是采用切割法绘制的圆孔。

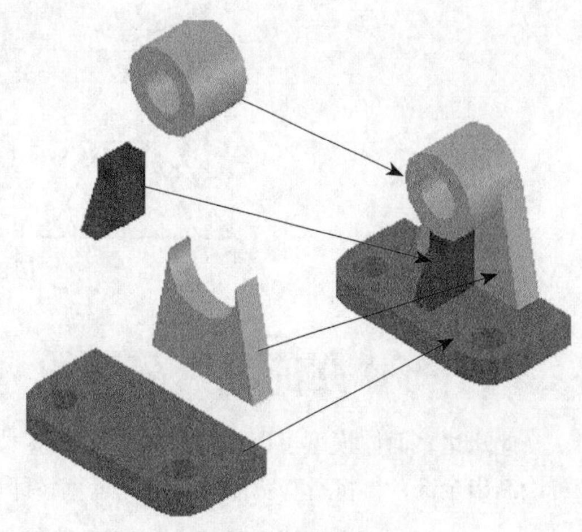
图8-2　叠加法

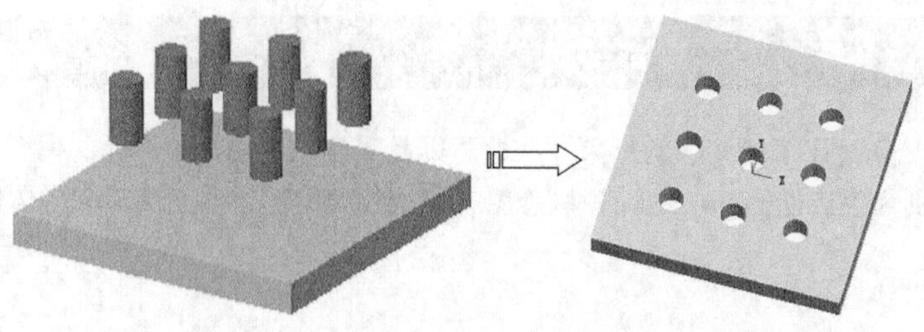

图 8-3　切割法

综合法：综合法即混合使用叠加法和切割法。在实际工作中，由于模型比较复杂，只采用其中一种方法很难完成，因此通常需要将两种方法结合起来使用，如图 8-4 所示。

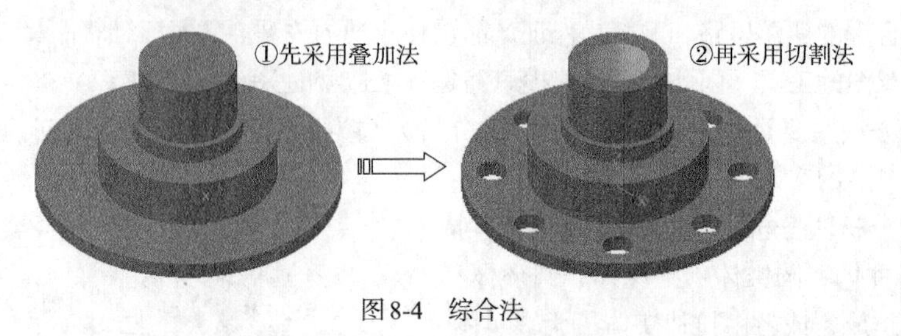

图 8-4　综合法

8.4　拓展训练一：八边多面体

引入文件：无

结果文件：拓展训练\结果文件\Ch08\8-1.mcx-9

视频文件：视频\Ch08\拓展训练一：八边多面体.avi

采用基本叠加法绘制图 8-5 所示的八边多面体。

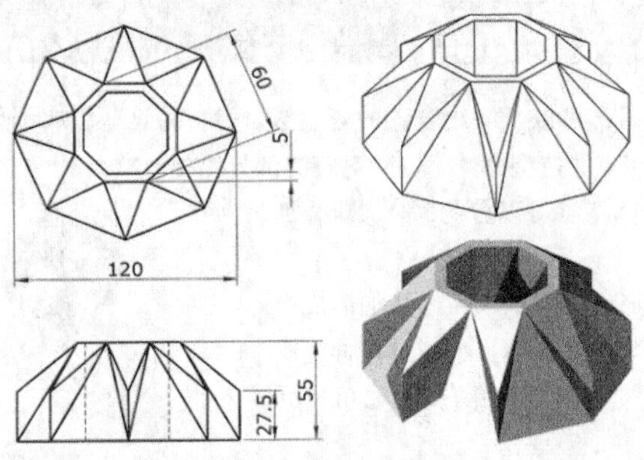

图 8-5　八边多面体

8.4.1　形体分析

此八边多面体模型可以从中分离出两个基本实体块，把这两个基本实体块绘制出来后，通过旋转复制，可绘制出全部，再将所有实体进行拓扑运算，即可完成此零件的绘制，如图 8-6 所示。

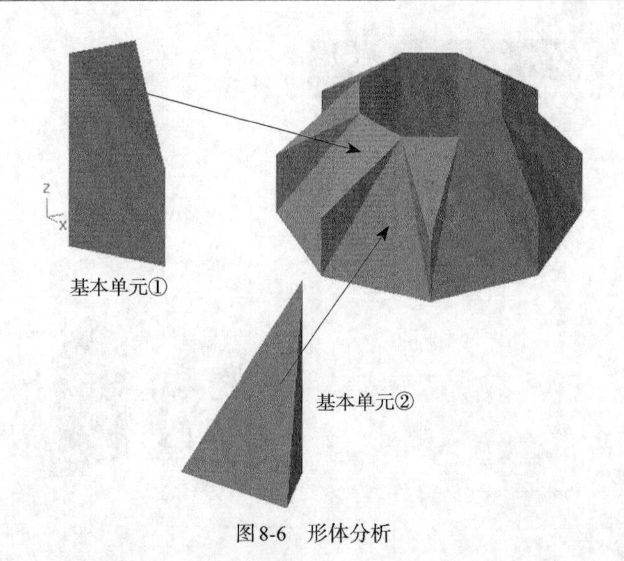

图8-6　形体分析

8.4.2　绘制线架

01 绘制多边形1。在绘图工具栏单击【画多边形】按钮，弹出【多边形】对话框，设置参数，如图8-7所示，单击【完成】按钮，绘制多边形。

02 绘制多边形2。继续在绘图工具栏单击【画多边形】按钮，弹出【多边形】对话框，设置参数，如图8-8所示，绘制多边形。

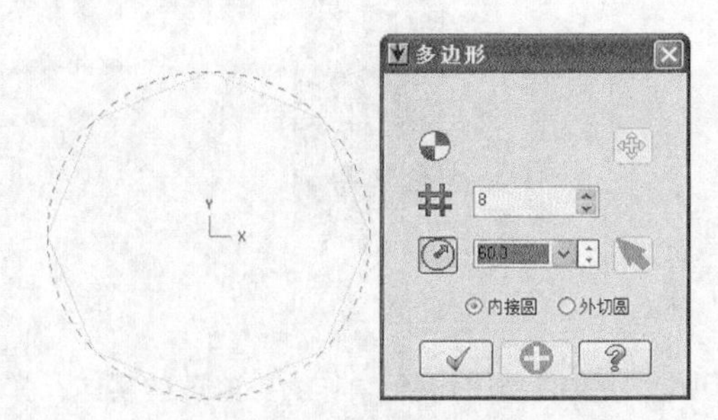

图8-7　绘制多边形1

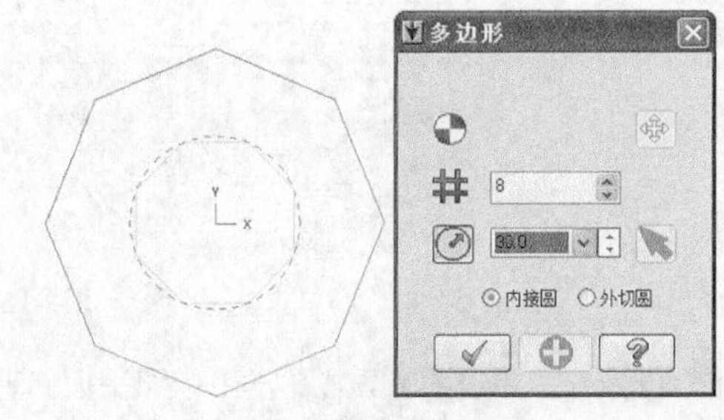

图8-8　绘制多边形2

03 绘制直线。在绘图工具栏单击【直线】按钮，连接各点成直线，如图8-9所示。

04 隐藏图素。选择由刚才连接的直线所组成的三角形，按Alt+E组合键，将其他没选中的直线隐藏，结果如图8-10所示。

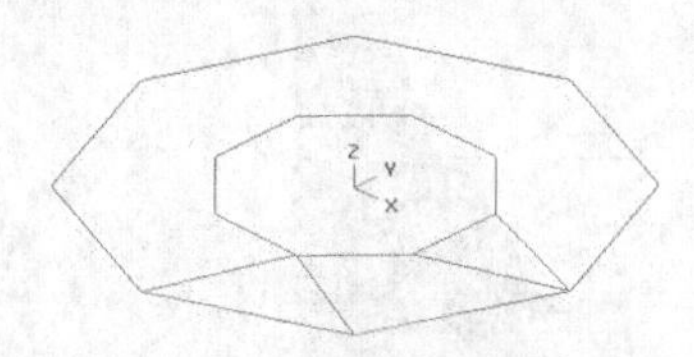

图8-9　连接直线

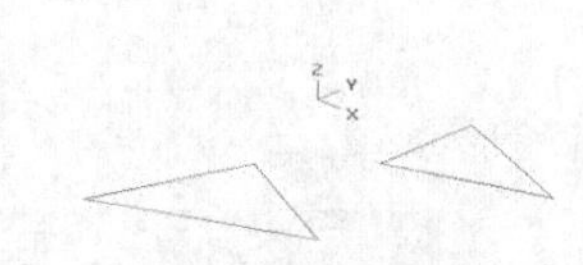

图8-10　隐藏图素

8.4.3　创建基本单元

01 拉伸实体。在实体工具栏单击【拉伸实体】按钮，选择两个三角形截面，单击【完成】按钮，弹出【实体拉伸】对话框，设置参数，拉伸实体，结果如图8-11所示。

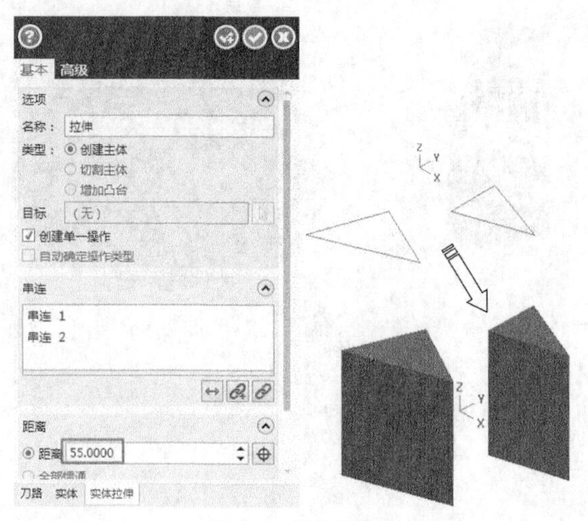

图8-11　拉伸实体

02 修剪实体1。在绘图工具栏单击【依照平面修剪】按钮，选择小三角块作为要修剪的实体，弹出【依照平面修剪】对话框，选择类型为【平面】，弹出【平面选择】对话框，采用三点修剪方式，选择3个修剪点，结果如图8-12所示。

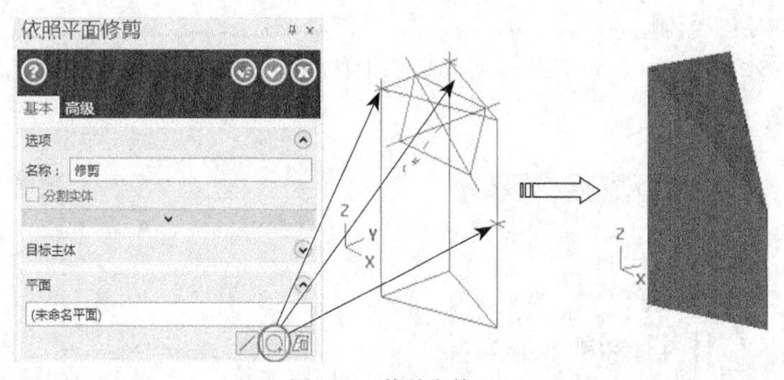

图8-12　修剪实体1

03 修剪实体2。在绘图工具栏单击【依照平面修剪】按钮，选择剩下的三角块作为要修剪的实体，弹出【依照平面修剪】对话框，选择类型为【平面】，弹出【平面选择】对话框，采用三点修剪方式，选择3个修剪点，结果如图8-13所示。

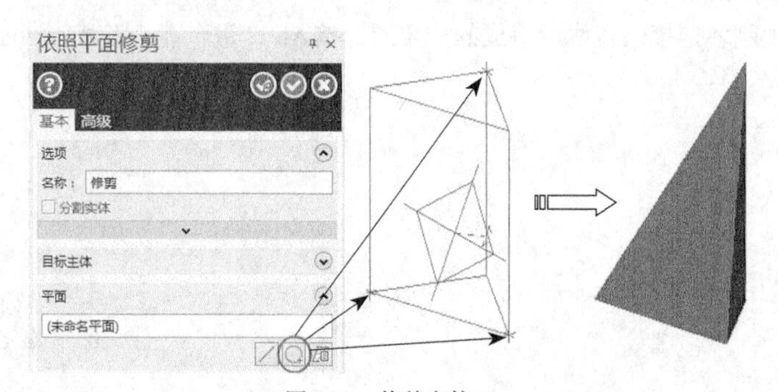

图8-13　修剪实体2

8.4.4　完成八边多面体

01 旋转实体。在绘图工具栏单击【旋转】按钮，选择刚才修剪的两个实体，单击【完成】按钮，弹出

【旋转选项】对话框，设置参数，旋转实体，结果如图8-14所示。

02 绘制多边形。在绘图工具栏单击【画多边形】按钮，弹出【多边形选项】对话框，设置参数，绘制多边形，如图8-15所示。

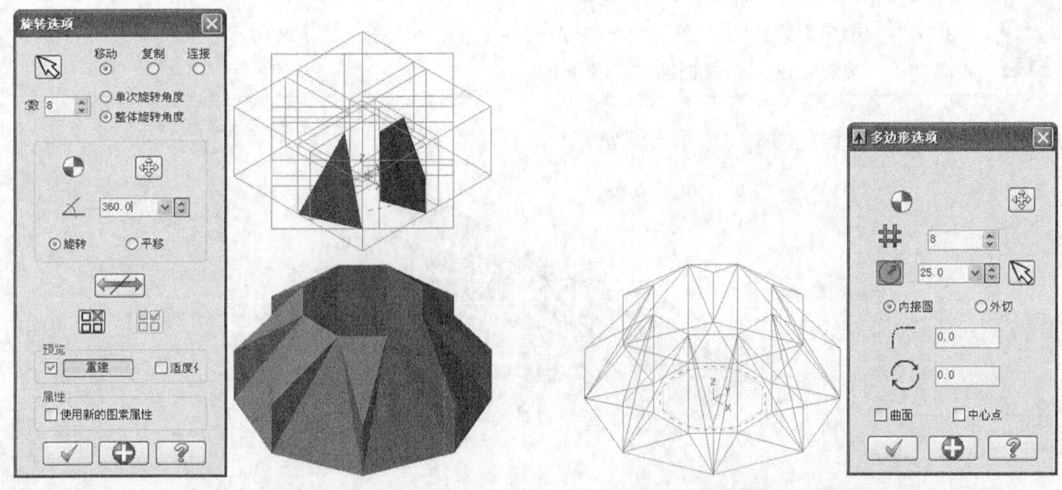

图8-14　旋转实体　　　　图8-15　绘制多边形

03 拉伸实体。在绘图工具栏单击【拉伸实体】按钮，选择刚才绘制的多边形，单击【完成】按钮，弹出【实体拉伸】对话框，切换到【薄壁设置】选项卡，设置参数，拉伸实体，结果如图8-16所示。

图8-16　挤出薄壁

04 布尔合并。在绘图工具栏单击【布尔合并】按钮，选择其中一个作为目标实体，其他的作为工具实体，单击【完成】按钮，完成合并，结果如图8-17所示。

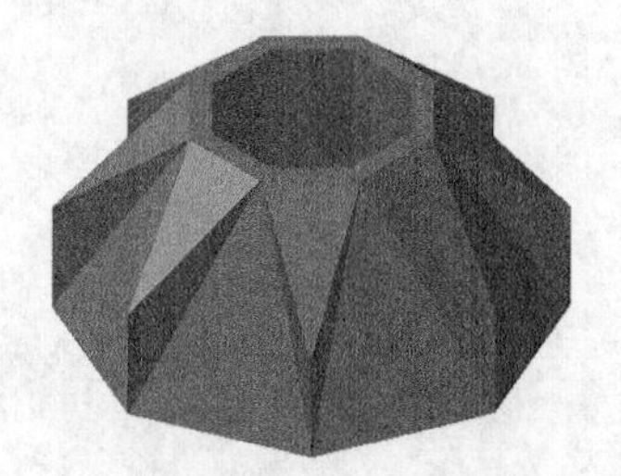

图8-17　合并

8.5 拓展训练二：键盘

引入文件：拓展训练\源文件\Ch08\8-2.mcx-9
结果文件：拓展训练\结果文件\Ch08\8-2.mcx-9
视频文件：视频\Ch08\拓展训练二：键盘.avi

采用基本的造型方法设计图8-18所示的键盘。

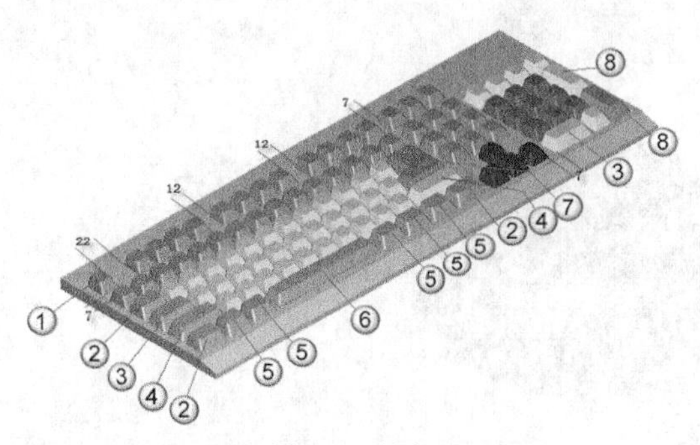

图8-18　键盘

8.5.1 设计分析

本例键盘是多个小零件组合起来的，因此在绘制时，需要先将小零件全部绘制完毕后，再进行组装。

（1）键盘由主体和按键组成。

（2）按键共有8种，都可以采用举升实体来绘制。

（3）每个按键旁都有1mm的间隙，每两个相邻按键的间隙为2mm。

（4）没有标记的按键都为号码“1”。

8.5.2 绘制键盘主体

01 打开文件。在绘图工具栏单击【打开】按钮，打开“拓展训练\源文件\CH08\ 8-2.mcx-9”，结果如图8-19所示。

02 绘制拉伸实体。在绘图工具栏单击【拉伸实体】按钮，选择拉伸截面，拉伸距离为460mm，结果如图8-20所示。

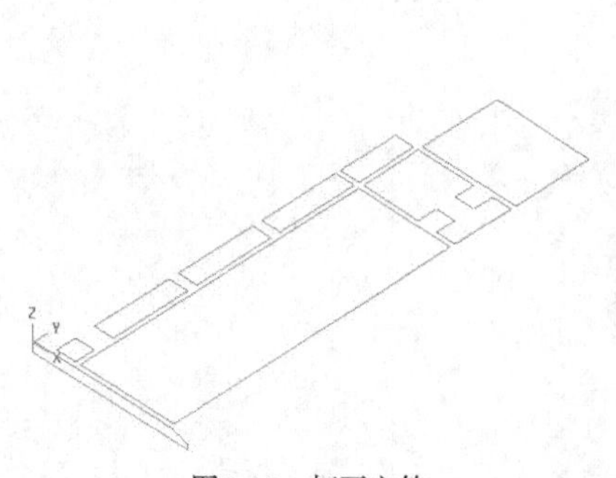

图8-19　打开文件

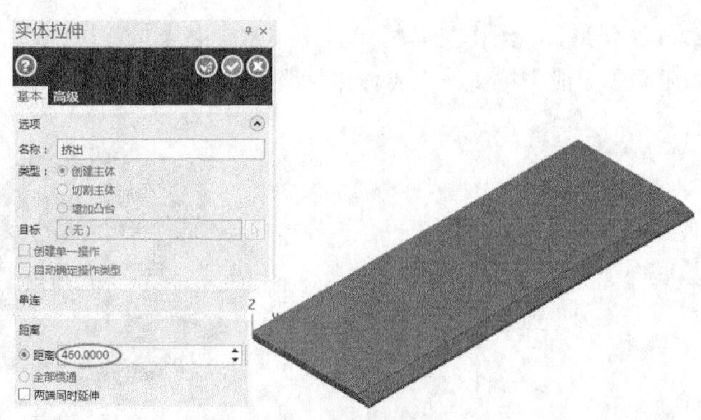

图8-20　创建拉伸实体

03 绘制拉伸切割。在绘图工具栏单击【拉伸实体】按钮，选择拉伸截面，拉伸深度为两边同时延伸5mm，结果如图8-21所示。

04 转层。选择所有的线架，将线架移动到第2层，再将第二层关闭，如图8-22所示。

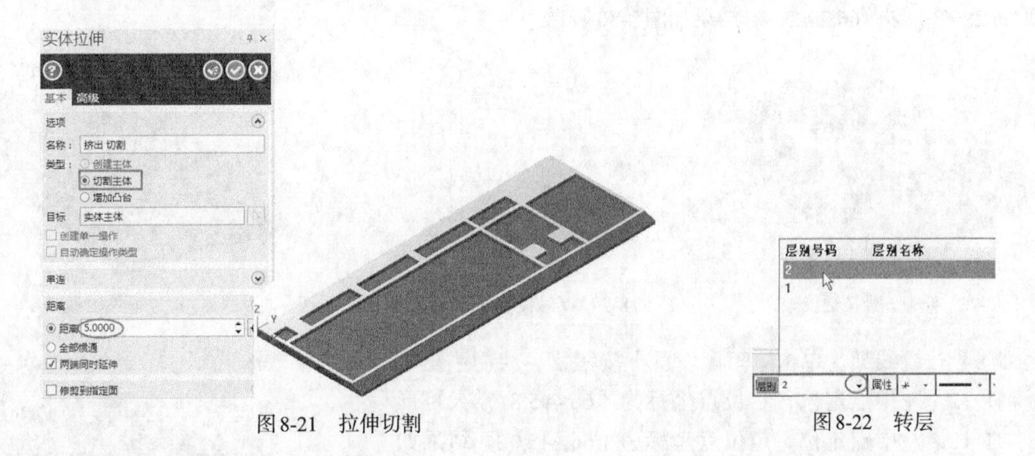

图8-21 拉伸切割　　图8-22 转层

8.5.3 绘制按键线架

按键的形状大同小异，基本上都采用矩形来绘制。各矩形定位尺寸和定形尺寸如下。

01 绘制1号按键线架。单击【矩形设置】按钮，绘制小矩形W（宽度）=12，H（高度）=12，左中点定位，定位点坐标为（21,15,8），大矩形W=18，H=18，左中点定位，定位点坐标为（21,15,0）。结果如图8-23所示。

02 绘制2号按键线架。单击【矩形设置】按钮，绘制小矩形W=12，H=22，左中点定位，定位点坐标为（66,20,8），大矩形W=18，H=28，左中点定位，定位点坐标为（66,20,0）。结果如图8-24所示。

03 绘制3号按键线架。单击【矩形设置】按钮，绘制小矩形W=12，H=30，左中点定位，定位点坐标为（86,25,8），大矩形W=18，H=38，左中点定位，定位点坐标为（86,25,0）。结果如图8-25所示。

图8-23 绘制1号按键线架

图8-24 绘制2号按键线架

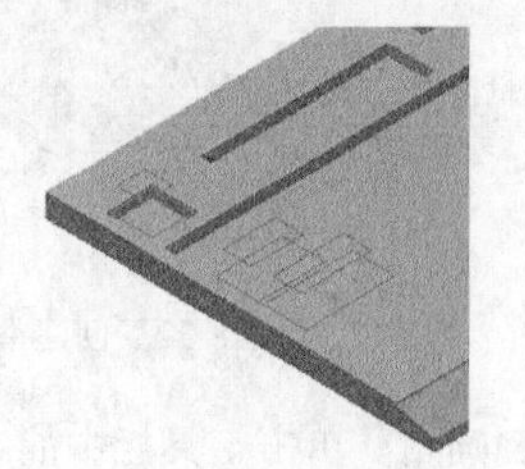

图8-25 绘制3号按键线架

04 绘制4号按键线架。单击【矩形设置】按钮，绘制小矩形W=12，H=38，左中点定位，定位点坐标为（106,30,8），大矩形W=18，H=48，左中点定位，定位点坐标为（106,30,0）。结果如图8-26所示。

05 绘制5号按键线架。单击【矩形设置】按钮，绘制小矩形W=12，H=18，左中点定位，定位点坐标为（126,48,8），大矩形W=18，H=24，左中点定位，定位点坐标为（126,48,0）。结果如图8-27所示。

图8-26 绘制4号按键线架

图8-27 绘制5号按键线架

06 绘制6号按键线架。单击【矩形设置】按钮，绘制小矩形W=12，H=96，左中点定位，定位点坐标为（126,142,8），大矩形W=18，H=108，左中点定位，定位点坐标为（126,142,0）。结果如图8-28所示。

07 绘制7号按键线架。单击【矩形设置】按钮，绘制的图形如图8-29所示。左中点定位，定位点坐标分别为（66,290,8）和（66,290,0）。结果如图8-30所示。

图8-28　绘制6号按键线架

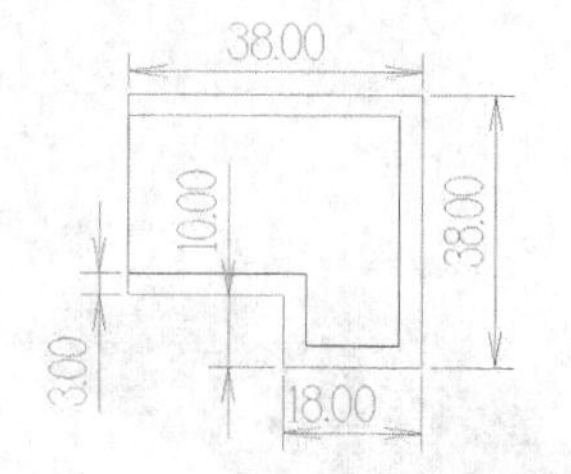

图8-29　7号按键线架平面图

图8-30　7号按键线架

08 绘制8号按键线架。单击【矩形设置】按钮，绘制小矩形W=30，H=12，左中点定位，定位点坐标为（66,445,8），大矩形W=38，H=18，左中点定位，定位点坐标为（66,445,0）。结果如图8-31所示。

图8-31　绘制8号按键线架

8.5.4　创建按键实体

01 绘制按键实体。在绘图工具栏单击【举升实体】按钮，依次选择每个按钮的上下两个矩形，以此创建举升实体，结果如图8-32所示。

02 图素转层。选择所有线架，将图素移动到第2层，如图8-33所示。

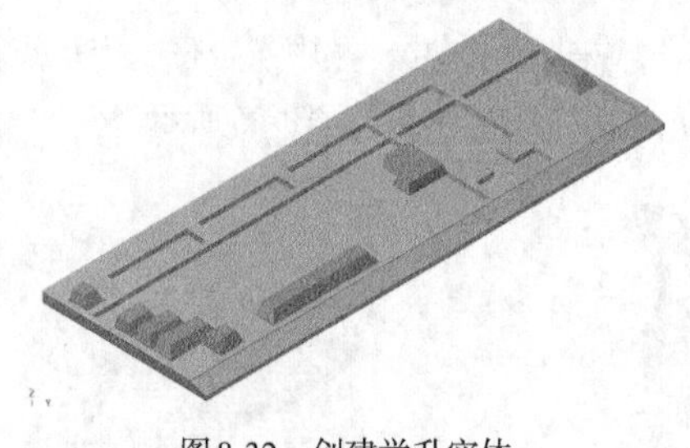

图8-32　创建举升实体

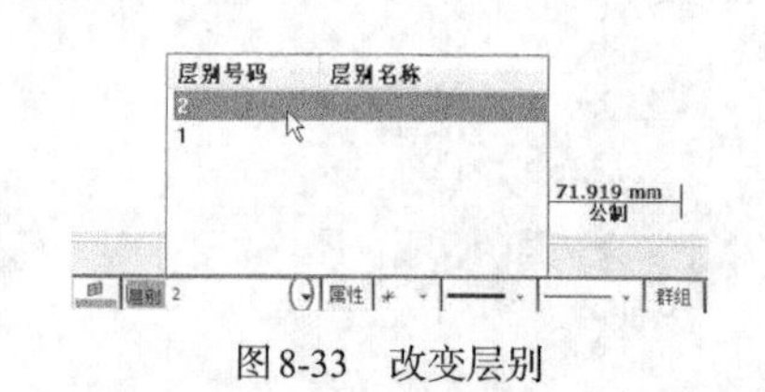

图8-33　改变层别

03 倒圆角。单击工具栏中的【固定实体倒圆角】按钮，选择所有按键的侧边，单击【完成】按钮，弹出【固定圆角半径】对话框，如图8-34所示。在【固定圆角半径】对话框中输入倒圆角半径为2，单击【完成】按钮，结果如图8-35所示。

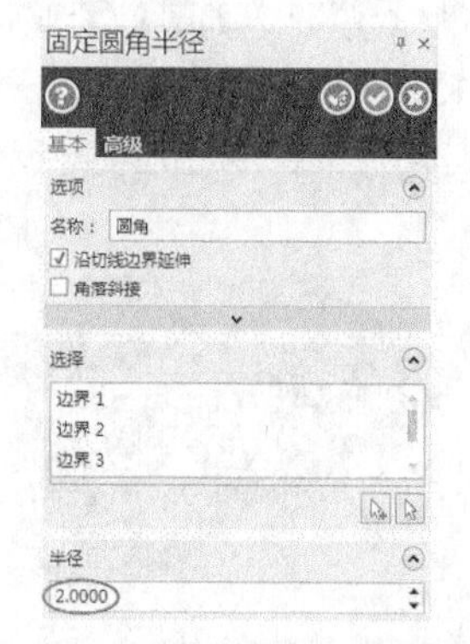

图8-34【固定圆角半径】对话框

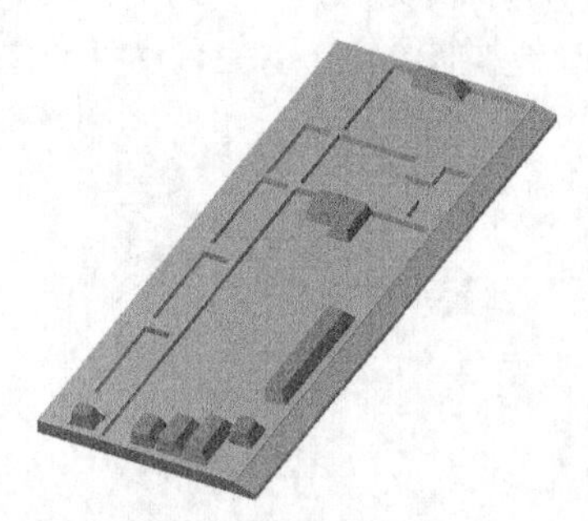

图8-35　倒圆角结果

8.5.5　平移装配键盘

01 平移复制1号按键。在绘图工具栏单击【平移】按钮，选择1号按键，单击【完成】按钮，弹出【平移选项】对话框，输入平移距离为Y方向增量40，结果如图8-36所示。

02 平移复制。在绘图工具栏单击【平移】按钮，选择平移后的1号按键，单击【完成】按钮，弹出【平移选项】对话框，输入平移距离为Y方向增量20，复制3次，如图8-37所示。

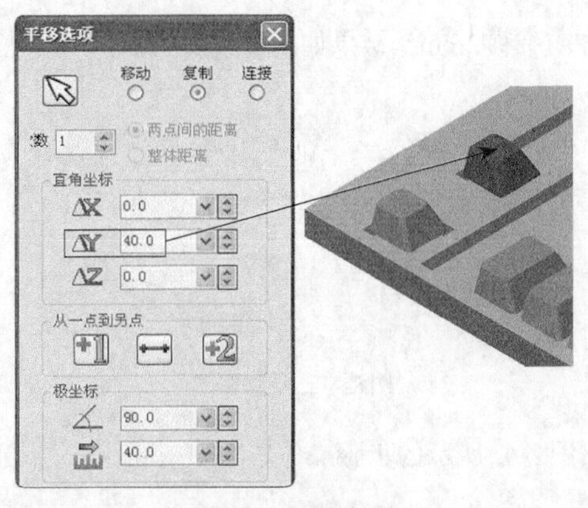

图8-36　平移复制

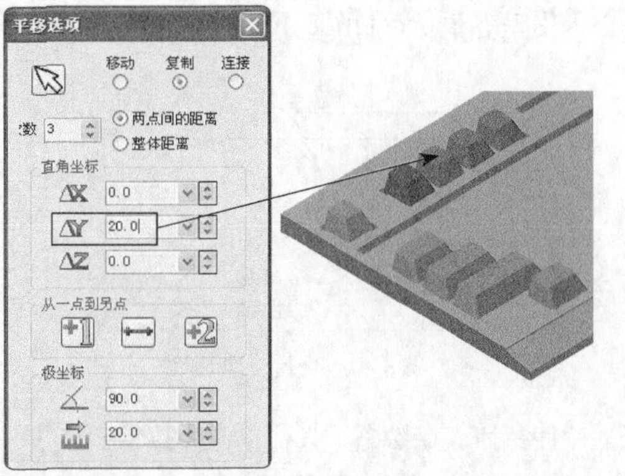

图8-37　平移复制

03 采用同样的方式将其他按键全部平移复制，结果如图8-38所示。

图8-38　复制结果

8.6　拓展训练三：木桌

引入文件：无

结果文件：拓展训练\结果文件\Ch08\8-3.mcx-9

视频文件：视频\Ch08\拓展训练三：木桌.avi

采用基本造型方法设计木桌，如图8-39所示。

8.6.1　设计分析

通过形体分析法可知，本例的木桌由桌面、桌脚、下面的底板和上面的网状木条组成，共分为4个形体。下面详细讲解木桌的创建过程。

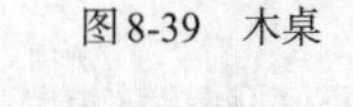

图8-39　木桌

（1）桌面四周带有拔模斜度，并且斜度一致，可以采用拉伸实体中的带拔模角进行拉伸。

（2）桌脚有4个，只需绘制一个，其他的采用镜像绘制。绘制桌脚时，可以采用举升方式来绘制。

（3）下面的底板直接采用拉伸绘制即可。

（4）上面的网状木条均匀分布，如果一根一根地绘制比较烦琐，可以先绘制二维线条再一起进行拉伸实体，如果拉伸采用薄壁拉伸，则相对简单。

（5）最后一起进行拓扑运算即可。

8.6.2 创建桌面

01 采用二维命令绘制图8-40所示的图形。将此图形向Z方向平移2mm，结果如图8-41所示。

图8-40　绘制二维图形　　　　图8-41　平移图形

02 拉伸实体。在绘图工具栏单击【拉伸实体】按钮，按图8-42所示的步骤操作。

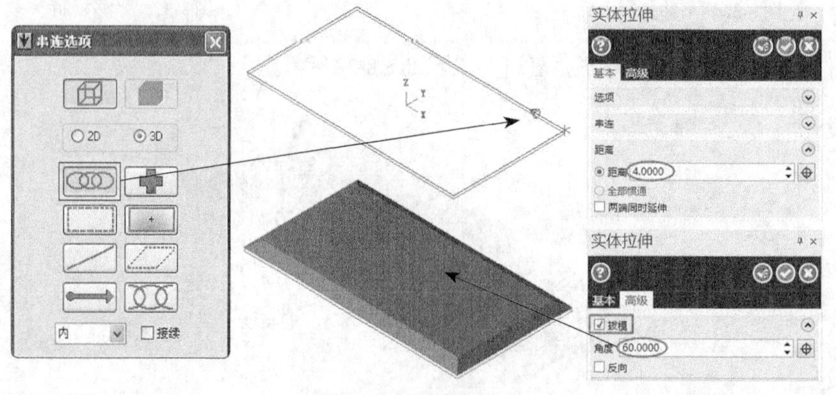

图8-42　拉伸实体

03 举升实体。在绘图工具栏单击【举升实体】按钮，按图8-43所示的步骤操作创建举升实体。

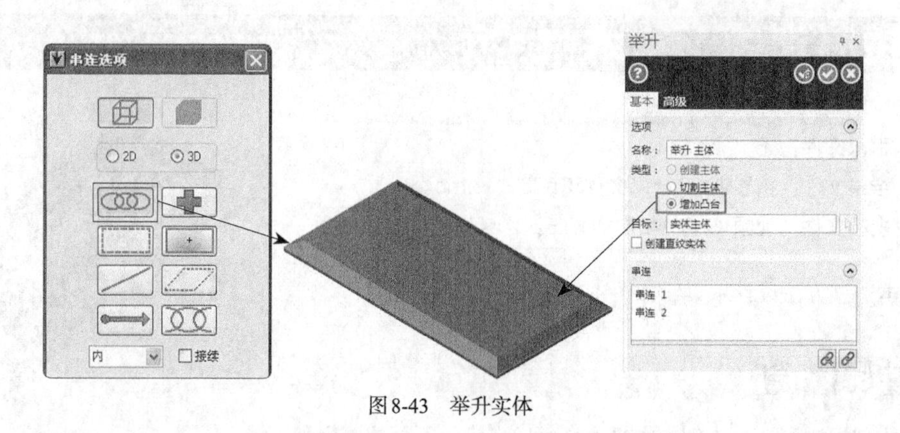

图8-43　举升实体

8.6.3 绘制桌脚

01 绘制二维图形。采用二维命令绘制图8-44所示的二维图形。

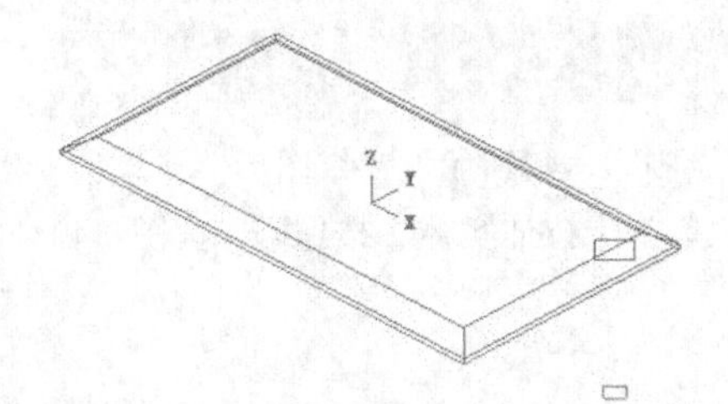

图8-44　绘制二维图形

02 绘制举升实体。在绘图工具栏单击【举升实体】按钮，按图8-45所示的步骤操作。

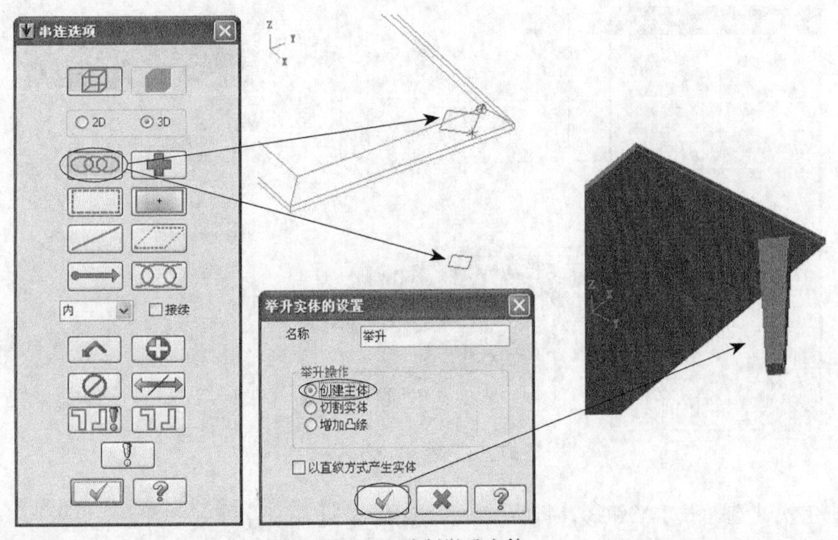

图8-45　绘制举升实体

03 镜像。在绘图工具栏单击【镜像】按钮，选择刚才绘制的实体，按图8-46所示的步骤操作。

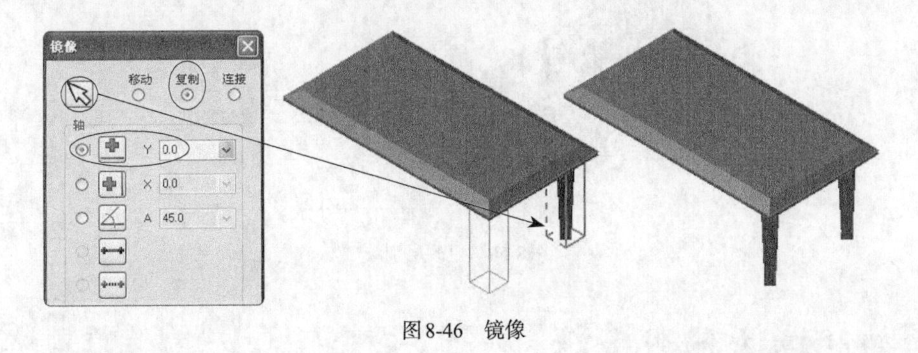

图8-46　镜像

04 镜像。在绘图工具栏单击【镜像】按钮，选择刚才镜像的实体，按图8-47所示的步骤操作。

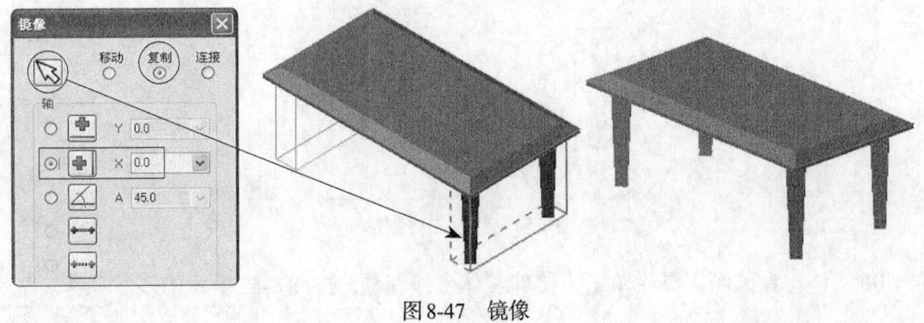

图8-47　镜像

8.6.4 绘制底板

01 绘制二维图形。采用二维命令绘制图8-48所示的二维图形。

02 绘制拉伸实体。在绘图工具栏单击【拉伸实体】按钮，按图8-49所示的步骤操作。

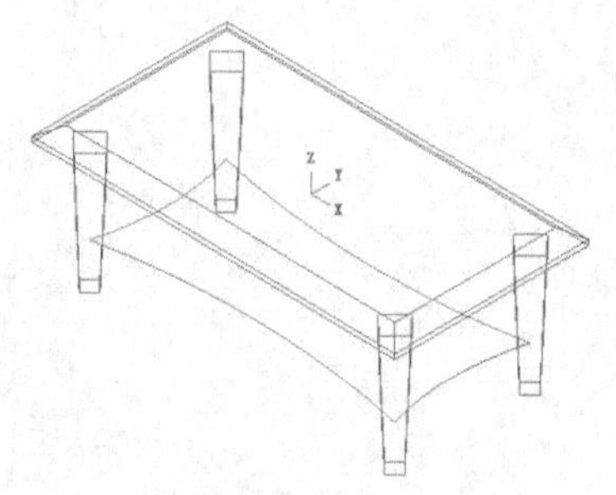

图8-48 绘制二维图形

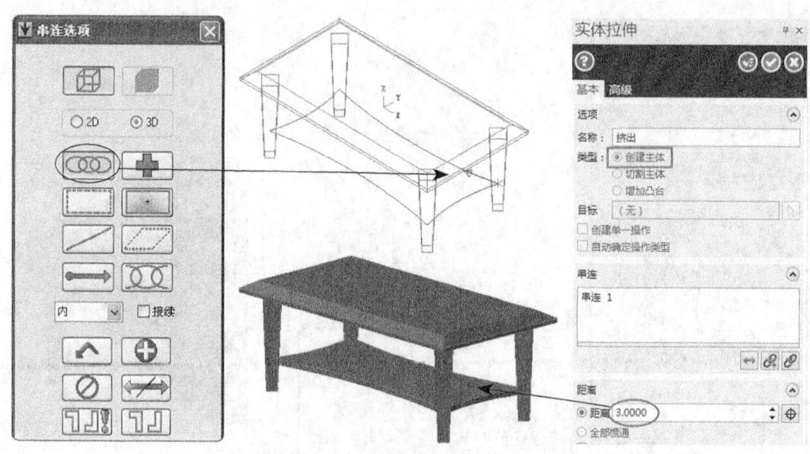

图8-49 绘制拉伸实体

03 转层。单击【快速选择线】按钮，将所有线框选中，在【层别】按钮 层别: 1 上单击，将线框曲线移动到第2层，如图8-50所示。

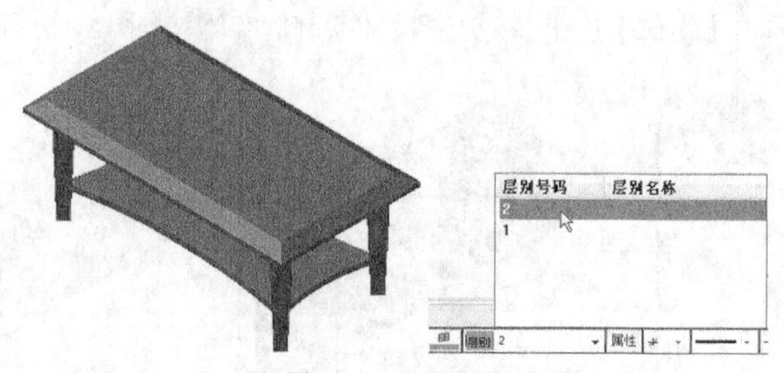

图8-50 更改层别

8.6.5 绘制网状木条

01 绘制二维图形。采用二维命令绘制图8-51所示的二维图形。

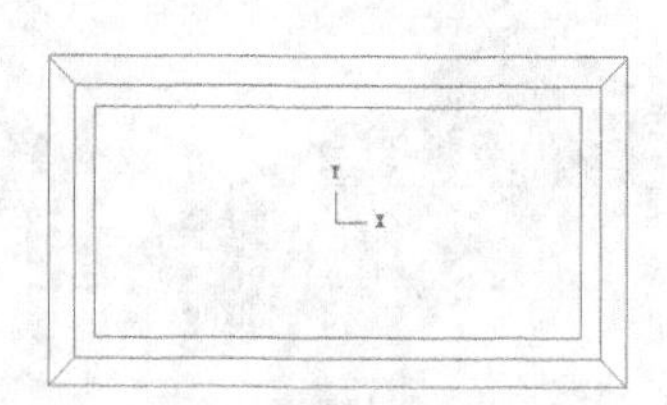

图8-51 绘制二维图形

02 绘制拉伸切割实体。在绘图工具栏单击【拉伸实体】按钮，按图8-52所示的步骤操作。

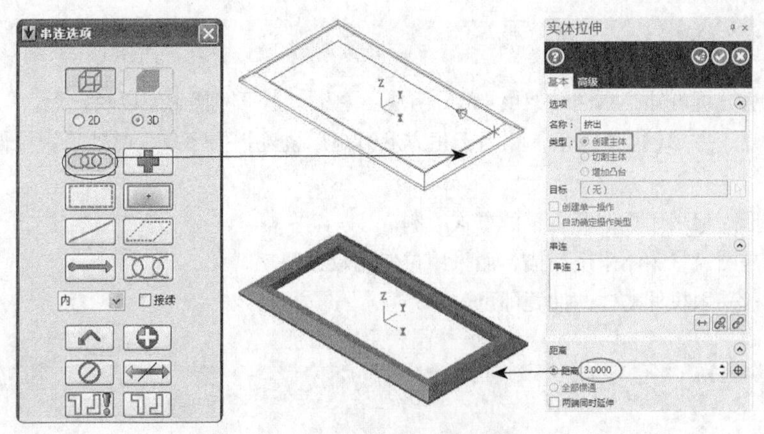

图8-52　绘制拉伸切割实体

03 绘制二维网状图形。采用二维命令绘制图8-53所示的二维网状图形。

04 绘制拉伸薄壁实体。在绘图工具栏单击【拉伸实体】按钮，按图8-54所示的步骤操作。

05 将实体进行布尔加运算。在绘图工具栏单击【布尔运算】按钮，选择除网状木条外的所有实体，全部合并，结果如图8-55所示。

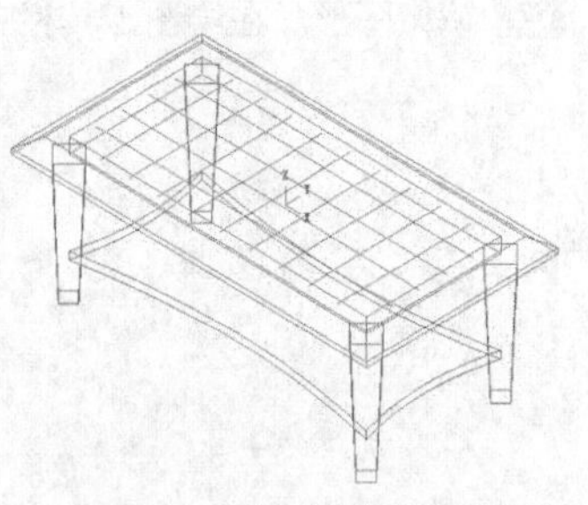

图8-53　绘制二维网状图形

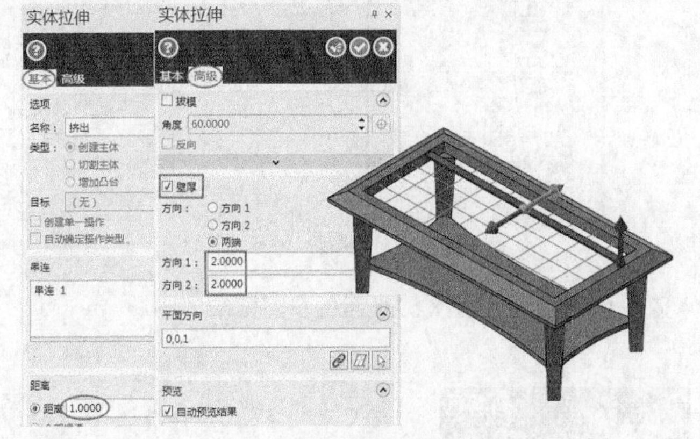

图8-54　绘制拉伸薄壁实体

图8-55　布尔加运算

8.7　拓展训练四：鞋架

引入文件：无

结果文件：拓展训练\结果文件\Ch08\8-4.mcx-9

视频文件：视频\Ch08\拓展训练四：鞋架.avi

采用基本的造型命令设计如图8-56所示的鞋架。

图8-56　鞋架

8.7.1 设计分析

采用形体分析法分析可知，本例鞋架由4部分组成：主架、上下网格附架以及托盘。

（1）主架截面是正方形倒4个圆角，相当于正方形沿矩形轨迹扫描而成，此处采用拉伸薄壁实体绘制更加方便快捷。

（2）上下的矩形附架采用类似于主架的方式绘制。

（3）网状附架是圆筒状，不采用扫描，而采用拉伸比较方便。

（4）下面的托盘采用拉伸实体并抽壳即可。

8.7.2 绘制主架

01 绘制二维图形。用二维命令绘制图8-57所示的图形。

02 镜像图形。在绘图工具栏单击【镜像】按钮，选择刚才绘制的二维图形，按图8-58所示的步骤操作。

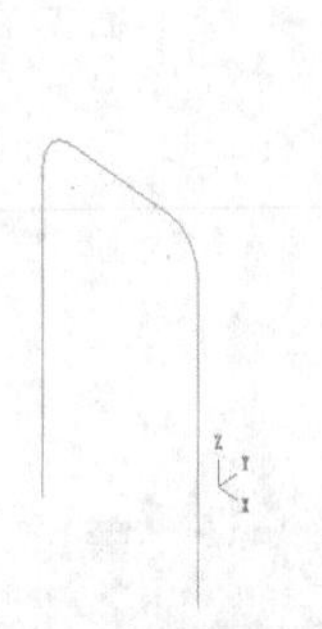

图8-57 绘制二维图形

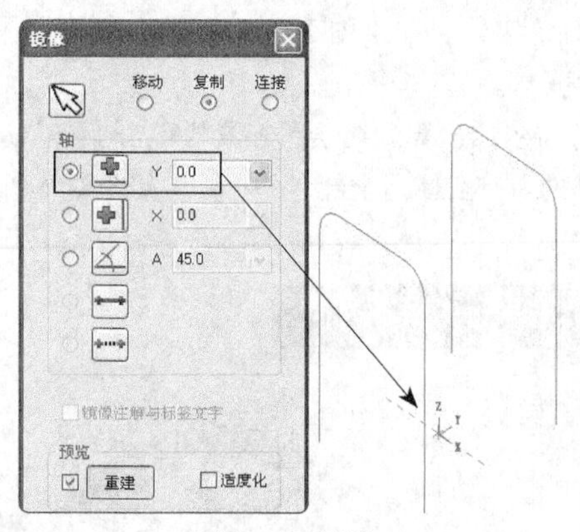

图8-58 镜像

03 拉伸薄壁实体。在绘图工具栏单击【拉伸实体】按钮，按图8-59所示的步骤操作。

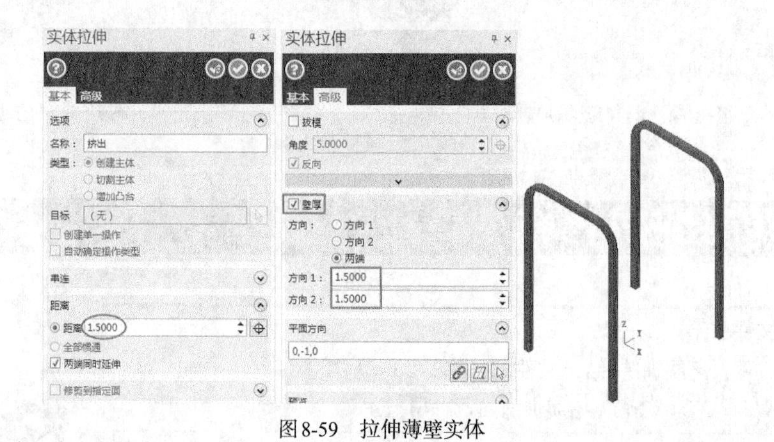

图8-59 拉伸薄壁实体

8.7.3 绘制附架

01 绘制二维图形。采用二维命令绘制二维图形（Z深度为5），如图8-60所示。

02 平移图形。在绘图工具栏单击【平移】按钮，将刚才绘制的二维图形沿Z方向向上平移60mm，操作步骤如图8-61所示。

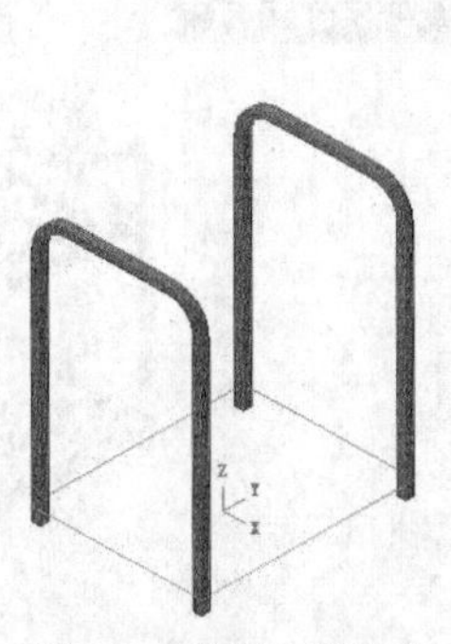

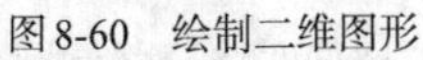

图8-60 绘制二维图形

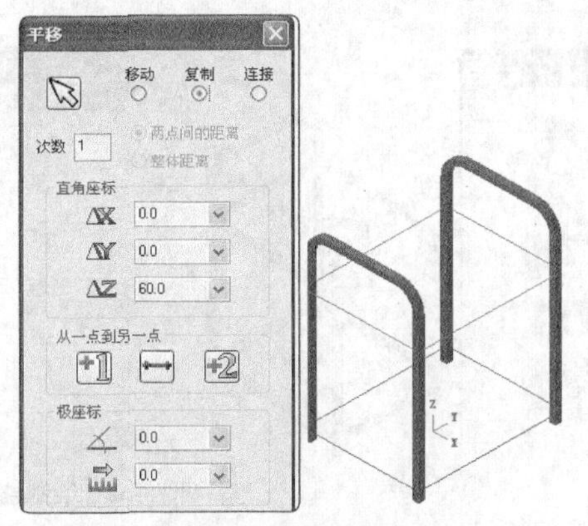

图8-61 平移

03 拉伸薄壁实体。在绘图工具栏单击【拉伸实体】按钮，按图8-62所示的步骤操作。

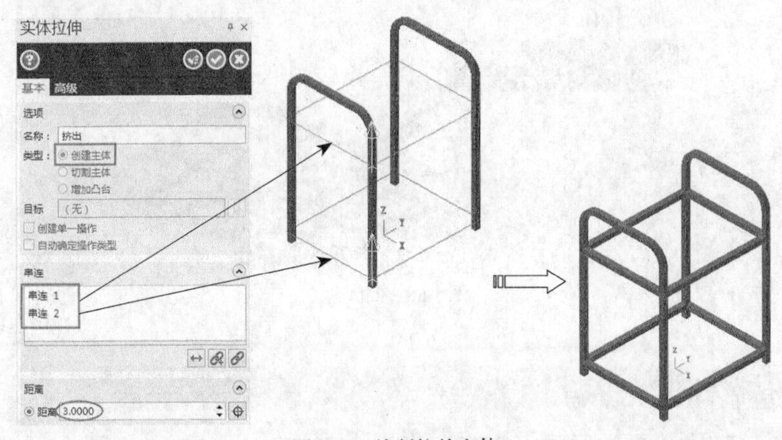

图8-62 绘制拉伸实体

04 转层。选择所有线框，按图8-63所示的步骤将图素转层。

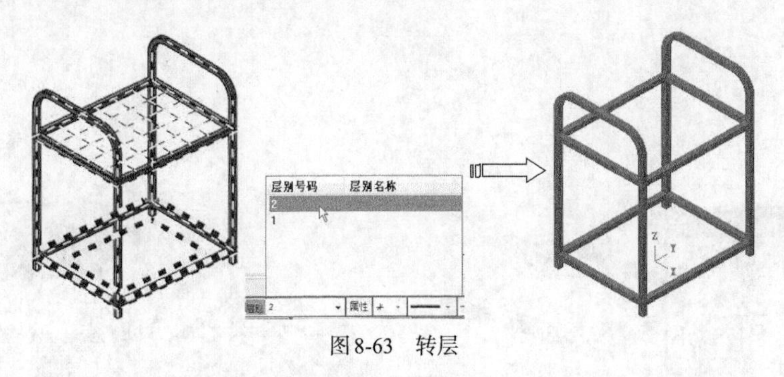

图8-63 转层

8.7.4 绘制网格架

01 绘制二维图形。采用二维命令绘制图8-64所示的二维图形。

02 绘制薄壁拉伸实体。在绘图工具栏单击【拉伸实体】按钮，按图8-65所示的步骤操作。

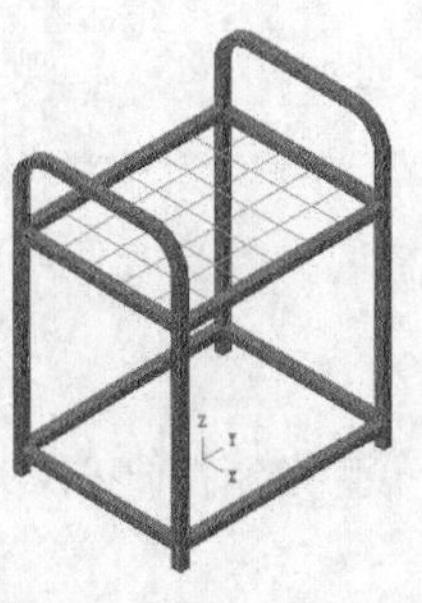

图8-64 绘制二维图形

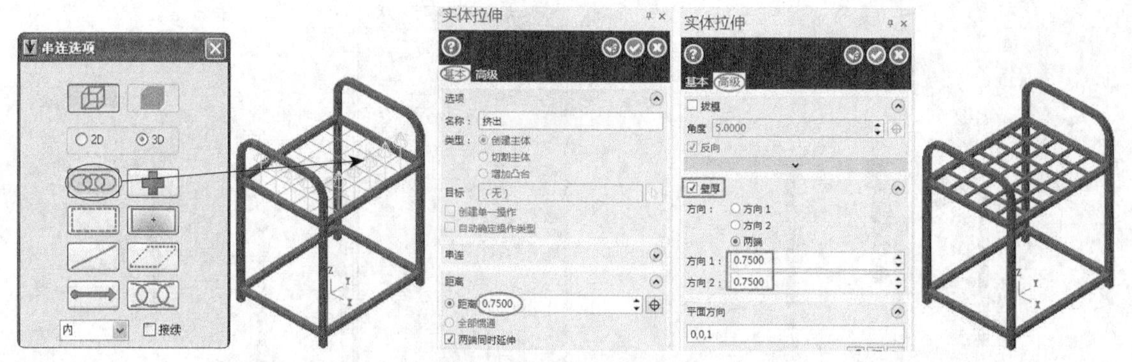

图 8-65　绘制拉伸薄壁实体

03 倒圆角。在绘图工具栏单击【固定实体倒圆角】按钮，将刚才绘制的拉伸实体全部倒圆角，操作步骤如图 8-66 所示。

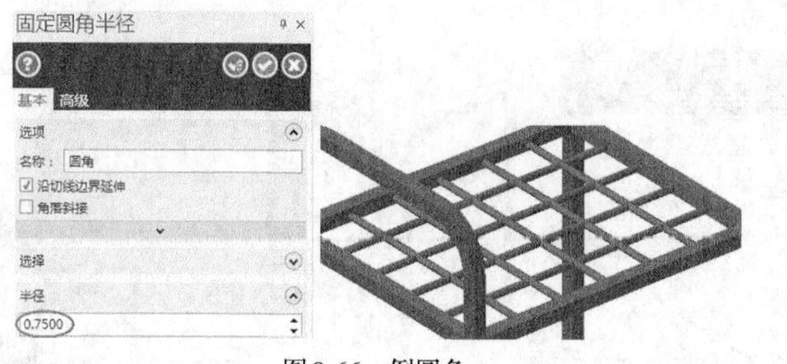

图 8-66　倒圆角

8.7.5　绘制盛水盘

01 绘制二维图形。采用二维命令绘制二维图形，如图 8-67 所示。

02 绘制拉伸实体。在绘图工具栏单击【拉伸实体】按钮，按图 8-68 所示的步骤操作。

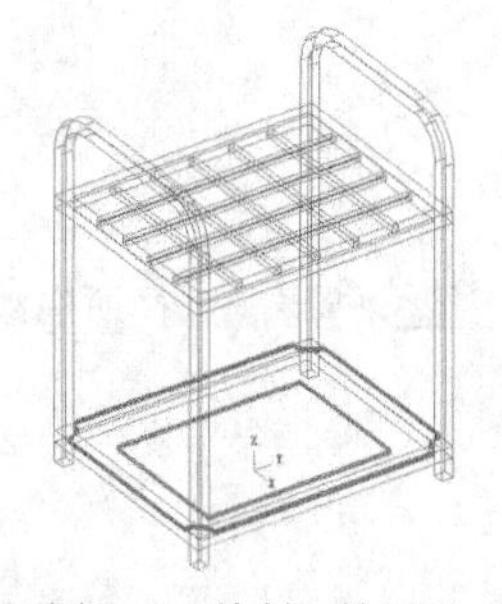
图 8-67　绘制二维图形

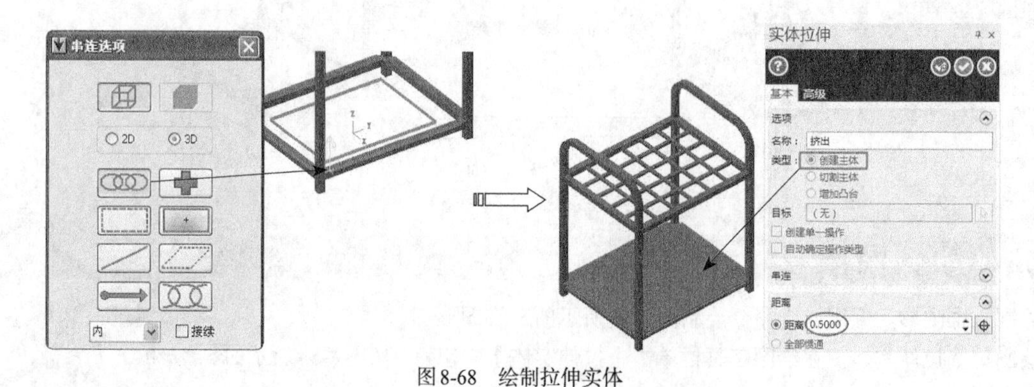

图 8-68　绘制拉伸实体

03 绘制拉伸拔模实体。在绘图工具栏单击【拉伸实体】按钮，按图 8-69 所示的步骤操作。

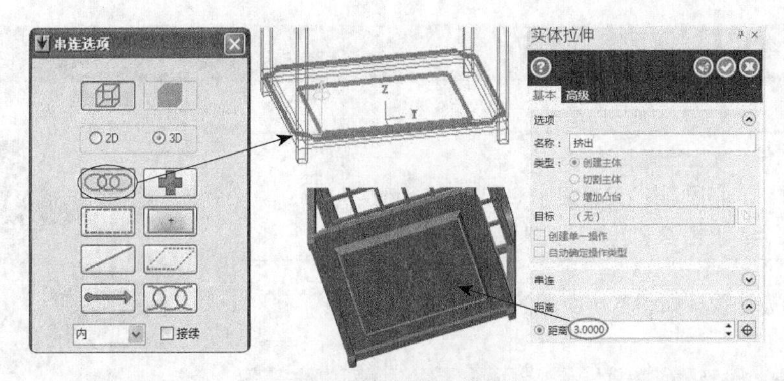

图8-69　绘制拉伸拔模实体

04 布尔运算。在绘图工具栏单击【布尔运算】按钮，将刚才绘制的拉伸实体和拉伸拔模实体进行布尔增加运算。操作结果如图8-70所示。

05 抽壳。在绘图工具栏单击【抽壳】按钮，按图8-71所示的步骤操作。

图8-70　布尔运算

图8-71　抽壳

06 倒圆角。对主架和附架进行倒圆角。在绘图工具栏单击【固定实体倒圆角】按钮，按图8-72所示的步骤操作。

07 转层。将所有线框选中转到第2层，最终完成的鞋架如图8-73所示。

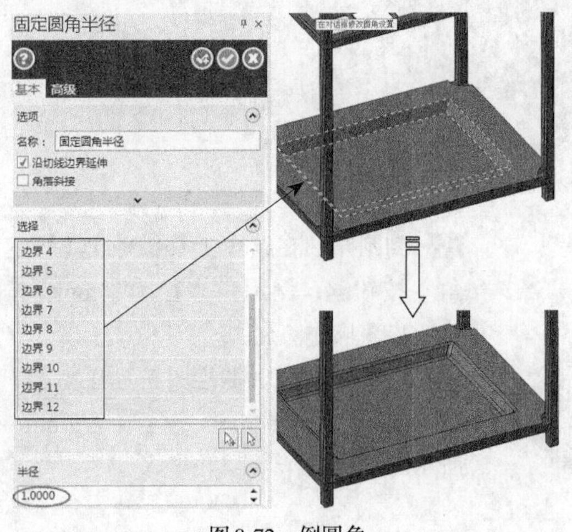

图8-72　倒圆角

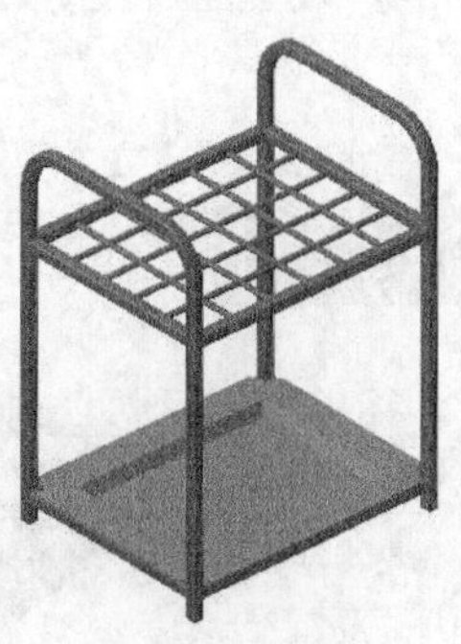

图8-73　鞋架

8.8 拓展训练五：计算器

引入文件：无

结果文件：拓展训练\结果文件\Ch08\8-5.mcx-9

视频文件：视频\Ch08\拓展训练五：计算器.avi

采用基本造型方法设计如图8-74所示的计算器。

图8-74　计算器

8.8.1 设计分析

由形体分析法可知，计算器主要由主体、显示面板和按键组成。显示面板可以采用切割主体部分创建，按键直接创建即可。分析步骤如下。

（1）在右视图绘制二维图形拉伸，即可绘制立体部分。

（2）面板采用实体切割命令从主体中切割部分出来。

（3）采用拉伸实体切割绘制按键槽。

（4）采用拉伸实体绘制按键。

8.8.2 创建主体

01 绘制二维图形。采用二维命令绘制图8-75所示的图形。

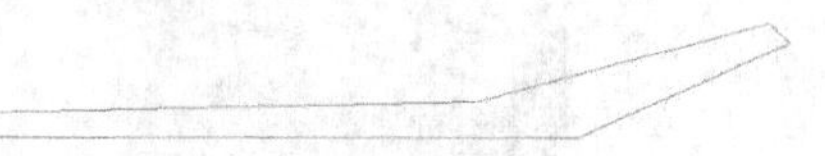

图8-75　绘制二维图形

02 绘制拉伸实体。在绘图工具栏单击【拉伸实体】按钮，按图8-76所示的步骤操作。

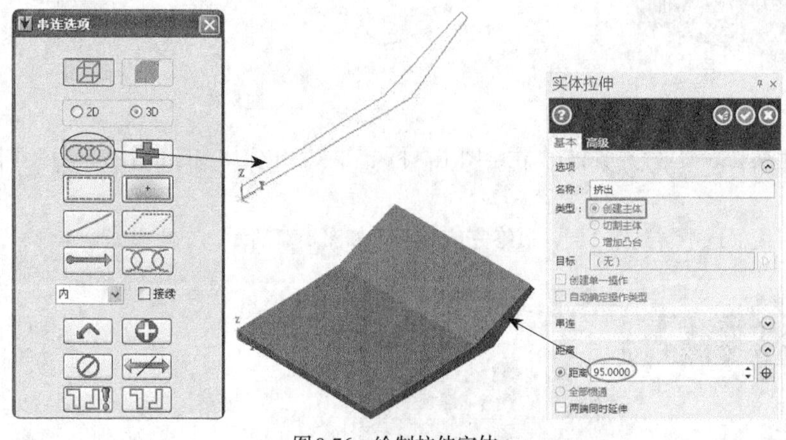

图8-76　绘制拉伸实体

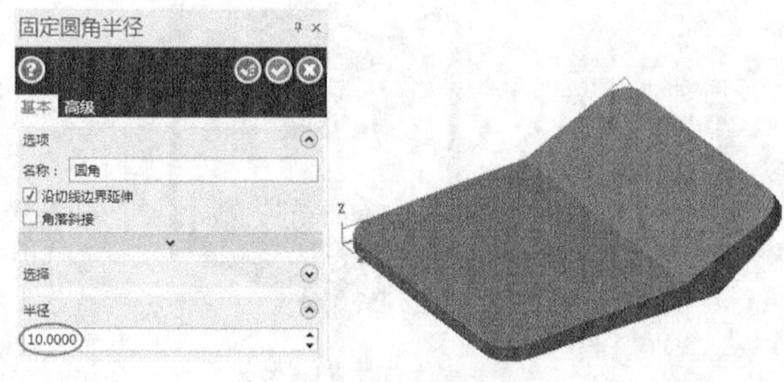

图8-77　倒圆角

03 倒圆角。在绘图工具栏单击【固定实体倒圆角】按钮，倒圆角半径为10mm，按图8-77所示的步骤操作。

04 继续倒圆角。在绘图工具栏单击【固定实体倒圆角】按钮，倒圆角半径为2mm，按图8-78所示的步骤操作。

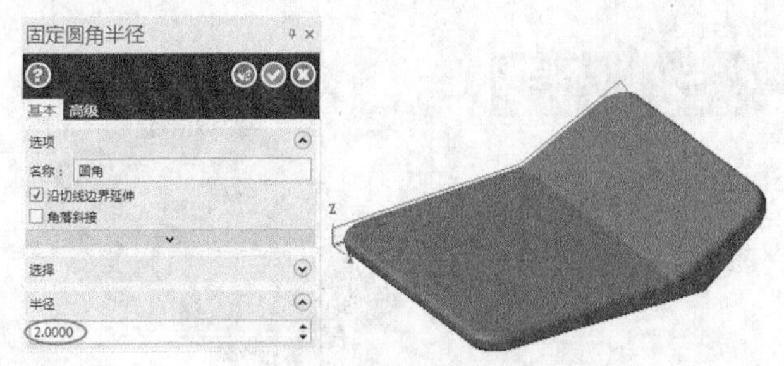

图8-78　倒圆角

8.8.3　创建数显面板

01 绘制二维图形。利用二维命令绘制二维图形，如图8-79所示。

02 绘制拉伸切割实体。在绘图工具栏单击【拉伸实体】按钮，按图8-80所示的步骤操作。

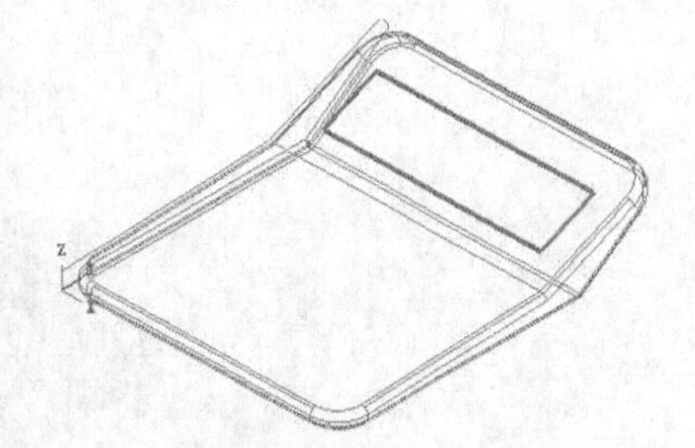

图8-79　绘制二维图形

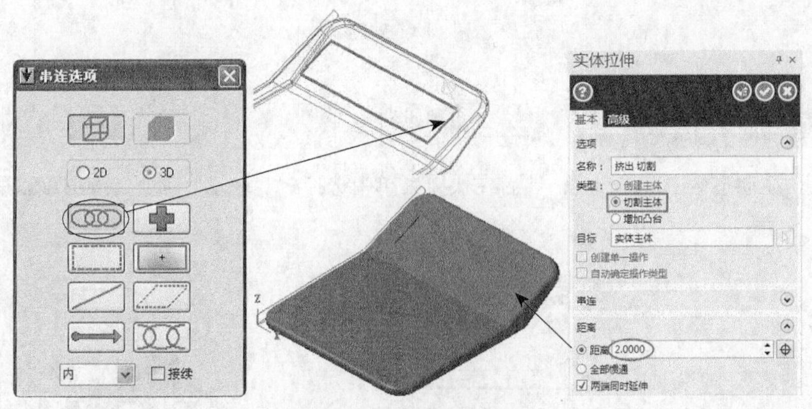

图8-80　绘制拉伸切割实体

03 绘制二维图形。采用二维命令绘制二维线框，如图8-81所示。

04 绘制举升曲面。在绘图工具栏单击【举升曲面】按钮，按图8-82所示的步骤操作。

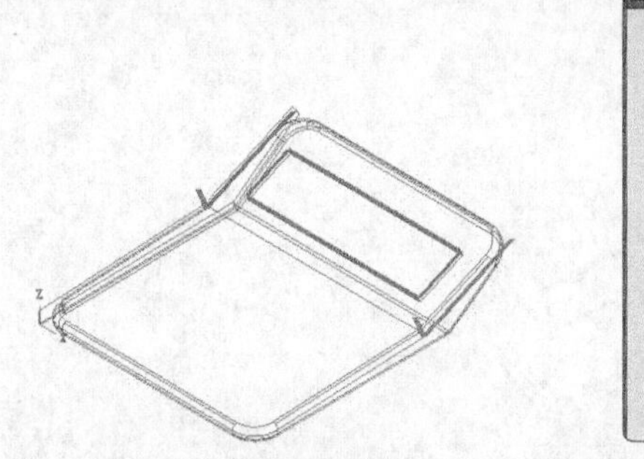

图8-81　绘制二维线框

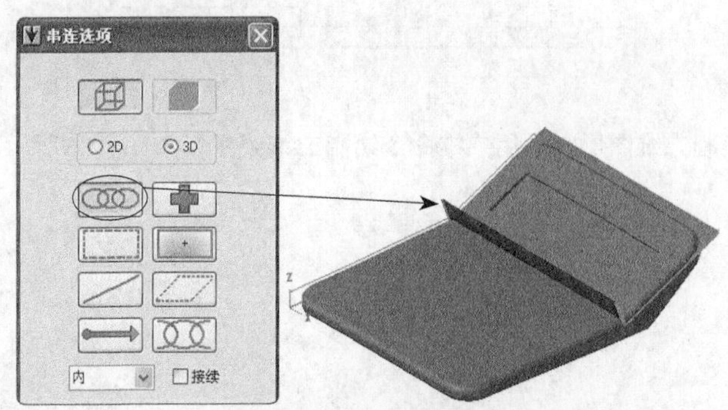

图8-82　绘制举升曲面

05 实体切割。在菜单栏执行【实体】→【修剪】→【修剪到曲面/薄片】命令，按图8-83所示的步骤操作。

06 转层。将多余的线框和曲面选中，转至第2层，如按图8-84所示。

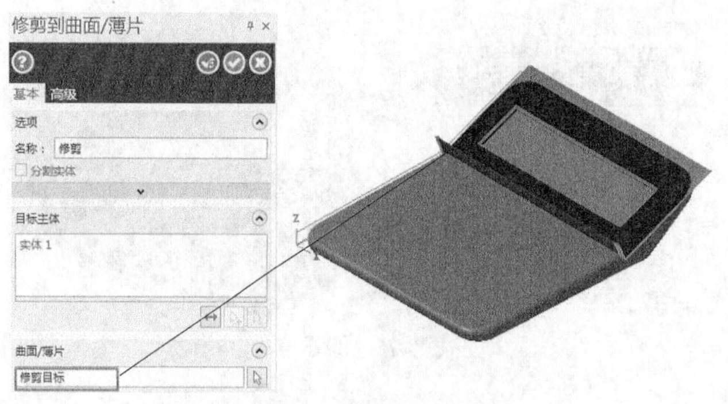

图8-83　实体切割

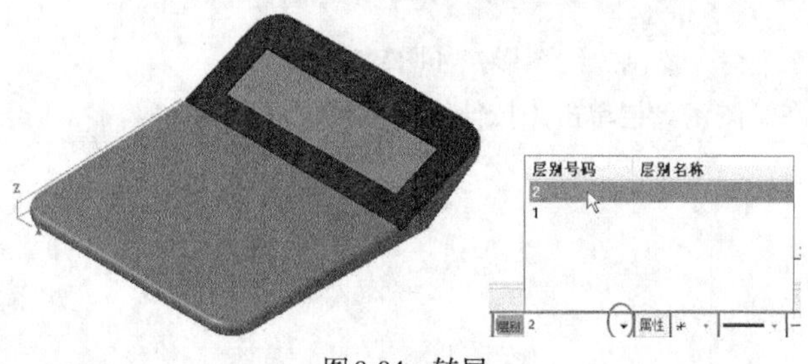

图8-84　转层

8.8.4　创建数字按键

01 新建坐标系。在动态栏中单击WCS，然后在快捷菜单中选择 实体定面(E)命令，按图8-85所示的步骤新建坐标系。

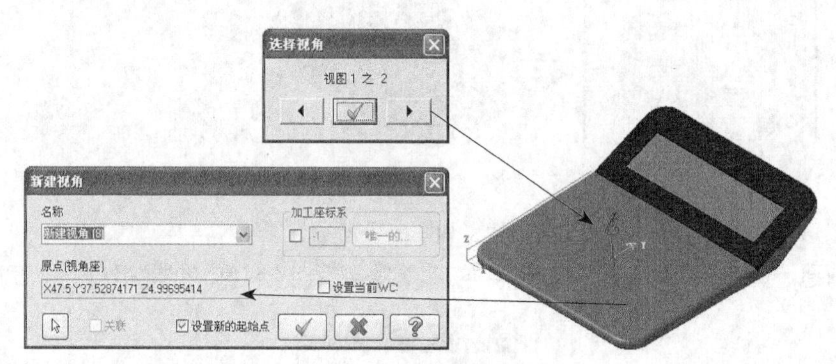

图8-85　新建坐标系

02 绘制二维图形。采用二维命令绘制二维线框，如图8-86所示。

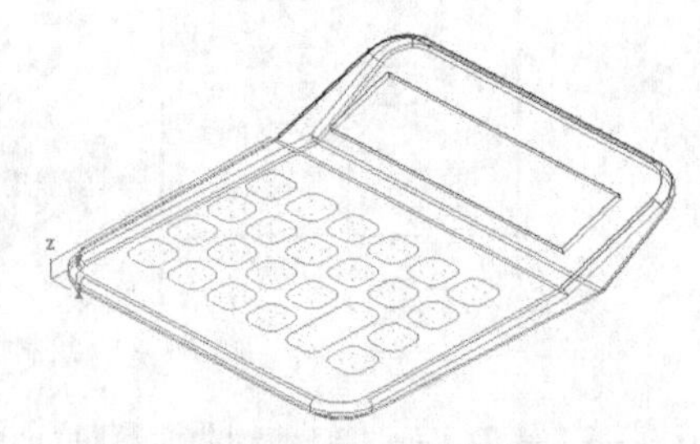
图8-86　绘制二维线框

03 绘制拉伸切割实体。在绘图工具栏单击【拉伸实体】按钮，设置挤出操作为【切割主体】，按图8-87

所示的步骤操作。

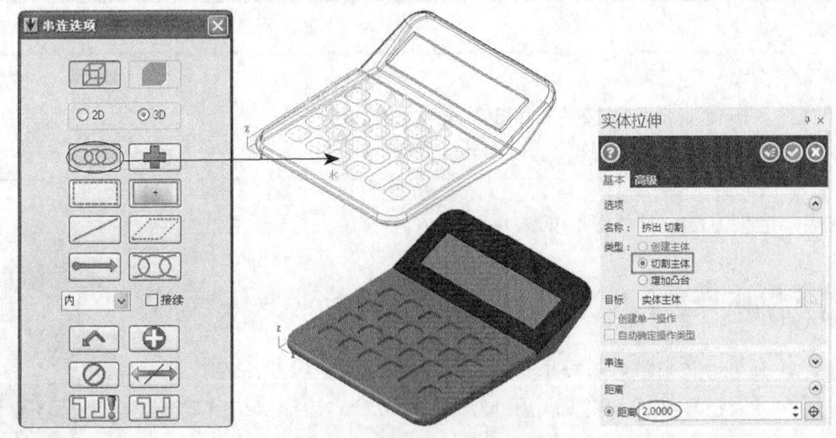

图8-87　绘制拉伸切割实体

04 绘制拉伸实体。在绘图工具栏单击【拉伸实体】按钮，按图8-88所示的步骤操作。

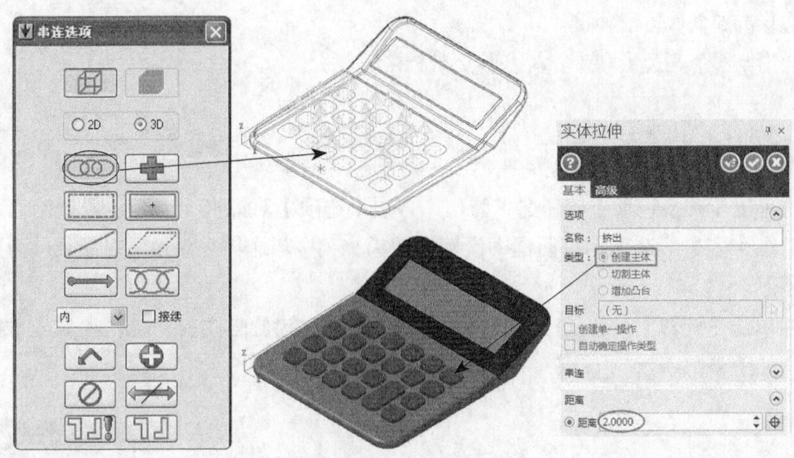

图8-88　拉伸实体

05 倒圆角。在绘图工具栏单击【固定实体倒圆角】按钮，倒圆角半径为1mm，将刚才绘制的按键全部倒圆角，如图8-89所示。

06 最终设计完成的计算器如图8-90所示。

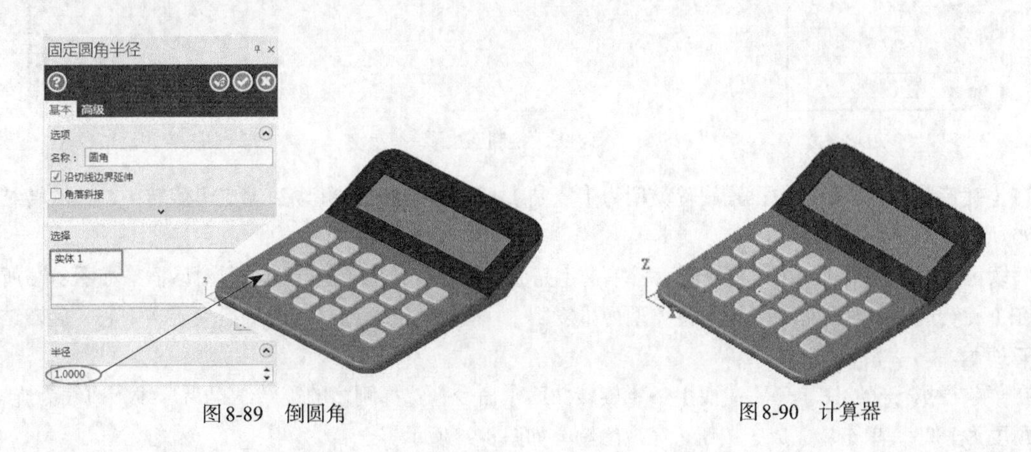

图8-89　倒圆角　　图8-90　计算器

8.9 拓展训练六：足球

引入文件：无

结果文件：拓展训练\结果文件\Ch08\8-6.mcx-9

视频文件：视频\Ch08\拓展训练六：足球.avi

采用基本的实体造型方法设计足球，如图8-91所示。

图8-91 足球

8.9.1 设计分析

足球造型的难点主要是绘制组成足球的两个基本块—五边形块和六边形块。这两种形状做好后，可通过转换功能将12个五边形块和20个六边形块拼合成一个足球。

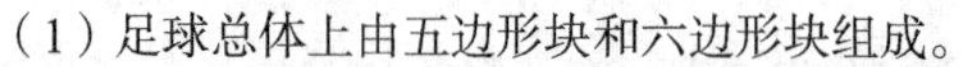

（1）足球总体上由五边形块和六边形块组成。

（2）整个球体由12个五边形块和20个六边形块组成。

（3）每个五边形与5个六边形相接。

（4）每个六边形与3个五边形和3个六边形交错相接。

8.9.2 绘制空间曲线

01 在绘图工具栏单击【画多边形】按钮，弹出【多边形选项】对话框，如图8-92所示。

02 绘制五边形。在【多边形选项】对话框中设置边数为5，内接圆半径为50，选择原点为定位点，绘制五边形，如图8-93所示。

03 在绘图工具栏单击【旋转】按钮，选择五边形的一条边作为旋转图素，单击【完成】按钮，弹出【旋转选项】对话框，如图8-94所示。

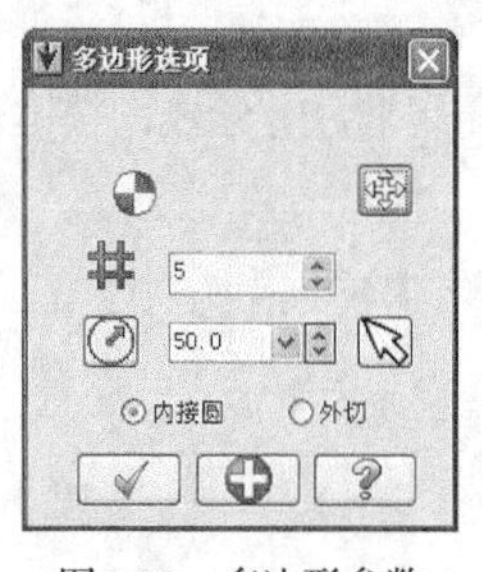

图8-92 多边形参数

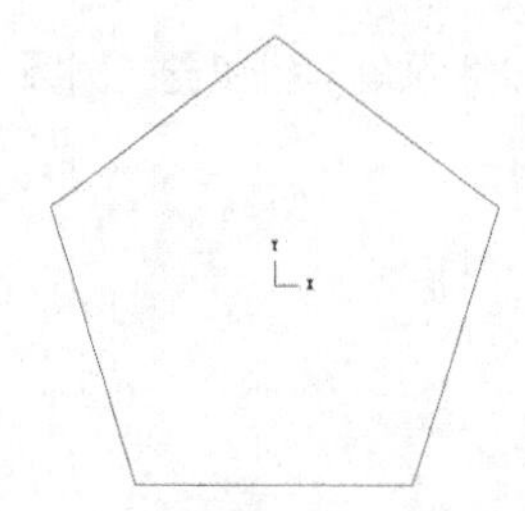

图8-93 绘制五边形

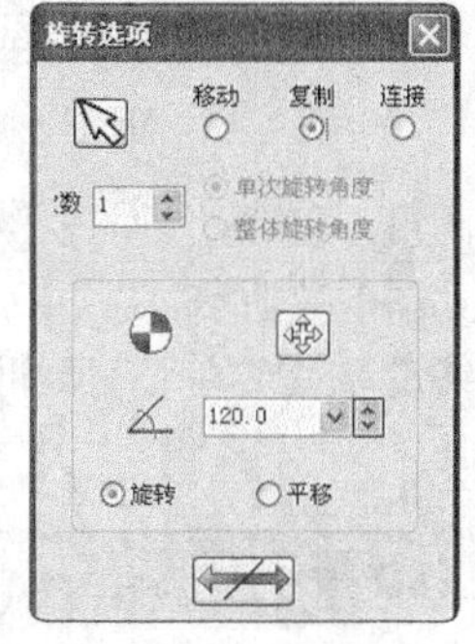

图8-94 旋转参数

04 在【旋转选项】对话框中设置旋转类型为【复制】，角度为120°，并以边端点为旋转中心，旋转结果如图8-95所示。

05 继续选择另一条相邻的边为旋转图素，单击【完成】按钮，弹出【旋转选项】对话框，如图8-96所示。

06 在【旋转选项】对话框中设置旋转类型为【复制】，角度为120°，并以边端点为旋转中心，旋转结果如图8-97所示。

07 在菜单栏执行【绘图】→【曲面】→【旋转曲面】命令，选择刚才的旋转结果为母线，边线为旋转轴，旋转角度为180°，单击【完成】按钮，完成绘制，如图8-98所示。

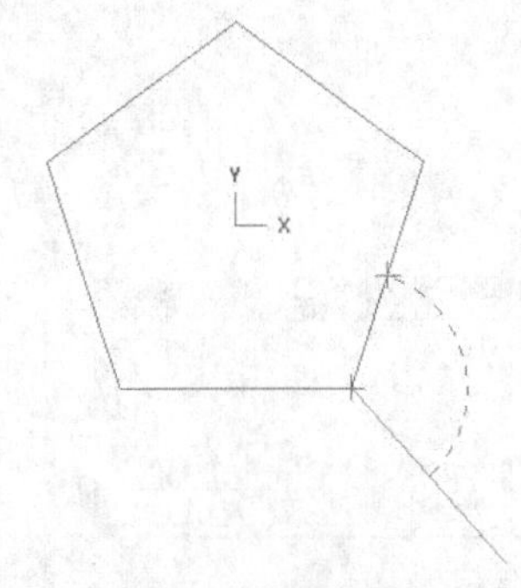

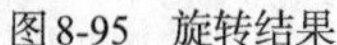

图8-95　旋转结果

图8-96　旋转选项

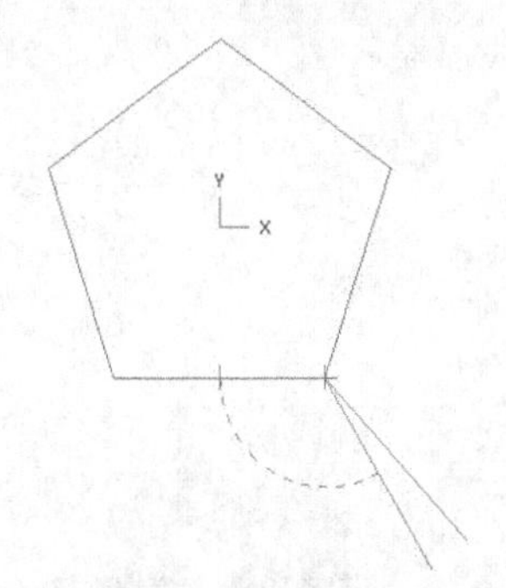

图8-97　旋转结果

08 采用上面同样的步骤绘制另外一个旋转曲面，如图8-99所示。

09 绘制交线。在菜单栏执行【绘图】→【曲面曲线】→【曲面交线】命令，选择两曲面后，单击【完成】按钮，即可将所选两曲面相交部分绘制出相交线，此交线即是六边形的公共边，如图8-100所示。

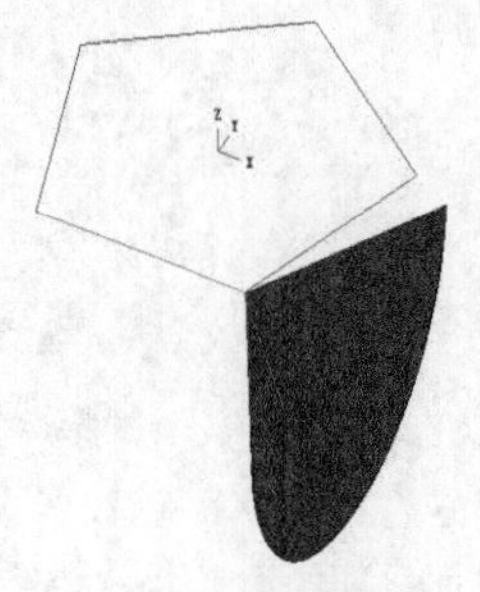

图8-98　绘制旋转

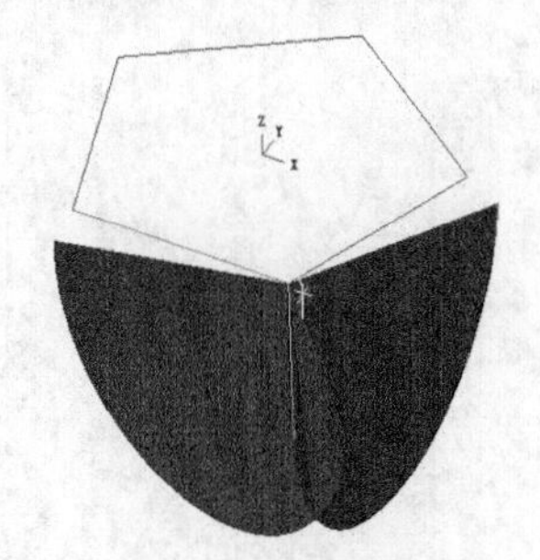

图8-99　绘制旋转曲面

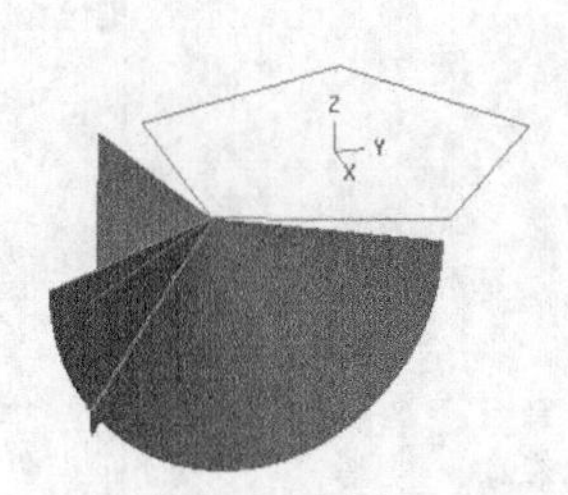

图8-100　绘制的相交线

10 转层。选择曲面和旋转结果，在下方状态栏中的图层栏单击鼠标右键，弹出【更改层别】对话框，将图素转到第2层，如图8-101所示。

11 关闭图层，隐藏图素。将曲线转移至第2层，然后将第1层选择为显示图层，将第2层关闭，如图8-102所示。

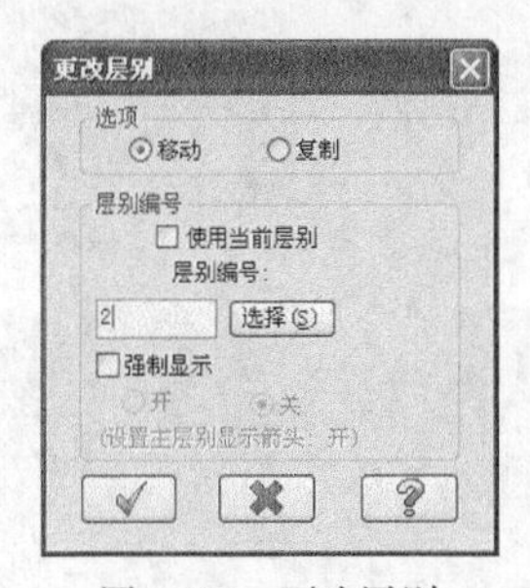

图8-101　更改层别

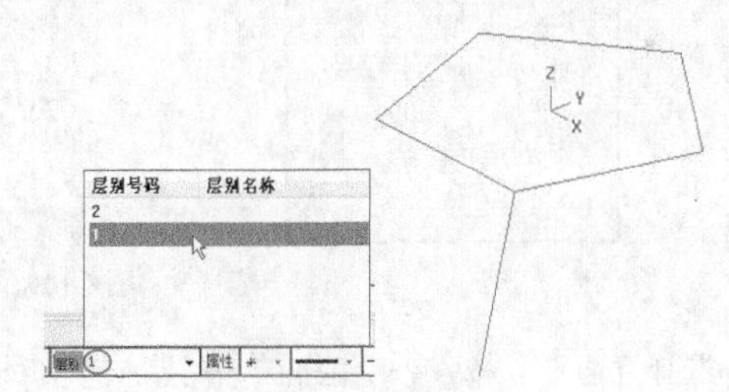

图8-102　关闭图层

12 在绘图工具栏单击【镜像】按钮，选择刚才绘制的相交线为镜像图素，单击【完成】按钮，弹出【镜像】对话框，设置镜像轴等参数，如图8-103所示。

13 绘制直线。在绘图工具栏单击【直线】按钮，绘制直线，如图8-104所示。

14 新建坐标系。在绘图工具栏单击【图素定面】按钮，选择两条直线确定坐标系，如图8-105所示。

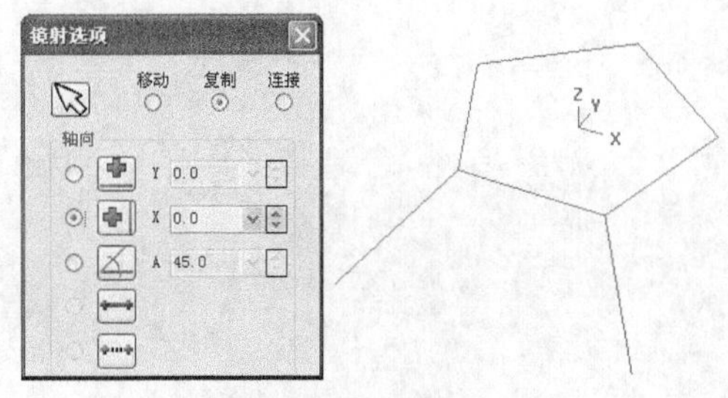

图8-103　镜像

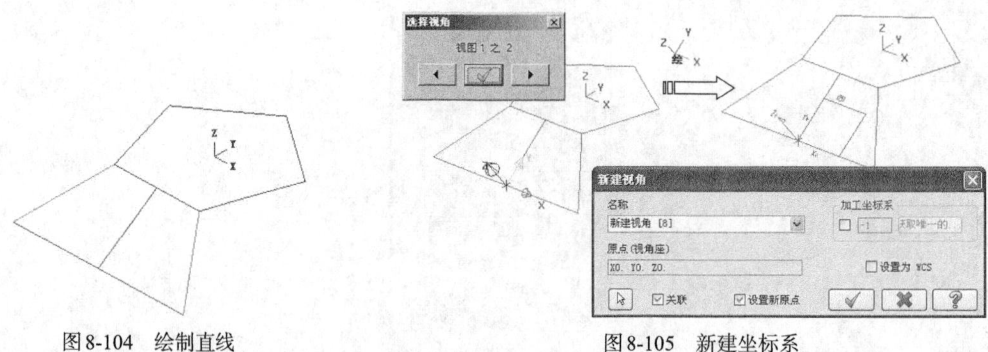

图 8-104 绘制直线　　图 8-105 新建坐标系

15 镜像。将直线镜像到另一侧，形成封闭六边形，结果如图 8-106 所示。

16 绘制通过五边形和六边形中心的法线。在绘图工具栏单击【右视图】按钮，并单击【法线】按钮，绘制法线，如图 8-107 所示。

17 平移。在绘图工具栏单击【平移到原点】按钮，移动起点为两线的交点，移动结果如图 8-108 所示。

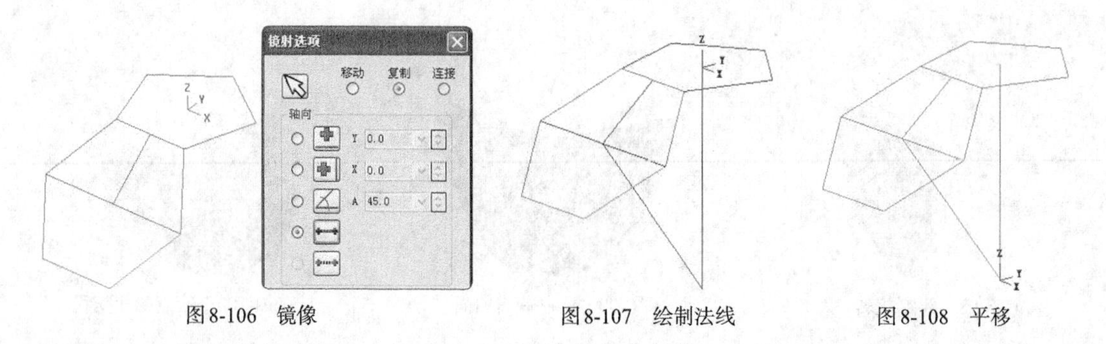

图 8-106 镜像　　图 8-107 绘制法线　　图 8-108 平移

18 转层。选择交线和辅助线，在下方状态栏中的图层栏单击鼠标右键，弹出【更改层别】对话框，将图素转到第 2 层，如图 8-109 所示。

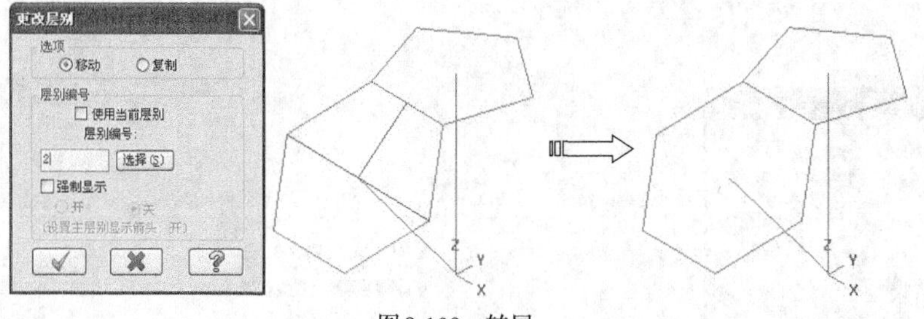

图 8-109 转层

19 隐藏。选择五边形，按 Alt+E 组合键，隐藏结果如图 8-110 所示。

20 比例缩放。在绘图工具栏单击【比例缩放】按钮，缩放五边形，比例为 0.8，结果如图 8-111 所示。

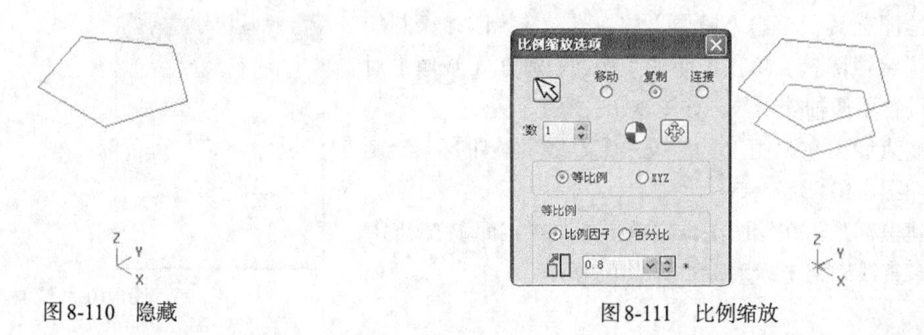

图 8-110 隐藏　　图 8-111 比例缩放

8.9.3　创建五边形和六边形单元块

01 绘制举升实体。在绘图工具栏单击【举升】按钮，绘制举升实体按钮，如图8-112所示。

02 使用8.9.2节中步骤19至步骤20的方法，绘制六边形举升实体，如图8-113所示。

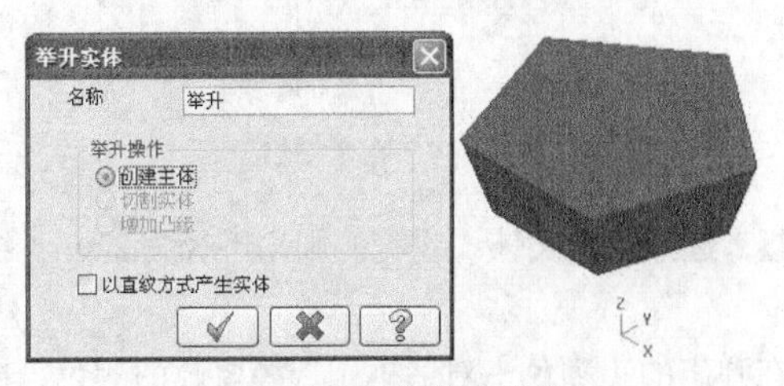

图8-112　绘制举升实体

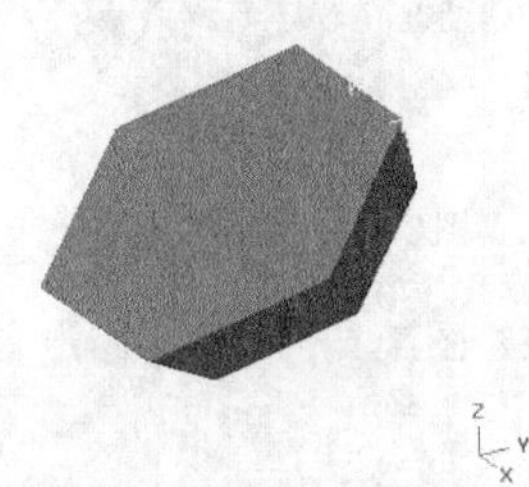

图8-113　绘制六边形举升实体

03 转层。按Alt+E组合键，将隐藏的图素恢复显示，选择五边形和六边形，在下方状态栏中的图层栏将图素转到第2层，如图8-114所示。

04 绘制球体。在绘图工具栏单击【球】按钮，以原点为定位点，球半径为130mm，绘制球体，如图8-115所示。

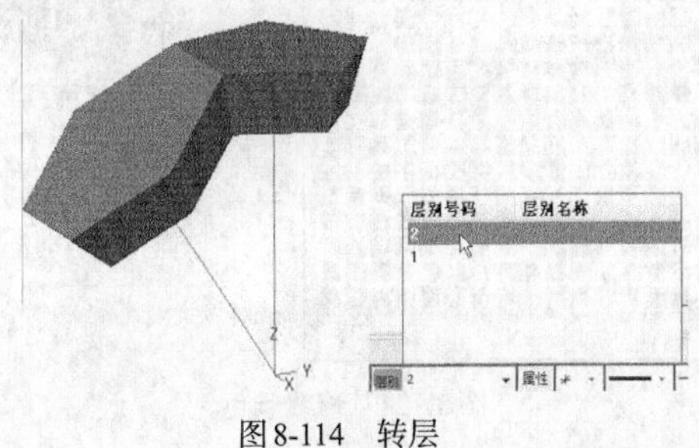

图8-114　转层

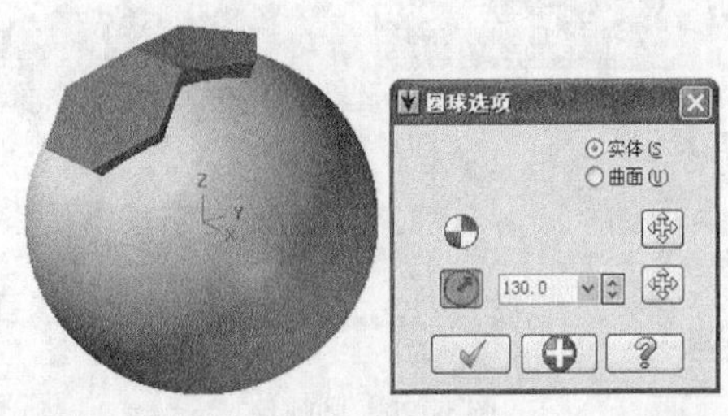

图8-115　绘制球体

05 抽壳。在绘图工具栏单击【抽壳】按钮，将球体抽成中空厚度为5mm的空心球，结果如图8-116所示。

06 平移复制。选择球体作为要平移对象，在绘图工具栏单击【平移】按钮，平移类型为【复制】，平移增量为0，结果如图8-117所示。

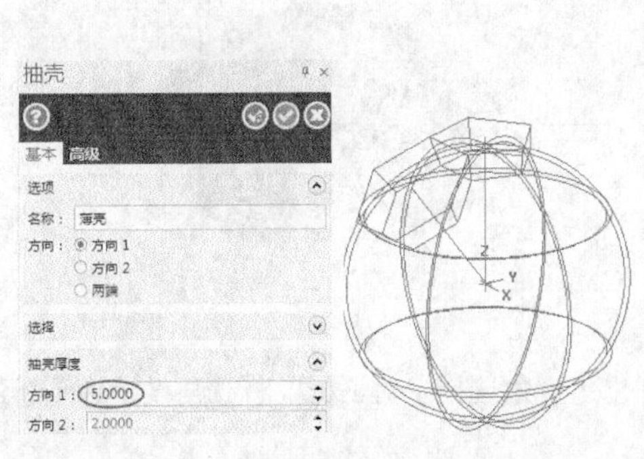

图8-116　抽壳

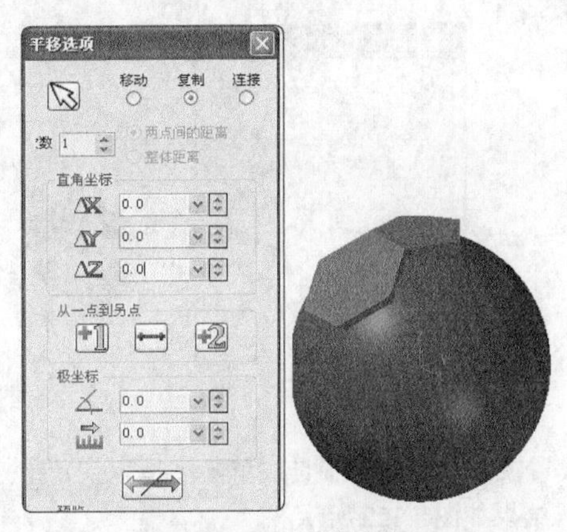

图8-117　平移结果

07 布尔交集。在绘图工具栏单击【布尔交运算】按钮，选择五边形块和球体，单击【完成】按钮，结果如图8-118所示。重复此步骤，选择六边形块和球体，单击【完成】按钮，结果如图8-119所示。

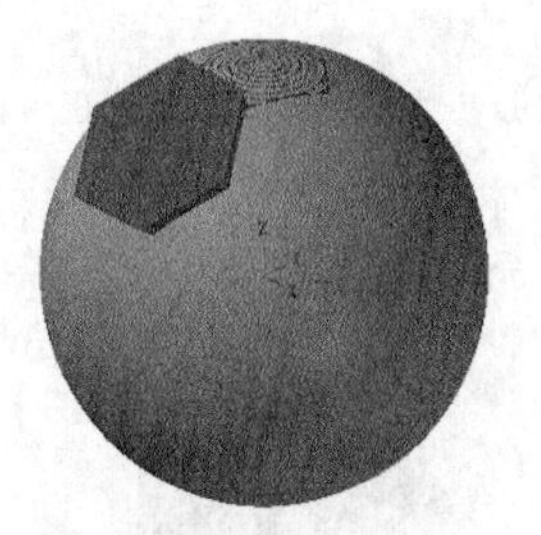

图8-118　布尔交集1

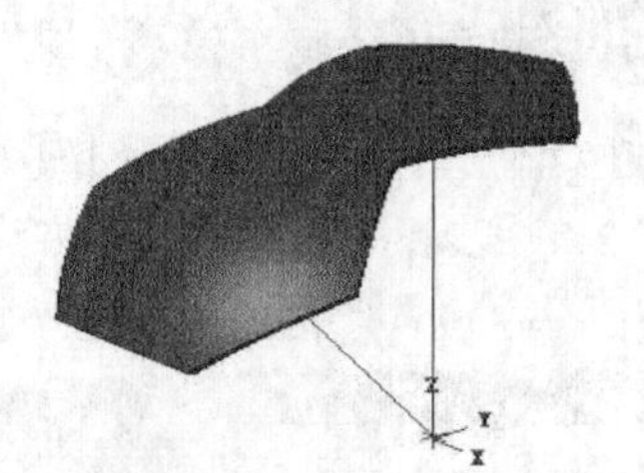

图8-119　布尔交集2

08 倒圆角。在绘图工具栏单击【固定实体倒圆角】按钮，选择所有实体，设置倒圆角半径为2mm，结果如图8-120所示。

09 修改颜色。选择五边形块，在颜色栏单击鼠标右键，在弹出的【颜色】对话框中选择要改的颜色，单击按钮完成，结果如图8-121所示。

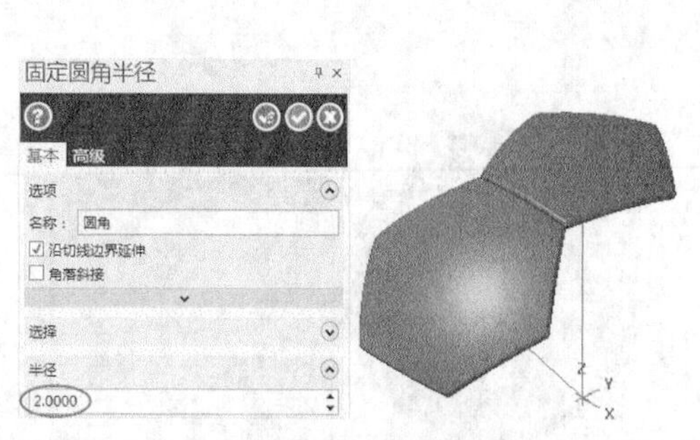

图8-120　倒圆角

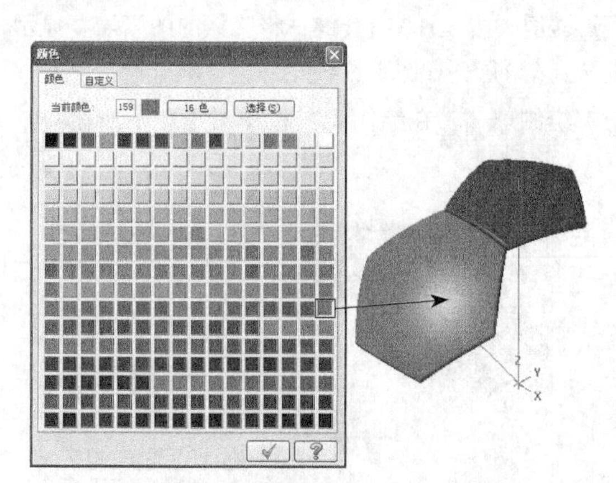

图8-121　修改颜色

8.9.4　旋转阵列

01 旋转。在绘图工具栏单击【俯视图】按钮，选择六边形块，单击【旋转】按钮，设置参数，结果如图8-122所示。

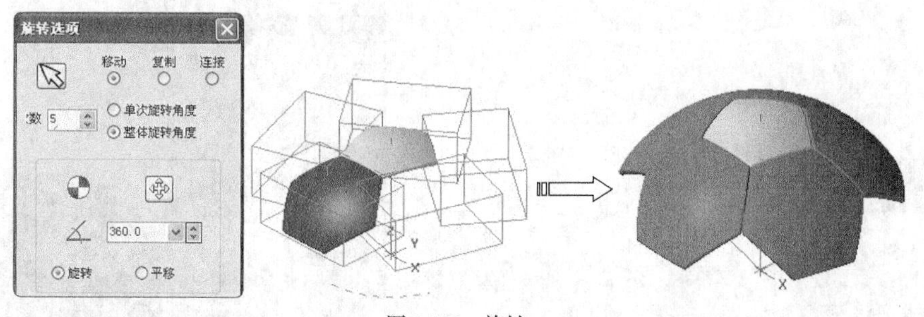

图8-122　旋转

02 设置视图。在绘图工具栏单击【指定视角】按钮，弹出【视角选择】对话框，将视角设置为【新建视角8】，结果如图8-123所示。

03 旋转。选择五边形块，单击【旋转】按钮，设置参数，结果如图8-124所示。

04 旋转。在绘图工具栏单击【俯视图】按钮，选择刚才旋转的五边形块，再单击【旋转】按钮，设置参数，结果如图8-125所示。

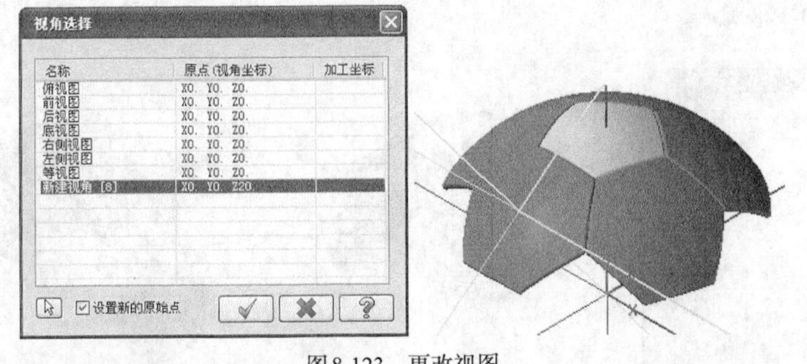

图8-123 更改视图

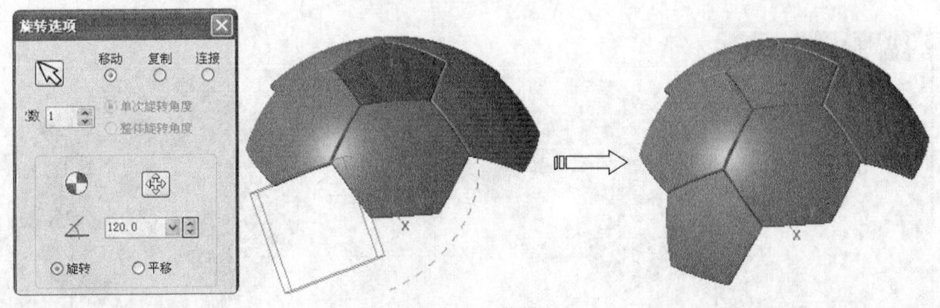

图8-124 旋转

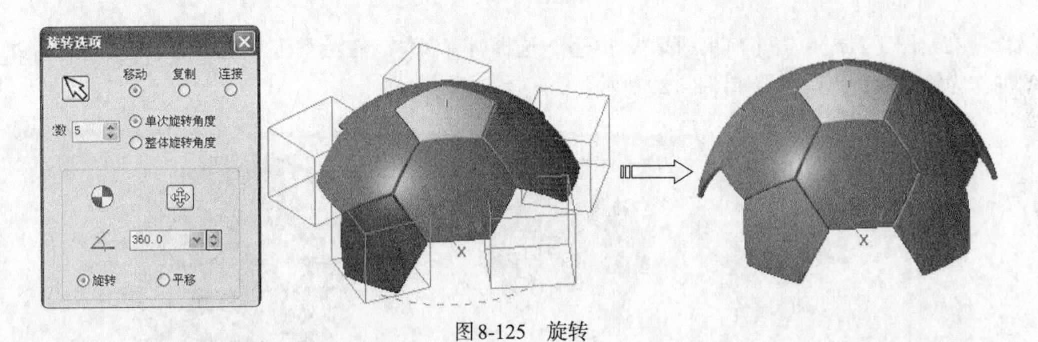

图8-125 旋转

05 设置视图。在绘图工具栏单击【指定视角】按钮，弹出【视角选择】对话框，将视角设置为【新建视角8】，结果如图8-126所示。

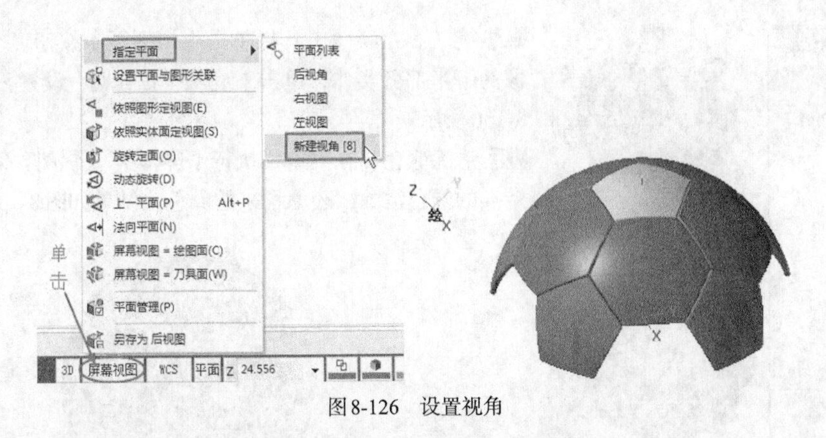

图8-126 设置视角

06 旋转。选择六边形块，单击【旋转】按钮，设置参数，结果如图8-127所示。

07 旋转。在绘图工具栏单击【俯视图】按钮，选择刚才旋转后的六边形块，单击【旋转】按钮，设置参数，结果如图8-128所示。

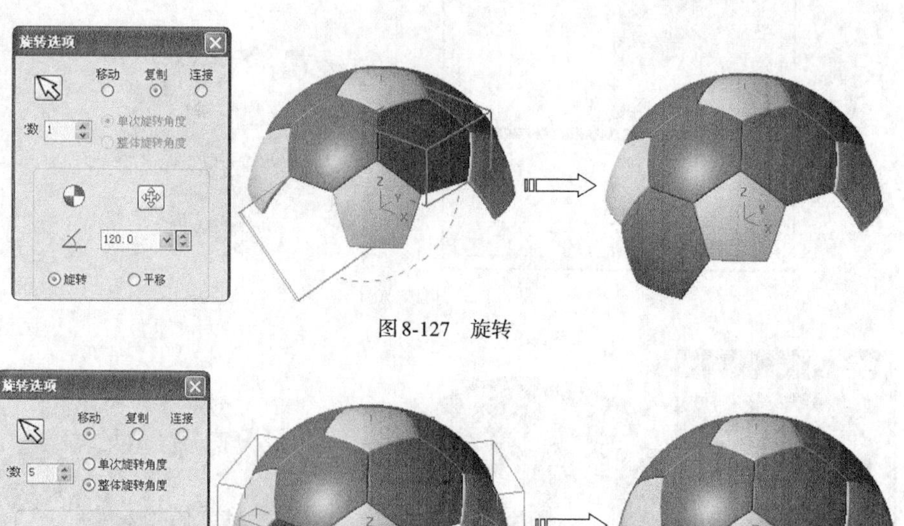

图8-127　旋转

图8-128　旋转

08 镜像。在绘图工具栏单击【前视图】按钮，选择所有实体，在绘图工具栏单击【镜像】按钮，以Y=0的轴作为镜像轴，镜像结果如图8-129所示。

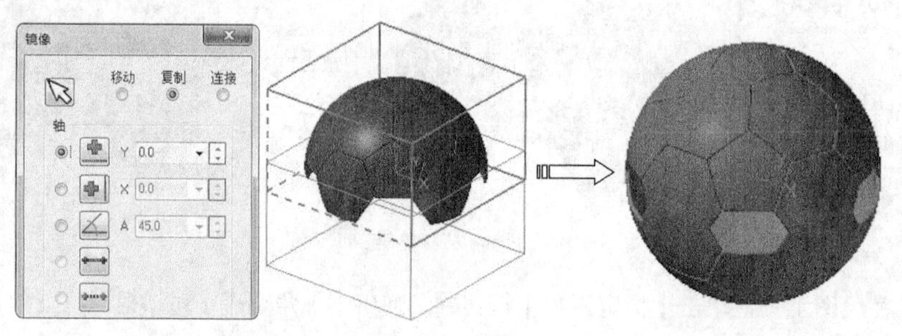

图8-129　镜像

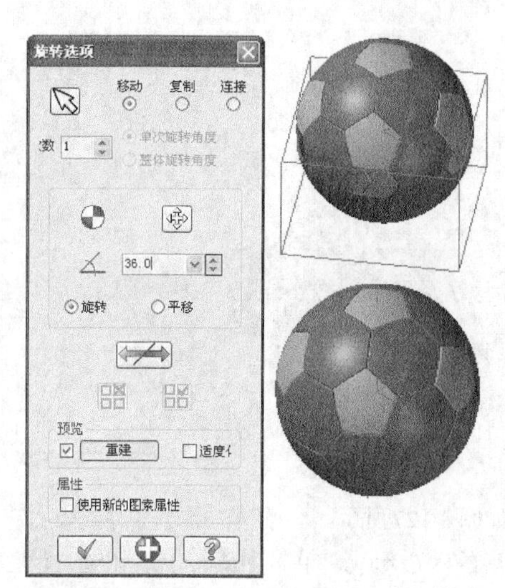

图8-130　旋转

09 旋转。在绘图工具栏单击【俯视图】按钮，选择刚才镜像的下半部分实体，单击【旋转】按钮，设置参数，结果如图8-130所示。

10 清除颜色。在菜单栏执行【屏幕】→【清除颜色】命令，将转换的颜色清除，还原本来的颜色，结果如图8-131所示。

图8-131　清除颜色

8.10　拓展训练七：显示器后壳

引入文件：无

结果文件：拓展训练\结果文件\Ch08\8-7.mcx-9

视频文件：视频\Ch08\拓展训练七：显示器后壳.avi

采用基本实体造型命令绘制图8-132所示的显示器后壳。

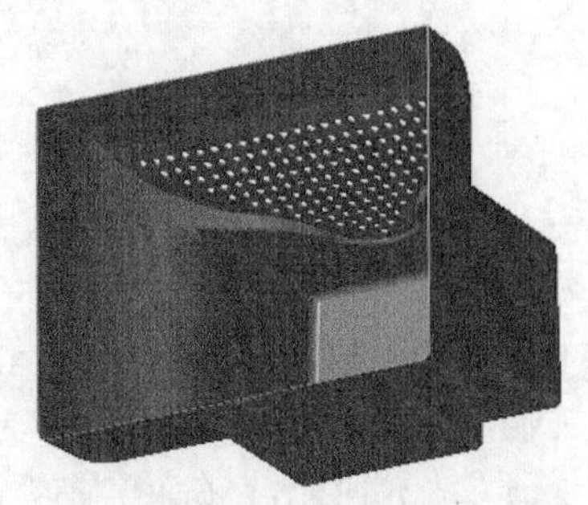

图8-132　显示器后壳

8.10.1　设计分析

本例显示器后壳是中空的塑料件，因此绘制出实心模型后通过抽壳操作即可得到。而实心的模型可通过模型叠加得到。其步骤如下。

（1）采用拉伸实体命令创建显示器主体实体。

（2）采用拉伸实体命令创建显示器尾座。

（3）采用拉伸切割命令创建主体外形切割特征。

（4）采用拉伸实体命令创建显示器底座。

（5）采用倒圆角和抽壳命令进行细节处理。

下面进行详细的介绍。

8.10.2　绘制主体

01 绘制矩形。在绘图工具栏单击【矩形】按钮，以对角点定位方式创建矩形，先选择原点为矩形左下角点，再输入矩形的尺寸为210×50，如图8-133所示。

02 绘制直线。在绘图工具栏单击【绘制直线】按钮，再选择矩形的右下角点为起点，输入长为60，角度为95，结果如图8-134所示。

图8-133　绘制矩形

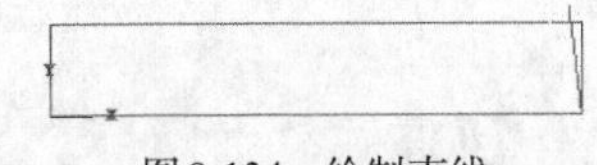

图8-134　绘制直线

03 修剪。在绘图工具栏单击【修剪/打断/延伸】按钮，弹出【修剪】工具条，在工具条中单击【分割物体】按钮，单击要修剪或删除的图素，修剪结果如图8-135所示。

04 绘制切弧。在绘图工具栏单击【切弧】按钮，选择切弧类型为【相切于一物体】，输入半径为200，选择切线和切点，单击【完成】按钮，完成切弧的绘制，如图8-136所示。

05 绘制圆。在绘图工具栏单击【绘圆】按钮，输入圆心定位点坐标为（0,250），半径为50，绘制圆，如图8-137所示。

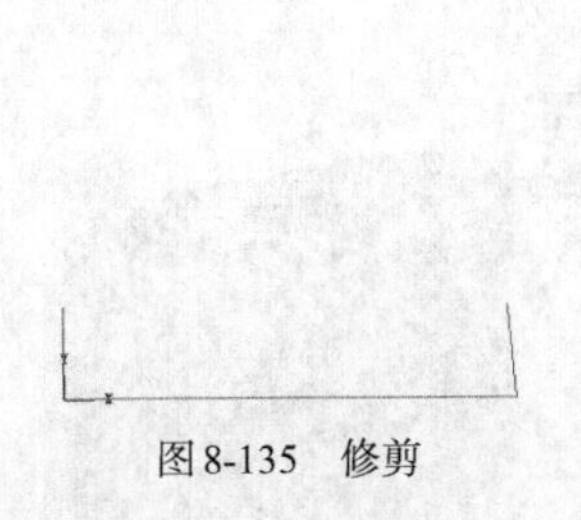

图8-135　修剪

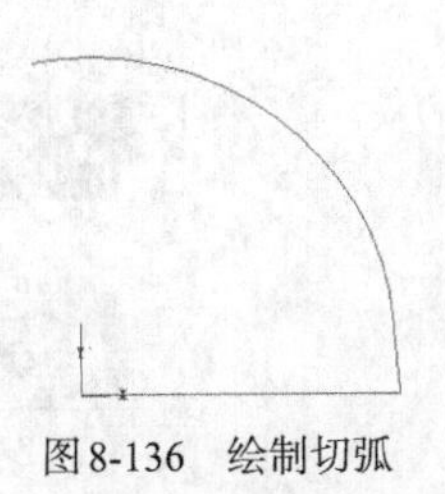

图8-136　绘制切弧

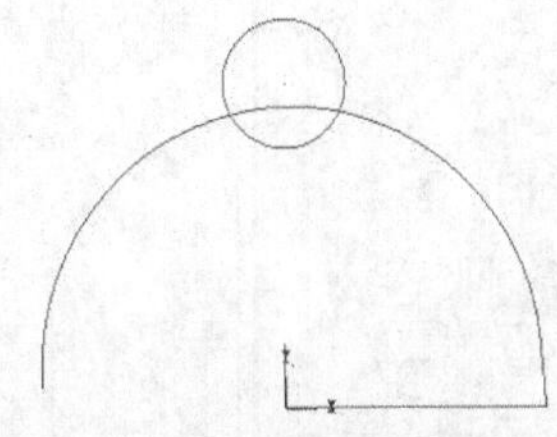

图8-137　绘制圆

06 延伸垂直中心线。在绘图工具栏单击【修剪/打断/延伸】按钮，弹出【修剪】工具条，在工具条中单击【修剪于点】按钮，单击要延伸的垂直中心线后，在圆外单击延伸终止的点，延伸结果如图8-138所示。

07 修剪。在绘图工具栏单击【修剪/打断/延伸】按钮，弹出【修剪】工具条，在工具条中单击【分割物体】按钮，单击要修剪或删除的图素，修剪结果如图8-139所示。

08 倒圆角。在绘图工具栏单击【固定实体倒圆角】按钮，在【倒圆角】工具条上修改倒圆角半径为100，再选择切弧和圆进行倒圆角，结果如图8-140所示。

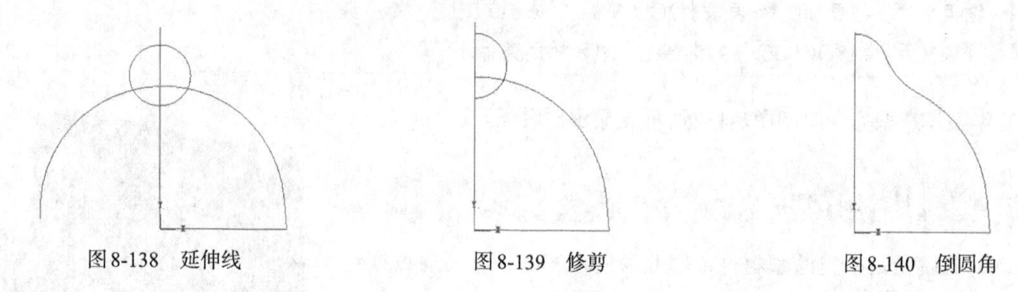

图8-138　延伸线　　图8-139　修剪　　图8-140　倒圆角

09 镜像。在绘图工具栏单击【镜像】按钮，弹出【镜像】对话框，设置镜像类型为【复制】，选择刚才创建的右侧截面后再选择镜像轴为X=0的轴，单击【完成】按钮，完成镜像，结果如图8-141所示。

10 绘制拉伸实体。在菜单栏执行【实体】→【拉伸】命令，弹出【实体拉伸】对话框，选择刚才绘制的截面，设置挤出操作为【创建主体】，距离为320，最后结果如图8-142所示。

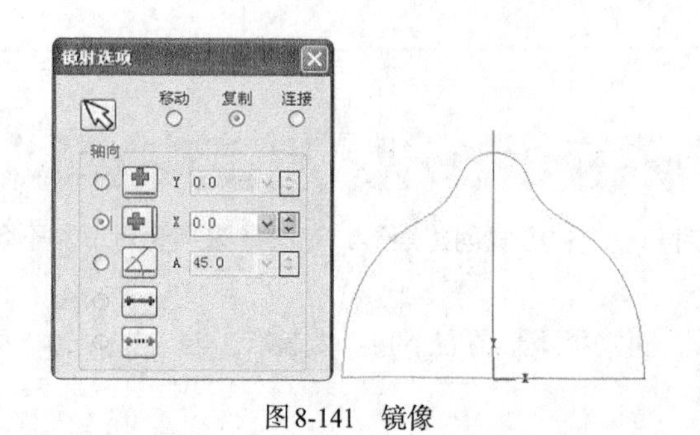

图8-141　镜像

图8-142　创建拉伸实体

8.10.3　绘制尾座

01 绘制矩形。在菜单栏执行【矩形设置】按钮，弹出【矩形选项】对话框，设置矩形形状为标准矩形，矩形尺寸为280×380，以下中点为定位锚点，选择定位点为原点，单击【完成】按钮，系统根据参数生成图形，如图8-143所示。

02 拉伸挤出实体。在菜单栏执行【实体】→【拉伸】命令，弹出【实体拉伸】对话框，选择刚才绘制的矩形，设置挤出操作为【增加凸台】，距离为250，结果如图8-144所示。

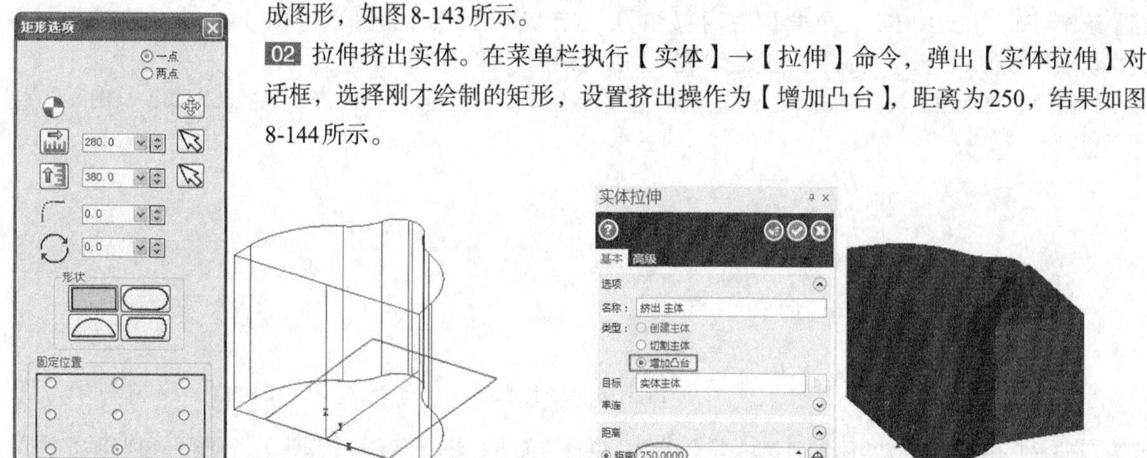

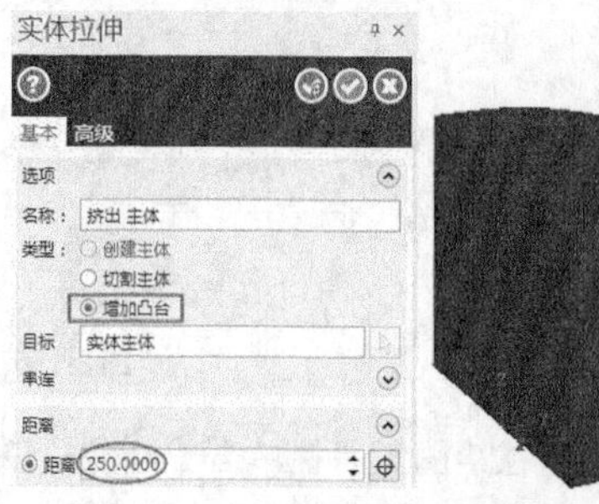

图8-143　绘制矩形　　图8-144　挤出实体

03 拔模。在实体工具栏上单击【依照实体面拔模】按钮，选择要拔模的实体面，单击【完成】按钮，弹出【依照实体面拔模】对话框，输入牵引角度为3，选择背面为参考面，结果如图8-145所示。

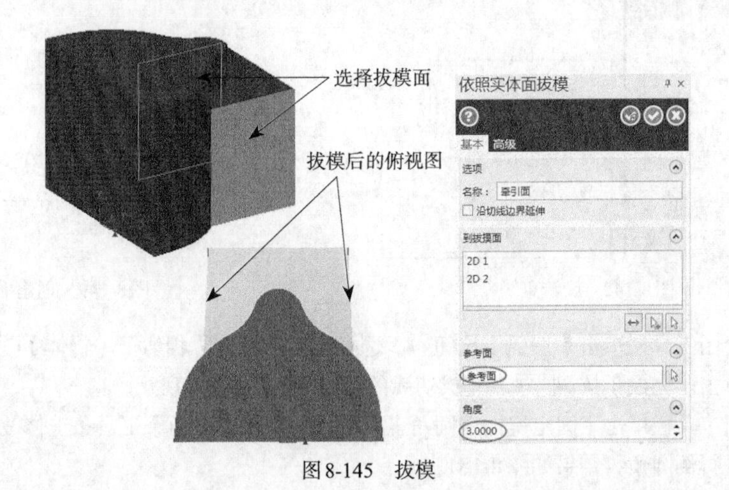

图8-145　拔模

04 拔模。在实体工具栏上单击【依照实体面拔模】按钮，选择要拔模的实体面，单击【完成】按钮，弹出【依照实体面拔模】对话框，输入牵引角度为2，选择底面为参考面，结果如图8-146所示。

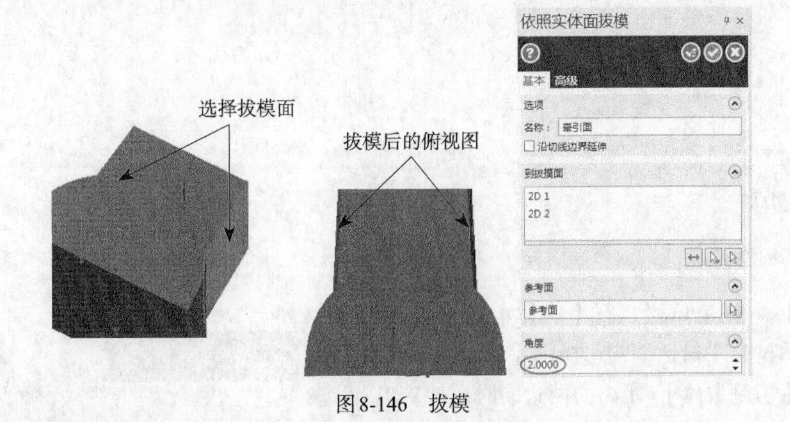

图8-146　拔模

8.10.4　切割主体外形

01 设置视图为右视图。在【视图】工具栏单击【右视】按钮，设置视图为右视图。

02 绘制矩形。在菜单栏执行【矩形设置】按钮，弹出【矩形选项】对话框，设置矩形形状为标准矩形，矩形尺寸为380×90，以左下角为定位锚点，选择定位点为原点，单击【完成】按钮，系统根据参数生成图形，如图8-147所示。

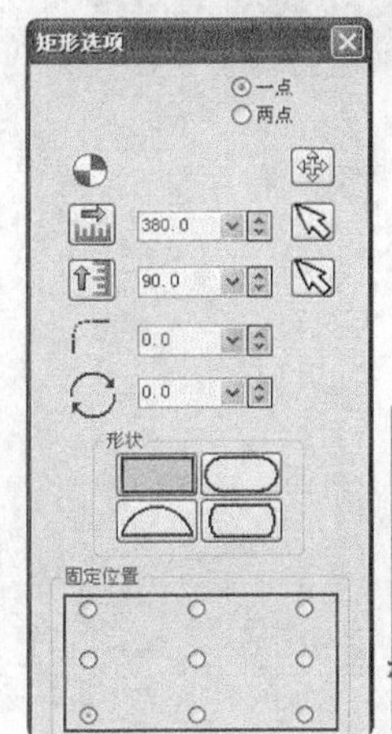

图8-147　绘制矩形

03 旋转直线。在绘图工具栏单击【旋转】按钮，选择刚才绘制的矩形上边线，单击【完成】按钮，弹出【旋转选项】对话框，设置角度为5，移动数量为1，系统根据参数生成的图形如图8-148所示。

04 创建平行直线。在绘图工具栏单击【绘制平行线】按钮，选择矩形的左边线为要偏移的线，单击线右侧进行偏移，并单击【输入平行距离】按钮，激活距离选项，输入距离为50，绘制平行线，如图8-149所示。

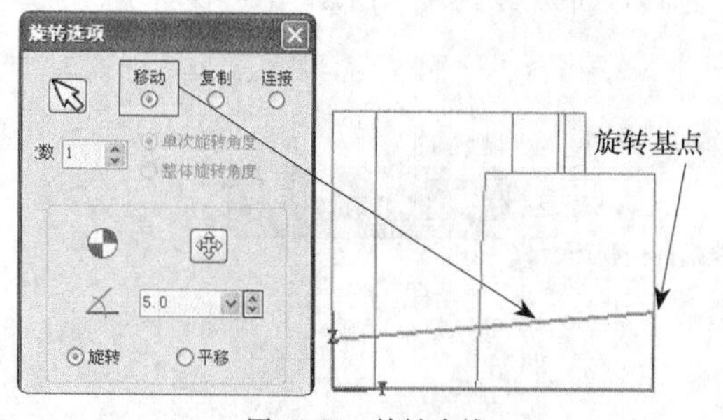

图8-148 旋转直线

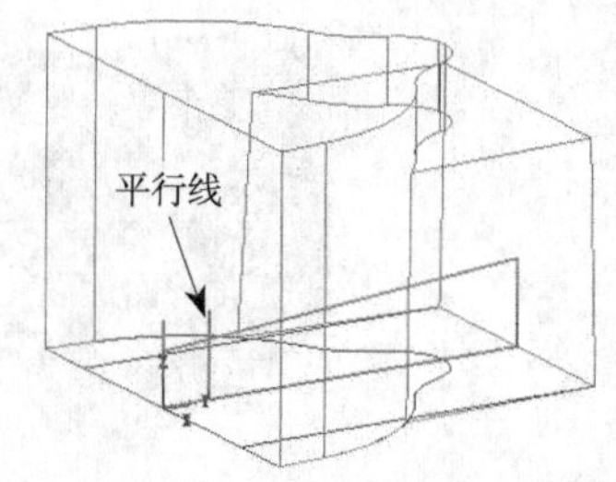

图8-149 创建平行线

05 创建切弧。在绘图工具栏单击【切弧】按钮，选择切弧类型为【相切于一物体】，输入半径为150，选择切线和切点，单击【完成】按钮，完成切弧的绘制，如图8-150所示。

06 倒圆角。在绘图工具栏单击【固定实体倒圆角】按钮，在【倒圆角】工具条上修改倒圆角半径为300，再选择切弧和直线进行倒圆角，结果如图8-151所示。

07 修剪图素。在【修剪】工具条中单击【分割物体】按钮，单击要修剪或删除的图素，修剪结果如图8-152所示。

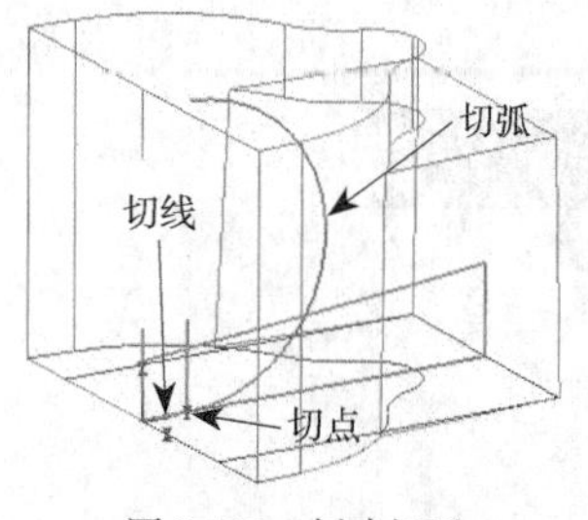

图8-150 创建切弧

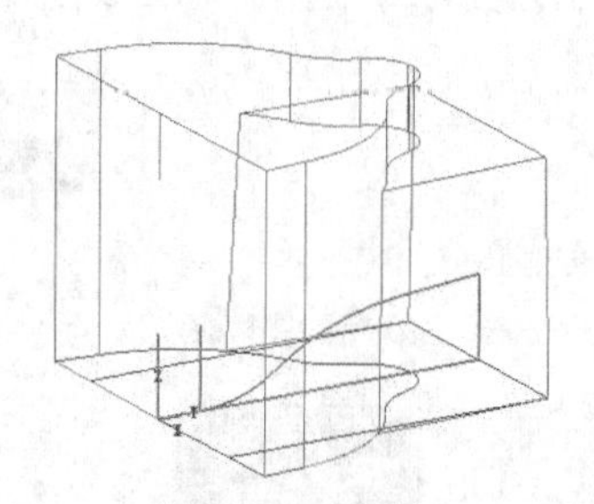

图8-151 倒圆角

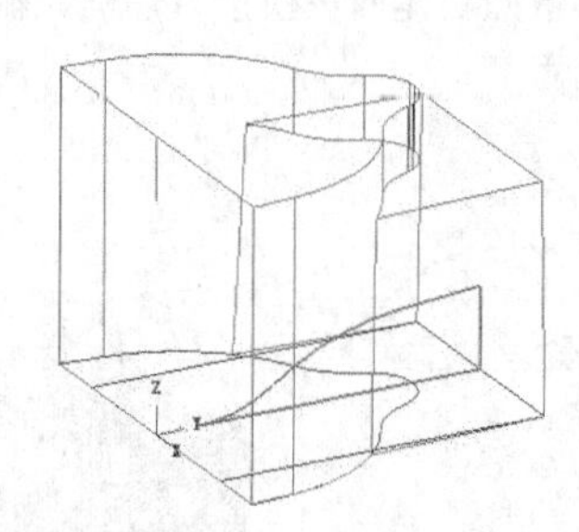

图8-152 修剪图素

08 拉伸切割实体。在菜单栏执行【实体】→【拉伸】命令，弹出【实体拉伸】对话框，选择刚才创建的截面，设置挤出操作为【切割主体】，距离为两边同时延伸250，最后结果如图8-153所示。

09 移动线架。选择所有线架，并在下方状态栏的【层别】中单击鼠标右键，弹出【更改层别】对话框，设置选择选项为【移动】，并设置移动到的层为1000，即移到第1000层，单击【完成】按钮，完成移动，如图8-154所示。

图8-153 拉伸切割实体

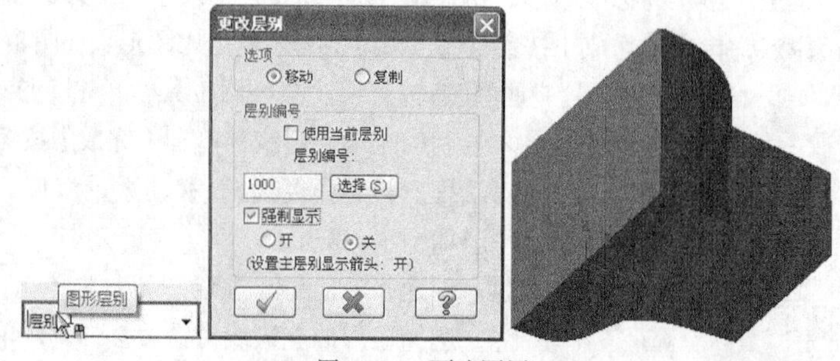

图8-154 更改图层

10 绘制矩形。在菜单栏执行【矩形设置】按钮，弹出【矩形选项】对话框，设置矩形形状为【标准矩形】，矩形尺寸为300×65，以左上角为定位锚点，输入定位点坐标为(0,320)，单击【完成】按钮，系统根据参数生成图形，如图8-155所示。

11 绘制切弧。在绘图工具栏单击【切弧】按钮，选择切弧类型为【相切于一物体】，并输入半径为400，选择切线和切点，单击【完成】按钮，完成切弧的绘制。如图8-156所示。

12 倒圆角。在绘图工具栏单击【固定实体倒圆角】按钮，在【倒圆角】工具条上修改倒圆角半径为100，再选择切弧和直线进行倒圆角，结果如图8-157所示。

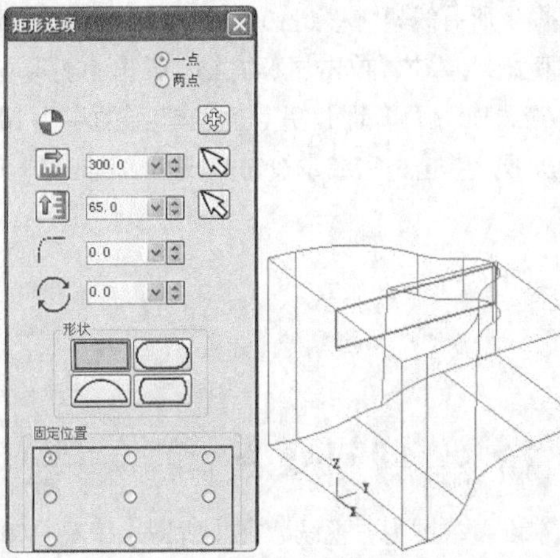

图8-155　绘制矩形

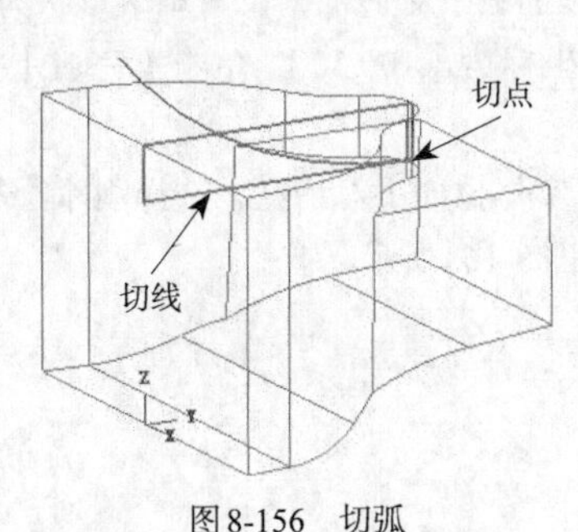

图8-156　切弧

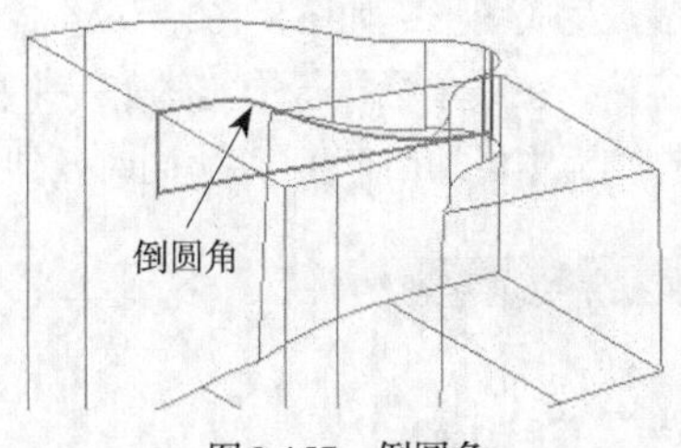

图8-157　倒圆角

13 修剪图素。在绘图工具栏单击【修剪/打断/延伸】按钮，弹出【修剪】工具条，在工具条中单击【分割物体】按钮，单击要修剪或删除的图素，修剪结果如图8-158所示。

14 连接直线。在绘图工具栏单击【绘制直线】按钮，选择圆弧端点和垂直线端点进行连线，结果如图8-159所示。

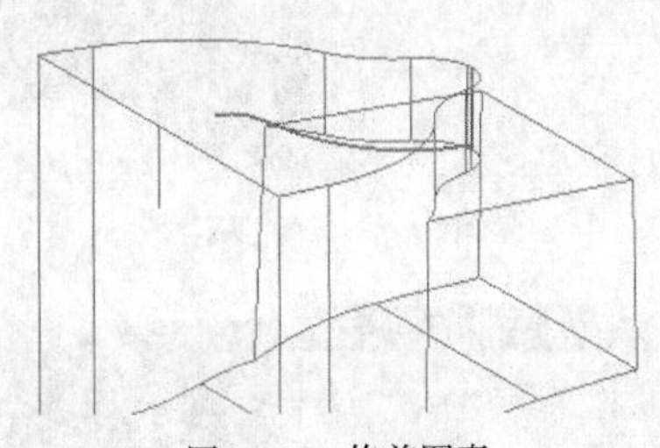

图8-158　修剪图素

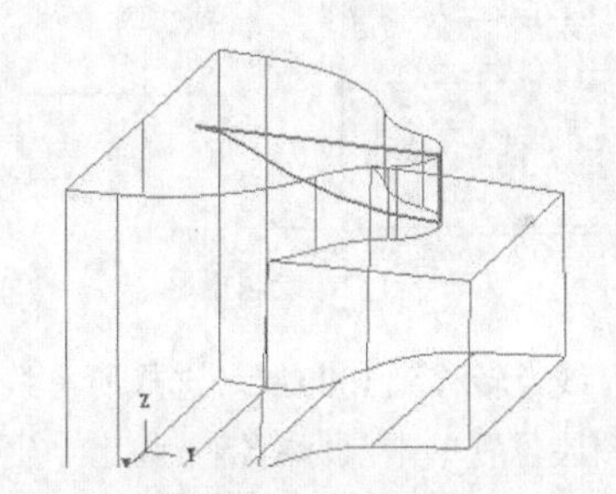

图8-159　连接直线

15 拉伸切割实体。在菜单栏执行【实体】→【拉伸】命令，弹出【实体拉伸】对话框，选择刚才创建的截面，设置挤出操作为【切割主体】，两边同时延伸距离为250，结果如图8-160所示。

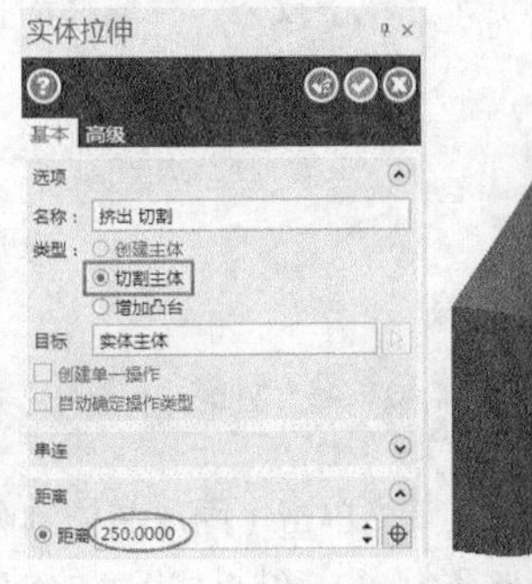

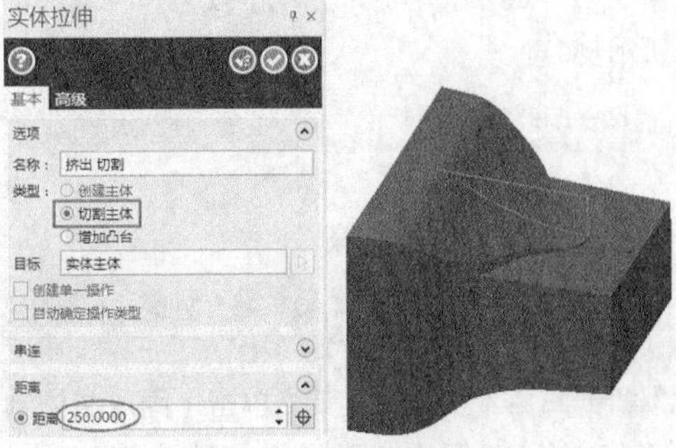

图8-160　拉伸切割

16 将所有线架转移到1000层。选择所有线架，并在下方状态栏中图层位置单击鼠标右键，弹出【更改层别】对话框，设置选项为【移动】，并设置移动到的层为1000，即移到第1000层，单击【完成】按钮完成移动，如图8-161所示。

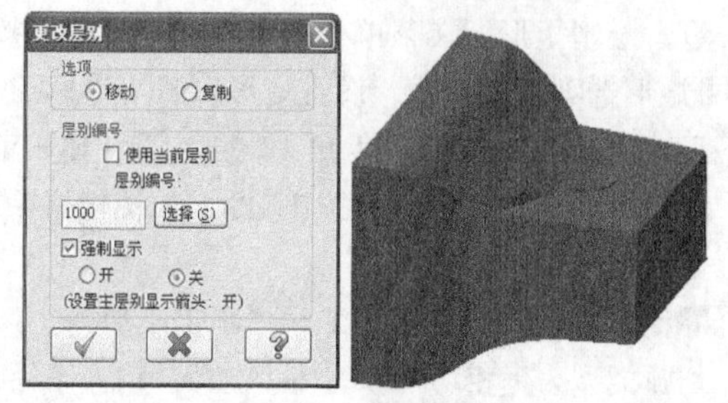

图8-161 更改层别

8.10.5 创建底座

01 设置视图为右视图，在【视图】工具栏单击【右视】按钮，设置视图为右视图。

02 绘制矩形。在菜单栏执行【矩形设置】按钮，弹出【矩形选项】对话框，设置矩形形状为【标准矩形】，矩形尺寸为200×90，以左下角为定位锚点，输入定位点坐标为（100,30），单击【完成】按钮，系统根据参数生成图形，如图8-162所示。

03 拉伸实体。在菜单栏执行【实体】→【拉伸】命令，弹出【实体拉伸】对话框，选择刚才绘制的矩形，设置挤出操作为【增加凸台】，两边同时延伸距离为100，结果如图8-163所示。

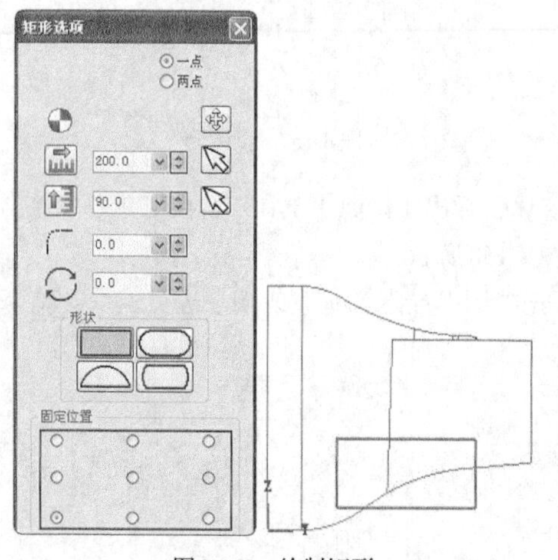

图8-162 绘制矩形

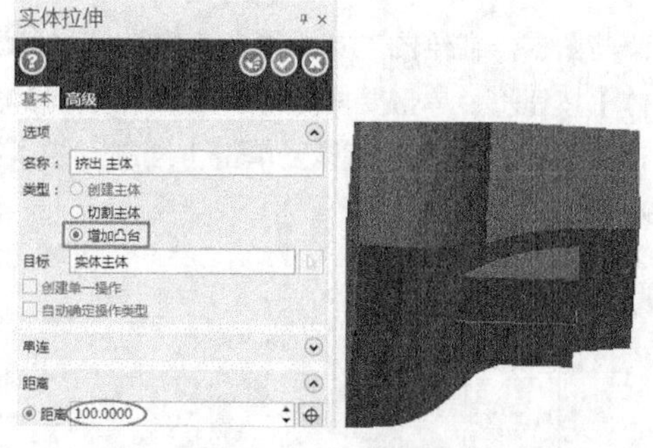

图8-163 拉伸实体

04 将所有线架转移到1000层。选择所有线架，在下方状态栏中的图层位置单击鼠标右键，弹出【更改层别】对话框，设置选项为【移动】，并设置移动到的层为1000，即移到第1000层，单击【完成】按钮，完成移动，如图8-164所示。

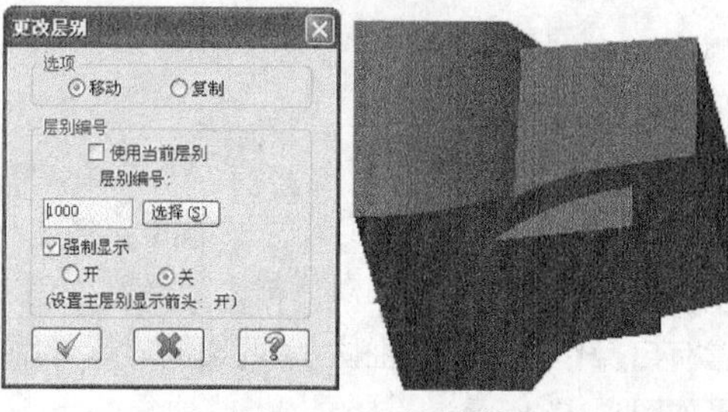

图8-164 更改层别

8.10.6 细节处理

01 倒圆角。在绘图工具栏单击【固定实体倒圆角】按钮，弹出【固定圆角半径】对话框，选择要倒圆角的边，输入倒圆角半径为100，结果如图8-165所示。

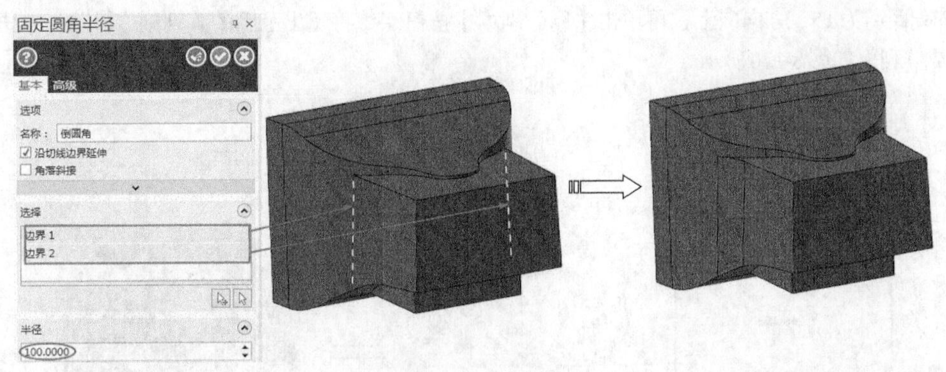

图8-165　倒圆角

02 倒圆角。在绘图工具栏单击【固定实体倒圆角】按钮，弹出【固定圆角半径】对话框，选择要倒圆角的边，输入倒圆角半径为3，结果如图8-166所示。

03 倒圆角。在绘图工具栏单击【固定实体倒圆角】按钮，弹出【固定圆角半径】对话框，选择要倒圆角的边，输入倒圆角半径为10，结果如图8-167所示。

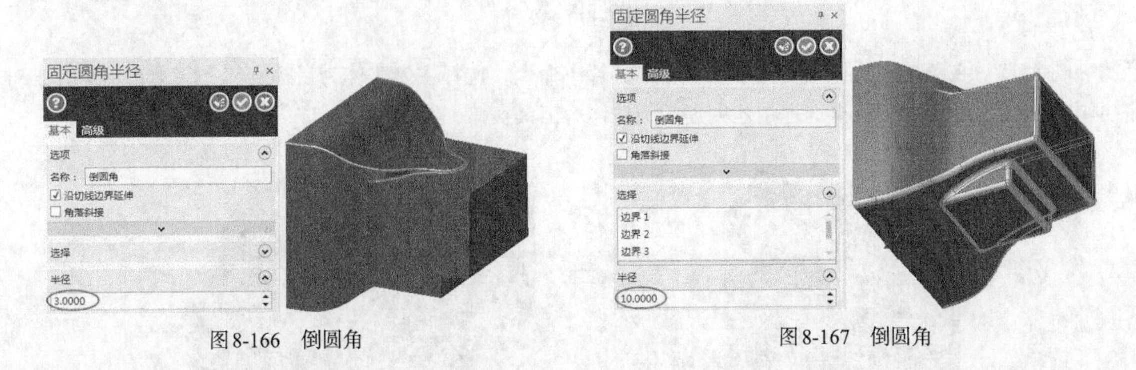

图8-166　倒圆角　　图8-167　倒圆角

04 抽壳。在实体工具栏单击【抽壳】按钮，选择抽壳移除面，单击【完成】按钮，弹出【抽壳】对话框，输入厚度为1mm，单击【完成】按钮，结果如图8-168所示。

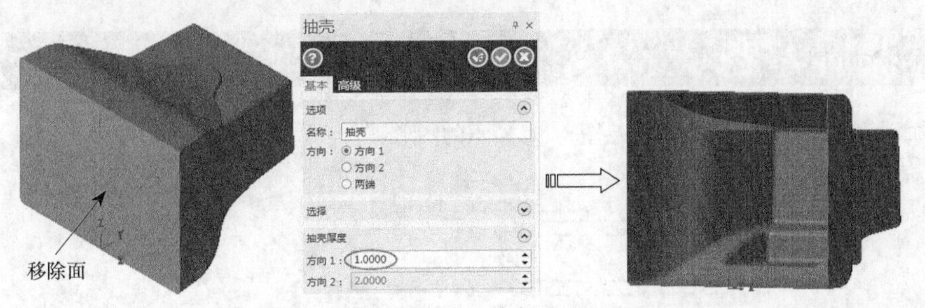

图8-168　抽壳

05 创建圆柱体。在绘图工具栏单击【圆柱体】按钮，弹出【圆柱体】对话框，设置圆柱半径为3，高度为100，输入圆柱体定位点坐标为（0,120,250），单击【完成】按钮，结果如图8-169所示。

06 阵列。在绘图工具栏单击【阵列】按钮，选择刚才绘制的圆柱体，单击【完成】按钮，完成选择，弹出【矩形阵列选项】对话框。设置0°方向阵列距离为15，双向阵列，

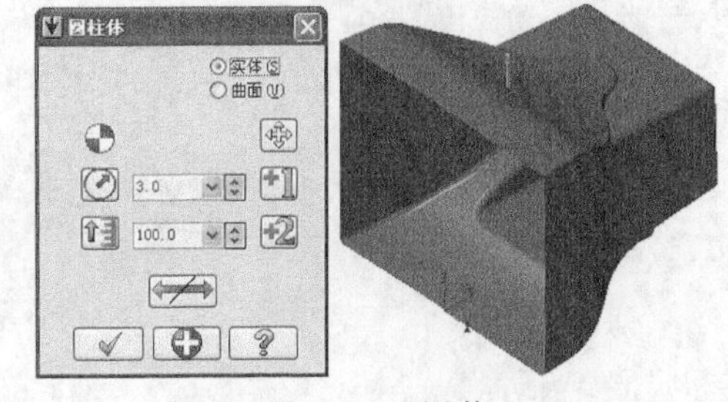

图8-169　圆柱体

90° 方向阵列距离为15，方向向上，再单击【删除副本】按钮，将超出范围的阵列副本排除，单击【完成】按钮，完成阵列，如图8-170所示。

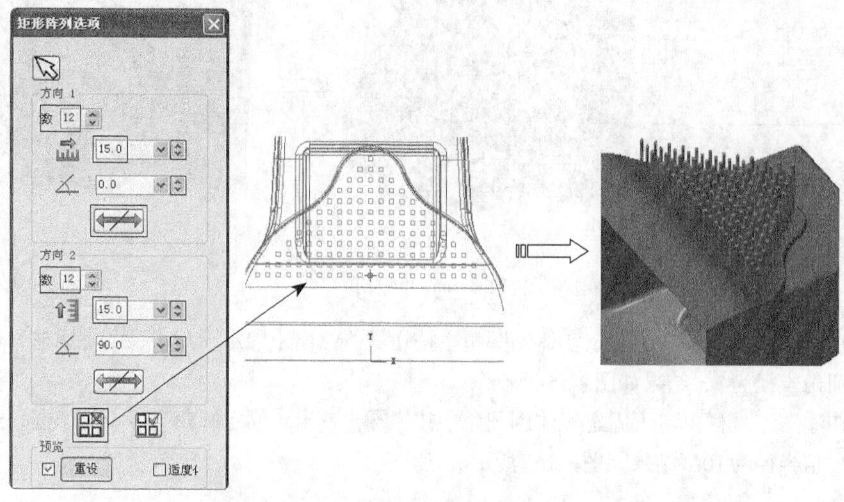

图8-170 阵列

07 布尔移除。在菜单栏执行【实体】→【布尔运算】命令，选择主体实体为目标实体，在【布尔运算】对话框中选择【移除】类型，再选择刚才创建的圆柱体为工具实体，结果如图8-171所示。

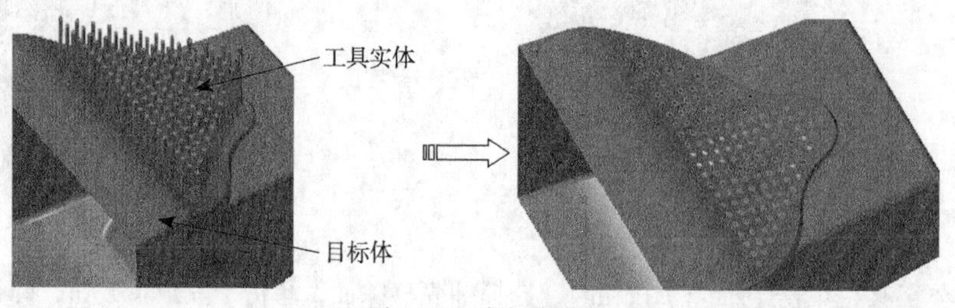

图8-171 布尔移除

8.11 课后习题

采用叠加法和切割法混合的方式创建图8-172所示的图形。

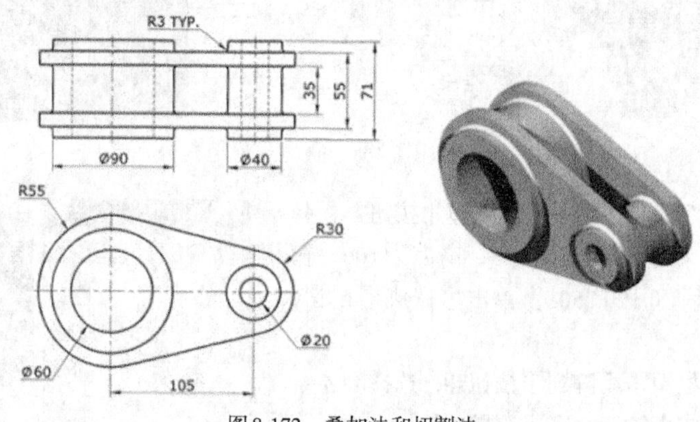

图8-172 叠加法和切割法

曲面曲线和空间曲线

曲面曲线主要用于以面构线，即在已经存在的面上创建线，用于辅助曲面编辑。而空间曲线主要是在创建曲面之间铺设3D空间的线架构。因此，掌握好曲面曲线和空间曲线的创建，是掌握曲面创建和曲面编辑的基础。

知识要点

※ 掌握曲面曲线的绘制技巧。

※ 掌握分模线的创建技巧。

※ 理解构图面、Z深度和视图的概念。

※ 掌握一般性空间曲线的绘制技巧。

案例解析

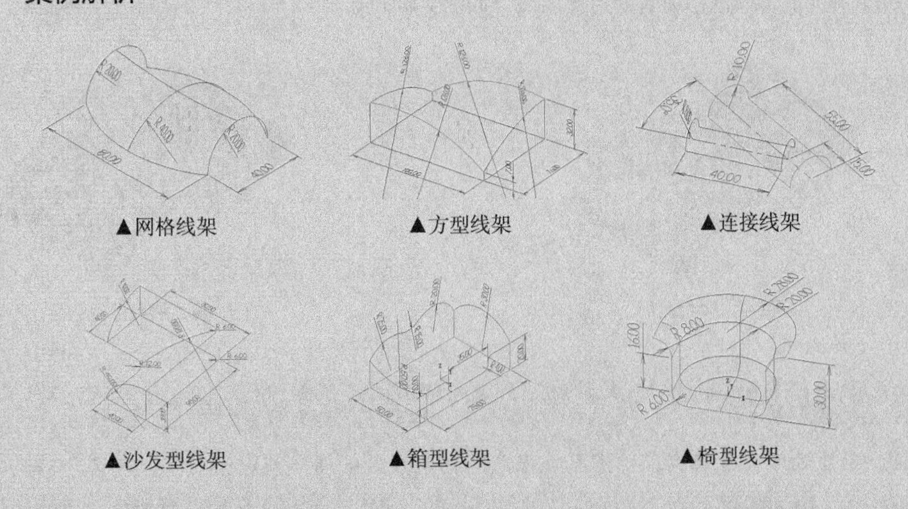

▲网格线架　▲方型线架　▲连接线架

▲沙发型线架　▲箱型线架　▲椅型线架

9.1 曲面曲线

曲面曲线是一种高阶样条曲线，是依附于曲面之上的曲线。在刀路编制中，通常用来创建边界线；在建模中用于创建曲面交线、流线和曲面上的特殊曲线；在模具中用于创建模型的最大外围线，即分模线。Mastercam系统提供了强大的曲面曲线设计功能。在菜单栏执行【绘图】→【曲面曲线】命令，即可调取需要的曲面曲线。

9.1.1 单一边界

【单一边界】命令用于产生曲面的某单一边界线。在菜单栏执行【绘图】→【曲面曲线】→【单一边界】命令，选择曲面，并移动箭头到曲面的某一边界。对图9-1所示的原始曲面采用【单一边界】命令绘制的曲线如图9-2所示。

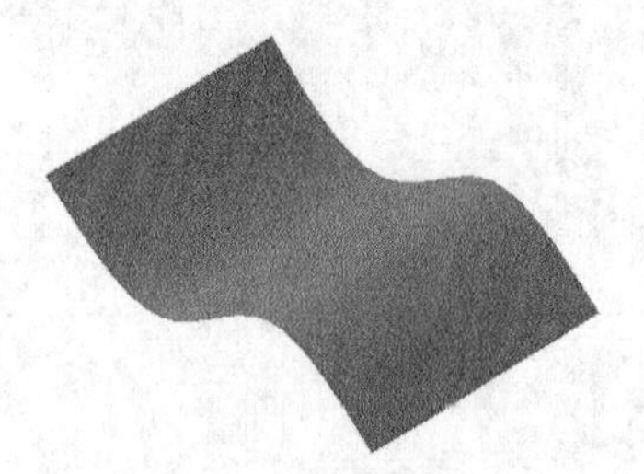

图9-1 原始曲面

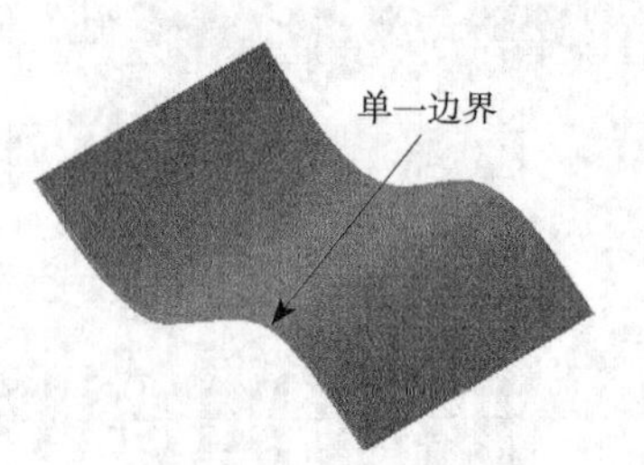

图9-2 绘制的单一边界

技术支持

边界线通常用来快速创建曲面边界，在实际工作过程中，由于曲面复杂，不止一个曲面，因此手动创建单一边界可能会更加方便。通常边界用来作为曲面修剪的工具或者加工范围的约束边界。

9.1.2 所有曲线边界

【所有曲线边界】命令用于产生曲面的所有曲线边界线。在菜单栏执行【绘图】→【曲面曲线】→【所有曲线边界】命令，选择曲面，单击【完成】按钮。对图9-3所示的原始曲面采用【所有曲线边界】命令，系统自动用选择的曲面绘制出所有的边界曲线，如图9-4所示。

图9-3 原始曲面

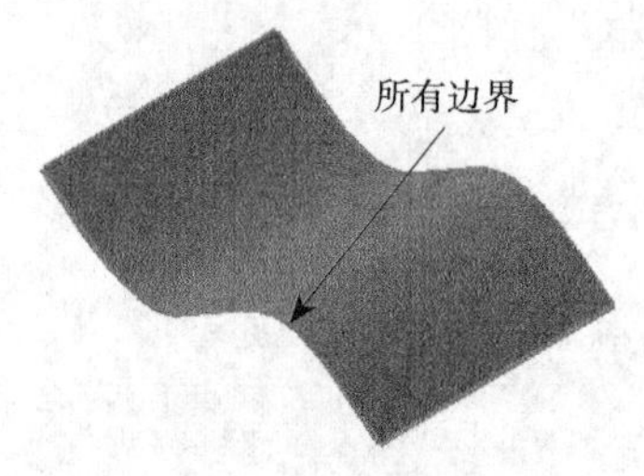

图9-4 所有曲线边界

9.1.3 缀面边线

【缀面边线】命令用于选择曲面上某点来产生在此点处的横向或纵向曲线。在菜单栏执行【绘图】→【曲面曲线】→【缀面边线】命令，选择曲面上的某点，单击【完成】按钮。在缀面边线操作栏单击方向按钮，可以在横向和纵向曲线间切换，如图9-5所示。

图9-5　缀面边线操作栏

对图9-6所示的原始曲面采用【缀面边线】命令，绘制的曲线如图9-7所示。

图9-6　原始曲面　　　　图9-7　缀面边线结果

9.1.4　曲面流线

【曲面流线】命令用于产生曲面横向或纵向的所有曲面流线。横向和纵向也可以单击按钮来切换。在菜单栏执行【绘图】→【曲面曲线】→【曲面流线】命令，选择如图9-8所示的原始曲面，单击【完成】按钮，完成曲面流线的绘制，如图9-9所示。将曲面流线换向后的结果，如图9-10所示。

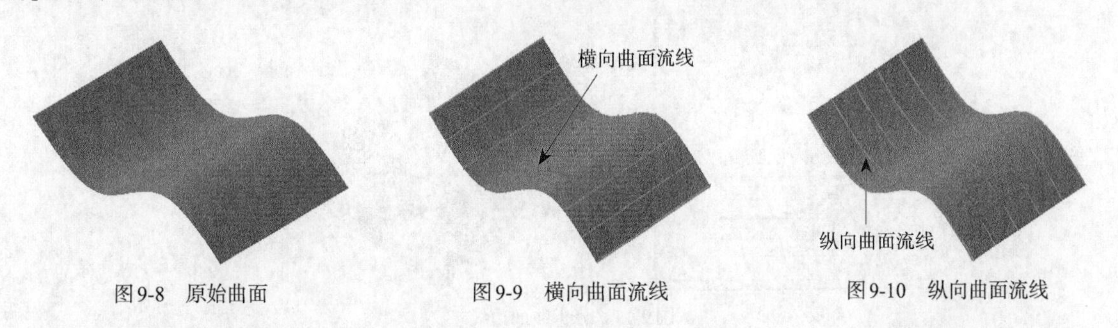

图9-8　原始曲面　　　　图9-9　横向曲面流线　　　　图9-10　纵向曲面流线

9.1.5　动态绘线

【动态绘线】命令用于在曲面上动态选取点来产生经过所选点的曲线。在菜单栏执行【绘图】→【曲面曲线】→【动态绘线】命令，在曲面上选择4点，绘制曲线，如图9-11所示。

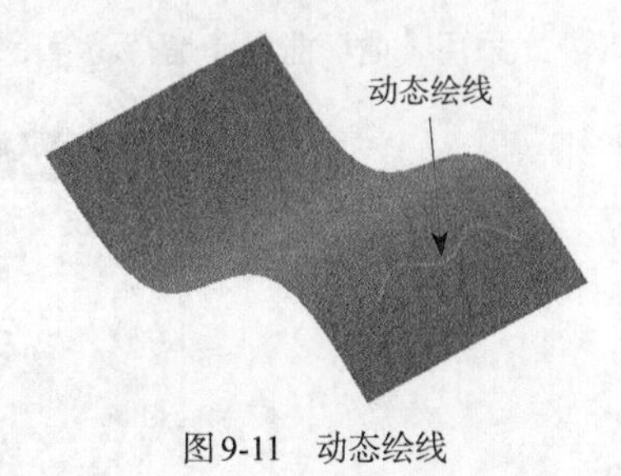

图9-11　动态绘线

9.1.6　绘制剖切线

【曲面剖切线】命令用于产生平面与曲面的相交曲线，其操作栏如图9-12所示。

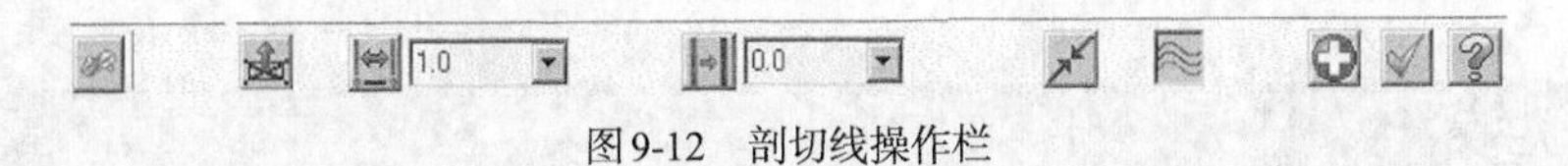

图9-12　剖切线操作栏

在菜单栏执行【绘图】→【曲面曲线】→【曲面剖切线】命令，选择曲面，如图9-13所示，单击【完成】按钮，完成剖切线的绘制，如图9-14所示。

图9-13　原始曲面

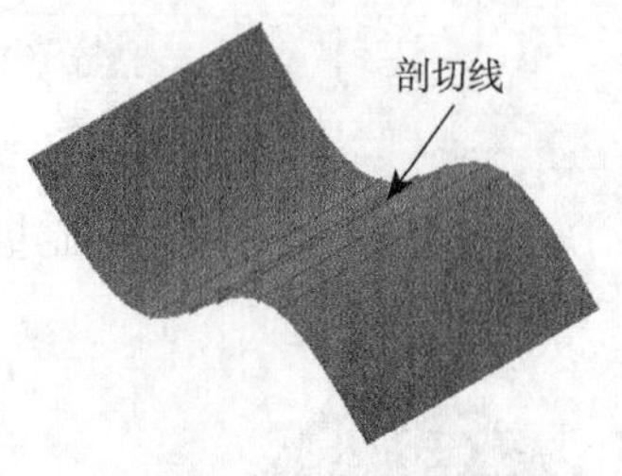

图9-14　剖切线

9.1.7　曲面曲线

【曲面曲线】命令用来将选择的曲线转换为曲面曲线。在菜单栏执行【绘图】→【曲面曲线】→【曲面曲线】命令，选择曲线后单击【完成】按钮，即可将所选曲线转换为曲面曲线。通过分析，可知曲面边线原始属性为直线，如图9-15所示。

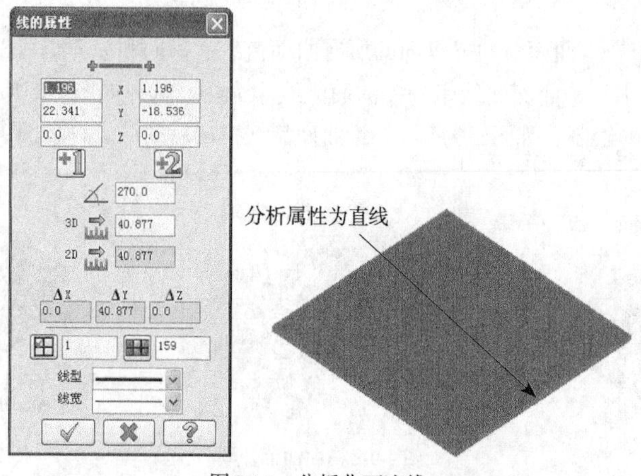

图9-15　分析曲面边线

采用【曲面曲线】命令将直线转化为曲面曲线，然后分析此边线属性为曲面曲线，如图9-16所示。

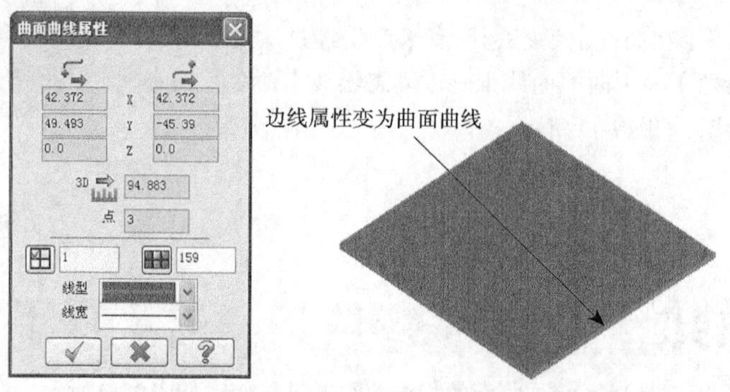

图9-16　直线转化为曲面曲线

9.1.8　分模线

【创建分模线】命令用于产生指定构图面上的最大投影线，也就是分模线。分模线往往在曲面圆角边线处。在菜单栏执行【绘图】→【曲面曲线】→【创建分模线】命令，选择曲面后单击【完成】按钮，即可由所选曲面绘制出分模线。图9-17所示的原始曲面产生分模线后的结果如图9-18所示。

图9-17　原始曲面

图9-18　产生分模线

技术支持

分模线即产品最大外围线，注意如果产品最大范围线在竖直面上，分模线将无法创建，需要用户手动绘制。

9.1.9　交线

交线命令用于产生两个相交曲面的交线。在菜单栏执行【绘图】→【曲面曲线】→【曲面交线】命令，选择两个曲面后单击【完成】按钮，即可将所选两曲面相交的部分绘制出交线。图9-19所示的原始曲面产生交线后的结果如图9-20所示。

图9-19　原始曲面

图9-20　产生的交线

9.2　绘制空间曲线

空间曲线即是采用基本绘图命令绘制的三维线框图。掌握空间曲线绘制是使用Mastercam X9绘制曲面的基础。掌握空间曲线的绘制技巧，可以极大地提高曲面创建的效率。本节主要采用实例来讲解空间曲线的创建方法。

构图面是三维空间中的一个假想平面，图素即放置在此假想平面上。Mastercam X9按照立方体的6个面预设了6个构图面，每个构图面都赋予一个视角编号：1-俯视图、2-前视图、3-后视图、4-底视图、5-右视图、6-左视图。6个构图面实际只需要其中3个构图面即可表达，因此，通常采用三视图来表达零件视图，即俯视图、前视图和右视图（或左视图）。

确定构图面后，用户需要确定Z轴深度，使图素能放置在用户需要的位置上，Z深度以原点为分界，向正轴方向为正值，向负轴方向为负值，在原点即为0。

视图即人看图的方位，除设置了与构图面相同的视图外，系统还预设了ISO等角视图，即不平行于立方体任何一面的视角方向，此方向立体感比其他视图强，但度量性不及其他视图。

实训57——绘制空间曲线1

采用基本绘图命令绘制图9-21所示的空间曲线。

01 将视图设置为俯视图。在【视图】工具栏单击【俯视】按钮，设置视图为俯视图。

02 创建矩形。在绘图工具栏单击【矩形】按钮，并单击【以中心点进行定位】按钮，输入矩形的长度为680，宽度为60，输入定位点坐标为（0,0,0），最后单击【确定】按钮完成矩形的绘制，如图9-22所示。

03 绘制圆。在绘图工具栏单击【绘圆】按钮，选择矩形左边线中点为圆心，再输入半径为30，绘制圆，如图9-23所示。

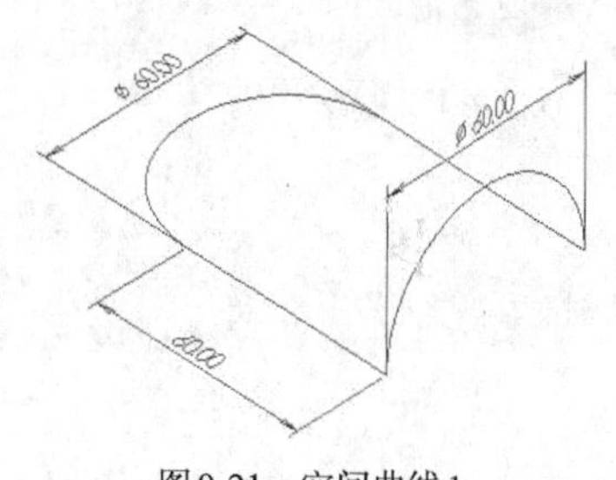

图9-21 空间曲线1

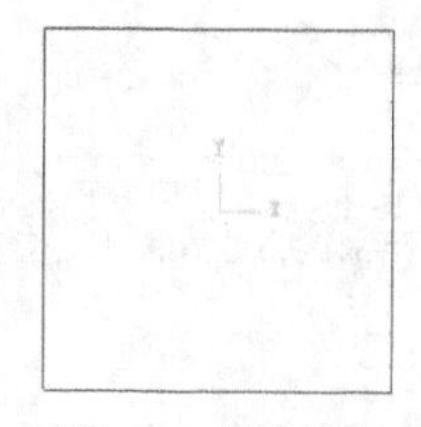
图9-22 创建矩形

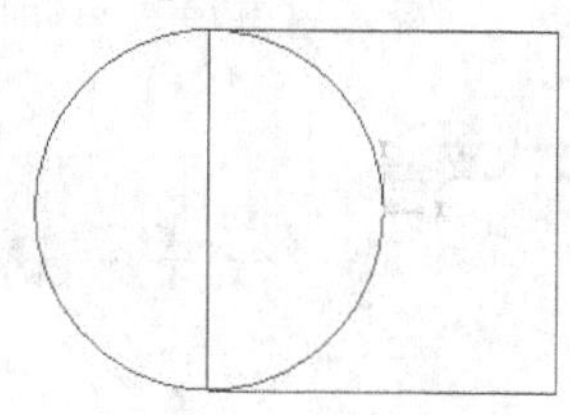
图9-23 绘制圆

04 修剪。在绘图工具栏单击【修剪/打断/延伸】按钮，弹出【修剪】工具条，在工具条中单击【分割物体】按钮，单击要修剪或删除的图素，修剪结果如图9-24所示。

05 将视图设置为等角视图，构图面设置为右视图。在【视图】工具栏单击【等角视图】按钮，设置视图为等角视图。在【构图面】工具栏单击【右视】按钮，设置构图面为右视构图面。

06 绘制圆。在绘图工具栏单击【绘圆】按钮，选择直线中点为圆心，输入半径为30，绘制圆，如图9-25所示。

07 修剪。在绘图工具栏单击【修剪/打断/延伸】按钮，弹出【修剪】工具条，在工具条中单击【分割物体】按钮，单击要修剪或删除的图素，修剪结果如图9-26所示。结果文件见"实训\结果文件\Ch09\9-1.mcx-9"。

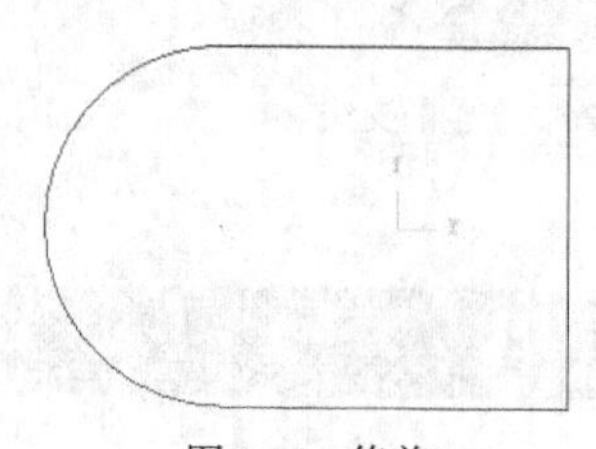
图9-24 修剪

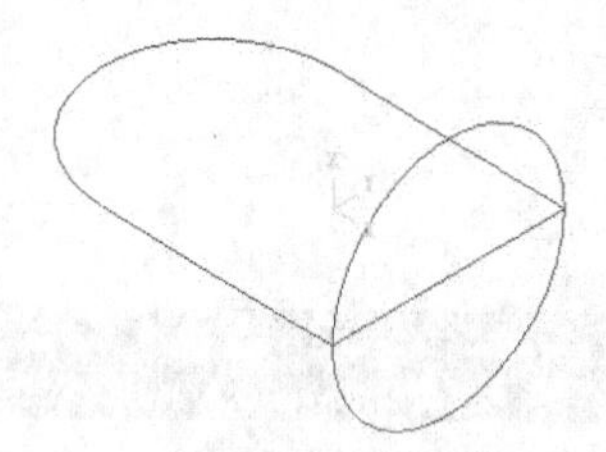
图9-25 绘制圆

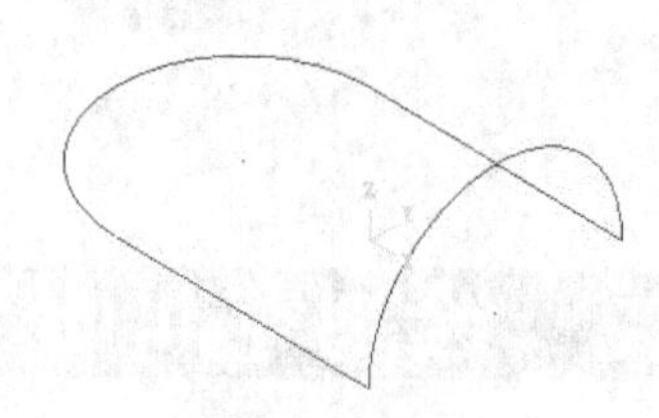
图9-26 修剪

实训58——绘制空间曲线2

采用圆弧命令绘制图9-27所示的空间曲线。

01 设置视图为俯视图。在【视图】工具栏单击【俯视】按钮，设置视图为俯视图。

02 绘制矩形。在绘图工具栏单击【矩形】按钮，并单击【以中心点进行定位】按钮，输入矩形的尺寸为40×60，选择定位点为原点，如图9-28所示。

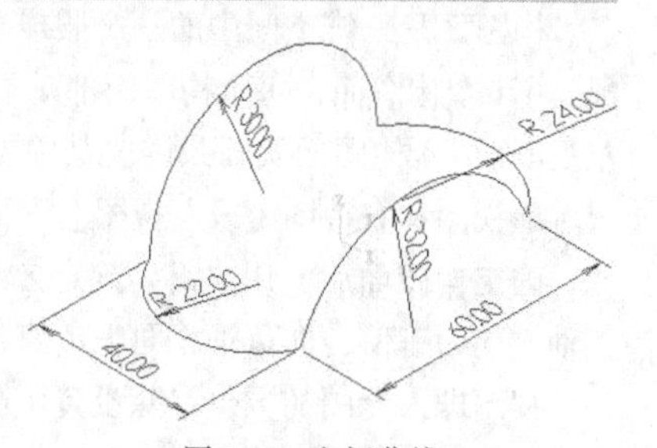

图9-27 空间曲线2

03 绘制圆弧。在绘图工具栏单击【两点画弧】按钮，选择刚才绘制的矩形边线两端点，输入半径为22，选择符合条件的圆弧，如图9-29所示。继续在绘图工具栏单击【两点画弧】按钮，选择刚才绘制的矩形上边线两端点，输入半径为24，选择符合条件的圆弧，如图9-30所示。

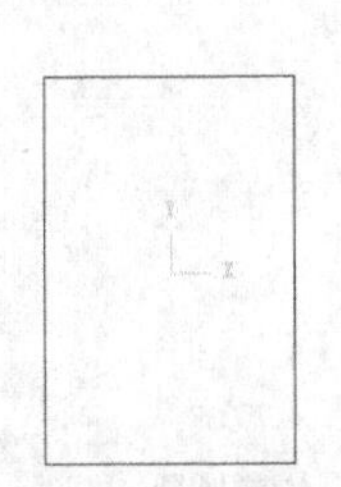
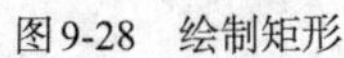

图9-28　绘制矩形

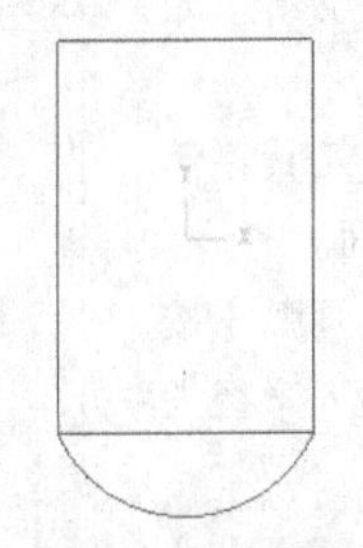

图9-29　绘制圆弧

图9-30　绘制圆弧

04 设置视图为等角视图，设置构图面为右视图。在【视图】工具栏单击【等角视图】按钮，设置视图为等角视图。在【构图面】工具栏单击【右视】按钮，设置构图面为右视构图面。

05 绘制圆弧。在绘图工具栏单击【两点画弧】按钮，选择刚才绘制的矩形左边线两端点，输入半径为30，选择符合条件的圆弧，如图9-31所示。在绘图工具栏单击【两点画弧】按钮，选择刚才绘制的矩形右边线两端点，输入半径为32，选择符合条件的圆弧，如图9-32所示。

06 删除多余直线。在绘图工具栏单击【删除】按钮，选择矩形线后单击【完成】按钮删除，最后结果如图9-33所示。结果文件见“实训\结果文件\Ch09\9-2.mcx-9”。

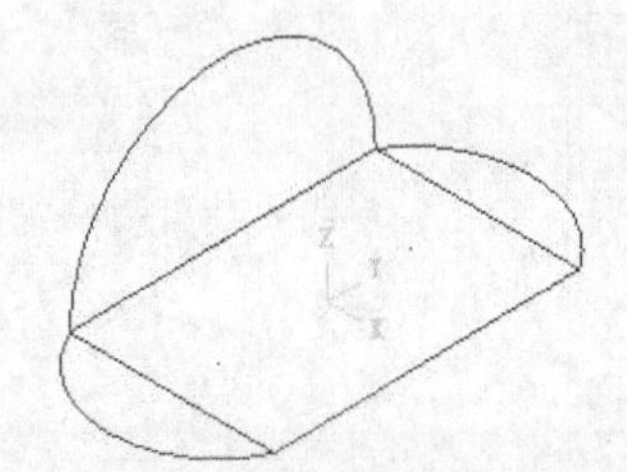

图9-31　绘制圆弧

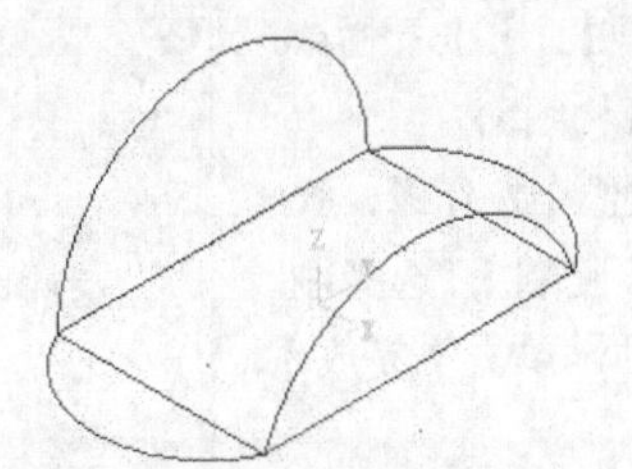

图9-32　绘制圆弧

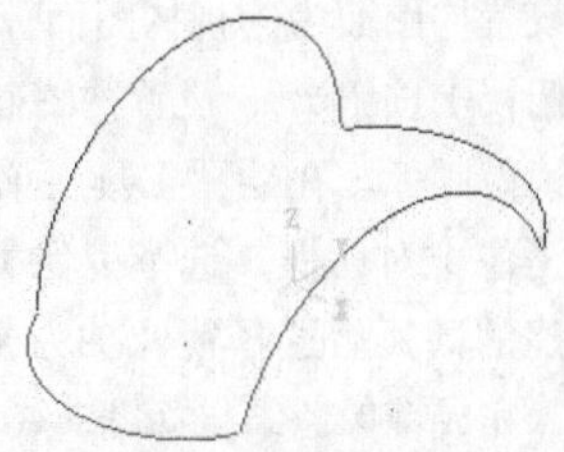

图9-33　删除多余线

实训59——绘制空间曲线3

采用两点圆弧和三点圆弧命令绘制图9-34所示的空间曲线。

01 设置视图为等角视图，构图面为俯视构图面。在【视图】工具栏单击【等角视图】按钮，设置视图为等角视图。在【构图面】工具栏单击【俯视】按钮，设置构图面为俯视构图面。

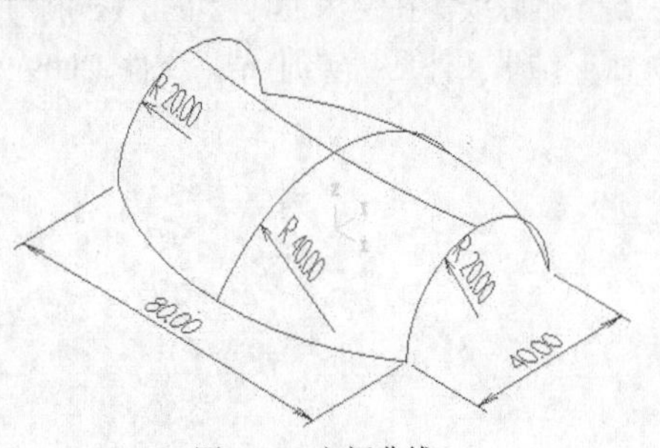

图9-34　空间曲线3

02 创建矩形。在绘图工具栏单击【矩形】按钮，并单击【以中心点进行定位】按钮，输入矩形的尺寸为80×40，选择定位点为原点，如图9-35所示。

03 绘制两点画弧。在绘图工具栏单击【两点画弧】按钮，选择刚才绘制的矩形下边线两端点，输入半径为70，选择符合条件的圆弧，如图9-36所示。

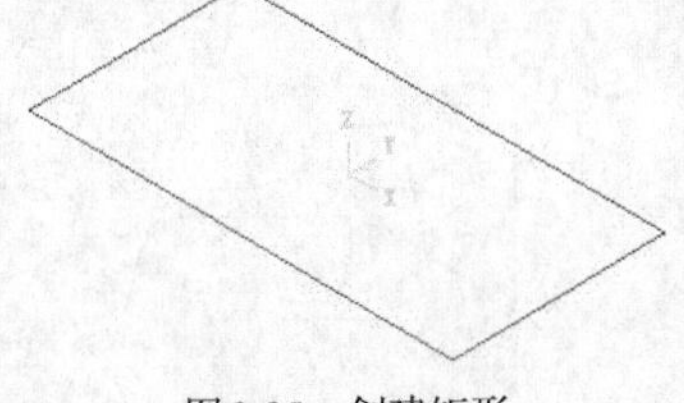

图9-35　创建矩形

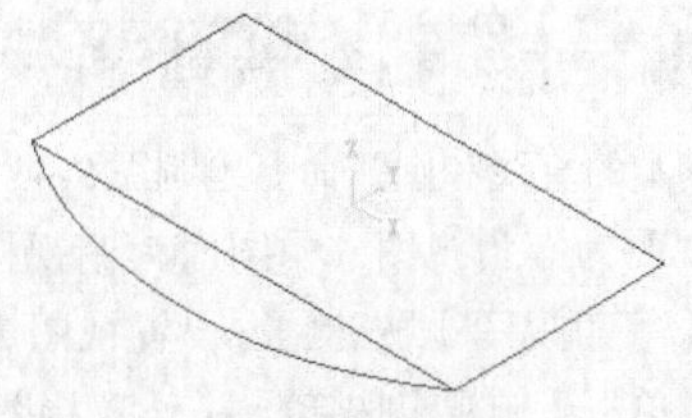

图9-36　绘制圆弧

04 镜像圆弧。在绘图工具栏单击【镜像】按钮，弹出【镜像】对话框，选择镜像类型为【复制】，选择刚才创建的圆弧后选择镜像轴为Y=0的轴，单击【完成】按钮，完成镜像，结果如图9-37所示。

05 设置构图面为右视构图面。在【构图面】工具栏单击【右视】按钮，设置构图面为右视构图面。

06 创建两点画弧。在绘图工具栏单击【两点画弧】按钮，选择刚才绘制的矩形右边线两端点，输入半径为20，选择符合条件的圆弧，如图9-38所示。

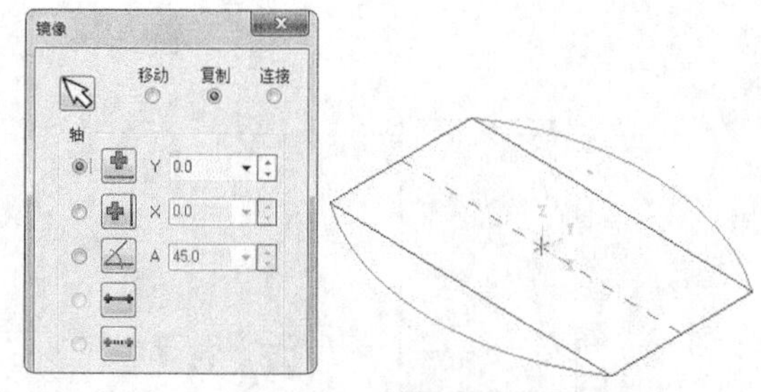

图9-37　镜像圆弧

07 绘制两点画弧。在绘图工具栏单击【两点画弧】按钮，选择刚才绘制的矩形上下边线中点，输入半径为40，选择符合条件的圆弧，如图9-39所示。

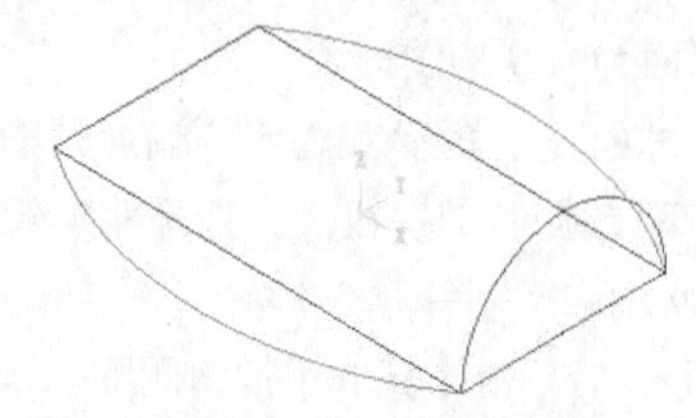
图9-38　绘制圆弧

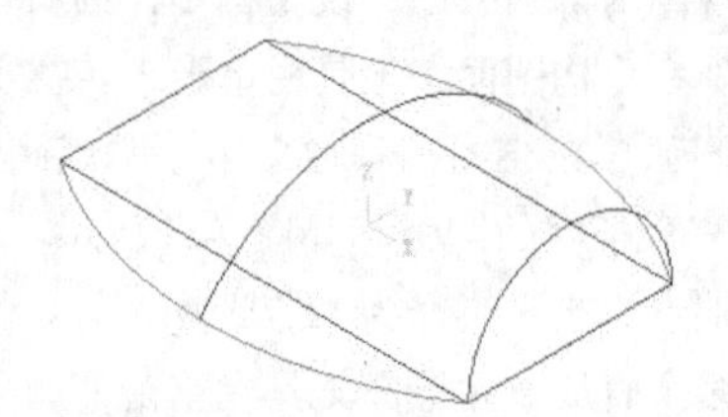
图9-39　绘制圆弧

08 设置构图面为俯视构图面。在【构图面】工具栏单击【俯视】按钮，设置构图面为俯视构图面。

09 镜像圆弧。在绘图工具栏单击【镜像】按钮，弹出【镜像】对话框，选择镜像类型为【复制】，选择刚才创建的圆弧后选择镜像轴为X=0的轴，单击【完成】按钮，完成镜像，结果如图9-40所示。

10 绘制三点画弧。在绘图工具栏单击【三点画弧】按钮，依次选择刚才创建的3条圆弧中点绘制三点圆弧，结果如图9-41所示。

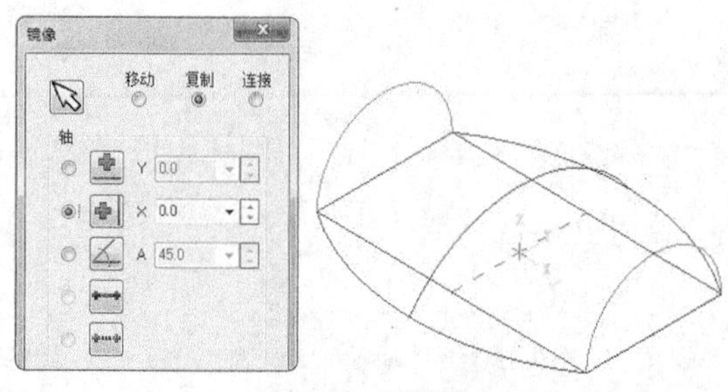

图9-40　镜像圆弧

11 删除线。在绘图工具栏单击【删除】按钮，选择直线后单击【完成】按钮删除，最后结果如图9-42所示。结果文件见“实训\结果文件\Ch09\9-3.mcx-9”。

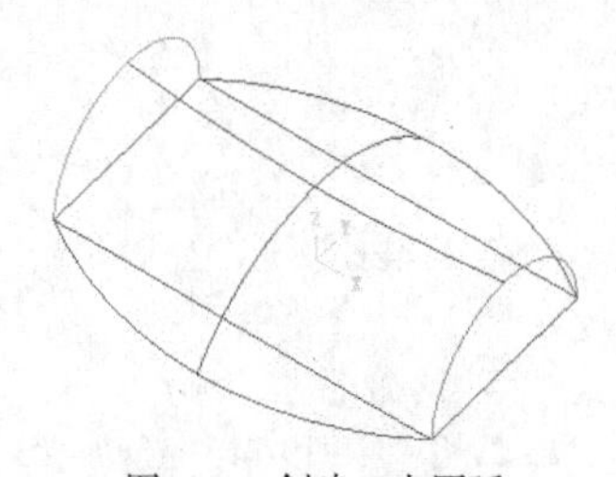
图9-41　创建三点圆弧

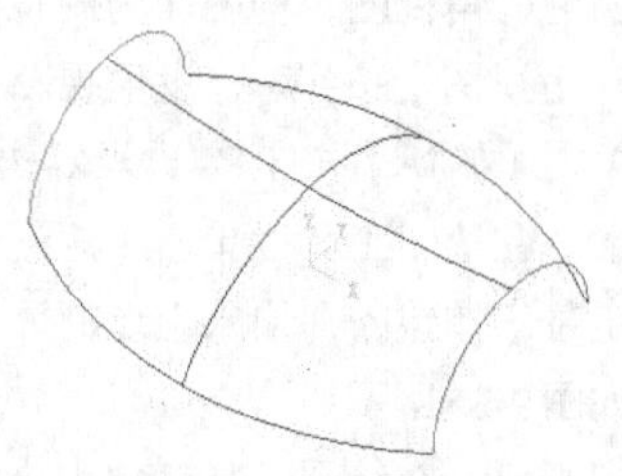
图9-42　删除线

实训60——绘制空间曲线4

采用基本的直线和圆弧命令绘制图9-43所示的空间曲线。

01 设置视图为等角视图，构图面为俯视构图面。在【视图】工具栏单击【等角视图】按钮，设置视图为等角视图。在【构图面】工具栏单击【俯视】按钮，设置构图面为俯视构图面。

02 绘制矩形。在绘图工具栏单击【矩形】按钮，并单击【以中心点进行定位】按钮，输入矩形的尺寸为100×76，选择定位

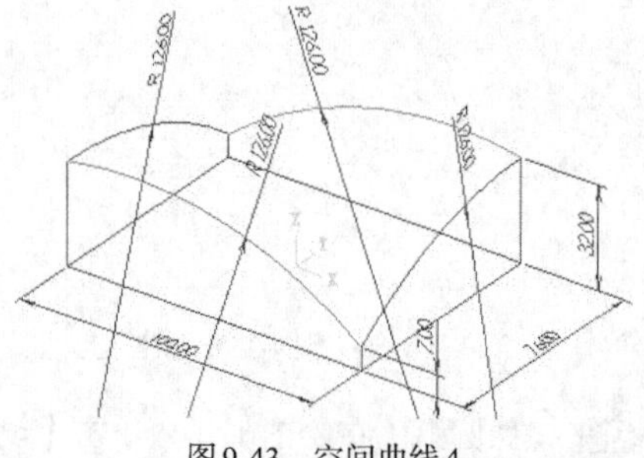

图9-43　空间曲线4

点为原点，如图9-44所示。

03 设置构图面为右视构图面。在【构图面】工具栏单击【右视】按钮，设置构图面为右视构图面。

04 绘制直线。在绘图工具栏单击【绘制直线】按钮，选择矩形的右边线下端点为起点绘制长度为7的垂直直线，选择矩形的右边线上端点为起点绘制长为32的垂直直线，结果如图9-45所示。

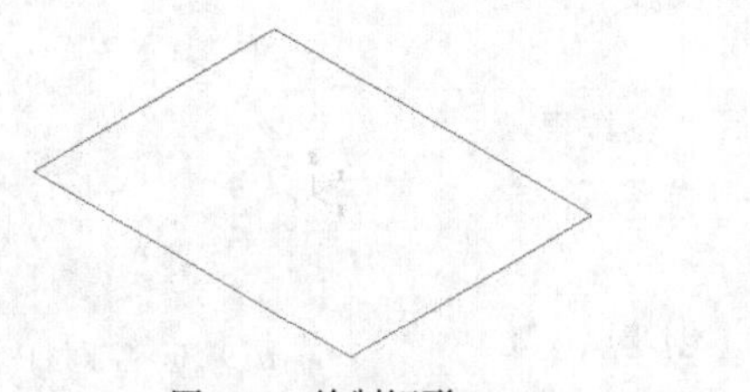

图9-44　绘制矩形

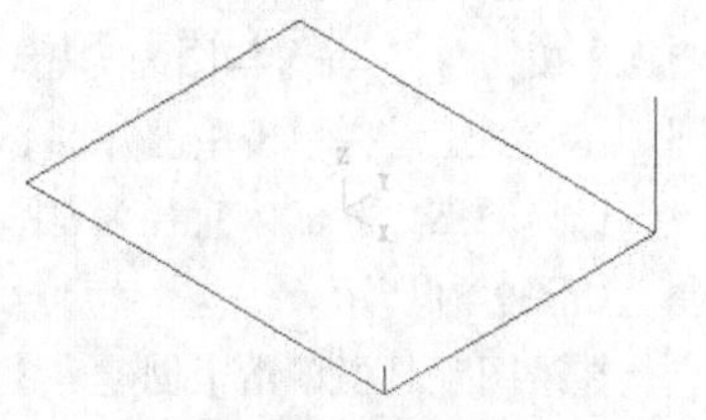

图9-45　绘制直线

05 创建两点画弧。在绘图工具栏单击【两点画弧】按钮，选择刚才绘制的直线两端点，并输入半径为126，选择符合条件的圆弧，如图9-46所示。

06 设置构图面为俯视构图面。在【构图面】工具栏单击【俯视】按钮，设置构图面为俯视构图面。

07 旋转复制。在绘图工具栏单击【旋转】按钮，选择刚才绘制的圆弧，单击【完成】按钮，完成选择。弹出【旋转选项】对话框，设置角度为180°，复制数量为1，系统根据参数生成的图形如图9-47所示。

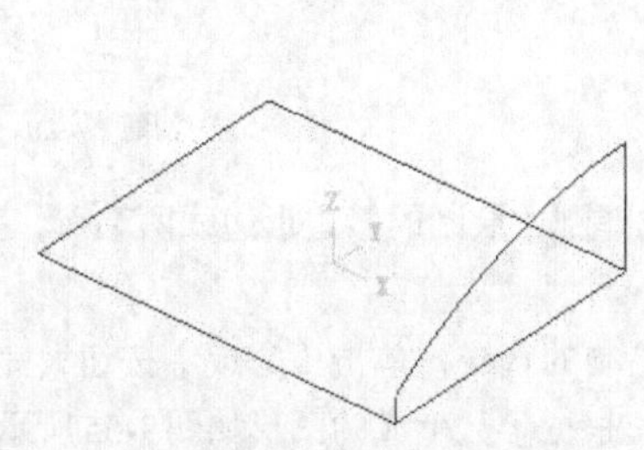

图9-46　创建圆弧

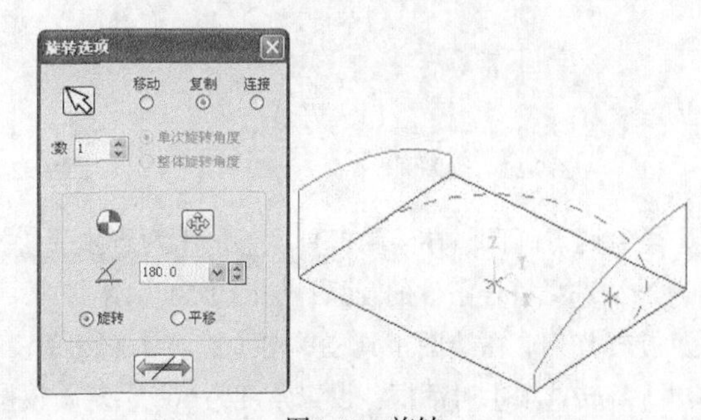

图9-47　旋转

08 设置构图面为前视构图面。在【构图面】工具栏单击【前视】按钮，设置构图面为前视构图面。

09 创建两点画弧。在绘图工具栏单击【两点画弧】按钮，选择刚绘制的直线两端点，并输入半径为126，选择符合条件的圆弧，如图9-48所示。

10 设置构图面为俯视构图面。在【构图面】工具栏单击【俯视】按钮，设置构图面为俯视构图面。

11 旋转复制。在绘图工具栏单击【旋转】按钮，选择刚才绘制的圆弧，单击【完成】按钮，完成选择。弹出【旋转选项】对话框，设置角度为180°，复制数量为1，系统根据参数生成的图形如图9-49所示。结果文件见"实训\结果文件\Ch09\9-4.mcx-9"。

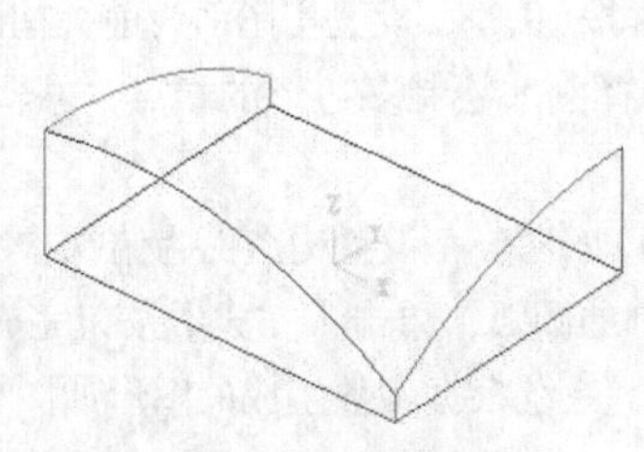

图9-48　创建圆弧

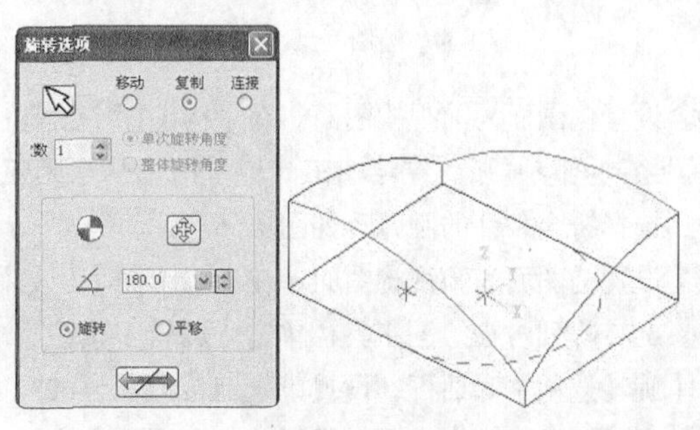

图9-49　旋转

实训61——绘制空间曲线5

采用基本圆弧命令绘制图9-50所示的空间曲线。

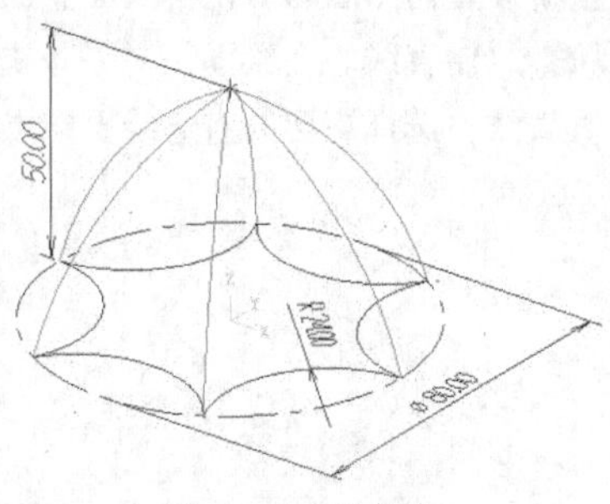

图9-50　空间曲线5

01 设置视图为等角视图，设置构图面为俯视构图面。在【视图】工具栏单击【等角视图】按钮，设置视图为等角视图。在【构图面】工具栏单击【俯视】按钮，设置构图面为俯视构图面。

02 绘制圆。在绘图工具栏单击【已知圆心点画圆】按钮，系统提示选择圆心点，选择原点，并输入直径为80，单击【完成】按钮，完成圆的绘制，如图9-51所示。

03 创建点。在绘图工具栏单击【创建点】按钮，弹出【创建点】工具条，输入定位点坐标为（0,0,50），结果如图9-52所示。

04 绘制正六边形。在绘图工具栏单击【画多边形】按钮，弹出【多边形选项】对话框，设置边数为6，内接圆半径为40，如图9-53所示。

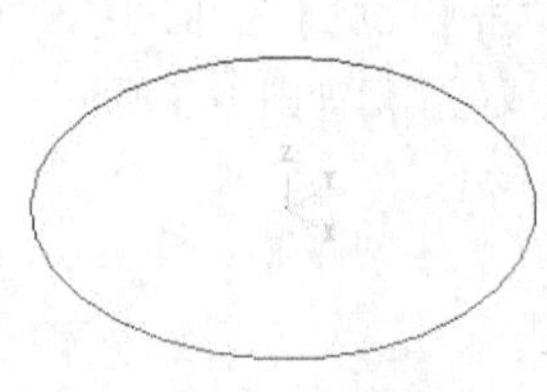
图9-51　绘制圆

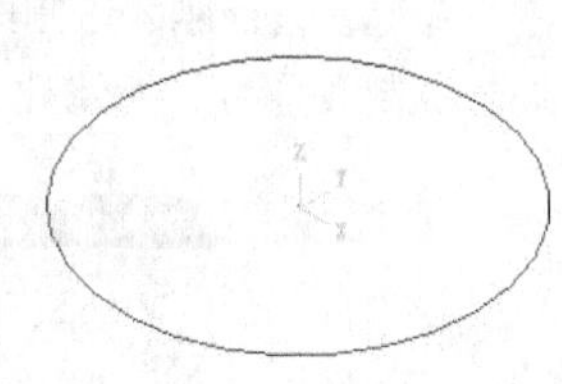
图9-52　创建点

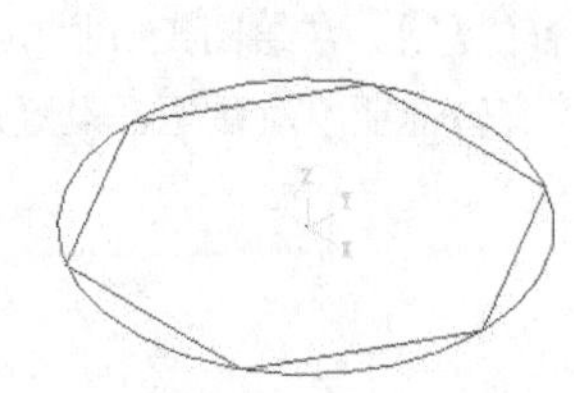
图9-53　创建多边形

05 绘制两点画弧。在绘图工具栏单击【两点画弧】按钮，选择刚才绘制的多边形边线两端点，并输入半径为24，选择符合条件的圆弧，如图9-54所示。

06 旋转阵列。在绘图工具栏单击【旋转】按钮，选择刚才绘制的直线，单击【完成】按钮，完成选择。弹出【旋转选项】对话框，设置角度为60°，复制数量为6，系统根据参数生成的图形如图9-55所示。

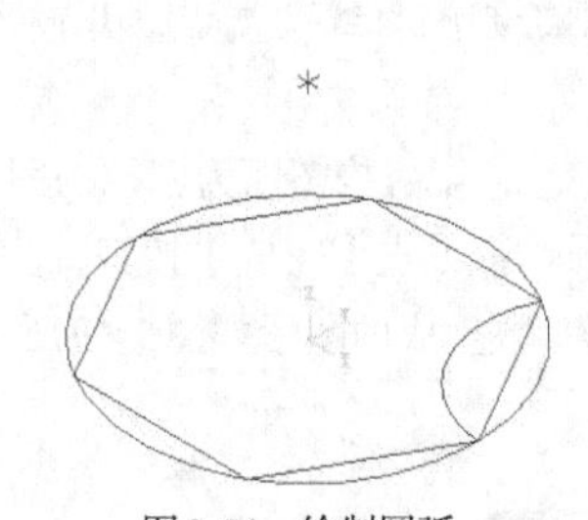
图9-54　绘制圆弧

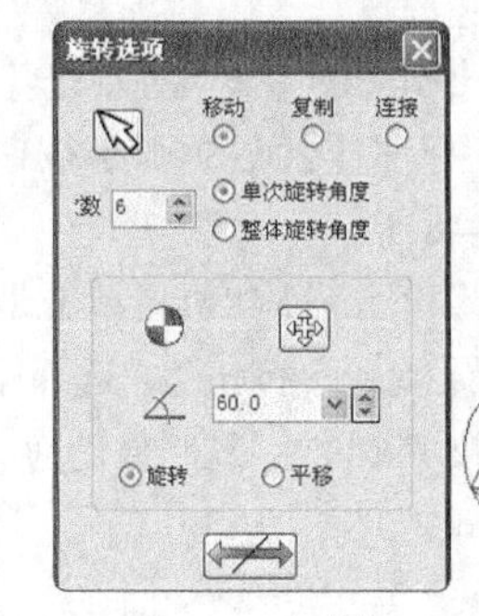

图9-55　旋转阵列

07 设置构图面为前视构图面。在【构图面】工具栏单击【前视】按钮，设置构图面为前视构图面。

08 绘制两点画弧。在绘图工具栏单击【两点画弧】按钮，选择刚才绘制多边形的端点，并输入半径为80，选择符合条件的圆弧，如图9-56所示。

09 设置构图面为俯视构图面。在【构图面】工具栏单击【俯视】按钮，设置构图面为俯视构图面。

10 旋转阵列。在绘图工具栏单击【旋转】按钮，选择刚才绘制的圆弧，单击【完成】按钮完成选择。弹出【旋转选项】对话框，设置单次旋转角度为60°，移动数量为6，系统根据参数生成的图形如图9-57所示。

11 删除辅助线。在绘图工具栏单击【删除】按钮，再选择多边形边线后单击【完成】按钮删除，结果如图9-58所示。

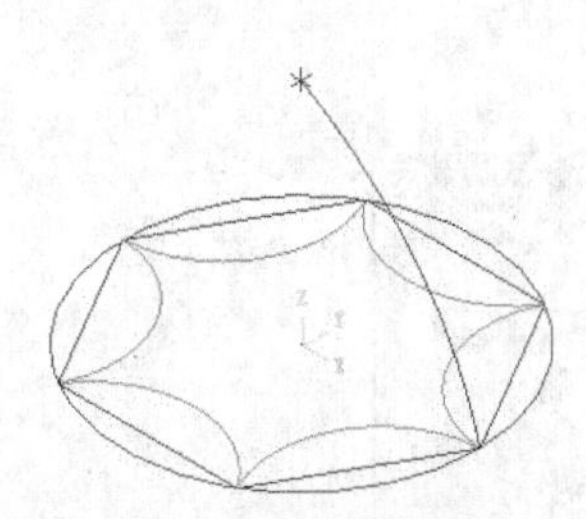

图9-56　绘制圆弧

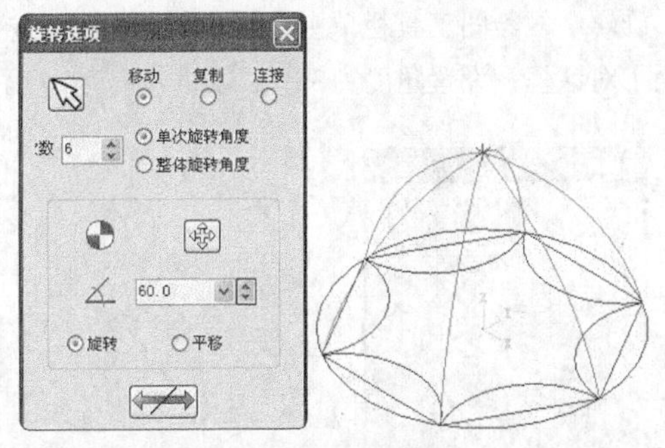

图9-57　旋转

12 修改圆的线型。选择直径为80的圆，用鼠标右键单击绘图区下方状态栏上的【线型】按钮，弹出【设置线型】对话框，设置线型为【点划线】，单击【完成】按钮，完成修改，结果如图9-59所示。结果文件见“实训\结果文件\Ch09\9-5.mcx-9”。

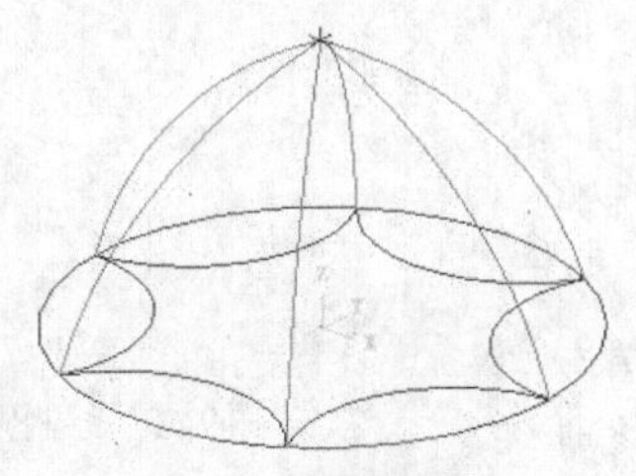

图9-58　删除辅助线

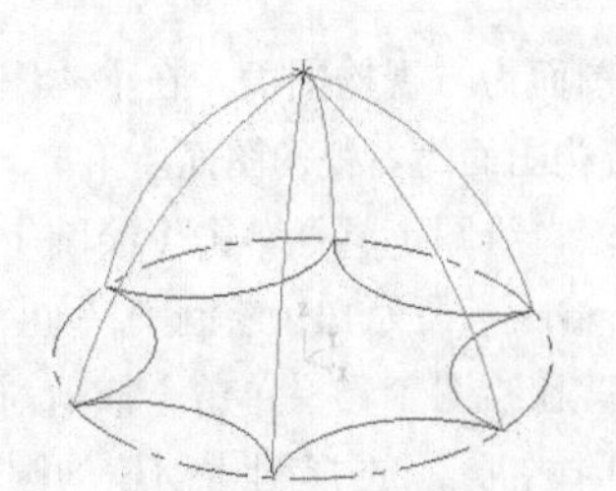

图9-59　修改线型

实训62——绘制空间曲线6

采用基本的绘图命令和转换命令绘制图9-60所示的空间曲线。

01 设置视图为等角视图，设置构图面为右视构图面。在【视图】工具栏单击【等角视图】按钮，设置视图为等角视图。在【构图面】工具栏单击【右视】按钮，设置构图面为右视构图面。

02 绘制圆。在绘图工具栏单击【绘圆】按钮，选择原点为圆心，再输入半径为8，绘制圆，如图9-61所示。

03 修剪圆。在绘图工具栏单击【修剪/打断/延伸】按钮，并单击【修剪至点】按钮，选择刚才创建的圆，再单击修剪点为圆的中点，完成修剪，如图9-62所示。

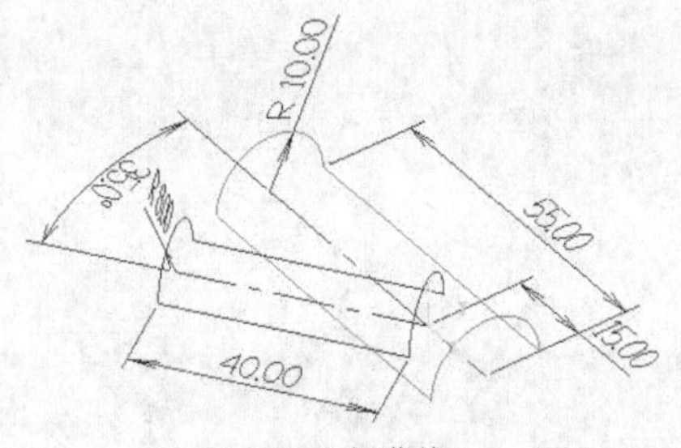

图9-60　空间曲线6

图9-61　绘制圆

图9-62　修剪圆

04 设置构图面为俯视构图面。在【构图面】工具栏单击【俯视】按钮，设置构图面为俯视构图面。

05 平移复制。在绘图工具栏单击【平移】按钮，选择刚才绘制的圆弧作为平移图素，单击【完成】按钮，完成选择，弹出【平移选项】对话框，设置沿X轴平移距离为-40，类型为【连接】，单击【完成】按钮，完成平移，如图9-63所示。

06 旋转。在绘图工具栏单击【旋转】按钮，选择所有图素，单击【完成】按钮，完成选择。弹出【旋转选项】对话框，设置角度为35°，移动数量为1，系统根据参数生成的图形如图9-64所示。

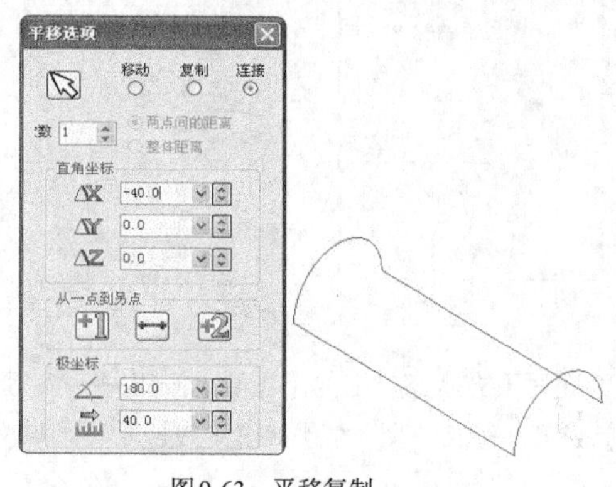

图9-63　平移复制

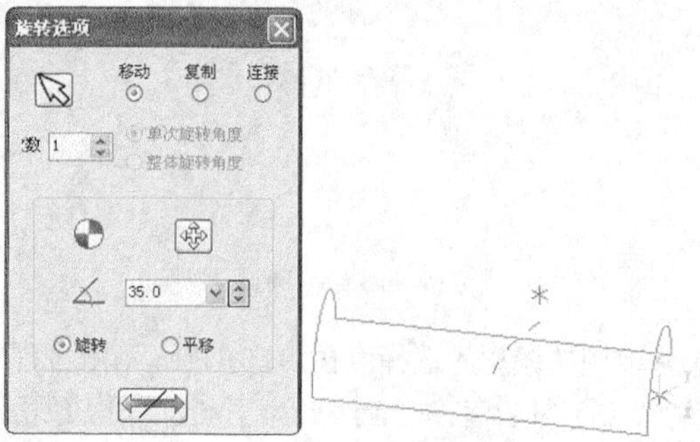

图9-64　旋转

07 设置构图面为右视构图面。在【构图面】工具栏单击【右视】按钮，设置构图面为右视构图面。

08 绘制圆。在绘图工具栏单击【绘圆】按钮，输入圆心点坐标为(0,0,15)，再输入半径为10，绘制圆，如图9-65所示。

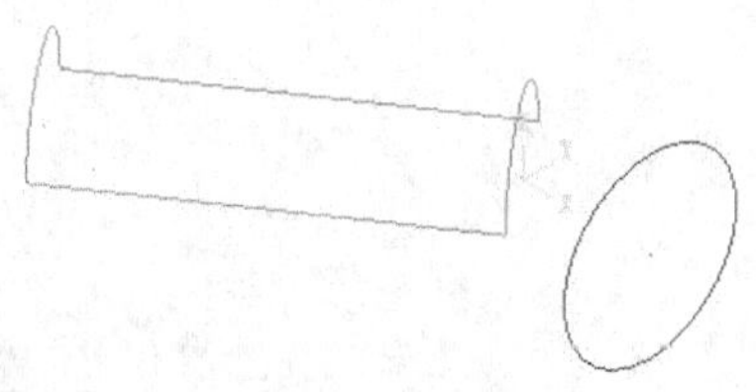

图9-65　绘制圆

09 修剪圆。在绘图工具栏单击【修剪/打断/延伸】按钮，并单击【修剪至点】按钮，选择刚才创建的圆弧，再选择圆弧中点为修剪点，完成修剪，如图9-66所示。

10 平移连接。在绘图工具栏单击【平移】按钮，选择刚才绘制的圆弧作为平移图素，单击【完成】按钮，完成选择，弹出【平移选项】对话框，设置沿Z轴平移距离为-55，类型为【连接】，单击【完成】按钮，完成平移，如图9-67所示。结果文件见"实训\结果文件\Ch09\9-6.mcx-9"。

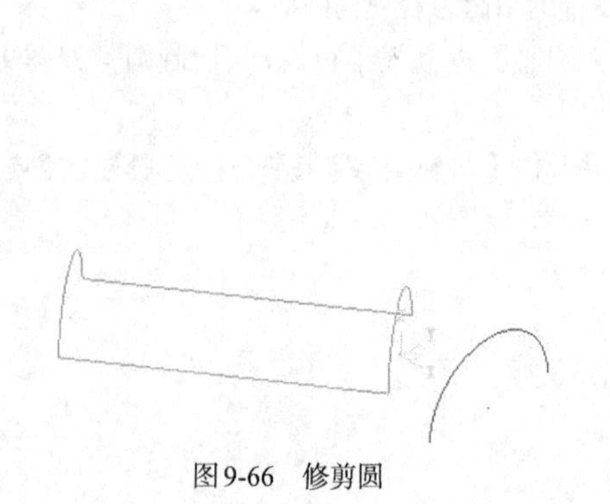

图9-66　修剪圆

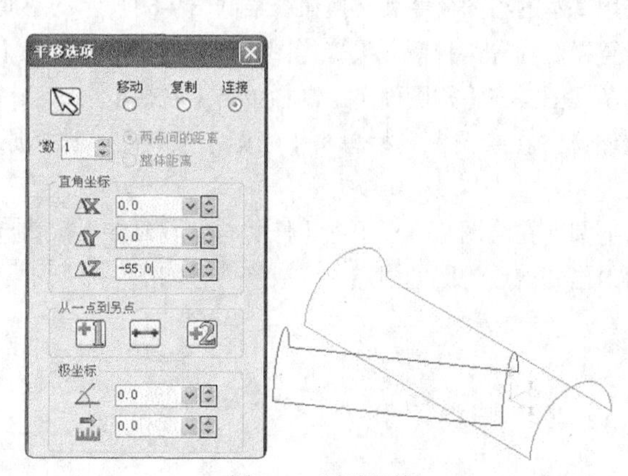

图9-67　平移连接

实训63——绘制空间曲线7

采用基本命令和新建坐标系方式绘制图9-68所示的空间曲线。

01 绘制矩形。在菜单栏执行【矩形设置】按钮，弹出【矩形选项】对话框，设置矩形形状为标准矩形，矩形尺寸为80×90。以右上点为定位锚点，选择定位点为原点，单击【完成】按钮，系统根据参数生成图形，如图9-69所示。

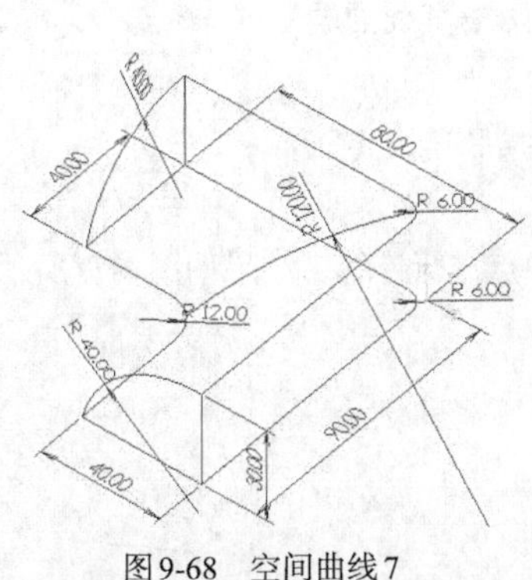

图9-68　空间曲线7

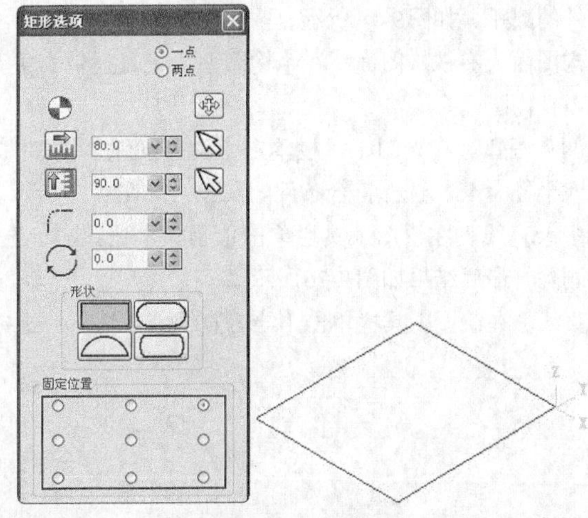

图9-69　绘制矩形

02 绘制平行线。在绘图工具栏单击【绘制平行线】按钮，选择矩形的边线为要偏移的线，单击矩形内侧进行偏移，并单击【输入平行距离】按钮，激活距离选项，输入距离为40，绘制平行线，如图9-70所示。

03 修剪。在绘图工具栏单击【修剪/打断/延伸】按钮，弹出【修剪】工具条，在工具条中单击【分割物体】按钮，单击要修剪或删除的图素，修剪结果如图9-71所示。

图9-70　绘制平行线　　图9-71　修剪

04 倒圆角。在绘图工具栏单击【固定实体倒圆角】按钮，在【倒圆角】工具条上修改倒圆角半径为6，选择要倒圆角的边，同理倒圆角半径12，结果如图9-72所示。

05 平移连接。在绘图工具栏单击【平移】按钮，选择刚才创建的半径为6的倒圆角及相邻的直线作为平移图素，单击【完成】按钮，完成选择，弹出【平移选项】对话框，设置沿Z轴平移距离为30，类型为【连接】，单击【完成】按钮，完成平移，如图9-73所示。

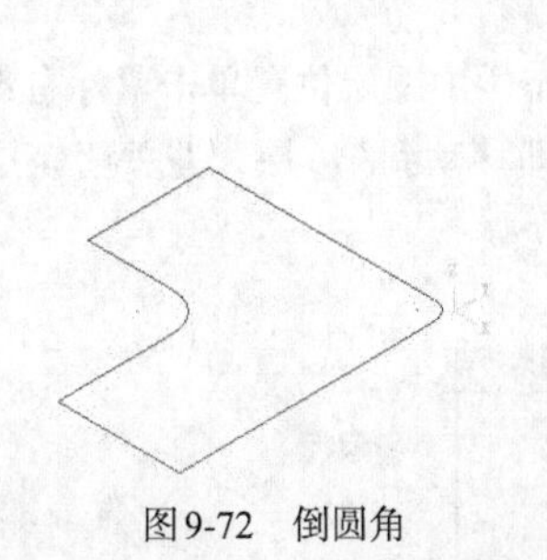

图9-72　倒圆角

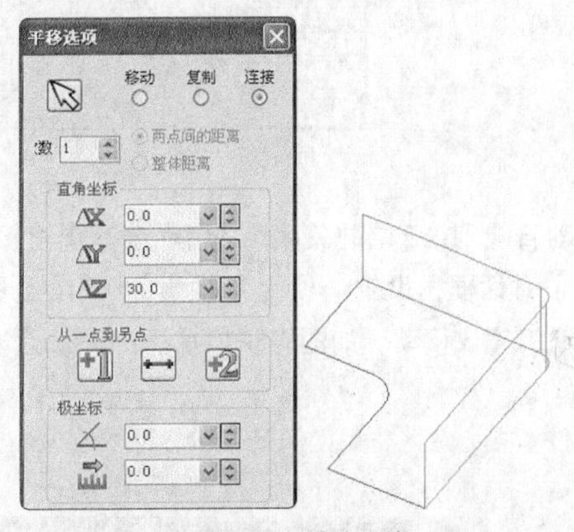

图9-73　平移连接

06 设置构图面为前视图。在【构图面】工具栏单击【前视】按钮，设置构图面为前视构图面。

07 绘制两点画弧。在绘图工具栏单击【两点画弧】按钮，选择两条直线的端点，并输入半径为40，选择符合条件的圆弧，如图9-74所示。

08 设置构图面为右视构图面。在【构图面】工具栏单击【右视】按钮，设置构图面为右视构图面。

09 绘制两点画弧。在绘图工具栏单击【两点画弧】按钮，选择两条直线的端点，并输入半径为40，选择符合条件的圆弧，如图9-75所示。

10 删除多余直线。在绘图工具栏单击【删除】按钮，选择多余线后单击【完成】按钮删除，最后结果如图9-76所示。

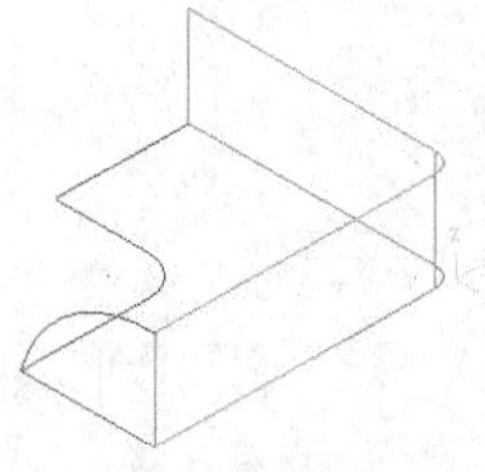

图9-74　绘制圆弧

11 连接直线。在绘图工具栏单击【绘制直线】按钮，选择圆角中点进行连线，结果如图9-77所示。

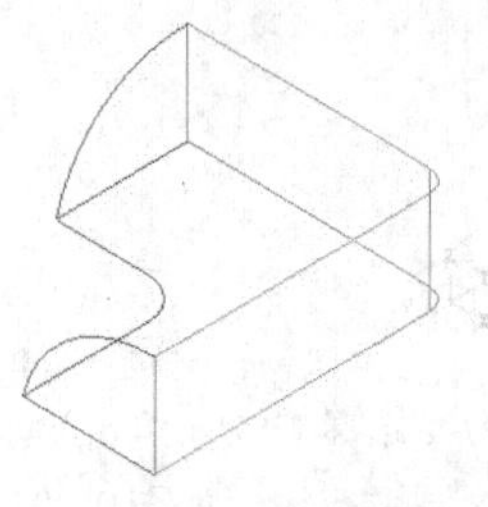

图9-75　绘制圆弧

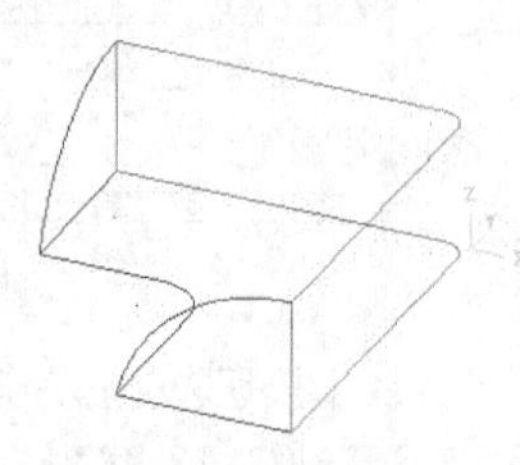

图9-76　删除

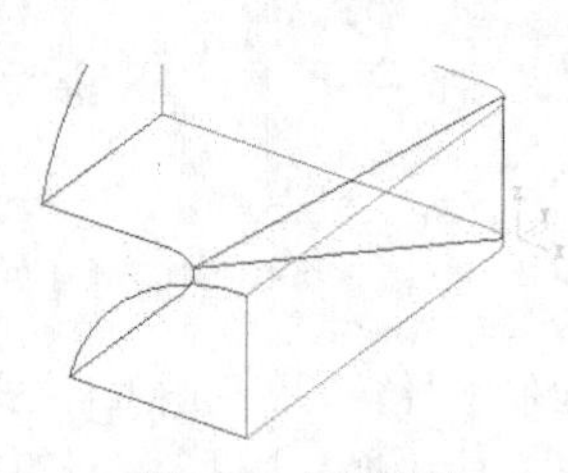

图9-77　连接直线

12 图素定面创建坐标系。在状态栏选择【平面】选项，在弹出的上拉列表中选择【(WCS)图素定面】选项，再选择刚连接的两条垂直直线，如图9-78所示。

13 设置构图面为俯视构图面。在【构图面】工具栏单击【俯视】按钮，设置构图面为俯视构图面。

14 绘制两点画弧。在绘图工具栏单击【两点画弧】按钮，选择刚连接的直线端点，并输入半径为120，选择符合条件的圆弧，如图9-79所示。

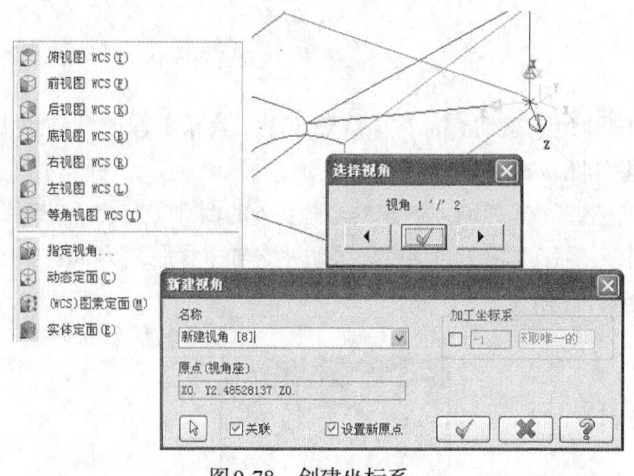

图9-78　创建坐标系

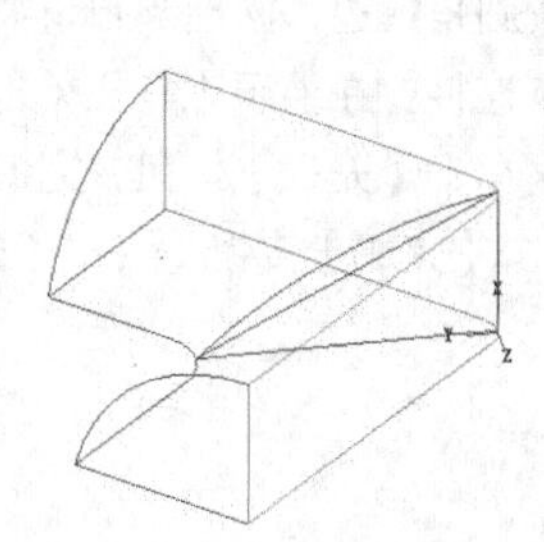

图9-79　绘制圆弧

15 移动直线到第2层并关闭第2层。选择刚连接直线，在下方状态栏中图层位置单击鼠标右键，弹出【更改层别】对话框，设置选项为【移动】，并设置移动到的层为2，即移动到第2层，并关闭该层，单击【完成】按钮，完成移动，如图9-80所示。

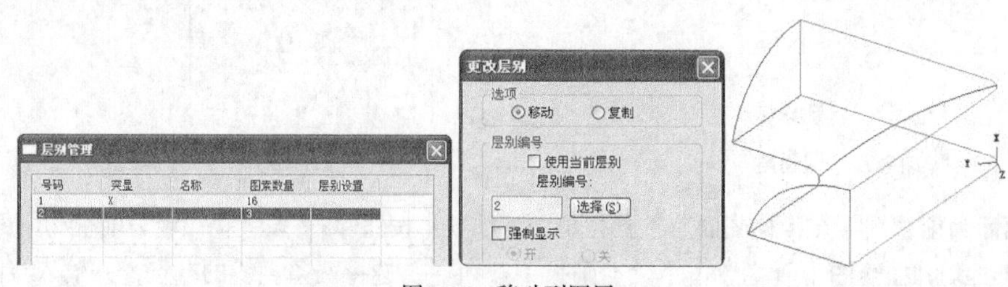

图9-80　移动到图层

16 恢复视角。在状态栏选择【WCS】选项，打开【视角管理】对话框，选中【俯视图】选项，然后单击“=”按钮，将视角恢复到系统默认的视角，如图9-81所示。结果文件见“实训\结果文件\Ch09\9-7.mcx-9”。

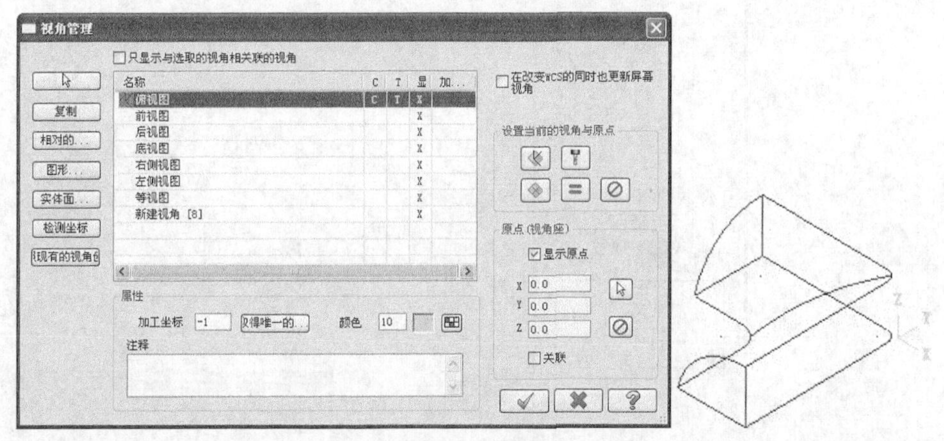

图9-81　恢复视角

实训64——绘制空间曲线8

采用基本的绘图命令和转换命令绘制图9-82所示的空间曲线。

01 设置视图为等角视图，构图面为俯视构图面。在【视图】工具栏单击【等角视图】按钮，设置视图为等角视图。在【构图面】工具栏单击【俯视】按钮，设置构图面为俯视构图面。

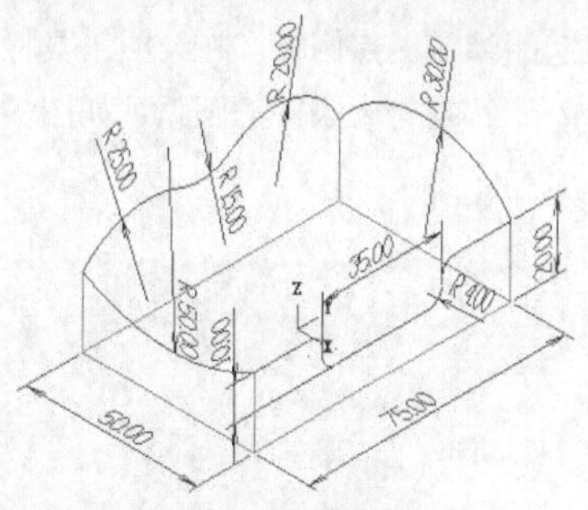

图9-82　空间曲线8

02 绘制矩形。在绘图工具栏单击【矩形】按钮，并单击【以中心点进行定位】按钮，输入矩形的尺寸为50×75，选择定位点为原点，如图9-83所示。

03 平移连接。在绘图工具栏单击【平移】按钮，选择刚才绘制的矩形作为平移图素，单击【完成】按钮，完成选择，弹出【平移选项】对话框，设置沿Z轴平移距离为20，类型为【连接】，单击【完成】按钮，完成平移，如图9-84所示。

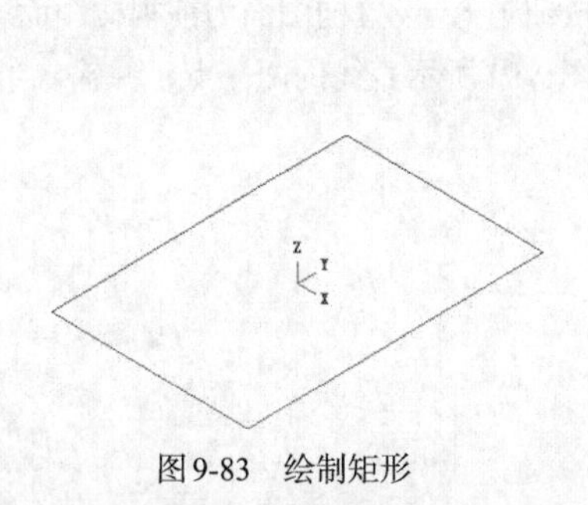

图9-83　绘制矩形

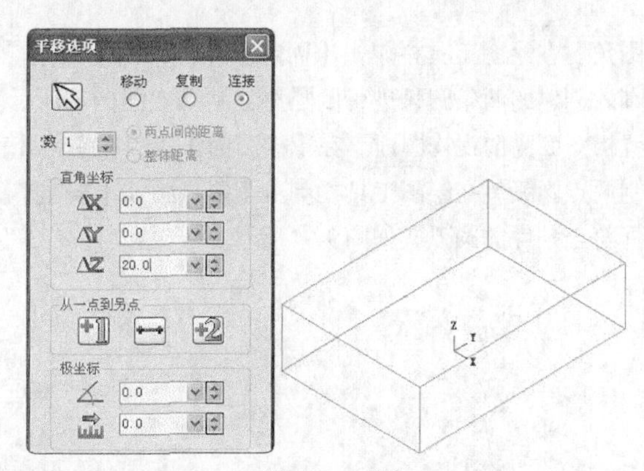

图9-84　平移

04 设置构图面为右视构图面。在【构图面】工具栏单击【右视】按钮，设置构图面为右视构图面。

05 创建变形矩形。在菜单栏执行【矩形设置】按钮，弹出【矩形选项】对话框，设置矩形形状为【标准矩形】，矩形尺寸为35×10，以上中点为定位锚点，选择定位点为长方体线框右侧面上边线中点，单击【完成】按钮，系统根据参数生成图形，如图9-85所示。

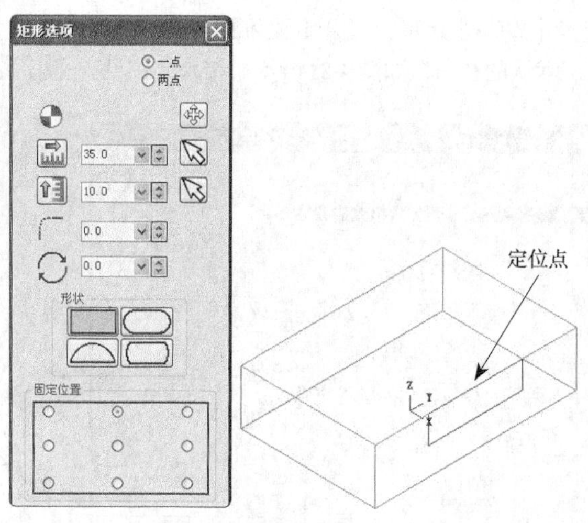

图9-85　绘制矩形

06 修剪。在绘图工具栏单击【修剪/打断/延伸】按钮，弹出【修剪】工具条，在工具条中单击【分割物体】按钮，单击要修剪或删除的图素，修剪结果如图9-86所示。

07 倒圆角。在绘图工具栏单击【固定实体倒圆角】按钮，在【倒圆角】工具条上修改倒圆角半径为4，再选择修剪后的直线进行倒圆角，结果如图9-87所示。

08 绘制两点圆弧。在绘图工具栏单击【两点画弧】按钮，选择直线端点和中点绘制圆弧，并输入半径为25，选择符合条件的圆弧，如图9-88所示。再以同样方式绘制半径为20的圆弧，如图9-89所示。

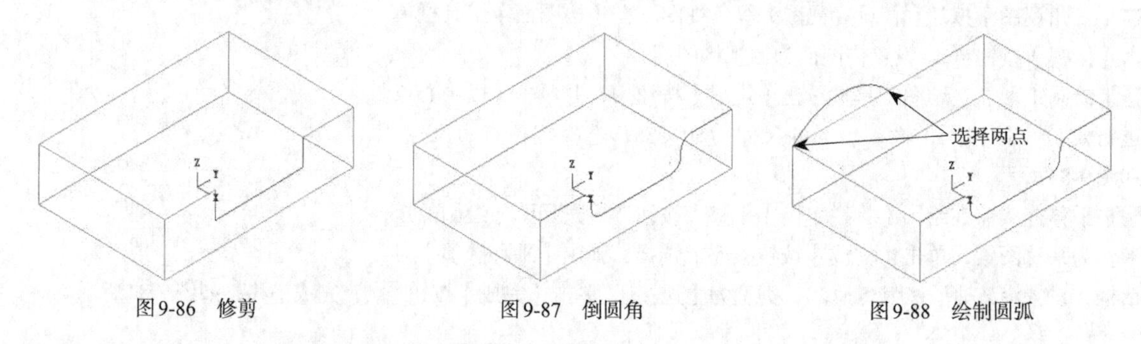

图9-86　修剪　　图9-87　倒圆角　　图9-88　绘制圆弧

09 倒圆角。在绘图工具栏单击【固定实体倒圆角】按钮，在【倒圆角】工具条上修改倒圆角半径为15，再选择刚才创建的两条圆弧进行倒圆角，结果如图9-90所示。

10 设置构图面为前视构图面。在【构图面】工具栏单击【前视】按钮，设置构图面为前视构图面。

11 绘制两点画弧。在绘图工具栏单击【两点画弧】按钮，选择图9-91所示直线的两端点，并输入半径为50，选择符合条件的圆弧，如图9-91所示。

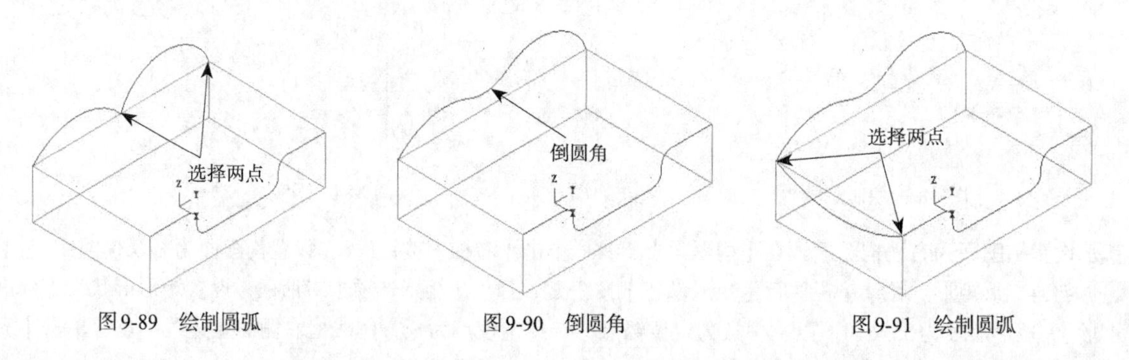

图9-89　绘制圆弧　　图9-90　倒圆角　　图9-91　绘制圆弧

12 绘制两点画弧。在绘图工具栏单击【两点画弧】按钮，选择图9-92所示的两点，并输入半径为30，选择符合条件的圆弧，如图9-92所示。

13 删除辅助线。在绘图工具栏单击【删除】按钮，再选择多余线后单击【完成】按钮删除，最后结果如图9-93所示。结果文件见“实训\结果文件\Ch09\9-8.mcx-9”。

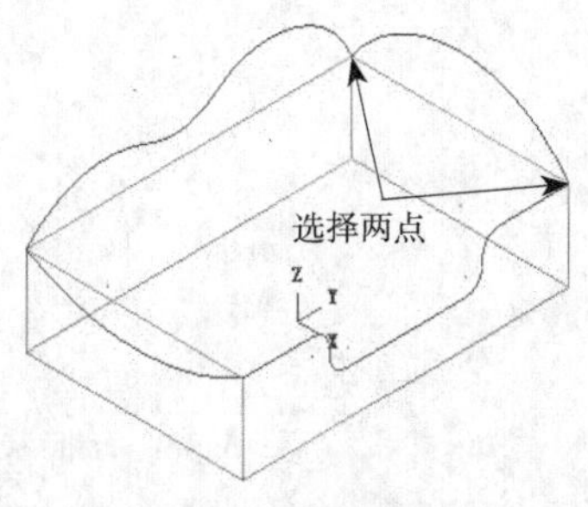

图9-92　绘制圆弧

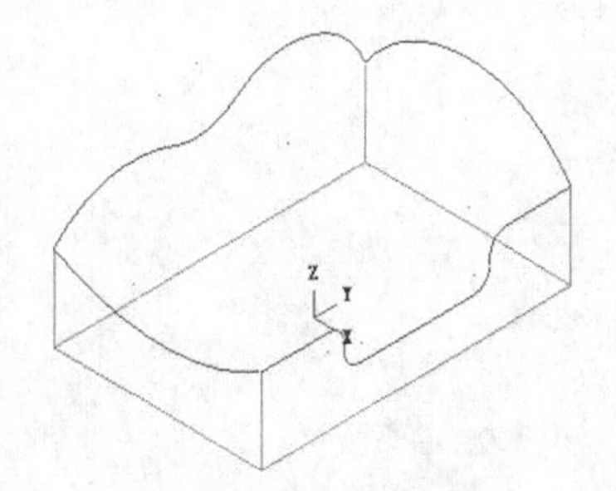

图9-93　删除线

实训65——绘制空间曲线9

采用基本的绘图命令和转换命令绘制图9-94所示的空间曲线。

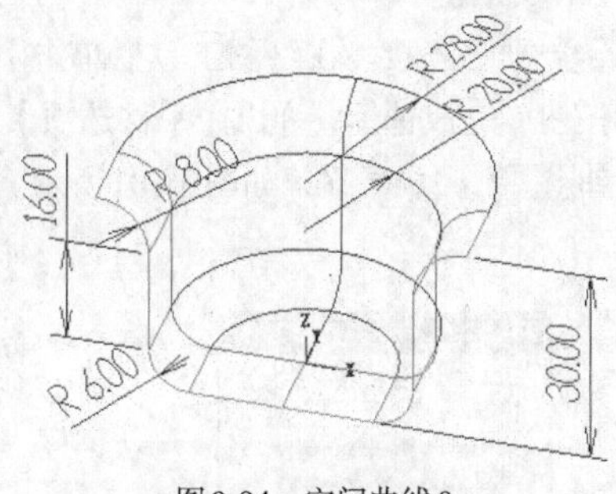

图9-94　空间曲线9

01 设置视图为等角视图，设置构图面为前视构图面。在【视图】工具栏单击【等角视图】按钮，设置视图为等角视图。在【构图面】工具栏单击【前视】按钮，设置构图面为前视构图面。

02 绘制变形矩形。在菜单栏执行【矩形设置】按钮，弹出【矩形选项】对话框，设置矩形形状为【标准矩形】，矩形尺寸为20×22，以左下角为定位锚点，选择定位点为原点，单击【完成】按钮，系统根据参数生成图形，如图9-95所示。

03 绘制切弧。在绘图工具栏单击【切弧】按钮，选择切弧类型为【相切于一物体】，并输入半径为8，选择切线和切点，单击【完成】按钮，完成切弧的绘制，如图9-96所示。

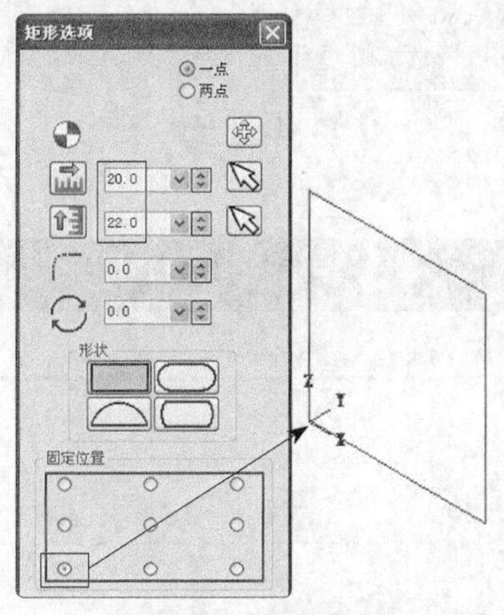

图9-95　绘制矩形

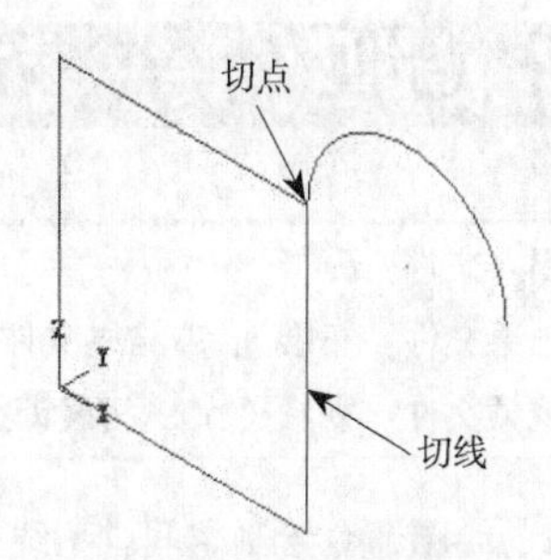

图9-96　绘制切弧

04 修剪于中点。在绘图工具栏单击【修剪/打断/延伸】按钮，再单击【修剪至点】按钮，选择刚才绘制的切弧，再选择中点为修剪点，结果如图9-97所示。

05 倒圆角。在绘图工具栏单击【固定实体倒圆角】按钮，在【倒圆角】工具条上修改倒圆角半径为6，再选择矩形边进行倒圆角，结果如图9-98所示。

06 删除辅助线。在绘图工具栏单击【删除】按钮，选择多余线后单击【完成】按钮删除，最后结果如图9-99所示。

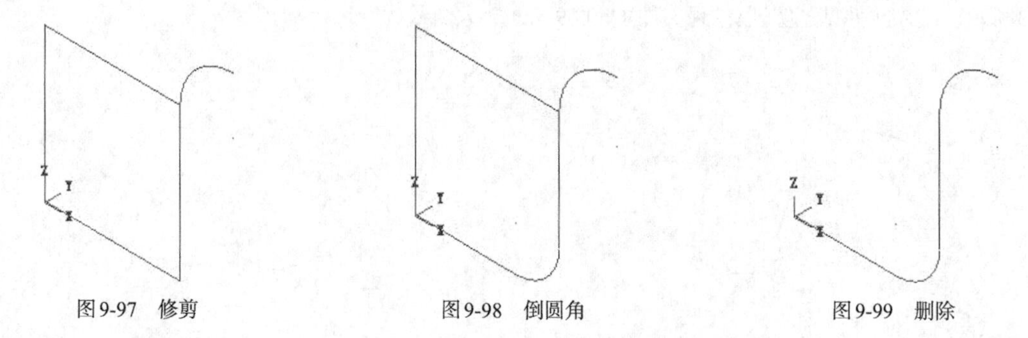

图9-97　修剪　　图9-98　倒圆角　　图9-99　删除

07 设置构图面为俯视构图面。在【构图面】工具栏单击【俯视】按钮，设置构图面为俯视构图面。

08 旋转连接。在绘图工具栏单击【旋转】按钮，选择图9-100所示的图素，单击【完成】按钮完成选择。弹出【旋转选项】对话框，设置旋转角度为90°，次数为2，类型为【连接】，系统根据参数生成的图形如图9-100所示。

09 平移连接。在绘图工具栏单击【平移】按钮，选择图9-101所示的图素作为平移图素，单击【完成】按钮，完成选择，弹出【平移选项】对话框，设置沿Y轴平移距离为-12，类型为【连接】，单击【完成】按钮，完成平移，如图9-101所示。结果文件见“实训\结果文件\Ch09\9-9.mcx-9”。

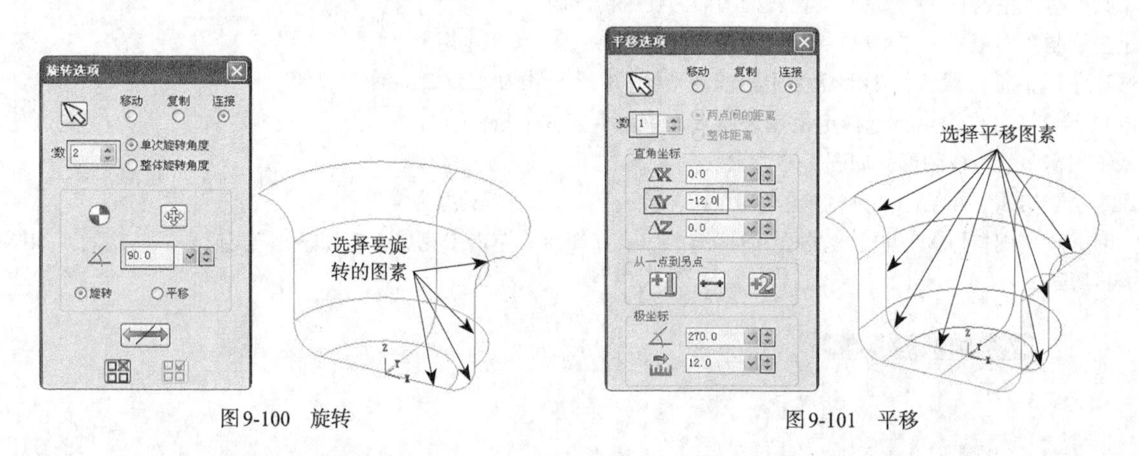

图9-100　旋转　　图9-101　平移

9.3　拓展训练——空间鞋型线架

引入文件：无

结果文件：拓展训练\结果文件\Ch09\9-10.mcx-9

视频文件：视频\Ch09\拓展训练——空间鞋型线架.avi

采用基本的绘图命令绘制空间鞋型线架如图9-102所示。

01 绘制矩形。在菜单栏执行【矩形设置】按钮，弹出【矩形选项】对话框，设置矩形形状为标准矩形，矩形尺寸为185×80，以左上角为定位锚点，选择定位点为原点，单击【完成】按钮，系统根据参数生成图形，如图9-103所示。

02 倒圆角。在绘图工具栏单击【固定实体倒圆角】按钮，在【倒圆角】工具条上修改倒圆角半径为40，再选择切弧和圆进行倒圆角，结果如图9-104所示。

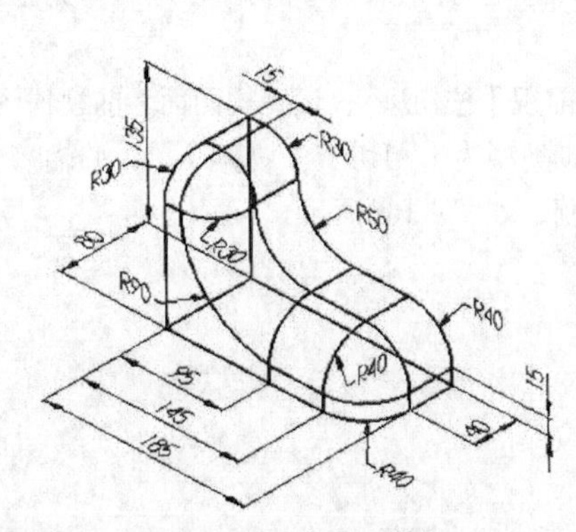

图9-102　空间鞋型线架

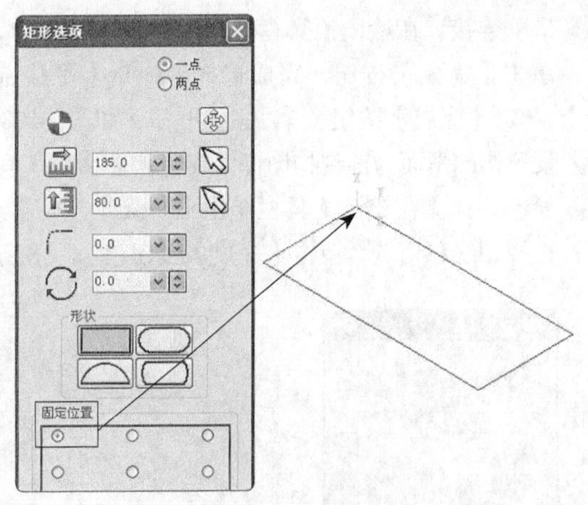

图9-103　绘制矩形

03 平移连接。在绘图工具栏单击【平移】按钮，选择刚才绘制的矩形的边和倒圆角圆弧作为平移图素，单击【完成】按钮，完成选择，弹出【平移选项】对话框，设置沿Z轴平移距离为15，类型为【连接】，单击【完成】按钮，完成平移，如图9-105所示。

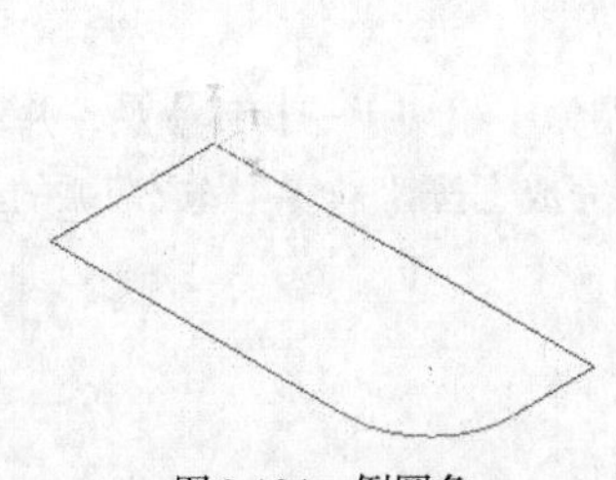

图9-104　倒圆角

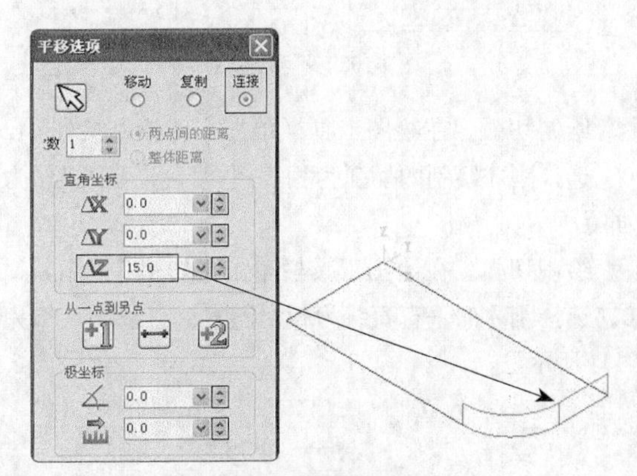

图9-105　平移连接

04 平移连接。在绘图工具栏单击【平移】按钮，选择刚才绘制的矩形的左侧边作为平移图素，单击【完成】按钮，完成选择，弹出【平移选项】对话框，设置沿Z轴平移距离为135，类型为【连接】，单击【完成】按钮，完成平移，如图9-106所示。

05 倒圆角。在绘图工具栏单击【固定实体倒圆角】按钮，在【倒圆角】工具条上修改倒圆角半径为40，再选择切弧和圆进行倒圆角，结果如图9-107所示。

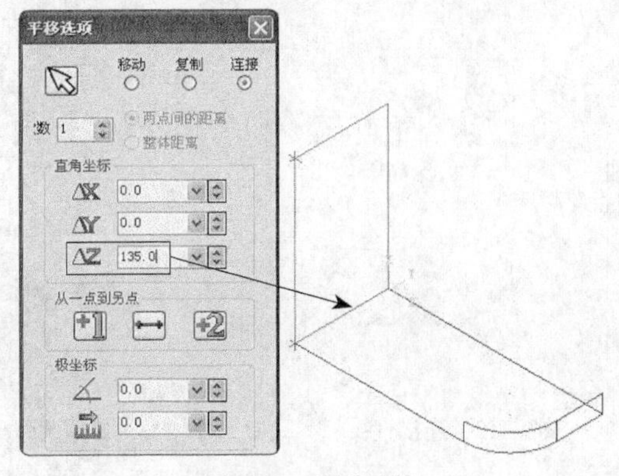

图9-106　平移连接

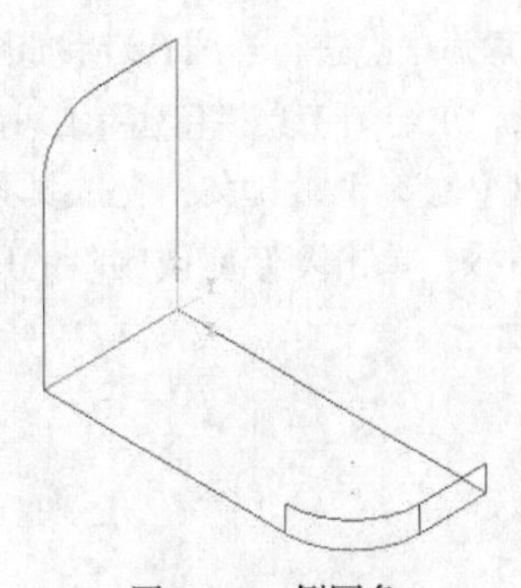

图9-107　倒圆角

06 平移连接。在绘图工具栏单击【平移】按钮，选择刚才创建的平移连接边和倒圆角圆弧作为平移图素，单击【完成】按钮，完成选择，弹出【平移选项】对话框，设置沿X轴平移距离为15，类型为【连接】，单击【完成】按钮，完成平移，如图9-108所示。

07 设置构图平面为前视构图面。在【构图面】工具栏单击【前视】按钮，设置构图面为前视构图面。

08 绘制切弧。在绘图工具栏单击【切弧】按钮，选择切弧类型为【相切于一物体】，并输入半径为30，选择切线和切点，单击【完成】按钮，完成切弧的绘制，如图9-109所示。

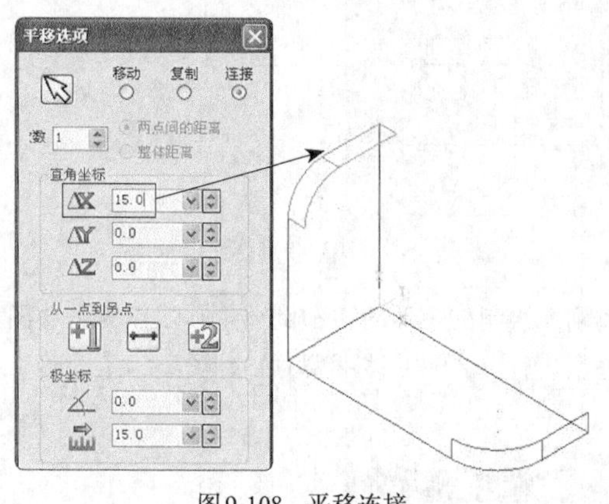

图9-108　平移连接

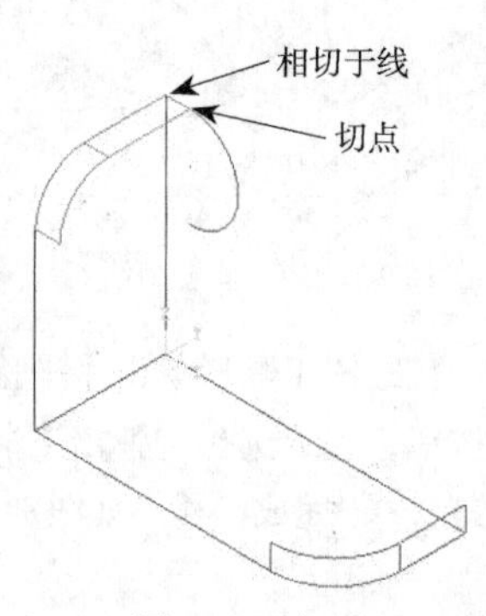

图9-109　切弧

09 绘制切弧。在绘图工具栏单击【切弧】按钮，选择切弧类型为【相切于一物体】，并输入半径为50，选择刚才绘制的切弧为相切图素，圆弧中点作为切点，单击【完成】按钮，完成切弧的绘制，如图9-110所示。

10 绘制切弧。在绘图工具栏单击【切弧】按钮，选择切弧类型为【相切于一物体】，并输入半径为40，选择刚才的垂直直线为相切图素，直线端点作为切点，单击【完成】按钮，完成切弧的绘制，如图9-111所示。

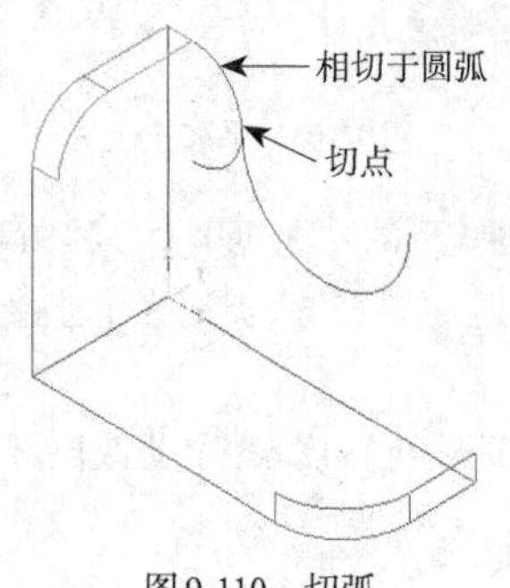

图9-110　切弧

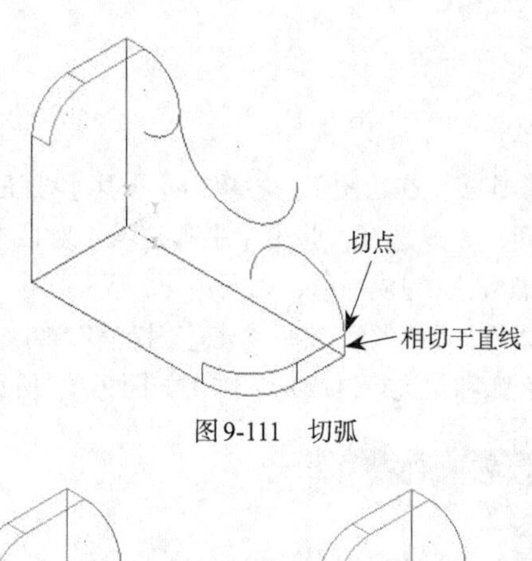

图9-111　切弧

11 连接直线。在绘图工具栏单击【绘制直线】按钮，再选择两切弧中点进行连线，结果如图9-112所示。

12 修剪圆弧。在绘图工具栏单击【修剪/打断/延伸】按钮，弹出【修剪】工具条，在工具条中单击【分割物体】按钮，单击要修剪或删除的图素，修剪结果如图9-113所示。

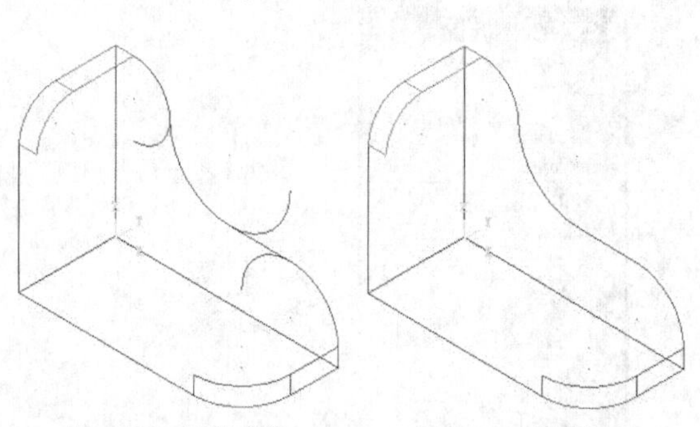
图9-112　连接直线　　图9-113　修剪圆弧

13 平移连接。在绘图工具栏单击【平移】按钮，选择刚才创建的平移连接边和倒圆角圆弧作为平移图素，单击【完成】按钮，完成选择。弹出【平移选项】对话框，设置沿Z轴平移距离为40，类型为【连接】，单击【完成】按钮，完成平移，如图9-114所示。

14 设置构图面为俯视构图面。在【构图面】工具栏单击【俯视】按钮，设置构图面为俯视构图面。

15 绘制两点画弧。在绘图工具栏单击【两点画弧】按钮，选择直线端点和圆弧端点，并输入半径为30，选择符合条件的圆弧，如图9-115所示。

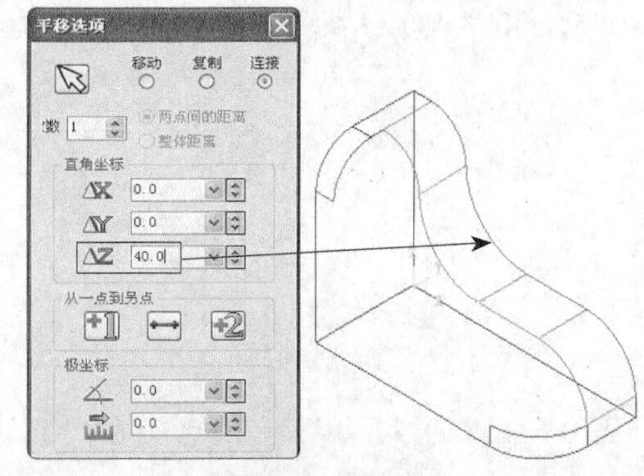

图9-114　平移连接

16 设置构图面为右视构图面。在【构图面】工具栏单击【右视】按钮，设置构图面为右视构图面。

17 创建切弧。在绘图工具栏单击【切弧】按钮，选择切弧类型为【相切于一物体】，并输入半径为40，选择直线为相切图素，直线端点作为切点，单击【完成】按钮，完成切弧的绘制，如图9-116所示。

18 连接直线。在绘图工具栏单击【绘制直线】按钮，选择两切弧中点进行连线，结果如图9-117所示。

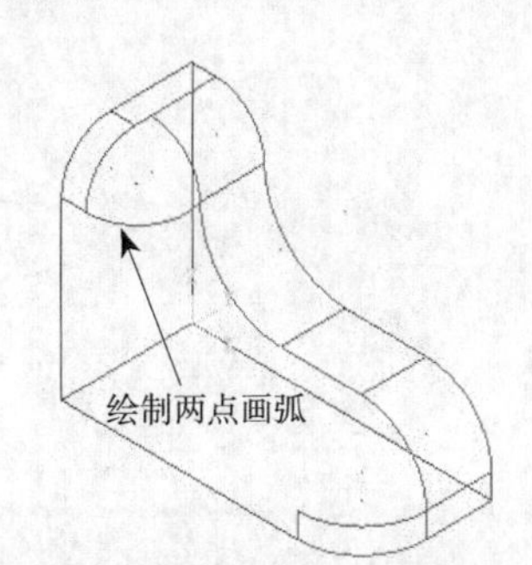

图9-115　两点画弧

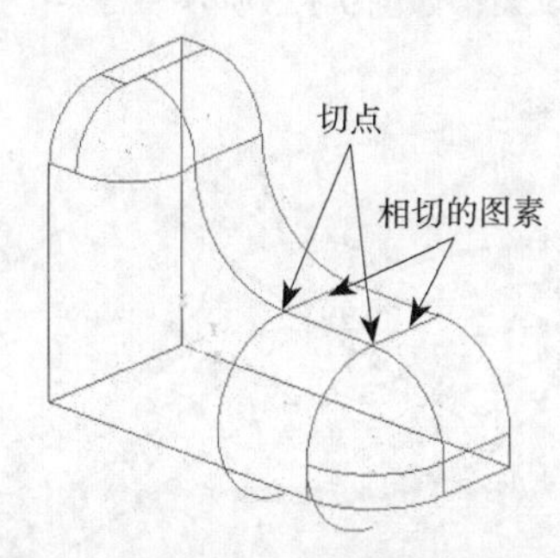

图9-116　绘制切弧

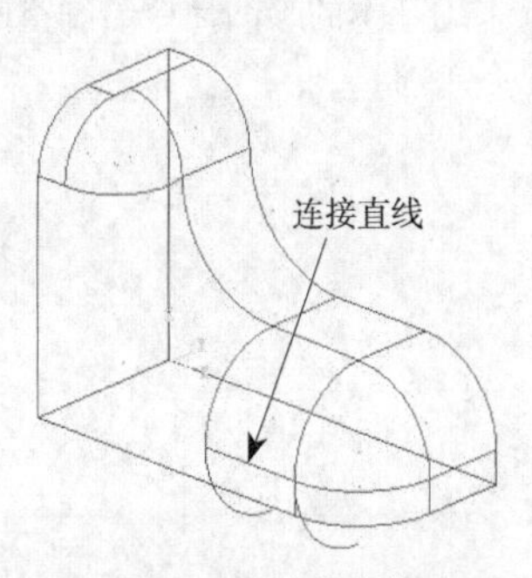

图9-117　连接直线

19 修剪。在绘图工具栏单击【修剪/打断/延伸】按钮，并单击【修剪至点】按钮，选择圆弧后单击圆弧中点为修剪点，完成修剪，如图9-118所示。

20 设置构图面为前视构图面。在【构图面】工具栏单击【前视】按钮，设置构图面为前视构图面。

21 绘制两点画弧。在绘图工具栏单击【两点画弧】按钮，选择两直线的端点，并输入半径为90，选择符合条件的圆弧，如图9-119所示。

22 绘制竖直线。在绘图工具栏单击【绘制直线】按钮，再选择图9-120所示直线端点为起点，输入长度为15，角度为270，结果如图9-120所示。

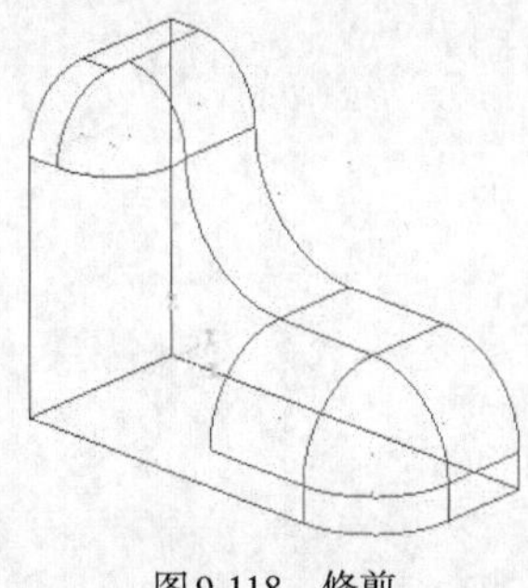
图9-118　修剪

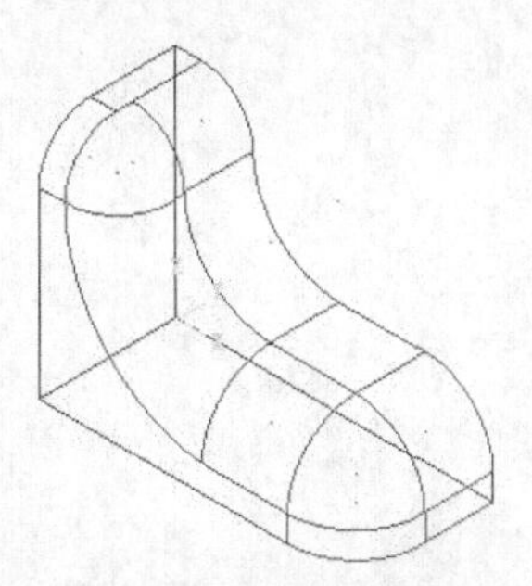
图9-119　绘制两点圆弧

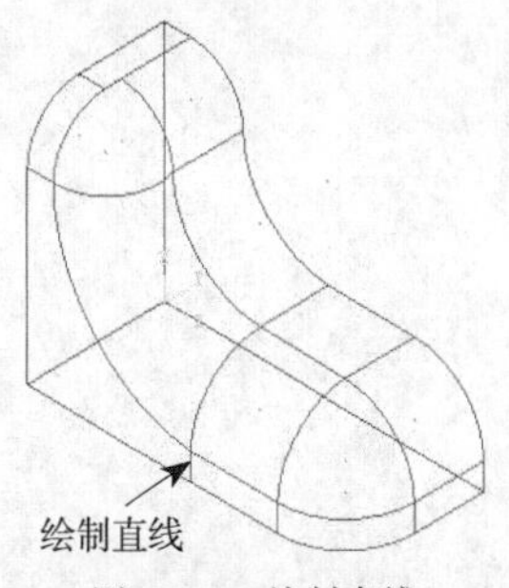

图9-120　绘制直线

23 删除直线。在绘图工具栏单击【删除】按钮，选择图9-121所示的多余直线和重复的直线，单击【完成】按钮删除，结果如图9-121所示。

24 绘制水平线。在绘图工具栏单击【绘制直线】按钮，再选择图9-122所示直线端点为起点，输入长度为15，角度为180，结果如图9-122所示。

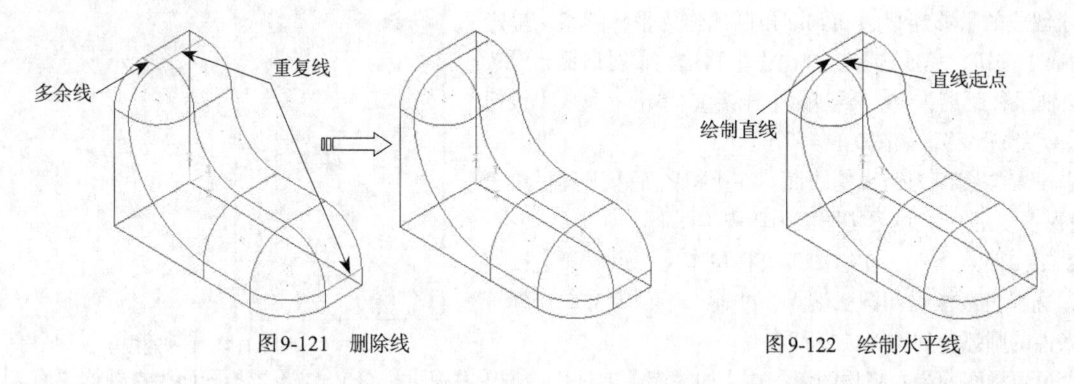

图9-121　删除线

图9-122　绘制水平线

9.4 课后习题

采用基本的绘图命令绘制空间扫描线架，如图9-123所示。

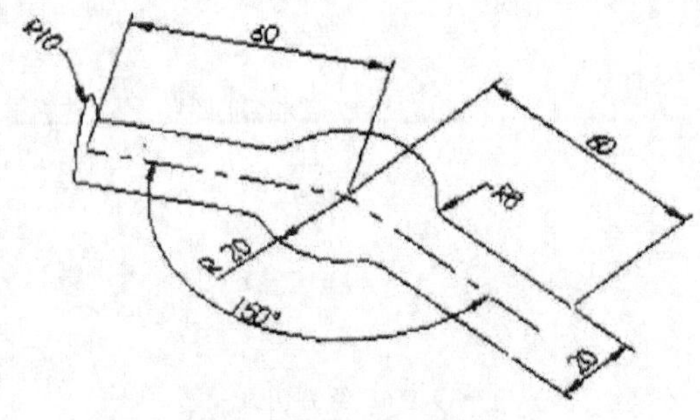

图9-123　空间扫描线架

第10章

曲面造型

曲面造型是Mastercam X9造型中很重要的部分。一般的形状可以采用实体造型绘制，但是比较复杂的造型，实体往往不能满足要求，这时就需要构建曲线，由曲线构面，再由面组合成体，最终实现实体造型做不到的效果。

知识要点

※ 掌握交线的绘制技巧。
※ 掌握分模线的创建，会分简单的模具。
※ 掌握单一边界和所有边界的操作方法。
※ 理解直纹曲面和举升曲面的区别。
※ 掌握网状曲面和扫描曲面的应用。
※ 会用围篱曲面创建特殊造型。

案例解析

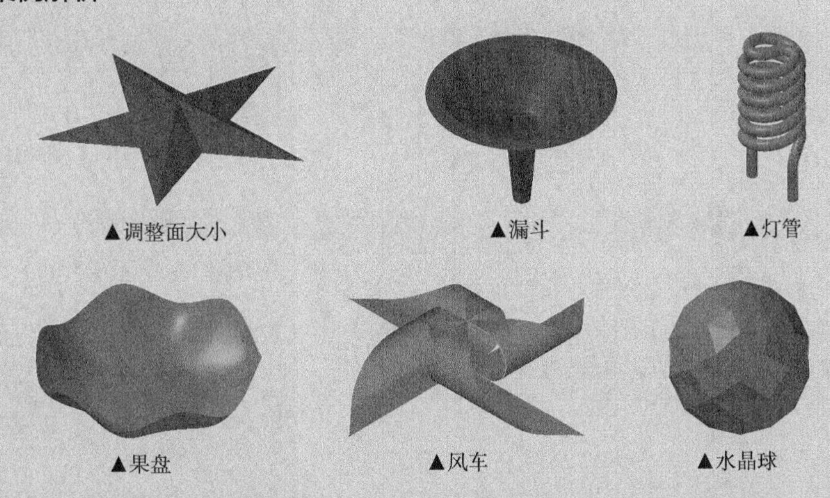

▲调整面大小　▲漏斗　▲灯管

▲果盘　▲风车　▲水晶球

10.1 绘制基本三维曲面

基本曲面包括圆柱体、圆锥体、立方体、球体、圆环体5种基本类型，如图10-1所示。

图10-1 基本曲面

基本曲面的调取方法有两种，一种是直接在绘图工具栏中选择相应的图标按钮，另一种是在菜单栏执行【绘图】→【基本实体】命令，再单击相应的曲面命令即可。

10.1.1 圆柱体曲面

圆柱体曲面也可以看成是由圆直接拉伸而成的曲面。在菜单栏执行【绘图】→【基本实体】→【圆柱体】命令，弹出【圆柱体】对话框，该对话框用来设置圆柱体参数，如图10-2所示。

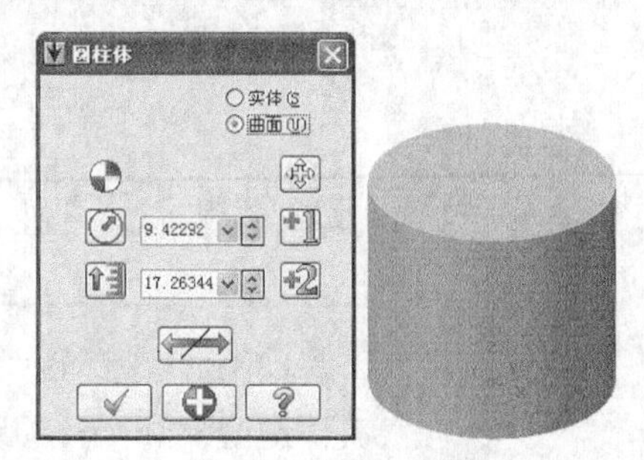

图10-2 圆柱体参数

10.1.2 圆锥体曲面

圆锥体曲面是一条母线绕其轴线旋转而成的曲面，圆台是圆锥体的一种特殊形式。在菜单栏执行【绘图】→【基本实体】→【圆锥体】命令，弹出【锥体】对话框，该对话框用来设置圆锥体参数，如图10-3所示。

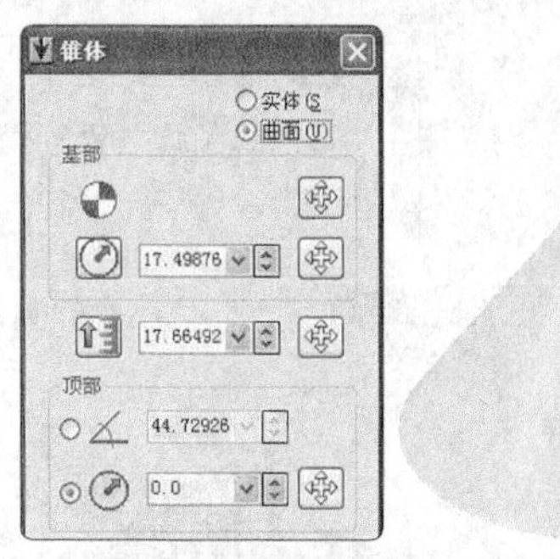

图10-3 圆锥体参数

10.1.3 立方体

立方体曲面的6个面都是矩形。在菜单栏执行【绘图】→【基本实体】→【立方体】命令，弹出【立方体选项】对话框，该对话框用来设置立方体参数，如图10-4所示。

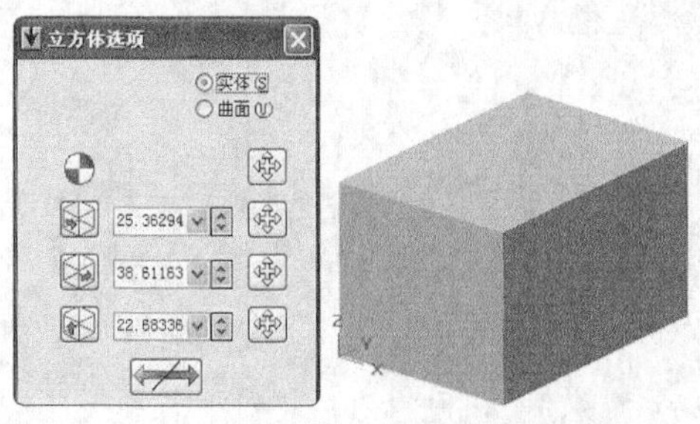

图10-4 立方体参数

10.1.4 球体曲面

球体是半圆弧沿其直径轴线旋转而成的。在菜单栏执行【绘图】→【基本实体】→【球体】命令，弹出【圆球选项】对话框，该对话框用来设置球体参数，如图10-5所示。

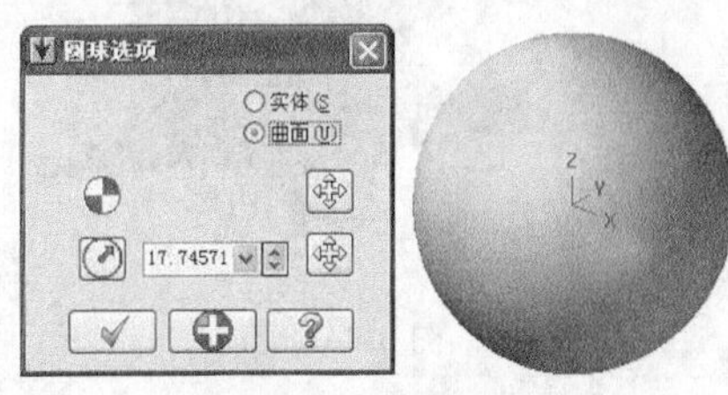

图10-5 球体参数

10.1.5 圆环体曲面

圆环体是由一个截面圆沿一个轴心圆扫描而产生的。在菜单栏执行【绘图】→【基本实体】→【圆环体】命令，弹出【圆环体选项】对话框，该对话框用来设置圆环体参数，如图10-6所示。

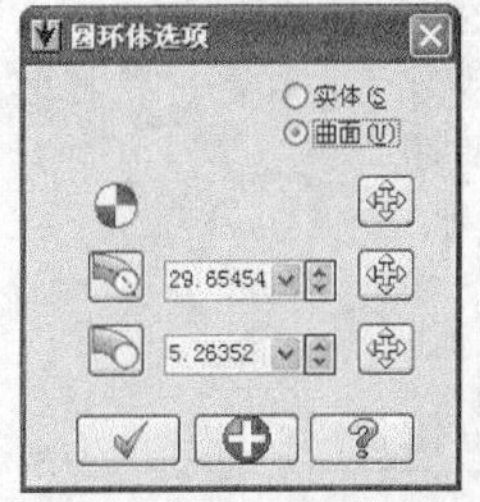

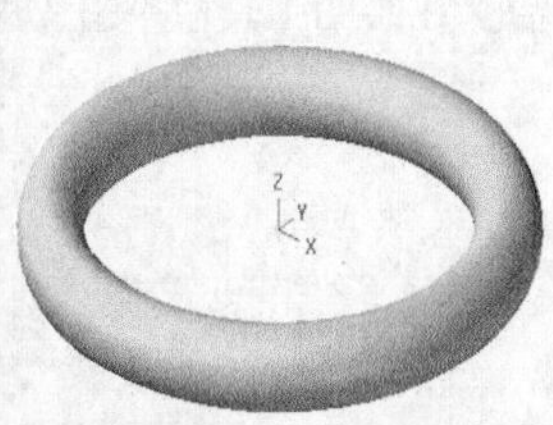

图10-6 圆环体参数

10.2 举升/直纹曲面

“直纹”可以将两个或两个以上的截面以直接过渡的方式形成直纹曲面，如图10-7所示。“举升”将两个或两个以上的截面以光滑过渡的方式形成举升曲面，如图10-8所示。要启动直纹或举升曲面命令，在菜单栏执行【绘图】→【曲面】→【直纹/举升曲面】命令即可。

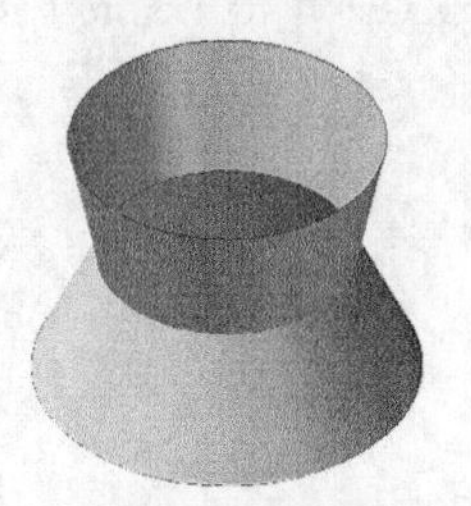

图10-7 直纹曲面

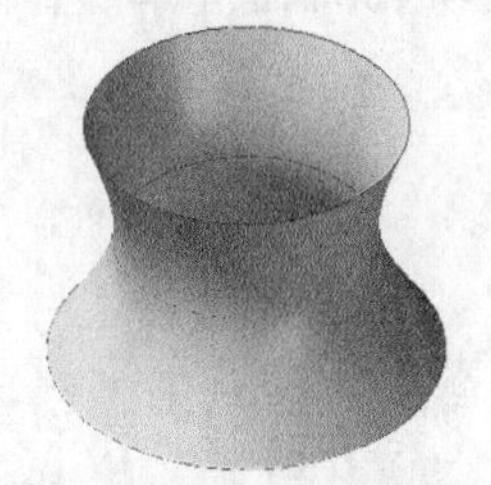

图10-8 举升曲面

技术支持

举升曲面要求至少两个或两个以上的截面进行混合，截面与截面之间的起始点对应，截面串联方向一致。在创建举升曲面时，系统为保证加工的安全性，不允许截面存在锐角，系统会自动对锐角进行圆角光滑处理。

实训66——直纹和举升曲面

绘制五角星线架，采用直纹举升曲面绘制五角星曲面，结果如图10-9所示。

01 在绘图工具栏绘制【画多边形】按钮⬠，弹出【多边形选项】对话框，设置边数为5，内切圆半径为50，选择原点为定位点，单击【完成】按钮，绘制五边形，如图10-10所示。

图10-9　五角星

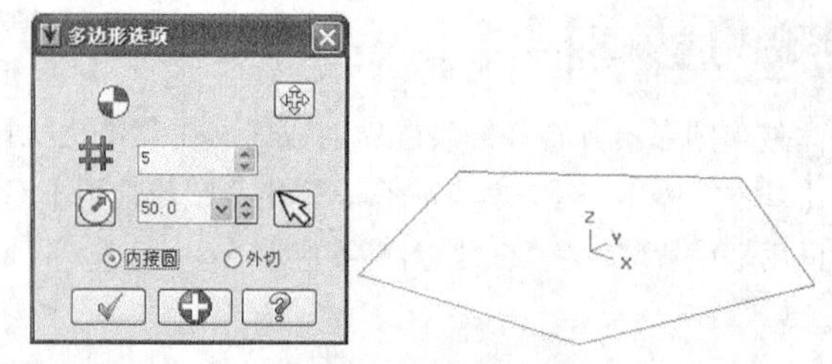

图10-10　绘制五边形

02 在绘图工具栏绘制【直线】按钮，依次连接五边形对角点，单击【完成】按钮，退出直线的绘制，如图10-11所示。

03 在绘图工具栏单击【修剪/打断/延伸】按钮，并单击【分割物体】按钮，单击要分割的图素，单击【完成】按钮，完成分割，如图10-12所示。

04 在绘图工具栏单击【删除】按钮，选择要删除的直线，单击【完成】按钮删除，如图10-13所示。

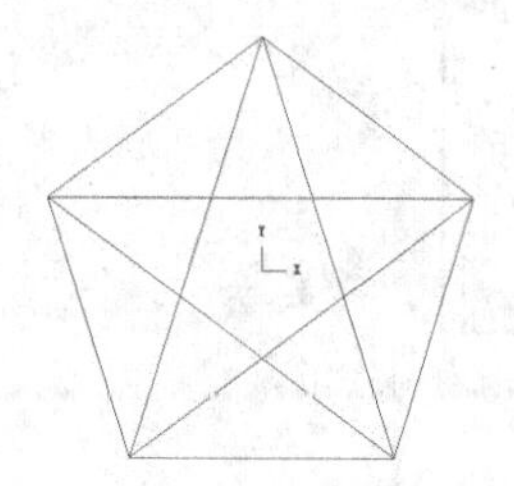

图10-11　绘制直线

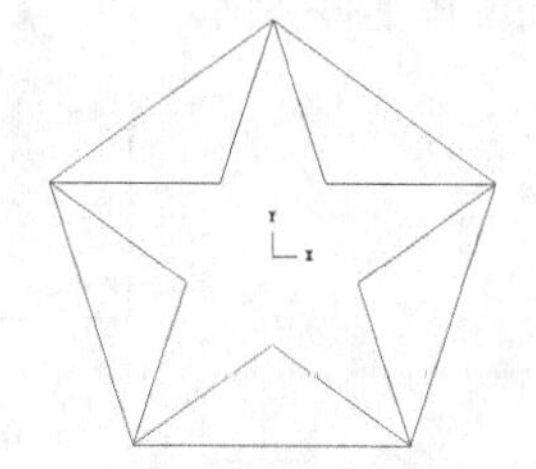

图10-12　修剪直线

图10-13　删除直线

05 在绘图工具栏单击【任意点】按钮，输入点坐标为“X0Y0Z10”，单击【完成】按钮，绘制顶点，如图10-14所示。

06 在绘图工具栏单击【绘图】→【曲面】→【直纹举升曲面】命令，弹出【串联选项】对话框，如图10-15所示。

07 在【串联选项】对话框中单击【单体】按钮，选择底直线和顶点，单击【完成】按钮，生成曲面，如图10-16所示。

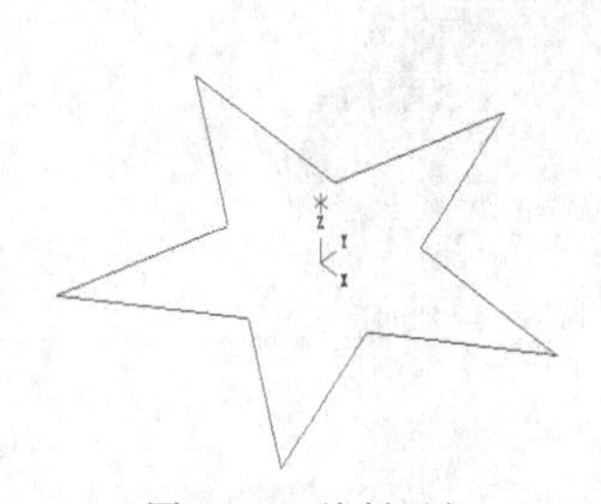

图10-14　绘制顶点

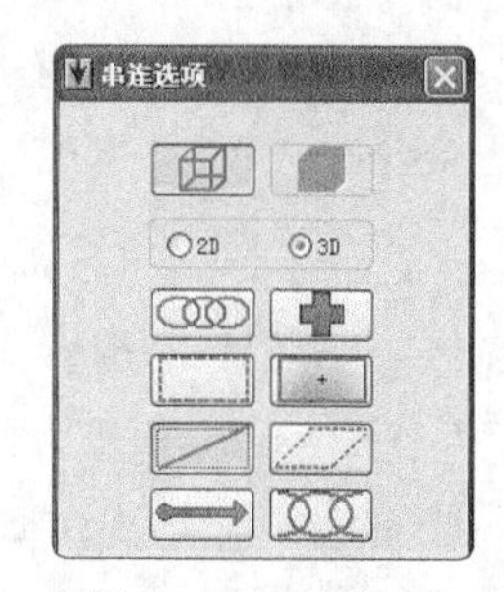

图10-15　串联选项

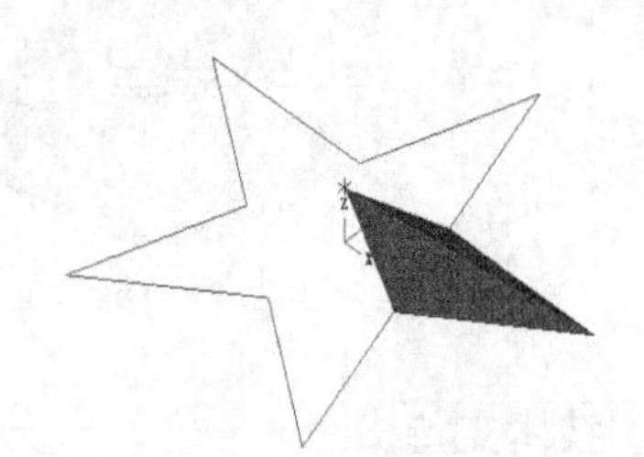

图10-16　绘制曲面

08 在绘图工具栏单击【旋转】按钮，选择刚才绘制的曲面，弹出【旋转选项】对话框，设置旋转类型为【移动】，次数为5，总旋转角度为360°，单击【完成】按钮，旋转曲面，完成绘制，如图10-17所示。结果文件见“实训\结果文件\Ch10\10-1.mcx-9”。

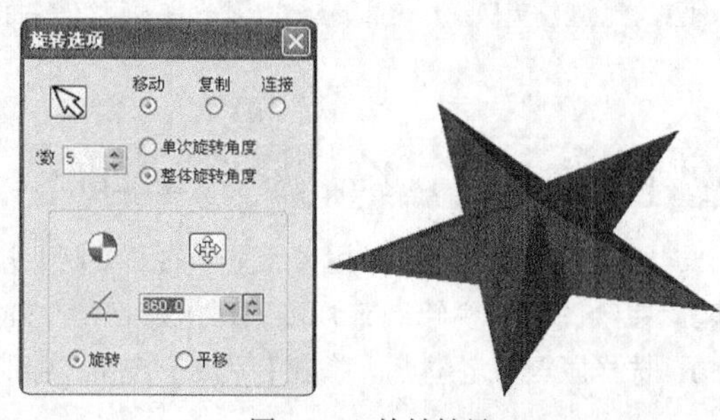

图10-17　旋转结果

操作技巧

本实训直接构造点作为举升曲面的图元来替代绘制直线创建举升曲面，大大简化了绘制步骤。点可以和任何图素进行举升操作，应用非常广泛，操作也简便。

10.3　旋转曲面

将空间曲线绕其旋转轴旋转即得到旋转曲面，旋转轴必须是垂直的，可以是直线、虚线。在菜单栏执行【绘图】→【曲面】→【旋转曲面】命令，即可调取该命令。下面以实例来说明旋转曲面的操作方式。

技术支持

旋转曲面要求旋转截面必须在旋转轴的两侧，以免产生的曲面有自交性。并且选择的轴线只能是直线，不能为直曲线或者直曲面曲线。

实训67——旋转曲面

绘制线架，如图10-18所示，采用旋转曲面命令，绘制漏斗模型，结果如图10-19所示。

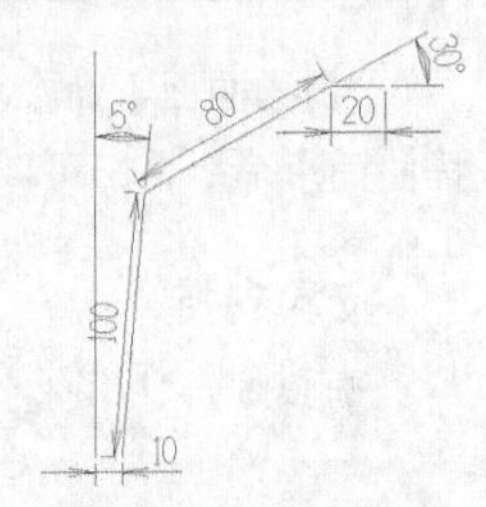

图10-18　旋转线架

01 在绘图工具栏单击【绘制直线】按钮，系统提示选择第一点，选择原点作为直线的第一点，绘制一条垂直线，长度不限，单击【完成】按钮，完成旋转轴的绘制，如图10-20所示。

02 系统继续提示选择第一点，输入第一点的坐标为“X10Y0”，并在长度输入栏输入长度为100，角度为85，单击【完成】按钮，完成直线绘制，如图10-21所示。

图10-19　旋转漏斗

图10-20　绘制垂直的旋转轴

图10-21　绘制85° 的直线

03 继续选择刚才绘制的直线终点，输入直线长度为80，角度为30，单击【完成】按钮，完成绘制，如图10-22所示。

04 继续选择刚才绘制的直线终点作为起点绘制直线，输入长度为20，直接绘制水平线，单击【完成】按钮，完成直线绘制，如图10-23所示。

05 在绘图工具栏单击【固定实体倒圆角】按钮，输入倒圆角半径为10，对绘制的母线全部倒圆角，单击【完成】按钮，完成绘制，如图10-24所示。

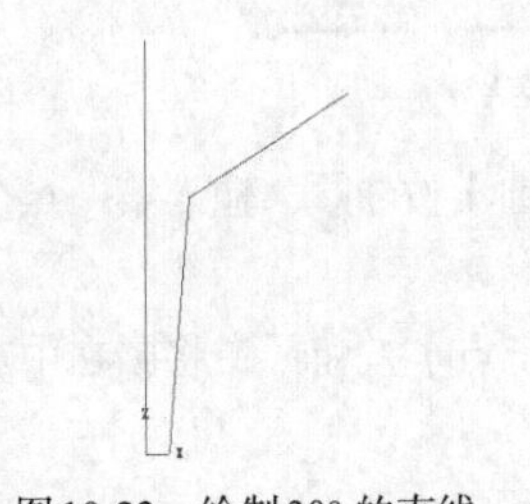
图10-22　绘制30° 的直线

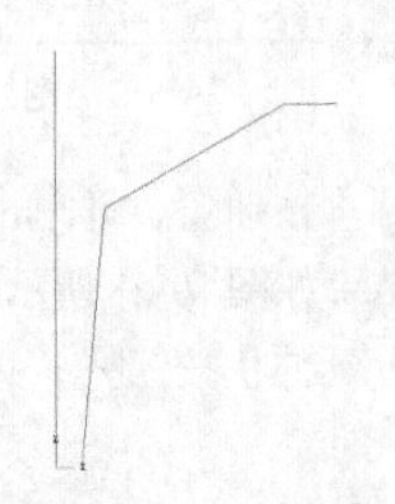
图10-23　绘制直线

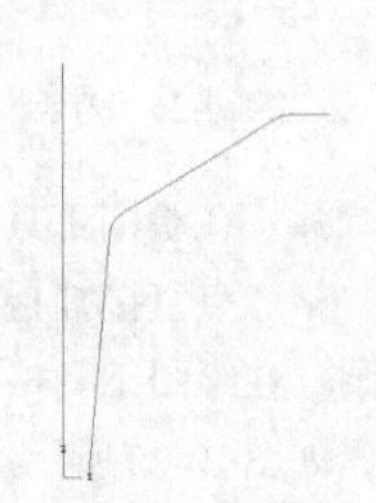
图10-24　倒圆角

06 在菜单栏执行【绘图】→【曲面】→【旋转曲面】命令，系统提示选择轮廓线，并弹出【串联选项】对话框，选择母线轮廓后，单击【完成】按钮，系统提示选择旋转轴，选择绘制的直线，单击【完成】按钮，完成绘制，结果如图10-25所示。结果文件见“实训\结果文件\Ch10\10-2.mcx-9”。

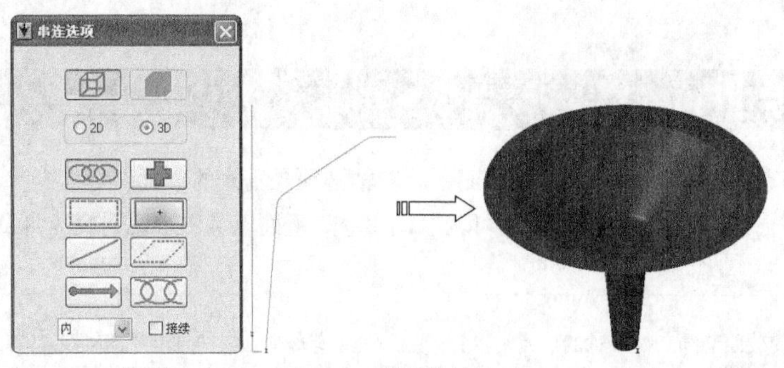

图10-25　绘制的结果

10.4　扫描曲面

【扫描曲面】命令将截面沿扫描轨迹进行扫描生成扫描曲面。在菜单栏执行【绘图】→【曲面】→【扫描曲面】命令，即可调取该命令。

技术支持

扫描曲面可以用单个截面沿单条轨迹扫描，也可以用2个截面沿一条轨迹扫描，以及单截面沿多条轨迹扫描。

实训68——扫描曲面

本实训主要通过绘制灯管（见图10-26）来说明扫描实体的创建。灯管结构并不复杂，重点在于绘制扫描的轨迹线。轨迹线主要由螺旋线组成，并且螺旋线要与相连的线光顺过渡，此即为难点。解决此难点本实训很快就可以完成。

01 绘制螺旋线。在绘图工具栏单击【螺旋线】按钮，设置相关参数，如图10-27所示。

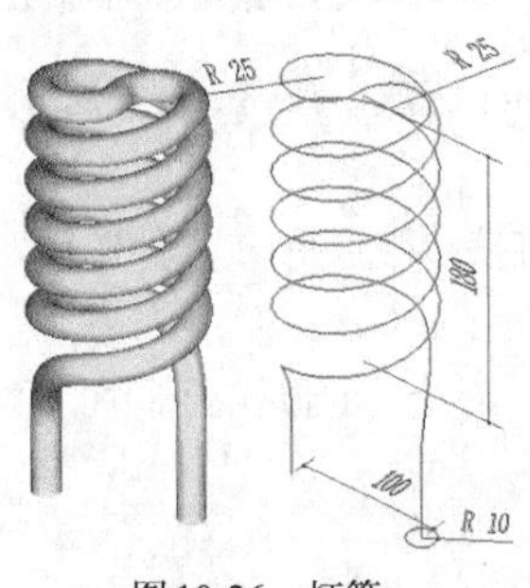

图10-26　灯管

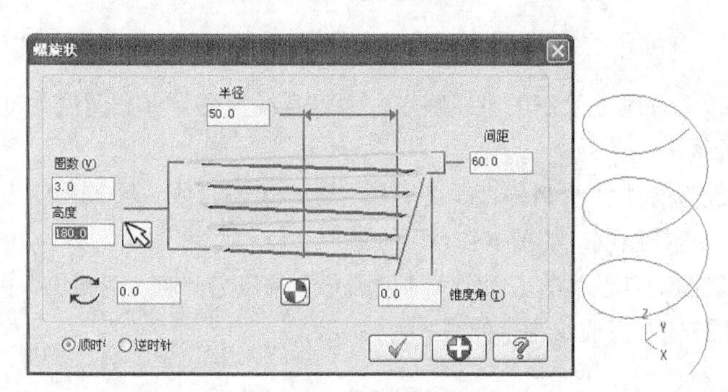

图10-27　绘制螺旋线

02 绘制圆弧。在绘图工具栏单击【三点画圆】按钮，并单击【两点直径圆】按钮，输入第一点坐标为(0,0,180)，第二点直接捕捉螺旋线的终点，结果如图10-28所示。

03 修剪圆。在绘图工具栏单击【修剪/打断/延伸】按钮，并单击【修剪于点】按钮，将圆在中点处修剪成半圆，如图10-29所示。

04 设置视图。在绘图工具栏单击【前视图】按钮，将视图设置为【前视图】。在绘图工具栏单击【直线】按钮，绘制直线如图10-30所示。

05 熔接圆弧和螺旋线。在绘图工具栏单击【熔接】按钮，将圆弧和螺旋线熔接成光滑相接的曲线，如图10-31所示。

06 熔接直线和螺旋线。在绘图工具栏单击【熔接】按钮，将直线和螺旋线熔接成光滑相接的曲线，如图10-32所示。

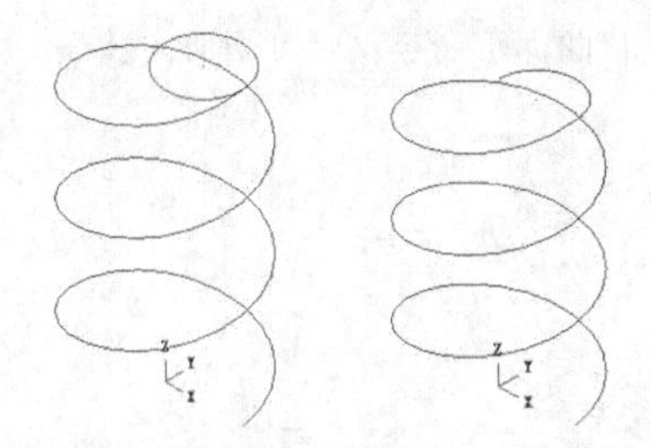

图10-28　绘制圆弧　图10-29　修剪圆

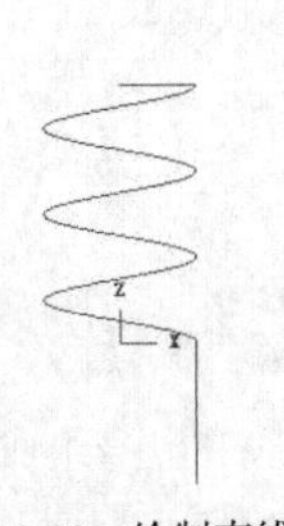

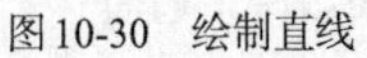

图10-30　绘制直线

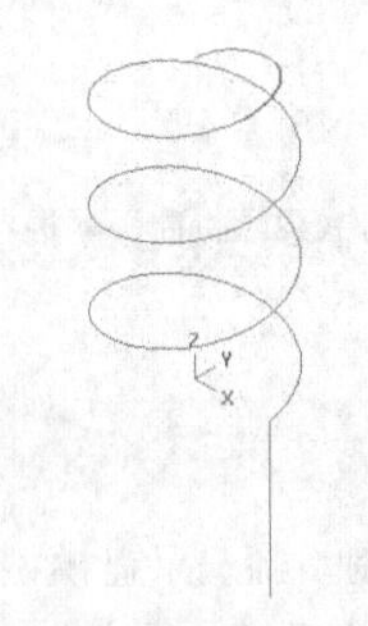

图10-31　熔接圆弧和螺旋线

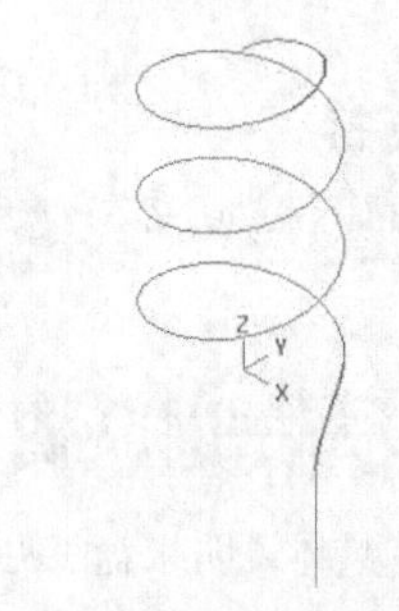

图10-32　熔接直线和螺旋线

操作技巧

在创建扫描曲面时，为避免出现锐角，要求扫描轨迹相切，此步骤的熔接曲线即是将两条曲线熔接成光滑的曲线。

07 旋转。选择所有曲线，在绘图工具栏单击【旋转】按钮，弹出【旋转选项】对话框，设置旋转类型为【复制】，次数为1，旋转角度为180°，单击【完成】按钮，完成参数设置，结果如图10-33所示。

08 绘制扫描截面。在绘图工具栏单击【已知圆心点画圆】按钮，输入半径为10，绘制结果如图10-34所示。

09 绘制扫描曲面。在菜单栏执行【绘图】→【曲面】→【扫描曲面】命令，弹出【串联选项】对话框，选择刚才绘制的圆，系统提示选择轨迹线，选择螺旋轨迹线，单击【完成】按钮，完成选择，结果如图10-35所示。结果文件见“实训\结果文件\Ch10\10-3.mcx-9”。

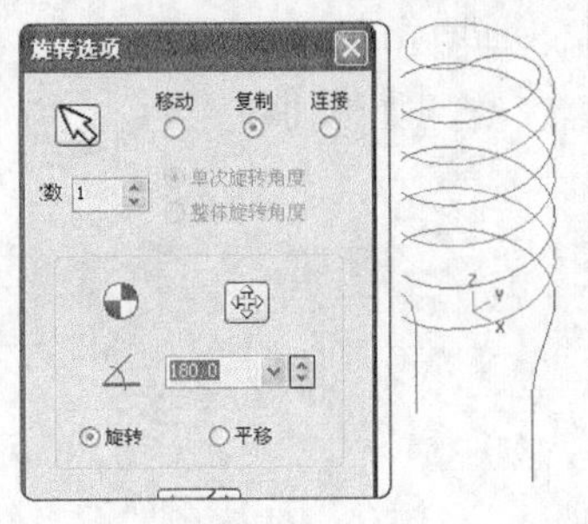

图10-33　旋转

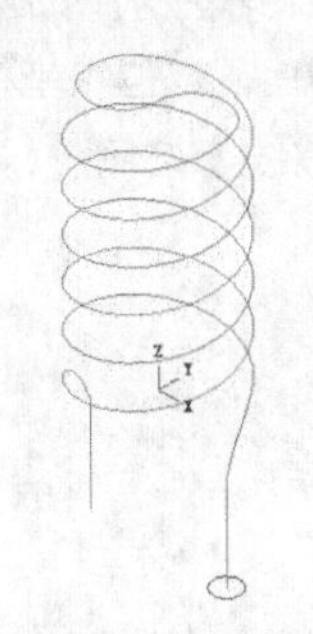

图10-34　绘制截面

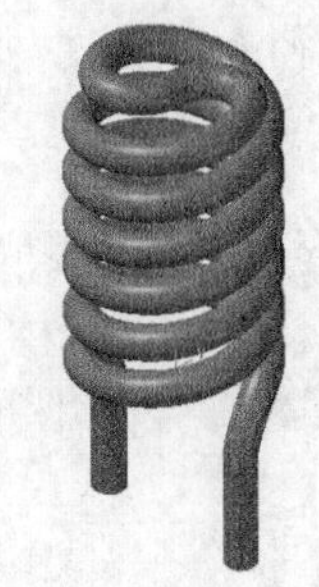

图10-35　绘制结果

10.5　网状曲面

网状曲面是由一系列横向和纵向的网格线组成的线架产生的。网状曲面是在以前版本的昆氏曲面基础上改进的，非常方便简单，在3D空间上可以允许曲线不相交，各个曲线端点可以不重合，而且操作方法非常人性化，直接窗选线架就可以做出曲面，如图10-36所示。无须采用昆氏曲面的方式输入每个方向的数目和选择的限制，因此，对于新用户，此功能是最好学的曲面方式了。在菜单栏执行【绘图】→【曲面】→【网状曲面】命令，即可调取该命令。

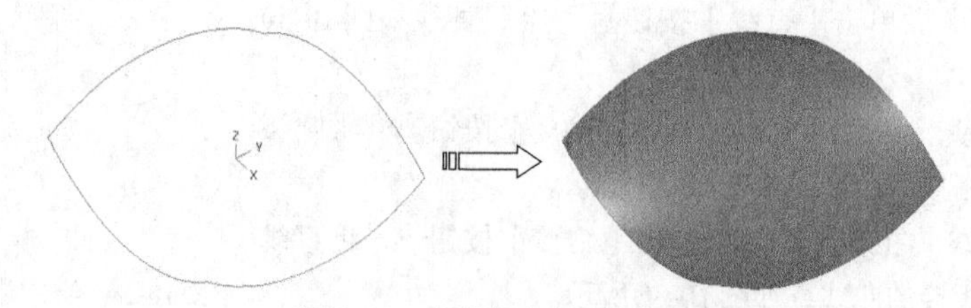

图 10-36　由线架生成网状曲面

技术支持

网状曲面采用边界矩阵计算出空间曲面，操作方式灵活，曲面的边界线可以相互不连接、不相交。

实训 69——网状曲面

本例将具体说明果盘（见图 10-37）的绘制步骤。果盘模型结构很简单，由盘底和盘身组成，并且要求盘身呈波浪线起伏，盘身和盘底相接处相切。本实训的重点是波浪线的绘制和保证相切。

01 绘制第一个六边形。在绘图工具栏单击【画多边形】按钮，在弹出的【多边形选项】对话框中设置多边形内接半径为 100mm，边数为 6，旋转角为 0°，定位点坐标为（0,0,-10），如图 10-38 所示。

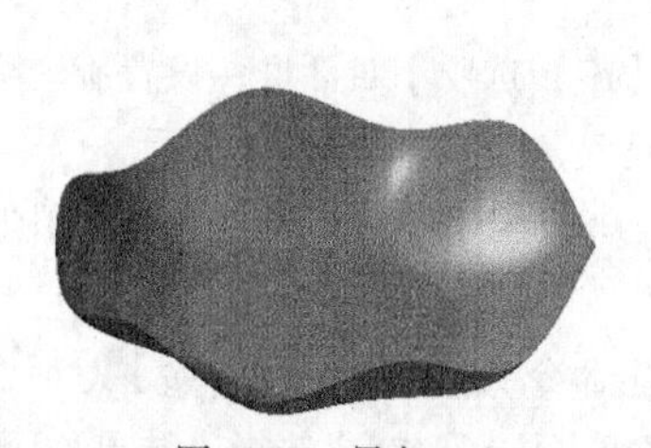

图 10-37　果盘

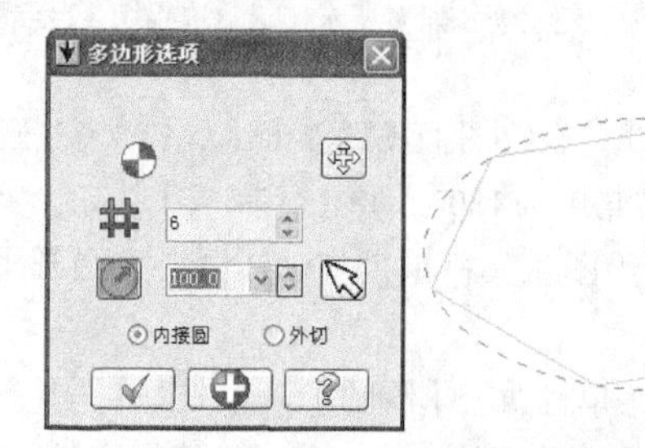

图 10-38　绘制六边形 1

02 绘制第二个六边形。在绘图工具栏单击【画多边形】按钮，在弹出的【多边形选项】对话框中设置多边形内接半径为 100mm，边数为 6，旋转角为 30°，定位点坐标为（0,0,10），如图 10-39 所示。

03 绘制曲线。在绘图工具栏单击【手动绘制曲线】按钮，依次连接各点，结果如图 10-40 所示。

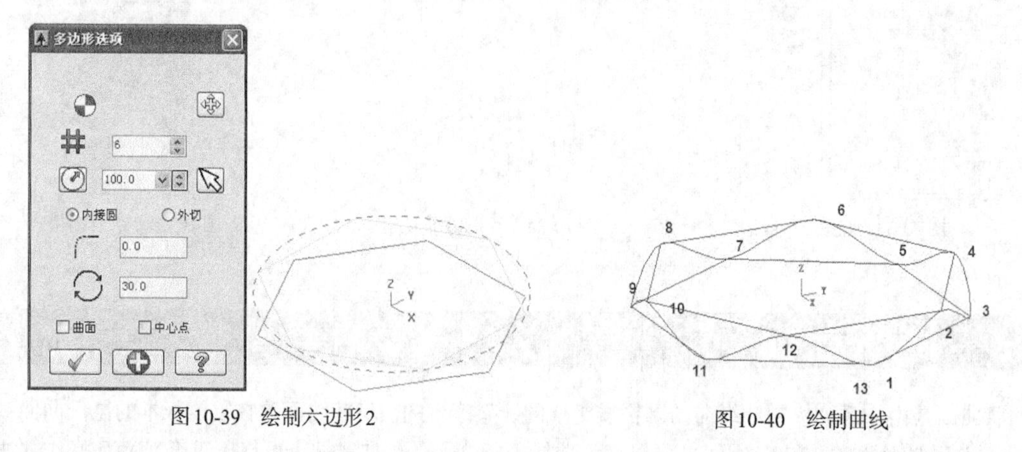

图 10-39　绘制六边形 2　　　图 10-40　绘制曲线

04 转层。选中除刚才绘制的曲线以外的所有图素，在【图层】按钮上单击鼠标右键，弹出【更改层别】对话框，将要改变的图层设为 2 层，如图 10-41 所示。

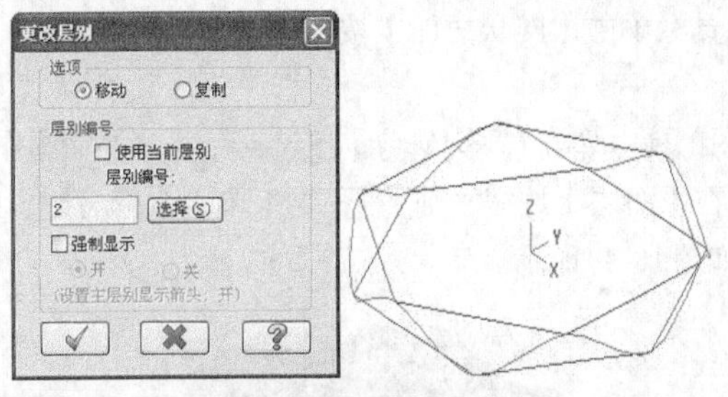

图10-41　更改层别

05 关闭图层。在图层上单击，在弹出的【层别管理】对话框中将第二层关闭，结果如图10-42所示。

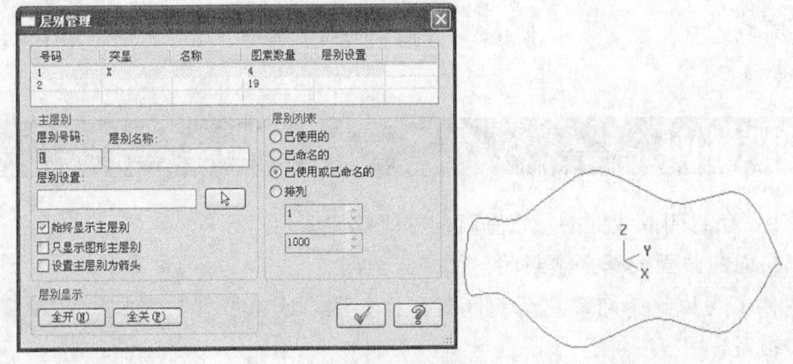

图10-42　关闭图层

06 绘制圆。在绘图工具栏单击【绘圆】按钮，输入圆半径为50mm，定位点坐标为（0,0,-40），结果如图10-43所示。

07 绘制直线。在绘图工具栏单击【绘制直线】按钮，连接刚才绘制的圆的起点和中点，如图10-44所示。

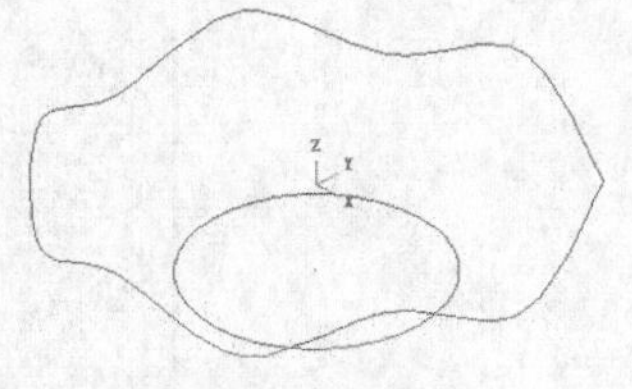

图10-43　绘制圆

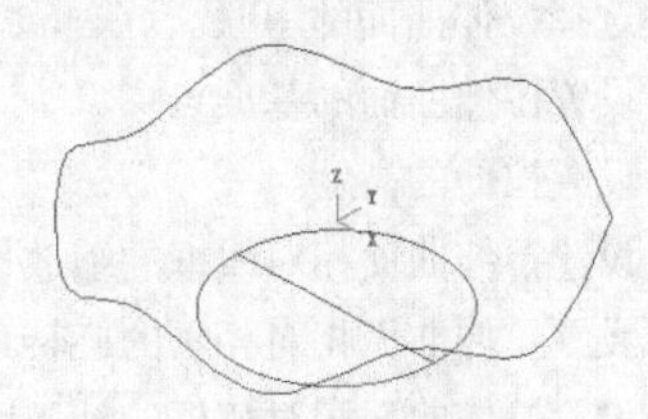

图10-44　绘制直线

08 绘制切弧。在绘图工具栏单击【切弧】按钮，并单击【动态切弧】按钮，绘制切弧，如图10-45所示。

09 删除直线。将直线选中，按Delete键将直线删除，结果如图10-46所示。结果文件见“实训\结果文件\Ch10\10-4.mcx-9”。

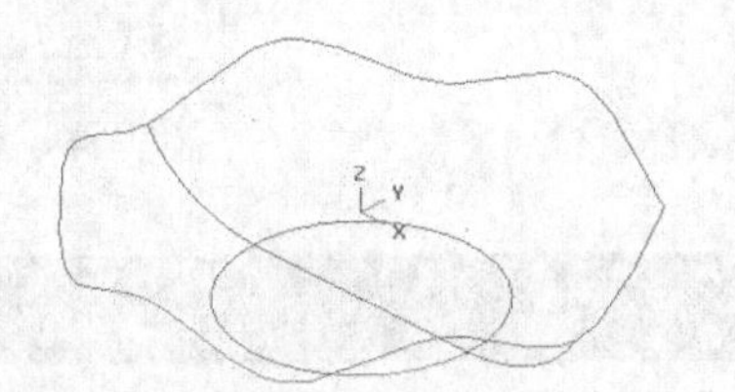

图10-45　绘制切弧

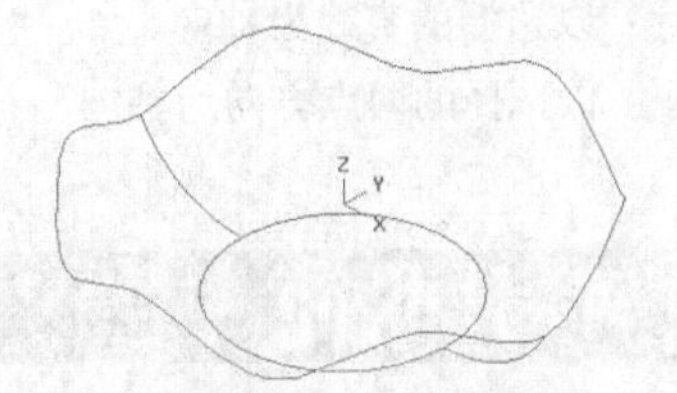

图10-46　删除直线

操作技巧

此步骤绘制的两条圆弧主要是构造第二方向的曲线，此圆弧与底面相切，得到的曲面也与底面保持相切。Mastercam X9没有曲面约束相切功能，可以通过构造相切曲线来控制曲面近似相切。

10 绘制网状曲面。在绘图工具栏单击【网状曲面】按钮，窗选所有曲线，绘制出的网状曲面如图10-47所示。

11 绘制平面修剪曲面。在绘图工具栏单击【平面修剪】按钮，选择底面圆作为边界，结果如图10-48所示。

12 转层。将所有线架选中，在【图层】按钮 层别: 1 上单击鼠标右键，弹出【更改层别】对话框，将要改变的图层设为2层，结果如图10-49所示。

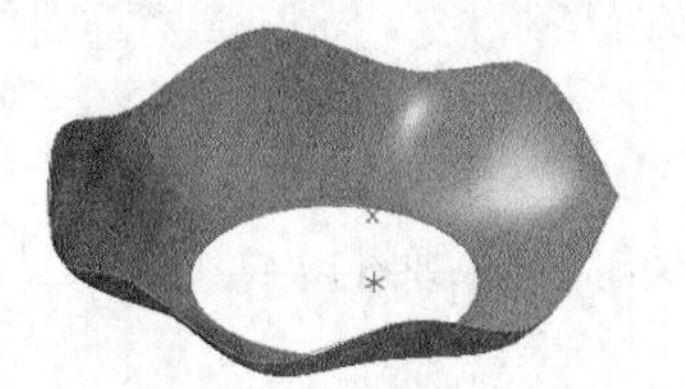

图10-47　绘制网状曲面

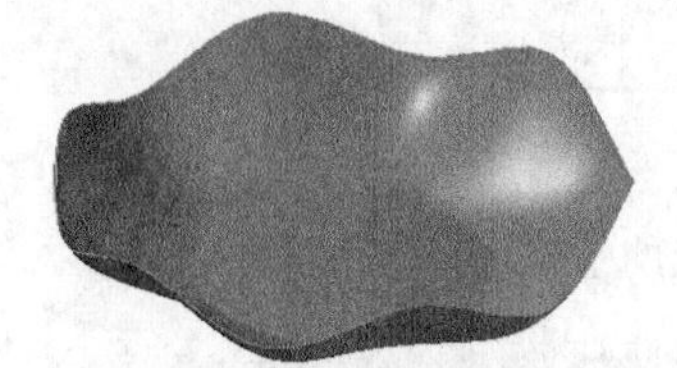

图10-48　绘制平面修剪曲面

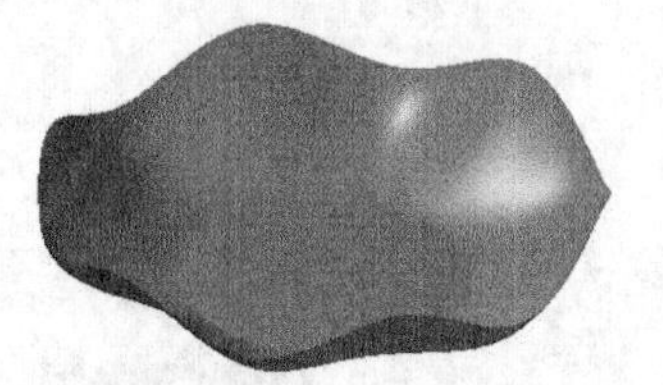

图10-49　结果

10.6　拉伸曲面

拉伸曲面是利用一条封闭的线框沿与之垂直的轴线拉伸而成的曲面。拉伸曲面的截面线框必须封闭，如果未封闭，系统会提示用户封闭并可以选择自动进行封闭处理，如图10-50所示，圆缺口被系统用直线封闭。

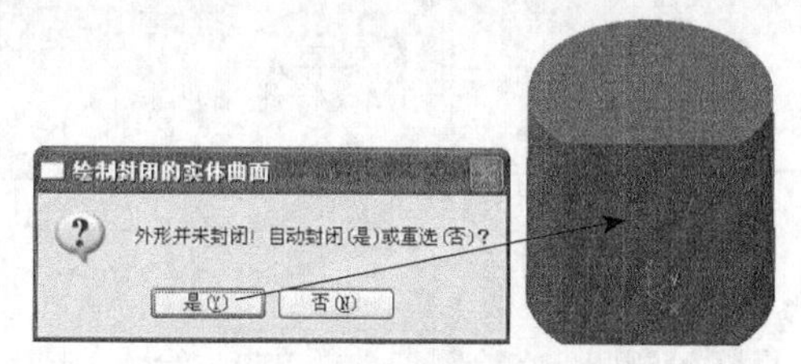

图10-50　封闭处理

在菜单栏执行【绘图】→【曲面】→【拉伸曲面】命令，选择挤出串联并确定后，弹出【拉伸曲面】对话框，如图10-51所示。

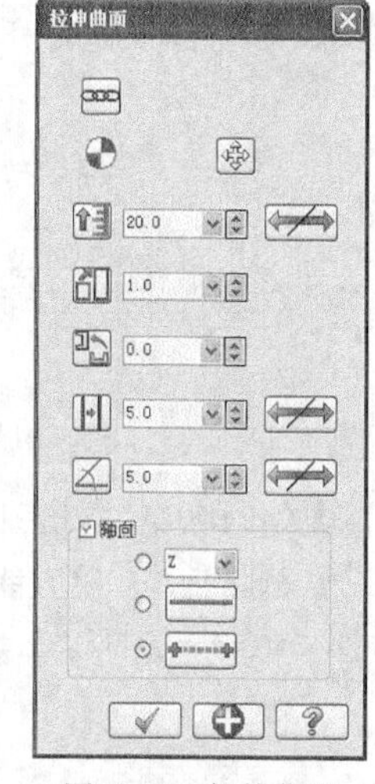

图10-51　拉伸曲面

各选项含义如下。

❖ ：选择拉伸曲面的串联。
❖ ：设置拉伸曲面的基准点。
❖ ：设置拉伸的高度。
❖ ：设置拉伸曲面相对线框的缩放比例。
❖ ：设置拉伸曲面相对相框的旋转角度。
❖ ：设置拉伸曲面相对相框的补正距离。
❖ ：设置拉伸曲面的拔模角度。
❖ ：切换方向。
❖ 轴向：设置轴向。
❖ Z：以Z或者X、Y轴作为拉伸方向。
❖ ：以选择的直线为轴向。
❖ ：以选择的两点方向为轴向。

10.7　牵引曲面

牵引曲面是将选择的某条线沿垂直某平面或一定的角度牵引出一段距离的曲面。在菜单栏执行【绘图】→【曲面】→【牵引曲面】命令，选择要牵引的串联并确定后，弹出【牵引曲面】对话框，如图10-52所示。

技术支持

牵引曲面是将曲线沿构图面方向拉伸出的曲面，可以输入任意角度沿任意方向进行拉伸。

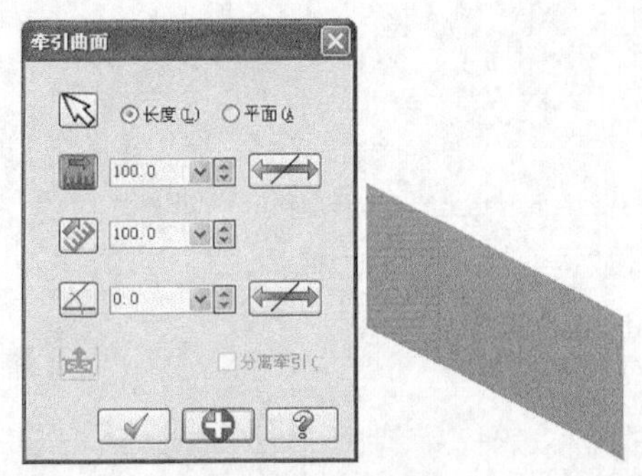

图10-52　牵引曲面

10.8　围篱曲面

围篱曲面是采用某曲面上的线直接生成垂直于基础曲面或偏移一定角度的曲面。在菜单栏执行【绘图】→【曲面】→【围篱曲面】命令，弹出【围篱曲面】工具条，如图10-53所示。

图10-53　围篱曲面

围篱曲面有3种类型，第一种是常数型围篱曲面，即曲面起始端和终止端的高度都是常数，如图10-54所示。第二种是线性围篱曲面，即曲面的高度变化采用线性变化来控制，如图10-55所示。第三种是立体混合围篱曲面，即曲面高度变化采用三次方曲线的方式来控制，如图10-56所示。

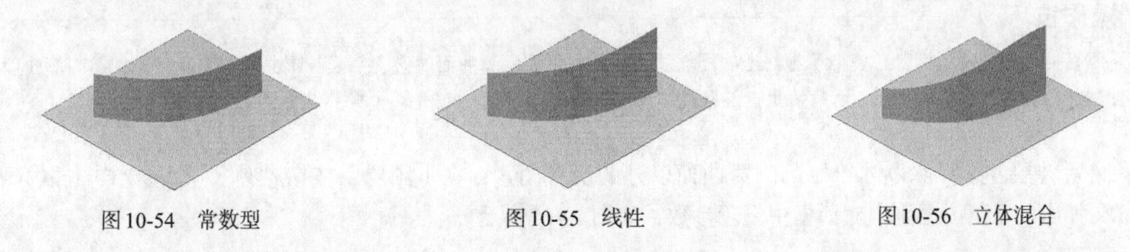

图10-54　常数型　　图10-55　线性　　图10-56　立体混合

实训70——围篱曲面

采用围篱曲面绘制风车，结果如图10-57所示。

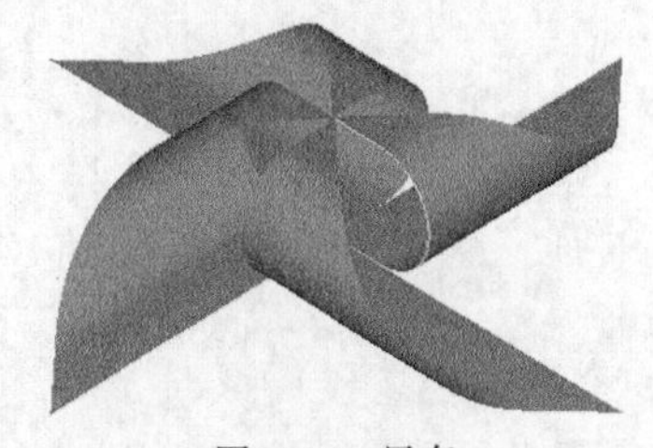

图10-57　风车

01 在绘图工具栏单击【前视图构图面】按钮，将视图设置为前视图。单击【矩形设置】按钮，弹出【矩形选项】对话框，设置矩形长度为50，宽度为50，以矩形左中点为锚点，选择系统坐标系原点作为定位点，单击【完成】按钮，完成矩形绘制，如图10-58所示。

02 倒圆角。在绘图工具栏单击【固定实体倒圆角】按钮，倒圆角半径为25mm，结果如图10-59所示。

03 绘制平面修剪曲面。在绘图工具栏单击【平面修剪】按钮，用刚才绘制的图形作为曲面边界，结果如图10-60所示。

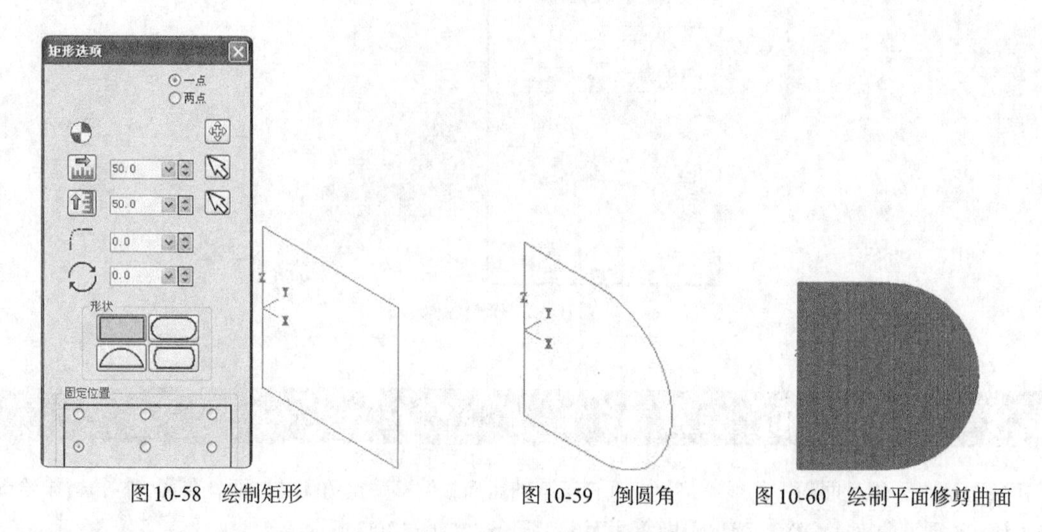

图10-58 绘制矩形 图10-59 倒圆角 图10-60 绘制平面修剪曲面

04 绘制围篱曲面。在绘图工具栏单击【围篱曲面】按钮，绘制步骤如图10-61所示。

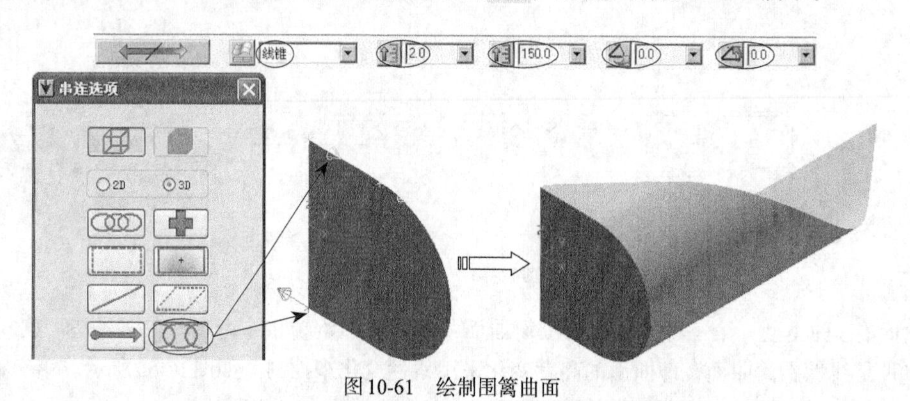

图10-61 绘制围篱曲面

操作技巧

围篱曲面也称围墙曲面，类似于地面上的围墙。因此，在创建围篱曲面时必须创建基础曲面，以及用于创建围篱曲面的曲线，此曲线在基础曲面上。只有满足这些条件才可以创建围篱曲面。

05 图素转层。选择除刚才绘制的围篱曲面以外的所有图素，在【图层】按钮层别: 1上单击鼠标右键，在弹出的【更改层别】对话框中设置参数，如图10-62所示。

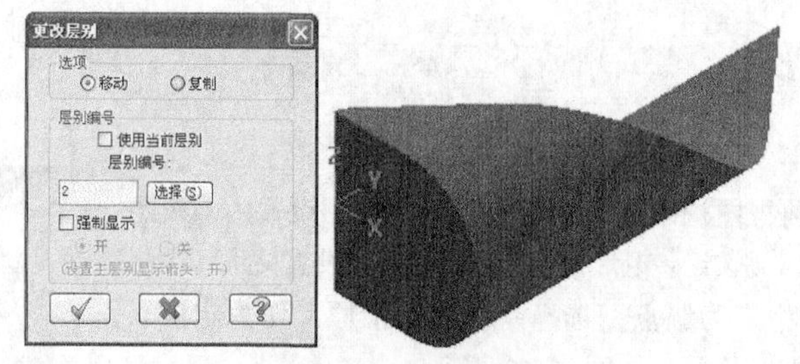

图10-62 更改层别

06 将图层关闭。打开图层，将第2层关闭，结果如图10-63所示。

07 设置构图面。单击工具栏【俯视构图面】按钮，将视图设置为俯视构图。

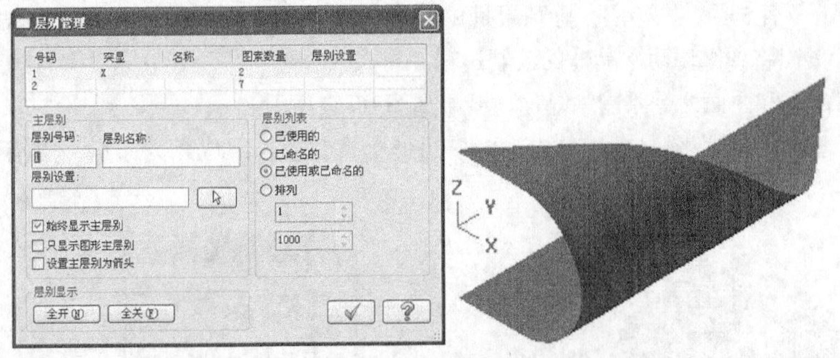

图10-63　关闭图层

08 旋转图素。选择绘制的风车叶片，在绘图工具栏单击【旋转】按钮，在弹出的【旋转选项】对话框中设置参数，结果如图10-64所示。结果文件见“实训\结果文件\Ch10\10-5.mcx-9”。

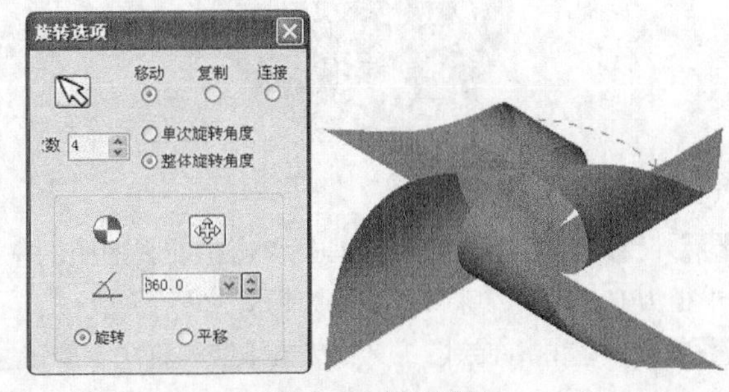

图10-64　旋转结果

技术支持

此处旋转采用移动的方式旋转4次，总体的角度为360°，不需要计算每两个之间的旋转角度。此外，此处不能将复制4次的总角度设为360°，这样将会导致复制结果是5个曲面，有1个曲面是重复的。

10.9　平面修剪曲面

【平面修剪】命令用于绘制平面的曲面，要求所选择的截面必须是二维的。如果不封闭，系统会提示用户，可以选择自动进行封闭处理，如图10-65所示。

在菜单栏执行【绘图】→【曲面】→【平面修剪】命令，弹出【平整曲面】工具条，该工具条用来设置平整曲面参数，如图10-66所示。

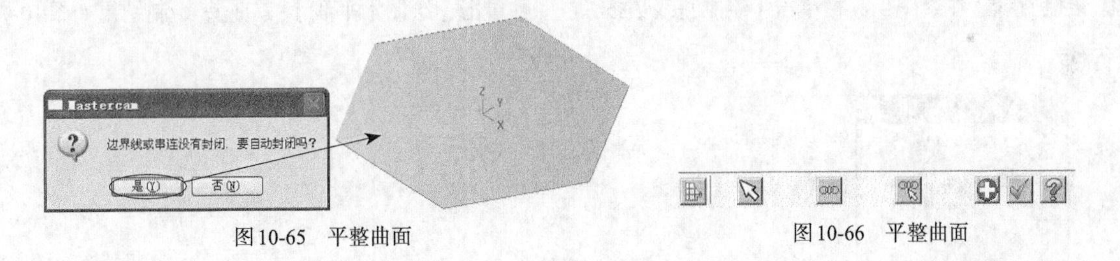

图10-65　平整曲面　　图10-66　平整曲面

10.10　拓展训练——绘制水晶球

引入文件：无

结果文件：拓展训练\结果文件\Ch10\10-6.mcx-9

视频文件：视频\Ch10\拓展训练——绘制水晶球.avi

整个水晶球由三角缀面相连接而成，所有顶点全部落在球面上，形成多面晶体。本实训绘制的水晶球以八边形作为基础，上下各5层，共10层，除顶层是8个面以外，每层有16（8×2）个面，因此，共有144（8×8×2+8+8）个面。下面将详细说明水晶球的绘制过程。

采用基本绘图命令和曲面命令绘制水晶球，结果如图10-67所示。

01 绘制第一层八边形。在绘图工具栏单击【画多边形】按钮，定位点为原点，内接圆半径为100mm，结果如图10-68所示。

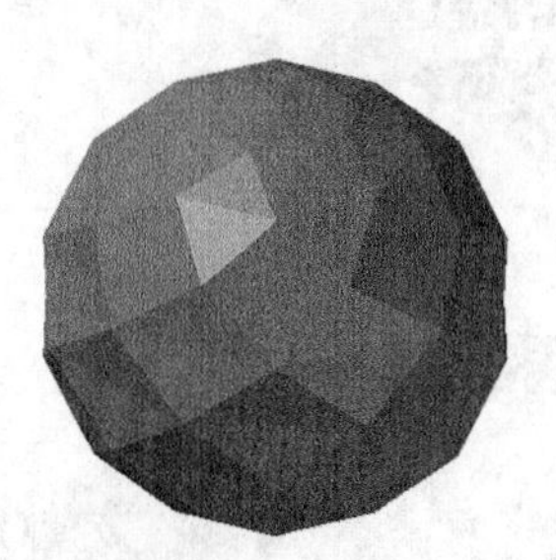

图10-67　水晶球

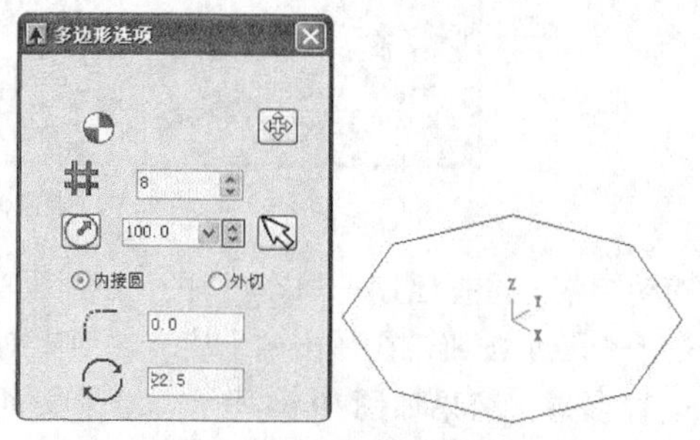

图10-68　绘制八边形

02 设置构图面。在绘图工具栏单击【前视构图面】按钮，将构图面设置为前视图。在前视图绘制圆，半径为100mm，结果如图10-69所示。

03 绘制直线。在绘图工具栏单击【绘制直线】按钮，绘制结果如图10-70所示。

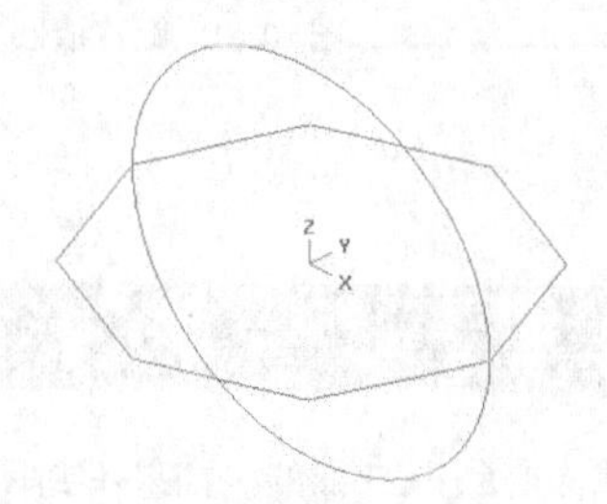

图10-69　绘制圆

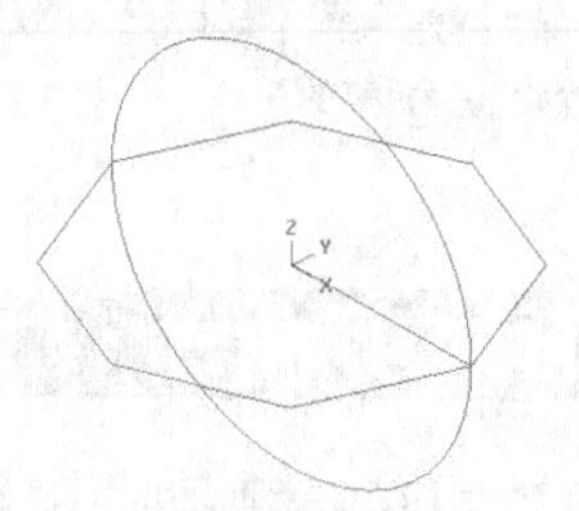

图10-70　绘制直线

04 旋转复制直线。在绘图工具栏单击【旋转】按钮，选择刚才绘制的线，单击【完成】按钮，弹出【旋转选项】对话框，设置旋转类型为【复制】，次数为5，复制总角度为90°，结果如图10-71所示。

05 绘制直线。在绘图工具栏单击【绘制直线】按钮，并单击【绘制水平线】按钮，绘制结果如图10-72所示。

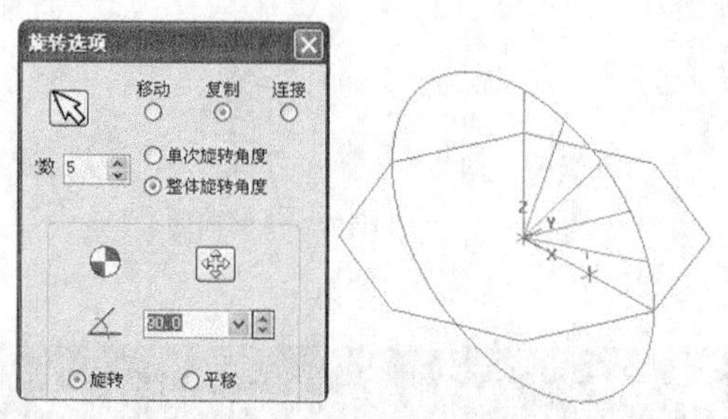

图10-71　旋转直线

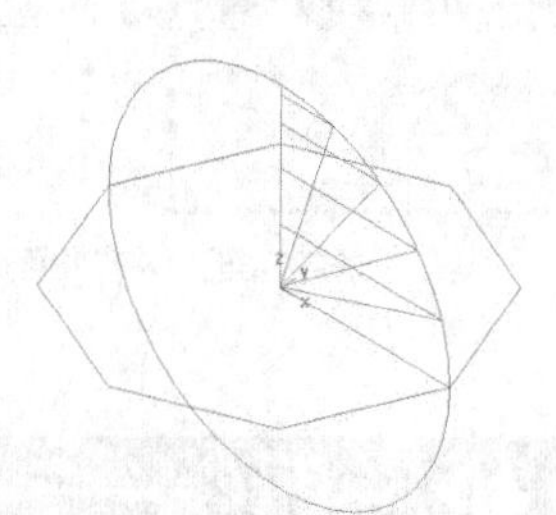

图10-72　绘制水平线

操作技巧

此处绘制的旋转直线平分四分之一圆弧，然后通过水平线定出多边形中心，即可通过此水平线的两端点来绘制多边形。多边形中心在水平线左端点，多边形内接圆通过右边端点，这样无须输入参数即可解决多边形在空间的均匀分布问题。

06 设置构图面。在绘图工具栏单击【俯视构图面】按钮，将构图面设置为俯视图。

07 绘制多边形。在绘图工具栏单击【画多边形】按钮，定位点为水平线的左端点，半径为水平线的长度，每往上一层，角度错位360/8/2=22.5°，结果如图10-73所示。

08 绘制直线连接。在绘图工具栏单击【绘制直线】按钮，连接多边形，如图10-74所示。

09 绘制举升曲面。在绘图工具栏单击【举升曲面】按钮，选择两相邻的直线绘制出曲面，如图10-75所示。

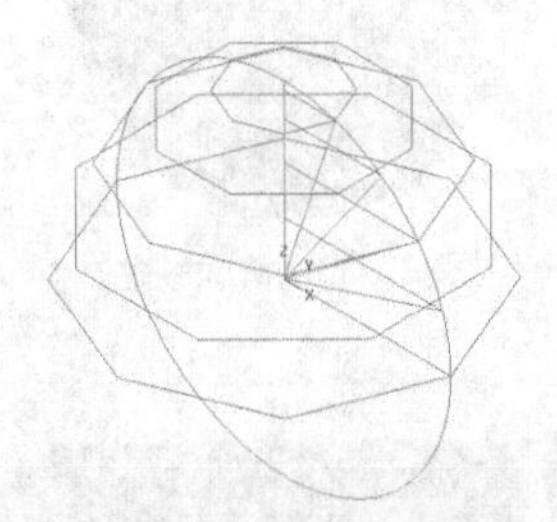

图10-73　绘制多边形

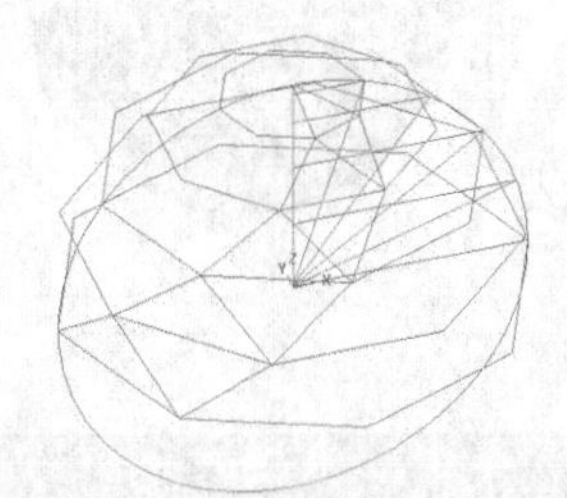

图10-74　连接直线

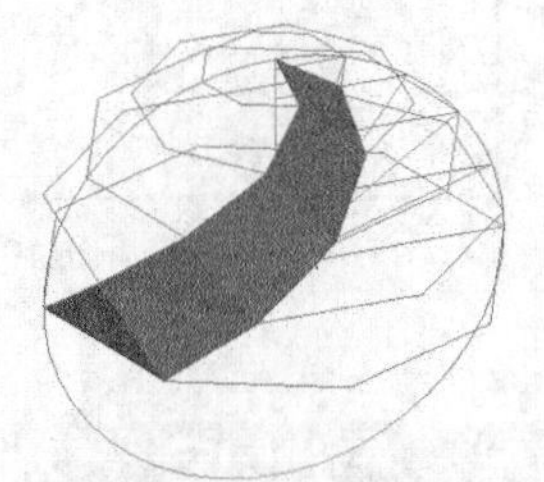

图10-75　绘制举升曲面

操作技巧

此处绘制三角缀面的方法有很多种，可以采用平面修剪来绘制，还可以采用网格来绘制，但都不如举升方法快捷，此曲面举升可以采用两相邻边举升，还可以采用一边和对角点举升。

10 旋转曲面。选择全部曲面，在绘图工具栏单击【旋转】按钮，将刚才绘制的曲面旋转移动8次，移动总角度为360°，结果如图10-76所示。

操作技巧

此处5层只有顶面一层绘制一个曲面，其余层绘制都是两个曲面，两个曲面都只占据每个多边形的一条边，因此旋转时按八边形来旋转。这样可以推广到由其他多边形组成的晶体球。

11 镜像复制曲面。设置构图面为前视图构图面，选择所有曲面，单击工具栏中的【镜像】按钮，镜像轴为Y=0的轴，结果如图10-77所示。

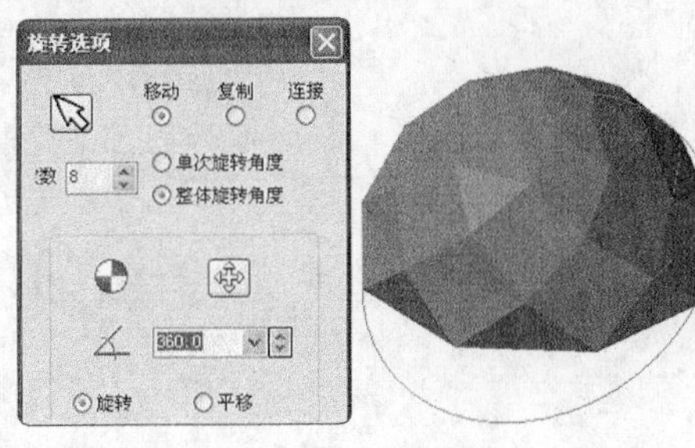

图10-76　旋转曲面

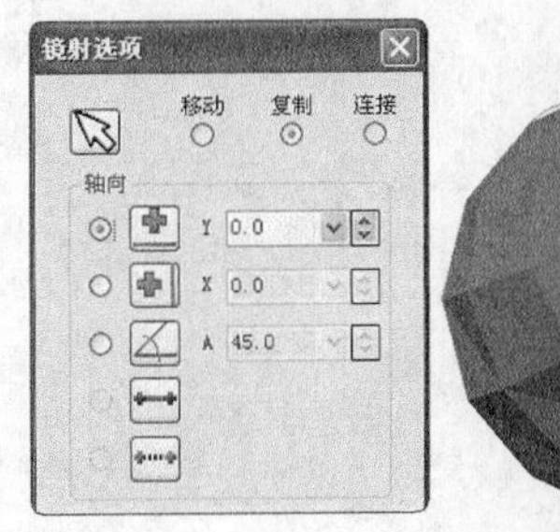

图10-77　旋转曲面

12 转层。选择所有线架，在【图层】按钮 层别: 1 上单击鼠标右键，在弹出的【更改层别】对话框中设置参数，如图10-78所示。

13 关闭图层。在图层上单击，在弹出的【层别管理】对话框中将第2层关闭，结果如图10-79所示。

14 清除颜色。在菜单栏执行【屏幕】→【清除颜色】命令，结果如图10-80所示。

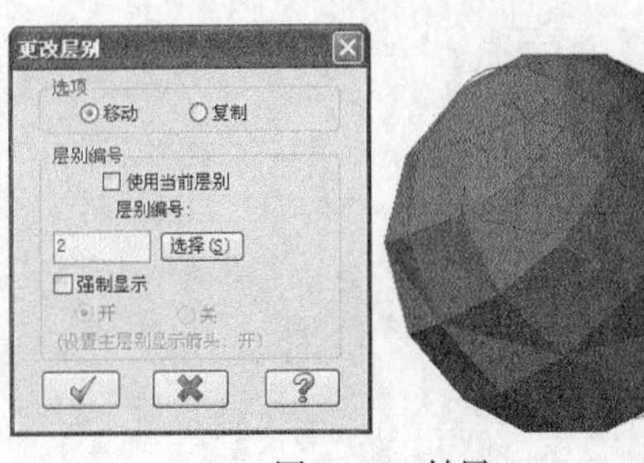

图10-78　转层

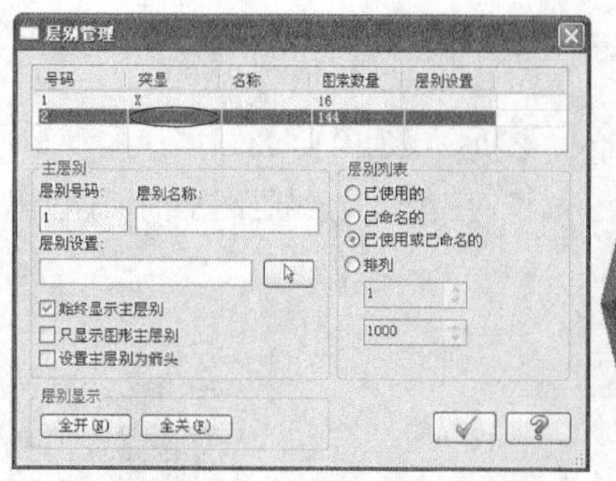

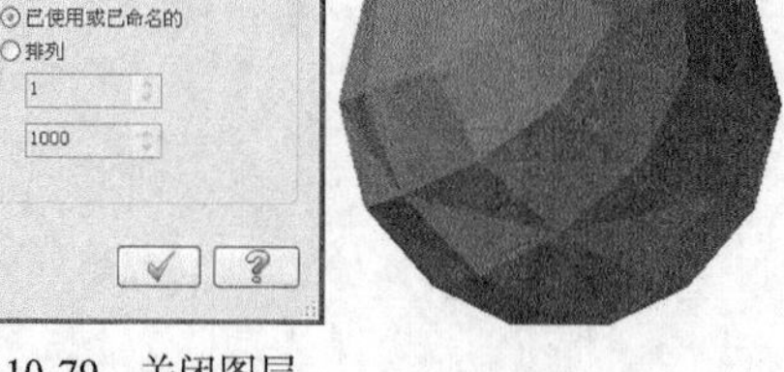

图10-79　关闭图层

图10-80　清除颜色

10.11　课后习题

（1）构图面、Z深度和视图对绘图各有什么影响？作用分别是什么？

（2）直纹曲面与举升曲面的区别是什么？

（3）扫描曲面根据扫描的轨迹和截面线的条数不同有哪几种情况？

（4）绘制图10-81所示的扫描曲面。

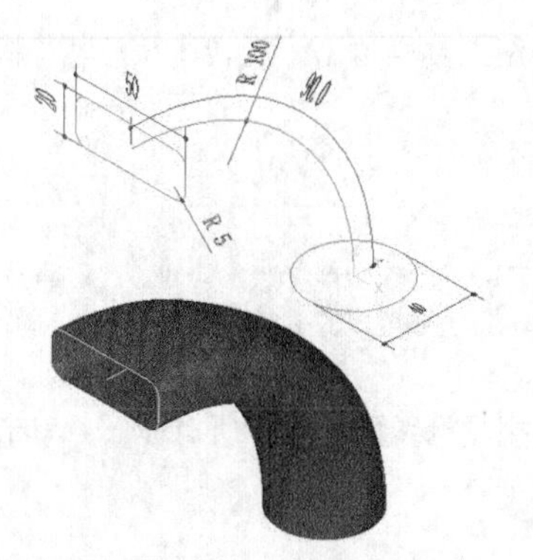

图10-81　扫描曲面

第 11 章

曲面编辑

通过曲线创建曲面，往往还需要进行一定的编辑，才能满足造型的需要。编辑曲面包括曲面倒圆角、修剪、延伸、熔接等操作。本章将讲解这些编辑操作。

知识要点

※ 掌握曲面的几种倒圆角方法。
※ 掌握曲面修剪的操作方法及其运用。
※ 能使用恢复曲面、恢复修剪、填补内孔等曲面命令来修补破面。
※ 会用曲面熔接命令绘制简单的曲面。

案例解析

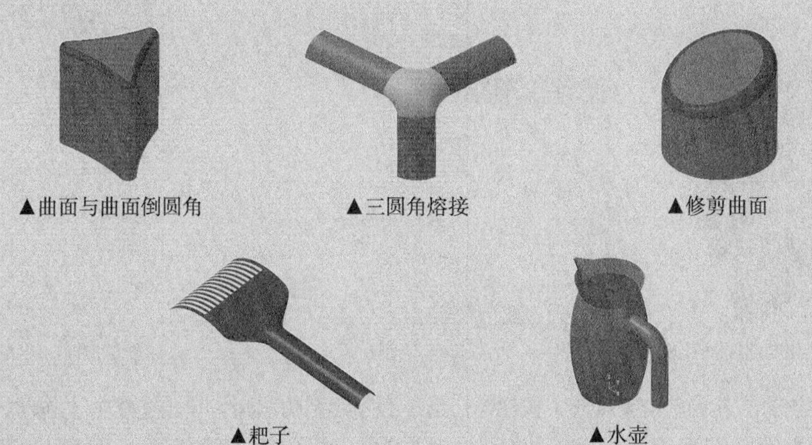
▲曲面与曲面倒圆角　▲三圆角熔接　▲修剪曲面
▲耙子　▲水壶

11.1 曲面倒圆角

曲面倒圆角有3种形式，曲面与曲面倒圆角、曲面与曲线倒圆角、曲面与平面倒圆角，如图11-1所示。

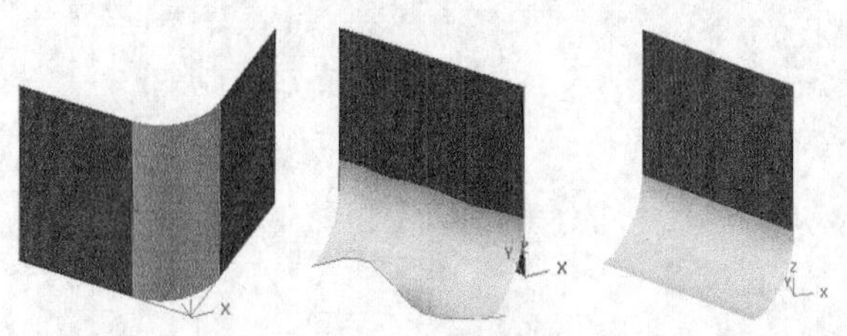

图11-1　曲面倒圆角

11.1.1 曲面与曲面倒圆角

曲面与曲面倒圆角是在两组曲面之间倒圆角。在菜单栏执行【绘图】→【曲面】→【曲面倒圆角】→【曲面与曲面】命令，选择要倒圆角的曲面后，弹出【曲面与曲面倒圆角】对话框，如图11-2所示。

在进行倒圆角时需要先调整好曲面的法向，法向可以通过【曲面法向切换】按钮来进行切换。

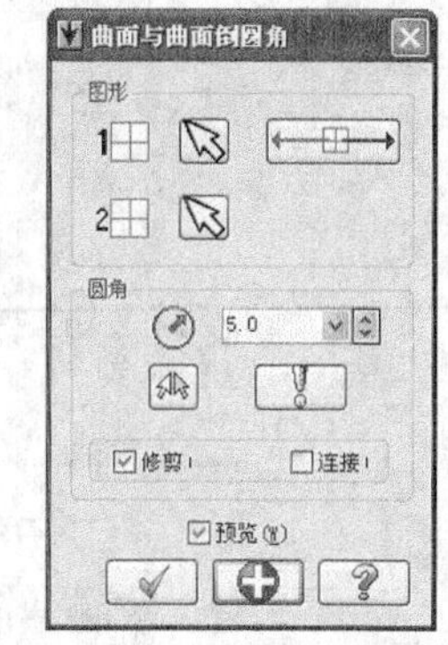

图11-2 【曲面与曲面倒圆角】对话框

操作技巧

在对曲面倒圆角时注意，只有曲面的法向相交才可以产生圆角。因此，可以先设置好曲面法向后再进行倒圆角。可以在菜单栏执行【编辑】→【法向设定】命令进行设置，或者在菜单栏执行【编辑】→【更改法向】命令更改法向。

实训71——曲面与曲面倒圆角

采用【曲面与曲面】命令绘制图11-3所示的曲面模型。

01 绘制正三边形。在绘图工具栏单击【画多边形】按钮，弹出【多边形选项】对话框，设置边数为3，内接圆半径为30，如图11-4所示。

02 绘制两点画弧。在绘图工具栏单击【两点画弧】按钮，选择三边形水平边的两个端点，输入半径为70，结果如图11-5所示。

图11-3　曲面与曲面倒圆角

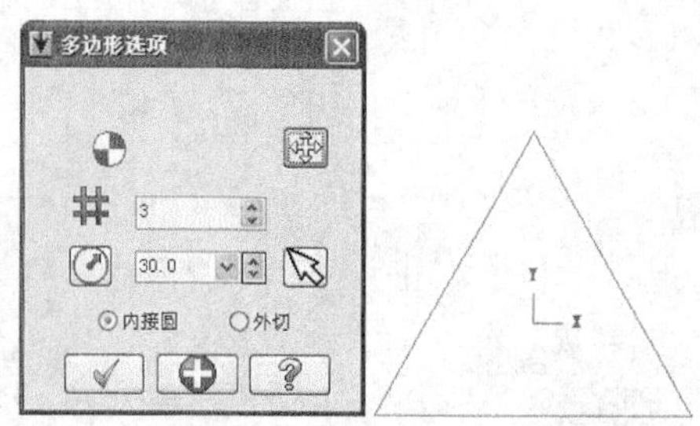

图11-4　绘制正三边形

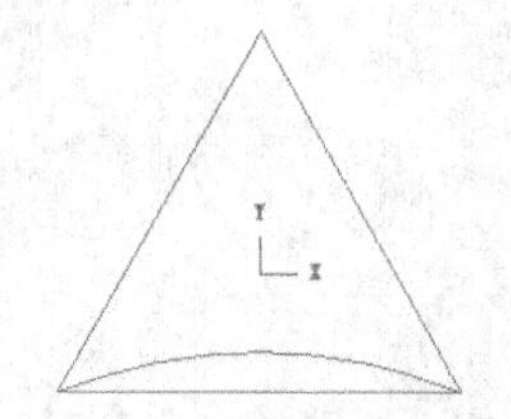

图11-5　绘制两点画弧

03 旋转。在绘图工具栏单击【旋转】按钮，选择刚才绘制的圆弧，单击【完成】按钮，完成选择。弹出【旋转选项】对话框，设置旋转类型为【移动】，次数为3，总旋转角度为360°，单击【完成】按钮，系统根据参数生成的图形如图11-6所示。

04 删除线。在绘图工具栏单击【删除】按钮，选择多余的多边形直线，单击【完成】按钮，结果如图11-7所示。

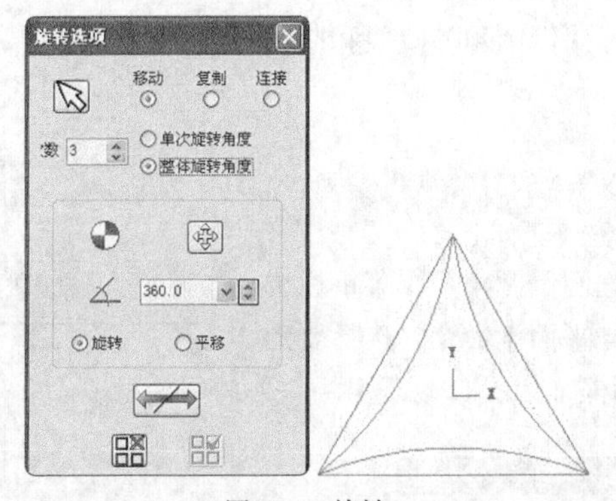

图11-6　旋转

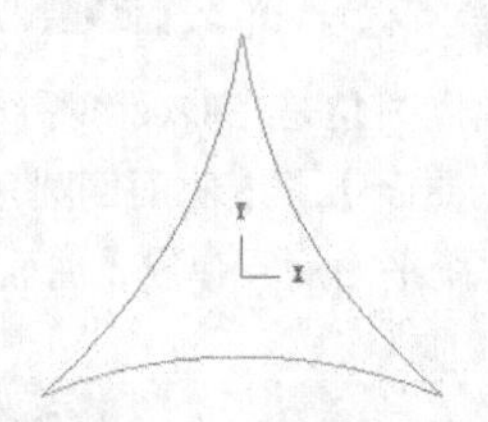

图11-7　删除线

05 挤出曲面。在绘图工具栏单击【挤出曲面】按钮，选择刚才绘制的圆弧串联，弹出【挤出曲面】对话框，设置拉伸高度为40，单击【完成】按钮，完成拉伸，结果如图11-8所示。

06 曲面与曲面倒圆角。在绘图工具栏单击【曲面与曲面】按钮，选择第一组曲面，【确定】后再选择第二组曲面，单击【完成】按钮，弹出【曲面与曲面倒圆角】对话框，如图11-9所示。

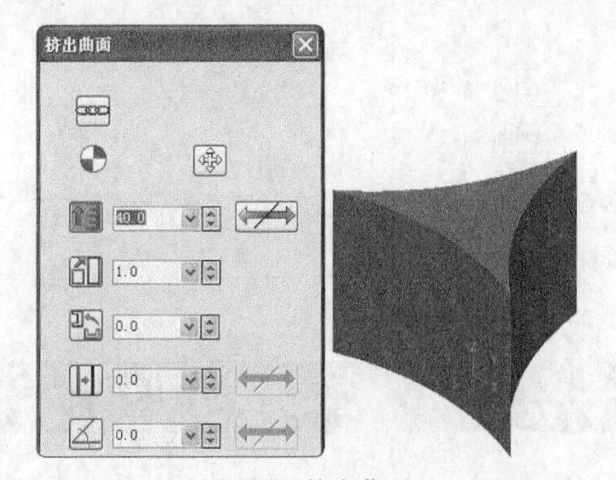

图11-8　挤出曲面

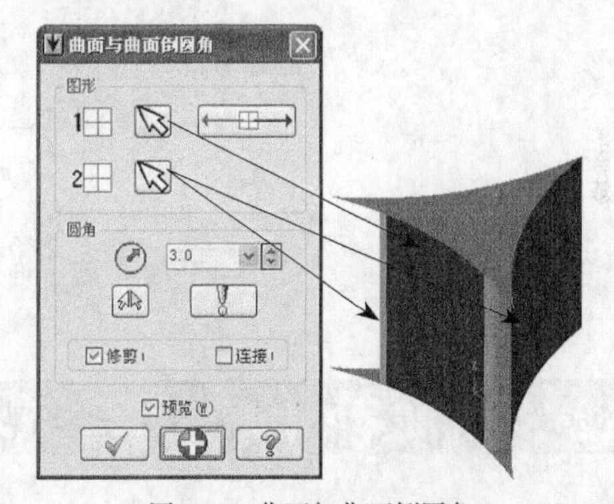

图11-9　曲面与曲面倒圆角

07 曲面与曲面倒圆角。在绘图工具栏单击【曲面与曲面倒圆角】按钮，选择顶面为第一组曲面，【确定】后，选择侧面所有曲面为第二组曲面，单击【完成】按钮，弹出【曲面与曲面倒圆角】对话框，如图11-10所示。

08 删除圆弧和面。在绘图工具栏单击【删除】按钮，选择多余的圆弧和底部曲面，单击【完成】按钮删除，结果如图11-11所示。结果文件见“实训\结果文件\Ch11\11-1.mcx-9”。

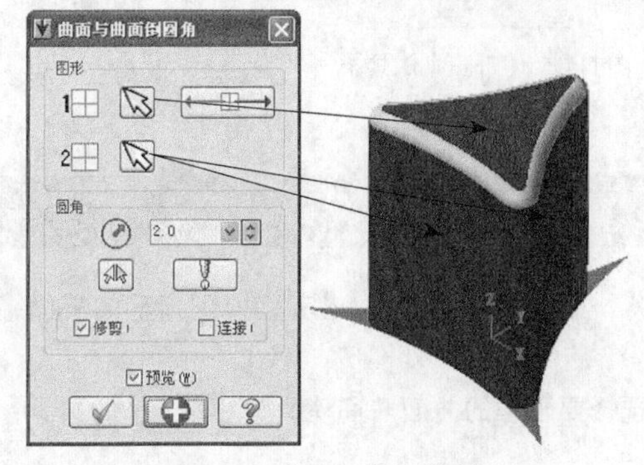

图11-10　曲面与曲面倒圆角

图11-11　删除圆弧和面

11.1.2 曲面与曲线倒圆角

曲面与曲线倒圆角是在曲面和曲线之间倒圆角。在菜单栏执行【绘图】→【曲面】→【曲面倒圆角】→【曲线与曲面倒圆角】命令，选择要倒圆角的曲面和曲线后，弹出【曲线与曲面倒圆角】对话框，如图11-12所示。

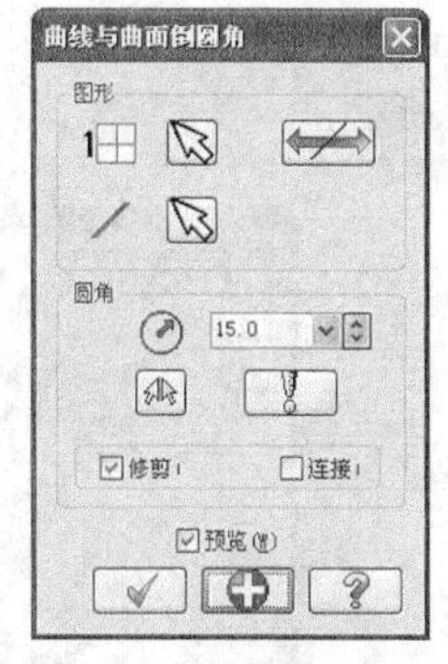

图11-12 【曲线与曲面倒圆角】对话框

11.1.3 曲面与平面倒圆角

曲面与平面倒圆角是在曲面和系统坐标系组成的平面之间倒圆角。在菜单栏执行【绘图】→【曲面】→【曲面倒圆角倒圆角】→【曲面与平面】命令，选择要倒圆角的曲面和系统平面后，弹出【曲面与平面倒圆角】对话框，如图11-13所示。

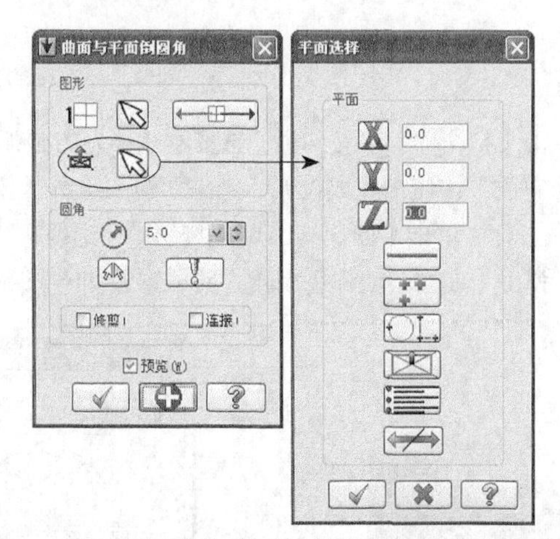

图11-13 【曲面与平面倒圆角】对话框

11.2 曲面补正

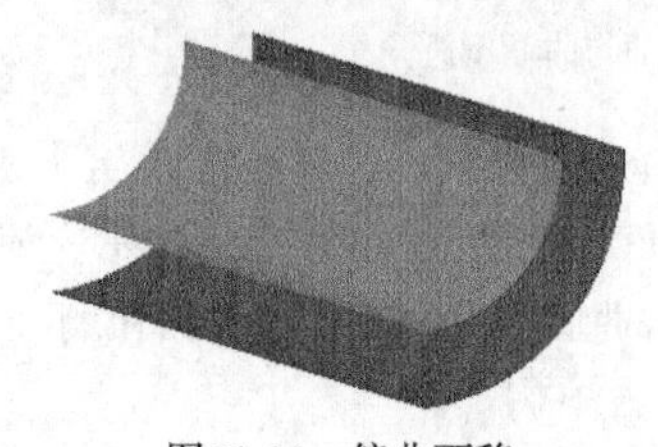
图11-14 偏曲面移

曲面补正是将选择的曲面沿曲面法向偏移一定的距离产生新的曲面，当偏移方向指向曲面凹侧时，以小于曲面最小曲率半径的偏移距离来偏移曲面，如图11-14所示。

在菜单栏执行【绘图】→【曲面】→【曲面补正】命令，选择要补正的曲面后，弹出【补正】工具条，如图11-15所示。

图11-15 【补正】工具条

11.3 曲面延伸

曲面延伸是将选择的曲面沿曲面边界延伸指定的距离，如图11-16所示。或者延伸到指定的平面，如图11-17所示。

在菜单栏执行【绘图】→【曲面】→【延伸】命令，选择要延伸的曲面并移动箭头到要延伸的边界，弹出【延伸】工具条，如图11-18所示。

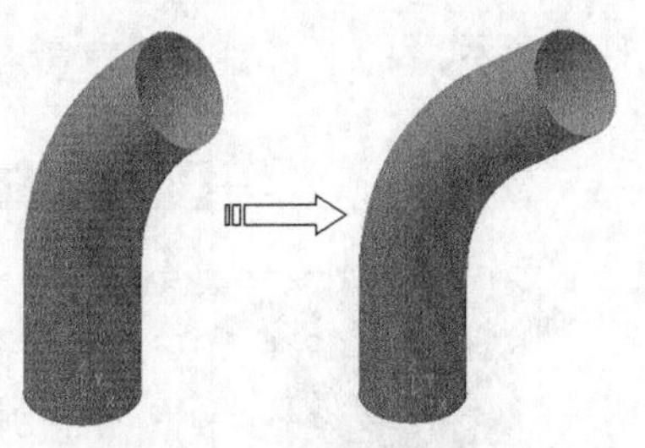

图11-16　延伸指定距离

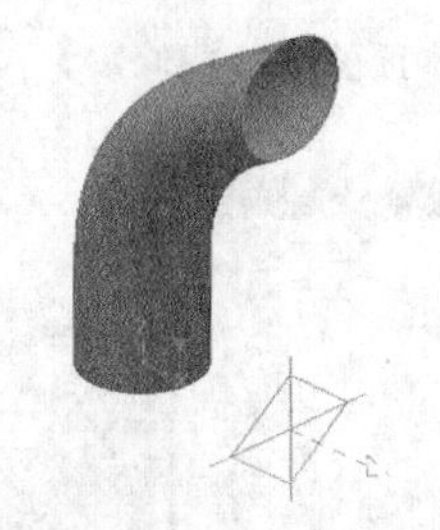

图11-17　延伸到指定平面

图11-18 【延伸】工具条

技术支持

在延伸工具条中的线性延伸和非线性延伸是有区别的，线性延伸是沿原始曲面的切向方向直接延伸距离，如图11-19所示。非线性是继续保持原始曲面的趋势进行延伸，如图11-20所示。

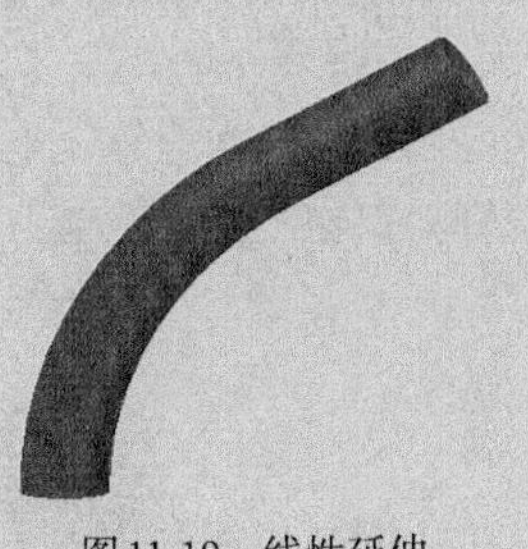

图11-19　线性延伸

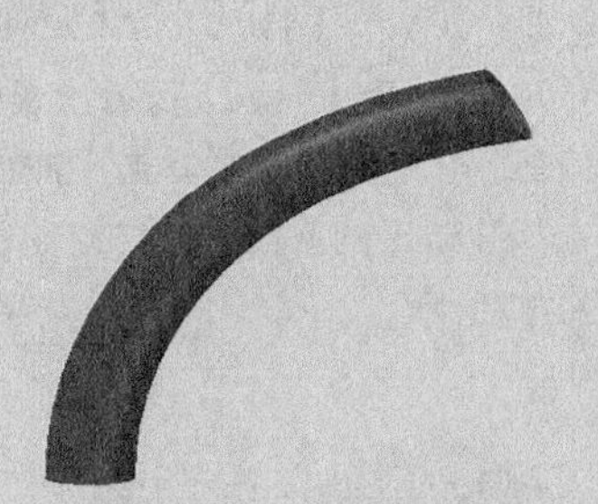

图11-20　非线性

11.4　曲面修剪

曲面修剪是利用曲面、曲线或平面来修剪另一个曲面。曲面修剪有3种形式，曲面和曲面修剪、曲面和曲线修剪、曲面和平面修剪。

11.4.1　曲面和曲面修剪

在菜单栏执行【绘图】→【曲面】→【曲面修剪】→【修剪至曲面】命令，调取【曲面修剪】命令，并弹出曲面【修剪】工具条，如图11-21所示。

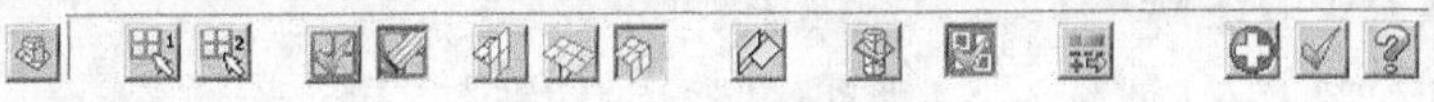

图11-21　曲面和曲面修剪

实训72——曲面和曲面修剪

采用曲面和曲面修剪命令绘制图11-22所示的图形。

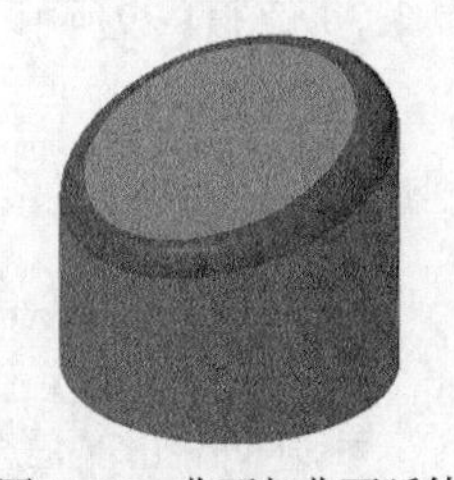

图11-22　曲面与曲面延伸

01 绘制圆柱体。在绘图工具栏单击【圆柱体】按钮，弹出【圆柱体】对话框，设置圆柱体类型为【曲面】，半径为10，高度为20，选择底面中心定位点为原点，如图11-23所示。

02 恢复修剪曲面。在绘图工具栏单击【恢复修剪】按钮，选择圆柱体顶面曲面，系统将圆柱体顶面恢复成修剪之前的矩形曲面，如图11-24所示。

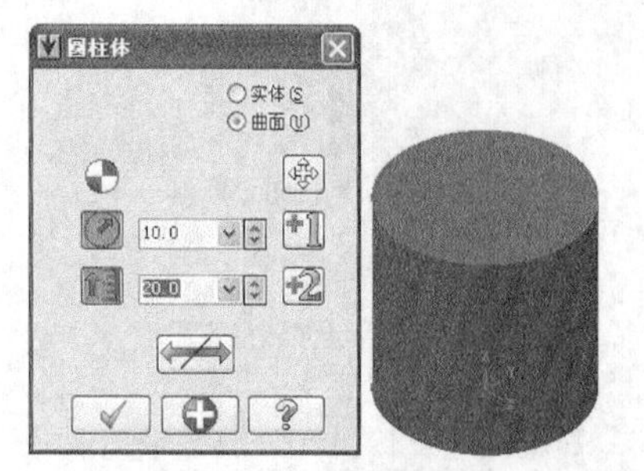

图11-23　绘制圆柱体曲面

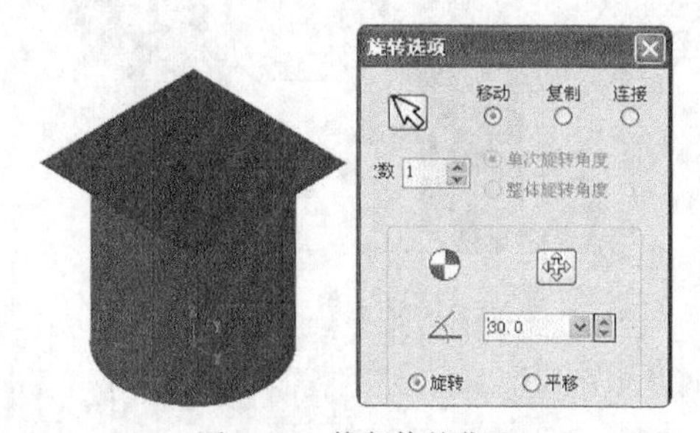

图11-24　恢复修剪曲面

03 旋转曲面。切换视图到【右视图】。在绘图工具栏单击【旋转】按钮，选择刚才绘制的圆，单击【完成】按钮，完成选择。弹出【旋转选项】对话框，设置【旋转类型】为移动，次数为1，总旋转角度为30°，旋转中心坐标为（10,20），单击【完成】按钮，系统根据参数生成的图形如图11-25所示。

04 曲面延伸。在绘图工具栏单击【延伸】按钮，选择要延伸的曲面，并将箭头拖动到要延伸的边界，输入延伸距离为5，单击【完成】按钮，完成延伸，结果如图11-26所示。

05 曲面修剪。在绘图工具栏单击【曲面修剪至曲面】按钮，选择圆柱体曲面为第一组曲面，单击【完成】按钮选择旋转后的斜面为第二组曲面，单击【完成】按钮再选择要保留的部分，单击【完成】按钮修剪，如图11-27所示。

图11-25　旋转曲面

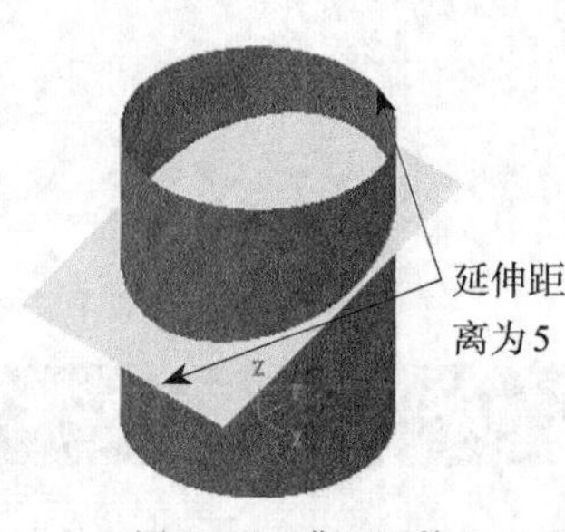

图11-26　曲面延伸

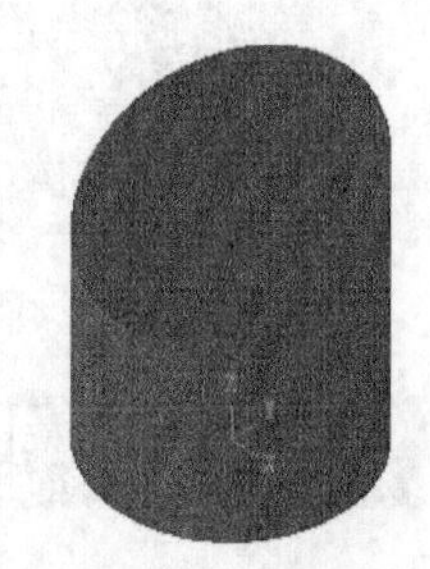
图11-27　曲面修剪

06 曲面倒圆角。在绘图工具栏单击【曲面与曲面】按钮，选择第一组曲面，【确定】按钮后再选择第二组曲面，单击【完成】按钮，弹出【曲面与曲面倒圆角】对话框，如图11-28所示。结果文件见“实训\结果文件\Ch11\11-2.mcx-9”。

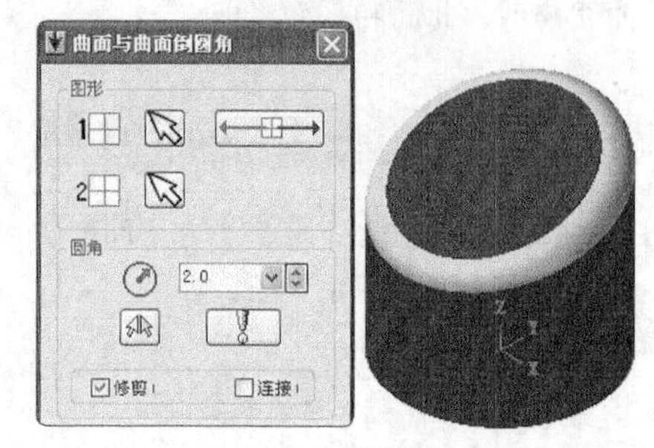

图11-28　倒圆角

11.4.2　曲面和曲线修剪

在菜单栏执行【绘图】→【曲面】→【曲面修剪】→【修剪至曲线】命令，调取曲线修剪曲面命令，并弹出曲面【修剪】工具条，如图11-29所示。

图11-29　曲线修剪曲面

技术支持

曲面和曲线修剪的原理是使曲线沿构图面方向投影在曲面上，投影后的曲线再修剪曲面。因此，曲面和曲线修剪时，构图面的设置是关键。

11.4.3　曲面和平面修剪

曲面修剪至平面是采用平面修剪或分割选择的曲面。在菜单栏执行【绘图】→【曲面】→【曲面修剪】→【修剪至平面】命令，调取平面修剪曲面命令，并弹出曲面【修剪】工具条，如图11-30所示。

图11-30　平面修剪曲面

11.5　恢复修剪曲面

恢复修剪曲面是还原被修剪的曲面到修剪前的状态，如图11-31所示。在菜单栏执行【绘图】→【曲面】→【恢复修剪】命令，调取恢复修剪曲面命令，并弹出恢复修剪曲面工具条。

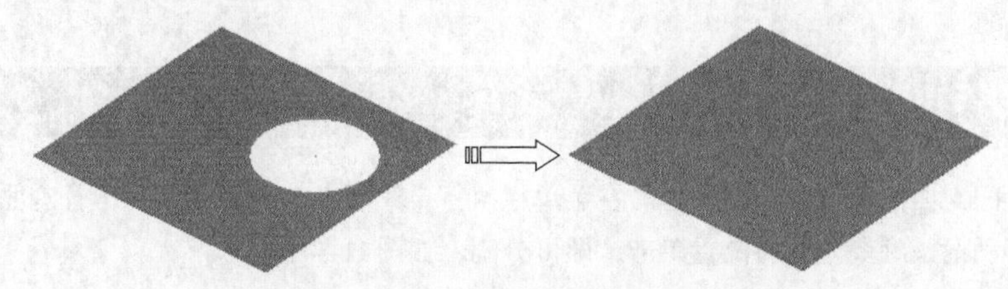

图11-31　恢复修剪曲面

技术支持

恢复修剪曲面是一次性将选中的曲面恢复到没有修剪的状态，也就是此曲面不管执行过多少次修整操作，都恢复到原始状态下的完整曲面。因此，如果只想恢复其中一部分曲面就不能采用此命令。

11.6　恢复曲面边界

恢复曲面边界是将修整曲面的某一修剪边界进行恢复还原操作，可以是内边界，也可以是外边界。在菜单栏执行【绘图】→【曲面】→【恢复到边界】命令，系统提示选择曲面，选择要恢复的曲面后，系统提示选择要恢复的边界，选择内边界，即可将内部恢复还原，如图11-32所示。

图11-32　恢复边界

技术支持

【恢复到边界】命令是对修剪曲面中的部分边界进行恢复。此命令提供了可供选择的边界，拖动箭头到需要恢复的修剪边界，即可对该修剪边界进行定向精准恢复。

11.7 填补内孔

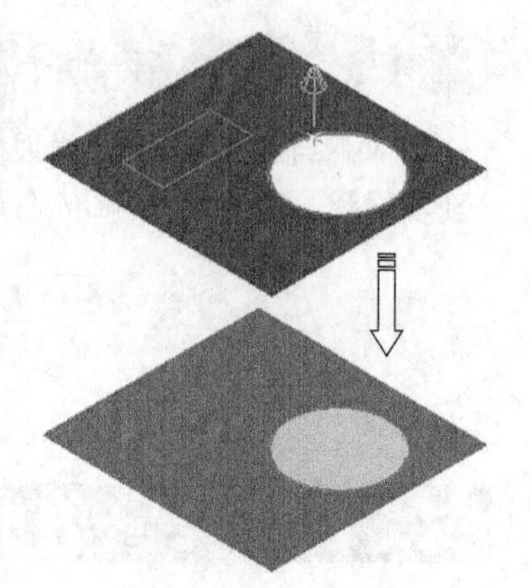

图11-33　填补内孔

填补内孔是对曲面内部的破孔进行填补，与恢复曲面内边界操作类似，不过填补内孔之后的曲面与原始曲面是两个曲面，而恢复操作是一个曲面。在菜单栏执行【绘图】→【曲面】→【填补内孔】命令，系统提示选择曲面，选择要填补内孔的曲面后，系统提示选择边界，移动箭头到要选择的内边界，即可填补内部破孔，如图11-33所示。

技术支持

填补内孔是将曲面内部的破孔进行修补填充，操作方式和恢复边界曲面相同，唯一不同的是，恢复边界得到的是和原来一样的单个曲面，而填补内孔是在原曲面的基础上创建一个填补孔曲面。

11.8 分割曲面

分割曲面是专门对曲面进行的分割操作。在菜单栏执行【绘图】→【曲面】→【分割曲面】命令，系统提示选择曲面，移动箭头到要分割的位置单击，即可分割，如图11-34所示。

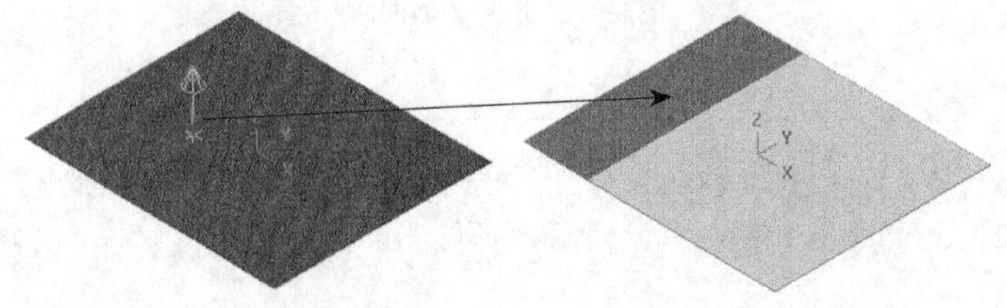

图11-34　分割曲面

技术支持

分割曲面是对曲面沿指定点处的曲面流线进行分割，相当于在指定点处创建曲面流线后，使用曲面流线分割曲面。可以通过单击箭头来切换分割U方向和V方向。

11.9 两曲面熔接

【两曲面熔接】命令可以将两个曲面光滑地熔接在一起，形成光滑的过渡。在菜单栏执行【绘图】→【曲面】→【两曲面熔接】命令，选择两个曲面单击，弹出【两曲面熔接】对话框，如图11-35所示。

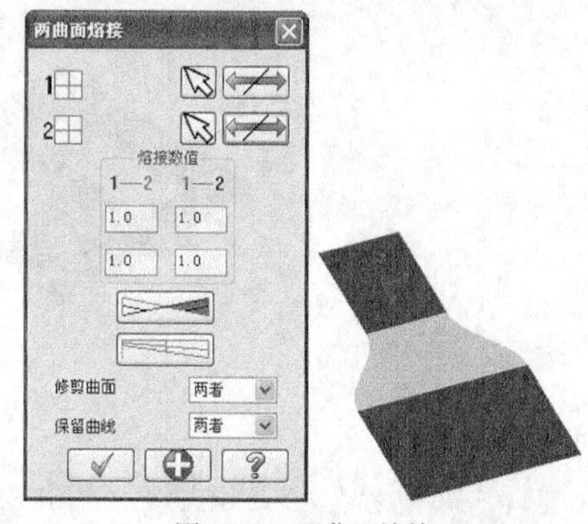

图11-35　两曲面熔接

11.10　三曲面熔接

【三曲面熔接】命令可以将三个曲面光滑地熔接在一起，形成光滑的过渡。在菜单栏执行【绘图】→【曲面】→【三曲面熔接】命令，选择三曲面后单击，弹出【三曲面熔接】对话框，如图11-36所示。

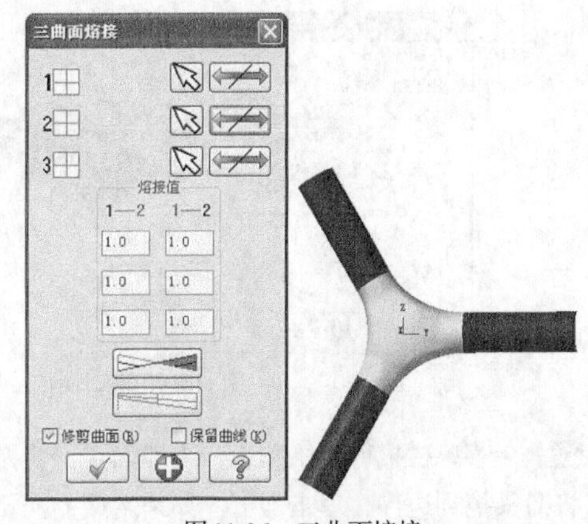

图11-36　三曲面熔接

11.11　三圆角曲面熔接

【三圆角曲面】熔接命令可以将3个倒圆角曲面光滑地熔接在一起，形成光滑的过渡圆角。在菜单栏执行【绘图】→【曲面】→【三圆角曲面熔接】命令，选择三个圆角曲面，单击【完成】按钮，弹出【三圆角面熔接】对话框，如图11-37所示。

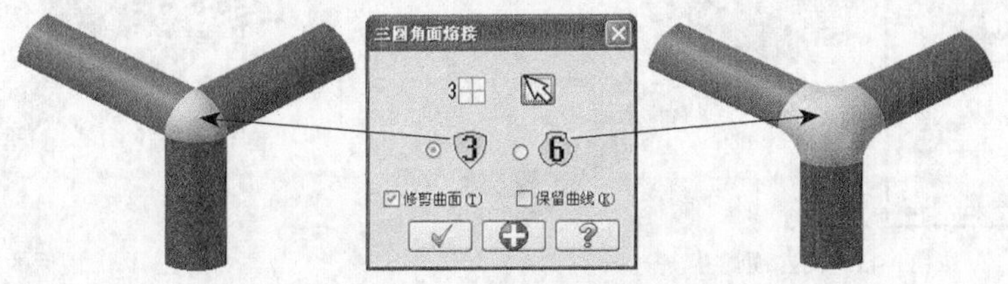

图11-37　三圆角曲面熔接

实训73——曲面与曲面熔接

用曲面熔接命令绘制模型，如图11-38所示。

01 在绘图工具栏单击【打开】按钮，打开“实训\源文件\Ch11\11-3.mcx-9”，线框图如图11-39所示。

02 绘制举升曲面。在绘图工具栏单击【举升曲面】按钮，选择两条圆弧，绘制举升曲面，如图11-40所示。

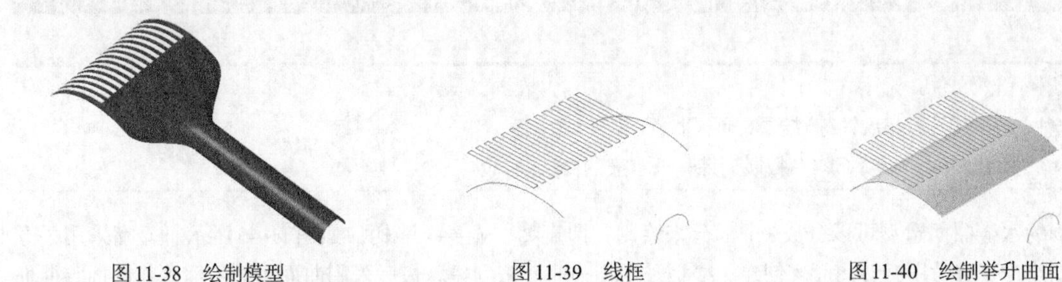
图11-38　绘制模型　　图11-39　线框　　图11-40　绘制举升曲面

03 绘制牵引曲面。在菜单栏执行【绘图】→【曲面】→【牵引曲面】命令，选择要牵引的圆，输入牵引距离为200，单击【右视图构图面】按钮，再单击【完成】按钮，完成牵引曲面的绘制，如图11-41所示。

04 在绘图工具栏单击【俯视图】按钮，并单击【曲面修剪至曲线】按钮，选择牵引曲面，单击【完成】按钮，再选择修剪曲线，单击【完成】按钮，然后选择要保留的区域，单击【完成】按钮，完成修剪，结果如图11-42所示。

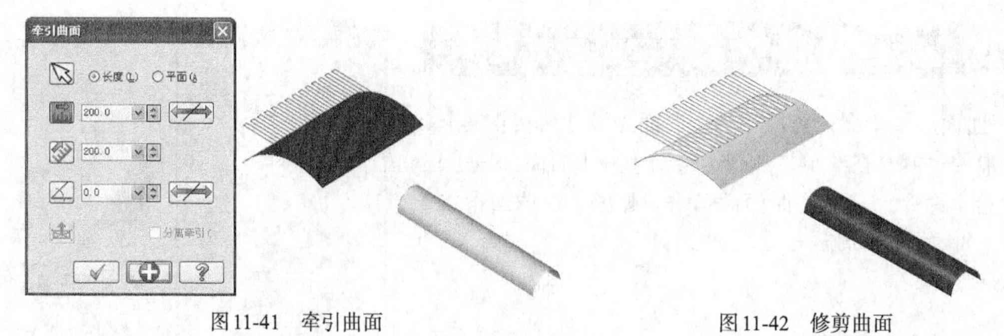
图11-41　牵引曲面　　图11-42　修剪曲面

05 在菜单栏执行【绘图】→【曲面】→【两曲面熔接】命令，弹出【两曲面熔接】对话框，选择两曲面并将箭头拖到边界，单击即可。如果熔接方向不对，切换方向即可，如图11-43所示。

06 在绘图区选择需要显示的曲面，按Alt+E组合键，将没有选中的图素全部隐藏，如图11-44所示。结果文件见“实训\结果文件\Ch11\11-3.mcx-9”。

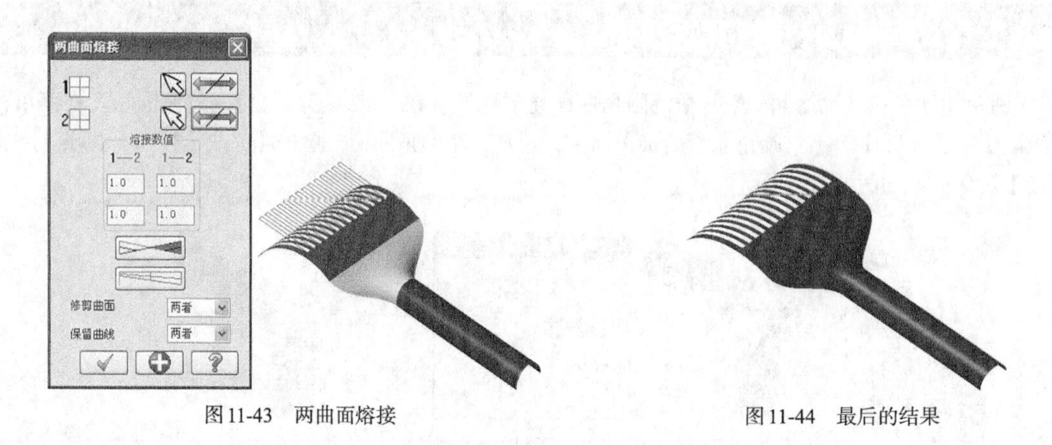
图11-43　两曲面熔接　　图11-44　最后的结果

操作技巧

两个曲面熔接时，起点选择要对应，方向要一致，以免出现扭曲后无法熔接出想要的结果。如果选择正确，出现扭曲时，只需要更改熔接方向即可恢复。

11.12　拓展训练——水壶曲面造型

引入文件：无
结果文件：拓展训练\结果文件\Ch11\11-4.mcx-9
视频文件：视频\Ch11\拓展训练——水壶曲面造型.avi

本例的水壶曲面造型可以分成3个部分来绘制，即壶嘴、壶身、弧柄，如图11-45所示。壶嘴采用举升曲面来创建，壶身采用旋转曲面来创建，壶柄采用扫描曲面来创建。最后采用曲面倒圆角命令将曲面与曲面之间光滑连接。

01 绘制矩形。单击工具栏中的【前视图】按钮，并在绘图工具栏单击【矩形设置】按钮，矩形尺寸为17mm×65mm，以左下角作为锚点，定位点为原点，绘制矩形，如图11-46所示。

02 绘制圆弧。在绘图工具栏单击【两点画弧】按钮，绘制半径为100mm的圆弧，结果如图11-47所示。

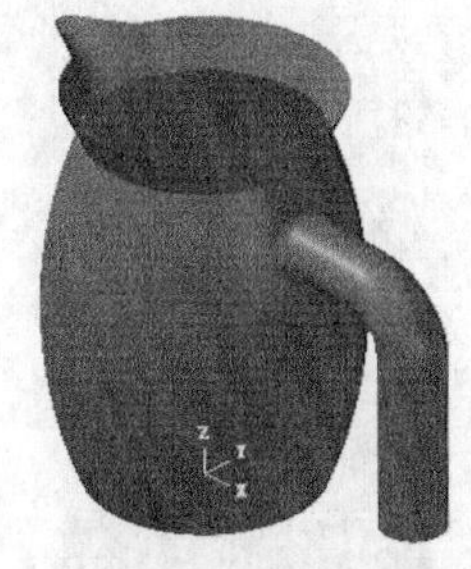
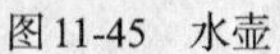

图11-45　水壶

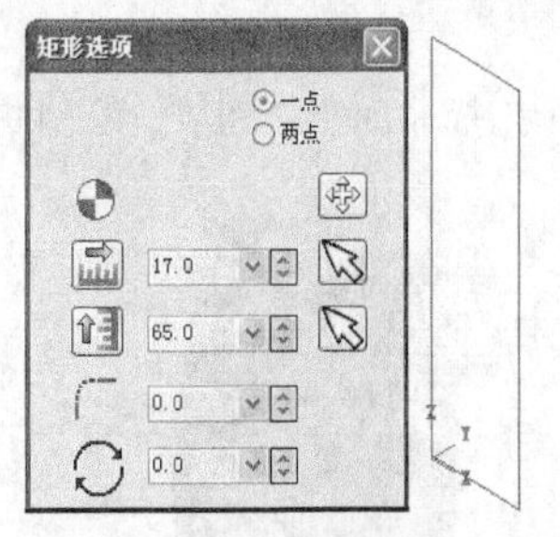

图11-46　绘制矩形

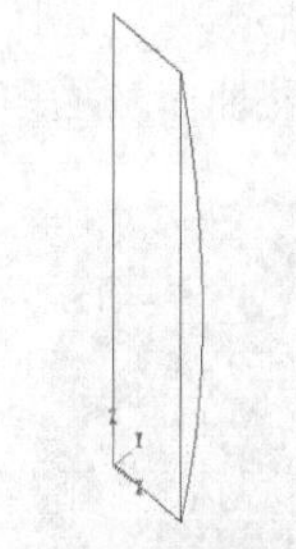

图11-47　绘制圆弧

03 删除多余的线。选中要删除的线，单击工具栏中的【删除】按钮，结果如图11-48所示。

04 绘制旋转曲面。在绘图工具栏单击【旋转曲面】按钮，选择刚才绘制的串联，结果如图11-49所示。

05 绘制圆。在绘图工具栏单击【俯视图】按钮，并在绘图工具栏单击【已知圆心点画圆】按钮，圆的定位点坐标为（0,0,65），半径为17mm。再绘制另一个圆，半径为20mm，定位点坐标为（0,0,73），再绘制一个小圆，半径为2mm，定位点坐标为（-26,0,73），结果如图11-50所示。

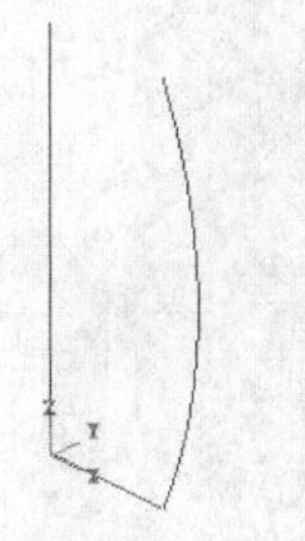

图11-48　删除直线

图11-49　绘制旋转曲面

图11-50　绘制圆

06 绘制线。在绘图工具栏单击【直线】按钮，并单击【相切】按钮，绘制相切于小圆的直线，角度为30°和-30°，结果如图11-51所示。

07 修剪图素。在绘图工具栏单击【修剪/打断/延伸】按钮，再单击【分割删除】按钮，修剪图素，结果如图11-52所示。

08 倒圆角。在绘图工具栏单击【固定实体倒圆角】按钮，倒圆角半径为4mm，结果如图11-53所示。

图11-51　绘制切线

图11-52　修剪图素

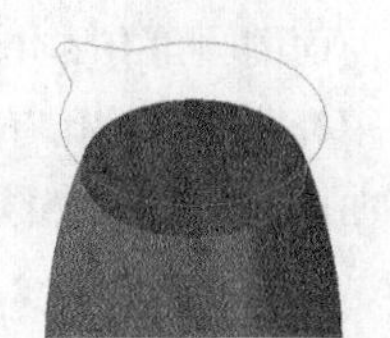

图11-53　倒圆角

09 绘制举升曲面。在绘图工具栏单击【举升曲面】按钮，绘制结果如图11-54所示。

10 绘制手柄扫描轨迹。在绘图工具栏单击【前视图】按钮，单击工具栏中的【任意线】按钮，绘制轨迹如图11-55所示。

11 倒圆角。在绘图工具栏单击【固定实体倒圆角】按钮，倒圆角半径为10mm，结果如图11-56所示。

12 绘制扫描截面圆。在绘图工具栏单击【俯视图】按钮，再单击【已知圆心点画圆】按钮，绘制直径为10mm的圆，

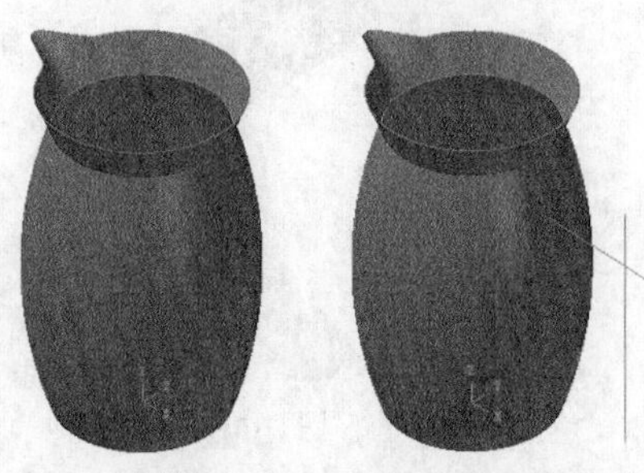

图11-54　绘制举升曲面　　图11-55　绘制直线

如图 11-57 所示。

13 绘制扫描曲面。在绘图工具栏单击【扫描曲面】按钮，绘制曲面，如图 11-58 所示。

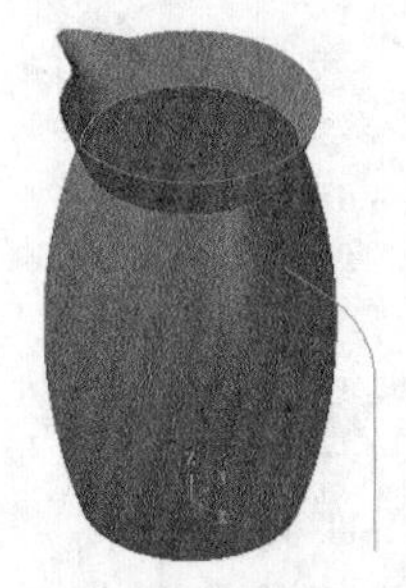
图 11-56　绘制倒圆角

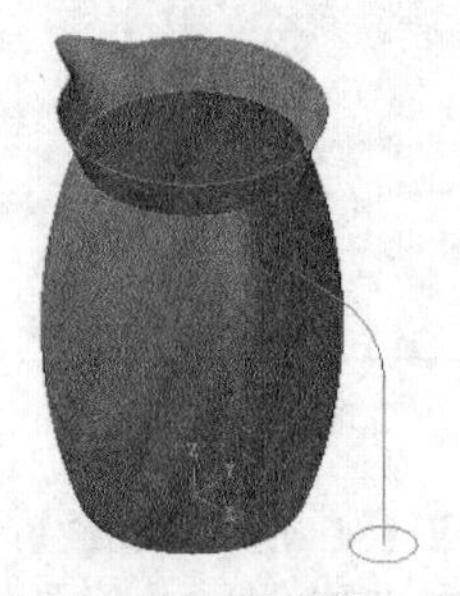
图 11-57　绘制截面

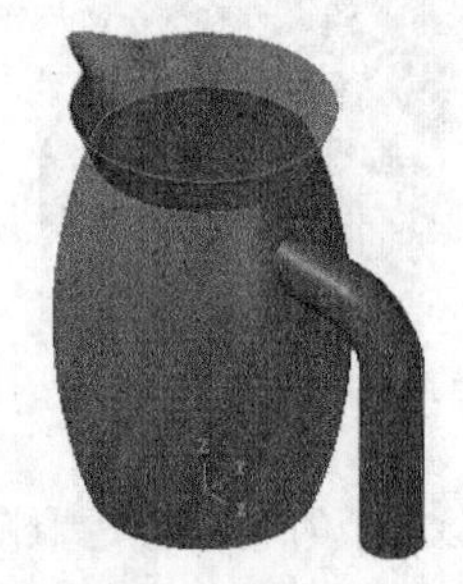
图 11-58　绘制扫描曲面

14 绘制曲面倒圆角。在绘图工具栏单击【曲面倒圆角】按钮，倒圆角结果如图 11-59 所示。

15 隐藏曲线。选择多余的曲面，按 Alt+E 组合键，将所有曲线隐藏，结果如图 11-60 所示。

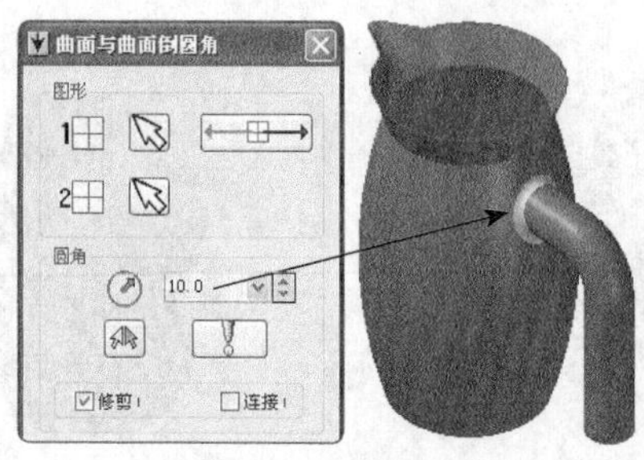

图 11-59　倒圆角

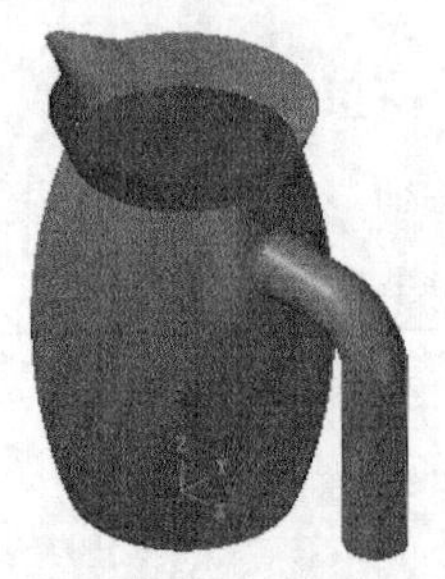
图 11-60　隐藏曲线

操作技巧

按 Alt+E 组合键可以将选择的图素显示或隐藏，而且隐藏只是暂时性的，此组合键是切换键，再按一次 Alt+E 组合键即又恢复显示。

11.13　课后习题

（1）曲面倒圆角有哪几种？

（2）填补曲面内的孔有哪几种方法？

（3）曲面倒圆角失败的原因有哪些？

（4）采用曲面编辑命令填补图 11-61 所示的吹风机曲面内的孔，结果如图 11-62 所示。

图 11-61　吹风机

图 11-62　填补内孔

第12章

三维曲面造型设计案例

本节主要讲解Mastercam X9曲面造型设计的方法和技巧。Mastercam X9曲面在原有版本的基础上做了很大的改进，绘制曲面更加自由和灵活。本章将以大量的实例来讲解曲面造型的具体步骤和技巧。

知识要点

※ 掌握曲面造型的思维方法。

※ 掌握曲面基本线架的绘制技巧。

※ 掌握形面分析法的技巧。

※ 掌握拆面补面的基本思路和技巧。

案例解析

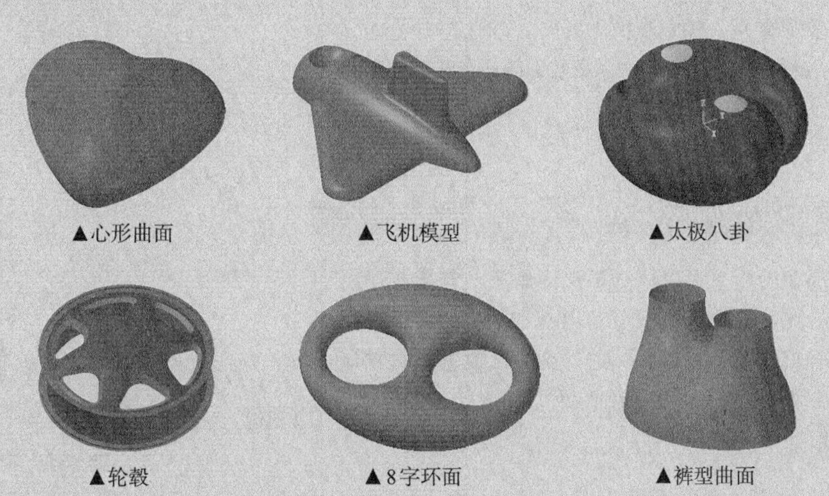

▲心形曲面　▲飞机模型　▲太极八卦

▲轮毂　▲8字环面　▲裤型曲面

12.1 曲面造型思维方法

从曲面构造原理来分析，Mastercam曲面造型的基本思维方法有以线构面和以面构面两种。

12.1.1 以线构面

采用二维或三维线框，按一定的规则，如旋转、扫描、举升等进行构面。用此方法构建出来的曲面一般作为基础曲面。产品中的最大面通常采用线架来构面，如图12-1所示。

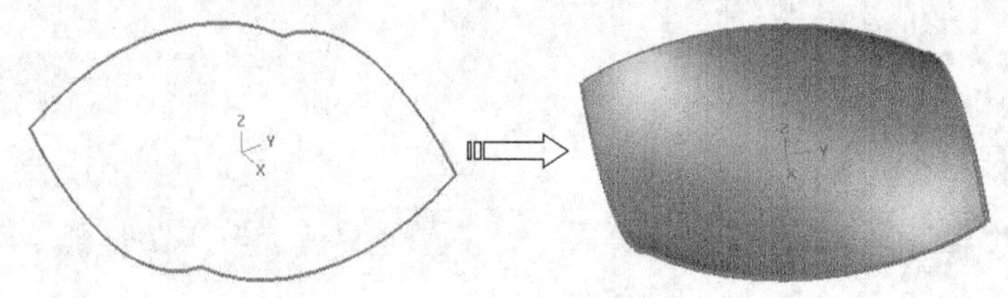

图12-1 以线构面

12.1.2 以面构面

以面构面通过对现有曲面进行修剪、延伸、偏置、熔接和倒圆角等操作来构建新的曲面，如图12-2所示。此种方法对复杂的曲面造型比较有效。很多复杂曲面用曲线是构造不出来的，必须借助曲面编辑才可以完成。

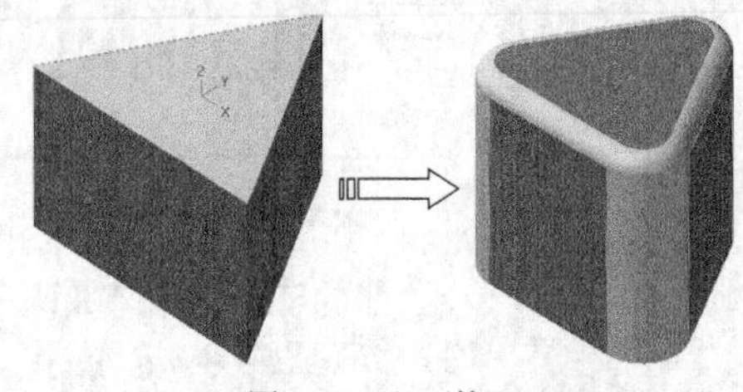

图12-2 以面构面

本章主要采用铺设曲面所需的空间骨架线，然后以骨架线为基础，铺设出所需曲面的方法来进行三维曲面造型。此种曲面一般情况下具有很明显的特征，并不复杂。下面通过实例进行讲解。

12.2 拓展训练一：八边形多面体

引入文件：无

结果文件：拓展训练\结果文件\Ch12\12-1.mcx-9

视频文件：视频\Ch12\拓展训练一：八边形多面体.avi

采用拆面法绘制图12-3所示的图形。

12.2.1 形面分析

本例在前面已经采用形体分析法讲解过，在此采用拆面法再次讲解。此零件可以从中分离出基本的三角缀面，采用三角缀面组合成需要的基本块，通过旋转复制基本块绘制出全部，然后将其他部分曲面封闭，即可完成此零件的绘制。下面具体讲解操作步骤。

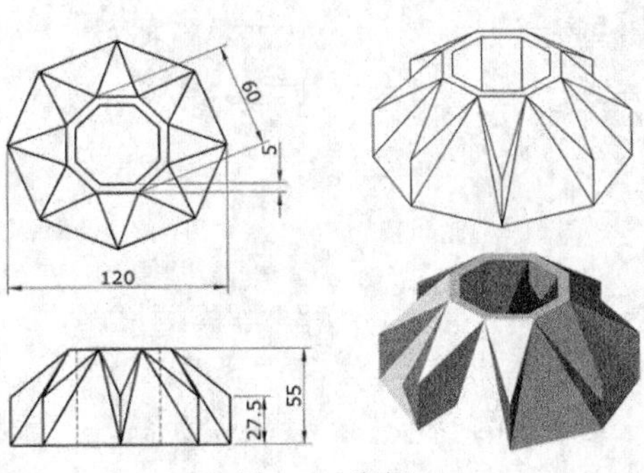

图12-3 案例

12.2.2　绘制线架

01 绘制多边形1。在绘图工具栏单击【画多边形】按钮，弹出【多边形选项】对话框，设置多边形参数，绘制多边形，如图12-4所示。

02 绘制多边形2。继续在绘图工具栏单击【画多边形】按钮，弹出【多边形选项】对话框，设置多边形参数，绘制多边形，如图12-5所示。

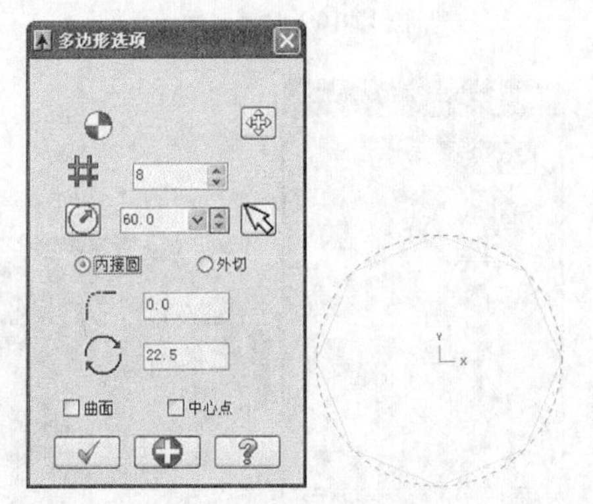

图12-4　绘制多边形1

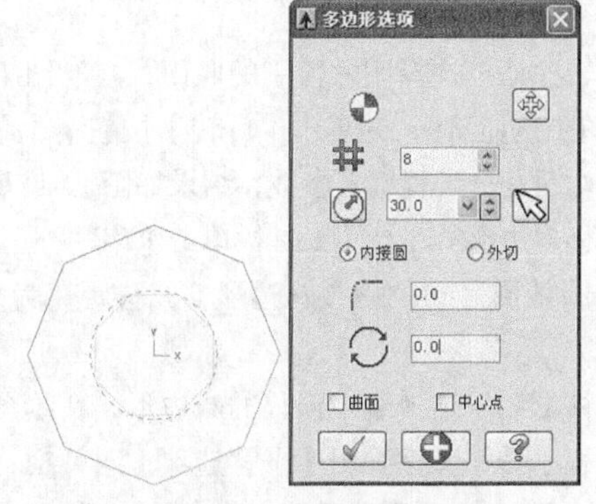

图12-5　绘制多边形2

03 平移复制。选择D60的内接八边形，在绘图工具栏单击【平移】按钮，弹出【平移选项】对话框，选择平移类型为【复制】，平移距离为Z方向，高度为55mm，结果如图12-6所示。

04 绘制直线。在绘图工具栏单击【绘制直线】按钮，并单击【前视图】按钮，绘制直线，如图12-7所示。

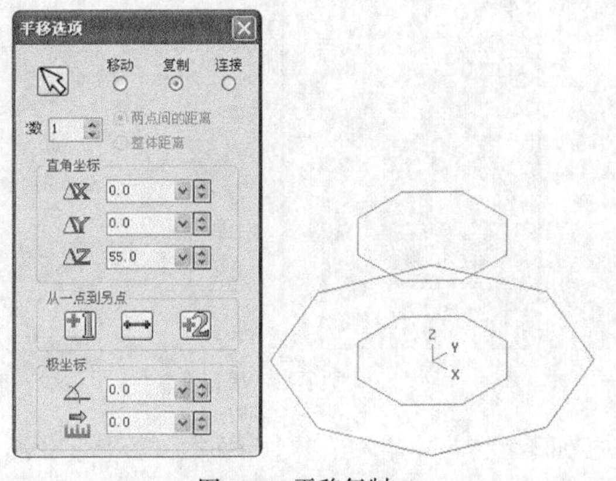

图12-6　平移复制

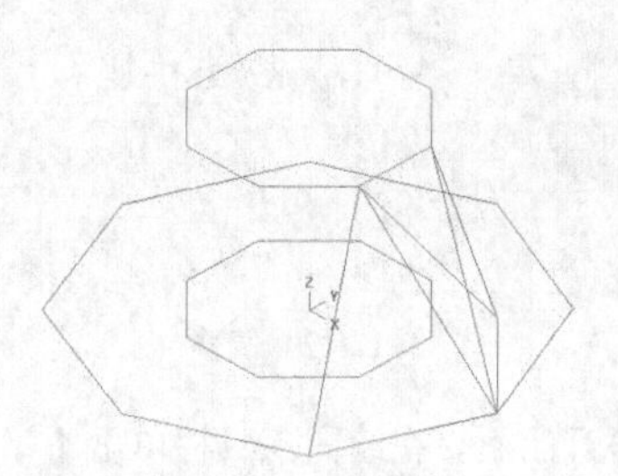

图12-7　绘制直线

12.2.3　创建曲面

01 绘制举升曲面。在绘图工具栏单击【举升曲面】按钮，弹出【串联选项】对话框，选中【单体】按钮，选择图12-8所示的直线，绘制举升曲面，结果如图12-9所示。

02 绘制曲面。重复以上绘制举升曲面的步骤，绘制其他举升曲面，结果如图12-10所示。

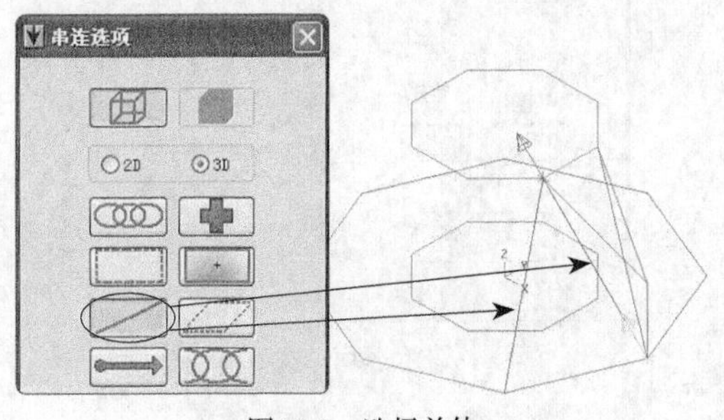

图12-8　选择单体

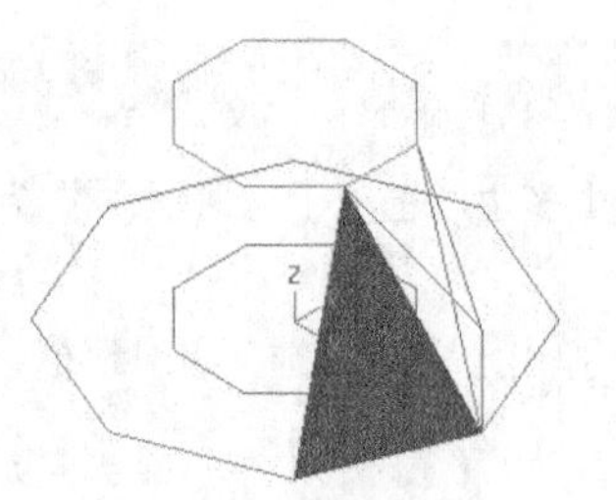

图12-9　绘制举升曲面

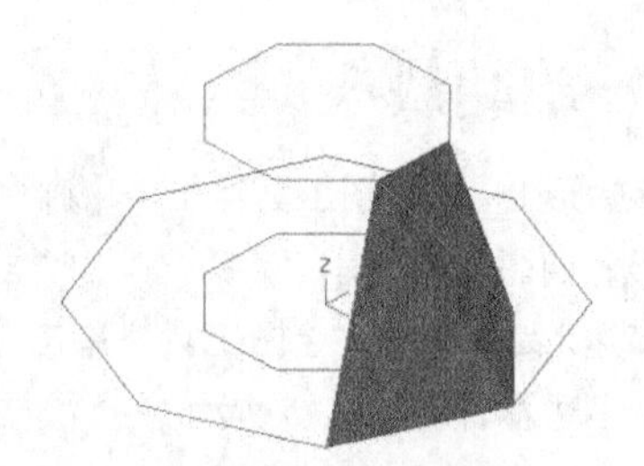

图12-10　绘制曲面

03 旋转曲面。选择刚才绘制的曲面，在绘图工具栏单击【俯视图】按钮，并单击【旋转】按钮，弹出【旋转选项】对话框，设置旋转参数，结果如图12-11所示。

04 偏移多边形。在绘图工具栏单击【串联补正】按钮，选择底部直径为60的内接八边形，偏移距离为5，结果如图12-12所示。

05 平移复制。选择刚才偏移的八边形，在绘图工具栏单击【平移】按钮，弹出【平移选项】对话框，选择平移类型为【复制】，平移距离为Z方向，高度为55mm，结果如图12-13所示。

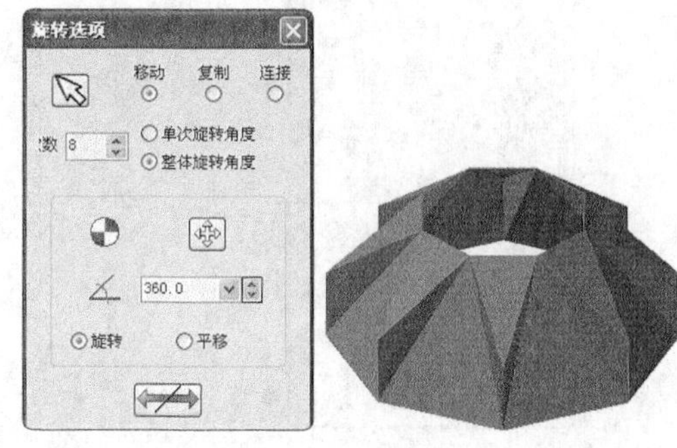

图12-11　旋转曲面

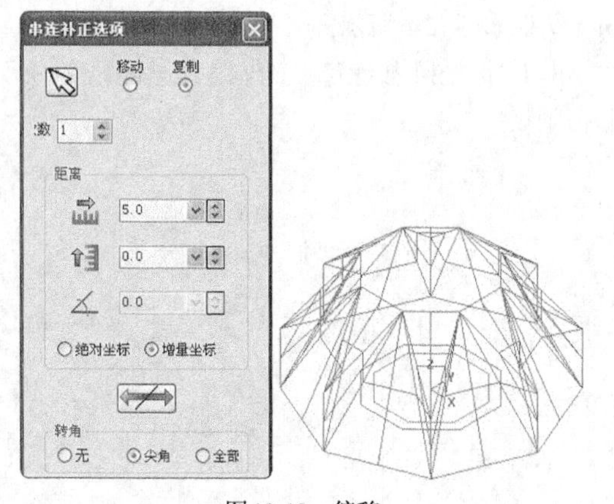

图12-12　偏移

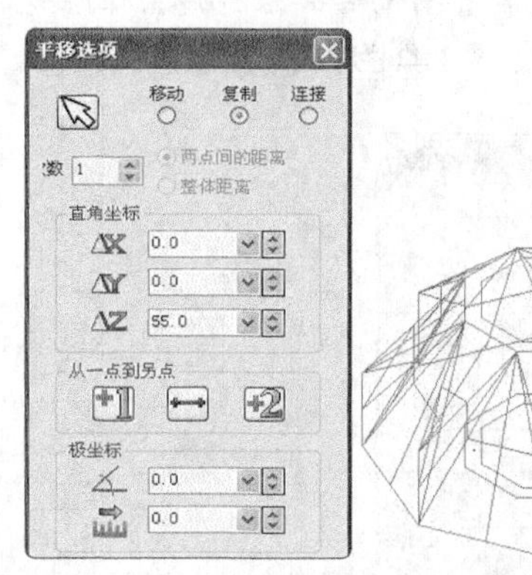

图12-13　平移复制

06 绘制举升曲面。在绘图工具栏单击【举升曲面】按钮，弹出【串联选项】对话框，选中【串联】按钮，选择图12-14所示的串联，绘制举升曲面，结果如图12-15所示。

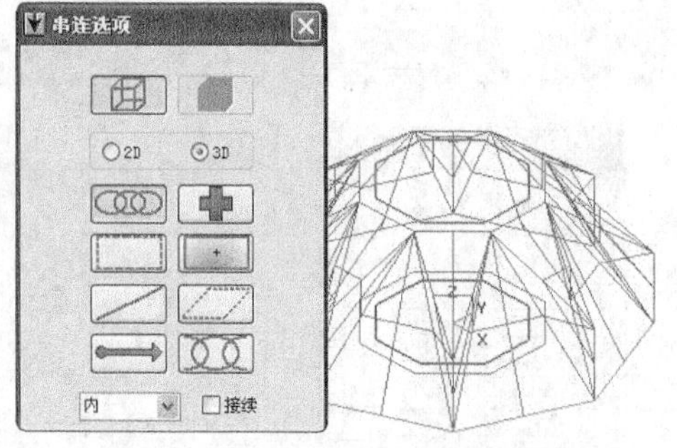

图12-14　选择串联

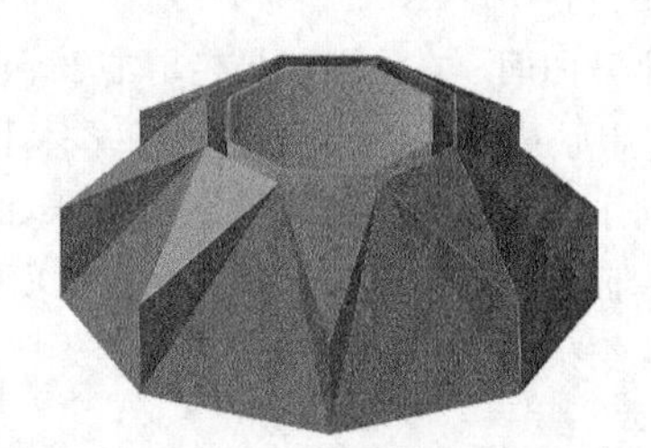

图12-15　绘制举升曲面

07 隐藏图素。选择顶面的八边形和底面的八边形，按Alt+E组合键，将未选中的曲面和线隐藏，结果如

图12-16所示。

08 绘制平面修剪曲面。在绘图工具栏单击【平面修剪】按钮，选择顶面的两个八边形，单击【完成】按钮，绘制的平面修剪曲面如图12-17所示。

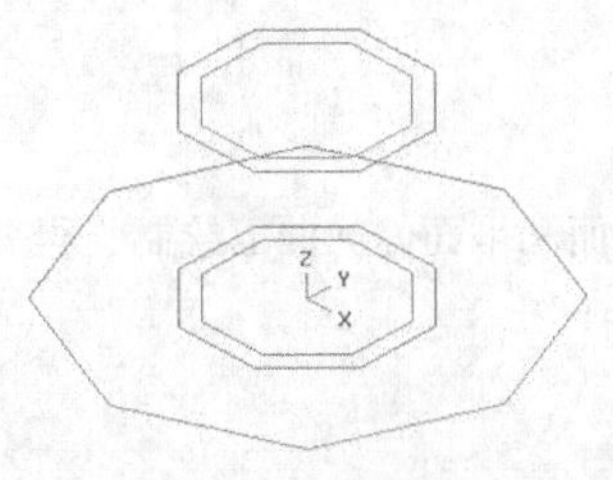

图12-16　隐藏图素

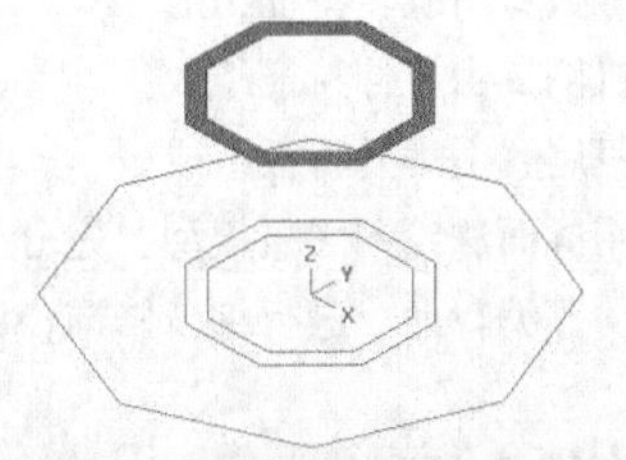

图12-17　绘制平面修剪曲面

09 绘制底面。重复以上绘制平面修剪曲面的步骤，绘制底面的曲面，结果如图12-18所示。

10 恢复隐藏。按Alt+E组合键，将隐藏的曲面和线全部显示，结果如图12-19所示。

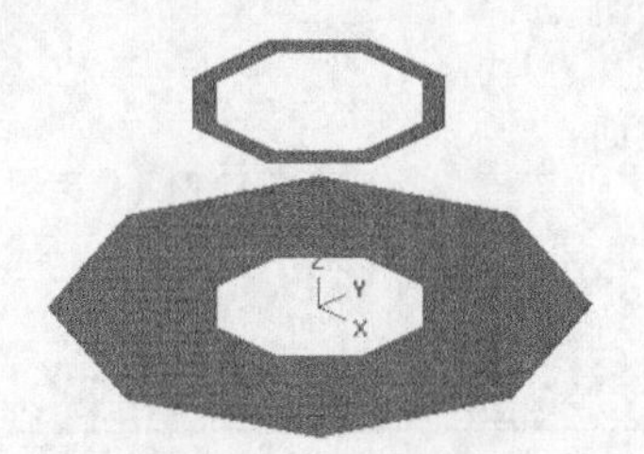

图12-18　绘制底面

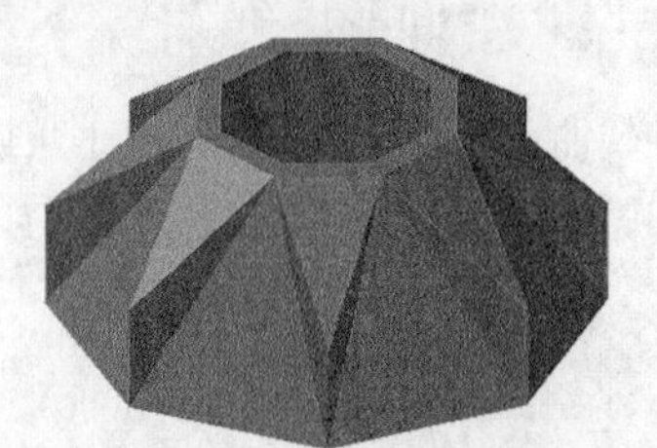

图12-19　恢复隐藏

12.3　拓展训练二：飞机模型

引入文件：无

结果文件：拓展训练\结果文件\Ch12\12-2.mcx-9

视频文件：视频\Ch12\拓展训练二：飞机模型.avi

本例通过绘制如图12-20所示的玩具飞机模型来说明一般零件的绘制思路和方法。本例的玩具飞机模型是简化模型，因此并不复杂，既可以采用拆体法绘制，也可以采用拆面法绘制。

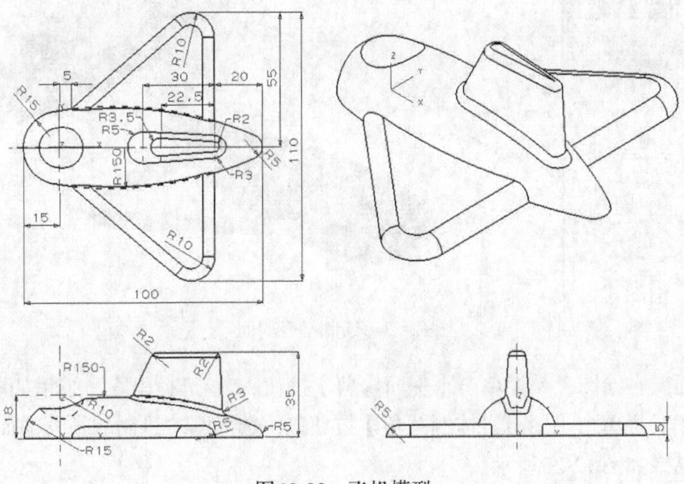

图12-20　飞机模型

12.3.1 形面分析

本例的飞机模型从大体上可以分为3个部分，即机身、飞机侧翼和飞机尾翼，其分析如下。

（1）飞机机身由旋转特征组成。

（2）飞机侧翼由拉伸特征组成。

（3）飞机尾翼由举升特征组成。

下面采用拆面法绘制飞机模型，先分别采用旋转曲面、举升曲面和平面修剪曲面绘制，再采用曲面倒圆角、曲面修剪等编辑命令进行细节修饰，即可完成飞机模型的绘制。

12.3.2 绘制线架

绘制线架。采用二维绘图命令绘制线架，如图12-21所示。

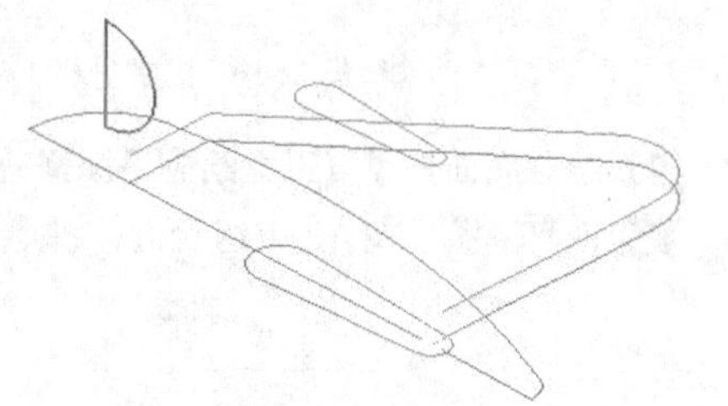

图12-21　线架图

12.3.3 创建曲面

01 绘制旋转曲面。在绘图工具栏单击【旋转】按钮，选择截面串联曲线和旋转轴，绘制旋转曲面，结果如图12-22所示。

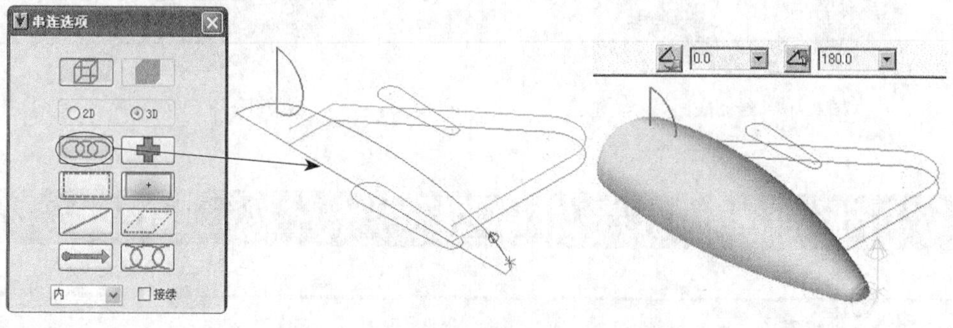

图12-22　旋转曲面

02 绘制举升曲面。在绘图工具栏单击【举升】按钮，选择举升截面串联，结果如图12-23所示。

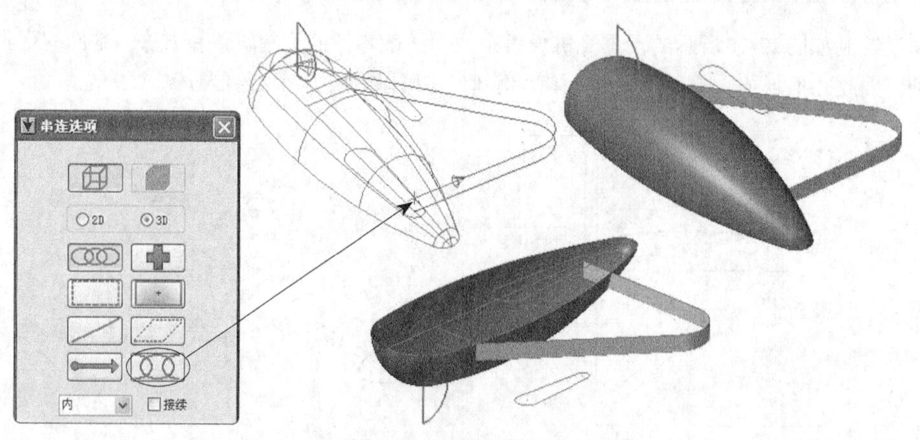

图12-23　绘制举升曲面

03 绘制平面修剪曲面。在绘图工具栏单击【平面修剪】按钮，选择串联，结果如图12-24所示。

04 倒圆角。在绘图工具栏单击【固定实体倒圆角】按钮，选择刚才绘制的举升曲面和平面修剪曲面，调整曲面法向，倒圆角结果如图12-25所示。

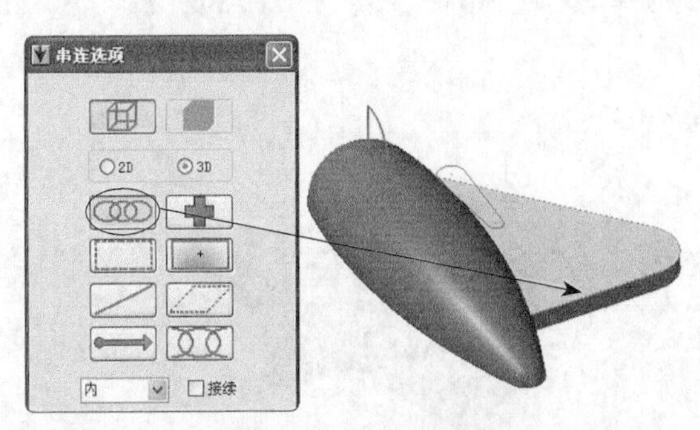

图12-24　平面修剪

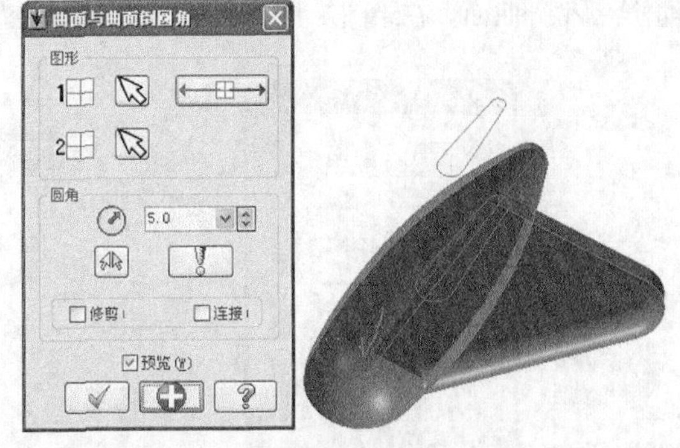

图12-25　倒圆角

05 删除多余的曲面。选择用来倒圆角的两个曲面，按Delete键删除，结果如图12-26所示。

06 创建单一边界线。在菜单栏执行【绘图】→【曲面曲线】→【单一边界】命令，选择倒圆角曲面的边界，结果如图12-27所示。

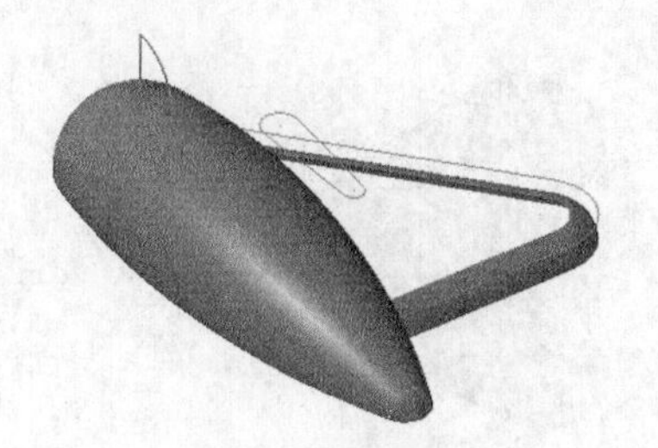

图12-26　删除曲面

图12-27　创建单一边界

07 绘制平面修剪曲面。在绘图工具栏单击【平面修剪】按钮，选择串联，结果如图12-28所示。

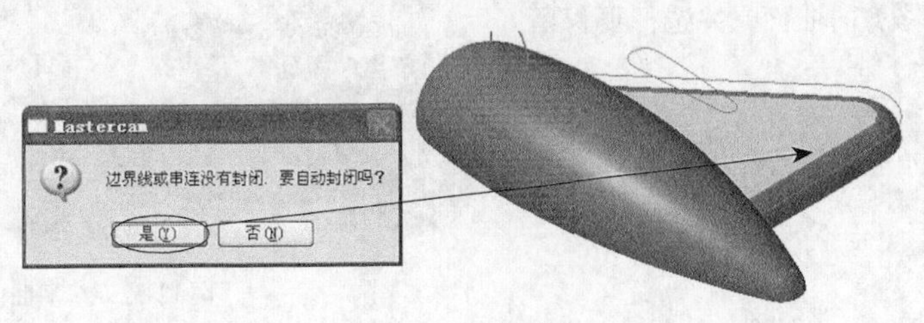

图12-28　平面修剪

08 镜像曲面。在绘图工具栏单击【镜像】按钮，选择刚才绘制的倒圆角曲面和平面修剪曲面，镜像结果如图12-29所示。

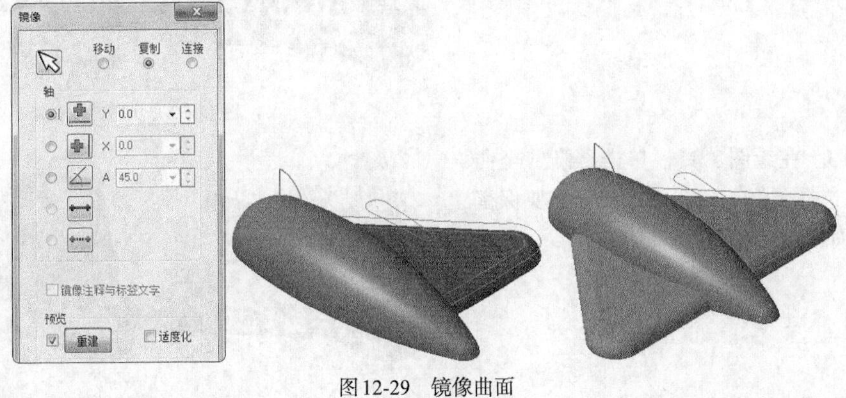

图12-29　镜像曲面

09 绘制举升曲面。在绘图工具栏单击【举升】按钮，选择举升截面串联，结果如图12-30所示。

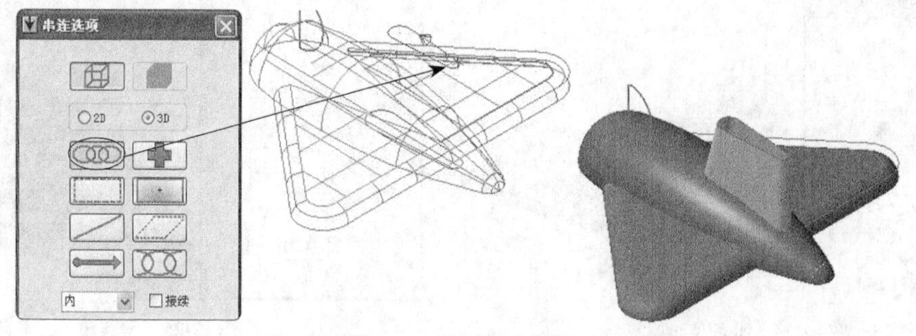

图12-30 绘制举升曲面

10 绘制平面修剪曲面。在绘图工具栏单击【平面修剪】按钮，选择串联，结果如图12-31所示。

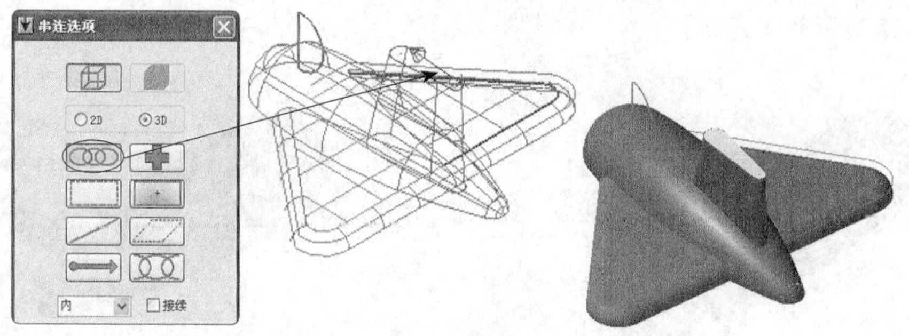

图12-31 平面修剪

11 修剪曲面1。在绘图工具栏单击【修剪至曲面】按钮，选择要修剪的曲面，并选择要保留的部分，结果如图12-32所示。

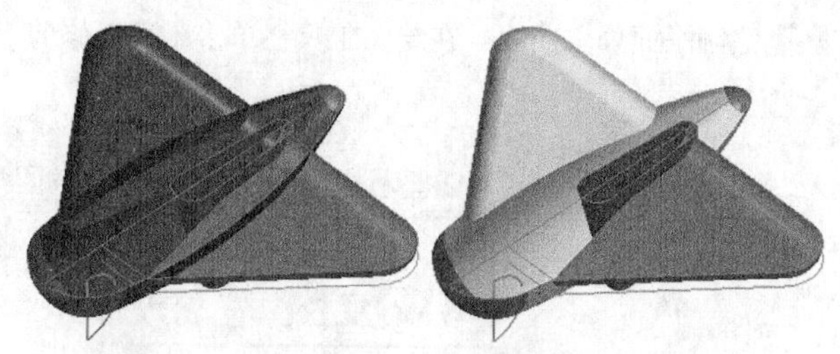
图12-32 修剪曲面1

12 修剪曲面2。在绘图工具栏单击【修剪至曲面】按钮，选择要修剪的曲面，并选择要保留的部分，结果如图12-33所示。

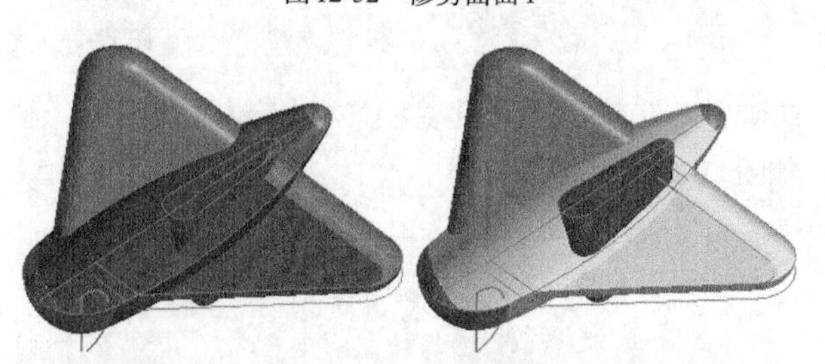
图12-33 修剪曲面2

13 修剪曲面3。在绘图工具栏单击【修剪至曲面】按钮，选择要修剪的曲面，并选择要保留的部分，结果如图12-34所示。

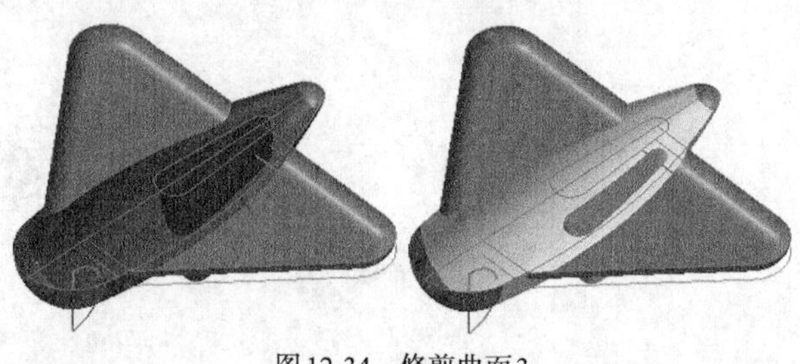
图12-34 修剪曲面3

14 倒圆角1。在绘图工具栏单击【固定实体倒圆角】按钮，选择要倒圆角的曲面，并调整曲面法向，结果如图12-35所示。

15 倒圆角2。在绘图工具栏单击【固定实体倒圆角】按钮，选择要倒圆角的曲面，并调整曲面法向，结果如图12-36所示。

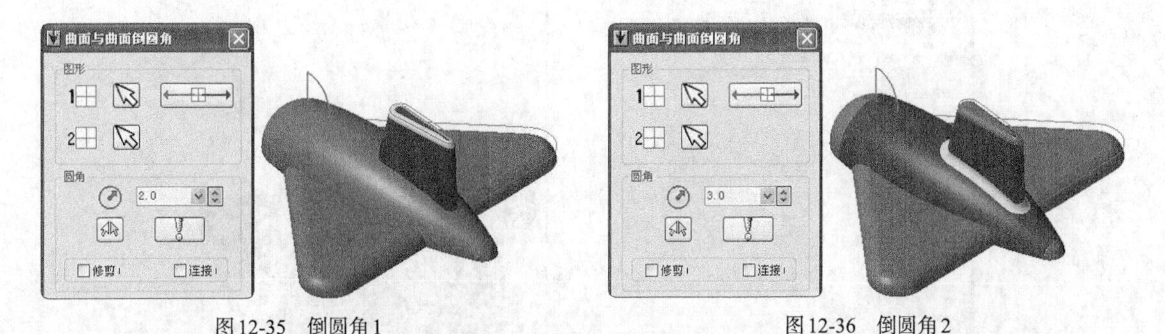

图12-35 倒圆角1　　　　图12-36 倒圆角2

16 绘制旋转曲面。在绘图工具栏单击【旋转】按钮，选择旋转截面串联和轴，结果如图12-37所示。

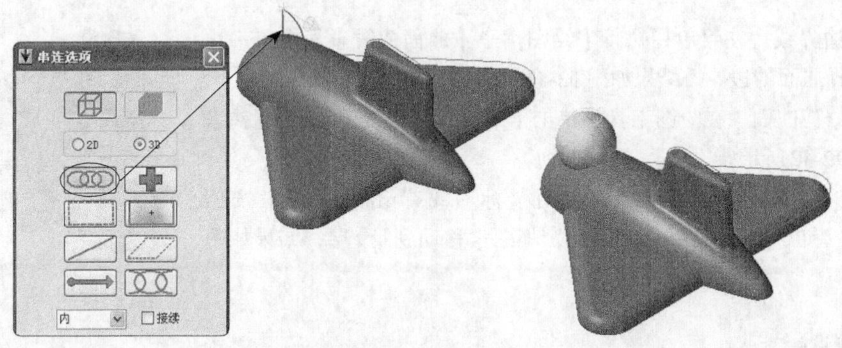

图12-37 旋转曲面

17 曲面修剪。在绘图工具栏单击【修剪至曲面】按钮，选择要修剪的曲面，并选择要保留的部分，结果如图12-38所示。

18 转层。在绘图区选择所有线框，再用鼠标右键单击【层别】按钮，弹出【更改层别】对话框，将图素移动到第2层，结果如图12-39所示。

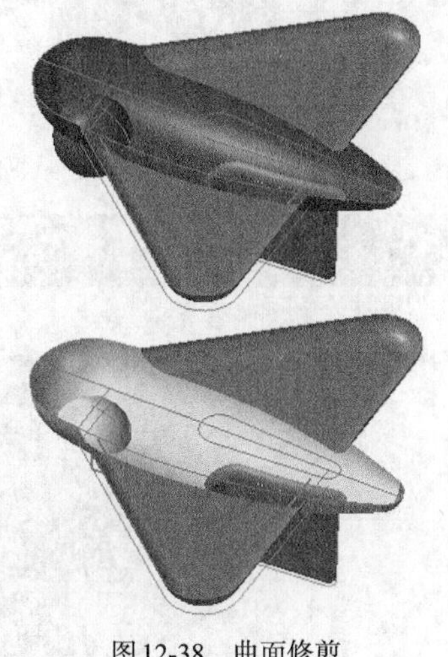

图12-38 曲面修剪

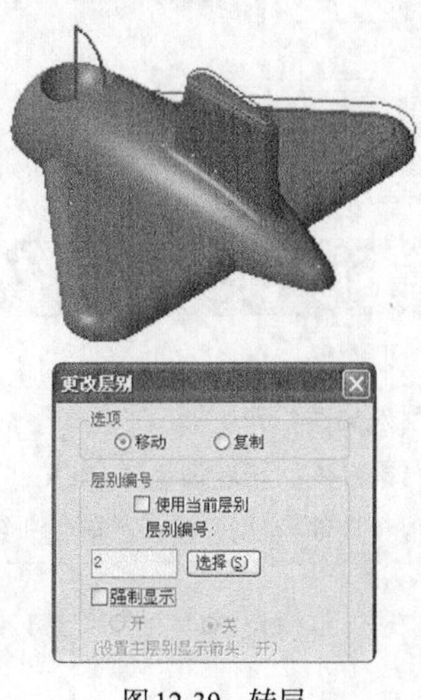

图12-39 转层

19 关闭图层。单击【层别】按钮层别:1，打开图层，在【层别管理】对话框中单击【突显】栏，将第2层关闭，结果如图12-40所示。

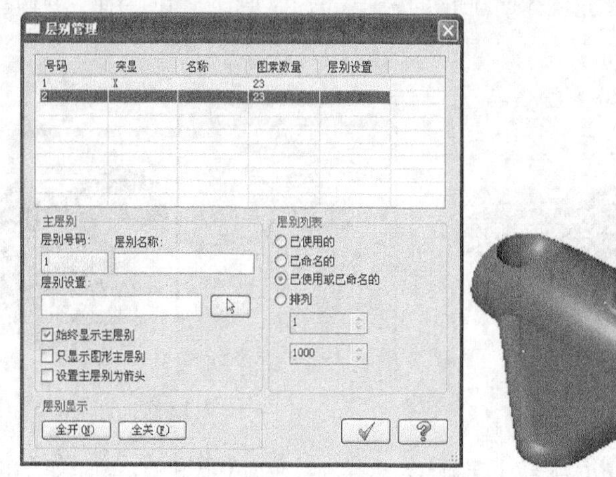

图12-40　关闭图层

20 绘制单一边界线。在菜单栏执行【绘图】→【曲面曲线】→【单一边界】命令，选择曲面的边界，结果如图12-41所示。

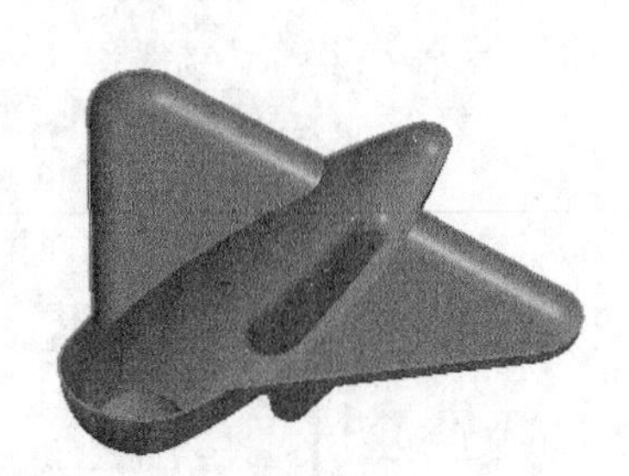

图12-41　绘制边界

21 绘制平面修剪曲面。在绘图工具栏单击【平面修剪】按钮，选择串联，结果如图12-42所示。

22 转层。在绘图区选择所有线框，用鼠标右键单击【层别】按钮层别:1，弹出【更改层别】对话框，将图素移动到第2层，结果如图12-43所示。

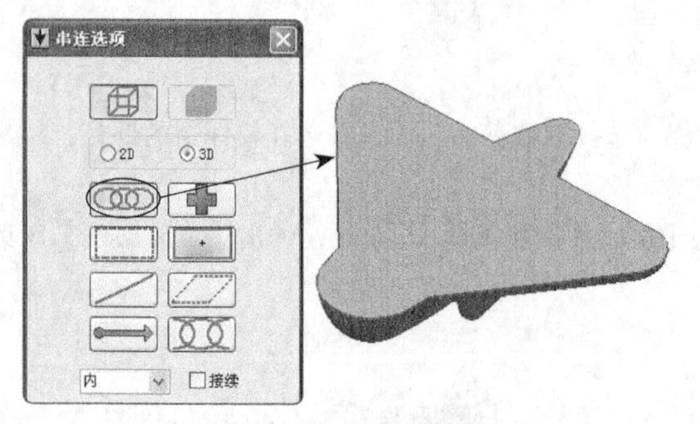

图12-42　绘制平面修剪

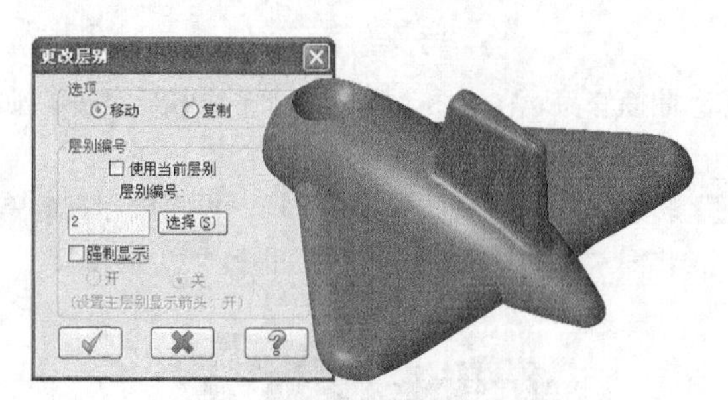

图12-43　转层

12.4　拓展训练三：太极八卦

引入文件：无

结果文件：拓展训练\结果文件\Ch12\12-3.mcx-9

视频文件：视频\Ch12\拓展训练三：太极八卦.avi

采用基本的曲面和绘图命令绘制图12-44所示的太极八卦图形。

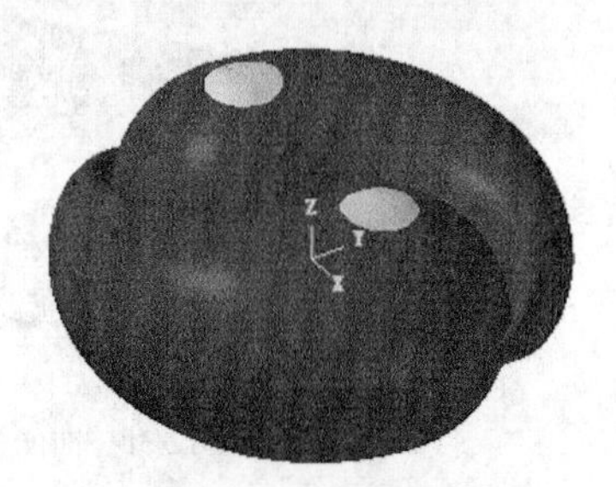

图12-44　太极八卦

12.4.1　形面分析

此太极八卦由阴阳鱼组成，形状相同，呈中心对称，因此，只需要绘制一个，再将其旋转半圈，即可绘制另一个。本例主要采用扫描曲面的方法绘制主体曲面，再采用旋转曲面的方法绘制头部曲面，然后采用曲线修剪分割出鱼眼曲面，最后通过旋转和镜像绘制出模型。

12.4.2　绘制线架

01 绘制圆。在绘图工具栏单击【绘圆】按钮，选择原点为圆心，再输入半径为100，绘制圆，如图12-45所示。

02 绘制两点直径圆。在绘图工具栏单击【已知边界三点画圆】按钮，再在【三点圆】工具条单击【两点直径圆】按钮，选择原点和圆端点，绘制圆，如图12-46所示。

03 修剪。在绘图工具栏单击【修剪/打断/延伸】按钮，并单击【修剪至点】按钮，选择大圆，再单击修剪点为圆中点，完成修剪，如图12-47所示。

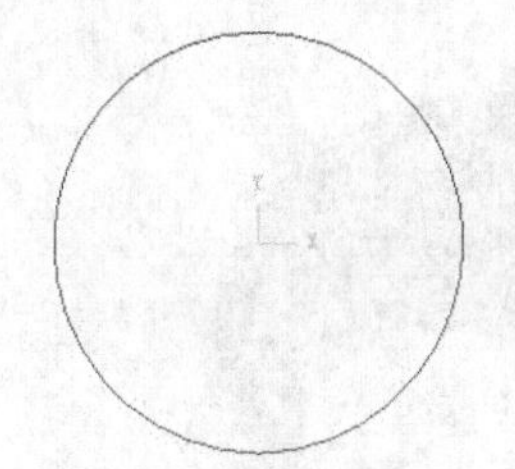

图12-45　绘制圆

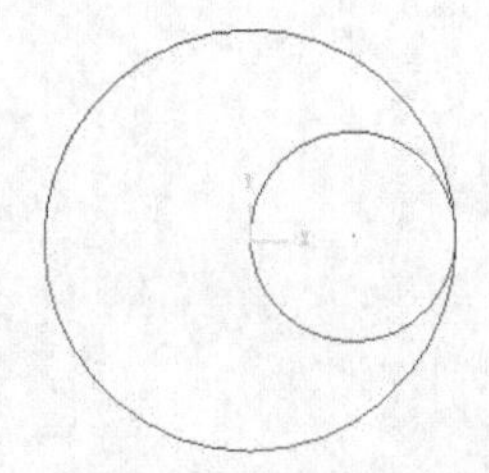

图12-46　两点画圆

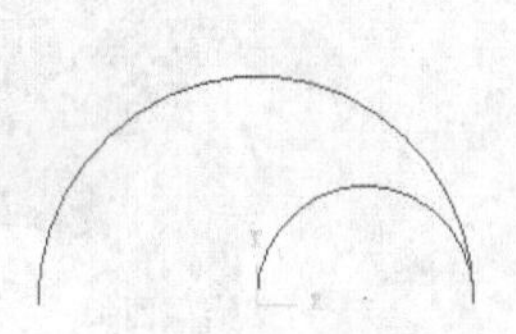

图12-47　修剪

04 绘制直线。在绘图工具栏单击【绘制直线】按钮，再选择两圆弧端点进行连线，结果如图12-48所示。

05 设置视图为等角视图，设置构图面为前视构图面。在【视图】工具栏单击【等角视图】按钮，设置视图为等角视图，再在【构图面】工具栏单击【前视】按钮，设置构图面为前视构图面。

06 绘制圆。在绘图工具栏单击【绘圆】按钮，选择直线中点为圆心，再输入半径为50，绘制圆，如图12-49所示。

07 修剪。在绘图工具栏单击【修剪/打断/延伸】按钮，并单击【修剪至点】按钮，选择刚才绘制的圆，再选择修剪点为圆中点，完成修剪，如图12-50所示。

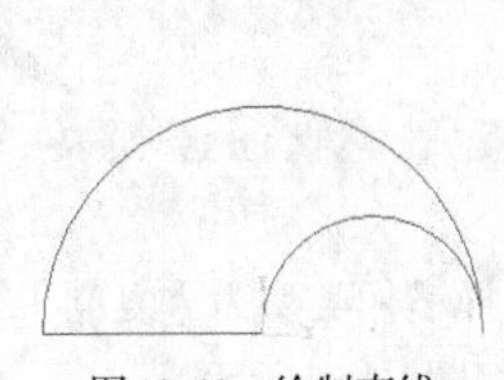

图12-48　绘制直线

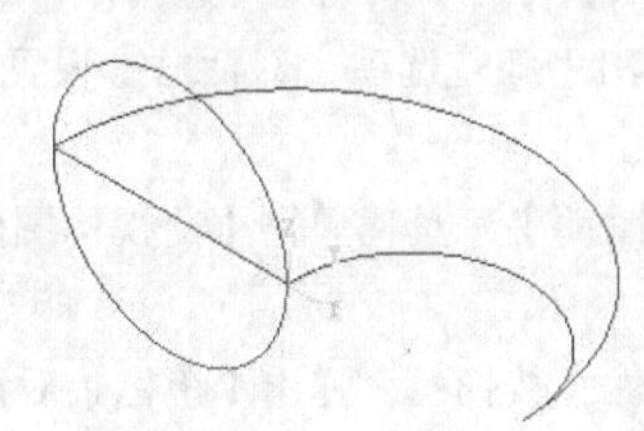

图12-49　绘制圆

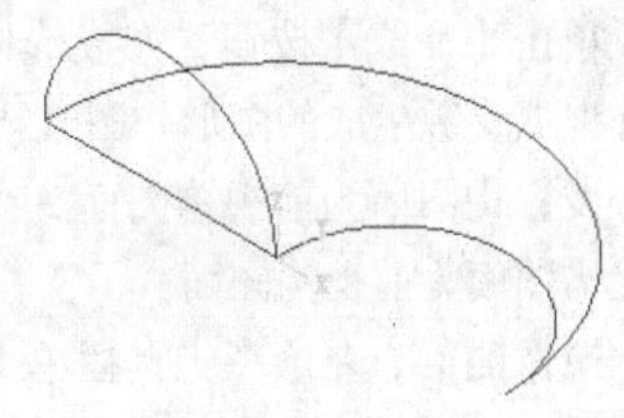

图12-50　修剪

08 设置视图为俯视图。在【视图】工具栏单击【俯视图】按钮，设置视图为俯视图。

09 绘制直线。在绘图工具栏单击【绘制直线】按钮，选择小圆圆心为起点，在绘线工具条上输入长度为60，角度为15°，绘制直线，如图12-51所示。

10 修剪。在工具条中单击【分割物体】按钮，单击要修剪或删除的图素，修剪结果如图12-52所示。

11 绘制圆。在绘图工具栏单击【绘圆】按钮，选择直线中点为圆心，再输入半径为15，绘制圆，如图12-53所示。

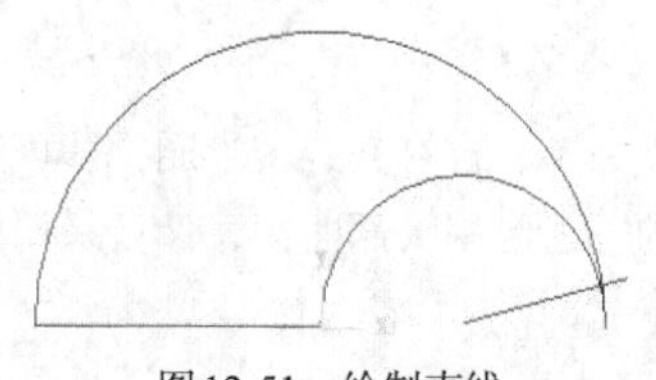

图12-51　绘制直线

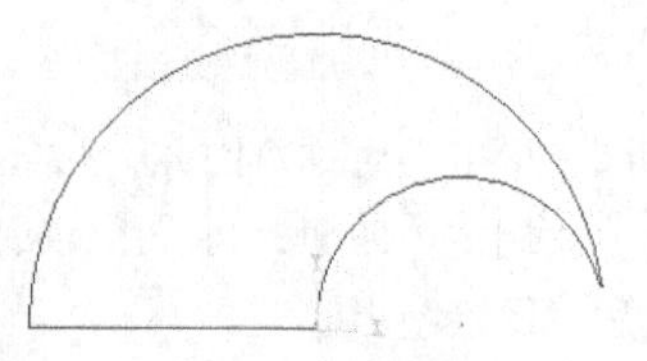

图12-52　修剪

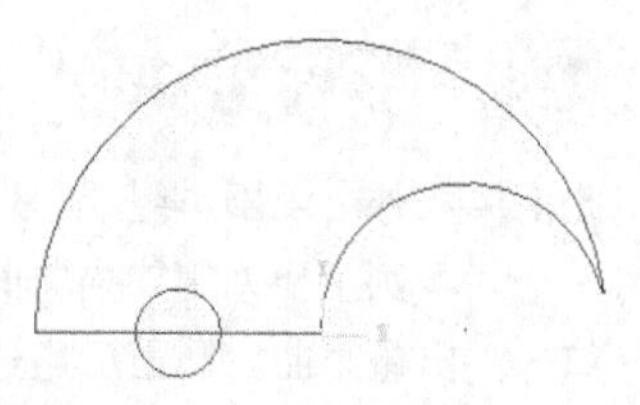

图12-53　绘制圆

12.4.3　创建主体曲面

01 创建扫描曲面。在绘图工具栏单击【扫描曲面】按钮，再在工具条上单击【两条轨迹线】按钮，选择半径为50的圆作为扫描截面，两条相交的圆为扫描轨迹，单击【完成】按钮，完成扫描曲面的绘制，如图12-54所示。

02 创建旋转曲面。在菜单栏执行【绘图】→【曲面】→【旋转曲面】命令，选择上一步骤的扫描截面圆为旋转截面，单击【完成】按钮，再选择直线为旋转轴，单击【完成】按钮，完成旋转曲面的绘制，如图12-55所示。

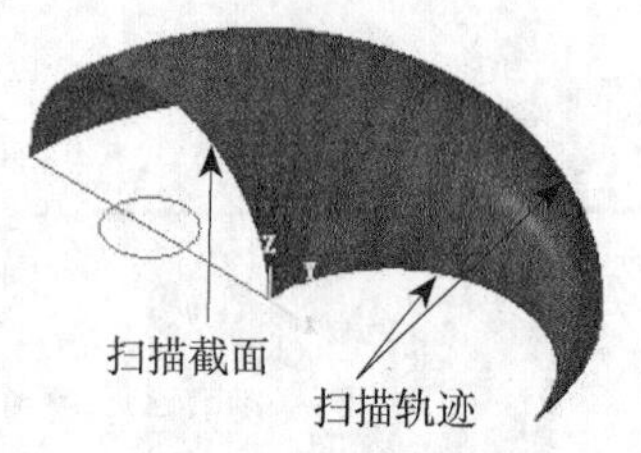

图12-54　扫描曲面

图12-55　旋转曲面

12.4.4　创建鱼眼曲面

01 修剪分割曲面。在菜单栏执行【绘图】→【曲面】→【曲面修剪】→【修剪到曲线】命令，选择所有曲面后，选择小圆为修剪曲线，指定保留侧为外侧，采用【分割】模式，结果如图12-56所示。

02 旋转复制180°。在绘图工具栏单击【旋转】按钮，选择刚才绘制的所有曲面，单击【完成】按钮，完成选择。弹出【旋转选项】对话框，设置角度为180°，系统根据参数生成的图形如图12-57所示。

03 设置构图面为前视构图面。在【构图面】工具栏单击【前视构图面】按钮，设置构图面为前视构图面。

图12-56　修剪分割曲面

04 镜像曲面。在绘图工具栏单击【镜像】按钮，弹出【镜像】对话框，选择镜像类型为【复制】，选择所有曲面后选择镜像轴为Y=0的轴，单击【完成】按钮，完成曲面镜像，结果如图12-58所示。

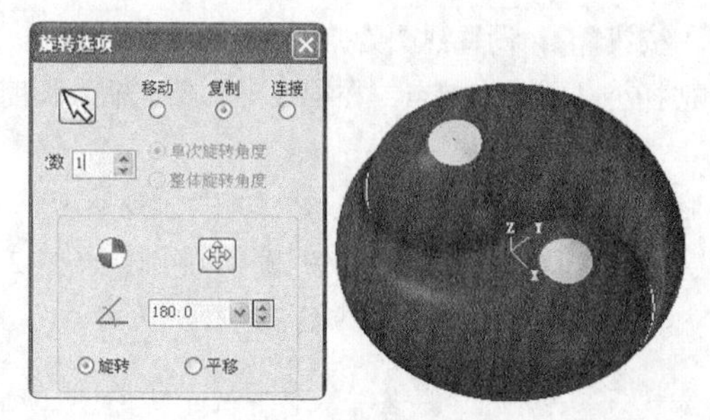

图12-57　旋转曲面

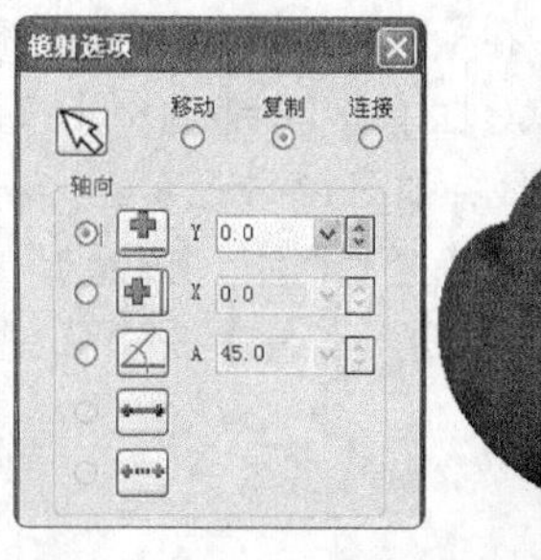

图12-58　镜像曲面

12.5　拓展训练四：轮毂

引入文件：无

结果文件：拓展训练\结果文件\Ch12\12-4.mcx-9

视频文件：视频\Ch12\拓展训练四：轮毂.avi

采用基本的曲面和绘图命令绘制图12-59所示的轮毂。

图12-59　轮毂

12.5.1　形面分析

此轮毂模型主要分为两部分：主体部分的旋转曲面和轮毂中间的轮辐筋板。中间的筋板部分不规则，通过旋转出面后，投影曲线到曲面上，利用投影的曲线修剪曲面，再利用曲线创建举升曲面，最后进行旋转即可。

12.5.2　创建主体曲面

01 设置视图为前视图。在【视图】工具栏单击【等角视图】按钮，设置视图为等角视图，在绘图工具栏单击【前视构图面】按钮，将构图面设置为前视构图面。

02 采用基本的直线和圆弧命令绘制截面，结果如图12-60所示。

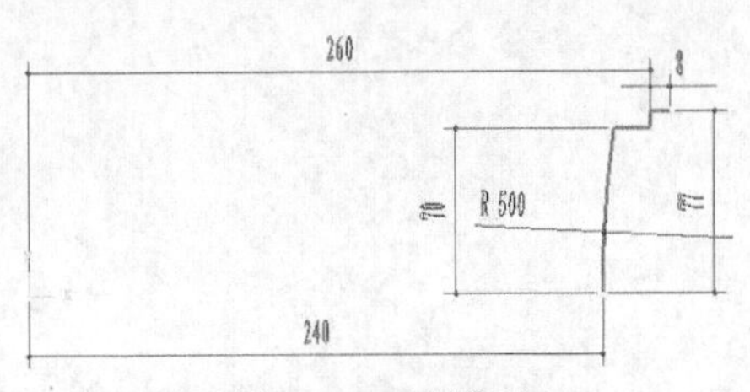

图12-60　绘制截面

03 创建旋转曲面。在菜单栏执行【绘图】→【曲面】→【旋转曲面】命令，选择刚才绘制的截面，单击【完成】按钮，再选择绘制的垂直线，单击【完成】按钮，完成绘制，如图12-61所示。

04 镜像曲面。在绘图工具栏单击【镜像】按钮，弹出【镜像】对话框，选择镜像类型为【复制】，再选择所有曲面后选择镜像轴为Y=0的轴，单击【完成】按钮，完成镜像，结果如图12-62所示。

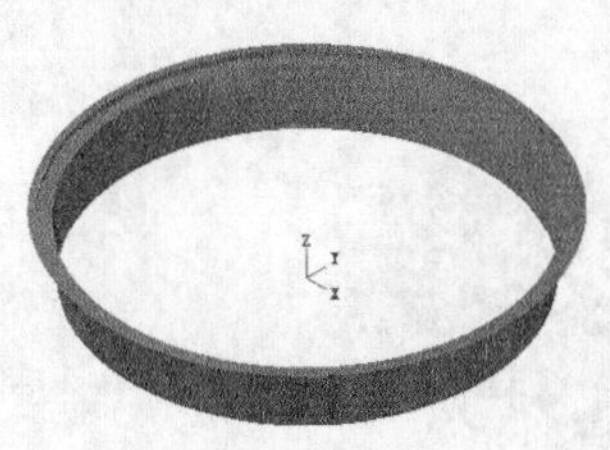

图12-61　旋转曲面

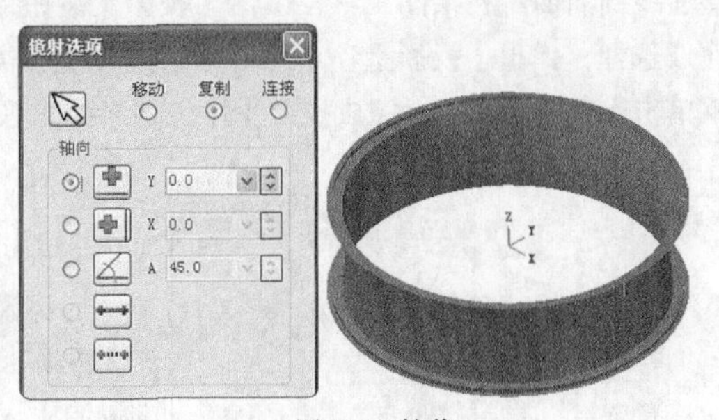

图12-62 镜像

05 隐藏曲面。选择所有线架后按Alt+E组合键隐藏没有选中的曲面。

12.5.3　创建轮辐筋板曲面

01 绘制截面。采用直线和圆弧绘制截面，如图12-63所示。

02 创建旋转曲面。在菜单栏执行【绘图】→【曲面】→【旋转曲面】命令，选择刚才绘制的截面为旋转截面，单击【完成】按钮，再选择垂直直线，单击【完成】按钮，完成绘制，如图12-64所示。

03 隐藏曲面。选择所有线架后按Alt+E组合键隐藏没有选中的曲面。

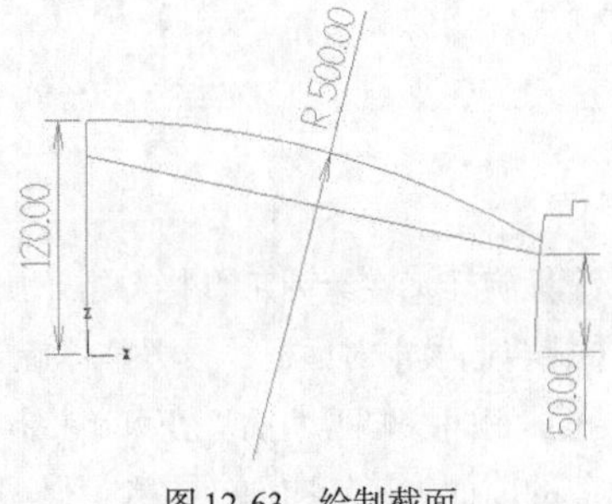

图12-63　绘制截面

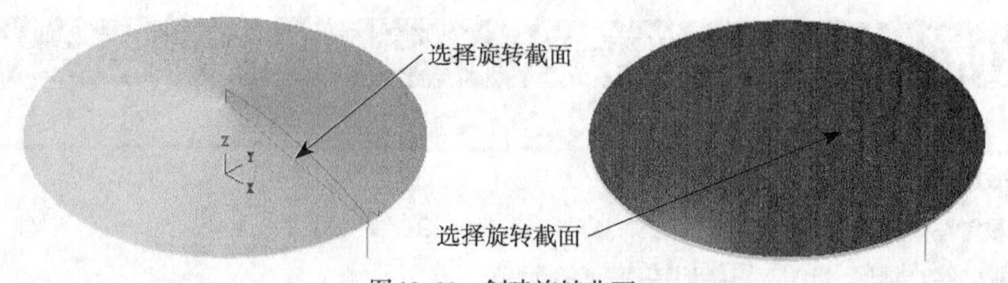

图12-64　创建旋转曲面

04 设置构图面为俯视构图面。在【视图】工具栏单击【俯视图】按钮，设置视图为俯视图。

05 绘制截面。采用直线和圆弧绘制截面，如图12-65所示。

06 串联补正，向内偏移。在绘图工具栏单击【串联补正】按钮，弹出【串联选项】对话框，单击【串联】按钮，选择整个串联，单击【完成】按钮，完成选择，弹出【串联补正选项】对话框，选择补正类型为【复制】，补正次数为1，补正距离为14，单击【完成】按钮，完成设置，系统产生的补正结果如图12-66所示。

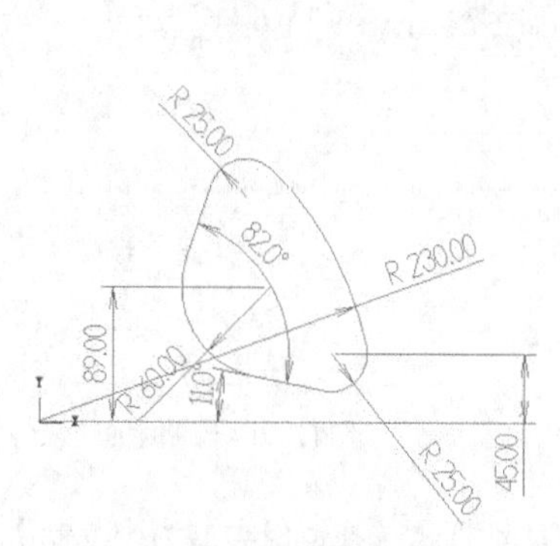

图12-65　绘制截面

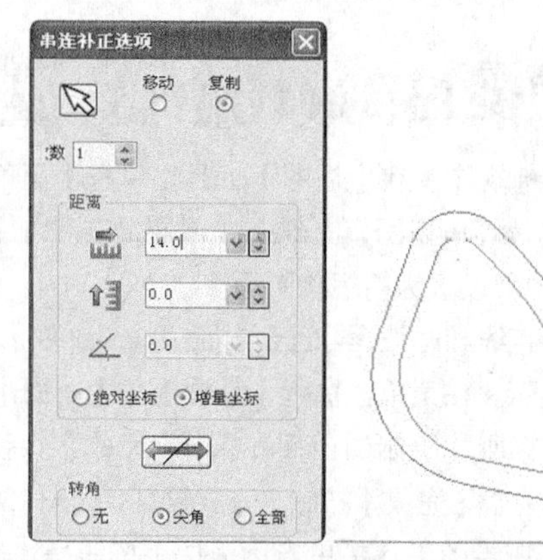

图12-66　串联补正

07 投影曲线到曲面。在绘图工具栏单击【投影】按钮，选择刚才创建的曲线为投影曲线，单击【完成】按钮，完成选择，弹出【投影选项】对话框，选择投影类型为【移动】，投影至曲面，并选择先前创建的旋转曲面，单击【完成】按钮，完成投影操作，结果如图12-67所示。

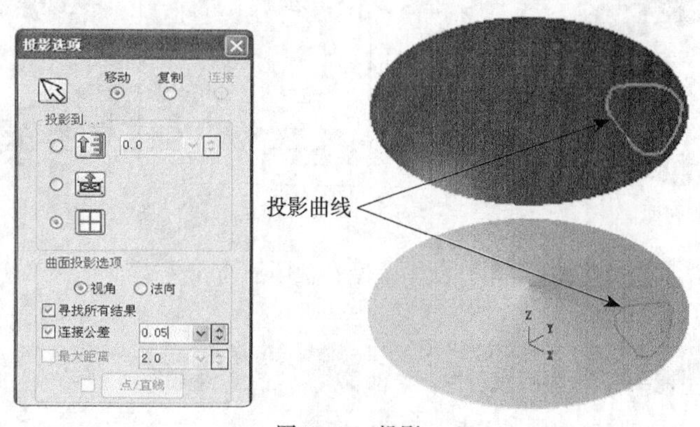

图12-67　投影

08 旋转。在绘图工具栏单击【旋转】按钮，选择刚才的投影曲线，单击【完成】按钮，完成选择。弹出【旋转选项】对话框，设置整体旋转角度为360°，移动次数为6，系统根据参数生成的图形如图12-68所示。

09 用曲线修剪曲面。在菜单栏执行【绘图】→【曲面】→【曲面修剪】→【修剪到曲线】命令，选择要修剪的曲面为旋转曲面，再选择修剪曲线为投影后的曲线，结果如图12-69所示。

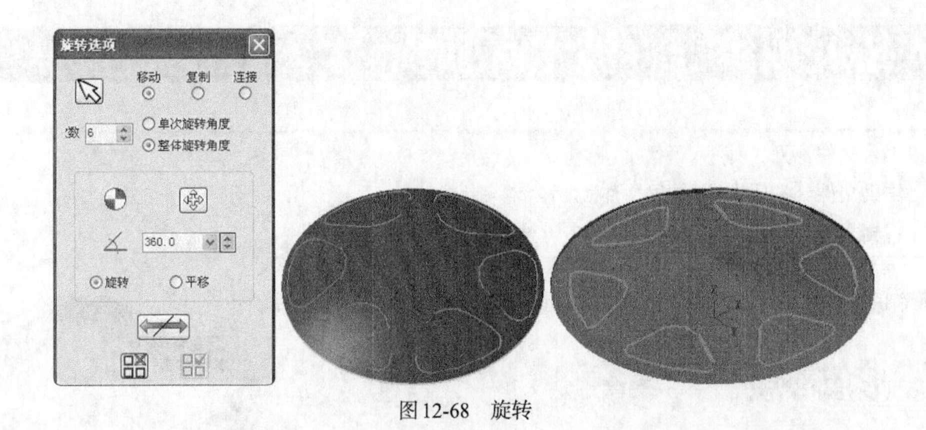

图12-68　旋转

10 隐藏所有曲面。选择所有线架后，按Alt+E组合键隐藏曲面，结果如图12-70所示。

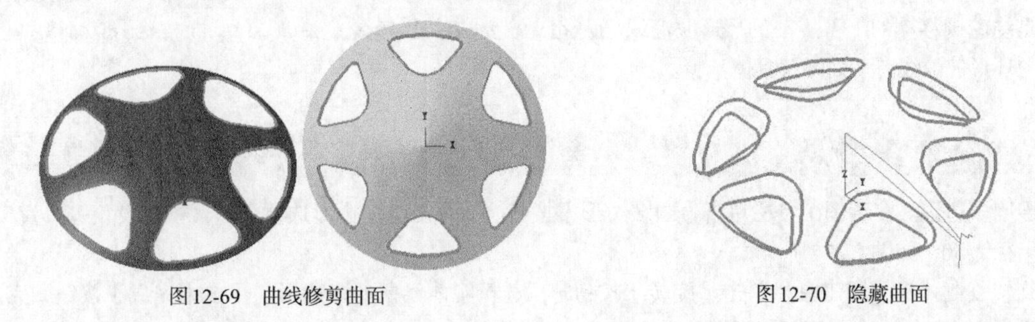

图12-69　曲线修剪曲面　　　　图12-70　隐藏曲面

12.5.4　创建举升曲面

01 创建举升曲面。在绘图工具栏单击【举升曲面】按钮，选择刚才投影后的曲线串联创建举升曲面，结果如图12-71所示。

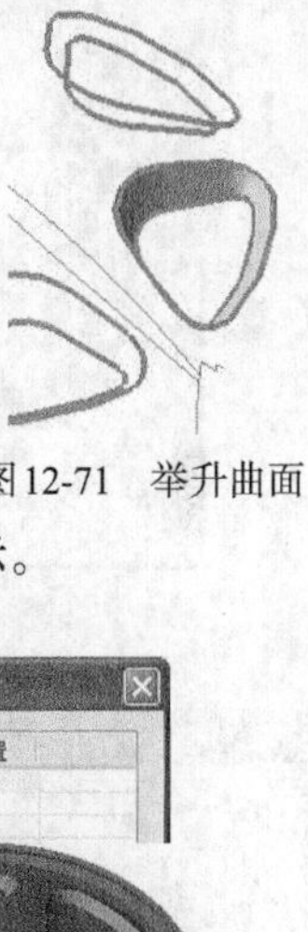

02 旋转。在绘图工具栏单击【旋转】按钮，选择刚才创建的举升曲面，单击【完成】按钮，完成选择。弹出【旋转选项】对话框，设置整体角度为360°，移动次数为6，系统根据参数生成的图形如图12-72所示。

03 显示所有曲面。将曲线移动到第二层，并关闭第二层。选择所有线架，在下方状态栏中的【图层】位置单击鼠标右键，弹出【更改层别】对话框，选择选项类型为【移动】，并将移动到的层设为2，即移到第2层，单击【完成】按钮，完成移动，如图12-73所示。

图12-71　举升曲面

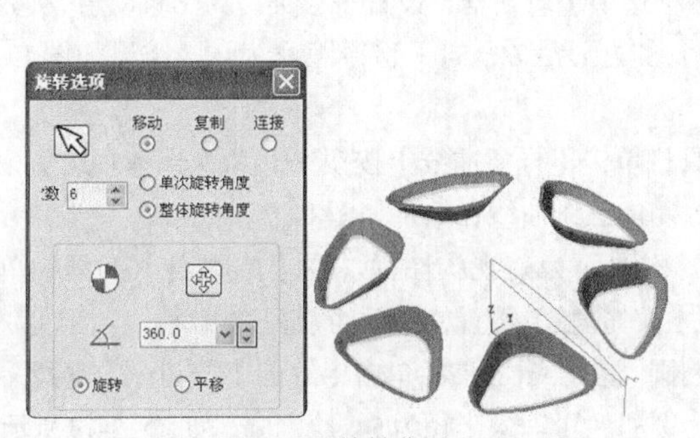

图12-72　旋转曲面

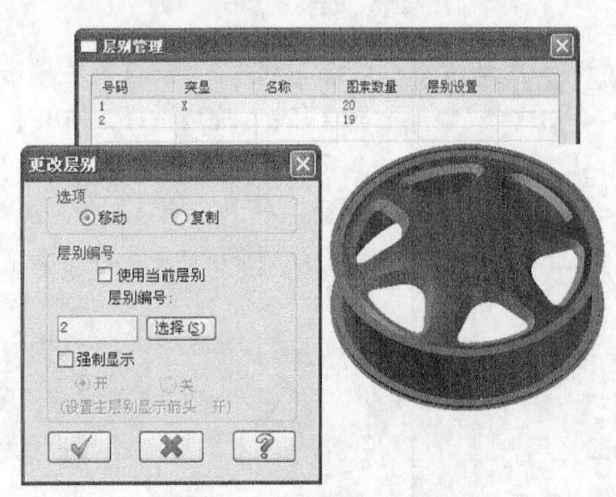

图12-73　移动线架到第2层

12.6　拓展训练五：波浪环曲面

引入文件：无

结果文件：拓展训练\结果文件\Ch12\12-5.mcx-9

视频文件：视频\Ch12\拓展训练五：波浪环曲面.avi

采用基本的曲面和绘图命令绘制图12-74所示的波浪环曲面。

图12-74　波浪环曲面

12.6.1　形面分析

此曲面并不复杂，主要由扫描曲面组成。扫描曲面需要绘制其扫描截面和扫描轨迹。本例的扫描截面为圆，重点在于扫描轨迹。扫描轨迹是绕着圆移动的上下震动的环形波浪线。因此，需要构建出上下震动的环形波浪线。下面讲解具体步骤。

12.6.2　创建线架

01 绘制多边形。在绘图工具栏单击【画多边形】按钮，弹出【多边形选项】对话框，设置边数为6，内接圆半径为50，如图12-75所示。

02 旋转复制。在绘图工具栏单击【旋转】按钮，选择刚才绘制的多边形，单击【完成】按钮，完成选择。弹出【旋转选项】对话框，设置角度为30°，复制数量为1，系统根据参数生成的图形如图12-76所示。

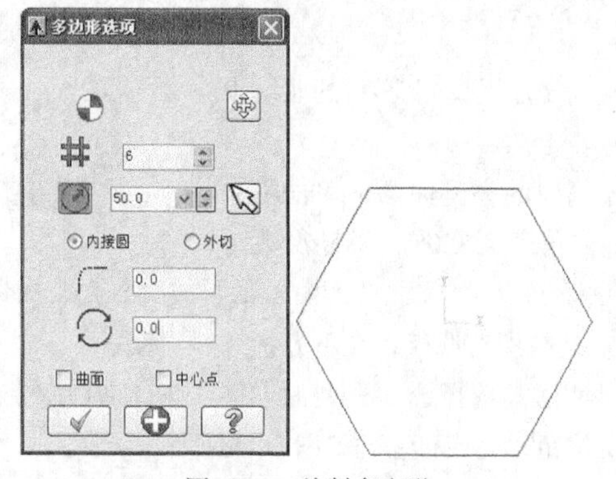

图12-75　绘制多边形

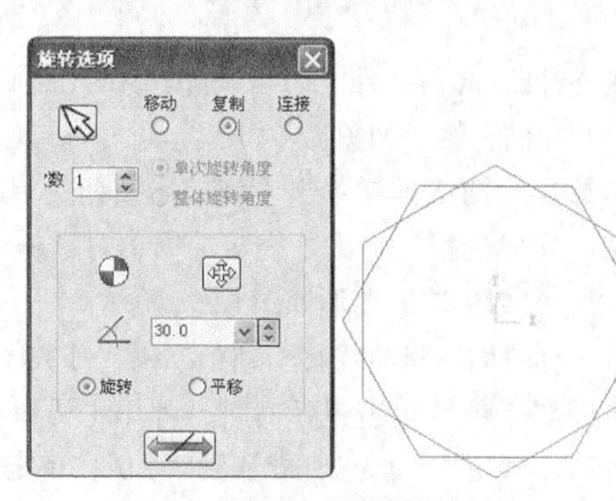

图12-76　旋转复制

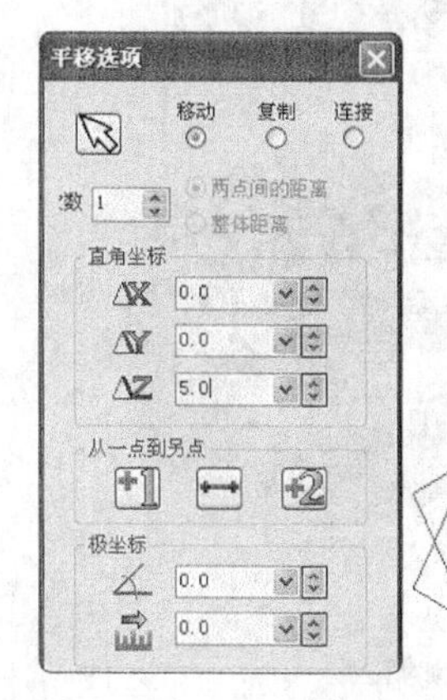

图12-77　平移

03 平移。在绘图工具栏单击【平移】按钮，选择刚才创建的多边形，单击【完成】按钮，完成选择，弹出【平移选项】对话框，设置平移类型为【移动】，次数为1，Z方向距离为5，再将另一个多边形沿Z方向平移，距离为-5，结果如图12-77所示。

04 绘制样条曲线。在绘图工具栏单击【样条曲线】按钮，依次选择多边形顶点连接成封闭的三维曲线，结果如图12-78所示。

05 设置构图面为前视构图面。在【构图面】工具栏单击【前视图】按钮，设置构图面为前视构图面。

06 绘制圆。在绘图工具栏单击【绘圆】按钮，选择多边形顶点为圆心，再输入半径为5，绘制圆，如图12-79所示。

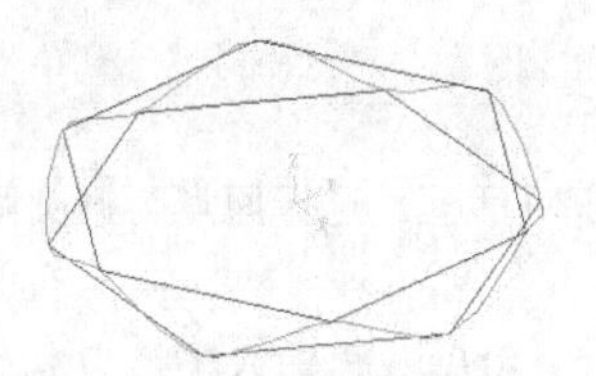

图12-78　绘制样条曲线

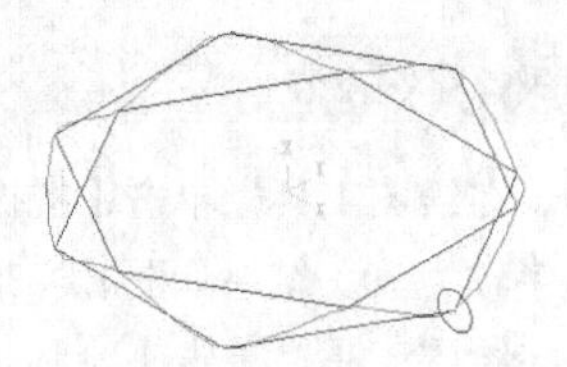

图12-79　绘制圆

12.6.3　创建曲面

01 创建扫描曲面。在绘图工具栏单击【扫描曲面】按钮，选择刚才绘制的圆作为扫描截面，样条曲线作为扫描轨迹，单击【完成】按钮，完成扫描曲面的绘制，如图12-80所示。

02 移动线架到第二层，并关闭第二层。选择所有线架，在下方状态栏中的图层位置单击鼠标右键，弹出【更改层别】对话框，设置选项为【移动】，并选择移动到的层为2，即移动到第2层，并关闭该层，单击【完成】按钮，完成移动。如图12-81所示。

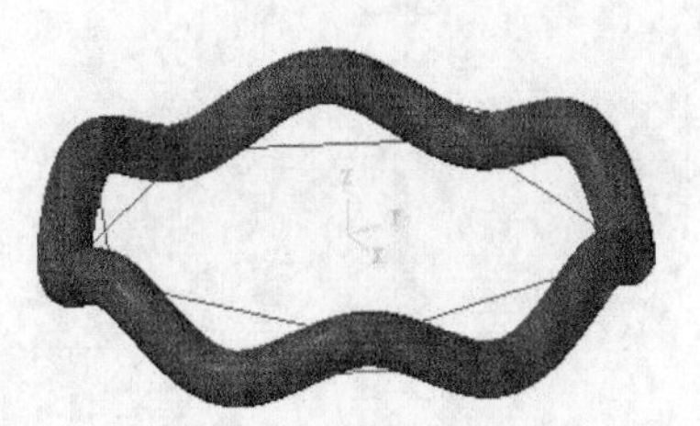

图12-80　创建扫描曲面

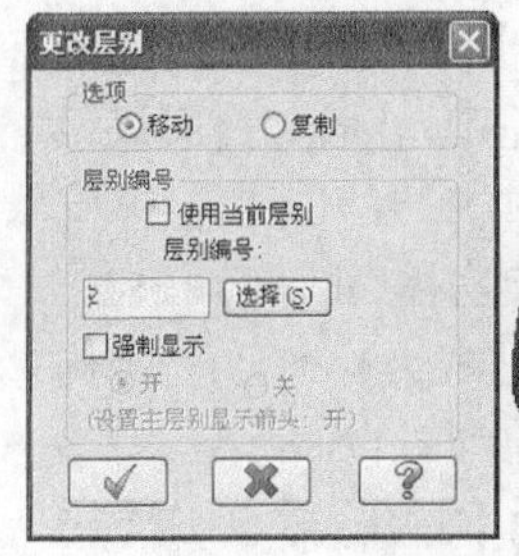

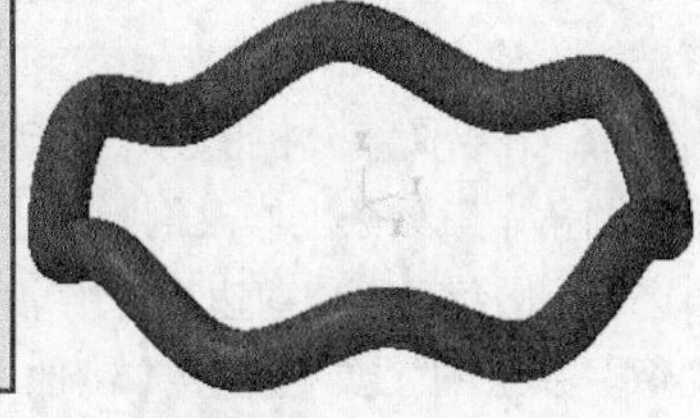

图12-81　移动到图层

很多面按上述基本的操作是无法实现的，因此需要对曲面进行修补。可以在曲面基础上加曲面，也可以在曲面基础上减曲面，或者在曲面基础上减之后再缝补曲面。Mastercam X9中的所有曲面命令中，网状曲面最为灵活，应用最广，是系统根据矩阵方式计算后创建的空间稳定的四边面。

12.7　拓展训练六：8字环曲面

引入文件：无

结果文件：拓展训练\结果文件\Ch12\12-6.mcx-9

视频文件：视频\Ch12\拓展训练六：8字环曲面.avi

采用基本的曲面和绘图命令绘制图12-82所示的8字环曲面。

图12-82　8字环曲面

12.7.1　形面分析

本例的8字环曲面和上面的曲面相比，最典型的特点是只采用基本的曲面难以成型，需要拆面。8字环曲面上下、左右、前后都对称，因此可以考虑创建一部分后镜像出来。分析8字环曲面结构可知，其主体可以采用扫描曲面创建，此扫描可以一步创建出来，主要是中间的过渡曲面部分要与主体曲面光滑相切，因此只绘制出1/8后进行镜像即可。1/8部分的曲面可以采用铺设边界线创建边界网状曲面创建。下面讲解具体的步骤。

12.7.2 铺设线架

01 绘制椭圆。在绘图工具栏单击【椭圆】按钮，弹出【椭圆】对话框，选择原点为椭圆圆心，输入长半轴为90，短半轴为70，结果如图12-83所示。

02 绘制圆。在绘图工具栏单击【绘圆】按钮，输入圆心坐标为（40,0），再输入半径为30，绘制圆，如图12-84所示。

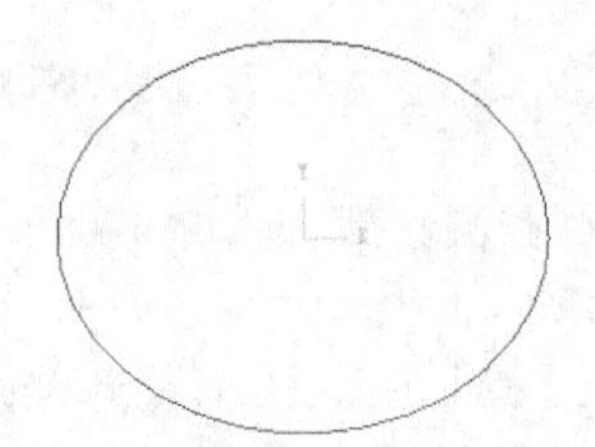

图12-83 绘制椭圆

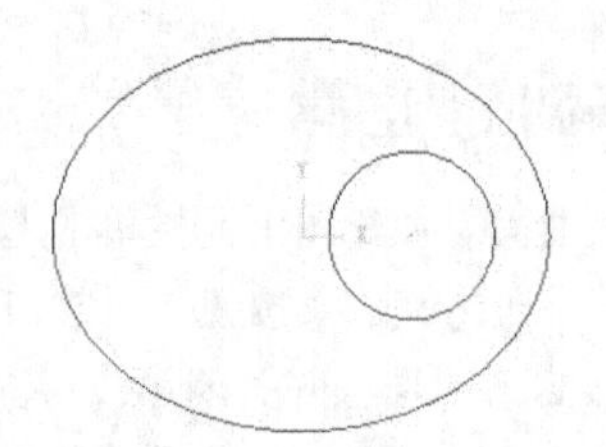

图12-84 绘制圆

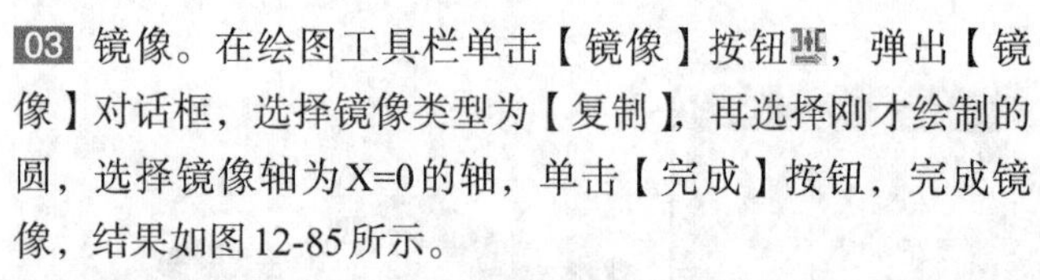

03 镜像。在绘图工具栏单击【镜像】按钮，弹出【镜像】对话框，选择镜像类型为【复制】，再选择刚才绘制的圆，选择镜像轴为X=0的轴，单击【完成】按钮，完成镜像，结果如图12-85所示。

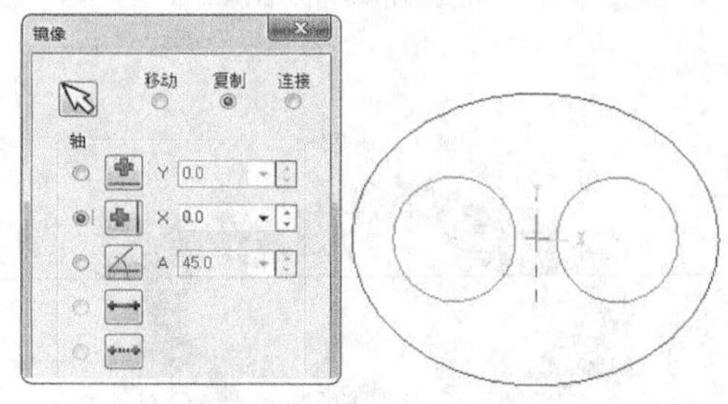

图12-85 镜像

04 倒圆角。在绘图工具栏单击【固定实体倒圆角】按钮，在【倒圆角】工具条上修改倒圆角半径为140，再选择椭圆和圆进行倒圆角，不修剪边界，结果如图12-86所示。

05 镜像。在绘图工具栏单击【镜像】按钮，弹出【镜像】对话框，选择镜像类型为【复制】，选择刚才创建的圆角后，选择镜像轴为Y=0的轴，单击【完成】按钮，完成镜像，结果如图12-87所示。

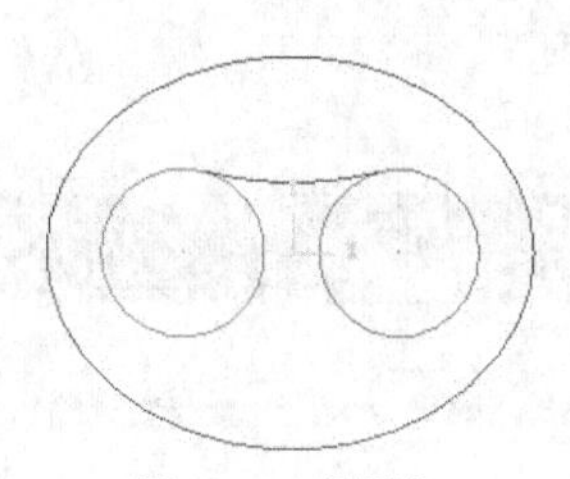

图12-86 倒圆角

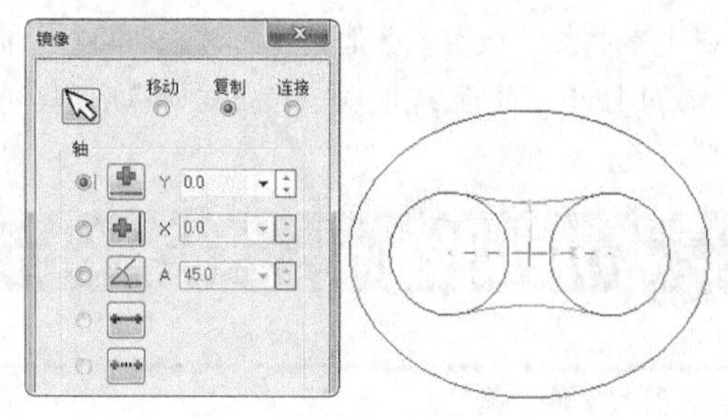

图12-87 镜像

06 设置构图面为前视构图面。在【构图面】工具栏单击【前视】按钮，设置构图面为前视构图面。

07 绘制两点直径圆。在绘图工具栏单击【已知边界三点画圆】按钮 已知边界三点画圆，再在【三点圆】工具条上单击两点【直径圆】按钮，选择椭圆端点和圆端点，绘制圆，如图12-88所示。

08 打断。在绘图工具栏单击【修剪/打断/延伸】按钮，再单击【修剪至点】按钮，设置模式为打断，选择刚才绘制的小圆，再选择圆角圆弧端点为修剪点，结果如图12-89所示。

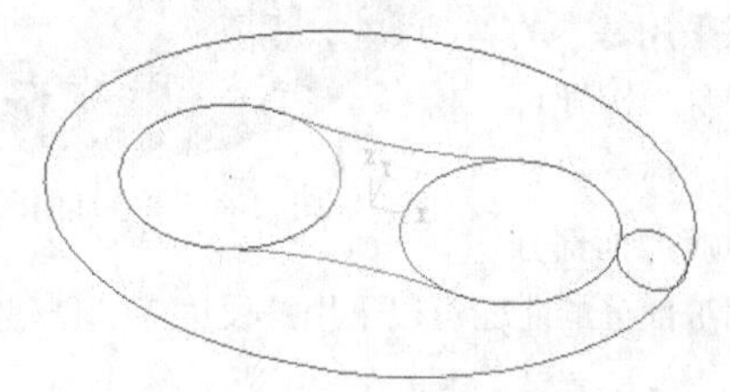

图12-88 绘制两点直径圆

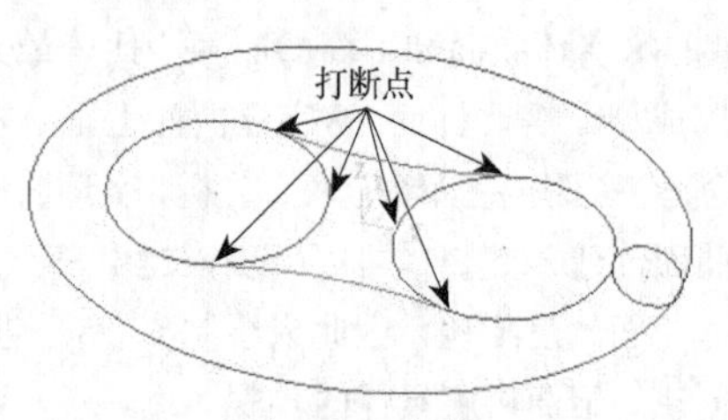

图12-89 打断

09 隐藏圆弧。选择图12-90所示的图素，按Alt+E组合键隐藏其他没有选择的图素，结果如图12-90所示。

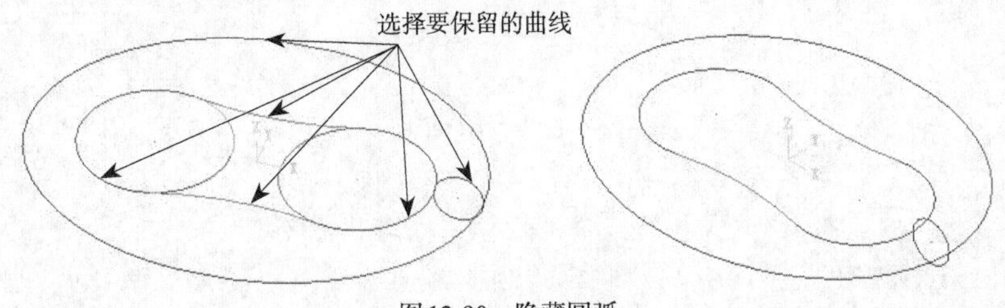

图12-90 隐藏圆弧

12.7.3 创建主体曲面

01 扫描曲面。在绘图工具栏单击【扫描曲面】按钮，选择刚才绘制的圆作为扫描截面，两条封闭串联为扫描轨迹，单击【完成】按钮，完成扫描曲面的绘制，如图12-91所示。

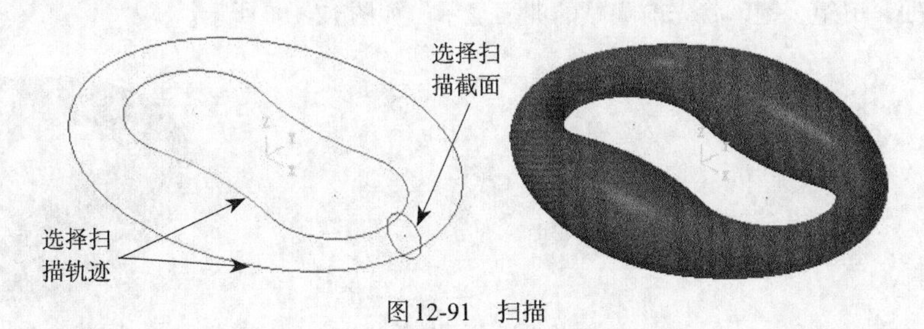

图12-91 扫描

02 隐藏曲面，显示线架。选择所有线架后，按Alt+E组合键隐藏所有曲面，结果如图12-92所示。

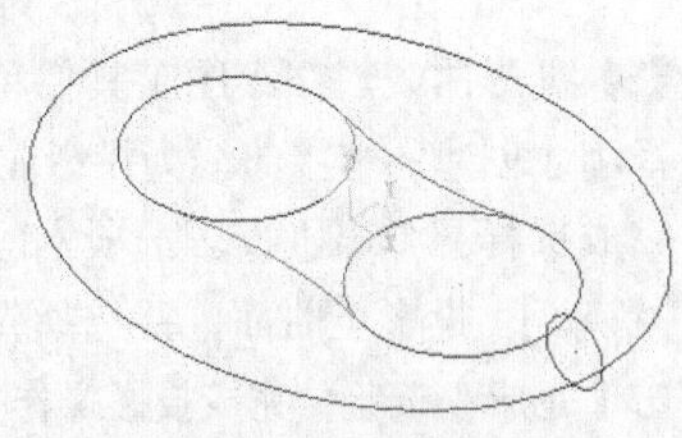

图12-92 隐藏曲面

12.7.4 创建过渡曲面线架

01 绘制圆。在绘图工具栏单击【绘圆】按钮，选择原点为圆心，再输入半径为10，绘制圆，如图12-93所示。

02 设置构图面为右视构图面。在【构图面】工具栏单击【右视】按钮，设置构图面为右视构图面。

03 创建等分点。在绘图工具栏单击【创建等分点】按钮，弹出【创建等分点】工具条，选择大椭圆，输入点数为5，生成等分点，如图12-94所示（起点与终点处的等分点重合）。

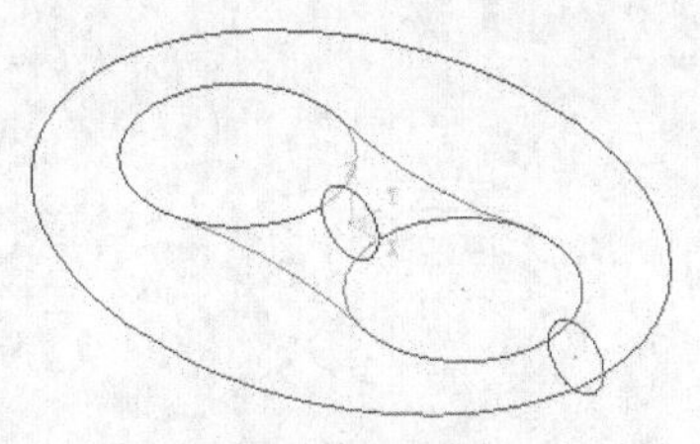

图12-93 绘制圆

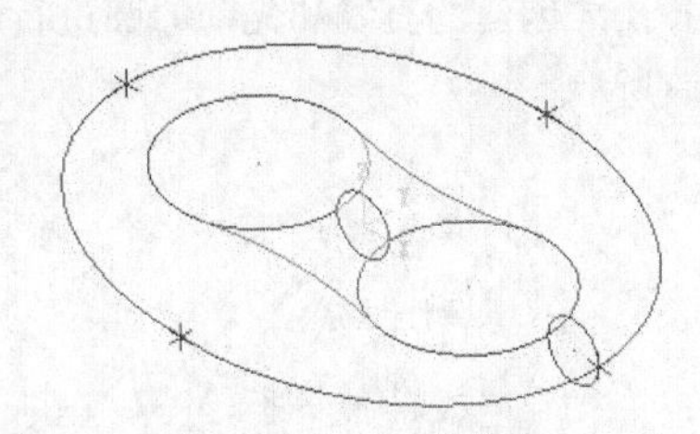

图12-94 创建等分点

04 创建两点直径圆。在绘图工具栏单击【已知边界三点画圆】按钮 已知边界三点画圆，再在【三点圆】工具条上单击【两点直径圆】按钮，选择椭圆的等分点和圆角中点，绘制圆，如图12-95所示。

05 创建等分点。在绘图工具栏单击【创建等分点】按钮，弹出【创建等分点】工具条，选择刚才创建的圆，输入点数为10，生成等分点，如图12-96所示。

06 绘制直线。在绘图工具栏单击【绘制直线】按钮，再选择圆角端点为起点，输入长为20、角度为

270，结果如图12-97所示。

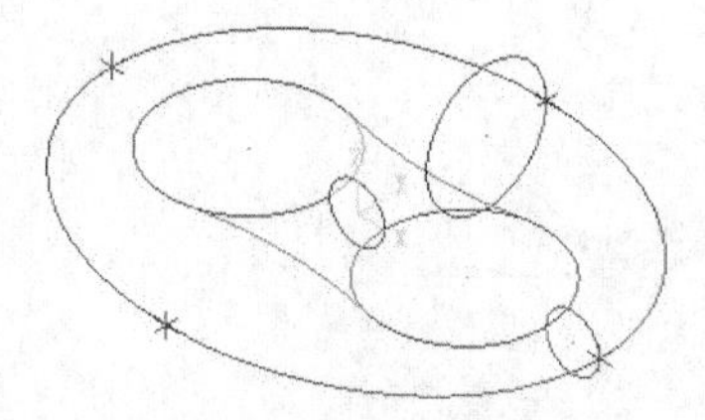

图12-95　创建两点直径圆

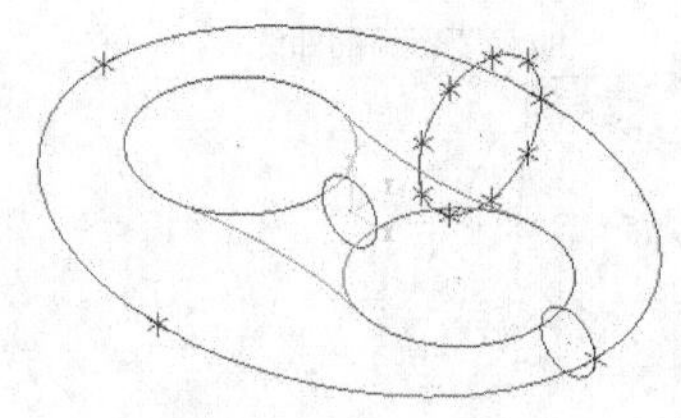

图12-96　创建等分点

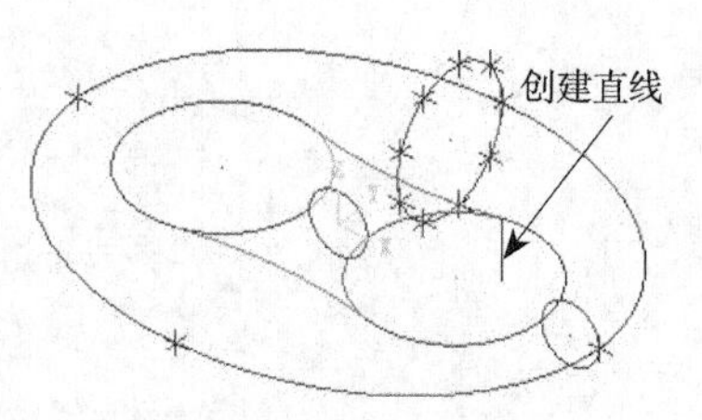

图12-97　创建直线

07 设置构图面为俯视构图面。在【构图面】工具栏单击【俯视】按钮，设置构图面为俯视构图面。

08 绘制直线。在绘图工具栏单击【绘制直线】按钮，再选择刚才创建的等分点，输入长为20，角度为180，结果如图12-98所示。

09 创建熔接曲线。在绘图工具栏单击【熔接曲线】按钮，选择刚才创建的两条直线进行熔接，结果如图12-99所示。

10 显示曲面。按Alt+E组合键，将先前隐藏的曲面显示，如图12-100所示。

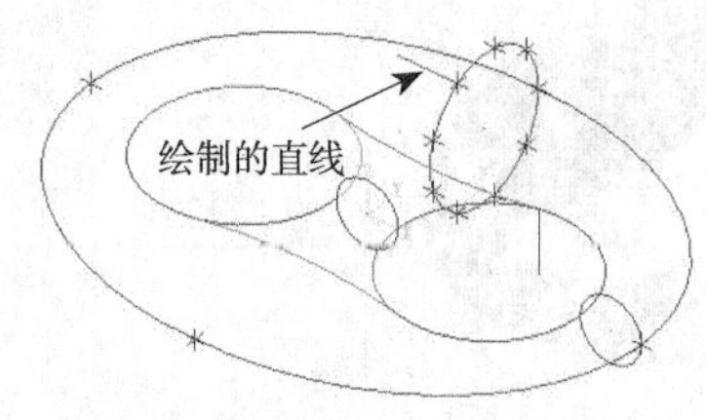

图12-98　绘制直线

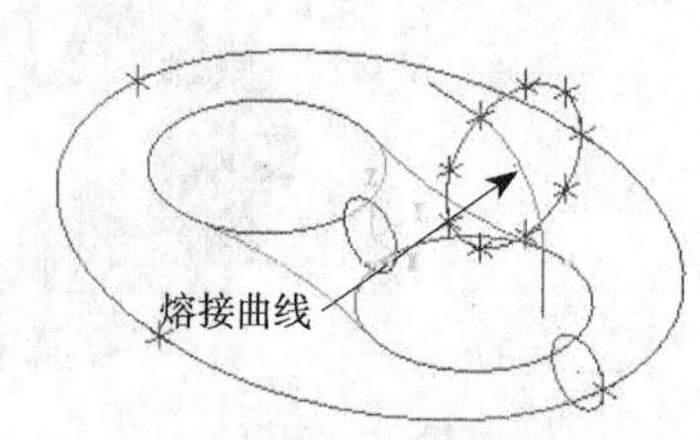

图12-99　创建熔接曲线

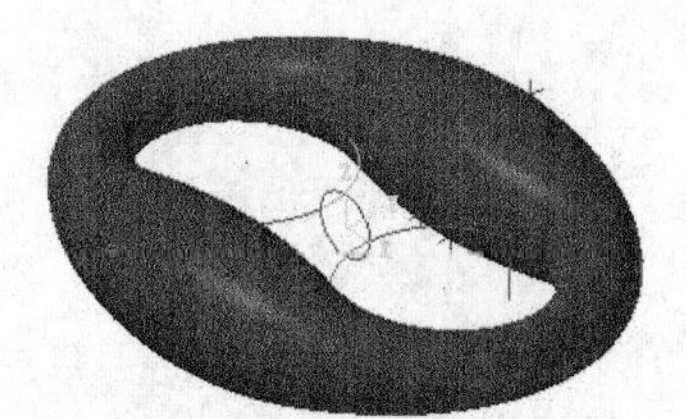

图12-100　显示曲面

11 投影曲线。在绘图工具栏单击【投影】按钮，选择刚才创建的熔接曲线为投影曲线，单击【完成】按钮，完成选择，弹出【投影选项】对话框，设置投影类型为【移动】，投影至曲面，并选择先前创建的扫描曲面，单击【完成】按钮，完成投影操作，结果如图12-101所示。

12 绘制直线。在绘图工具栏单击【绘制直线】按钮，选择小圆的象限点绘制水平线，长度为20，结果如图12-102所示。

13 创建熔接曲线。在绘图工具栏单击【熔接曲线】按钮，选择刚才创建的直线和先前的圆进行熔接，结果如图12-103所示。

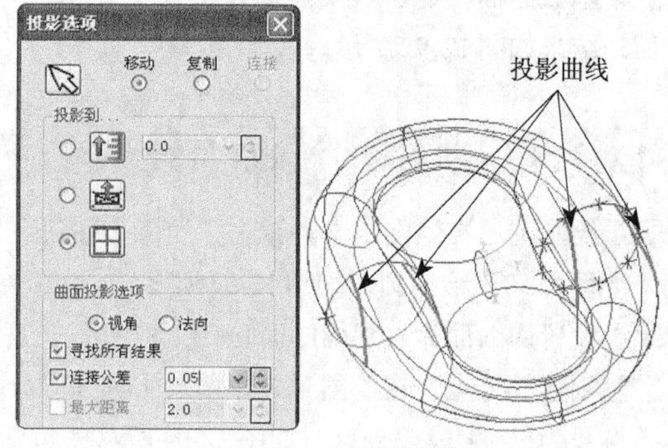

图12-101　投影曲线

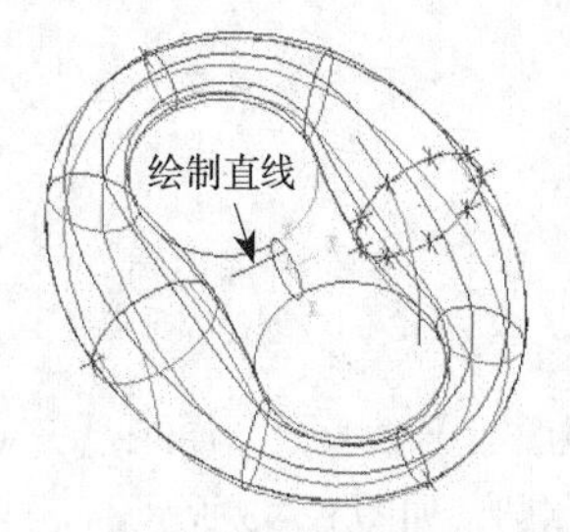

图12-102　绘制直线

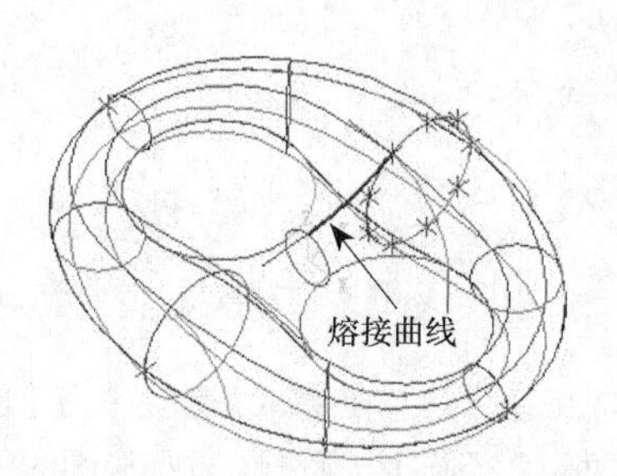

图12-103　创建熔接曲线

14 修剪圆。在绘图工具栏单击【修剪/打断/延伸】按钮，并单击【修剪至点】按钮，选择小圆，再单击小圆的象限点为修剪点，完成修剪，如图12-104所示。

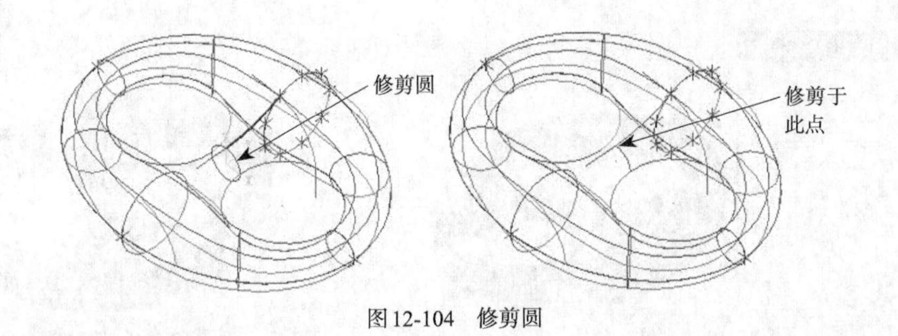

图12-104　修剪圆

12.7.5　创建过渡曲面

创建网状曲面。在绘图工具栏单击【网状曲面】按钮，选择创建网状曲面的4条边界，如图12-105所示。

图12-105　创建网状曲面

12.7.6　镜像成模型

01 以X=0的轴镜像网状曲面。在绘图工具栏单击【镜像】按钮，弹出【镜像】对话框，设置镜像类型为【复制】，选择刚才创建的曲面后，再选择镜像轴为X=0的轴，单击【完成】按钮，完成镜像，结果如图12-106所示。

02 以Y=0的轴镜像网状曲面。在绘图工具栏单击【镜像】按钮，弹出【镜像】对话框，设置镜像类型为【复制】，选择刚才创建的曲面和镜像后的曲面，再选择镜像轴为Y=0的轴，单击【完成】按钮，完成镜像，结果如图12-107所示。

图12-106　镜像

图12-107　镜像

03 设置构图面为前视构图面。在【构图面】工具栏单击【前视图】按钮，设置构图面为前视构图面。

04 以Y=0的轴镜像网状曲面。在绘图工具栏单击【镜像】按钮，弹出【镜像】对话框，设置镜像类型为【复制】，选择刚才创建的网状曲面和镜像后的曲面，再选择镜像轴为【Y=0】的轴，单击【完成】按钮，完成镜像，结果如图12-108所示。

05 隐藏曲线。选择所有的曲面后，按Alt+E组合键将所有曲线隐藏，只显示曲面，结果如图12-109所示。

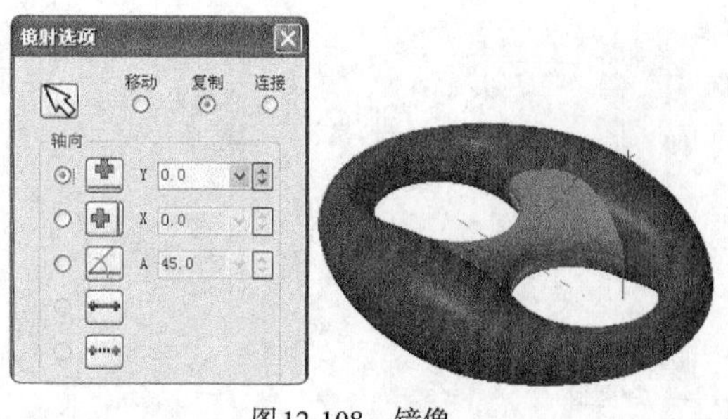

图12-108　镜像

图12-109　隐藏曲线

12.8　拓展训练七：心形曲面

引入文件：无

结果文件：拓展训练\结果文件\Ch12\12-7.mcx-9

视频文件：视频\Ch12\拓展训练七：心形曲面.avi

采用基本的曲面和绘图命令绘制图12-110所示的心形曲面。

图12-110　心形曲面

12.8.1　形面分析

此心形曲面也不能直接采用基本的曲面绘制出来，需要先将模型拆分出基本的曲面再绘制。心形曲面结构为左右对称和正反面对称。因此只需要创建1/4再采用镜像曲面即可。1/4的曲面又分拆成多个四边面来创建。下面讲解具体的步骤。

12.8.2　绘制线架

01 绘制圆。在绘图工具栏单击【绘圆】按钮，输入圆心坐标为（22,9），再输入半径为30，绘制圆，如图12-111所示。

02 绘制水平线。在绘图工具栏单击【绘制直线】按钮，再选择原点为起点，绘制水平向右的直线，输入长度为60，结果如图12-112所示。

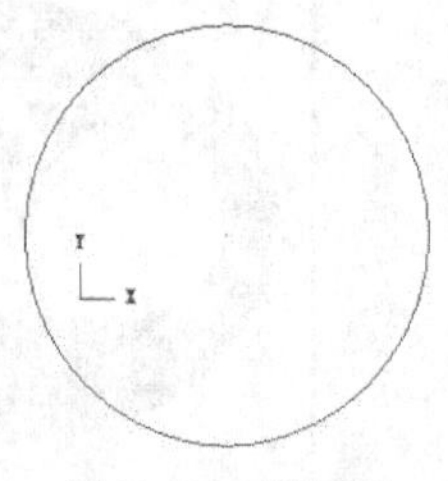
图12-111　绘制圆

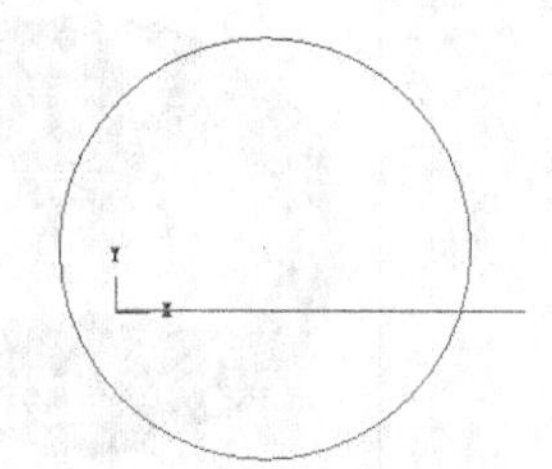
图12-112　绘制线

03 创建切弧。在绘图工具栏单击【切弧】按钮，设置切弧类型为【相切于一物体】，并输入半径为105，选择小圆为相切的图素，再选择交点为切点，单击【完成】按钮，完成切弧的绘制，如图12-113所示。

04 以X=0的轴镜像。在绘图工具栏单击【镜像】按钮，弹出【镜像】对话框，设置镜像类型为【复制】，选择小圆和圆弧后，选择镜像轴为X=0的轴，单击【完成】按钮，完成镜像，结果如图12-114所示。

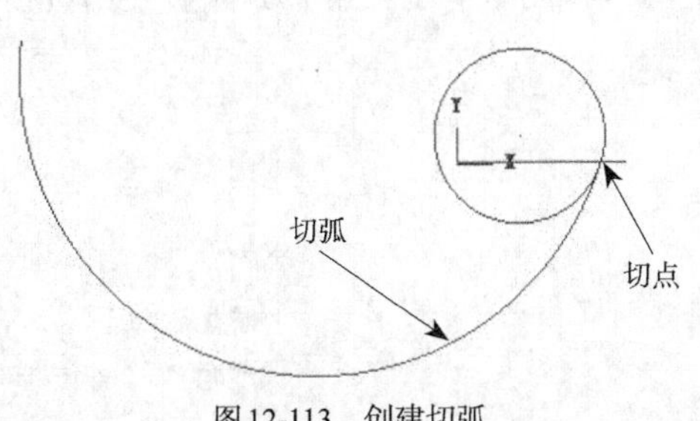

图12-113　创建切弧

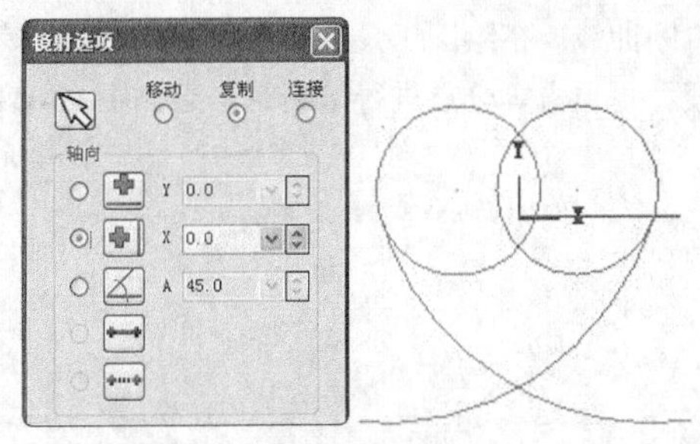

图12-114　镜像

05 修剪。在绘图工具栏单击【修剪/打断/延伸】按钮，弹出【修剪】工具条，在工具条中单击【分割物体】按钮，单击要修剪或删除的图素，修剪结果如图12-115所示。

06 倒圆角。在绘图工具栏单击【固定实体倒圆角】按钮，在【倒圆角】工具条上修改倒圆角半径为20，再选择圆弧进行倒圆角，结果如图12-116所示。

07 打断圆弧。在绘图工具栏单击【修剪/打断/延伸】按钮，再单击【修剪至点】按钮，类型为打断，选择倒圆角，单击圆角中点为打断点，完成修剪，如图12-117所示。

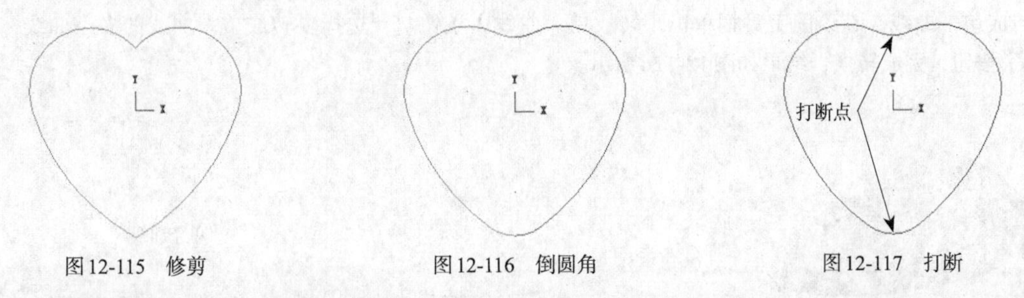

图12-115　修剪　　图12-116　倒圆角　　图12-117　打断

08 设置视图为等角视图，构图面为右视构图面。在【视图】工具栏单击【等角视图】按钮，设置视图为等角视图，在【构图面】工具栏单击【右视】按钮，设置构图面为右视构图面。

09 绘制直线。在绘图工具栏单击【绘制直线】按钮，再选择刚才的打断点，输入长度为20，绘制竖直线，结果如图12-118所示。

10 熔接曲线。在绘图工具栏单击【熔接曲线】按钮，选择刚才创建的两条直线进行熔接，结果如图12-119所示。

11 创建等分点。在绘图工具栏单击【创建等分点】按钮，弹出【创建等分点】工具条，选择刚才创建的圆，输入点数为9，生成等分点，结果如图12-120所示。

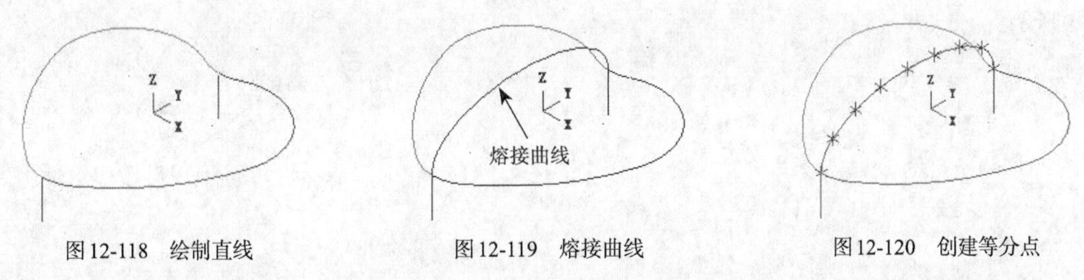

图12-118　绘制直线　　图12-119　熔接曲线　　图12-120　创建等分点

12 设置构图面为俯视构图面。在【构图面】工具栏单击【俯视】按钮，设置构图面为俯视构图面。

13 创建直线。在绘图工具栏单击【绘制直线】按钮，再选择等分点为起点绘制长度为20的水平线，结果如图12-121所示。

14 创建熔接曲线。在绘图工具栏单击【熔接曲线】按钮，选择刚才创建的两条直线进行熔接，结果如图12-122所示。

15 打断曲线。在绘图工具栏单击【修剪/打断/延伸】按钮，再单击【修剪至点】按钮，选择先前的熔接曲线，再单击等分点进行打断，结果如图12-123所示。

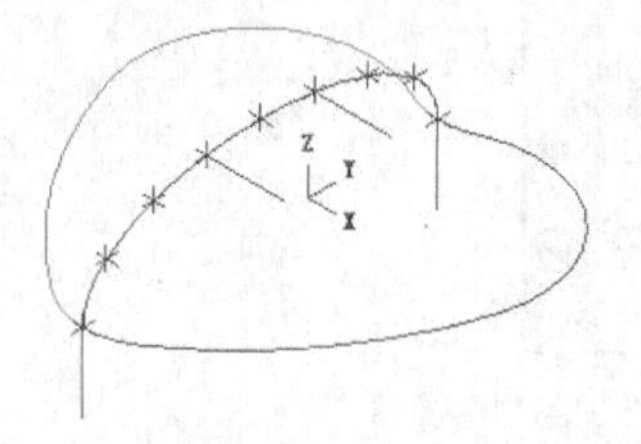
图12-121　创建直线

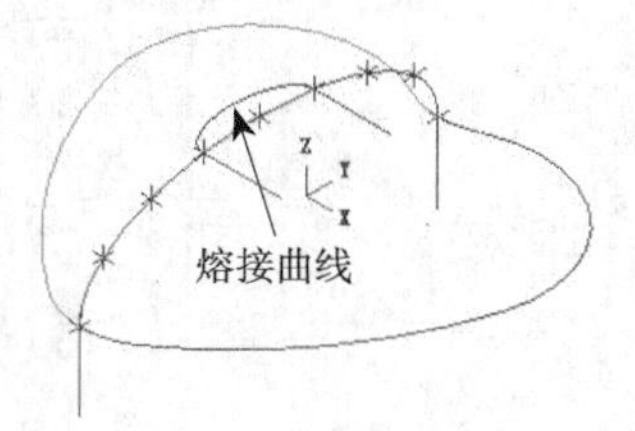

图12-122　创建熔接曲线

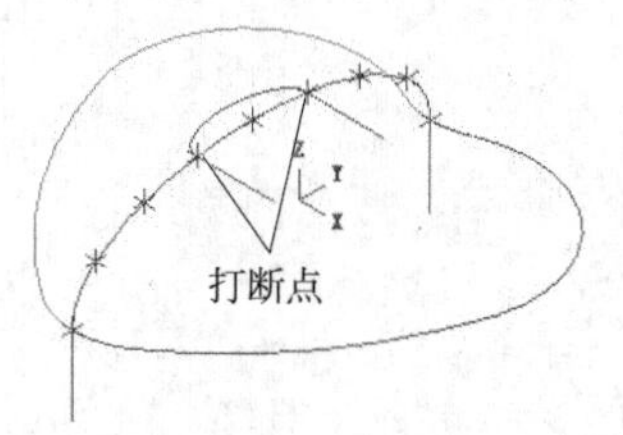

图12-123　打断曲线

12.8.3　创建主体曲面

01 创建网状曲面。在绘图工具栏单击【网状曲面】按钮，依次选择图12-124所示的4条边界，绘制出的网状曲面如图12-124所示。

02 隐藏曲面。选择所有线架后，按Alt+E组合键，将所有选择的线架保留，隐藏曲面如图12-125所示。

03 转成单一曲线。在绘图工具栏单击【转成单一曲线】按钮，选择要转成单一曲线的多条曲线，单击【完成】按钮，完成转换，结果如图12-126所示。

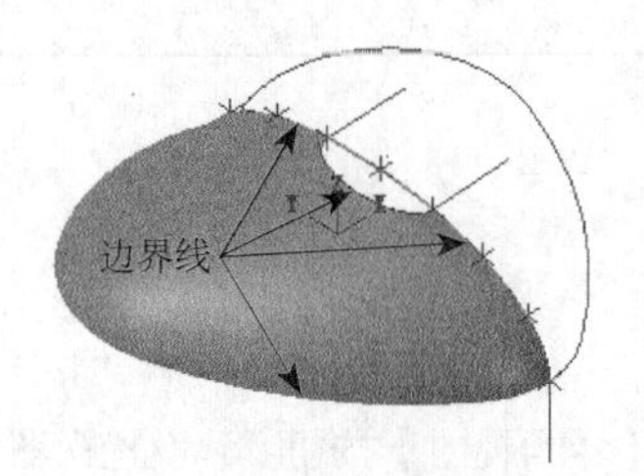

图12-124　创建网状曲面

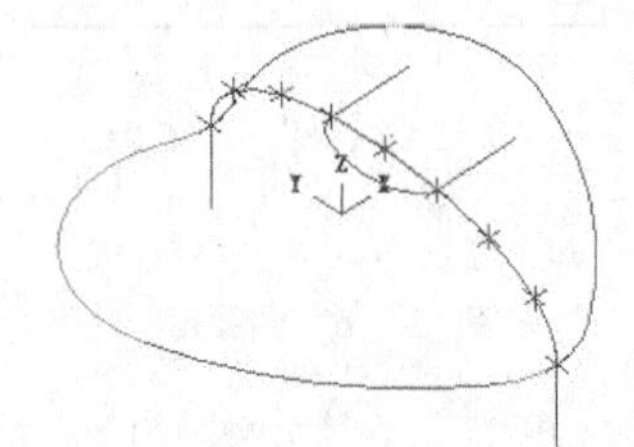
图12-125　隐藏曲面

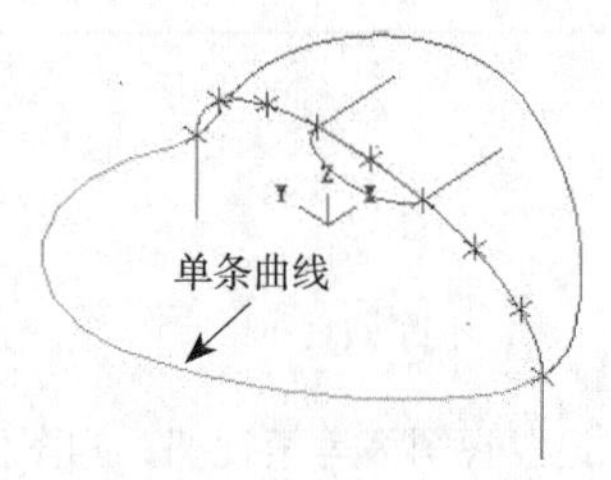

图12-126　转成单一曲线

04 创建等分点。在绘图工具栏单击【创建等分点】按钮，弹出【创建等分点】工具条，选择刚才转换的单条曲线，输入点数为7，生成等分点，如图12-127所示。

05 设置构图面为右视构图面。在【构图面】工具栏单击【右视】按钮，设置构图面为右视构图面。

06 绘制直线。在绘图工具栏单击【绘制直线】按钮，再选择等分点为起点绘制垂直线，结果如图12-128所示。

07 创建熔接曲线。在绘图工具栏单击【熔接曲线】按钮，选择刚才创建的两条直线进行熔接，结果如图12-129所示。

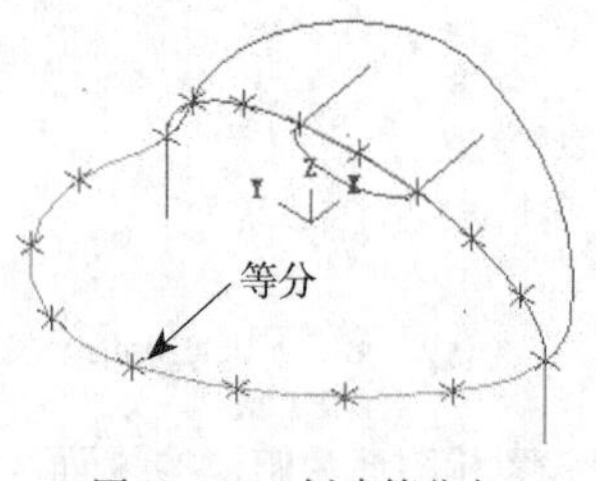

图12-127　创建等分点

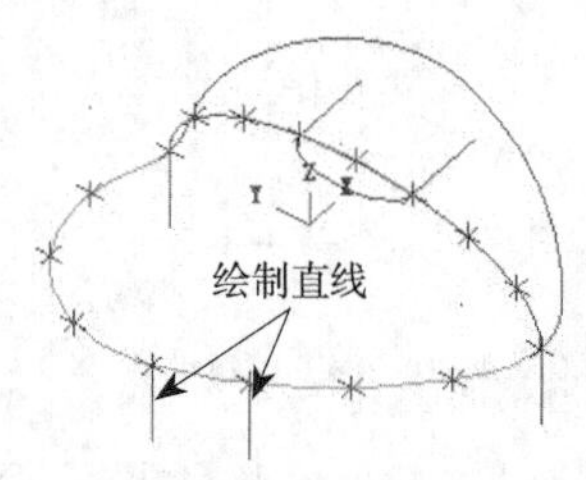

图12-128　绘制直线

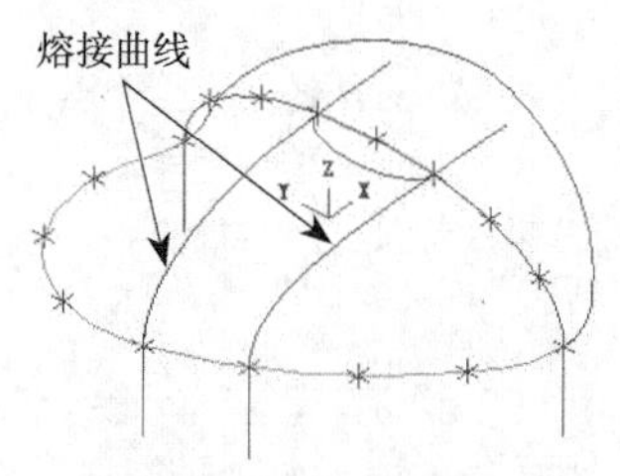

图12-129　创建熔接曲线

08 显示曲面。按Alt+E组合键，将先前隐藏的曲面全部显示，如图12-130所示。

09 设置构图面为俯视构图面。在【构图面】工具栏单击【俯视】按钮，设置构图面为俯视构图面。

10 曲线修剪分割曲面。在菜单栏执行【绘图】→【曲面】→【曲面修剪】→【修剪到曲线】命令，选择网状曲面确定后，选择熔接曲线，指定要保留的一侧，再设置修剪模式为分割，结果如图12-131所示。

11 曲线修剪曲面。在菜单栏执行【绘图】→【曲面】→【曲面修剪】→【修剪到曲线】命令，选择网状曲面确定后，选择熔接曲线，指定要保留的一侧，结果如图12-132所示。

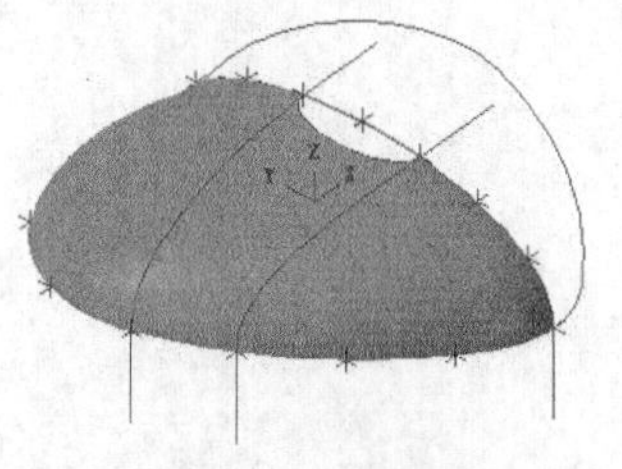

图12-130　显示曲面

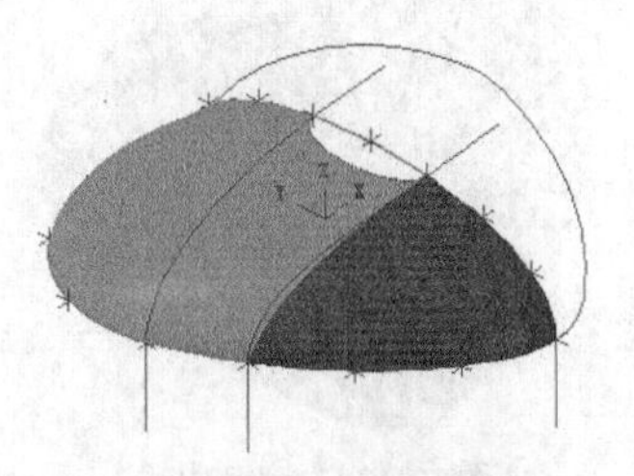

图12-131　曲线修剪分割曲面

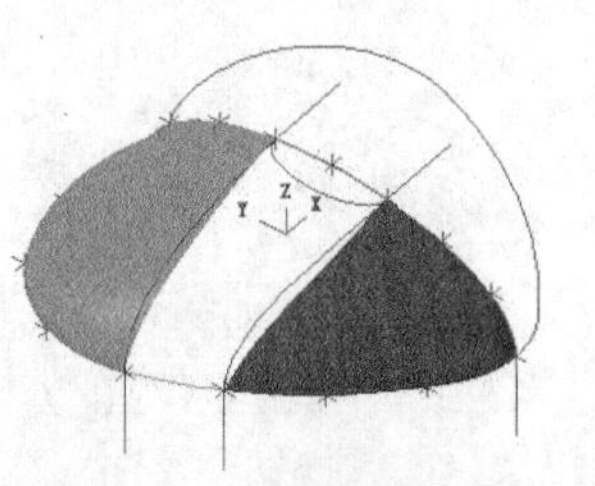

图12-132　曲线修剪曲面

12 隐藏曲线。选择要隐藏的曲线，在绘图工具栏单击【隐藏图素】按钮，将选择的图素隐藏，结果如图12-133所示。

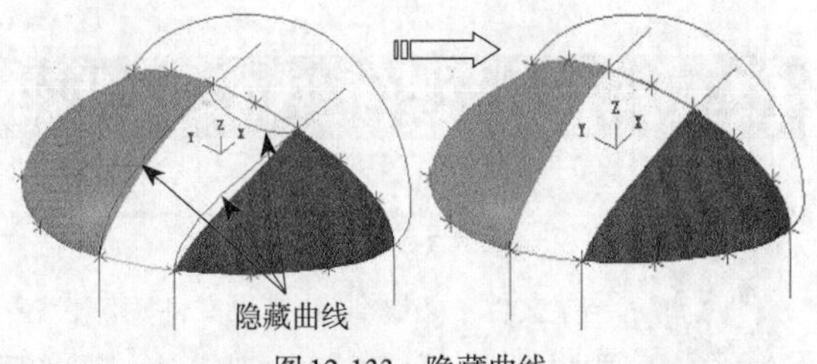

图12-133　隐藏曲线

13 创建曲面单一边界。在绘图工具栏单击【创建曲面单一边界】按钮，选择要抽取曲线的曲面边界，单击【完成】按钮，创建边界曲线，如图12-134所示。

14 创建网状曲面。在绘图工具栏单击【网状曲面】按钮，选择图12-135所示曲面的4条边界，绘制网状曲面，如图12-135所示。

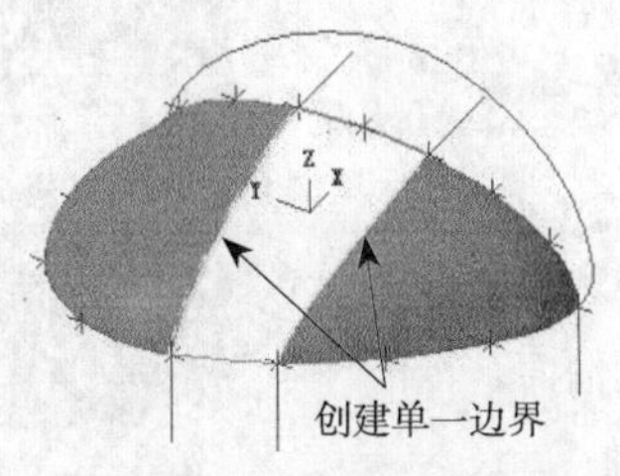

图12-134　创建边界

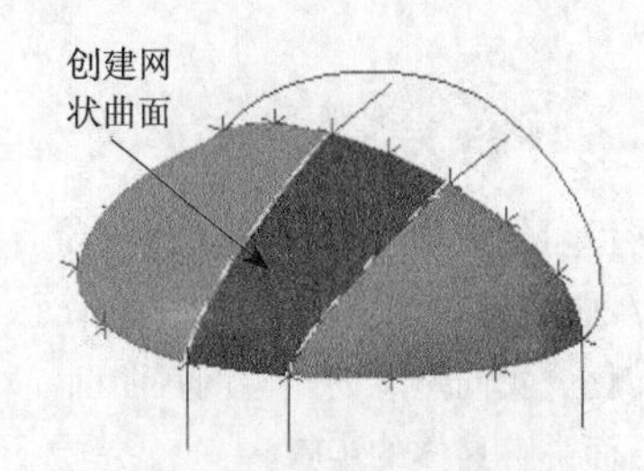

图12-135　创建网状曲面

12.8.4　镜像成整体模型

01 以X=0的轴镜像曲面。在绘图工具栏单击【镜像】按钮，弹出【镜像】对话框，设置镜像类型为【复制】，选择所有曲面后，选择镜像轴为X=0的轴，单击【完成】按钮，完成镜像，结果如图12-136所示。

02 设置视图为等角视图，设置构图面为右视构图面。在【视图】工具栏单击【等角视图】按钮，设置视图为等角视图，在【构图面】工具栏单击【右视】按钮，设置构图面为右视构图面。

03 以Y=0的轴镜像曲面。在绘图工具栏单击【镜像】按钮，弹出【镜像】对话框，设置镜像类型为【复制】，选择所有曲面后，选择镜像轴为Y=0的轴，单击【完成】按钮，完成镜像，结果如图12-137所示。

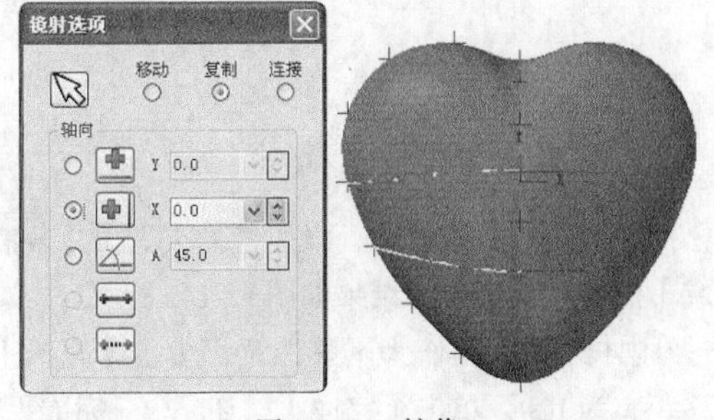

图12-136　镜像

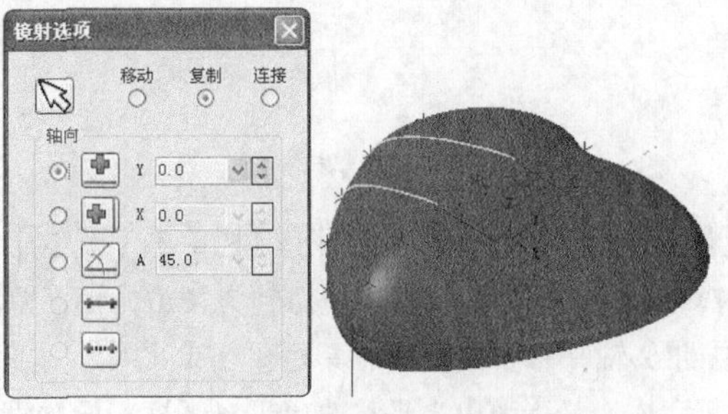

图12-137　镜像

04 隐藏曲线。选择所有曲面，再按Alt+E组合键，将所有曲线隐藏，结果如图12-138所示。

图12-138　隐藏曲线

12.9　拓展训练八：裤型曲面

引入文件：无

结果文件：拓展训练\结果文件\Ch12\12-8.mcx-9

视频文件：视频\Ch12\拓展训练八：裤型曲面.avi

采用基本的曲面和绘图命令绘制图12-139所示的裤型曲面。

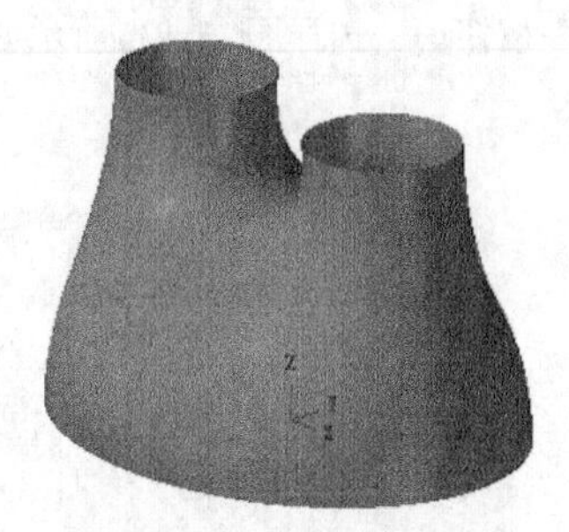

图12-139　裤型曲面

12.9.1　形面分析

从结构上可知，裤型曲面在俯视图前后左右都对称，因此只需创建1/4曲面即可。1/4曲面是一个空间的五边形曲面，因此，要想办法将此不规则的五边形曲面转化成我们熟悉的四边网状曲面。可以采用创建线来分割曲面，转化成四边。下面讲解具体的步骤。

12.9.2　绘制线架

01 绘制椭圆。在绘图工具栏单击【椭圆】按钮，弹出【椭圆】对话框，选择原点为椭圆圆心，再输入长半轴为100，短半轴为80，结果如图12-140所示。

02 绘制圆。在绘图工具栏单击【绘圆】按钮，输入圆心点坐标为（50,0），再输入半径为30，绘制圆，结果如图12-141所示。

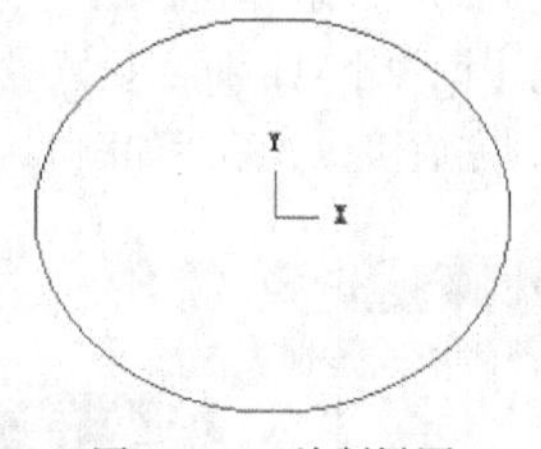

图12-140　绘制椭圆

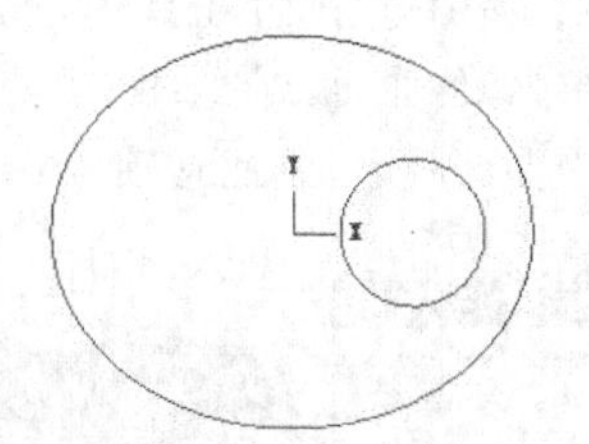

图12-141　绘制圆

03 以X=0的轴镜像。在绘图工具栏单击【镜像】按钮，弹出【镜像】对话框，设置镜像类型为【复制】，选择刚才绘制的圆后，选择镜像轴为X=0的轴，单击【完成】按钮完成镜像，结果如图12-142所示。

04 沿Z轴平移。在绘图工具栏单击【平移】按钮，选择刚才绘制的圆作为平移图素，单击【完成】按钮，完成选择，弹出【平移选项】对话框，设置沿Z轴平移距离为120，单击【完成】按钮，完成平移，如图12-143所示。

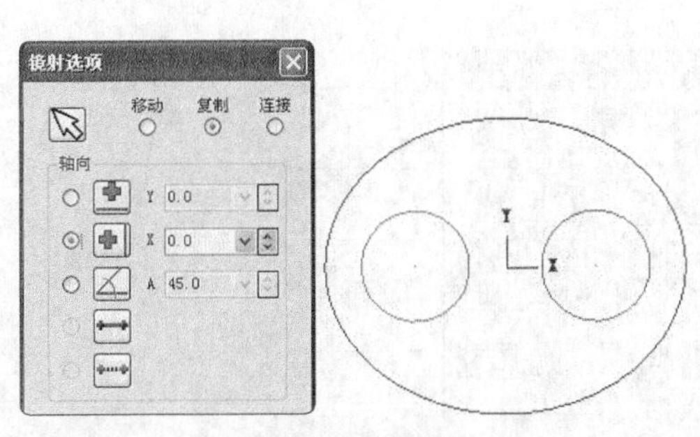

图12-142　镜像

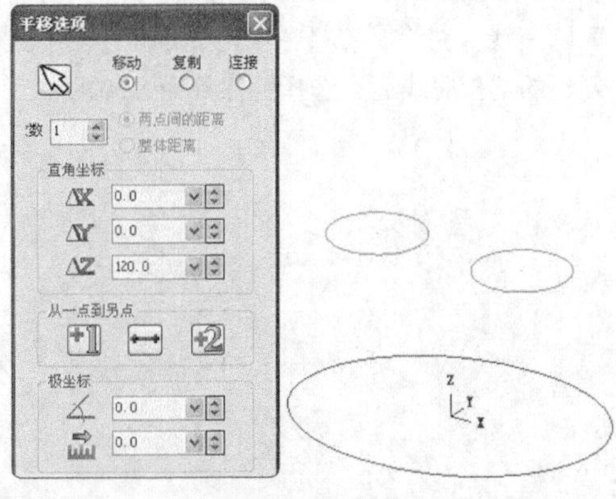

图12-143　平移

05 设置视图为等角视图，构图面为右视构图面。在【视图】工具栏单击【等角视图】按钮，设置视图为等角视图，在【构图面】工具栏单击【右视】按钮，设置构图面为右视构图面。

06 绘制直线。在绘图工具栏单击【绘制直线】按钮，再选择圆的象限点为起点绘制长度为20的向上垂直线，结果如图12-144所示。

07 绘制直线。在绘图工具栏单击【绘制直线】按钮，再选择椭圆的象限点为起点绘制长度为20的向下垂直线，结果如图12-145所示。

08 熔接曲线。在绘图工具栏单击【熔接曲线】按钮，选择刚才创建的两条直线进行熔接，结果如图12-146所示。

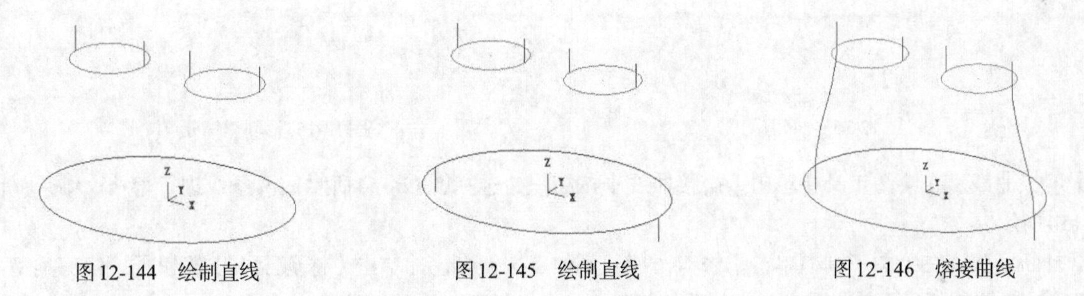

图12-144　绘制直线　　图12-145　绘制直线　　图12-146　熔接曲线

09 绘制直线。在绘图工具栏单击【绘制直线】按钮，选择原点为起点，绘制垂直线，结果如图12-147所示。

10 绘制两点直径圆。在绘图工具栏单击【已知边界三点画圆】按钮，再在【三点圆】工具条单击【两点直径圆】按钮，选择直线的两端点，绘制圆，如图12-148所示。

11 设置构图面为前视图。在【构图面】工具栏单击【前视图】按钮，设置构图面为前视构图面。

12 绘制直线。在绘图工具栏单击【绘制直线】按钮，再选择圆的象限点为起点，绘制水平线，如图12-149所示。

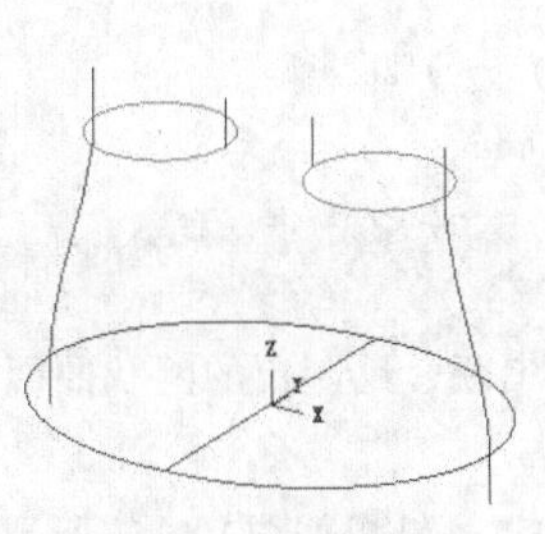

图12-147　绘制直线

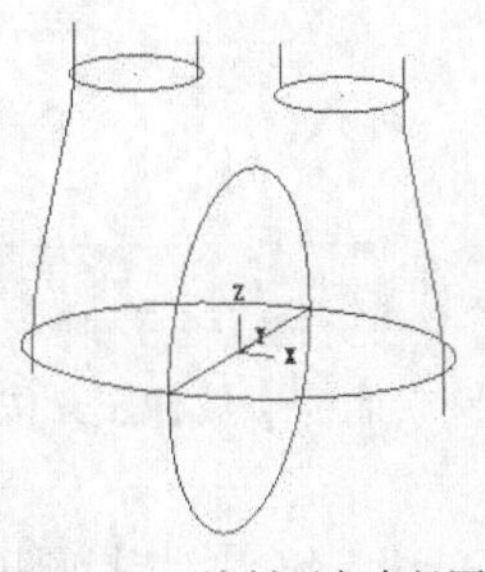

图12-148　绘制两点直径圆

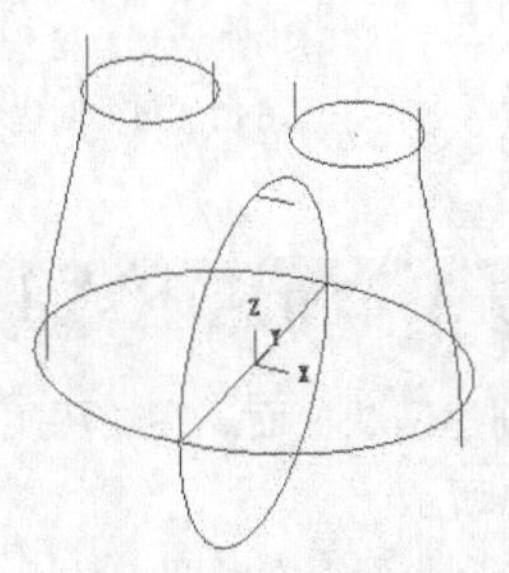

图12-149　绘制直线

13 创建熔接曲线，在绘图工具栏单击【熔接曲线】按钮，选择刚才创建的两条直线进行熔接，起点熔接值为1，终点熔接值为1.5，结果如图12-150所示。

14 镜像曲线。在绘图工具栏单击【镜像】按钮，弹出【镜像】对话框，设置镜像类型为【复制】，选择刚才创建的熔接曲线后，选择镜像轴为X=0的轴，单击【完成】按钮完成镜像，结果如图12-151所示。

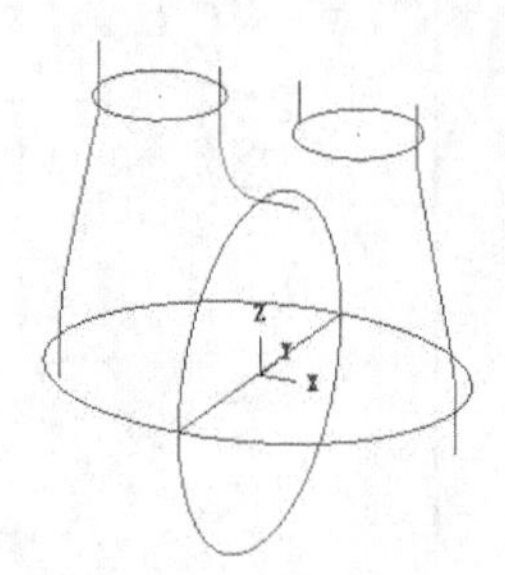

图12-150　创建熔接曲线

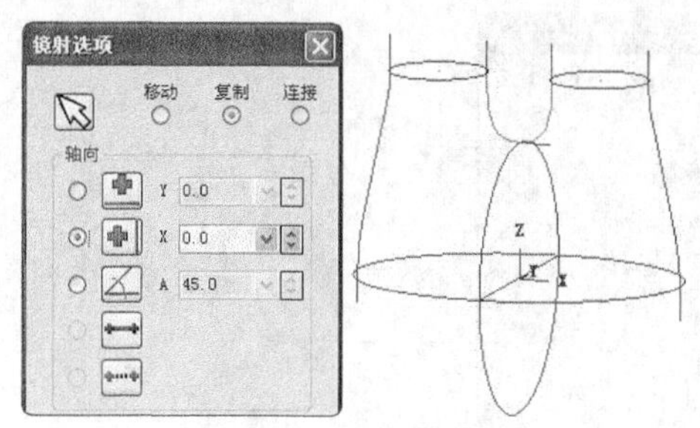

图12-151　创建镜像曲线

15 修剪圆和直线。在绘图工具栏单击【修剪/打断/延伸】按钮，并单击【分割/删除】按钮，选择要删除或修剪的图素，如图12-152所示。

16 创建等分点。在绘图工具栏单击【创建等分点】按钮，弹出【创建等分点】工具条，选择刚才创建的圆，输入点数为5，生成等分点，如图12-153所示。

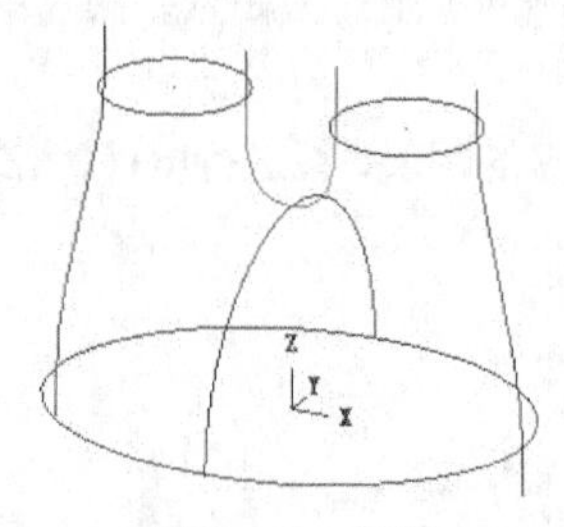

图12-152　修剪

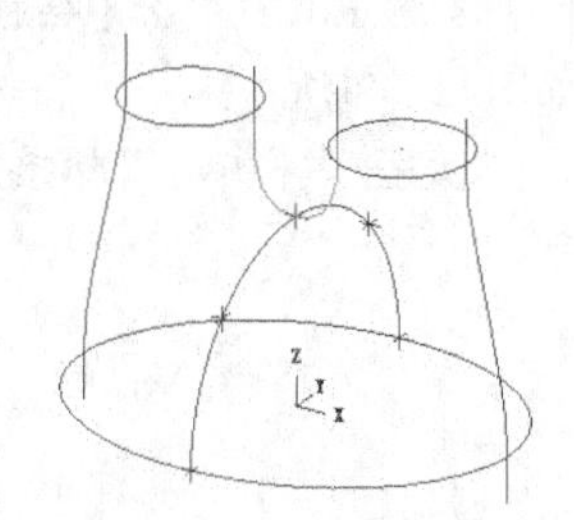

图12-153　创建等分点

17 熔接曲线。在绘图工具栏单击【熔接曲线】按钮，选择图12-154所示的两条线进行熔接，结果如图12-154所示。

18 打断圆弧。在绘图工具栏单击【修剪/打断/延伸】按钮，并单击【修剪至点】按钮，修剪类型为【打断】，选择圆弧，再单击图12-155所示的打断点，完成打断，结果如图12-155所示。

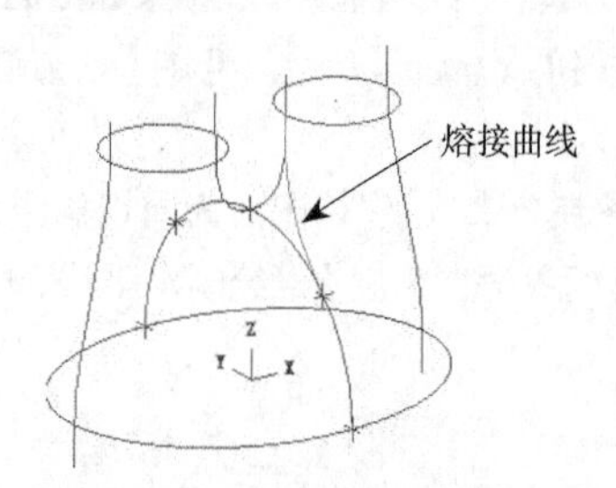

图12-154　创建熔接曲线

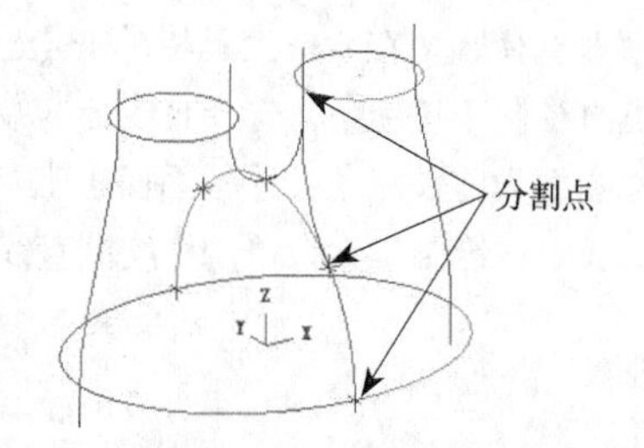

图12-155　打断圆弧

12.9.3　创建主体曲面

01 创建网状曲面。在绘图工具栏单击【网状曲面】按钮，依次选择4条串联，绘制出的网状曲面如图12-156所示。

02 绘制直线。在绘图工具栏单击【绘制直线】按钮，选择圆弧的中点为起点，结果如图12-157所示。

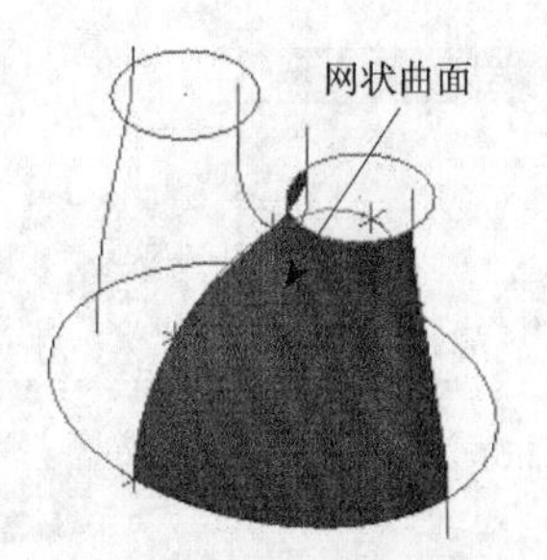

图12-156　创建网状曲面

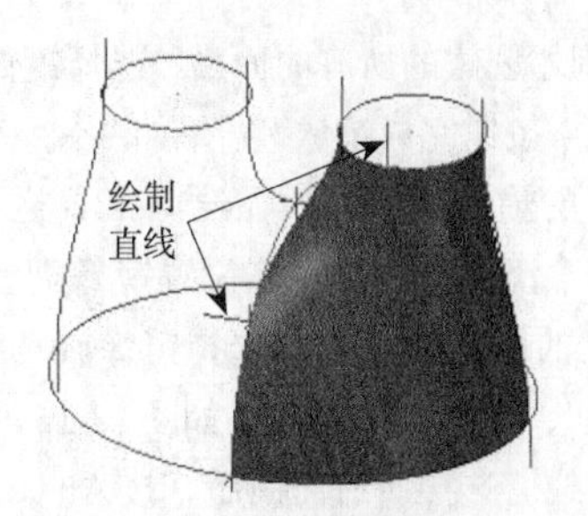

图12-157　绘制直线

03 创建熔接曲线。在绘图工具栏单击【熔接曲线】按钮，选择刚才创建的两条直线进行熔接，结果如图12-158所示。

04 投影曲线。在绘图工具栏单击【投影】按钮，选择刚才创建的熔接曲线为投影曲线，单击【完成】按钮完成选择，弹出【投影选项】对话框，设置投影类型为【移动】，投影至曲面，并选择先前创建的网状曲面，单击【完成】按钮，完成投影操作，结果如图12-159所示。

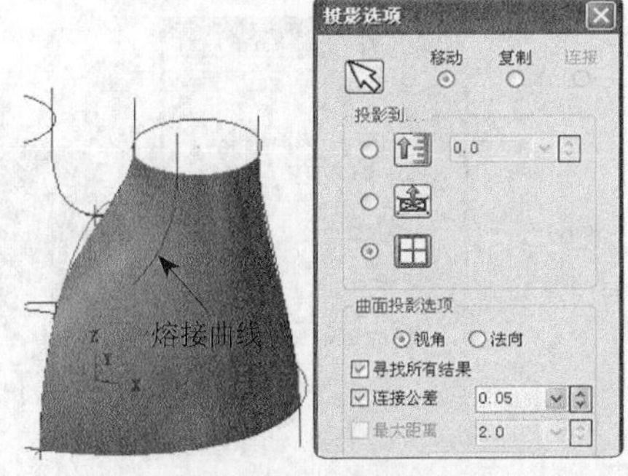

图12-158　创建熔接曲线

05 曲线修剪曲面。在菜单栏执行【绘图】→【曲面】→【曲面修剪】→【修剪到曲线】命令，选择网状曲面后，单击【完成】按钮，选择熔接曲线，指定要保留的一侧，结果如图12-160所示。

06 打断圆弧。在绘图工具栏单击【修剪/打断/延伸】按钮，并单击【修剪至点】按钮，选择圆弧，再单击两圆中点修剪点，完成修剪，如图12-161所示。

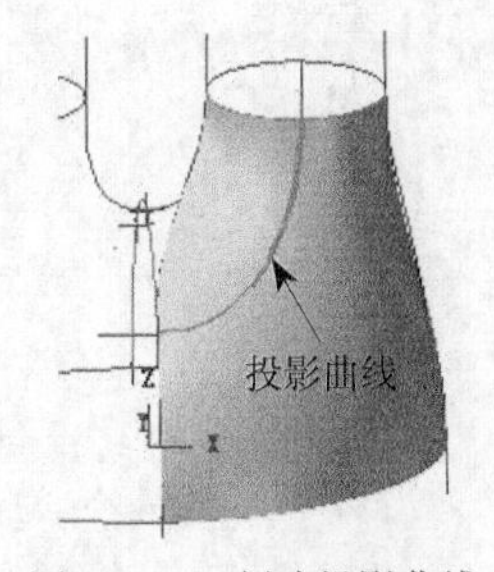

图12-159　创建投影曲线

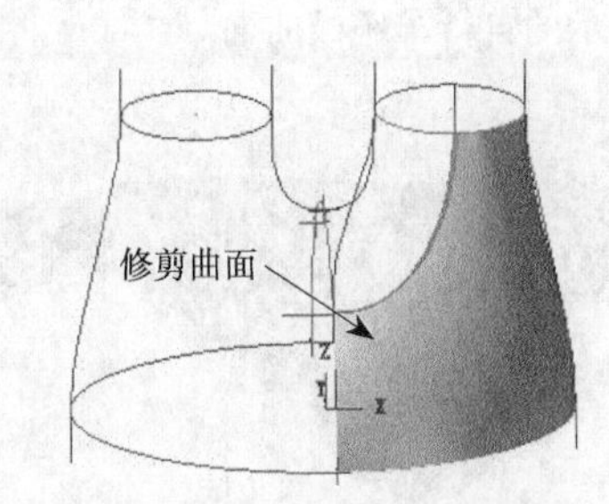

图12-160　曲线修剪曲面

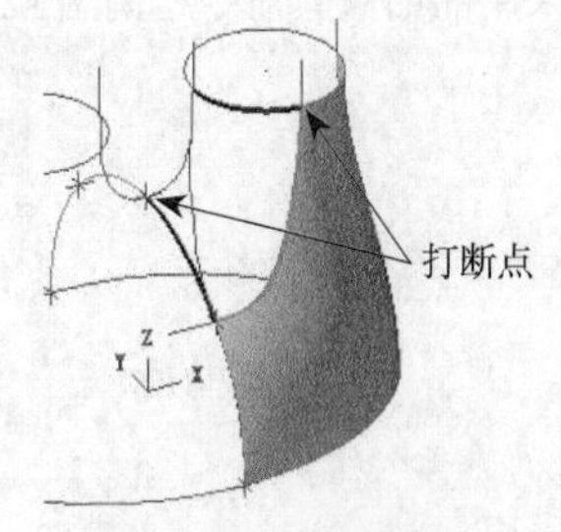

图12-161　打断圆弧

07 创建网状曲面。在绘图工具栏单击【网状曲面】按钮，依次选择4条串联，绘制出的网状曲面如图12-162所示。

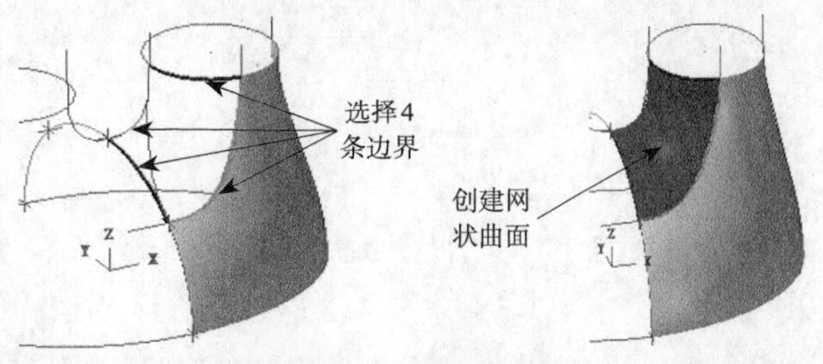

图12-162　创建网状曲面

12.9.4　镜像成模型

01 以X=0的轴镜像曲面。在绘图工具栏单击【镜像】按钮，弹出【镜像】对话框，设置镜像类型为【复制】，选择刚才创建的所有曲面后，选择镜像轴为X=0的轴，单击【完成】按钮完成镜像，结果如图12-163所示。

02 以Y=0的轴镜像曲面。在绘图工具栏单击【镜像】按钮，弹出【镜像】对话框，设置镜像类型为【复制】，选择刚才创建的所有曲面后，选择镜像轴为Y=0的轴，单击【完成】按钮，完成镜像，结果如图12-164所示。

03 隐藏曲线。选择所有曲面后，按Alt+E组合键，将所有线架隐藏，结果如图12-165所示。

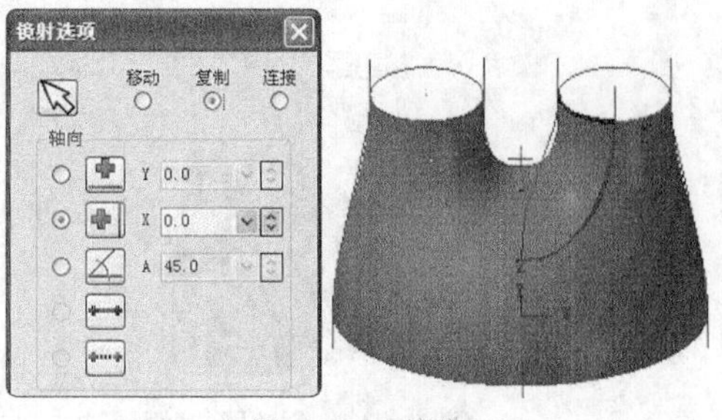

图12-163　镜像

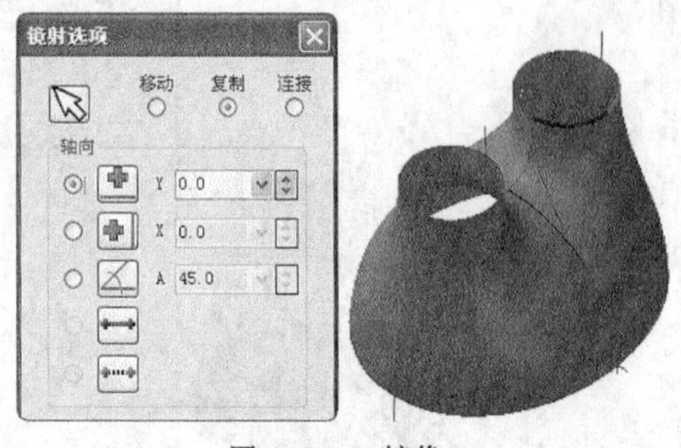

图12-164　镜像

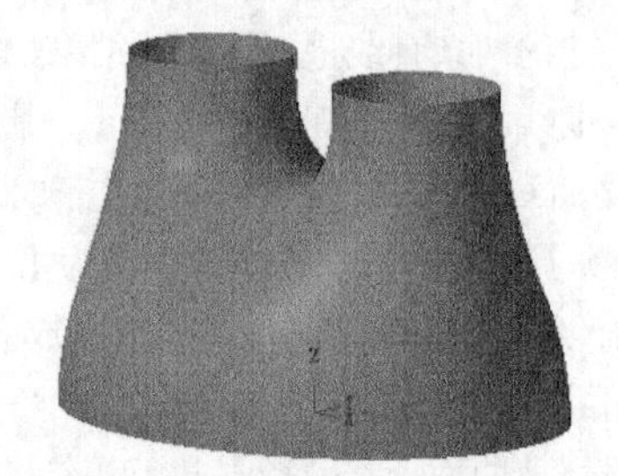
图12-165　隐藏曲线

12.10　课后习题

采用曲面修剪命令绘制图12-166所示的自行车座板曲面。

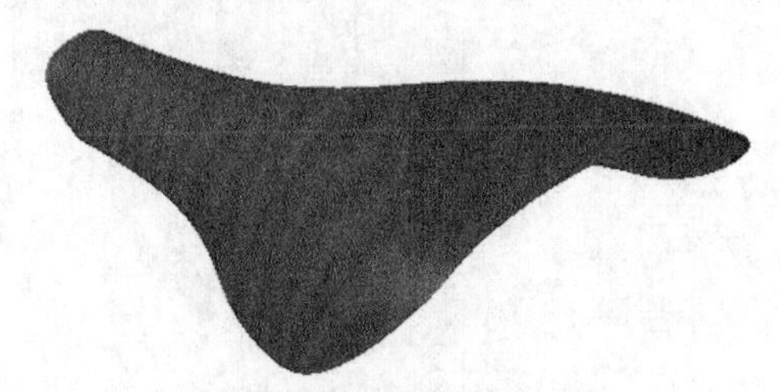
图12-166　自行车座板曲面

第13章

模具设计

本章主要讲解模具设计的基础理论和步骤，以及采用Mastercam X9进行拆模的具体操作过程。采用Mastercam X9进行分模，可以应对大部分一般性模具的设计。对于比较复杂的模具，采用Mastercam X9进行分模就会比较麻烦，用户可以以此章作为基础，主要学习其分模方法和思路。

知识要点

※ 掌握分模的基本流程。
※ 理解模具缩水率的含义。
※ 掌握分模线的创建技巧。
※ 掌握牵引面的创建技巧。
※ 掌握修剪切割实体的操作技巧。

案例解析

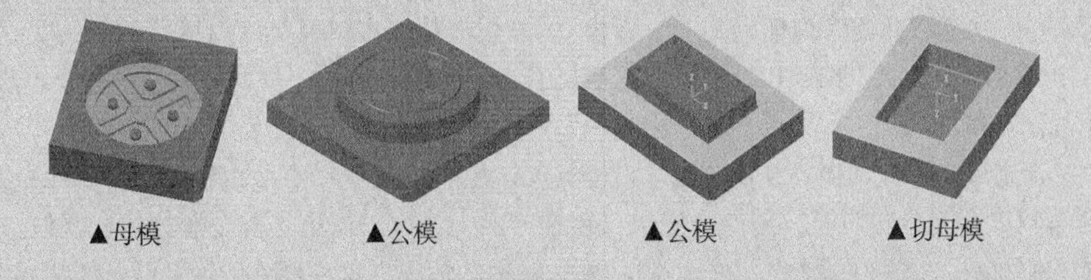

▲母模　▲公模　▲公模　▲切母模

13.1 模具概述

模具是工业生产中用注塑、吹塑、挤出、压铸或锻压成型、冶炼、冲压、拉伸等方法得到的所需产品的各种模子和工具。简而言之，模具就是用来成型物品的工具，这种工具由各种零件构成，不同的模具由不同的零件构成。它主要通过所成型材料物理状态的改变来加工物品外形。模具是精密工具，形状复杂，承受坯料的胀力，对结构强度、刚度、表面硬度、表面粗糙度和加工精度都有较高要求，模具生产的水平是机械制造水平的重要表现之一。

13.1.1 塑料模的含义

塑料模具在塑料加工工业中和塑料成型机配套，是赋予塑料制品以完整构型和精确尺寸的工具。由于塑料品种和加工方法繁多，塑料成型机和塑料制品的结构又繁简不一，因此塑料模具的种类和结构也多种多样的。本章主要讲解的是注塑模。图13-1为手机前壳的注塑模组立图。

图13-1 注塑模

13.1.2 注塑模分类

根据浇注系统型制的不同，可将注塑模具分为3类。

（1）大水口模具：当流道及浇口在分模线上、与产品在开模时一起脱模时设计最简单，加工难度和成本较低，因此一般采用大水口系统作业。塑料模具结构分为两部分：动模（公模）和定模（母模）。随注射机活动的部分为动模（多为顶出侧），在注射机射出端一般不活动的部分称为定模。因大水口模具的定模部分一般由两块钢板组成，故也称此类结构模具为“两板模”。两板模是大水口模具中最简单的结构类型。

（2）细水口模具：流道及浇口不在分模线上，一般直接在产品上，所以要设计多一组水口分模线。这种情况下设计较为复杂，加工较困难，所以一般根据产品要求而选用细水口统。细水口模具的定模部分一般由3块钢板组成，故也称此类结构模具为“三板模”。三板模是细水口模具中最简单的结构类型，即在“两板模”基础上增加了剥料板。细水口模具可以采用针孔进胶，进胶痕小，因此结构复杂和要求高的产品，基本上都采用细水口模具。

（3）热流道模具：此类模具结构与细水口模具大体相同，其最大区别是流道处于一个或多个恒温的热流道板及热唧嘴里，无冷料脱模，流道及浇口直接在产品上，所以流道不需要脱模。此系统又称为无水口系统，可节省原材料，适用于原材料较贵、制品要求较高的情况。这种模具的设计及加工困难，模具成本高。热流道系统，又称热浇道系统，主要由热浇口套、热浇道板、温控电箱构成。常见的热流道系统有单点热浇口和多点热浇口两种形式。单点热浇口是用单一热浇口套直接把熔融塑料射入型腔，它适用于单一腔单一浇口的塑料模具；多点热浇口是通过热浇道板把熔融料分支到各分热浇口套中再进入型腔，它适用于单腔多点入料或多腔模具。

13.2　拓展训练一：塑料盖分模

引入文件：拓展训练\源文件\Ch13\13-1.mcx-9

结果文件：拓展训练\结果文件\Ch13\13-1.mcx-9

视频文件：视频\Ch13\拓展训练一：塑料盖分模\1.avi，2.avi，3.avi，4.avi

模具设计的主要工作是分模，具体是指模架中的模仁部分。其他部分可以订购回来后，再对模具钳工进行部分加工。本节主要采用案例来讲解分模的流程。

对图13-2所示的塑料盖进行分模，结果如图13-3所示。

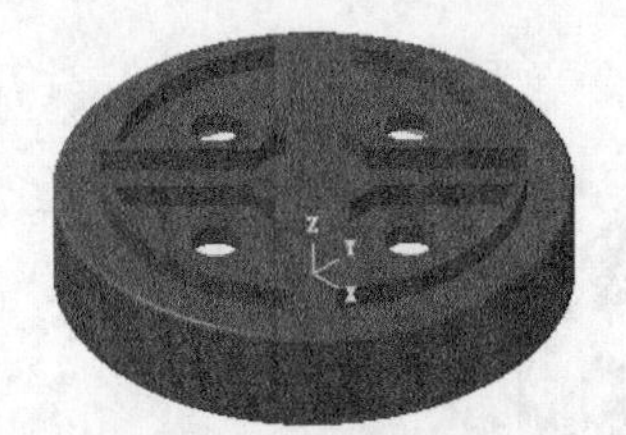

图13-2　塑料盖

图13-3　公母模

13.2.1　产品预处理

由于产品原始方向与开模方向并不一致，因此需要调整开模方向，具体步骤如下。

01 单击【打开】按钮，从资源文件打开“拓展训练\源文件\Ch13\13-1.mcx-9”，单击【完成】按钮，完成文件的调取，如图13-4所示。

02 设置视图为等角视图，设置构图面为前视构图面。在【视图】工具栏单击【等角视图】按钮，设置视图为等角视图，在【构图面】工具栏单击【前视图】按钮，设置构图面为前视构图面。

03 产品旋转180°，将产品外观面朝向母模。在绘图工具栏单击【旋转】按钮，选择刚才的产品，单击【完成】按钮，完成选择。弹出【旋转选项】对话框，设置旋转角度为180°，系统根据参数生成的图形如图13-5所示。

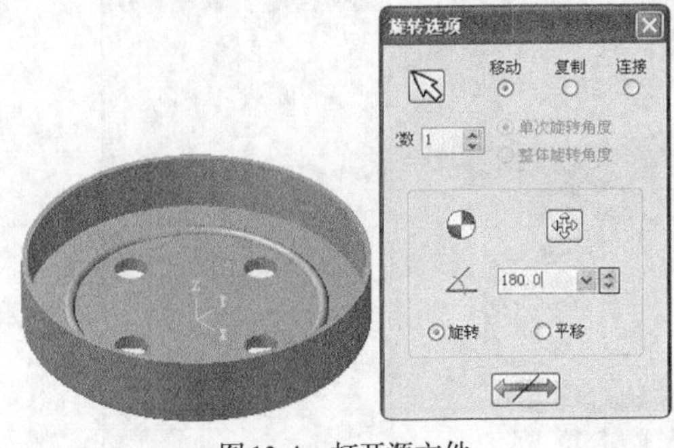

图13-4　打开源文件

图13-5　旋转

04 点到点平移产品。将产品分型面平面移动到坐标系原点。移动图形。在绘图工具栏单击【移动到原点】按钮，系统自动选择所有对象进行移动，选择底部圆的圆心为移动起点，终点系统默认为原点，移动后的结果如图13-6所示。

05 缩放产品。在绘图工具栏单击【缩放】按钮，选择产品，单击【完成】按钮，完成选择，弹出【比例缩放选项】对话框，设置缩放比例为1.005，如图13-7所示。

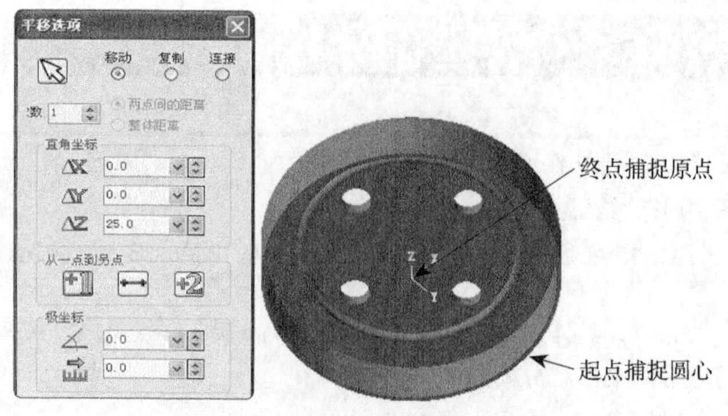

图 13-6　平移

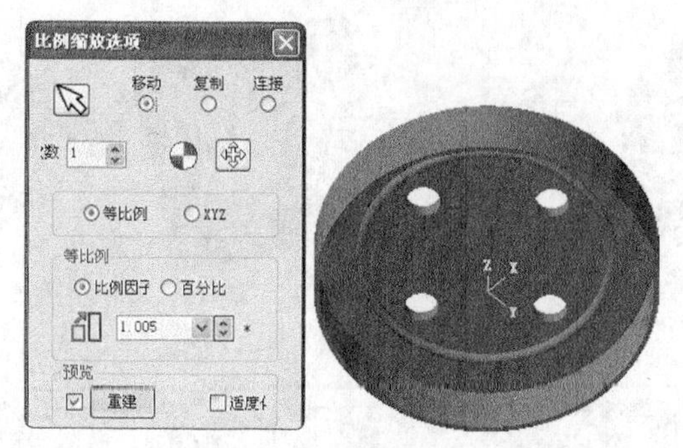

图 13-7　缩放

13.2.2　拔模

由于塑料件成型后需要脱模，如果侧边完全平行于开模方向，则开模阻力极大，并且会拉伤产品外观，因此在开模平行方向建议拔模1°~3°，以便于脱模。下面讲解具体步骤。

01 动态分析侧面角度和圆角半径。在菜单栏执行【分析】→【动态分析】命令，弹出【动态分析】对话框，分析结果如图 13-8 所示。

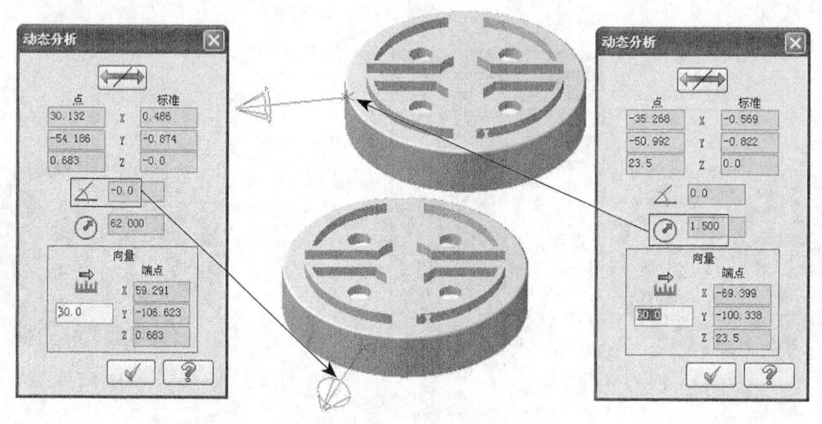

图 13-8　动态分析

02 查找特征去圆角。在菜单栏执行【实体】→【查找特征】命令，弹出【查找特征】对话框，设置特征为【圆角】，用途为【移除特征】，半径范围为0~2，单击【完成】按钮，系统移除1圆角边界，如图 13-9 所示。

03 拔模1。在菜单栏执行【实体】→【拔模】→【依照平面拔模】命令，弹出【依照平面拔模】对话框，按图 13-10 所示进行拔模到底面，结果如图 13-10 所示。

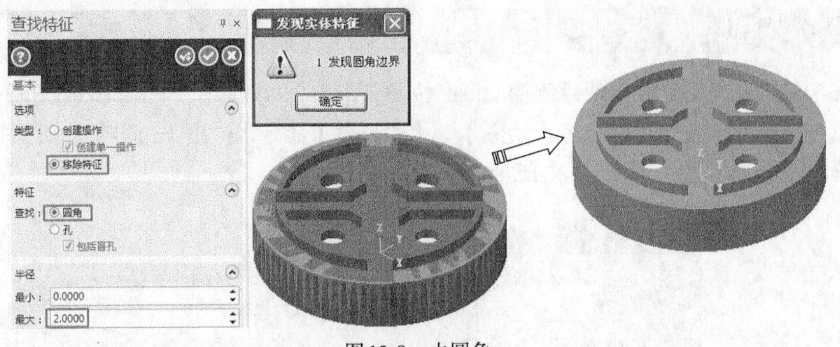

图13-9　去圆角

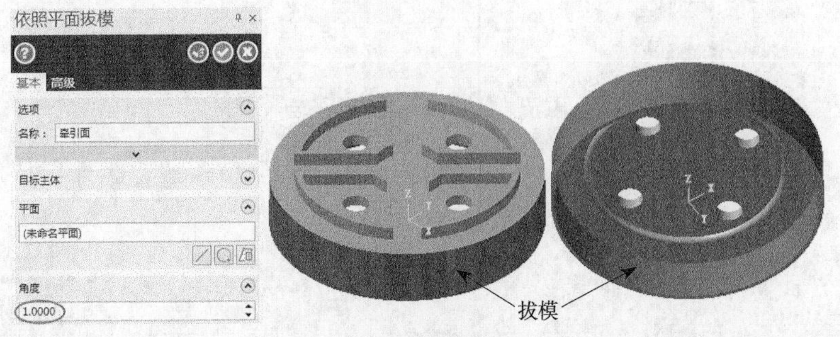

图13-10　拔模

04 拔模2。在菜单栏执行【实体】→【拔模】→【依照平面拔模】命令，弹出【依照平面拔模】对话框，按图13-11所示进行拔模，结果如图13-11所示。

图13-11　拔模

05 拔模3。在菜单栏执行【实体】→【拔模】→【依照平面拔模】命令，弹出【依照平面拔模】对话框，按图13-12所示进行拔模，结果如图13-12所示。

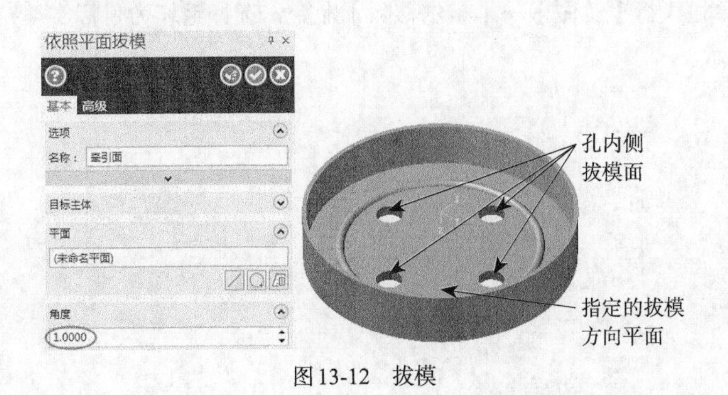

图13-12　拔模

13.2.3 创建毛坯

产品处理完毕后即创建毛坯，以便后续掏空产品位和分割出公母模零件，具体步骤如下。

01 采用边界盒创建毛坯。在菜单栏执行【绘图】→【边界盒】命令，弹出【边界盒选项】对话框，设置延伸边界为20，创建实体边界盒，如图13-13所示。

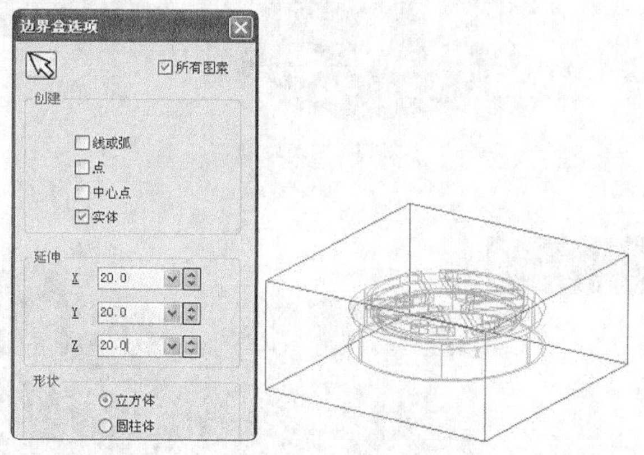

图13-13 创建毛坯

操作技巧

此处创建毛坯采用边界盒命令直接偏移一定距离产生长方体毛坯，操作非常方便，但是创建的毛坯一般是非整数的。在实际模具设计时，通常会将毛坯设计为整数值，因此常通过手动创建长方体的方式来获得毛坯。

02 复制产品到第二层并关闭第二层。选择产品后，在下方状态栏中的【图层】按钮上单击鼠标右键，弹出【更改层别】对话框，选中【复制】单选按钮，将移动到的层设为2，即移到第2层，并将第2层关闭，如图13-14所示。

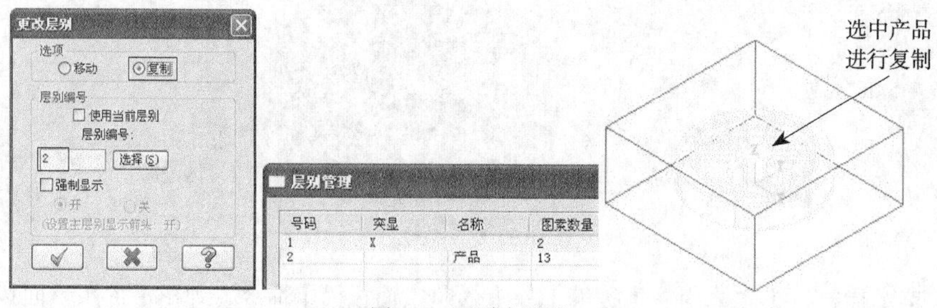

图13-14 更改图层

03 布尔移除。在菜单栏执行【实体】→【布尔移除】命令，选择毛坯为目标实体，再选择产品为工具实体，结果如图13-15所示。

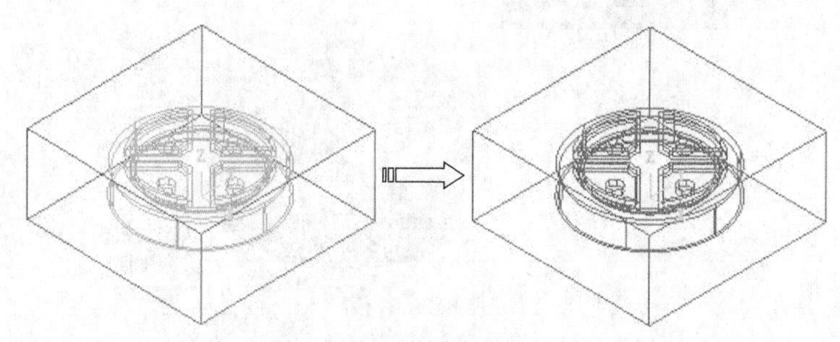

图13-15 布尔移除

13.2.4　分割公母模

01 采用平面修剪分割实体。在菜单栏执行【实体】→【修剪】→【依照平面修剪】命令，选择要修剪的模型后弹出【依照平面修剪】对话框，采用平面的方式进行修剪，选择修剪平面为XY平面，并全部保留修剪结果，如图13-16所示。

02 打开产品层第2层。按Alt+Z组合键打开【层别管理】对话框，将图层2下的【突显】按钮关闭，结果如图13-17所示。

图13-16　修剪分割

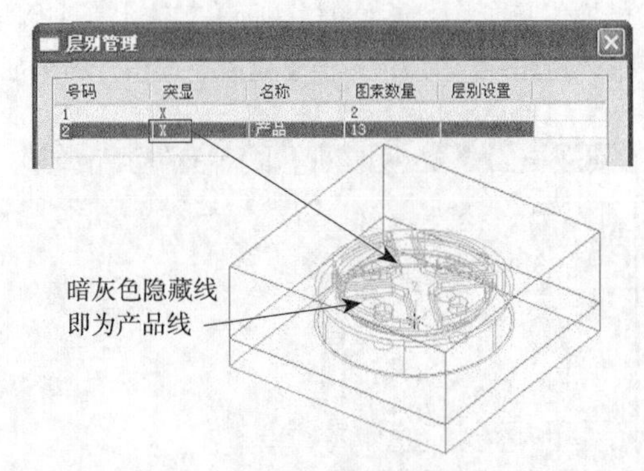

图13-17　图层设置

03 用实体生成曲面命令抽取实体面。在菜单栏执行【绘图】→【曲面】→【由实体生成曲面】命令，再选择实体面，如图13-18所示。

04 恢复曲面边界。在菜单栏执行【绘图】→【曲面】→【恢复到边界】命令，选择曲面后移动箭头到破孔处，单击，确定移除所有内部边界，结果如图13-19所示。

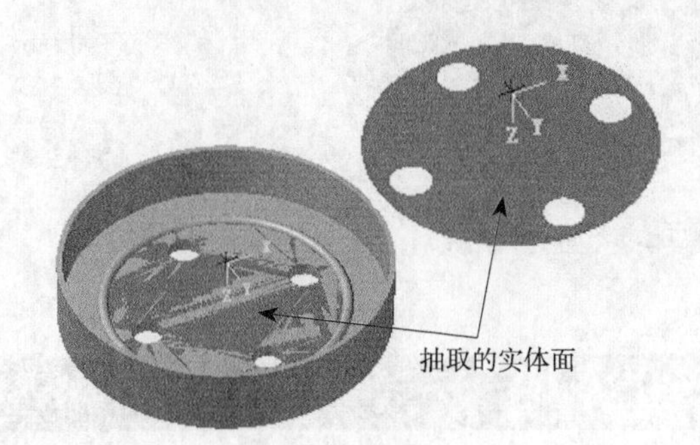

图13-18　抽取实体面

图13-19　恢复曲面

05 曲面修剪分割实体。在菜单栏执行【实体】→【修剪】→【修剪到曲面/薄片】命令，选择修剪对象实体后弹出【修剪到曲面/薄片】对话框，选择修剪曲面为刚抽取的曲面，并全部保留修剪结果，如图13-20所示。

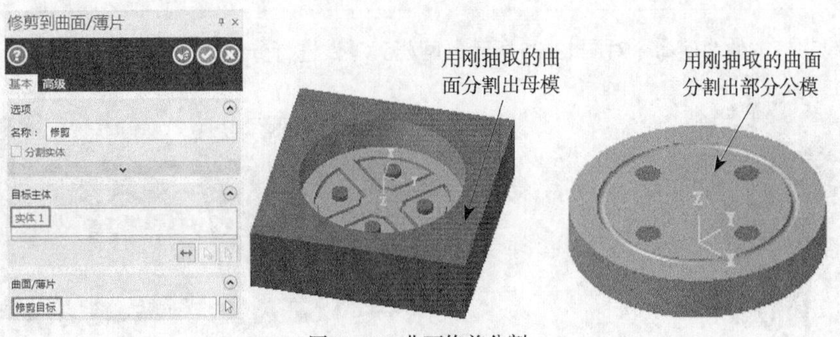

图13-20　曲面修剪分割

06 布尔合并。将刚才分割后的公模的一小部分与下模板合并。在菜单栏执行【实体】→【布尔运算】命令，选择公模为目标实体，再选择刚分割出来的实体为工具实体进行合并，结果如图13-21所示。

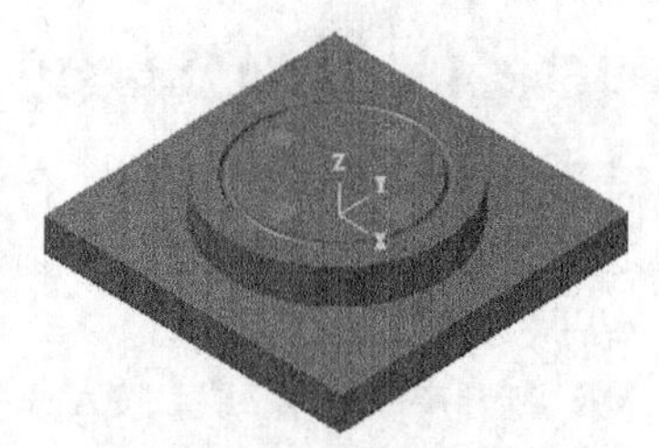

图13-21　布尔合并

07 移动至图层。选择母模零件，在状态栏中右键单击【图层】弹出【更改层别】对话框，选择【移动】，将母模移动到第201层。同理，按此方法将公模移动到第301层，将曲面移动到第1000层。接着在状态栏单击【层别】打开【层别管理】对话框，关闭第1层、第201层和第301层，如图13-22所示。

08 倒模仁基准角。在菜单栏执行【实体】→【倒角】→【单一距离倒角】命令，选择右下角边为要倒角的边，输入倒角距离为7，单击【完成】按钮，结果如图13-23所示。

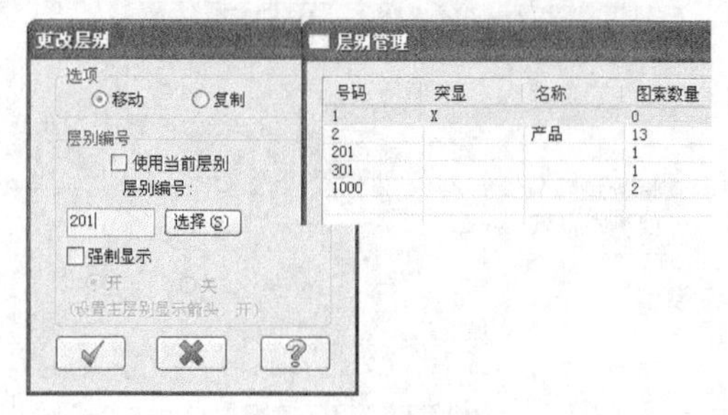

图13-22　移动至图层

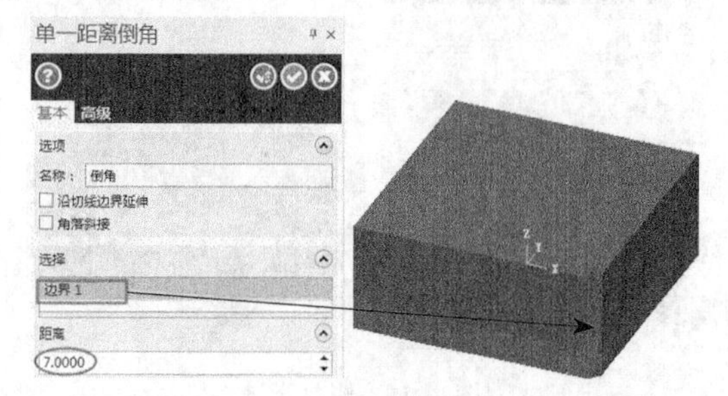

图13-23　倒角

09 按Alt+E组合键分别显示公母模，最后得到的公母模如图13-24所示。

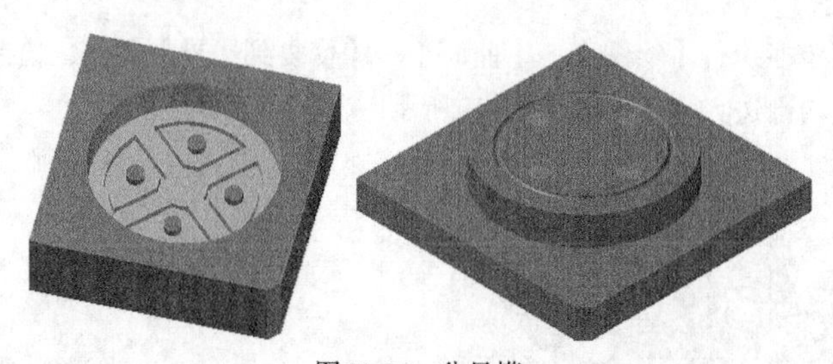

图13-24　公母模

13.3　拓展训练二：利用分模线分模

引入文件：拓展训练\源文件\Ch13\13-2.mcx-9

结果文件：拓展训练\结果文件\Ch13\13-2.mcx-9

视频文件：视频\Ch13\拓展训练二：利用分模线分模\1.avi，2.avi，3.avi，4.avi，5.avi，6.avi

采用分模线和基本的曲面命令对图13-25所示的蘑菇头零件进行分模，结果如图13-26所示。

图13-25　蘑菇头

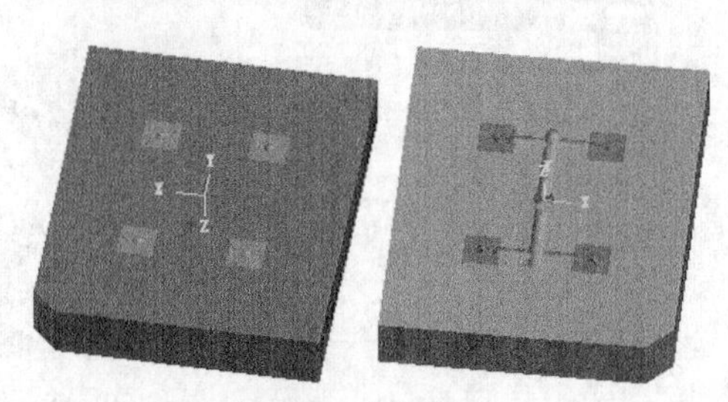

图13-26　分模结果

13.3.1　产品预处理

由于产品原始方向与开模方向并不一致，因此需要调整开模方向，一般产品外表面朝向母模方向，其步骤如下。

01 打开源文件13-2，单击【打开】按钮，从资源文件打开“拓展训练\源文件\Ch13\ 13-2.mcx-9”，单击【完成】按钮，完成文件的调取，如图13-27所示。

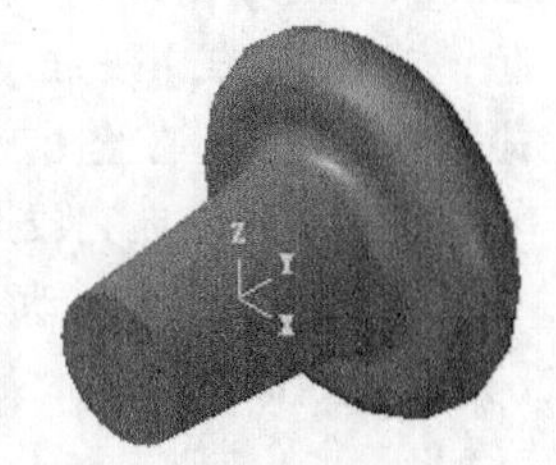
图13-27　打开源文件

02 设置视角为等角视图，设置构图面为右视构图面。在【视图】工具栏单击【等角视图】按钮，设置视图为等角视图，在【构图面】工具栏单击【右视图】按钮，设置构图面为右视构图面。

03 产品旋转90°。在绘图工具栏单击【动态旋转】按钮，窗选刚才的产品，单击Enter键后显示三维操控轴，拖动操控轴的环来旋转产品，并输入旋转角度为90°，再单击Enter键完成产品的旋转，如图13-28所示。

04 采用由实体生成曲面命令抽取曲面。在菜单栏执行【绘图】→【曲面】→【由实体生成曲面】命令，再选择实体面，如图13-29所示。

05 设置视图为等角视图，设置构图面为【俯视】构图面。在【视图】工具栏单击【等角视图】按钮，设置视图为等角视图，在【构图面】工具栏单击【前视图】按钮，设置构图面为前视构图面。

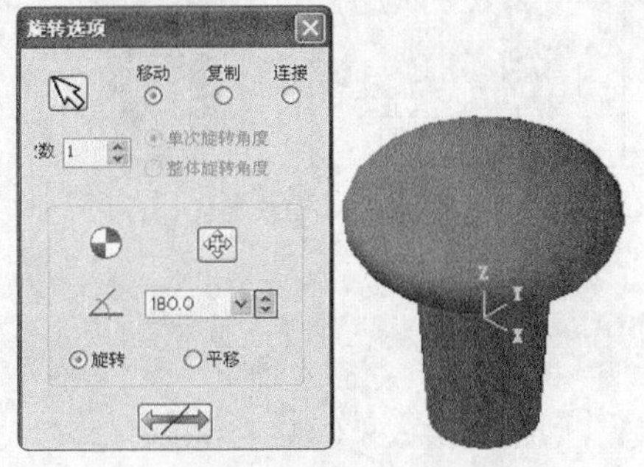

图13-28　旋转产品

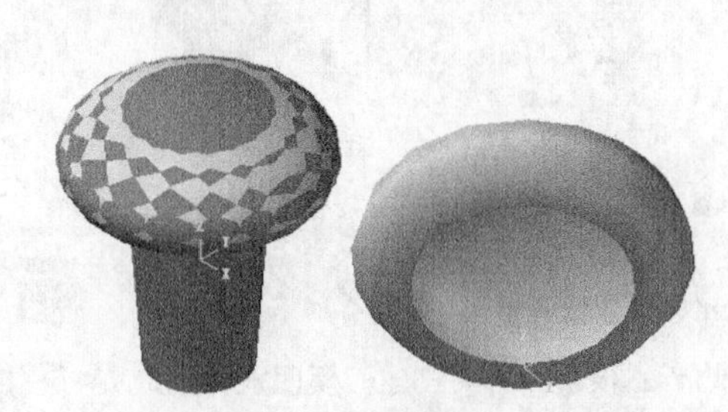
图13-29　抽取曲面

06 创建分模线。在菜单栏执行【绘图】→【曲面曲线】→【分模线】命令，选择刚才抽取的曲面并单击【确定】后，系统创建的分模线如图13-30所示。

07 将曲面移动到1000层并关闭该层。选择抽取的曲面，在下方状态栏中的图层位置单击鼠标右键，弹出【更改层别】对话框，设置选项为【移动】，并将移动到的层设为1000，即移到第1000层，单击【完成】按钮完成移动，如图13-31所示。

图13-30　创建分模线

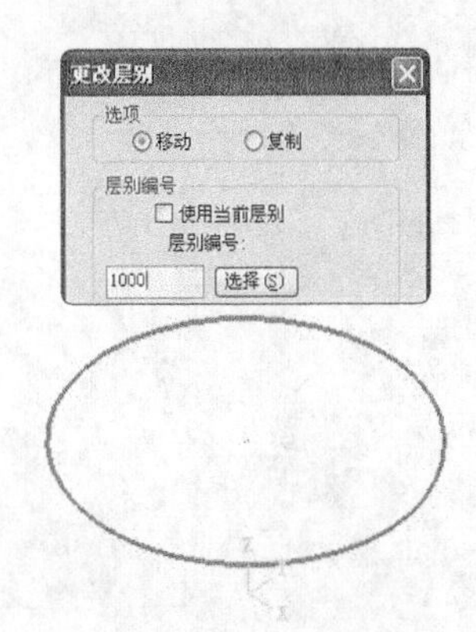

图13-31　更改层别

08 分析点位。按Alt+E组合键显示产品，在菜单栏执行【分析】→【点位分析】命令，选择分模线端点，弹出【点分析】对话框，显示分析结果如图13-32所示。

09 移动产品，在绘图工具栏单击【平移】按钮，选择产品，单击【完成】按钮，完成选择，弹出【平移选项】对话框，设置平移类型为【移动】，次数为1，Z方向距离为刚才分析得出的值，单击【完成】按钮，完成平移，如图13-33所示。

10 缩放产品。在绘图工具栏单击【缩放】按钮，选择产品，单击【完成】按钮完成选择，弹出【比例缩放选项】对话框，选择缩放类型为【移动】，缩放次数为1，比例为1.005，单击【完成】按钮完成缩放，如图13-34所示。

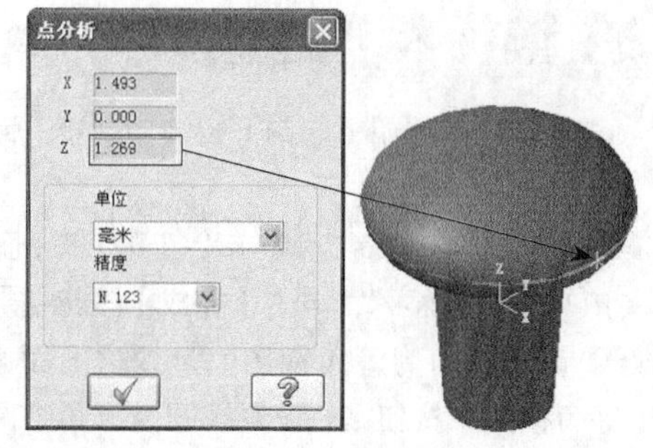

图13-32 分析点位

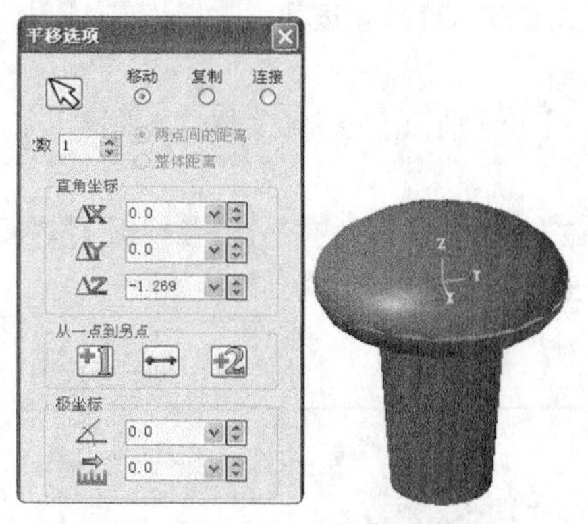

图13-33 移动产品

图13-34 缩放产品

13.3.2 创建模仁入子

此产品很小，需要创建一模四穴，因此先将模仁入子分模，再将入子装入模仁阵列，构成一模四穴即可。

01 设置视图为俯视图。在【视图】工具栏单击【俯视图】按钮，设置视图为俯视图。

02 创建矩形。在绘图工具栏单击【矩形】按钮，并单击【以中心点进行定位】按钮，输入矩形的尺寸为10×10，选择定位点为原点，如图13-35所示。

03 挤出实体。在菜单栏执行【实体】→【拉伸】命令，弹出【挤出串连】对话框，选择刚才绘制的矩形，挤出操作为【创建主体】，距离为10，两边同时延伸挤出，最后结果如图13-36所示。

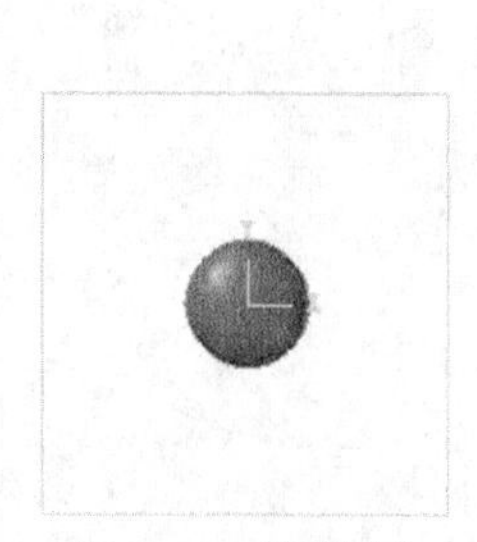
图13-35 创建矩形

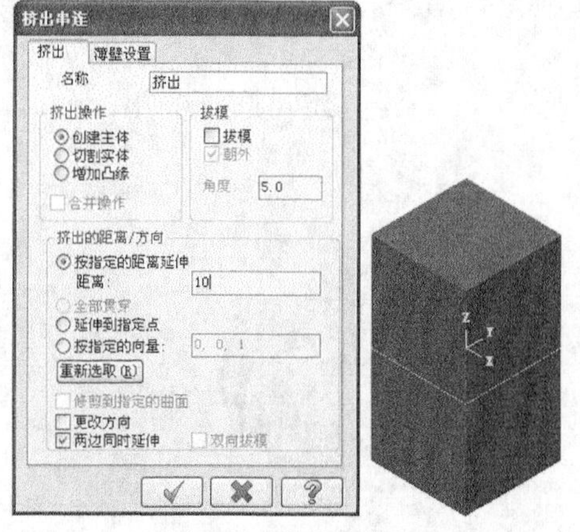

图13-36 挤出实体

04 产品复制到第二层并关闭。选择产品，在下方状态栏中的图层位置单击鼠标右键，弹出【更改层别】对话框，设置选项为【复制】，将复制到的层设为2，即复制到第2层，并强制关闭该层，单击【完成】按钮完成复制，如图13-37所示。

05 采用布尔移除将模仁入子切割出模穴。在菜单栏执行【实体】→【布尔移除】命令，选择毛坯为目标实体，选择产品为工具实体，结果如图13-38所示。

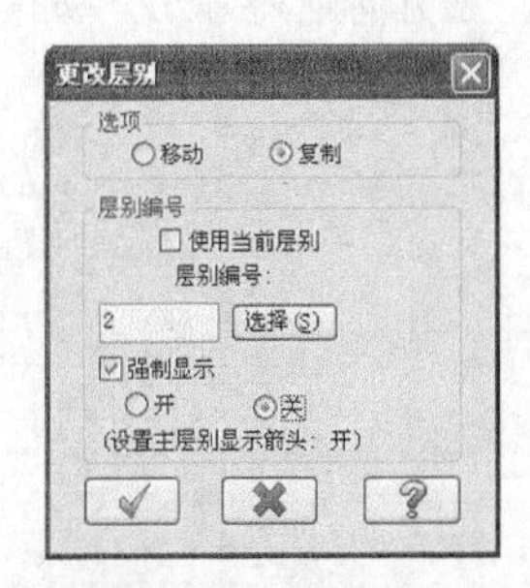

图13-37　更改层别

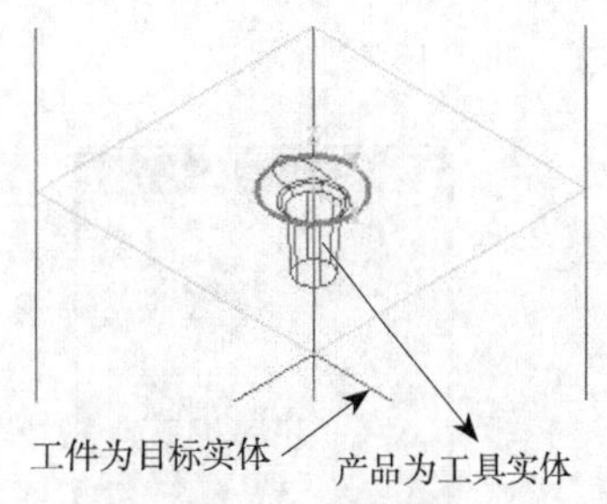

图13-38　布尔移除

13.3.3　分割公母模

在分割公母模之前需要先创建分型面，再利用分型面修剪分割毛坯实体，生成需要的公母模，具体步骤如下。

01 创建平面修剪曲面作为分型面。在菜单栏执行【绘图】→【曲面】→【平面修剪曲面】命令，选择矩形和分模线为平面修剪曲面的边界，创建曲面如图13-39所示。

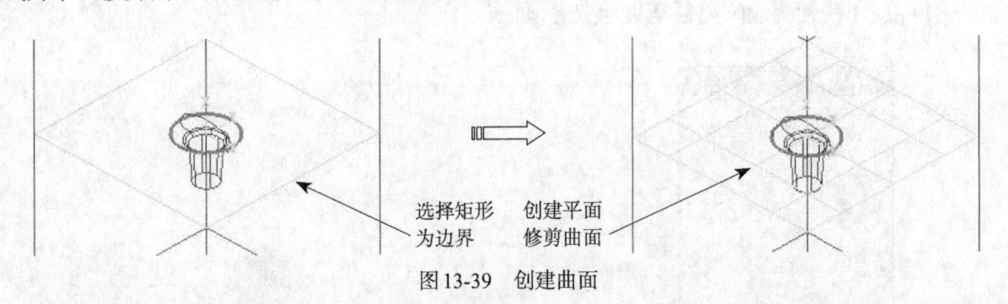

图13-39　创建曲面

02 曲面修剪分割毛坯。在菜单栏执行【实体】→【修剪】→【修剪到曲面/薄片】命令，选择要修剪的对象实体后弹出【修剪到曲面/薄片】对话框，选择修剪曲面为刚才创建的平面修剪曲面，并全部保留修剪结果，如图13-40所示。

03 将曲面和分模线移动到1000层。选择曲面和分模线，在下方状态栏中的图层位置单击鼠标右键，弹出【更改层别】对话框，设置选项为【移动】，并将移动到的层设为1000，即移到第1000层，单击【完成】按钮完成移动，如图13-41所示。

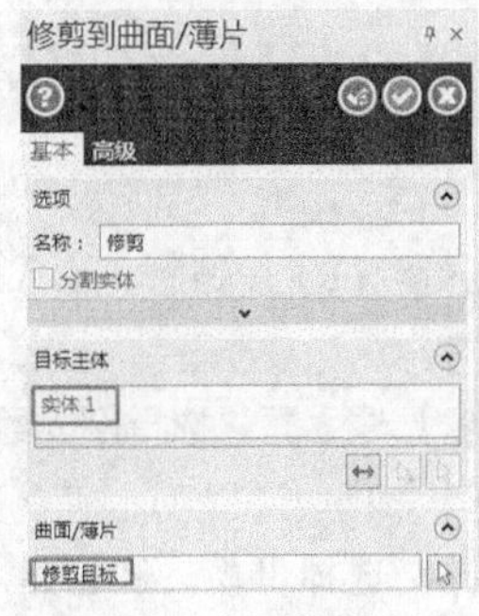

图13-40　曲面修剪分割

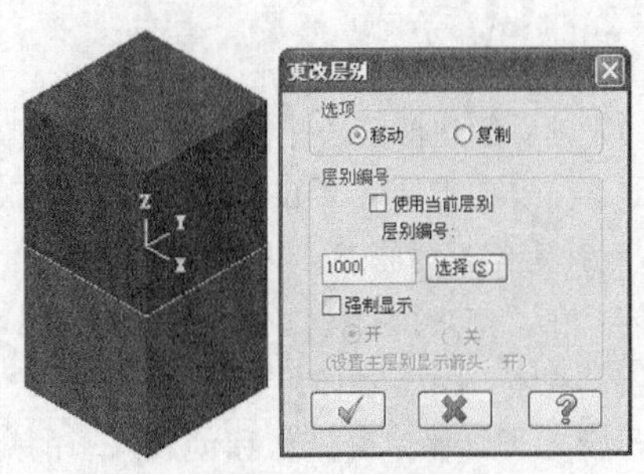

图13-41　更改层别

13.3.4 模具布局

入子创建好后，需要布局一模四穴，先将公母模入子平移后再进行阵列，步骤如下。

01 平移。在绘图工具栏单击【平移】按钮，选择产品和毛坯，单击【完成】按钮，完成选择，弹出【平移选项】对话框，设置平移类型为移动，次数为1，X方向距离为15，Y方向距离为20，单击【完成】按钮完成平移，如图13-42所示。

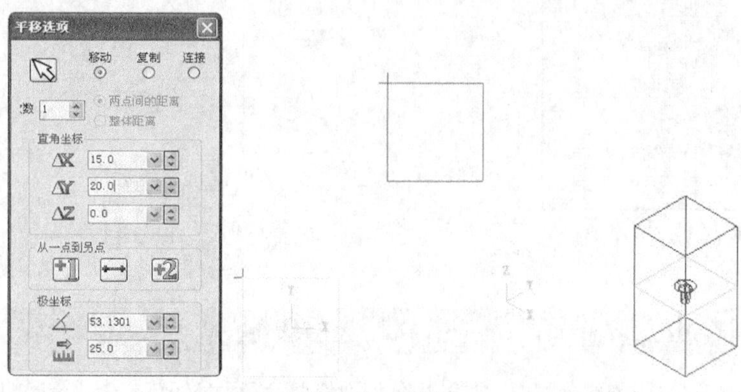

图13-42 平移

02 矩形阵列。在绘图工具栏单击【阵列】按钮，选择刚才平移后的所有图素，单击【完成】按钮，完成选择，弹出【矩形阵列选项】对话框。设置0° 方向阵列距离为30，方向向左；90° 方向阵列距离为40，方向向下，单击【完成】按钮完成阵列。结果如图13-43所示。

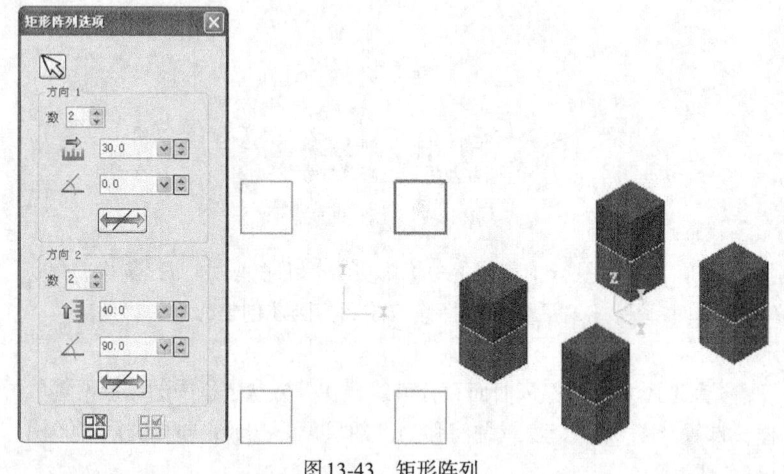

图13-43 矩形阵列

13.3.5 创建模仁

模具布局完毕后创建模仁，并将入子孔避空。其步骤如下。

01 绘制矩形。在绘图工具栏单击【矩形】按钮，并单击【以中心点进行定位】按钮，输入矩形的尺寸为80×100，选择定位点为原点，如图13-44所示。

02 拉伸实体。在菜单栏执行【实体】→【拉伸】命令，弹出【实体拉伸】对话框，选择刚才绘制的矩形，挤出操作为创建主体，距离为15，最后结果如图13-45所示。

03 隐藏公母模入子，保留母模仁和创建入子的矩形线，按Alt+E组合键，选择母模仁和创建入子的矩形线，单击【完成】按钮，隐藏没有选中的图素，结果如图13-46所示。

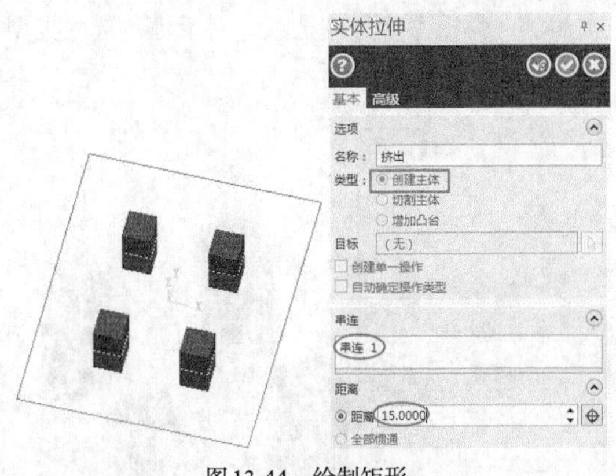

图13-44　绘制矩形

图13-45　挤出实体

04 拉伸切割实体。在菜单栏执行【实体】→【拉伸】命令，弹出【挤出串联】对话框，选择刚才创建入子的矩形，挤出操作为切割实体，距离为15，最后结果如图13-47所示。

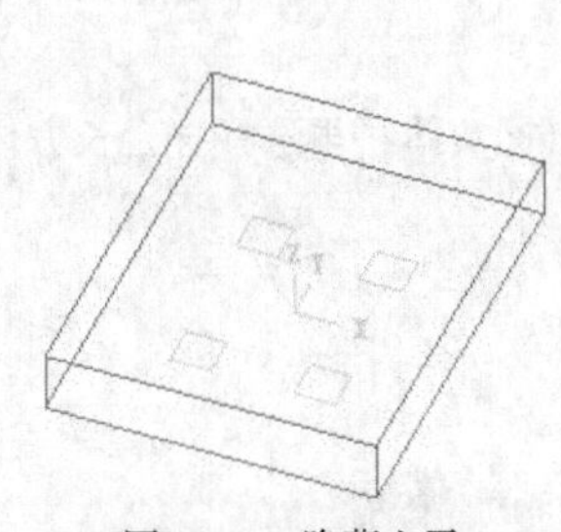

图13-46　隐藏入子

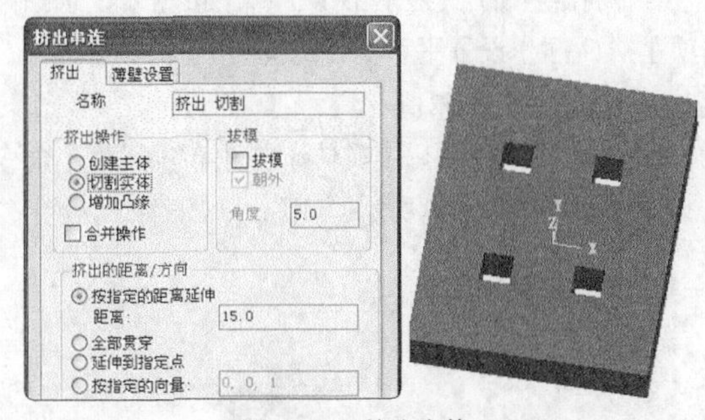

图13-47　挤出实体

05 绘制长方体，加高模仁入子，加高高度为5mm。在绘图工具栏单击【立方体】按钮，弹出【立方体选项】对话框，选中类型为【实体】，设置长宽高为10×10×5，选择对应点创建立方体，如图13-48所示。

06 平移复制长方体。在绘图工具栏单击【平移】按钮，选择刚才创建的长方体，单击【完成】按钮完成选择，弹出【平移选项】对话框，设置平移类型为【复制】，次数为1，Z方向距离为25，方向朝下，单击【完成】按钮，完成平移复制，如图13-49所示。

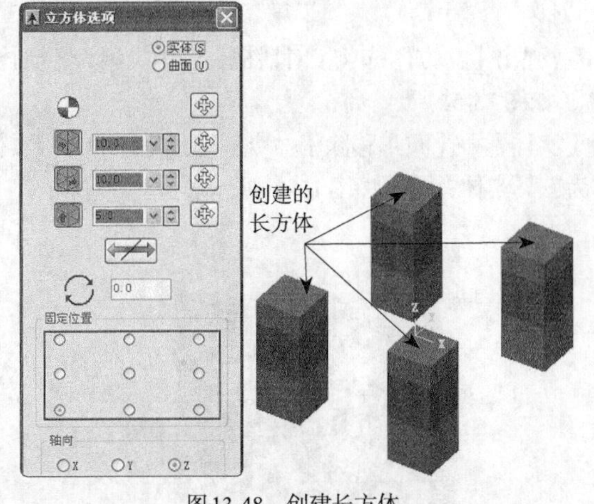

图13-48　创建长方体

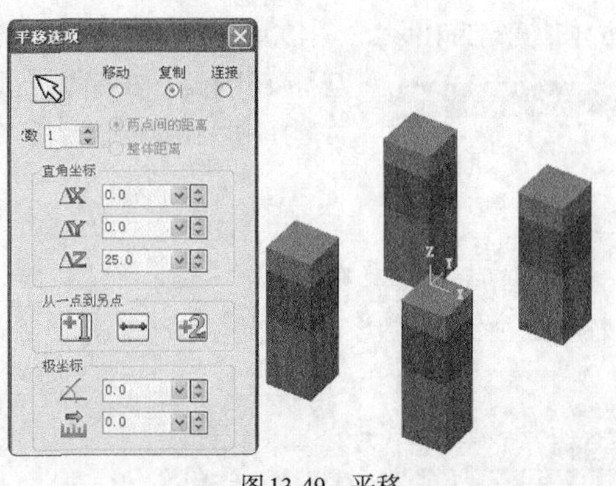

图13-49　平移

07 布尔合并。在菜单栏执行【实体】→【布尔运算】命令，选择毛坯为目标实体，再选择创建的长方体为工具实体，合并结果如图13-50所示。

08 创建入子挂台。在绘图工具栏单击【立方体】按钮，弹出【立方体选项】对话框，选中类型为【实体】，长方体长宽高为10×1×(-4)，选择对应点创建立方体，如图13-51所示。

图13-50 布尔合并

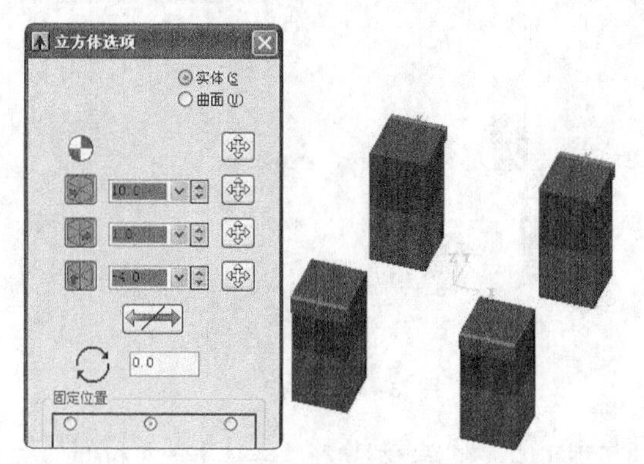

图13-51 创建立方体

09 平移挂台。在绘图工具栏单击【平移】按钮，选择挂台长方体，单击【完成】按钮，完成选择，弹出【平移选项】对话框，设置平移类型为【复制】，次数为1，Z方向距离为26，方向朝下，单击【完成】按钮，完成平移，如图13-52所示。

10 布尔合并。在菜单栏执行【实体】→【布尔运算】命令，选择毛坯为目标实体，再选择挂台长方体为工具实体，合并结果如图13-53所示。

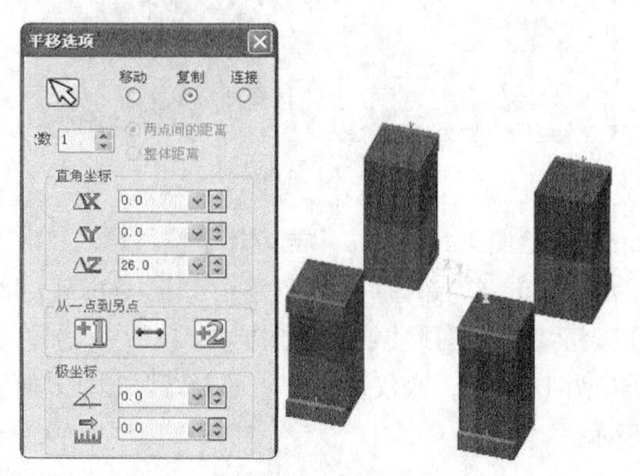

图13-52 平移

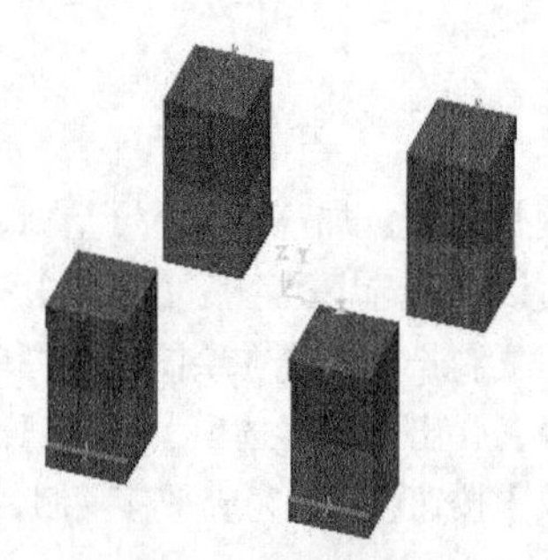

图13-53 布尔合并

11 创建立方体。在绘图工具栏单击【立方体】按钮，弹出【立方体选项】对话框，选中类型为【实体】，长方体长宽高为10×2×(-4)，选择对应点创建立方体，如图13-54所示。

12 布尔移除。在菜单栏执行【实体】→【布尔移除】命令，选择毛坯为目标实体，再选择刚才创建的挂台长方体为工具实体，结果如图13-55所示。

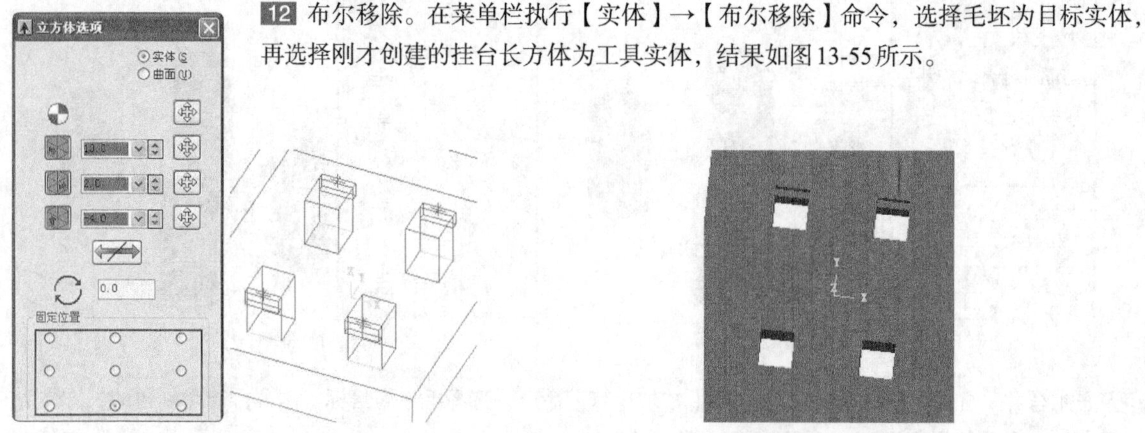

图13-54 创建立方体

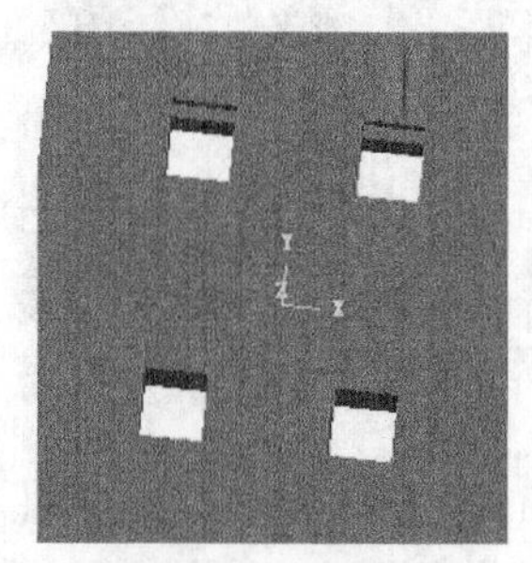

图13-55 布尔移除

13 倒圆角半径为1。在绘图工具栏单击【固定实体倒圆角】按钮，弹出【固定圆角半径】对话框，选择要倒圆角的边，输入倒圆角半径为1，结果如图13-56所示。

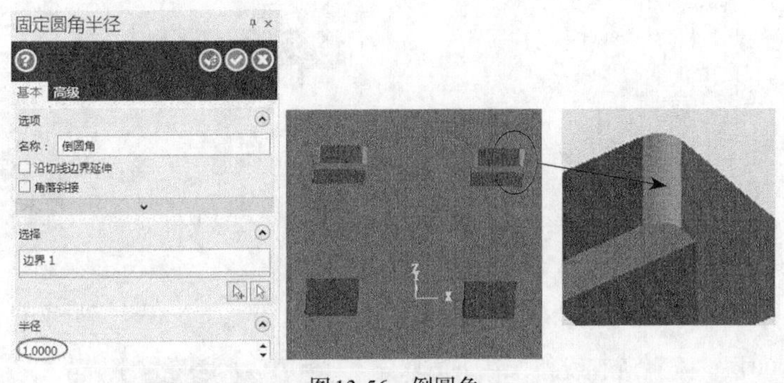

图13-56　倒圆角

14 倒圆角半径为0.2。在绘图工具栏单击【固定实体倒圆角】按钮，弹出【固定圆角半径】对话框，选择要倒圆角的边，输入倒圆角半径为0.2，结果如图13-57所示。

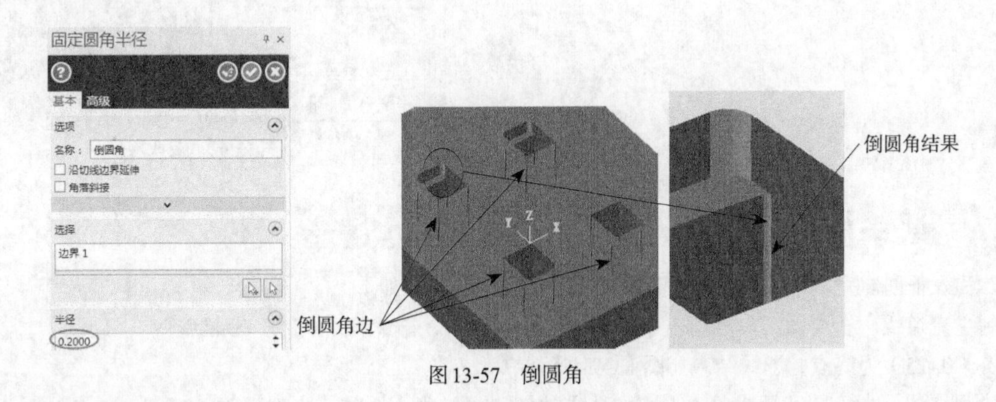

图13-57　倒圆角

15 设置构图面为前视构图面。在【视图】工具栏单击【等角视图】按钮，设置视图为等角视图，在【构图面】工具栏单击【前视图】按钮，设置构图面为前视构图面。

16 以Y=0的轴镜像母模板。在绘图工具栏单击【镜像】按钮，弹出【镜像】对话框，选择镜像类型为【复制】，选择母模板后，选择镜像轴为Y=0的轴，单击【完成】按钮，完成镜像，结果如图13-58所示。

17 显示入子并设置倒圆角半径为0.2。按Alt+E组合键显示入子，在绘图工具栏单击【固定实体倒圆角】按钮，弹出【固定圆角半径】对话框，选择要倒圆角的边，输入倒圆角半径为0.2，结果如图13-59所示。

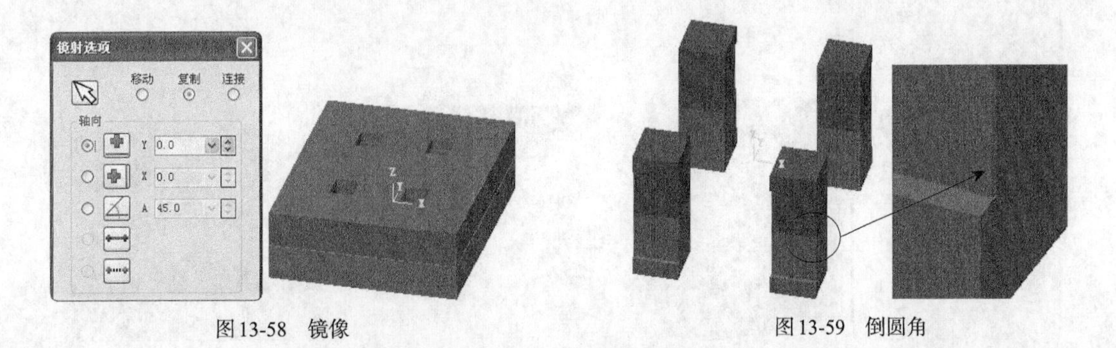

图13-58　镜像　　　　图13-59　倒圆角

18 入子挂台倒角C1。在绘图工具栏单击【单一距离倒角】按钮，选择要倒角的边，单击【完成】按钮，弹出【倒角参数】对话框，设置倒角距离为1，单击【完成】按钮完成倒角，如图13-60所示。

19 倒模仁基准角C7。在绘图工具栏单击【单一距离倒角】按钮，选择要倒角的边，单击【完成】按钮，弹出【单一距离倒角】对话框，设置倒角距离为7，单击【完成】按钮完成倒角，如图13-61所示。

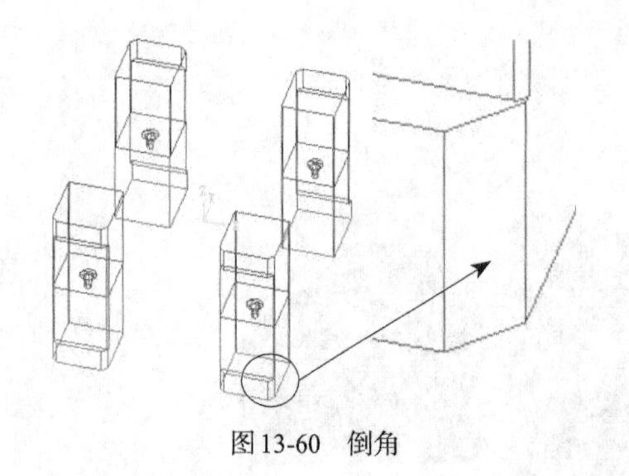

图13-60　倒角

图13-61　倒角

20 将线框移动到1000层。选择所有线架，在下方状态栏中的图层位置单击鼠标右键，弹出【更改层别】对话框，设置选项为【移动】，并将移动到的层设为1000，即移到第1000层，单击【完成】按钮完成移动，如图13-62所示。

图13-62　更改层别

13.3.6　创建流道

模仁和入子创建完毕后，创建塑料流进模穴的流道，其步骤如下。

01 绘制主流道线。在绘图工具栏单击【绘制直线】按钮，输入点（0,25）为起点，再输入点（0,-25）为终点，连线结果如图13-63所示。

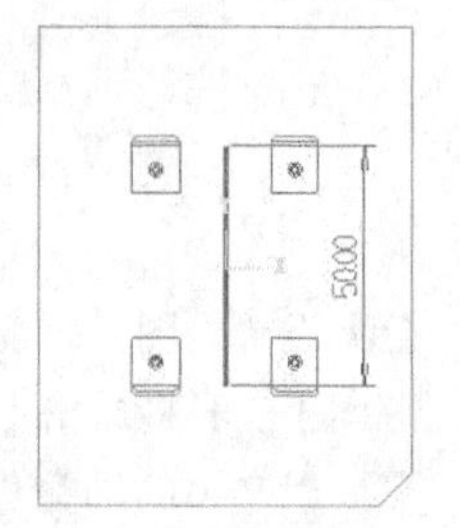

图13-63　绘制直线

02 创建圆柱体。在绘图工具栏单击【圆柱体】按钮，弹出【圆柱体】对话框，选择直线端点为圆柱体定位点，输入圆柱半径为2，高度为50，定位轴向为Y轴，结果如图13-64所示。

03 倒圆角。在绘图工具栏单击【固定实体倒圆角】按钮，弹出【固定圆角半径】对话框，选择要倒圆角的边，输入倒圆角半径为2，结果如图13-65所示。

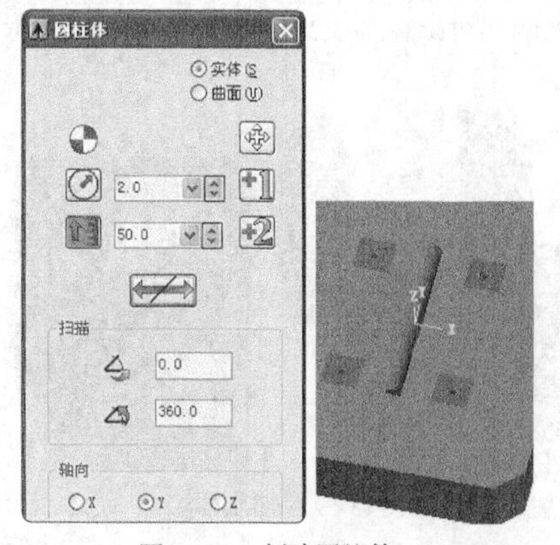

图13-64　创建圆柱体

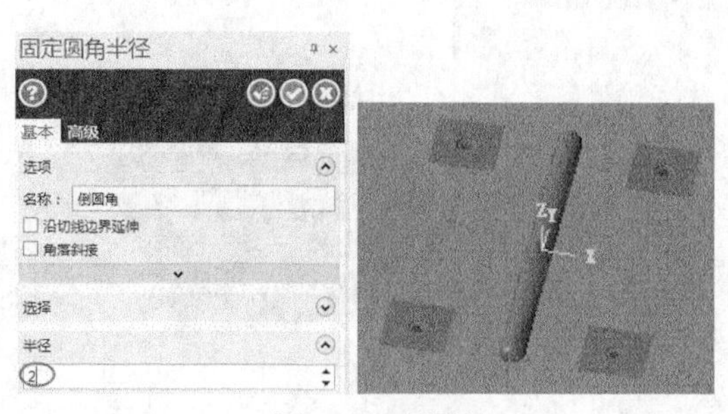

图13-65　倒圆角

04 布尔移除主流道。在菜单栏执行【实体】→【布尔移除】命令，选择公模板为目标实体，再选择圆柱体为工具实体，布尔运算结果如图13-66所示。

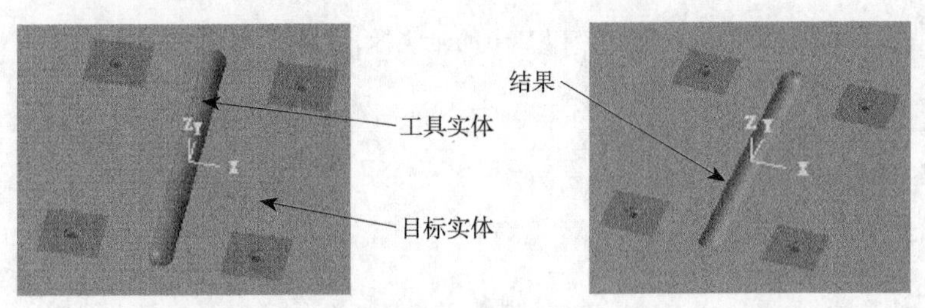

图13-66　布尔移除

05 创建分流道线。在绘图工具栏单击【绘制直线】按钮，选择两入子的边线中点连线，再将连线水平长度修改为24，连线结果如图13-67所示。

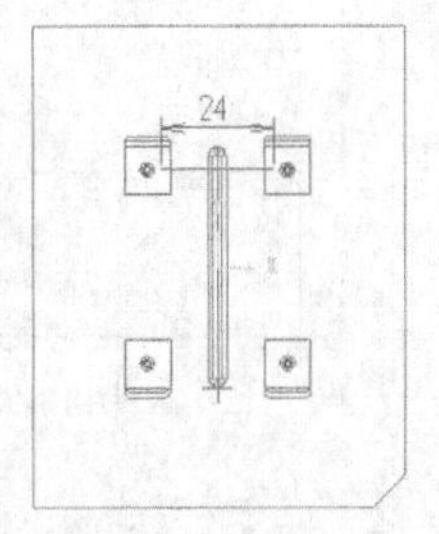

图13-67　绘制直线

06 创建圆柱体。在绘图工具栏单击【圆柱体】按钮，弹出【圆柱体】对话框，选择直线端点为圆柱体定位点，输入圆柱半径为1.5，高度为24，定位轴向为X轴，结果如图13-68所示。

07 以Y=0的轴镜像。在绘图工具栏单击【镜像】按钮，弹出【镜像】对话框，选择镜像类型为【复制】，选择刚绘制的圆柱体后，再选择镜像轴为Y=0的轴，单击【完成】按钮完成镜像，结果如图13-69所示。

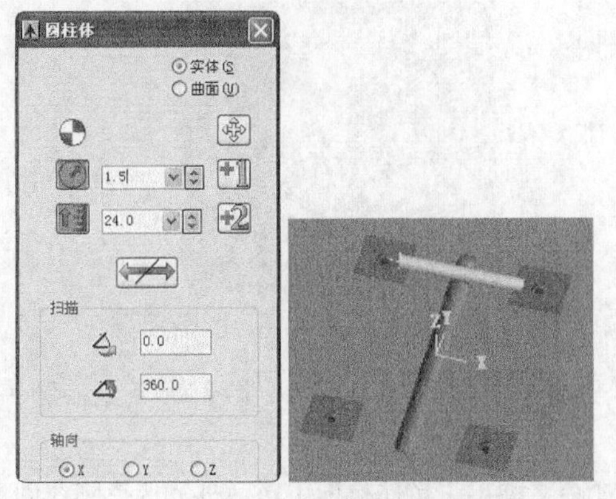

图13-68　创建圆柱体

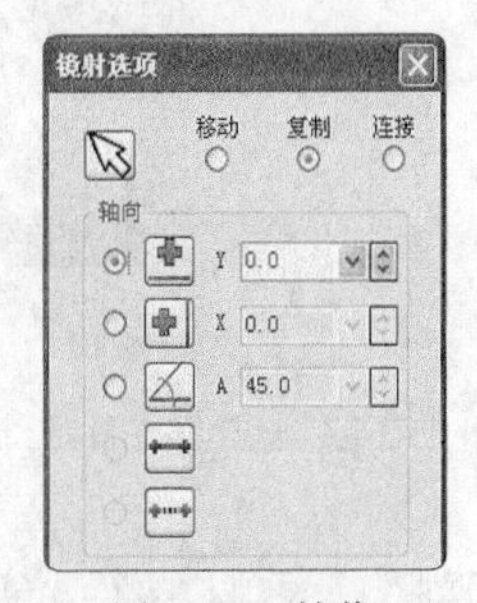

图13-69　镜像

08 布尔非关联切割。在绘图工具栏单击【切割】按钮 切割(R)，分别选择公母模板和入子为目标实体，以圆柱体为工具实体进行布尔移除，工具实体保留，切割后的结果如图13-70所示。

09 倒圆角。在绘图工具栏单击【固定实体倒圆角】按钮，弹出【固定圆角半径】对话框，选择要倒圆角的边，输入倒圆角半径为1.5，结果如图13-71所示。

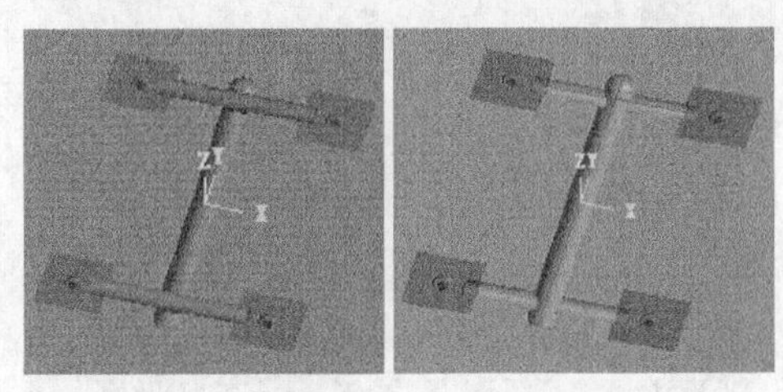

图13-70　布尔移除

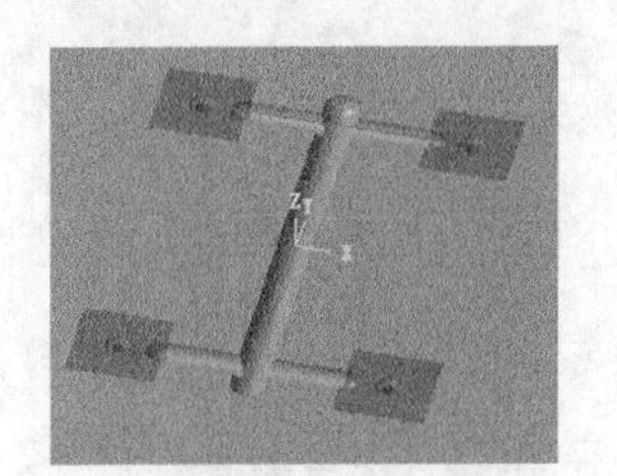

图13-71　倒圆角

10 创建矩形侧浇口。在绘图工具栏单击【立方体】按钮，弹出【立方体选项】对话框，选中类型为【实体】，设置长宽高为4×1×(-0.3)，选择对应点创建立方体，如图13-72所示。

11 镜像。在绘图工具栏单击【镜像】按钮，弹出【镜像】对话框，选择镜像类型为【复制】，再选择刚才创建的长方体后，选择镜像轴为X=0的轴，单击【完成】按钮，完成镜像，结果如图13-73所示。以同样方式选择刚才创建的长方体和镜像的长方体，以Y=0的轴镜像，结果如图13-74所示。

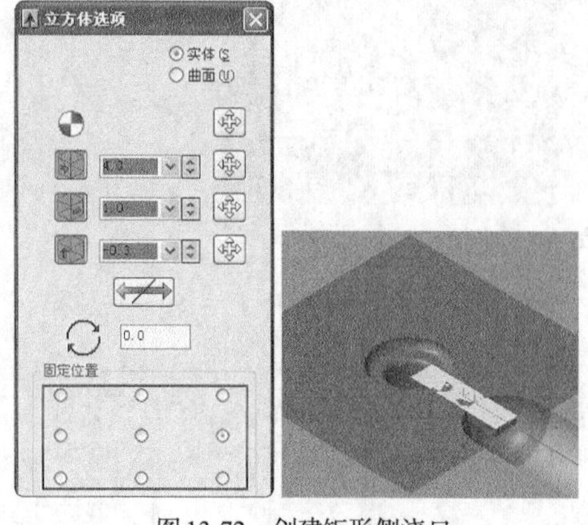

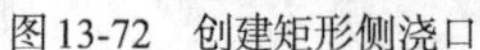

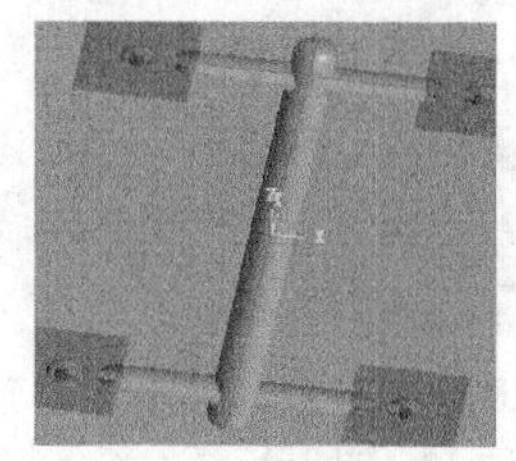

图13-72　创建矩形侧浇口　　图13-73　镜像　　图13-74　镜像

12 布尔移除。在菜单栏执行【实体】→【布尔移除】命令，选择公模入子为目标实体，再选择镜像后的长方体为工具实体，结果如图13-75所示。

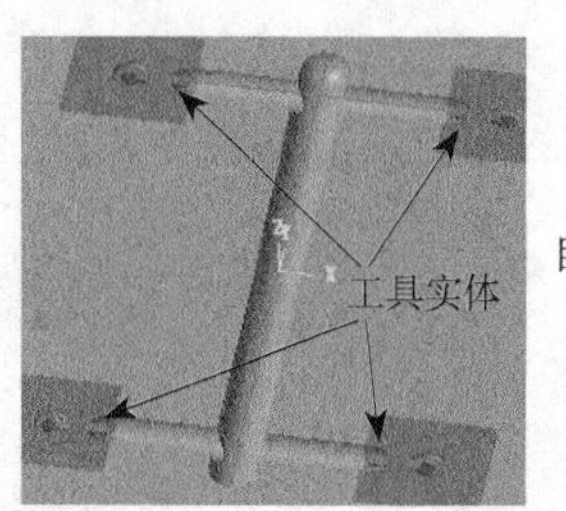

目标实体

图13-75　布尔移除

13 绘制圆。在绘图工具栏单击【绘圆】按钮，选择原点为圆心，再输入半径为3，绘制圆，如图13-76所示。

14 拉伸切割。在菜单栏执行【实体】→【拉伸】命令，弹出【实体拉伸】对话框，选择刚才创建的圆，挤出操作为切割实体，向下距离为5，结果如图13-77所示。

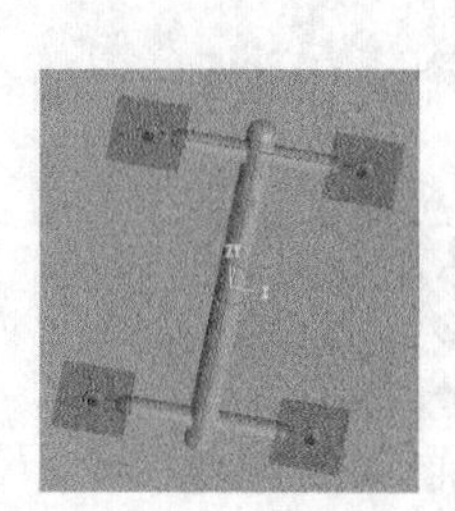

图13-76　绘制圆

图13-77　拉伸切割

15 将曲线全部移动到1000层。选择所有线架，在下方状态栏中的图层位置单击鼠标右键，弹出【更改层别】对话框，设置选项为【移动】，并将移动到的层设为1000，即移到第1000层，单击【完成】按钮，完成移动，如图13-78所示。

16 倒圆角。在绘图工具栏单击【固定实体倒圆角】按钮，弹出【固定圆角半径】对话框，选择要倒圆角的边，输入倒圆角半径为1，结果如图13-79所示。

17 最后得到的母模部分和公模部分如图13-80所示。

图13-78　更改层别

图13-79　倒圆角

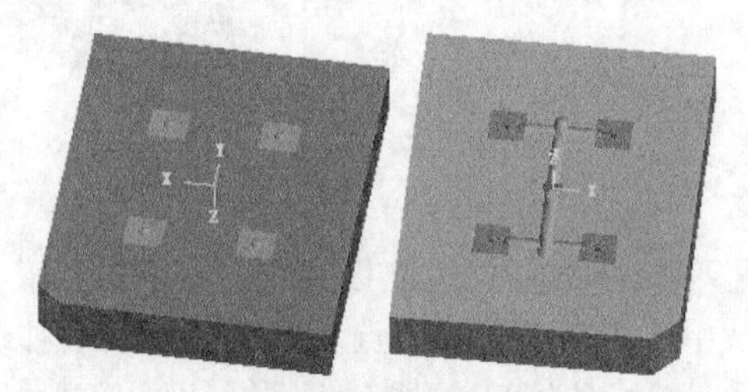
图13-80　母模和公模

13.4　拓展训练三：侧抽芯模具分模

引入文件：拓展训练\源文件\Ch13\13-3.mcx-9

结果文件：拓展训练\结果文件\Ch13\13-3.mcx-9

视频文件：视频\Ch13\拓展训练三：侧抽芯模具分模\1.avi，2.avi，3.avi，4.avi

有很多产品并不是直接采用公、母模分开就可以脱模的，而是在开模方向上带有侧凹的倒扣。因此在脱模之前必须先脱开倒扣，才能开模。这种模具需要使用滑块抽倒扣后再开模。下面将详细讲解。

采用基本的曲面命令对图13-81所示的卡扣零件进行分模，结果如图13-82所示。

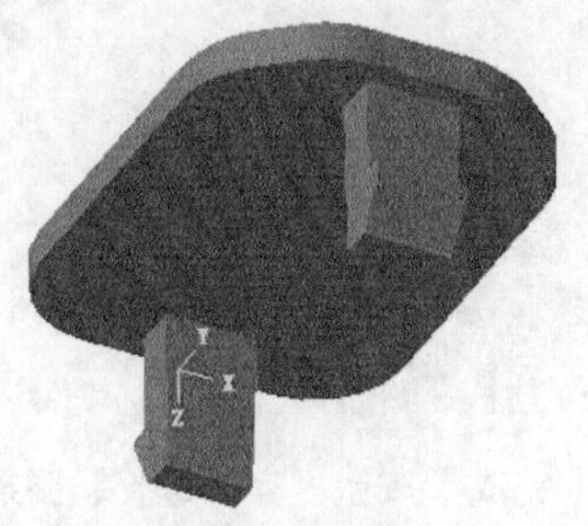
图13-81　卡扣分模

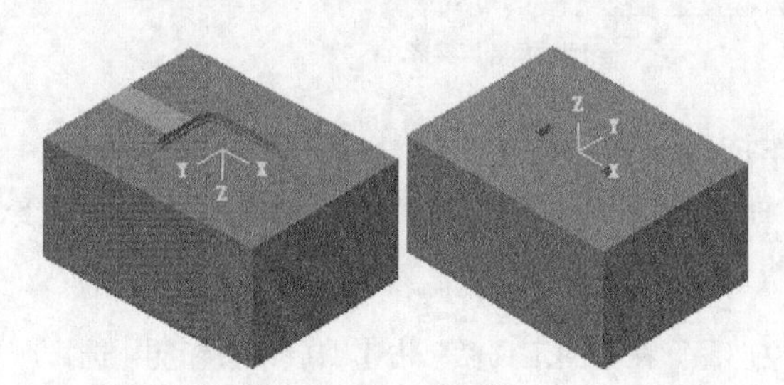
图13-82　公母模

13.4.1　产品预处理

01 打开源文件13-3。单击【打开】按钮，从资源文件打开“拓展训练\源文件\Ch13\13-3.mcx-9”，单击【完成】按钮，完成文件的调取。如图13-83所示。

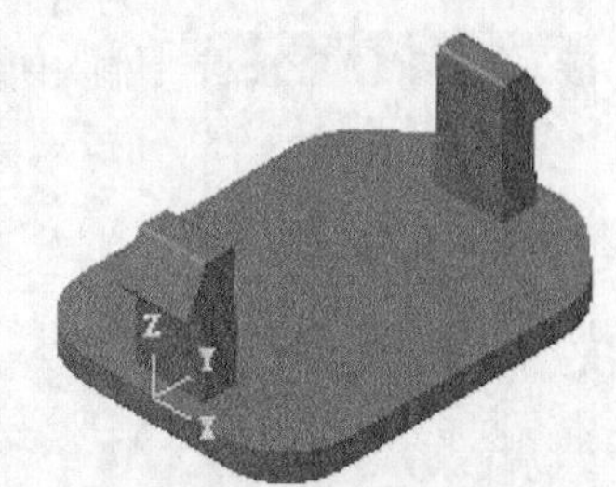
图13-83　打开源文件

02 设置视图为等角视图，设置构图面为右视构图面。在【视图】工具栏单击【等角视图】按钮，设置视图为等角视图，在【构图面】工具栏单击【右视】按钮，设置构图面为右视构图面。

03 产品旋转180°。在绘图工具栏单击【旋转】按钮，选择产品，单击【完成】按钮，完成选择。弹出【旋转选项】对话框，设置旋转角度为180°，系统根据参数生成的图形如图13-84所示。

04 绘制直线。在绘图工具栏单击【绘制直线】按钮，选择边线中点进行连线，结果如图13-85所示。

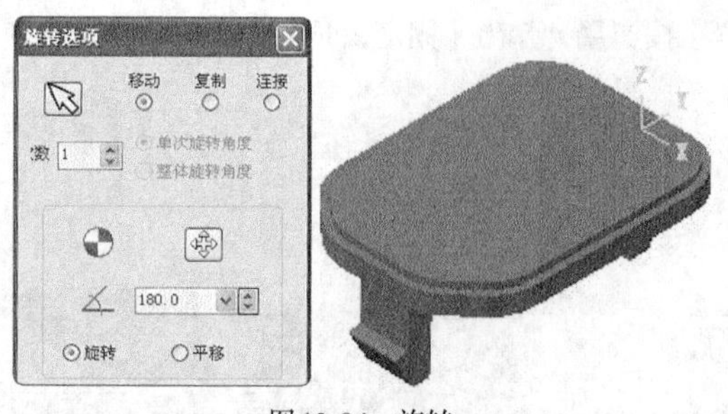

图13-84　旋转

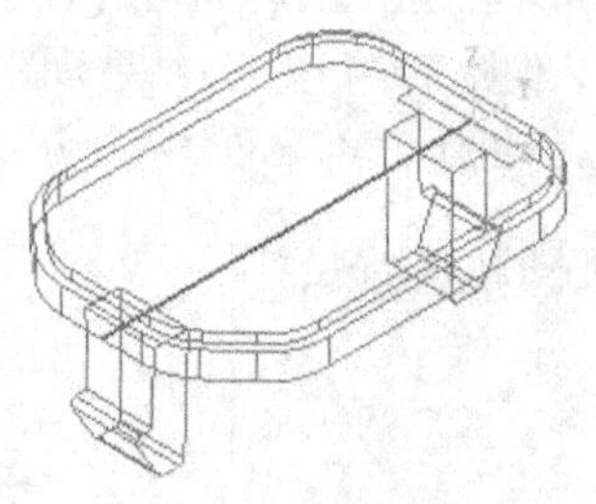

图13-85　绘制直线

05 平移到原点。在绘图工具栏单击【移动到原点】按钮，系统自动选择所有对象进行移动，选择绘制的中线中点为移动起点，终点系统默认为原点，移动后的结果如图13-86所示。

06 设置视图为等角视图，设置构图面为俯视构图面。在【视图】工具栏单击【等角视图】按钮，设置视图为等角视图，在【构图面】工具栏单击【俯视】按钮，设置构图面为俯视构图面。

07 产品旋转90°。在绘图工具栏单击【旋转】按钮，选择产品，单击【完成】按钮，完成选择。弹出【旋转选项】对话框，设置旋转角度为90°，系统根据参数生成的图形如图13-87所示。

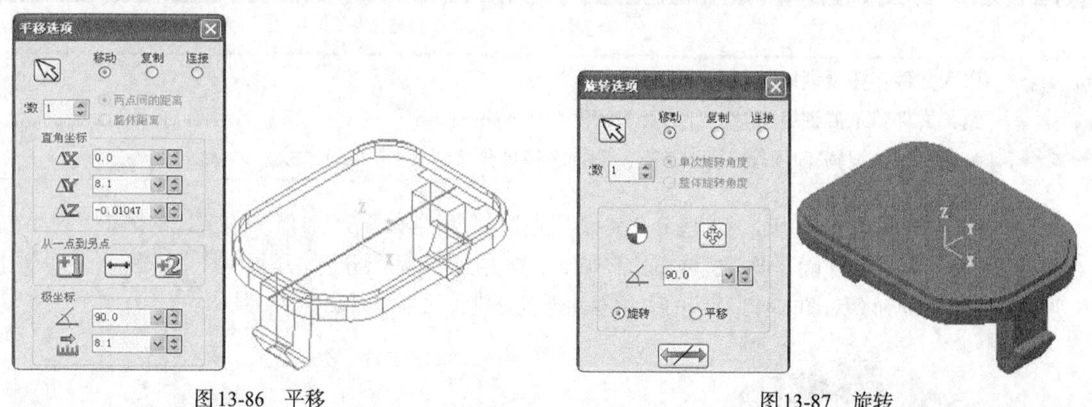

图13-86　平移

图13-87　旋转

操作技巧

此处旋转的目的是使滑块在模具的左右侧。不要使滑块在天侧，因为在天侧，滑块回位弹簧容易失效导致滑块下滑，脱模受阻。

08 缩放产品。在绘图工具栏单击【缩放】按钮，选择产品，单击【完成】按钮，完成选择，弹出【比例缩放选项】对话框，设置缩放类型为【移动】，缩放次数为1，比例为1.005，单击【完成】按钮，完成缩放，如图13-88所示。

09 移动直线到1000层。选择刚才绘制的直线，在下方状态栏中的图层位置单击鼠标右键，弹出【更改层别】对话框，设置选项为【移动】，将移动到的层设为1000，即移到第1000层，并选择【强制关闭该层】，单击【完成】按钮完成移动，如图13-89所示。

图13-88　缩放

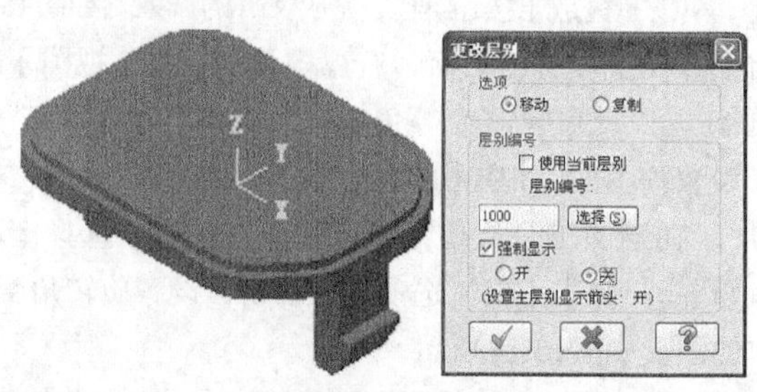

图13-89　更改层别

13.4.2　创建毛坯

产品预处理完毕后创建毛坯，用来作为产品切割成公模和母模的模坯。其操作步骤如下。

01 绘制矩形。在绘图工具栏单击【矩形】按钮，并单击【以中心点进行定位】按钮，输入矩形尺寸为40×30，选择定位点为原点，如图13-90所示。

02 拉伸实体。在菜单栏执行【实体】→【拉伸】命令，弹出【实体拉伸】对话框，选择刚才绘制的矩形，挤出操作为【创建主体】，距离为20，两边同时延伸挤出，结果如图13-91所示。

图13-90　绘制矩形

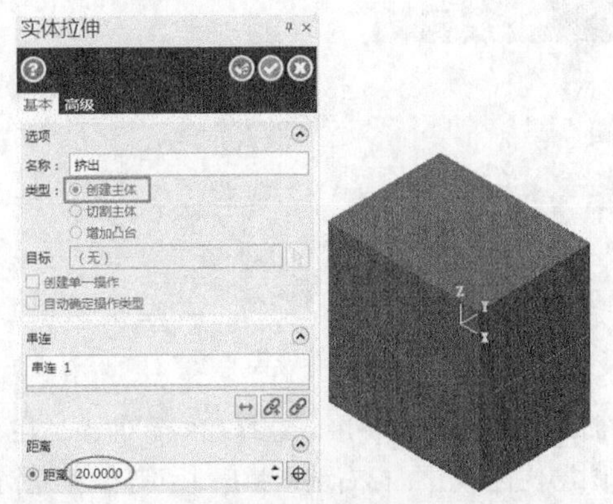

图13-91　挤出实体

03 复制产品到第二层并关闭。选择产品，在下方状态栏中的图层位置单击鼠标右键，弹出【更改层别】对话框，设置选项为【复制】，将复制到的层设为2，即复制到第2层，并强制关闭该层，单击【完成】按钮完成【复制】，如图13-92所示。

04 布尔移除毛坯。在菜单栏执行【实体】→【布尔移除】命令，选择毛坯为目标实体，再选择产品为工具实体，结果如图13-93所示。

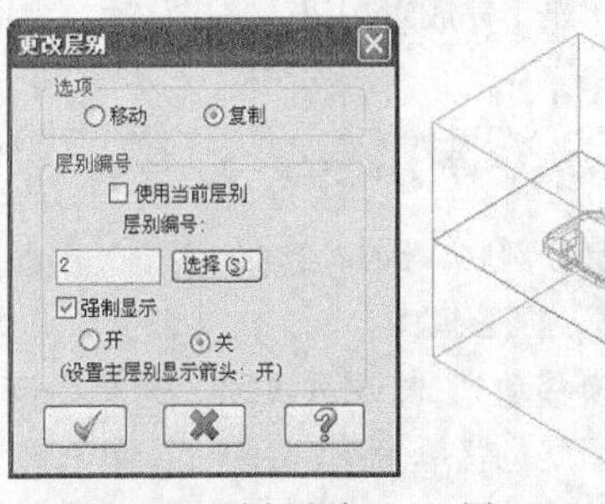

图13-92　更改层别　　图13-93　布尔移除

13.4.3　分割公母模

毛坯创建完毕后，创建主分型面和滑块分型面，再切割出公母模和滑块入子，具体步骤如下。

01 抽取单一边界线。在菜单栏执行【绘图】→【曲面曲线】→【单一边界】命令，选择分型面平面上的最大外围边线，抽取结果如图13-94所示。

02 创建牵引曲面。在菜单栏执行【绘图】→【曲面】→【牵引曲面】命令，选择刚才创建的外围线创建牵引曲面，如图13-95所示。

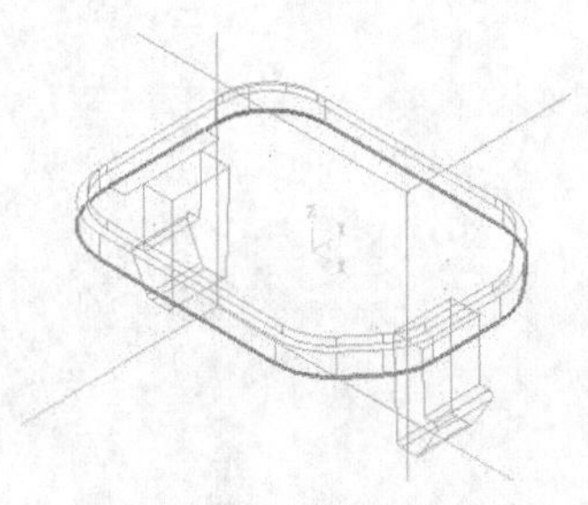

图13-94　抽取边界

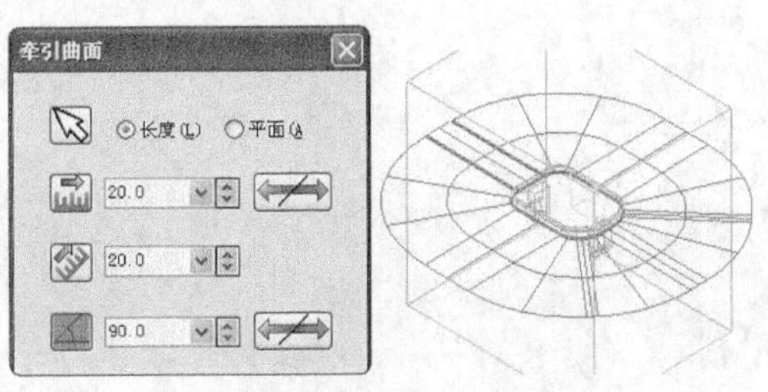

图13-95　创建牵引曲面

03 曲面实体化。在绘图工具栏单击【由曲面生成实体】按钮，弹出【由曲面生成实体】对话框，单击【完成】按钮，完成实体化，结果如图13-96所示。

04 片体分割毛坯。在菜单栏执行【实体】→【修剪】→【修剪到曲面/薄片】命令，选择要修剪的实体对象后弹出【修剪到曲面/薄片】对话框，选择刚才实体化生成的薄片实体作为修剪工具，并全部保留修剪结果，如图13-97所示。

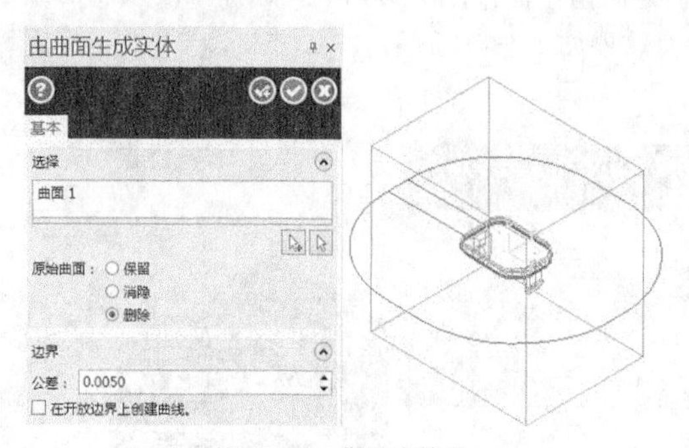

图13-96　曲面实体化

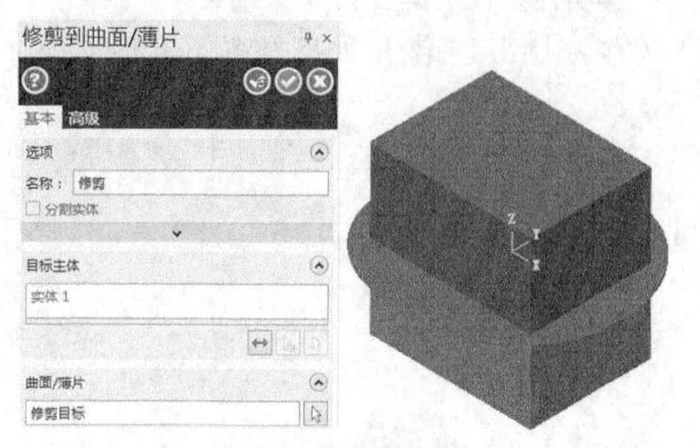

图13-97　片体分割毛坯

05 移动曲线和曲面到1000层。选择曲线和曲面，在下方状态栏中的图层位置单击鼠标右键，弹出【更改层别】对话框，设置选项为【移动】，并将移动到的层设为1000，即移到第1000层，单击【完成】按钮，完成移动，如图13-98所示。

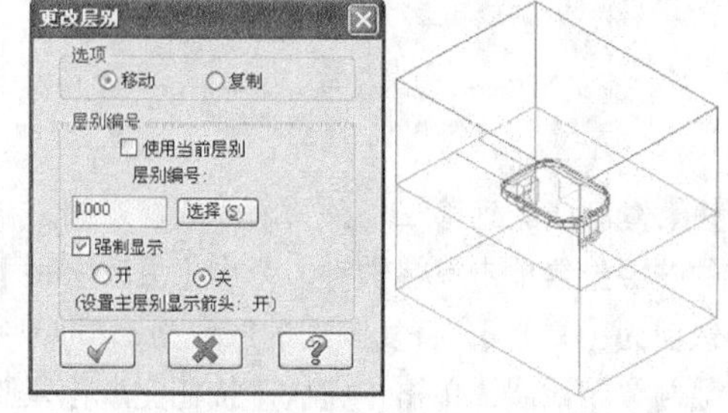

图13-98　更改层别

13.4.4　分割滑块

公母模分割后，倒扣留在公模内，因此，接下来创建片体分割公模，从公模中分割出滑块即可。具体步骤如下。

01 将母模移动到201层并关闭。选择母模，在下方状态栏中的图层位置单击鼠标右键，弹出【更改层别】对话框，设置选项为【移动】，将移动到的层设为201，即移到第201层，单击【完成】按钮，完成移动。剩余公模如图13-99所示。

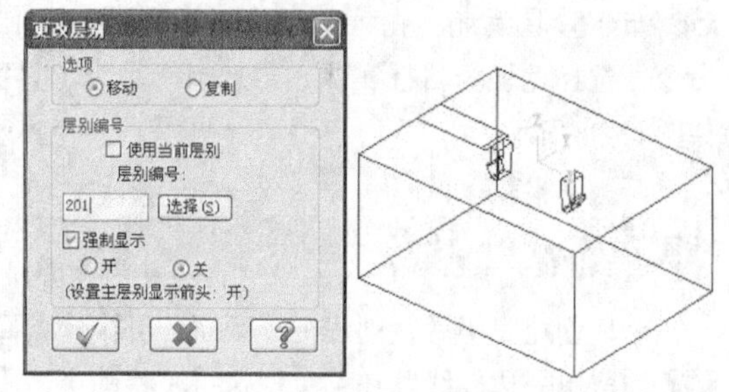

图13-99　更改层别

02 绘制截面。在绘图工具栏单击【绘制直线】按钮，按图13-100所示绘制截面，结果如图13-100所示。

03 拉伸实体。在菜单栏执行【实体】→【拉伸】命令，弹出【实体拉伸】对话框，选择刚才绘制的矩形，挤出操作为创建主体，距离为2，两边同时延伸挤出，结果如图13-101所示。

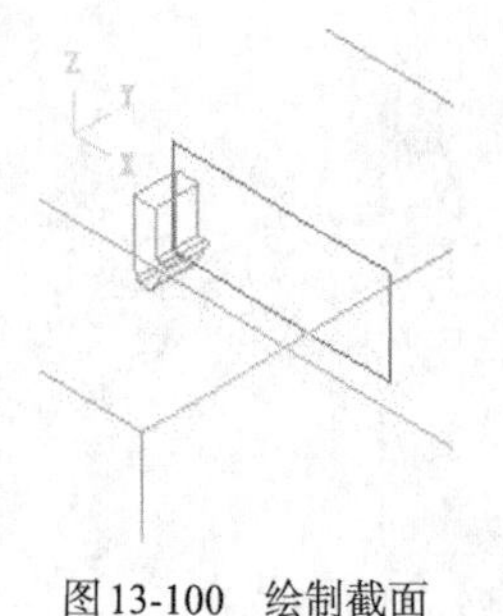

图13-100　绘制截面

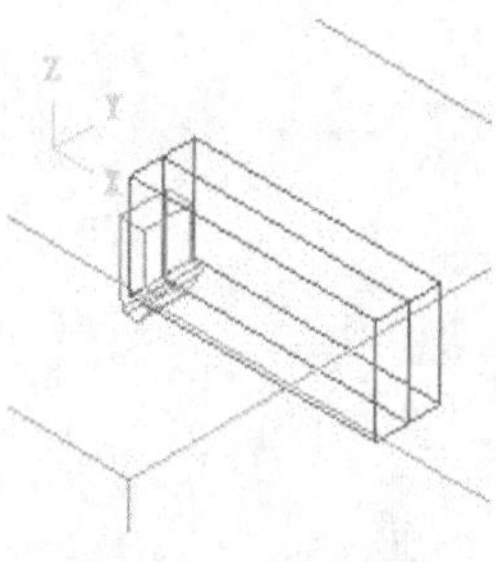

图13-101　挤出实体

04 抽取实体面。在菜单栏执行【绘图】→【曲面】→【由实体生成曲面】命令，选择实体面，如图13-102所示。

05 延伸曲面。在绘图工具栏单击【修剪延伸曲面到边界】按钮 修剪延伸曲面到边界，选择要延伸的曲面，延伸距离为5，结果如图13-103所示。

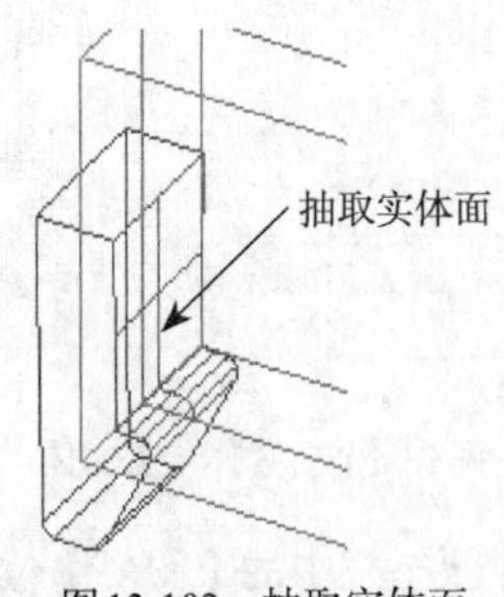

图13-102　抽取实体面

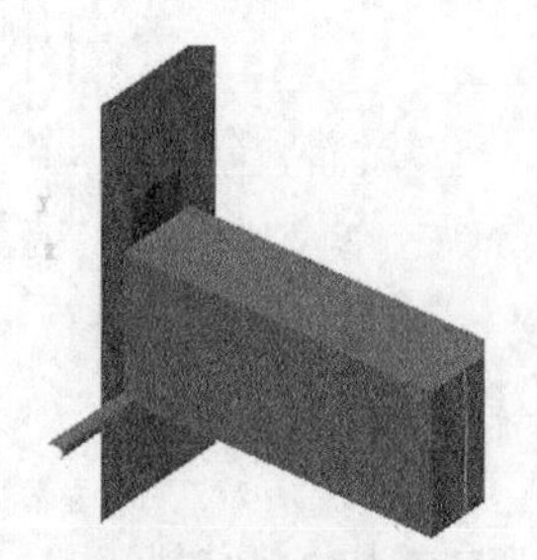
图13-103　延伸曲面

06 创建直线。在绘图工具栏单击【绘制直线】按钮，选择曲面的端点绘制长为1的水平线，结果如图13-104所示。

07 创建举升曲面。在绘图工具栏单击【举升曲面】按钮，选择刚才创建的直线为曲面边界，结果如图13-105所示。

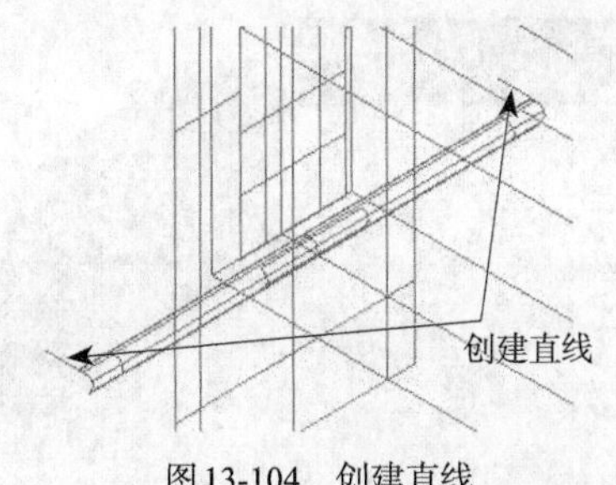

图13-104　创建直线

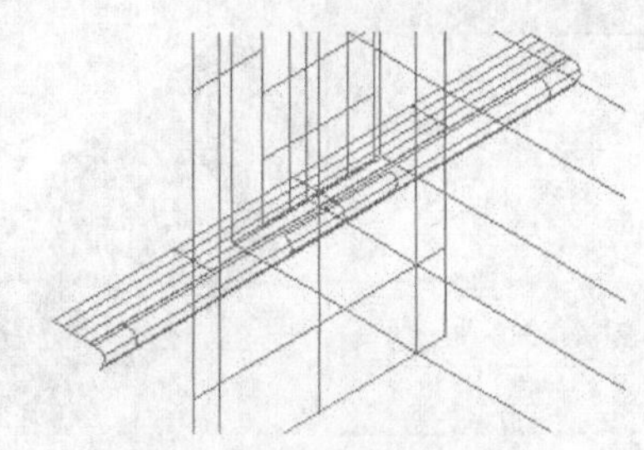
图13-105　创建举升曲面

08 曲面实体化。在绘图工具栏单击【由曲面生成实体】按钮，选择先前创建的曲面及相邻的曲面后再单击Enter键弹出【由曲面生成实体】对话框，单击【完成】按钮完成实体化，结果如图13-106所示。

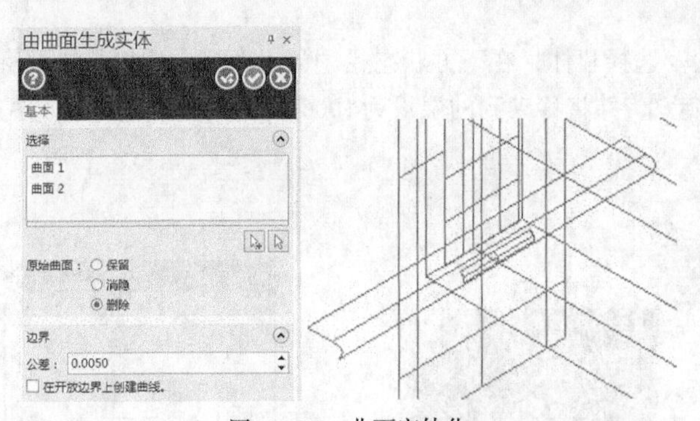

图13-106　曲面实体化

09 曲面切割实体。在菜单栏执行【实体】→【修剪】→【修剪到曲面/薄片】命令，选择要修剪的实体对象后弹出【修剪到曲面/薄片】对话框。选择修剪工具曲面为刚抽取的曲面，并全部保留修剪结果，如图13-107所示。

10 片体修剪实体。在菜单栏执行【实体】→【修剪】→【修剪到曲面/薄片】命令，选择要修剪的实体对象后弹出【修剪到曲面/薄片】对话框。选择刚才实体化生成的薄片实体作为修剪工具，并全部保留修剪结果，如图13-108所示。

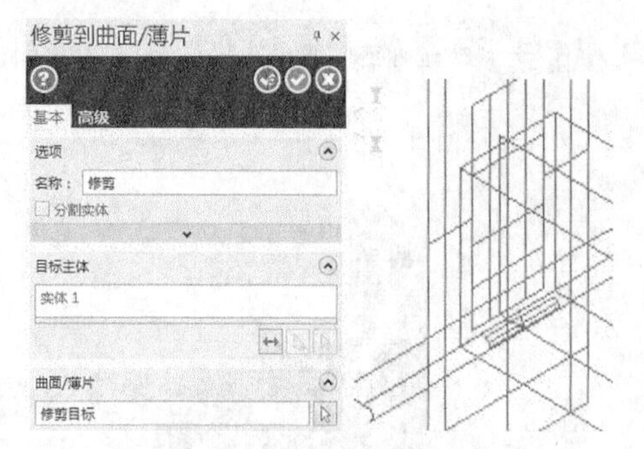

图13-107　曲面修剪实体

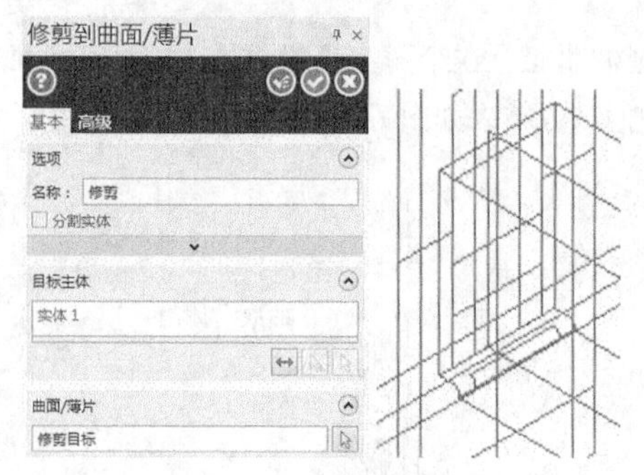

图13-108　片体修剪实体

11 将曲线、曲面和片体移动到1000层。选择曲面和分模线，在下方状态栏中的【图层】位置单击鼠标右键，弹出【更改层别】对话框，设置选项为【移动】，将移动到的层设为1000，即移到第1000层，并强制关闭该层。单击【完成】按钮，完成移动，如图13-109所示。

12 移除实体面，在绘图工具栏单击【移除实体面】按钮，弹出【移除实体面】对话框，选择滑块抽退方向上的底部面为移除面，所得片体如图13-110所示。

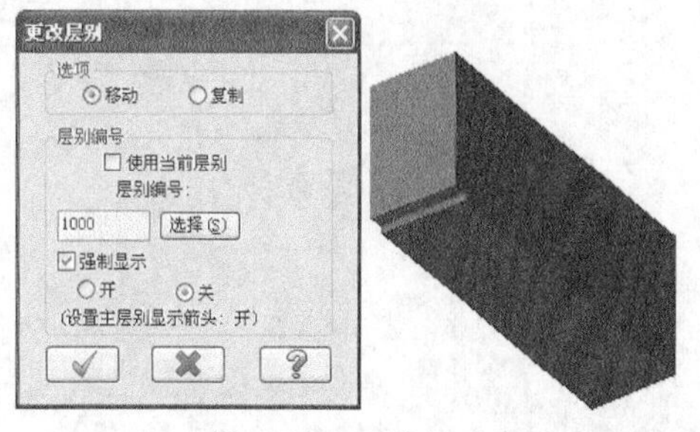

图13-109　更改层别

图13-110　移除实体面

13 片体分割公模。在菜单栏执行【实体】→【修剪】→【修剪到曲面/薄片】命令，选择要修剪的实体对象后弹出【修剪到曲面/薄片】对话框。选择刚才实体化生成的薄片实体作为修剪工具，并全部保留修剪结果，如图13-111所示。

14 将片体移动到1000层。选择片体，在下方状态栏中的【图层】位置单击鼠标右键，弹出【更改层别】对话框，设置选项为【移动】，并将移动到的层设为1000，即移到第1000层，单击【完成】按钮，完成移动，如图13-112所示。

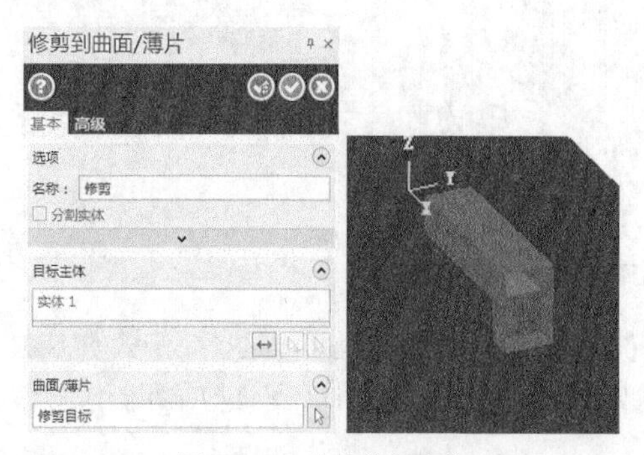

图13-111　片体修剪实体

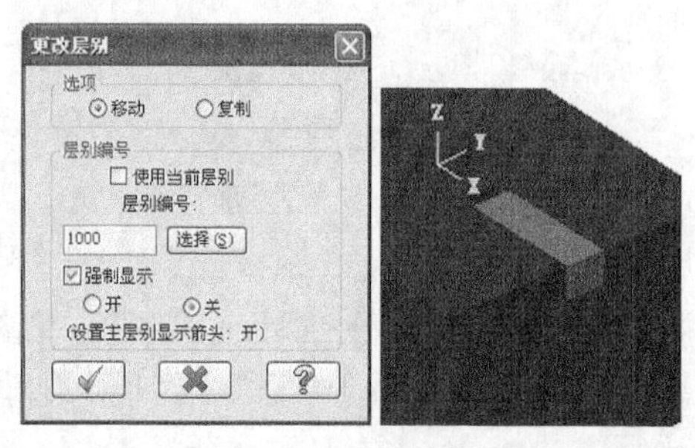

图13-112　更改层别

15 绘制截面。在绘图工具栏单击【绘制直线】按钮，采用图13-113所示绘制截面，结果如图13-113所示。

16 拉伸实体。在菜单栏执行【实体】→【拉伸】命令，弹出【实体拉伸】对话框，选择刚才绘制的矩形，挤出操作为创建主体，距离为2.5125，两边同时延伸挤出，结果如图13-114所示。

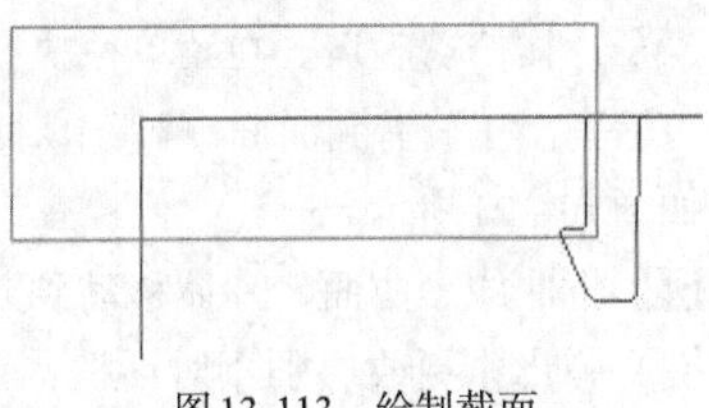

图13-113　绘制截面

17 抽取实体面。在菜单栏执行【绘图】→【曲面】→【由实体生成曲面】命令，选择实体面，如图13-115所示。

18 曲面延伸到边界。在绘图工具栏单击【修剪延伸曲面到边界】按钮 修剪延伸曲面到边界，选择要延伸的曲面，延伸距离为5，结果如图13-116所示。

图13-114　拉伸实体

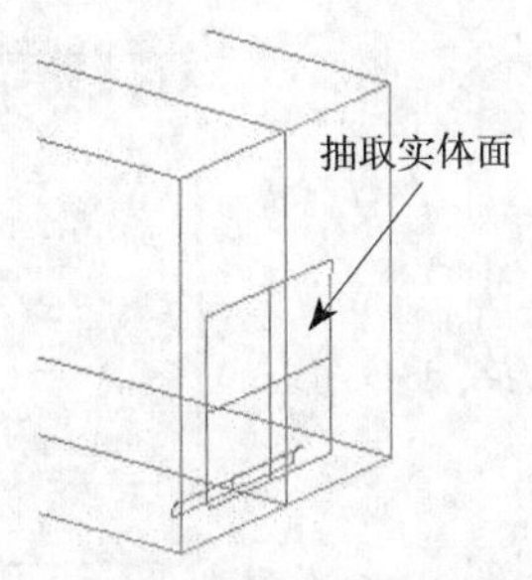

图13-115　抽取实体面

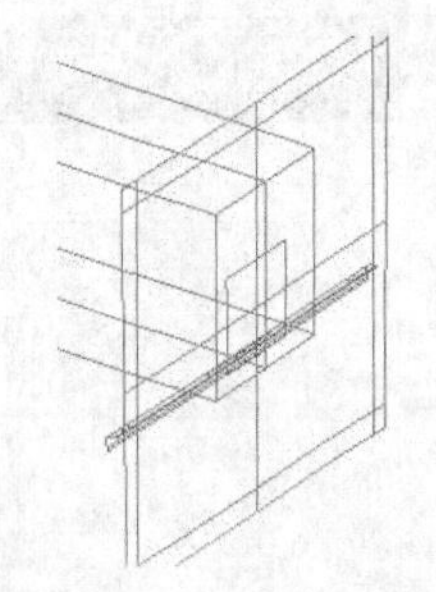

图13-116　曲面延伸

19 绘制直线。在绘图工具栏单击【绘制直线】按钮，选择曲面的端点绘制长为1的水平线，结果如图13-117所示。

20 创建举升曲面。在绘图工具栏单击【举升曲面】按钮，选择刚才创建的直线为曲面边界，结果如图13-118所示。

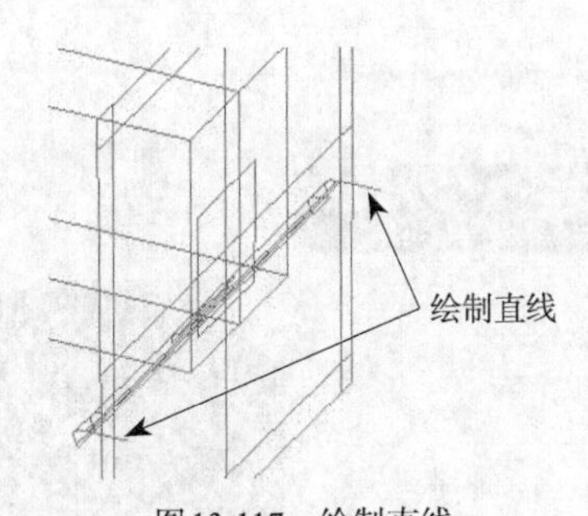

图13-117　绘制直线

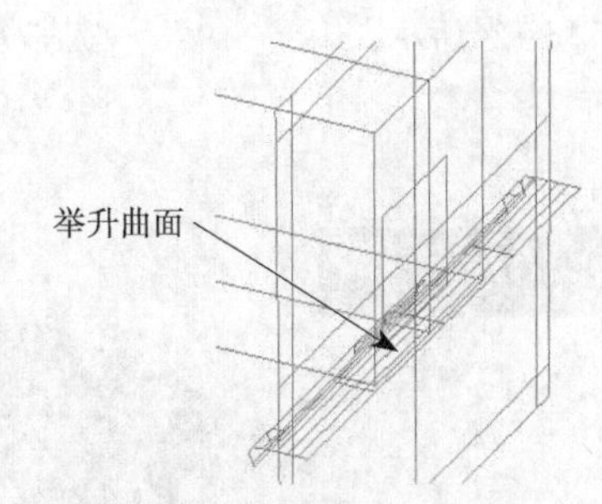

图13-118　创建举升曲面

21 曲面修剪毛坯。在菜单栏执行【实体】→【修剪】→【修剪到曲面/薄片】命令，选择要修剪的实体对象后弹出【修剪到曲面/薄片】对话框。选择修剪工具为刚抽取的曲面，并全部保留修剪结果，如图13-119所示。

22 曲面实体化。在绘图工具栏单击【由曲面生成实体】按钮，弹出【由曲面生成实体】对话框，单击【完成】按钮，完成实体化，结果如图13-120所示。

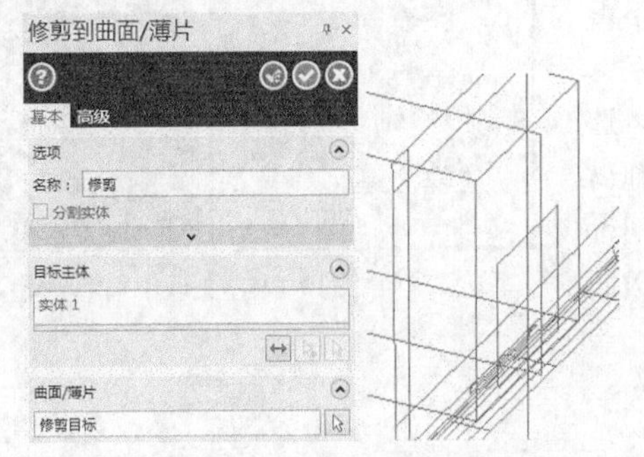

图13-119　曲面修剪毛坯

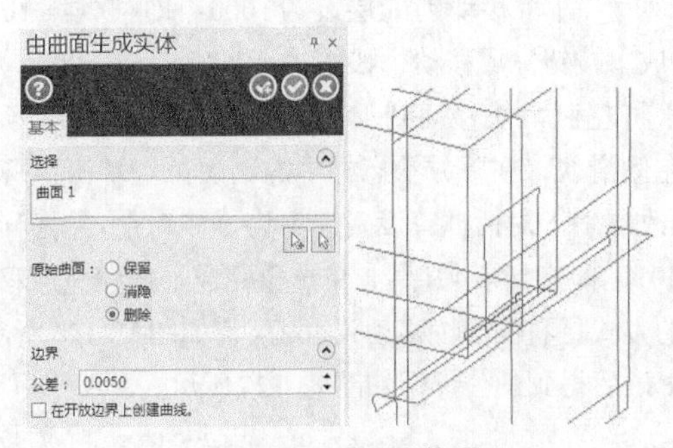

图13-120　曲面实体化

23 片体修剪毛坯。在菜单栏执行【实体】→【修剪】→【修剪到曲面/薄片】命令，选择要修剪的实体对象后弹出【修剪到曲面/薄片】对话框。选择刚才实体化生成的薄片实体为修剪工具，并全部保留修剪结果，如图13-121所示。

24 将曲线、曲面、片体移动到1000层。选择曲面、曲线和片体，在下方状态栏中的图层位置单击鼠标右键，弹出【更改层别】对话框，设置选项为【移动】，并将移动到的层设为1000，即移到第1000层，单击【完成】按钮完成移动，如图13-122所示。

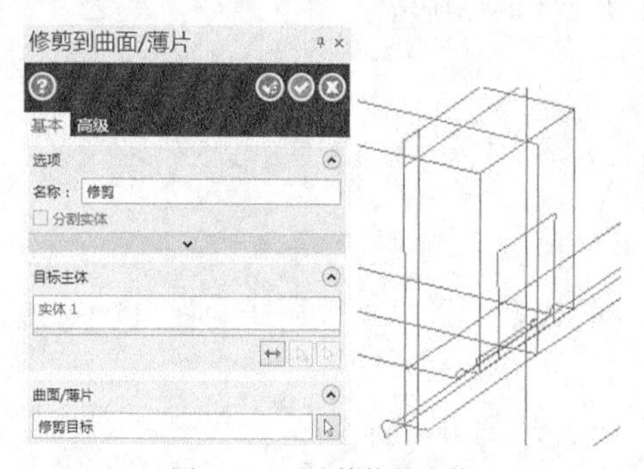

图13-121　片体修剪实体

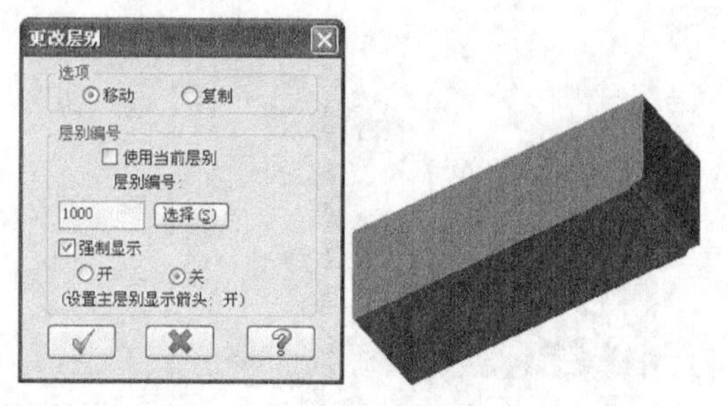

图13-122　更改层别

25 移除实体面。在绘图工具栏单击【移除实体面】按钮，选择要移除的面（选择滑块抽退方向上的底部面为移除面）后弹出【移除实体面】对话框。单击【完成】按钮完成移除，所得片体如图13-123所示。

26 片体修剪毛坯。在菜单栏执行【实体】→【修剪】→【修剪到曲面/薄片】命令，选择要修剪的实体对象后弹出【修剪到曲面/薄片】对话框。选择刚才移除实体面生成的薄片实体为修剪工具，并全部保留修剪结果，如图13-124所示。

图13-123　移除实体面

图13-124　片体修剪毛坯

27 将片体移动到1000层。选择片体，在下方状态栏中的图层位置单击鼠标右键，弹出【更改层别】对话框，设置选项为【移动】，并将移动到的层设为1000，即移到第1000层，单击【完成】按钮完成移动，如图13-125所示。

28 将左侧滑块移动到401层，将右侧滑块移动到402层。选择左侧滑块，在下方状态栏中的图层位置单击鼠标右键，弹出【更改层别】对话框，设置选项为【移动】，并将移动到的层设为401，即移到第401层，单击【完成】按钮完成移动。再以同样的方式将右侧滑块移动到402层，如图13-126所示。

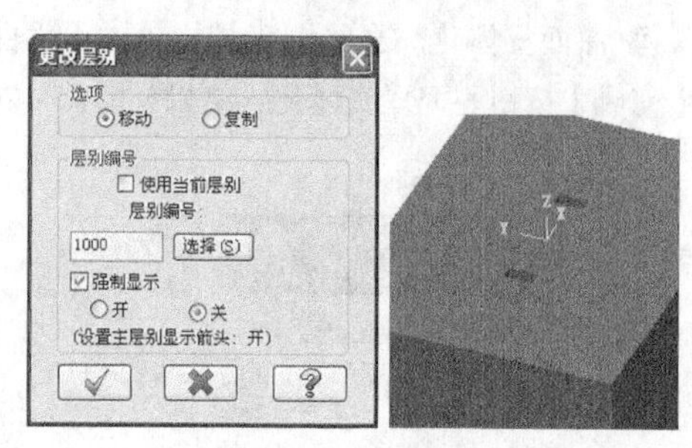

图13-125　更改层别

29 最后得到的公母模如图13-127所示。

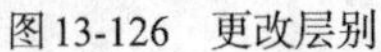
图13-126　更改层别

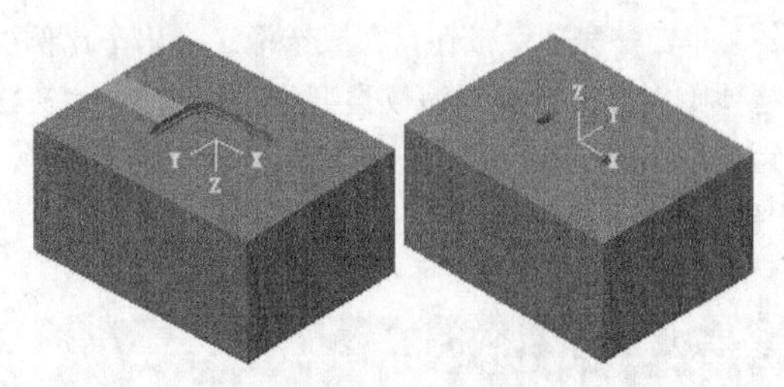
图13-127　公母模

13.5　拓展训练四：斜顶模具分模

引入文件：拓展训练\源文件\Ch13\13-4.mcx-9

结果文件：拓展训练\结果文件\Ch13\13-4.mcx-9

视频文件：视频\Ch13\拓展训练四：斜顶模具分模.avi

当模具产品内侧有倒扣时，就无法采用侧抽芯的滑块来脱模了。因此，需要采用斜顶块来进行斜顶脱模。斜顶在顶出产品的同时有斜向位移，脱离倒扣区，使产品顺利脱开公模。

采用基本的曲面命令对图13-128所示的塑料上盖零件进行分模，结果如图13-129所示。

图13-128　塑料上盖

图13-129　公母模

13.5.1　产品预处理

01 单击【打开】按钮，从资源文件打开“拓展训练\源文件\Ch13\13-4.mcx-9”，单击【完成】按钮，完成文件的调取。

02 设置视图为等角视图，设置构图面为右视构图面。在【视图】工具栏单击【等角视图】按钮，设置视图为等角视图，在【构图面】工具栏单击【右视】按钮，设置构图面为右视构图面。

03 旋转180°。在绘图工具栏单击【旋转】按钮，选择产品，单击【完成】按钮完成选择。弹出【旋转选项】对话框，设置旋转角度为180°，系统根据参数生成的图形如图13-130所示。

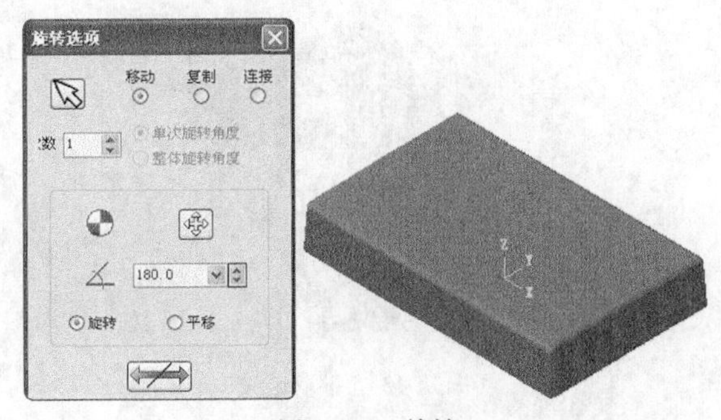

图13-130　旋转

04 缩放。在绘图工具栏单击【缩放】按钮，选择产品，单击【完成】按钮，完成选择，弹出【比例缩放选项】对话框，设置缩放类型为【移动】，缩放次数为1，比例为1.005，单击【完成】按钮完成缩放，如图13-131所示。

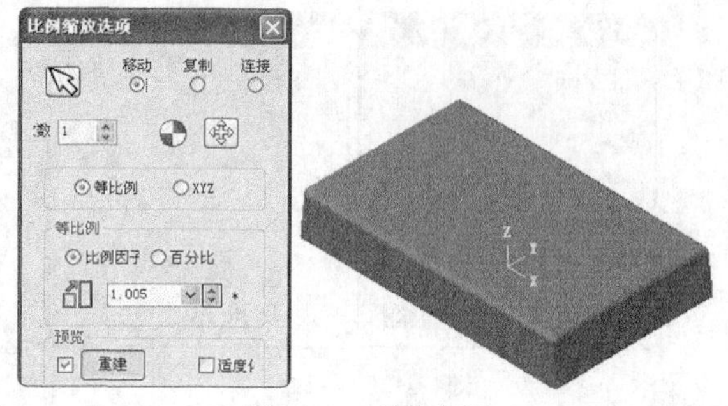

图13-131　缩放产品

13.5.2　创建毛坯

产品处理完毕后，需要创建用来分割公母模的毛坯实体。下面讲解具体的步骤。

01 绘制矩形。在绘图工具栏单击【矩形】按钮，并单击【以中心点进行定位】按钮，输入矩形的尺寸为250×180，选择定位点为原点，如图13-132所示。

02 拉伸实体。在菜单栏执行【实体】→【拉伸】命令，弹出【挤出串联】对话框，选择刚才绘制的矩形，挤出操作为【创建主体】，距离为35，两边同时延伸挤出，结果如图13-133所示。

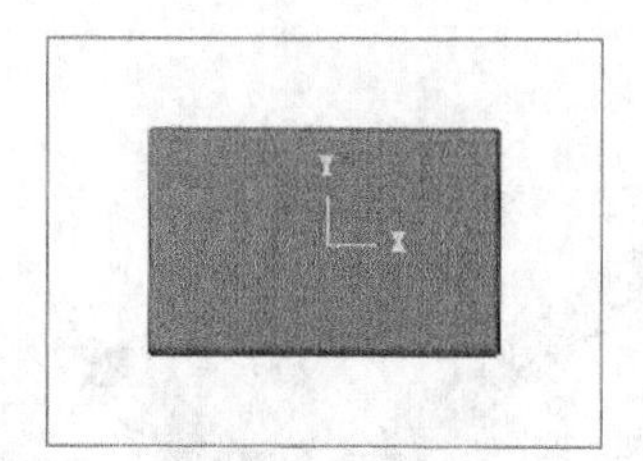

图13-132　绘制矩形

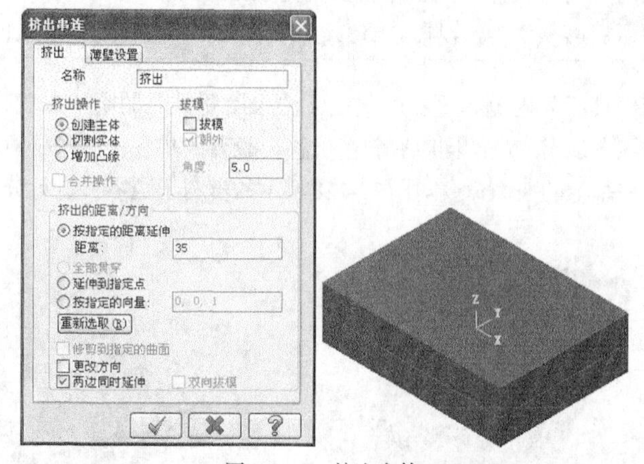

图13-133　挤出实体

13.5.3　分割公母模

首先需要创建分型面，利用分型面分割实体，可以将毛坯一分为二，即公母模部分。其操作步骤如下。

01 抽取边线作为分模线。在菜单栏执行【绘图】→【曲面曲线】→【单一边界】命令，选择产品分型面上最大的外围边线，抽取的边线如图13-134所示。

02 平面修剪曲面。单击菜单栏中的【绘图】→【曲面】→【平面修剪曲面】命令，选择矩形和分模线为平面修剪曲面的边界，创建结果如图13-135所示。

图13-134　抽取边线

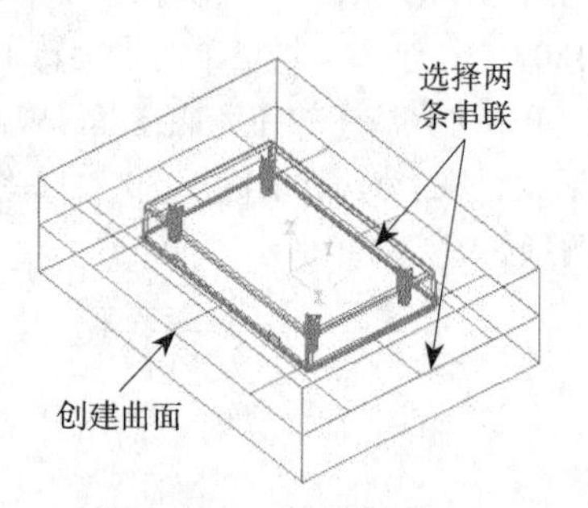

图13-135　平面修剪曲面

03 复制产品到第二层，并关闭该层。选择产品，在下方状态栏中的图层位置单击鼠标右键，弹出【更改层别】对话框，设置选项为【复制】，将复制到的层设为2，即复制到第2层，并强制关闭该层，单击【完成】按钮，完成复制，如图13-136所示。

04 布尔移除毛坯。在菜单栏执行【实体】→【布尔移除】命令，选择毛坯为目标实体，再选择产品为工具实体，结果如图13-137所示。

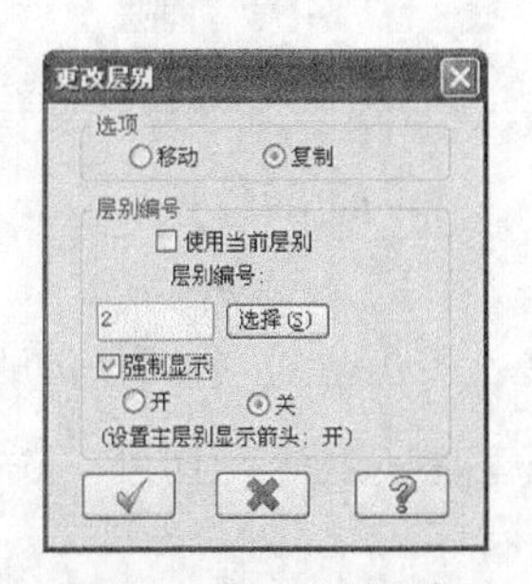

图13-136　更改层别

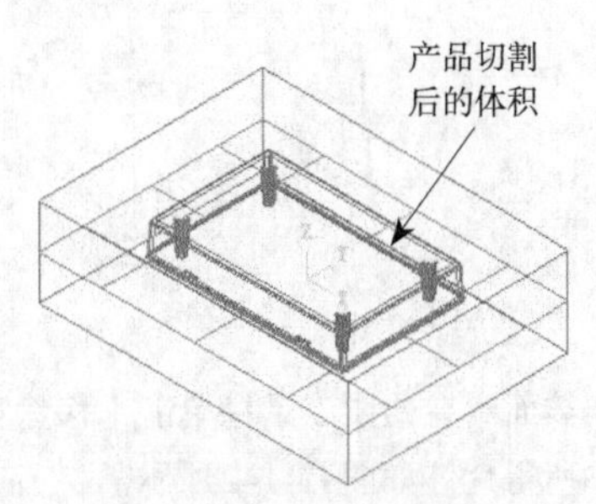

图13-137　布尔移除毛坯

05 曲面分割毛坯。在菜单栏执行【实体】→【修剪】命令，弹出【修剪实体】对话框，采用曲面的方式进行修剪，选择修剪曲面为刚才创建的平面修剪曲面，并全部保留修剪结果，如图13-138所示。

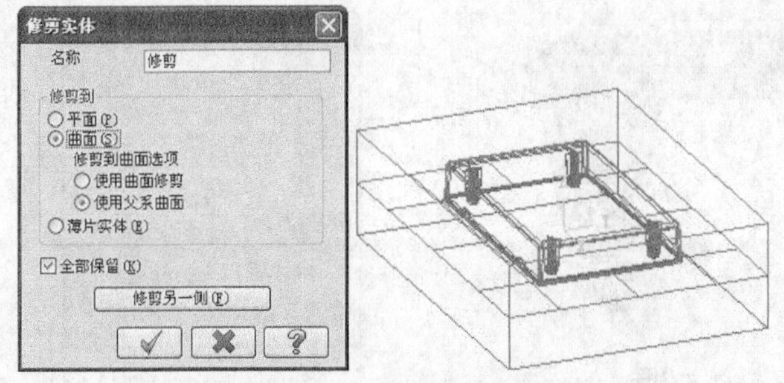

图13-138　曲面修剪实体

06 移动曲线和曲面到1000层。选择曲面和曲线，在下方状态栏中的图层位置单击鼠标右键，弹出【更改层别】对话框，设置选项为【移动】，将移动到的层设为1000，即移到第1000层，并强制关闭该层，单击【完成】按钮完成移动，如图13-139所示。

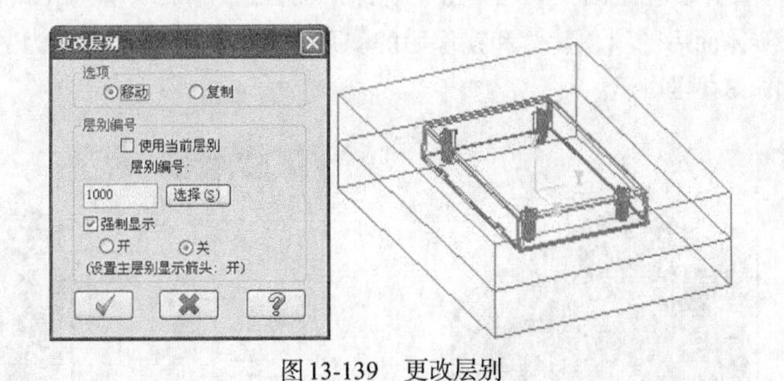

图13-139　更改层别

13.5.4　分割斜顶

公母模分割完毕后，创建分割斜顶所需要的片体，再用片体分割公模得到斜顶，其步骤如下。

01 绘制截面。按Alt+E组合键只显示公模，在绘图工具栏单击【绘制直线】按钮，按图13-140所示尺寸绘制截面，如图13-140所示。

02 拉伸实体。在菜单栏执行【实体】→【拉伸】命令，弹出【实体拉伸】对话框，选择刚才绘制的截面，挤出操作为【创建主体】，距离为用户指定的点，两边同时延伸挤出，结果如图13-141所示。

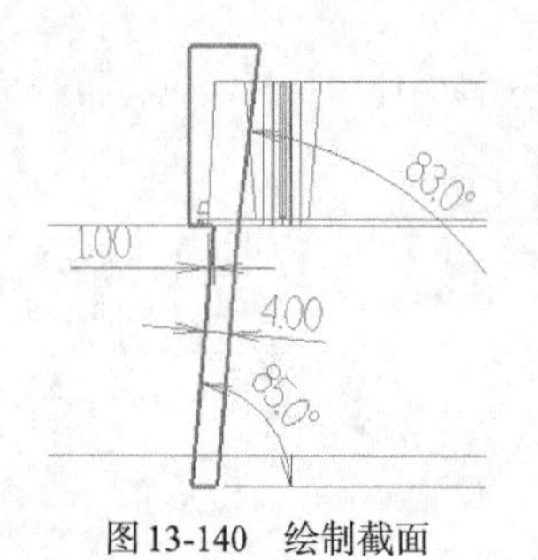

图13-140　绘制截面

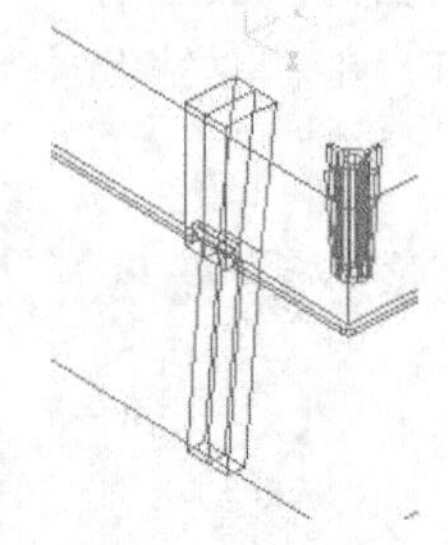

图13-141　挤出实体

03 移除实体面。在绘图工具栏单击【移除实体面】按钮，弹出【移除实体面】对话框，选择斜顶底部面为移除面，所得片体如图13-142所示。

04 将所有线架移动到1000层。选择所有线架，在下方状态栏中的图层位置单击鼠标右键，弹出【更改层别】对话框，设置选项为【移动】，将移动到的层设为1000，即移到第1000层，单击【完成】按钮完成移动，如图13-143所示。

图13-142　移除实体面

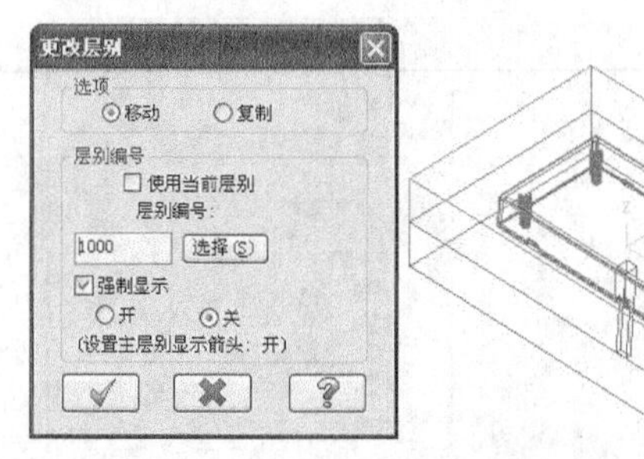

图13-143　更改层别

05 以X=0的轴镜像斜顶片体，在绘图工具栏单击【镜像】按钮，弹出【镜像】对话框，选择镜像类型为【复制】，选择刚才移除实体面后的斜顶片体，再选择镜像轴为X=0的轴，单击【完成】按钮完成镜像，结果如图13-144所示。

06 以Y=0的轴镜像斜顶片体。在绘图工具栏单击【镜像】按钮，弹出【镜像】对话框，选择镜像类型为【复制】，选择刚才移除实体面后的斜顶片体和镜像后的斜顶片体，再选择镜像轴为Y=0的轴，单击【完成】按钮完成镜像，结果如图13-145所示。

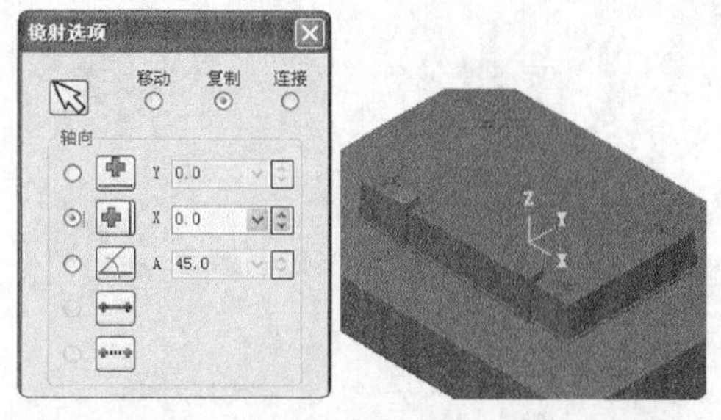

图13-144　镜像

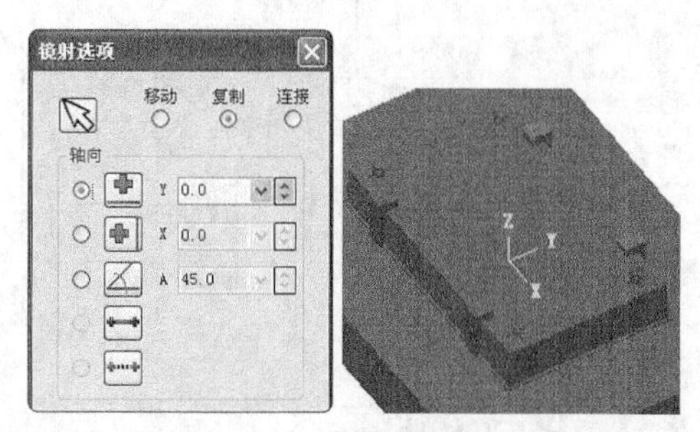

图13-145　镜像

07 分割斜顶。在菜单栏执行【实体】→【修剪】→【修剪到曲面/薄片】命令，选择要修剪的实体对象后弹出【修剪到曲面/薄片】对话框。选择刚才镜像的薄片实体为修剪工具，并全部保留修剪结果，如图13-146所示。

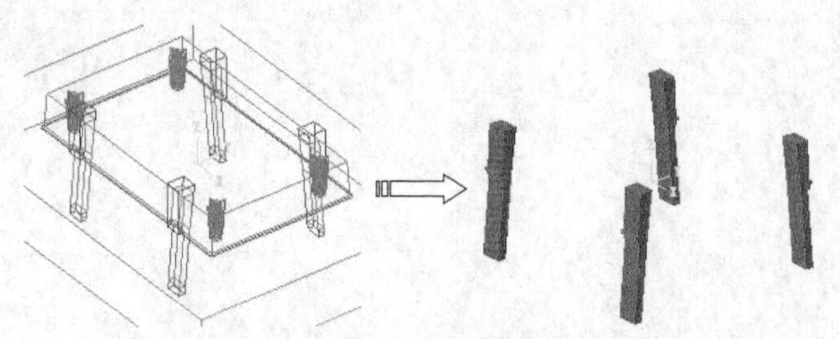

图13-146　片体修剪实体

08 将所有片体移动到1000层。选择所有片体，在下方状态栏中的图层位置单击鼠标右键，弹出【更改层别】对话框，设置选项为【移动】，将移动到的层设为1000，即移到第1000层，单击【完成】按钮完成移动，如图13-147所示。

09 倒模仁基准角。在绘图工具栏单击【单一距离倒角】按钮①，选择要倒角的边，单击【完成】按钮，弹出【倒角参数】对话框，设置倒角距离为7，单击【完成】按钮完成倒角，如图13-148所示。

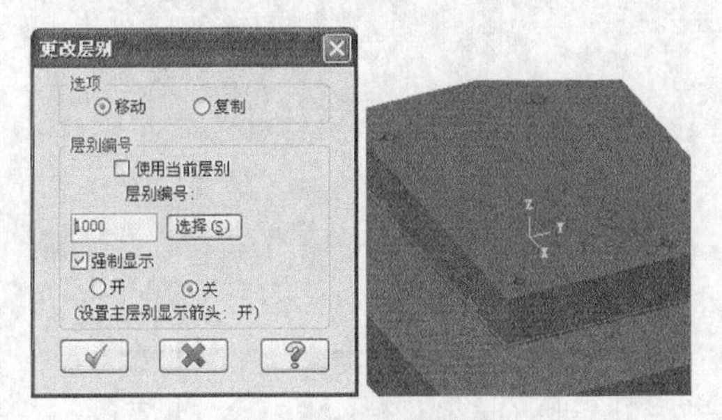

图13-147　更改层别

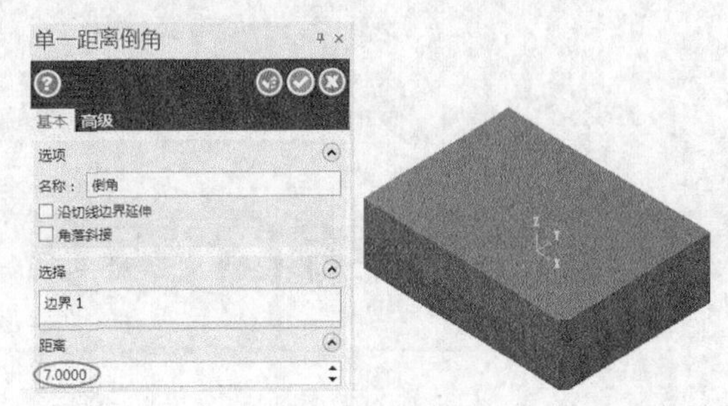

图13-148　倒角

10 最后得到的母模和公模如图13-149所示。

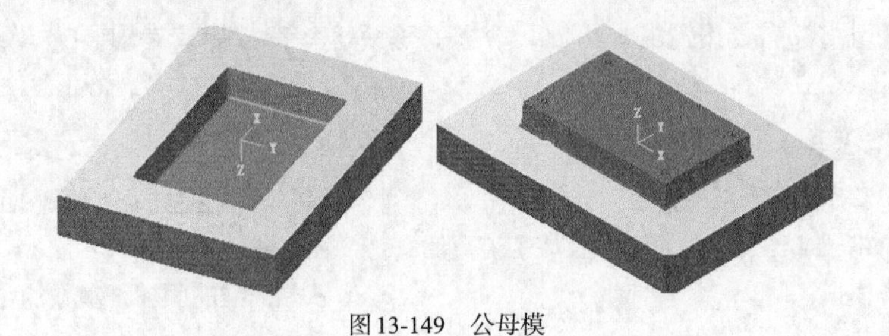

图13-149　公母模

13.6　课后习题

对图13-150所示的产品进行分模，分模结果如图13-151所示。

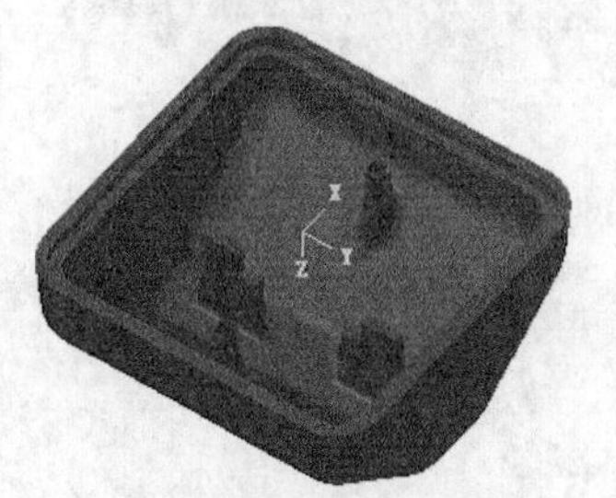

图13-150　产品

图13-151　公母模

第14章

数控加工参数

Mastercam X9加工时需要设置一些常用的参数和必需的步骤，包括刀具设置、加工工件设置、加工仿真模拟、加工通用参数设置、三维曲面加工参数设置等。这些参数除了少部分是特殊刀路才有的，其他大部分参数是所有刀路都需要设置的。因此，掌握并理解这些参数是非常重要的。

知识要点

※ 掌握加工刀具的设置。

※ 掌握加工工件的设置以及加工仿真的模拟。

※ 掌握基本通用加工参数的含义及其设置方法。

※ 掌握三维曲面加工参数的含义及其设置方法。

案例解析

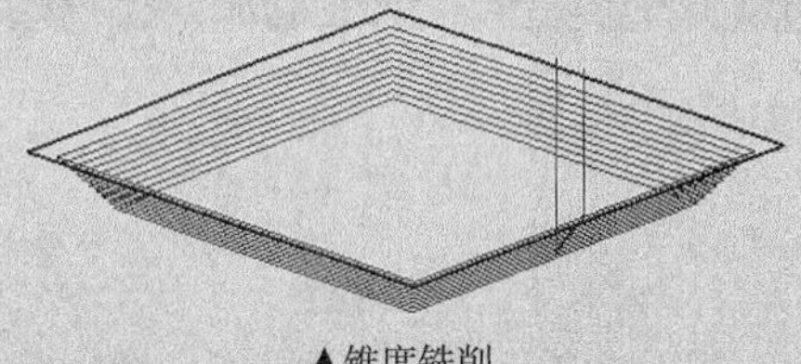

▲锥度铣削

▲实体模拟

14.1　设置加工刀具

设置加工刀具是所有加工都需要的步骤，也是最先需要设置的参数。用户可以直接调用系统刀具库中的刀具，也可以修改刀具库中的刀具产生需要的刀具形式，还可以自定义新的刀具并保存刀具到刀具库中。在菜单栏执行【机床类型】→【铣床】命令后，再执行【刀路】→【外形】命令，输入默认名称并选择串联（轨迹图形）后单击【完成】按钮，弹出【2D刀路-外形铣削】对话框，单击【刀具】选项，在弹出的【刀具】选项区中设置刀具的相关参数，如图14-1所示。

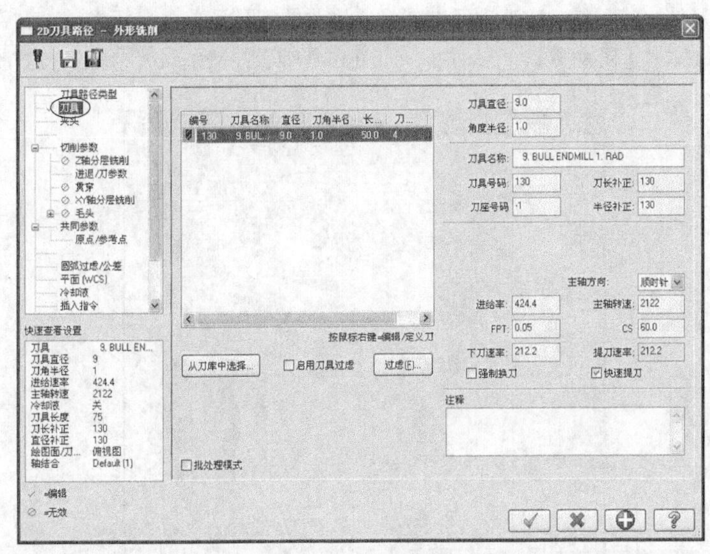

图14-1　刀具参数

刀具设置主要包括从刀具库中选择刀具、修改刀具、自定义新刀具、设置刀具相关参数等，下面进行相关讲解。

14.1.1　从刀具库中选择刀具

从刀具库中选择刀具是最基本、最常用的设置，操作也比较简单。在【刀具】选项区的空白处单击鼠标右键，从弹出的快捷菜单中选择【刀具管理库】命令，弹出【刀具管理】对话框，如图14-2所示。该对话框用来从刀具库中选择用户所需要的刀具。

刀具管理 - C:\DOCUMENTS AND SETTINGS\ALL USERS\DOCUMENTS\SHARED MCAMX6\MILL\TOOLS\MILL_MM (NEW).TOOLS-6

C:\DOCU...\MILL_MM (NEW).TOOLS-6

编号	刀具名称	直径	刀角半径	长度	刀刃数	类型	刀具半径类型
1	1 BALL	1.0	0.5	3.0	2	球刀	全部
2	1.2 BALL	1.2	0.6	3.0	2	球刀	全部
3	1.4 BALL	1.4	0.7	3.0	2	球刀	全部
4	1.6 BALL	1.6	0.8	3.0	2	球刀	全部
5	1.8 BALL	1.8	0.9	3.0	2	球刀	全部
6	2 BALL	2.0	1.0	3.0	2	球刀	全部
7	2.2 BALL	2.2	1.1	6.0	2	球刀	全部
8	2.4 BALL	2.4	1.2	6.0	2	球刀	全部
9	2.6 BALL	2.6	1.3	6.0	2	球刀	全部
10	2.8 BALL	2.8	1.4	6.0	2	球刀	全部
11	3 BALL	3.0	1.5	10.0	2	球刀	全部
12	3.2 BALL	3.2	1.6	10.0	2	球刀	全部
13	3.4 BALL	3.4	1.7	10.0	2	球刀	全部
14	3.6 BALL	3.6	1.8	10.0	2	球刀	全部
15	3.8 BALL	3.8	1.9	10.0	2	球刀	全部
16	4 BALL	4.0	2.0	13.0	2	球刀	全部
17	4.2 BALL	4.2	2.1	13.0	2	球刀	全部

刀具过滤(F)...
启用刀具过滤
显示的刀具数336 /

图14-2　【刀具管理】对话框

其部分参数含义如下。

❖ 启用刀具过滤：选中【启用刀具过滤】复选框，可启用刀具过滤功能。

❖ 刀具过滤：用于选择刀具时，设置单独过滤某一类的刀具供用户选择。该项只有选中前面的【启用刀具过滤】复选框后才有效。

❖ ：打开刀具库，从刀具库中选择刀具。

14.1.2　修改刀具库中刀具

从刀具库选择的加工刀具的刀具参数，如刀径、刀长、切刃长度等是刀具库预设的，用户可以修改这些参数来得到所需要的刀具。在刀具参数选项区中选择要修改的刀具后单击鼠标右键，在弹出的快捷菜单中选择【编辑刀具】选项，弹出【定义刀具】对话框，如图14-3所示，从中对其参数进行修改。

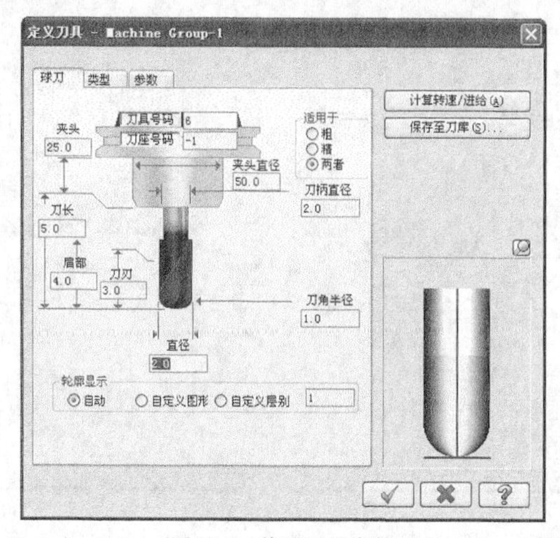

图14-3　修改刀具参数

其中部分参数的含义如下。

❖ 刀具号码：刀具对应的刀具号码。

❖ 刀座号码：与刀具对应的刀座号码。

❖ 适用于：设置刀具用于的加工类型。

❖ 夹头：输入夹头的高度。

❖ 夹头直径：刀座装夹部位直径。

❖ 刀柄直径：刀具装夹部位直径。

❖ 刀长：输入刀具露出夹头的总长度。

❖ 肩部：输入刀具肩部到刀口的长度。

❖ 刀刃：输入刀具有切削刃的长度。

❖ 直径：输入直径。

❖ 刀角半径：输入圆鼻刀的刀角半径。

❖ 轮廓显示：设置刀具在模拟时显示的方式。

14.1.3　自定义新刀具

除了从刀库中选择刀具和修改刀具来设置加工所需要的刀具外，用户还可以自定义新的刀具来产生加工刀具。在刀具参数选项区的空白处单击鼠标右键，从弹出的快捷菜单中选择【创建新刀具】选项，弹出【定义刀具】对话框，如图14-4所示。在【类型】选项卡中选择所需要的刀具，如平底刀，如图14-5所示，从中可以设置平底刀的参数。

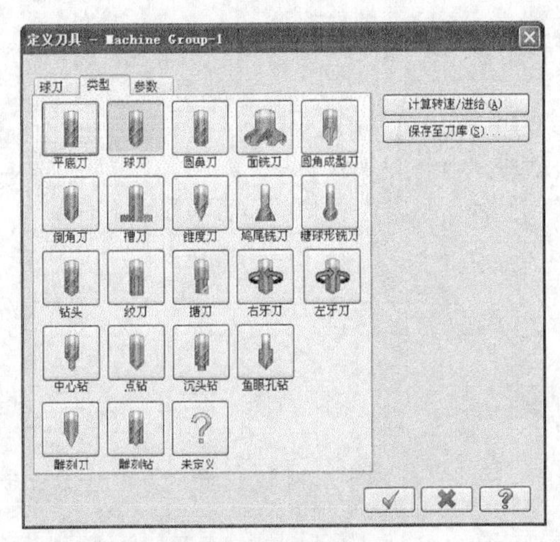

图14-4　选择刀具类型

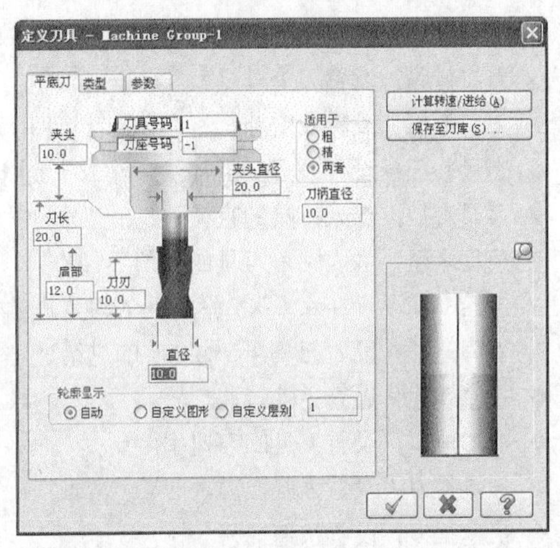

图14-5　定义刀具参数

其中部分参数含义如下。

❖ 计算转速/进给：系统根据选择的刀具自动计算转速和进给速度。

❖ 保存至刀库：用户还可以将自定义的新刀具保存到刀库中，在定义刀具参数对话框中单击【保存至刀库】按钮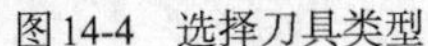，即可将刀具保存到刀具库中。

❖ 适用于：选择刚才新建刀具的适用条件，有【粗】、【精】以及【两者】3种选项。一般选【两者】。

❖ 轮廓显示：在右边会显示所新建刀具的形状。

其他参数与图14-3一样，不再讲解。

14.1.4　设置刀具参数

设置刀具后需要设置刀具参数，在【2D刀具路径—外形铣削】选项卡右边的文本框中输入刀具加工的相关参数，如图14-6所示。

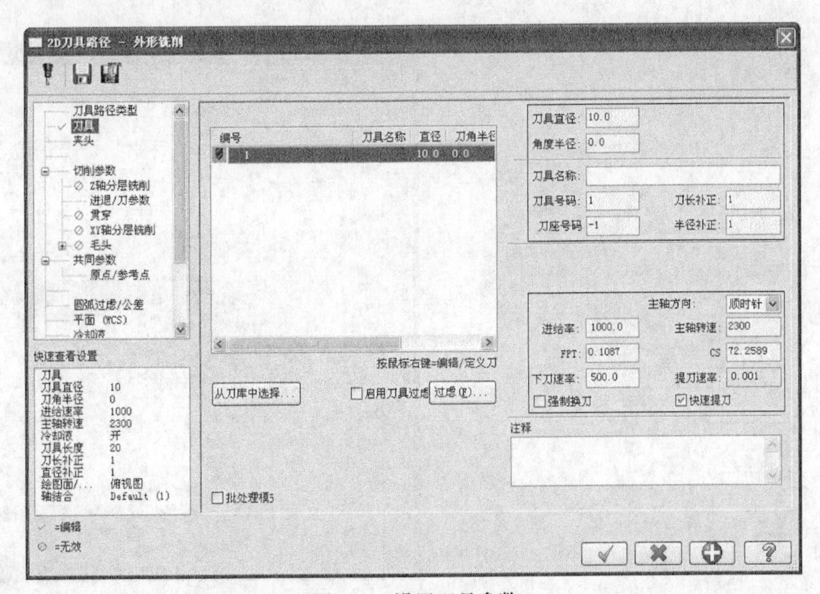

图14-6　设置刀具参数

其中部分参数的含义如下。

❖ 刀具名称：输入所选择刀具的名称。

- ❖ 刀具号码：设置刀号，输入【1】时，将在NC程序中产生【T01】。
- ❖ 刀座号码：设置刀头号。
- ❖ 刀长补正：设置长度补偿号，输入【1】时，在NC程序中输出【H1】。
- ❖ 半径补正：设置刀具半径补偿，输入【1】时，在NC程序中输出【D1】。
- ❖ 刀具直径：输入刀具的直径。
- ❖ 角度半径：输入圆角刀具的圆角半径。
- ❖ 进给率：设置在水平XY平面上的刀具进给速率。
- ❖ 下刀速率：设置刀具在z轴方向的进给速率。
- ❖ 主轴转速：设置主轴转速。
- ❖ 提刀速率：设置刀具回刀速率。
- ❖ 强制换刀：设置强制换刀。
- ❖ 快速提刀：设置快速提刀。
- ❖ 从刀库中选择：从刀具库中选择刀具。
- ❖ 启用刀具过滤：设置刀具过滤参数。
- ❖ 批处理模式：设置批处理模式。

14.2 设置加工工件

刀具及其参数设置完毕后，就可以设置工件了。加工工件的设置包括设置工件的尺寸、原点、材料、显示等参数。一般在进行实体模拟时，就要设置工件，若不进行实体模拟，工件的设置可以忽略。

14.2.1 设置工件尺寸和原点

要设置工件尺寸及原点，可以在刀路操作管理器中双击【毛坯设置】选项，如图14-7所示。打开【机床群组属性】对话框的【毛坯设置】选项卡，从中设置坯料参数，如图14-8所示。

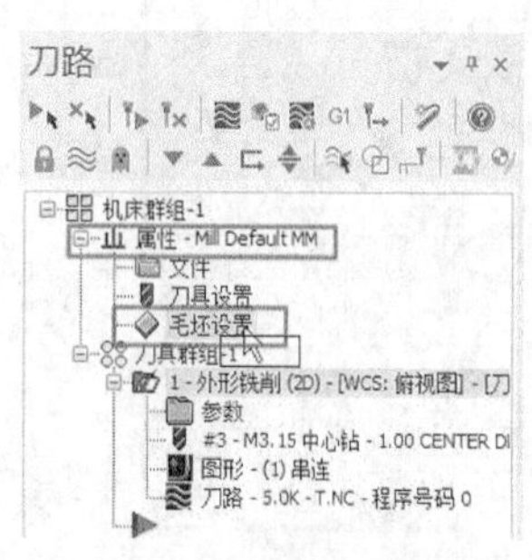

图14-7 刀具操作管理器

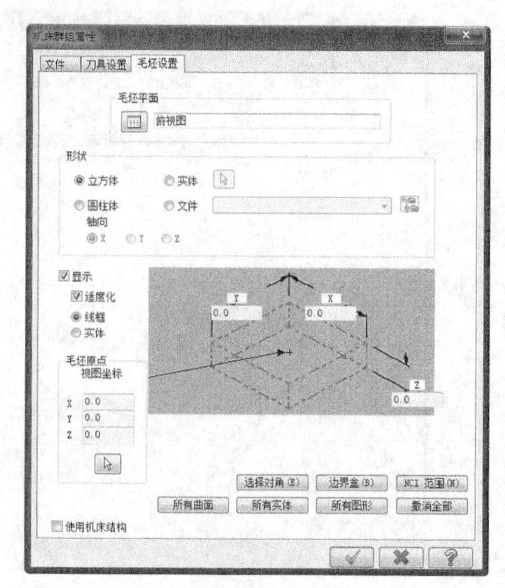

图14-8 毛坯设置

1. 设置工件尺寸

工件尺寸是依据产品来确定的，设置工件尺寸有如下7个选项。

直接输入x、y、z值来确定工件尺寸。

❖ 单击【选择对角】按钮，通过在绘图区选择工件的两个角点来得到工件尺寸。

❖ 单击【边界盒】按钮，通过边界盒的形式来产生工件的尺寸。

❖ 单击【NCI范围】按钮，通过NCI刀路形状来产生工件的尺寸。

❖ 单击【所有曲面】按钮，通过选择所有曲面来产生工件的尺寸。

❖ 单击【所有实体】按钮，通过选择所有实体来产生工件的尺寸。

❖ 单击【所有图形】按钮，通过选择所有图素来产生工件的尺寸。

❖ 单击【撤销全部】按钮，撤销设置的工件参数。

2. 设置工件原点

工件原点可以设置在立方体工件的10个特殊位置上，包括立方体的8个角点和上下面的中心点。要设置工件原点，将工件原点指示箭头拖动到目标点即可。此外，还要设置原点坐标，直接输入原点坐标值即可。

14.2.2　设置工件材料

要设置工件材料，可以在【刀具设置】选项卡中的【材质】选项组中单击【选择】按钮，如图14-9所示，弹出【材质库】对话框，从中可以选择工件的材料，如图14-10所示。

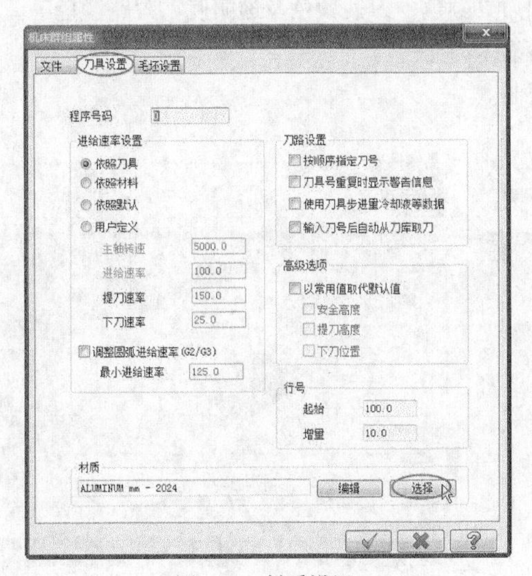

图14-9　材质设置

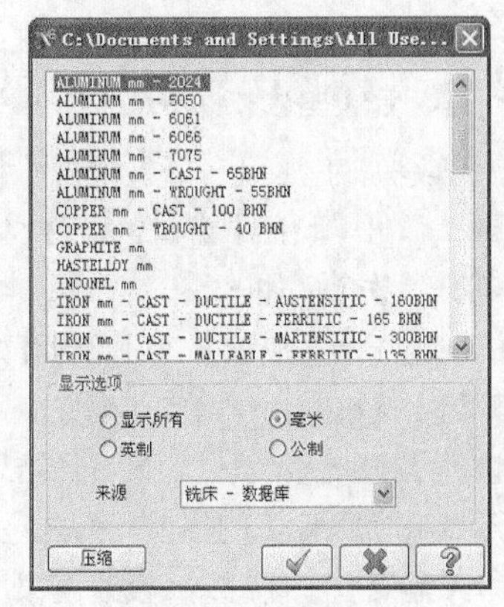

图14-10　材质库

14.3　加工模拟

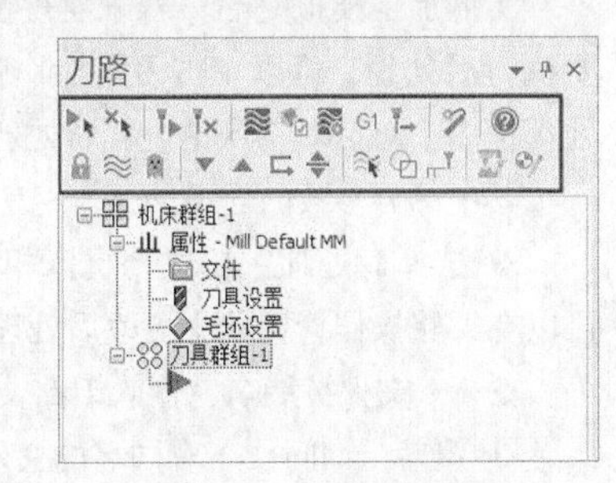

图14-11　刀路操作管理器

加工参数及工件参数设置完毕后，便可以利用加工操作管理器进行实际加工前的切削模拟，当验证无误后，再利用POST后处理功能输出正确的NC加工程序。刀路操作管理器如图14-11所示。

其中部分参数含义如下。

❖【选择全部操作】按钮：选择全部刀路操作。

❖【选择全部失效操作】按钮：选择全部失效的操作。

❖【重建全部已选择的操作】按钮：重建所有操作。

❖【重建全部已失效的操作】按钮：重建所有失效的操作。

❖【模拟已选择的操作】按钮：进行刀路模拟。

❖【验证已选择的操作】按钮：进行实体模拟验证。

❖【锁定选择的操作后处理】按钮G1：锁定并产生后处理操作。

❖【省时高效率加工】按钮：产生高速铣削功能。

❖【删除所有操作群组和刀具】按钮：删除所有加工操作和刀具。

14.3.1　刀路模拟

要执行刀路模拟，可以在刀路操作管理器中单击【模拟已选择的操作】按钮，弹出【路径模拟】对话框，如图14-12所示。

图14-12　路径模拟对话框

其中部分参数含义如下。

❖【显示颜色切换】按钮：可以切换刀路的颜色，有绿色或蓝色。

❖【刀具】按钮：带刀具模拟。

❖【夹头】按钮：带夹头模拟。

❖【显示快速移动】按钮：显示刀路快速提刀的路径。

❖【显示端点】按钮：显示刀路的端点。

❖【着色验证】按钮：着色显示切削的范围。

❖【选项】按钮：用来设置刀路模拟的选项，如刀具颜色、刀柄颜色及透明度、刀路颜色等。

❖【限制描绘】按钮：单击此按钮，模拟时将不显示刀路。

❖【关闭路径显示】按钮：单击此按钮，关闭限制。

14.3.2　实体加工模拟

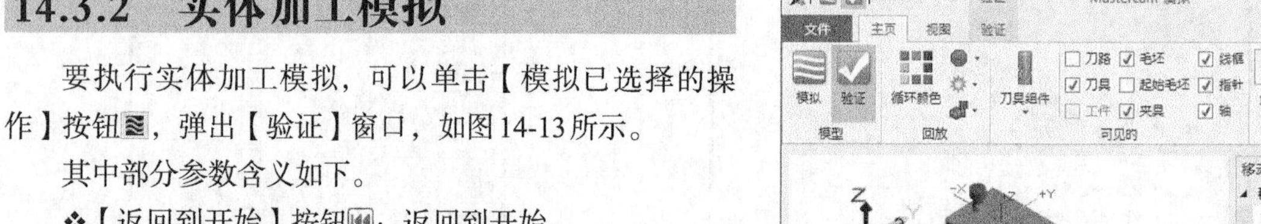

要执行实体加工模拟，可以单击【模拟已选择的操作】按钮，弹出【验证】窗口，如图14-13所示。

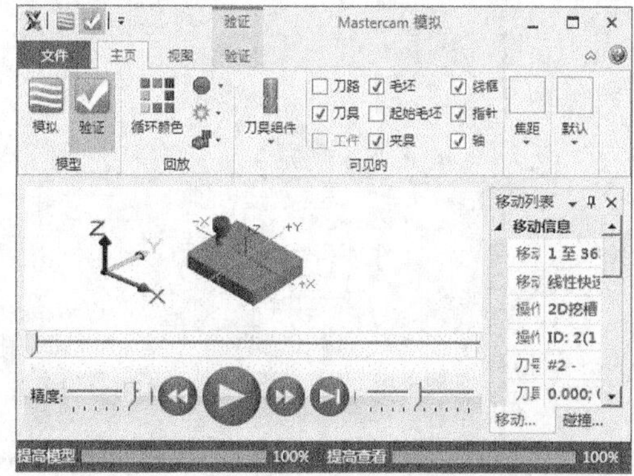

图14-13 【验证】窗口

其中部分参数含义如下。

❖【返回到开始】按钮：返回到开始。

❖【开始】按钮：开始实体模拟。

❖【快进】按钮：快进到最后的结果。

❖【不显示刀具模拟】按钮：直接一步模拟到结果。

❖【带刀具模拟】按钮：慢速模拟。

❖【带夹头模拟】按钮：带刀具和夹头的模拟。

14.3.3　后处理

实体加工模拟完后，若未发现任何问题，就可以后处理产生NC程序了。要执行后处理，可以单击刀路操作管理器中的【后处理】按钮G1，弹出【后处理程序】对话框，从中设置后处理的参数，如图14-14所示。

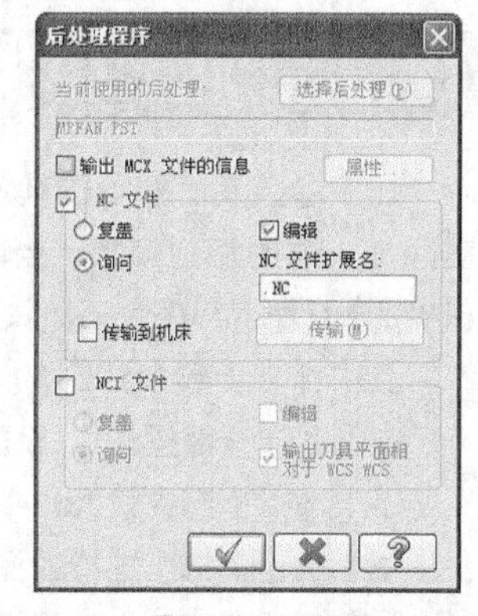

图14-14 【后处理程序】对话框

其中部分参数的含义如下。

❖ 选择后处理：更改与机床相对应的后处理程序。此处暂时不能修改，可以在刀路操作管理器中更改后处理文件，然后进行修改。

❖ NC文件扩展名：输入刀路文件的后缀名。

❖ 覆盖与询问：若有同名的文件，系统在覆盖前会进行询问。

14.4　通用加工参数设置

加工过程中通用参数的设置包括高度设置、补偿设置、转角设置、外形设置、深度设置、进/退刀向量设置、过滤设置等。

14.4.1　高度设置

高度是二维和三维刀路的共同参数。高度选项卡中共有5个高度需要设置，分别是安全高度、参考高度、下刀位置、工件表面和切削深度。高度还分为绝对坐标和增量坐标两种。绝对坐标相对系统原点来测量，系统原点保持不变；增量坐标相对工件表面的高度来测量，工件表面随着加工的深入不断变化，因而增量坐标是不断变化的。在【2D刀路-外形铣削】对话框中单击【共同参数】选项，如图14-15所示。

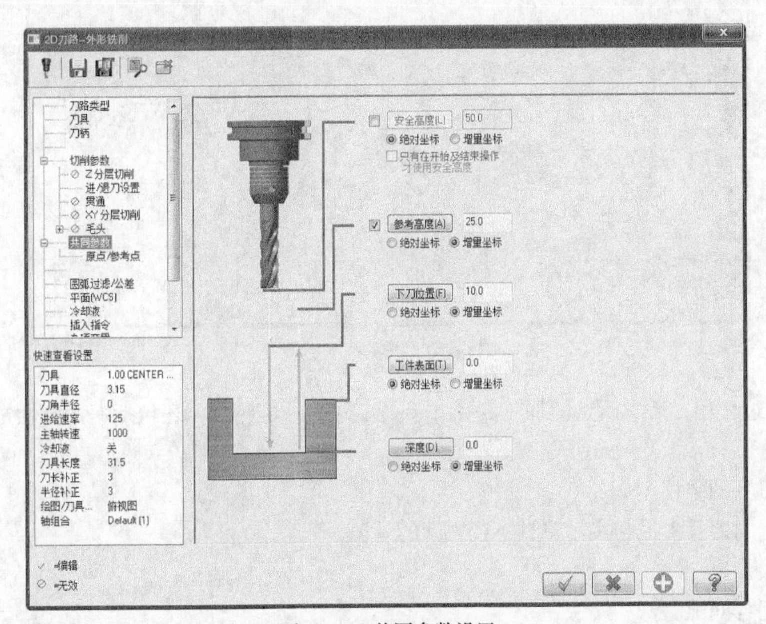

图14-15　共同参数设置

其中部分参数含义如下。

❖ 安全高度：是刀具开始加工和加工结束后返回机械原点前所停留的高度位置。选中此复选框，可以输入一个高度值，刀具在此高度值上一般不会撞刀，比较安全。此高度值一般设置绝对值为50~100mm。选中【安全高度】下方的【只有在开始及结束的操作才使用安全高度】复选框时，仅在该加工操作的开始和结束时移动到安全高度；当没有选中此复选框时，每次刀具在回缩时均移动到安全高度。

❖ 绝对坐标：是相对系统原点来测量的。

❖ 增量坐标：是相对工件表面的高度来测量的。

❖ 参考高度：是刀具结束某一路径的加工，进行下一路径加工前在Z方向的回刀高度，也称退刀高度。此处一般设置绝对值为10~25mm。

❖ 下刀位置：指刀具下刀速度由G00速度变为G01速度（进给速度）的平面高度。刀具首先从安全高度快速移动到下刀位置，然后再以设定的速度靠近工件，下刀高度即是靠近工件前的缓冲高度，是为了刀具安全地切入工件，但是考虑到效率，此高度值不要设得太高，一般设置增量坐标为5~10mm。

❖ 工件表面：即加工件表面的z值。一般设置为0。

❖ 深度：即工件实际要切削的深度。一般设置为负值。

14.4.2 补偿设置

在【2D刀路-外形铣削】对话框中单击【切削参数】选项，弹出【切削参数】选项组，从中可以设置【补正方式】和【补正方向】选项，在【补正方式】下拉列表中选择补正的类型，如图14-16所示。

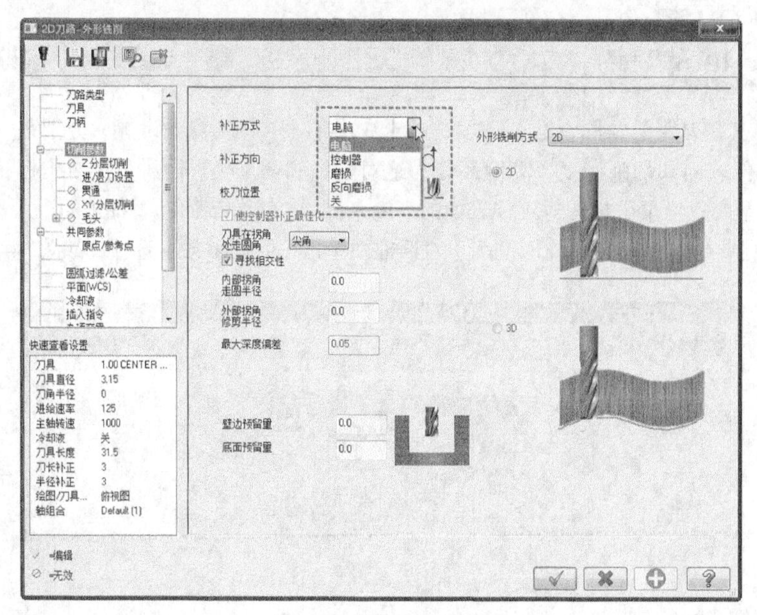

图14-16 选择补正类型

在实际的铣削过程中，刀具所走的加工路径并不是工件的外形轮廓，还包括一个补偿量，补偿量包括以下几个方面。

❖ 实际使用刀具的半径。

❖ 程序中指定的刀具半径与实际刀具半径之间的差值。

❖ 刀具的磨损量。

❖ 工件间的配合间隙。

Mastercam提供了5种补正方式和2种补正方向供用户选择，补正设置如下。

1. 补正方式

刀具补正方式包括【电脑】补偿、【控制器】补偿、【磨损】补偿、【反向磨损】补偿和【关】5种。

❖ 当设置为【电脑】补偿时，刀具中心向指定的方向（左或右）移动一个补偿量（一般为刀具的半径），NC程序中的刀具移动轨迹坐标是加入了补偿量的坐标值。

❖ 当设置为【控制器】补偿时，刀具中心向（左或右）移动一个存储在寄存器里的补偿量（一般为刀具半径），系统将在NC程序中给出补偿控制代码（左补G41或右补G42），NC程序中的坐标值是外形轮廓值。

❖ 当设置为【磨损】补偿时，同时具有【电脑】补偿和【控制器】补偿的效果，且补偿方向相同，并在NC程序中给出加入了补偿量的轨迹坐标值，同时输出控制代码G41或G42。

❖ 当设置为【反向磨损】补偿时，也同时具有【电脑】补偿和【控制器】补偿的效果，但控制器补偿的补偿方向与设置的方向反向。即当采用电脑左补偿时，系统在NC程序中输出反向补偿控制代码G42，当采用电脑右补偿时，系统在NC程序中输出反向补偿控制代码G41。

❖ 当设置为【关】补偿时，系统将关闭补偿设置，在NC程序中给出外形轮廓的坐标值，并且NC程序中无控制补偿代码G41或G42。

— 技术支持

在设置刀具补偿时，可以设置为【磨损补偿】，使刀具同时具有【电脑】补偿和【控制器】补偿，用户可以按指定的刀具直径来设置【电脑】补偿，而实际刀具直径与指定刀具直径的差值可以由【控制器】补偿来补正。当两个刀具直径相同时，在暂存器里的补偿值应该是0，当两个刀具直径不相同时，在暂存器里的补偿值应该是两个直径的差值。

2. 补正方向

刀具补正方向有左补和右补两种。铣削如图14-17所示的圆柱形凹槽，如果不补正，刀具沿着圆走，则刀具的中心轨迹即是圆。由于刀具有一个半径在槽外，因而实际凹槽铣削的效果比理论值要大一个刀具半径。要想实际铣削的效果与理论值相同，就必须使刀具向内偏移一个半径。再根据选择的方向来判断是左补偿还是右补偿。铣削如图14-18所示的圆柱形凸缘，如果不补正，刀具沿着圆走，则刀具的中心轨迹即是圆。由于有一个刀具半径在凸缘内，因而实际凸缘铣削的效果比理论值要小一个半径。要想实际铣削的效果与理论值相同，就必须使刀具向外偏移一个半径。具体是左偏，还是右偏，要看串联选择的方向。从以上分析可知，为弥补刀具带来的差距，就要进行刀具补正。

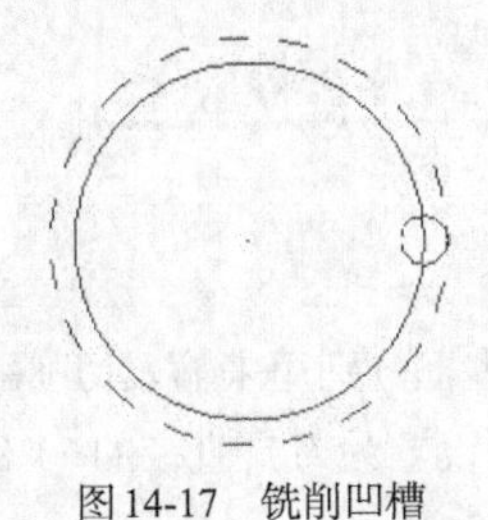

图14-17 铣削凹槽

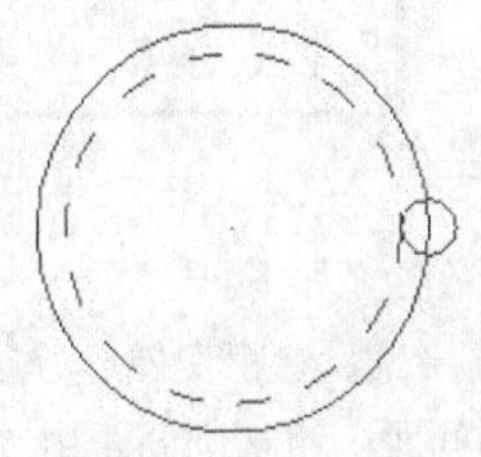

图14-18 铣削凸缘

14.4.3 转角设置

【切削参数】设置区中的【刀具在转角处走圆角】下拉列表框用于设置两条及两条以上的相连线段转角处的刀路，即根据不同选择模式决定在转角处是否采用弧形刀路。

❖ 当设置为【无】时，即不走圆角，在转角地方不采用圆弧刀路。如图14-19所示，不管转角的角度是多少，都不采用圆弧刀路。

❖ 当设置为【尖角】时，即在尖角处走圆角，在小于135°转角处采用圆弧刀路。如图14-20所示，在100°的地方采用圆弧刀路，在136°的地方采用尖角，而没有采用圆弧刀路。

❖ 当设置为【全部】时，即在所有转角处都走圆角，在所有转角处都采用圆弧刀路。如图14-21所示，所有转角处都走圆角。

图14-19 转角不走圆角

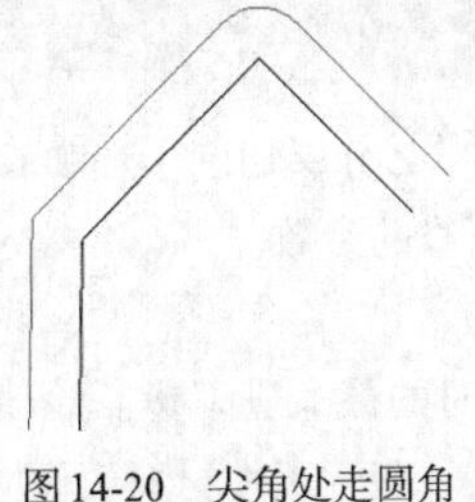

图14-20 尖角处走圆角

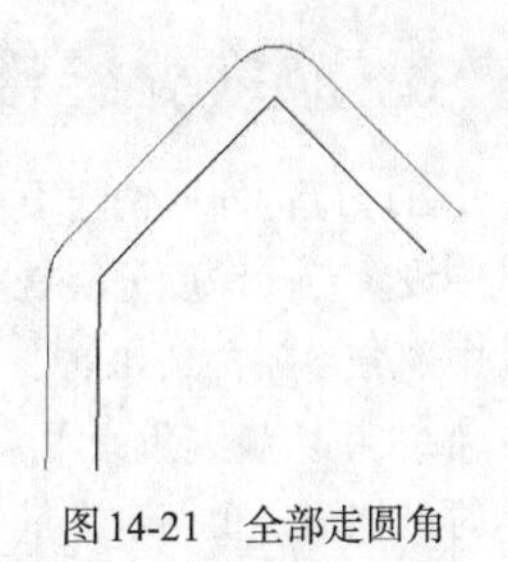

图14-21 全部走圆角

14.4.4 外形分层设置

在【2D刀路-外形铣削】对话框中单击【XY分层铣削】选项，弹出分层铣削选项区，如图14-22所示，从中设置定义外形分层铣削的粗加工和精加工的参数。

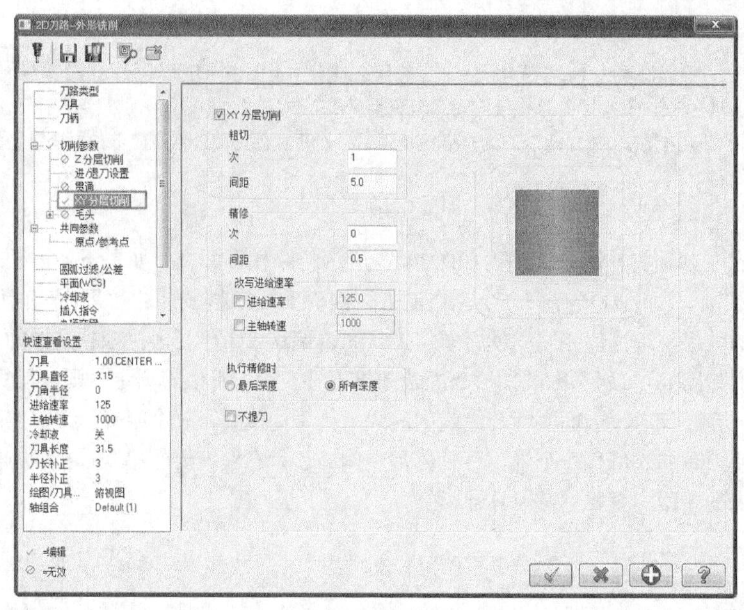

图14-22　分层铣削

其中部分参数含义如下。

❖ 粗加工：用来设置粗切外形分层铣削，【次数】和【间距】文本框分别用来输入切削平面中的粗切削次数及刀具切削间距。粗切削间距由刀具直径决定，通常粗切削间距设置为刀具直径的60%~75%。此值是对平刀而言的，若是圆角刀，则需要除开圆角之后的有效部分的60%~75%。

❖ 精加工：用来设置外形铣削精修，【次数】和【间距】文本框分别用来输入切削平面中的精修次数及精修量。精修次数与粗切次数有些不同，粗切多次直到残料全部清除为止。精修次数不需太多，一般1~2次即可。因为在粗切削过程中，刀具受力铣削精度达不到要求，需要留一些余量，精修的目的就是要把余量清除，所以1~2次即可。精修间距一般设置为0.1~0.5即可。

❖ 执行精修时：用来选择是在最后深度进行精修还是在每层都进行精修。当选中【最后深度】单选按钮时，精修刀路在最后的深度下产生。当选中【所有深度】单选按钮时，精修刀路在每一个深度下均产生。

❖ 不提刀：用来选择刀具在每一层外形切削后，是否返回到下刀位置的高度上。当选中该复选框时，刀具会从目前的外形直接移到下一层切削外形；若没有选中该复选框，则刀具返回到原来下刀位置的高度，然后移动到下一层切削的外形。如没有选中该复选框，外形分层次数为10，即每铣一次后都抬刀，要抬刀10次才将XY平面外形铣完。若选中该复选框，则不会提刀。

14.4.5　深度分层设置

在【2D刀路-外形铣削】对话框中单击【Z分层切削】选项，弹出【Z分层切削】选项区，如图14-23所示。从中设置定义深度分层铣削的粗切和精修的参数。

其中部分参数含义如下。

❖ 最大粗切步进量：用来输入粗切削时的最大进刀量。该值要视工件材料而定。一般来说，工件材料比较软时，如铜，粗切步进量可以设置得大一些，工件材料较硬时，像铣一些模具钢时，该值要设置得小一些。另外还与刀具材料的好坏有关，比如硬质合金钢刀进量可以稍微大些，若白钢刀进量则要小些。

❖ 精修次数：用来输入需要在深度方向上精修的次数，此处应输入整数值。

❖ 精修量：用来输入在深度方向上的精修量。一般比粗切步进量小。

❖ 不提刀：用来选择刀具在每一个切削深度后，是否返回到下刀位置的高度上。当选中该复选框时，刀具会从目前的深度直接移到下一个切削深度；若没有选中该复选框，则刀具返回到原来下刀位置的高度，然后移动到下一个切削的深度。

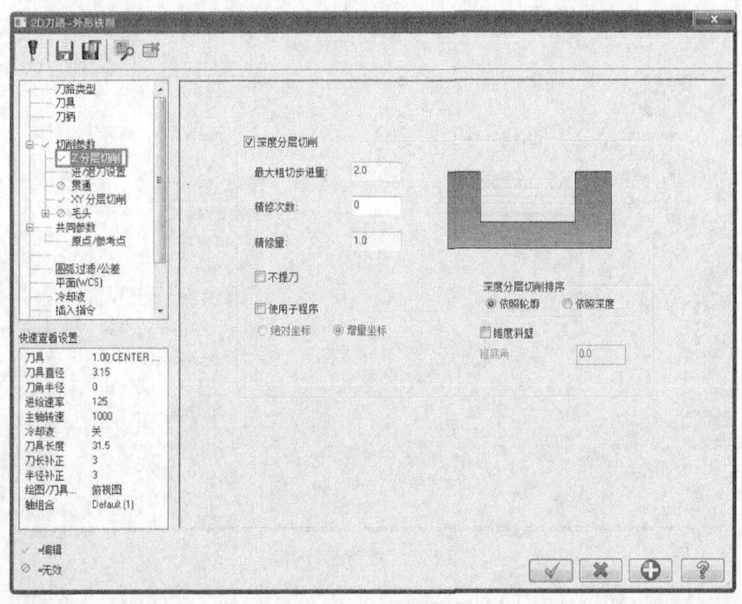

图14-23 深度分层

❖ 使用子程序：用来调用子程序命令。在输出的NC程序中会出现辅助功能代码M98（M99）。对于复杂的编程，使用子程序可以大大减少程序段。

❖ 深度分层切削排序：用来设置多个铣削外形时的铣削顺序。选中【依照轮廓】复选框时，先在一个外形边界铣削设定深度，再进行下一个外形边界铣削。选中【依照深度】复选框时，先在深度上铣削所有的外形，再进行下一个深度的铣削。

❖ 锥度斜壁：用来铣削带锥度的二维图形。选中该复选框时，从工件表面按所输入的角度铣削到最后的角度。如果是铣削内腔，则锥度向内。如图14-24所示，锥度角为40°。如果是铣削外形，则锥度向外，如图14-25所示，锥度角也为40°。

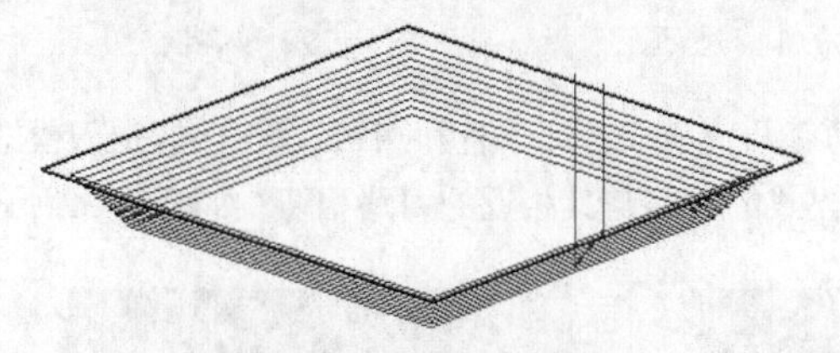

图14-24 带锥度铣削内腔

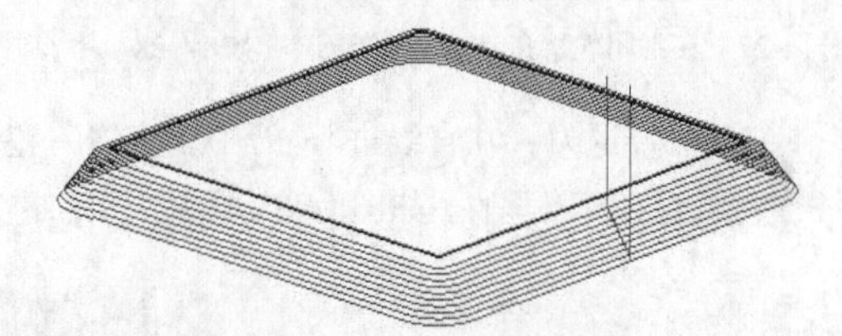

图14-25 带锥度铣削外形

14.4.6 进退刀向量

在【2D刀路-外形铣削】对话框中单击【进退/刀设置】选项，弹出【进退/刀设置】对话框，如图14-26所示。该选项区用来在刀路的起始及结束位置加入一条直线或圆弧刀路，与工件及刀具平滑连接。起始刀路称为进刀，结束刀路称为退刀。

其中部分参数含义如下。

❖ 在封闭轮廓中点位置执行进/退刀：选中【在封闭轮廓中点位置执行进/退刀】复选框，控制进退刀的位置。这样可避免在角落处进刀，对刀具不利。图14-27为选中该复选框时的刀路，图14-28为未选中该复选框时的刀路。

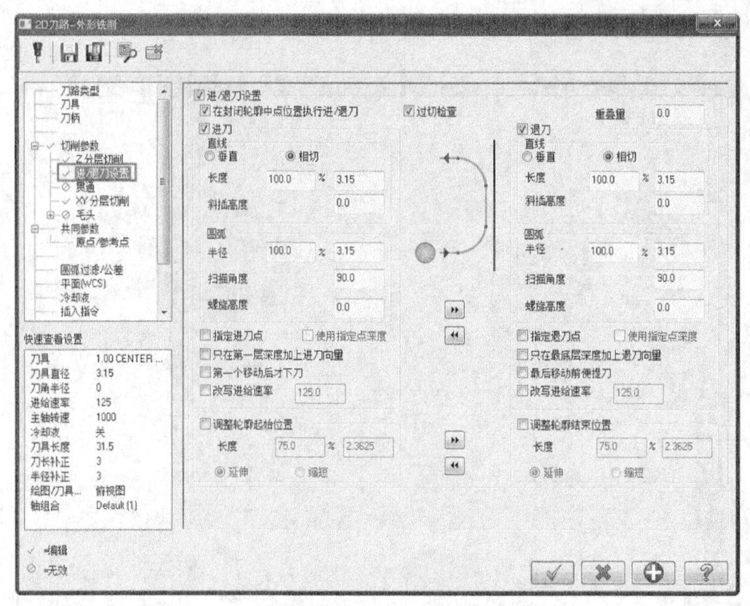

图14-26　进/退刀向量

❖ 重叠量：在【重叠量】文本框中输入重叠值，用来设置进刀点和退刀点之间的距离，若设置为0，则进刀点和退刀点重合，图14-29为重叠设置为0时的进退刀向量。有时为了避免在进刀点和退刀点重合处产生切痕就在【重叠量】文本框中输入重叠值。图14-30为重叠量设置为20时的进退刀向量。其中进刀点并未发生变化，改变的只是退刀点，退刀点多退了20的距离。

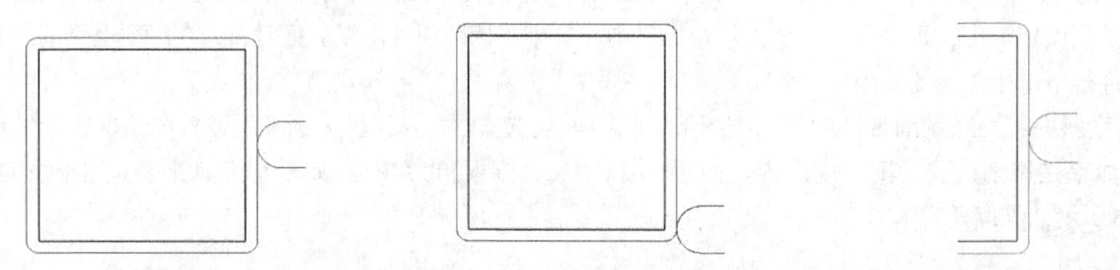

图14-27　在封闭轮廓的中点进/退刀　　图14-28　不在封闭轮廓的中点进/退刀　　图14-29　重叠量为0

❖ 直线进/退刀：在直线进/退刀中，直线刀路的移动有两个模式，即垂直和相切。垂直进/退刀模式的刀路与其相近的刀路垂直，如图14-31所示。相切进/退刀模式的刀路与其相近的刀路相切，如图14-32所示。

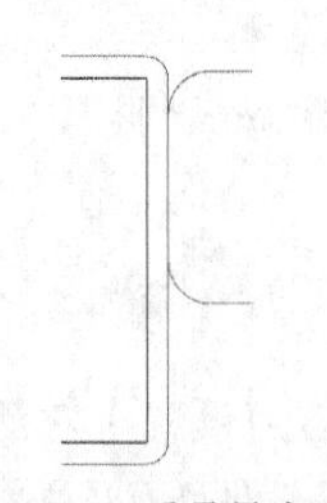

图14-30　重叠量为20

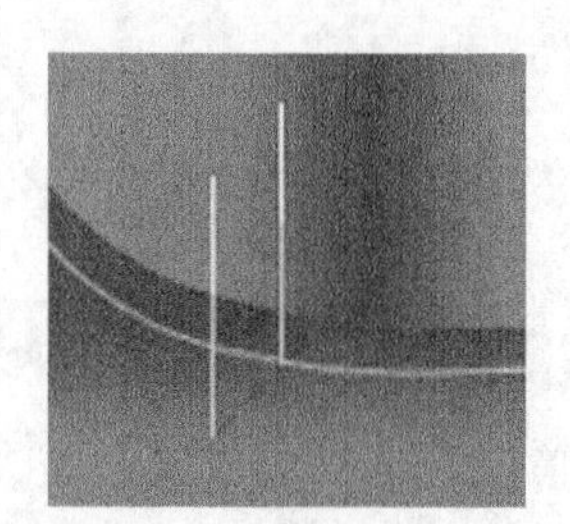

图14-31　垂直模式

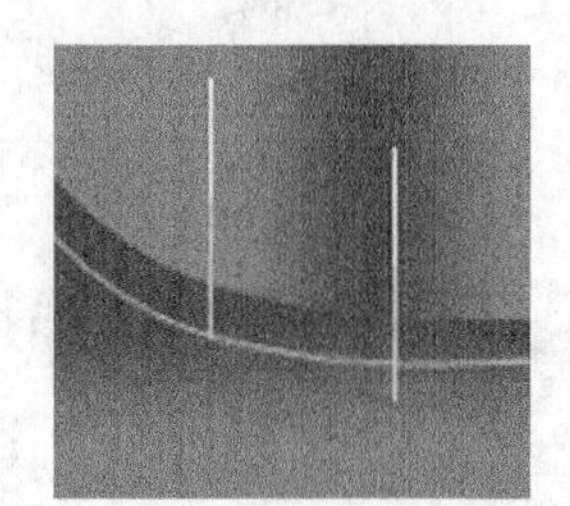

图14-32　相切模式

❖ 长度：用来输入直线刀路的长度，前面的【长度】文本框用来输入路径的长度与刀具直径的百分比，后面的【长度】文本框为刀路的长度。两个文本框是连动的，输入其中一个，另一个会相应的变化。

❖ 斜插高度：用来输入直线刀路的进刀以及退刀刀路的起点相对末端的高度。进刀斜插高度设置为3，退刀斜插高度设置为10时的刀路如图14-33所示。

❖ 圆弧进/退刀：用于设置进退刀时采用圆弧的模式，方便刀具顺利进入工件。该模式有3个参数。

选择【半径】时，输入进退刀刀路的圆弧半径。前面的【半径】文本框用来输入圆弧路径的半径与刀具直径的百分比，后面的【半径】文本框为刀路的半径值，这两个值也是连动的。

选择【扫描】时，输入进退刀圆弧刀路的扫描角度。

选择螺旋高度时，输入进退刀刀路螺旋的高度。图14-34为螺旋高度设置为3时的刀路。设置螺旋高度值，可以使进退刀时刀具受力均匀，避免刀具由空运行状态突然进入高负荷状态。

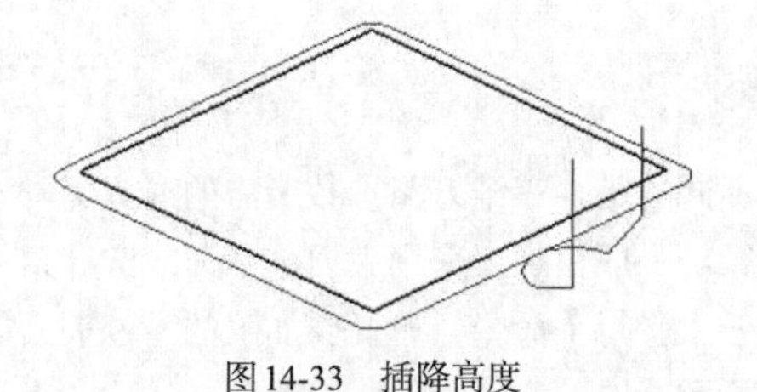

图14-33　插降高度

图14-34　螺旋高度为3

14.4.7　过滤设置

在【2D刀路-外形铣削】对话框中单击【圆弧过滤/公差】选项，弹出【圆弧过滤/公差】选项区，如图14-35所示。从中可以设置NCI文件的过滤参数。通过对NCI文件进行过滤，删除长度在设定公差内的刀路来优化或简化NCI文件。

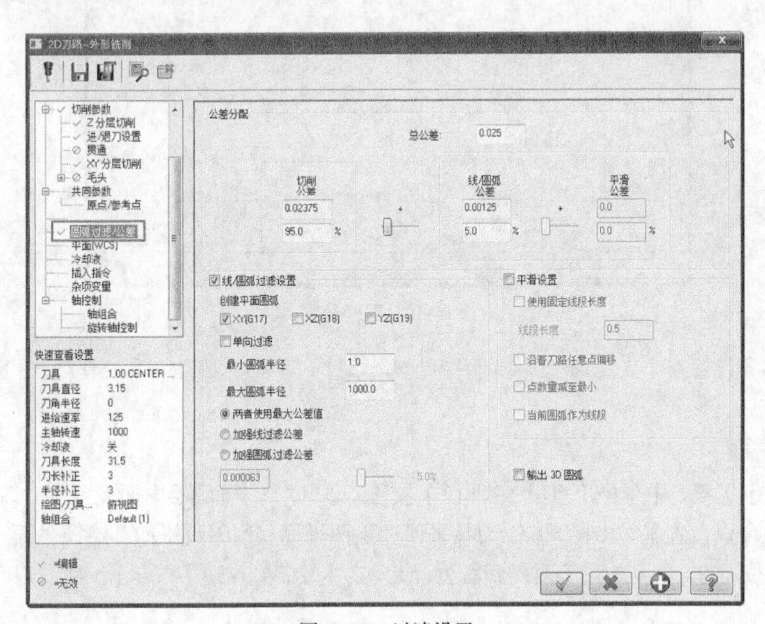

图14-35　过滤设置

其中部分参数含义如下。

❖【切削公差】设置切削方向的公差值，公差值小于此值的将被过滤。

❖【创建XY/XZ/YZ平面的圆弧】复选框未选中时，在去除刀路时，用直线来调整刀路；当选中时，用圆弧代替直线来调整刀路。但当圆弧半径小于【最小圆弧半径】文本框中输入的半径或大于【最大圆弧半径】文本框输入的半径时，仍用直线来调整刀路。

❖【最小圆弧半径】文本框用来设置在过滤操作过程中圆弧路径的最小半径，但圆弧半径小于该值时，用直线代替。

❖【最大圆弧半径】文本框用来设置在过滤操作过程中圆弧路径的最大半径，但圆弧半径大于该值时，用直线代替。

14.5　三维曲面加工参数

Mastercam能对曲面、实体以及STL文件产生刀路，一般加工采用曲面来编程。曲面加工可分为曲面粗加工和曲面精加工。不管是粗加工，还是精加工，它们都有一些共同的参数需要设置。下面介绍曲面加工的共同参数。

14.5.1　刀路参数

刀路参数主要用来设置与刀具相关的参数。与二维刀路不同的是，三维刀路参数所需的刀具通常与曲面的曲率半径有关系。精修时，刀具半径不能超过曲面曲率半径。一般粗加工采用大刀、平刀或圆鼻刀，精修时采用小刀、球刀。在菜单栏执行【刀路】→【曲面粗切】→【平行】命令，选择要加工的零件表面后将打开【曲面粗切平行】对话框。【刀具参数】选项卡如图14-36所示。

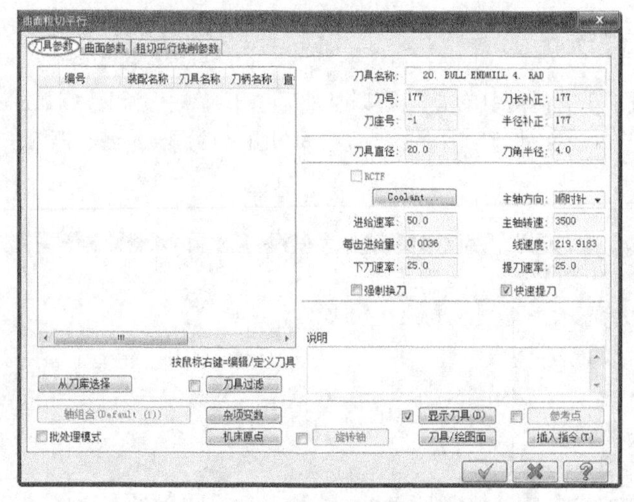

图14-36　刀路参数

刀具设置和速率设置在【二维加工】参数中已经介绍过，下面主要讲解【刀具/绘图面】参数、机床原点的设置等。

1. 刀具/绘图面

在【刀具参数】选项卡中单击【刀具/绘图面】按钮，弹出【刀具面/绘图面设置】对话框，如图14-37所示。在该对话框中可以设置工作坐标系统、刀具平面和绘图平面。当刀具平面和绘图平面不一致时，可以单击【复制到右边】按钮，将左边内容复制到右边，或单击【复制到左边】按钮，将右边内容复制到左边。

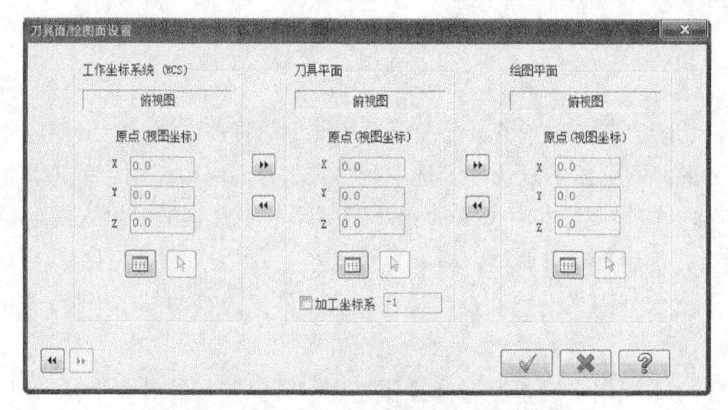

图14-37 【刀具面/绘图面的设置】对话框

此外还可以单击【视角选择】按钮，弹出【选择平面】对话框，如图14-38所示。在该对话框中可以改变视角，使视角与工作坐标系中的一致。

2. 机床原点

在【刀具参数】选项卡中单击【机床原点】按钮 机床原点 ，弹出【换刀点-用户定义】对话框，如图14-39所示。该对话框用来定义机床原点的位置，可以在X、Y、Z坐标文本框中输入坐标值作为机床原点坐标值，也可以单击【选择】按钮来选择某点作为机床原点，或单击【从机床】按钮，使用【从机床】设定的值作为机械原点。

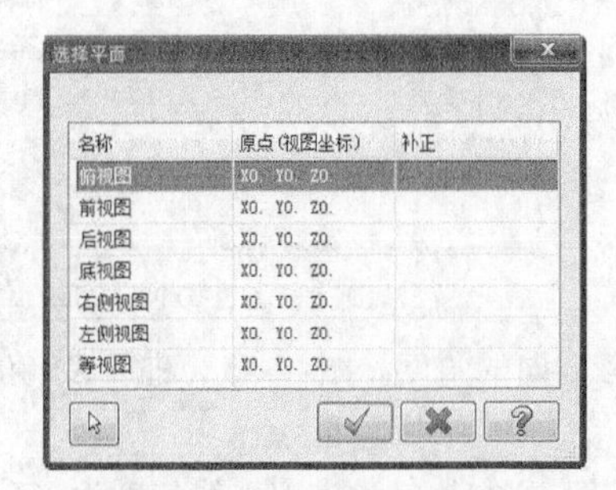

图14-38 【选择平面】对话框

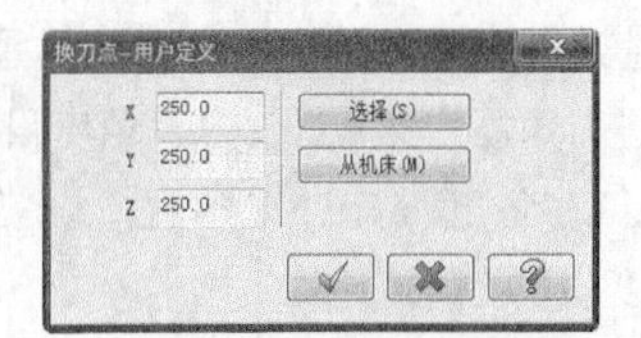

图14-39　设置机床原点

14.5.2　曲面参数

不管是粗加工，还是精加工，都需要设置【曲面粗切平行】对话框【曲面参数】选项卡的参数，如图14-40所示。主要包括安全高度、参考高度、下刀位置和工件表面。一般没有深度选项，因为曲面的底部就是加工的深度位置，该位置是由曲面的外形决定的，故不需要用户设置。

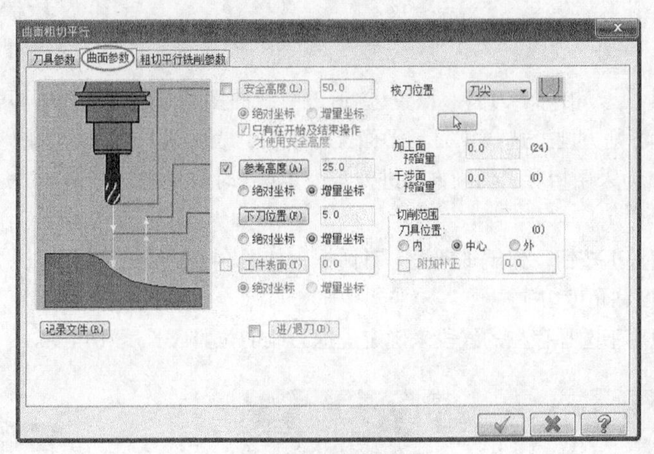

图14-40　曲面参数

其参数含义如下。

❖ 安全高度：是指每个操作的起刀高度，刀具在此高度上移动一般不会撞刀，即不会撞到工件或夹具，因而称为安全高度。在安全高度上开始下刀一般是采用G00的速度。此高度一般设为绝对值。

❖ 绝对坐标：以系统坐标系原点作为基准。

❖ 增量坐标：以工件表面的高度作为基准。

❖ 参考高度：在两切削路径之间的抬刀高度，也称退刀高度。参考高度一般也设为绝对值，此值要比下刀位置高。一般设为绝对值10~25mm。

❖ 下刀位置：是指刀具速率由G00速率转变为G01速率的高度，也就是一个缓冲高度，可避免撞到工件表面。但此高度也不能太高，一般设为相对高度5~10mm。

❖ 工件表面：设置工件上表面的z轴坐标，系统默认的不使用，以曲面最高点作为工件表面。

14.5.3 进/退刀向量

选中【进/退刀】复选框，单击【进/退刀】按钮，弹出【方向】对话框，如图14-41所示。该对话框用来设置曲面加工时，刀具切入与退出的方式。其中【进刀向量】选项用来设置进刀时的向量。【退刀向量】选项用来设置退刀时的向量。两者的参数设置完全相同。

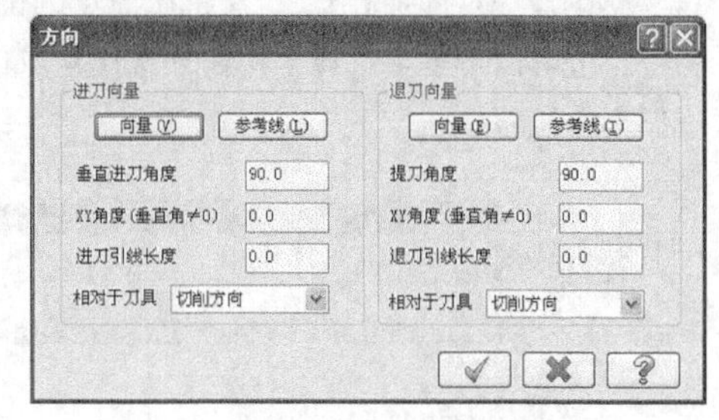

图14-41 【方向】对话框

各选项含义如下。

❖ 垂直进刀角度/提刀角度：设置垂直进/退刀的角度。图14-42为进刀角度设为45°，退刀角度设为90°时的刀路。

❖ 进刀XY角度/退刀XY角度：设置水平进/退刀与参考方向的角度。图14-43为进刀XY角度为30°，退刀XY角度为0°时的刀路。

❖ 进刀引线长度/退刀引线长度：设置进/退刀引线的长度。图14-44为进刀引线长度为20，退刀引线长度为10时的刀路。

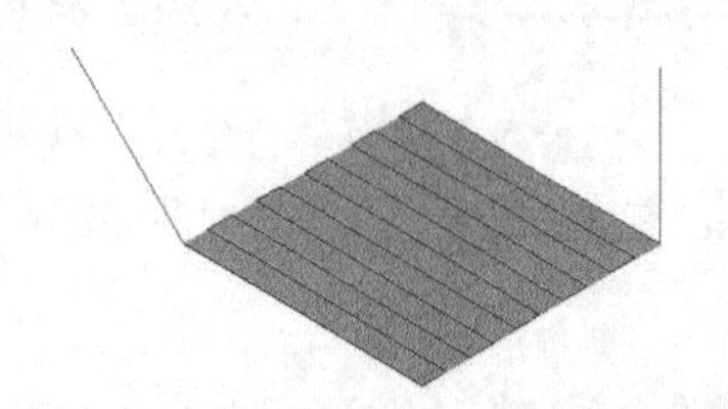
图14-42 进刀角度为45°，退刀角度为90°

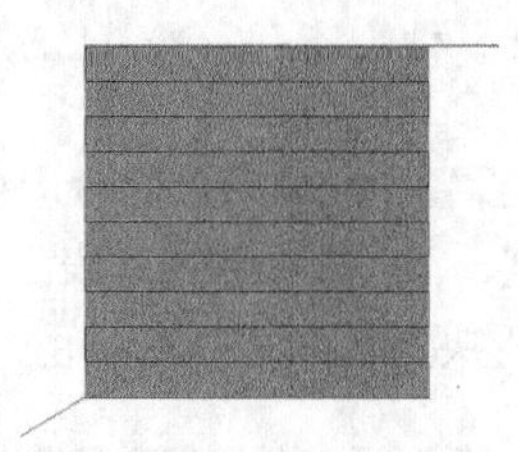
图14-43 XY角度

图14-44 进退刀引线

❖ 进刀相对于刀具/退刀相对于刀具：设置进/退刀引线的参考方向。选择【切削方向】时，表示进刀线所设置的参数相对于切削方向。选择【刀具平面X轴】时，表示进刀线所设置的参数相对于所处刀具平面的X轴方向。图14-45为采用相对于切削方向进刀角度为45°时的刀路，图14-46为相对于X轴进刀角度为45°时的刀路。

❖ 向量：单击【向量】按钮，弹出【向量】对话框，如图14-47所示，可以输入X、Y、Z 3个方向的向量来确定进退刀线的长度和角度。

❖ 参考线：此按钮用于选择存在的线段来确定进退刀线的位置、长度和角度。

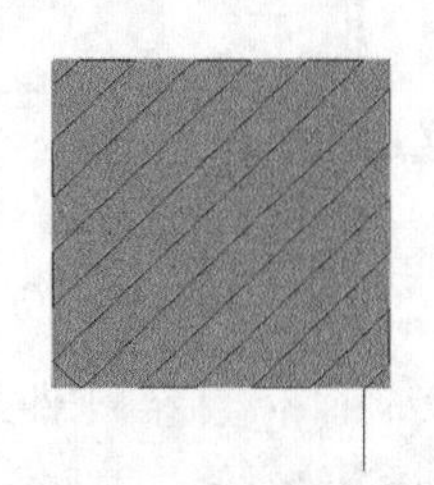
图14-45 相对切削方向

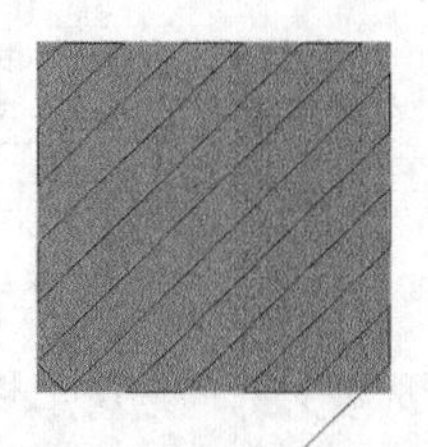
图14-46 相对X轴

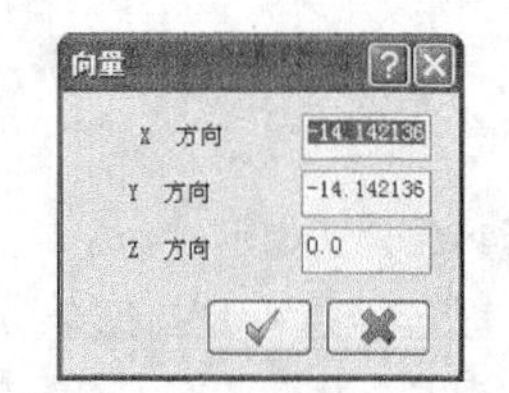

图14-47 【向量】对话框

14.5.4 校刀位置

在【曲面参数】选项卡中的【校刀位置】下拉列表如图14-48所示，包括【中心】和【刀尖】两个选项。选择【刀尖】选项时，产生的刀路为刀尖所走的轨迹。选择【中心】选项时，产生的刀路为刀具中心所走的轨迹。由于平刀不存在球心，所以这两个选项在使用平刀时相同。但在使用球刀时不同。图14-49为选择【刀尖】时，校刀位置的刀路。图14-50为选择【中心】时，校刀位置的刀路。

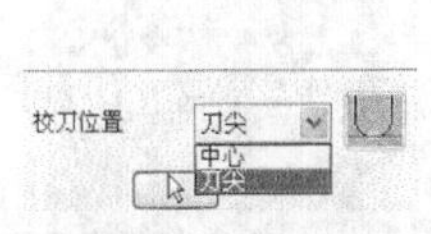

图14-48 校刀位置

图14-49 刀尖校刀位置

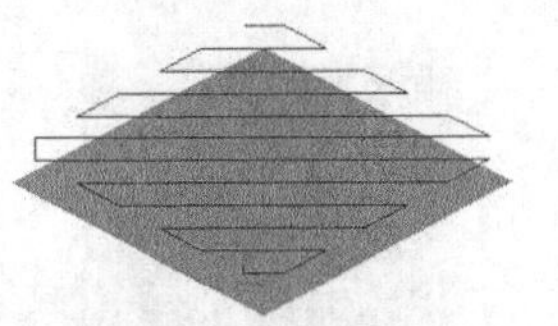

图14-50 中心校刀位置

14.5.5 加工面、干涉面和边界范围

在【曲面参数】选项卡中单击【选择】按钮，弹出【刀路曲面选择】对话框，如图14-51所示。

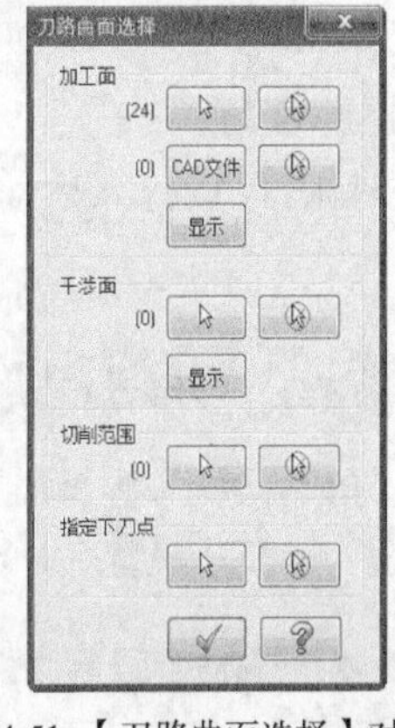

图14-51 【刀路曲面选择】对话框

其参数含义如下。

❖ 加工面：是指需要加工的曲面。

❖ 干涉面：是指不需要加工的曲面。

❖ 切削范围：在加工曲面的基础上再限定某个范围来加工。

❖ 指定下刀点：选择某点作为下刀或进刀位置。

14.5.6 预留量

预留量是指在曲面加工过程中，预留少量的材料不予加工，或留给后续的加工工序来加工。包括加工曲面的预留量和加工刀具避开干涉面的距离。在进行粗加工时，一般需要设置加工面的预留量，通常设置为0.2~0.5mm，目的是便于后续的精加工。图14-52为曲面预留量为0，图14-53为曲面预留量为0.5，很明显抬高了一定高度。

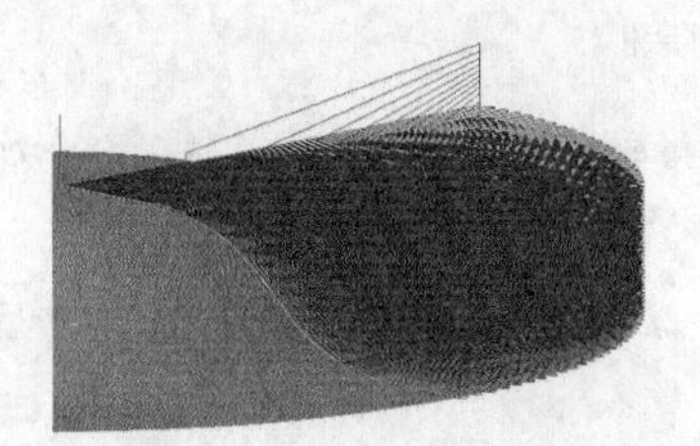

图14-52 曲面预留量为0

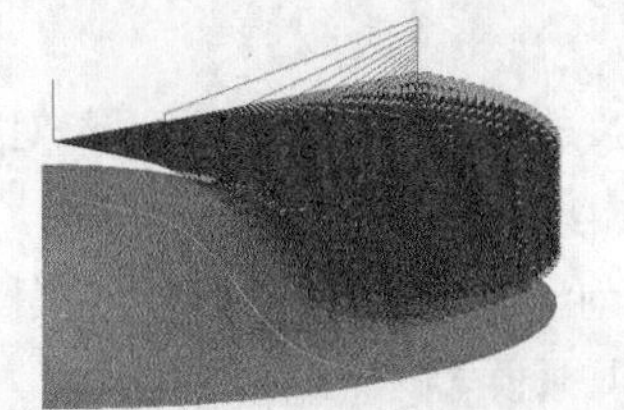

图14-53 曲面预留量为0.5

14.5.7 切削范围

在【曲面参数】对话框的【刀具切削范围】选项组中选择【刀具位置】选项下的单选按钮，设置刀具的位置，包括内、中心、外3种，如图14-54所示。

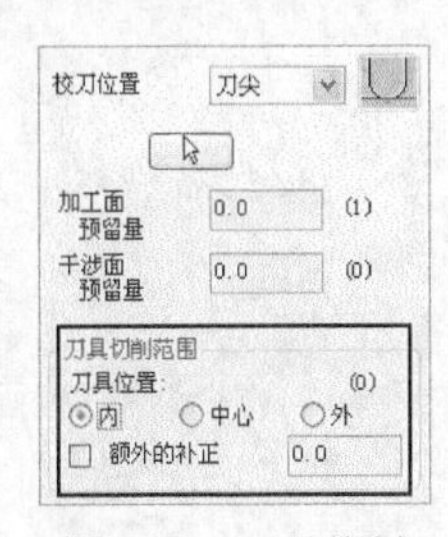

图14-54 刀具控制

其参数含义如下。

❖ 内：选择该项时，刀具在加工区域内侧切削，即切削范围就是选择的加工区域。

❖ 中心：选择该项时，刀具中心走加工区域的边界，切削范围比选择的加工区域多一个刀具半径。

❖ 外：选择该项时，刀具在加工区域外侧切削，切削范围比选择的加工区域多一个刀具直径。

图14-55为选择【内】，图14-56为选择【中心】，图14-57为选择【外】时的切削范围。

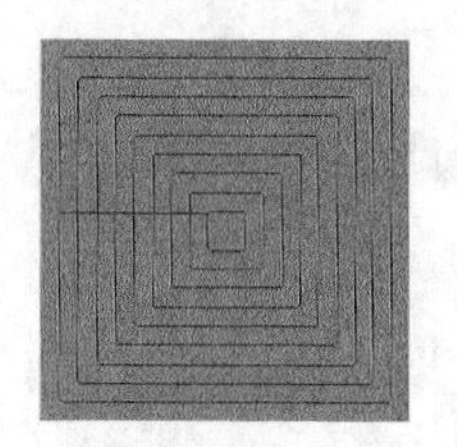

图14-55　内

图14-56　中心

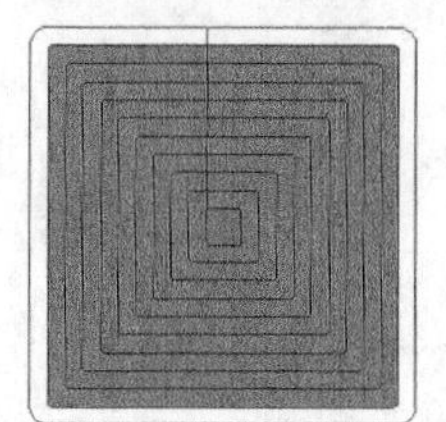
图14-57　外

操作技巧

选择【内】或【外】刀具切削范围时，还可以在【额外的补正】文本框中输入额外的补偿量。

14.5.8　切削深度

切削深度用来控制加工铣削深度。在【粗切平行铣削参数】选项卡中单击【切削深度】按钮切削深度，弹出【切削深度设置】对话框，如图14-58所示。该对话框主要用来控制加工深度。

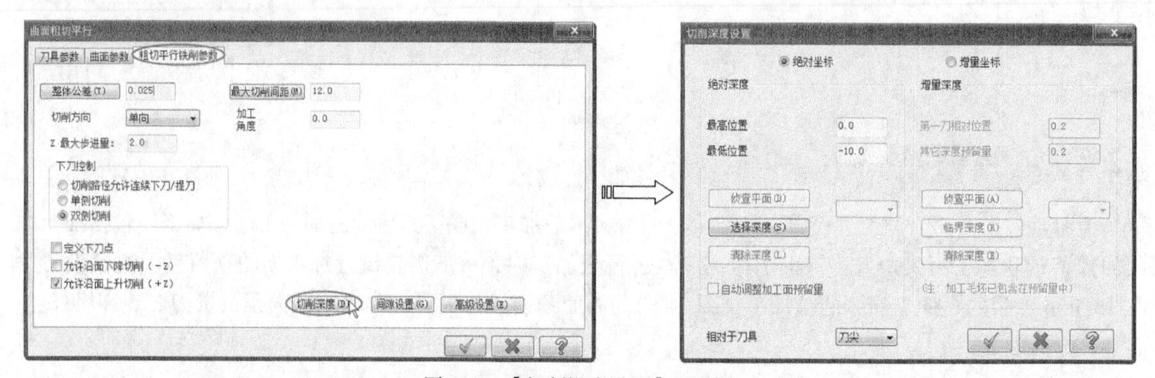

图14-58　【切削深度设置】对话框

切削深度的设置分为增量坐标和绝对坐标两种方式，其中增量坐标为系统默认。其选项介绍如下。

1. 增量坐标

在【切削深度设置】对话框中选中【增量坐标】单选按钮，激活增量坐标模式，如图14-59所示。该选项用来设置增量模式的加工参数。

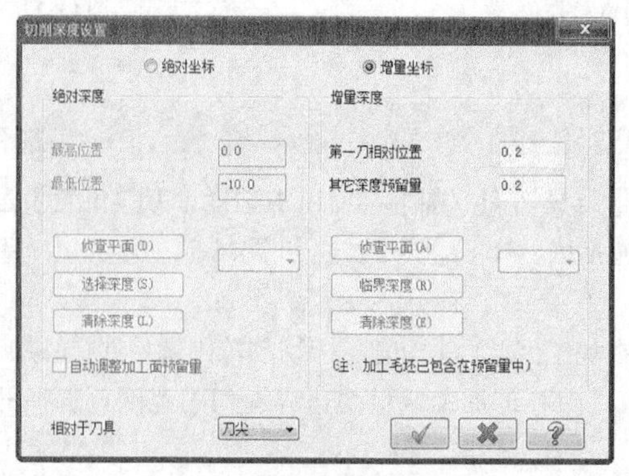

图14-59　激活增量坐标模式

各选项含义如下。

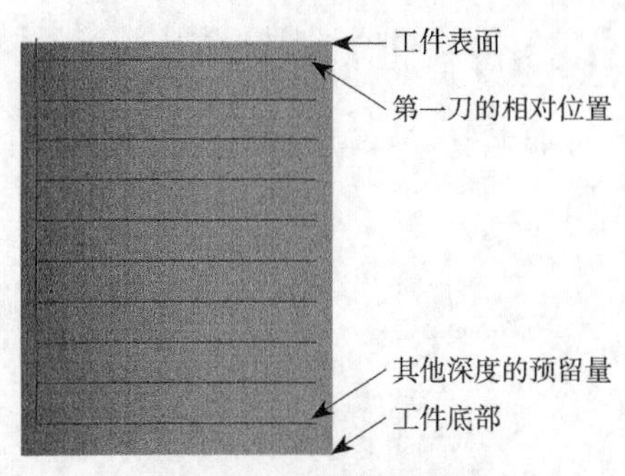

图14-60　增量深度示意图

❖ 增量坐标：以相对工件表面的计算方式来指定深度加工范围的最高位置和最低位置。

❖ 第一刀的相对位置：设定第一刀的切削深度位置到曲面最高点的距离。该值决定了曲面粗加工分层铣深第一刀的切削深度。

❖ 其他深度的预留量：设置最后一层切削深度到曲面最低点的距离。一般设置为0。

增量深度一般主要用来控制第一刀的深度，其他深度不控制。增量深度示意图如图14-60所示。

❖ 侦测平面：如果加工曲面中存在平面，在粗加工分层铣深时，会因每层切削深度的关系，常在平面上留下太多的残料。单击【侦测平面】按钮，系统会在右边显示侦测到的平面z坐标数字显示栏。并在侦测加工曲面中的平面后，自动调整每层切削深度，使平面残留量减少。图14-61为没有侦测平面时的刀路示意图，会留下部分残料。图14-62为通过侦测平面后的刀路示意图。系统重新调整分层铣深深度，进行平均分配，残料减少。

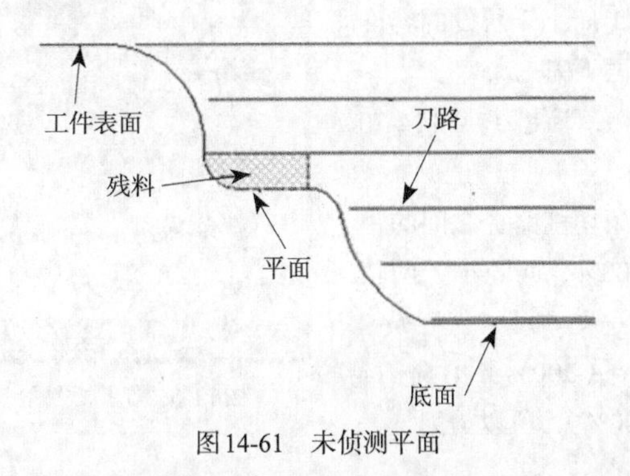

图14-61　未侦测平面

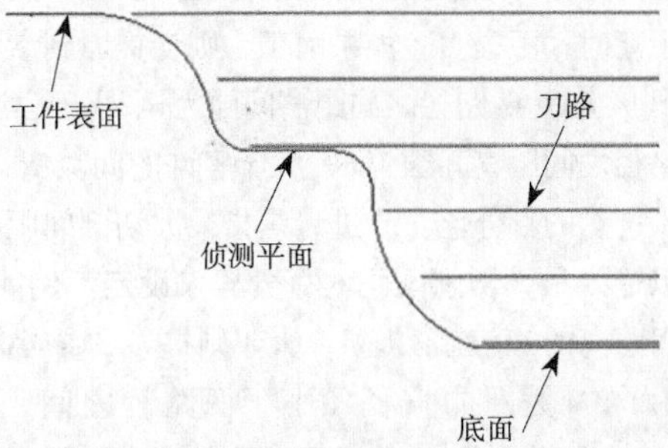

图14-62　侦测平面

❖ 临界深度：在指定的z轴坐标产生分层铣削路径。单击【临界深度】按钮，返回绘图区，选择或输入要产生分层铣深的z轴坐标。选择或输入的z轴坐标会显示在临界深度坐标栏中。

❖ 清除深度：全部清除在深度坐标栏显示的数值。

2. 绝对坐标

绝对坐标是以输入绝对坐标的方式来控制加工深度的最高点和最低点。绝对坐标方式常用于加工深度较深的工件，因为太深的工件需要很长的刀具加工，如果一次加工完毕，刀具磨损会比较严重，这样在成本上不经济，且加工质量也不好。一般用短的旧刀具加工工件的上半部分，再用长的新刀具加工下半部分。图14-63是先用旧短刀从0加工到-100，再用新长刀从-100加工到-200，如图14-64所示。这样不仅节约刀具，还可以提高效率。

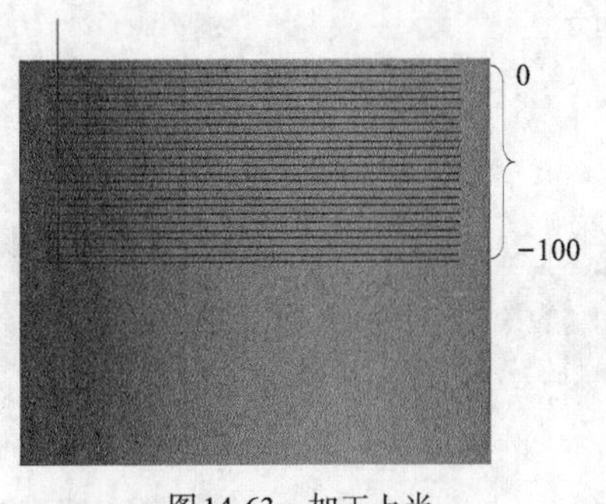

图14-63　加工上半

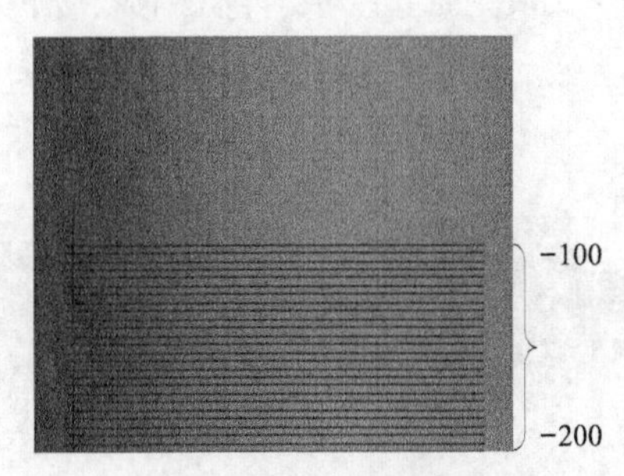

图14-64　加工下半

14.5.9 间隙设定

间隙有3种类型：刀路间隙（见图14-65）、曲面破孔间隙（见图14-66）和曲面间的间隙（见图14-67）。

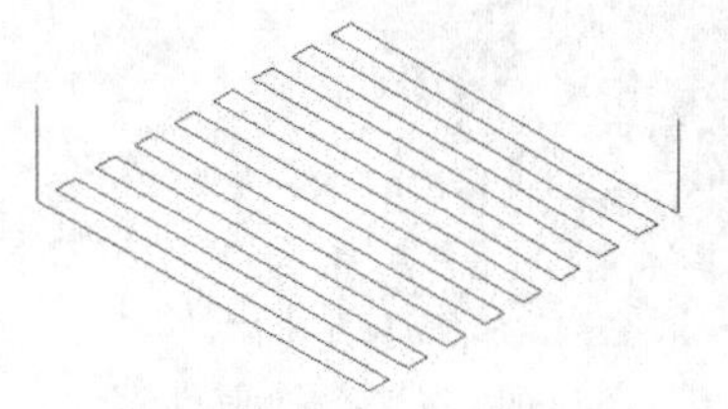

图14-65 刀路间隙

图14-66 曲面破孔间隙

图14-67 曲面间的间隙

在【粗切平行铣削参数】选项卡中单击间隙设置(G)按钮，弹出【刀路间隙设置】对话框，用来设置刀具遇到间隙时的处理方式，如图14-68所示。

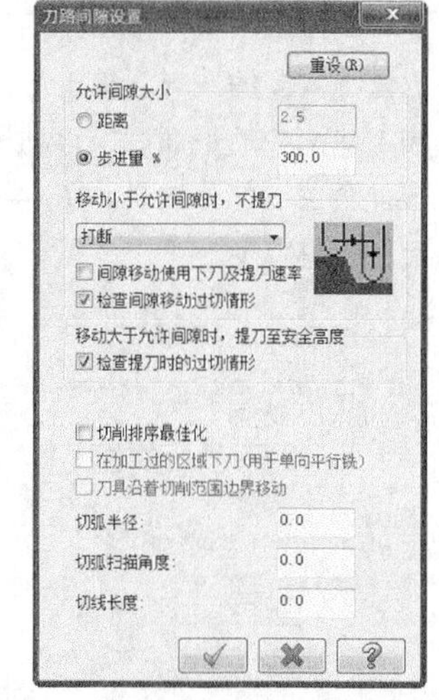

图14-68 间隙设置

各参数含义如下。

❖ 容许的间隙大小：设定刀具遇到间隙时是否提刀的判断依据，有以下两个选项。

距离：在文本框输入容许间隙距离。当刀路中的间隙距离小于所设的容许间隙距离时，不提刀。如果大于，则会提刀到参考高度后再下刀。

图14-69为两路径之间距离间隙为6，小于容许的间隙10，不提刀。图14-70为两路径之间距离间隙为6，大于容许的间隙3，提刀。

步进量的百分比：步进量是指最大切削间距，即每两条切削路径之间的距离。以输入最大切削间距的百分比来设定。例如，输入300%，间隙小于两路径之间距离的3倍就不提刀，大于则提刀到参考高度。

图14-71为圆的直径10小于两路径之间距离6的3倍（300%）不提刀。图14-72为圆的直径19大于两路径之间的距离6的3倍（300%），所以提刀。

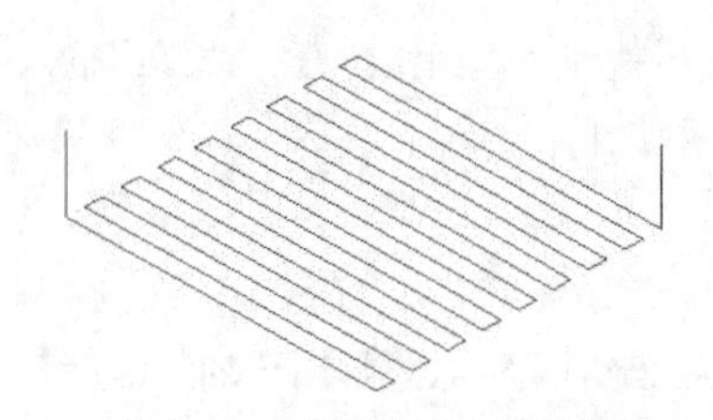

图14-69 间隙小于容许间隙

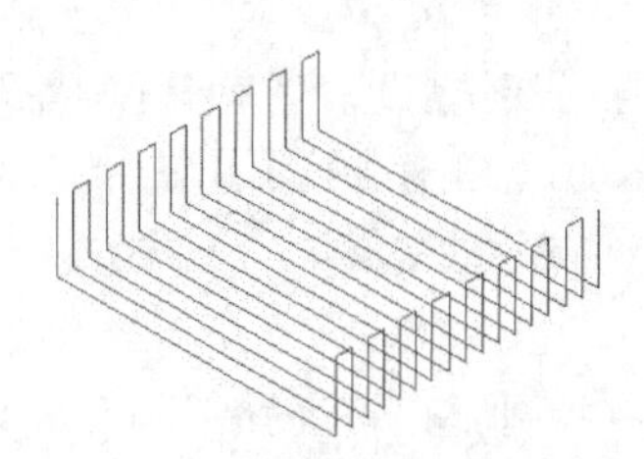

图14-70 间隙大于容许间隙

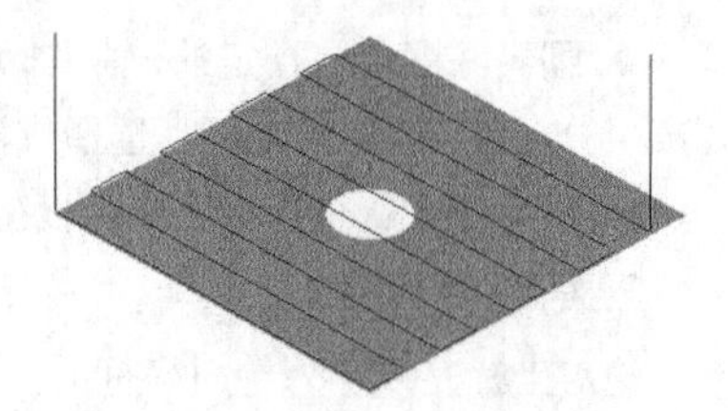

图14-71 间隙小于容许间隙

❖ 移至小于允许间隙时，不提刀：当间隙小于容许间隙时，刀路不提刀，且可以设置刀具过间隙的方式。有直接、打断、平滑和沿着曲面4种。

直接：刀具在两切削路径间以直接横越的方式移动，如图14-73所示。

打断：刀具先向上移动，再水平移动后下刀，如图14-74所示。

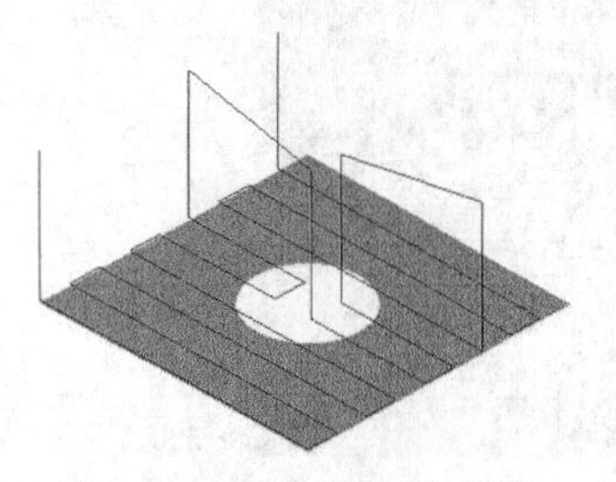

图14-72 间隙大于容许间隙

图14-73 直接

图14-74 打断

技术支持

在采用【直接】方式时要注意，曲面是凹形的，刀具采用【直接】方式可以过渡，但是，如果曲面是凸形的，刀具采用直接方式过渡，就会将曲面过切，在设置时要注意分析曲面。

平滑：刀具以流线圆弧的方式越过间隙，通常用于高速加工中，如图14-75所示。

沿着曲面：以沿着曲面的方式移动，如图14-76所示。

图14-75　平滑

图14-76　沿着曲面

❖ 间隙移动使用下刀及提刀速率：选中该复选框，在间隙处位移动作的进给率以刀具参数的下刀和提刀速率来取代。

❖ 检查间隙移动过切情形：即使间隙小于容许间隙，刀具仍有可能发生过切情况。此参数会自动调整刀具移动方式避免过切。

技术支持

上面所说的【直接】方式过渡时，对凸出来的曲面会导致过切，如果选中【检查间隙位移的过切情形】复选框，系统会检测过切情况，对凸形曲面将导致过切的地方采用抬刀处理，避免过切。

位移大于容许间隙时，提刀至安全高度：间隙大于容许间隙时，系统自动抬刀到参考高度，再位移后下刀。如图14-77所示，当斜向间距大于容许间隙时，系统自动控制刀具提刀。

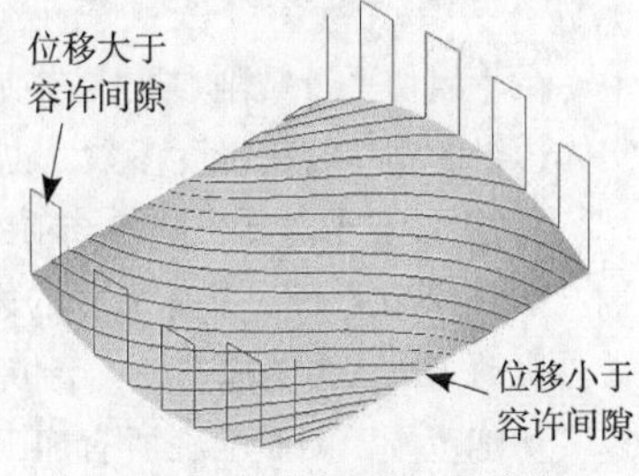

图14-77　位移大于容许间隙抬刀

❖ 检查提刀时的过切情形：若在提刀过程中发生过切情形，该参数会自动调整提刀路径。

❖ 切削排序最佳化：选中该项会使刀具在区域内寻找连续的加工路径，直到完成此区域所有的刀路才移动到其他区域加工。这样可以减少提刀机会。

图14-78为选中【切削排序最佳化】复选框时的刀路。图14-79为未选中【切削排序最佳化】复选框时的刀路。很明显提刀次数增多，效率降低。

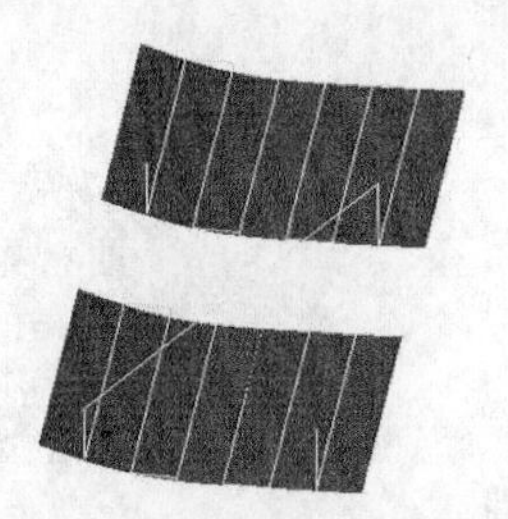

图14-78　选中【切削排序最佳化】时

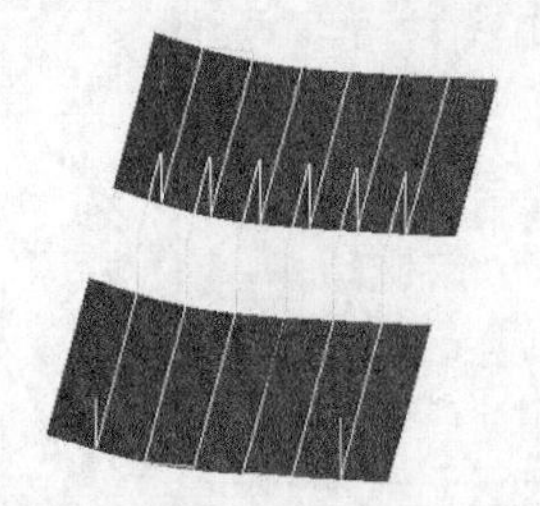

图14-79　未选中【切削排序最佳化】时

❖ 在加工过的区域下刀（用于单向平行铣）：选中该复选框，允许刀具由先前切削过的区域下刀，但只适用于平行铣削的单向铣削功能。

❖ 刀具沿着切削范围边界移动：选中该复选框后，如果选择了切削范围边界，此参数会使间隙上的路径沿着切削范围边界移动。

图14-80为选中【刀具沿着切削范围边界移动】复选框时的刀路。图14-81为未选中【刀具沿着切削范围边界移动】复选框时的刀路。对于由非直线组成的边界，此参数能让边界铣削的效果更加平滑。

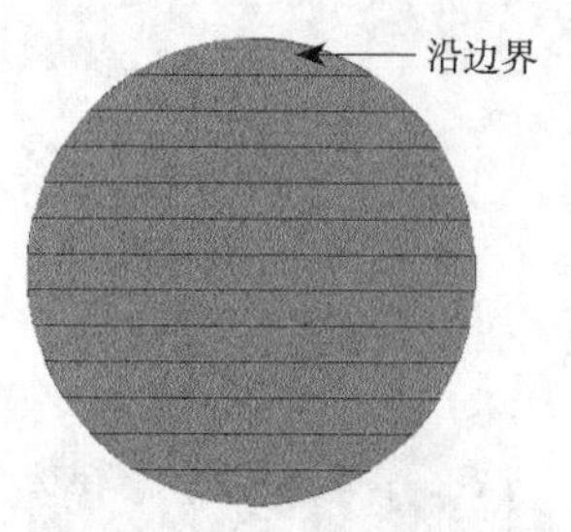

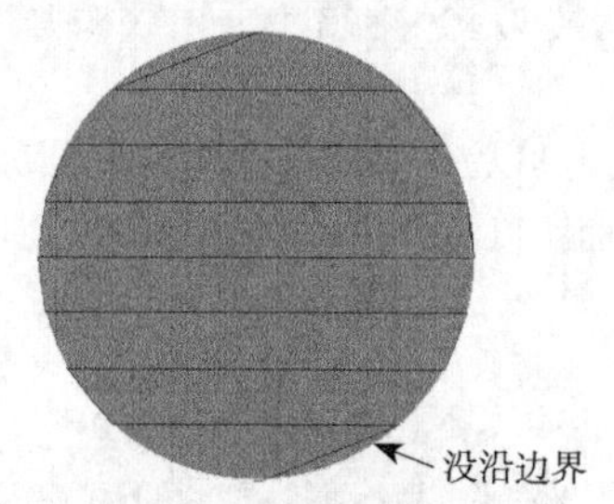

图14-80 选中【刀具沿着切削范围边界移动】时　　图14-81 未选中【刀具沿着切削范围边界移动】时

❖ 切弧半径/切弧扫描角度/切线长度：这3个参数用来设置在曲面精加工刀路起点、终点位置增加切弧进刀刀路或退刀刀路，使刀具平滑进入工件。

图14-82为切线长度为10的刀路，图14-83为切弧半径设置为10，切弧扫描角度为90°的刀路，图14-84为切线长度为10，切弧半径设置为10，切弧扫描角度为90°的刀路。

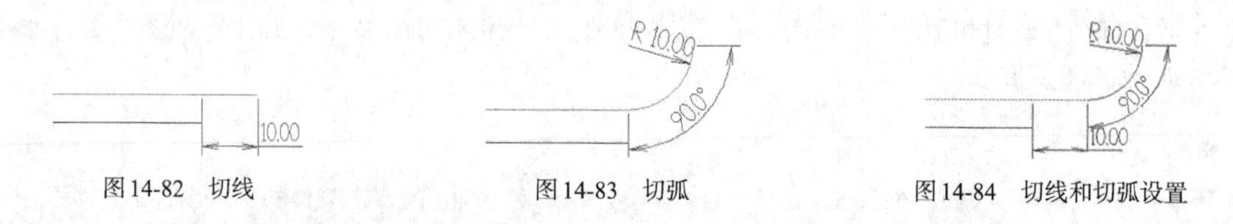

图14-82 切线　　图14-83 切弧　　图14-84 切线和切弧设置

14.5.10 高级设置

在【粗切平行铣削参数】选项卡中单击 高级设置(E) 按钮，弹出【高级设置】对话框，设置刀具在曲面和实体边缘的动作与精准度参数。也可以检查隐藏的曲面和实体面是否有折角，如图14-85所示。

【高级设置】对话框中各选项的含义如下。

❖ 刀具在曲面（实体面）的边缘走圆角：用来设置刀具在曲面边缘走圆角。提供以下3种方式。

自动（以图形为基础）：会依据选择的切削范围和图形来决定是否走圆角，是系统的默认方式。如果选择了切削范围，刀具会在所有加工面的边缘产生走圆角刀路，如图14-86所示。如果没有选择切削范围，只在两曲面间走圆角，如图14-87所示。

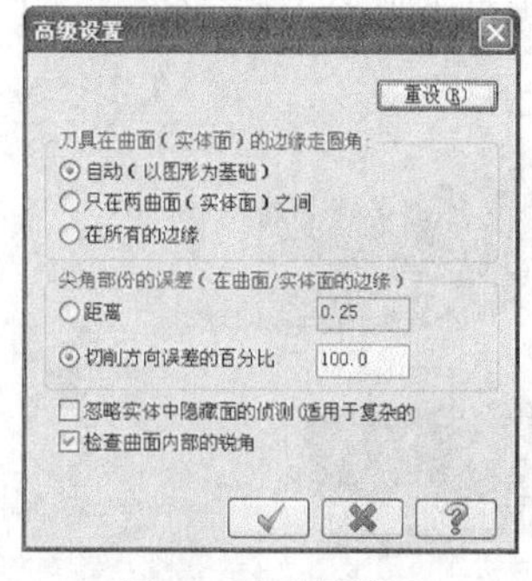

图14-85 高级设置

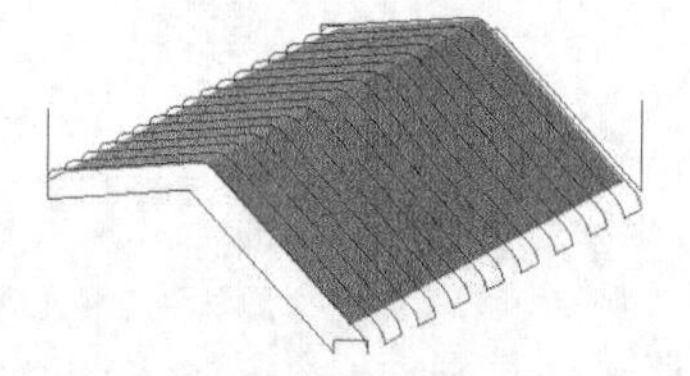

图14-86 选择了边界

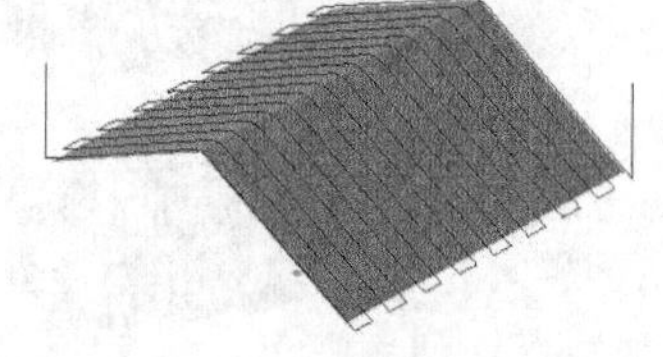

图14-87 没有选择边界

只在两曲面（实体面）之间：只在两曲面相接时形成外凸尖角处走圆角刀路。

图14-88为两曲面形成相接的外凸尖角走圆角的刀路。图14-89为两曲面形成相接的内凹尖角不走圆角的刀路。

在所有的边缘：在所有的曲面和实体面的边缘都走圆角，如图14-90所示。

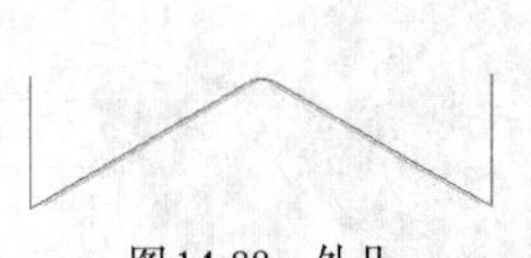

图14-88　外凸

图14-89　内凹

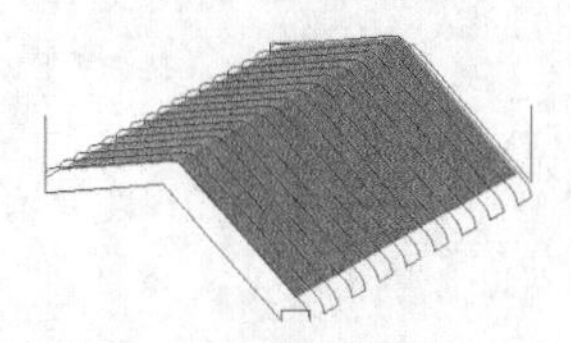

图14-90　所有边缘都走圆角

❖ 尖角部分的误差（在曲面/实体面的边缘）：用于设定圆角路径部分的误差值。距离越小，走圆角的路径越精确；距离越大，走角路径偏差就越大。同样误差值越小，走圆角的路径越精确；误差值越大，走圆角路径偏差就越大，还有可能伤及曲面边界。

❖ 忽略实体中隐藏面的侦测：此项适合在由大量实体面组成的复杂实体上产生刀路时，加快刀路的计算速度。在简单实体上，因为花的计算时间不是很多就不需要了。

❖ 检查曲面内部的锐角：曲面有折角将会导致刀具过切。此参数能检查曲面是否有锐角。如果发现曲面有锐角，系统会弹出警告并建议重建有锐角的曲面。

14.5.11　曲面精加工的切削深度

在菜单栏执行【刀路】→【曲面精修】→【平行】命令，弹出【刀路曲面选择】对话框，单击【完成】按钮后弹出【曲面精修平行】对话框。在【平行精修铣削参数】选项卡下勾选【限定深度】复选框并单击限定深度(D)按钮，弹出【限定深度】对话框，如图14-91所示。该对话框用来限制精加工的加工深度范围。用户可以在【最高位置】和【最低位置】文本框输入值来限制刀路的深度范围。

各参数含义如下。

❖ 相对于刀具的：可以设置限定深度的参考，有刀尖和中心两种。当选择【刀尖】时，表示切削路径刀具的刀尖不能超出限定的深度。当选择【中心】时，表示切削路径刀具的中心不能超出限定的深度，产生的切削深度会比刀尖深一个刀角半径。

❖ 最高位置：刀具加工的最高上限。

❖ 最低位置：刀具加工的最低下限。

图14-92为在【限定深度】对话框设置【最高位置】为0，【最低位置】为-10的刀路。图14-93为在【限定深度】对话框设置【最高位置】为-10，【最低位置】为-35的刀路。

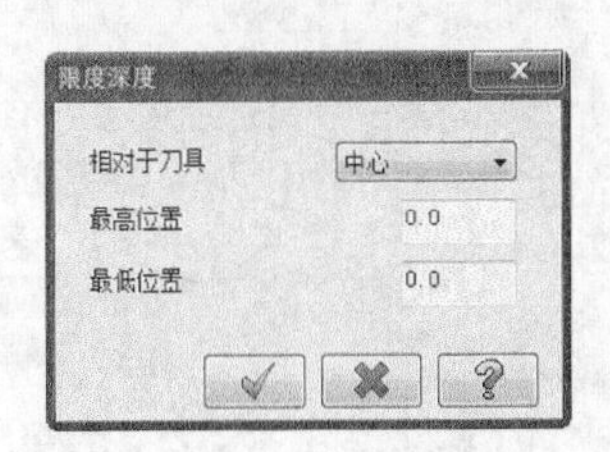

图14-91　限定深度

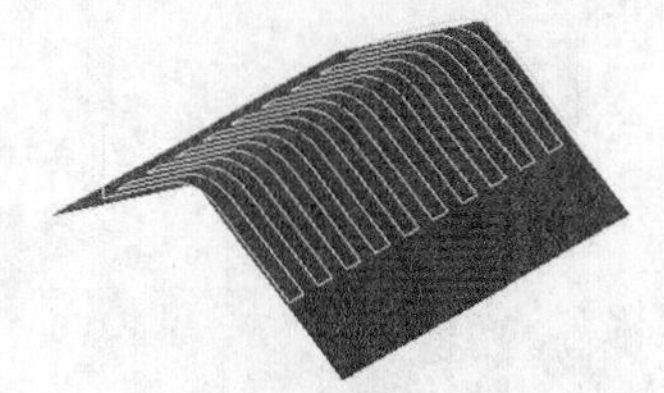

图14-92　限定深度从0~-10

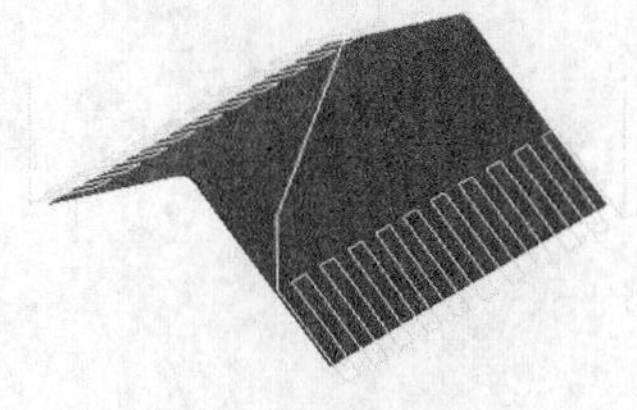

图14-93　限定深度从-10~-35

14.6　拓展训练——心形二维线框加工

引入文件：拓展训练\源文件\Ch14\14-1.mcx-9

结果文件：拓展训练\结果文件\Ch14\14-1.mcx-9

视频文件：视频\Ch14\拓展训练——心形二维线框加工.avi

对图14-94所示的图形进行模拟加工，模拟结果如图14-95所示。

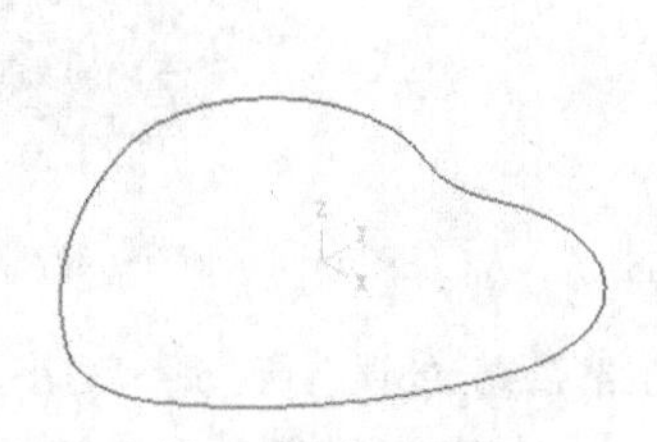

图 14-94　加工图形

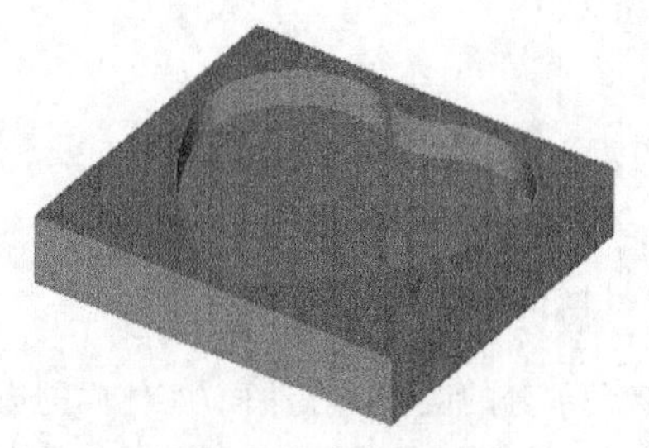

图 14-95　加工结果

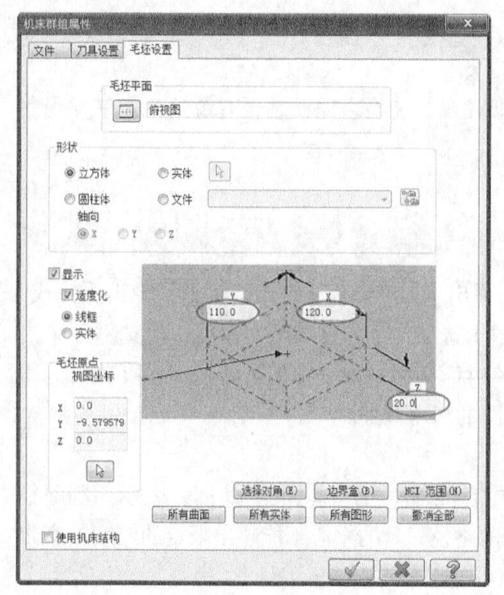

图 14-96　设置毛坯

01 在菜单栏执行【文件】→【打开】按钮，从资源文件中打开“拓展训练\源文件\Ch14\14-1.mcx-9”，单击【完成】按钮，完成文件的调取。

02 在刀路管理器中单击【属性】→【毛坯设置】选项，弹出【机床群组属性】对话框。切换到【毛坯设置】选项卡，设置加工坯料的尺寸，如图 14-96 所示，单击【完成】按钮完成参数设置。坯料设置结果如图 14-97 所示，虚线框显示的即为毛坯。

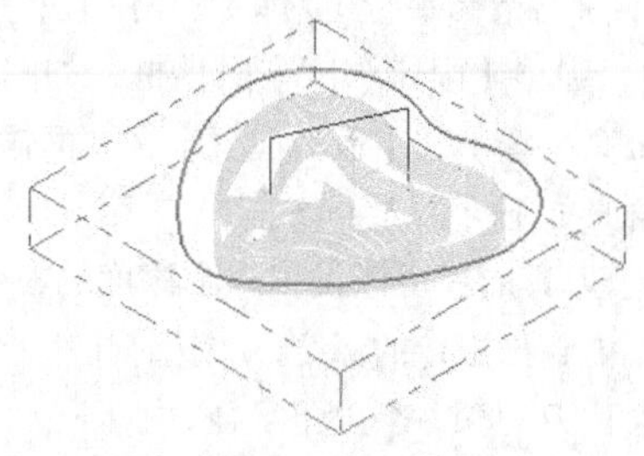

图 14-97　毛坯

03 在刀路管理器中单击【模拟已选择的操作】按钮，弹出【验证】窗口，单击【播放】按钮进行实体模拟，结果如图 14-98 所示。

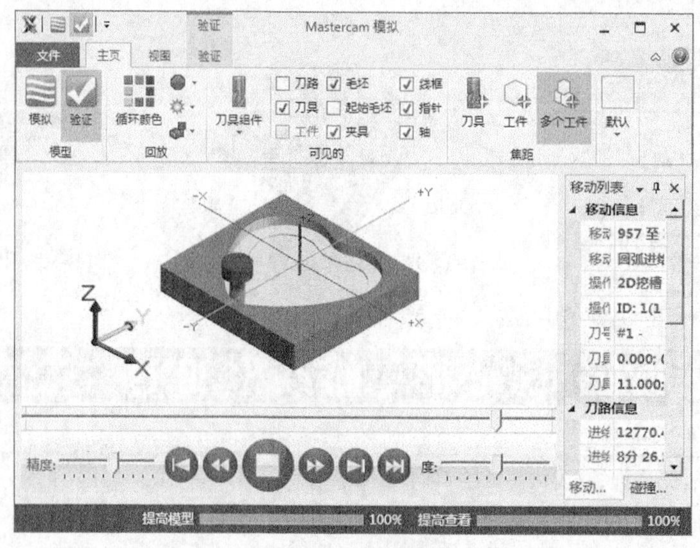

图 14-98　实体模拟

14.7 课后习题

（1）简述刀具参数的设置步骤。

（2）简述高度参数的含义。

（3）简述预留量参数的意义。

（4）简述实体刀路的模拟步骤。

第15章

二维铣削加工

在Mastercam X9加工模块中，二维加工是Mastercam相对于业内其他CAM软件最大的优势，Mastercam中的二维加工操作方式简单，刀路计算快捷，加工刀路包括外形铣削、挖槽加工、钻孔加工、平面铣削、木雕加工等，下面将一一讲解。

知识要点

※ 了解二维加工的概念。
※ 了解二维加工编程的步骤。
※ 掌握平面铣削加工的参数含义及应用。
※ 掌握外形铣削加工参数及其应用。
※ 掌握挖槽加工刀路参数设置、加工方法及其应用。
※ 理解木雕加工刀路的参数含义及其应用场合。

案例解析

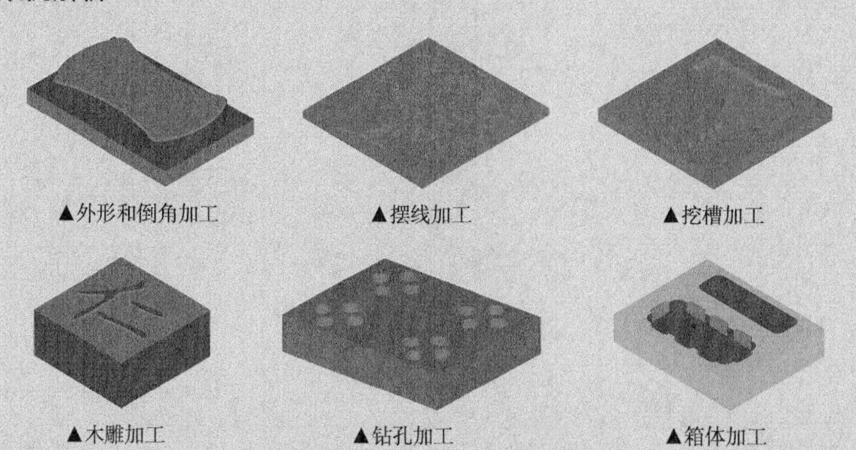

▲外形和倒角加工　▲摆线加工　▲挖槽加工

▲木雕加工　▲钻孔加工　▲箱体加工

15.1 二维加工概述

Mastercam中的二维加工包括平面铣削加工、外形铣削加工、挖槽铣削加工、钻孔铣削加工、木雕铣削加工5种刀路，这5种刀路都是在铣床上加工时，刀具通过二维的移动完成的。加工时只需要二维线框模型，不需要绘制三维实体模型或者三维曲面模型，即可进行刀路的编制。Mastercam在计算这5种刀路时，都是在限定的范围内将Z深度分成等分的多层，然后再逐层进行二维加工，在每一层的加工过程中，刀具的Z轴深度是不变的。下面讲解5种刀路的加工技法。

15.2 平面铣削加工

平面铣削加工主要是对零件表面的平面进行铣削加工，或对毛坯表面进行加工，加工需要得到的结果是平整的表面。平面加工采用的刀具是面铣刀，一般尽量采用大的面铣刀，以保证快速得到平整表面，而较少考虑加工表面的光洁度。

平面铣削专门用来铣坯料的某个面或零件的表面。用来消除坯料或零件表面不平、沙眼等，提高坯料或零件的平整度、表面粗糙度。在菜单栏上单击【刀路】→【平面铣】命令输入新NC名称并选择刀轨曲线后弹出【2D刀具路径-平面铣削】对话框，单击【刀具路径类型】选项，选择加工类型为【平面铣削】，如图15-1所示。

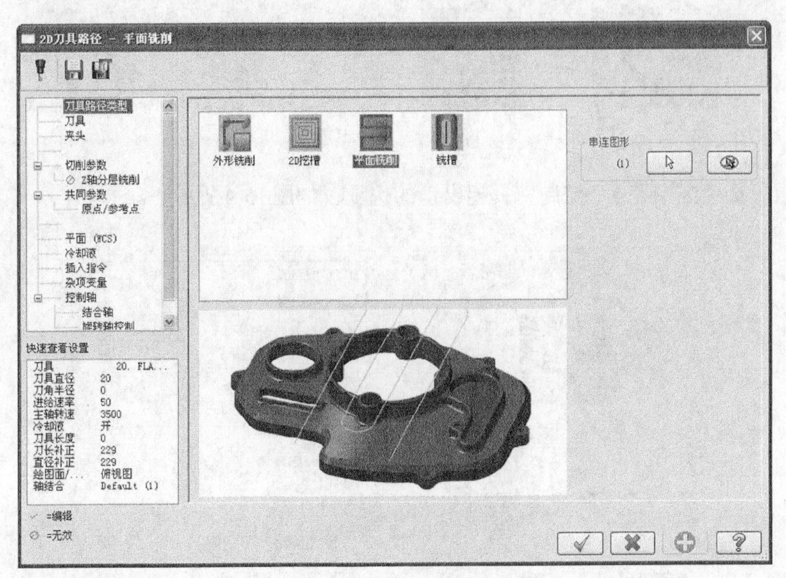

图15-1 平面加工参数

15.2.1 切削参数

面铣加工通常采用大直径的面铣刀，对工件表面材料进行快速去除。在【2D刀具路径-平面铣削】对话框中单击【切削参数】选项，弹出【切削参数】选项区，从中设置切削的常用参数，如图15-2所示。

【切削参数】对话框中的【类型】下拉列表有4种面铣切削类型，如图15-3所示。

- ❖ 双向：采用双向来回切削方式。
- ❖ 单向：采用单向切削方式。
- ❖ 一刀式：只切削工件一刀，即可完成切削。
- ❖ 动态：跟随工件外形进行切削。

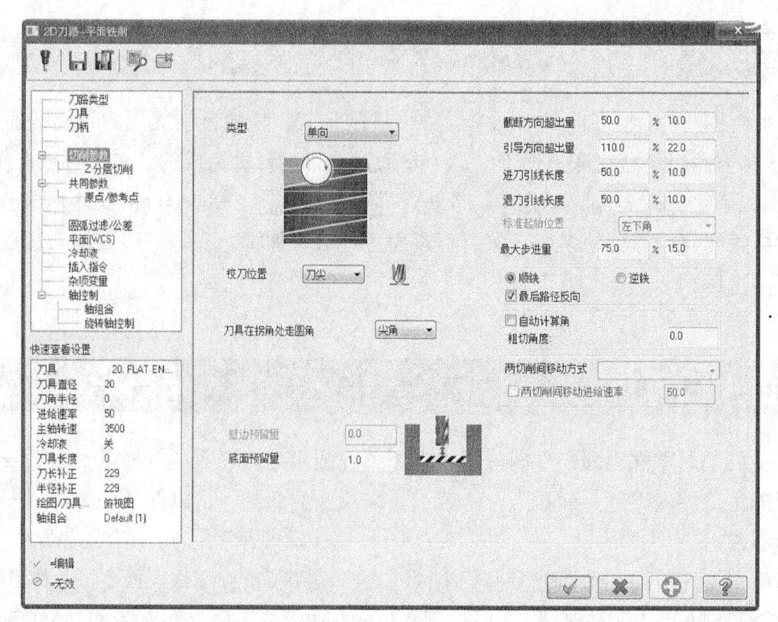

图15-2　切削参数

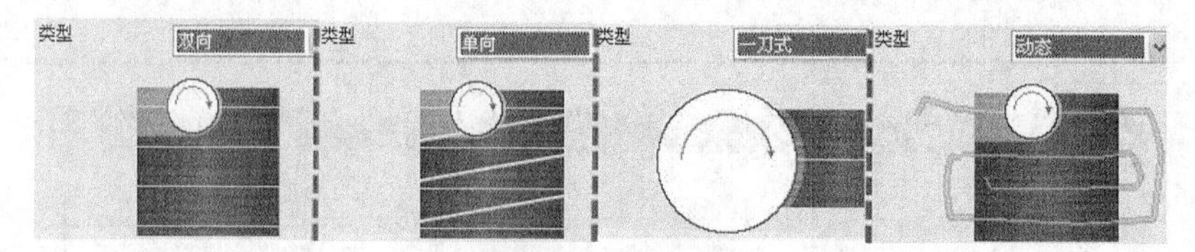

图15-3　面铣类型

在【切削参数】选项区中有4个控制刀具超出量的选项，如图15-4所示。

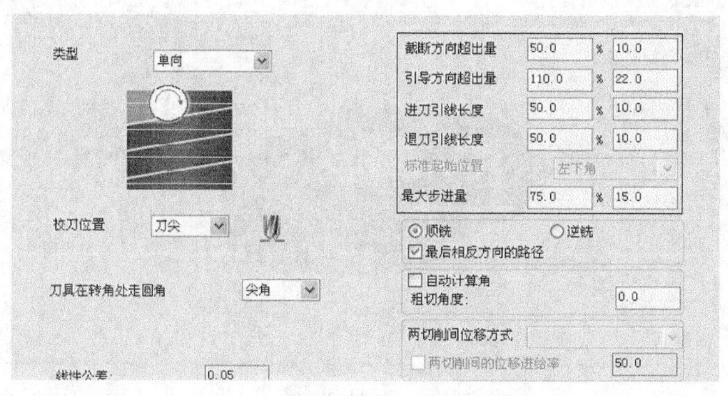

图15-4　刀具超出量

其参数含义如下。

❖ 截断方向超出量：截断方向切削刀路超出面铣轮廓的量。
❖ 引导方向超出量：切削方向切削刀路超出面铣轮廓的量。
❖ 进刀引线长度：面铣削导引入切削刀路超出面铣轮廓的量。
❖ 退刀引线长度：面铣削导引出切削刀路超出面铣轮廓的量。

15.2.2　Z轴分层铣削

在【2D刀具路径-平面铣削】对话框中单击【Z分层切削】选项，弹出Z轴分层铣削设置页面，可设置在Z轴方向切削层的切削参数等，如图15-5所示。

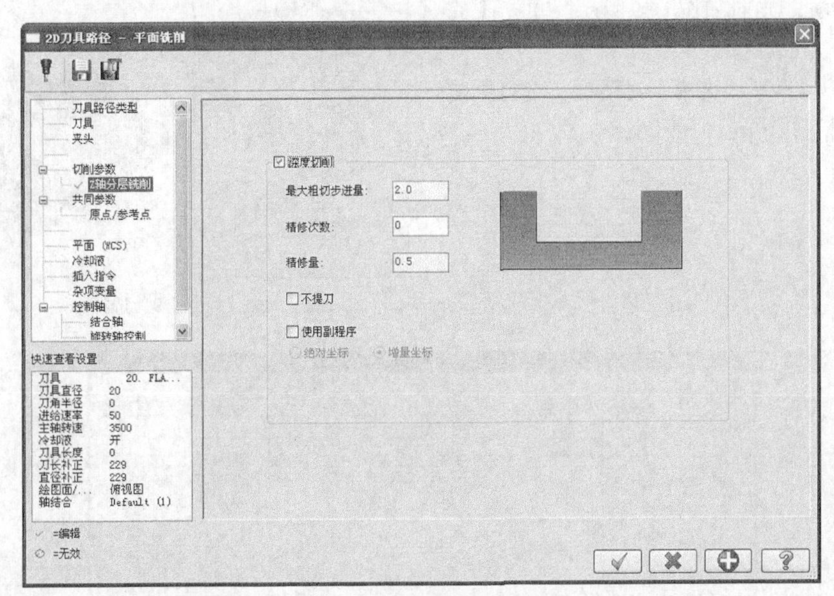

图15-5　分层铣削参数设置

其参数含义如下。

❖ 最大粗切步进量：每层切削的最大深度。
❖ 精修次数：输入精修的次数。
❖ 精修量：输入每次精修的深度。
❖ 不提刀：当某层切削完毕进入下一层时，不提刀直接进入下一层切削。
❖ 使用副程序：调用副程序加工。
❖ 绝对坐标：副程式中的坐标值采用绝对坐标值。
❖ 增量坐标：副程式中的坐标值采用相对坐标值。

实训74——平面铣削

面铣削主要用于对工件的坯料表面或零件的平面进行加工，目的是方便后续的刀路加工。一般采用大的面铣刀进行加工，对于大工件表面加工效率特别高。通常是单个平面加工，如果零件表面有多个平面需要加工，通过合理设置参数，也可以采用平面铣削一次加工完毕。

对图15-6所示的图形进行平面铣削加工，加工结果如图15-7所示。

01 在菜单栏执行【文件】→【打开】按钮，从资源文件中打开“实训\源文件\Ch15\15-1.mcx-9”，单击【完成】按钮，完成文件的调取。

02 在菜单栏执行【刀路】→【面铣削】命令，弹出【输入新的NC名称】对话框，使用默认名称，如图15-8所示。

图15-6　加工图形

图15-7　加工结果

图15-8　输入新的NC名称

03 单击【完成】按钮 ，弹出【串联选项】对话框，选择串联，方向如图15-9所示。单击【完成】按钮 ，完成选择。

04 弹出【2D刀路-平面铣削】对话框，选择类型为【平面加工】，如图15-10所示。

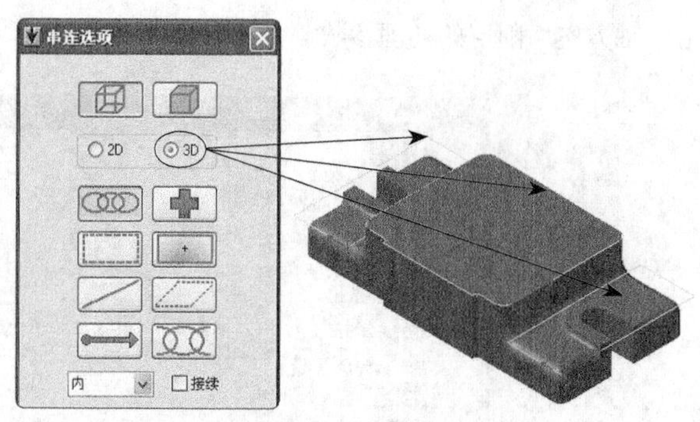

图15-9　选择串联

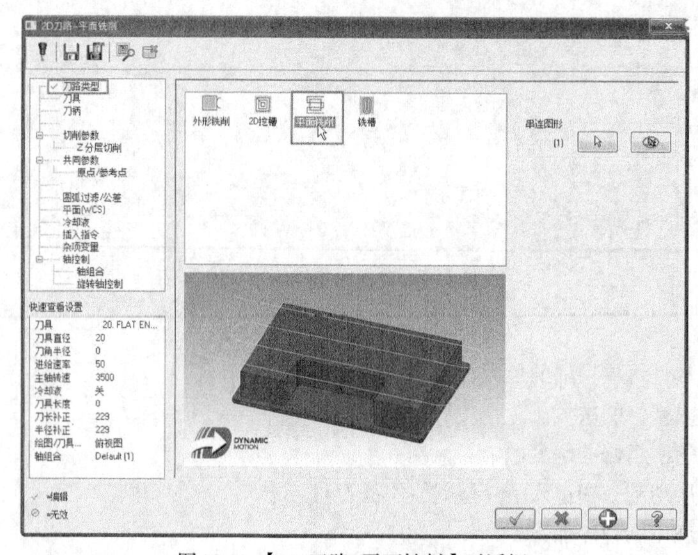

图15-10 【2D刀路-平面铣削】对话框

05 在【2D刀路-平面铣削】对话框中单击【刀具】选项，弹出【刀具】选项区，该选项区用来设置平面铣削的刀具及相关参数，如图15-11所示。

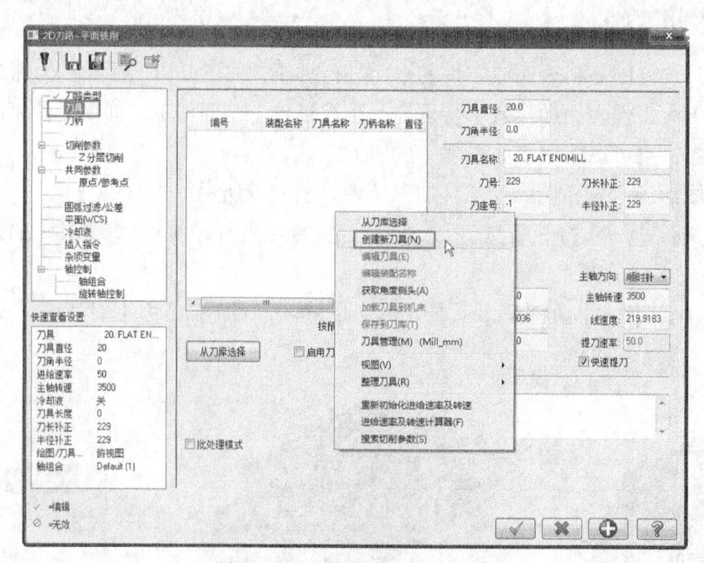

图15-11　平面铣削的刀具参数

06 在【刀具】选项区的空白处单击鼠标右键，从快捷菜单中选择【创建新刀具】选项，弹出定义刀具的对话框。左侧是创建刀具的步骤，如图15-12所示。在【选择刀具类型】步骤中，在右侧刀具列表中双击选择“面铣刀”刀具，进入【定义刀具图形】步骤，设置刀具参数后单击【下一步】按钮完成设置，如图15-13所示。

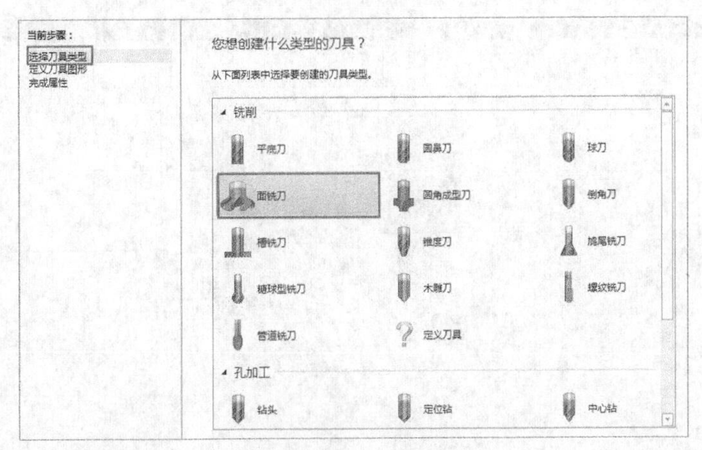

图15-12　选择刀具类型

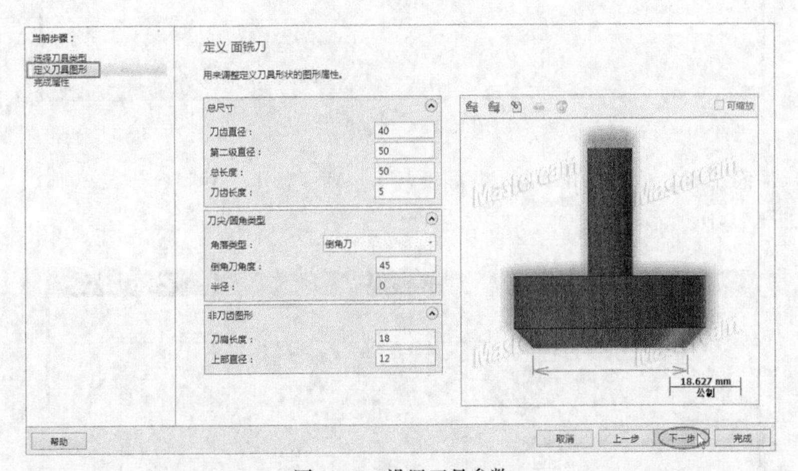

图15-13　设置刀具参数

07 在【完成属性】步骤中设置其他的刀具相关参数，如图15-14所示。单击【完成】按钮，完成新刀具的设置。

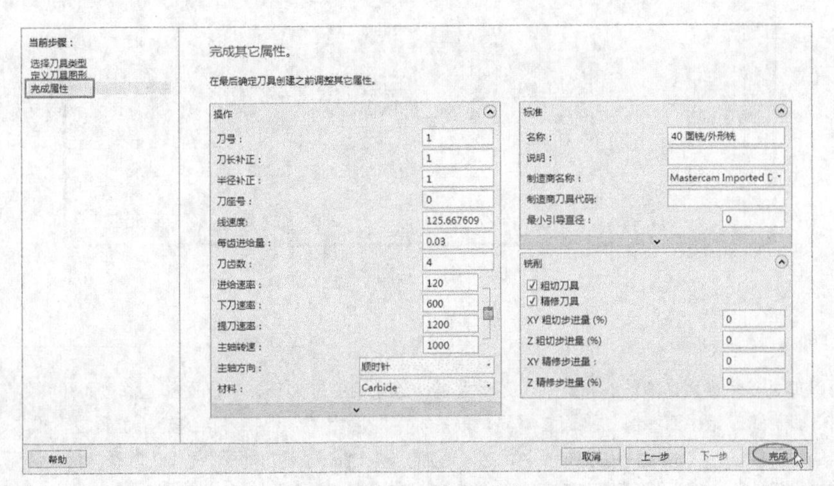

图15-14　刀具相关参数

08 在【2D刀路-平面铣削】对话框中单击【切削参数】选项，弹出【切削参数】选项区，设置如图15-15所示的切削参数。

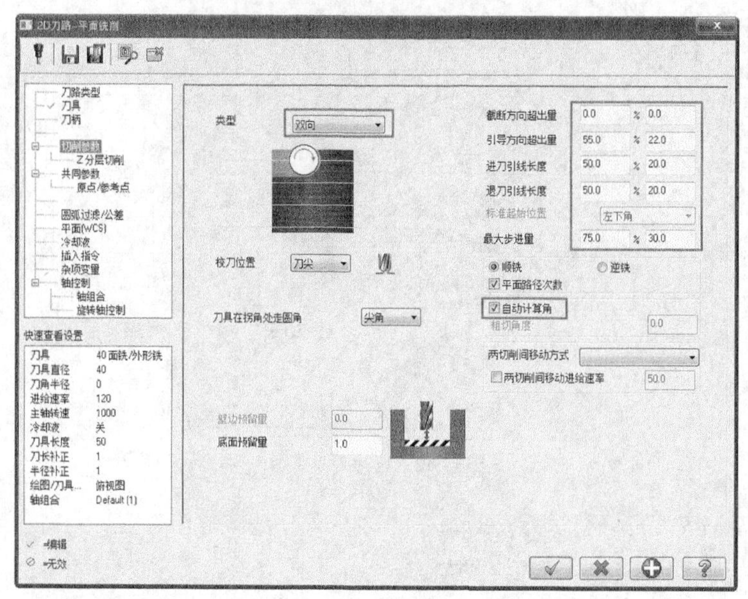

图15-15　切削参数

09 在【2D刀路-平面铣削】对话框中单击【共同参数】选项，弹出【共同参数】选项区，从中设置二维刀路共同的参数，如图15-16所示。

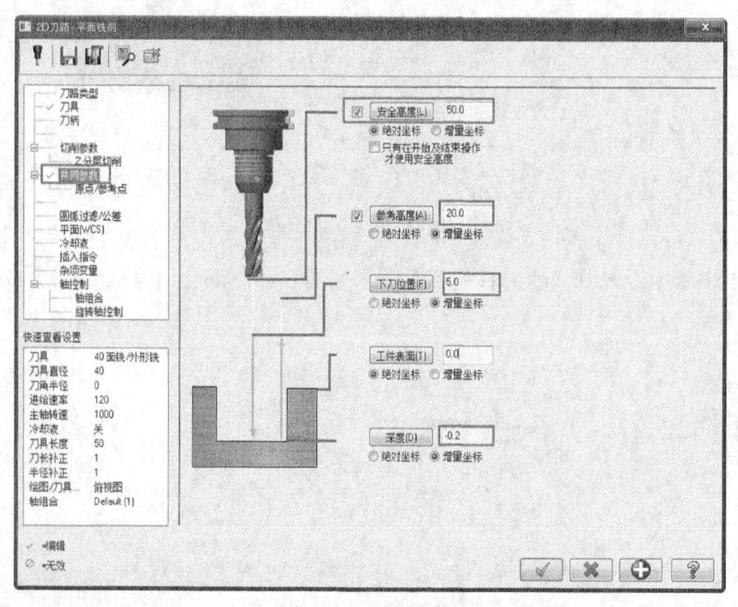

图15-16　共同参数

操作技巧

对于需要同时加工多个平面，除了约束好加工范围之外，最重要的是处理多个平面加工深度不一样的问题。本实训中加工的3个平面，加工的起始平面和终止平面都不同，只是加工深度相同，都在各自的起始位置往下加工0.2mm的深度，因此此处将加工的串联绘制在要加工的起始位置平面上，将加工的工件表面和深度都设置成增量坐标，即可解决这个问题。工件表面相对二维线框的距离都为0，深度都是相对工件表面向下0.2mm，这样就解决了多平面不在同一平面的加工问题。

10 系统根据所设参数，生成刀路，如图15-17所示。

11 在刀路管理器中单击【属性】→【毛坯设置】选项，弹出【机床群组属性】对话框，在【毛坯设置】选项卡选择【实体】毛坯形状，单击选择零件模型为毛坯，如图15-18所示，单击【完成】按钮，完成参数设置。

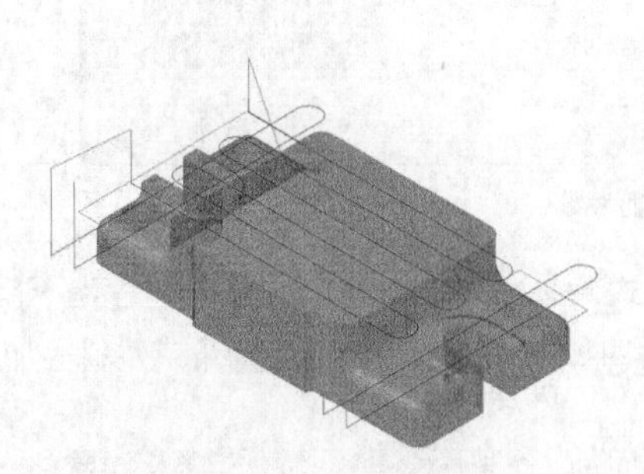

图15-17　生成刀路

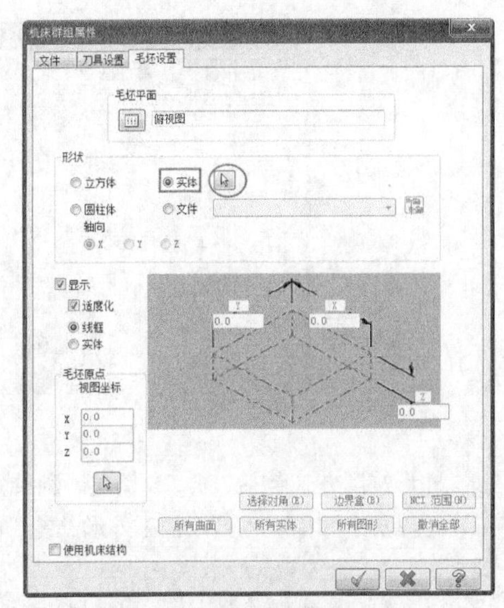

图15-18　设置毛坯

12 坯料设置结果如图15-19所示，虚线框显示的即为毛坯。

13 在刀路管理器中单击【模拟已选择的操作】按钮，弹出【验证】对话框，如图15-20所示。单击【播放】按钮，模拟结果如图15-21所示。结果文件见“实训\结果文件\Ch15\15-1.mcx-9”。

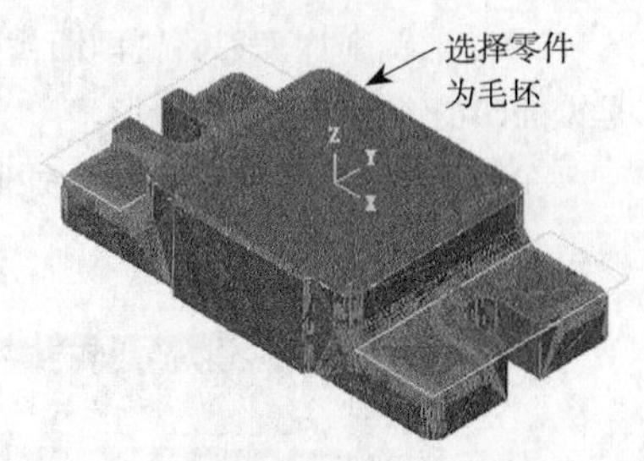

图15-19　毛坯

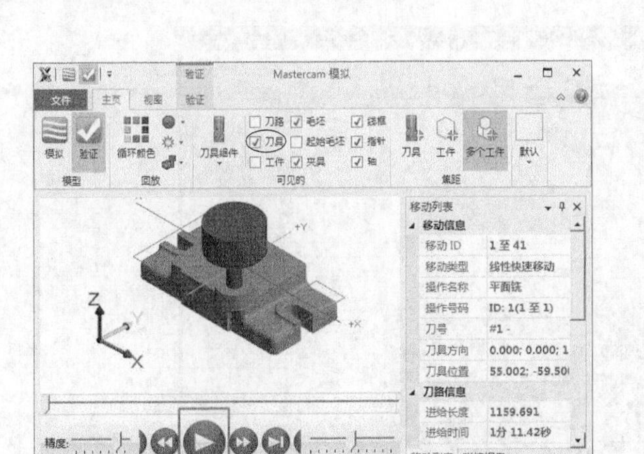

图15-20　模拟

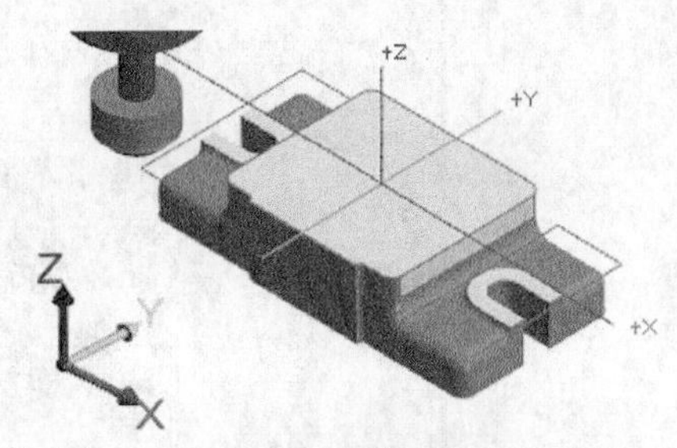

图15-21　模拟结果

15.3　外形铣削加工

外形铣削加工是对外形轮廓进行加工，通常用于二维工件或三维工件的外形轮廓加工。外形铣削加工是二维加工还是三维加工，取决于用户所选的外形轮廓线是二维线架还是三维线架。如果选择的线架是二维的，外形铣削加工刀路就是二维的。如果选择的线架是三维的，外形铣削加工刀路就是三维的。二维外形铣削加工刀路的切削深度不变，是用户设的深度值，而三维外形铣削加工刀路的切削深度是随外形的位置变化而变化的。一般二维外形加工比较常用。

在菜单栏执行【刀路】→【外形】命令，选择串联后确定，弹出【2D刀路-外形铣削】对话框，在该对话框中单击【切削参数】选项，弹出【切削参数】选项区，如图15-22所示。

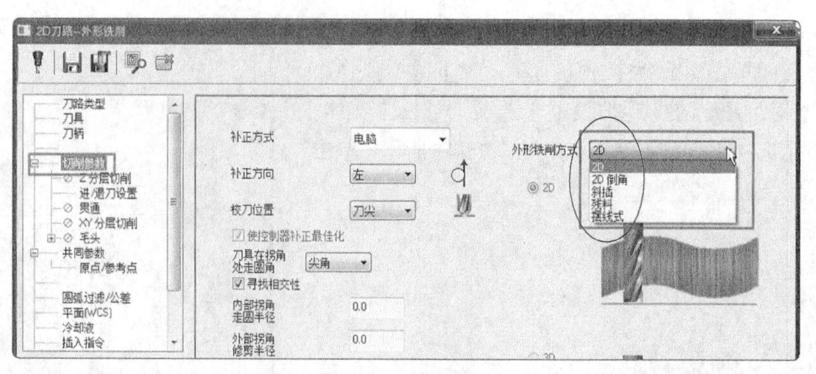

图15-22　切削参数

外形铣削方式包括2D、2D倒角、斜插、残料、摆线式5种。其中2D外形加工主要是沿外形轮廓进行加工，可以加工凹槽，也可以加工外形凸缘，比较常用。后四种方式用来辅助进行倒角或残料等加工。

15.3.1　2D加工

2D外形铣削加工刀路铣削凹槽形工件或凸缘形工件主要是通过控制补偿方向向左或向右，来控制刀具是铣削凹槽形还是铣削凸缘形。

在菜单栏执行【刀路】→【外形】命令，选择串联后，弹出【2D刀路-外形铣削】对话框，如图15-23所示。

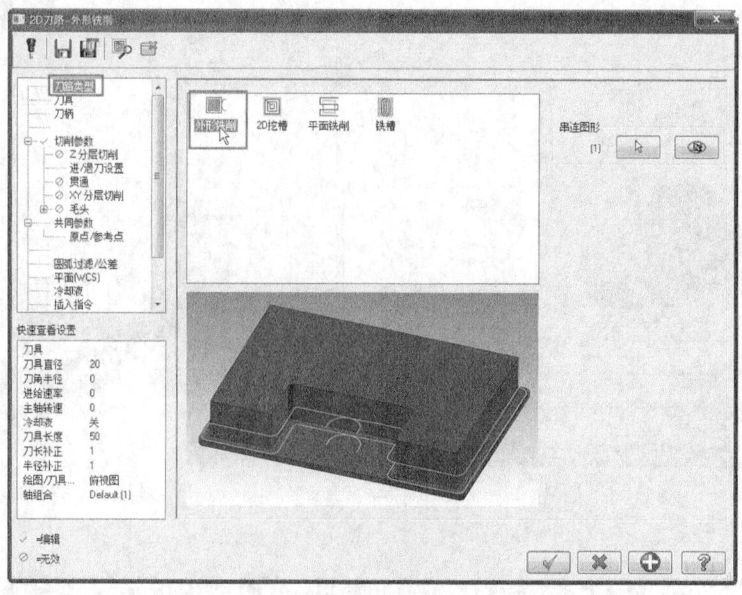

图15-23　外形参数

各参数含义如下。

- ❖ 串联图形：选择要加工的串联几何。
- ❖ 刀路类型：用来选择二维加工类型。
- ❖ 刀具：用来设置刀具及其相关参数。
- ❖ 刀柄：用来设置夹头。
- ❖ 切削参数：用来设置深度分层及外形分层和进退刀等参数。
- ❖ 共同参数：用来设置二维公共参数，包括安全高度、参考高度、进给平面、工件表面、深度等参数。

❖ 快速查看设置：显示加工的一些常用参数设置项。

在【2D刀路-外形铣削】对话框中选择刀路类型为【外形】，单击【切削参数】选项，弹出【切削参数】选项区，从中设置外形铣削方式、补正方式及方向、转角等参数，如图15-24所示。

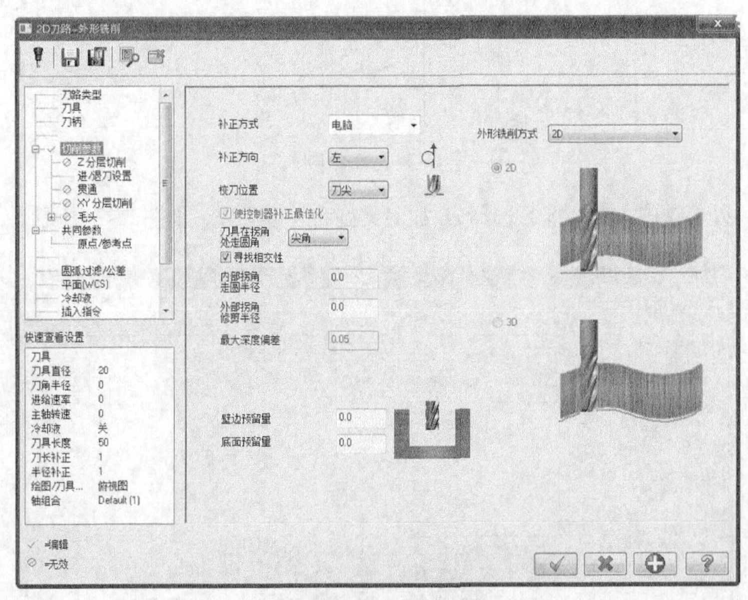

图15-24　切削参数

各参数含义如下。

❖ 外形铣削方式：设置外形加工类型。有2D、2D倒角、斜降下刀、残料加工和轨迹线加工等。

❖ 补正方式：设置补正类型，有电脑、控制器、磨损、反向磨损和关5种。

❖ 补正方向：设置补正方向，有左和右两种。

❖ 校刀位置：设置校刀参考，有刀尖和球心两种。

❖ 刀具在拐角走圆半径：设置转角过渡圆角，有无、尖部和全部3种。

❖ 壁边预留量：设置加工壁边的预留量。

❖ 底面预留量：设置加工底面z方向的预留量。

实训75——2D外形铣削加工

对图15-25所示的图形进行面铣削加工，加工结果如图15-26所示。

01 在菜单栏执行【文件】→【打开】按钮，从资源文件中打开“实训\源文件\Ch15\15-2.mcx-9”，单击【完成】按钮，完成文件的调取。

02 在菜单栏执行【刀路】→【外形】命令，弹出【输入新的NC名称】对话框，使用默认名称，如图15-27所示。单击【完成】按钮，弹出【串联选项】对话框，选择串联，方向如图15-28所示，单击【完成】按钮，完成选择。

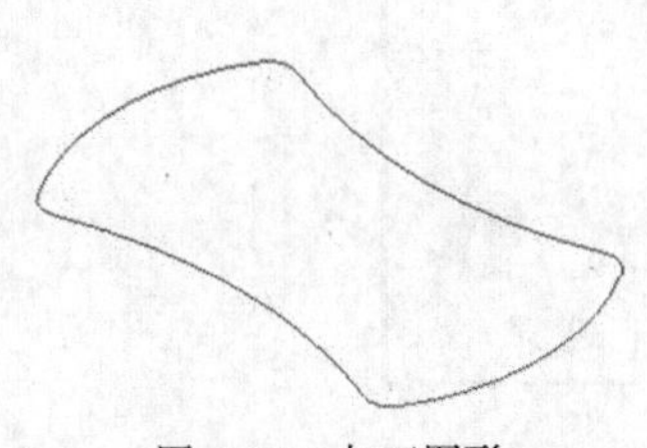
图15-25　加工图形

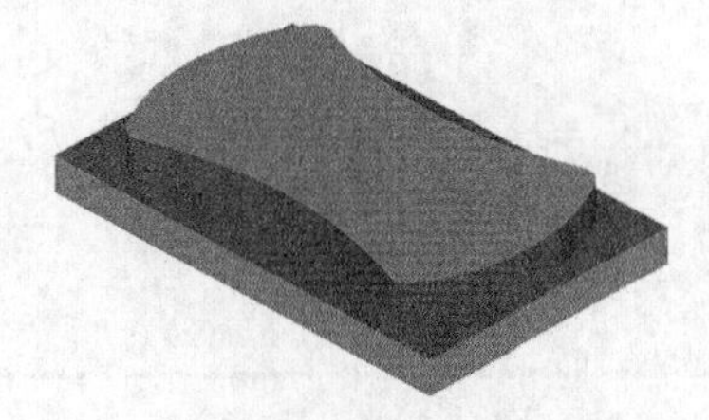
图15-26　加工结果

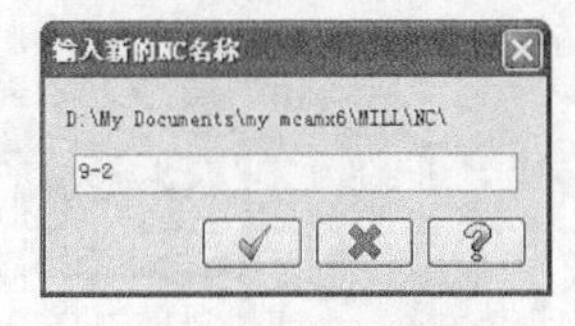

图15-27　输入新的NC名称

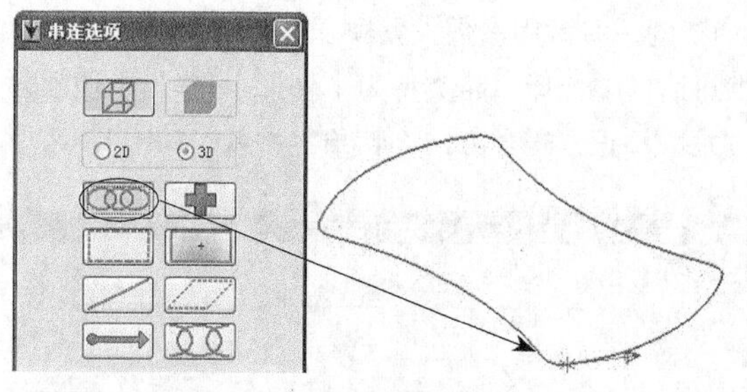

图15-28　选择串联

03 弹出【2D刀路-外形铣削】对话框，选择2D加工类型为外形参数，如图15-29所示。

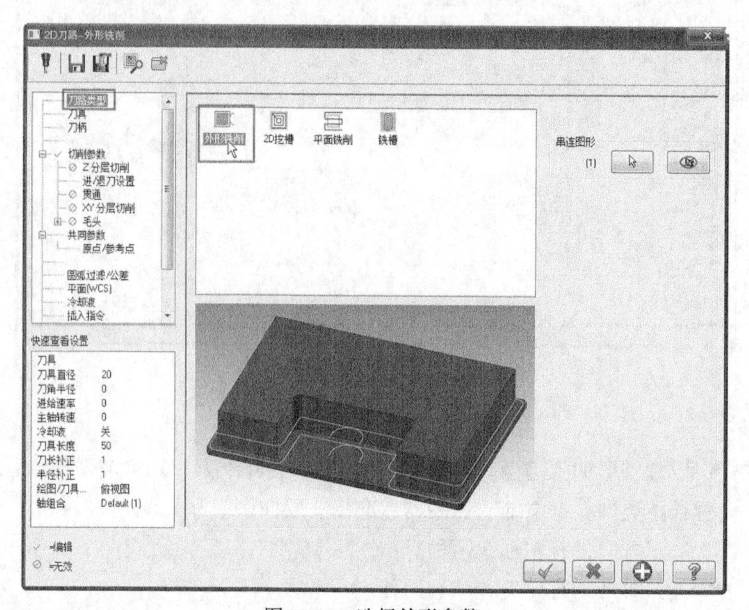

图15-29　选择外形参数

04 在【2D刀路-外形铣削】对话框中单击【刀具】选项，右侧显示刀具设置选项如图15-30所示。

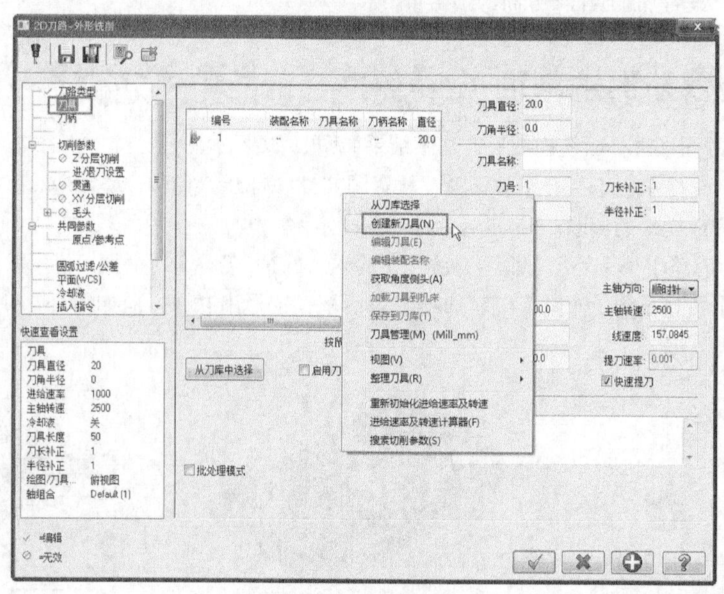

图15-30　刀具参数

05 在【刀具】选项卡的空白处单击鼠标右键，从快捷菜单中选择【创建新刀具】选项，弹出定义刀具的对话框，如图15-31所示。选择刀具类型为【平底刀】，单击【下一步】按钮，然后设置刀具直径为10，其余设置如图15-32所示。单击【完成】按钮。

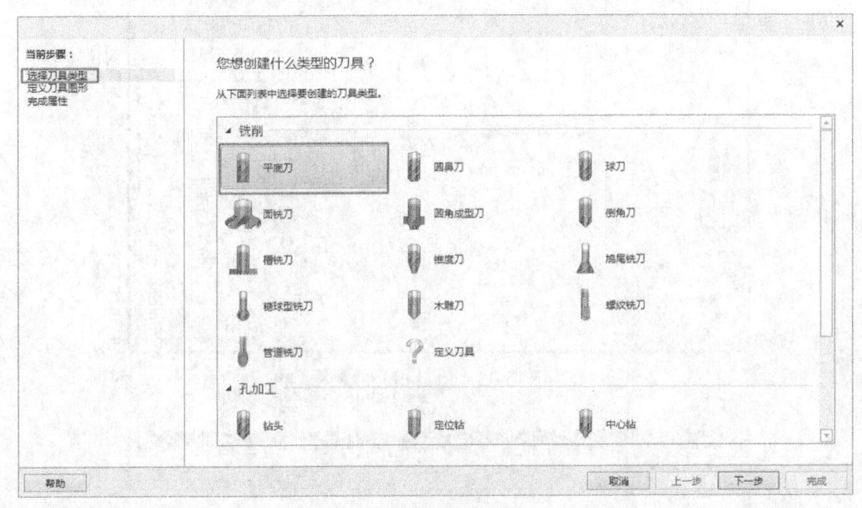

图15-31　新建刀具

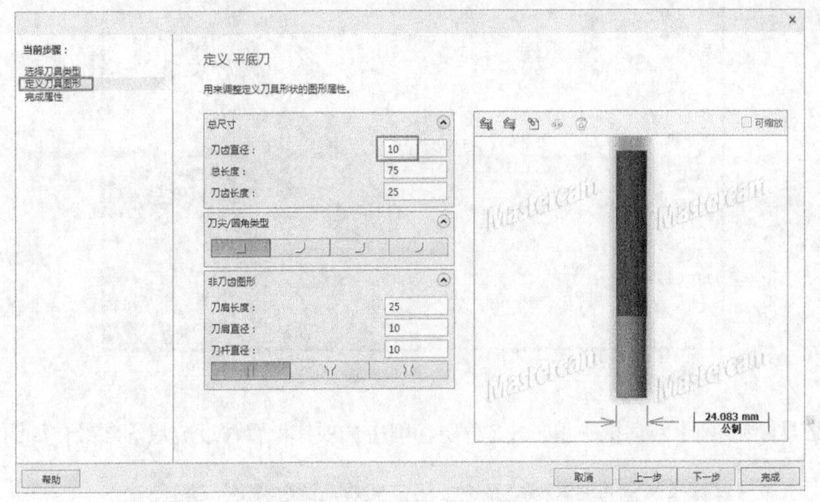

图15-32　设置刀具参数

操作技巧

此处零件需要铣削的是2.5D线框，底部是平的，侧壁是垂直的，因此，要加工此零件需采用棒刀，即平底刀。平底刀通常用来加工凹槽和外形轮廓。

06 在【刀具】选项区中设置刀具相关参数，如图15-33所示。单击【完成】按钮✓，完成刀具参数设置。

07 在【2D刀路-外形铣削】对话框中单击【切削参数】选项，弹出【切削参数】选项区，如图15-34所示。

操作技巧

此处的补正方向设置要参考刚才选择的外形串联的方向和要铣削的区域。因为本实训要铣削轮廓外的区域，电脑补偿要向外，而串联是逆时针，所以补正方向向右，即朝外。补正方向的判断法则是：假若人面向串联方向，并沿串联方向行走，要铣削的区域在人的左手侧，即向左补正，在右手侧，即向右补正。

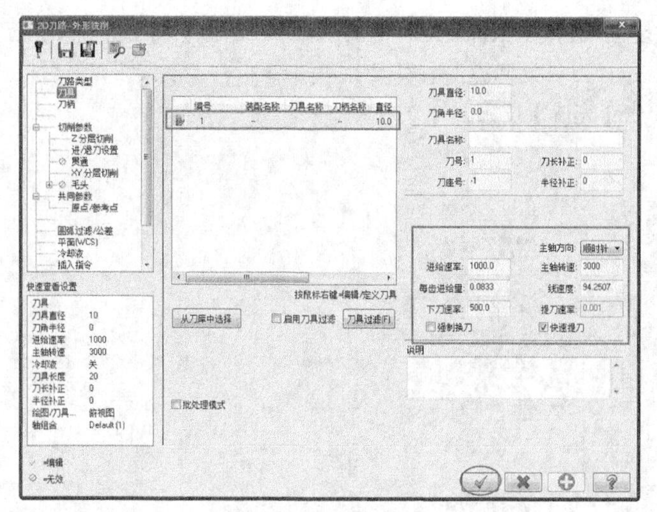

图15-33　刀具相关参数

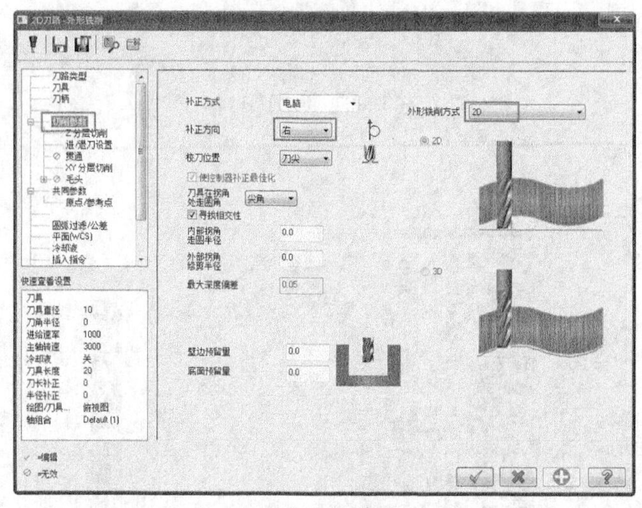

图15-34　切削参数

08 在【2D刀路-外形铣削】对话框中单击【Z分层切削】选项，设置深度分层等参数，如图15-35所示。

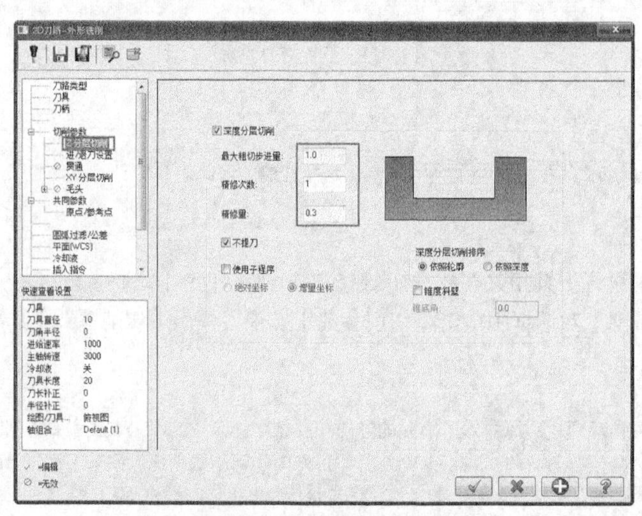

图15-35　Z轴分层铣削参数

09 在【2D刀路-外形铣削】对话框中单击【进/退刀设置】选项，设置进刀和退刀参数，如图15-36所示。

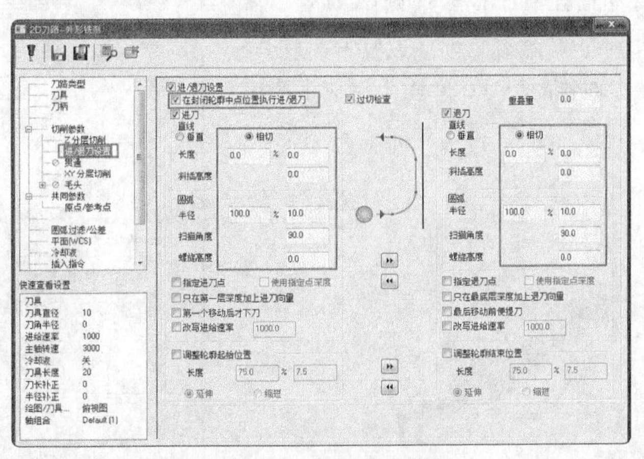

图15-36　进退/刀参数

10 在【2D刀路-外形铣削】对话框中单击【XY分层切削】选项，设置刀具在外形上的等分参数，如图15-37所示。

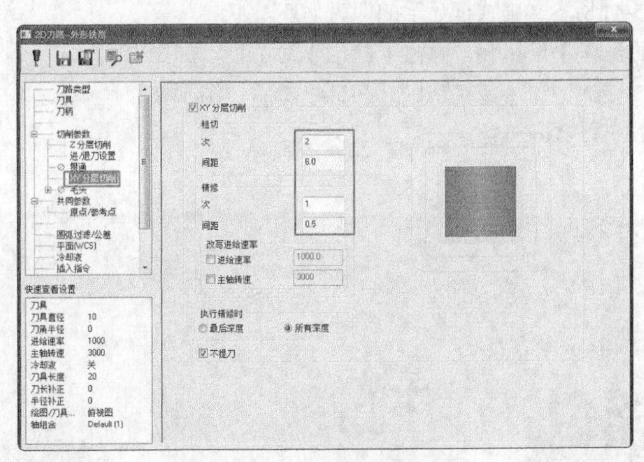

图15-37　XY轴分层铣削参数

11 在【2D刀路-外形铣削】对话框中单击【共同参数】选项，设置二维刀路共同的参数，如图15-38所示。

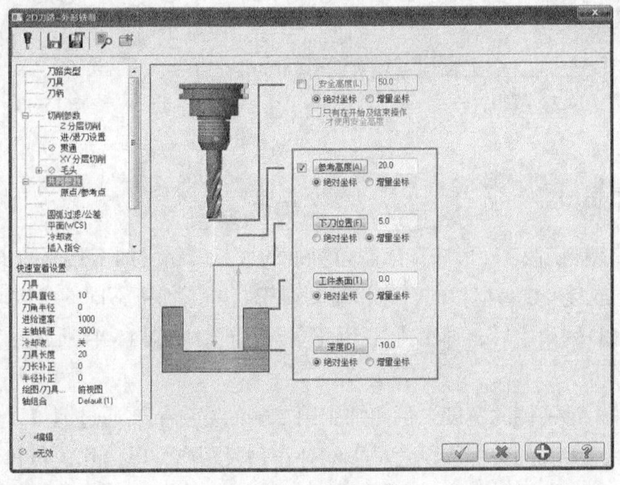

图15-38　共同参数

12 系统根据所设参数，生成刀路，如图15-39所示。

13 在刀路管理器中单击【属性】→【毛坯设置】选项，弹出【机床群组属性】对话框，切换到【毛坯设置】选项卡，如图15-40所示，设置加工坯料的尺寸，单击【完成】按钮，完成参数设置。

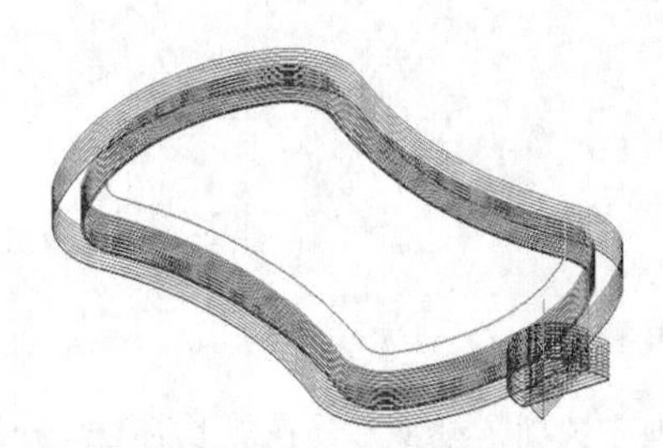

图15-39 生成刀路

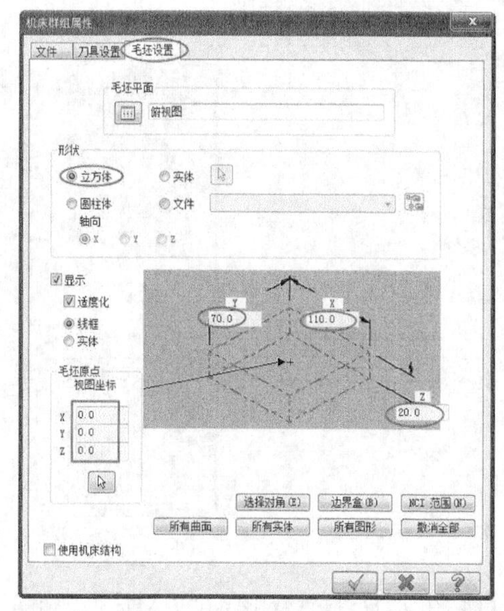

图15-40 设置毛坯

14 坯料设置结果如图15-41所示，虚线框显示的即为毛坯。

15 单击【模拟已选择的操作】按钮，弹出【验证】对话框，如图15-42所示。单击【播放】按钮，模拟结果如图15-43所示。结果文件见“实训\结果文件\Ch15\15-2.mcx-9”。

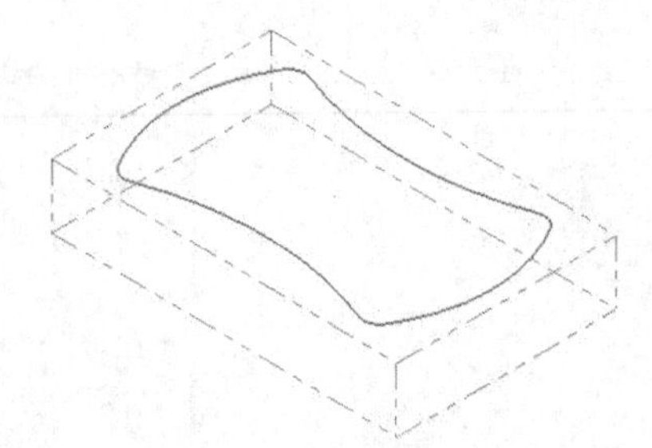

图15-41 毛坯

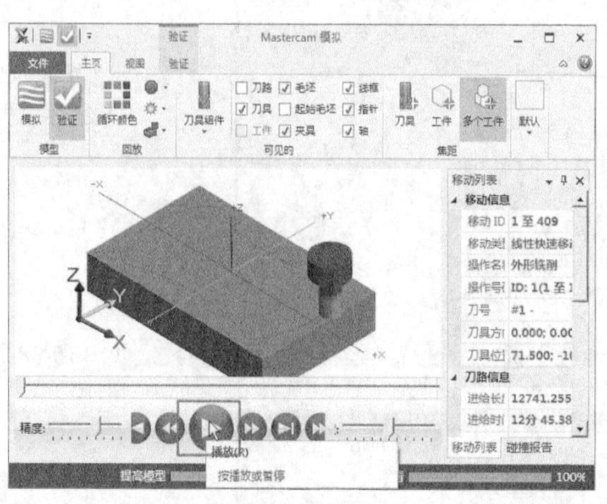

图15-42 模拟

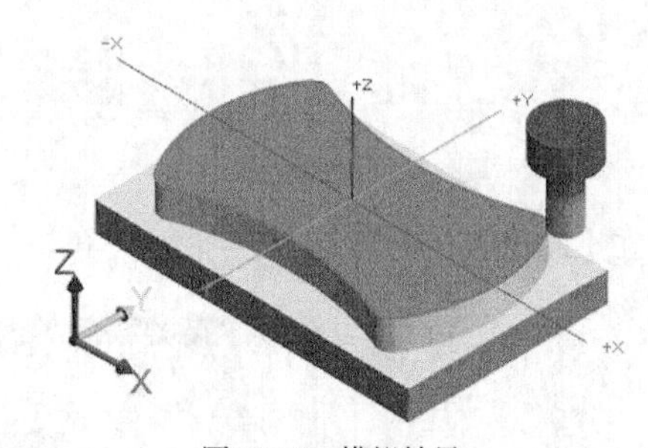

图15-43 模拟结果

15.3.2 2D倒角加工

2D外形倒角铣削加工是利用2D外形来产生倒角特征的加工刀路。加工路径的步骤与2D外形加工类似。

倒角加工参数与外形加工参数基本相同，这里主要讲解与外形加工不同的参数。在【切削参数】选项区中选择外形铣削方式为【2D倒角】后，弹出【2D倒角】对话框，如图15-44所示。

各参数含义如下。

- ❖ 宽度：设置倒角加工第一侧的宽度。倒角加工第二侧的宽度主要通过倒角刀具的角度来控制。
- ❖ 刀尖补正：设置倒角刀具的尖部往倒角最下端补正一段距离，以消除锐角和毛边。

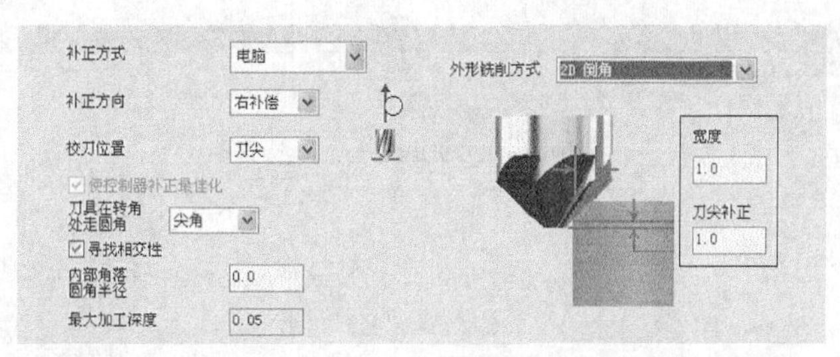

图15-44　倒角参数

实训76——外形倒角加工

对图15-45所示的图形进行外形倒角加工，加工结果如图15-46所示。

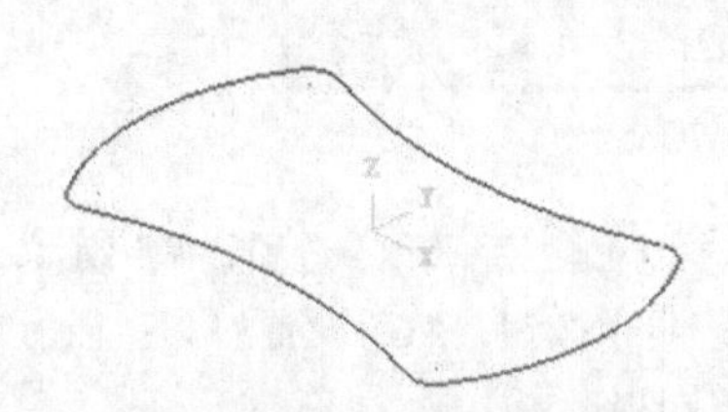

图15-45　加工图形

图15-46　加工结果

01 在菜单栏执行【文件】→【打开】按钮，从资源文件中打开“实训\源文件\Ch15\15-3mcx-9”，单击【完成】按钮，完成文件的调取。

02 在菜单栏执行【刀路】→【外形】命令，弹出【串联选项】对话框，选择串联，方向如图15-47所示。单击【完成】按钮，完成选择。

03 弹出【2D刀路-外形铣削】对话框，选择类型为外形参数，如图15-48所示。

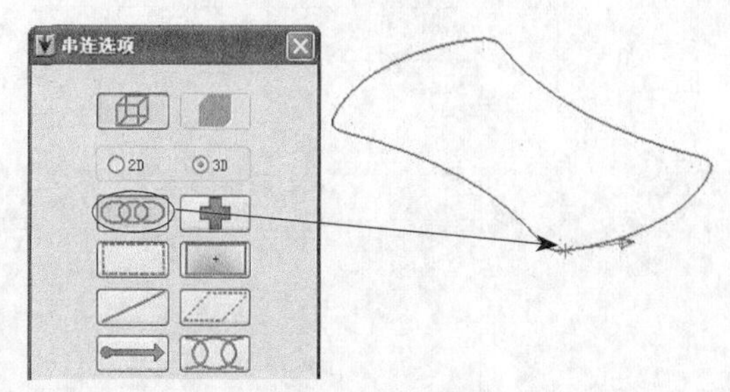

图15-47　选择串联

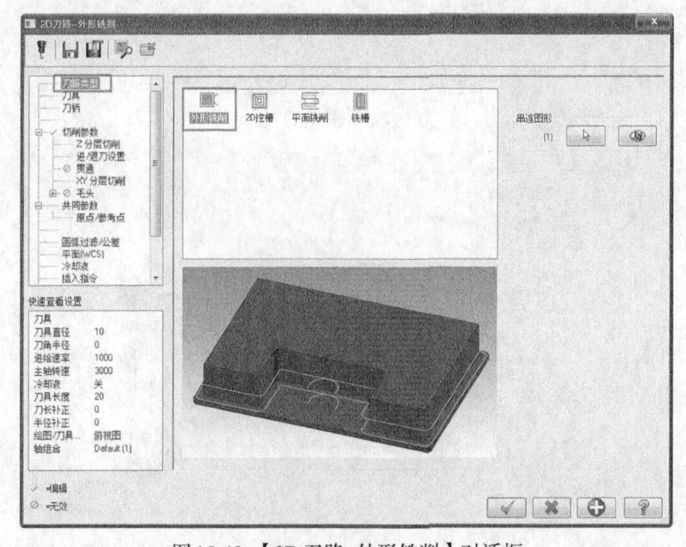

图15-48　【2D刀路-外形铣削】对话框

04 在【2D刀路-外形铣削】对话框中单击【刀具】选项，弹出【刀具】选项区，如图15-49所示。

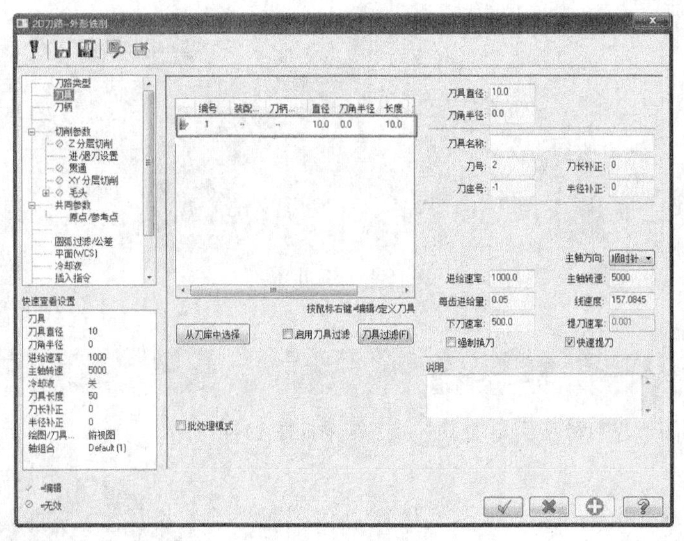

图15-49　刀具参数

05 在【刀具】选项卡的空白处单击鼠标右键，从快捷菜单中选择【创建新刀具】选项，弹出定义刀具的对话框，如图15-50所示。选择刀具类型为【平底刀】，单击【下一步】按钮，然后设置刀具直径为10，底部宽度为1，锥度角为45°，其余默认如图15-51所示。单击【完成】按钮。

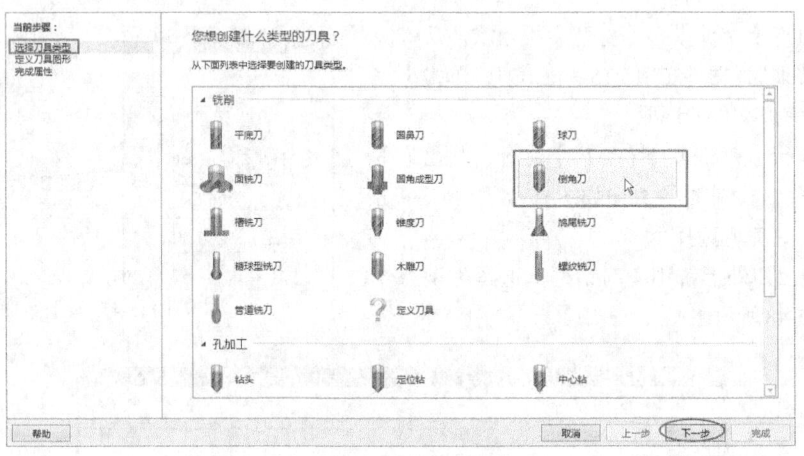

图15-50　新建刀具

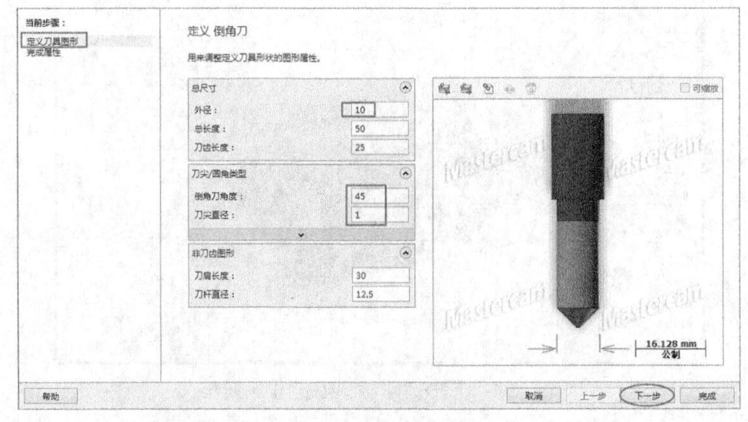

图15-51　设置刀具参数

操作技巧

此处零件需要铣削的是倒角特征，因此，必须采用倒角刀，可以通过修改刀具的锥度角来控制加工中倒角特征的参数。

06 在【刀具】选项区中设置进给速率为1000，下刀速率为500，主轴转速为5000，如图15-52所示。单击【完成】按钮，完成刀具参数设置。

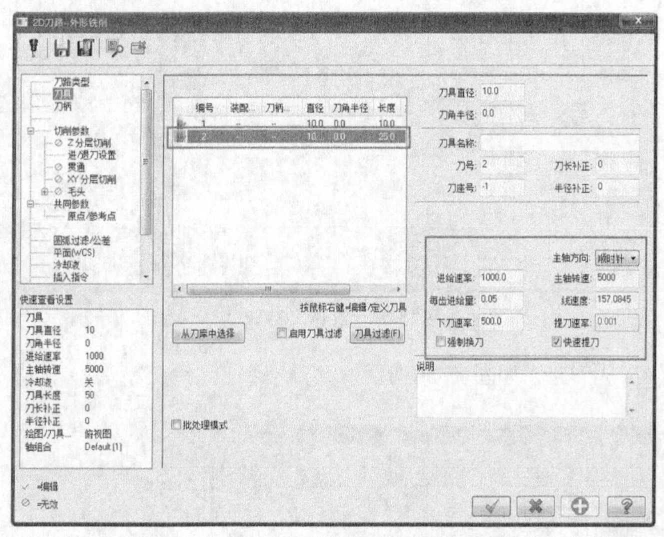

图15-52　刀具相关参数

07 在【2D刀路-外形铣削】对话框中单击【切削参数】选项，设置切削参数，如图15-53所示。

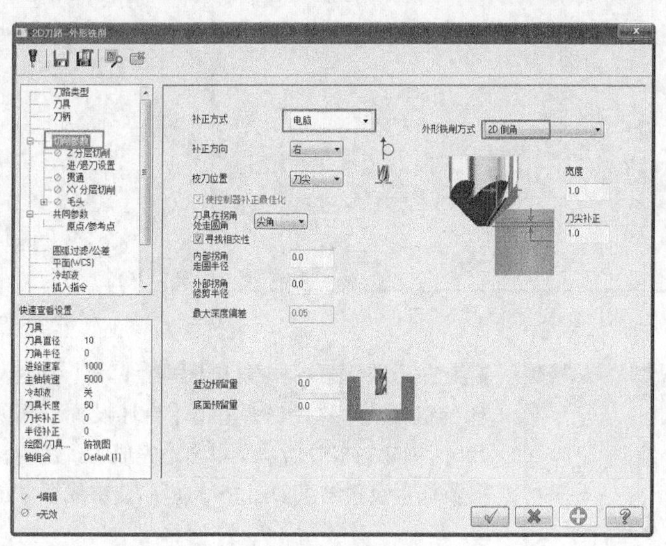

图15-53　切削参数

08 在【2D刀路-外形铣削】对话框中单击【进退/刀设置】选项，设置进刀和退刀参数，数值如图15-54所示。

09 在【2D刀路-外形铣削】对话框中单击【共同参数】选项，设置二维刀路共同的参数，如图15-55所示。

操作技巧

此处是倒角加工的关键所在，因为在2D倒角加工的【共同参数】选项卡设置的工件表面和深度都为0，此处不给深度值，而倒角深度由倒角参数来控制，倒角参数有尖部补偿功能可以控制倒角深度。所以，用户需要注意，此处倒角加工深度值若设置为-1mm，将导致倒角深度加深1mm，即在深度-1的基础上向下再补偿1mm深度。

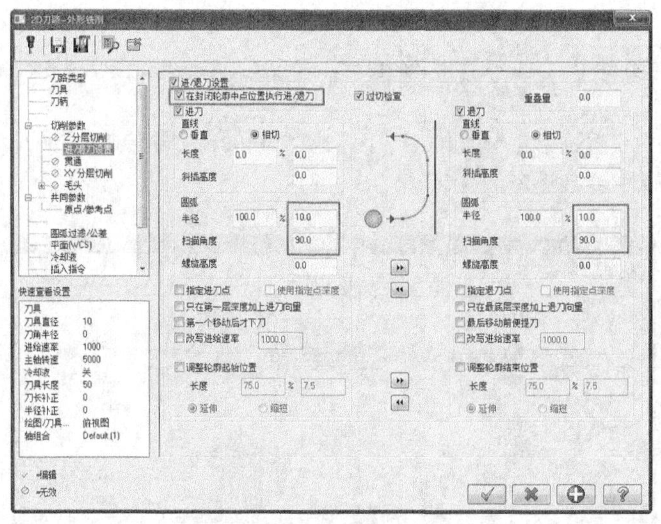

图15-54　进退/刀参数

10 系统根据所设参数，生成刀路，如图15-56所示。

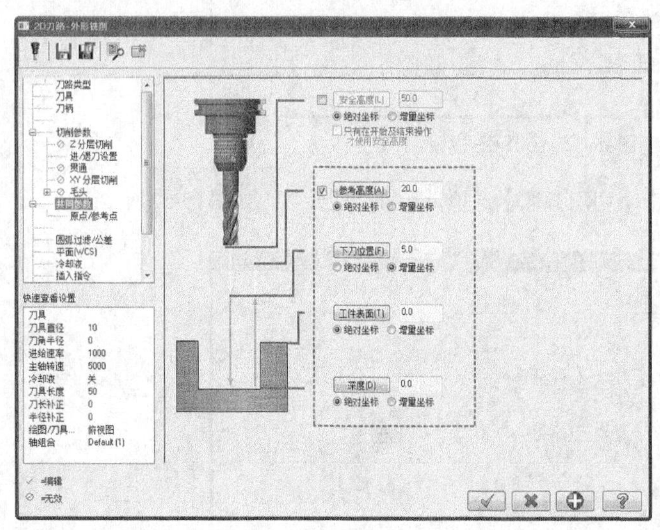

图15-55　共同参数

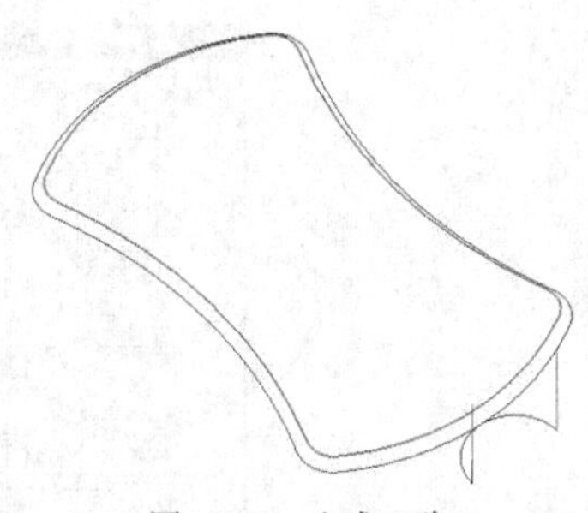

图15-56　生成刀路

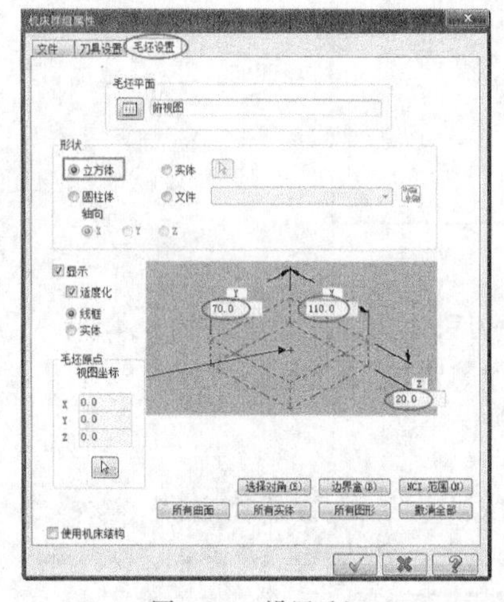

图15-57　设置毛坯

11 在刀路管理器中单击【属性】→【毛坯设置】选项，弹出【机床群组属性】对话框，单击【毛坯设置】选项卡，设置加工坯料的尺寸，如图15-57所示，单击【完成】按钮 ✓ 完成参数设置。

12 坯料设置结果如图15-58所示，虚线框显示的即为毛坯。

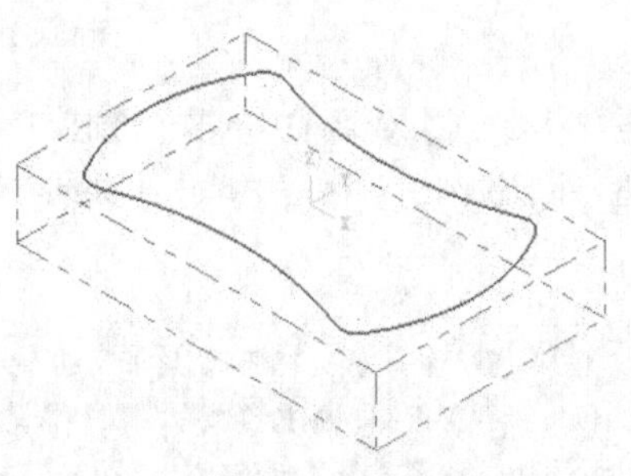

图15-58　毛坯

13 单击【模拟已选择的操作】按钮，弹出【验证】对话框，如图15-59所示。单击【播放】按钮▶，模拟结果如图15-60所示。结果文件见"实训\结果文件\Ch15\15-3.mcx-9"。

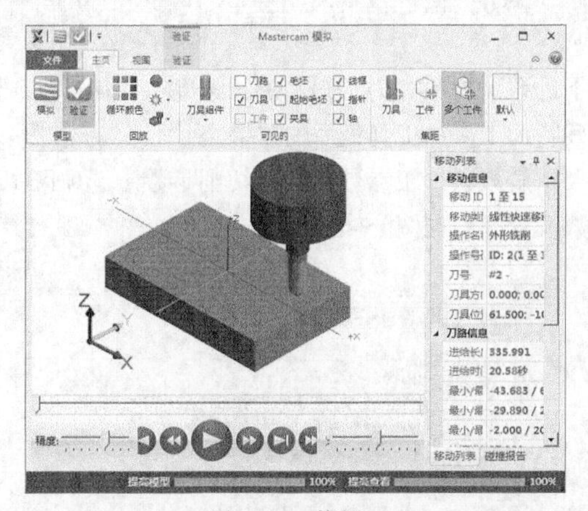

图15-59　模拟

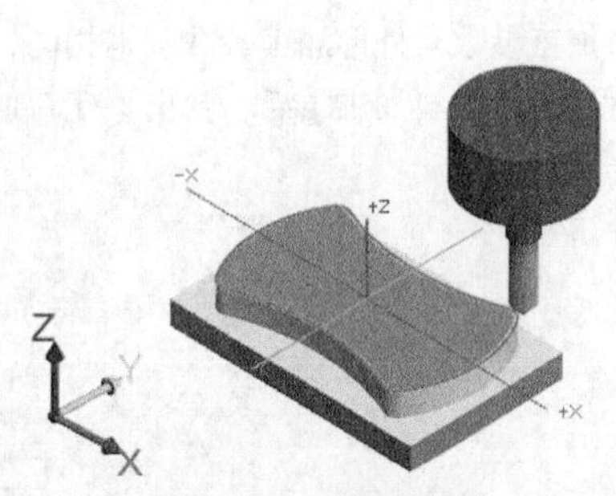

图15-60　模拟结果

15.3.3　斜插加工

斜插加工一般用来加工铣削深度较大的二维外形，主要是控制下刀类型，采用多种控制方式优化下刀路径，使起始切削负荷均匀、切痕平滑，减少刀具损伤。

斜插加工参数与外形加工参数基本相同，这里主要讲解斜插参数。在【切削参数】选项区中选择外形铣削方式为【斜插】后，弹出【斜插】参数设置区，如图15-61所示。

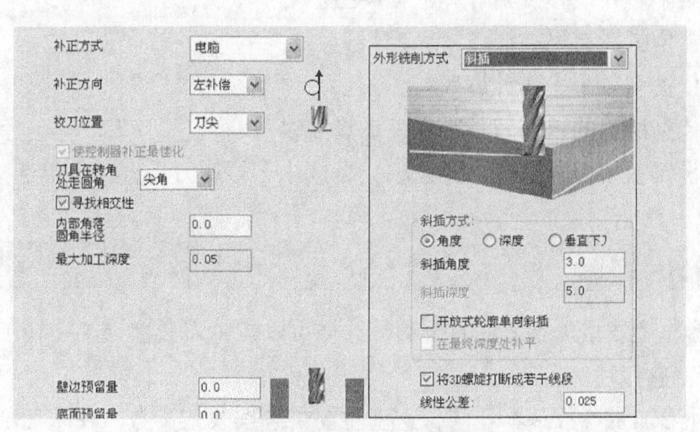

图15-61　斜插加工参数

各参数含义如下。

- 斜插方式：用来设置斜插下刀走刀方式。有角度、深度和垂直下刀。
- 角度：下刀和走刀都以设置的角度值铣削。
- 深度：下刀和走刀在每层上都以设置的深度值倾斜铣削。
- 垂直下刀：在下刀处以设置的深度值下刀，走刀时深度值不变。
- 斜插角度：设置下刀走刀斜插的角度。
- 斜插深度：设置下刀走刀斜插的深度，此选项只有选中【深度】和【垂直下刀】选项时才激活。
- 开放式轮廓单向斜插：设置开放式的轮廓时，采用单向斜插走刀。
- 在最终深度处补平：在最底部的一刀采用平铣，即深度不变，此处只有选中【深度】选项时才激活。
- 将3D螺旋打断成若干线段：将走刀的螺旋刀路打断成直线，以小段直线逼近曲线的方式进行铣削。
- 线性公差：设置将3D螺旋打断成若干线段的误差值，此值越小，打断成直线的段数越多，直线长度也越小，铣削的效果越接近理想值，但计算时间越长。反之亦然。

15.3.4 残料加工

残料加工一般用于加工上一次外形铣削加工后留下的残余材料。为了提高加工速度，当铣削加工的铣削量较大时，先采用大直径刀具和大的进给量，再采用残料加工来加工到最后的效果。

残料加工参数与外形加工参数基本相同，这里主要讲解残料加工参数。在【切削参数】选项区中选择外形铣削方式为【残料加工】后，弹出【残料加工】参数设置区，如图15-62所示。

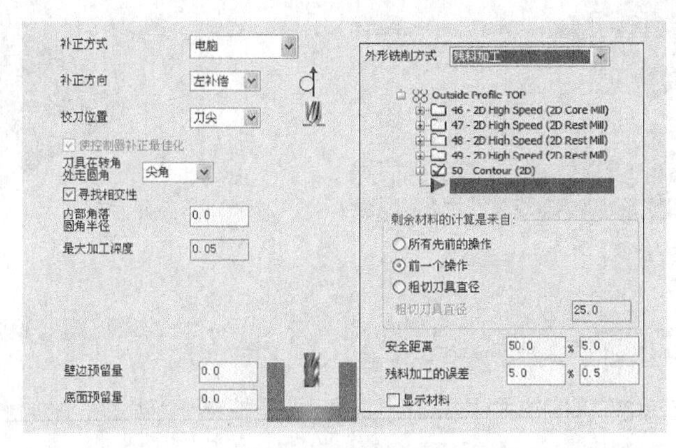

图15-62 残料加工

各选项含义如下。

❖ 剩余材料的计算是来自：设置残料计算依据类型。

❖ 所有先前的操作：依据所有先前操作计算残料。

❖ 前一个操作：只依据前一个操作计算残料。

❖ 粗切刀具直径：依据所设的粗切刀具直径来计算残料。

❖ 粗切刀具直径：设置粗切刀具直径，此选项只有选中【粗切刀具直径】单选按钮时才激活。

15.3.5 摆线式加工

摆线式加工是沿外形轨迹线增加在Z轴的摆动，这样可以减少刀具磨损，在切削更加稀薄的材料或被碾压的材料时，这种方法特别有效。

摆线式加工参数与外形加工参数基本相同，这里主要讲解摆线式参数。在【切削参数】选项区中选择外形铣削方式为【摆线式】后，弹出【摆线式】参数设置区，如图15-63所示。

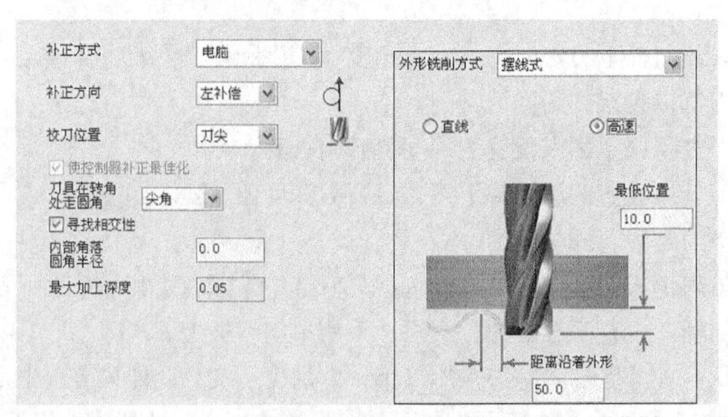

图15-63 摆线式加工

各选项含义如下。

❖ 直线：在外形线Z轴方向的摆动轨迹为线性之字形轨迹。

❖ 高速：在外形线Z轴方向的摆动轨迹为正弦（sine）线轨迹。

❖ 最低位置：设置摆动轨迹离深度平面的偏离值。

❖ 距离沿着外形：沿着外形方向摆动的距离值。

实训77——摆线式加工

对图15-64所示的图形进行平面铣削加工，加工结果如图15-65所示。

图15-64　加工图形

图15-65　加工结果

01 在菜单栏执行【文件】→【打开】按钮，从资源文件中打开“实训\源文件\Ch15\15-4.mcx-9”，单击【完成】按钮，完成文件的调取。

02 在菜单栏执行【刀路】→【外形】命令，弹出【串联选项】对话框，选择串联，方向如图15-66所示。单击【完成】按钮，完成选择。

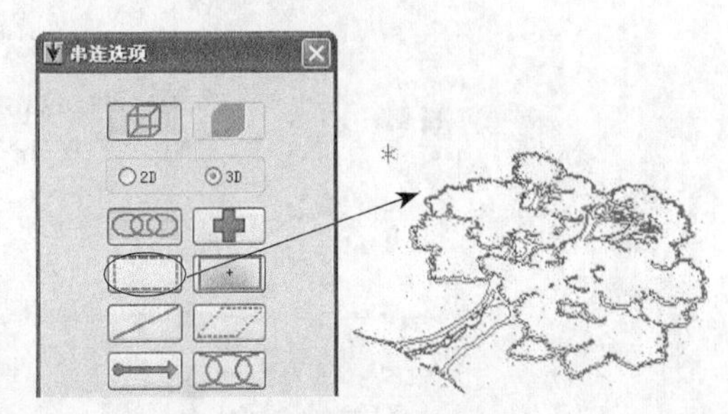

图15-66　选择串联

03 弹出【2D刀路-外形铣削】对话框，选择类型为外形参数，如图15-67所示。

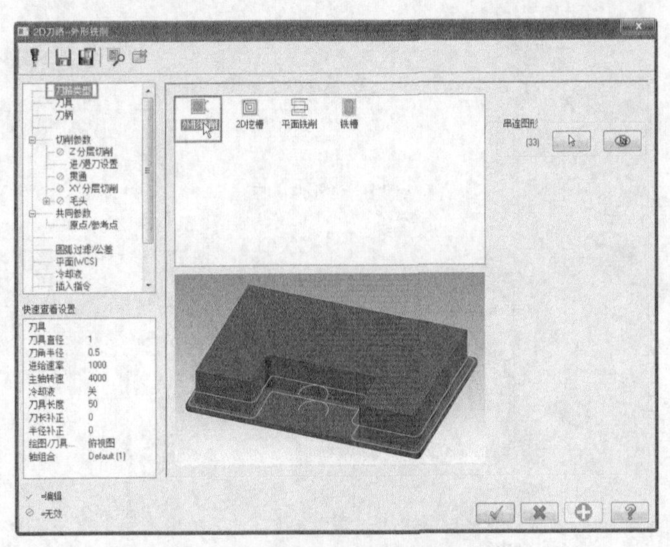

图15-67　【2D刀路-外形铣削】对话框

04 在【2D刀路-外形铣削】对话框中单击【刀具】选项，设置刀具及相关参数，如图15-68所示。

05 在【刀具】选项区的空白处单击鼠标右键，从快捷菜单中选择【创建新刀具】选项，弹出定义刀具的对话框，如图15-69所示。选择刀具类型为【球刀】，单击【下一步】按钮再设置直径为1，如图15-70所示。

单击【完成】按钮✓，完成设置。

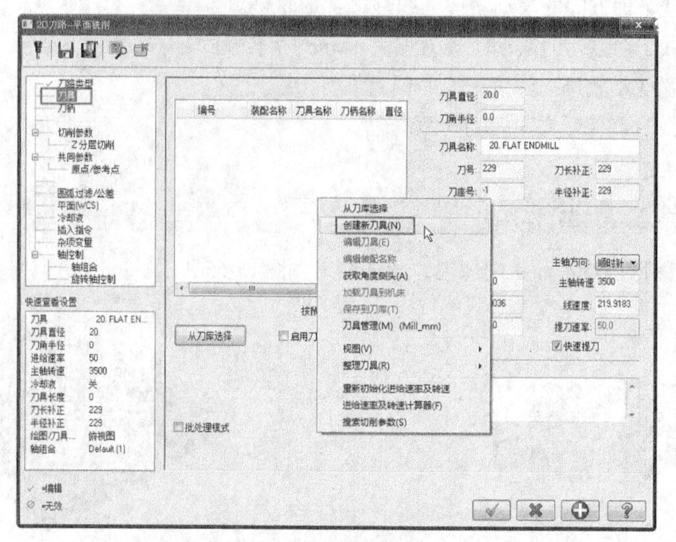

图15-68 刀具参数

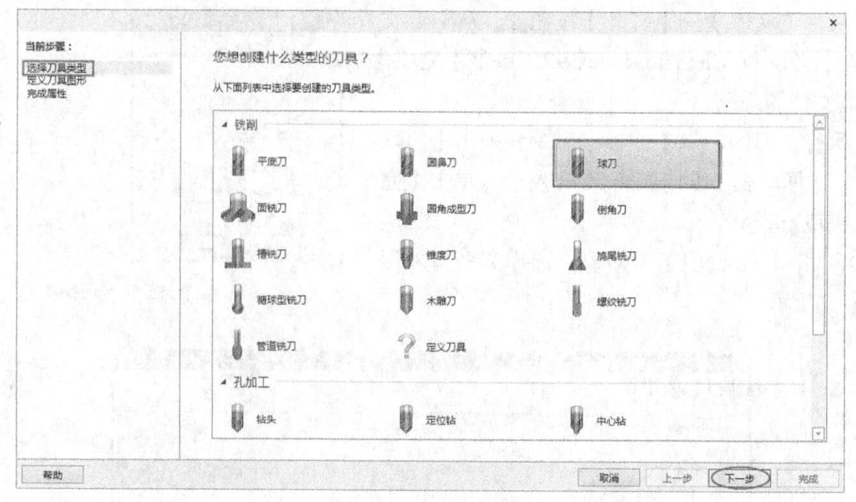

图15-69 新建刀具

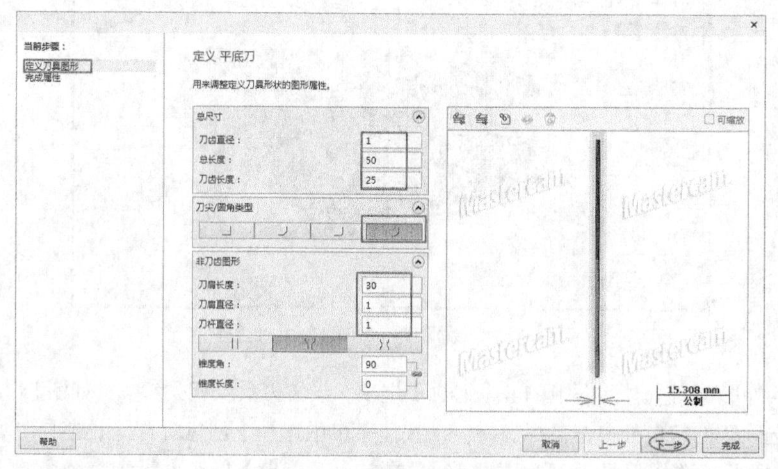

图15-70 设置刀具参数

操作技巧

由于铣削线条，而且线条比较密集，所以用小直径的球刀来加工线条比较平滑。刀具过大将导致切痕过大，使加工出来的线条比较粗，线条加工出来的轨迹就不明显。

06 在【刀具】选项区中设置相关参数，如图15-71所示。单击【完成】按钮✓，完成刀具参数设置。

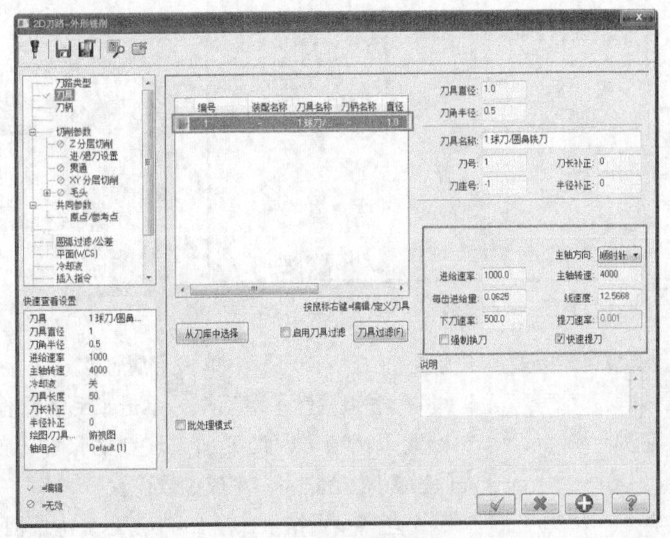

图15-71　刀具相关参数

07 在【2D刀路-外形铣削】对话框中单击【切削参数】选项，设置切削参数，如图15-72所示。

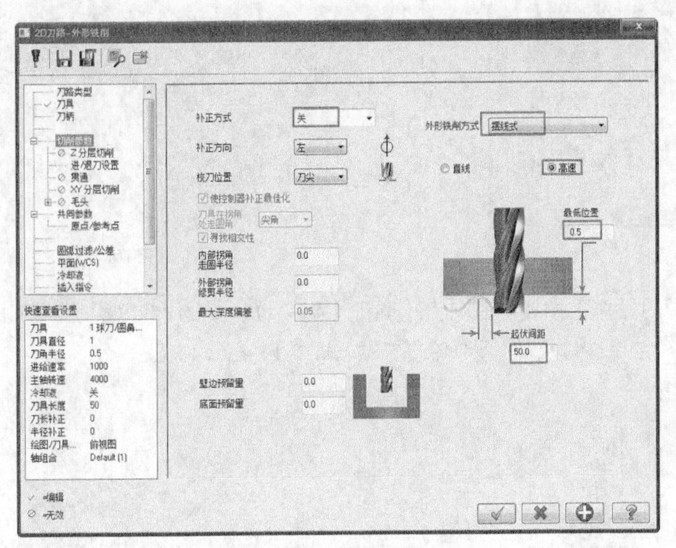

图15-72　切削参数

操作技巧

此处刀具沿曲线走刀加工，刀具中心不偏移，因此无须设置补正选项，即补正类型为关。另外，为消除刀具在起始和终止位置圆弧进退刀的切痕，进退刀参数也需要关闭。

08 在【2D刀路-外形铣削】对话框中单击【共同参数】选项，设置二维刀路共同的参数，如图15-73所示。

09 系统根据所设参数，生成刀路，如图15-74所示。

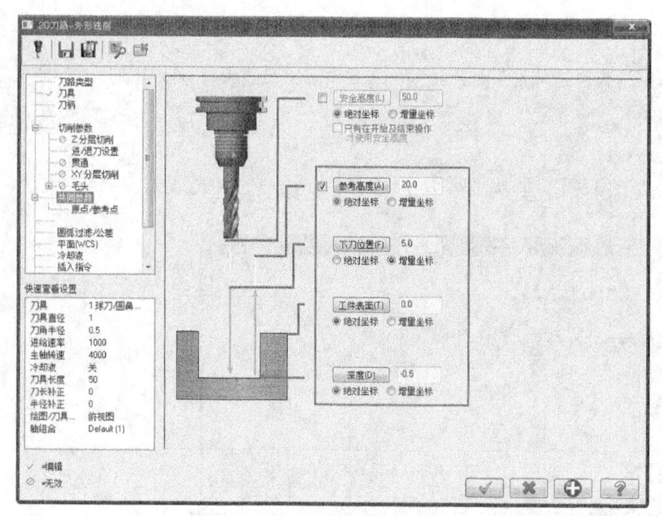

图15-73　共同参数

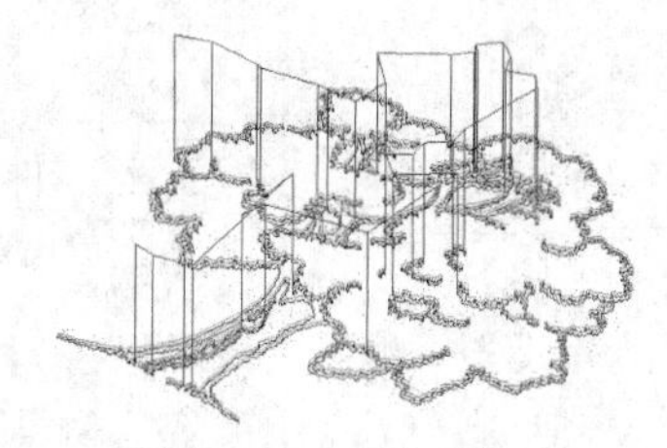

图15-74　生成刀路

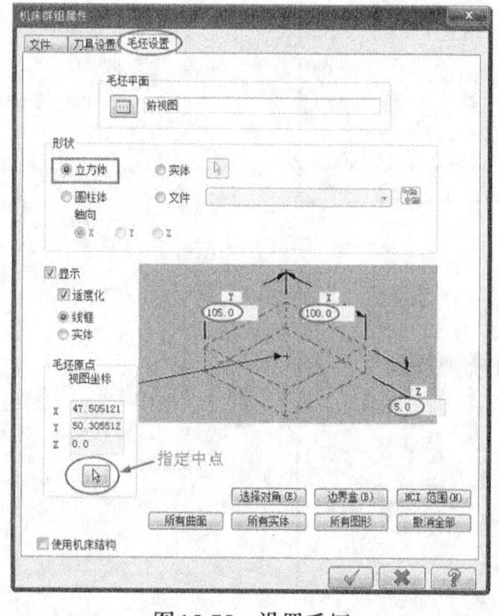

图15-75　设置毛坯

10 在刀路管理器中单击【属性】→【毛坯设置】选项，弹出【机床群组属性】对话框，单击【毛坯设置】标签，打开【毛坯设置】选项卡，设置加工坯料的尺寸，如图15-75所示。单击【完成】按钮，完成参数设置。

11 坯料设置结果如图15-76所示，虚线框显示的即为毛坯。

图15-76　毛坯

12 单击【模拟已选择的操作】按钮，弹出【验证】对话框，如图15-77所示。单击【播放】按钮，模拟结果如图15-78所示。结果文件见“实训\结果文件\Ch15\15-4.mcx-9”。

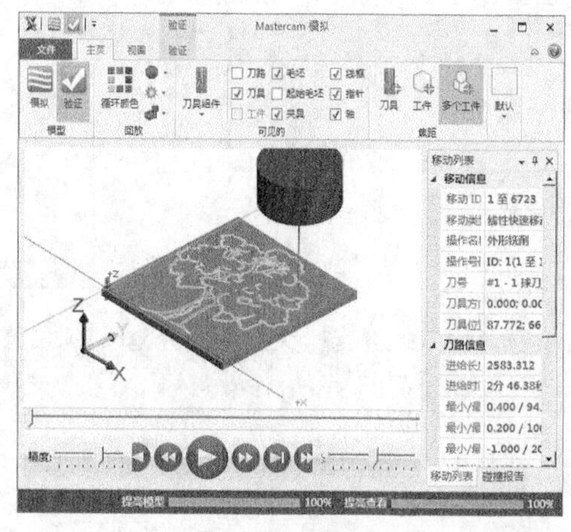

图15-77　模拟

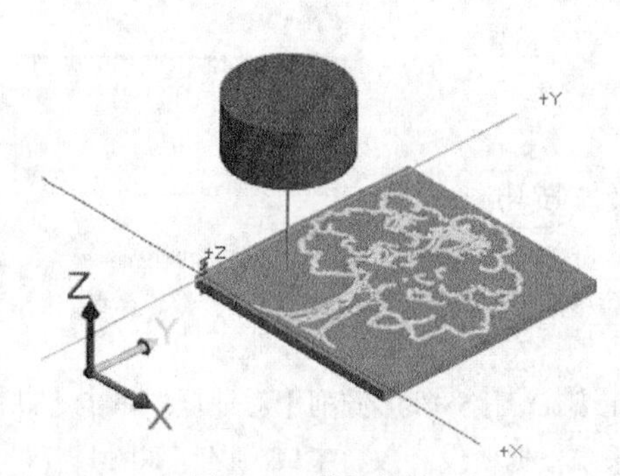

图15-78　模拟结果

15.4　挖槽铣削加工

挖槽加工刀路主要用来切除封闭的或开放的外形所包围的材料（槽形）。挖槽加工方式有标准、平面铣、使用岛屿深度、残料加工和开放式挖槽5种，如图15-79所示。

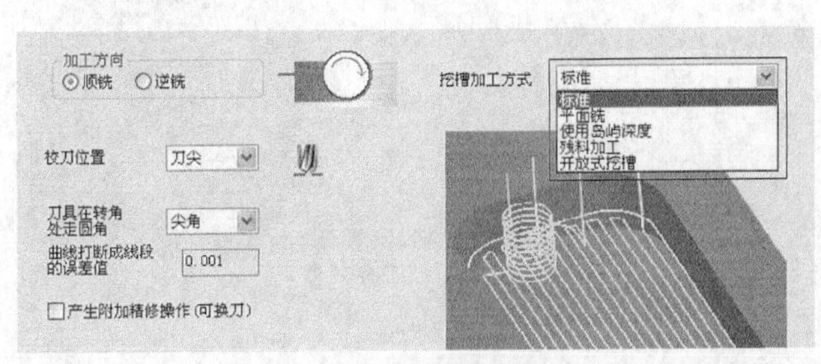

图15-79　挖槽加工方式

15.4.1　标准挖槽

标准挖槽加工专门用于加工平面槽形工件，且二维加工轮廓必须是封闭的，不能是开放的。用标准挖槽加工槽形的轮廓时，参数设置非常方便，系统根据轮廓自动计算走刀次数，无须用户计算。此外，标准挖槽加工采用逐层加工的方式，在每一层内，刀具会以最少的刀路、最快的速度去除残料，因此加工效率非常高。在菜单栏执行【刀路】→【2D挖槽】命令，选择挖槽串联并确定后，弹出【2D刀路-2D挖槽】对话框，选择刀路类型为【2D挖槽】选项，如图15-80所示。

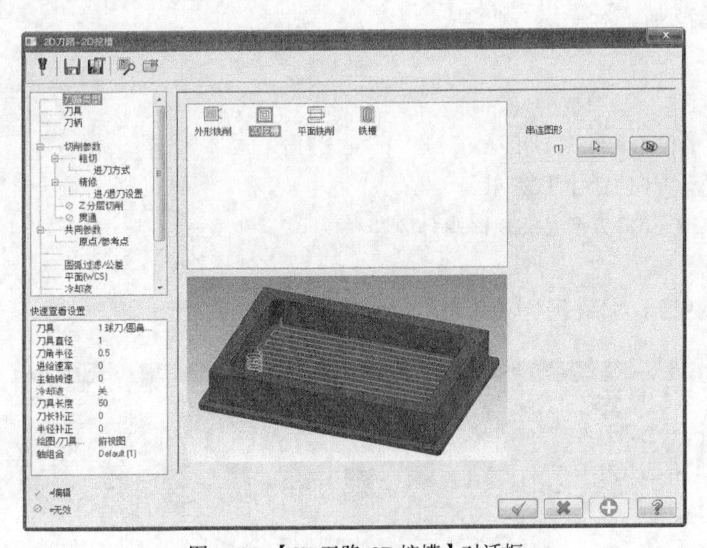

图15-80　【2D刀路-2D挖槽】对话框

1. 切削参数

在【2D刀路-2D挖槽】对话框中可以设置生成挖槽刀路的基本参数。包括切削参数和共同参数等，共同参数在前面已经做了介绍，下面主要讲解切削参数。在【2D刀路-2D挖槽】对话框中单击【切削参数】选项，弹出【切削参数】选项区，如图15-81所示。

各选项含义如下。

❖ 加工方向：用来设置刀具相对工件的加工方向，有顺铣和逆铣两种。

顺铣：根据顺铣的方向生成挖槽的加工刀路。

逆铣：根据逆铣的方向生成挖槽的加工刀路。

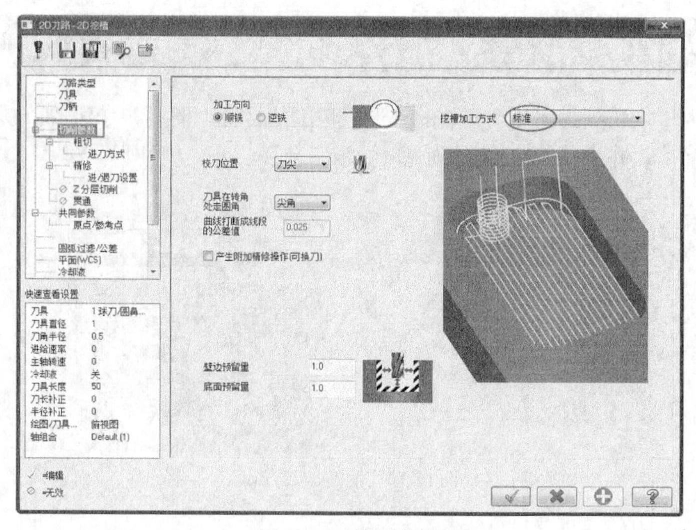

图 15-81　切削参数

顺铣与逆铣的示意图如图15-82所示。

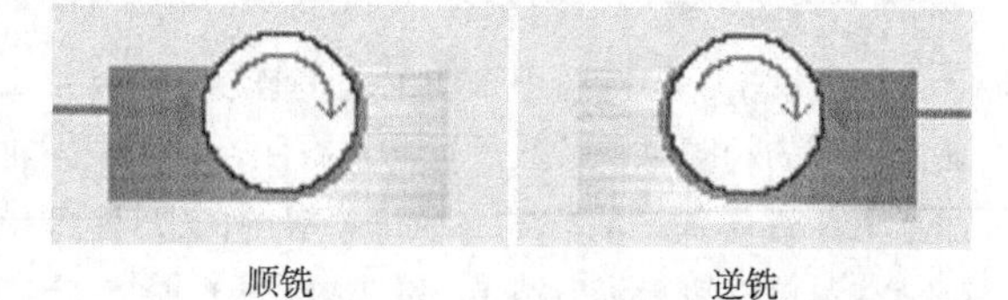

图 15-82　顺铣和逆铣

❖ 挖槽加工方式：用来设置挖槽的类型，有标准、铣平面、使用岛屿深度、残料加工和开放式轮廓挖槽几种。

❖ 校刀位置：设置校刀参考为刀尖或中心。

❖ 刀具在转角处走圆角：设置刀具在折角处的走刀方式，有全部、无和尖角3个选项。

无：不走圆弧。

全部：全部走圆弧。

尖角：小于135°的尖角走圆弧。

❖ 壁边预留量：*xy*方向上预留残料量。

❖ 底面预留量：槽底部*z*方向上的预留残料量。

2. 粗加工参数

在【2D刀路-2D挖槽】对话框中单击【粗切】选项，如图15-83所示。

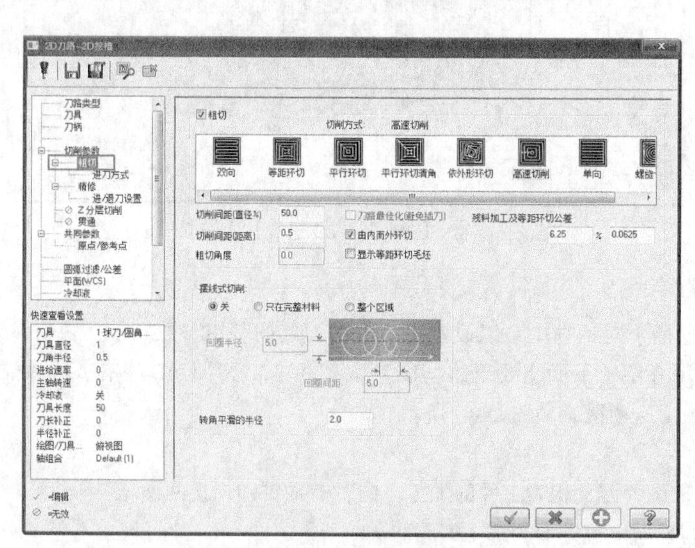

图 15-83　粗加工参数

各选项含义如下。

❖ 切削方式：设置切削加工的走刀方式，共有以下8种。

双向：产生一组来回的直线刀路来切削槽。刀路的方向由粗切角度决定，如图15-84所示

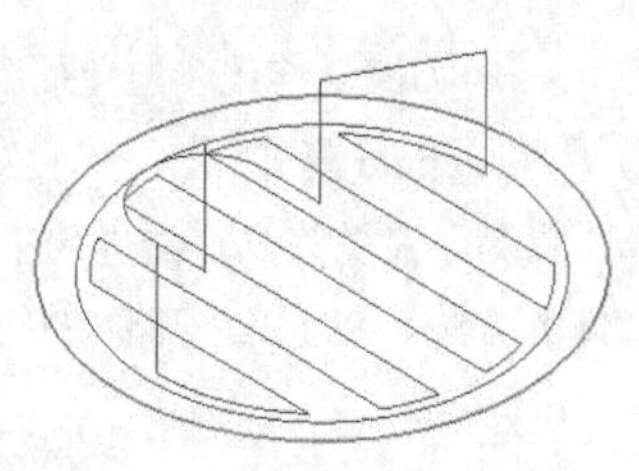

图15-84　双向

单向：产生的刀路与双向类似，所不同的是单向切削的刀路按同一个方向切削，如图15-85所示。

等距环切：以等距切削的螺旋方式产生挖槽刀路，如图15-86所示。

平行环切：以平行螺旋方式产生挖槽刀路，如图15-87所示。

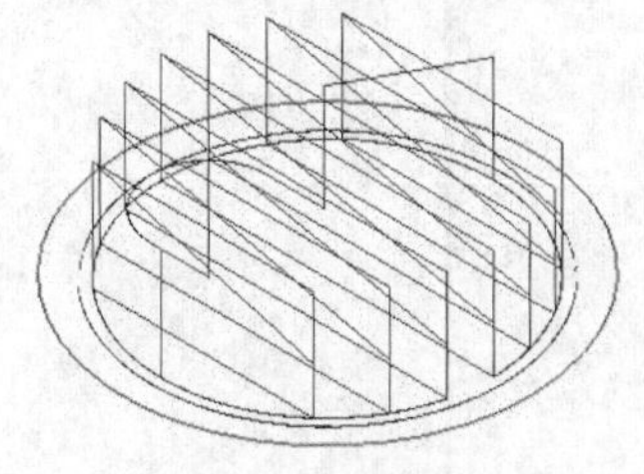

图15-85　单向

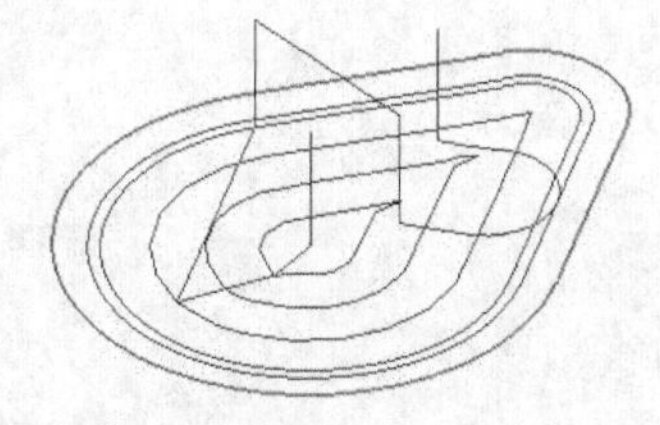

图15-86　等距环切

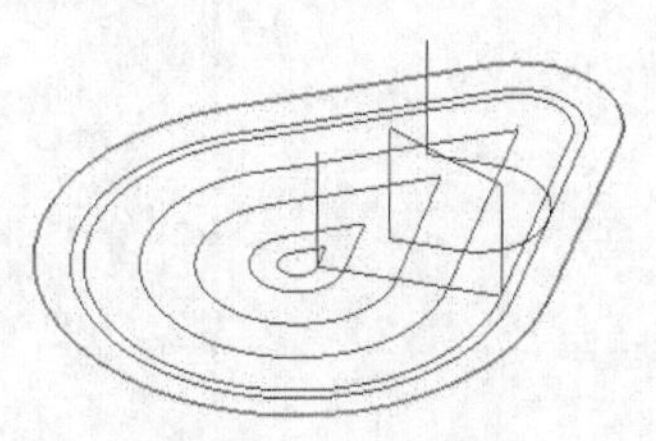

图15-87　平行环切

平行环切清角：以平行螺旋并清角的方式产生挖槽刀路，如图15-88所示。

依外形环切：以外形螺旋方式产生挖槽刀路，如图15-89所示。

高速切削：以圆弧、螺旋进行摆动式产生挖槽刀路，如图15-90所示。

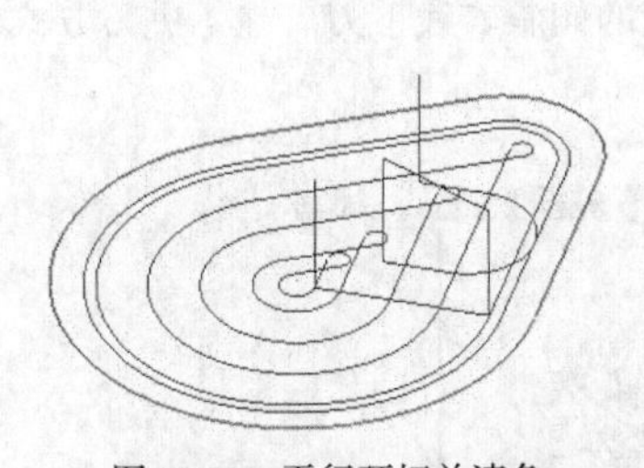

图15-88　平行环切并清角

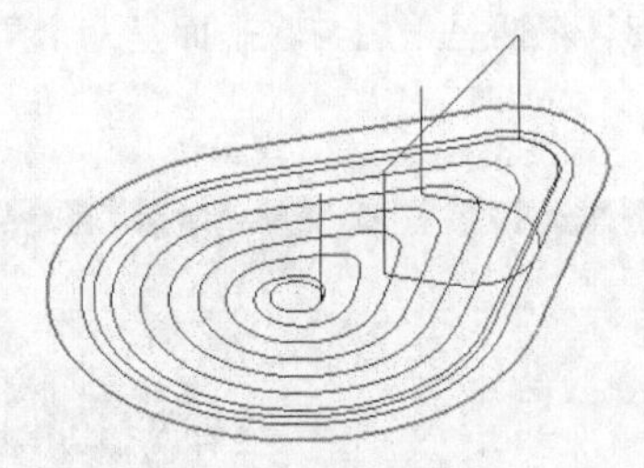

图15-89　依外形环切

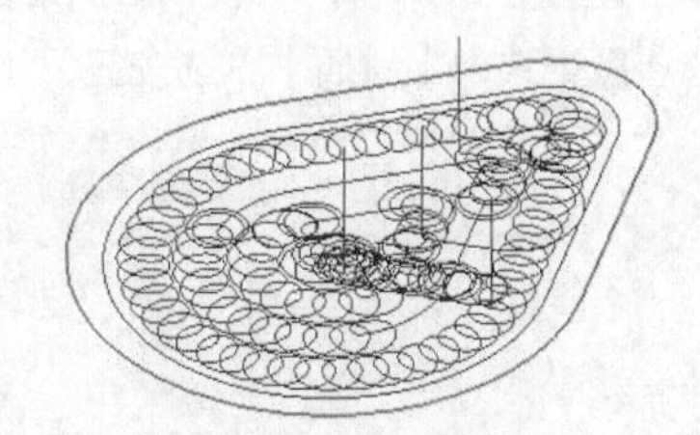

图15-90　高速切削

螺旋切削：以平滑的圆弧方式产生高速切削的挖槽刀路，如图15-91所示。

❖ 切削间距（直径%）：以刀具直径的百分比来定义刀路的间距。一般为60%~75%。

❖ 切削间距（距离）：直接以距离来定义刀路的间距。它与直径百分比选项是连动的。

❖ 粗切角度：用来控制刀路的铣削方向，指的是刀路切削方向与X轴的夹角。此项只有粗切方式为双向和单向时才激活可用。

❖ 由内而外环切：环切刀路的挖槽进刀起点有两种方法决定，选中【由内而外环切】复选框时，切削方法是以挖槽中心或用户指定的起点开始，螺旋切削至挖槽边界，如图15-92所示。当未选中该复选框时，切削方法是以挖槽边界或用户指定的起点开始，螺旋切削至挖槽中心，如图15-93所示。

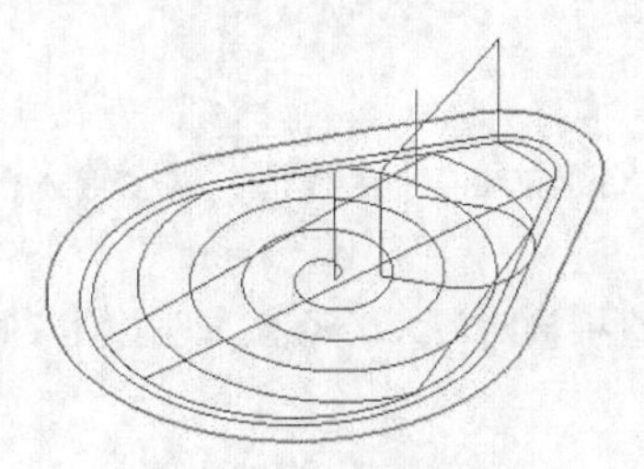

图15-91　螺旋切削

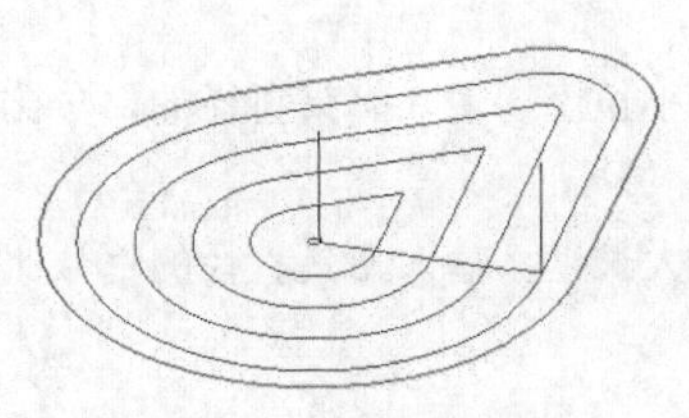

图15-92　由内而外环切

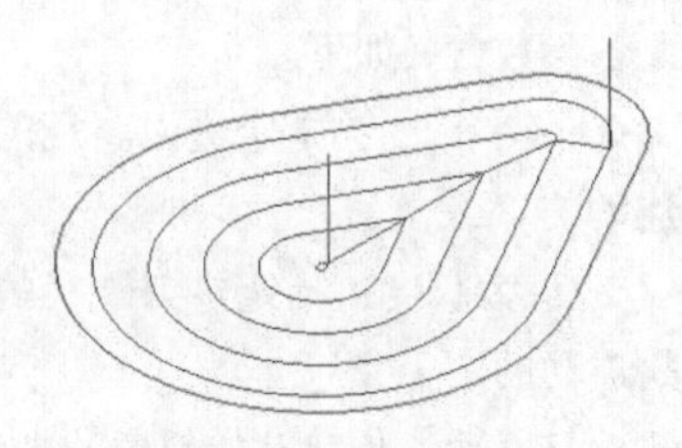

图15-93　由外而内环切

❖ 刀路最佳化（避免插刀）：系统对刀路优化，以最佳的方式走刀。

3. 进刀模式

为了避免刀具直接进入工件而伤及工件或损坏刀具，需要设置下刀方式。下刀方式用来指定刀具进入工件的方法。在【2D刀路-2D挖槽】对话框中单击【进刀方式】选项，如图15-94所示。

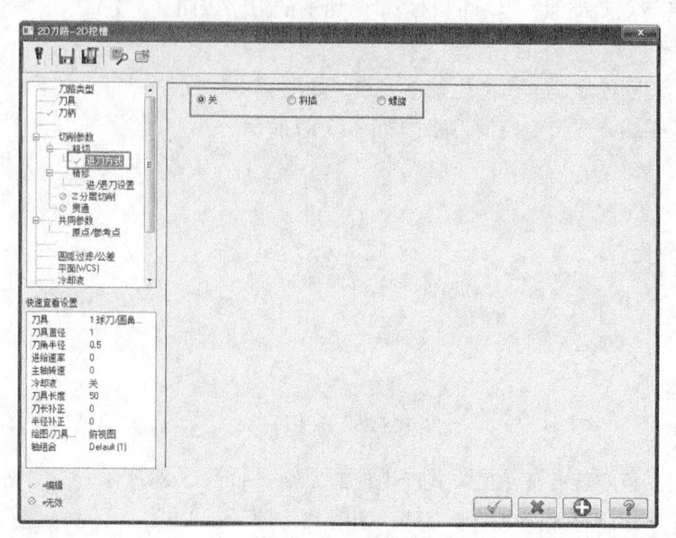

图15-94　进刀方式

进刀方式有3种：关、斜插和螺旋。斜插是采用与水平面呈一个角度的倾斜直线下刀。在【进刀方式】选项区中选中【斜插】单选按钮，如图15-95所示。

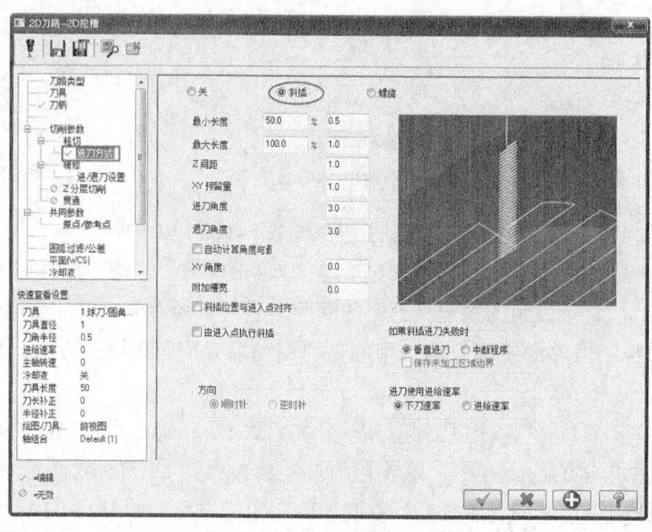

图15-95　斜插下刀

各参数含义如下。

❖ 最小长度：指定进刀路径的最小长度。输入刀具直径的百分比或直接输入最小半径值，两个输入框是连动的。

❖ 最大长度：指定进刀路径的最大长度。输入刀具直径的百分比或直接输入最大半径值，两个输入框也是连动的。

❖ Z间距：指定开始斜插的高度。

❖ XY预留量：指定刀具和最后精修挖槽加工的预留间隙。

❖ 进刀角度：指定斜插进刀的角度。

❖ 退出角度：指定斜插退刀的角度。

❖ 自动计算角度与最长边平行：选中该复选框时，斜插进刀在XY轴方向的角度由系统决定；当没有选中时，斜插进刀在XY轴方向的角度由XY轴角度输入框输入的角度来决定。

❖ 附加槽宽：指定刀具每一次快速直落时添加的额外刀路。

❖ 斜插位置与进入点对齐：选中该复选框时，进刀点与刀路对齐。

❖ 由进入点执行斜插：选中该复选框时，进刀点即是斜插刀路的起点。

❖ 如果斜插下刀失败：如果斜插下刀失败，可以选择解决方案是垂直进刀和中断程式。

❖ 进刀使用的进给：选择进刀过程中采用的速率，可以选择下刀速率，也可以选择进给率。

螺旋形下刀模式下，刀具先落到螺旋起始高度，然后以螺旋下降方式切削工件到最后深度。在【进刀方式】选项区中单击【螺旋】单选按钮，显示【螺旋】参数设置区，如图15-96所示。

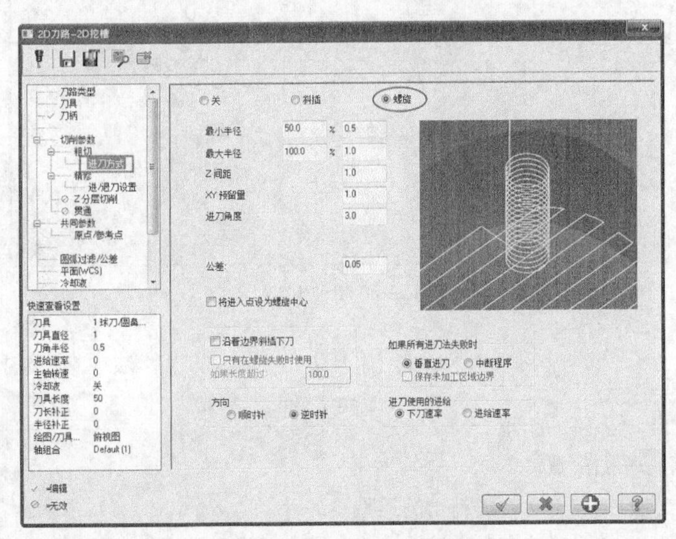

图15-96　螺旋式下刀参数设置

各选项含义如下。

❖ 最小半径：指定螺旋的最小半径，输入刀具直径的百分比或直接输入最小半径值，两个输入框是连动的。

❖ 最大半径：指定螺旋的最大半径，输入刀具直径的百分比或直接输入最大半径值，两个输入框也是连动的。

❖ Z高度：指定开始螺旋的高度。

❖ XY预留量：指定刀具和最后精修挖槽加工的预留间隙。

❖ 进刀角度：指定螺旋进刀的下刀角度。垂直进刀角度决定螺旋下刀刀路的长度，角度越小，螺旋的次数越多，螺旋长度越长。

❖ 方向：指定螺旋下刀的方向是顺时针还是逆时针。

❖ 沿着边界斜插下刀：选中该复选框，设定刀具沿边界移动。

❖ 只在螺旋失败时采用：仅当螺旋下刀失败时，设定刀具沿边界移动。

❖ 如果所有进刀方法都失败时：当所有进刀方法都失败时，设定为垂直进刀或中断程序。

❖ 进刀使用的进给：选中该复选框，进刀采用的进给率有两种，下刀速率和进给率。选择下刀速率时，采用Z向进刀量，选择进给率时，采用水平切削进刀量。

❖ 螺旋：选中该复选框，螺旋下刀刀路采用圆弧刀路；不选中则以输入的公差转换为线段，螺旋下刀刀路采用线段的刀路。

❖ 将进入点设为螺旋的中心：选中该复选框，以进入点作为螺旋下刀刀路的中心。

4. 精加工参数

精加工参数主要用来设置对壁边和底部进行精修操作的参数，在【2D刀路-2D挖槽】对话框中单击【精修】选项，弹出【精修】选项区，如图15-97所示。

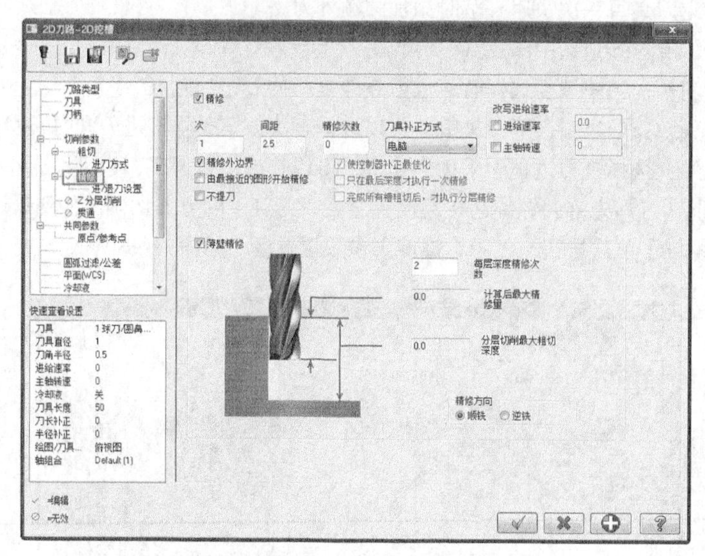

图15-97　精加工参数

各选项含义如下。

❖ 次数：设置精加工次数。

❖ 间距：设置精加工时刀路的间距。

❖ 精修次数：设置修光的次数。

❖ 刀具补正方式：设置精加工时刀具补偿的类型。

❖ 改写进给率：设置新的进给速率和主轴转速来改写先前设置的粗切时的进给率和转速。

❖ 精修外边界：对边界进行精修。

❖ 由最靠近的图形开始精修：从最靠近的图形开始精修。

❖ 不提刀：精修时不提刀。

5. 深度切削参数

深度切削参数主要用来设置刀具在z方向深度上加工的参数。在【2D刀路-2D挖槽】对话框中单击【Z分层切削】选项，弹出【Z分层切削】选项区，如图15-98所示。

各选项含义如下。

❖ 最大粗切步进量：输入每层最大的切削深度。

❖ 精修次数：输入精修次数。

❖ 精修量：精修的切削量。

❖ 不提刀：在每层切削完毕不进行提刀动作，而直接进行下一层切削。

❖ 使用岛屿深度：当槽内存在岛屿时，激活岛屿深度。

❖ 使用子程序：在程序中每一层的刀路采用子程序加工，缩短加工程序长度。

❖ 深度分层切削排序：当同时存在多个槽形时，定义加工的顺序，选择依照区域时，加工以区域为单位，将每一个区域加工完毕后，才进入下一个区域的加工。选择依照深度时，加工时以深度为依据，在同一深度上将所有区域加工完毕后，再进入下一个深度的加工。

❖ 锥度斜壁：输入挖槽加工侧壁的锥度。

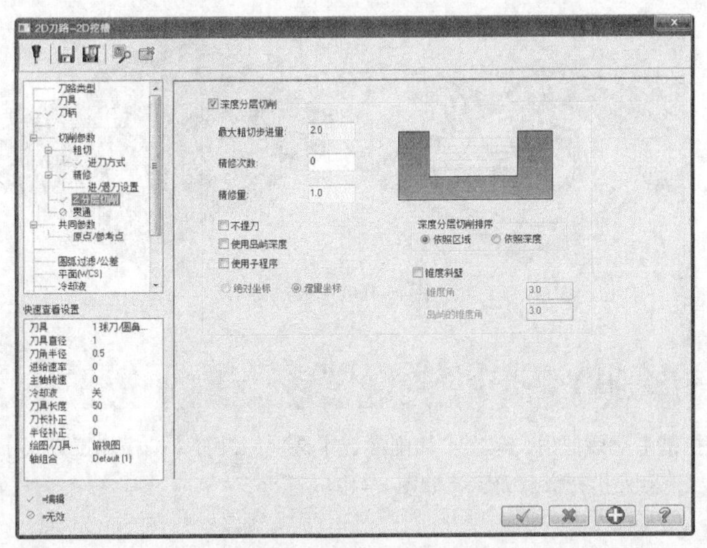

图15-98　精加工参数

6. 贯通参数

当要铣削的槽是通槽时，即整个槽贯通到底部，可以采用【贯通】参数来控制。在【2D刀路-2D挖槽】对话框中单击【贯通】选项，弹出【贯通】选项区，如图15-99所示。

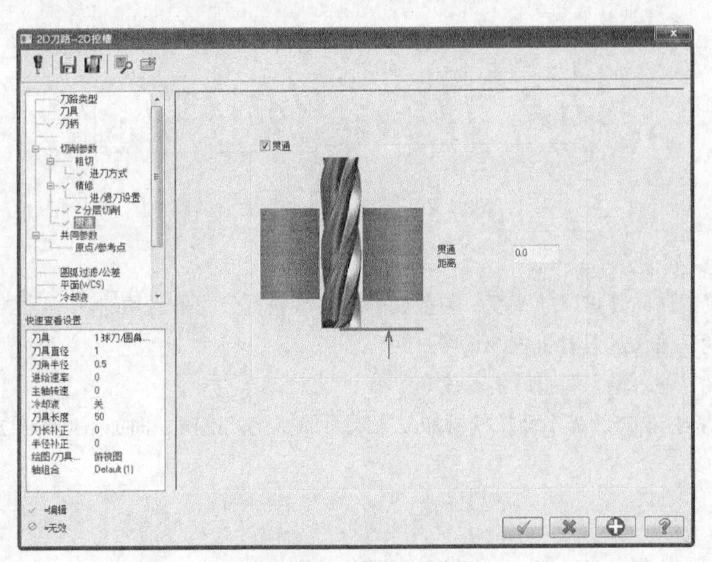

图15-99　【贯通】参数

技术支持

【贯通】参数主要设置刀具贯通槽底部的长度，即贯通距离，此值是刀尖穿透槽的最低位置并低于最低位置的绝对值。只要选中【贯通】复选框，设置的加工深度值将无效。实际加工深度将以贯通值为参考。

7. 岛屿及挖槽区域

岛屿原指四面环水并在高潮时高于水面的自然形成的陆地区域。在这里是指在槽的边界内，不需要切削加工的区域，如图15-100所示。岛屿的串联必须是封闭的。依据选择的串联不同，进行挖槽加工的区域也不同。

图15-100　岛屿

15.4.2　挖槽面铣加工

在【2D刀路-2D挖槽】对话框中，单击【切削参数】选项，设置【挖槽加工方式】为【平面铣】选项，表示在原有的刀路边界上额外扩充部分刀路，如图15-101所示。

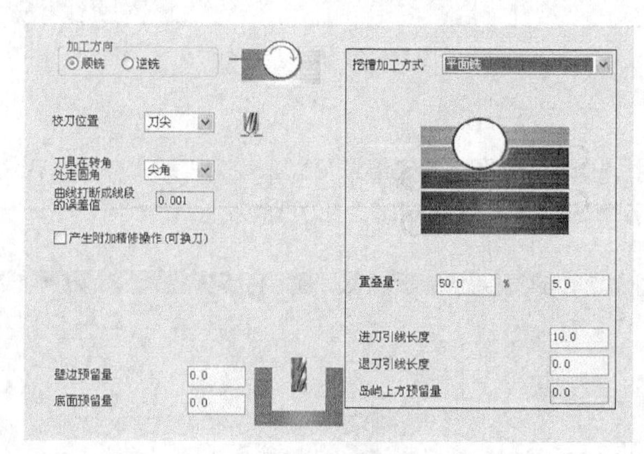

图15-101　设置挖槽加工方式

其中部分参数含义如下。

❖ 重叠量：设置刀路向外扩展的宽度，与前面的刀具重叠百分比是连动的。

❖ 进刀引线长度：输入进刀时引线的长度。

❖ 退刀引线长度：输入退刀时引线的长度。

图15-102为将标准挖槽修改为平面铣挖槽加工方式后的变化，挖槽平面加工向外再加工了一个半径，将角落残料清除了。

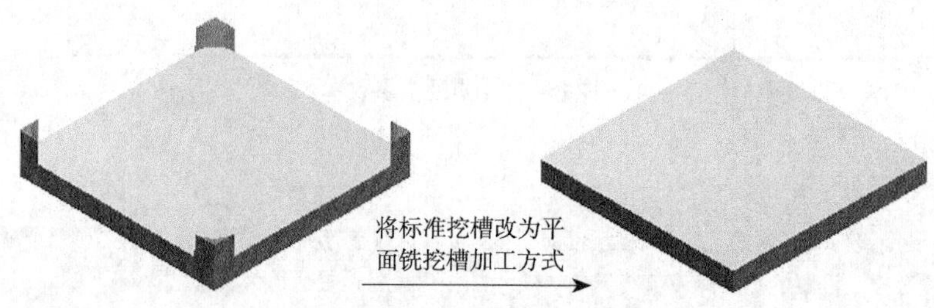

图15-102　平面铣挖槽加工方式

15.4.3　使用岛屿深度

在【2D刀路-2D挖槽】对话框中，单击【切削参数】选项，设置【挖槽加工方式】为【使用岛屿深度】，控制岛屿的加工深度，如图15-103所示。岛屿深度的控制参数主要是【岛屿上方的预留量】，此值应取负值，含义和槽深度类似，是岛屿的上方距离工件表面的深度值，图15-104为岛屿上方预留量为-5mm，槽深度为-10mm的结果，即岛屿的深度加工到-5mm，槽深度加工到-10mm。

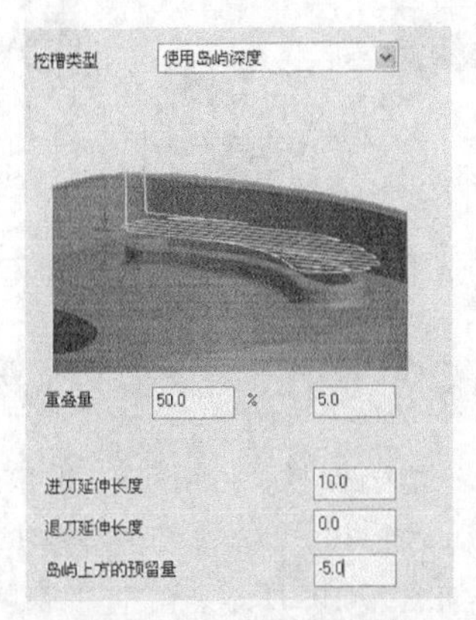

图15-103　使用岛屿深度

图15-104　岛屿预留量结果

15.4.4　残料加工

残料加工一般用于铣削上一次挖槽加工后留下的残余材料。残料加工可以用来加工以前加工预留的部分，也可以用来加工由于采用大直径刀具在转角处不能被铣削的部分。在【2D刀路-2D挖槽】对话框中，单击【切削参数】选项，设置【挖槽类型】为【残料加工】选项，如图15-105所示。图15-106为残料加工结果。

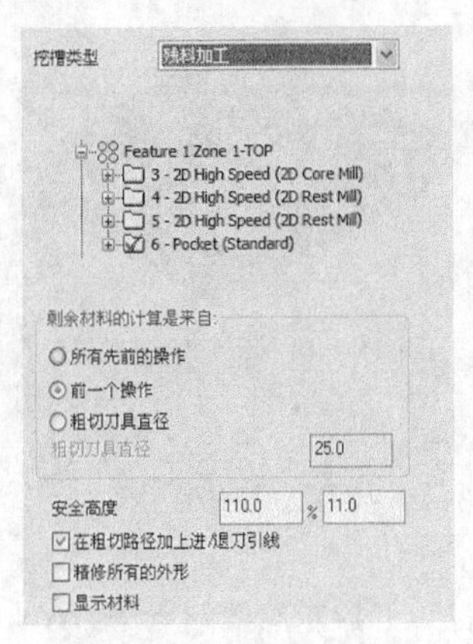

图15-105　残料加工参数

图15-106　残料加工结果

其中部分参数含义如下。

❖ 剩余材料的计算是来自：设置剩余材料的计算依据。

所有先前的操作：系统对前面所有操作留下来的残料进行计算。

前一个操作：依据前一操作留下来的残料进行计算。

粗切刀具直径：输入先前刀路所使用的刀具直径，依据此刀具直径在曲面上加工留下来的残料进行计算。

❖ 安全高度：用来设置残料加工的刀路的长度与刀具直径的百分比。

图15-107为设置安全高度为100%的效果。图15-108为设置安全高度为200%的效果。很明显刀路变长了。

❖ 在粗切路径加上进/退刀引线：在粗切刀路上增加进刀或退刀引线。

❖ 精修所有的外形：在所有外形上进行精修操作。

❖ 显示材料：选中该复选框时，在参数设置完毕后，会将粗加工能加工到的区域、精加工能加工到的区域，以及最后剩余的材料区域分别显示在屏幕上，供用户参考。

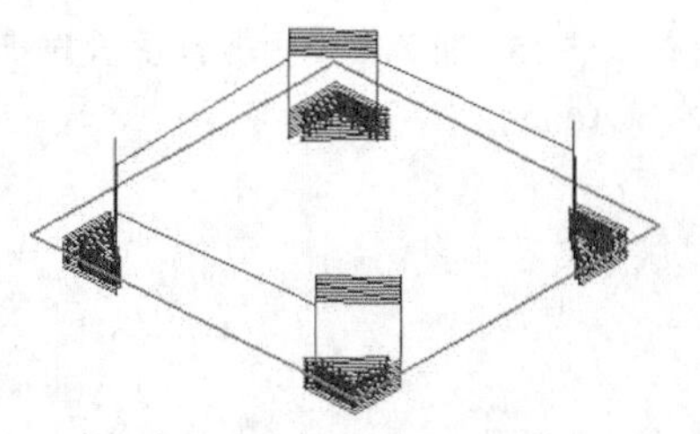

图15-107　百分比为100%

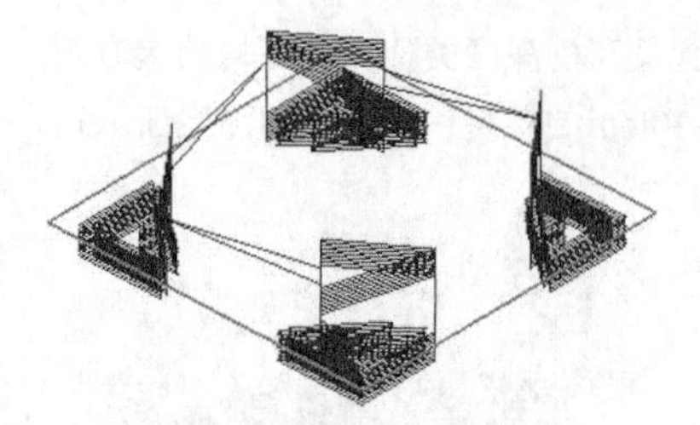

图15-108　百分比为200%

15.4.5　开放式挖槽

由于标准挖槽要求串联必须封闭，因而对于一些开放的串联，就无法进行标准挖槽。开放式挖槽就是专门针对串联不封闭的零件进行加工的。在【2D刀路-2D挖槽】对话框中，单击【切削参数】选项，设置【挖槽加工方式】为【开放式挖槽】选项，用来加工开放式轮廓，如图15-109所示。由于轮廓是开放的，可以从切削范围外进刀。因此，开放式挖槽进刀非常安全，而且可以使用专门的开放轮廓切削方法来加工。图15-110为采用开放式挖槽的结果。

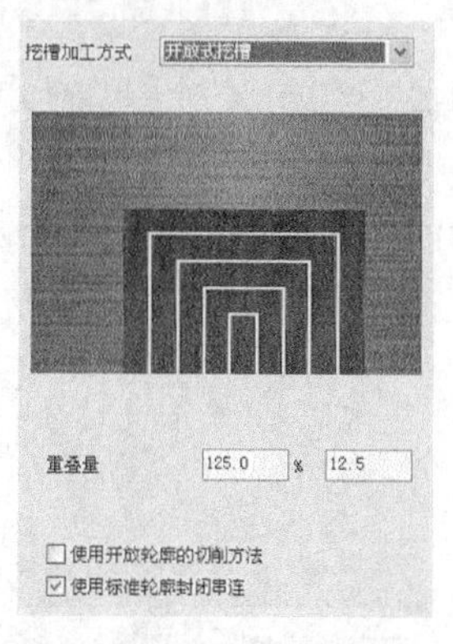

图15-109　开放式挖槽参数

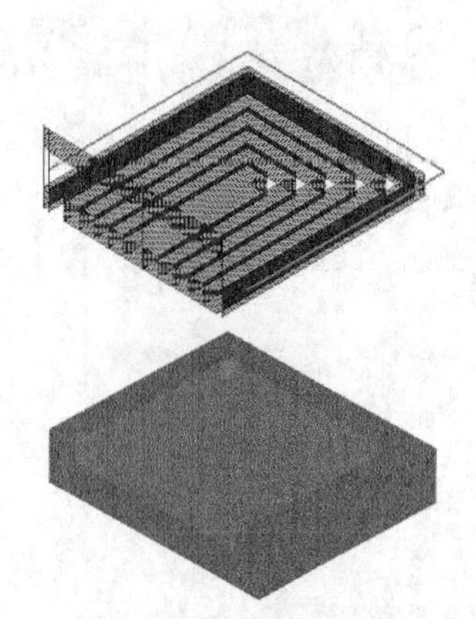

图15-110　开放式挖槽结果

其中部分参数含义如下。

❖ 刀具重叠的百分比：设置开放加工刀路超出开放边界的距离与刀具直径的百分比。

❖ 重叠距离：设置开放加工刀路超出开放边界的距离。

❖ 使用开放轮廓的切削方法：选中该复选框，开放式加工刀路以开放轮廓的端点作为起点，并采用开放式轮廓挖槽加工的切削方式加工，此时在【粗切/精修的参数】选项卡中设置的粗切方式不起作用。

图15-111为采用双向切削方式加工的刀路。图15-112为采用开放式挖槽加工方式加工的刀路。

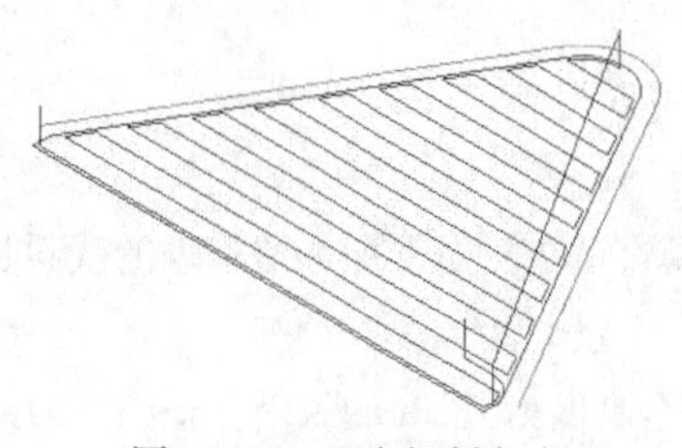

图15-111　双向切削方式

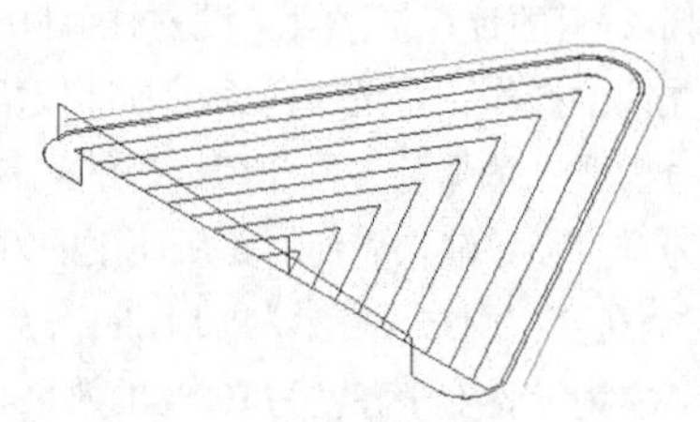

图15-112　开放式挖槽加工方式

实训78——挖槽加工

对图15-113所示的图形进行平面铣削加工，加工结果如图15-114所示。

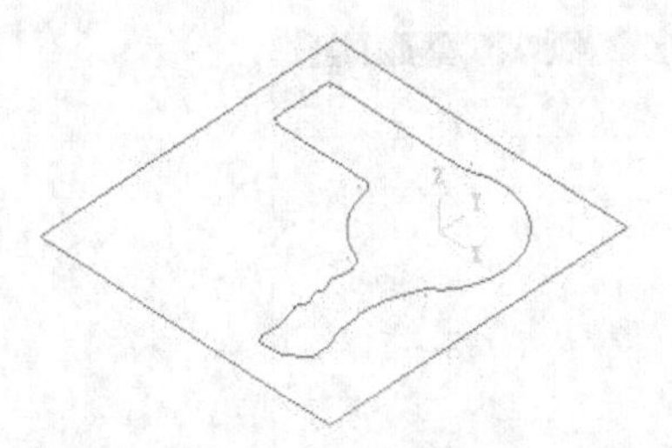

图15-113　加工图形

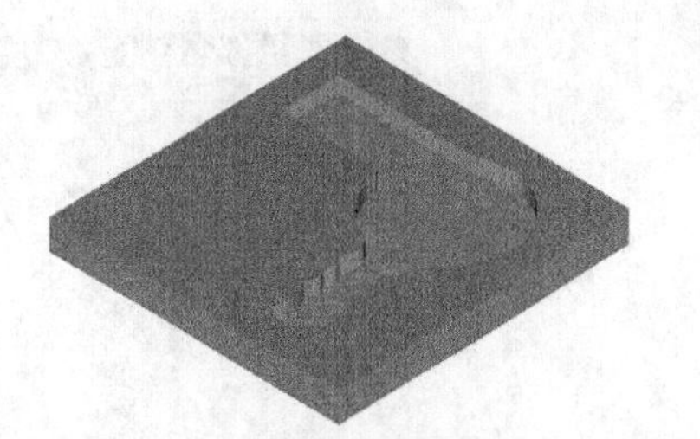

图15-114　加工结果

01 在菜单栏执行【文件】→【打开】按钮，从资源文件中打开“实训\源文件\Ch15\15-5.mcx-9”，单击【完成】按钮，完成文件的调取。

02 在菜单栏执行【刀路】→【2D挖槽】命令，弹出【输入新的NC名称】对话框，使用默认名称，如图15-115所示。单击【完成】按钮，弹出【串联选项】对话框，选择串联，方向如图15-116所示。单击【完成】按钮，完成选择。

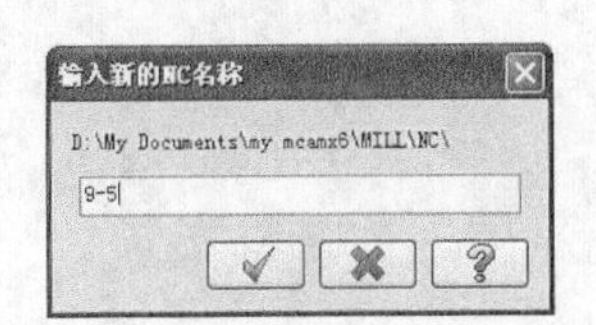

图15-115　输入新的NC名称

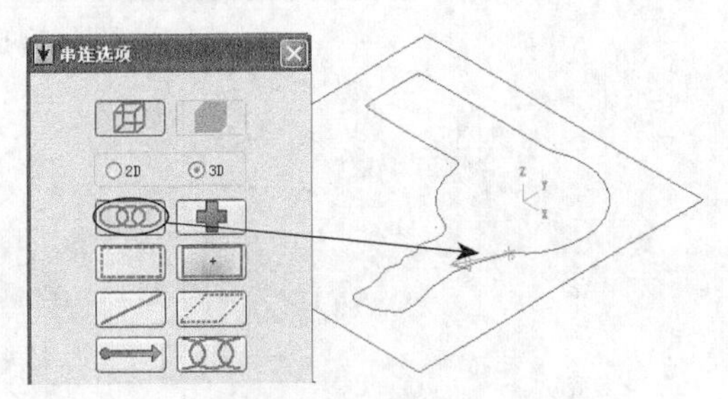

图15-116　选择串联

03 弹出【2D刀路-2D挖槽】对话框，选择类型为2D挖槽，如图15-117所示。

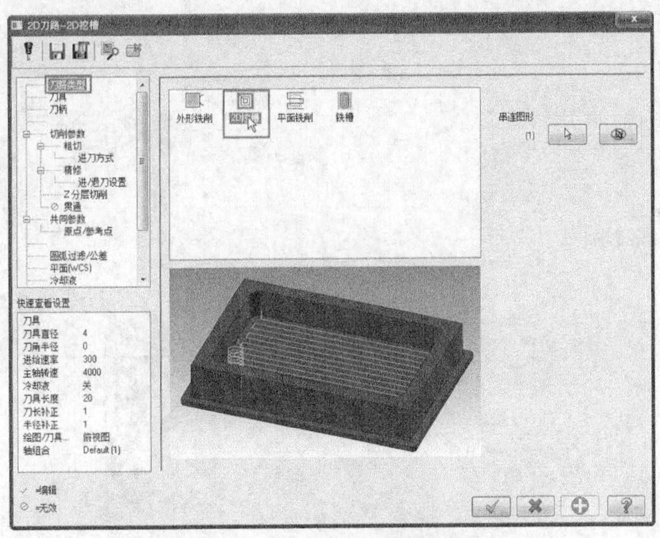

图15-117　【2D刀路-2D挖槽】对话框

04 在【2D刀路-2D挖槽】对话框中单击【刀具】选项，弹出【刀具】选项区，如图15-118所示。

05 在【刀具】选项区的空白处单击鼠标右键，从快捷菜单中选择【创建新刀具】选项，弹出定义刀具的对话框，如图15-119所示。选择刀具类型为【平底刀】，单击【下一步】按钮再设置刀具直径为4，如图15-120所示。单击【完成】按钮完成设置。

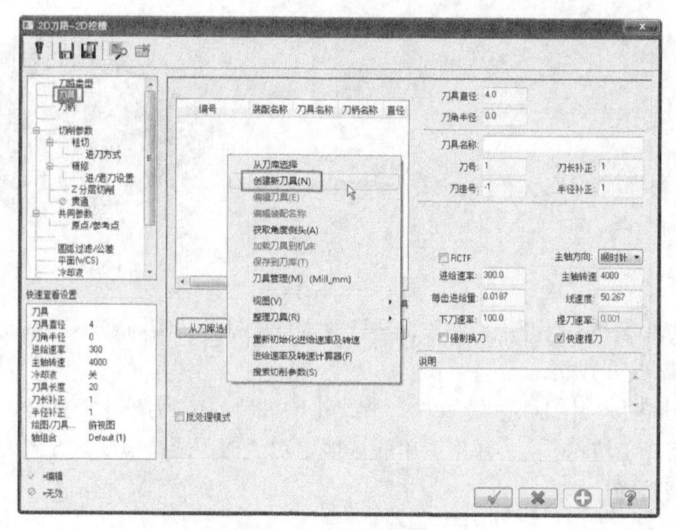

图 15-118　刀具参数

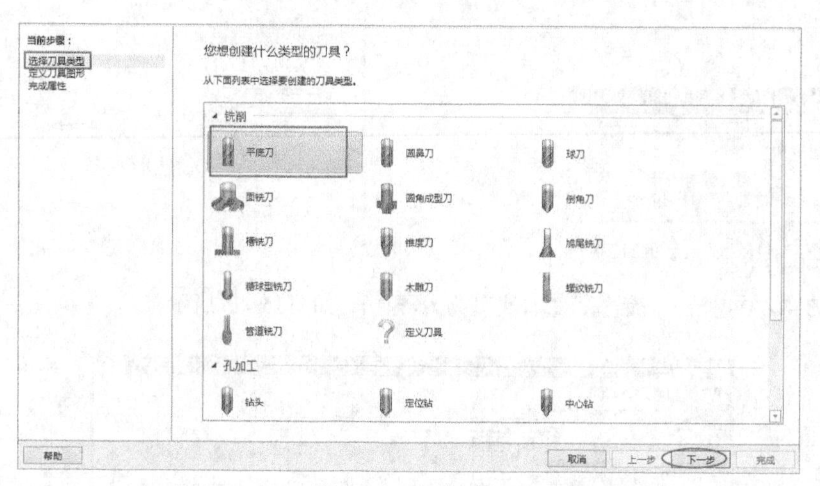

图 15-119　新建刀具

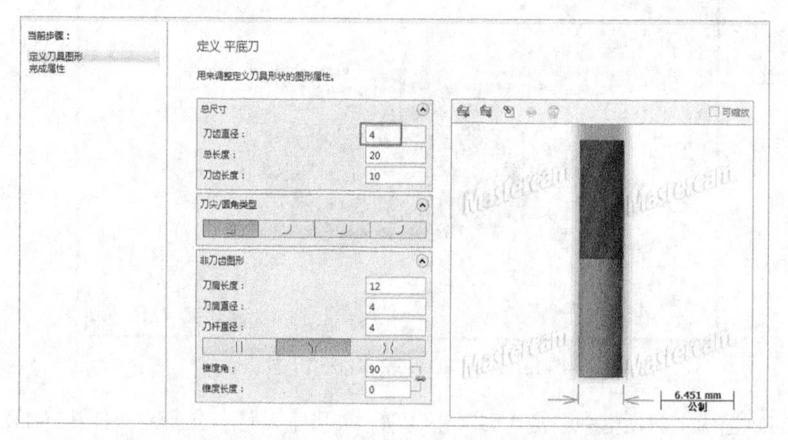

图 15-120　设置刀具参数

操作技巧

由于加工不规则凹槽，所以采用挖槽加工，刀具采用棒刀，图形中内凹半径最小为2mm，如果半径小于最小内凹半径，将无法加工到位，因此，刀具直径设置为4。

06 在【刀具】选项区中设置进给率和转速等相关参数，如图15-121所示。

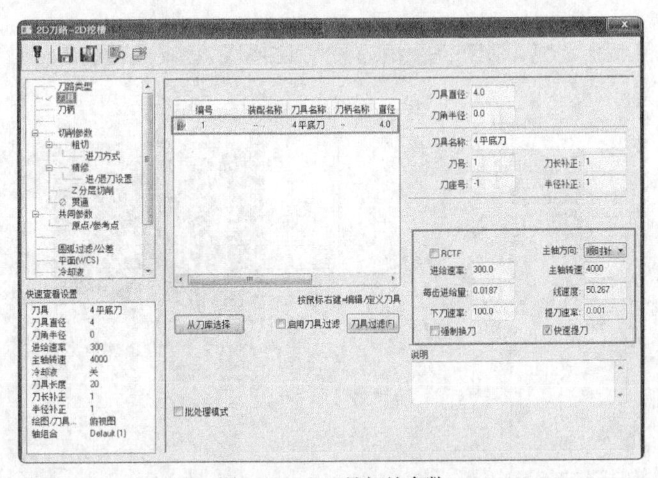

图15-121　刀具相关参数

07 在【2D刀路-2D挖槽】对话框中单击【切削参数】选项，设置切削相关参数，如图15-122所示。

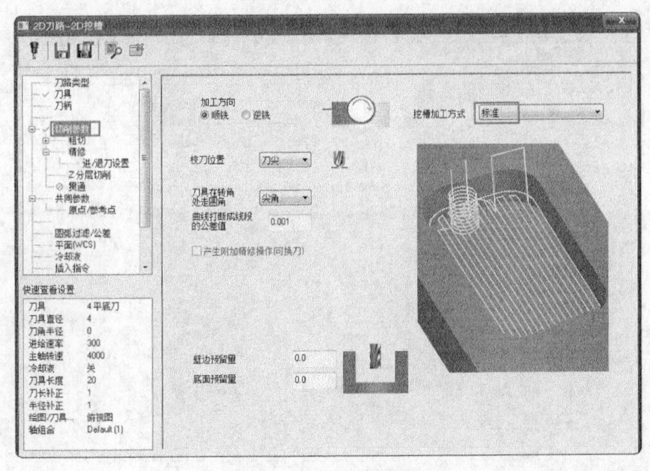

图15-122　切削参数

08 在【2D刀路-2D挖槽】对话框中单击【粗切】选项，设置粗切削走刀以及刀间距等参数，如图15-123所示。

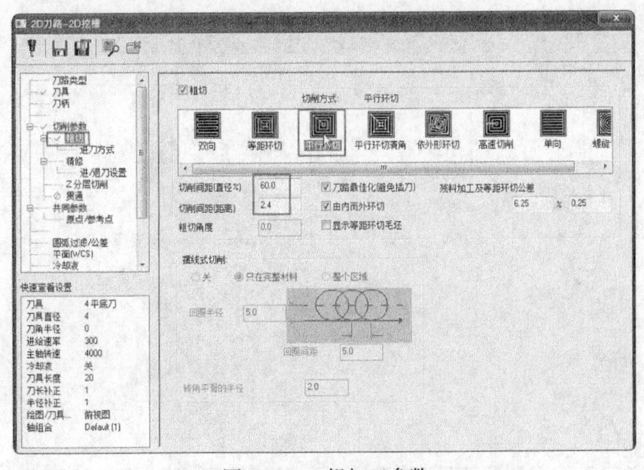

图15-123　粗加工参数

09 在【2D刀路-2D挖槽】对话框中单击【进刀方式】选项，设置粗切削进刀参数，选择进刀方式为斜插，如图15-124所示。

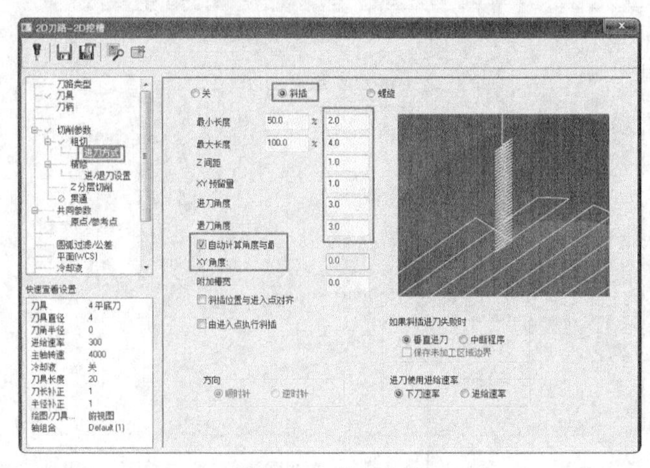

图15-124　进刀方式

10 在【2D刀路-2D挖槽】对话框中单击【精修】选项，设置精加工参数，如图15-125所示。

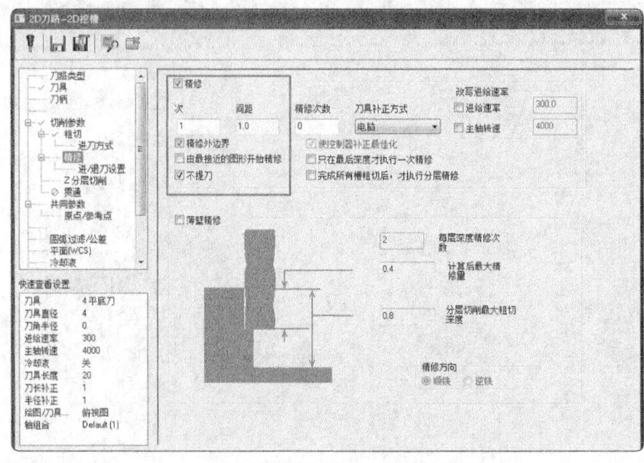

图15-125　精加工参数

11 在【2D刀路-2D挖槽】对话框中单击【Z分层切削】选项，设置刀具在深度方向上切削参数，如图15-126所示。

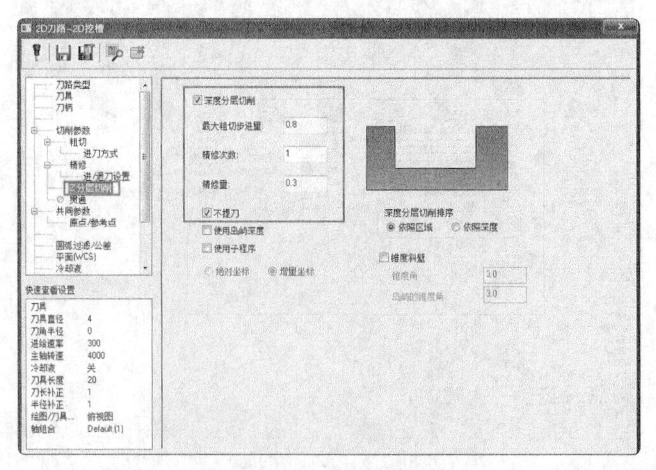

图15-126　Z分层切削参数

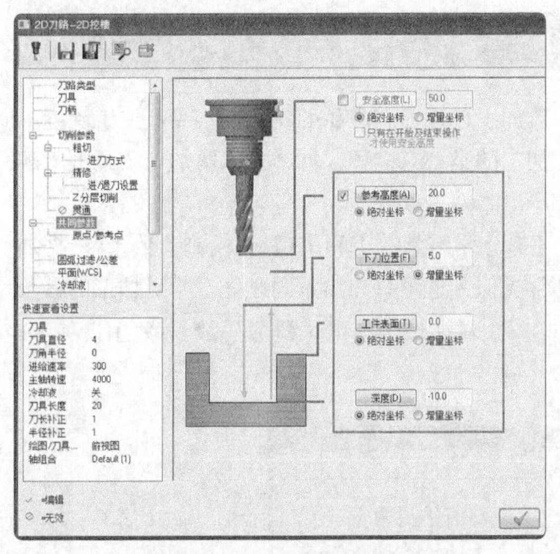

图15-127　共同参数

12 在【2D刀路-2D挖槽】对话框中单击【共同参数】选项，设置二维刀路共同的参数，如图15-127所示。

13 系统根据所设参数，生成刀路，如图15-128所示。

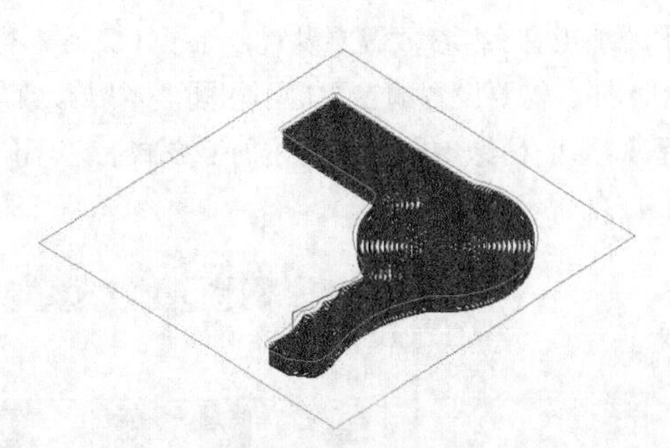

图15-128　生成刀路

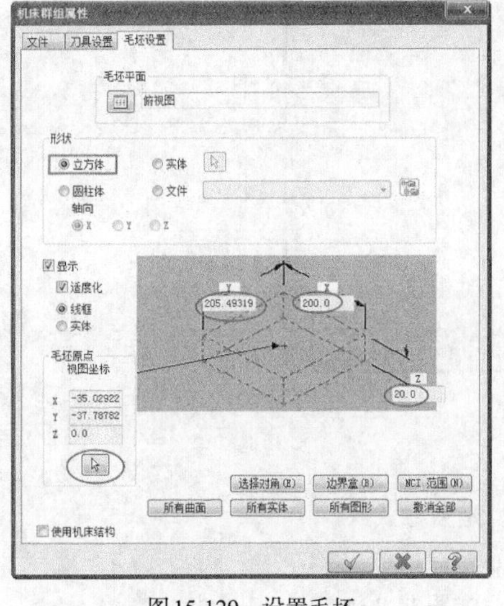

图15-129　设置毛坯

14 在刀路管理器中单击【属性】→【毛坯设置】选项，弹出【机床群组属性】对话框，单击【毛坯设置】标签，打开【毛坯设置】选项卡，设置加工坯料的尺寸，如图15-129所示，单击【完成】按钮，完成参数设置。

15 坯料设置结果如图15-130所示，虚线框显示的即为毛坯。

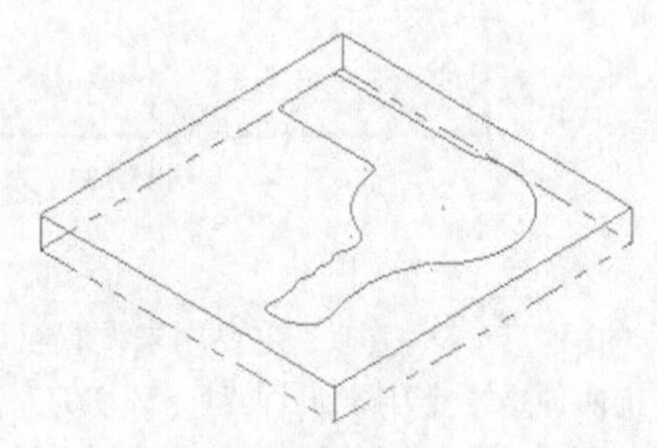

图15-130　毛坯

16 在刀路管理器中单击【模拟已选择的操作】按钮，弹出【验证】对话框，如图15-131所示。单击【播放】按钮，模拟结果如图15-132所示。结果文件见"实训\结果文件\Ch15\15-5.mcx-9"。

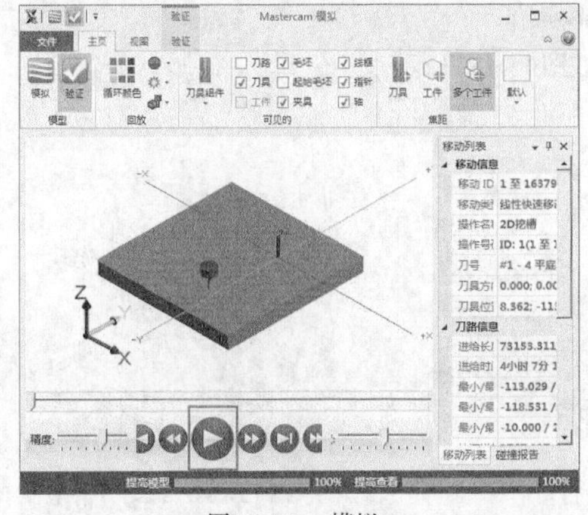

图15-131　模拟

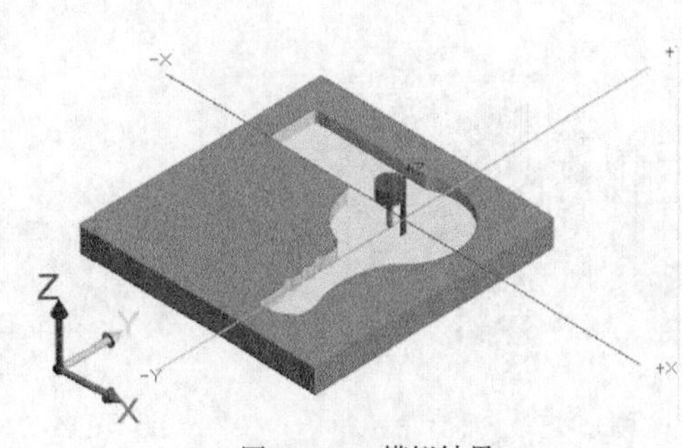

图15-132　模拟结果

15.5　木雕铣削加工

木雕加工主要用木雕刀具对文字及产品装饰图案进行木雕加工，以提高产品的美观性。一般加工深度不大，但加工主轴转速比较快。木雕加工主要用于二维加工，加工的类型有多种，如线条木雕加工、凸型木雕加工、凹形木雕加工等。主要根据选择的二维线条的不同而产生差别。

木雕加工有3组参数需要设置，除了【刀路参数】外，还有【木雕参数】和【粗切/精修参数】，根据加工类型不同，需要设置的参数也不相同。木雕参数与挖槽非常类似，这里只介绍不同之处。木雕加工的参数主要是【粗切/精修参数】与前述加工方式有些不同，在【木雕】对话框中单击【粗切/精修参数】选项卡，如图15-133所示。

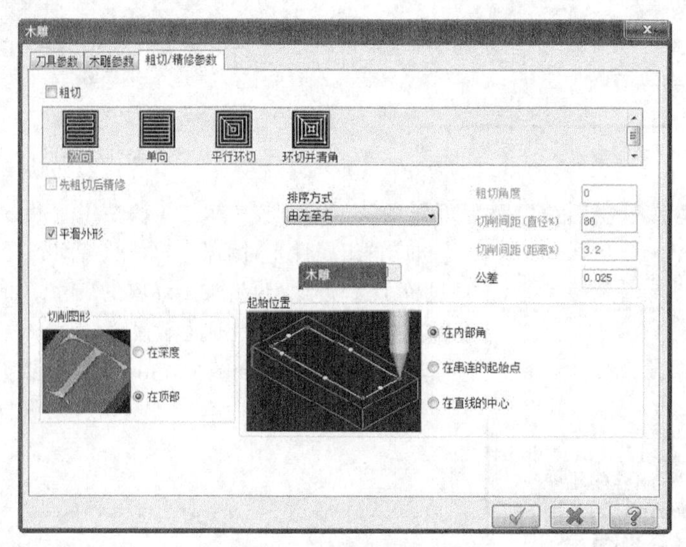

图15-133　木雕粗切/精修参数

1. 粗切

木雕加工的粗切与挖槽类似，主要用来设置粗切的走刀方式。走刀方式共有4种，其中前两种是线性刀路，后两种是环切刀路。其参数含义如下。

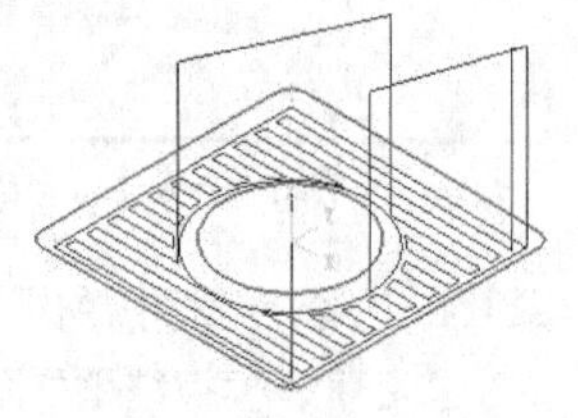

图15-134　双向切削

❖ 双向：刀具切削采用来回走刀的方式，中间不做提刀动作，如图15-134所示。

❖ 单向：刀具只按某一方向切削到终点后抬刀返回起点，再以同样的方式循环，如图15-135所示。

❖ 平行环切：刀具采用环绕的方式切削，如图15-136所示。

❖ 环切并清角：刀具采用环绕并清角的方式切削，如图15-137所示。

❖ 先粗切后精修：粗切之后再进行精修操作。

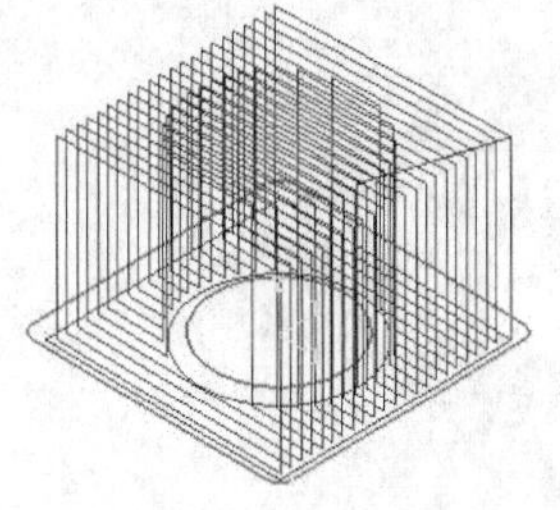

图15-135　单向切削

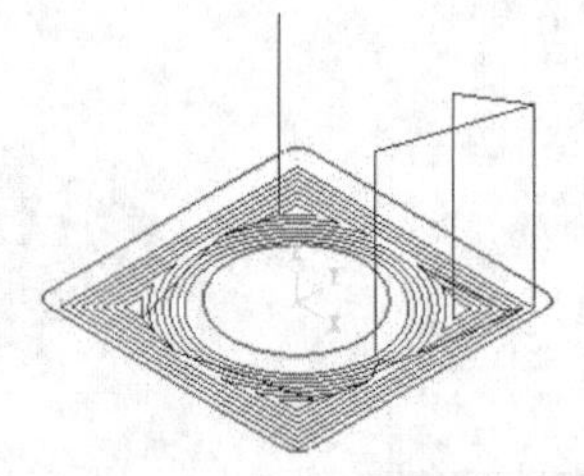

图15-136　平行环切

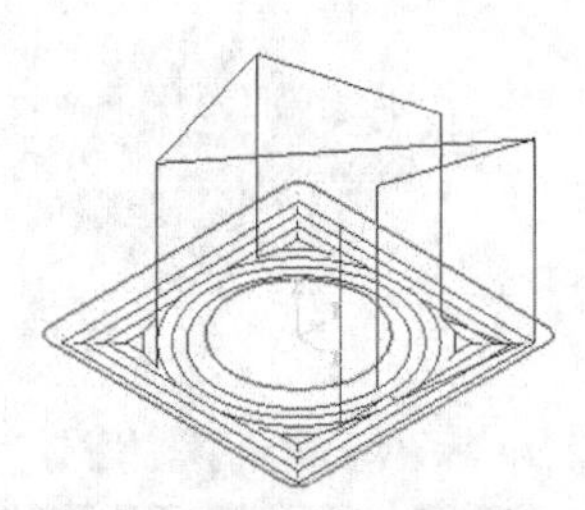

图15-137　环切并清角

2. 排序方式

在【粗切/精修参数】对话框中的【排序方式】下拉菜单中有【按选择的顺序】、【由上至下】和【由左至右】3种加工顺序，用于设置当木雕的线架由多个区域组成时，粗切精修的加工顺序。

其参数含义如下。

❖ 按选择的顺序：按用户选择串联的顺序进行加工。

❖ 由上至下：按从上往下的顺序进行加工。

❖ 由左至右：按从左往右的顺序进行加工。

具体选择哪种方式还要视选择的图形而定。

3. 切削参数

木雕切削参数包括粗切角度、切削间距、切削图形等。

（1）粗切角度。

该项只有当粗加工方式为双向或单向时才能激活。在【粗切/精修参数】选项卡的【粗切角度】文本框中输入粗切角度，即可设置木雕加工的切削方向与X轴的夹角方向。此处默认值为0，有时为了切削效果，可将粗加工的角度和精加工角度交错开，即将设置不同的粗加工角度来达到目的。

（2）切削间距。

切削间距用来设置切削路径之间的距离，避免刀具间距过大，导致刀具损伤或加工后出现过多的残料。一般设为60%~75%，如果是V形刀，即设为刀具底下有效距离的60%~75%。

（3）切削图形。

由于木雕刀具采用V形刀具，加工后的图形呈现上大下小的槽形。切削图形用来控制刀路是在深度上，还是在坯料顶部采用所选串联外形的形式，也就是选择让加工结果是在深度上（即底部）反映设计图形，还是在顶部反映设计图形。

其参数含义如下。

❖ 在深度：加工结果在加工的最后深度上与加工图形保持一致，而顶部比加工图形要大。

❖ 在顶部：加工结果在顶端加工出来的形状与加工图形保持一致，底部比加工图形要小。

（4）平滑轮廓。

平滑轮廓是指对图形中某些局部区域不便加工的折角部分进行平滑化处理，使其便于刀具加工。

（5）斜插下刀。

斜插下刀是指刀具在槽形工件内部采用斜向下刀的方式进刀，避免直接进刀对刀具和工件造成损伤。采用斜插下刀利于刀具平滑、顺利地进入工件。

（6）起始位置。

设置木雕的刀路的起始位置，有在内部角、在串联的起始点和在直线的中心3种，主要适合木雕线条。

各参数含义如下。

❖ 在内部角：将线架内部转折的角点作为起始点进刀。

❖ 在串联的起始点：将选择的串联的起始点作为进刀点。

❖ 在直线的中心：以直线的中点作为进刀点。

实训79——木雕加工

对图15-138所示的图形进行平面铣削加工，加工结果如图15-139所示。

01 在菜单栏执行【文件】→【打开】按钮，从资源文件中打开“实训\源文件\Ch15\15-6.mcx-9”，单击【完成】按钮，完成文件的调取。

02 在菜单栏执行【刀路】→【木雕】命令，弹出【串联选项】对话框，单击【串联】按钮，在绘图区选择所有串联。单击【完成】按钮，完成选择，

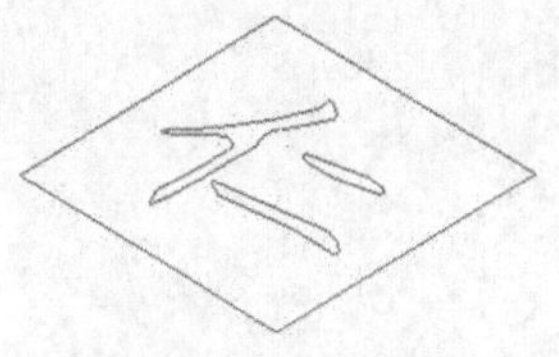

图15-138　加工图形

如图15-140所示。

图15-139　加工结果

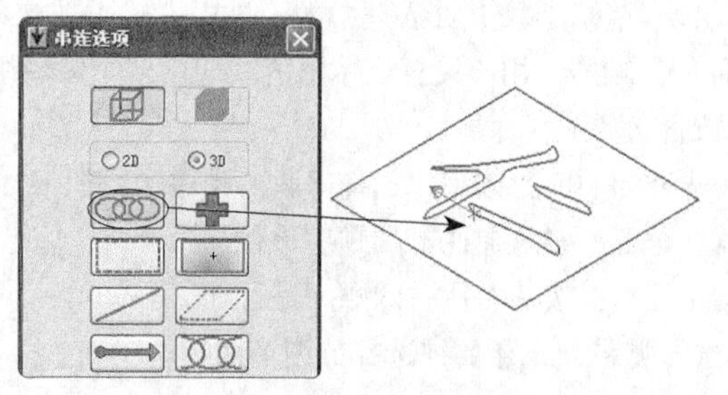

图15-140　选择串联

03 弹出【木雕】对话框，设置木雕加工所需要的参数，如图15-141所示。

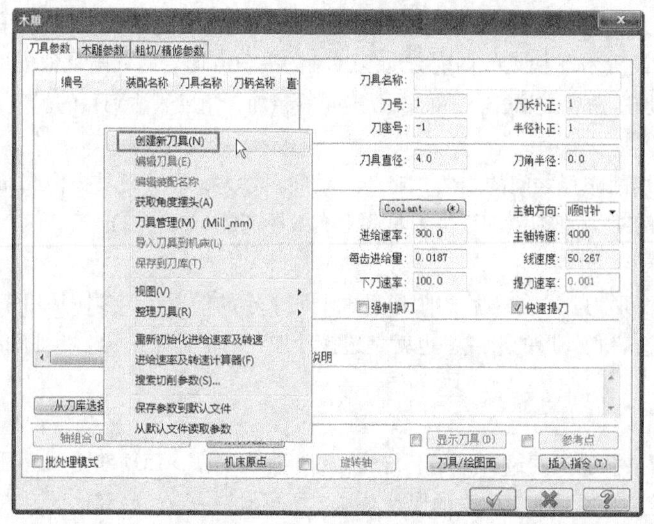

图15-141　【木雕】对话框

04 在【刀具参数】选项卡的空白处单击鼠标右键，从快捷菜单中选择【创建新刀具】选项，弹出定义刀具的对话框，如图15-142所示。选择刀具类型为【倒角刀】，弹出【倒角刀】选项卡，设置为外径为4，直径为1，角度为45°，如图15-143所示。单击【完成】按钮，完成设置。

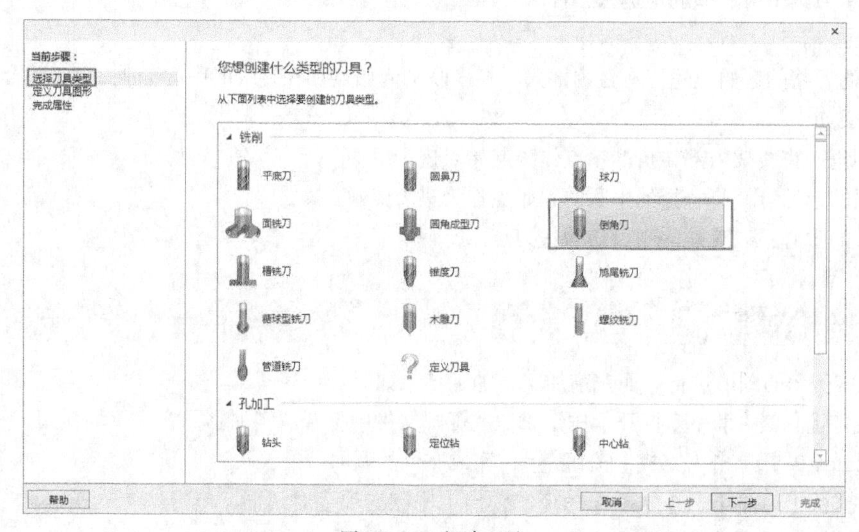

图15-142　新建刀具

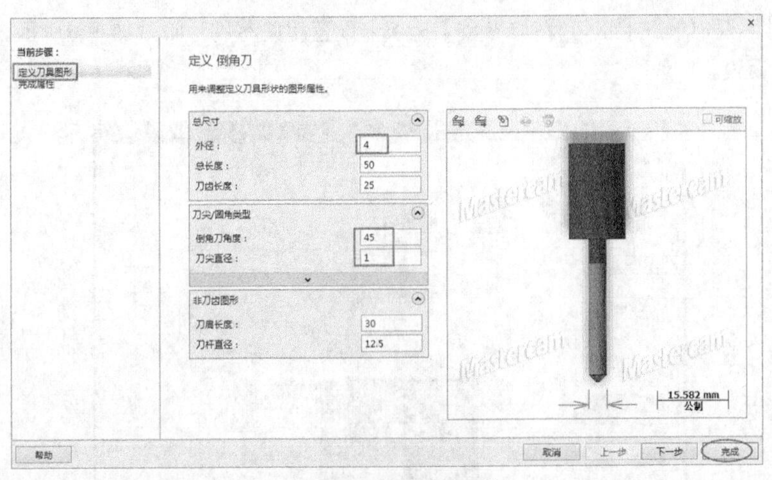

图15-143　设置刀具参数

05 在【刀路参数】对话框中设置相关参数，如图15-144所示。单击【完成】按钮，完成刀具参数设置。

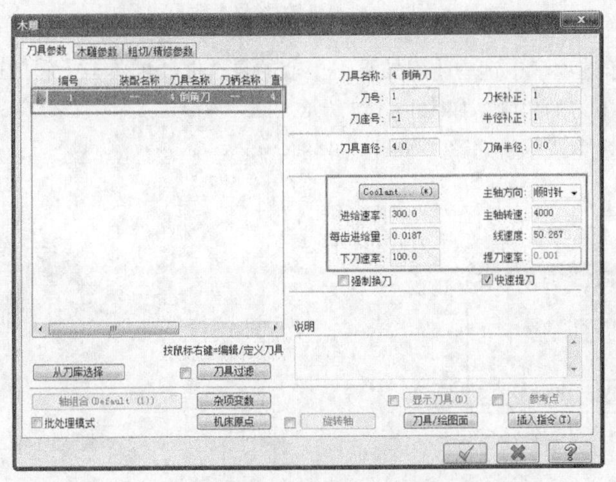

图15-144　刀具相关参数

06 在【木雕】对话框中切换到【木雕参数】选项卡，设置深度为-0.5，单击【完成】按钮，完成参数设置，如图15-145所示。

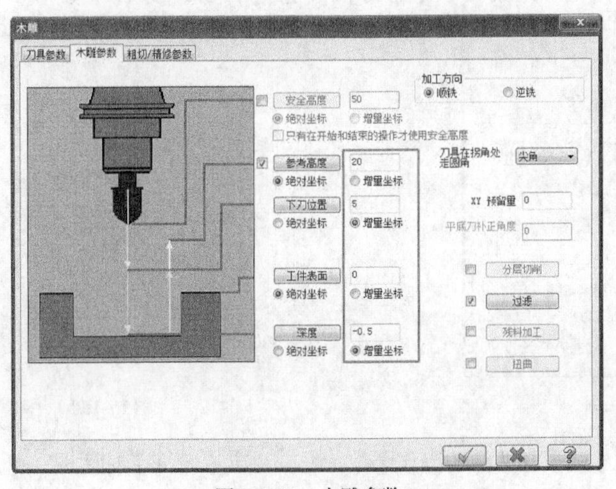

图15-145　木雕参数

07 在【木雕】对话框中单击【粗切/精修参数】选项卡设置相关参数，如图15-146所示。单击【完成】按钮，完成参数设置。

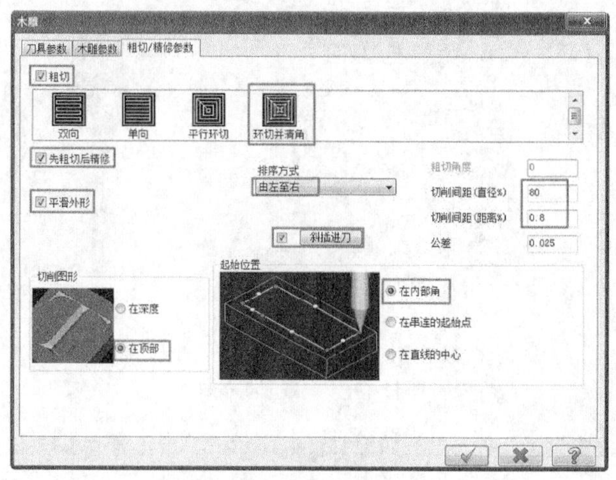

图15-146　粗切/精修参数

08 在【粗切/精修参数】选项卡中选中【斜插下刀】前的复选框，再单击【斜插进刀】按钮，弹出【斜降下刀】对话框，设置斜插下刀的角度，如图15-147所示。

09 系统根据所设置的参数生成木雕刀路，如图15-148所示。

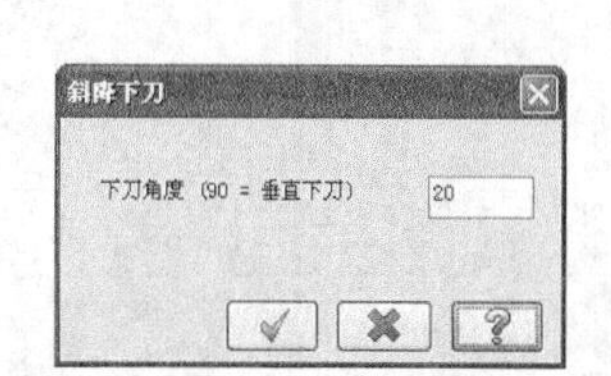

图15-147　斜插下刀

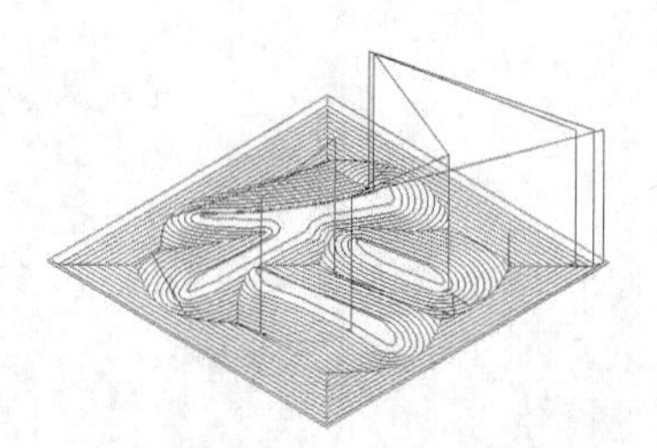

图15-148　刀路

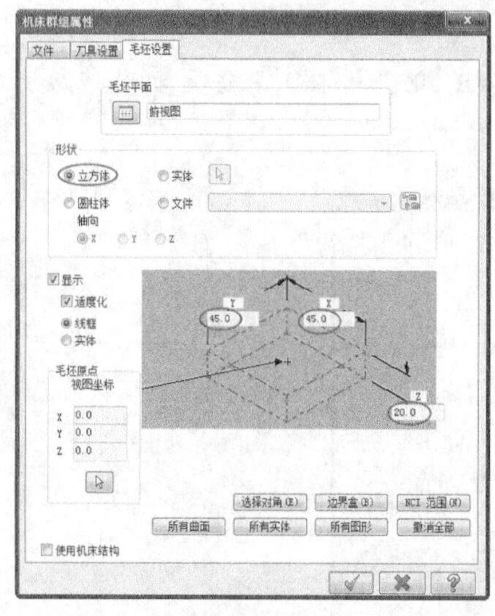

图15-149　设置毛坯

10 在刀路管理器中单击【属性】→【毛坯设置】选项，弹出【机床群组属性】对话框，单击【毛坯设置】标签，打开【毛坯设置】选项卡，设置加工坯料的尺寸，如图15-149所示，单击【完成】按钮，完成参数设置。

11 坯料设置结果如图15-150所示，虚线框显示的即为毛坯。

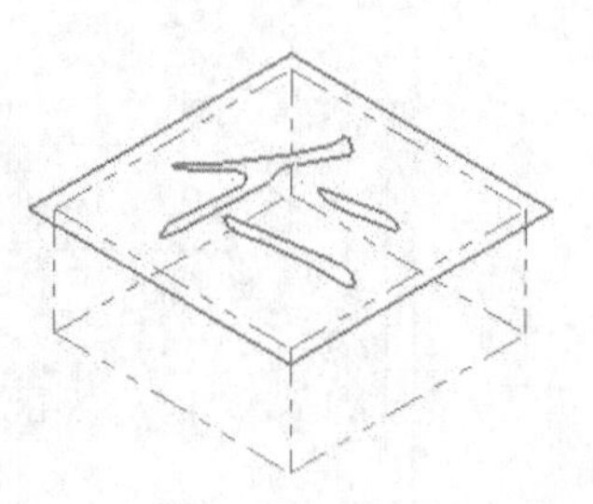

图15-150　毛坯

12 在刀路管理器中单击【模拟已选择的操作】按钮，弹出【验证】对话框，单击【播放】按钮，模拟结果如图15-151所示。结果文件见“实训\结果文件\Ch15\15-6.mcx-9”。

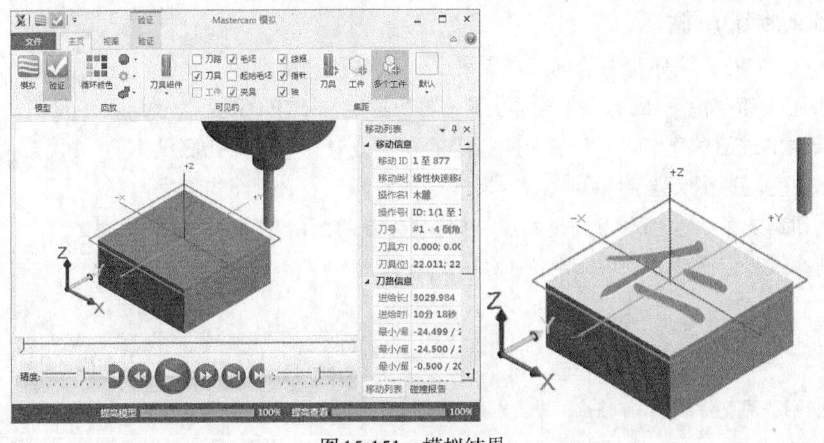

图15-151　模拟结果

操作技巧

木雕加工可以木雕线条、凹槽或者凸起，具体区别是看选择的线框，类似于挖槽加工，因为本实训选中外框，所以加工外框内和字体外的区域，如果不选择外框，则只加工子体内的区域。如果不选中【曲面粗切】，则只加工线条。

15.6　钻孔铣削加工

钻孔刀路主要用于作为钻孔、镗孔和攻丝等加工的刀路。钻孔加工除了要设置通用参数外，还要设置专用钻孔参数。

15.6.1　钻孔循环

Mastercam系统提供了多种类型的钻孔循环，在菜单栏执行【刀路】→【钻孔】命令，然后在弹出的【2D刀路-钻孔/全圆铣削深孔钻-无啄孔】对话框中单击【切削参数】选项，打开【切削参数】选项区，【循环方式】下拉列表中包括8种钻孔循环和自设循环类型，如图15-152所示。

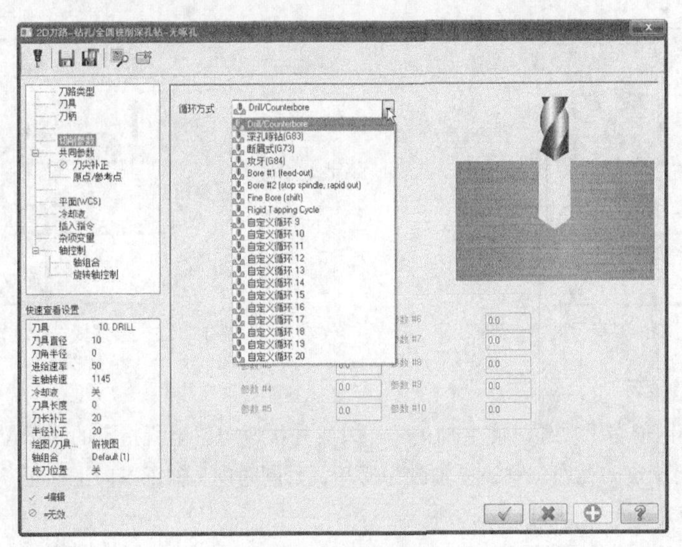

图15-152　钻孔循环

1. Drill/Counterbore循环

深孔啄钻（G81/G82）循环是一般的简单钻孔，一次钻孔直接到底。执行此指令时，钻头先快速定位至所指定的坐标位置，再快速定位（G00）至参考点，接着以所指定的进给速率F向下钻削至所指定的孔底位置。可以在孔底设置停留时间P，最后快速退刀至起始点（G98模式）或参考点（G99模式）完成循环，这里为讲解方便，全部退刀到起始点，如图15-153所示。以下图都以实线表示进给速率线，以虚线表示快速定位（G00）速率线。

钻头
起始高度
参考高度
钻孔深度

图15-153 深孔啄钻（G81）循环

操作技巧

G82指令除了在孔底会暂停时间P外，其余加工动作均与G81相同。G82使刀具切削到孔底后暂停几秒，可改善钻盲孔、柱坑、锥坑的孔底精度。

2. 深孔啄钻（G83）循环

深孔啄钻（G83）循环是钻头先快速定位至所指定的坐标位置，再快速定位到参考高度，接着向Z轴下钻所指定的距离q（q必为正值），再快速退回到参考高度。这样便可把切屑带出孔外，以免切屑将钻槽塞满，而增加钻削阻力或使切削剂无法到达切边，因此G83适于深孔钻削。依此方式一直钻孔到所指定的孔底位置，最后快速抬刀到起始高度，如图15-154所示。

3. 断屑式（G73）循环

断屑式（G73）循环是钻头先快速定位至所指定的坐标位置，再快速定位参考高度，接着向Z轴下钻所指定的距离q（q必为正值），再快速退回距离d。依此方式一直钻孔到所指定的孔底位置，如图15-155所示。此种间歇进给的加工方式可使切屑裂断且切削剂易到达切边，进而使排屑容易，且冷却、润滑效果佳。

操作技巧

G73/G83是较复杂的钻孔动作，非一次钻到底，而是分段啄进，每段都有退屑的动作，G83与G73的不同处是在退刀时，G83每次退刀皆退回到参考高度处，G73退屑时，只退固定的排屑长度d。

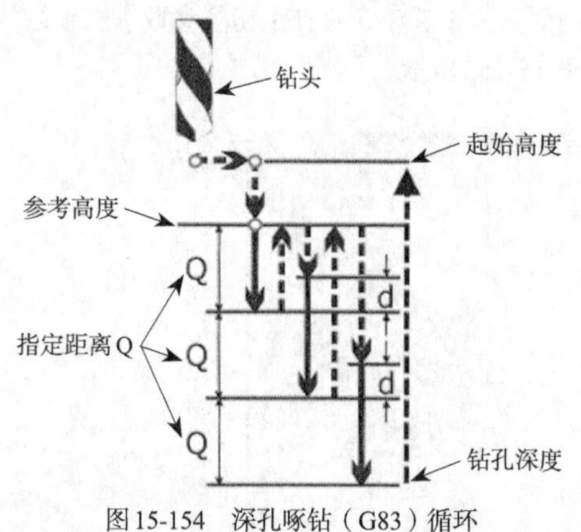

图15-154 深孔啄钻（G83）循环

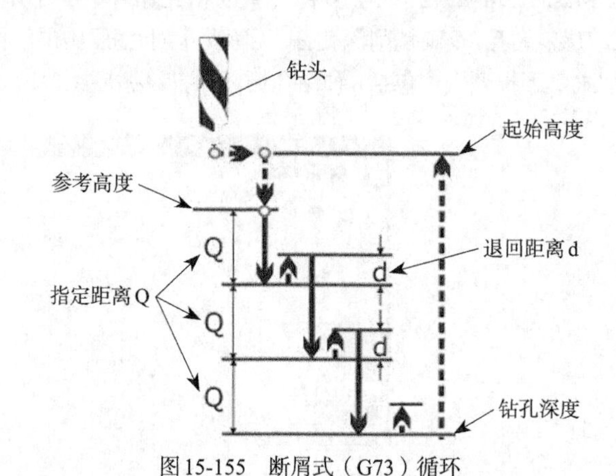

图15-155 断屑式（G73）循环

4. 攻牙（G84）循环

攻牙（G84）循环用于右手攻牙，使主轴正转，刀具先快速定位至所指定的坐标位置，再快速定位到参考高度，接着攻牙至所指定的孔座位置，主轴改为反转，且同时向Z轴正方向退回至参考高度，退至参考高度后，主轴会恢复原来的正转，如图15-156所示。

5. Bore #1（feed-out）循环

本软件界面中为【Bore #1（feed-out）】，正确翻译为【镗孔（G85）循环】。

镗孔（G85）循环是铰刀先快速定位至所指定的坐标位置，再快速定位至参考高度，接着以所指定的进给速率向下铰削至所指定的孔座位置，仍以所指定的进给速率向上退刀，如图15-157所示。对孔进行两次镗削，能产生光滑的镗孔效果。

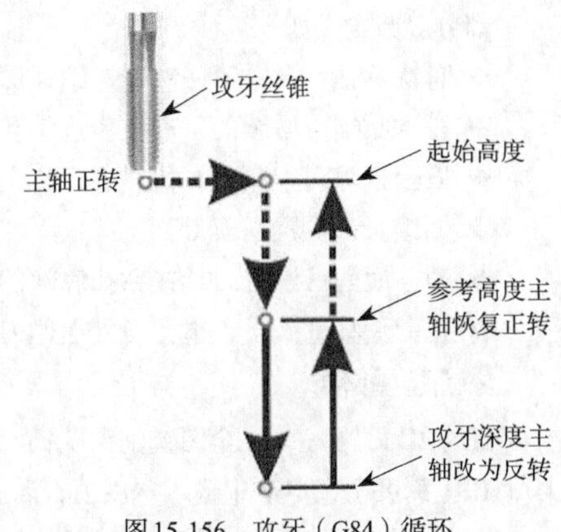

图15-156　攻牙（G84）循环

6. Bore #2（feed–out）循环

本软件界面中为【Bore #2（stop spindle, ra pid out）】，正确翻译为【镗孔（G86）循环】。

镗孔（G86）循环是铰刀先快速定位至所指定的坐标位置，再快速定位至参考高度，接着以所指定的进给速率向下铰削至所指定的孔座位置，停止主轴旋转，以G00速度回抽至原起始高度，而后主轴再恢复顺时针旋转，如图15-158所示。

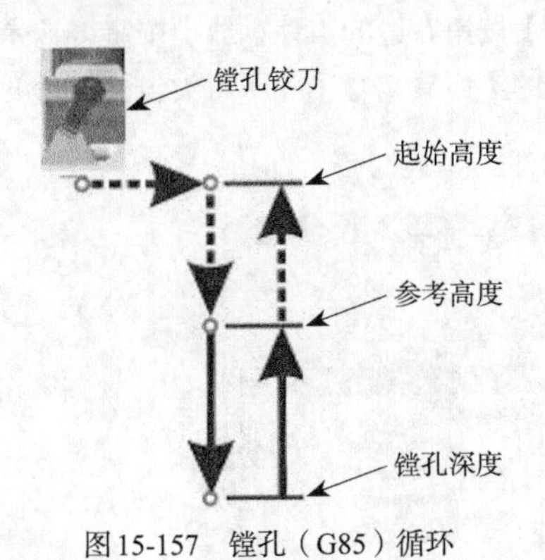

图15-157　镗孔（G85）循环

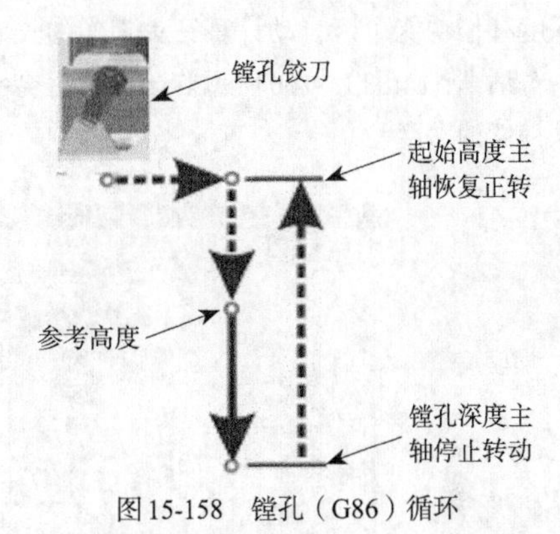

图15-158　镗孔（G86）循环

15.6.2　钻孔加工参数

钻孔参数包括刀具参数、切削参数和共同参数。共同参数基本上与【外形加工】中的【共同参数】相同，下面主要讲解不同之处。

1. 切削参数

切削参数包括首次啄钻、副次切量、安全余隙、回缩量、暂停时间和提刀偏移量等选项。在【2D刀路-钻孔/全圆铣削深孔钻-无啄孔】对话框中单击【切削参数】选项，弹出【切削参数】选项区，选择【自定义循环9】循环方式，如图15-159所示。

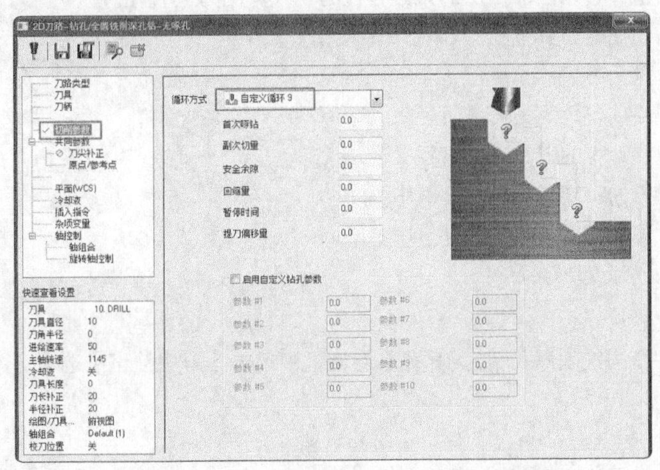

图15-159 【自定义循环9】循环方式的切削参数

部分参数含义如下。

❖ 首次啄钻：设置第一次步进钻孔深度。

❖ 副次啄钻：后续的每一次步进钻孔深度。

❖ 安全余隙：本次刀具快速进刀与上次步进深度的间隙。

❖ 回缩量：设置退刀量。

❖ 暂停时间：设置刀具在钻孔底部的停留时间。

❖ 提刀偏移量：设置镗孔刀具在退刀前让开孔壁的距离，以免伤及孔壁，只用于镗孔循环。

2. 深度补偿

在【2D刀路-钻孔/全圆铣削深孔钻-无啄孔】对话框中单击【共同参数】选项，弹出【共同参数】选项区，在【深度】文本框中输入深度值，若钻削孔深度不是通孔，则输入的深度值只是刀尖的深度。如果要刀具的有效深度达到输入的深度，就必须加深孔的输入深度。由于钻头尖部夹角为118°，为方便计算，系统提供的深度补偿功能可以自动计算钻头刀尖的长度。单击【深度】按钮右边的【计算器】按钮，弹出【深度计算】对话框，如图15-160所示。该对话框会根据用户所设置的【刀具直径】和【刀尖包含的角度】自动计算应该补偿的深度。

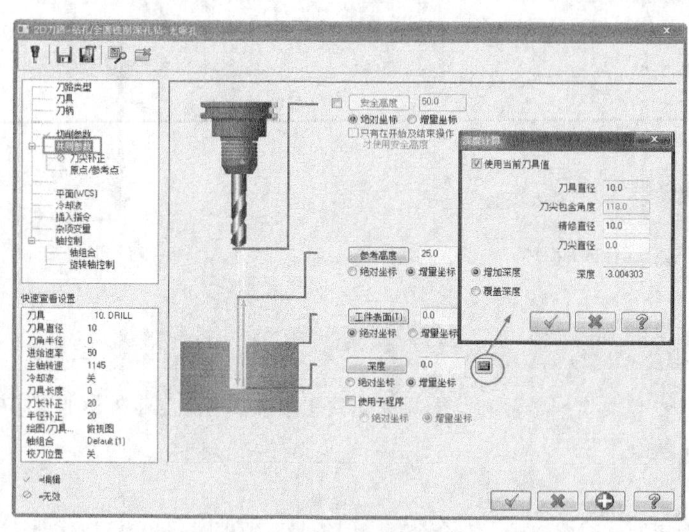

图15-160　深度的计算

各选项含义如下。

❖ 使用当前的刀具值：将以当前使用的刀具直径为要计算的刀具直径。

❖ 刀具直径：当前使用的刀具直径。

❖ 刀尖包含角度：钻头刀尖的角度。

❖ 精修直径：设置当前要计算的刀具直径。

❖ 刀尖直径：设置要计算的刀具尖部直径。

❖ 增加深度：将计算的深度增加到深度值中。

❖ 覆盖深度：将计算的深度覆盖到深度值中。

❖ 深度：计算出来的深度。

3. 补正方式

在【2D刀路-钻孔/全圆铣削深孔钻-无啄孔】对话框中单击【刀尖补正】选项，弹出【补正方式】选项区，如图15-161所示。

各选项含义如下。

❖ 刀具直径：当前使用的钻头直径。

- ❖ 贯通距离：钻头（除掉刀尖以外）贯通工件超出的距离。
- ❖ 刀尖长度：钻头尖部的长度。
- ❖ 刀尖角度：钻头尖部的角度。

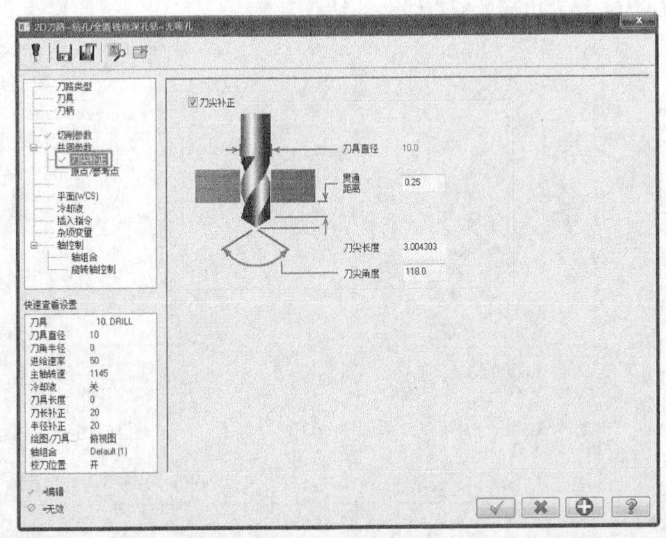

图15-161 补正方式

操作技巧

如果不使用贯通选项，输入的距离就只是钻头刀尖所到达的深度，在钻削通孔时，若设置的钻孔深度与材料的厚度相同，就会导致孔底留有残料，无法穿孔。采用尖部补偿功能可以将残料清除。

15.6.3 钻孔点的选择方式

要编制钻孔刀路，就必须定义钻孔所需要的点。这里所说的钻孔点并不仅仅指点，而是指能够用来定义钻孔刀路的图素，存在点、各种图素的端点、中点以及圆弧等都可以作为钻孔的图素。

在菜单栏执行【刀路】→【钻孔】命令，弹出图15-162所示的【选取钻孔的点】对话框，设置点的选择方式。

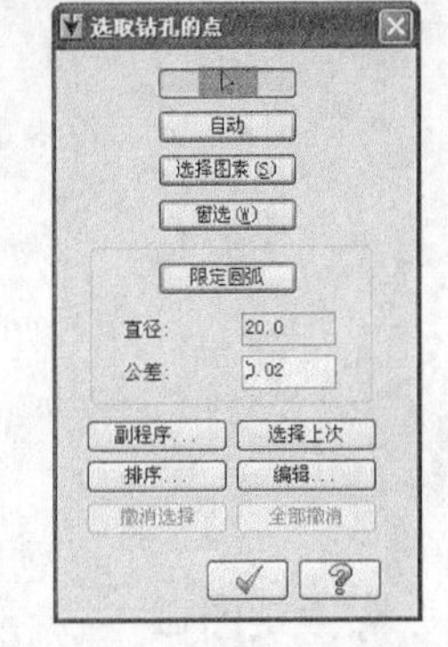

图15-162 钻孔点的选择方式

1. 手动方式

【选取钻孔的点】对话框中的【手动方式】是系统默认的选择方式。用户采用手动方式可以选择存在点、输入的坐标点，捕捉图素的端点、中点、交点、中心点或圆的圆心点、象限点等来产生钻孔点。

2. 自动方式

在【选取钻孔的点】对话框中单击【自动】按钮 自动 ，即采用自动选取的点作为钻孔点的选择方式，将选取一系列的已存在点作为钻孔的中心点，通过3点来定义自动选取的范围。图15-163为用自动选取方式选取第一点A，第二点B和最后一点C所产生的钻孔刀路。

操作技巧

自动选点功能并不能将屏幕上所有的点都选中，如果是人工按先后顺序绘制的点，则按顺序选择第一点、第二点和最后一点才可以选择全部的点。

3. 选择图素

在【选取钻孔的点】对话框中单击【选择图素】按钮，即采用选择图素的特殊点作为钻孔点的选择方式。在单击该按钮后，将提示选择图素，在绘图区选择图素，系统根据用户捕捉图素点的位置自动判断钻孔点的中心位置。图15-164为选择六边形的所有线后的钻孔刀路。

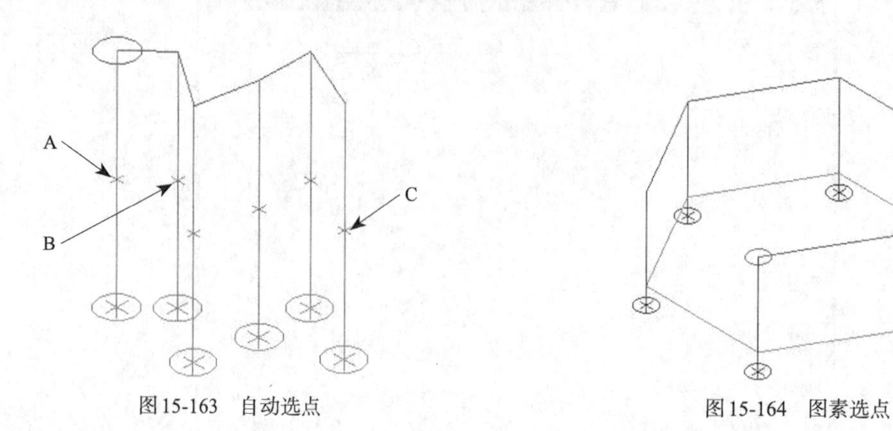

图15-163　自动选点　　　　图15-164　图素选点

操作技巧

用选择图素模式选择点时，如果存在多个点重叠，则不用担心两图素的交点重复问题，系统会自动过滤掉重复的点。

4. 窗选

在【选取钻孔的点】对话框中单击【窗选】按钮，即采用视窗选点方式作为钻孔点的选择方式。通过视窗的左上点和视窗右下点来选择视窗内的钻孔点，系统根据所选择的点选择系统默认的钻孔顺序来产生钻孔刀路，如图15-165所示。

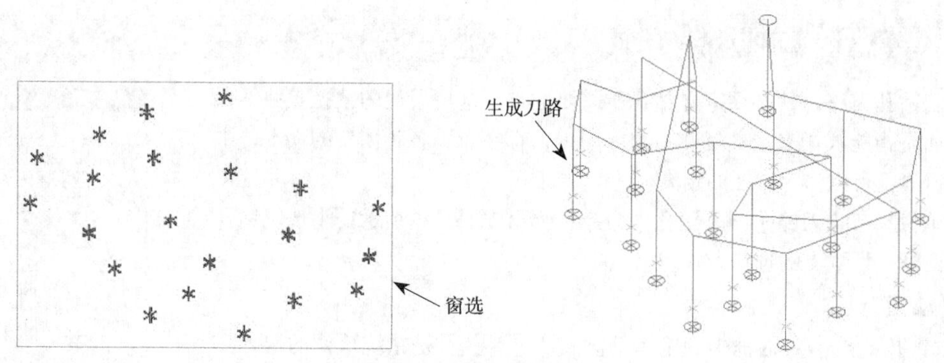

图15-165　窗选钻孔刀路

5. 限定圆弧

在【选取钻孔的点】对话框中单击【限定圆弧】按钮，即采用限定圆弧半径方式作为钻孔点的选择方式。单击该按钮后，提示选择基准圆弧，在绘图区任意选择一个圆弧作为基准，以后不管选择其他任何圆弧，只要跟此圆弧半径相等，即可被选中，不相等或不是圆弧，则被排除。

15.6.4　钻孔点排序

在钻孔时，如果选择的点在两个以内就不存在排序问题。当选择的钻孔点多于3个时，对于众多的点，钻孔顺序不一样，钻孔的效果和钻孔的效率肯定不一样，所以就有对多个点进行排序的问题。在【选取钻孔的点】对话框中单击排序 排序 按钮，打开【排序】对话框。排序分3种类型：【2D排序】、【旋转排序】

和【交叉断面排序】。

1.【2D排序】方式

在【排序】对话框中打开【2D排序】选项卡，如图15-166所示。该排序方式主要采用线性方式，对栅格阵列的钻孔点常采用这种方式。此方式又分为x向型、y向型和点到点型三大类共15种钻孔走刀路线，其中红色表示起始点。

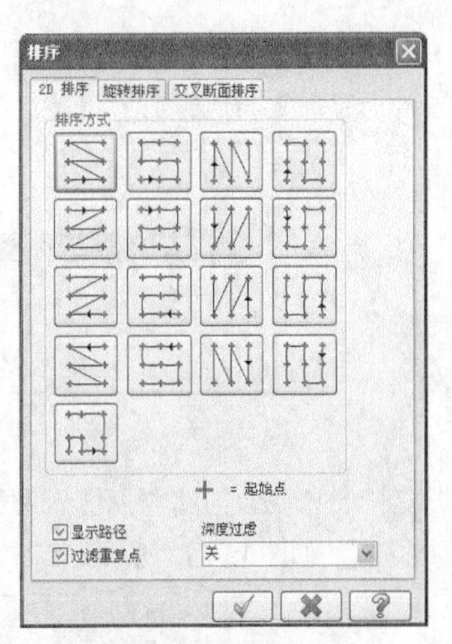

图15-166 2D排序

2.【旋转排序】方式

在【排序】对话框中【旋转排序】选项卡，如图15-167所示。此方式共分为顺时针和逆时针两大类共12种钻孔走刀路线。每类里面又分为R-和R+，R-表示从外向内，R+表示从内向外。

3.【交叉断面排序】方式

在【排序】对话框中打开【交叉断面排序】选项卡，如图15-168所示。该方式也分为顺时针和逆时针两类。

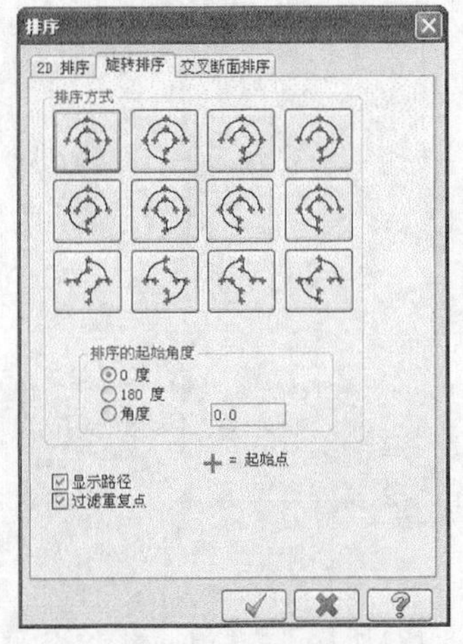

图15-167 旋转排序

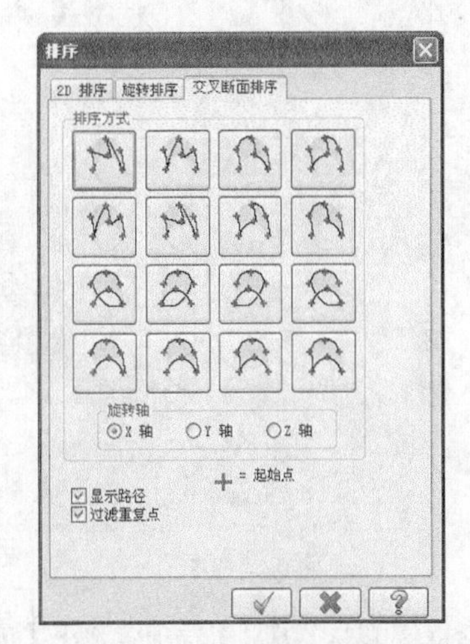

图15-168 交叉断面排序

实训80——钻孔加工

对图15-169所示的图形进行钻孔加工，加工结果如图15-170所示。

图15-169 加工图形

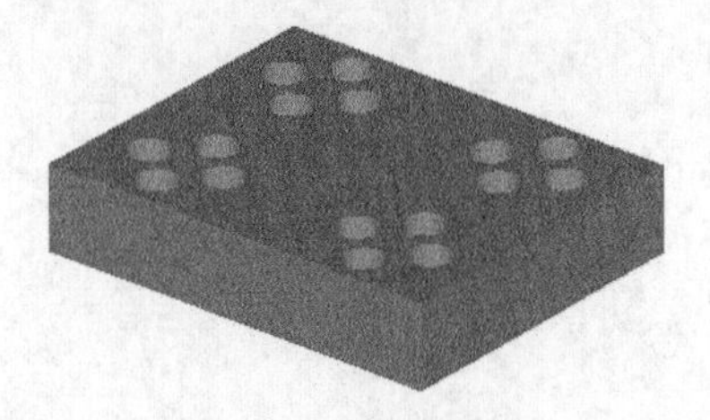

图15-170 加工结果

01 在菜单栏执行【文件】→【打开】按钮，从资源文件中打开“实训\源文件\Ch15\15-7.mcx-9”，单击【完成】按钮，完成文件的调取。

02 在菜单栏执行【刀路】→【钻孔】命令，弹出【输入新的NC名称】对话框，使用默认名称，如图15-171所示。单击【完成】按钮，弹出【选取钻孔的点】对话框，选择圆孔的圆心，如图15-172所示。单击【完成】按钮，完成选择。

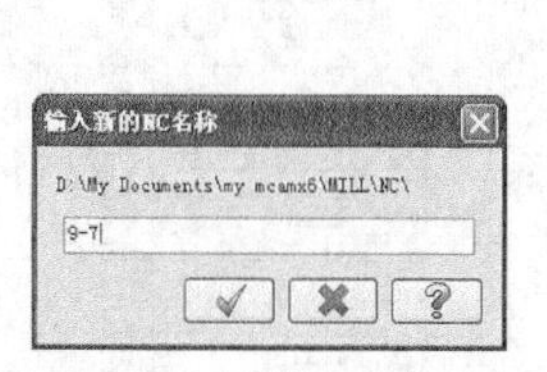

图15-171　输入新的NC名称

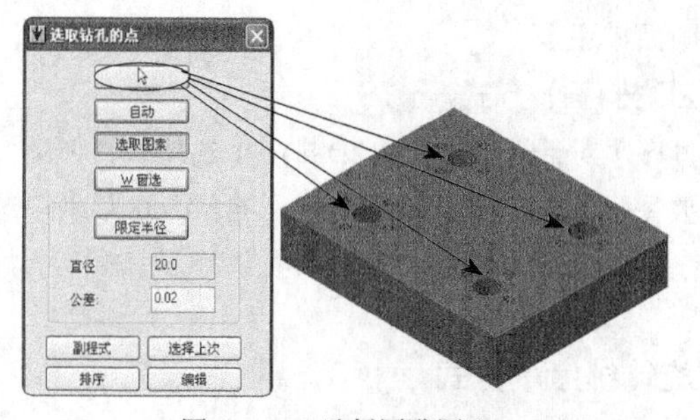

图15-172　选择圆孔圆心

03 弹出【2D刀路-钻孔/全圆铣削 深孔钻-无啄孔】对话框，选择【刀路类型】选项，选择类型为【钻头/钻孔】，如图15-173所示。

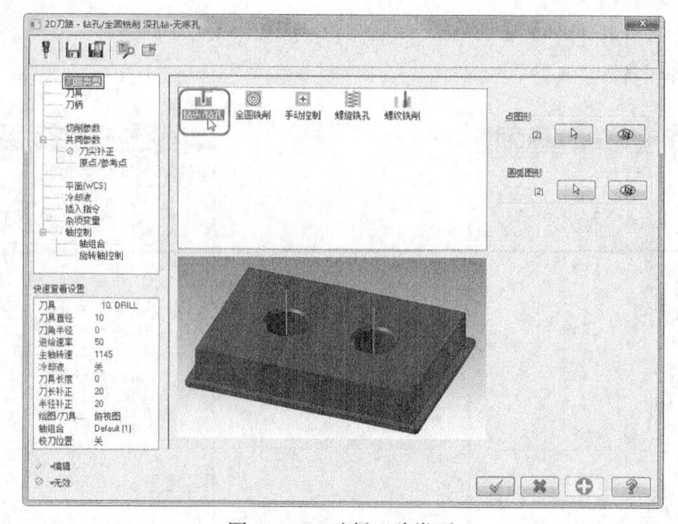

图15-173　选择刀路类型

04 在对话框中单击【刀具】选项，弹出【刀具】选项区，如图15-174所示。

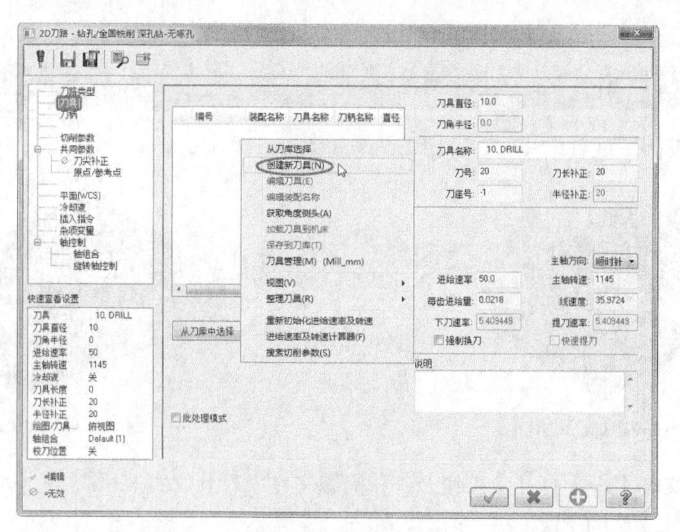

图15-174　刀具参数

05 在【刀具】选项区的空白处单击鼠标右键，从快捷菜单中选择【创建新刀具】选项，弹出定义刀具的对话框，如图15-175所示。选择刀具类型为【钻头】，设置直径为6，如图15-176所示。单击【完成】按钮 ✓，完成设置。

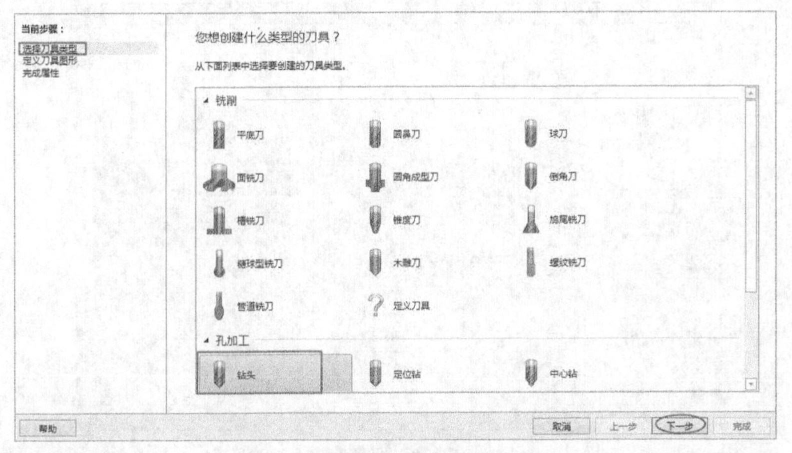

图15-175　新建刀具

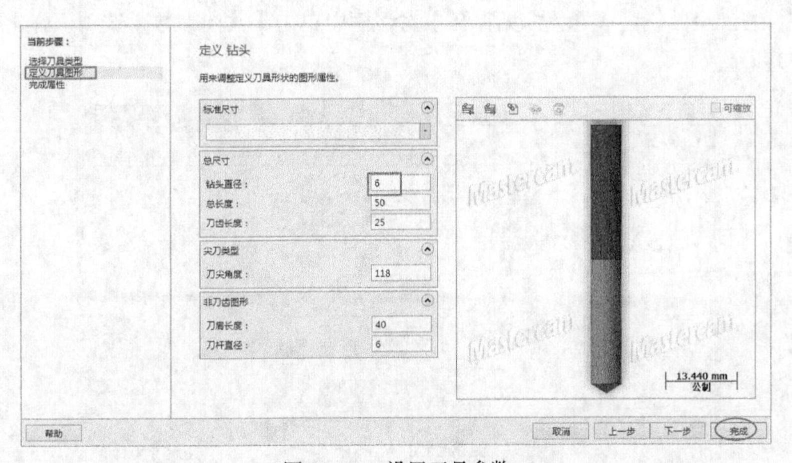

图15-176　设置刀具参数

06 在【刀具】选项区中设置相关参数，如图15-177所示。单击【完成】按钮，完成刀具参数设置。

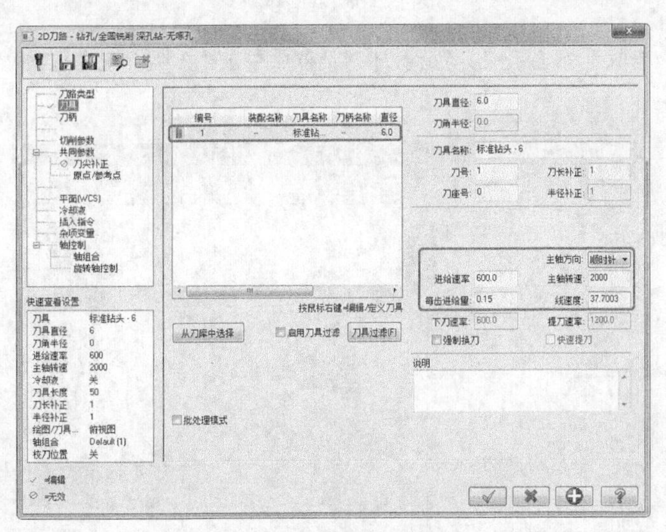

图15-177　刀具相关参数

07 在【2D刀路-钻孔/全圆铣削 深孔钻-无啄孔】对话框中单击【切削参数】选项，弹出【切削参数】选项区，如图15-178所示。

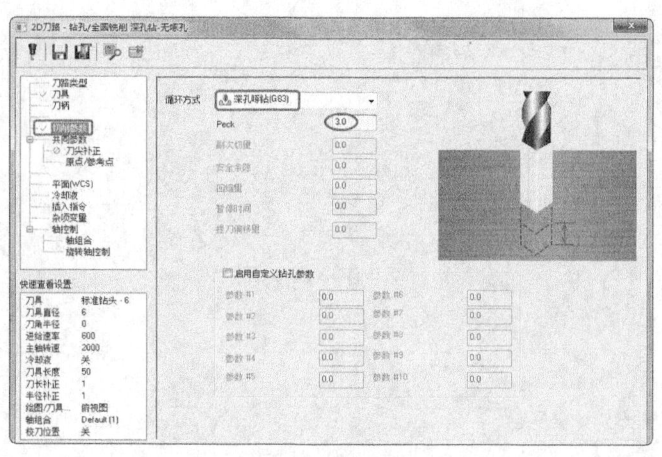

图15-178　切削参数

08 在【2D刀路-钻孔/全圆铣削 深孔钻-无啄孔】对话框中单击【共同参数】选项，弹出【共同参数】选项区，如图15-179所示。

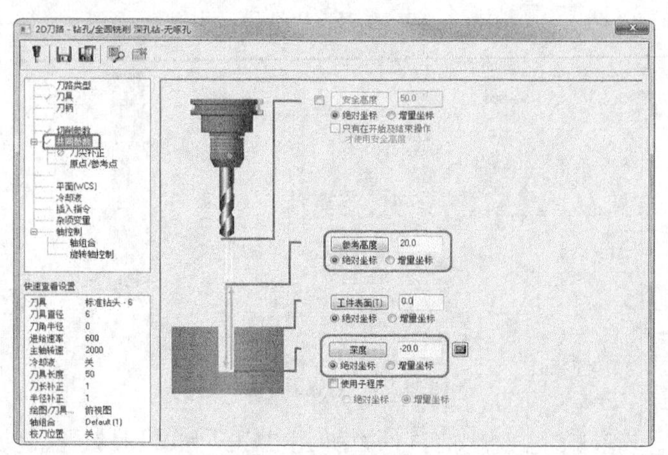

图15-179　共同参数

09 在【2D刀路-钻孔/全圆铣削 深孔钻-无啄孔】对话框中单击【刀尖补正】选项，设置刀尖补偿的参数，如图15-180所示。

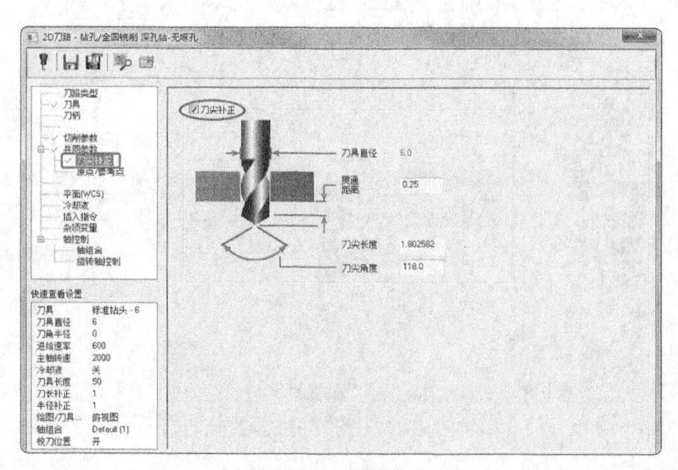

图15-180　刀尖补正

10 系统根据所设参数，生成刀路，如图15-181所示。

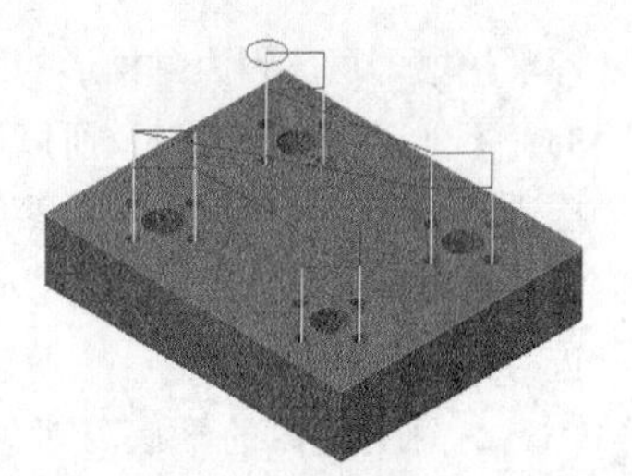

图15-181　生成刀路

11 在刀路管理器中单击【属性】→【毛坯设置】选项，弹出【机床群组属性】对话框，打开【毛坯设置】选项卡，毛坯设置步骤如图15-182所示，单击【完成】按钮，完成参数设置。

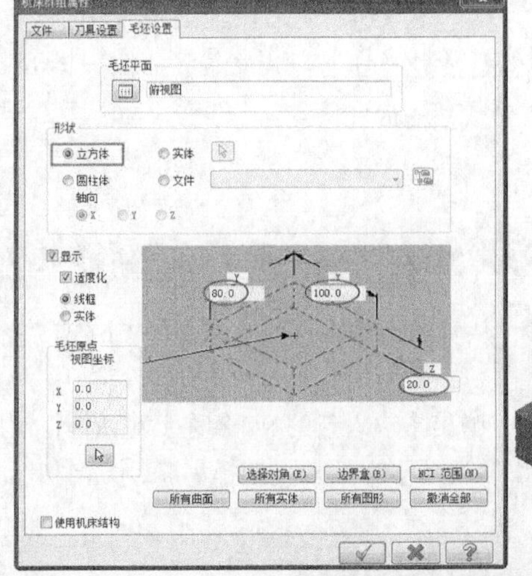

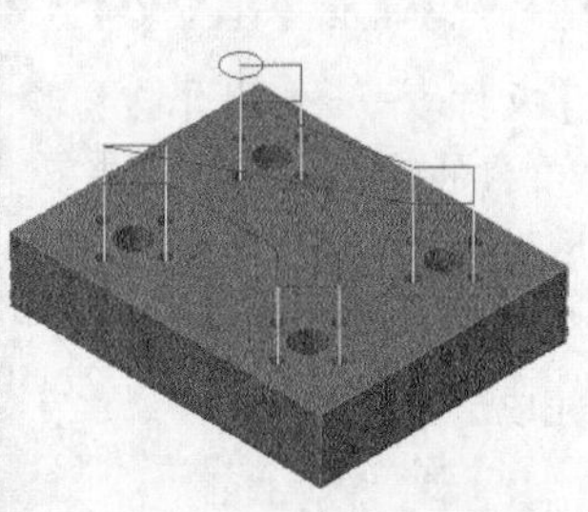

图15-182　设置毛坯

12 选择所有刀路，单击【模拟已选择的操作】按钮，弹出【验证】对话框，模拟步骤如图15-183所示。结果文件见"实训\结果文件\Ch15\15-7.mcx-9"。

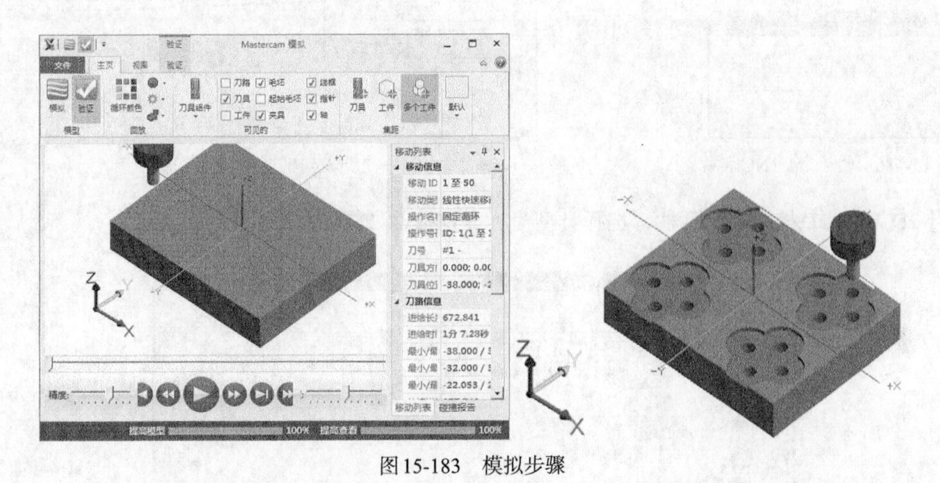

图15-183　模拟步骤

15.7　拓展训练——箱体面铣加工

引入文件：拓展训练\结果文件\Ch15\15-8.mcx-9

结果文件：拓展训练\结果文件\Ch15\15-8.mcx-9

视频文件：视频\Ch15\拓展训练——箱体面铣加工.avi

对图15-184所示的图形进行平面铣削加工，加工结果如图15-185所示。

本实训有多个凹槽，而且槽深不一样，槽大小也不同，所以要分开来加工，对于封闭的凹槽，直接采用标准挖槽即可。因为键槽形的凹槽是开放形的，不能采用标准挖槽，所以可用开放式挖槽进行加工。分析后加工步骤如下。

❖ 采用D8的平底刀对70×20的凹槽进行标准挖槽加工。

❖ 采用D12的平底刀对70×30的凹槽进行标准挖槽加工。

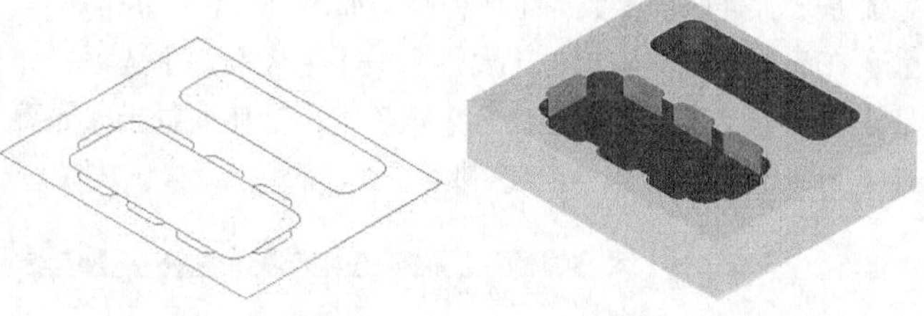

图15-184　加工图形　　　　图15-185　加工结果

❖ 采用D6的平底刀对键槽形的凹槽进行开放式挖槽加工。

❖ 实体模拟仿真加工。

15.7.1　采用D8的平底刀对70×20的凹槽进行标准挖槽加工

01 在菜单栏执行【文件】→【打开】按钮，从资源文件中打开【源文件\Ch15\15-8.mcx-9】，单击【完成】按钮，完成文件的调取。

02 在菜单栏执行【刀路】→【2D挖槽】命令，弹出【输入新的NC名称】对话框，使用默认名称，如图15-186所示。单击【完成】按钮，弹出【串联选项】对话框，选择串联，方向如图15-187所示。单击【完成】按钮，完成选择。

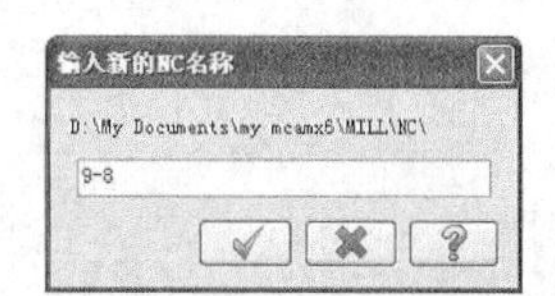

图15-186　输入新的NC名称

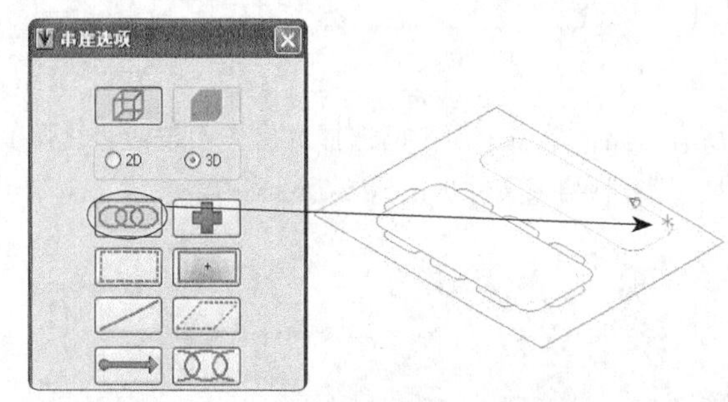

图15-187　选择串联

03 弹出【2D刀路-2D挖槽】对话框，选择类型为标准挖槽，如图15-188所示。

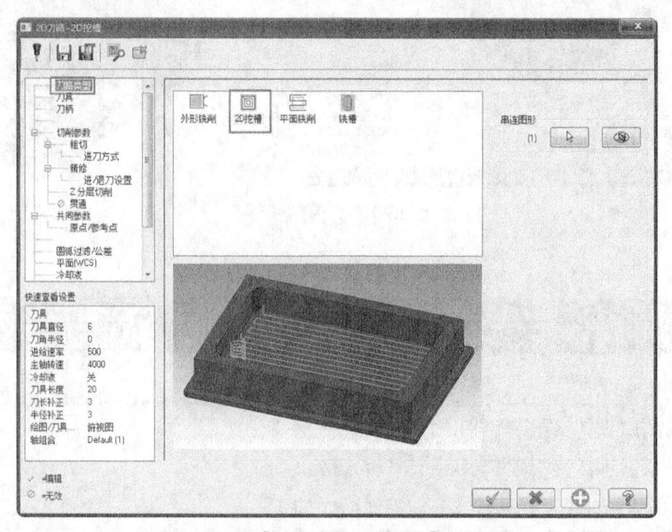

图15-188　【2D刀路-2D挖槽】对话框

04 在【2D刀路-2D挖槽】对话框中单击【刀具】选项，设置刀具及相关参数，如图15-189所示。

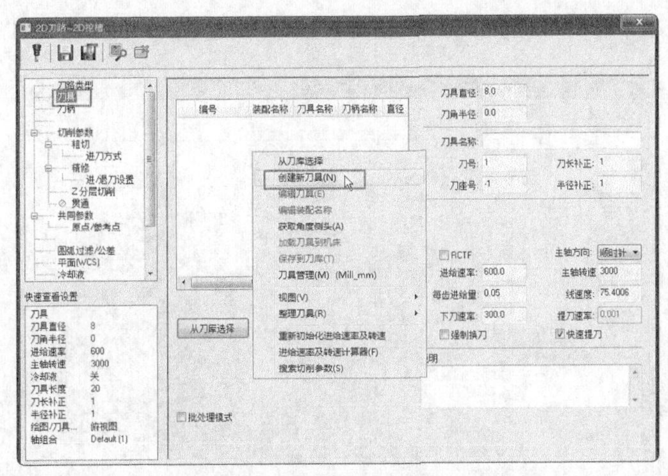

图15-189　刀具参数

05 在【刀具】选项区的空白处单击鼠标右键，从快捷菜单中选择【创建新刀具】选项，弹出定义刀具的对话框，如图15-190所示。选择刀具类型为【平底刀】，设置直径为8，如图15-191所示。单击【完成】按钮 ✓，完成设置。

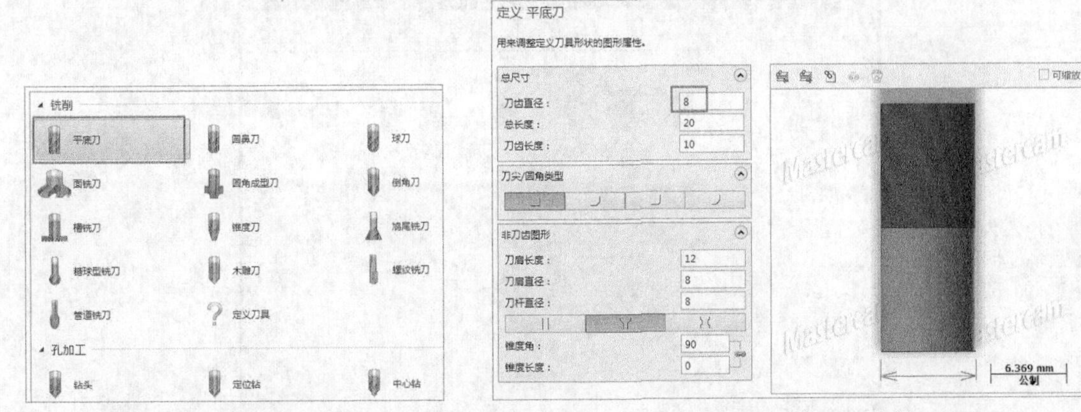

图15-190　新建刀具　　　　　　　　　　　　图15-191　设置刀具参数

06 在【刀具】选项区中设置相关参数，如图15-192所示。单击【完成】按钮 ✓，完成刀具参数设置。

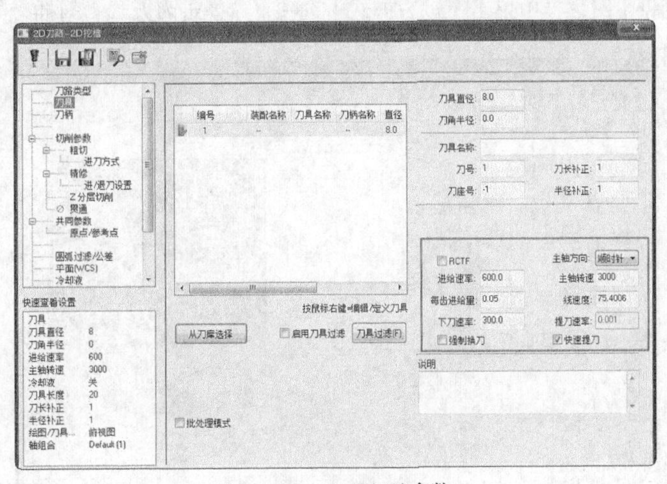

图15-192　刀具相关参数

07 在【2D刀路-2D挖槽】对话框中单击【切削参数】选项，设置切削相关参数，如图15-193所示。

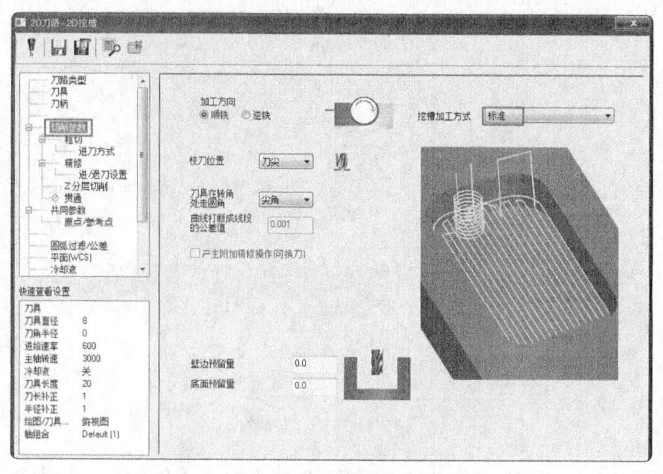

图15-193　切削参数

08 在【2D刀路-2D挖槽】对话框中单击【粗切】选项，设置粗切削走刀以及刀间距等参数，如图15-194所示。

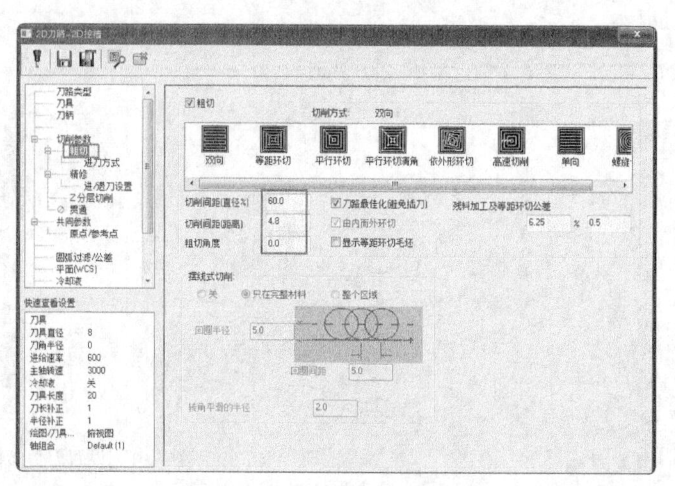

图15-194　粗加工参数

09 在【2D刀路-2D挖槽】对话框中单击【进刀方式】选项，选择进刀方式为斜插，如图15-195所示。

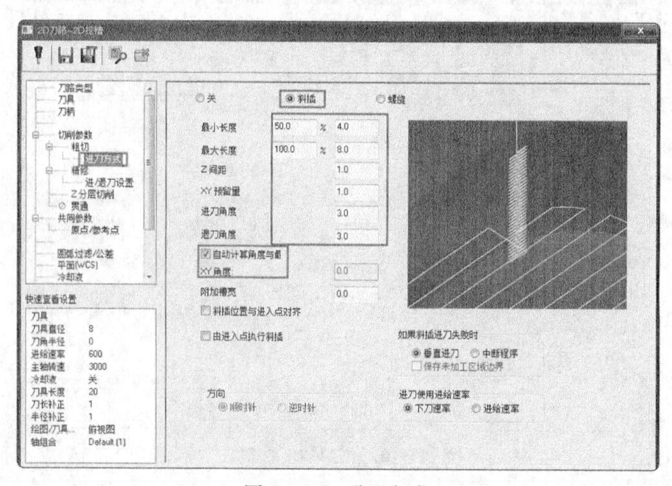

图15-195　进刀方式

10 在【2D刀路-2D挖槽】对话框中单击【精修】选项，设置精加工参数，如图15-196所示。

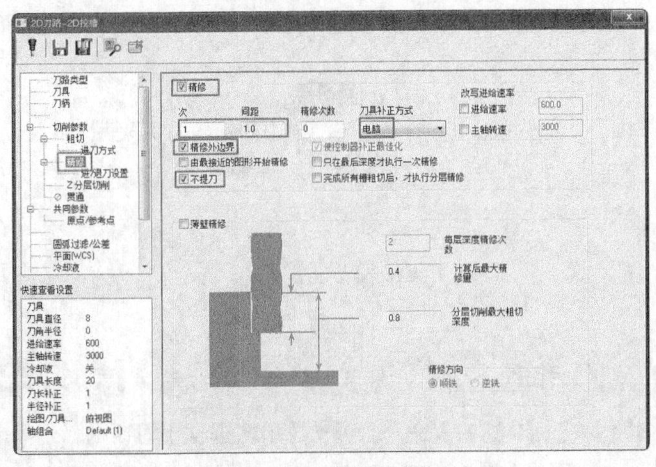

图15-196　精加工参数

11 在【2D刀路-2D挖槽】对话框中单击【Z分层切削】选项，设置刀具在深度方向上切削参数，如图15-197所示。

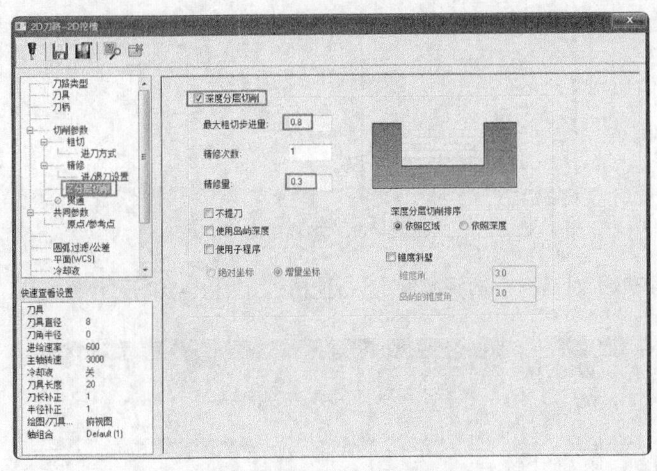

图15-197　Z轴分层铣削参数

12 在【2D刀路-2D挖槽】对话框中单击【共同参数】选项，设置二维刀路共同的参数，如图15-198所示。

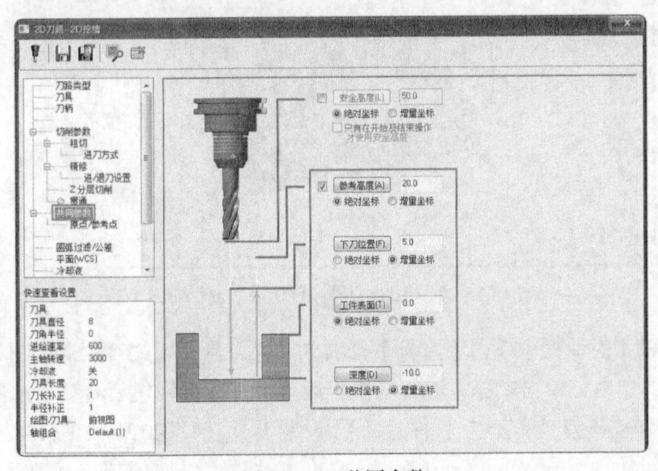

图15-198　共同参数

13 系统根据所设参数，生成刀路，如图15-199所示。

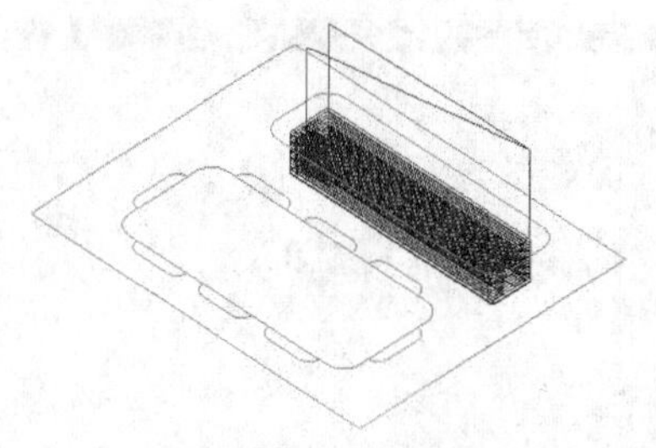

图15-199　生成刀路

15.7.2　采用D12的平底刀对70×30的凹槽进行标准挖槽加工

01 在菜单栏上单击【刀路】→【2D挖槽】命令，弹出【串联选项】对话框，选择串联，方向如图15-200所示。单击【完成】按钮，完成选择。

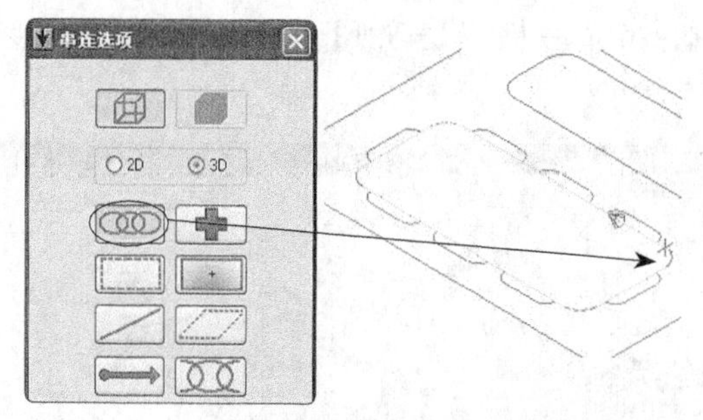

图15-200　选择串联

02 弹出【2D刀路-2D挖槽】对话框，选择类型为2D挖槽，如图15-201所示。

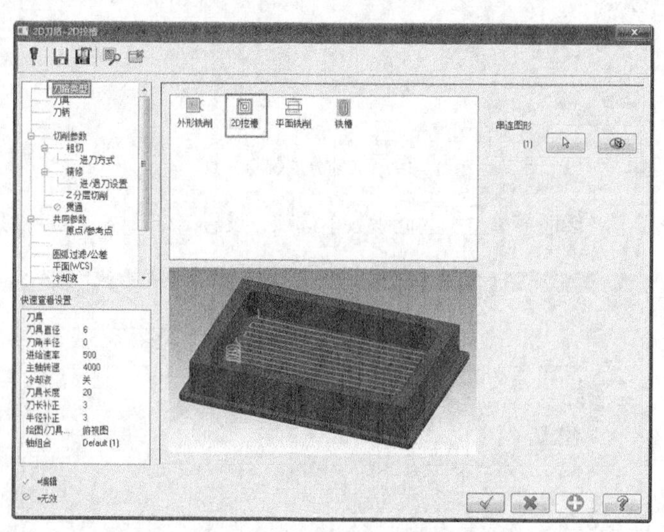

图15-201　【2D刀路-2D挖槽】对话框

03 在【2D刀路-2D挖槽】对话框中单击【刀具】选项，设置刀具及相关参数，如图15-202所示。

04 在【刀具】选项区的空白处单击鼠标右键，从快捷菜单中选择【创建新刀具】选项，弹出定义刀具的对话框，如图15-203所示。选择刀具类型为【平底刀】，设置刀具直径为12，如图15-204所示。单击【完成】按钮，完成设置。

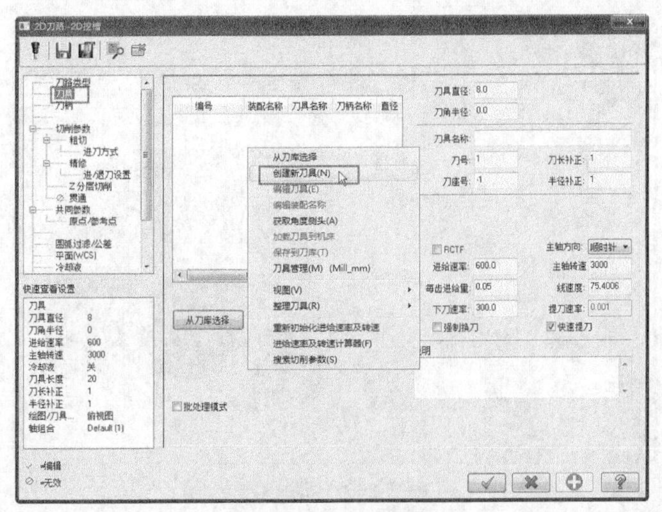

图15-202 刀具参数

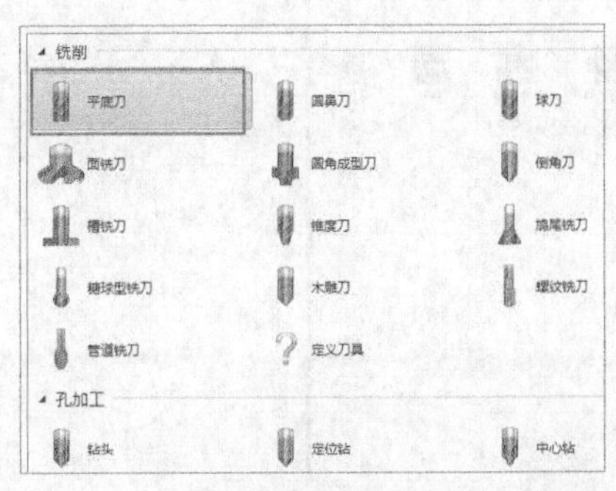

图15-203 新建刀具

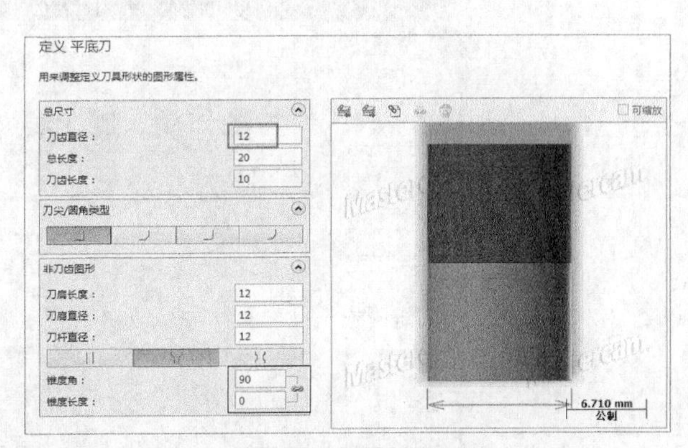

图15-204 设置刀具参数

05 在【刀具】选项区中设置相关参数，如图15-205所示。单击【完成】按钮，完成刀具参数设置。

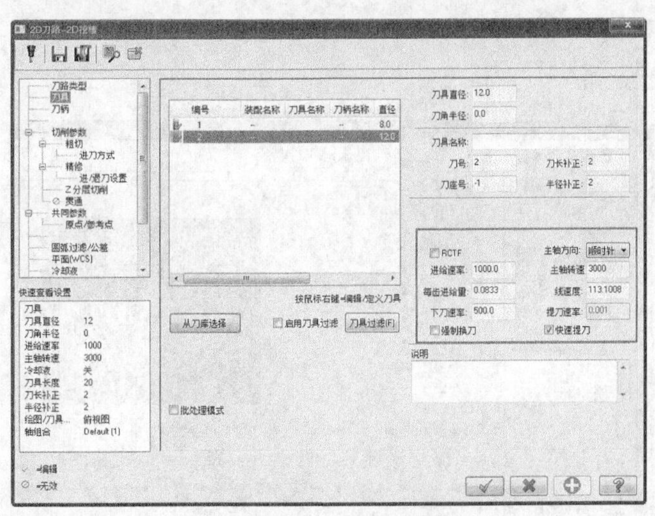

图15-205 刀具相关参数

06 在【2D刀路-2D挖槽】对话框中单击【切削参数】选项，设置切削相关参数，如图15-206所示。

07 在【2D刀路-2D挖槽】对话框中单击【粗切】选项，设置粗切削走刀以及刀间距等参数，如图15-207所示。

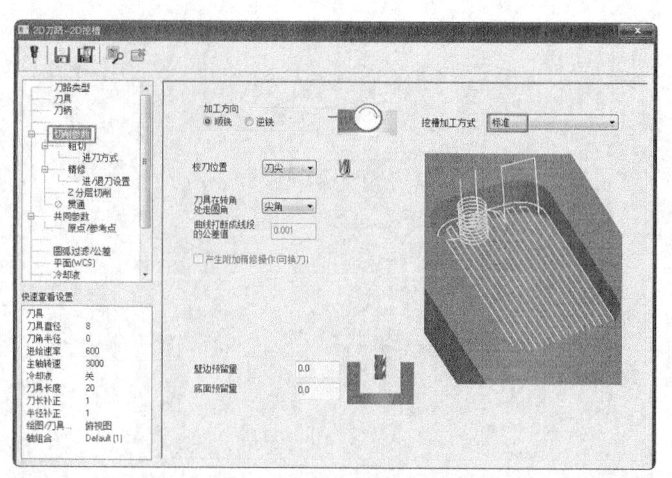

图15-206　切削参数

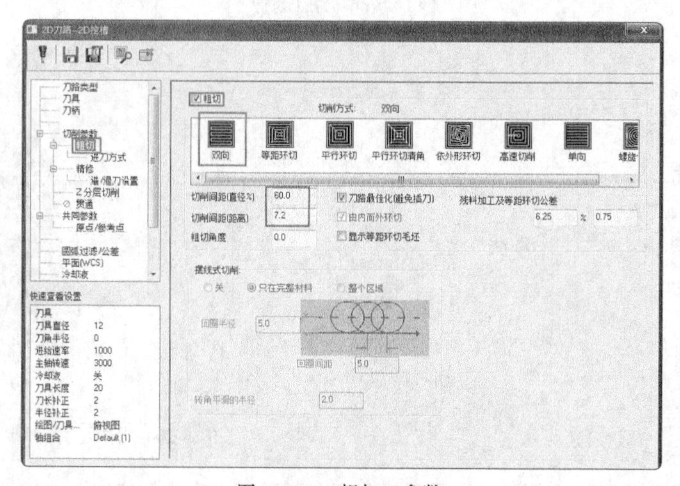

图15-207　粗加工参数

08 在【2D刀路-2D挖槽】对话框中单击【进刀方式】选项，设置粗切削进刀参数，选择进刀方式为斜插，如图15-208所示。

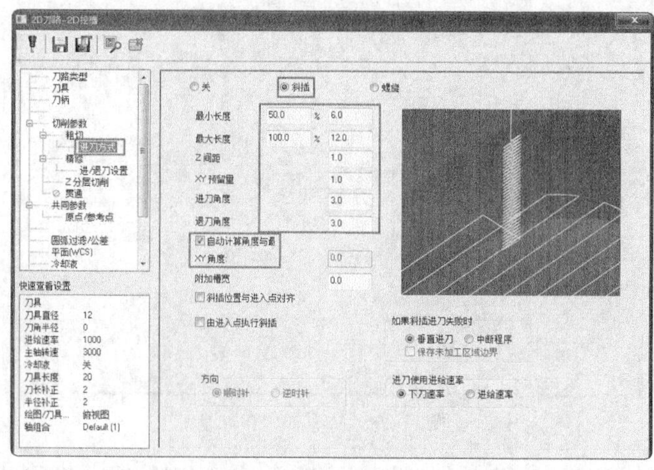

图15-208　进刀方式

09 在【2D刀路-2D挖槽】对话框中单击【精修】选项，设置精加工参数，如图15-209所示。

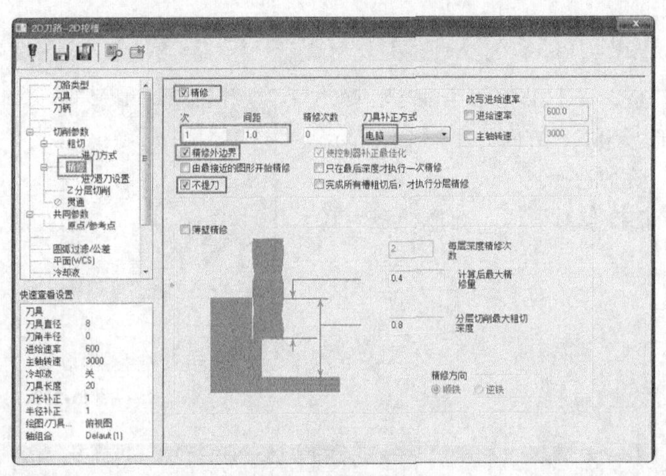

图15-209 精加工参数

10 在【2D刀路-2D挖槽】对话框中单击【Z分层切削】选项，设置刀具在深度方向上的铣削参数，如图15-210所示。

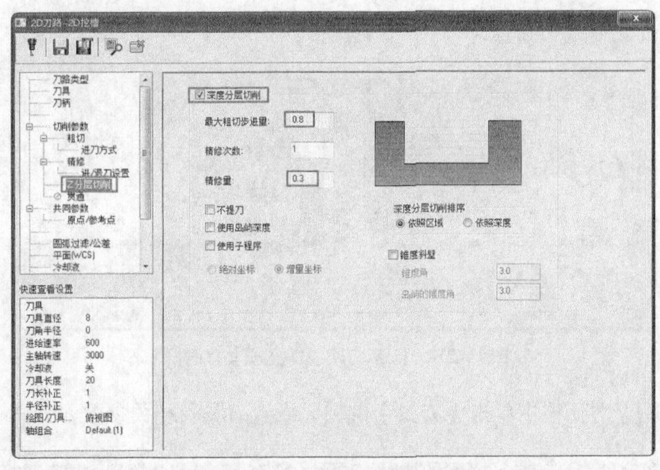

图15-210 Z轴分层铣削参数

11 在【2D刀路-2D挖槽】对话框中单击【共同参数】选项，设置二维刀路共同的参数，如图15-211所示。

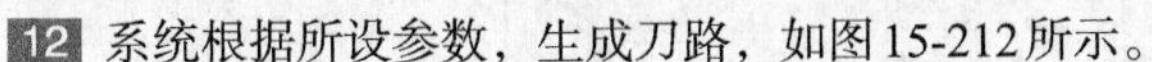

12 系统根据所设参数，生成刀路，如图15-212所示。

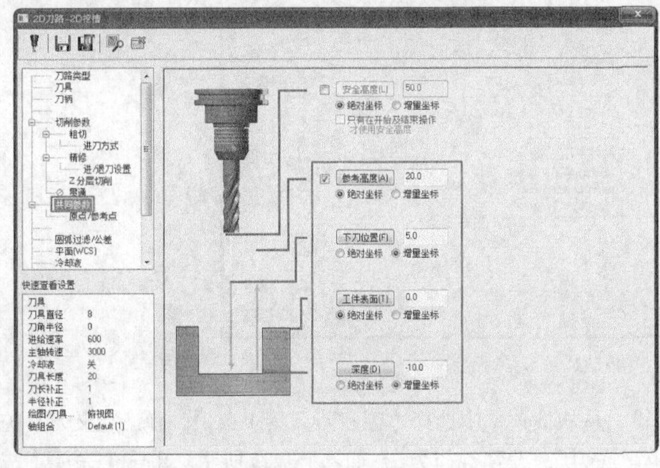

图15-211 共同参数

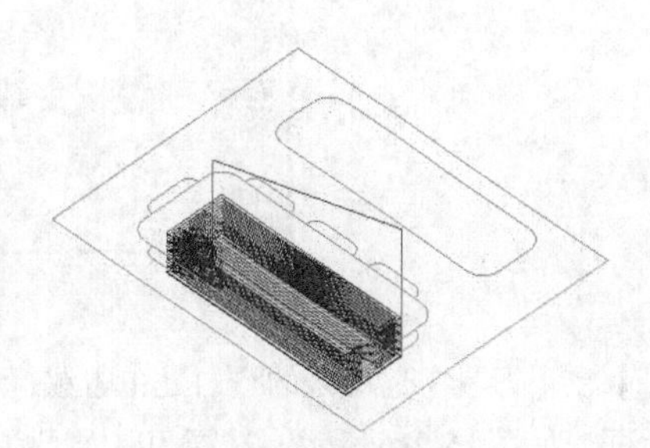

图15-212 生成刀路

15.7.3 采用D6的平底刀对键槽形的凹槽进行开放式挖槽加工

01 在菜单栏执行【刀路】→【2D挖槽】命令，弹出【串联选项】对话框，选择串联，方向如图15-213所示。单击【完成】按钮 ，完成选择。

02 弹出【2D刀路-2D挖槽】对话框，选择类型为2D挖槽，如图15-214所示。

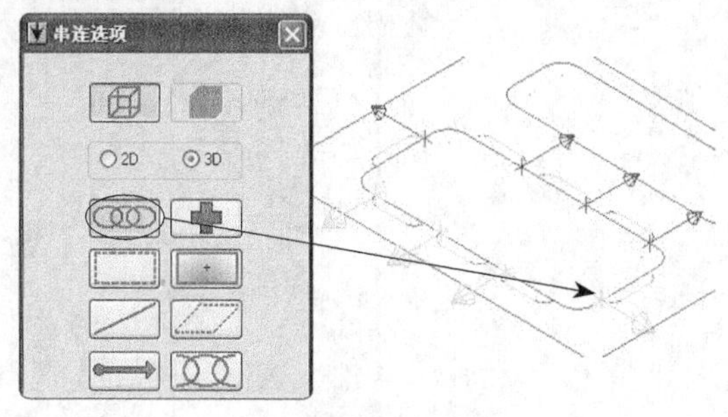

图15-213 选择串联

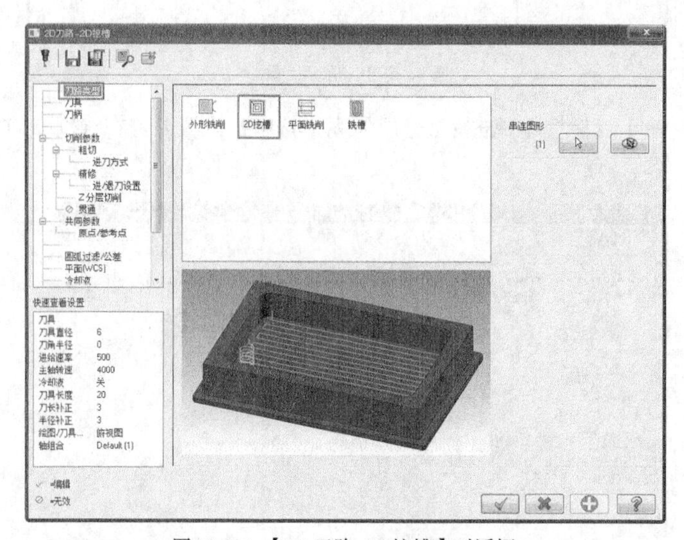

图15-214 【2D刀路-2D挖槽】对话框

03 在【2D刀路-2D挖槽】对话框中单击【刀具】选项，设置刀具及相关参数，如图15-215所示。

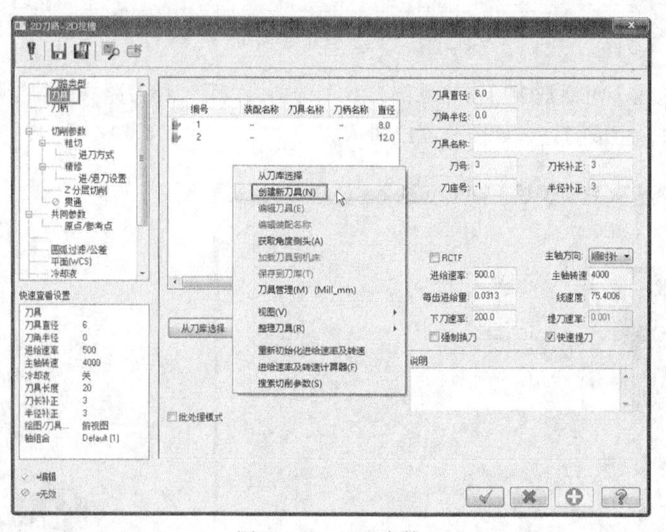

图15-215 刀具参数

04 在【刀具】选项区的空白处单击鼠标右键，从快捷菜单中选择【创建新刀具】选项，弹出定义刀具的对话框，如图15-216所示。选择刀具类型为【平底刀】，设置直径为6，如图15-217所示。单击【完成】按钮

[✓]，完成设置。

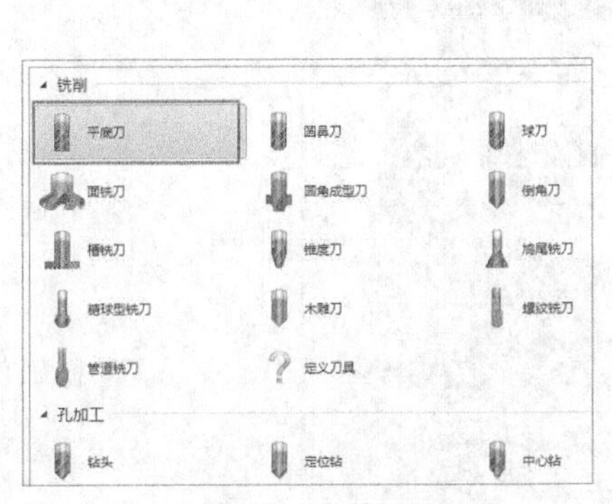

图15-216　新建刀具

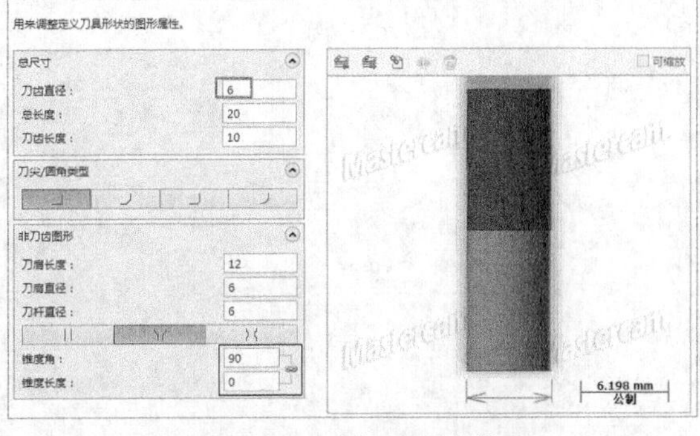

图15-217　设置刀具参数

05 在【刀具】选项区中设置相关参数，如图15-218所示。单击【完成】按钮[✓]，完成刀具参数设置。

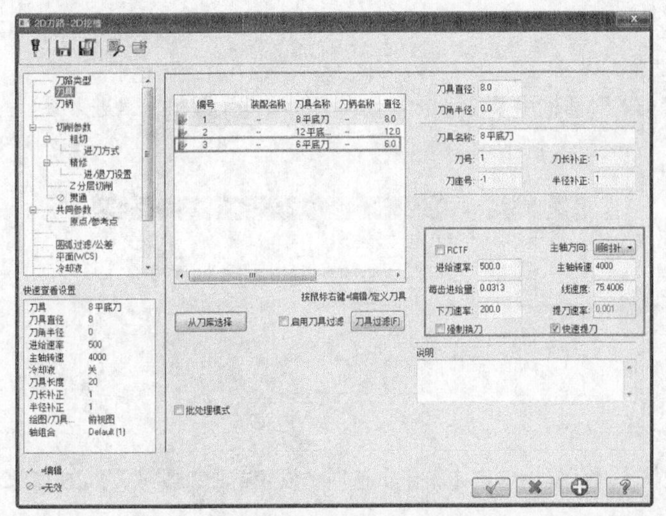

图15-218　刀具相关参数

06 在【2D刀路-2D挖槽】对话框中单击【切削参数】选项，设置切削相关参数，如图15-219所示。

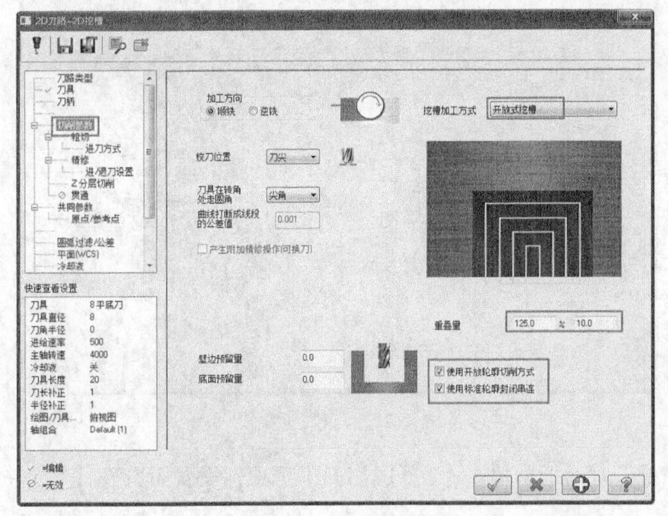

图15-219　切削参数

07 在【2D刀路-2D挖槽】对话框中单击【粗切】选项，设置刀间距等参数，如图15-220所示。

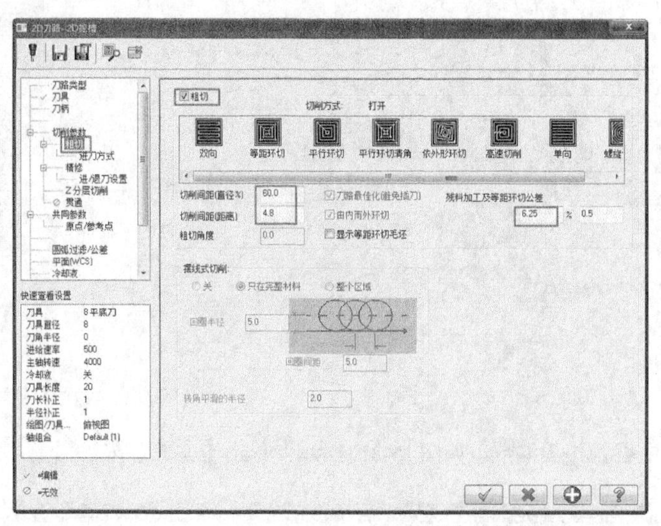

图15-220 深加工参数

08 在【2D刀路-2D挖槽】对话框中单击【进刀方式】选项，设置粗加工进刀参数。将进刀方式关闭，如图15-221所示。

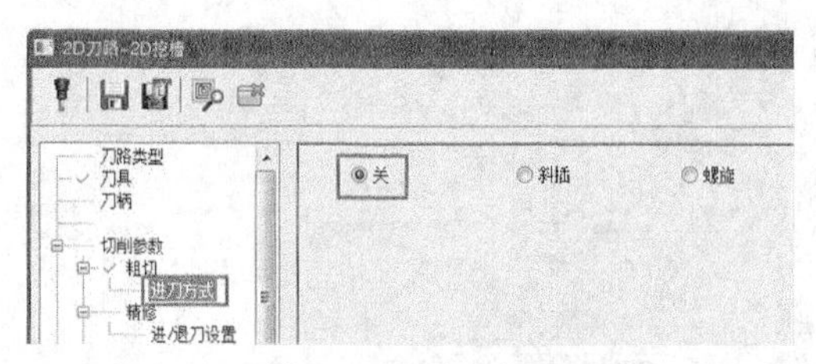

图15-221 进刀方式

09 在【2D刀路-2D挖槽】对话框中单击【精修】选项，设置精加工参数，如图15-222所示。

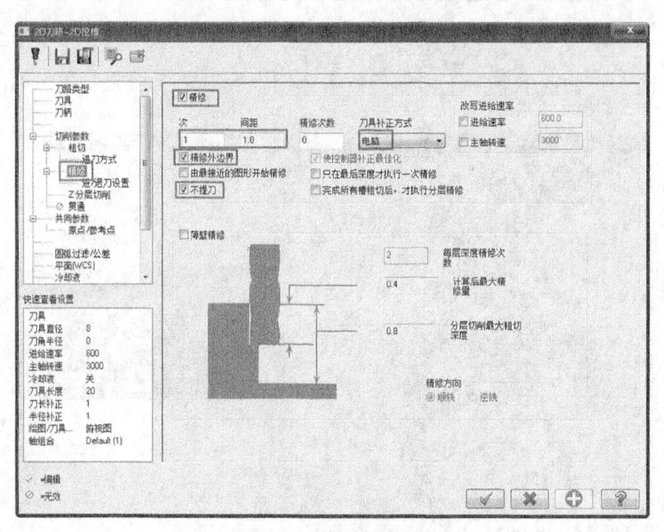

图15-222 精加工参数

10 在【2D刀路-2D挖槽】对话框中单击【Z分层切削】选项，设置刀具在深度方向上的切削参数，如图15-223所示。

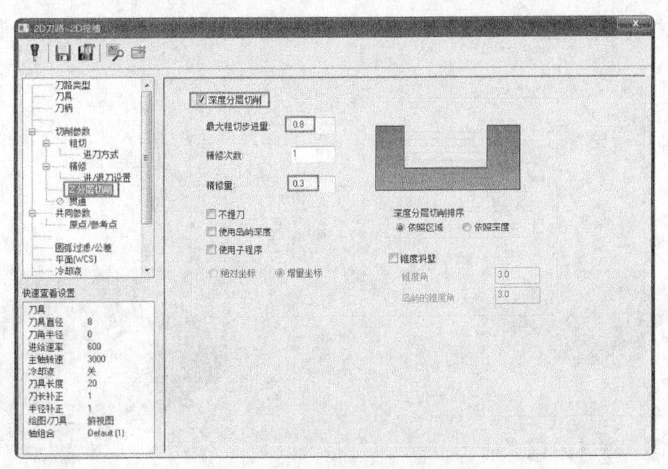

图15-223 Z轴分层铣削参数

11 在【2D刀路-2D挖槽】对话框中单击【共同参数】选项，设置二维刀路共同的参数，如图15-224所示。

12 系统根据所设参数，生成刀路，如图15-225所示。

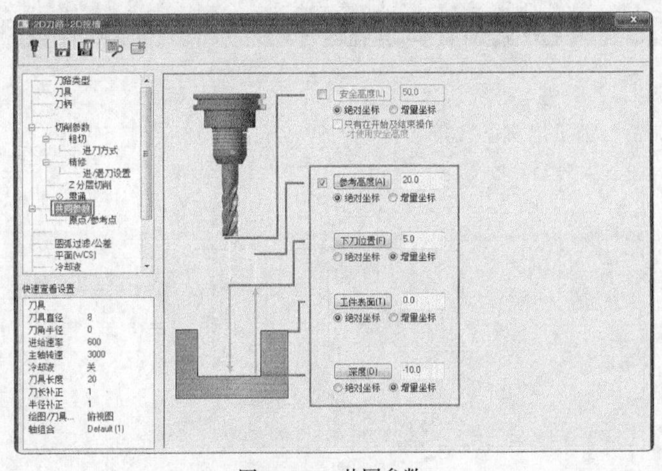

图15-224 共同参数

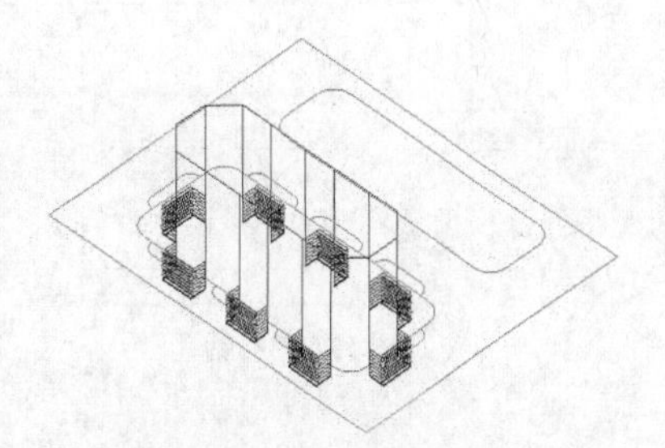

图15-225 生成刀路

15.7.4 实体模拟仿真加工

刀路全部编制完后，对刀路设置毛坯并进行模拟，检查刀路是否出现问题。下面将讲解毛坯的设置和模拟加工操作。

01 在刀路管理器中单击【属性】→【毛坯设置】选项，弹出【机床群组属性】对话框，切换到【毛坯设置】选项卡，毛坯设置步骤如图15-226所示，单击【完成】按钮 ，完成参数设置。

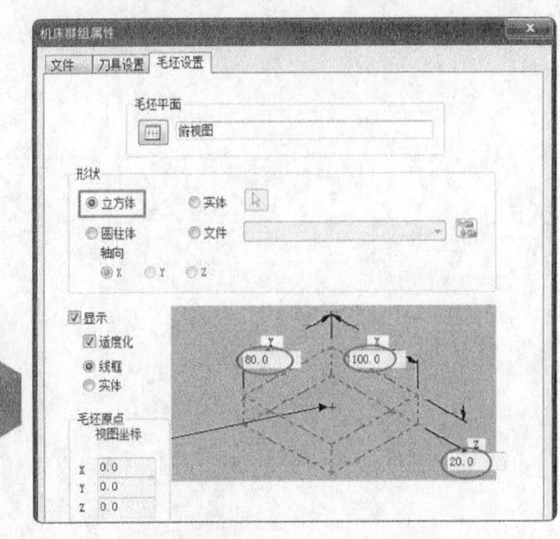

图15-226 设置毛坯

02 选择所有刀路，单击【模拟已选择的操作】按钮，弹出【验证】对话框，模拟步骤如图15-227所示。

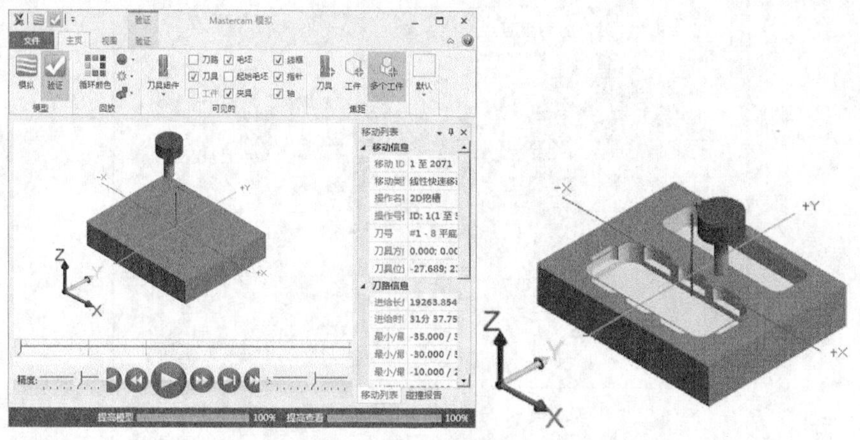

图15-227 模拟步骤

15.8 课后习题

（1）对图15-228所示的模板进行钻孔加工。

（2）对图15-229所示的文字采用木雕加工，加工出文字线条。

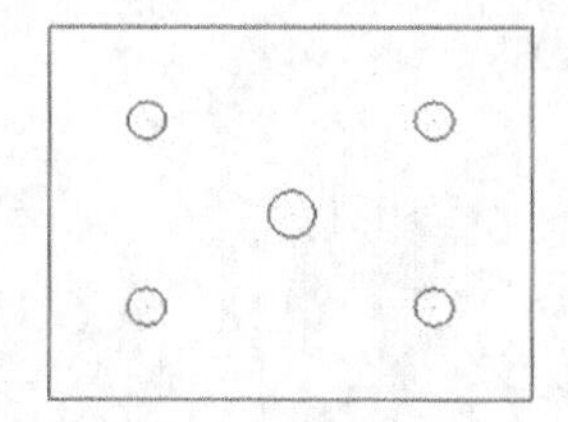

图15-228 钻孔

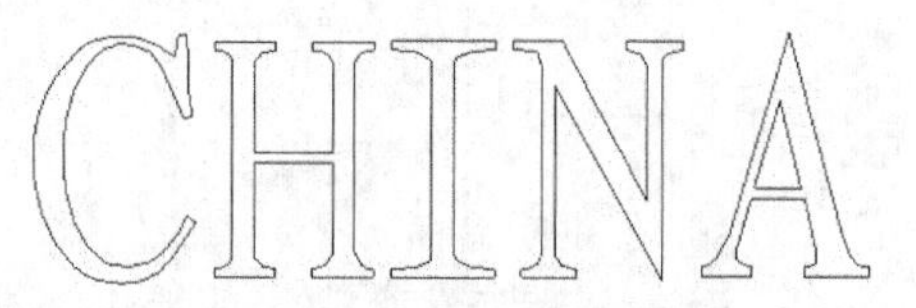

图15-229 木雕

第16章

曲面粗加工

Mastercam X9提供了8种曲面粗加工方式来进行粗加工。这8种粗加工分别为平行粗加工、放射粗加工、投影粗加工、流线粗加工、等高外形粗加工、挖槽粗加工、残料粗加工和插削粗加工。每种粗加工都有其专用的加工参数。粗加工的目的是尽可能快地去除残料，因此粗加工一般尽可能使用大的刀具，这样刀具刚性好，可以用大的切削量快速清除残料，提高效率。

知识要点

※ 了解粗加工的概念和用途。
※ 了解几种最常用的粗加工形式。
※ 掌握挖槽粗加工的设置及应用。
※ 掌握等高外形粗加工的参数设置及其应用。
※ 掌握残料粗加工的参数设置以及应用场合。
※ 掌握平行粗加工、放射粗加工、投影粗加工、插削粗加工等参数的设置及运用。

案例解析

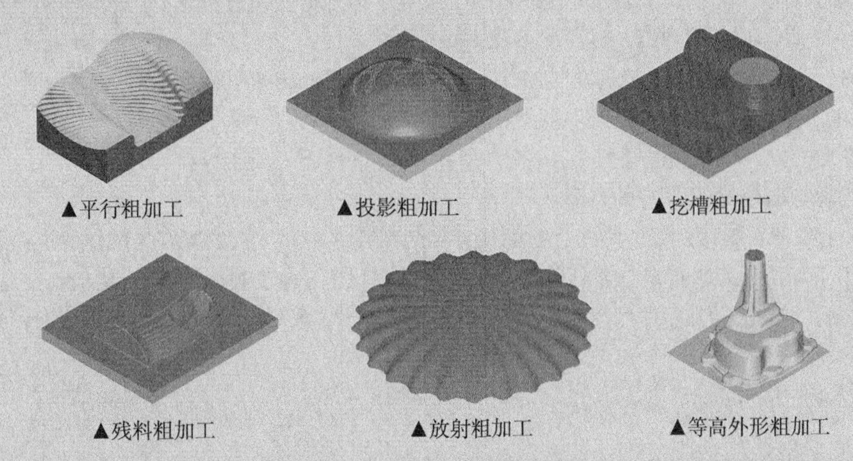

▲平行粗加工　▲投影粗加工　▲挖槽粗加工

▲残料粗加工　▲放射粗加工　▲等高外形粗加工

16.1 平行粗加工

平行粗加工是最常用、简单和有效的一种加工方法。平行粗加工的刀具沿指定的进给方向进行切削，生成的刀路相互平行。平行粗加工刀路比较适合加工凸台、凹槽不多或相对平坦的曲面。

平行粗加工参数包括3个选项卡，【刀路参数】和【曲面参数】在前面已经进行过讲解，这里只讲解【粗切平行铣削参数】选项卡。

在进行曲面粗加工平行铣削加工时，首先要选择曲面，当启动粗加工平行铣削加工方式时，会弹出【选择工件形状】对话框，如图16-1所示，可选择的曲面类型有【凸】、【凹】和【未定义】3种，其中【未定义】表示用户不指定或选择的曲面有凸又有凹。用户根据曲面形状选择相应的曲面类型，系统将自动提前进行优化，减少参数设置量，提高效率。

在【曲面粗切平行】对话框的【粗切平行铣削参数】选项卡中可以设置平行粗加工的专有参数，包括【整体公差】、【切削方向】和【下刀控制】等参数，如图16-2所示。

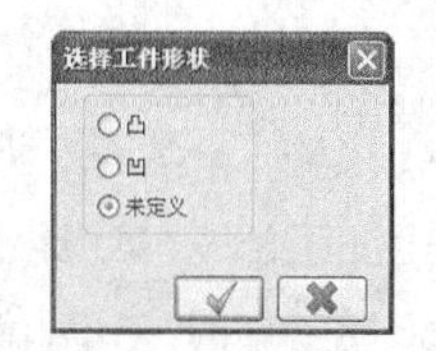

图16-1　选择曲面类型

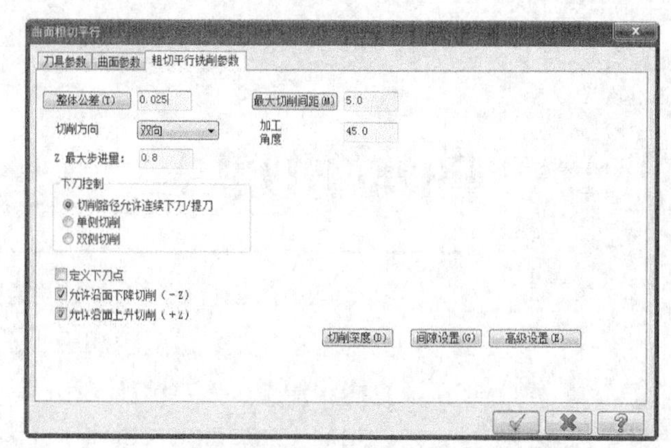

图16-2　粗加工平行铣削参数

16.1.1 整体误差

在【整体误差】按钮右侧的文本框中可以设置刀路的精度误差。误差越小，加工得到的曲面就越接近真实曲面，加工时间也就越长。在粗加工阶段，可以设置较大的误差值，以提高加工效率。

在【粗切平行铣削参数】选项卡中单击【整体误差】按钮，弹出【整体误差设置】对话框，如图16-3所示。

图16-3 【整体误差设置】对话框

其参数含义如下。

❖ 过滤的误差：当两条路径之间的距离小于或等于指定值时，可将这两条路径合为一条，以精简刀路，提高加工效率。

❖ 切削公差：指的是刀路趋近真实曲面的精度，值越小，越接近真实曲面，生成的NC程序越多，加工时间就越长。

❖ 创建XY/XZ /YZ平面的圆弧：在过滤刀路时，允许使用一段半径在指定范围内的圆弧路径取代原有的路径。

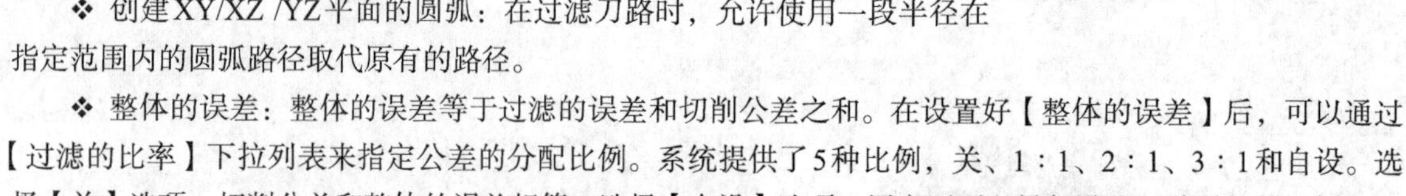

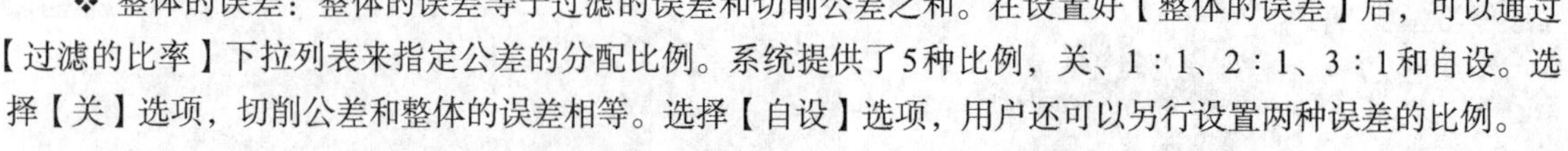

❖ 整体的误差：整体的误差等于过滤的误差和切削公差之和。在设置好【整体的误差】后，可以通过【过滤的比率】下拉列表来指定公差的分配比例。系统提供了5种比例，关、1∶1、2∶1、3∶1和自设。选择【关】选项，切削公差和整体的误差相等。选择【自设】选项，用户还可以另行设置两种误差的比例。

16.1.2 切削方式

在【切削方式】下拉列表中，有双向和单向两种方式。

❖ 双向：刀具在完成一行切削后立即转向下一行进行切削。

❖ 单向：加工时刀具只沿一个方向进行切削，完成一行后，需要提刀返回到起点再进行下一行的切削。

双向切削有利于缩短加工时间，而单向切削可以保证一直采用顺铣和逆铣的方式，以获得良好的加工质量。图16-4为单向切削刀路，图16-5为双向切削刀路。

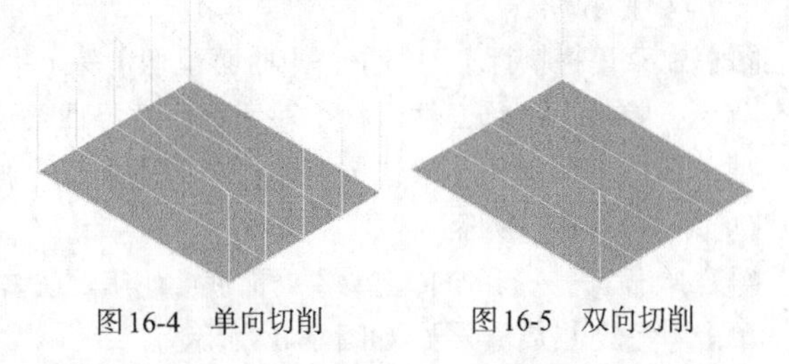

图16-4　单向切削　　图16-5　双向切削

16.1.3　下刀的控制

下刀的控制决定了刀具下刀或退刀时在z方向的运动方式。其参数含义如下。

❖ 单侧切削：从一侧切削，只能对一侧进行加工，另一侧则无法加工，如图16-6所示。

❖ 双侧切削：在加工完一侧后，再加工另一侧，可以加工到两侧，但每次只能加工一侧，如图16-7所示。

❖ 切削路径允许连续下刀提刀：刀具将在坡的两侧连续下刀提刀，同时对两侧进行加工，如图16-8所示。

图16-6　单侧切削

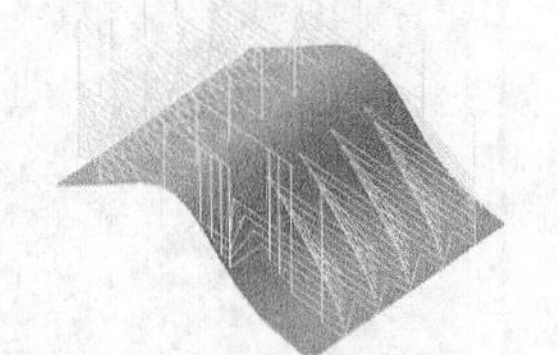

图16-7　双侧切削

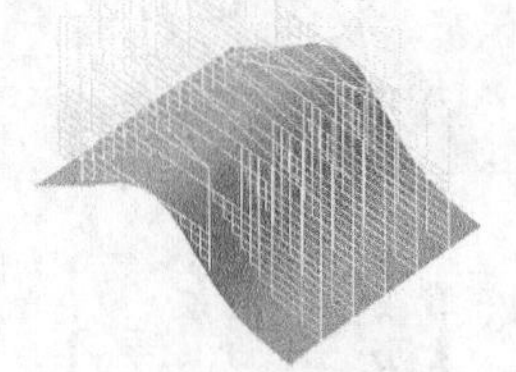

图16-8　连续下刀提刀

16.1.4　最大切削间距

可以在【粗切平行铣削参数】选项卡的【最大切削间距】后的文本框中输入切削路径间距。为了加工效果，此值必须小于直径，若刀具间距过大，两条路径之间会有部分材料加工不到位，留下残脊。一般设为刀具直径的60%~75%。在粗加工过程中，为了提高效率，可以把这个值在允许的范围内尽量设大一些。

单击【最大切削间距】按钮，弹出【最大步进量】对话框，如图16-9所示，设置环绕高度等参数。

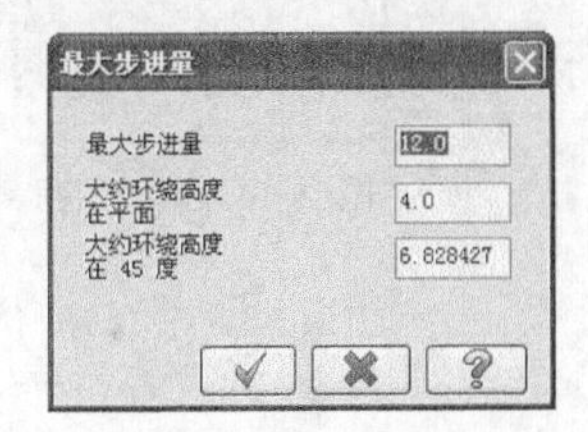

图16-9 【最大步进量】对话框

实训81——平行粗加工

采用平行粗加工将图16-10所示的图形进行铣削加工，结果如图16-11所示。

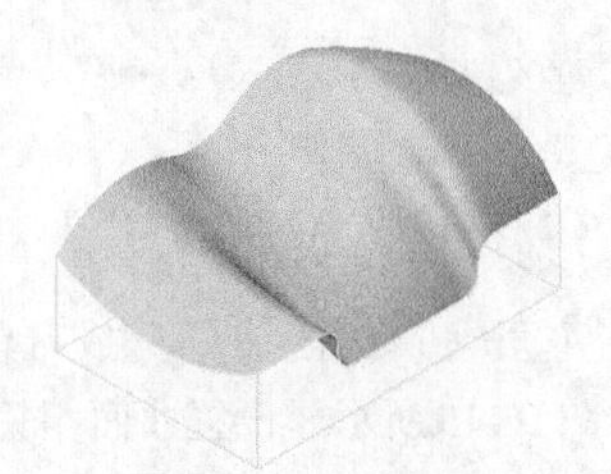

图16-10　加工图形

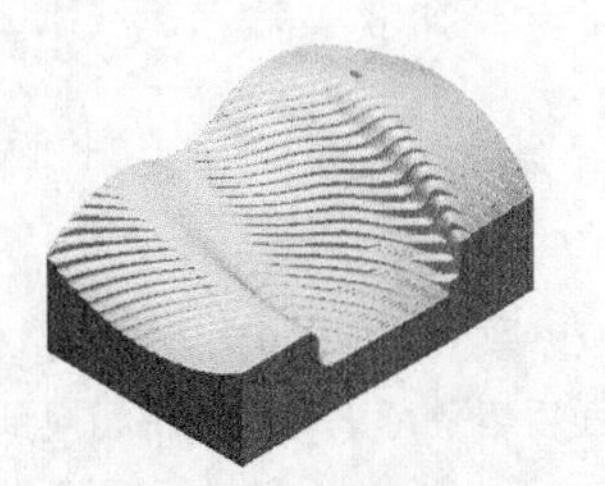

图16-11　加工结果

01 单击【打开】按钮，从资源文件中打开“实训\源文件\Ch16\16-1.mcx-9”，单击【完成】按钮，完成文件的调取。

02 在菜单栏执行【刀路】→【曲面粗切】→【平行】命令，弹出【选择工件形状】对话框，选择曲面的类型，选中【未定义】单选按钮，再单击【完成】按钮，如图16-12所示。

03 弹出【输入新的NC名称】对话框，使用默认名称，单击【完成】按钮，如图16-13所示。

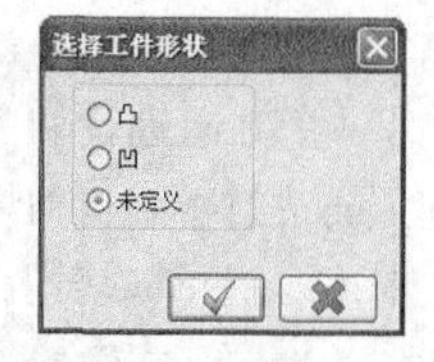

图16-12 选择曲面类型

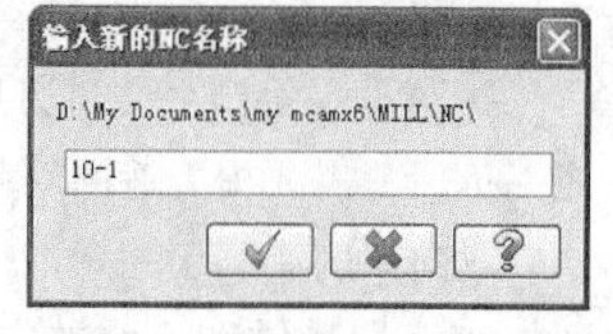

图16-13 输入新的NC名称

04 弹出【刀路曲面选择】对话框，如图16-14所示。选择加工曲面和曲面加工范围，单击【完成】按钮，完成选择。

05 弹出【曲面粗切平行】对话框，如图16-15所示。切换到【刀具参数】选项卡，设置刀具及相关参数。

06 在【刀具参数】选项卡的空白处单击鼠标右键，从快捷菜单中选择【创建新刀具】选项，弹出定义刀具对话框，如图16-16所示。选择刀具类型为【圆鼻刀】，设置直径为10，如图16-17所示。单击【完成】按钮，完成设置。

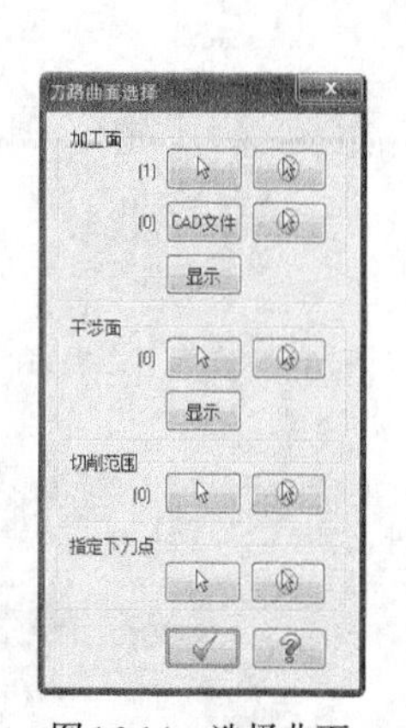

图16-14 选择曲面

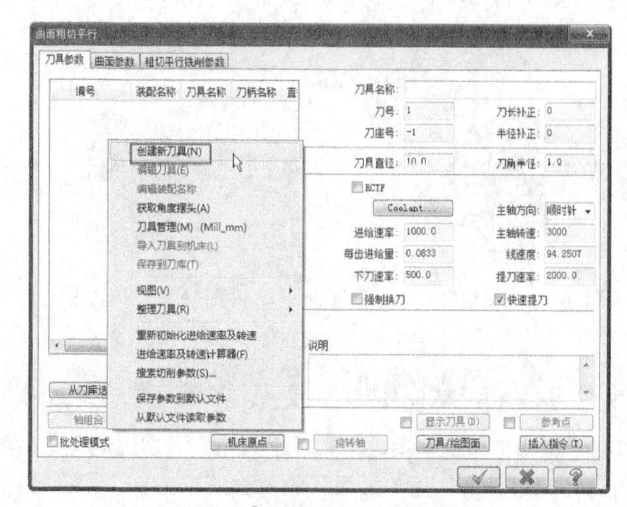

图16-15 【曲面粗切平行】对话框

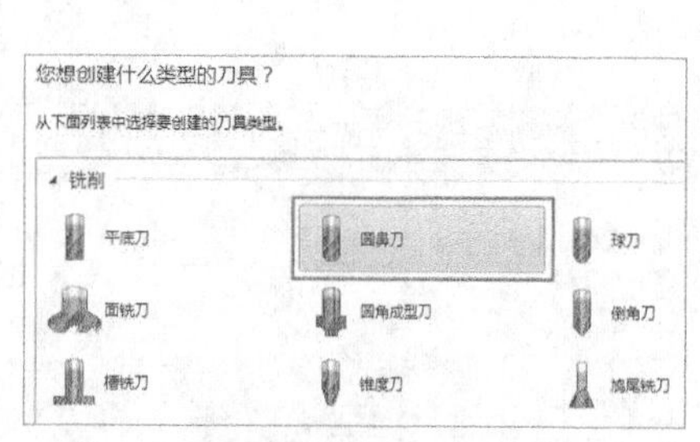

图16-16 新建刀具

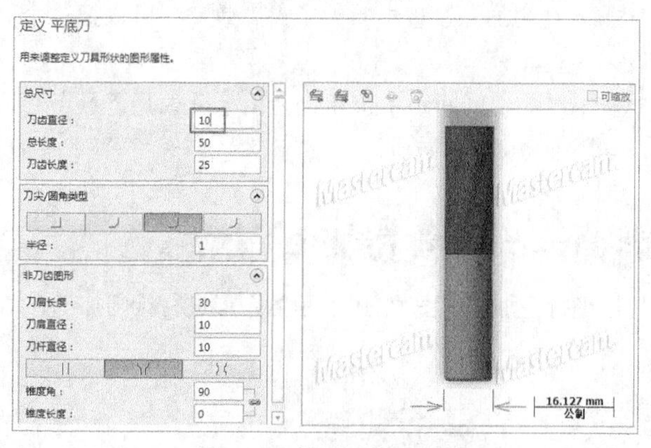

图16-17 设置圆鼻刀参数

07 在【刀具参数】选项卡中设置相关参数，如图16-18所示。单击【完成】按钮，完成刀具参数设置。

08 在【曲面粗切平行】对话框中切换到【曲面参数】选项卡，如图16-19所示。设置曲面相关参数（由于这里不做精加工，所以预留量暂时不设，等到后面精加工时再做），单击【完成】按钮，完成参数设置。

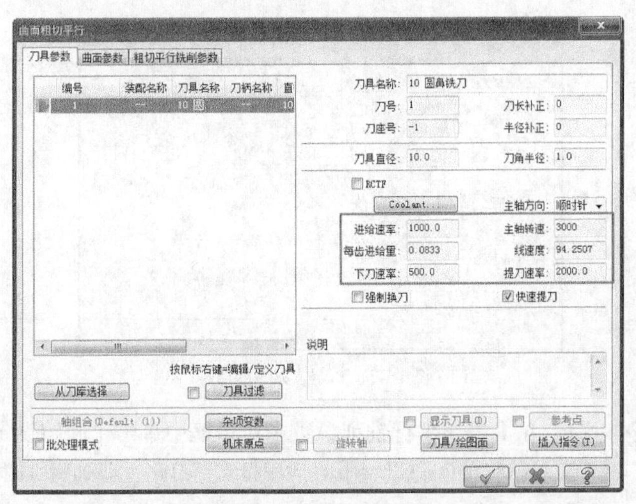

图16-18　刀具相关参数

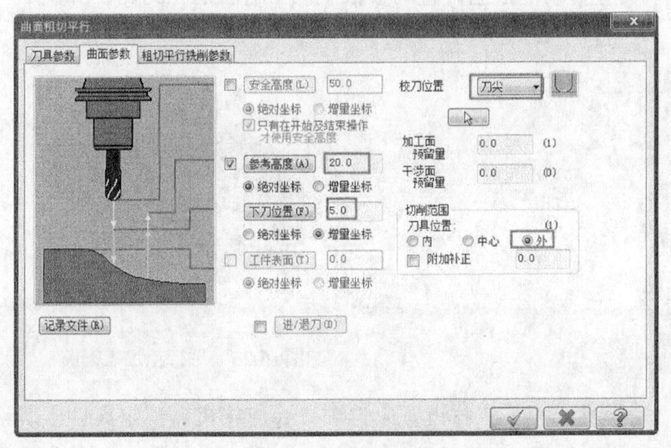

图16-19　曲面参数

09 在【曲面粗切平行】对话框中切换到【粗切平行铣削参数】选项卡，如图16-20所示。设置加工角度为45°，单击【完成】按钮，完成参数设置。

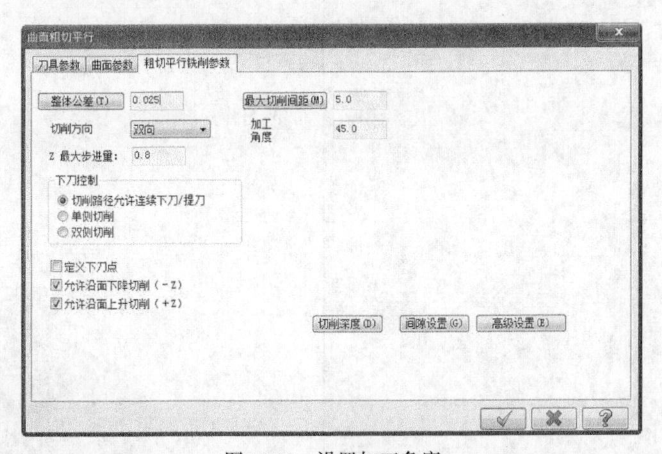

图16-20　设置加工角度

10 在【粗切平行铣削参数】对话框中单击【切削深度】按钮切削深度，弹出【切削深度设置】对话框，设定第一层和最后一层的切削深度，如图16-21所示。单击【完成】按钮，完成切削深度设置。

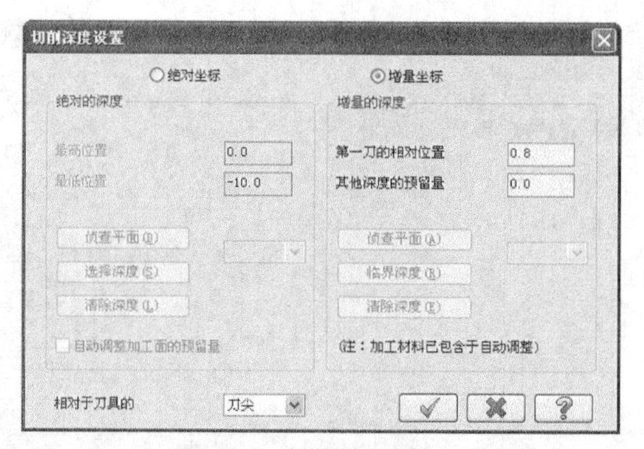

图16-21　设置切削深度

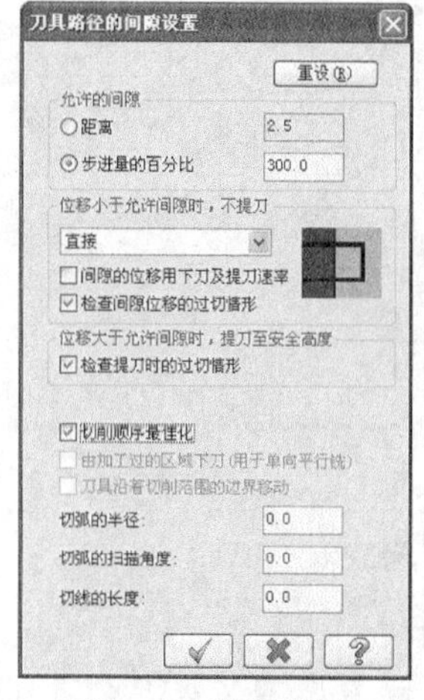

图16-22　间隙设置

11 在【粗切平行铣削参数】对话框中单击【间隙设定】按钮[间隙设定]，弹出【刀具路径的间隙设置】对话框，设置刀路在遇到间隙时的处理方式，如图16-22所示。单击【完成】按钮[✓]，完成间隙设置。

12 系统根据设置的参数生成平行粗加工刀路，如图16-23所示。

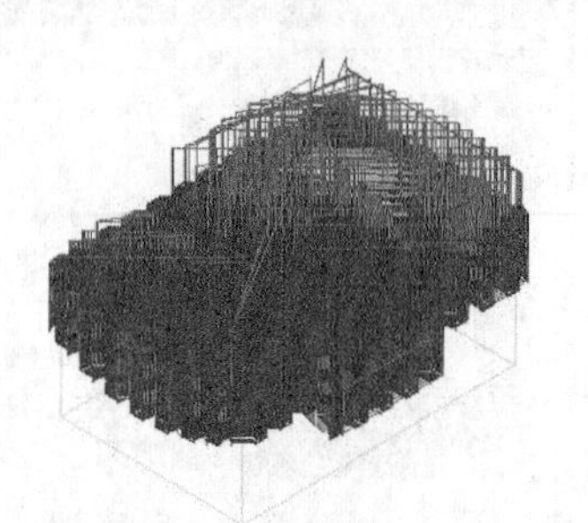

图16-23　平行粗加工刀路

13 在刀路管理器中单击【属性】→【素材设置】选项，弹出【机器群组属性】对话框，打开【素材设置】选项卡，设置加工坯料的尺寸，如图16-24所示。单击【完成】按钮[✓]，完成参数设置。

14 坯料设置结果如图16-25所示，虚线框显示的即为毛坯。

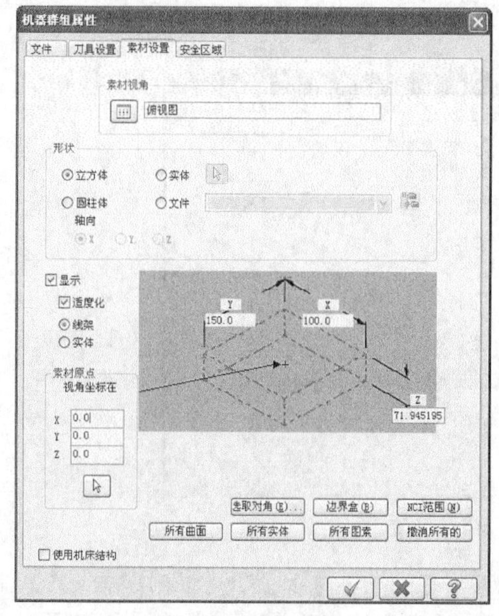

图16-24　毛坯设置

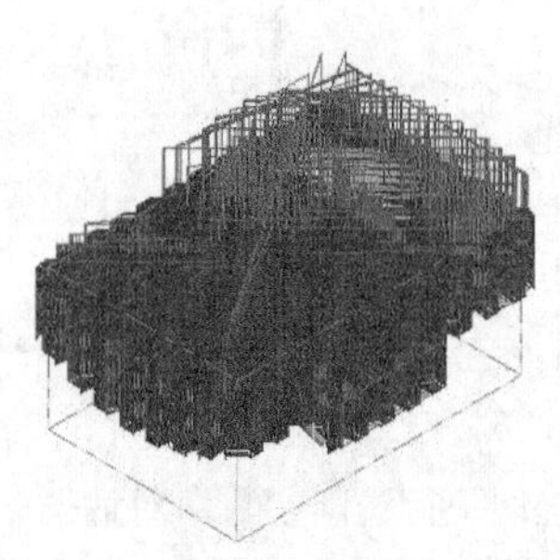

图16-25　坯料

15 单击【模拟已选择的操作】按钮，弹出【验证】对话框，单击【开始】按钮进行模拟，模拟结果如图16-26所示。结果文件见“实训\结果文件\Ch16\16-1.mcx-9”。

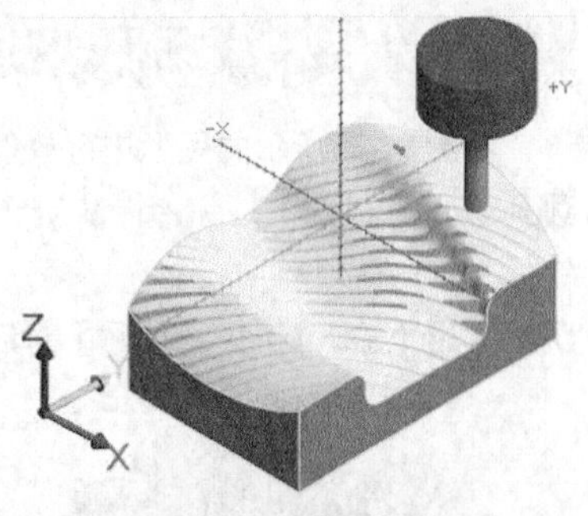

图16-26　模拟结果

操作技巧

平行铣削加工的缺点是在比较陡的斜面会留下梯田状残料，而且残料比较多。另外平行铣削加工提刀次数特别多，对于凸起多的工件就更为明显，而且只能直线下刀，对刀具不利。

16.2　放射状粗加工

放射状粗加工是以某一点为中心向四周发散，或者由四周向一点集中的一种刀路。它适合加工圆形工件。在中心处加工效果比较好，靠近边缘加工效果略差，因而整体效果不均匀。

在菜单栏执行【刀路】→【曲面粗切】→【放射】命令，弹出【选择工件的形状】对话框，如图16-27所示。选择相应类型后，弹出【曲面粗加工放射状】对话框，打开【放射状粗加工参数】选项卡，如图16-28所示，从中设置放射状粗加工的专用参数。

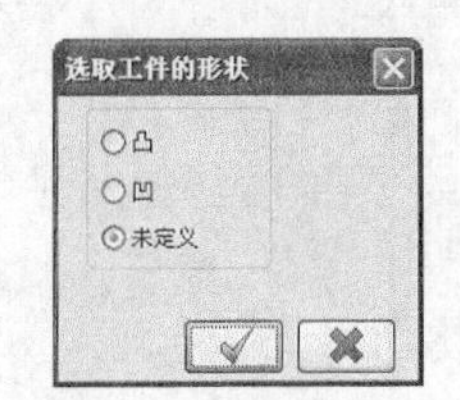

图16-27　选择工件形状

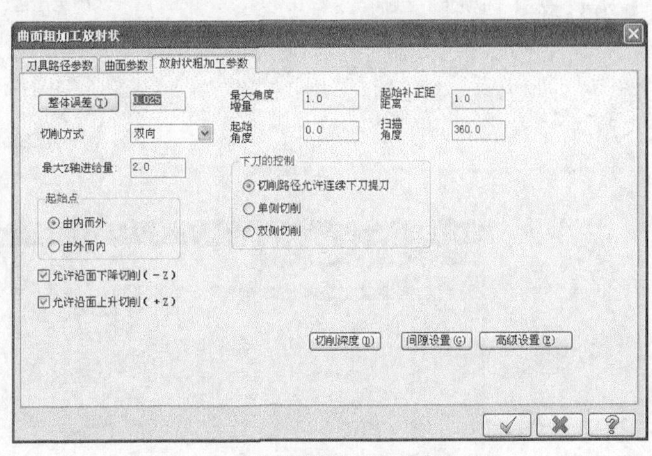

图16-28【放射状粗加工参数】选项卡

其参数含义如下。

❖ 最大角度增量：设置放射粗加工两条相邻刀路之间的夹角。

❖ 起始补正距：设置放射状粗加工刀路在以指定的中心为圆心，在起始补正距离为半径的范围内不产生刀路，在此范围外开始放射加工。

❖ 起始角度：放射状粗加工在XY平面上开始加工的角度。

❖ 扫描角度：放射状路径从起始角度开始到加工终止位置所扫描过的范围。规定以逆时针方向为正，顺时针方向为负。

图16-29是最大角度增量为3°，起始补正距为10，起始角度为0，扫描角度为360°时的放射状粗加工刀路。

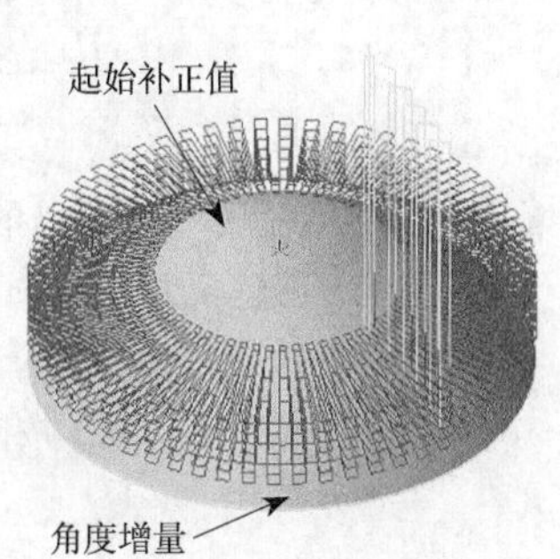

图16-29　放射状加工

❖ 由内而外：起始点在内，放射状加工从内向外发散，刀路由内向外加工。

❖ 由外而内：起始点在外，放射状加工从外向内收敛，刀路由外向内加工。

实训82——放射状粗加工

对图16-30所示的图形进行放射状粗加工，加工结果如图16-31所示。

01 单击【打开】按钮，从资源文件中打开“实训\源文件\Ch16\16-2.mcx-9”，单击【完成】按钮，完成文件的调取。

02 弹出【输入新的NC名称】对话框，使用默认名称【16-2】，单击【完成】按钮，如图16-32所示。

图16-30　加工图形

图16-31　加工结果

图16-32　输入新的NC名称

03 弹出【刀具路径的曲面选取】对话框，如图16-33所示。选择加工曲面和曲面加工范围，单击【完成】按钮，完成选择。

04 弹出【曲面粗加工放射状】对话框，如图16-34所示切换到【刀具参数】选项卡。

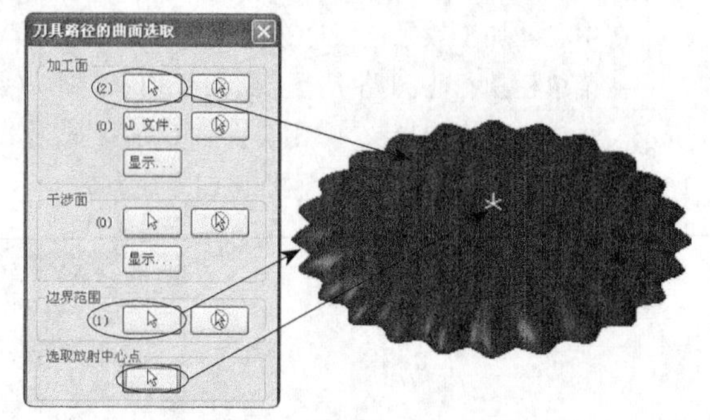

图16-33　选择曲面和范围

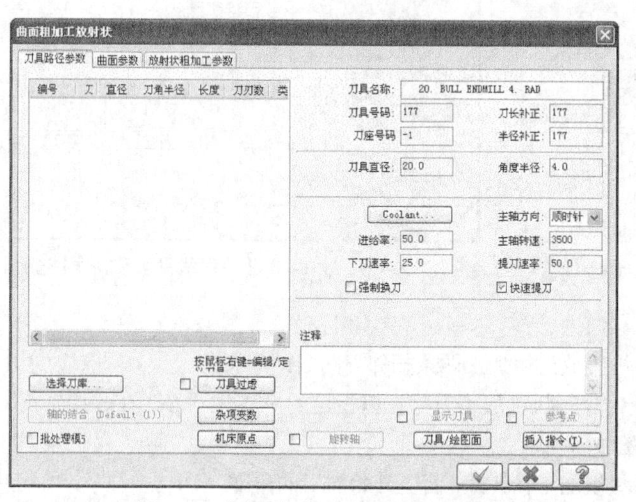

图16-34　【曲面粗加工放射状】对话框

05 在【刀具参数】选项卡的空白处单击鼠标右键，从快捷菜单中选择【创建新刀具】选项，弹出定义刀具对话框，如图16-35所示。选择刀具类型为【圆鼻刀】，设置直径为10，如图16-36所示。单击【完成】按钮，完成设置。

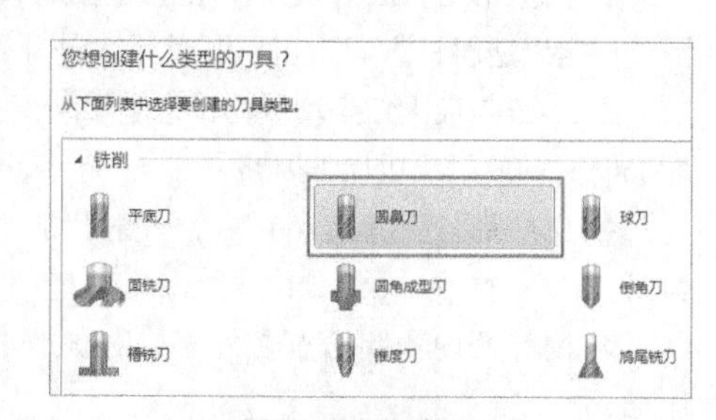

图16-35　新建刀具

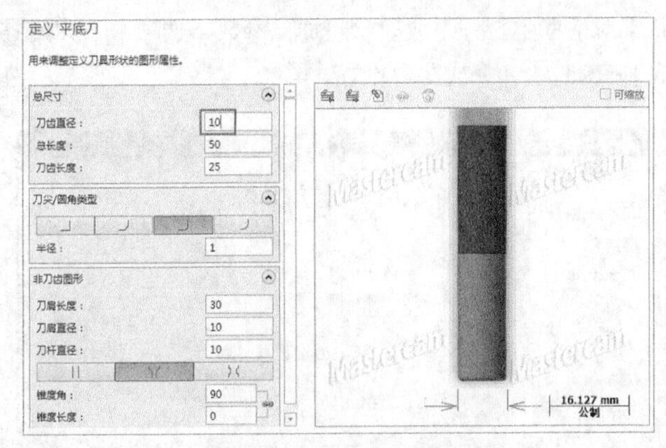

图16-36　设置圆鼻刀参数

06 在【刀具路径参数】选项卡中设置相关参数，如图16-37所示。单击【完成】按钮，完成刀具参数设置。

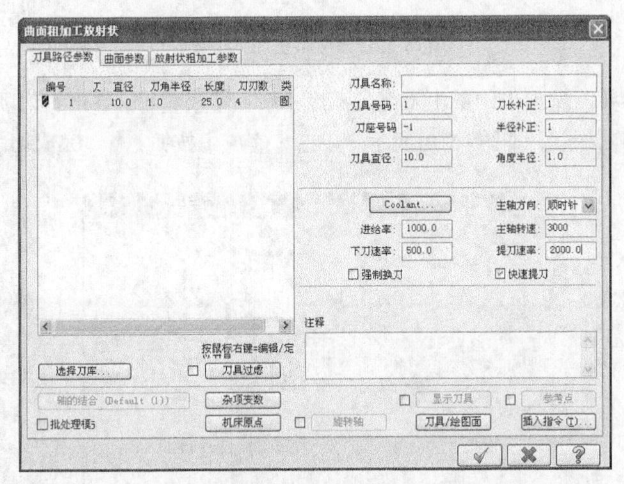

图16-37　刀路参数

07 在【曲面粗加工放射状】对话框中单击【曲面参数】选项卡，如图16-38所示。设置曲面相关参数（由于这里不做精加工，所以预留量暂时不设，等到后面精加工时再做）。单击【完成】按钮完成参数设置。

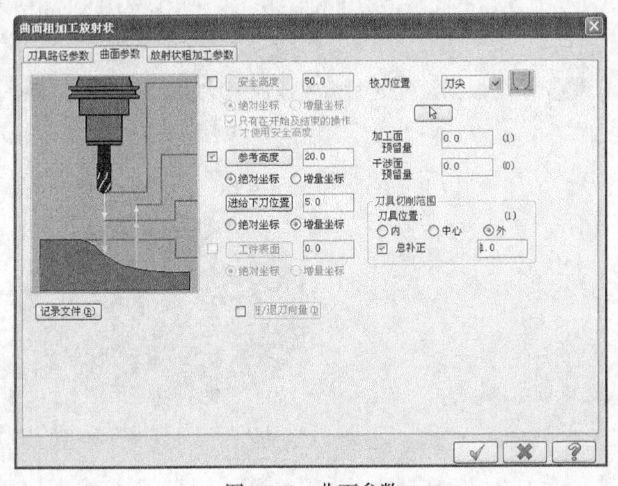

图16-38　曲面参数

08 在【曲面粗加工放射状】对话框中打开【放射状粗加工参数】选项卡，如图16-39所示。设置放射状粗加工专用参数，单击【完成】按钮，完成参数设置。

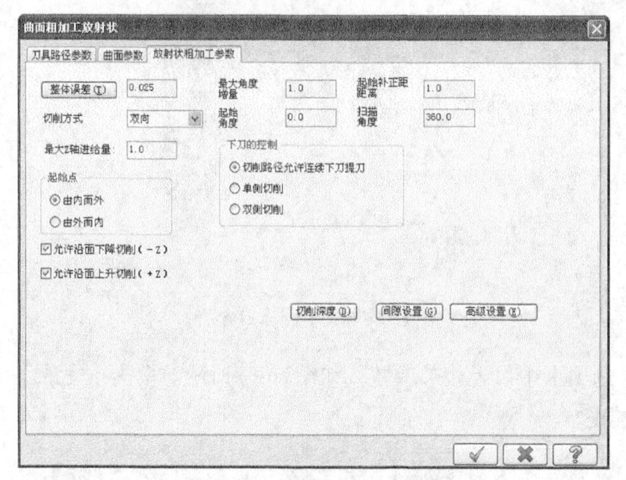

图16-39 放射状粗加工参数

09 在【放射状粗加工参数】选项卡中单击【切削深度】按钮，弹出【切削深度设置】对话框，设定第一层和最后一层的切削深度，如图16-40所示。单击【完成】按钮，完成切削深度设置。

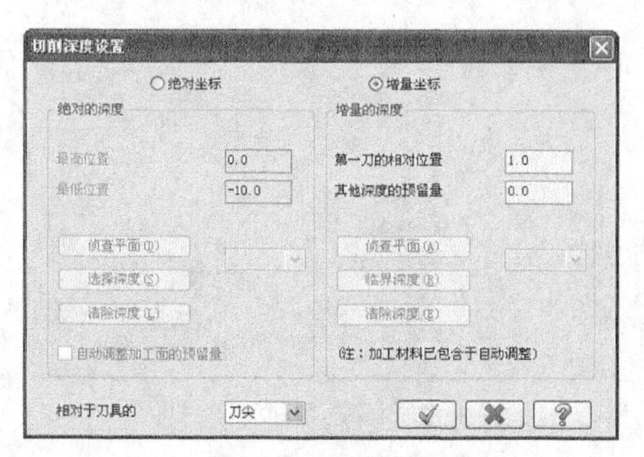

图16-40 切削深度

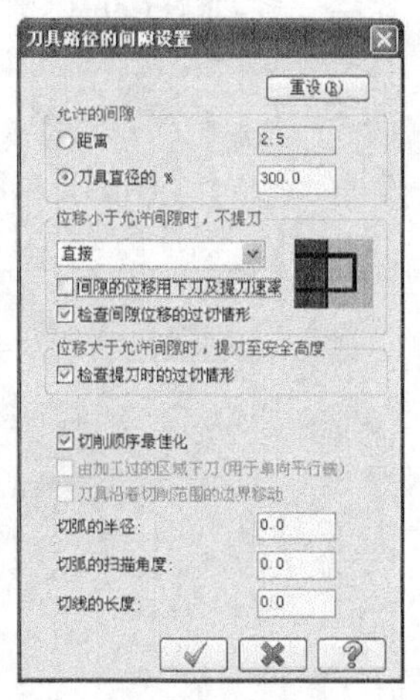

图16-41 间隙设置

10 在【放射状粗加工参数】对话框中单击【间隙设定】按钮，弹出【刀具路径的间隙设置】对话框，设置刀路在遇到间隙时的处理方式，如图16-41所示。单击【完成】按钮，完成间隙设置。

11 系统根据设置的参数生成放射状粗加工刀路，如图16-42所示。

图16-42 平行粗加工刀路

12 在刀路管理器中单击【属性】→【毛坯设置】选项，弹出【机器群组属性】对话框，打开【素材设置】选项卡，设置加工坯料的尺寸，如图16-43所示。单击【完成】按钮，完成参数设置。

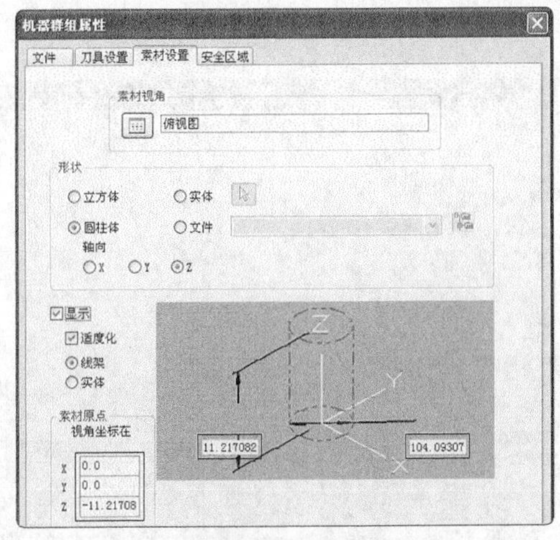

图16-43　材料设置

13 坯料设置结果如图16-44所示，虚线框显示的即为毛坯。

14 单击【模拟已选择的操作】按钮，弹出【验证】对话框，单击【开始】按钮进行模拟，模拟结果如图16-45所示。结果文件见“实训\结果文件\Ch16\16-2.mcx-9”。

图16-44　坯料

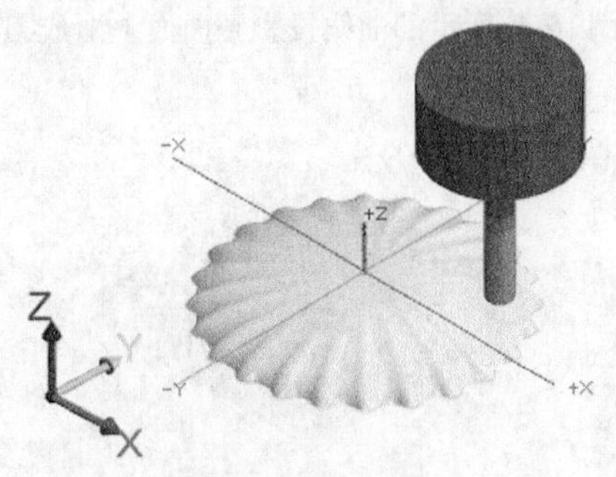

图16-45　模拟结果

操作技巧

放射状加工刀路以中心向外呈发散状，因此在中心部分刀具非常密集，加工刀路在远离中心的部分，刀路比较稀疏，加工结果不是很均匀。

16.3　投影粗加工

投影粗加工是将已经存在的刀路或几何图形投影到曲面上产生刀路。投影粗加工的类型有：曲线投影、NCI文件投影加工和点集投影。

在菜单栏执行【刀路】→【曲面粗切】→【投影】命令，弹出【曲面粗加工投影】对话框，打开【投影粗加工参数】选项卡，如图16-46所示。

其部分参数含义如下。

- ❖ 最大Z轴进给量：每层最大的进给深度。
- ❖ 投影方式：设置投影加工的投影类型。
- ❖ NCI：投影刀路。
- ❖ 曲线：投影曲线生成刀路。

❖ 点：投影点生成刀路。

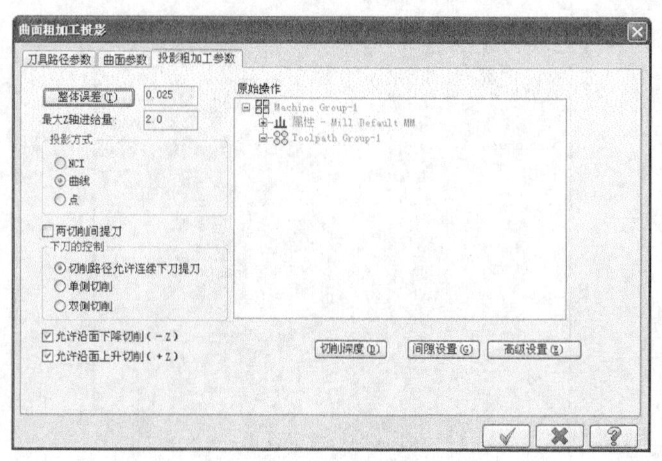

图16-46　放射状粗加工参数

实训83——投影粗加工

将图16-47所示的曲线投影到曲面上形成刀路，加工结果如图16-48所示。

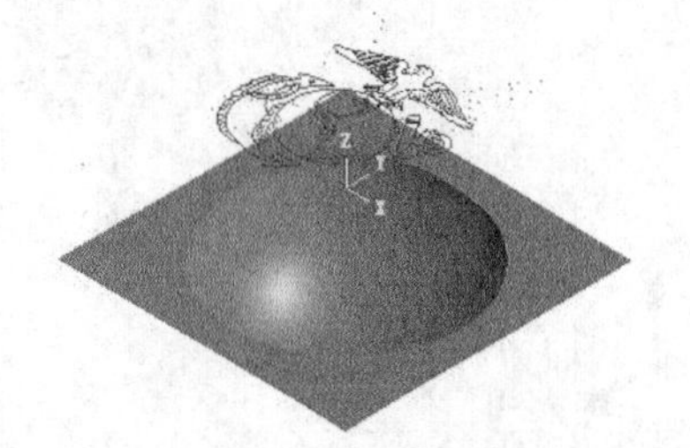
图16-47　粗加工投影

图16-48　投影加工结果

01 单击【打开】按钮，从资源文件中打开“实训\源文件\Ch16\16-3.mcx-9”，单击【完成】按钮，完成文件的调取。

02 在菜单栏执行【刀路】→【曲面粗切】→【投影】命令，弹出【选择工件的形状】对话框，选择曲面的类型，选中【凸】单选按钮，单击【完成】按钮，如图16-49所示。

03 弹出【刀具路径的曲面选取】对话框，如图16-50所示。选择加工曲面和曲面加工范围，单击【完成】按钮，完成选择。

图16-49　选择曲面类型

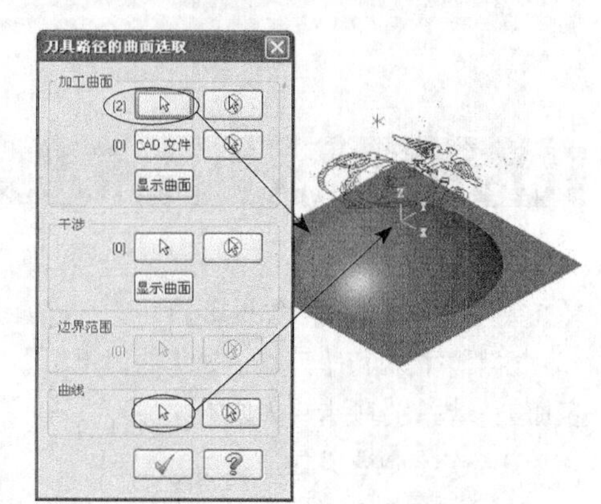

图16-50　选择曲面和投影曲线

04 弹出【曲面粗加工投影】对话框，如图16-51所示。打开【刀具路径参数】选项卡，设置刀具路径及相关参数。

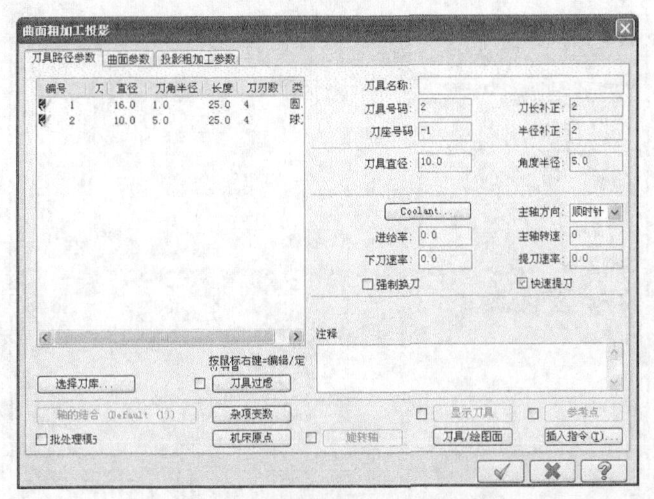

图16-51 【曲面粗加工投影】对话框

05 在【刀具路径参数】选项卡的空白处单击鼠标右键，从快捷菜单中选择【创建新刀具】选项，弹出定义刀具对话框，如图16-52所示。选择刀具类型为【球刀】，设置直径为1，如图16-53所示。单击【完成】按钮，完成设置。

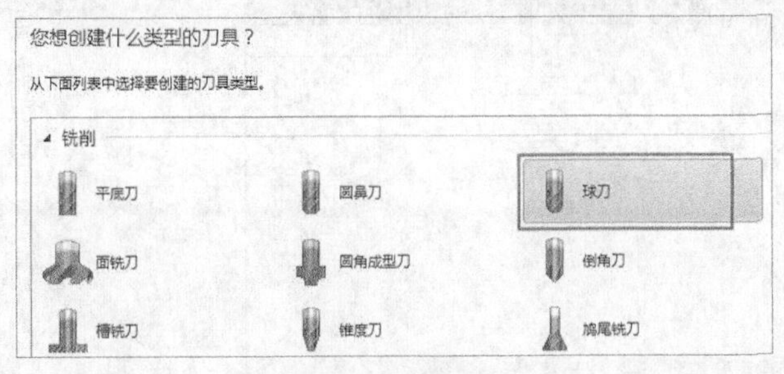

图16-52　新建刀具

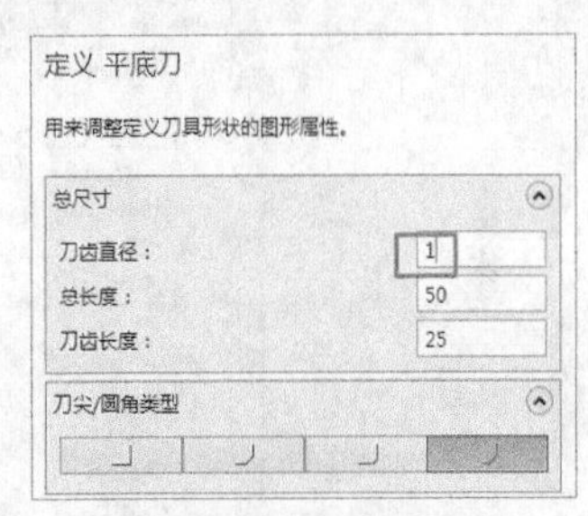

图16-53　设置球刀参数

06 在【刀具路径参数】选项卡中设置相关速率参数，如图16-54所示。

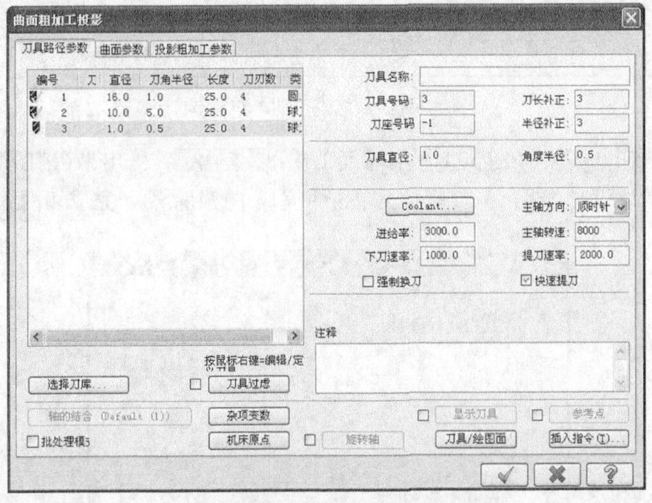

图16-54　刀具路径相关参数

07 在【曲面粗加工投影】对话框中打开【曲面参数】选项卡，如图16-55所示。设置曲面相关参数，单击【完成】按钮，完成参数设置。

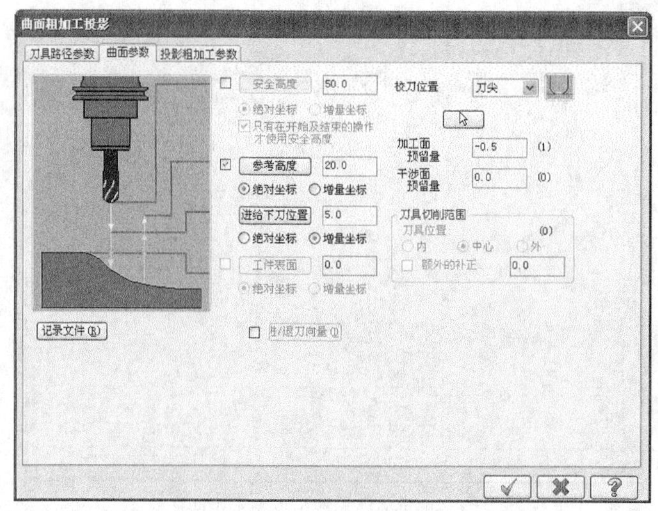

图16-55 曲面参数

08 在【曲面粗加工投影】对话框中打开【投影粗加工参数】选项卡，如图16-56所示。设置投影粗加工专用参数，单击【完成】按钮，完成参数设置。

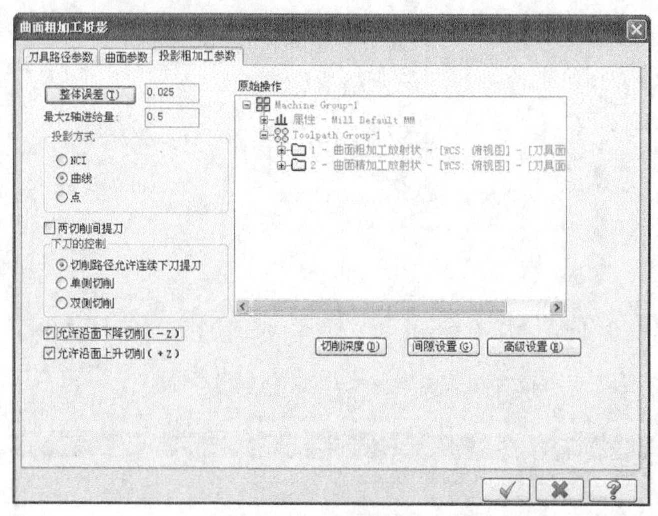

图16-56 投影粗加工参数

09 在【投影粗加工参数】对话框中单击【切削深度】按钮，弹出【切削深度设置】对话框，设定第一层和最后一层的切削深度，如图16-57所示。单击【完成】按钮，完成切削深度设置。

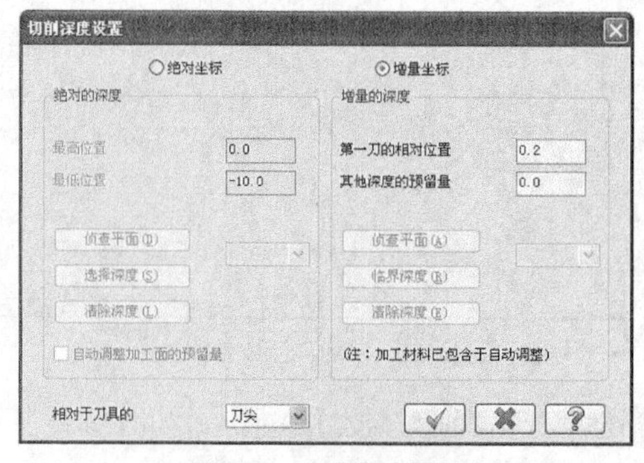

图16-57 切削深度设置

10 在【投影粗加工参数】对话框中单击【间隙设定】按钮［间隙设定］，弹出【刀具路径的间隙设置】对话框，设置刀路在遇到间隙时的处理方式，如图16-58所示。单击【完成】按钮［✓］，完成间隙设置。

11 系统根据设置的参数生成放射状粗加工刀路，如图16-59所示。

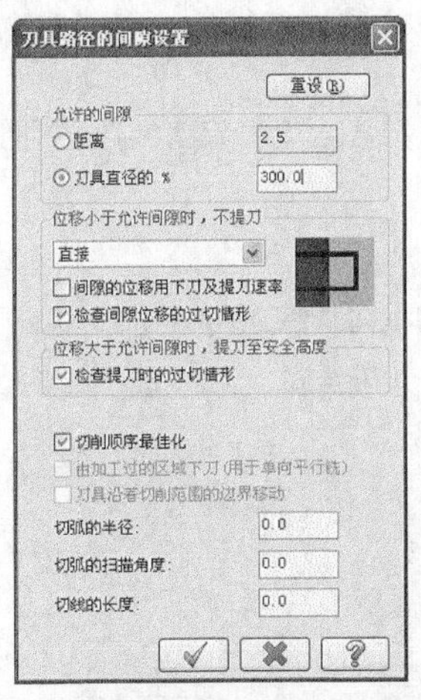

图16-58　间隙设置

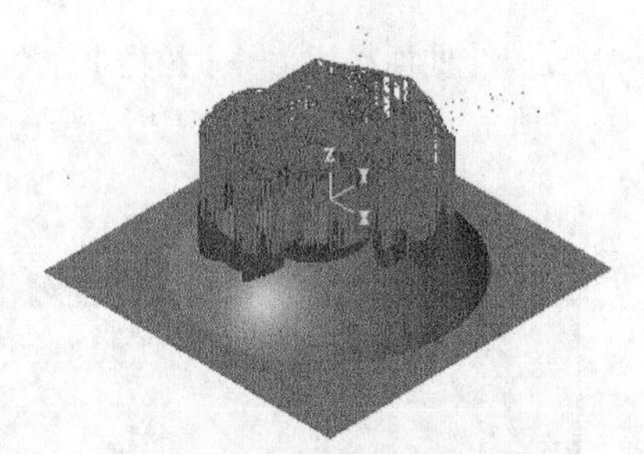

图16-59　投影粗加工刀路

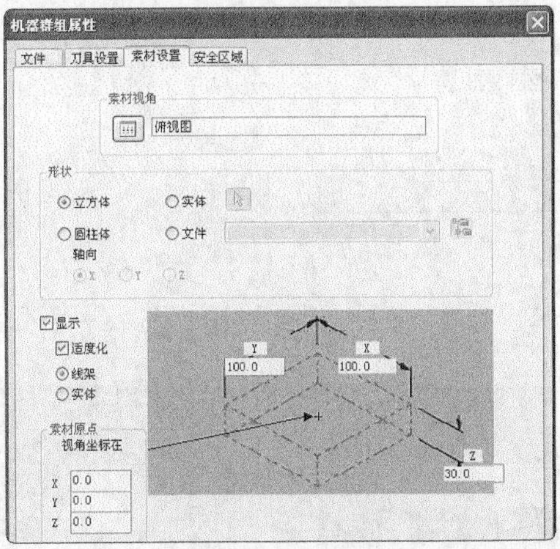

12 在刀路管理器中单击【属性】→【毛坯设置】选项，弹出【机器群组属性】对话框，打开【素材设置】选项卡，设置加工坯料的尺寸，如图16-60所示。单击【完成】按钮［✓］，完成参数设置。

图16-60　素材设置

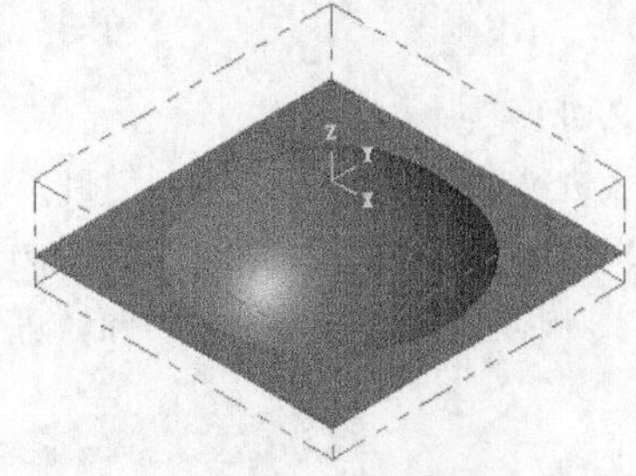

图16-61　坯料

13 坯料设置结果如图16-61所示，虚线框显示的即为毛坯。

14 单击【模拟已选择的操作】按钮，弹出【验证】对话框，单击【开始】按钮▶进行模拟，模拟结果如图16-62所示。结果文件见“实训\结果文件\Ch16\16-3.mcx-9”。

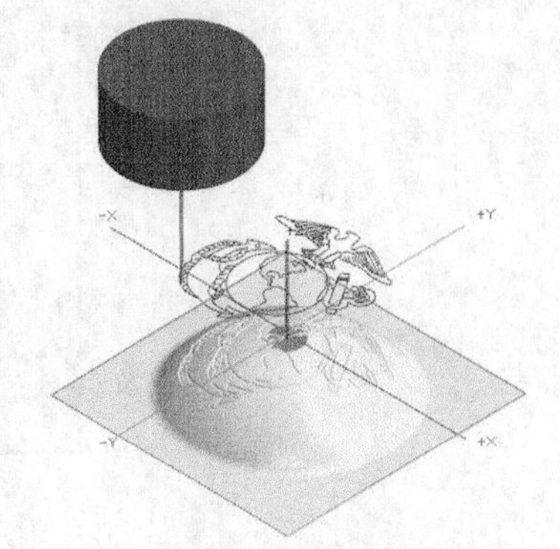

图16-62　模拟结果

操作技巧

投影粗加工是利用曲线、点或NCI文件投影到曲面上产生投影加工刀路。其中，曲线投影用得最多，常用于加工曲面上的加工、商标等。

16.4　挖槽粗加工

挖槽粗加工是将工件在同一高度上进行等分后产生分层铣削的刀路，即在同一高度上完成所有加工后再进行下一个高度的加工。它在每一层上的走刀方式与二维挖槽类似。因为挖槽粗加工在实际粗加工过程中使用频率最高，所以也称其为【万能粗加工】，绝大多数的工件都可以利用挖槽来进行开粗。挖槽粗加工提供了多种刀路和下刀方式，是粗加工中最为重要的刀路。

挖槽粗加工参数

挖槽粗加工有4个选项卡需要设置：刀路参数、曲面参数、粗加工参数和挖槽参数。其中刀路参数和曲面参数在前面都已经讲过，本节只介绍粗加工参数和挖槽参数。

1. 粗加工参数

在菜单栏执行【刀路】→【曲面粗切】→【挖槽】命令，在【曲面粗加工挖槽】对话框中打开【粗加工参数】选项卡，如图16-63所示。设置挖槽粗加工所需要的一些参数，包括Z轴最大进给量、进刀选项、切削深度、铣平面等。

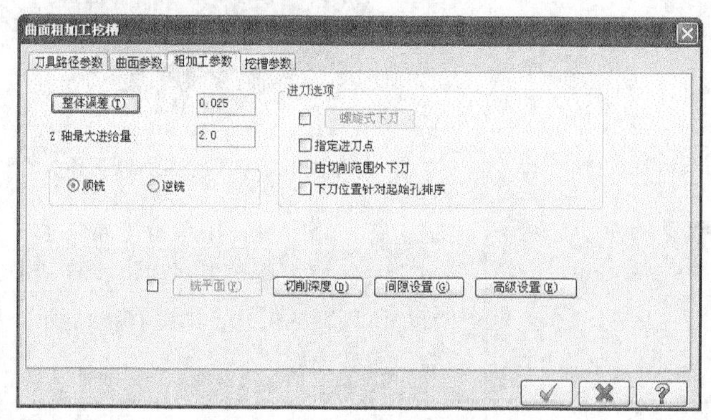

图16-63　挖槽粗加工参数

其参数含义如下。

❖ Z轴最大进给量：设置Z轴方向每刀最大切削深度。

❖ 螺旋式下刀：选中该复选框，将采用螺旋式下刀。未选中该复选框，将采用直线下刀。【螺旋/斜插式式下刀参数】对话框提供了螺旋式下刀和斜插进刀两种下刀方式，如图16-64所示。

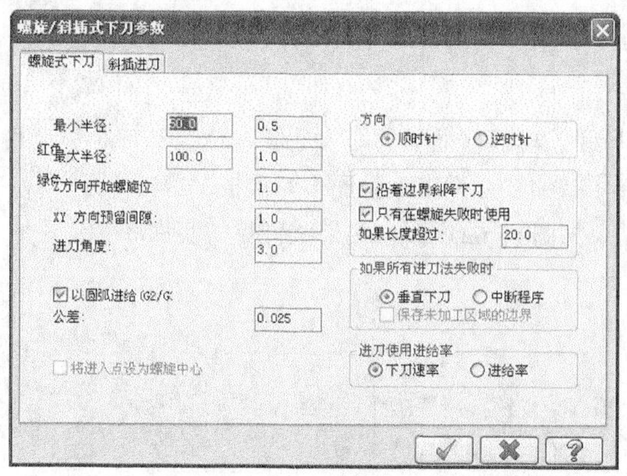

图16-64　螺旋式下刀

❖ 指定进刀点：选中该复选框，输入所有加工参数，会提示选择进刀点，每层切削路径都会以选择的下刀点作为起点。

❖ 由切削范围外下刀：允许切削刀路从切削范围外下刀。此选项一般在凸形工件中选中，刀具从范围外进刀，不会产生过切。

❖ 下刀位置针对起始孔排序：选中该复选框，每层下刀位置安排在同一位置或区域，如有钻起始孔，可以钻的起始孔作为下刀位置。

❖ 顺铣：以顺铣方式加工。

❖ 逆铣：以逆铣方式加工。

2. 挖槽参数

在【曲面粗加工挖槽】对话框中打开【挖槽参数】选项卡，如图16-65所示。

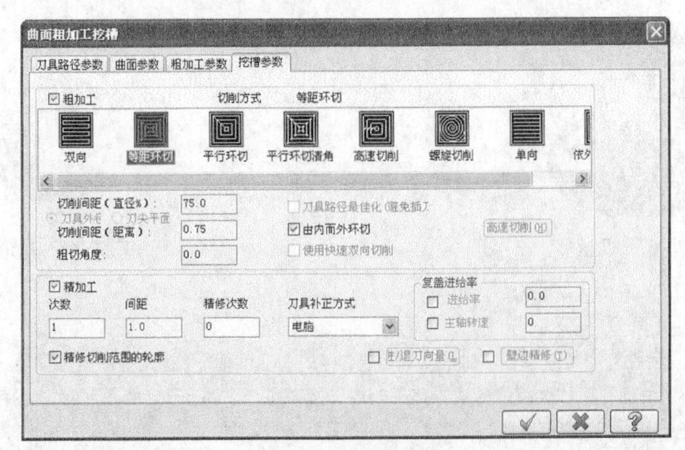

图16-65　挖槽参数

其参数含义如下。

❖ 粗加工：选中该复选框时，可按设定的切削方式执行分层粗加工路径。

❖ 切削方式：提供了8种切削方式，与二维挖槽一样。

❖ 切削间距：设置两刀路之间的距离，可以用刀具直径的百分比或直接输入距离来表示。

❖ 粗切角度：只在双向或单向切削时，设定刀具切削方向与X轴的方向。

❖ 刀路最佳化：选中该复选框时，可优化挖槽刀路，尽量减少刀具负荷，以最优化的走刀方式进行切削。

❖ 由内而外环切：挖槽刀路由中心向外加工到边界，适合所有的环绕式切削路径。该项只有选中环绕式加工方式才激活。若没选中该项，则由外向内加工。

❖ 使用快速双向切削：该项只有在粗加工切削方式为双向切削时才激活。选中该项时可优化计算刀路，尽量以最短的时间进行加工。

❖ 精加工：选中该项，每层粗铣后会对外形和岛屿进行精加工，且能减小精加工刀具切削负荷。

❖ 次数：设置精加工次数。

❖ 间距：设置精加工刀路间的距离。

❖ 精修次数：设置产生沿最后精修路径重复加工的次数。如果刀具刚性不好，在加工侧壁时，刀具受力会产生让刀，导致垂直度不高，可以设置精修次数进行重复走刀，以提高垂直度。

❖ 刀具补正方式：有电脑、两者和两者反向。

❖ 覆盖进给率：可设置精修刀路的转速和进给率。

❖ 薄壁精修：选中该复选框，弹出【薄壁精参数】对话框，如图16-66所示。

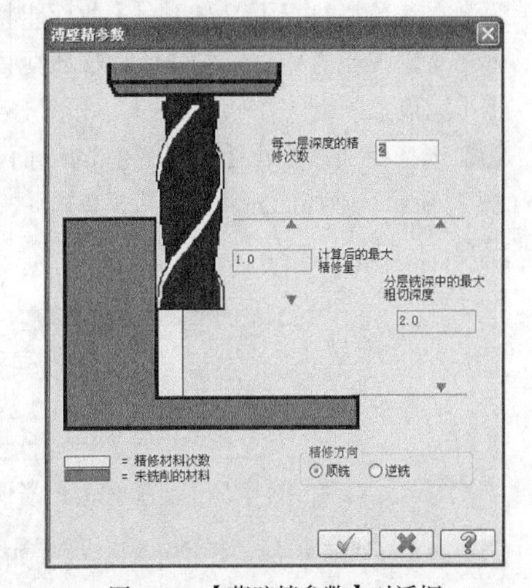

图16-66　【薄壁精参数】对话框

其参数含义如下。

❖ 分层铣深中的最大粗切深度：设置分层铣深中的最大切削深度。

❖ 每一层深度的精修次数：设置每层铣深要精修的次数。

❖ 精修方向：设置精修加工方向。

❖ 计算后的最大精修量：系统计算后余下的需要精修的余量。

3. 挖槽加工的计算方式

曲面挖槽加工采用分层加工的计算方式。以最大Z轴进给量沿Z轴方向寻找曲面，在XY方向剖切断面，在此断面内采用2D挖槽方式进行加工。

按曲面类型可以将挖槽分为凹槽形和凸形2种，图16-67为凹槽形，图16-68为凸形。

图16-67　凹槽形

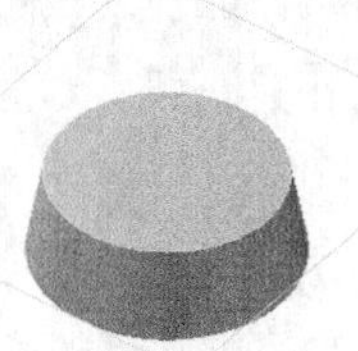
图16-68　凸形

技术支持

从上面的计算方式可以看出，如果将垂直Z轴的平面进行剖切，那么凹槽形剖切之后的剖面即是一个圆，可以进行2D挖槽加工，因此凹槽形的外形曲面可以作为挖槽的边界范围。由于凸形是开放的，凸形曲面只能作为挖槽的内边界，而无法约束刀具向外延伸，因而缺少外边界，系统计算会出现错误，此时另外加一条2D封闭曲线组成外边界，即可产生挖槽加工刀路。

实训84——挖槽粗加工

将图16-69所示的图形进行挖槽粗加工，加工结果如图16-70所示。

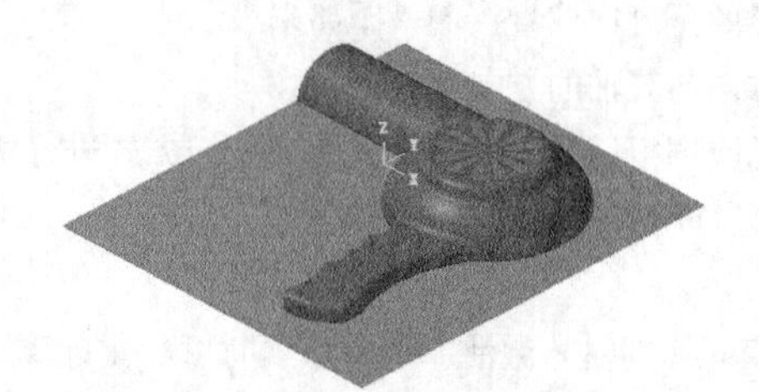
图16-69　挖槽图形

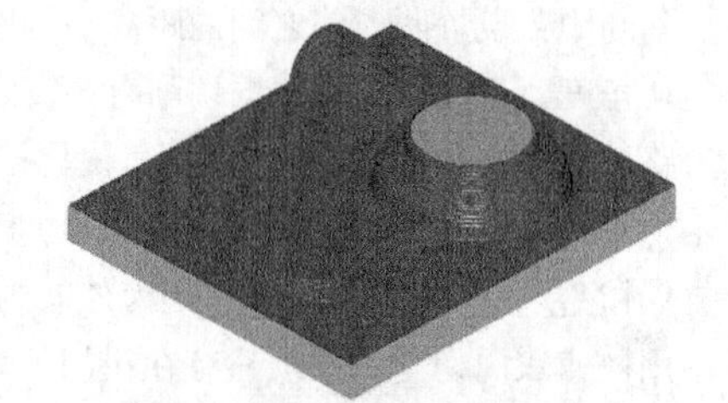
图16-70　挖槽结果

01 单击【打开】按钮，从资源文件中打开“实训\源文件\Ch16\16-4.mcx-9”，单击【完成】按钮，完成文件的调取。

02 在菜单栏执行【刀路】→【曲面粗切】→【挖槽】命令，弹出【输入新的NC名称】对话框，使用默认名称【10-4】，单击【完成】按钮，完成输入，如图16-71所示。

03 选择曲面后弹出【刀具路径的曲面选取】对话框，如图16-72所示。选择曲面和边界后，单击【完成】按钮，完成选择。

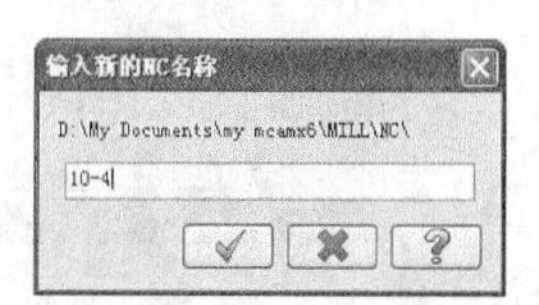

图16-71　输入新NC名称

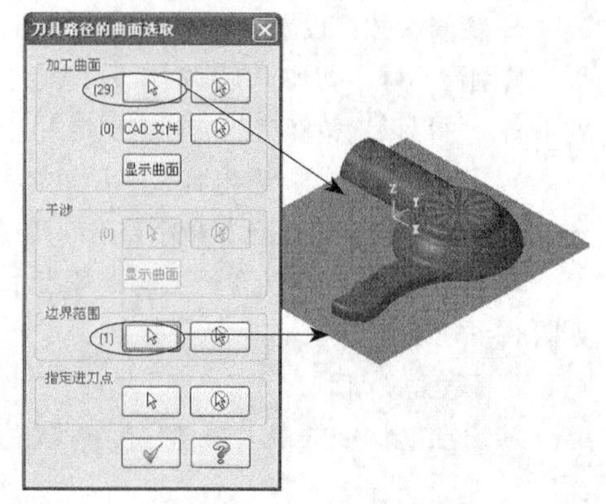

图16-72　曲面的选择

04 弹出【曲面粗加工挖槽】对话框，如图16-73所示，切换到【刀具路径参数】选项卡。

05 在【刀具路径参数】选项卡的空白处单击鼠标右键，从快捷菜单中选择【创建新刀具】选项，弹出定义刀具对话框，如图16-74所示。选择刀具类型为【圆鼻刀】，设置直径为10，如图16-75所示。单击【完成】按钮，完成设置。

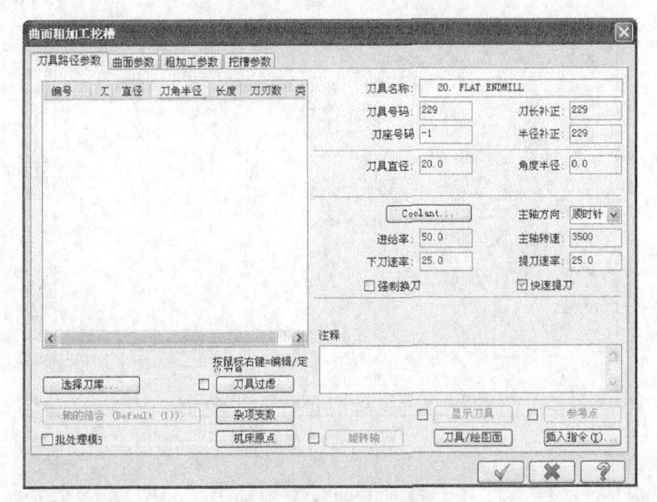

图16-73　刀路参数

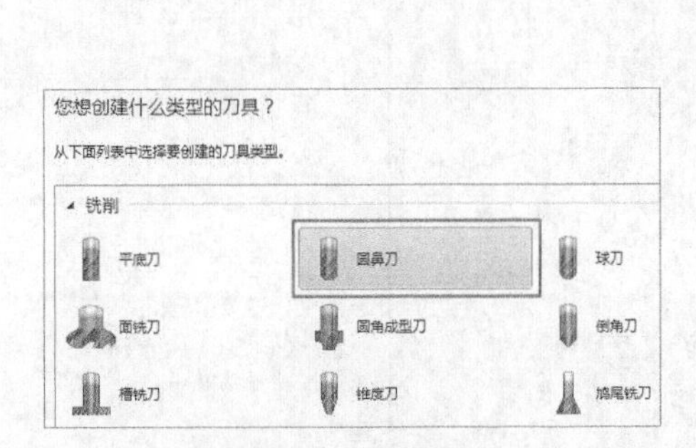

图16-74　新建刀具

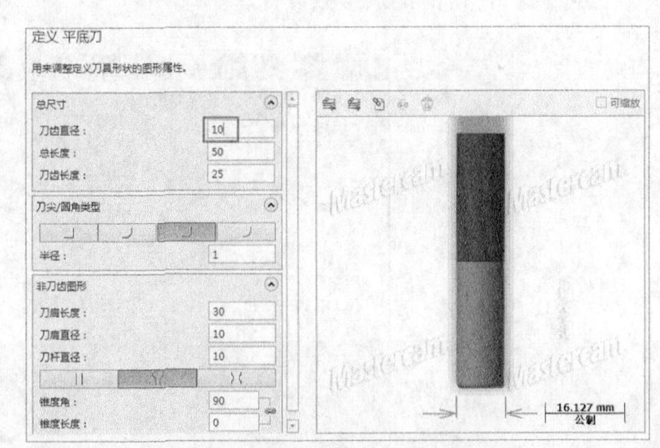

图16-75　设置圆鼻刀参数

06 在定义刀具对话框中单击【完成】按钮，系统返回【刀具路径参数】选项卡，设置刀具切削速度相关参数，如图16-76所示。

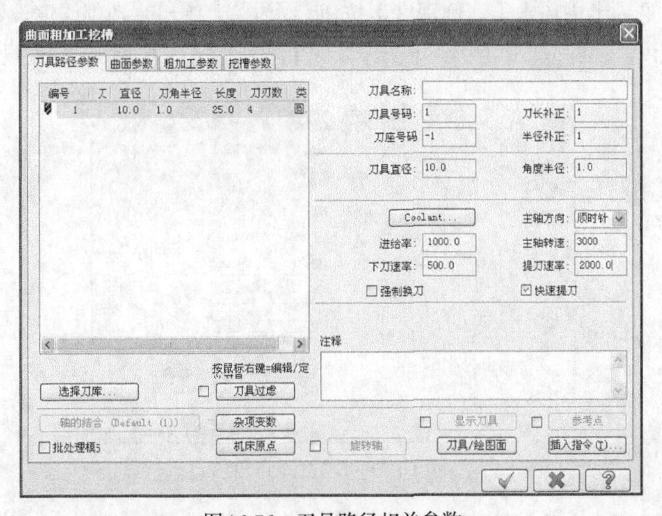

图16-76　刀具路径相关参数

07 在【曲面粗加工挖槽】对话框中打开【曲面参数】选项卡，如图16-77所示。设置曲面相关参数，单击【完成】按钮，完成参数设置。

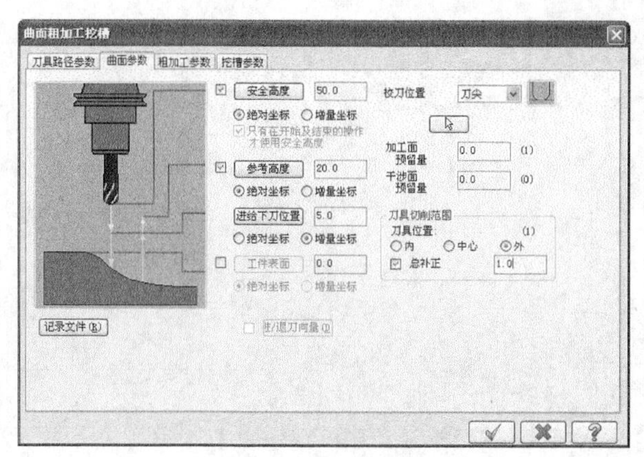

图16-77　曲面参数

08 在【曲面粗加工挖槽】对话框中打开【粗加工参数】选项卡，如图16-78所示。设置挖槽粗加工参数，单击【完成】按钮，完成参数设置。

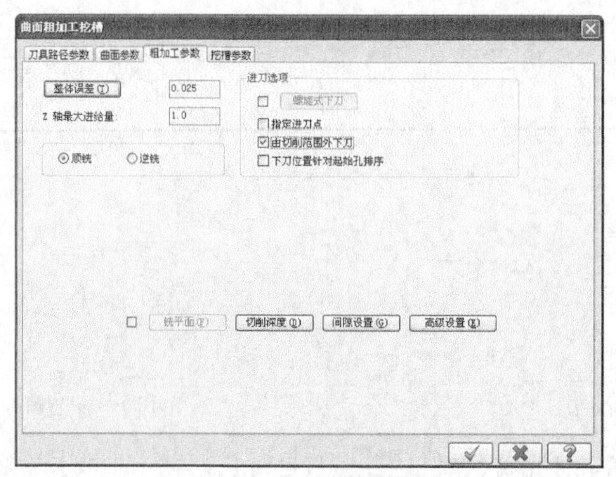

图16-78　挖槽粗加工参数

09 在【粗加工参数】选项卡中单击【切削深度】按钮，弹出【切削深度设置】对话框，设定第一层和最后一层的切削深度，如图16-79所示。单击【完成】按钮，完成切削深度设置。

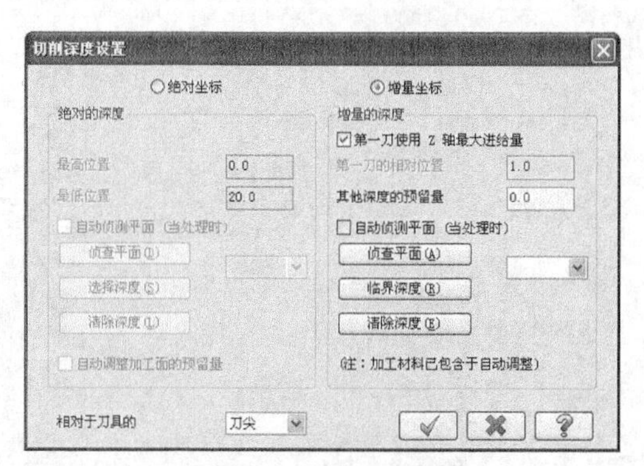

图16-79　设置切削深度

10 在【粗加工参数】选项卡中单击间隙设定按钮，弹出【刀具路径的间隙设置】对话框，设置刀路在遇到间隙时的处理方式，如图16-80所示。单击【完成】按钮，完成间隙设置。

11 在【曲面粗加工挖槽】对话框中打开【挖槽参数】选项卡，如图16-81所示。设置挖槽参数，单击【完成】按钮 ✓，完成参数设置。

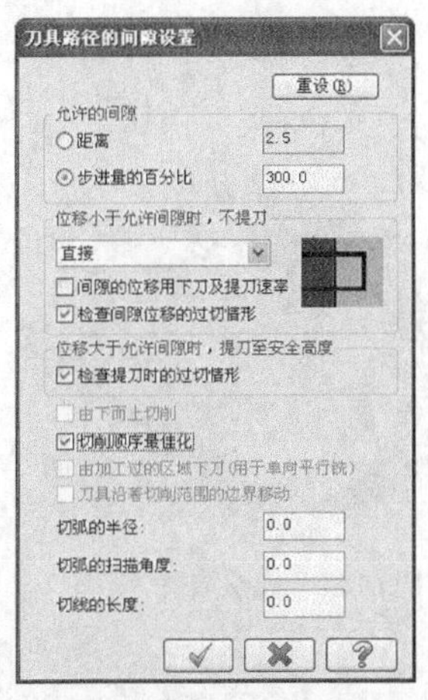

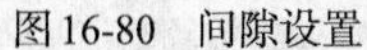

图16-80　间隙设置

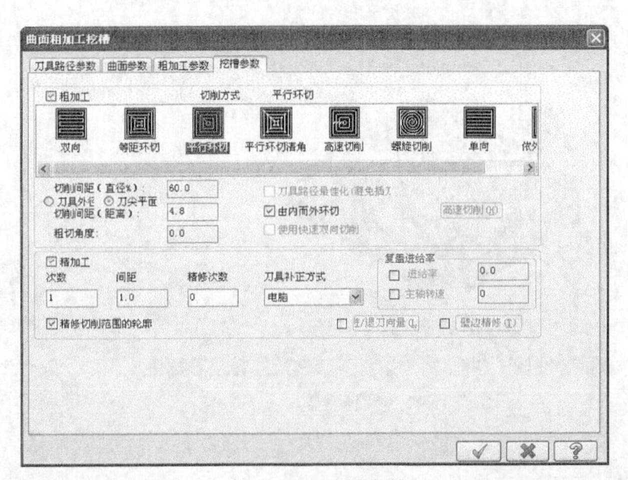

图16-81　挖槽参数

12 系统根据设置的参数生成挖槽粗加工刀路，如图16-82所示。

13 在刀路管理器中单击【属性】→【毛坯设置】选项，弹出【机器群组属性】对话框，在【素材设置】选项卡中设置加工坯料的尺寸，如图16-83所示。单击【完成】按钮 ✓，完成参数设置。

14 坯料设置结果如图16-84所示，虚线框显示的即为毛坯。

15 单击【模拟已选择的操作】按钮，弹出【验证】对话框，如图16-85所示。单击【开始】按钮进行模拟，模拟结果如图16-86所示。结果文件见“实训\结果文件\Ch16\16-4.mcx-9”。

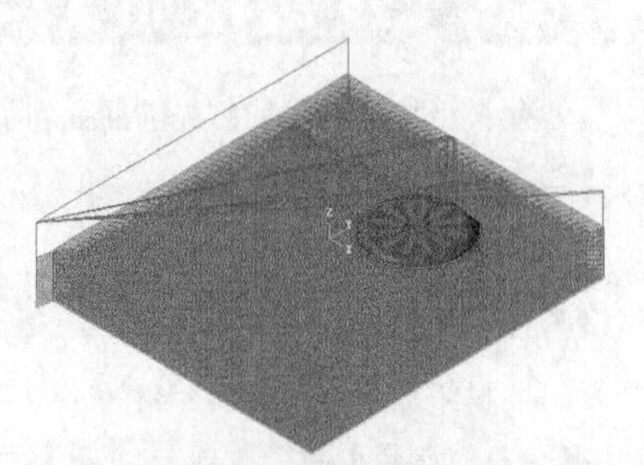

图16-82　挖槽粗加工刀路

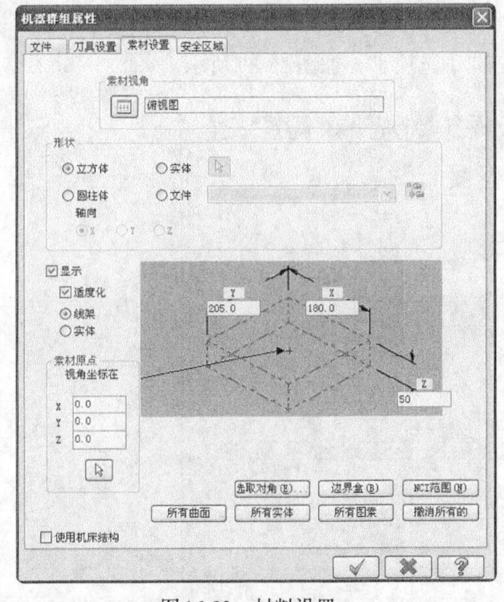

图16-83　材料设置

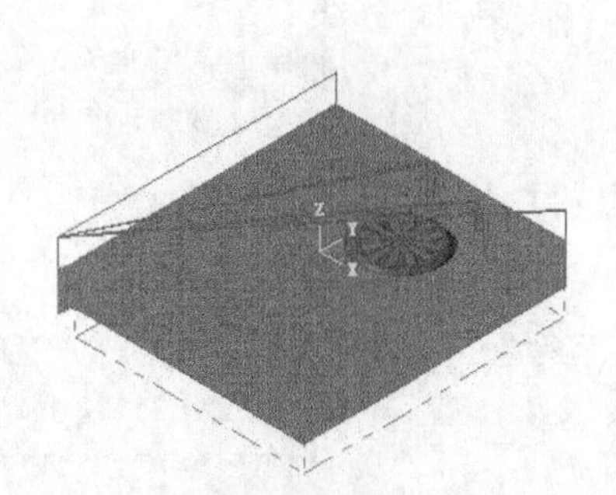

图16-84　坯料

操作技巧

挖槽粗加工适合加工凹槽形和凸形工件，并提供了多种下刀方式。一般凹槽形工件采用斜插式下刀，要注意内部空间不能太小，避免下刀失败。凸形工件通常采用切削范围外下刀，这样刀具会更加安全。

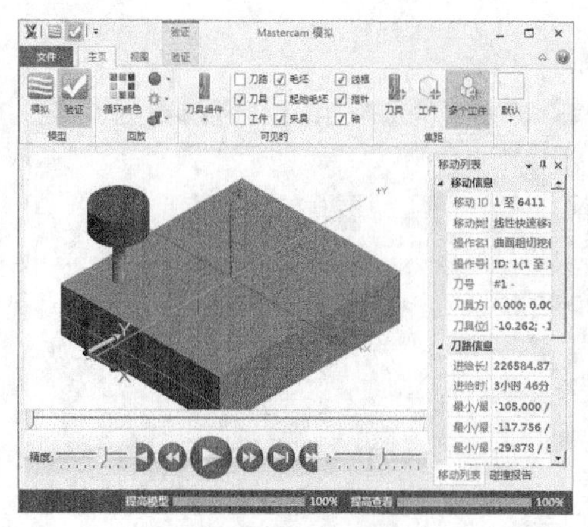

图16-85 实体模拟

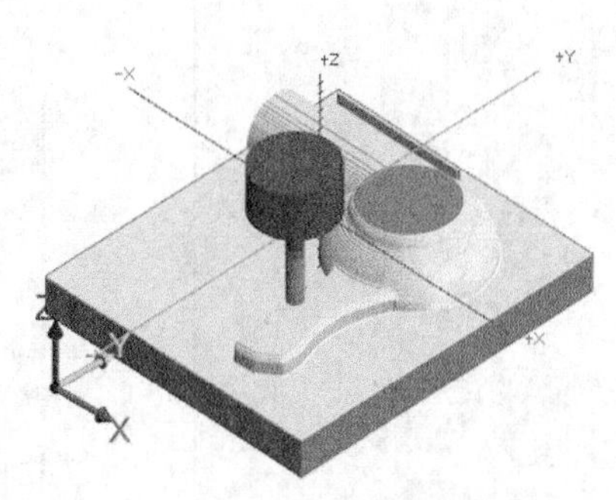

图16-86 模拟结果

16.5 残料粗加工

残料粗加工可以侦测先前曲面粗加工刀路留下来的残料，并用等高加工方式铣削残料。残料加工主要用于二次开粗。

残料粗加工参数

残料粗加工除了前面介绍的【刀具路径参数】和【曲面加工参数】选项卡外，还有【残料加工参数】和【剩余材料参数】两个选项卡。【残料加工参数】选项卡主要用来设置残料加工的开粗参数。【剩余材料参数】选项卡用来设置剩余材料计算依据。

1. 残料加工参数

在【曲面残料粗加工】对话框中打开【残料加工参数】选项卡，如图16-87所示。

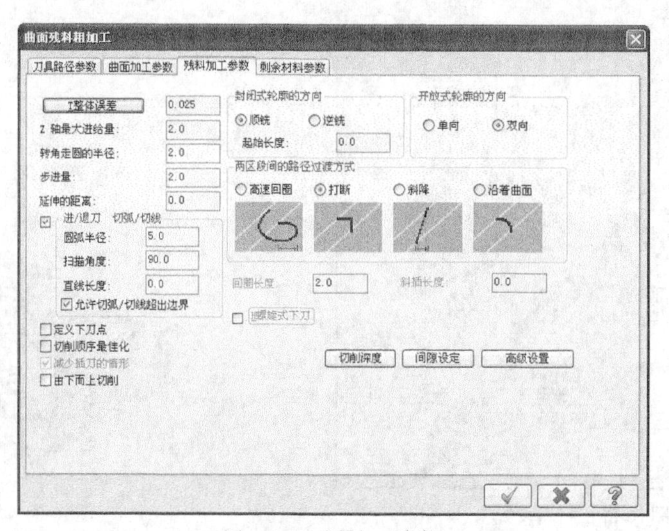

图16-87 残料加工参数

其参数含义如下。

❖ 整体误差：设定刀路与曲面之间的误差值。

❖ Z轴最大进给量：设定Z轴方向每刀最大切深。

❖ 转角走圆的半径：设定刀路转角处走圆弧的半径。小于或等于135°的转角处将采用圆弧刀路。

❖ 步进量：设定残料加工时XY平面上两路径之间的距离。

❖ 延伸的距离：设定每一切削路径的延伸距离。

❖ 进/退刀切弧/切线：在每一切削路径的起点和终点产生一条进刀或退刀的圆弧或者切线。

❖ 允许切弧/切线超出边界：允许进退刀圆弧超出切削范围。

❖ 定义下刀点：用来设置刀路的下刀位置，刀路会从最接近选取点的曲面角落下刀。

❖ 切削顺序最佳化：使刀具尽量在同一区域加工，直到该区域所有切削路径都完成后，再移动到下一区域进行加工。这样可以减少提刀次数，提高加工效率。

❖ 减少插刀的情形：只在选中【切削顺序最佳化】复选框后才会激活，当选中【切削顺序最佳化】时，刀具切削完当前区域再切削下一区域，当两区域刀路之间距离小于刀具直径时，有可能导致刀具埋入量过深，刀具负荷过大，容易损坏刀具。因而，选中此复选框，系统对刀路距离小于刀具直径的区域直接加工，而不采用刀路切削顺序最佳化。

❖ 由下而上切削：会使刀路由工件底部开始加工到工件顶部。

❖ 封闭式轮廓的方向：设定残料加工运算中封闭式路径的切削方向。提供了顺铣和逆铣两种。

❖ 起始长度：设定封闭式切削路径起点之间的距离，这样可以使路径起点分散，不会在工件上留下明显的痕迹。

❖ 开放式轮廓的方向：设定残料加工中开放式路径的切削方式，有双向和单向两种。

两区段间的路径过滤方式：设定两路径之间刀具的移动方式，即路径终点到下一路径的起点。系统提供了以下4种过渡方式。

❖ 高速回圈：用于高速加工，使尽量在两切削路径间插入一条圆弧形平滑路径，使刀路尽量平滑，减少不必要的转角。

❖ 打断：在两切削间，刀具先上移然后平移，再下刀，避免撞刀。

❖ 斜降：以斜进下刀的方式移动。

❖ 沿着曲面：刀具沿着曲面方式移动。

❖ 回圈长度：只有当两区域间的路径过渡方式设为变速回圈时该项才会激活。该项用来设置残料加工两切削路径之间刀具的移动方式。如果两路径之间距离小于循环长度，会插入一个循环，如果大于循环长度，则插入一条平滑的曲线路径。

❖ 斜插长度：设置等高路径之间的斜插长度，只有在选择【高速回圈】和【斜插】时，该项才被激活。

❖ 螺旋式下刀：以螺旋方式下刀。有些残料区域是封闭的，没有可供直线下刀的空间。如果直线下刀容易断刀，就要采用螺旋式下刀。

2. 剩余材料参数

在【曲面残料粗加工】对话框中打开【剩余材料参数】选项卡，如图16-88所示，从中设置残料加工的剩余残料计算依据。

其各参数含义如下。

❖ 所有先前的操作：所有先前的刀路都被作为残料计算的来源。

❖ 另一个操作（使用记录文件）：选中该单选按钮时，右边的操作显示区会显示选择的操作记录文件作为残料的来源。选中该项后，计算粗铣刀具无法进入的区域作为残料区域。如没选中该单选按钮，可在被选择的刀路中计算出残料区域。

❖ 自设的粗加工刀路：设置粗铣的刀具的直径和刀角半径来计算残料区域。

❖ STL文件：设置残料计算的依据是与STL文件比较后剩余的部分作为残料区域。

❖ 材料的解析度：材料解析度即材料的分辨率，可用来控制残料的计算误差，数值越小，残料越精准，计算时间越长。

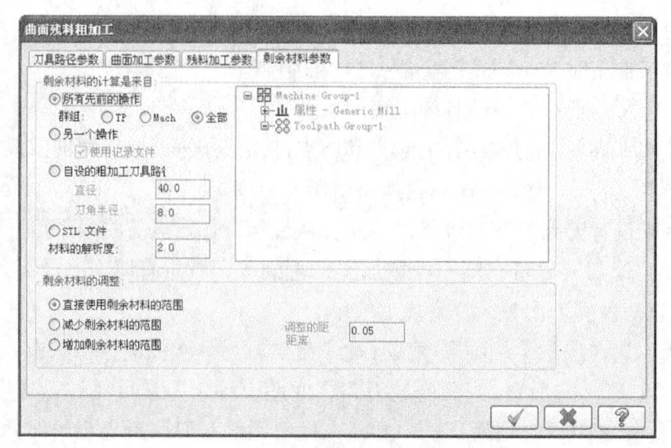

图16-88　剩余材料参数

❖ 剩余材料的调整：在粗加工中采用大直径刀具进行切削，导致曲面表面留下阶梯式残料，如图16-89所示。可用该项参数来增加或减小残料范围，设定阶梯式残料是否需要加工。

❖ 直接使用剩余材料的范围：选中该项表示不做调整运算。

❖ 减少剩余材料的范围：允许忽略阶梯式残料，残料范围减少，可加快刀路计算速度。

❖ 增加剩余材料的范围：通过增加残料范围，产生将阶梯式的残料移除的刀路。

❖ 调整的距离：设定加大或缩小残料范围的距离。

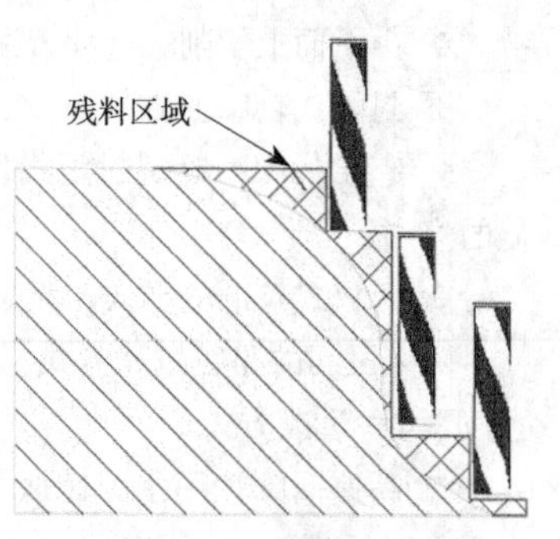

图16-89　残料区域

实训85——残料粗加工

将图16-90所示的挖槽结果进行残料粗加工，加工结果如图16-91所示。

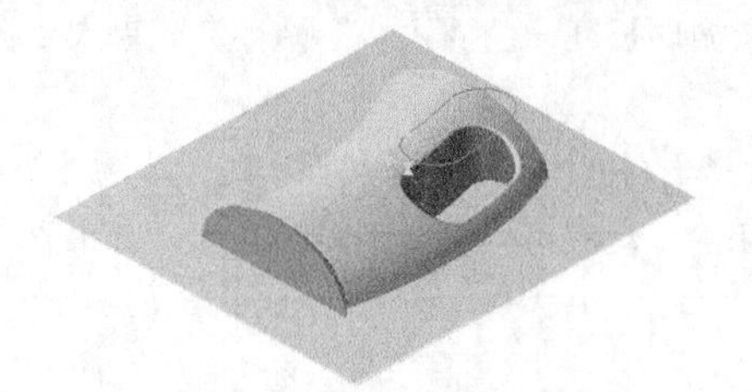

图16-90　挖槽结果

图16-91　残料加工结果

01 单击【打开】按钮，从资源文件中打开“实训\源文件\Ch16\ 16-5.mcx-9”，单击【完成】按钮，完成文件的调取。

02 在菜单栏执行【刀路】→【曲面粗切】→【残料】命令，系统要求选择曲面，选择曲面后弹出【刀具路径的曲面选取】对话框，选择要加工的曲面和定义切削范围，如图16-92所示，单击【完成】按钮，完成选择。

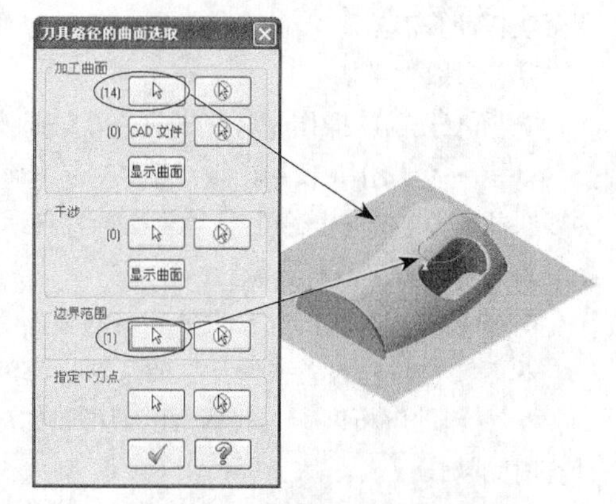

图16-92　曲面和加工范围的选取

03 弹出【曲面残料粗加工】对话框，如图16-93所示。

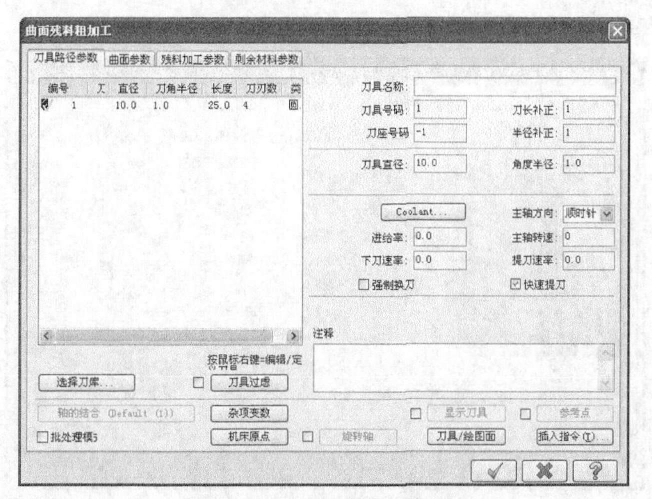

图16-93　曲面粗加工残料参数

04 在【刀具路径参数】选项卡的空白处单击鼠标右键，从快捷菜单中选择【创建新刀具】选项，弹出定义刀具对话框，如图16-94所示。选择刀具类型为【圆鼻刀】，设置数值如图16-95所示。单击【完成】按钮，完成设置。

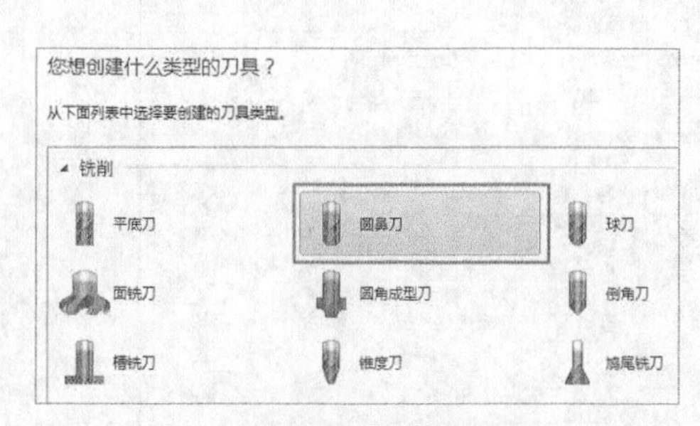

图16-94　新建刀具

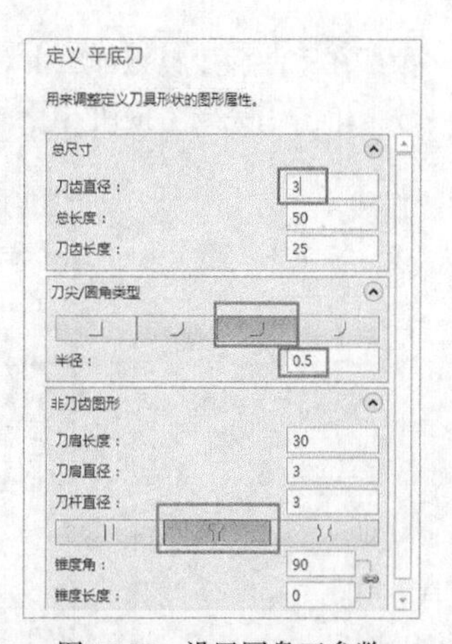

图16-95　设置圆鼻刀参数

05 在【刀具路径参数】选项卡中设置相关参数，如图16-96所示。单击【完成】按钮，完成刀具参数设置。

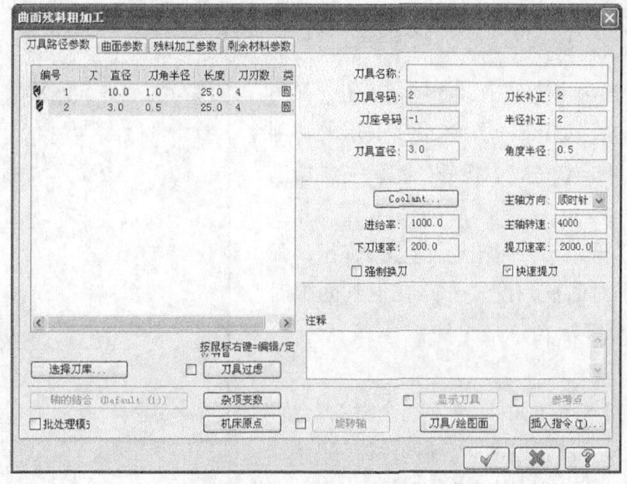

图16-96　刀具相关参数

06 在【曲面残料粗加工】对话框中打开【曲面参数】选项卡，如图16-97所示。设置曲面相关参数，单击【完成】按钮，完成参数设置。

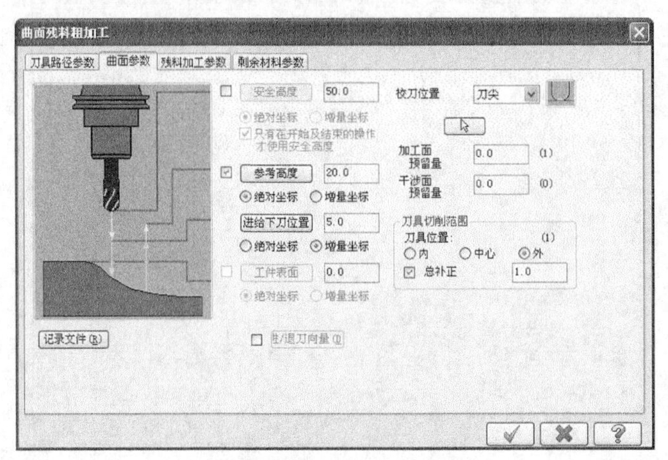

图16-97　曲面参数

07 在【曲面残料粗加工】对话框中打开【残料加工参数】选项卡，如图16-98所示。设置残料加工相关参数，单击【完成】按钮，完成参数设置。

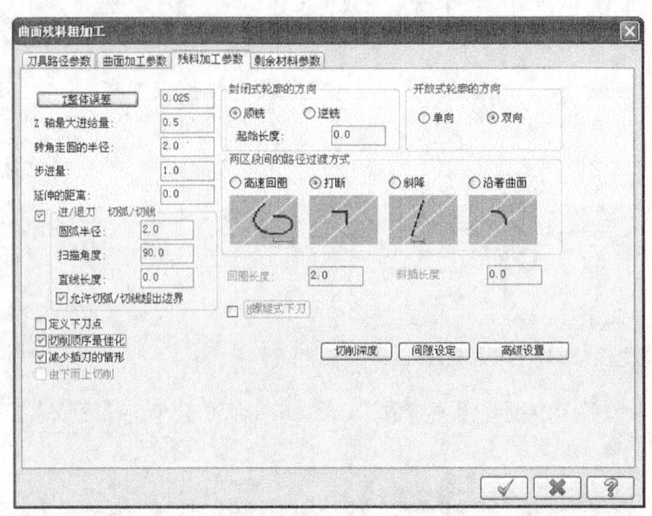

图16-98　残料加工参数

08 在【残料加工参数】选项卡中单击切削深度按钮，弹出【切削深度的设定】对话框，设定第一层和最后一层的切削深度，如图16-99所示。单击【完成】按钮，完成切削深度设置。

09 在【残料加工参数】选项卡中单击间隙设定按钮，弹出【刀具路径间隙设置】对话框，设置刀路在遇到间隙时的处理方式，如图16-100所示。单击【完成】按钮，完成间隙设置。

10 在【曲面残料粗加工】对话框中打开【剩余材料参数】选项卡，如图16-101所示。设置残料加工剩余材料的计算依据，单击【完成】按钮，完成参数设置。

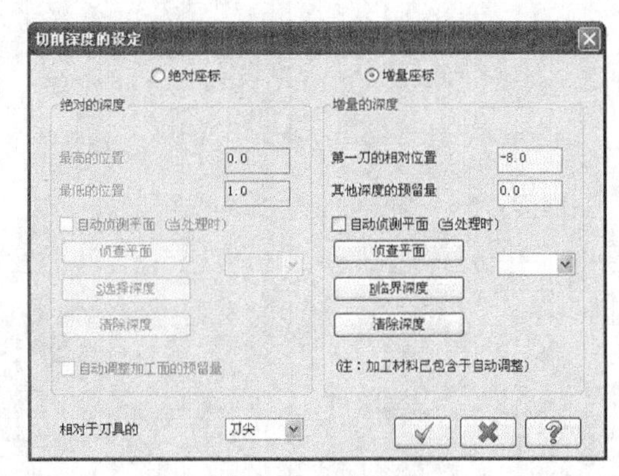

图16-99　切削深度

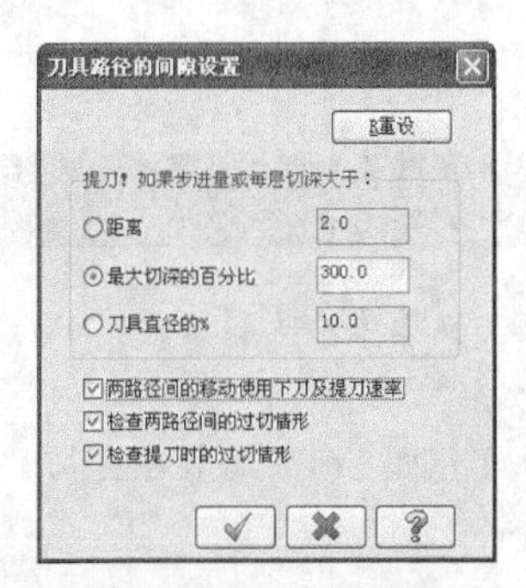

图16-100 间隙设置

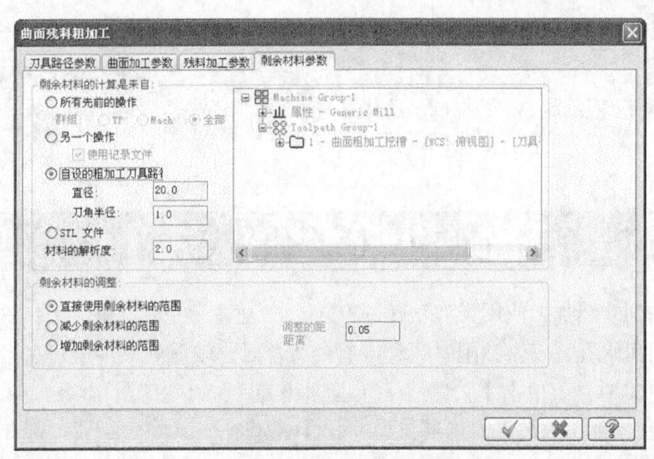

图16-101 剩余材料参数

11 系统根据参数生成残料加工刀路，如图16-102所示。

12 在刀路管理器中单击【属性】→【毛坯设置】选项，弹出【机器群组属性】对话框，打开【素材设置】选项卡，设置加工坯料的尺寸，如图16-103所示。单击【完成】按钮，完成参数设置。

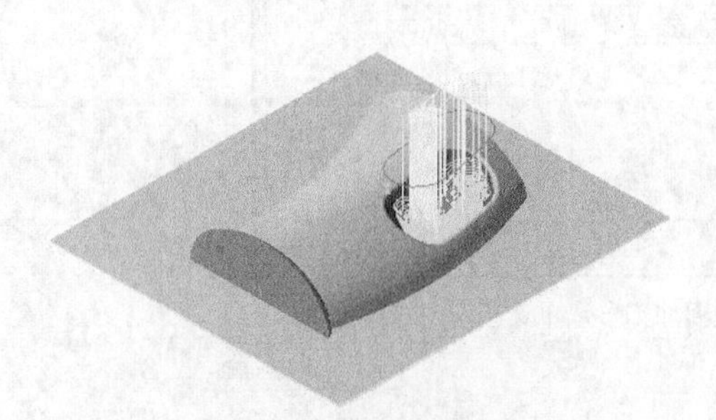

图16-102 生成残料刀路

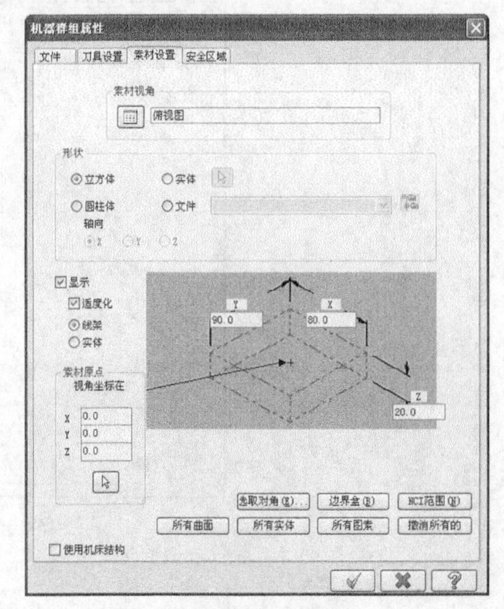

图16-103 毛坯设置

13 坯料设置结果如图16-104所示，虚线框显示的即为毛坯。

14 单击【模拟已选择的操作】按钮，弹出【验证】对话框，单击【开始】按钮进行模拟，模拟结果如图16-105所示。结果文件见“实训\结果文件\Ch16\16-5.mcx-9”。

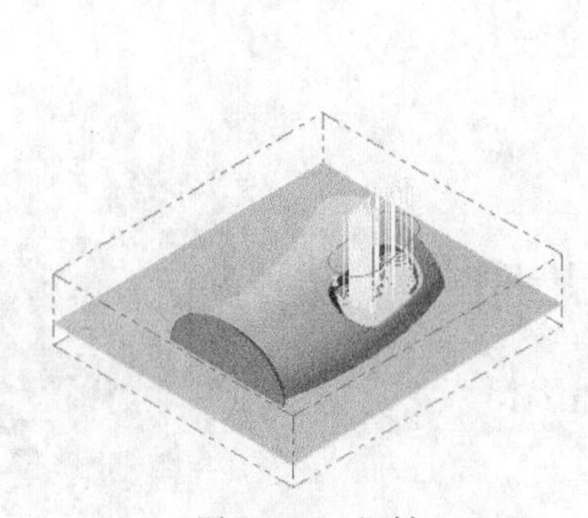

图16-104 坯料

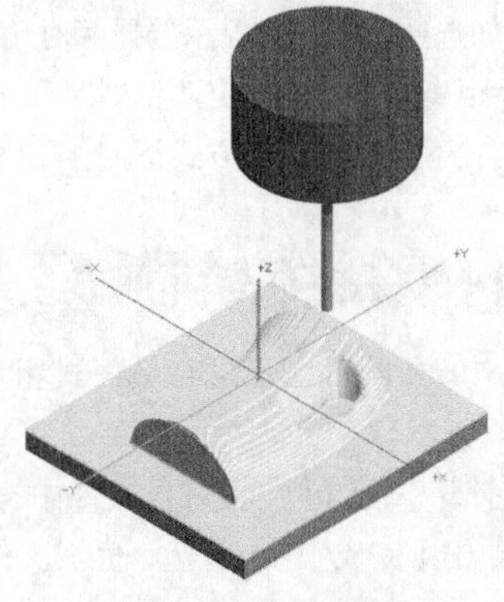

图16-105 模拟结果

操作技巧

加工过程中通常先采用大直径刀具进行开粗，快速去除大部分残料，再采用残料粗加工进行二次开粗，对大直径刀具无法加工到的区域进行再加工，以提高效率，节约成本。

16.6 钻削式粗加工

钻削式粗加工使用类似钻孔的方式，快速对工件进行粗加工。这种加工方式有专用刀具，刀具中心有冷却液的出水孔，以供钻削时顺利排屑，适合对比较深的工件进行加工。

在菜单栏上单击【刀路】→【曲面粗切】→【钻削】命令，弹出【曲面粗加工钻削式】对话框，打开【钻削式粗加工参数】对话框，如图16-106所示。

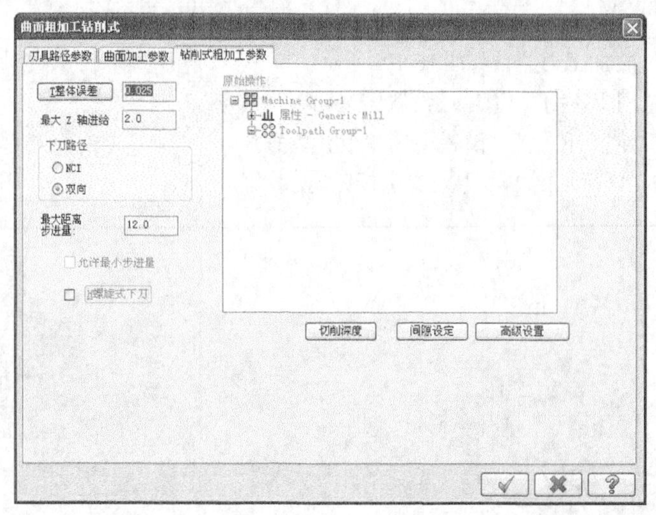

图16-106 【钻削式粗加工参数】选项卡

其参数含义如下。

❖ 整体误差：设定刀路与曲面之间的误差。

❖ 最大Z轴进给：设定Z轴方向每刀最大切削深度。

❖ 下刀路径：钻削路径的产生方式，有NCI和双向两种。

NCI：参考某一操作的刀路来产生钻削路径。钻削的位置会沿着被参考的路径，这样可以产生多样化的钻削顺序。

双向：如选择双向，会提示选择两对角点来决定钻削的矩形范围。

❖ 最大距离步进量：设定两钻削路径之间的距离。

❖ 螺旋式下刀：以螺旋方式下刀。

实训86——钻削式粗加工

对图16-107所示的图形进行钻削式粗加工，加工结果如图16-108所示。

图16-107 钻削粗加工图形

01 单击【打开】按钮，从资源文件中打开“实训\源文件\Ch16\16-6.mcx-9”，单击【完成】按钮，完成文件的调取。

02 在菜单栏执行【刀路】→【曲面粗切】→【钻削】命令，选择曲面，单击【完成】按钮，弹出【刀具路径的曲面选取】对话框，选择网格点和左下角点和右上角点，如图16-109所示。单击【完成】按钮，按钮完成选择。

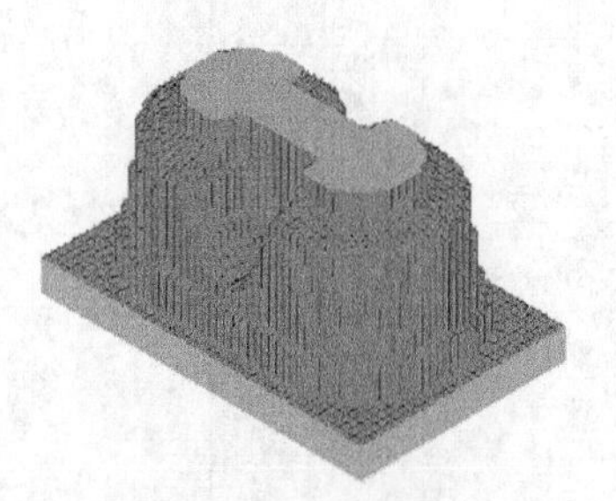

图16-108　加工结果

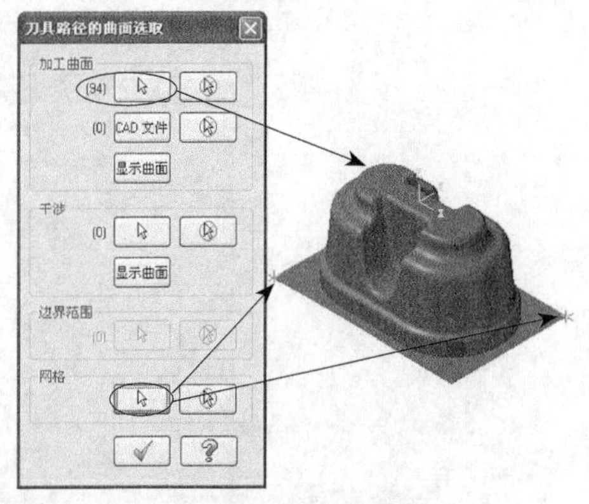

图16-109　选取曲面和网格点

03 弹出【曲面粗加工钻削式】对话框，如图16-110所示。

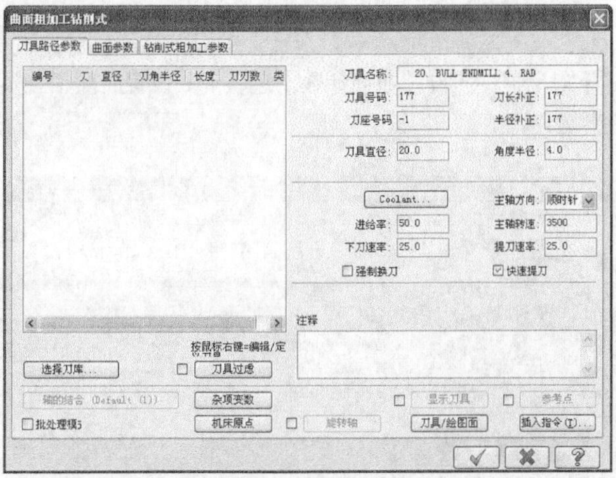

图16-110　粗加工参数

04 在【刀具路径参数】选项卡的空白处单击鼠标右键，从快捷菜单中选择【创建新刀具】选项，弹出定义刀具对话框，如图16-111所示。选择刀具类型为【钻头】，设置直径为10，如图16-112所示。单击【完成】按钮，完成设置。

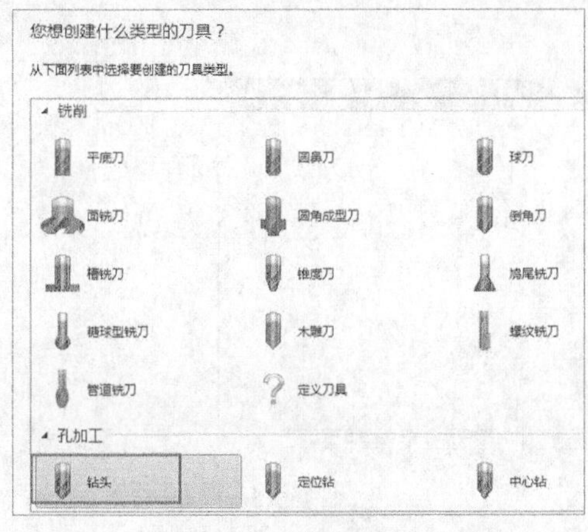

图16-111　新建刀具

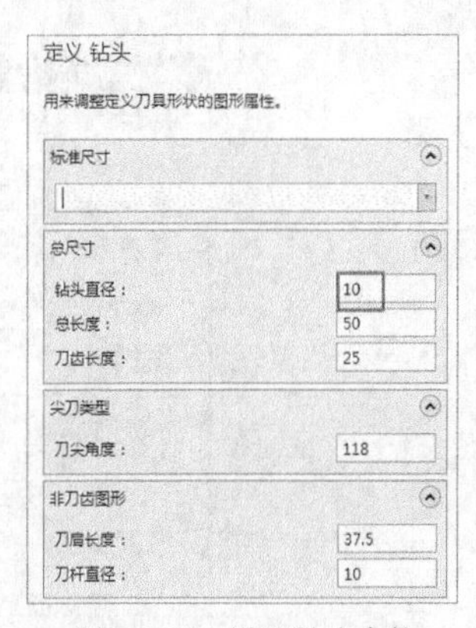

图16-112　设置钻头参数

05 在【刀具路径参数】选项卡中设置相关参数，如图16-113所示。单击【完成】按钮 ✓ ，完成刀具参数设置。

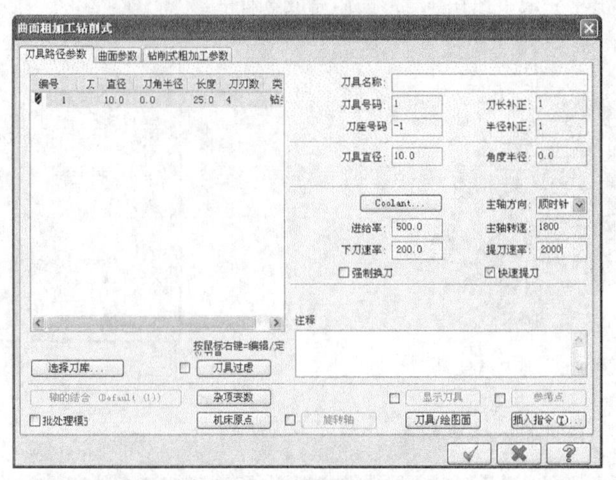

图16-113　刀具路径参数

06 在【曲面粗加工钻削式】对话框中打开【曲面参数】选项卡。设置曲面相关参数，如图16-114所示，单击【完成】按钮 ✓ ，完成参数设置。

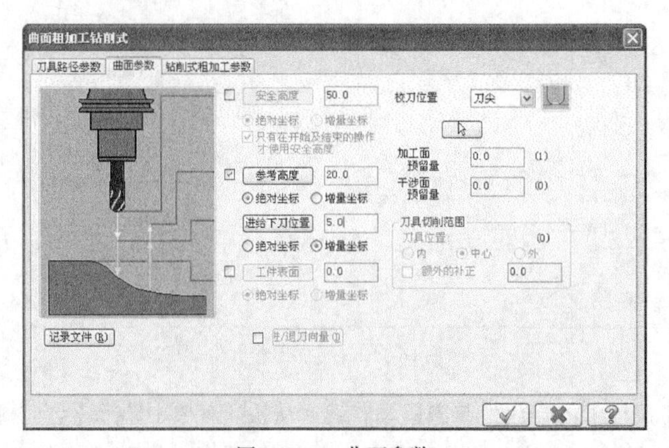

图16-114　曲面参数

07 在【曲面粗加工钻削式】对话框中打开【钻削式粗加工参数】对话框，设置钻削式粗加工参数，如图16-115所示。单击【完成】按钮 ✓ ，完成参数设置。

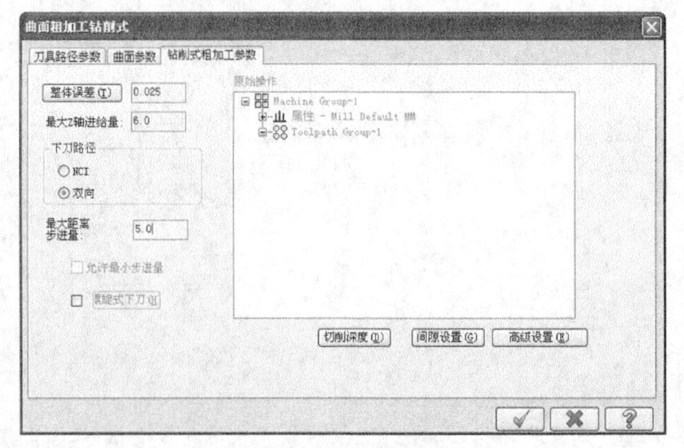

图16-115　粗加工参数

08 在【钻削式粗加工参数】对话框中单击 切削深度 按钮，弹出【切削深度设置】对话框，设定第一层和最后一层的切削深度，如图16-116所示。单击【完成】按钮，完成切削深度设置。

09 参数设置完毕后，系统根据设置的参数生成钻削式粗加工刀路，如图16-117所示。

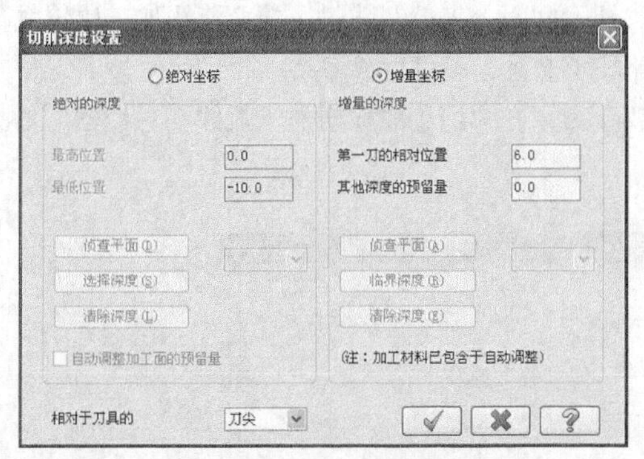

图16-116　设置切削深度

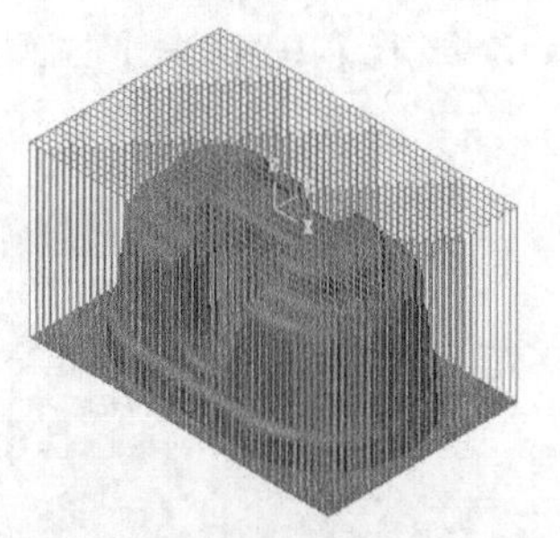

图16-117　钻削式加工路径

10 在刀路管理器中单击【属性】→【毛坯设置】选项，弹出【机器群组属性】对话框，打开【素材设置】选项卡，设置加工坯料的尺寸，如图16-118所示。单击【完成】按钮，完成参数设置。

11 坯料设置结果如图16-119所示，虚线框显示的即为毛坯。

12 单击【模拟已选择的操作】按钮，弹出【验证】对话框，单击【开始】按钮进行模拟，模拟结果如图16-120所示。结果文件见"实训\结果文件\Ch16\16-6.mcx-9"。

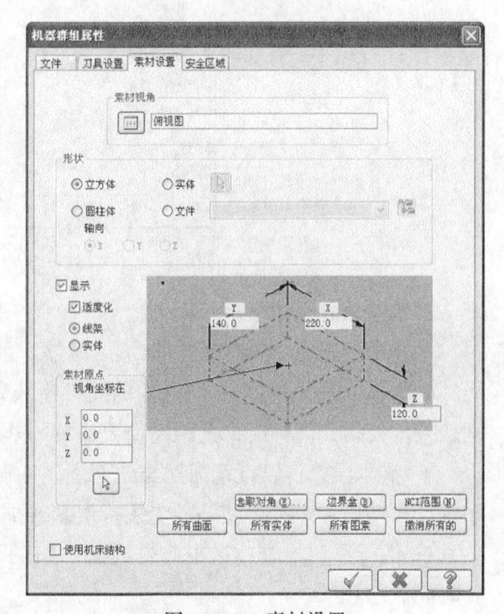

图16-118　素材设置

操作技巧

钻削式粗加工是采用类似于钻头的专用刀具进行钻削式加工，用来切削深腔工件，去除大批量材料，加工效率高，去除材料快，切削量大，对机床刚性要求非常高。一般情况下不建议采用此刀轨加工。

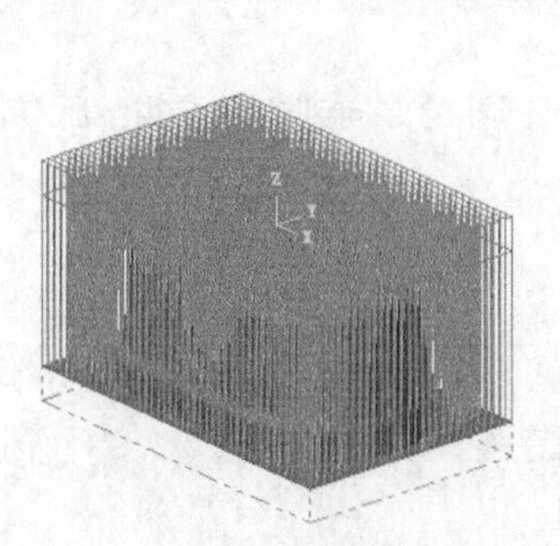

图16-119　坯料

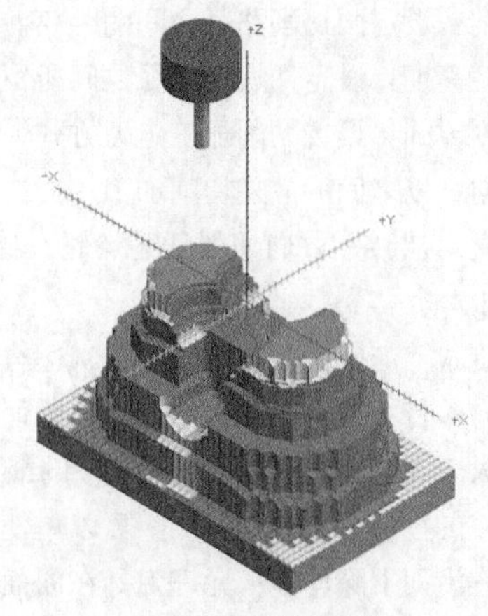

图16-120　模拟结果

16.7 曲面流线粗加工

曲面流线粗加工能产生沿着曲面的引导方向（U向）或曲面的截断方向（V向）加工的刀路。可以采用控制残脊高度来精准控制残料，也可以采用步进量（即刀间距）来控制残料。曲面流线加工比较适合加工曲面流线相同或类似的曲面，只要曲面流线和产生的路径不交叉，即可生成刀路。

在菜单栏执行【刀路】→【曲面粗切】→【流线】命令，弹出【曲面粗加工流线】对话框，如图16-121所示。

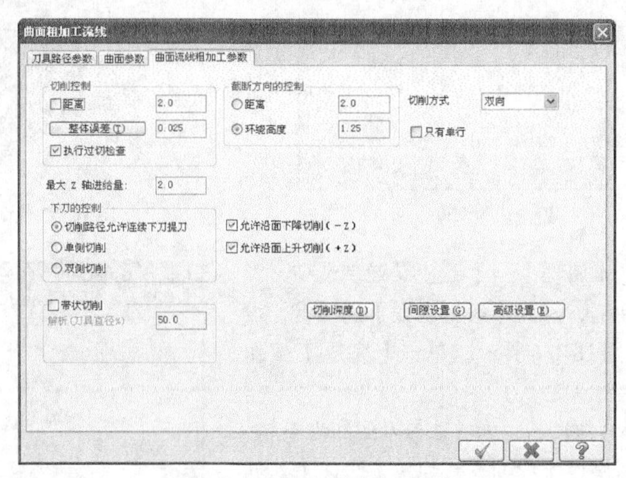

图16-121　曲面流线粗加工参数

其各参数含义如下。

❖ 切削控制：控制切削方向加工误差。由距离和整体误差两个参数来控制。

❖ 距离：采用切削方向上的曲线打断成直线的最小距离，即移动增量来控制加工精度。这种方式的精度较差。要得到高精度，此距离值要设置得非常小，但是计算时间会变长。

❖ 整体误差：以设定刀路与曲面之间的误差来决定切削方向路径的精度。所有超过此设定误差的路径，系统会自动增加节点，使路径变短，误差减少。

❖ 执行过切检查：选中此复选框，如果刀具过切，系统会自动调整刀路，避免过切，该选项会增加计算时间。

❖ 截断方向的控制：用来设置控制切削路径之间的距离。有距离和环绕高度两个选项。

❖ 距离：设定两切削路径之间的距离。

❖ 环绕高度：设定两切削路径之间所留下残料的高度。系统根据高度来控制距离。

❖ 切削方式：设置切削加工走刀方式，有双向、单向和螺旋式3种。

❖ 双向：以来回的方式切削加工。

❖ 单向：从某一方向切削到终点侧，抬刀回到起点侧，再以同样的方向到达终点侧，所有切削路径都朝同一方向。

❖ 螺旋式：产生螺旋式切削路径，适合封闭式流线曲面。

❖ 只有单行：限定只有排成一列的曲面上产生流线加工。

❖ 最大Z轴进给量：设定粗切每层的最大切削深度。

❖ 下刀的控制：控制下刀侧。可以单侧下刀、双侧下刀以及连续下刀。

❖ 允许沿面下降切削：允许刀具在曲面上沿着曲面下降切削。

❖ 允许沿面上升切削：允许刀具在曲面上沿着曲面上升切削。

技术支持

流线粗加工参数主要是切削方向控制和截断方向控制。对于切削方向，通常采用整体误差来控制。对于截断方向，球刀铣削曲面时，在两刀路之间存在残脊，可以通过控制环绕高度来控制残料的多少。另外也可以通过控制两切削路径之间的距离来控制残料的多少。采用距离控制刀路之间的残料更直接和简单，一般采用距离来控制残料。

实训87——曲面流线粗加工

对图16-122所示的图形采用流线粗加工进行铣削，结果如图16-123所示。

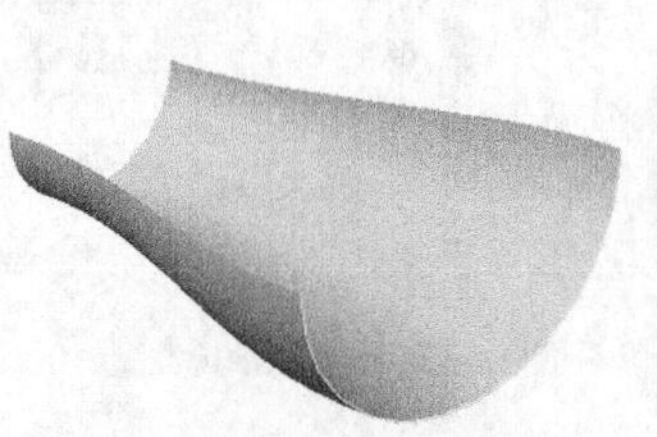

图16-122　加工图形

图16-123　加工结果

01 单击菜单栏【打开】按钮，从资源文件中打开“实训\源文件\Ch16\16-7.mcx-9”，单击【完成】按钮，完成文件的调取。

02 在菜单栏执行【刀路】→【曲面粗切】→【流线】命令，弹出【选取工件的形状】对话框，选中【凹】单选按钮，再单击【完成】按钮，如图16-124所示。

03 弹出【输入新的NC名称】对话框，使用默认名称【10-7】，单击【完成】按钮，如图16-125所示。

04 在菜单栏执行【刀路】→【曲面粗切】→【流线】命令，弹出【曲面流线设置】对话框。选择曲面为加工面，切削方向和补正方向如图16-126所示。单击【完成】按钮，完成流线选项设置。

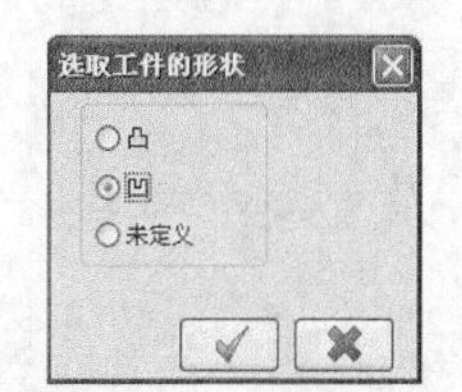

图16-124　选取曲面类型

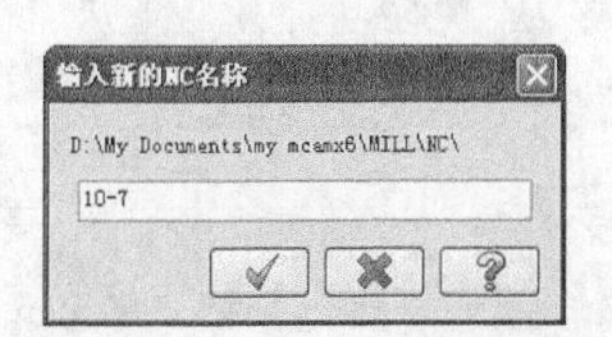

图16-125　输入新的NC名称

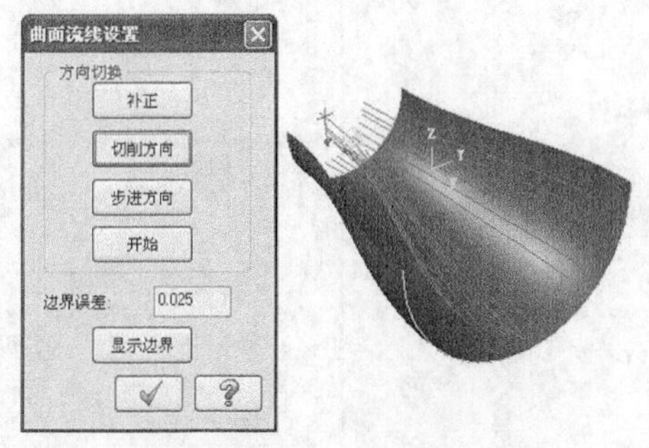

图16-126　流线选项

05 弹出【曲面粗加工流线】对话框，打开【刀具路径参数】选项卡，如图16-127所示。

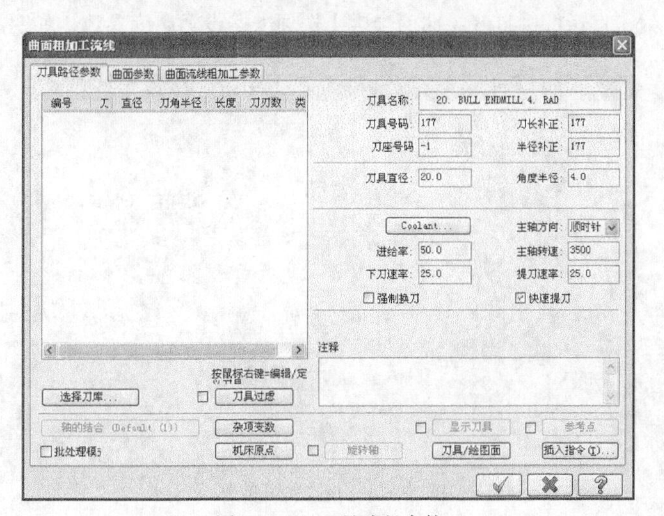

图16-127　刀具路径参数

06 在【刀具路径参数】选项卡的空白处单击鼠标右键，在弹出的快捷菜单中选中【创建新刀具】选项，弹出定义刀具对话框，选择球刀，如图16-128所示。

07 如图16-129所示。单击【完成】按钮 ✓，完成刀具参数设置。

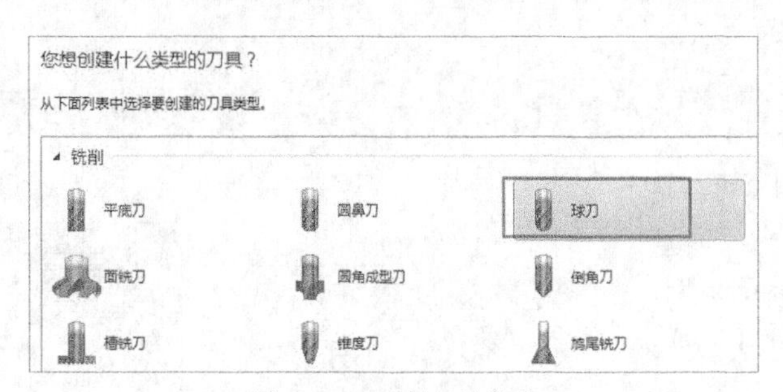

图16-128　选择刀具类型

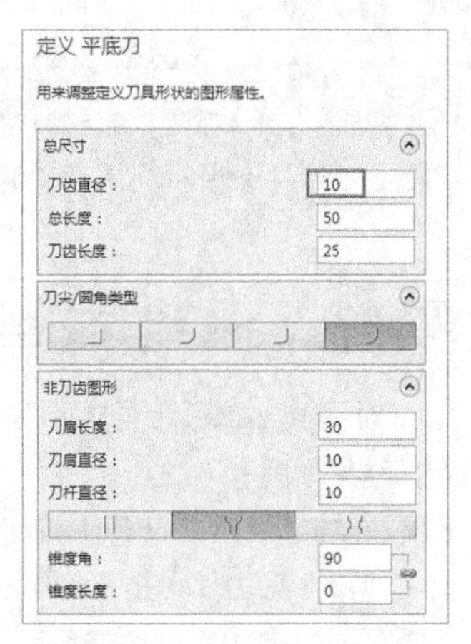

图16-129　定义刀具参数

08 在【刀具路径参数】选项卡中创建D10球刀。设置进给率为800，下刀速率为400，主轴转速为3000，如图16-130所示。

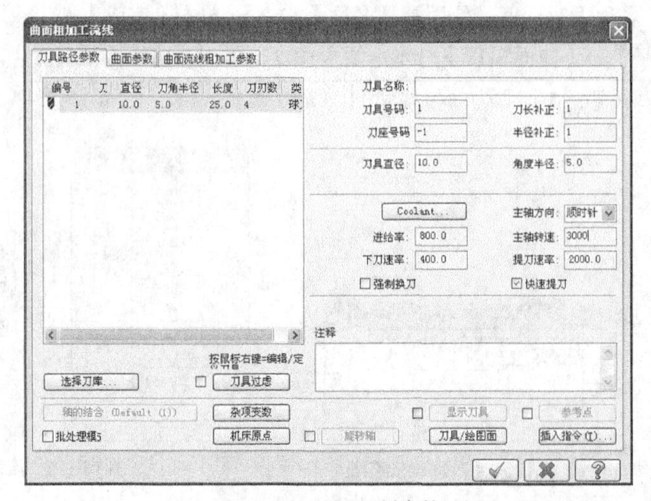

图16-130　设置切削参数

09 在【曲面粗加工流线】对话框中打开【曲面参数】选项卡，设置高度参数，如图16-131所示。

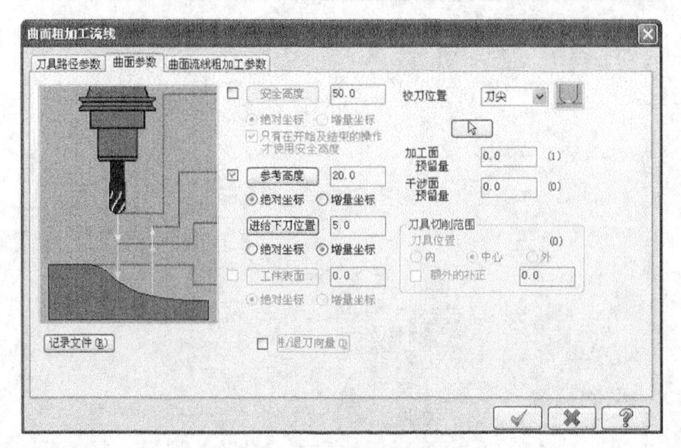

图16-131　设置曲面参数

10 在【曲面粗加工流线】对话框中打开【曲面流线粗加工参数】对话框，设置曲面粗加工流线铣削加工参数，如图16-132所示。

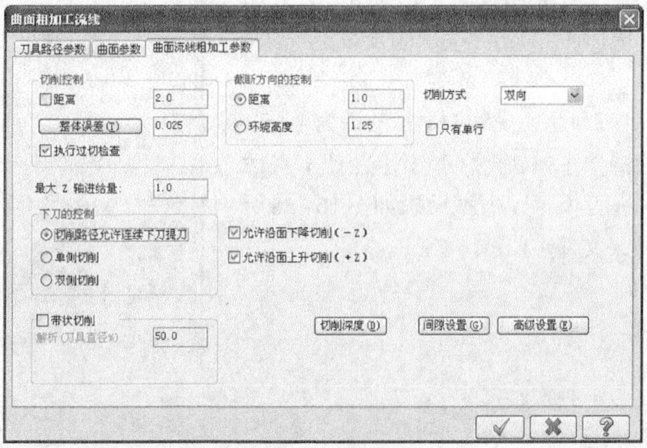

图16-132　流线加工参数

11 在【曲面流线粗加工参数】选项卡中单击 切削深度 按钮，弹出【切削深度设置】对话框，设定第一层和最后一层的切削深度，如图16-133所示。单击【完成】按钮 ✓，完成切削深度设置。

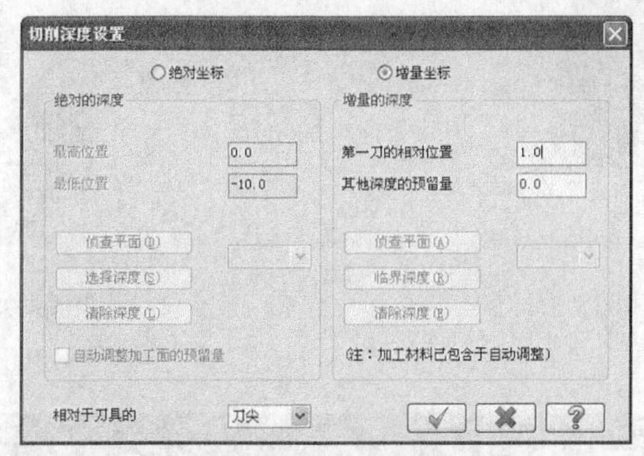

图16-133　切削深度

12 在【曲面流线粗加工参数】选项卡中单击 间隙设定 按钮，弹出【刀具路径的间隙设置】对话框，设置刀路在遇到间隙时的处理方式，如图16-134所示。单击【完成】按钮 ✓，完成间隙设置。

13 系统根据参数生成流线粗加工刀路，如图16-135所示。

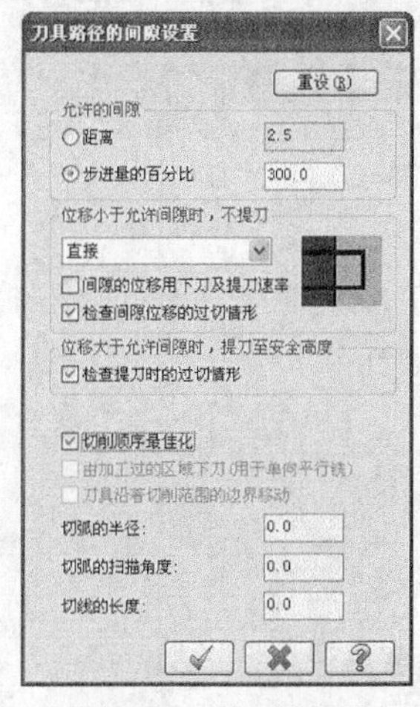

图16-134　间隙设置

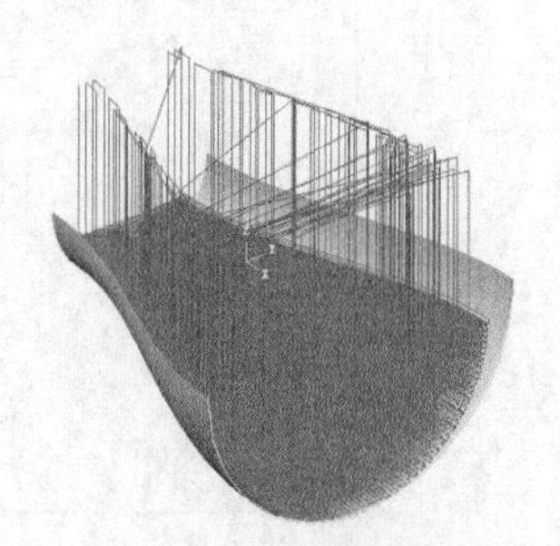
图16-135　生成粗加工刀路

14 在刀路管理器中单击【属性】→【毛坯设置】选项，弹出【机器群组属性】对话框，打开【素材设置】选项卡，设置加工坯料的尺寸，如图16-136所示。单击【完成】按钮，完成参数设置。

15 坯料设置结果如图16-137所示，虚线框显示的即为毛坯。

16 单击【模拟已选择的操作】按钮，弹出【验证】对话框，单击【开始】按钮进行模拟，模拟结果如图16-138所示。结果文件见“实训\结果文件\Ch16\16-7.mcx-9”。

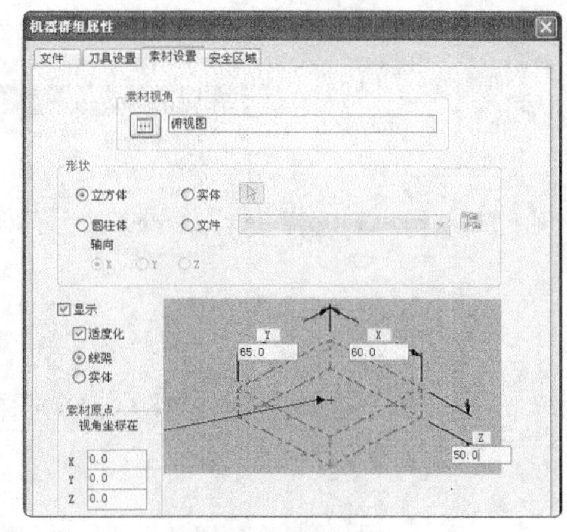

图16-136　素材设置

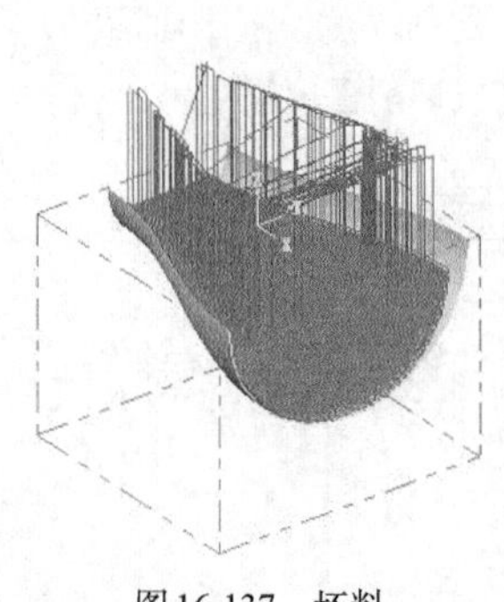

图16-137　坯料

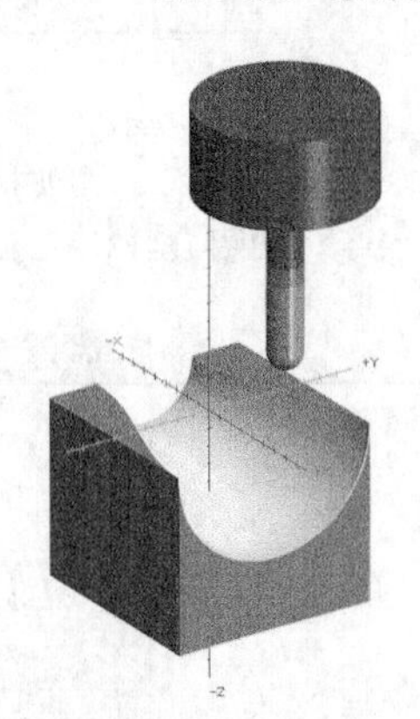

图16-138　模拟结果

16.8　等高外形粗加工

等高外形粗加工采用等高线的方式进行逐层加工，曲面越陡，等高加工效果越好。等高粗加工常作为二次开粗，或者用于铸件毛坯的开粗。等高外形加工是绝大多数高速机所采用的加工方式。

等高外形粗加工参数与其他粗加工类似，这里主要讲解等高粗外形加工特有的参数。在菜单栏执行【刀路】→【曲面粗切】→【等高粗加工】命令，弹出【曲面粗加工等高外形】对话框，如图16-139所示。

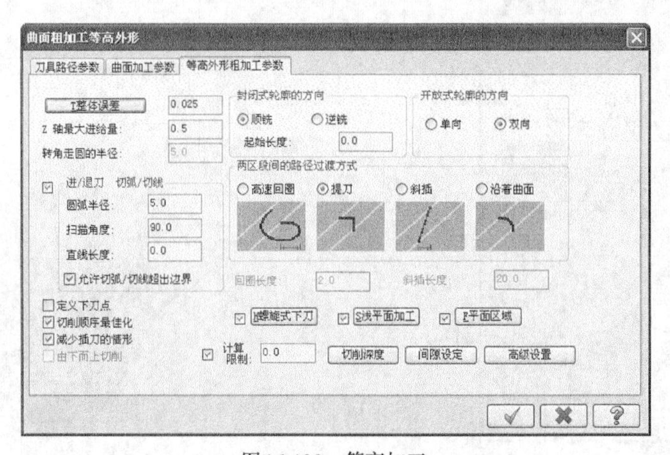

图16-139　等高加工

其参数如下。

❖ 整体误差：设定刀路与曲面之间的误差值。

❖ Z轴最大进给量：设定Z轴方向每刀最大切深。

❖ 转角走圆的半径：设定刀路的转角处走圆弧的半径。在小于或等于135°的转角处将采用圆弧刀路。

❖ 进/退刀切弧/切线：在每一切削路径的起点和终点产生一条进刀或退刀的圆弧或者切线。

❖ 允许切弧/切线超出边界：允许进退刀圆弧超出切削范围。

❖ 定义下刀点：用来设置刀路的下刀位置，刀路会从最接近选取点的曲面角落下刀。

❖ 切削顺序最佳化：使刀具尽量在同一区域加工，直到该区域所有切削路径都完成后，再移动到下一区域进行加工。这样可以减少提刀次数，提高加工效率。

❖ 减少插刀的情形：只在选中【切削顺序最佳化】后才会激活，当选中【切削顺序最佳化】时，刀具切削完当前区域后再切削下一区域，两区域刀路之间的距离小于刀具直径时，有可能导致刀具埋入量过深，刀具负荷过大，很容易损坏刀具。因而，选中此参数，系统对刀路距离小于刀具直径的区域直接加工，而不采用刀路切削顺序最佳化。

❖ 封闭式轮廓的方向：设定等高加工运算中封闭式路径的切削方向，有顺铣和逆铣两种。

❖ 起始长度：设定封闭式切削路径起点之间的距离，这样可以使路径起点分散，不会在工件上留下明显的痕迹。

❖ 开放式轮廓的方向：设定等高加工中开放式路径的切削方式，有双向和单向两种。

❖ 两区段间的路径过渡方式：设定两路径之间刀具的移动方式，即路径终点到下一路径的起点。系统提供了4种过渡方式：高速回圈、打断、斜插和沿着曲面。

❖ 高速回圈：该项用于高速加工，使尽量在两切削路径间插入一条圆弧形平滑路径，使刀路尽量平滑，减少不必要的转角。

❖ 提刀：在两切削间，刀具先上移然后平移，再下刀，避免撞刀。

❖ 斜插：以斜进下刀的方式移动。

❖ 沿着曲面：刀具沿着曲面方式移动。

❖ 回圈长度：只有当两区域间的路径过渡方式设为变速回圈时，该项才会激活。用来设置残料加工两切削路径之间的刀具移动方式。如果两路径之间的距离小于循环长度，会插入一个循环；如果大于循环长度，则插入一条平滑的曲线路径。

❖ 斜插长度：设置等高路径之间的斜插长度，只有在选择【高速回圈】和【斜插】时，该项才激活。

❖ 螺旋式下刀：以螺旋方式下刀。

实训88——等高外形粗加工

对图16-140所示的图形采用等高外形粗加工进行铣削，结果如图16-141所示。

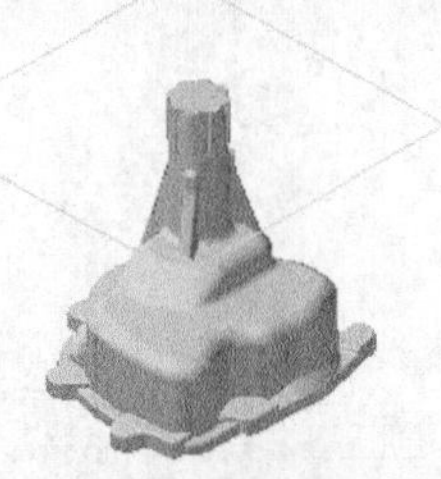

图16-140　加工图形

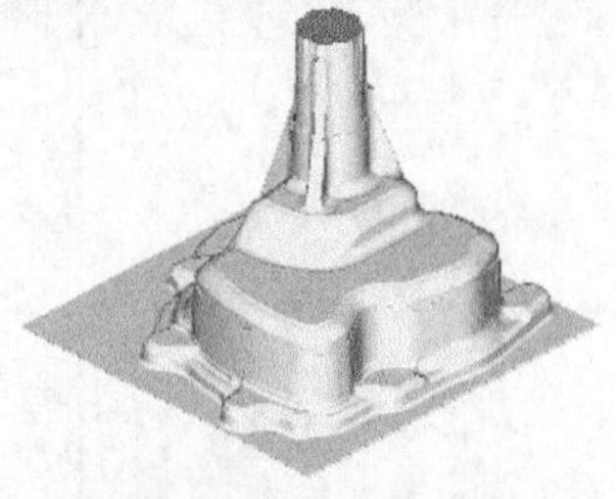

图16-141　加工结果

01 单击【打开】按钮，从资源文件中打开“实训\源文件\Ch16\16-8.mcx-9”，单击【完成】按钮，完成文件的调取。

02 在菜单栏执行【刀路】→【曲面粗切】→【等高】命令，系统要求选择曲面，选择曲面后弹出【刀具路径的曲面选取】对话框，选择要加工的曲面和定义切削范围，如图16-142所示。单击【完成】按钮按钮完成选择。

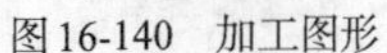

03 弹出【等高】对话框，如图16-143所示。

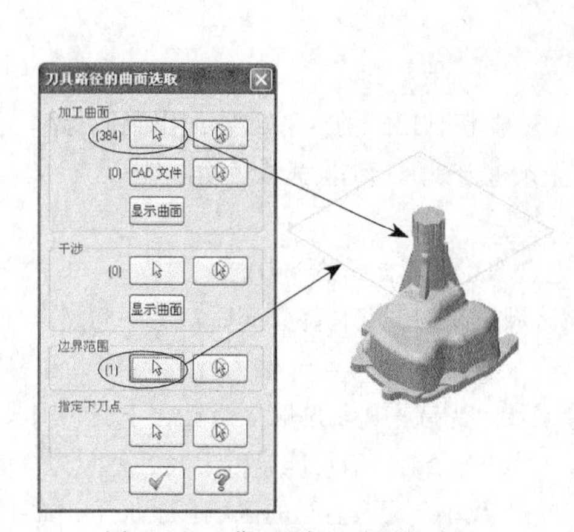

图16-142　曲面和加工范围的选择

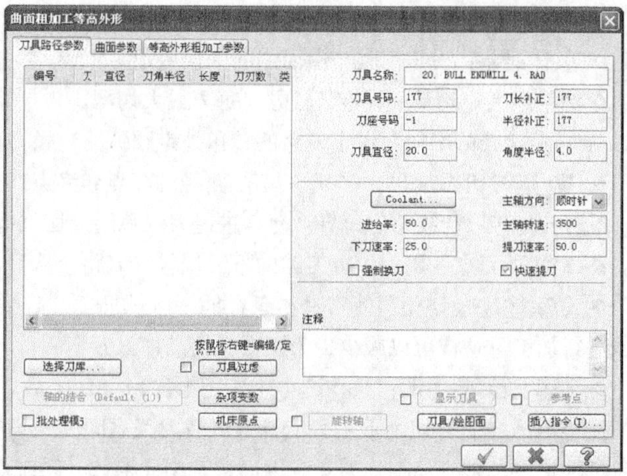

图16-143 【曲面粗加工等高外形】对话框

04 在【刀具路径参数】选项卡的空白处单击鼠标右键，从快捷菜单中选择【创建新刀具】选项，弹出定义刀具对话框，如图16-144所示。选择刀具类型为【球刀】，设置直径为10，如图16-145所示。单击【完成】按钮，完成设置。

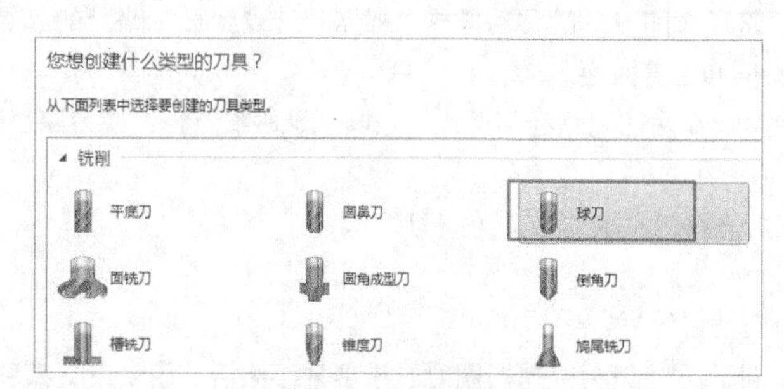

图16-144　新建刀具

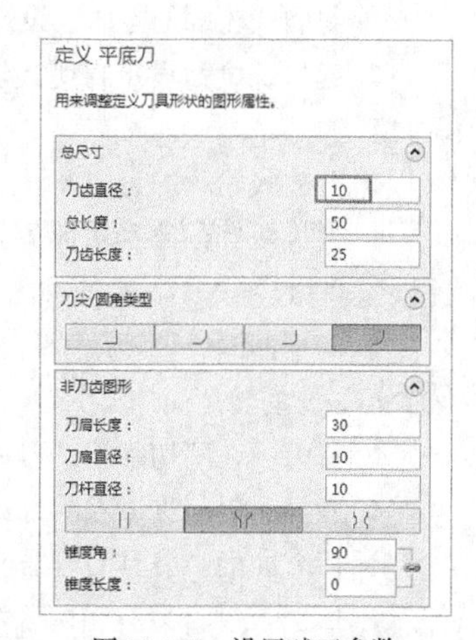

图16-145　设置球刀参数

05 在【刀具路径参数】选项卡中设置相关参数，如图16-146所示。单击【完成】按钮，完成刀具路径参数设置。

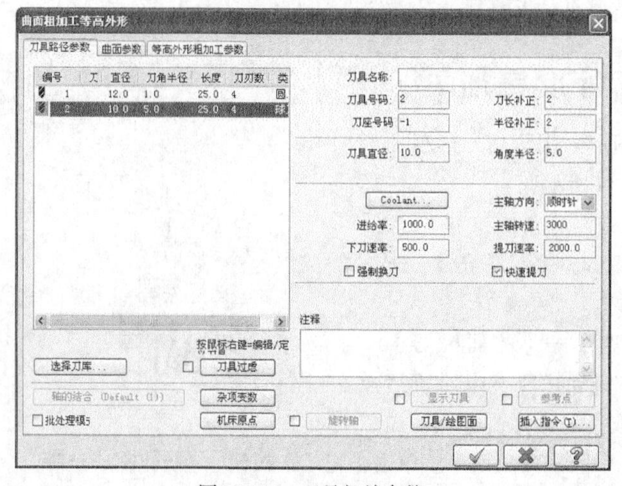

图16-146　刀具相关参数

06 在【曲面粗加工等高外形】对话框中打开【曲面参数】选项卡，如图16-147所示。设置曲面相关参数，单击【完成】按钮，完成参数设置。

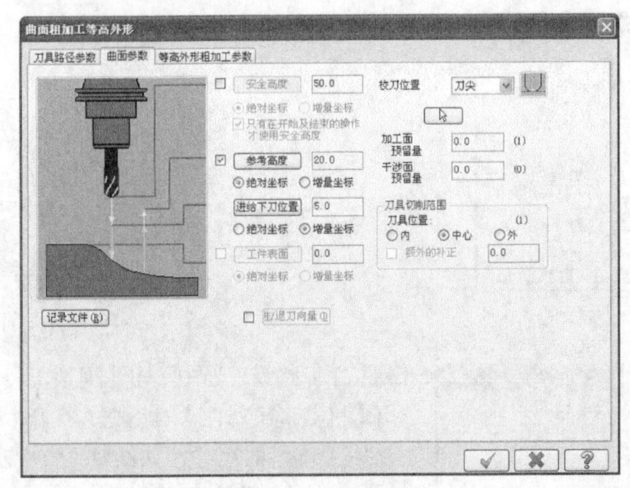

图16-147　曲面参数

07 在【曲面粗加工等高外形】对话框中打开【等高外形粗加工参数】选项卡，如图16-148所示。设置残料加工相关参数，单击【完成】按钮，完成参数设置。

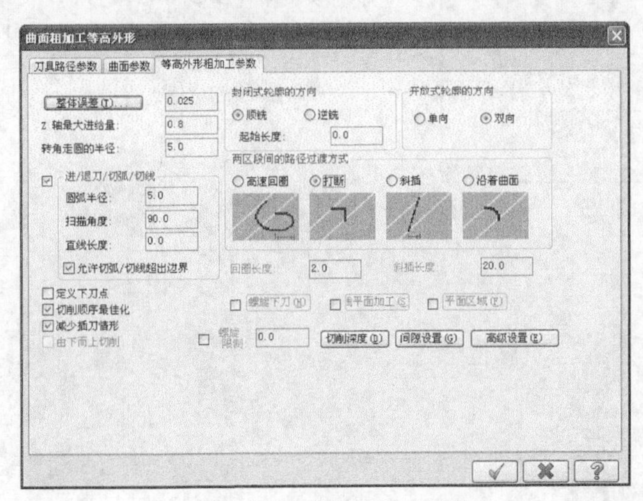

图16-148　等高外形粗加工参数

08 在【等高外形粗加工参数】选项卡中单击切削深度按钮，弹出【切削深度的设定】对话框，设定第一层和最后一层的切削深度，如图16-149所示。单击【完成】按钮，完成切削深度设置。

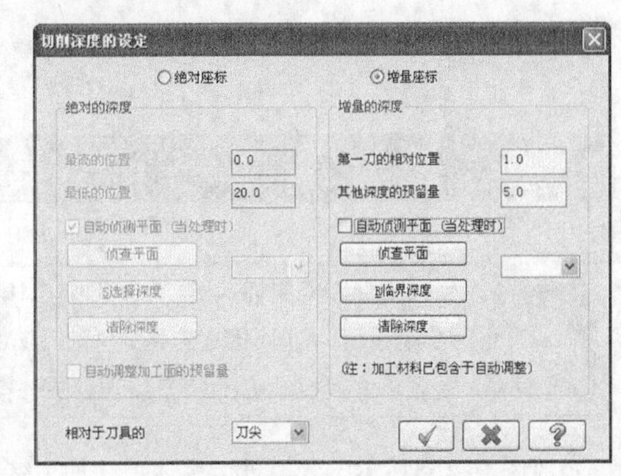

图16-149　切削深度

操作技巧

此步骤其他深度的预留量设为5mm，因为刀具是球刀，半径为5，如果不设预留量，可能会过切底面，损伤刀具。所以最低点最后一刀留5mm。

09 在【等高外形粗加工参数】选项卡中单击间隙设定按钮，弹出【刀具路径的间隙设置】对话框，设置刀路在遇到间隙时的处理方式，如图16-150所示。单击【完成】按钮，完成间隙设置。

10 系统根据参数生成残料加工刀路，如图16-151所示。

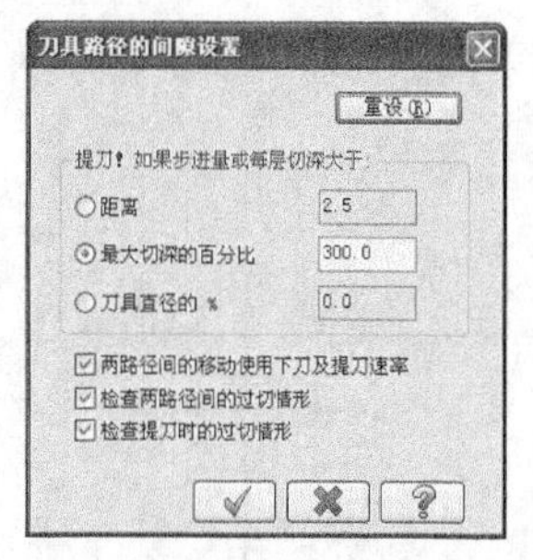

图16-150　间隙设置

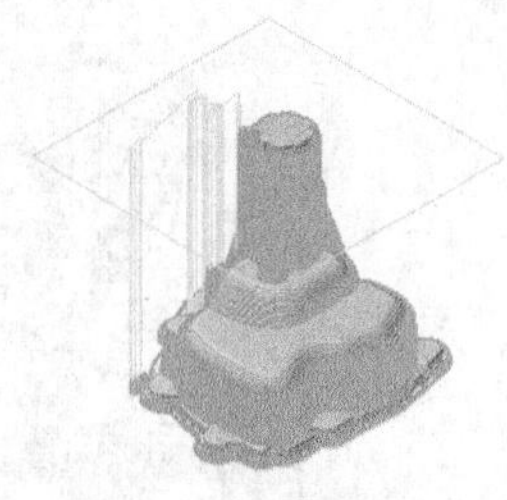

图16-151　生成等高外形刀路

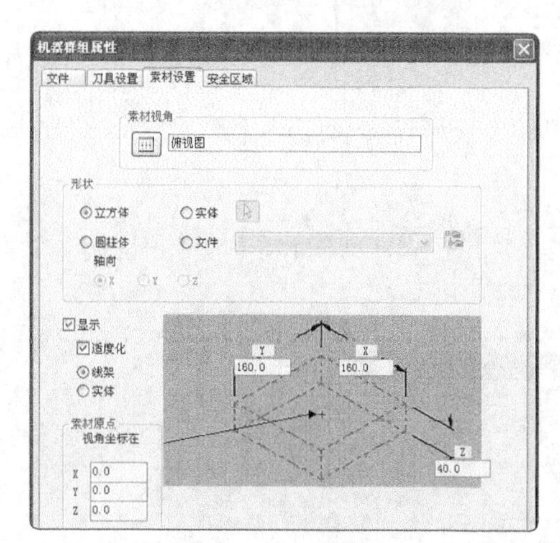

图16-152　素材设置

11 在刀路管理器中单击【属性】→【毛坯设置】选项，弹出【机器群组属性】对话框，打开【素材设置】选项卡，设置加工坯料的尺寸，如图16-152所示。单击【完成】按钮，完成参数设置。

12 坯料设置结果如图16-153所示，虚线框显示的即为毛坯。

13 单击【模拟已选择的操作】按钮，弹出【验证】对话框，单击【开始】按钮进行模拟，模拟结果如图16-154所示。结果文件见"实训\结果文件\Ch16\16-8.mcx-9"。

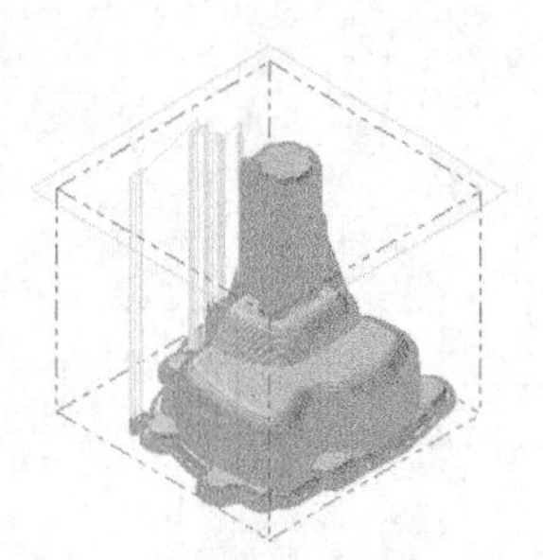

图16-153　坯料

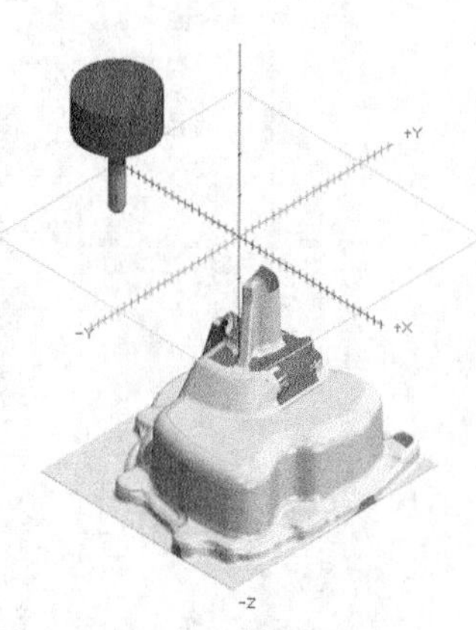

图16-154　模拟结果

16.9　拓展训练——模具公模粗加工

引入文件：拓展训练\源文件\Ch16\16-9.mcx-9
结果文件：拓展训练\结果文件\Ch16\16-9.mcx-9
视频文件：视频\Ch16\拓展训练——模具公模粗加工.avi

对图16-155所示的公模进行粗加工，加工结果如图16-156所示。

本例公模的开粗规划如下。

❖ 采用直径为20的平底刀使用2D外形铣刀路加工边框。

- ❖ 采用直径为20的平底刀使用2D外形铣刀路加工基准角。
- ❖ 采用直径为D16R1的圆鼻刀使用挖槽粗加工刀路开粗。
- ❖ 采用直径为D4R1的圆鼻刀使用残料粗加工刀路二次开粗。
- ❖ 实体仿真模拟刀路。

图16-155　公模

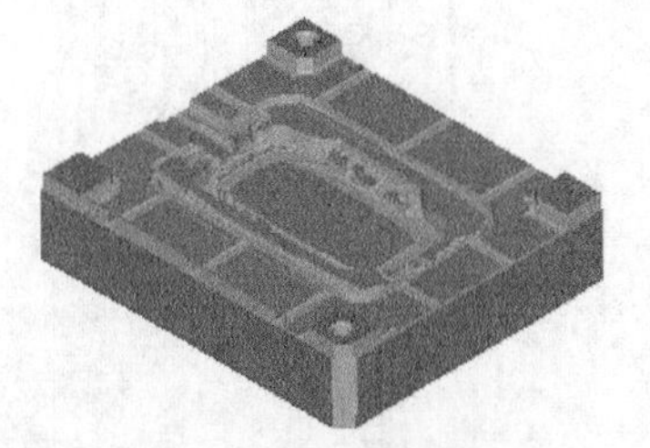

图16-156　加工结果

16.9.1　采用直径为20的平底刀使用2D外形铣刀路加工边框

01 在菜单栏执行【文件】→【打开】按钮，从资源文件中打开"拓展训练\源文件\Ch16\16-9.mcx-9"，单击【完成】按钮，完成文件的调取。

02 在菜单栏执行【刀路】→【外形】命令，弹出【输入新的NC名称】对话框，按默认名称，如图16-157所示。单击【完成】按钮，弹出【串联选项】对话框，选择串联，方向如图16-158所示。单击【完成】按钮，完成选择。

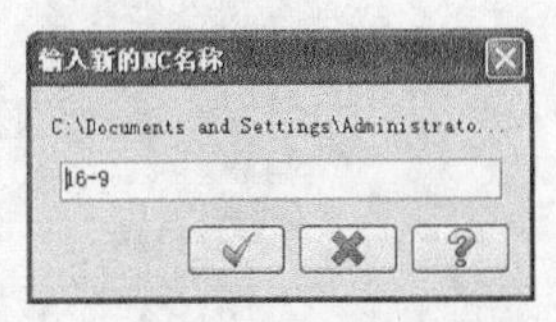

图16-157　输入新的NC名称

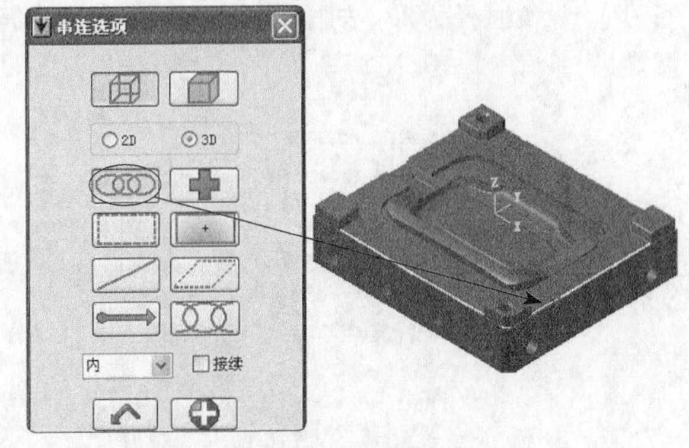

图16-158　选择串联

03 弹出【2D刀路-外形铣削】对话框，选择类型为外形参数，如图16-159所示。

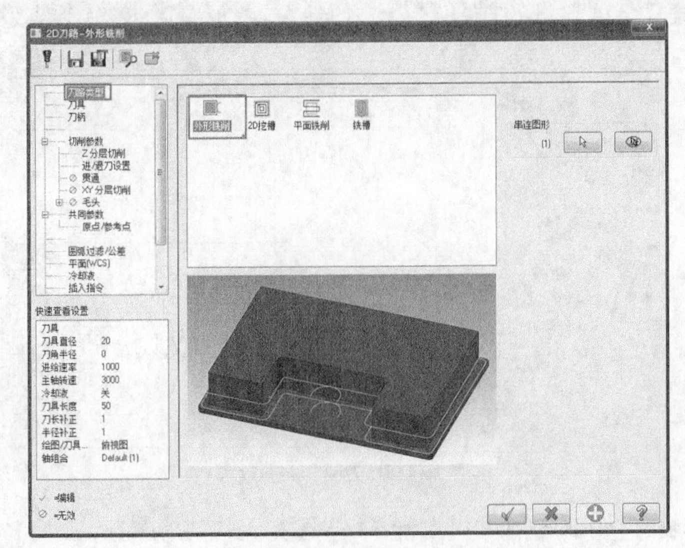

图16-159　2D刀路-外形参数

04 在【2D刀路-外形铣削】对话框中单击【刀具】选项，设置刀具及相关参数，如图16-160所示。

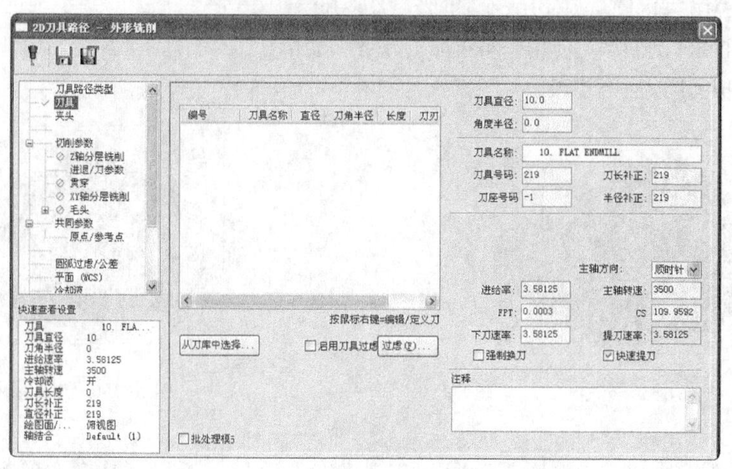

图16-160　刀具参数

05 在【刀具】选项区的空白处单击鼠标右键，从快捷菜单中选择【创建新刀具】选项，弹出定义刀具对话框，如图16-161所示。选择刀具类型为【平底刀】，设置直径为20，如图16-162所示。单击【完成】按钮，完成设置。

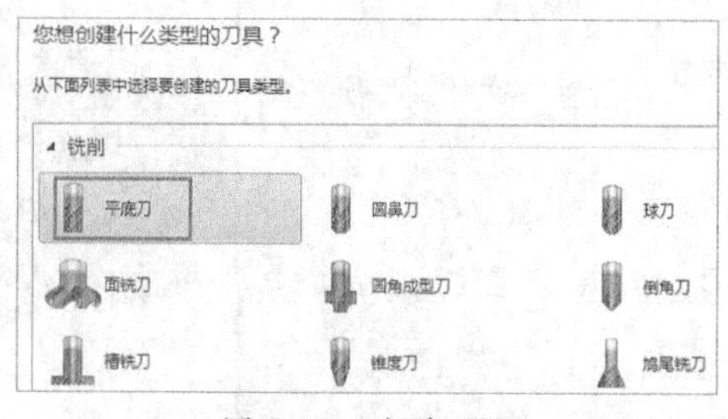

图16-161　新建刀具

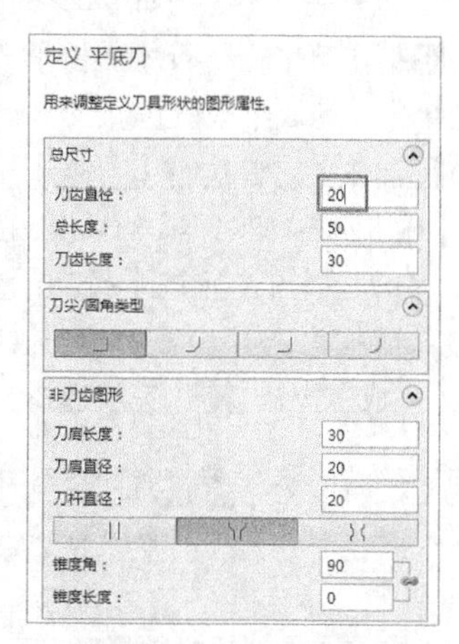

图16-162　设置刀具参数

06 在【刀具】选项卡中设置相关参数，如图16-163所示。单击【完成】按钮，完成刀具参数设置。

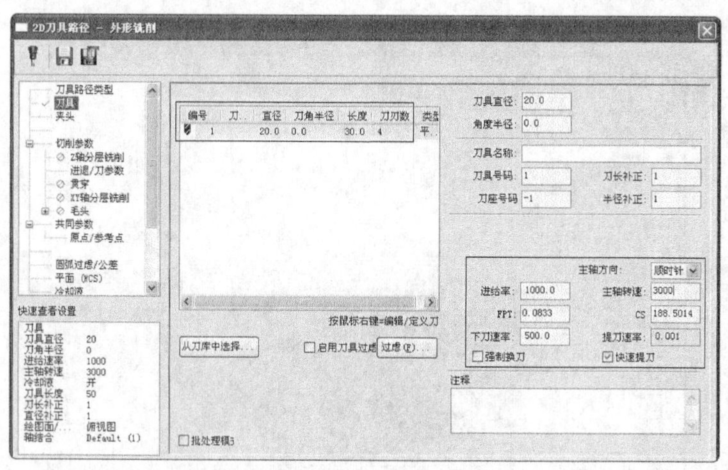

图16-163　刀具相关参数

07 在【2D刀路-外形铣削】对话框中单击【切削参数】选项，设置切削参数，如图16-164所示。

08 在【2D刀路-外形铣削】对话框中单击【Z轴分层铣削】选项，设置深度分层等参数，如图16-165所示。

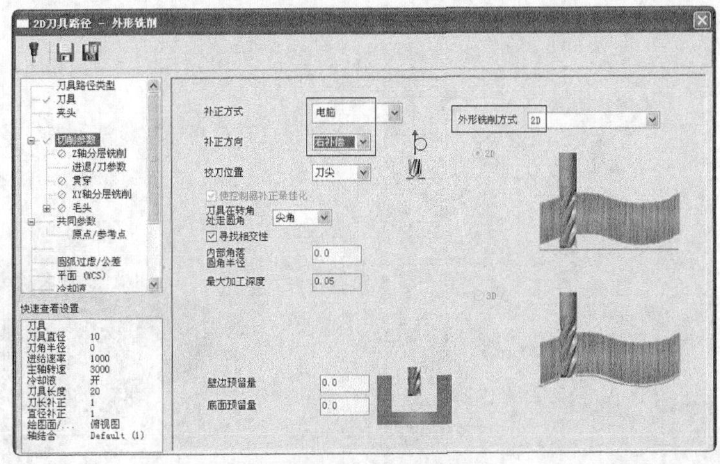

图16-164　切削参数

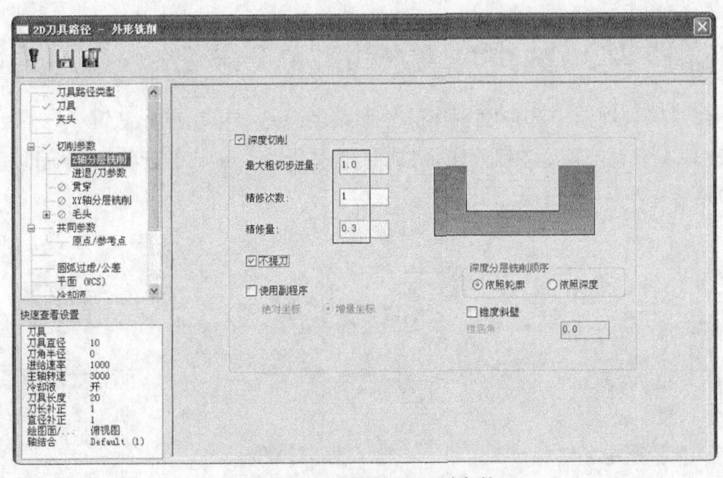

图16-165　Z轴分层铣削参数

09 在【2D刀路-外形铣削】对话框中单击【进退/刀参数】选项，设置进刀和退刀参数，如图16-166所示。

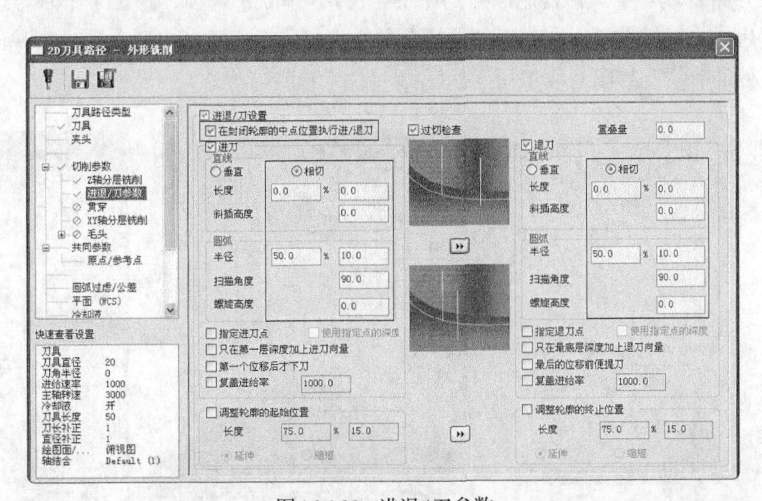

图16-166　进退/刀参数

10 在【2D刀路-外形铣削】对话框中单击【共同参数】选项，设置二维刀路共同的参数，如图16-167所示。

11 系统根据所设参数，生成刀路，如图16-168所示。

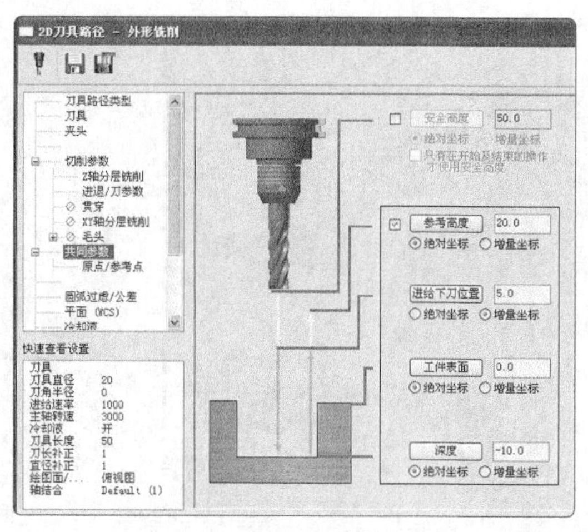

图16-167　共同参数

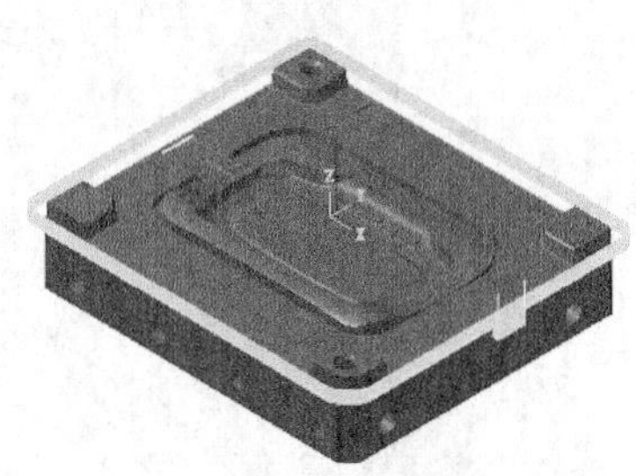
图16-168　生成刀路

16.9.2　采用直径为20的平底刀使用2D外形铣刀路加工基准角

01 复制粘贴刀路。在刀路管理器中选中刚创建的外形铣削刀路，单击鼠标右键，在弹出的快捷菜单中选择【复制】选项，再一次单击鼠标右键，在弹出的快捷菜单中选择【粘贴】选项，系统即将刚才选中的刀路复制副本，如图16-169所示。

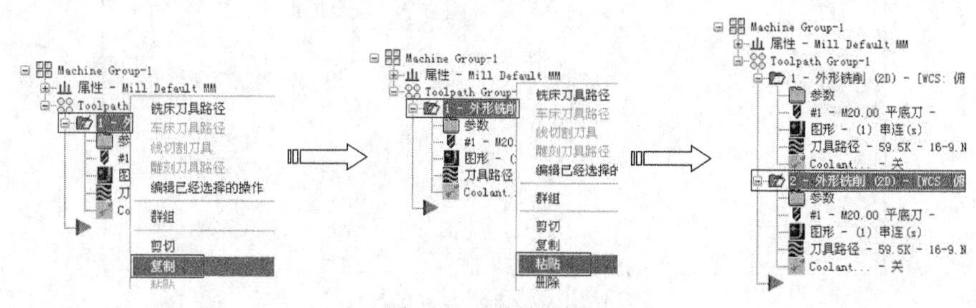

图16-169　复制刀路

02 修改串联。在刀路管理器中选择复制的刀路中的【图形-串联】选项，弹出【串联管理】对话框，在该对话框中选中串联后单击鼠标右键，在弹出的快捷菜单中选择【全部重新串联】选项，弹出【串联选项】对话框，选择基准角处的直线，如图16-170所示。

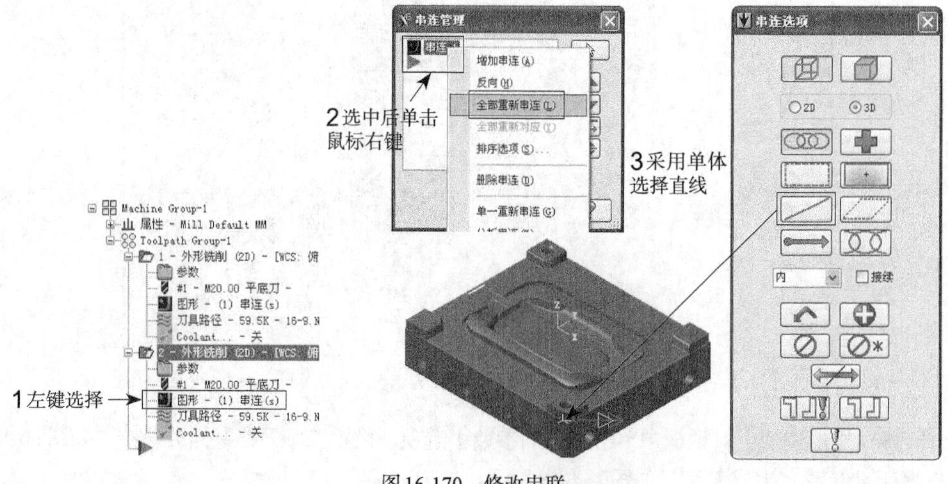

图16-170　修改串联

03 修改参数。在刀路管理器中选择复制的刀路中的【参数】选项，弹出【2D刀路-外形铣削】对话框，将深度修改为绝对深度-55，单击【完成】按钮，完成串联，结果如图16-171所示。

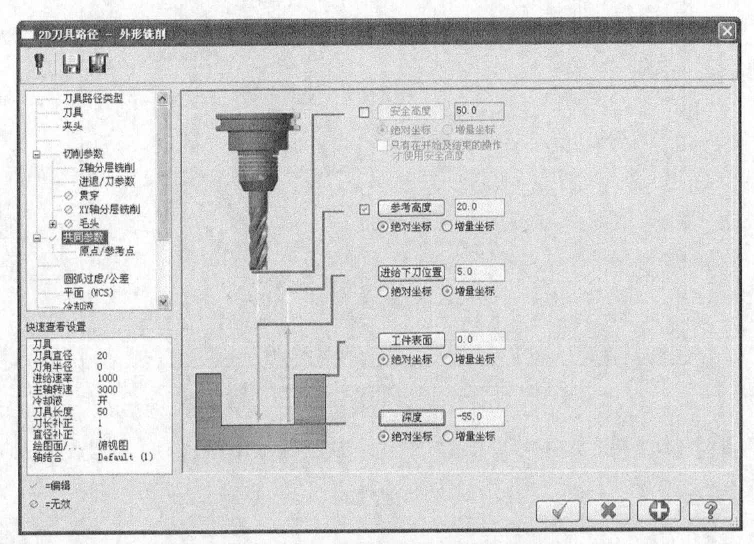

图16-171 【2D刀路-外形铣削】对话框

04 再生刀路。在刀路管理器中单击【重建所有已失败的刀路】按钮，系统即根据用户设置的参数进行计算，生成刀路，如图16-172所示。

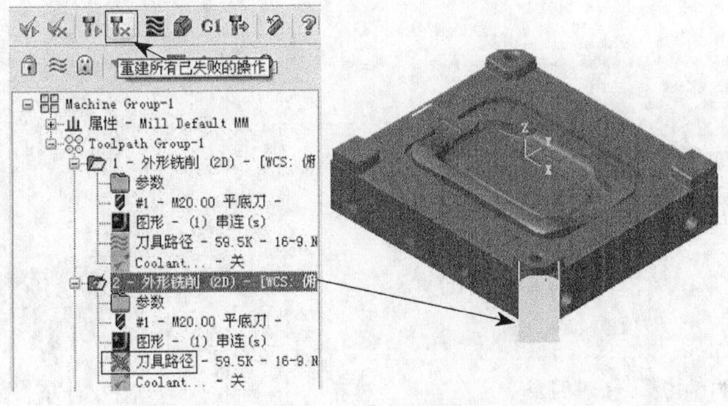

图16-172　重建操作

16.9.3　采用直径为D16R1的圆鼻刀使用挖槽粗加工刀路开粗

01 在菜单栏执行【刀路】→【曲面粗切】→【挖槽】命令，选择曲面后弹出【刀具路径的曲面选取】对话框，选择边界，如图16-173所示。单击【完成】按钮，完成选择。

02 弹出【曲面粗加工挖槽】对话框，如图16-174所示，单击【刀具路径参数】选项卡。

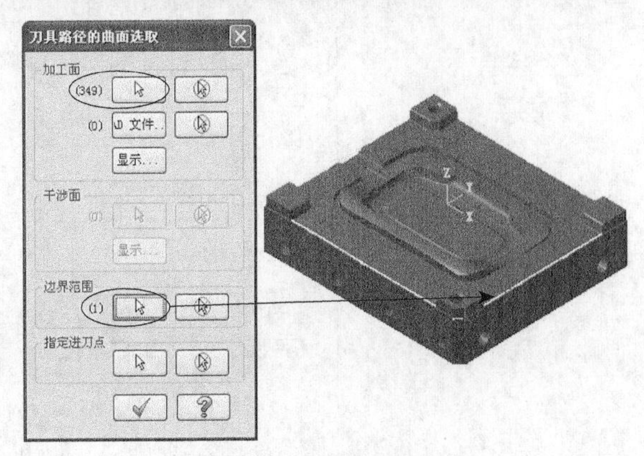

图16-173　选择曲面和串联

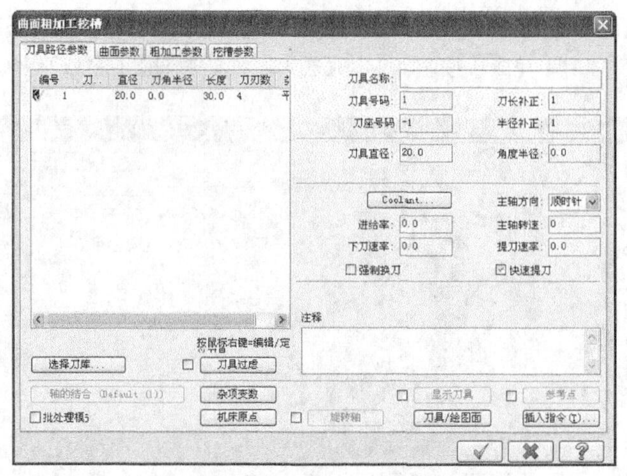

图16-174　曲面粗加工挖槽对话框

03 在【刀具路径参数】选项卡的空白处单击鼠标右键，从快捷菜单中选择【创建新刀具】选项，弹出定义刀具对话框，如图16-175所示。选择刀具类型为【圆鼻刀】，设置直径为16，如图16-176所示。单击【完成】按钮，完成设置。

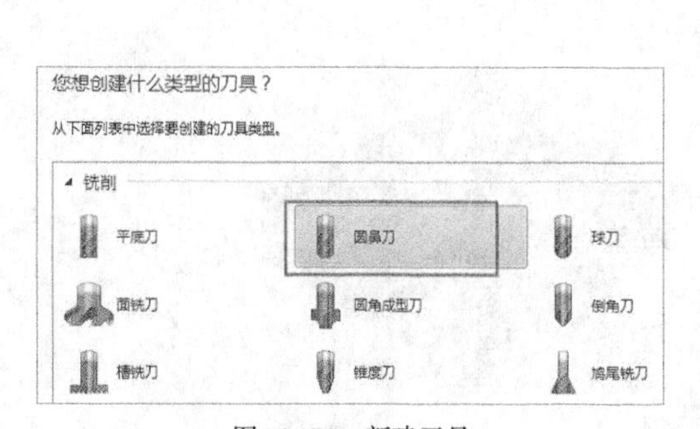

图16-175　新建刀具

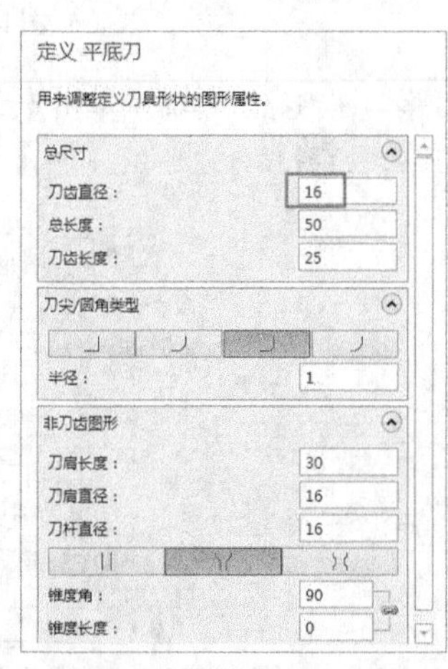

图16-176　设置圆鼻刀参数

04 单击【完成】按钮，返回【曲面粗加工挖槽】对话框，设置刀具切削速度相关参数，如图16-177所示。

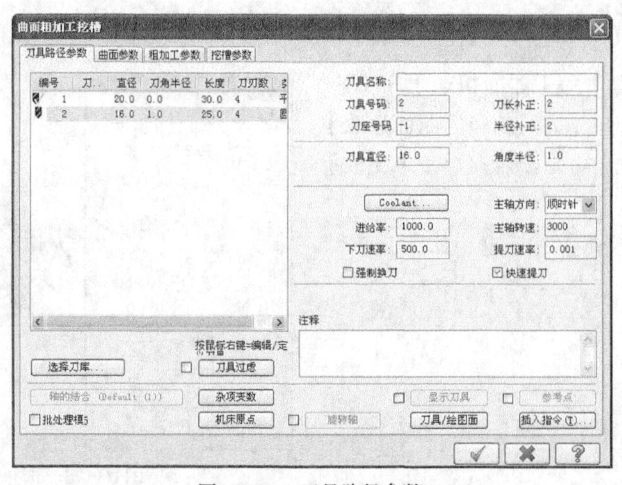

图16-177　刀具路径参数

05 在【曲面粗加工挖槽】对话框中打开【曲面参数】选项卡，如图16-178所示。设置曲面相关参数，单击【完成】按钮，完成参数设置。

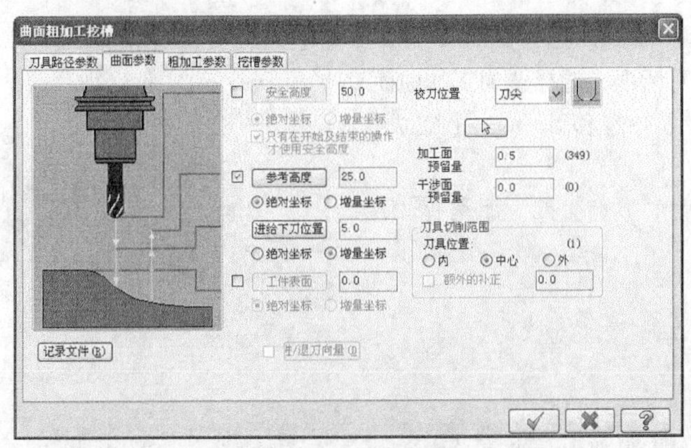

图16-178　曲面参数

06 在【曲面粗加工挖槽】对话框中打开【粗加工参数】选项卡，如图16-179所示。设置挖槽粗加工参数，单击【完成】按钮，完成参数设置。

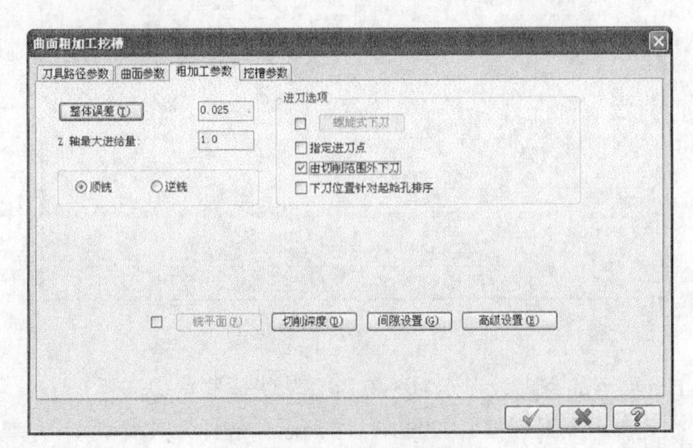

图16-179　粗加工参数

07 在【曲面粗加工挖槽】对话框中打开【挖槽参数】选项卡，如图16-180所示。设置挖槽参数，单击【完成】按钮，完成参数设置。

08 系统根据设置的参数生成挖槽粗加工刀路，如图16-181所示。

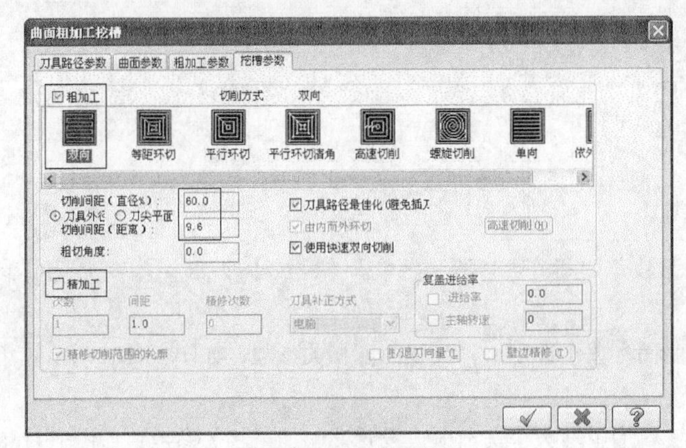

图16-180　挖槽参数

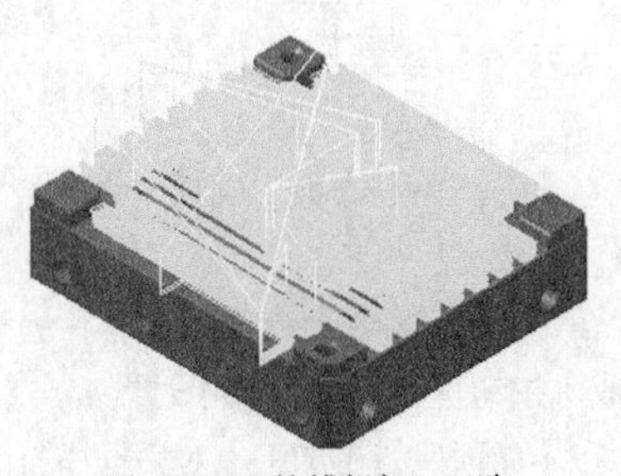

图16-181　挖槽粗加工刀路

16.9.4 采用直径为D4R1的圆鼻刀使用残料粗加工刀路二次开粗

01 在菜单栏执行【刀路】→【曲面粗切】→【残料】命令，系统要求选择曲面，选择曲面后弹出【刀具路径的曲面选取】对话框，选择要加工的曲面和定义切削范围，如图16-182所示。单击【完成】按钮 ✓ ，完成选择。

02 弹出【曲面残料粗加工】对话框，如图16-183所示。

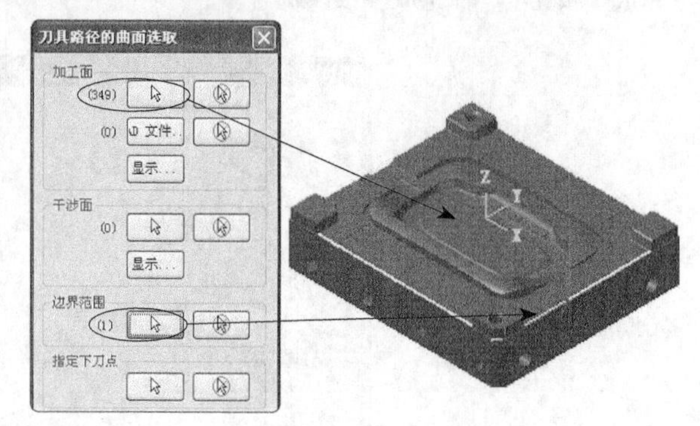

图16-182　选择曲面和边界

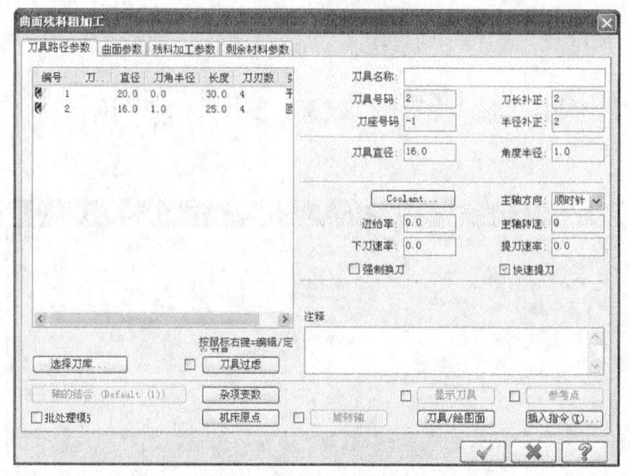

图16-183　刀具路径参数

03 在【刀具路径参数】选项卡的空白处单击鼠标右键，从快捷菜单中选择【创建新刀具】选项，弹出定义刀具对话框，如图16-184所示。选择刀具类型为【圆鼻刀】，设置直径为4，如图16-185所示。单击【完成】按钮 ✓ ，完成设置。

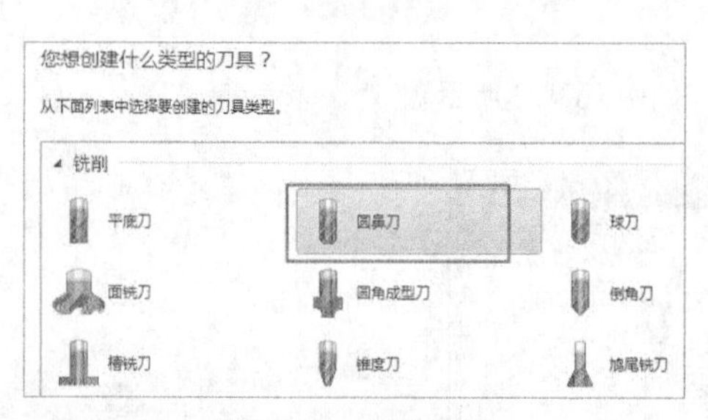

图16-184　刀具类型

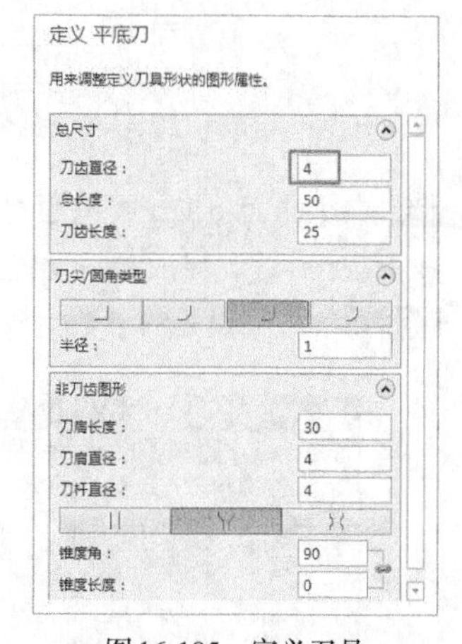

图16-185　定义刀具

04 在【刀具路径参数】选项卡中设置相关参数，如图16-186所示。单击【完成】按钮 ✓ ，完成刀具参数设置。

05 在【曲面残料粗加工】对话框中打开【曲面参数】选项卡，设置曲面相关参数，如图16-187所示，单击【完成】按钮 ✓ ，完成参数设置。

06 在【曲面残料粗加工】对话框中打开【残料加工参数】选项卡，设置残料加工相关参数，如图16-188所示。单击【完成】按钮 ✓ ，完成参数设置。

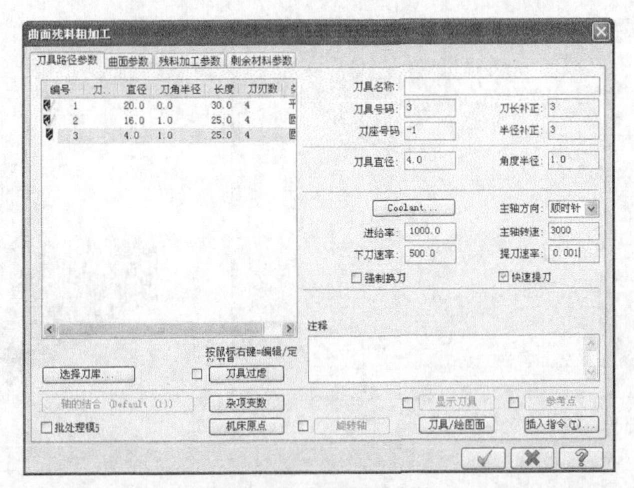

图16-186　刀具路径参数

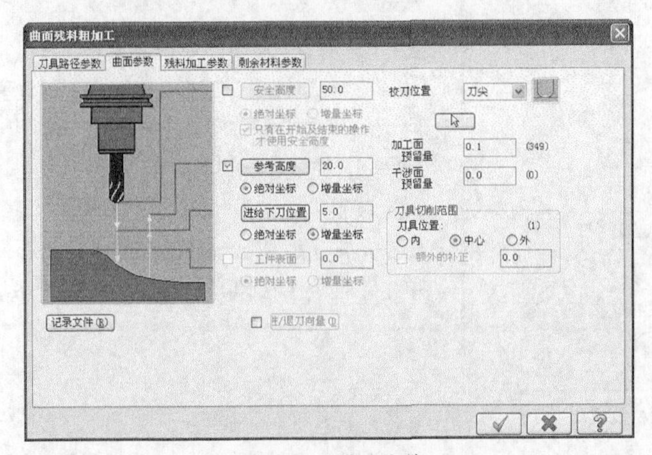

图16-187　曲面参数

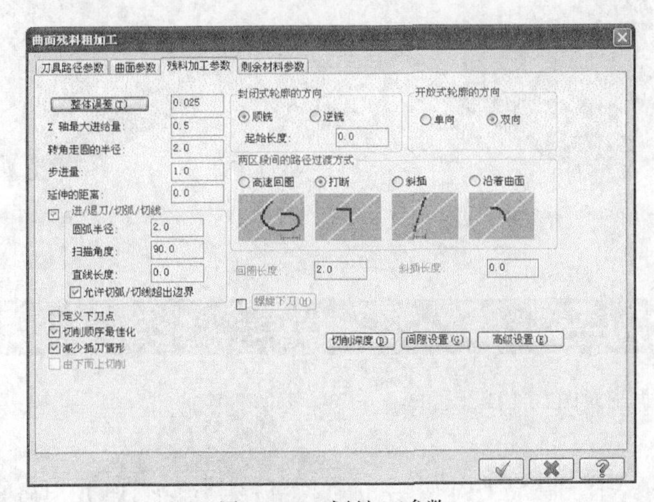

图16-188　残料加工参数

07 在【曲面残料粗加工】对话框中单击【剩余材料参数】标签，打开【剩余材料参数】选项卡，设置残料加工剩余材料的计算依据，如图16-189所示，单击【完成】按钮✓，完成参数设置。

08 系统根据参数生成残料加工刀路，如图16-190所示。

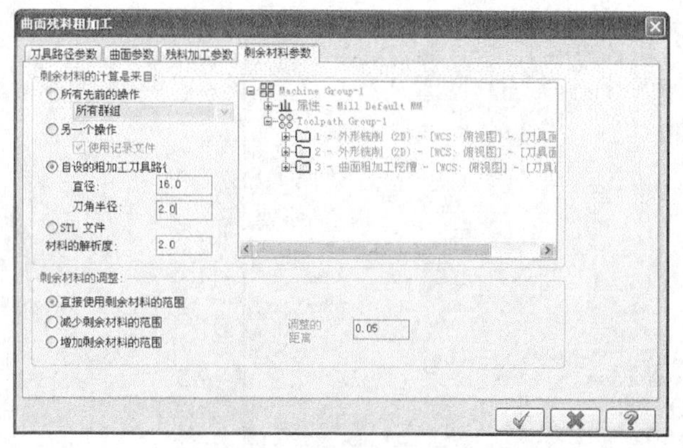

图16-189　剩余材料参数

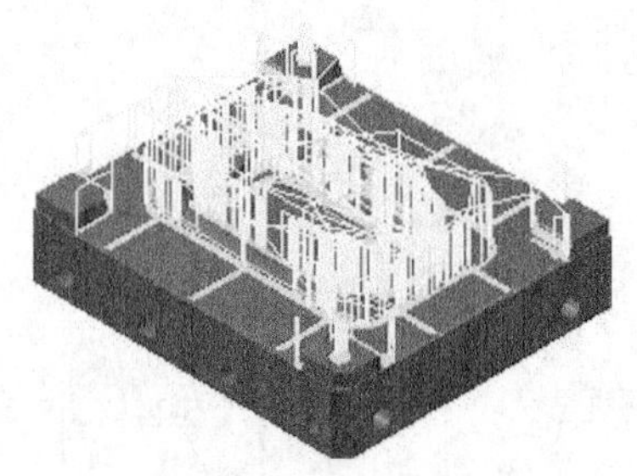

图16-190　残料加工刀路

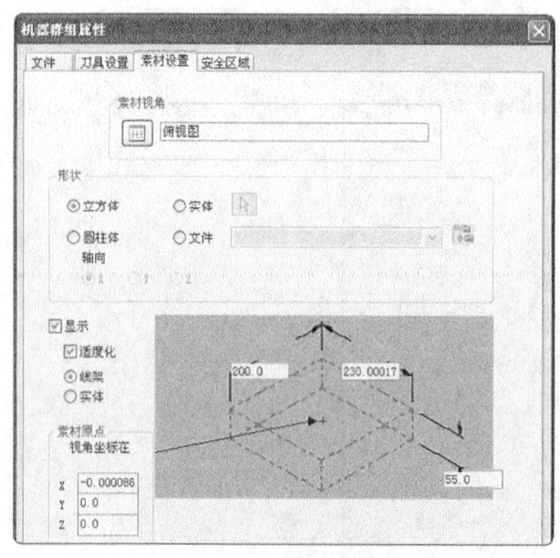

图16-191　素材设置

16.9.5　实体仿真模拟刀路

01 在刀路管理器中单击【属性】→【毛坯设置】选项，弹出【机器群组属性】对话框，打开【素材设置】选项卡，如图16-191所示。单击【所有实体】按钮自动创建毛坯，单击【完成】按钮✓，完成参数设置。

02 坯料设置结果如图16-192所示，虚线框显示的即为毛坯。

03 单击【模拟已选择的操作】按钮，弹出【验证】对话框，单击【播放】按钮▶，模拟结果如图16-193所示。

图16-192　毛坯设置结果

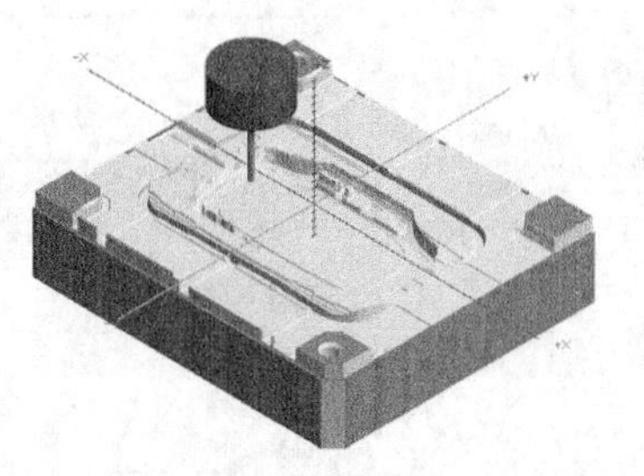

图16-193　实体模拟

16.10　课后习题

（1）采用放射状粗加工对图16-194所示的图形进行加工。

（2）采用挖槽粗加工对图16-195所示的模板进行粗加工。

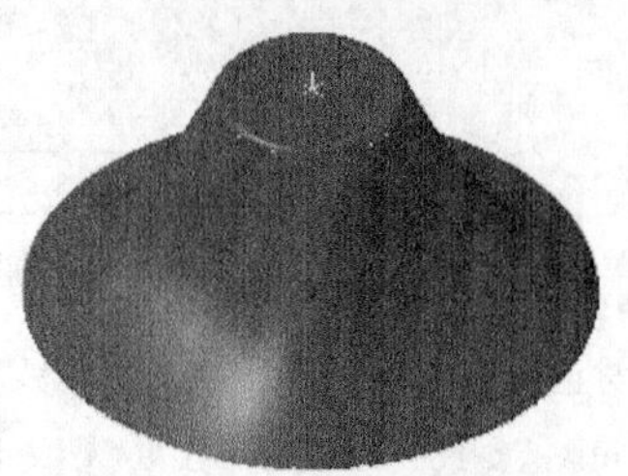

图16-194　放射状粗加工

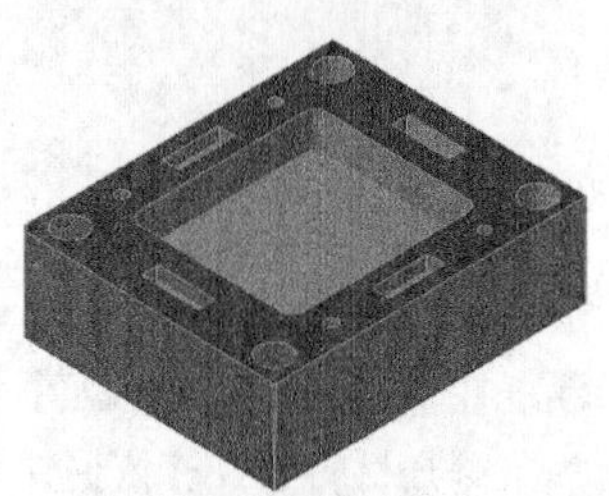

图16-195　挖槽粗加工

第17章

曲面精加工

在Mastercam X9加工中，曲面精加工主要是对上一工序的粗加工后剩余的残料进行再加工，以进一步清除残料，达到所要求的精度和粗糙度。曲面精加工的刀路有多种形式，下面将详细讲解。

知识要点

※ 理解曲面精加工的加工原理。

※ 掌握环绕等距精加工的参数设置及其运用。

※ 掌握掌握平行精加工的参数设置及其应用。

※ 掌握精加工清角的参数设置及运用。

※ 掌握挖槽面铣的应用。

※ 理解深度限定的含义及应用。

案例解析

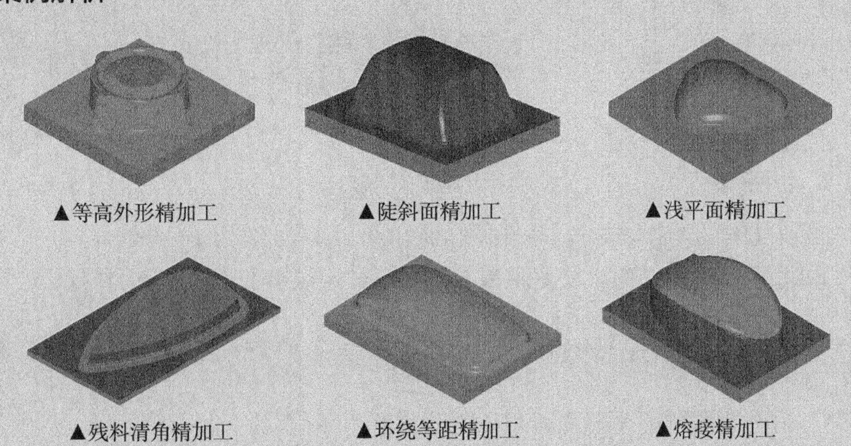

▲等高外形精加工　▲陡斜面精加工　▲浅平面精加工

▲残料清角精加工　▲环绕等距精加工　▲熔接精加工

17.1 平行精加工

平行精加工是以指定的角度产生平行的刀具切削路径。刀路相互平行，说明此刀路在加工比较平坦的曲面时，加工的效果非常好，精度也比较高。

在菜单栏执行【刀路】→【曲面精修】→【平行】命令，选择工件形状和要加工的曲面，单击【完成】按钮，弹出【曲面精加工平行铣削】对话框，如图17-1所示。

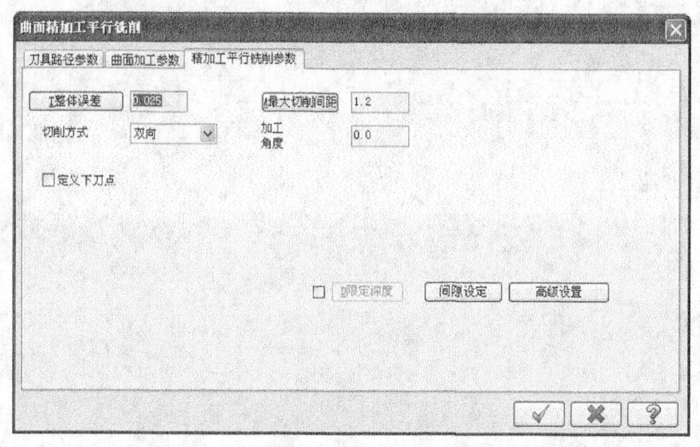

图17-1 【曲面精加工平行铣削】对话框

其各参数含义如下。

❖ 整体误差：设定刀路与曲面之间的误差。误差值越大，计算速度越快，但精度越差。误差值越小，计算速度越慢，但可以获得高的精度。

❖ 最大切削间距：设定刀路之间的距离，此处精加工采用球刀，所以间距要设得小一些。单击【最大切削间距】按钮，弹出【最大切削间距】对话框，如图17-2所示。该对话框还提供了平坦区域和在45°斜面产生的残脊高度供用户参考。

❖ 切削方式：设定曲面加工平行铣削刀路的切削方式，有单向切削和双向切削两种。

❖ 双向：以来回两个方向切削工件，如图17-3所示。

❖ 单向：单方向切削，以一个方向切削后，快速提刀到参考点后，平移到起点再下刀。单向抬刀的次数比较多，如图17-4所示。

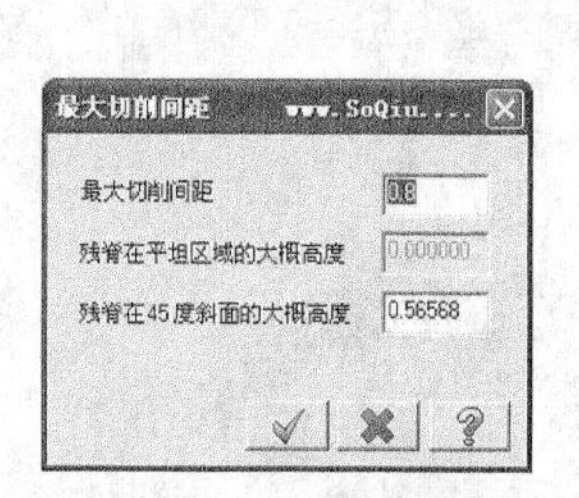

图17-2 最大切削间距

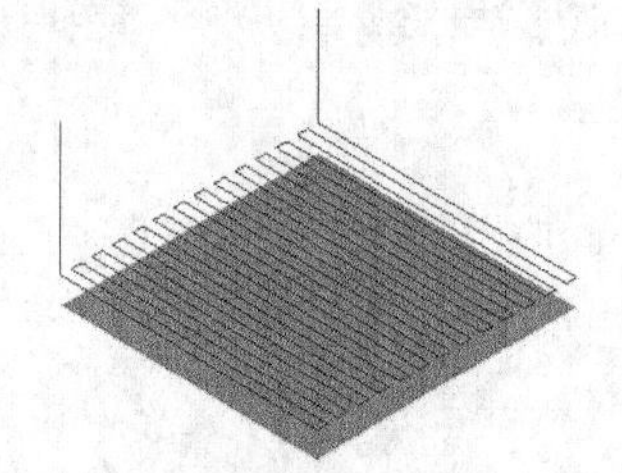

图17-3 双向

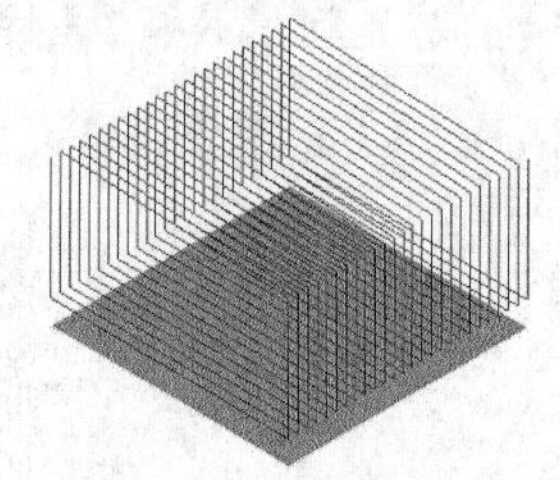

图17-4 单向

❖ 加工角度：设定刀路的切削方向与当前X轴的角度，以逆时针为正，顺时针为负。

❖ 定义下刀点：选中该复选框，系统会要求选择或输入下刀点位置，刀具从最接近选取点的位置进刀。

实训89——平行精加工

对图17-5所示的图形进行平行精加工，加工结果如图17-6所示。

01 在菜单栏执行【文件】→【打开】按钮，从资源文件中找到“实训\源文件\Ch17\17-1.mcx-9”，单击

【完成】按钮![完成按钮]，完成文件的调取。

02 在菜单栏执行【刀路】→【曲面精修】→【平行】命令，弹出【刀具路径的曲面选取】对话框，如图17-7所示。选择加工曲面和曲面加工范围，单击【完成】按钮，完成选择。

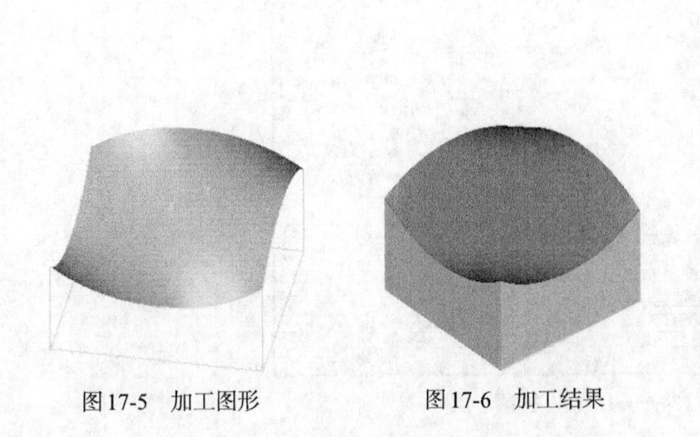

图17-5　加工图形　　图17-6　加工结果

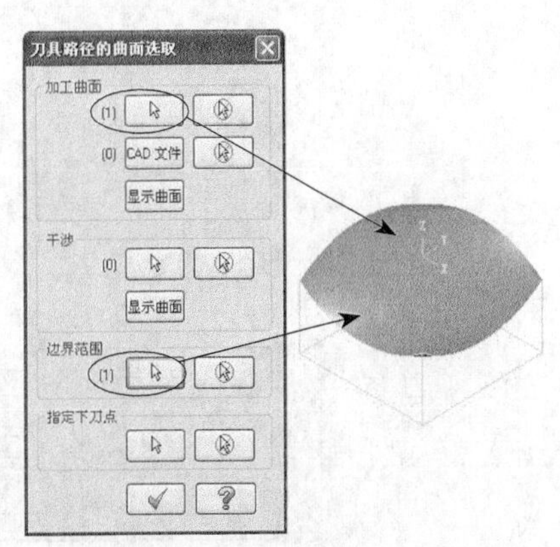

图17-7　曲面和边界的选取

03 弹出【曲面精加工平行铣削】对话框，如图17-8所示。

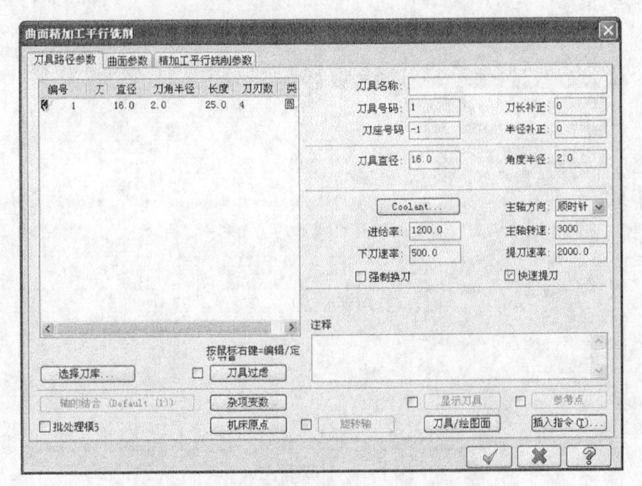

图17-8　【曲面精加工平行铣削】对话框

04 在【刀具路径参数】选项卡的空白处单击鼠标右键，从快捷菜单中选择【创建新刀具】选项，弹出定义刀具对话框，如图17-9所示。选择刀具类型为【球刀】，设置直径为10，如图17-10所示。单击【完成】按钮完成设置。

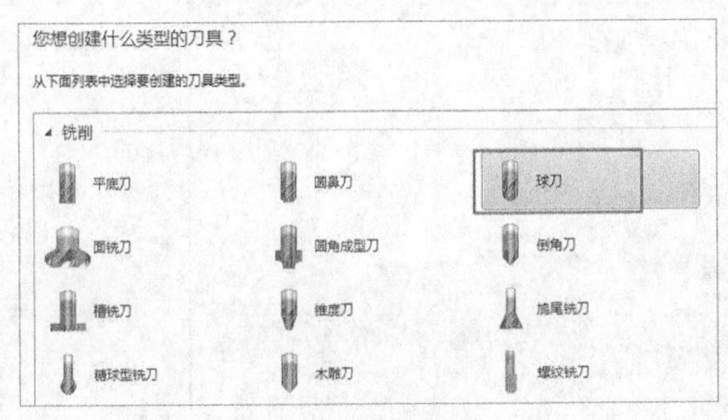

图17-9　新建刀具

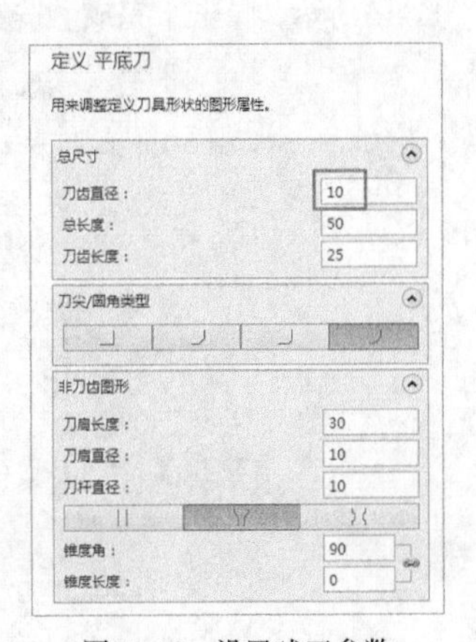

图17-10　设置球刀参数

05 在【刀具路径参数】选项卡中设置相关参数，如图17-11所示。单击【完成】按钮，完成刀路参数设置。

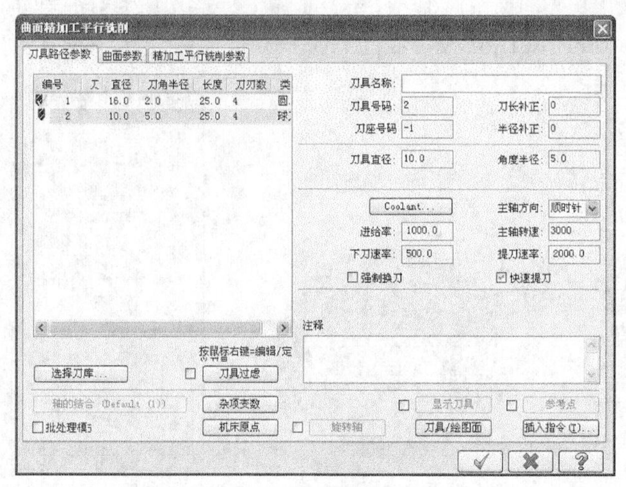

图17-11　刀具相关参数

06 在【曲面精加工平行铣削】对话框中打开【曲面参数】选项卡，设置曲面相关参数，如图17-12所示，单击【完成】按钮，完成参数设置。

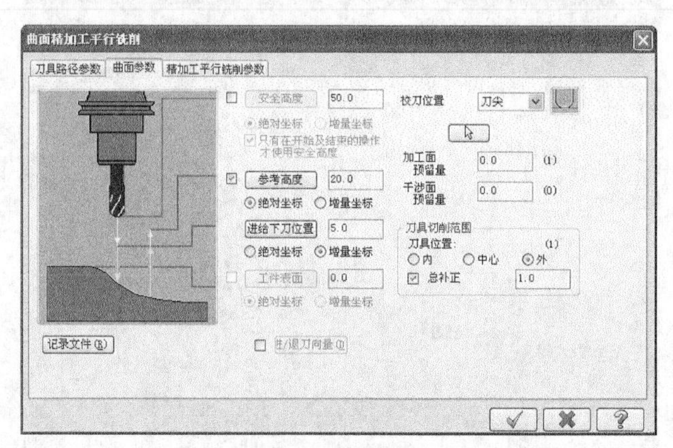

图17-12　曲面参数

07 在【曲面精加工平行铣削】对话框中打开【曲面精修平行】选项卡，设置平行精加工专用参数，如图17-13所示，单击【完成】按钮，完成参数设置。

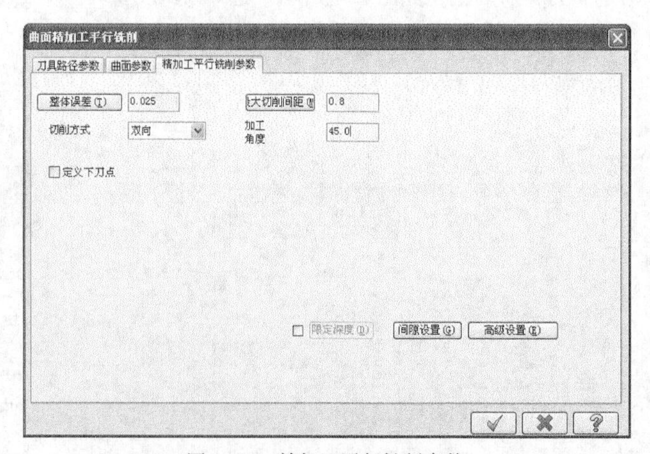

图17-13　精加工平行铣削参数

08 在【曲面精加工平行铣削】对话框中单击间隙设定按钮，弹出【刀具路径的间隙设置】对话框，设置刀路在遇到间隙时的处理方式，如图17-14所示。单击【完成】按钮，完成间隙设置。

09 系统根据所设置的参数生成平行精加工刀路，如图17-15所示。

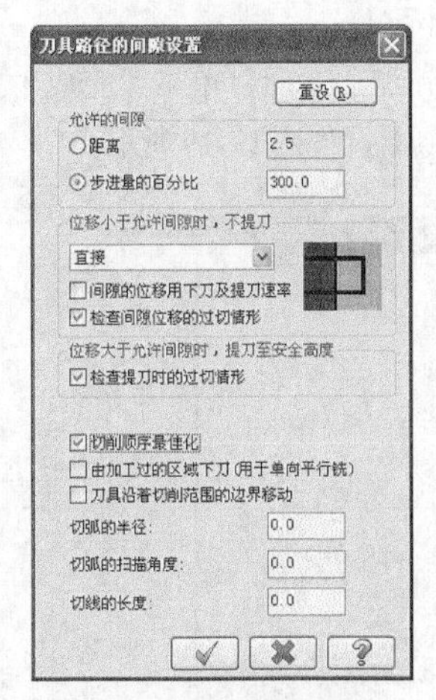

图17-14 间隙设置

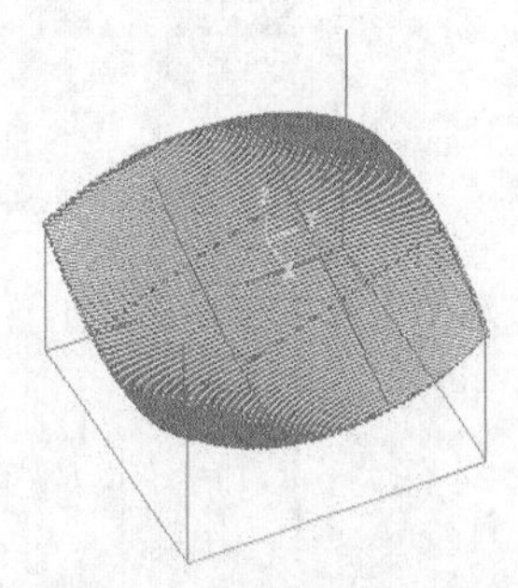

图17-15 平行精加工刀路

10 在刀路管理器中单击【属性】→【毛坯设置】选项，打开【材料设置】选项卡，设置加工坯料的尺寸，如图17-16所示，单击【完成】按钮，完成参数设置。

11 坯料设置结果如图17-17所示，虚线框显示的即为毛坯。

12 单击【模拟已选择的操作】按钮，弹出【验证】对话框，单击【播放】按钮，模拟结果如图17-18所示。结果文件见"实训\结果文件\Ch17\17-1.mcx-9"。

操作技巧

平行精加工产生沿曲面相互平行的精加工刀路，加工切削负荷稳定，常用于一些精度要求比较高的曲面加工。切削角度应尽量与粗加工呈一定夹角，或相互垂直。这样可以减少粗加工的刀具痕迹，提高表面加工质量。

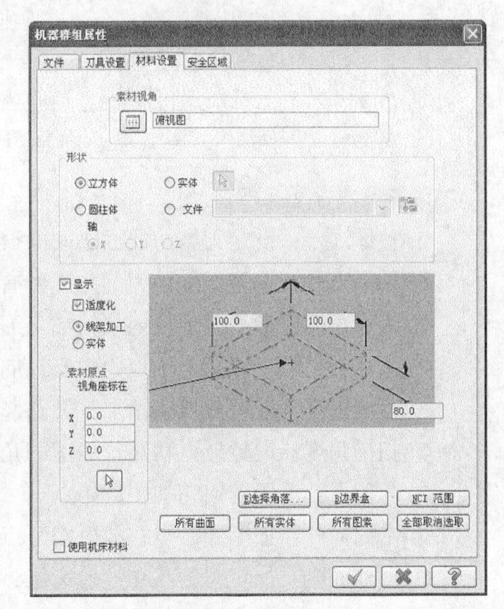

图17-16 材料设置

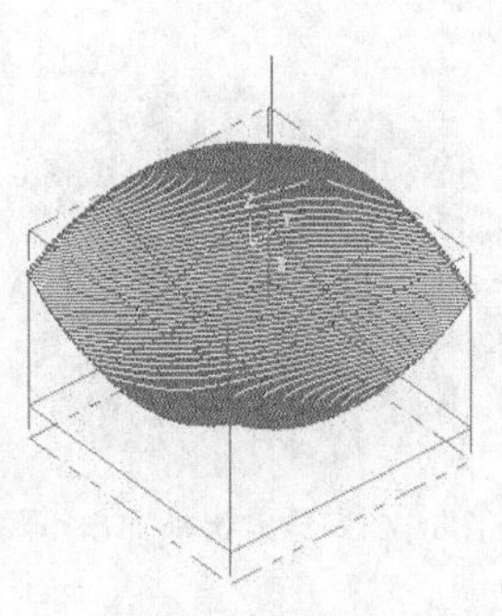

图17-17 坯料

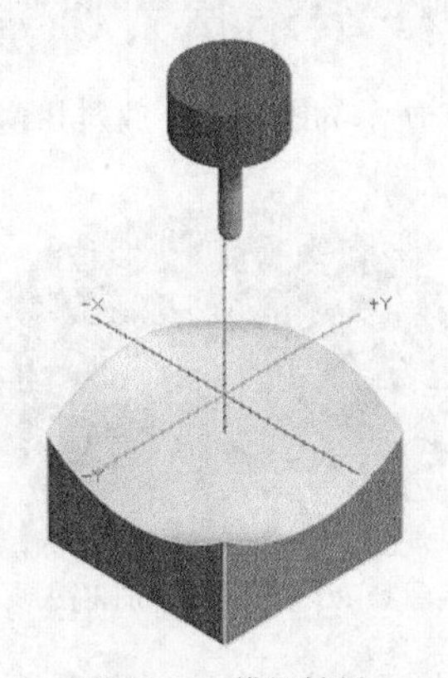

图17-18 模拟结果

17.2 放射状精加工

放射状精加工主要用于加工类似回转体的工件，产生从一点向四周发散或者从四周向中心集中的精加工刀路。值得注意的是，此刀路中心加工效果比较好，边缘加工效果不太好。

选择【刀路】→【曲面精修】→【放射】命令，选择工件类型和加工曲面，单击【完成】按钮，弹出【曲面精加工放射状】对话框，切换到【放射状精加工参数】选项卡，如图17-19所示。

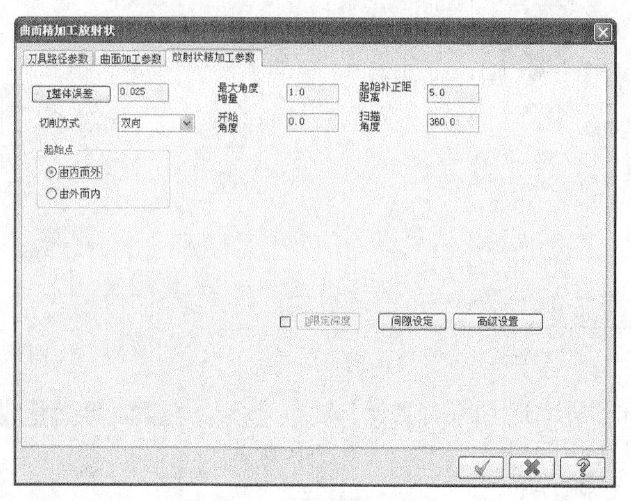

图17-19　放射状精加工参数

其各参数含义如下。

❖ 整体误差：设定刀路与曲面之间的误差。

❖ 切削方式：设置切削走刀的方式，有双向切削和单向切削两种。

❖ 最大角度增量：设定放射状精加工刀路之间的角度。

❖ 起始补正距：以指定的点为中心，向外偏移一定的半径后再切削。

❖ 开始角度：设置放射状精加工刀路起始加工与X轴的夹角。

❖ 扫描角度：设置放射状路径加工的角度范围。以逆时针为正。

❖ 起始点：设置刀路的加工起始点。

❖ 由内而外：加工起始点在放射中心点，加工方向从内向外铣削。

❖ 由外而内：加工起始点在放射边缘，加工方向从外向内铣削。

实训90——放射状精加工

对图17-20所示的图形进行放射状精加工，加工结果如图17-21所示。

图17-20　放射状精加工图形

图17-21　放射状精加工结果

01 在菜单栏执行【文件】→【打开】按钮，从资源文件中找到“实训\源文件\Ch17\17-2.mcx-9”，单击

【完成】按钮，完成文件的调取。

02 在菜单栏执行【刀路】→【曲面精修】→【放射】命令，弹出【刀具路径的曲面选取】对话框，如图17-22所示。选择加工曲面、曲面加工范围以及放射中心点，单击【完成】按钮，完成选择。

03 弹出【曲面精加工放射状】对话框，如图17-23所示。

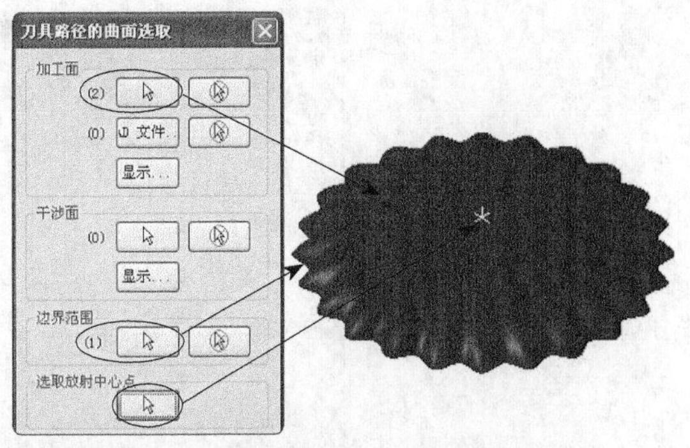

图17-22　选取曲面、加工范围和放射中心点

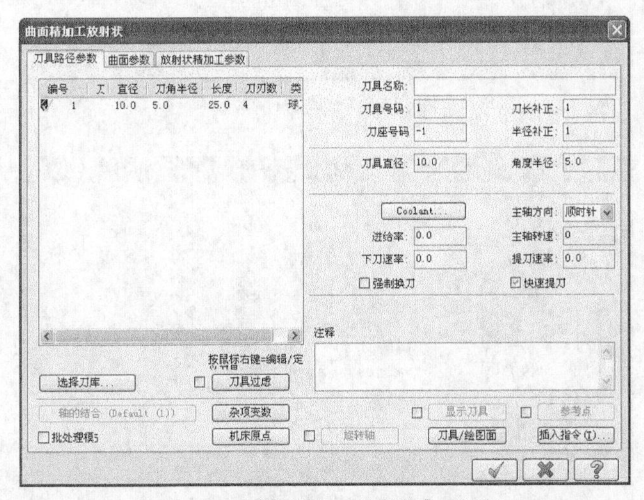

图17-23　【曲面精加工放射状】对话框

04 在【刀具路径参数】选项卡的空白处单击鼠标右键，从快捷菜单中选择【创建新刀具】选项，弹出定义刀具对话框，如图17-24所示。选择刀具类型为【球刀】，设置直径为10，如图17-25所示。单击【完成】按钮完成设置。

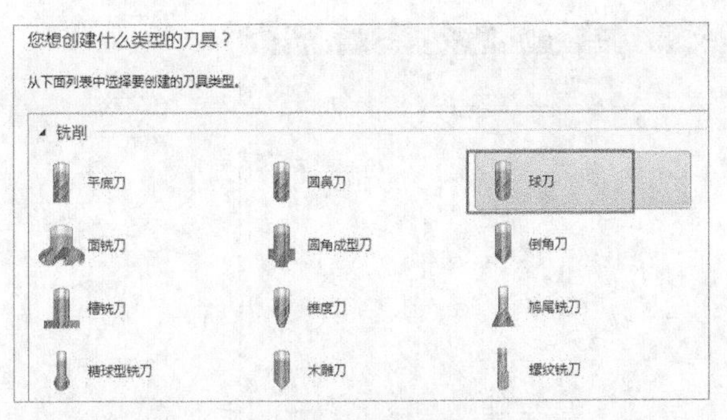

图17-24　新建刀具

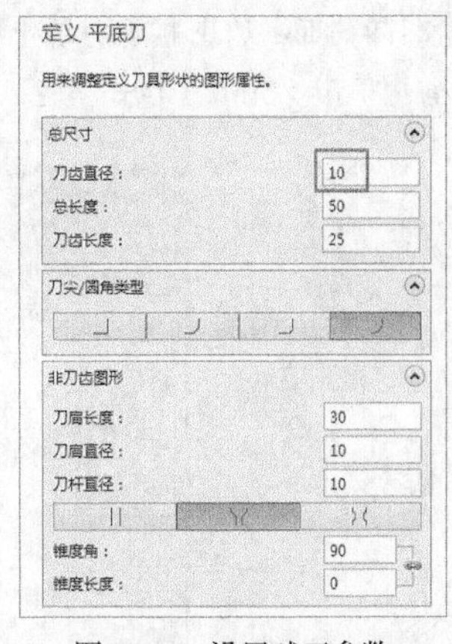

图17-25　设置球刀参数

05 在【刀具路径参数】选项卡中设置相关参数，如图17-26所示。单击【完成】按钮，完成刀路参数设置。

06 在【曲面精加工放射状】对话框中打开【曲面参数】选项卡，设置曲面相关参数，如图17-27所示。单击【完成】按钮，完成参数设置。

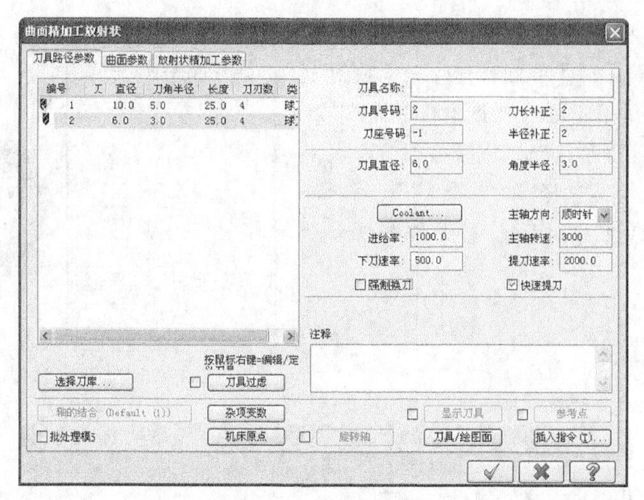

图17-26　刀具路径参数

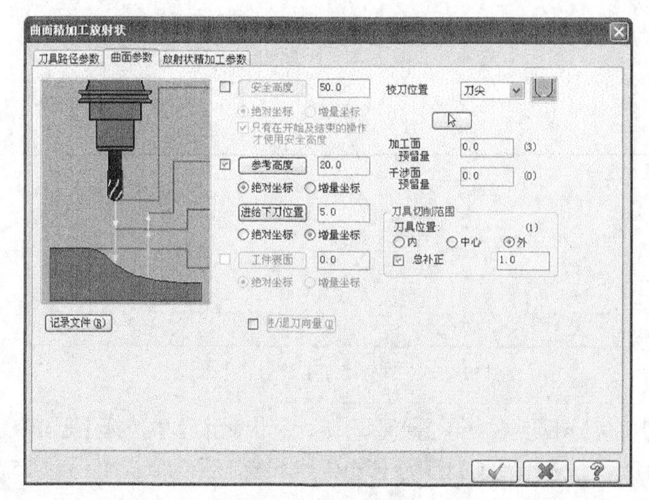

图17-27　曲面参数

07 在【曲面精加工放射状】对话框中打开【放射状精加工参数】选项卡，设置平行精加工专用参数，如图17-28所示。单击【完成】按钮，完成参数设置。

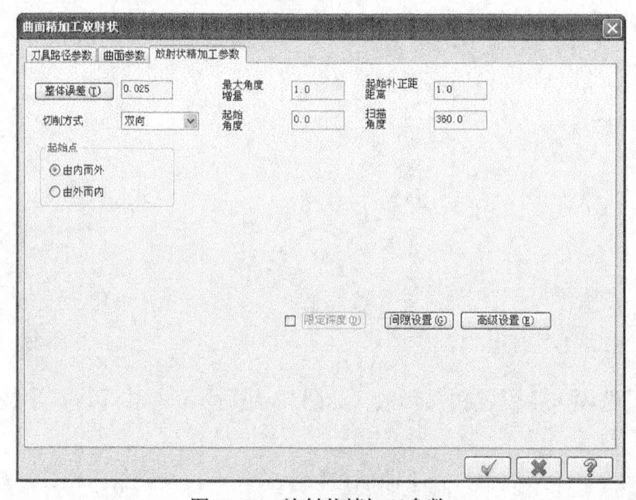

图17-28　放射状精加工参数

08 在【放射状精加工参数】对话框中单击[间隙设定]按钮，打开【刀具路径的间隙设置】对话框，设置间隙处理方式等参数，如图17-29所示。

09 系统根据设置的参数生成放射状精加工刀路，如图17-30所示。

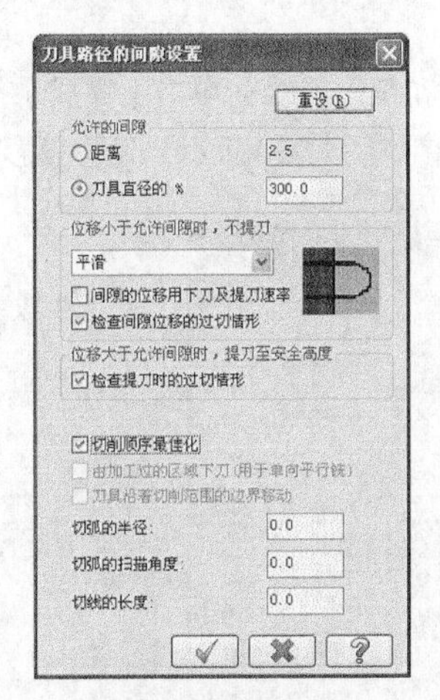

图17-29　间隙设置

图17-30　放射状精加工刀路

10 在刀路管理器中单击【属性】→【毛坯设置】选项，弹出【机器群组属性】对话框，打开【素材设置】选项卡，设置加工坯料的尺寸，如图17-31所示。单击【完成】按钮，完成参数设置。

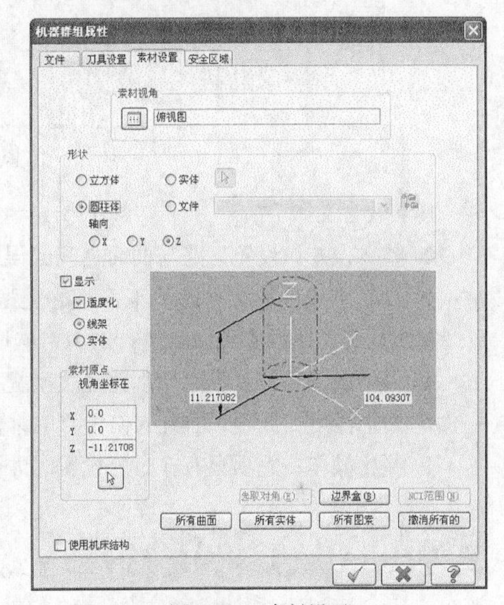

图17-31　素材设置

11 坯料设置结果如图17-32所示，圆柱实体框显示的即为毛坯。

12 单击【模拟已选择的操作】按钮，弹出【验证】对话框，单击【播放】按钮，模拟结果如图17-33所示。结果文件见“实训\结果文件\Ch17\17-2.mcx-9”。

操作技巧

放射状精加工产生径向发散式刀轨，适用于回转体表面的加工，由于放射状精加工存在“中心密四周疏”的特点，因此，一般工件都不适合采用此加工方式。

图17-32　毛坯

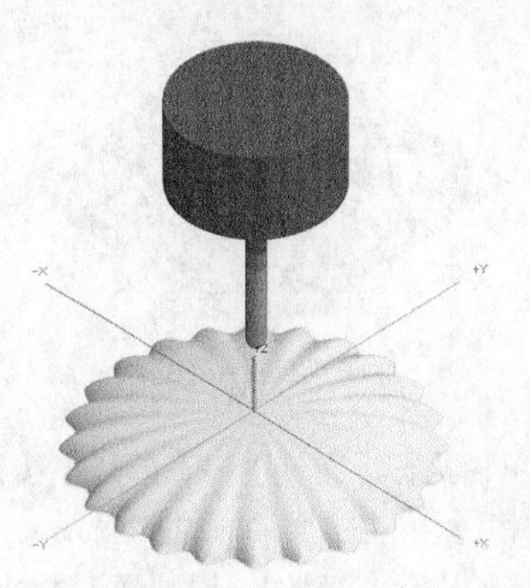

图17-33　模拟结果

17.3 投影精加工

投影精加工是将已经存在的刀路或几何图形，投影到曲面上产生刀路。投影加工的类型有：NCI文件投影加工、曲线投影和点集投影，加工方法与投影粗加工类似。

单击【刀路】→【曲面精修】→【投影】命令，选择加工曲面和投影曲线，单击【完成】按钮，弹出【曲面精加工投影】对话框，切换到【投影精加工参数】选项卡，如图17-34所示，设置投影精加工参数。

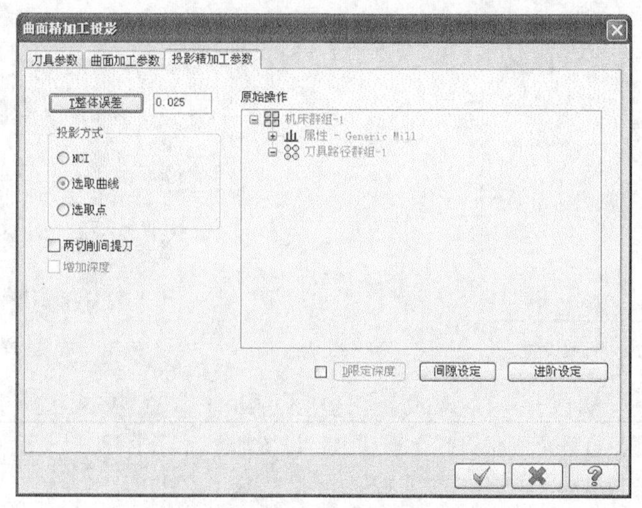

图17-34　投影精加工参数

其参数含义如下。

❖ 整体误差：设置刀路与曲面之间的误差。

❖ 投影方式：设置投影加工刀路的类型，有NCI、选择曲线和选取点3种方式。NCI是采用刀路投影。选择曲线是将曲线投影到曲面进行加工。选取点是将点或多个点投影到曲面上进行加工。

❖ 两切削间提刀：在两切削路径之间提刀。

❖ 增加深度：此项只有在NCI投影时才激活，是在原有的基础上增加一定的深度。

❖ 原始操作：此项只有在NCI投影时才激活，选择NCI投影加工所需要的刀路文件。

实训91——投影精加工

对如图17-35所示，图形进行投影精加工，加工结果如图17-36所示。

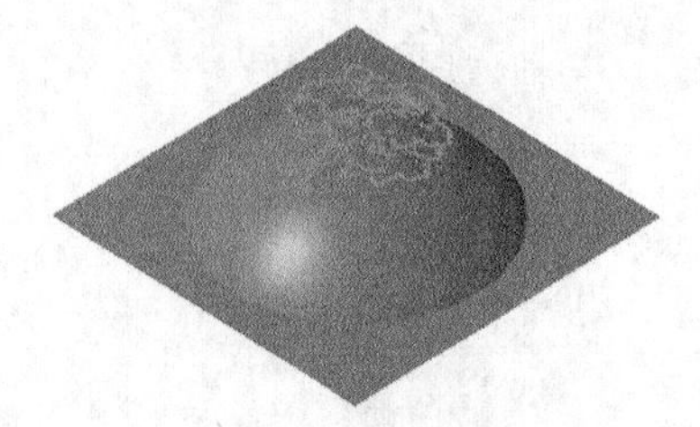

图17-35　精加工投影

图17-36　投影加工结果

01 在菜单栏执行【文件】→【打开】按钮，从资源文件找到“实训\源文件\Ch17\17-3.mcx-9”，单击【完成】按钮，完成文件的调取。

02 在菜单栏执行【刀路】→【曲面精修】→【投影】命令，弹出【刀具路径的曲面选取】对话框，如图17-37所示。选择加工曲面和投影曲线，单击【完成】按钮，完成选择。

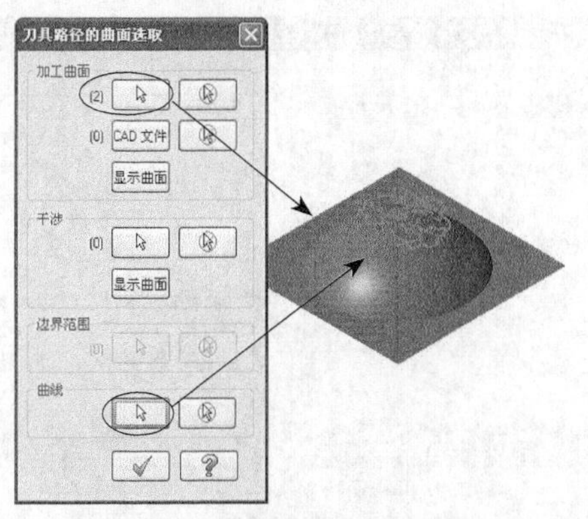

图 17-37　加工曲面和投影曲线的选取

03 弹出【曲面精加工投影】对话框，如图 17-38 所示。

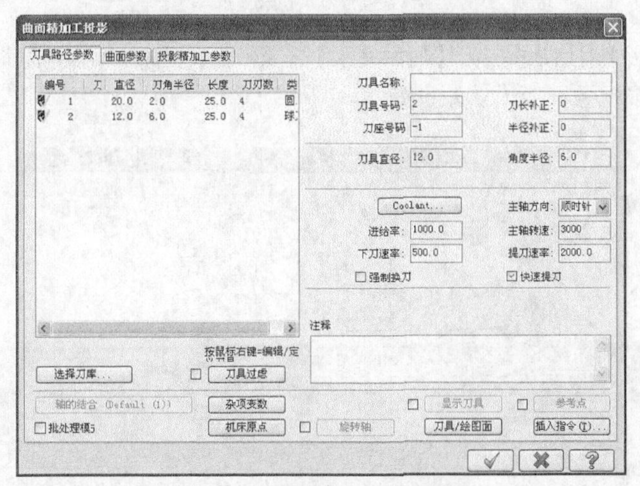

图 17-38　曲面精加工投影参数

04 在【刀具路径参数】选项卡的空白处单击鼠标右键，从快捷菜单中选择【创建新刀具】选项，弹出定义刀具对话框，如图 17-39 所示。选择刀具类型为【球刀】，设置直径为 1，如图 17-40 所示。单击【完成】按钮，完成设置。

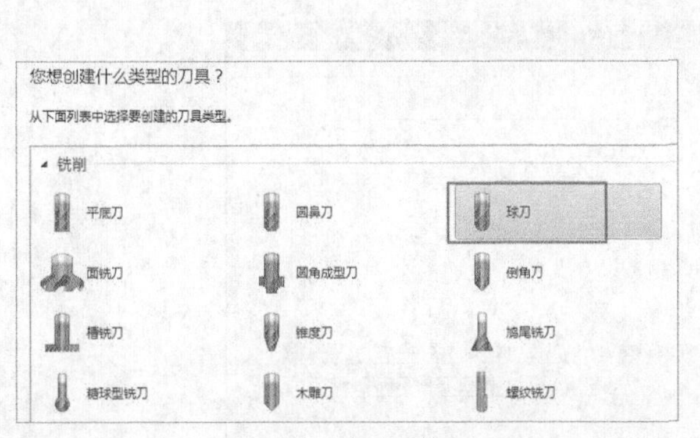

图 17-39　新建刀具

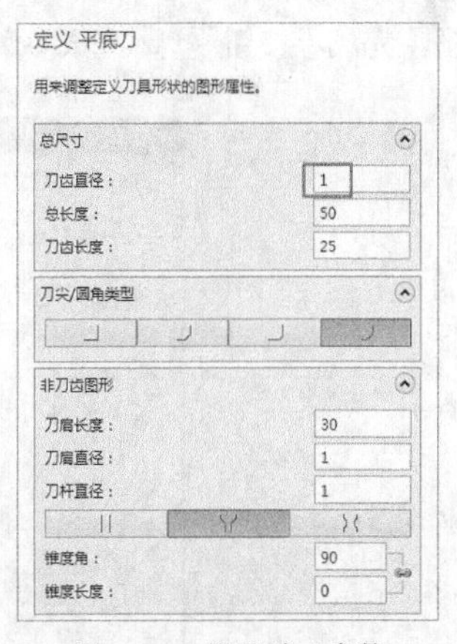

图 17-40　设置球刀参数

05 在【刀具路径参数】选项卡中设置相关参数，如图 17-41 所示。单击【完成】按钮，完成刀路参数设置。

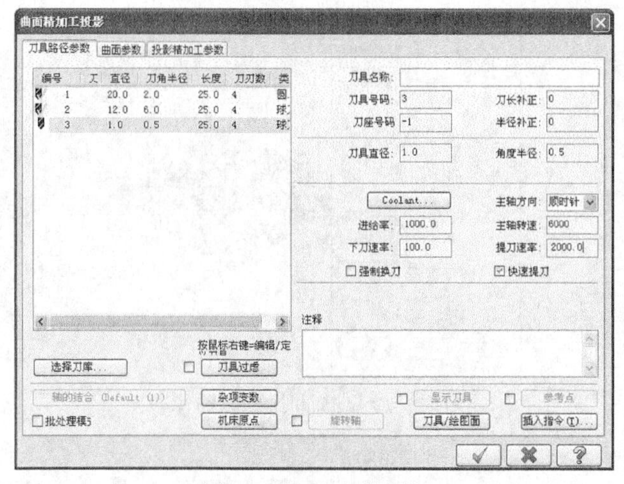

图17-41　刀具相关参数

06 在【曲面精加工投影】对话框中打开【曲面参数】选项卡，设置加工面预留量为-0.5，如图17-42所示，设置完后单击【完成】按钮，完成参数设置。

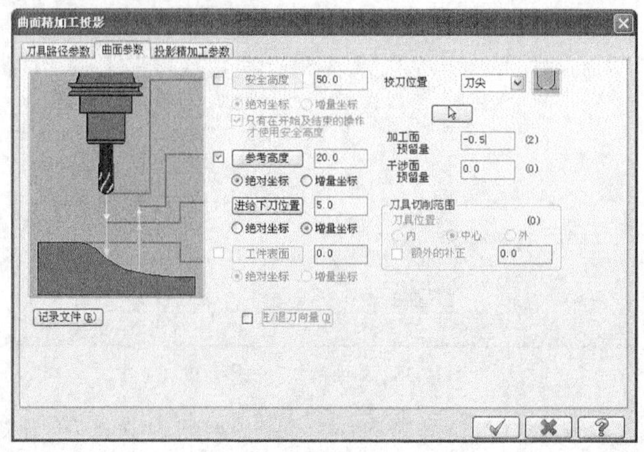

图17-42　曲面参数

07 在【曲面精加工投影】对话框中打开【投影精加工参数】选项卡，设置投影精加工参数，如图17-43所示，单击【完成】按钮，完成参数设置。

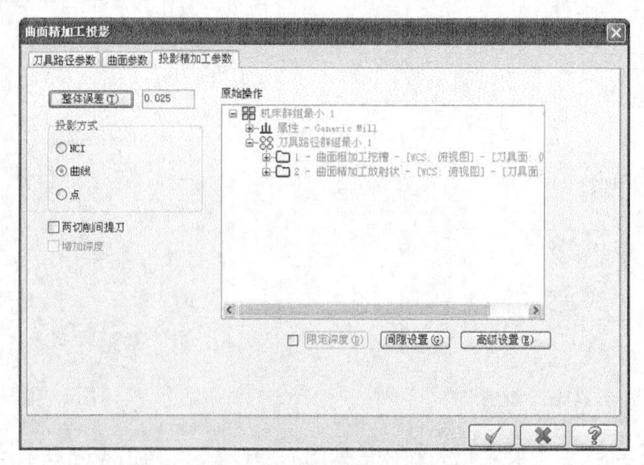

图17-43　投影精加工参数

08 在【曲面精加工投影】对话框中单击 间隙设定 按钮，打开【刀具路径的间隙设置】对话框，设置间隙处理方式等参数，如图17-44所示。

09 系统根据设置的参数生成放射状精加工刀路，如图17-45所示。

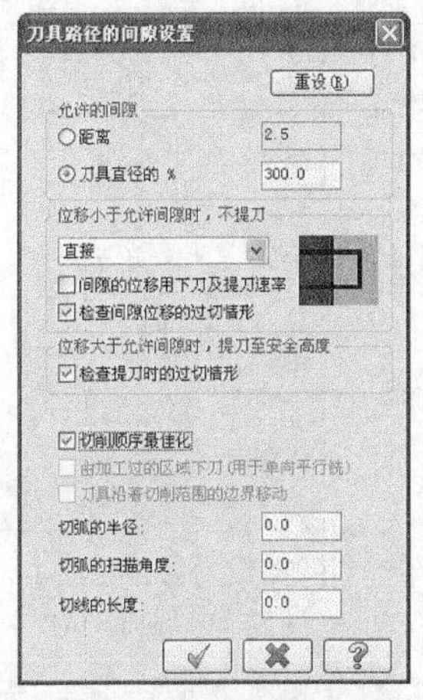

图17-44　间隙设定

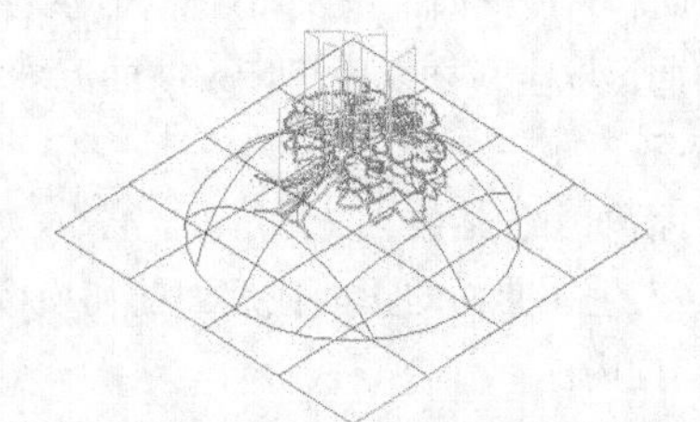

图17-45　加工刀路

10 在刀路管理器中单击【属性】→【毛坯设置】选项，弹出【机床群组属性】对话框，打开【材料设置】选项卡，设置加工坯料的尺寸，如图17-46所示，单击【完成】按钮，完成参数设置。

11 坯料设置结果如图17-47所示，虚线框显示的即为毛坯。

12 单击【模拟已选择的操作】按钮，弹出【验证】对话框，单击【播放】按钮，模拟结果如图17-48所示。结果文件见"实训\结果文件\Ch17\17-3.mcx-9"。

操作技巧

投影精加工是沿曲线投影到曲面上或者刀轨投影到曲面上产生精加工刀轨，刀具沿曲面表面加工一层，由于前面的曲面加工已经没有余量，所以投影加工必须给负余量。

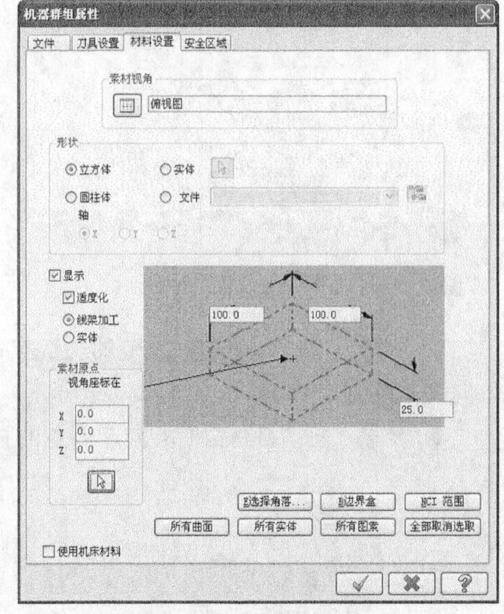

图17-46　材料设置

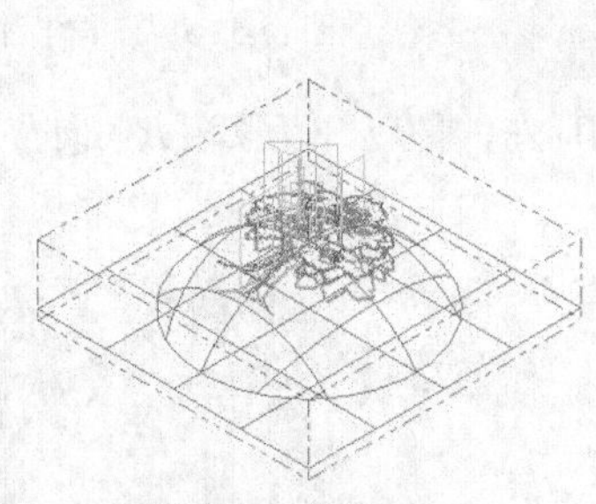

图17-47　毛坯

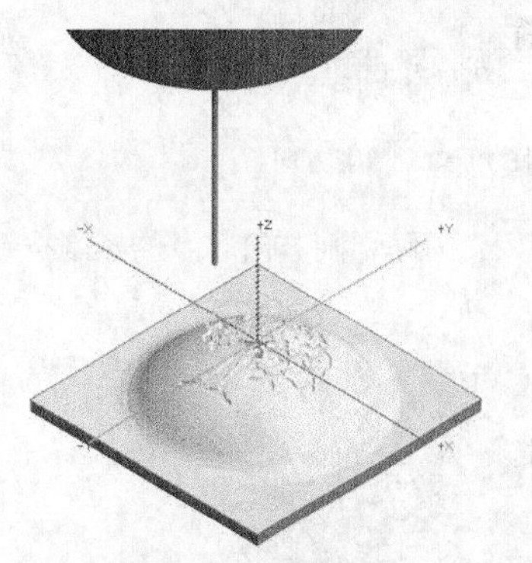

图17-48　模拟结果

17.4　曲面流线精加工

曲面流线精加工是沿着曲面的流线产生相互平行的刀路，选择的曲面最好不要相交，且流线方向相同，只有刀路不产生冲突，才可以产生流线精加工刀路。因为曲面流线一般有两个方向，而且两个方向相互垂直，所以流线精加工刀路也有两个方向，可产生曲面引导方向或截断方向加工刀路。

单击【刀路】→【曲面精修】→【流线】命令，系统要求用户选择流线加工所需曲面，选择完毕后，弹出【刀具路径的曲面选取】对话框，如图17-49所示。该对话框可以用来选择加工曲面和干涉曲面，以及设置曲面流线参数。

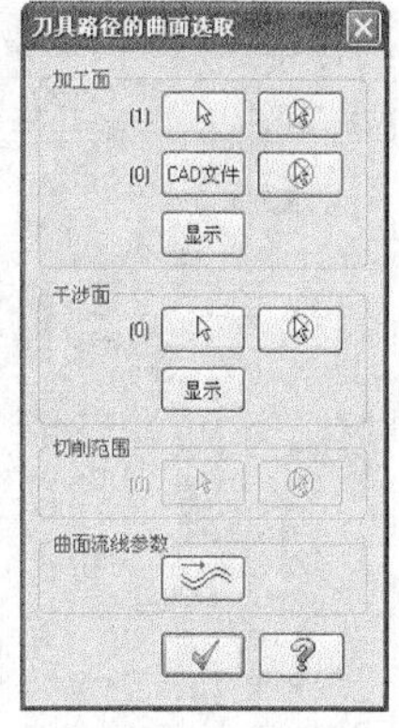

图17-49　曲面选取

在【刀具路径的曲面选取】对话框中单击【曲面流线参数】选项，弹出【曲面流线设置】对话框如图17-50所示。

【曲面流线设置】对话框中各参数含义如下。

❖ 补正方向：刀路产生在曲面的正面或反面的切换按钮。图17-51为补正方向向外，图17-52为补正方向向内。

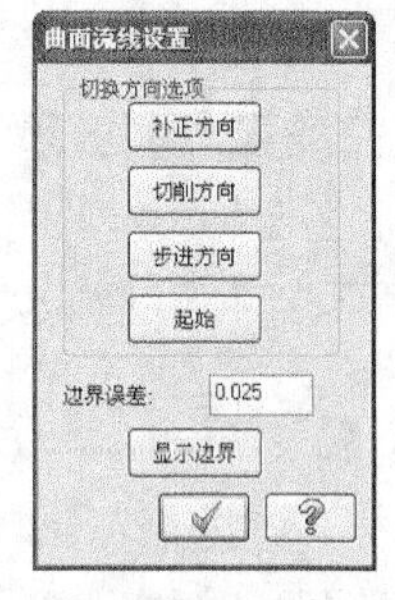

图17-50 【曲面流线设置】对话框

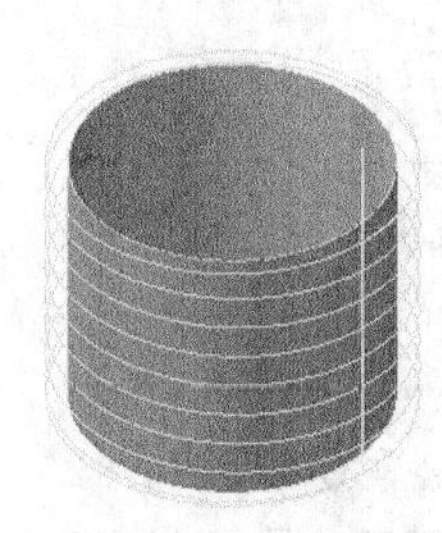
图17-51　补正方向向外

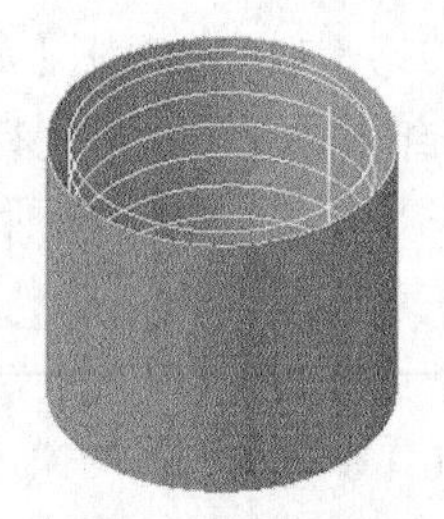
图17-52　补正方向向内

❖ 切削方向：刀路切削方向的切换按钮。如图17-53所示的加工方向为切削方向，图17-54所示的加工方向为截断方向。

❖ 步进方向：刀路截断方向起始点的控制按钮。图17-55为从下向上加工，图17-56为从上向下加工。

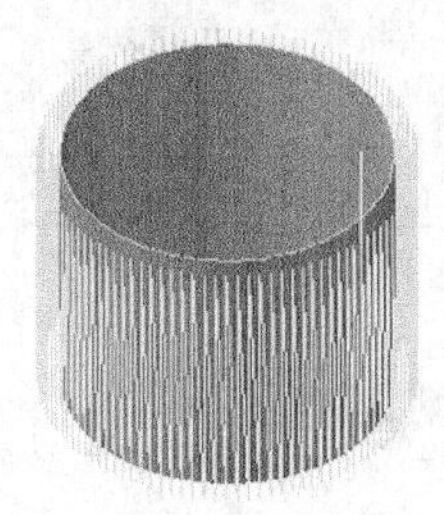
图17-53　切削方向

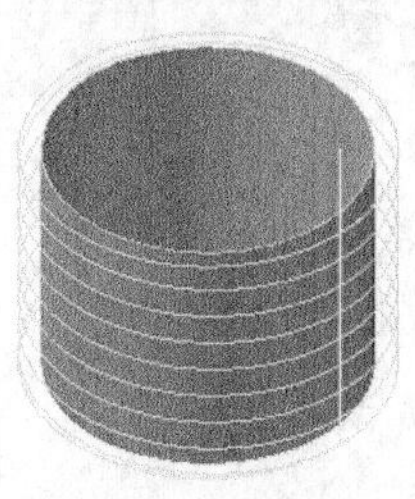
图17-54　截断方向

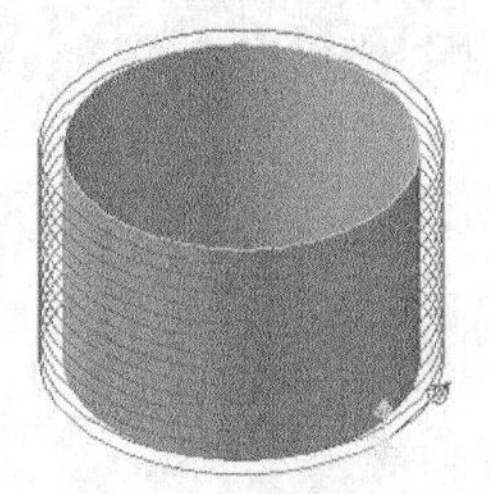
图17-55　从下向上加工

❖ 起始：刀路切削方向起点的控制按钮。图17-57为切削方向向左，图17-58为切削方向向右。

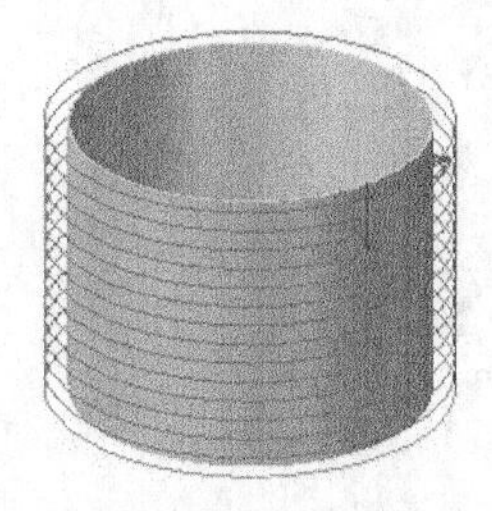
图17-56　从上向下加工

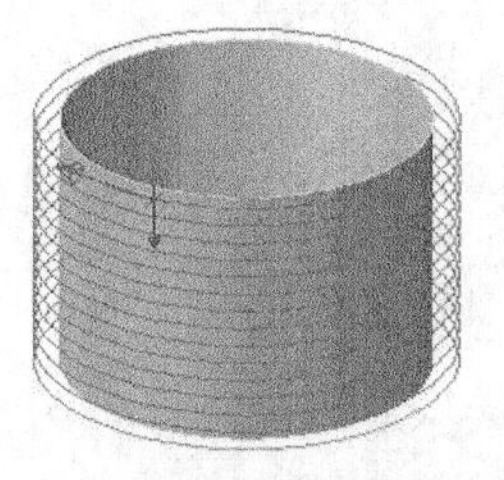
图17-57　切削方向向左

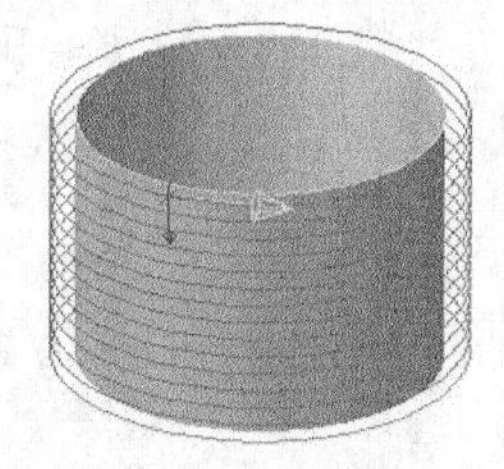
图17-58　切削方向向右

❖ 边界误差：设置曲面与曲面之间的间隙。当曲面边界之间的值大于此值时，被认为曲面不连续，刀路也不会连续。当曲面边界之间的值小于此值时，系统可以忽略曲面之间的间隙，认为曲面连续，会产生连续的刀路。

在【曲面精加工流线】对话框中打开【曲面流线精加工参数】选项卡，如图17-59所示。

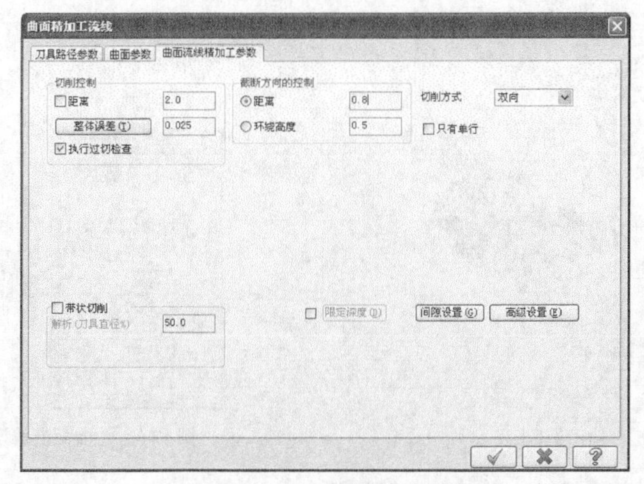

图17-59　曲面流线精加工参数

其各参数含义如下。

❖ 切削控制：控制沿着切削方向路径的误差。系统提供两种方式：距离和整体误差。

❖ 距离：输入数值设定刀具在曲面上沿切削方向移动的增量。此方式误差较大。

❖ 整体误差：以设定刀路与曲面之间的误差值来控制切削方向路径的误差。

❖ 执行过切检查：该参数会对刀具过切现象进行调整，避免过切。

❖ 截断方向的控制：控制垂直切削方向路径的误差。系统提供两种方式：距离和环绕高度。

❖ 距离：设置切削路径之间的距离。

❖ 环绕高度：设置切削路径之间留下的残料高度。残料超过设置高度时，系统自动调整切削路径之间的距离。

❖ 切削方式：设置流线加工的切削方式，有双向、单向和螺旋式切削3种。

❖ 双向：以双向来回切削的方式进行加工。

❖ 单向：以单方向进行切削，提刀到参考高度，再下刀到起点循环切削。

❖ 螺旋式：产生螺旋式切削刀路。

❖ 只有单行：限定只能在排成一列的曲面上产生流线加工刀路。

实训92——曲面流线精加工

对图17-60所示的图形采用流线精加工，结果如图17-61所示。

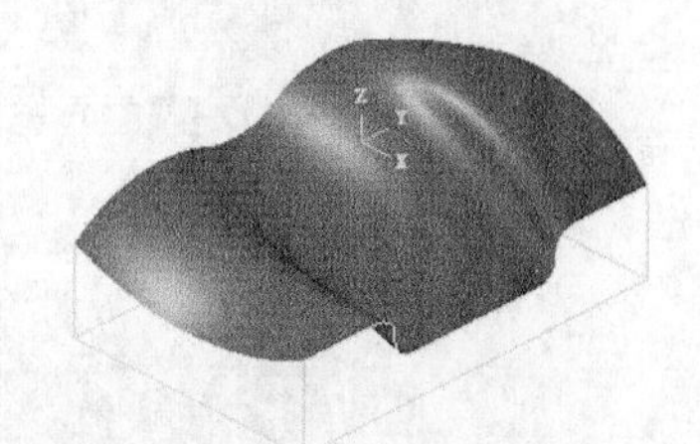

图17-60　流线精加工图形

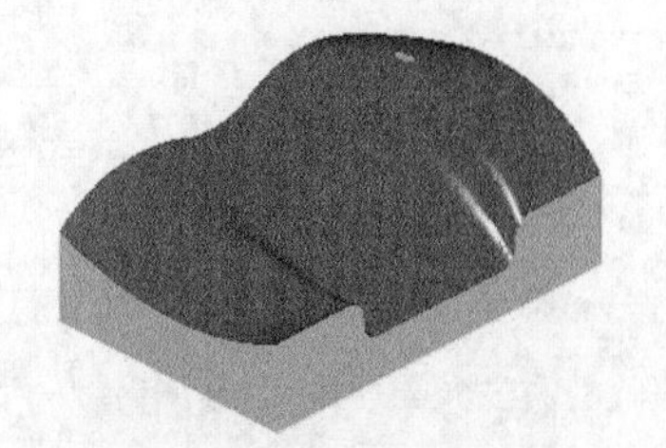

图17-61　流线精加工结果

01 在菜单栏执行【文件】→【打开】按钮，从资源文件找到“实训\源文件\ Ch17\17-4.mcx-9”，单击【完成】按钮，完成文件的调取。

02 在菜单栏执行【刀路】→【曲面精修】→【流线】命令，弹出【刀具路径的曲面选取】对话框，如图17-62所示。选择加工曲面，再单击【曲面流线】按钮，弹出【曲面流线设置】对话框，如图17-63所示。单击【完成】按钮完成设置。

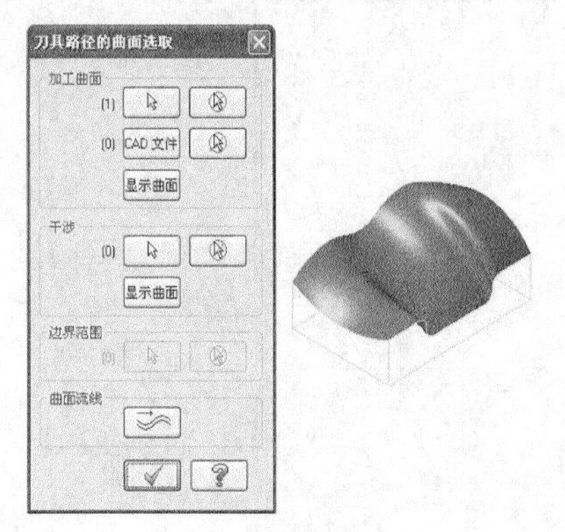

图17-62　曲面选取

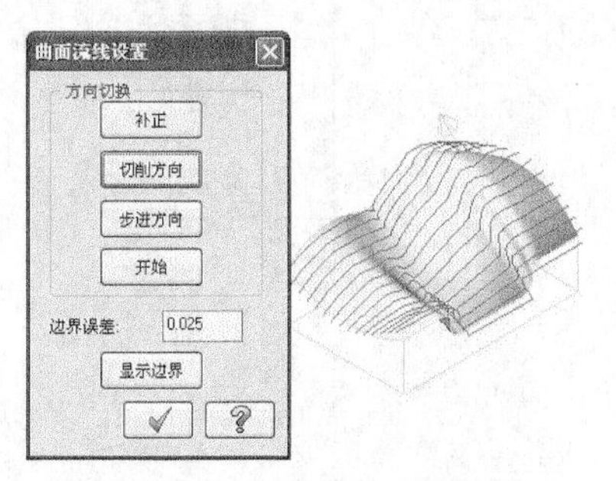

图17-63 【曲面流线设置】对话框

03 弹出【曲面精加工流线】对话框，如图17-64所示。

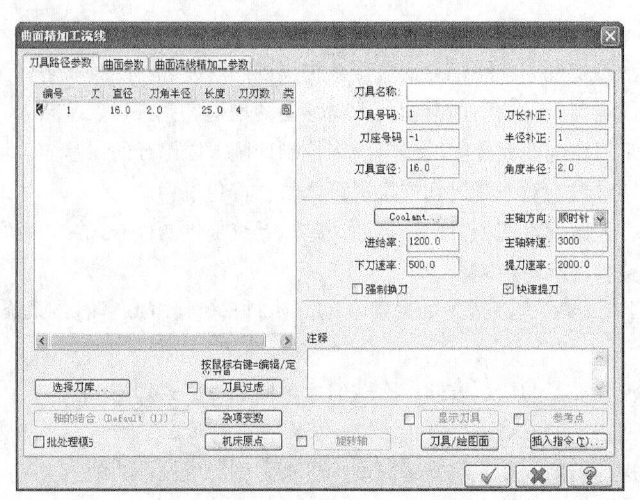

图17-64 【曲面精加工流线】对话框

04 在【刀具路径参数】选项卡的空白处单击鼠标右键，从快捷菜单中选择【创建新刀具】选项，弹出定义刀具对话框，如图17-65所示。选择刀具类型为【球刀】，设置直径为10，如图17-66所示。单击【完成】按钮，完成设置。

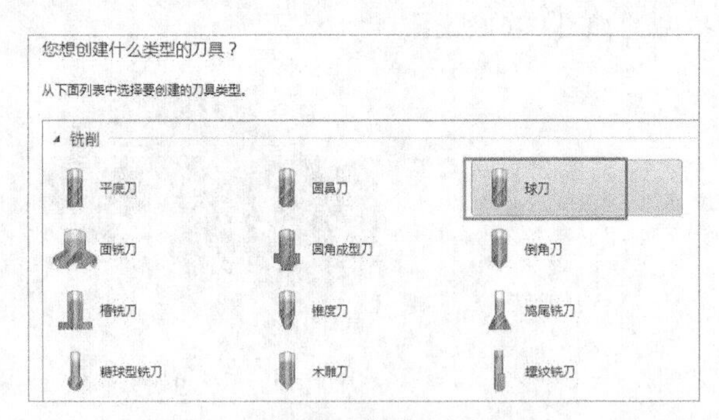

图17-65　新建刀具

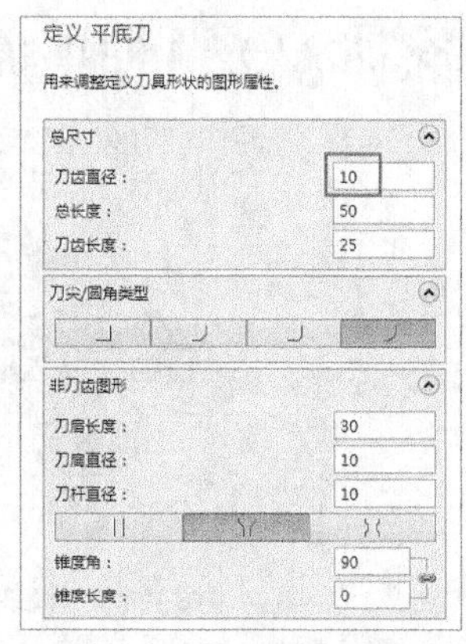

图17-66　设置球刀参数

05 在【刀具路径参数】选项卡中设置相关参数，如图17-67所示。单击【完成】按钮，完成刀路参数设置。

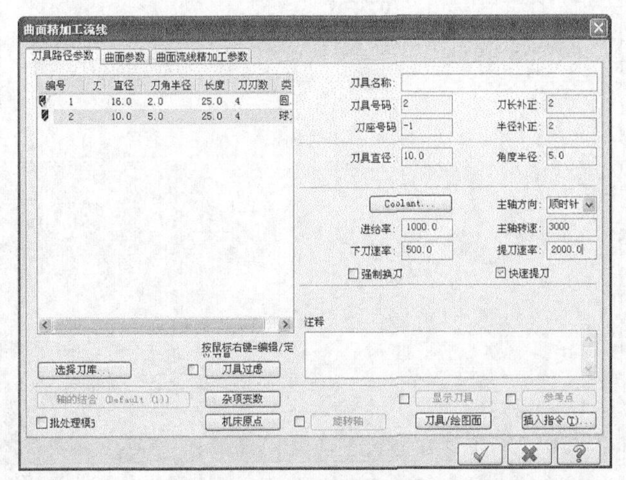

图17-67　刀具相关参数

06 在【曲面精加工流线】对话框中打开【曲面参数】选项卡，设置曲面相关参数，如图17-68所示，单击【完成】按钮，完成参数设置。

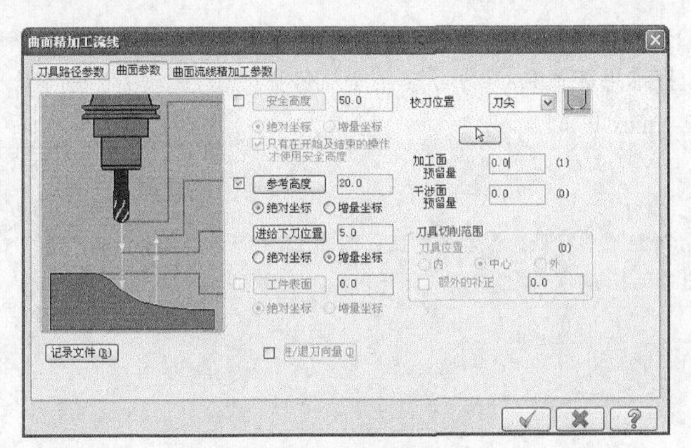

图17-68　曲面参数

07 在【曲面精加工流线】对话框中打开【曲面流线精加工参数】选项卡，设置流线精加工参数，如图17-69所示，单击【完成】按钮，完成参数设置。

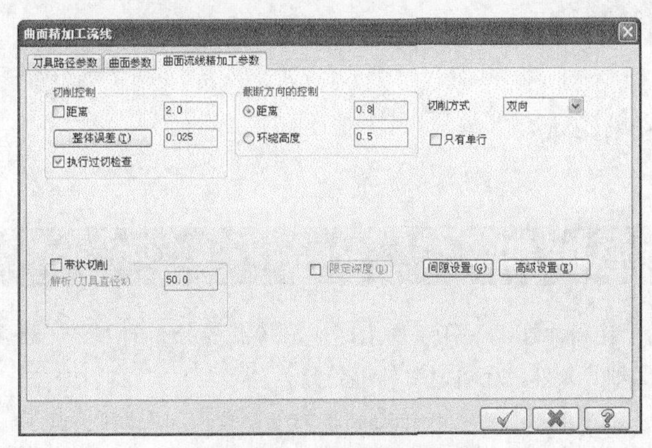

图17-69　曲面流线精加工参数

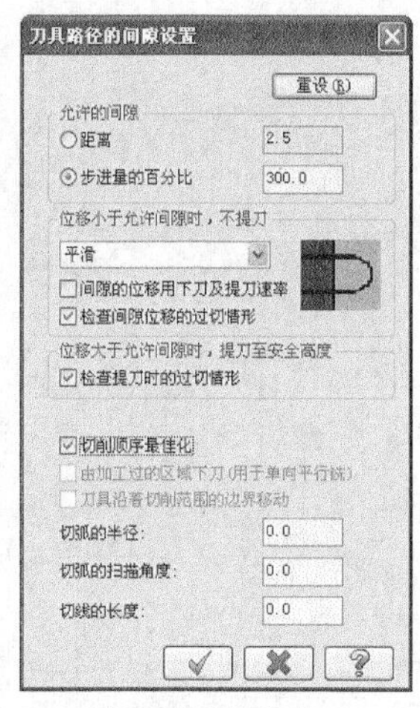

图17-70　间隙设置

08 在【曲面流线精加工参数】选项卡中选中【间隙设置】复选框，单击【间隙设置】按钮间隙设置(G)，弹出【刀具路径的间隙设置】对话框，设置间隙的控制方式，如图17-70所示。

09 系统根据用户所设置的参数生成流线精加工刀路，如图17-71所示。

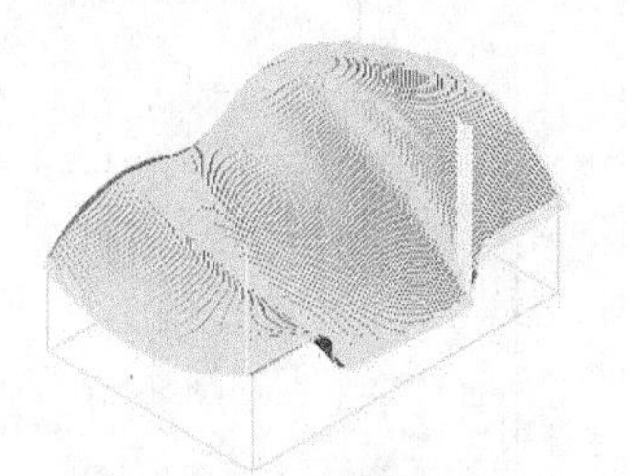

图17-71　流线刀路

10 在刀路管理器中单击【属性】→【毛坯设置】选项，弹出【机器群组属性】对话框，打开【材料设置】选项卡，设置加工坯料的尺寸，如图17-72所示，单击【完成】按钮，完成参数设置。

11 坯料设置结果如图17-73所示，虚线框显示的即为毛坯。

12 单击【模拟已选择的操作】按，弹出【验证】对话框，单击【播放】按钮，模拟结果如图17-74所示。结果文件见"实训\结果文件\Ch17\17-4.mcx-9"。

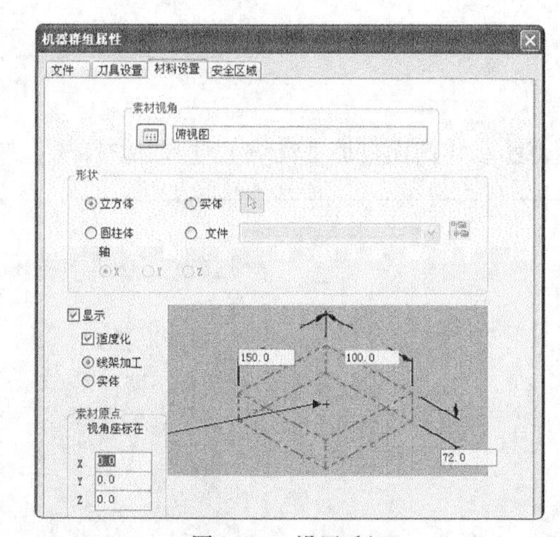

图17-72　设置毛坯

操作技巧

曲面流线加工主要用于单个流线特征比较规律的曲面精加工，对于比较复杂、比较多的曲面，此刀轨并不适合。

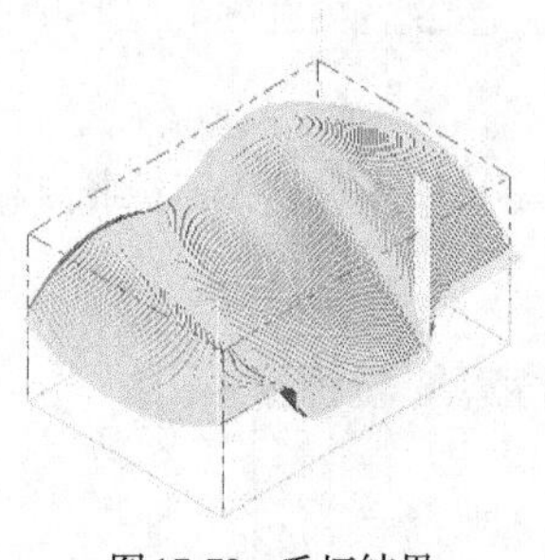

图17-73　毛坯结果

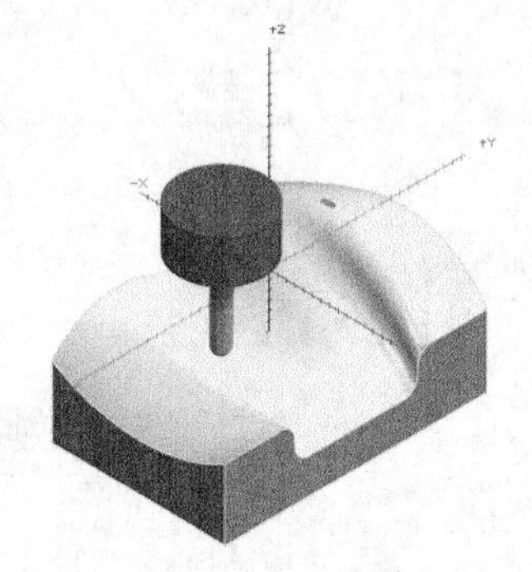

图17-74　模拟结果

17.5　等高外形精加工

等高外形精加工适用于陡斜面加工，在工件上产生沿等高线分布的刀路，相当于将工件沿Z轴进行等分。等高外形除了可以沿Z轴等分外，还可以沿外形等分。

在菜单栏执行【刀路】→【曲面精修】→【等高】命令，选择加工曲面后，单击【完成】按钮，弹出【曲面精加工等高外形】对话框，打开【等高外形精加工参数】选项卡，如图17-75所示。

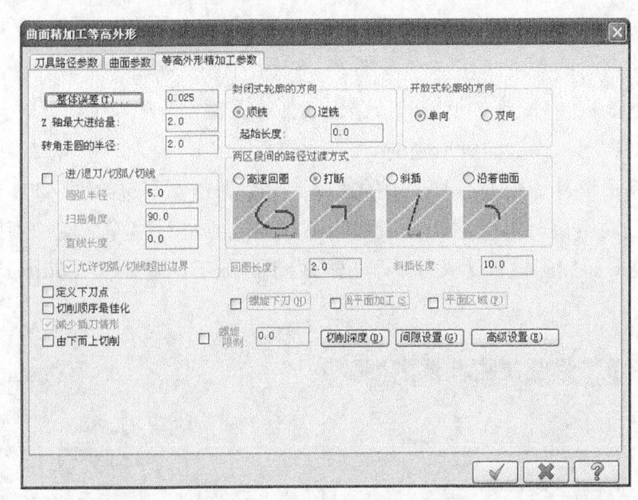

图17-75　等高外形精加工参数

其参数含义如下。

❖ 整体误差：设定刀路与曲面之间的误差值。

❖ Z轴最大进给量：设定Z轴方向每刀最大切深。

❖ 转角走圆的半径：设定刀路的转角处走圆弧的半径。小于或等于135°的转角处将采用圆弧刀路。

❖ 进/退刀/切弧/切线：在每一切削路径的起点和终点产生一进刀或退刀的圆弧或者切线。

❖ 允许切弧/切线超出边界：允许进退刀圆弧超出切削范围。

❖ 定义下刀点：此选项用来设置刀路的下刀位置，刀路会从最接近选取点的曲面角落下刀。

❖ 切削顺序最佳化：使刀具尽量在一区域加工，直到该区域所有切削路径都完成后，才移动到下一区域进行加工。这样可以减少提刀次数，提高加工效率。

❖ 减少插刀情形：该参数只在选中【切削顺序最佳化】时才会激活，在选中该复选框时，系统对刀路距离小于刀具直径的区域直接加工，而不采用刀路切削顺序最佳化。

❖ 由下而上切削：会使刀路由工件底部开始加工到工件顶部。

❖ 封闭式轮廓的方向：设定残料加工在运算中封闭式路径的切削方向。有顺铣和逆铣两种。

❖ 起始长度：设定封闭式切削路径起点之间的距离，这样可以使路径起点分散，不在工件上留下明显的痕迹。

❖ 开放式轮廓的方向：设定残料加工中开放式路径的切削方式，有双向和单向两种。

❖ 两区段间的路径过渡方式：设定两路径之间刀具的移动方式，即路径终点到下一路径的起点。系统提供了4种过渡方式：高速回圈、打断、斜插和沿着曲面。这4种方式的含义如下。

❖ 高速回圈：此选项常用于高速切削中，在两切削路径间插入一圆弧路径，使刀路尽量平滑过渡。

❖ 打断：在两切削间，刀具先上移后平移，再下刀，可避免撞刀。

❖ 斜插：以斜进下刀的方式移动。

❖ 沿着曲面：刀具沿着曲面方式移动。

❖ 回圈长度：只有选择【高速】切削时该项才被激活。该项用来设置残料加工两切削路径之间刀具移动方式。如果两路径之间距离小于循环长度，就插入循环，如果大于循环长度，则插入一平滑的曲线路径。

❖ 斜插长度：设置等高路径之间的斜插长度，该选项只有在选择【高速回圈】和【斜插】时才激活。

❖ 螺旋下刀：以螺旋方式下刀。有些残料区域是封闭的，没有可供直线下刀的空间，且直线下刀容易断刀，这时可以采用螺旋式下刀。单击【螺旋下刀】按钮，弹出图17-76所示的【螺旋下刀参数】对话框。从中设置以螺旋方式进行下刀的参数。

❖ 半径：输入螺旋半径值。

❖ Z方向开始螺旋位置：输入开始螺旋的高度。

❖ 进刀角度：输入进刀时的角度。

❖ 以圆弧进给（G2/G3）：将螺旋式下刀的刀路以圆弧方式输出。

❖ 方向：设置螺旋的方向，以顺时针或逆时针进行螺旋。

❖ 进刀采用的进给率：设置螺旋进刀时采用的速率，有下刀速率和进给率两种。

❖ 浅平面加工：专门对等高外形无法加工或加工不好的地方进行移除或增加刀路。选中【浅平面加工设置】复选框，单击【浅平面加工设置】按钮，弹出【浅平面加工】对话框，如图17-77所示。从中设置工件中比较平坦的曲面刀路。

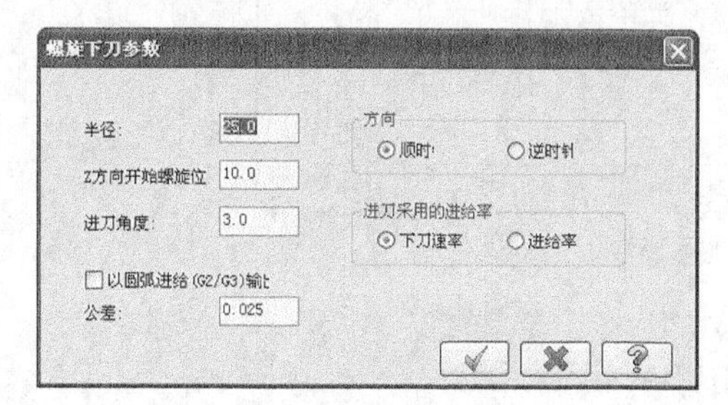

图17-76　螺旋式下刀

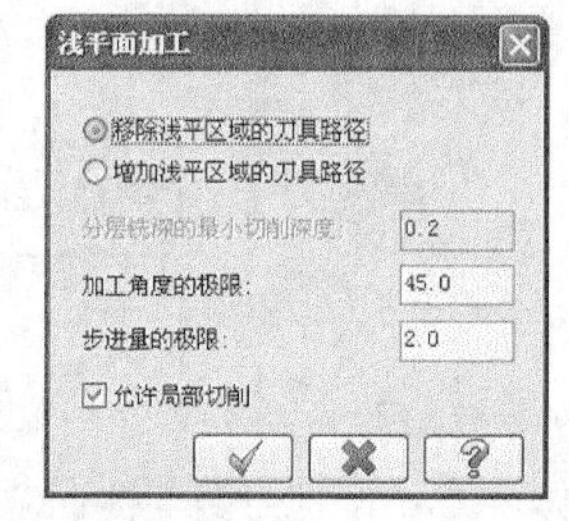

图17-77　【浅平面加工】对话框

❖ 移除浅平区域的刀路：将浅平面区域比较稀疏的等高刀路移除，然后再用其他刀路进行弥补。

❖ 增加浅平区域的刀路：在浅平面区域的比较稀疏的等高刀路中增加部分开放的刀路。

❖ 分层铣深的最小切削深度：设置【增加浅平区域的刀路】的最小切削深度。

❖ 加工角度的极限：设置浅平面的分界角度，所有小于该角度的都被认为是浅平面。

❖ 步进量的极限：设置浅平面区域的刀路间的最大距离。

❖ 允许局部切削：允许刀路在局部区域形成开放式切削。

图17-78为未选中浅平面加工选项时的刀路。图17-79为选中并移除30°浅平面区域的刀路。图17-80为选中并增加浅平面区域的刀路。

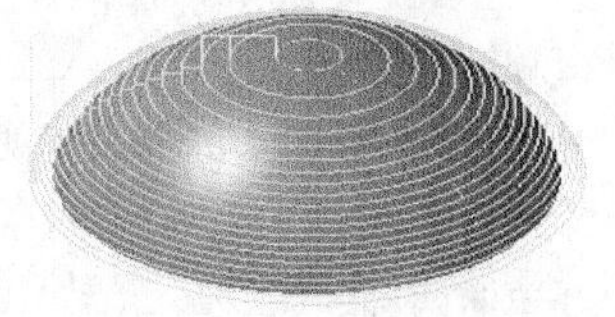

图17-78　未选中浅平面加工

图17-79　移除浅平面加工

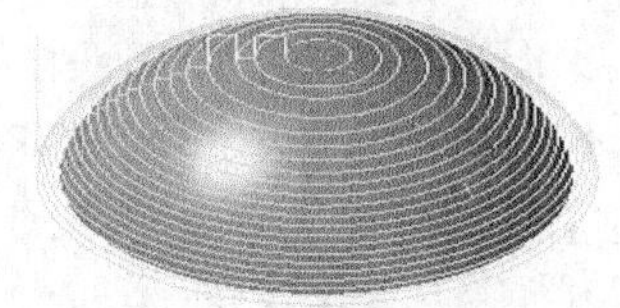

图17-80　增加浅平面加工

❖ 平面区域：对工件平面或近似平面进行加工设置。单击【平面区域】按钮，弹出【平面区域加工设置】对话框，如图17-81所示，从中设置平面区域的步进量。

图17-82为未选中平面区域时的刀路，图17-83为选中平面区域时的刀路。

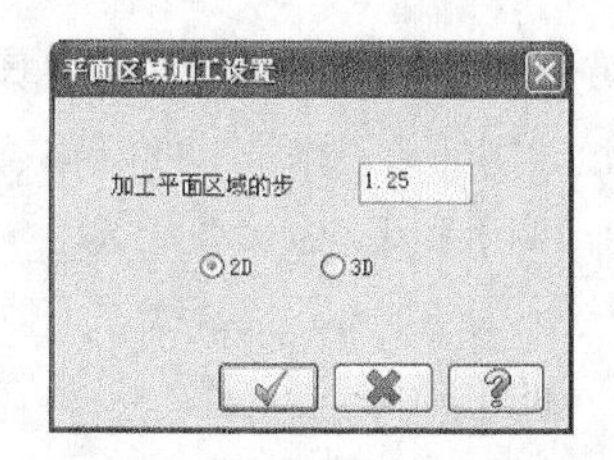

图17-81　【平面区域加工设置】对话框

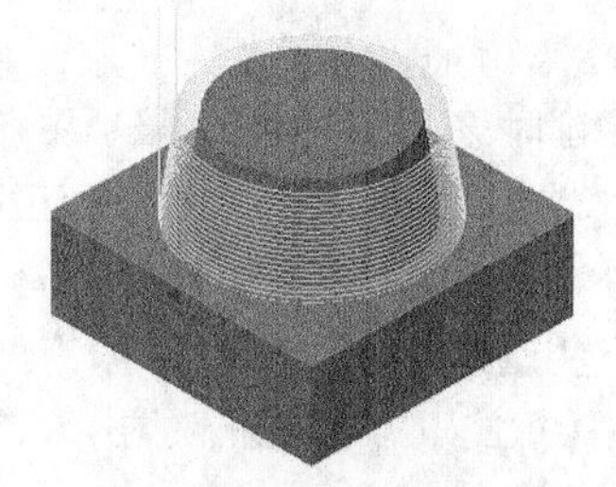

图17-82　未选中平面区域

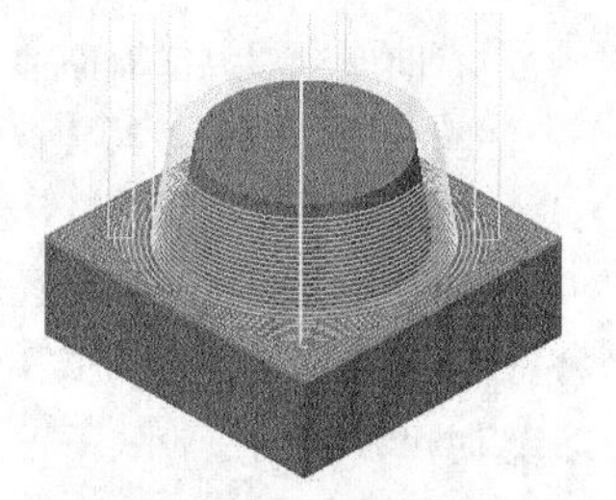

图17-83　选中平面区域

实训93——等高外形精加工

对图17-84所示的图形采用沿Z轴等分等高外形精加工，结果如图17-85所示。

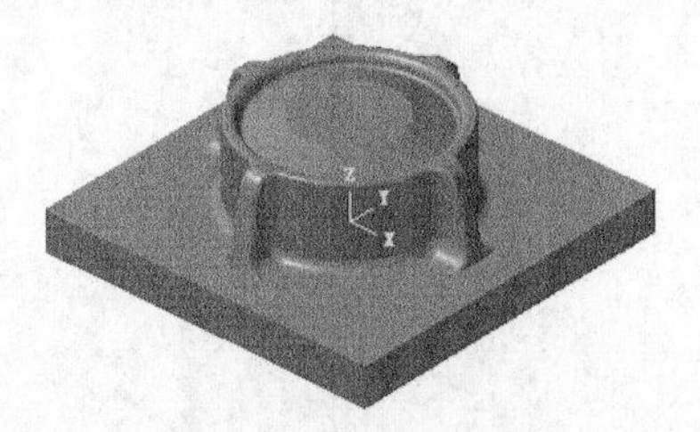

图17-84　等高外形精加工图形

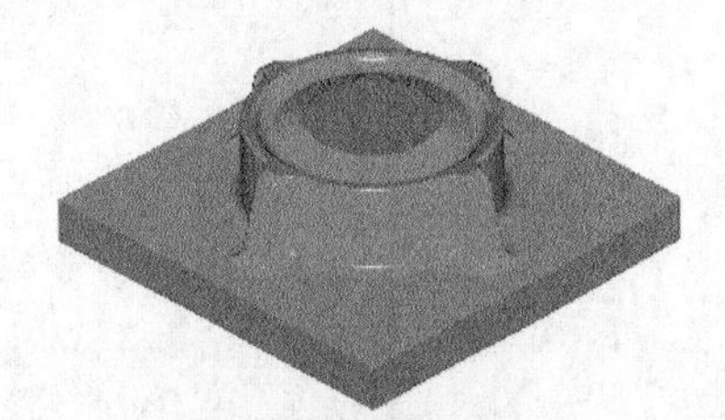

图17-85　加工结果

01 在菜单栏执行【文件】→【打开】按钮，从资源文件中找到“实训\源文件\Ch17\17-5.mcx-9”，单击【完成】按钮，完成文件的调取。

02 在菜单栏执行【刀路】→【曲面精修】→【等高】命令，弹出【刀具路径的曲面选取】对话框，如图17-86所示，选择加工曲面和边界范围曲线，单击【完成】按钮，完成选择。

03 弹出【曲面精加工等高外形】对话框如图17-87所示。

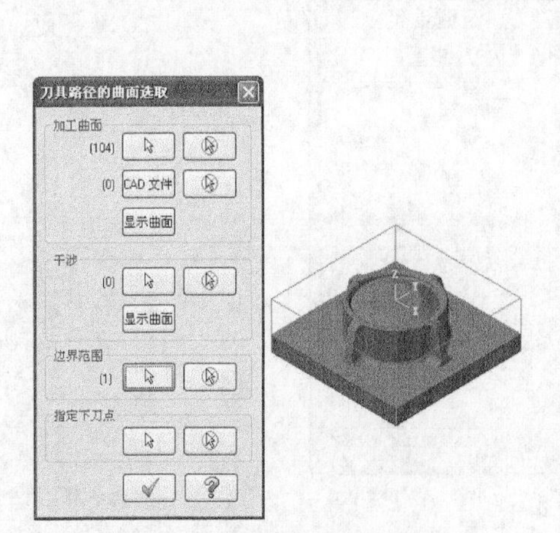

图17-86　选择曲面和加工范围

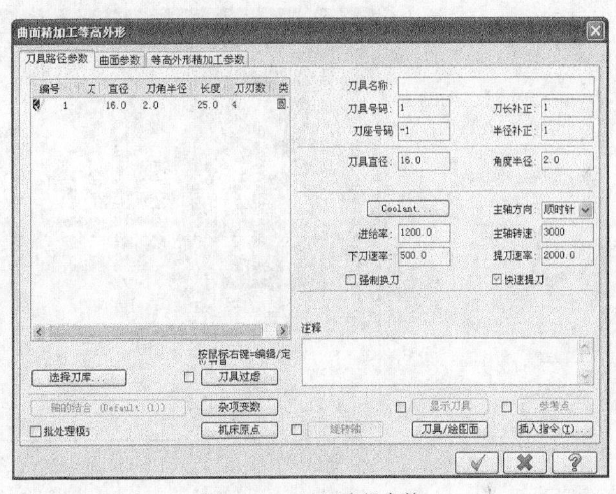

图17-87　刀具路径参数

04 在【刀具路径参数】选项卡的空白处单击鼠标右键，从快捷菜单中选择【创建新刀具】选项，弹出定义刀具对话框，如图17-88所示。选择刀具类型为【球刀】，设置直径为6，如图17-89所示。单击【完成】按钮，完成设置。

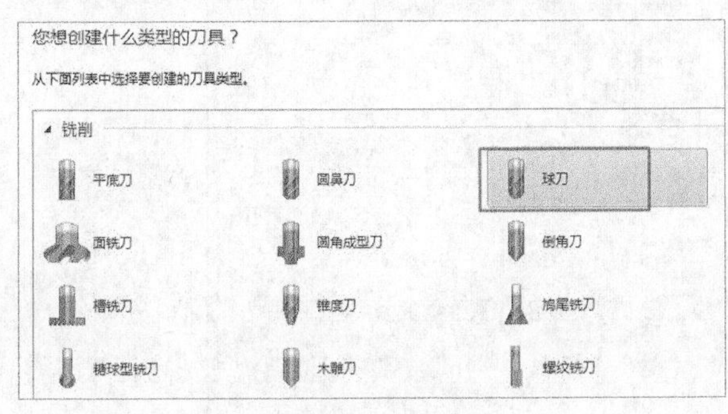

图17-88　新建刀具

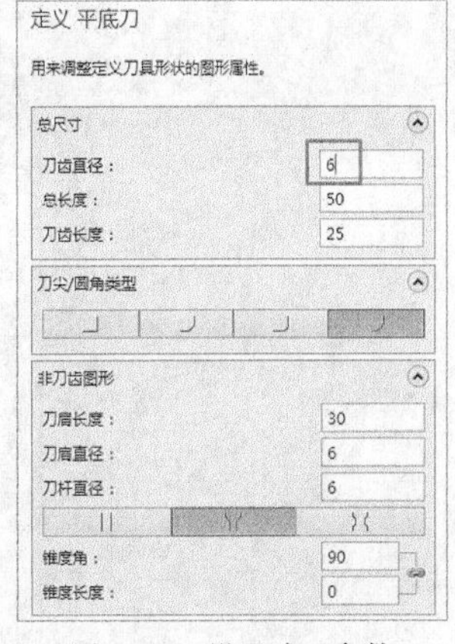

图17-89　设置球刀参数

05 在【刀具路径参数】选项卡中设置相关参数，如图17-90所示。单击【完成】按钮，完成参数设置。

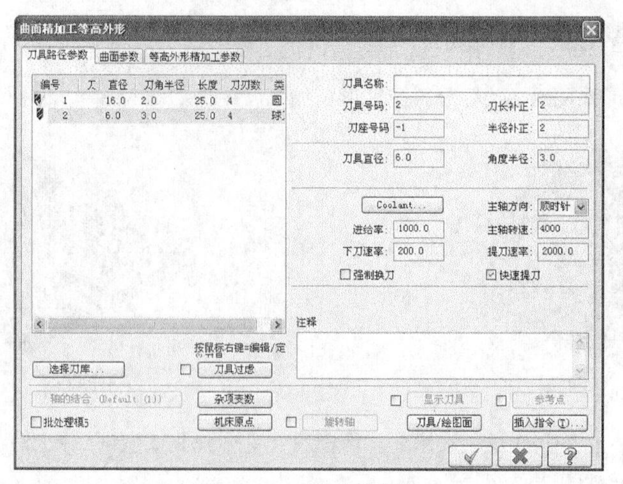

图17-90　刀具相关参数

06 在【曲面精加工等高外形】对话框中打开【曲面参数】选项卡，设置曲面相关参数，如图17-91所示，单击【完成】按钮，完成参数设置。

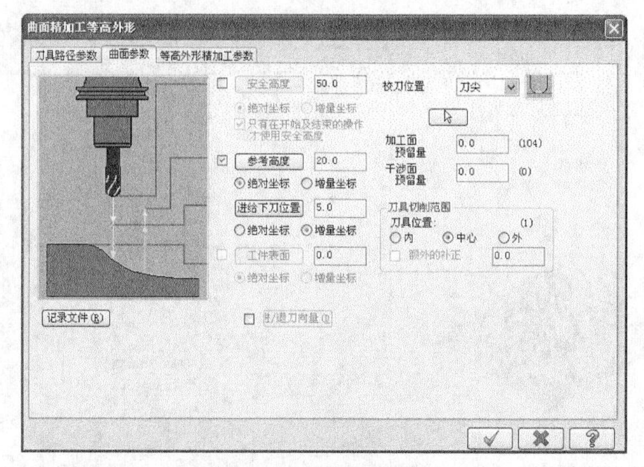

图17-91　曲面加工参数

07 在【曲面精加工等高外形】对话框中打开【等高外形精加工参数】选项卡，设置等高外形精加工参数，如图17-92所示，单击【完成】按钮，完成参数设置。

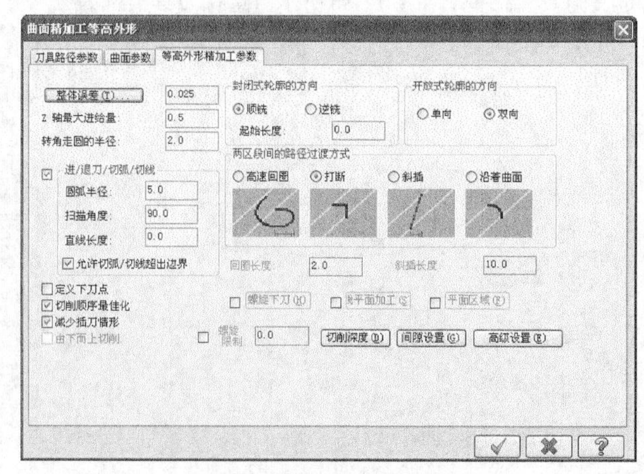

图17-92　等高外形精加工参数

08 在【等高外形精加工参数】对话框中单击【切削深度】按钮，弹出【切削深度设置】对话框，如图17-93所示。

09 在【等高外形精加工参数】选项卡中单击【间隙设定】按钮，弹出【刀具路径的间隙设置】对话框，设置间隙的控制方式，如图17-94所示。

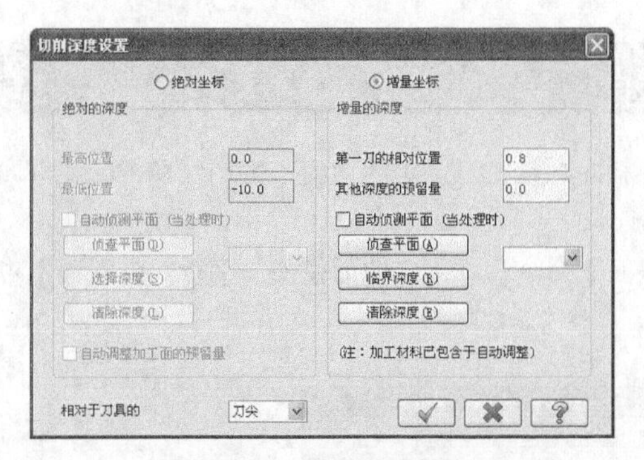

图17-93　切削深度的设定

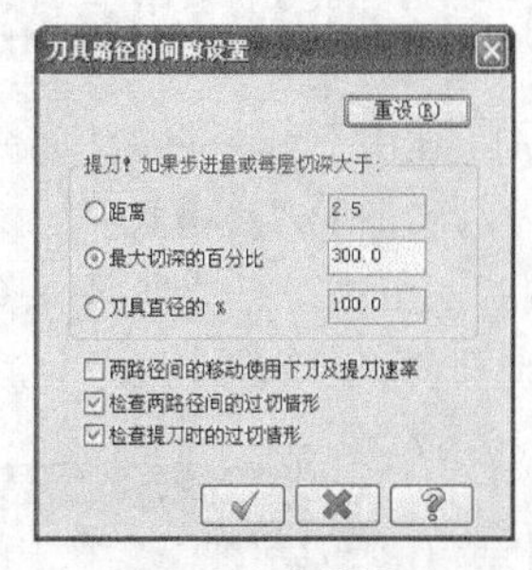

图17-94　间隙设置

10 在【等高外形精加工参数】选项卡中选中【平面区域】复选框，再单击【平面区域】按钮，弹出【平面区域加工设置】对话框，设置曲面中的平面区域加工刀路，如图17-95所示。

11 系统根据设置的参数生成等高外形精加工刀路，如图17-96所示。

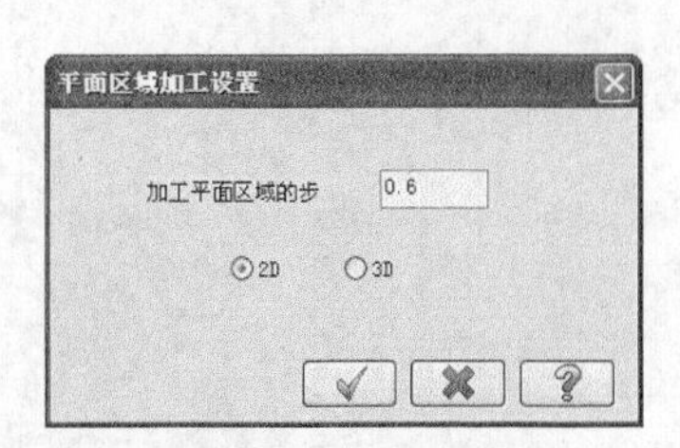

图17-95　平面区域

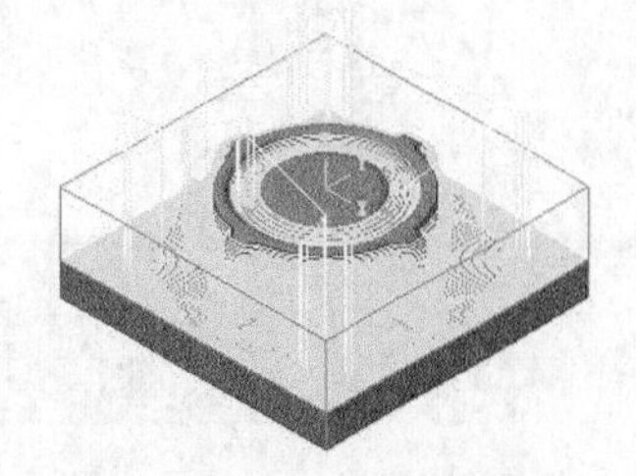

图17-96　精加工刀路

12 在刀路管理器中单击【属性】→【毛坯设置】选项，弹出【机器群组属性】对话框，打开【材料设置】选项卡，如图17-97所示，设置加工坯料的尺寸，单击【完成】按钮，完成参数设置。

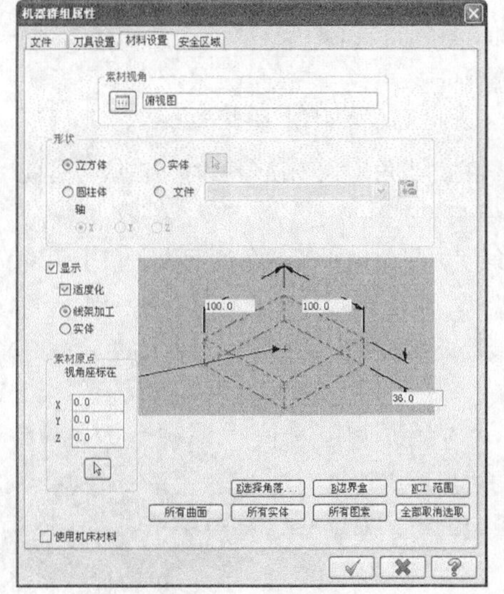

图17-97　设置坯料

13 坯料设置结果如图17-98所示，虚线框显示的即为毛坯。

14 单击【模拟已选择的操作】按钮，弹出【验证】对话框，单击【播放】按钮，模拟结果如图17-99所示。结果文件见“实训\结果文件\Ch17\17-5.mcx-9”。

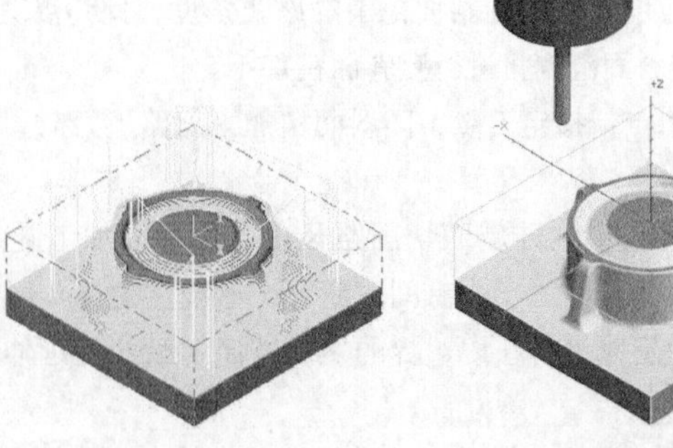

图17-98　毛坯　　图17-99　模拟结果

操作技巧

等高外形通常做半精加工，主要对侧壁或者比较陡的曲面进行去材料加工，不适用于浅曲面加工。刀轨在陡斜面和浅平面的加工密度不一样。曲面越陡，刀轨越密，加工效果越好。

17.6 陡斜面精加工

陡斜面精加工适用于比较陡的斜面的精加工，可在陡斜面区域上以设定的角度产生相互平行的陡斜面精加工刀路，与平行精加工刀路相似。

在菜单栏执行【刀路】→【曲面精修】→【平行陡斜面】命令，弹出【曲面精加工平行式陡斜面】对话框，打开【陡斜面精加工参数】选项卡，如图17-100所示。

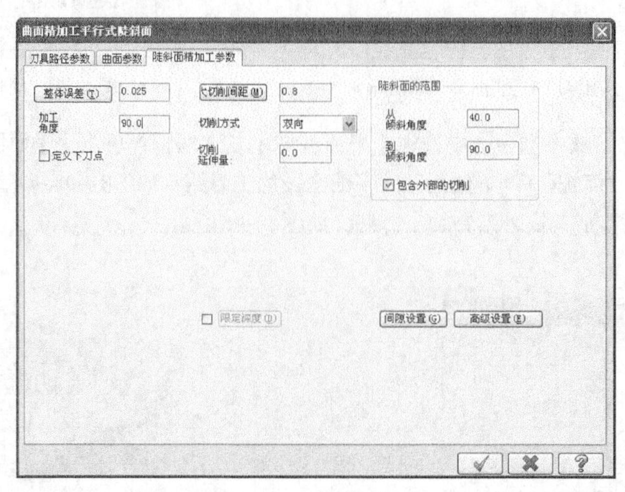

图17-100　陡斜面加工

其各参数含义如下。

❖ 整体误差：设定刀路与曲面之间的误差值。

❖ 最大切削间距：设定两刀路之间的距离。

❖ 加工角度：设定陡斜面加工切削方向在水平面的投影与X轴的夹角。

❖ 切削方式：设置陡斜面精加工刀路的切削方式，有双向和单向两种。

❖ 陡斜面的范围：以角度来限定陡斜面加工的曲面角度范围。

❖ 从倾斜角度：设定陡斜面范围的起始角度，此角度为最小角度。当角度大于该角度时，被认为是陡斜面将进行陡斜面精加工。

❖ 到倾斜角度：设定陡斜面范围的终止角度，此角度为最大角度。当角度小于该角度而大于最小角度时，被认为是陡斜面范围将进行陡斜面精加工。

❖ 定义下刀点：指定刀点，陡斜面精加工刀路下刀时，将从最接近点的地方开始进刀。

❖ 切削延伸量：在陡斜面切削路径中，由于只加工陡斜面，没有加工浅平面，因而在陡斜面刀路之间将有间隙断开，形成内边界。而曲面的边界形成外边界。切削方向的延伸量将在内边界的切削方向上沿曲面延伸一段设定的值，来清除部分残料区域。

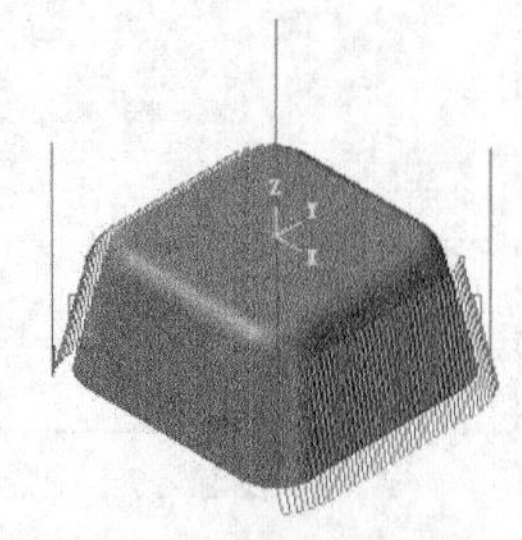

图17-101　切削延伸量为0

图17-101为切削延伸量为0时的刀路。图17-102为切削延伸量为10时的刀路。可以看出，后面的刀路在内边界延伸了一段距离，此距离即是用户所设置的延伸值。

❖ 包含外部的切削：该选项用于解决浅平面区域较大，而陡斜面精加工对浅平面加工效果不佳的问题。该项是在切削延伸量的基础上覆盖全部的浅平面。选中【包含外部的切削】复选框后，不需要再设置切削延伸量，因为【包含外部的切削】相当于将切削延伸量设定延伸到曲面边界。图17-103为未选中【包含外部的切削】复选框时的刀路。图17-104为选中该复选框时的刀路。

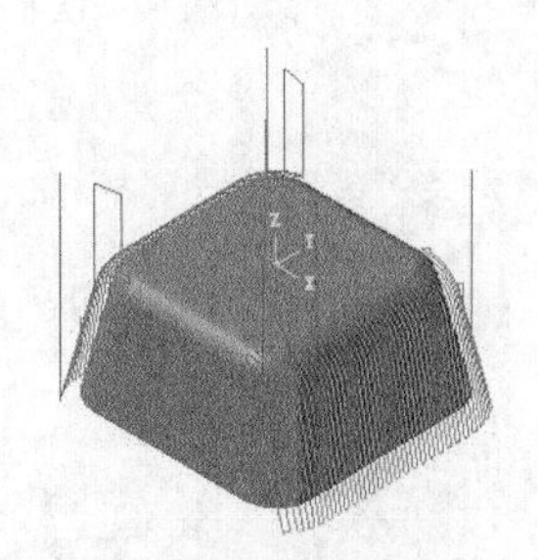

图17-102　切削延伸量为10

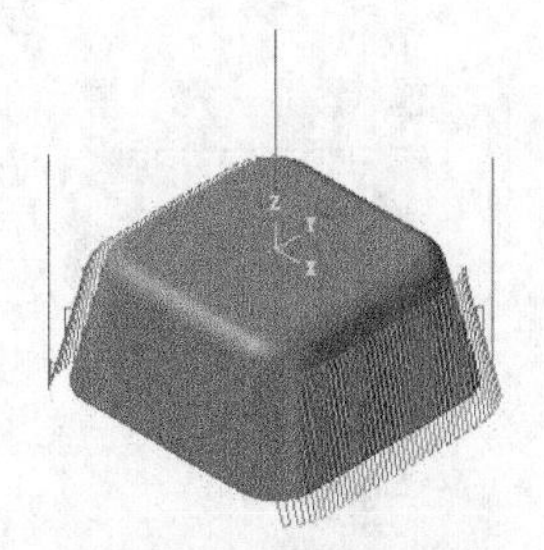

图17-103　未选中【包含外部的切削】复选框

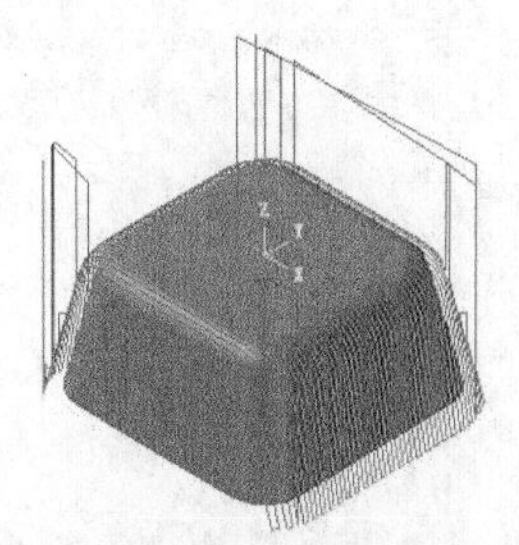

图17-104　选中【包含外部的切削】复选框

实训94——陡斜面精加工

对图17-105所示的图形采用陡斜面精加工，结果如图17-106所示。

图17-105　陡斜面精加工图形

图17-106　加工结果

01 在菜单栏执行【文件】→【打开】按钮，从资源文件找到“实训\源文件\Ch17\17-6.mcx-9”，单击【完成】按钮，完成文件的调取。

02 在菜单栏执行【刀路】→【曲面精修】→【平行陡斜面】命令，弹出【刀具路径的曲面选取】对话框，如图17-107所示。选择加工曲面和边界范围曲线，单击【完成】按钮，完成选择。

03 弹出【曲面精加工平行式陡斜面】对话框，如图17-108所示。

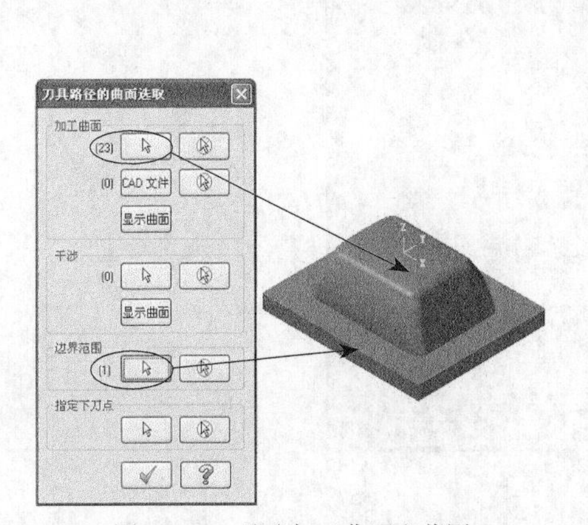

图17-107　选取加工曲面和范围

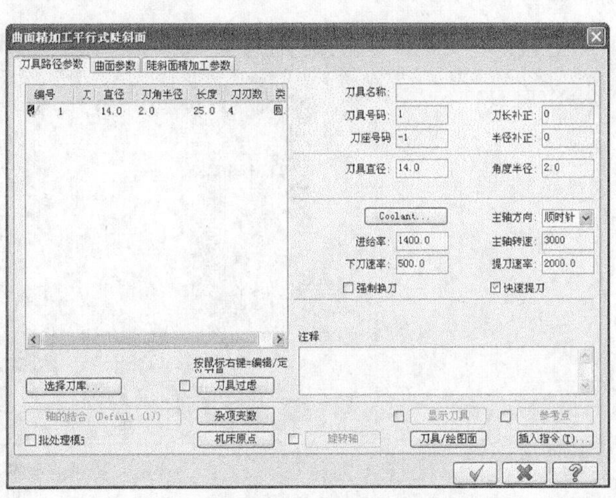

图17-108　刀具路径参数

04 在【刀具路径参数】选项卡的空白处单击鼠标右键，从快捷菜单中选择【创建新刀具】选项，弹出定义刀具对话框，如图17-109所示。选择刀具类型为【球刀】，设置直径为10，如图17-110所示。单击【完成】按钮，完成设置。

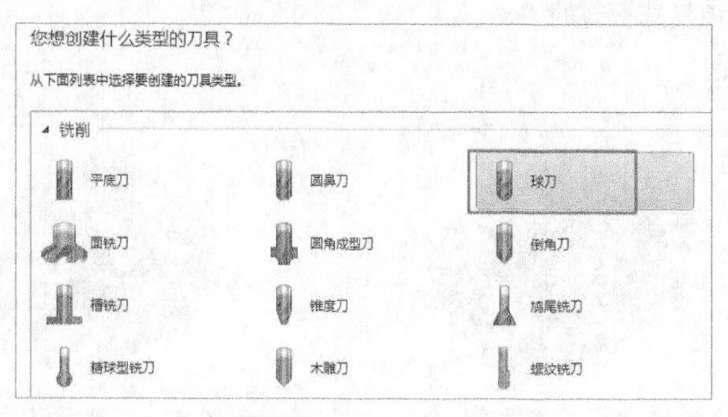

图17-109　新建刀具

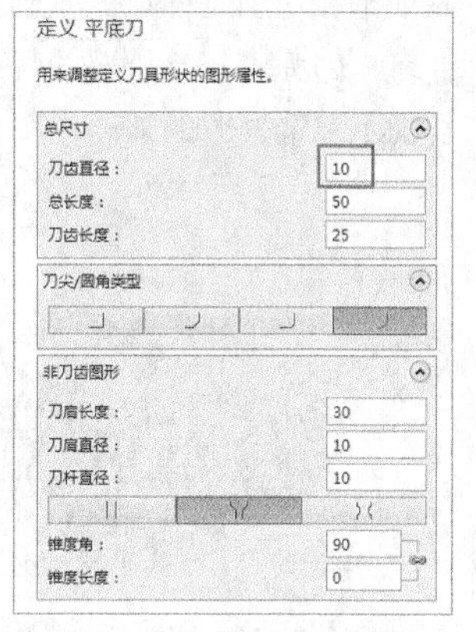

图17-110　设置球刀参数

05 在【刀具路径参数】选项卡中设置相关参数，如图17-111所示。单击【完成】按钮，完成刀路参数设置。

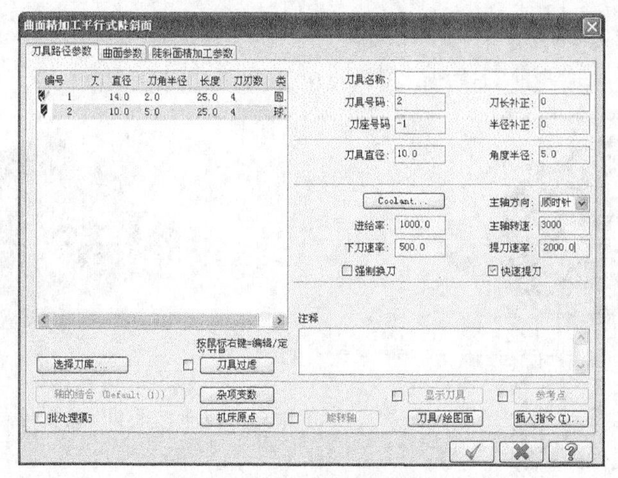

图17-111　刀具路径相关参数

06 在【曲面精加工平行式陡斜面】对话框中打开【曲面参数】对话框，设置曲面相关参数，如图17-112所示，单击【完成】按钮，完成参数设置。

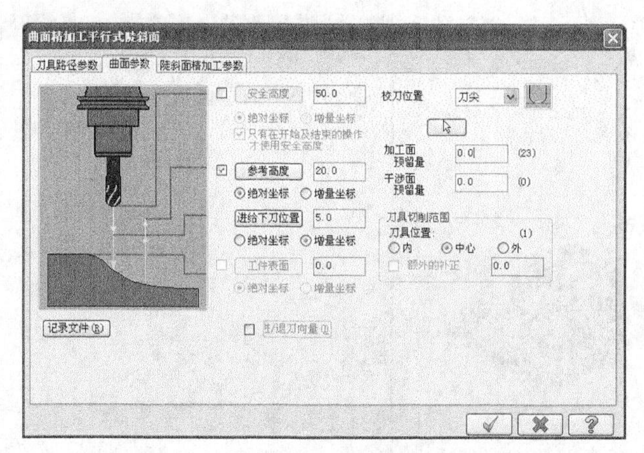

图17-112　曲面参数

07 在【曲面精加工平行式陡斜面】对话框中打开【陡斜面精加工参数】选项卡，设置陡斜面精加工专用参数，单击【完成】按钮，完成参数设置。这里将加工角度设为0°，选中【包含外部的切削】复选框，如图17-113所示。

08 系统根据设置的参数生成陡斜面精加工刀路，如图17-114所示。

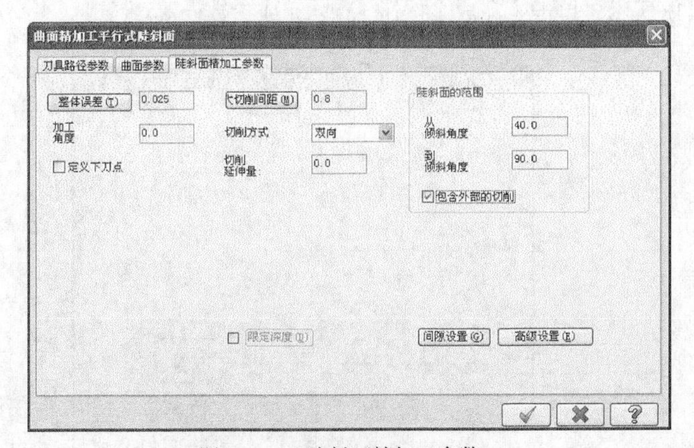

图17-113　陡斜面精加工参数

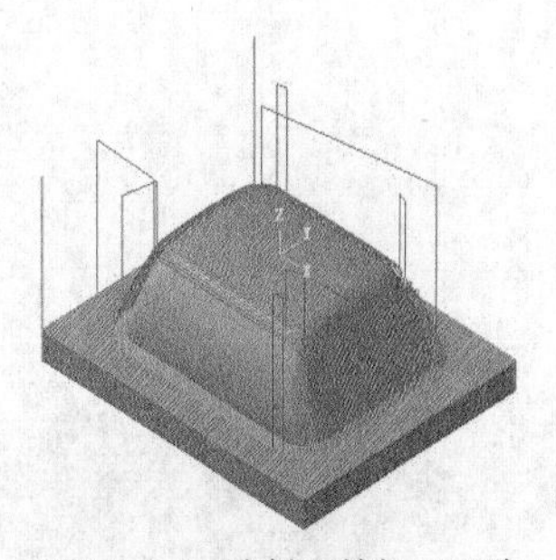

图17-114　陡斜面精加工刀路

09 在刀路管理器中选中刚才的陡斜面精加工刀路，单击鼠标右键，选中【复制】→【粘贴】选项，在刀路管理器中复制一个相同的陡斜面精加工刀路，如图17-115所示。

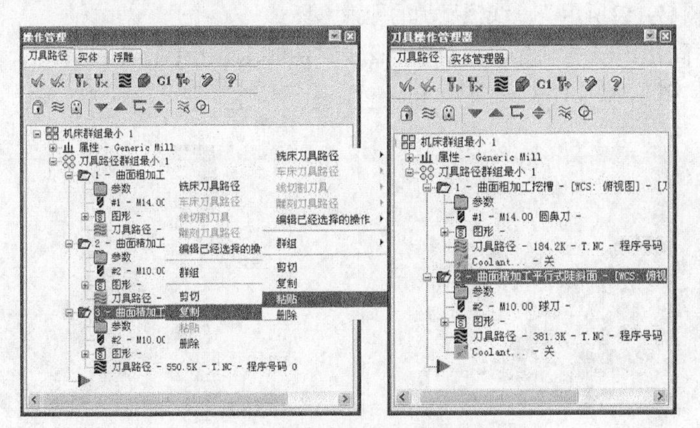

图17-115　复制的陡斜面精加工刀路

10 在复制的陡斜面精加工刀路中单击【参数】选项，弹出【曲面精加工平行式陡斜面】对话框，设置加工角度为90°，如图17-116所示。

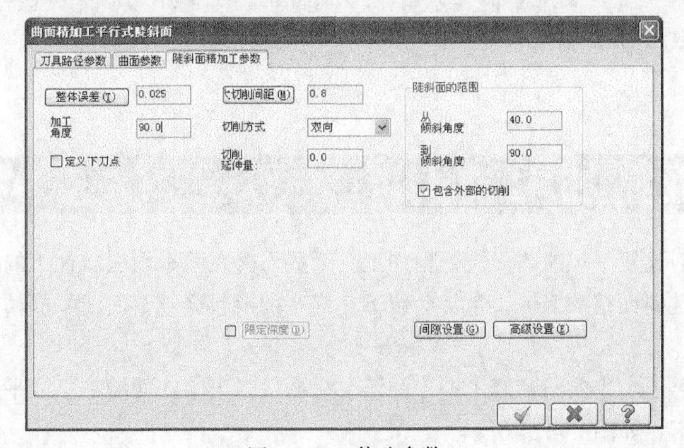

图17-116　修改参数

11 单击【完成】按钮，完成参数设置。在刀路管理器中单击【重建所有失效的操作】按钮，系统根据设置的参数重新生成90°方向的陡斜面精加工刀路，如图17-117所示。

12 在刀路管理器中单击【属性】→【毛坯设置】选项，弹出【机器群组属性】对话框，打开【素材设置】选项卡，设置加工坯料的尺寸，如图17-118所示，单击【完成】按钮，完成参数设置。

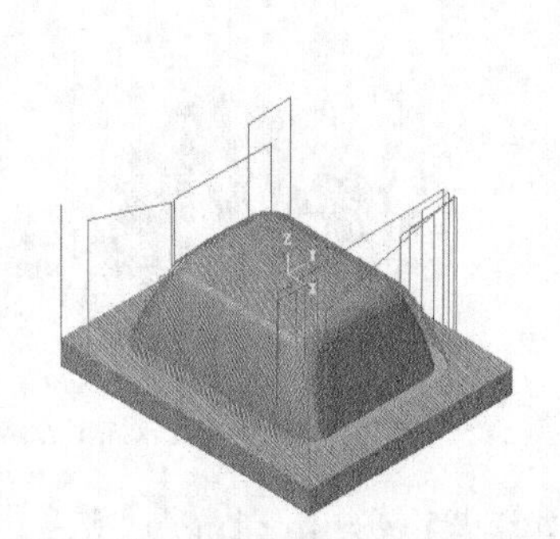

图17-117　重新生成90°方向的刀路

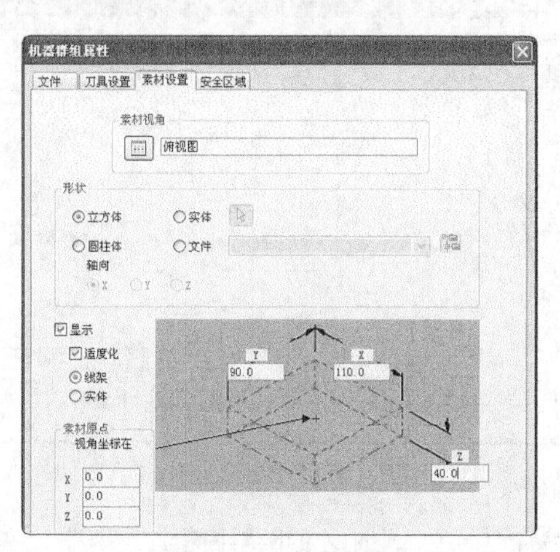

图17-118　设置坯料

13 坯料设置结果如图17-119所示，虚线框显示的即为毛坯。

14 单击【模拟已选择的操作】按钮，弹出【验证】对话框，单击【播放】按钮，模拟结果如图17-120所示。结果文件见"实训\结果文件\Ch17\17-6.mcx-9"。

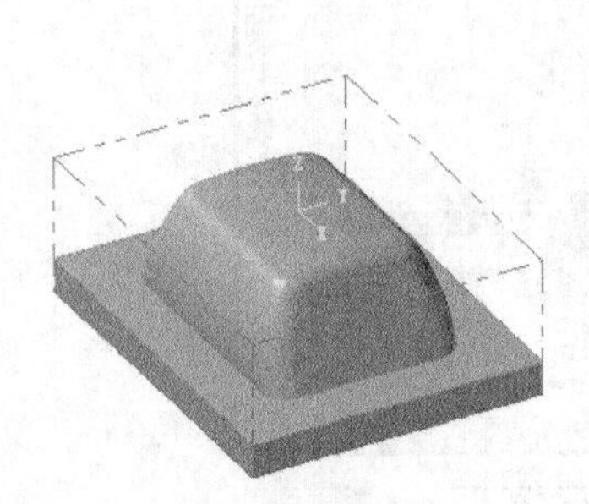

图17-119　毛坯

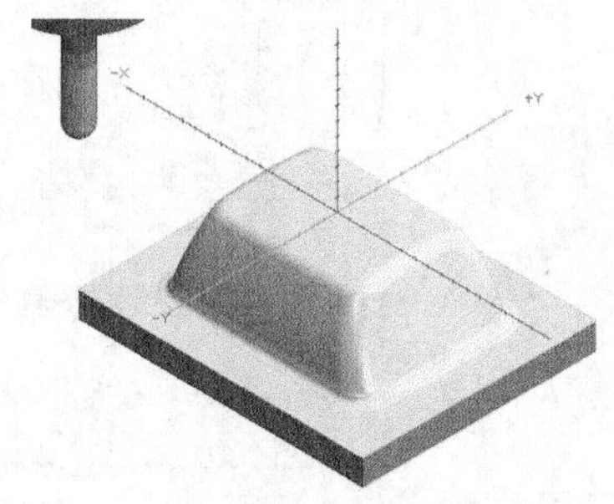

图17-120　模拟结果

操作技巧

对于四周都是陡斜面的工件，陡斜面精加工并不能一次将四周全部加工完，通常采用两条分别为0°和90°的刀路交错铣削，即可将四周斜壁铣削完全。

17.7　浅平面精加工

浅平面精加工适合对比较平坦的曲面进行精加工。某些刀路在浅平面区域加工的效果不佳，如挖槽粗加工、等高外形精加工、陡斜面精加工等，常常会留下非常多的残料区域，而浅平面精加工可以对这些残料区域进行加工。

在菜单栏执行【刀路】→【曲面精修】→【浅滩】命令，弹出【曲面精加工浅平面】对话框，打开【浅平面精加工参数】选项卡，如图17-121所示。

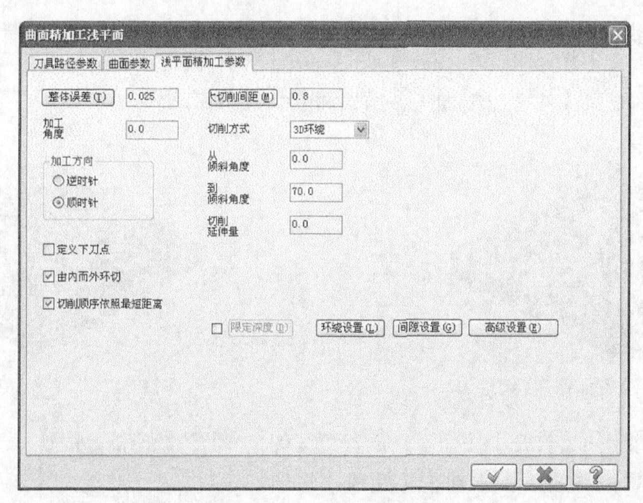

图17-121　浅平面精加工

其部分参数含义如下。

❖ 整体误差：设定刀路与曲面之间的误差值。

❖ 最大切削间距：设定刀路之间的最大间距。

❖ 加工角度：设定刀路切削方向与X轴的夹角。此项只有在切削方式为【双向】或【单向】时才有效，切削方式为【3D环绕】时，此处角度值无效。

❖ 加工方向：当设置切削方式为【3D环绕】时，有顺时针和逆时针两种加工方向。

❖ 由内而外环切：加工时从内向外进行切削。此项只在切削方式为【3D环绕】时才激活。

❖ 切削顺序依照最短距离：该项可以在加工刀路提刀次数较多时进行优化处理，减少提刀次数。

❖ 定义下刀点：选择一点，刀路从最靠近此点处进行下刀。

❖ 切削方式：设定浅平面精加工刀路的切削方式，有双向、单向和3D环绕切削3种。

❖ 双向：以双向来回切削工件。

❖ 单向：以单一方向切削到终点后，提刀到参考高度，再回到起点重新循环。

❖ 3D环绕：以等距环绕方式进行切削。

❖ 从倾斜角度：设定浅平面的最小角度。

❖ 到倾斜角度：设定浅平面的最大角度。最小角度到最大角度即是要加工的浅平面区域。

❖ 切削延伸量：在浅平面区域的切削方向沿曲面延伸一定距离。只适合双向切削和单向切削。图17-122为延伸量为0时的刀路。图17-123为延伸量为5时的刀路。

❖ 环绕设置：当切削方式为3D环绕时，可设置环绕切削参数。单击【环绕设置】按钮，弹出【环绕设置】对话框，如图17-124所示，可以重新设置计算精度。

❖ 覆盖自动精度的计算：选中时，系统将先前的部分设置值覆盖，采用步进量的百分比来控制切削间距。没有选中该项时，系统自动以设置的误差值和切削间距进行计算。

❖ 将限定区域的边界存为图形：选中该复选框，将限定为浅平面的区域边界保存为图形。

图17-122　延伸量为0

图17-123　延伸量为5

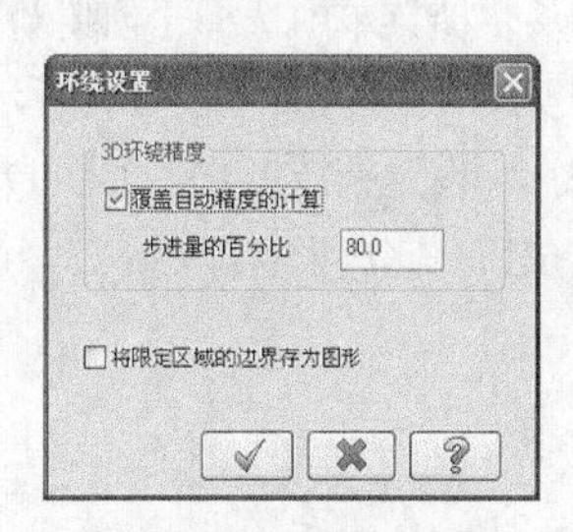

图17-124　环绕设置

实训95——浅平面精加工

对图17-125所示的图形采用浅平面精加工，结果如图17-126所示。

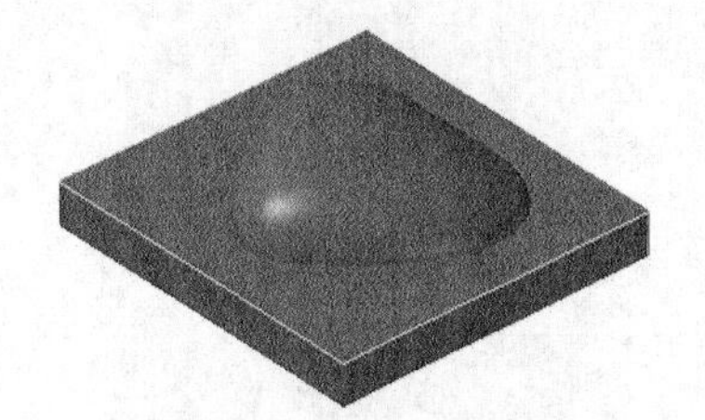

图17-125　浅平面精加工图形

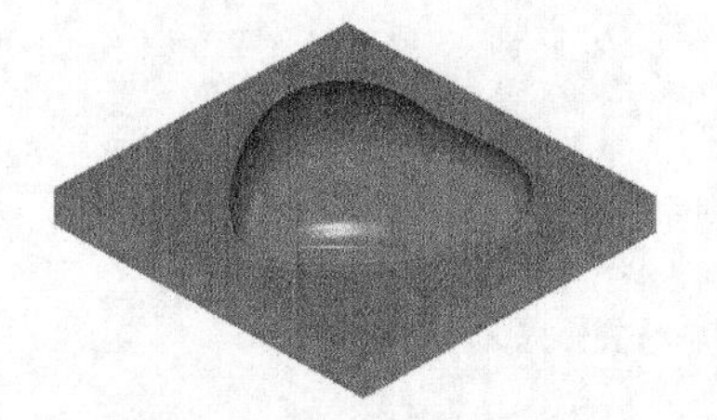

图17-126　浅平面精加工结果

01 在菜单栏执行【文件】→【打开】按钮，从资源文件找到"实训\源文件\Ch17\17-7.mcx-9"，单击【完成】按钮，完成文件的调取。

02 在菜单栏执行【刀路】→【曲面精修】→【浅滩】命令，弹出【刀具路径的曲面选取】对话框，如图17-127所示。选择加工曲面和边界范围曲线，单击【完成】按钮，完成选择。

03 弹出【曲面精加工浅平面】对话框，如图17-128所示。

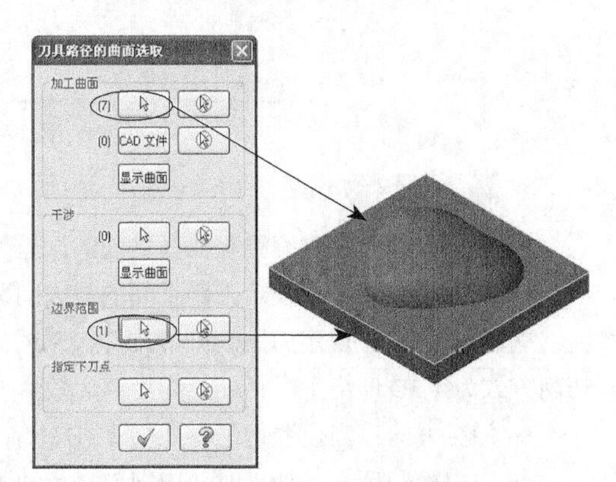

图17-127　选取曲面和加工范围

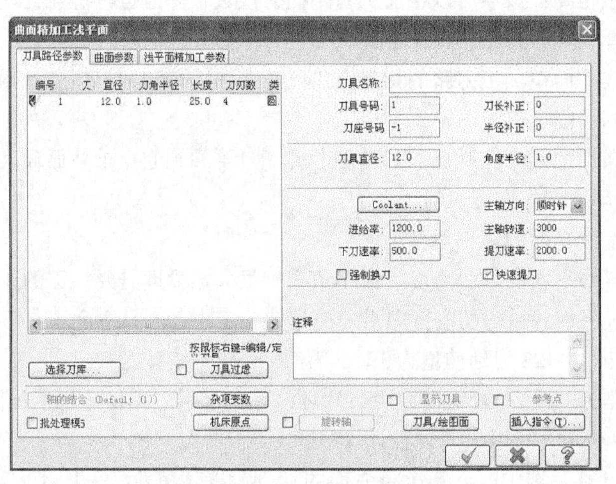

图17-128　曲面精加工浅平面

04 在【刀具路径参数】选项卡的空白处单击鼠标右键，从快捷菜单中选择【创建新刀具】选项，弹出定义刀具对话框，如图17-129所示。选择刀具类型为【球刀】，设置直径为10，如图17-130所示。单击【完成】按钮，完成设置。

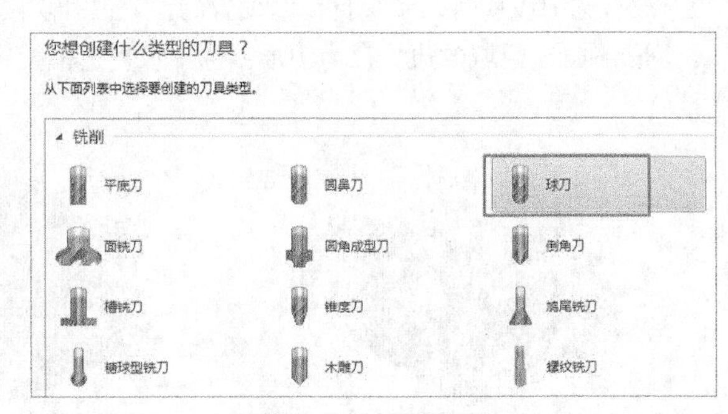

图17-129　新建刀具

05 在【刀具路径参数】选项卡中设置相关参数，如图17-131所示。单击【完成】按钮，完成刀路参数设置。

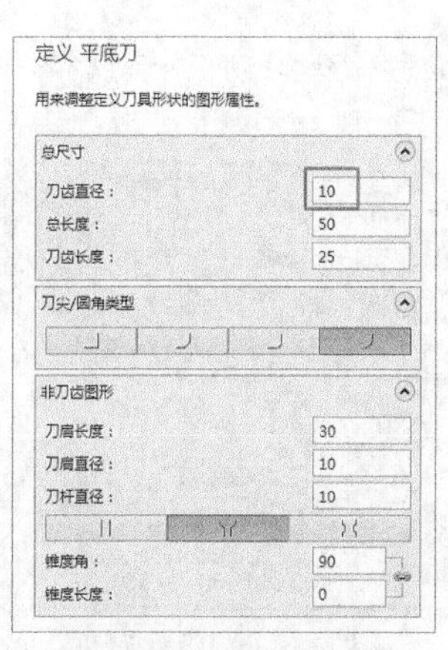

图17-130　设置球刀参数

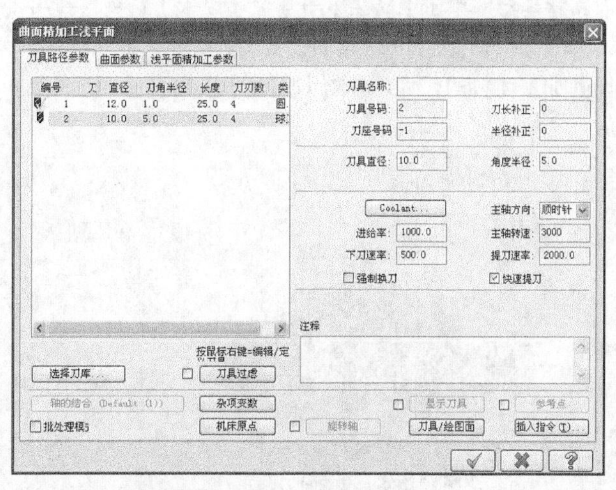

图17-131　刀具相关参数

06 在【曲面精加工浅平面】对话框中打开【曲面参数】选项卡，设置曲面相关参数，如图17-132所示，设置完后单击【完成】按钮，完成参数设置。

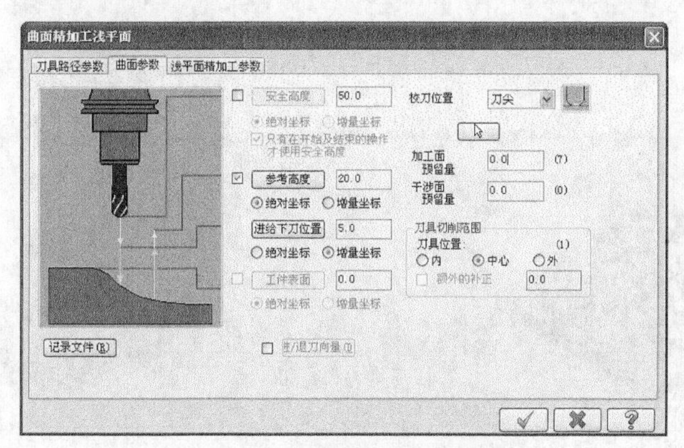

图17-132　曲面精加工浅平面参数

07 在【曲面精加工浅平面】对话框中打开【浅平面精加工参数】选项卡，设置浅平面精加工专用参数，如图17-133所示，单击【完成】按钮，完成参数设置。

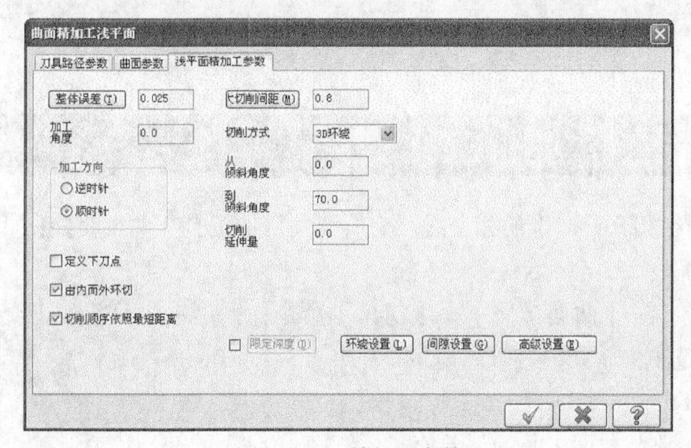

图17-133　精加工参数

08 系统根据用户所设置的参数生成浅平面精加工刀路，如图17-134所示。

09 在刀路管理器中单击【属性】→【毛坯设置】选项，弹出【机器群组属性】对话框，打开【素材设置】选项卡，如图17-135所示，设置加工坯料的尺寸，单击【完成】按钮，完成参数设置。

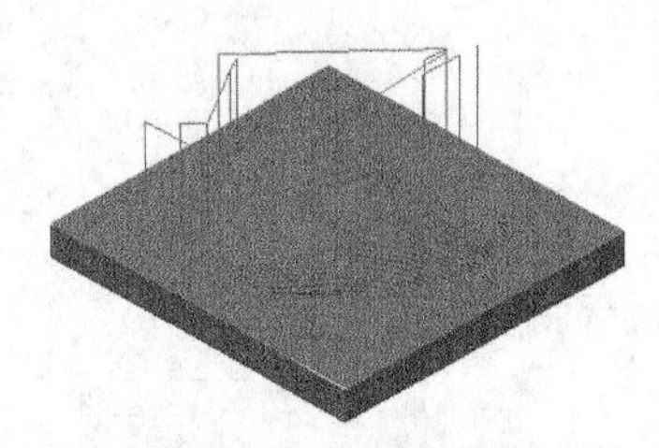

图17-134 浅平面刀路

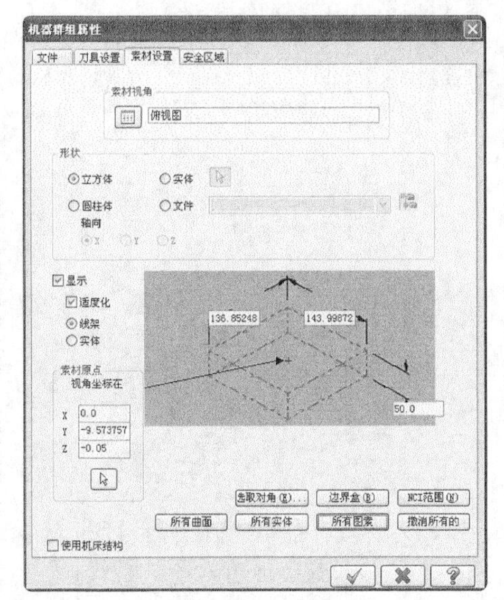

图17-135 设置毛坯

10 坯料设置结果如图17-136所示，虚线框显示的即为毛坯。

11 单击【模拟已选择的操作】按钮，弹出【验证】对话框，单击【播放】按钮，模拟结果如图17-137所示。结果文件见“实训\结果文件\Ch17\17-7.mcx-9”。

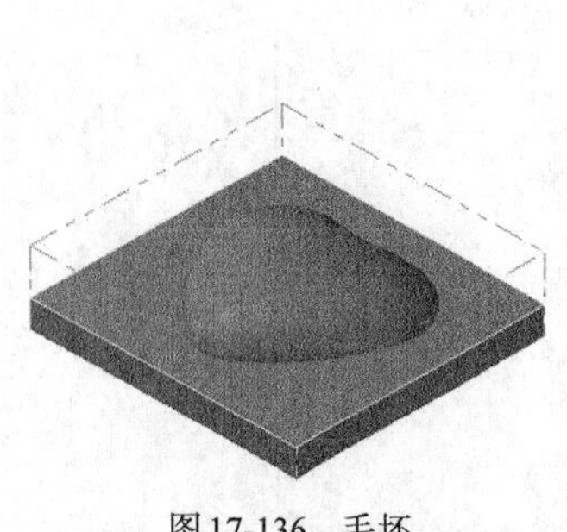

图17-136 毛坯

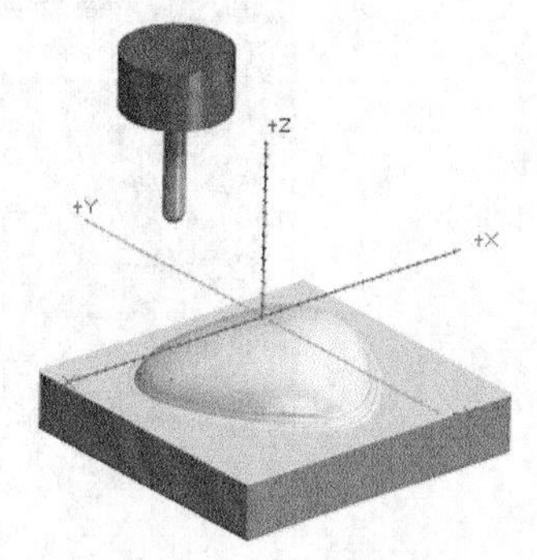

图17-137 模拟结果

操作技巧

浅平面精加工对浅曲面或平坦曲面的加工效果非常好，效率也高，通常用来加工三维曲面中的浅平面，也可以与等高刀轨成对配合使用。

17.8 交线清角精加工

交线即两相交的曲面在相交处产生的相交线。交线清角精加工会在两相交曲面相交处产生刀路，用来清除交线处的残料。

在菜单栏执行【刀路】→【曲面精修】→【清角】命令，弹出【曲面精加工交线清角】对话框，打开【交线清角精加工参数】选项卡，如图17-138所示。

其中部分参数含义如下。

❖ 整体误差：设定刀路与曲面之间的误差值。

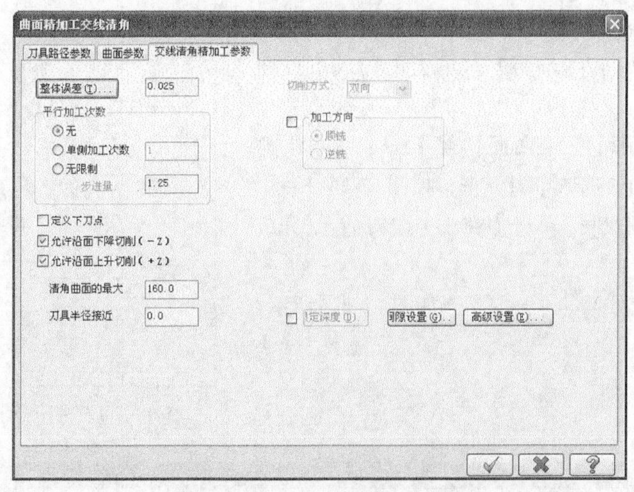

图17-138　交线清角精加工参数

❖ 平行加工次数：设置交线清角精加工次数。有无、单侧加工次数和无限制3种。

❖ 无：不定义次数，即进行一刀式切削。图17-139为次数设置为无时的刀路。

❖ 单侧加工次数：自定义单侧加工次数。图17-140为单侧加工3次时的刀路。

❖ 无限制：不定义次数，由系统自动决定次数，直到将交线以外的曲面全部加工为止。图17-141为次数设置为无限制时的刀路。

❖ 切削方式：设置切削加工方式，有单向和双向两种。

❖ 定义下刀点：设置进刀点，刀具会从最接近此点处下刀。

❖ 允许沿面下降切削：允许刀具沿曲面下降切削。

❖ 允许沿面上升切削：允许刀具沿曲面上升切削。

❖ 清角曲面的最大角度：设置两曲面夹角的最大值，所有曲面夹角在此范围内都纳入交线清角的范围。

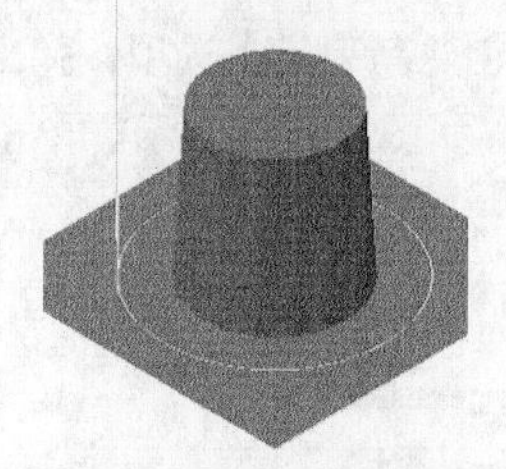

图17-139　次数为无

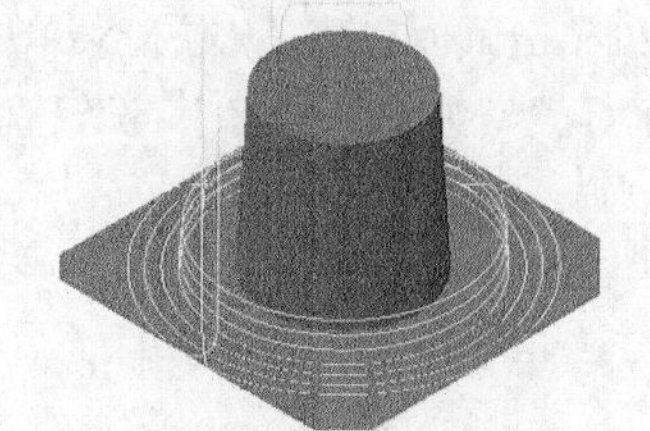

图17-140　单侧加工3次

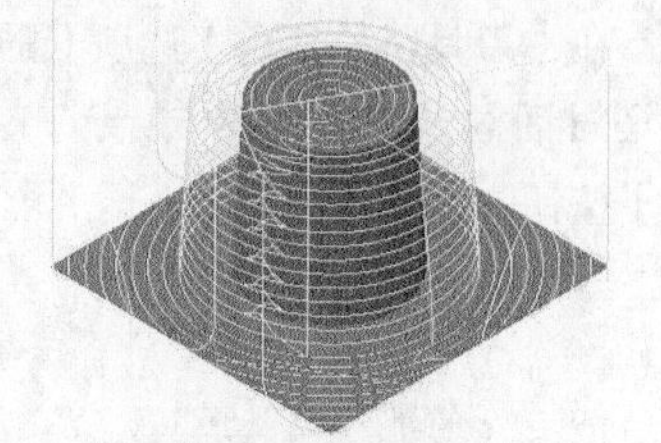

图17-141　无限制

实训96——交线清角精加工

对图17-142所示的图形采用交线清角精加工，结果如图17-143所示。

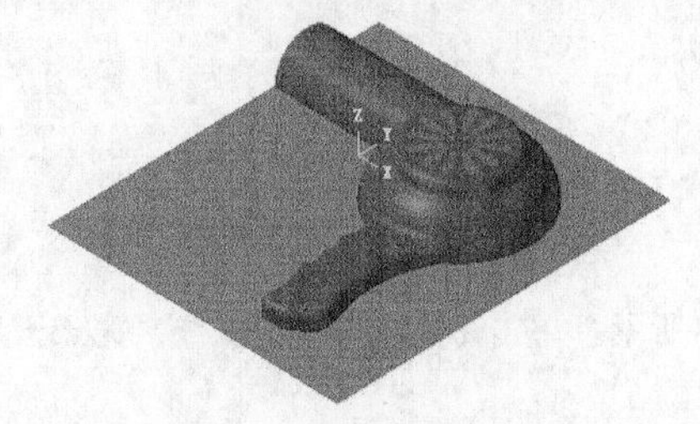

图17-142　交线清角精加工图形

图17-143　交线清角精加工结果

01 在菜单栏执行【文件】→【打开】按钮，从资源文件找到“实训\源文件\Ch17\17-8.mcx-9”，单击【完成】按钮，完成文件的调取。

02 在菜单栏执行【刀路】→【曲面精修】→【清角】命令，弹出【刀具路径的曲面选取】对话框，如图17-144所示。选择加工曲面和边界范围曲线，单击【完成】按钮，完成选择。

03 弹出【曲面精加工交线清角】对话框，如图17-145所示。

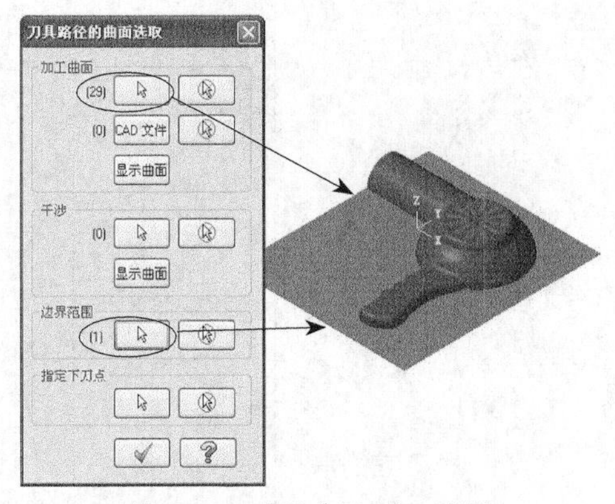

图17-144 选取曲面和加工范围

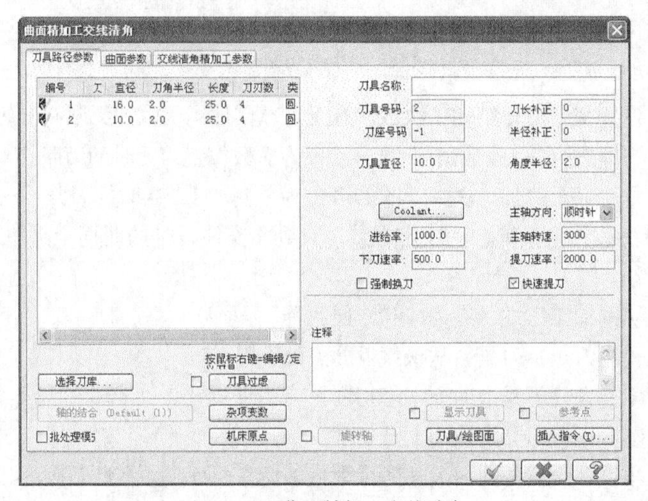

图17-145 曲面精加工交线清角

04 在【刀具路径参数】选项卡的空白处单击鼠标右键，从快捷菜单中选择【创建新刀具】选项，弹出定义刀具对话框，如图17-146所示。选择刀具类型为【平底刀】，设置直径为10，如图17-147所示。单击【完成】按钮，完成设置。

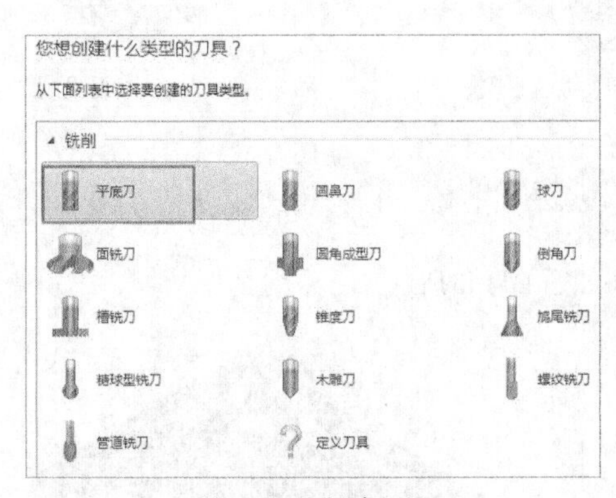

图17-146 新建刀具

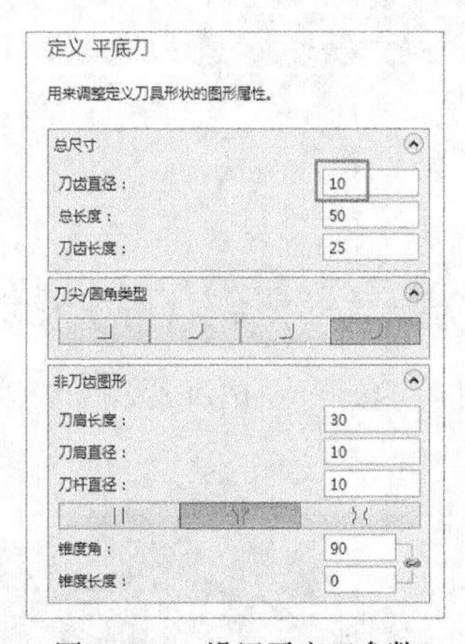

图17-147 设置平底刀参数

05 在【刀具路径参数】选项卡中设置相关参数，如图17-148所示。单击【完成】按钮，完成刀路参数设置。

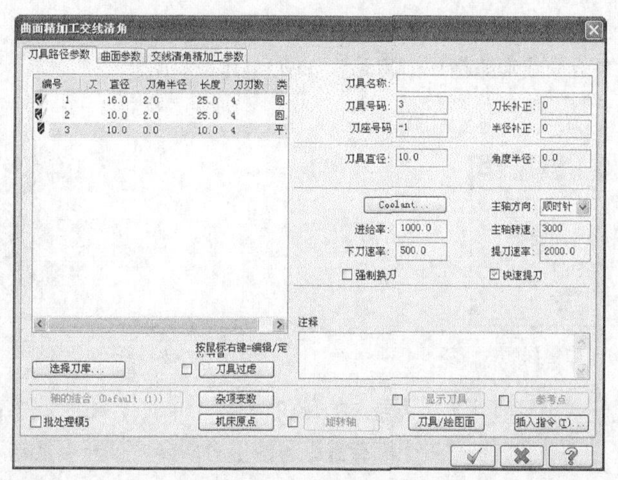

图17-148 刀具路径参数

06 在【曲面精加工交线清角】对话框中打开【曲面参数】选项卡，设置曲面相关参数，如图17-149所示，单击【完成】按钮，完成参数设置。

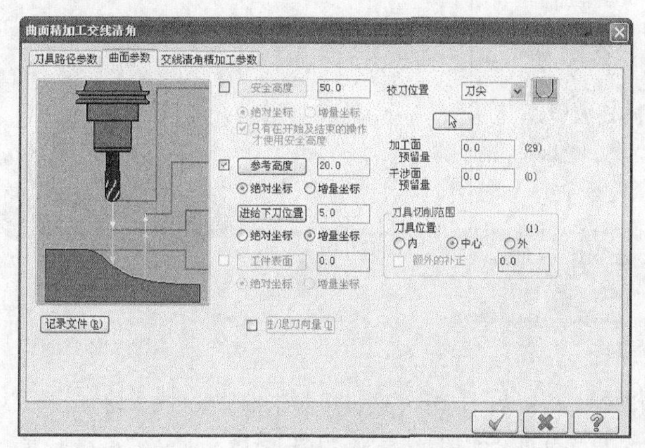

图17-149 曲面精加工交线清角参数

07 在【曲面精加工交线清角】对话框中打开【交线清角精加工参数】选项卡，如图17-150所示。设置交线清角精加工专用参数，单击【完成】按钮，完成参数设置。

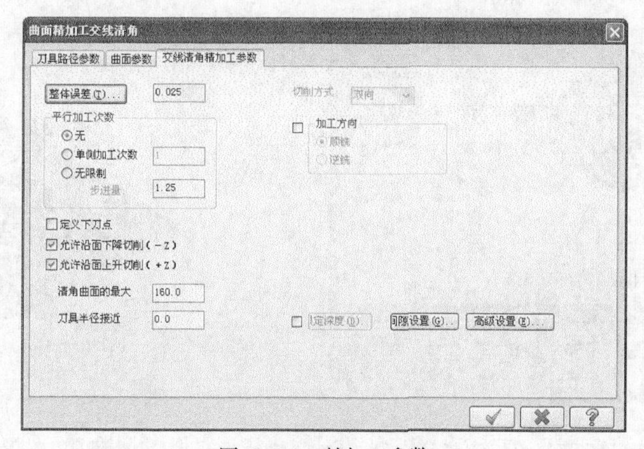

图17-150 精加工参数

08 在【交线清角精加工参数】选项卡中选中【切削深度】复选框，单击【限定深度】按钮限定深度(D)，弹出

【限定深度】对话框，设置切削深度，如图17-151所示。

09 系统根据设置的参数生成交线清角精加工刀路，如图17-152所示。

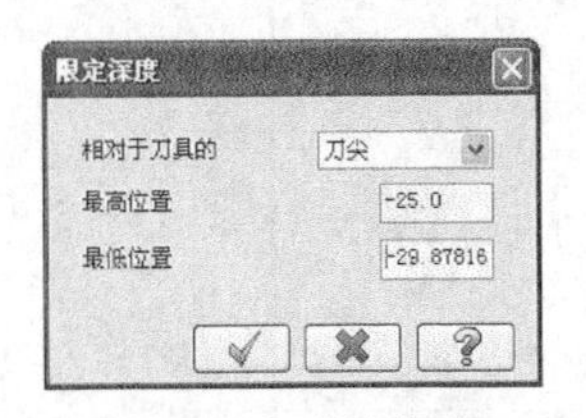

图17-151 限定深度

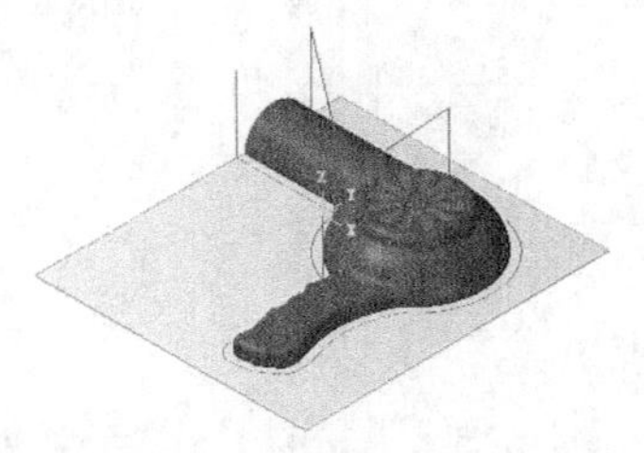

图17-152 交线清角精加工刀路

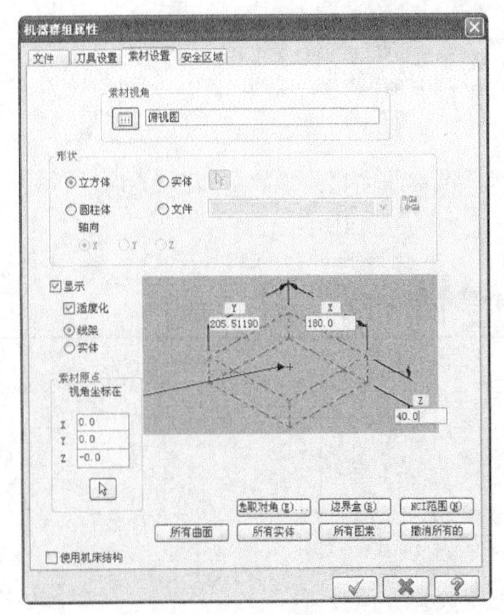

图17-153 设置毛坯

10 在刀路管理器中单击【属性】→【毛坯设置】选项，弹出【机器群组属性】对话框，打开【素材设置】选项卡，设置加工坯料的尺寸，如图17-153所示，单击【完成】按钮，完成参数设置。

11 坯料设置结果如图17-154所示，虚线框显示的即为毛坯。

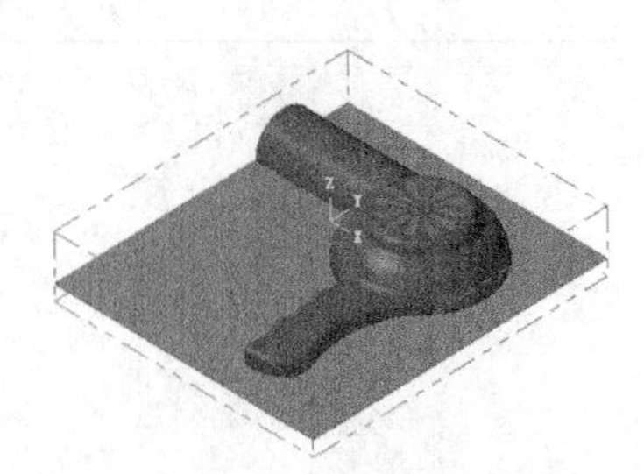

图17-154 毛坯

12 单击【模拟已选择的操作】按钮，弹出【验证】对话框，如图17-155所示，单击【播放】按钮，模拟结果如图17-156所示。结果文件见“实训\结果文件\Ch17\17-8.mcx-9”。

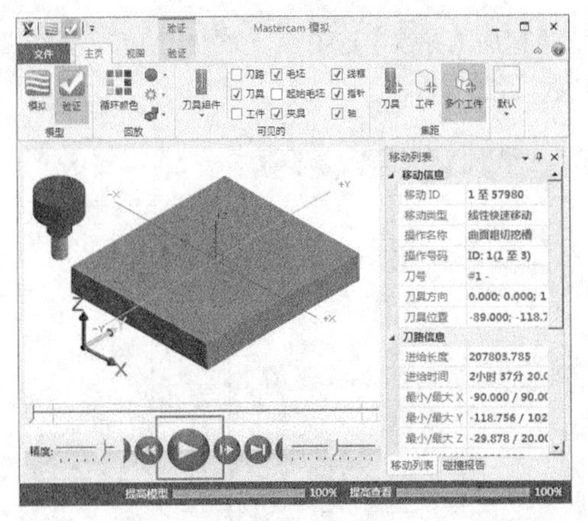

图17-155 模拟

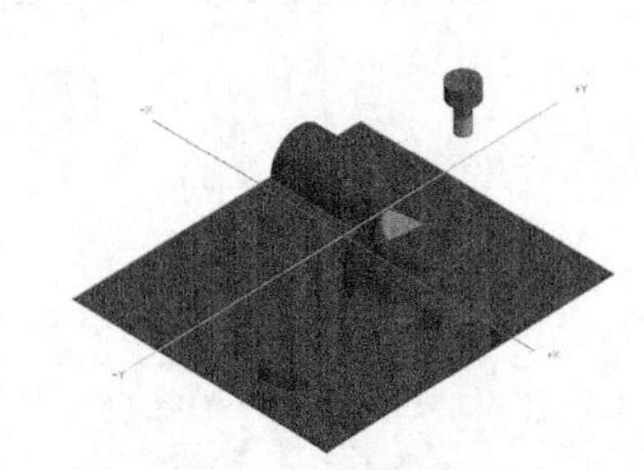

图17-156 模拟结果

操作技巧

交线清角精加工主要是对两曲面相交部位的锐角部分。球刀无法加工到的地方进行清角加工，因为剩余残料并不多，通常是一刀式加工。

17.9　残料清角精加工

残料清角精加工是对先前的操作或大直径刀具所留下来的残料进行加工。残料清角精加工主要用来清除局部地方过多的残料区域，使残料均匀，避免精加工刀具接触过多的残料撞刀，为后续的精加工做准备。

在菜单栏执行【刀路】→【曲面精修】→【残料】命令，弹出【曲面精加工残料清角】对话框，打开【残料清角精加工参数】选项卡，如图17-157所示。

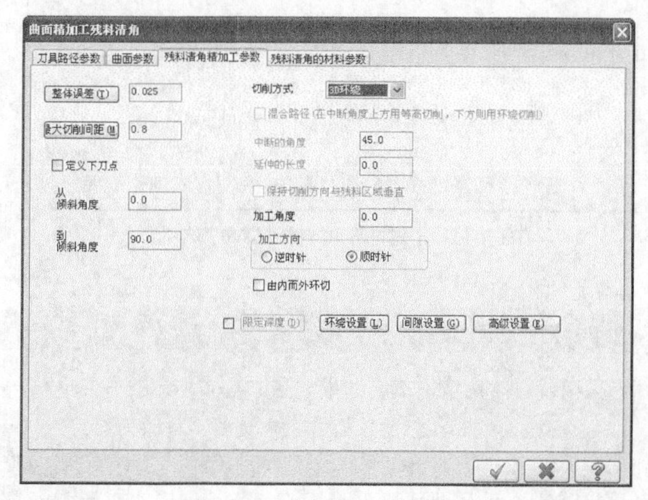

图17-157　曲面精加工残料清角

其参数含义如下。

❖ 整体误差：设定刀路与曲面之间的误差值。

❖ 最大切削间距：设定刀路之间的最大间距。

❖ 定义下刀点：选择一点作为下刀点，刀具会在最靠近此点的地方进刀。

❖ 从倾斜角度：设定残料清角刀路曲面的最小倾斜角度。

❖ 到倾斜角度：设定残料清角刀路曲面的最大倾斜角度。

❖ 切削方式：设定残料清角的切削方式，有双向、单向和3D环绕3种。

❖ 混合路径：在残料区域的斜面有陡斜面和浅平面之分，系统为了将残料区域铣削干净，还设置了混合路径，对陡斜面和浅平面分别采用不同的走刀方法。在浅平面采用环绕切削，在陡斜面区域采用等高切削。分界点即是中断角度，大于中断角度的斜面是陡斜面，采用等高切削。小于中断角度为浅平面，采用3D环绕切削。

❖ 延伸的长度：设定混合路径中等高切削路径的延伸距离。

❖ 保持切削方向与残料区域垂直：产生的等高切削刀路与曲面相垂直。

❖ 加工角度：设定刀路的加工角度。只在【双向】和【单向】切削方式时有用。

❖ 加工方向：设置3D环绕刀路的加工方向，顺时针或是逆时针。

❖ 由内而外环切：设置3D环绕刀路加工方式为从内向外。

在【曲面精加工残料清角】对话框中打开【残料清角的材料参数】选项卡，如图17-158所示。

其参数含义如下。

❖ 粗铣刀具的刀具直径：输入粗加工刀具直径，系统会根据刀具直径计算剩余的材料。

❖ 粗铣刀具的刀具半径：输入粗加工刀具的刀角半径，系统会根据刀具的刀角半径精确计算刀具加工不到的剩余材料。

❖ 重叠距离：加大残料区域的切削范围。

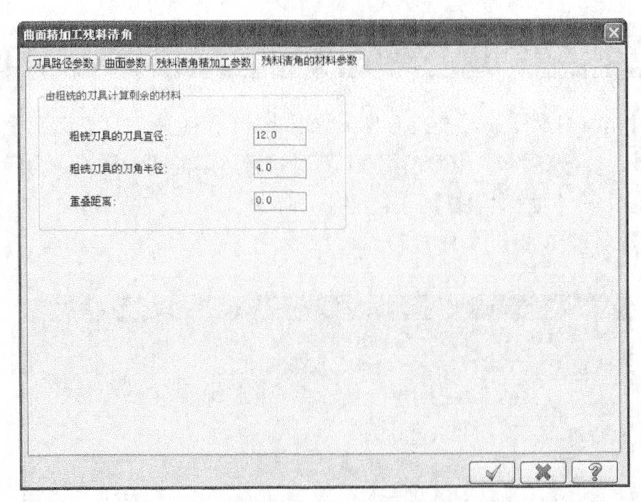

图17-158 【残料清角的材料参数】选项卡

实训97——残料清角精加工

对图17-159所示的图形采用残料清角精加工，结果如图17-160所示。

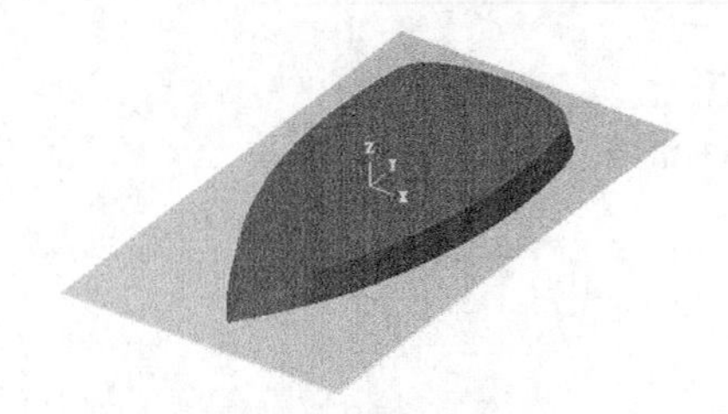

图17-159 残料清角精加工图形

图17-160 残料清角加工结果

01 在菜单栏执行【文件】→【打开】按钮，从资源文件找到“实训\源文件\Ch17\17-9.mcx-9”，单击【完成】按钮，完成文件的调取。

02 在菜单栏执行【刀路】→【曲面精修】→【残料】命令，弹出【刀具路径的曲面选取】对话框，如图17-161所示。选择加工曲面和加工范围，单击【完成】按钮，完成选择。

03 弹出【曲面精加工残料清角】对话框，如图17-162所示。

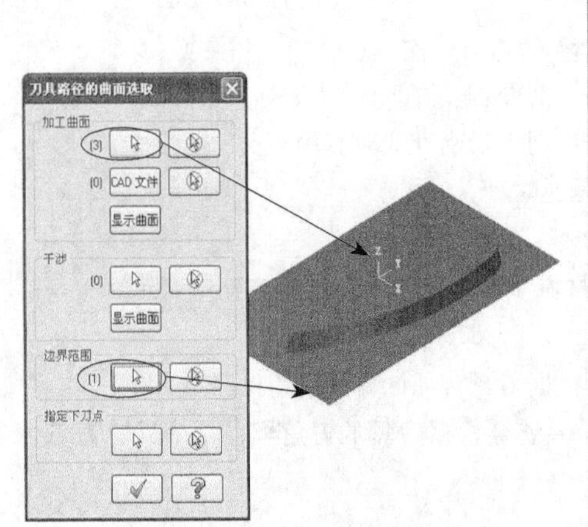

图17-161 选择曲面和加工范围

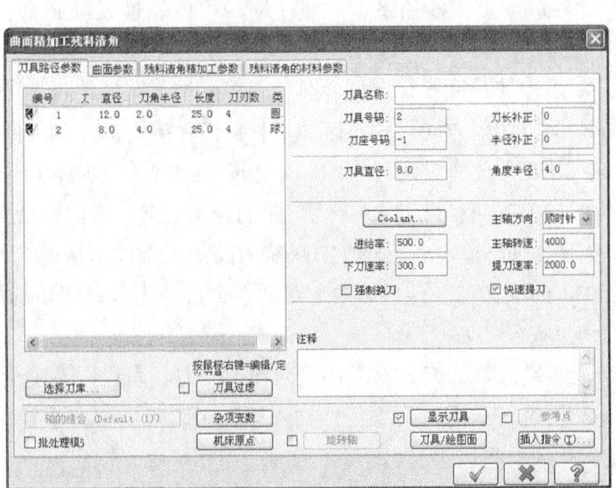

图17-162 【曲面精加工残料清角】对话框

04 在【刀具路径参数】选项卡的空白处单击鼠标右键，从快捷菜单中选择【创建新刀具】选项，弹出定义刀具对话框，如图17-163所示。选择刀具类型为【圆鼻刀】，设置直径为D10R1，如图17-164所示。单击【完成】按钮，完成设置。

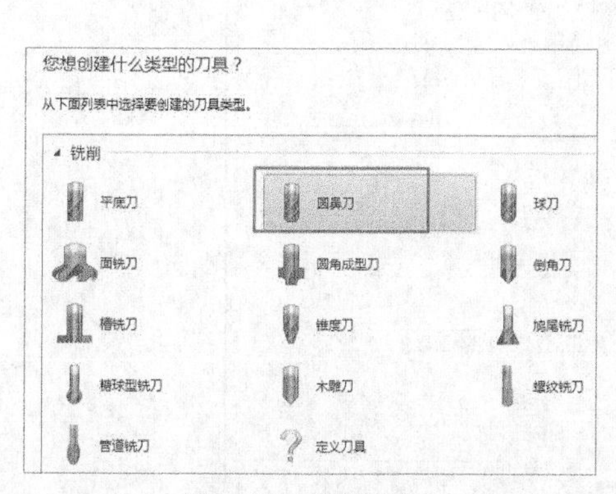

图17-163　新建刀具

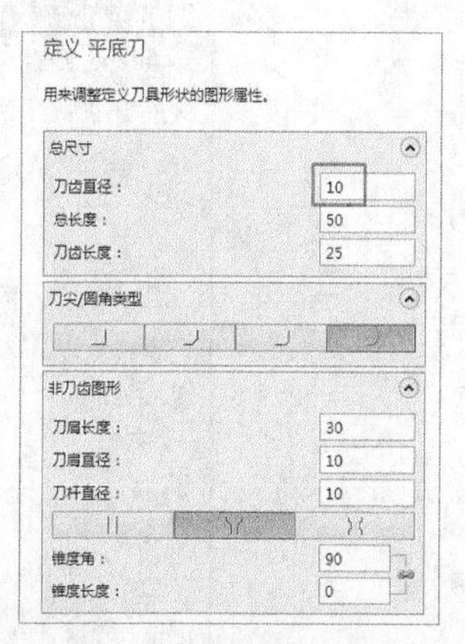

图17-164　设置刀具参数

05 在【刀具路径参数】选项卡中设置相关参数，如图17-165所示。单击【完成】按钮，完成刀路参数设置。

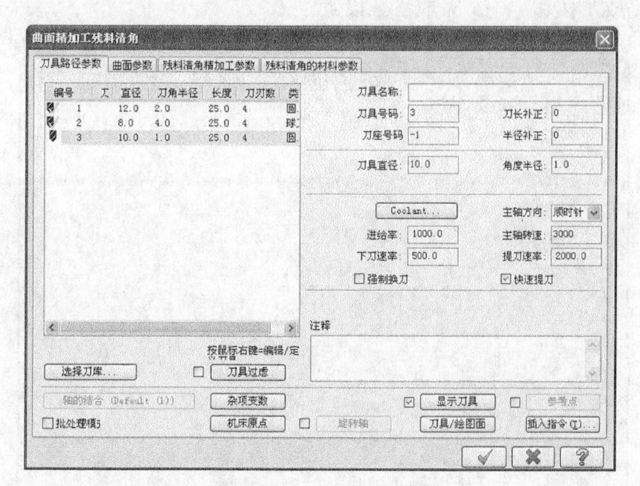

图17-165　刀具相关参数

06 在【曲面精加工残料清角】对话框中打开【曲面参数】选项卡，设置曲面相关参数，如图17-166所示，单击【完成】按钮，完成参数设置。

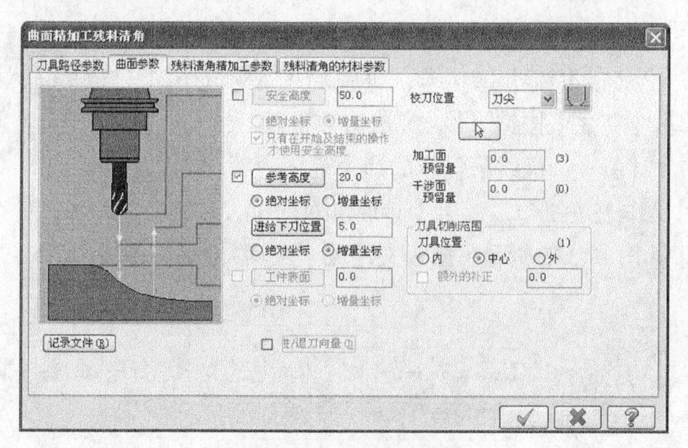

图17-166　曲面参数

07 在【曲面精加工残料清角】对话框中打开【残料清角精加工参数】选项卡，设置残料清角精加工专用参数，如图17-167所示，单击【完成】按钮✓，完成参数设置。

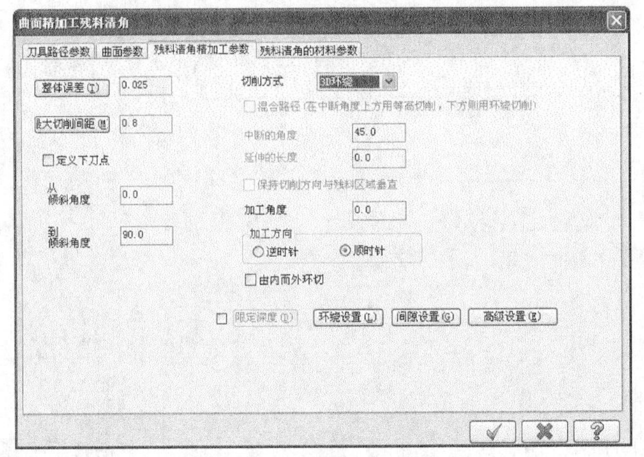

图17-167　残料清角精加工参数

08 在【曲面精加工残料清角】对话框中打开【残料清角的材料参数】选项卡，设置残料清角材料依据，如图17-168所示，单击【完成】按钮✓，完成参数设置。

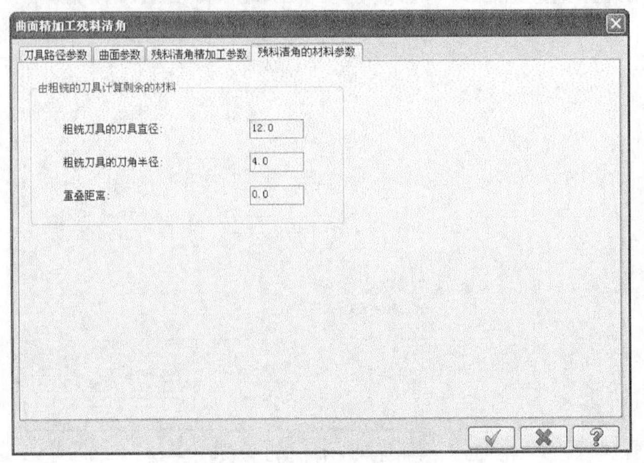

图17-168　残料清角的材料参数

09 系统根据用户所设置的参数，生成残料清角精加工刀路，如图17-169所示。

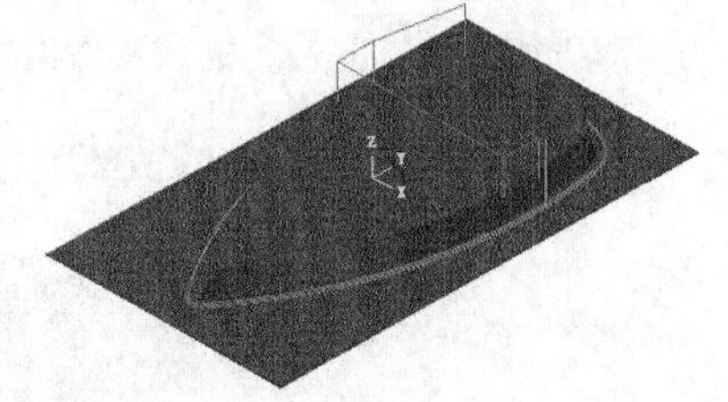

图17-169　刀路

10 在刀路管理器中单击【属性】→【毛坯设置】选项，弹出【机器群组属性】对话框，打开【素材设置】选项卡，设置加工坯料的尺寸，如图17-170所示，单击【完成】按钮✓，完成参数设置。

11 坯料设置结果如图17-171所示，虚线框显示的即为毛坯。

12 单击【模拟已选择的操作】按钮，弹出【验证】对话框，单击【播放】按钮▶，模拟结果如图17-172所示。结果文件见“实训\结果文件\Ch17\17-9.mcx-9”。

操作技巧

残料清角精加工通常是对角落处由于刀具过大而无法加工到位的部位采用小直径刀具进行清残料加工，残料清角精加工通常需要设置先前的参考刀具直径，再通过计算此直径留下的残料来产生刀轨。

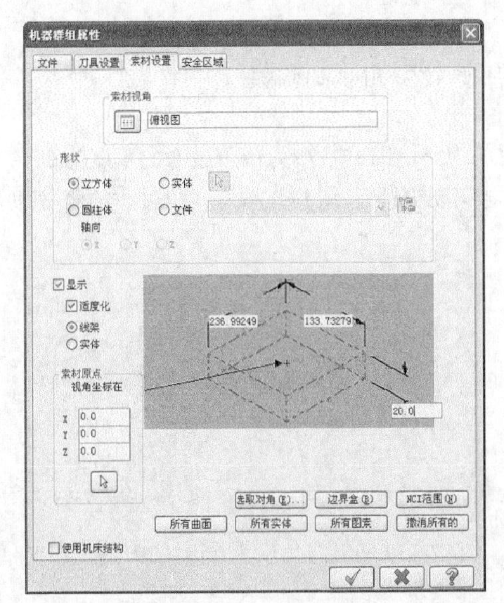

图17-170　设置毛坯

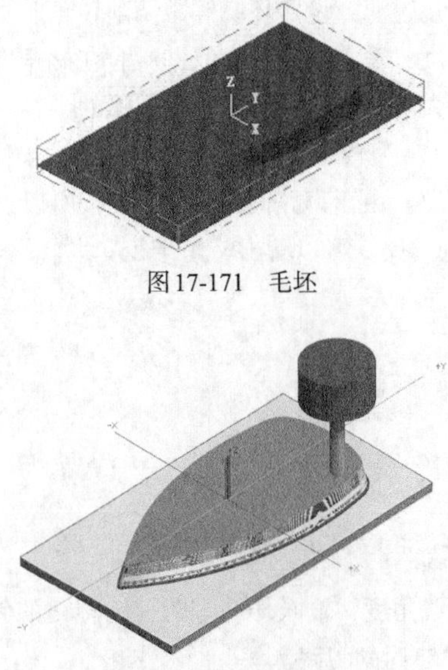

图17-171　毛坯

图17-172　模拟结果

17.10　环绕等距精加工

环绕等距精加工可在多个曲面零件时采用环绕式切削，而且刀路采用等距式排列，残料高度固定，在整个区域产生首尾一致的表面光洁度，抬刀次数少，因而是比较好的精加工刀路，常用于清除工件最后一层的残料。

在菜单栏执行【刀路】→【曲面精修】→【环绕】命令，弹出【曲面精加工环绕等距】对话框，打开【环绕等距精加工参数】选项卡，如图17-173所示。

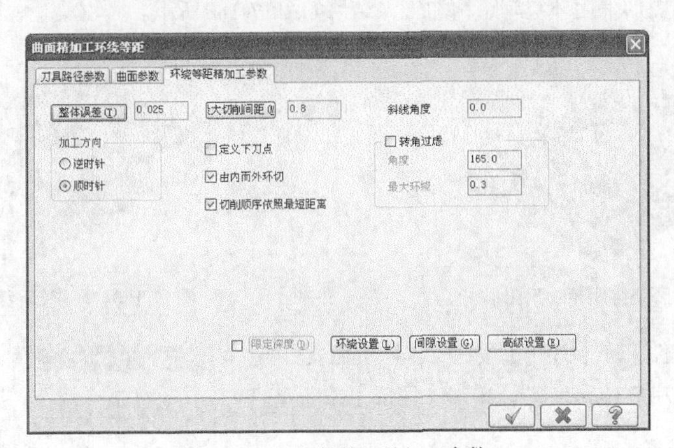

图17-173　环绕等距精加工参数

其参数含义如下。

❖ 整体误差：设定刀路与曲面之间的误差值。

❖ 最大切削间距：设定刀路之间的最大间距。

❖ 加工方向：设定环绕方向是逆时针还是顺时针。

❖ 定义下刀点：选择一点作为下刀点，刀具会在最靠近该点的地方进刀。

❖ 由内而外环切：设定环绕的起始点从内向外切削，不选中该项，即从外向内切削。

❖ 切削顺序依照最短距离：适合对抬刀次数多的零件进行优化，减少抬刀次数。

❖ 转角过滤：设置环绕等距切削转角。

❖ 角度：输入临界角度值，所有在此角度值范围内的都在转角处走圆弧。

❖ 最大环绕：输入环绕转角圆弧的半径。

图17-174为转角过滤的角度为120°，半径为0.2时的刀路。图17-175为转角过滤的角度为60°，半径为0.2时的刀路。由于刀路间夹角为90°，所以设置为60°将不走圆角。图17-176为转角过滤的角度为91°，半径为2时的刀路。可以看出转角半径变大。

图17-174　角度为120°，半径为0.2

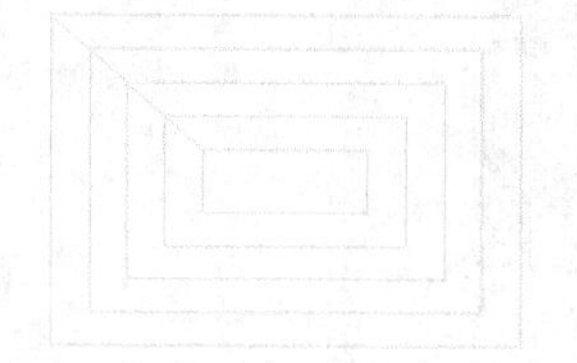
图17-175　角度为60°，半径为0.2

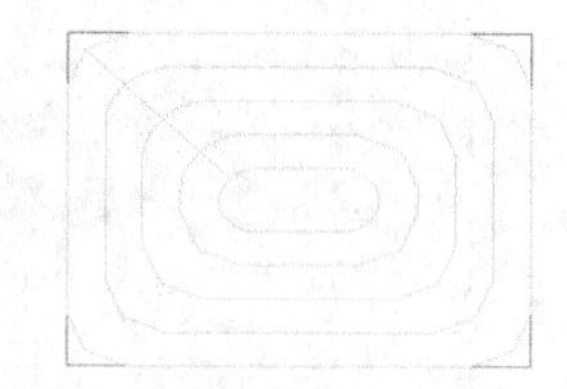
图17-176　角度为91°，半径为2

❖ 斜线角度：输入环绕等距刀路转角的斜线角度。图17-177是斜线角度为0°时的刀路。图17-178是斜线角度为45°时的刀路。

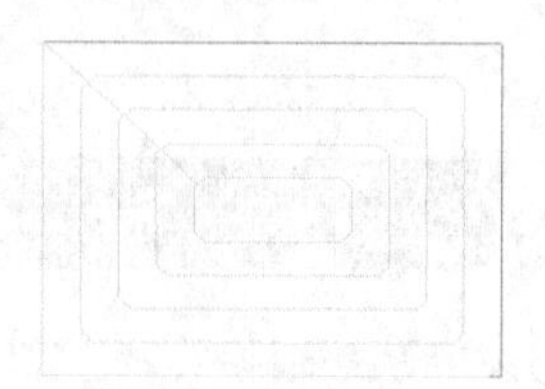
图17-177　斜线角度为0°

图17-178　斜线角度为45°

实训98——环绕等距精加工

对图17-179所示的图形采用环绕等距精加工，结果如图17-180所示。

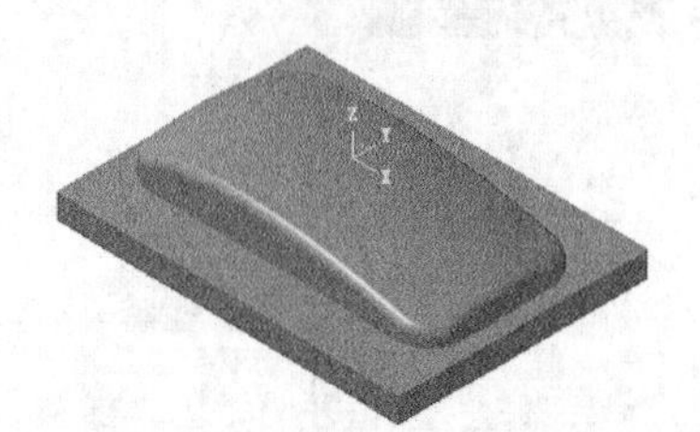
图17-179　环绕等距精加工图形

图17-180　环绕等距精加工结果

01 在菜单栏执行【文件】→【打开】按钮，从资源文件找到“实训\源文件\Ch17\17-10.mcx-9”，单击【完成】按钮，完成文件的调取。

02 在菜单栏上单击【刀路】→【曲面精修】→【环绕】命令，弹出【刀具路径的曲面选取】对话框，如图17-181所示。选择加工曲面和边界范围曲线，单击【完成】按钮，完成选取。

03 弹出【曲面精加工环绕等距】对话框，如图17-182所示。

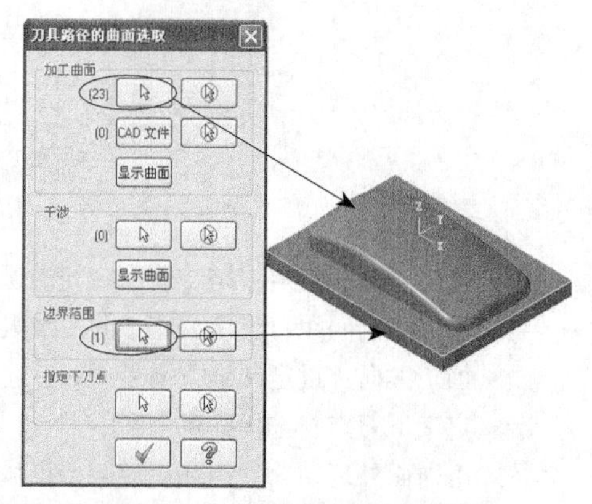

图17-181　选取曲面和边界范围

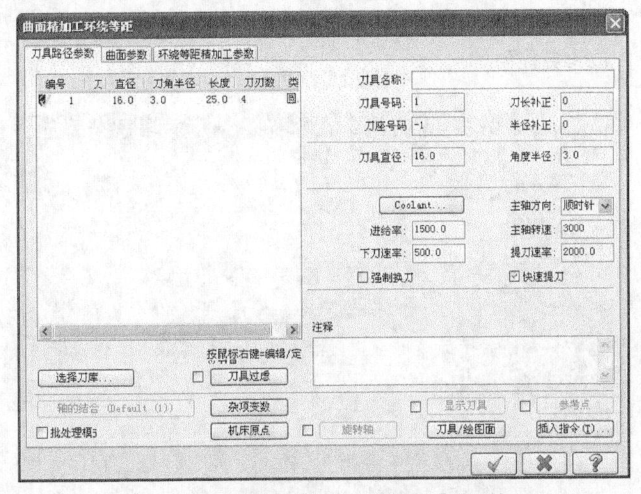

图17-182 【曲面精加工环绕等距】对话框

04

在【刀具路径参数】选项卡的空白处单击鼠标右键，从快捷菜单中选择【创建新刀具】选项，弹出定义刀具对话框，如图17-183所示。选择刀具类型为【球刀】，设置直径为6，如图17-184所示。单击【完成】按钮，完成设置。

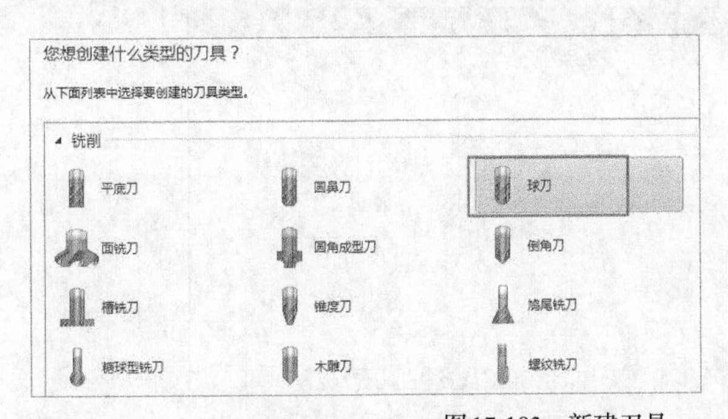

图17-183　新建刀具

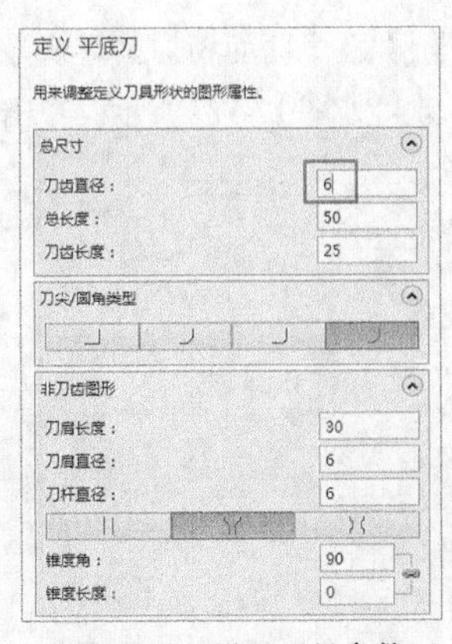

图17-184　设置刀具参数

05 在【刀具路径参数】选项卡中设置相关参数，如图17-185所示。单击【完成】按钮，完成刀路参数设置。

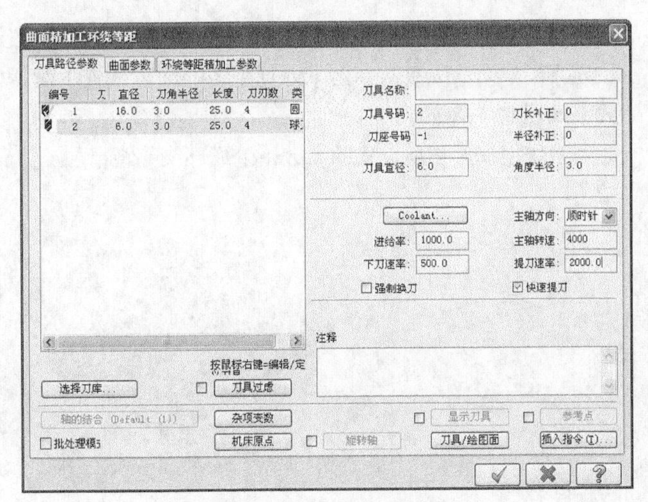

图17-185　刀具路径相关参数

06 在【曲面精加工环绕等距】对话框中打开【曲面参数】选项卡，设置曲面相关参数，如图17-186所示，单击【完成】按钮，完成参数设置。

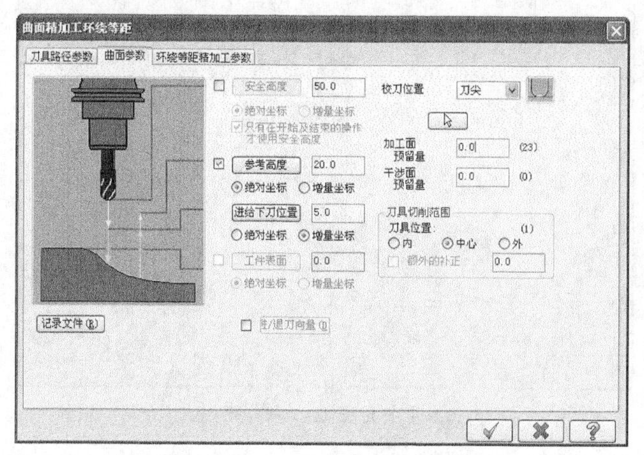

图17-186　曲面精加工环绕等距参数

07 在【曲面精加工环绕等距】对话框中打开【环绕等距精加工参数】选项卡，设置环绕等距精加工专用参数，如图17-187所示，单击【完成】按钮，完成参数设置。

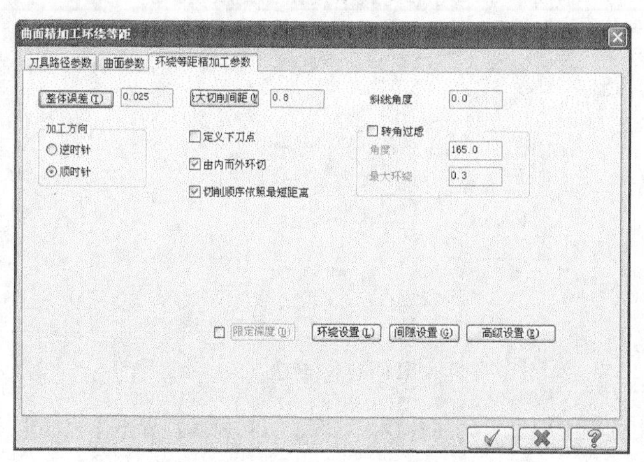

图17-187　环绕等距精加工参数

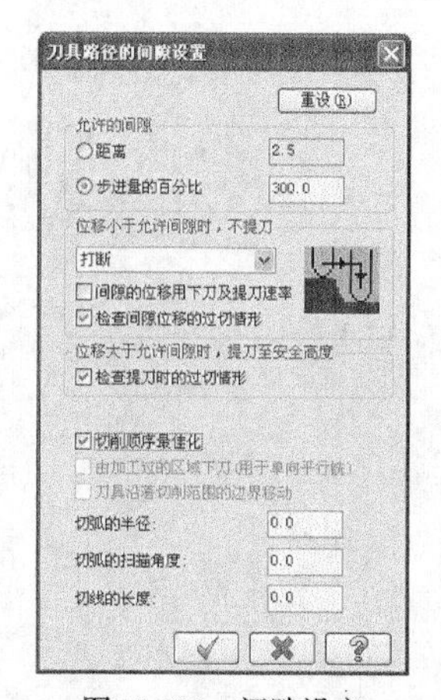

图17-188　间隙设定

08 在【曲面精加工环绕等距】对话框中选中【间隙设置】复选框，单击【间隙设定】按钮，弹出【刀具路径的间隙设置】对话框，设置间隙的控制方式，如图17-188所示。

09 系统根据用户所设置的参数，生成环绕等距精加工刀路，如图17-189所示。

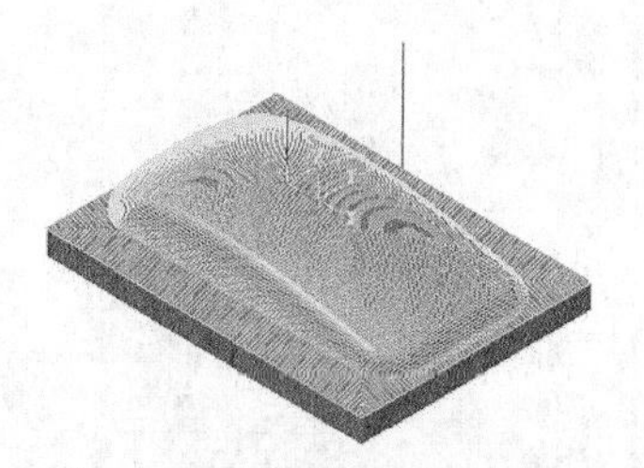

图17-189　环绕等距精加工刀路

10 在刀路管理器中单击【属性】→【毛坯设置】选项，弹出【机器群组属性】对话框，打开【素材设置】

选项卡，如图17-190所示，设置加工坯料的尺寸，单击【完成】按钮，完成参数设置。

11 坯料设置结果如图17-191所示，虚线框显示的即为毛坯。

12 单击【模拟已选择的操作】按钮，弹出【验证】对话框，单击【播放】按钮，模拟结果如图17-192所示。结果文件见"实训\结果文件\Ch17\17-10.mcx-9"。

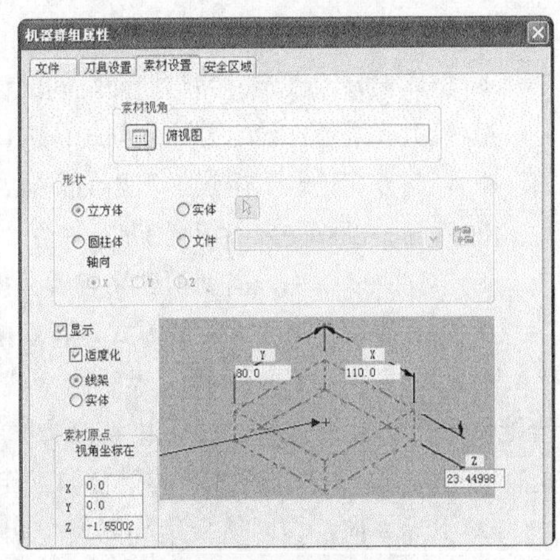

图17-190　设置毛坯

操作技巧

环绕等距精加工在曲面上产生等间距排列的刀轨，通常作为对模型进行最后精加工的刀轨。加工的精度非常高，只是刀轨非常大，计算时间长。

图17-191　毛坯

图17-192　模拟结果

17.11　熔接精加工

熔接精加工是将两条曲线内形成的刀路投影到曲面上形成精加工刀路。需要选择两条曲线作为熔接曲线。熔接精加工其实是双线投影精加工，Mastercam X9将此刀路从原始的投影精加工中分离出来，专门列为一个刀路。

在菜单栏执行【刀路】→【曲面精修】→【熔接】命令，弹出【曲面熔接精加工】对话框，打开【熔接精加工参数】选项卡，如图17-193所示。

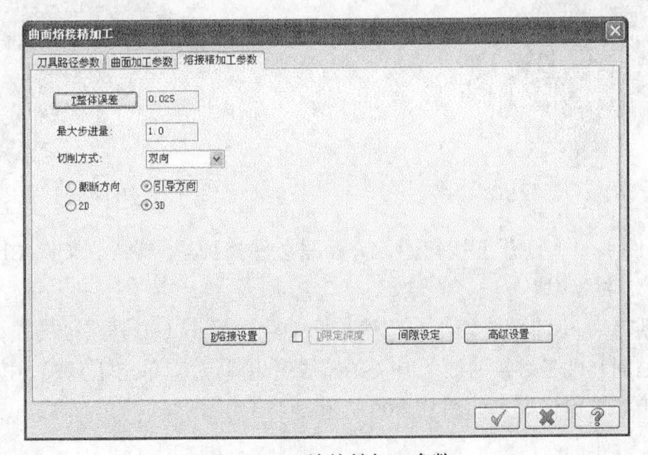

图17-193　熔接精加工参数

其参数含义如下。

❖ 整体误差：设定刀路与曲面之间的误差值。

❖ 最大步进量：设定刀路之间的最大间距。

❖ 切削方式：设置熔接加工切削方式，有双向、单向和螺旋线切削3种。

❖ 双向：以双向来回切削工件。

❖ 单向：以单一方向切削到终点后，提刀到参考高度，再回到起点重新循环。

❖ 螺旋线切削：以螺旋线方式进行切削。

❖ 截断方向：在两熔接边界间产生截断方向熔接精加工刀路。这是一种二维切削方式，刀路是直线型的，适合加工腔体，不适合加工陡斜面。

❖ 引导方向：在两熔接边界间产生切削方向熔接精加工刀路。可以选择2D或3D加工方式。刀路由一条曲线延伸到另一条曲线，适合于流线加工。

图17-194　引导方向

图17-195　截断方向

图17-194为选择引导方向时的刀路。图17-195为选择截断方向时的刀路。

❖ 2D：适合产生2D熔接精加工刀路。

❖ 3D：适合产生3D熔接精加工刀路。

❖ 熔接设置：设置两个熔接边界在熔接时的横向和纵向距离。单击【熔接设置】按钮，弹出【引导方向熔接设置】对话框，如图17-196所示。用来设置引导方向的距离和步进量的百分比等参数。

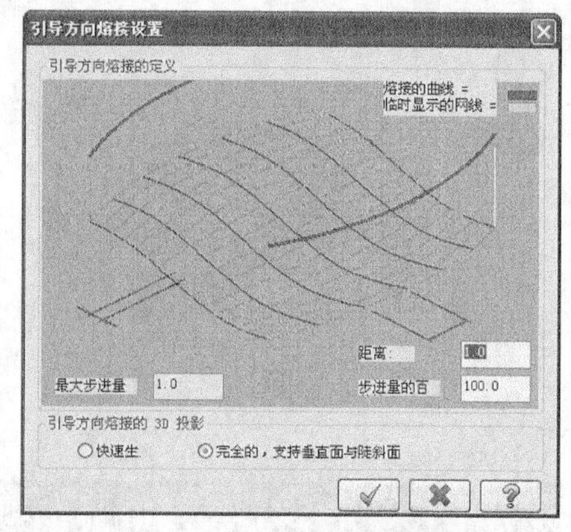

图17-196　引导方向熔接设置

实训99——熔接精加工

对图17-197所示的图形采用熔接精加工，结果如图17-198所示。

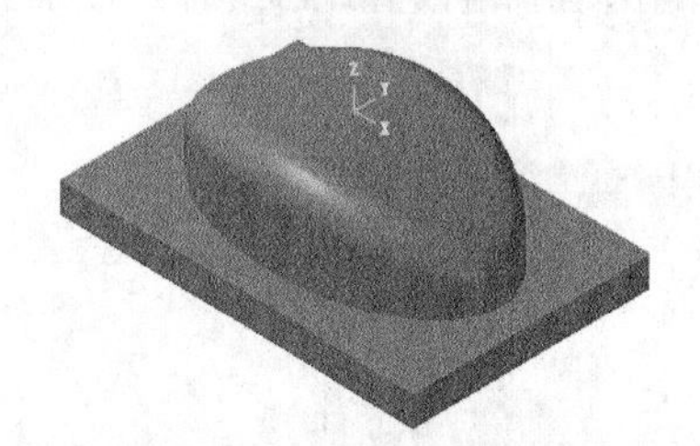

图17-197　熔接精加工图形

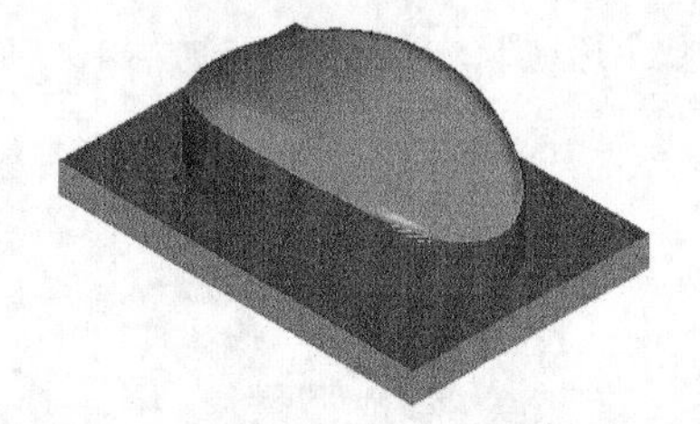

图17-198　加工结果

01 在菜单栏执行【文件】→【打开】按钮，从资源文件找到“实训\源文件\Ch17\17-11.mcx-9”，单击【完成】按钮，完成文件的调取。

02 在菜单栏执行【刀路】→【曲面精修】→【熔接】命令，弹出【刀具路径的曲面选取】对话框，如图17-199所示。选择加工曲面和两条熔接曲线（有一条曲线退化成点）。单击【完成】按钮，完成选择。

03 弹出【曲面精加工熔接】对话框，如图17-200所示。

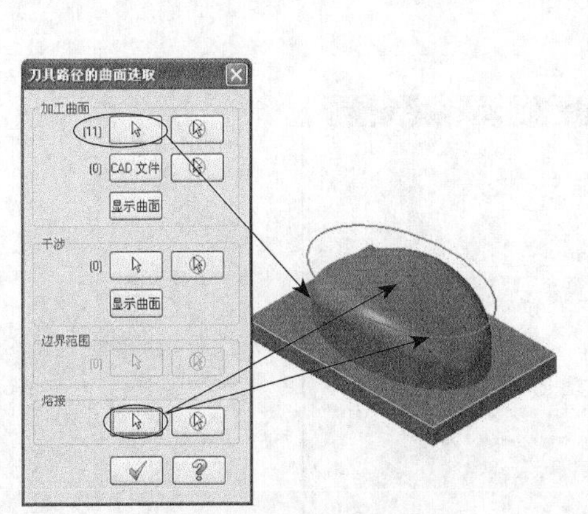

图17-199　选取曲面和范围

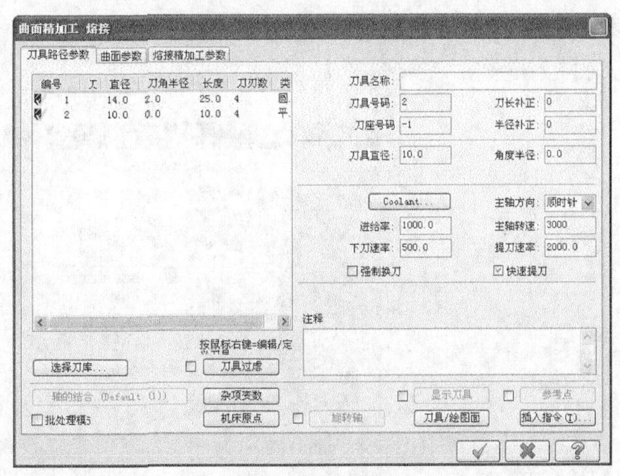

图17-200　刀路参数

04 在【刀具路径参数】选项卡的空白处单击鼠标右键，从快捷菜单中选择【创建新刀具】选项，弹出定义刀具对话框，如图17-201所示。选择刀具类型为【球刀】，设置直径为10，如图17-202所示。单击【完成】按钮，完成设置。

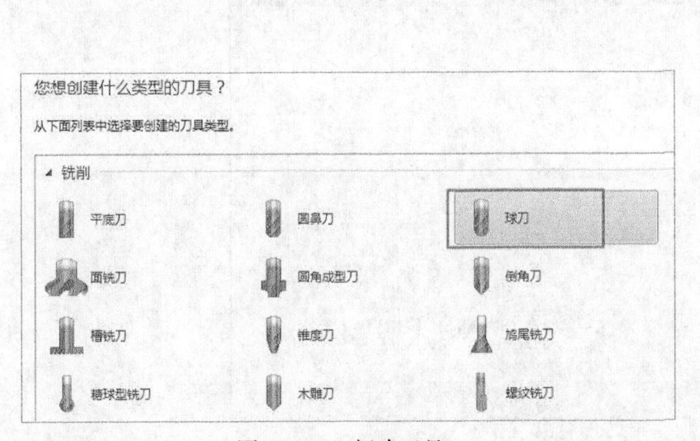

图17-201　新建刀具

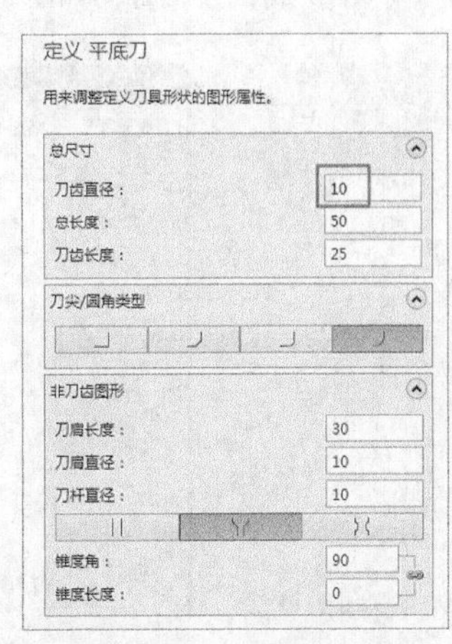

图17-202　设置刀具参数

05 在【刀具路径参数】选项卡中设置相关参数，如图17-203所示。单击【完成】按钮，完成刀路参数设置。

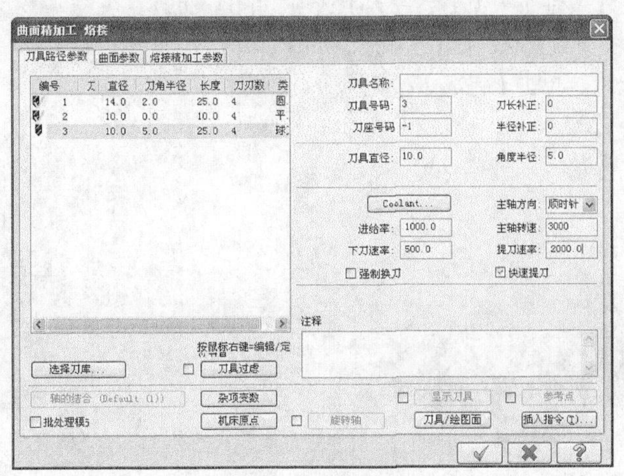

图17-203　刀具相关参数

06 在【曲面精加工熔接】对话框中打开【曲面参数】选项卡，设置曲面相关参数，如图17-204所示，单击【完成】按钮，完成参数设置。

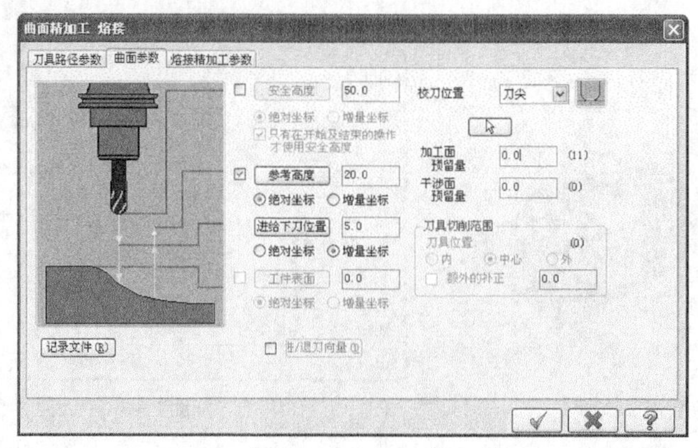

图17-204 曲面参数

07 在【曲面精加工熔接】对话框中打开【熔接精加工参数】选项卡，设置熔接精加工专用参数，单击【完成】按钮，完成参数设置，如图17-205所示。

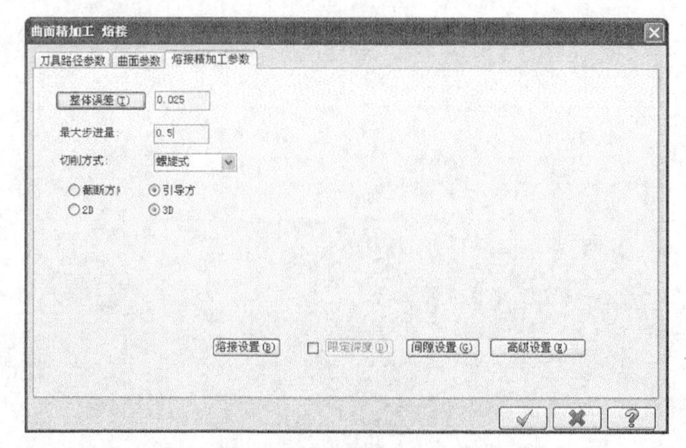

图17-205 熔接精加工参数

08 系统根据设置的参数，生成熔接精加工刀路，如图17-206所示。

09 在刀路管理器中单击【属性】→【毛坯设置】选项，弹出【机器群组属性】对话框，打开【素材设置】选项卡，如图17-207所示，设置加工坯料的尺寸，单击【完成】按钮，完成参数设置。

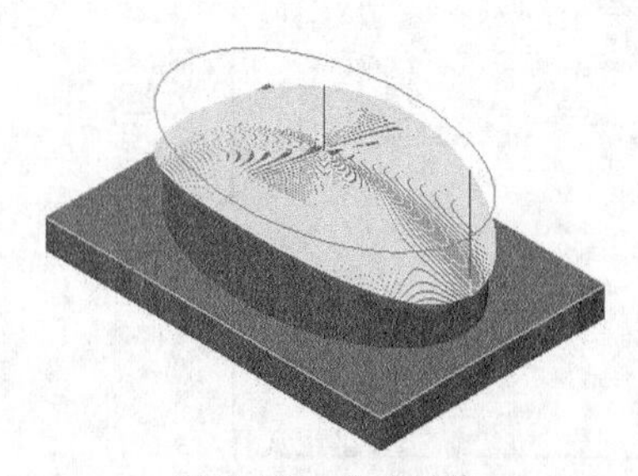
图17-206 生成刀路

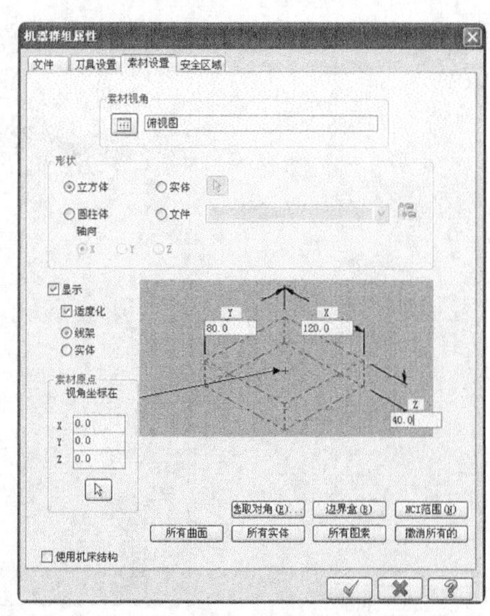

图17-207 设置毛坯

10 坯料设置结果如图17-208所示，虚线框显示的即为毛坯。

11 单击【模拟已选择的操作】按钮，弹出【验证】对话框，单击【播放】按钮，模拟结果如图17-209所示。结果文件见“实训\结果文件\Ch17\17-11.mcx-9”。

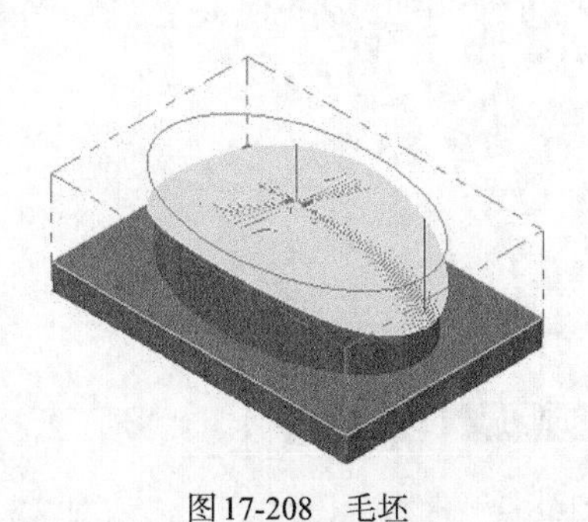

图17-208　毛坯

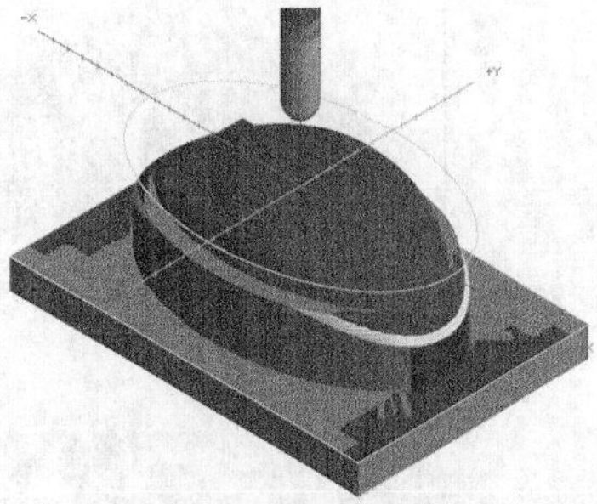

图17-209　模拟结果

操作技巧

熔接精加工是在两条曲线之间产生刀路，并将产生的刀路投影到曲面上形成熔接精加工，它是投影精加工的特殊形式。

17.12　拓展训练——吹风机公模精加工

引入文件：拓展训练\源文件\Ch17\17-12.mcx-9

结果文件：拓展训练\结果文件\Ch17\17-12.mcx-9

视频文件：视频\Ch17\拓展训练——吹风机公模精加工.avi

采用精加工刀路对图17-210所示的吹风机公模曲面进行加工，加工结果如图17-211所示。

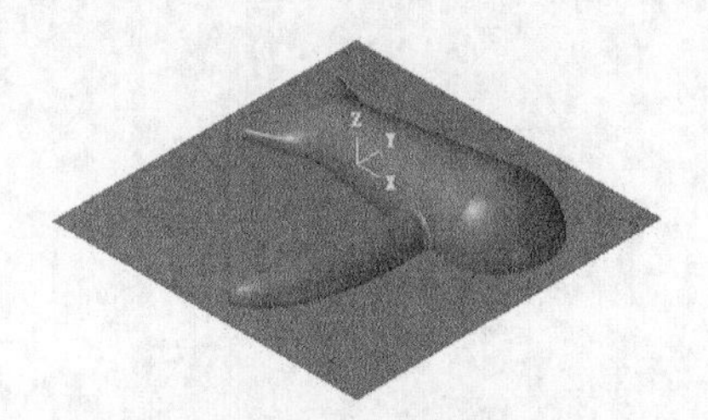

图17-210　吹风机公模

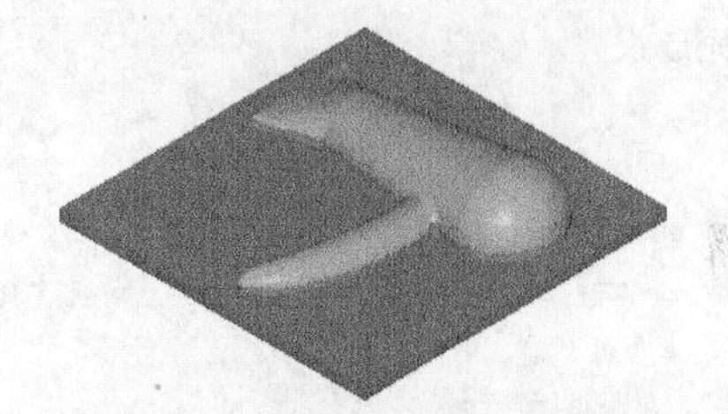

图17-211　加工结果

- 采用直径为6的平底刀对底面使用浅平面精加工刀路进行精加工。
- 采用直径为8的球刀对曲面使用环绕等距精加工刀路进行精加工。
- 采用直径为D4R1的圆鼻刀对角落使用残料清角精加工刀路进行清残料加工。
- 实体仿真模拟加工刀路。

17.12.1　采用直径为6的平底刀对底面使用浅平面精加工刀具路径进行精加工

01 在菜单栏执行【文件】→【打开】按钮，从资源文件找到【源文件\Ch17\17-12.mcx-9】，单击【完成】按钮，完成文件的调取。

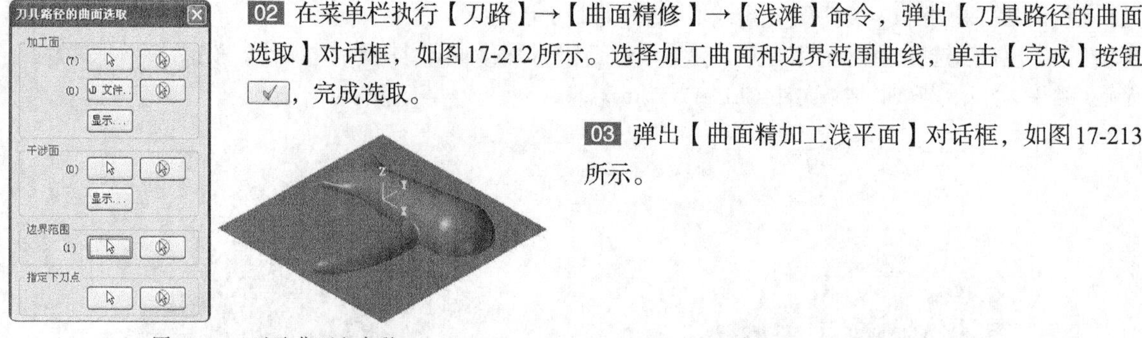

02 在菜单栏执行【刀路】→【曲面精修】→【浅滩】命令，弹出【刀具路径的曲面选取】对话框，如图17-212所示。选择加工曲面和边界范围曲线，单击【完成】按钮 ✓ ，完成选取。

03 弹出【曲面精加工浅平面】对话框，如图17-213所示。

图17-212 选取曲面和串联

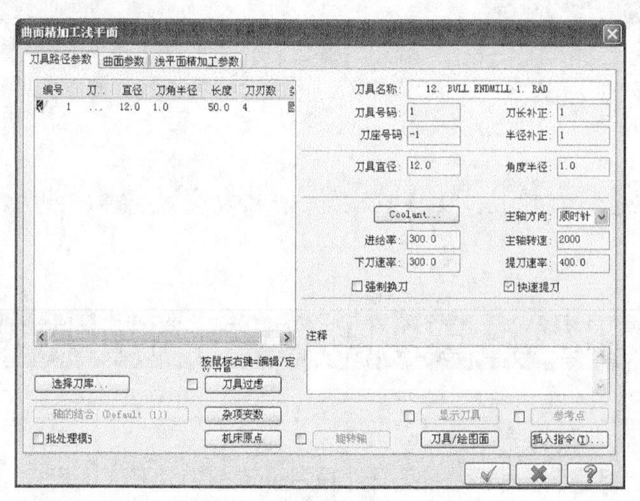

图17-213 曲面精加工浅平面

04 在【刀具路径参数】选项卡的空白处单击鼠标右键，从快捷菜单中选择【创建新刀具】选项，弹出定义刀具对话框，如图17-214所示。选择刀具类型为【平底刀】，设置直径为6，如图17-215所示。单击【完成】按钮，完成设置。

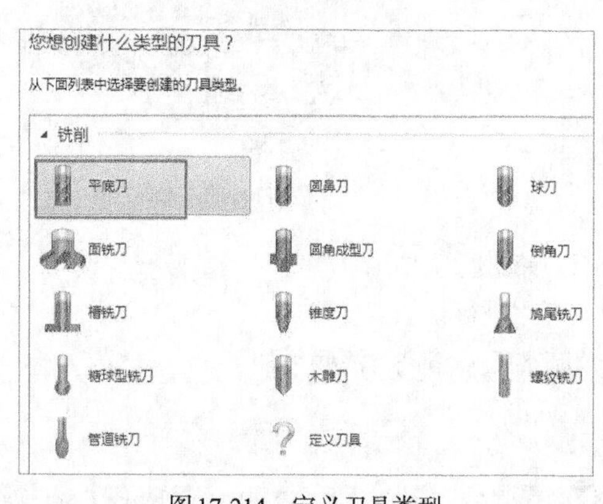

图17-214 定义刀具类型

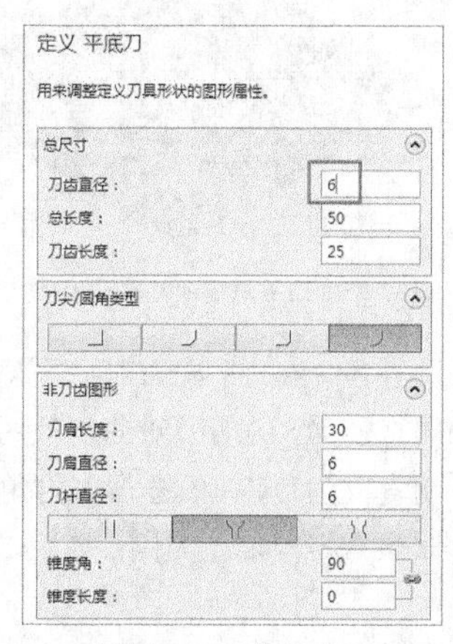

图17-215 定义刀具

05 在【刀具参数】选项卡中设置相关参数，如图17-216所示。单击【完成】按钮 ✓ ，完成刀路参数设置。

06 在【曲面精加工浅平面】对话框中打开【曲面参数】选项卡，设置曲面相关参数，如图17-217所示，单击【完成】按钮 ✓ ，完成参数设置。

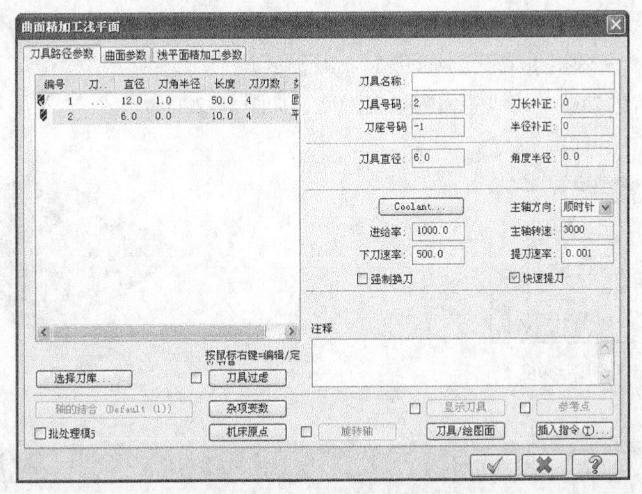

图17-216　设置刀路参数

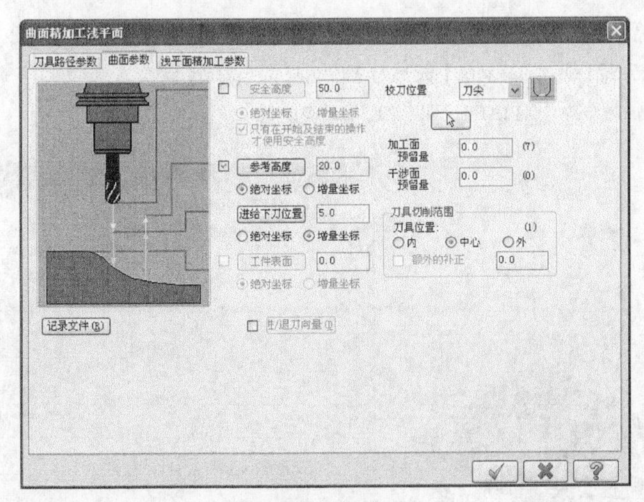

图17-217　曲面参数

07 在【曲面精加工浅平面】对话框中打开【浅平面精加工参数】选项卡，设置浅平面精加工专用参数，如图17-218所示，单击【完成】按钮，完成参数设置。

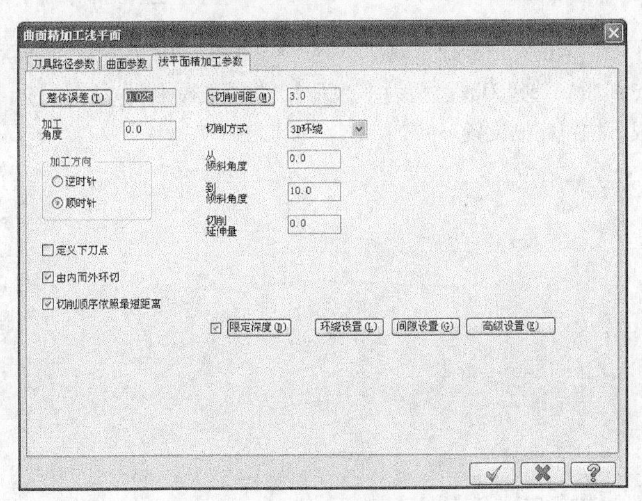

图17-218　浅平面精加工参数

08 在【曲面精加工浅平面】对话框中选中【限定深度】前的复选框，单击【限定深度】按钮限定深度(D)，弹出【限定深度】对话框，设置切削的深度，如图17-219所示。

09 系统根据用户所设置的参数生成浅平面精加工刀路，如图17-220所示。

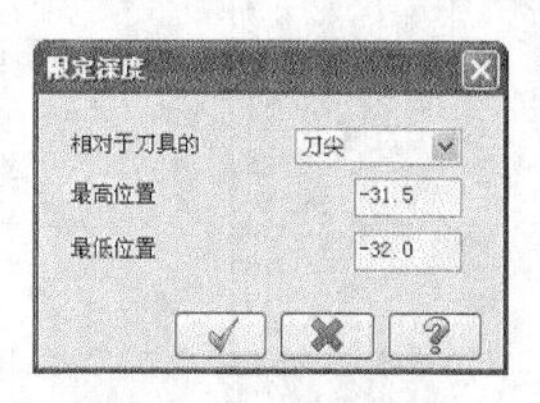

图17-219　限定深度

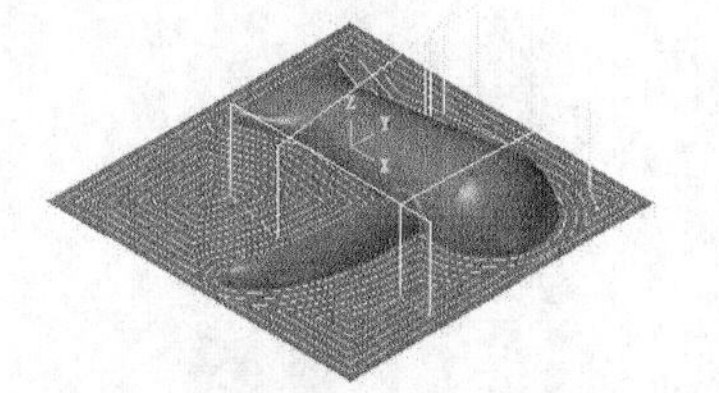

图17-220　生成刀路

17.12.2　采用直径为8的球刀对曲面使用环绕等距精加工刀具路径进行精加工

01 在菜单栏执行【刀路】→【曲面精修】→【环绕】命令，弹出【刀路曲面选择】对话框，选择加工曲面和边界范围曲线，如图17-221所示，单击【完成】按钮，完成选取。

02 弹出【曲面精加工环绕等距】对话框，如图17-222所示。

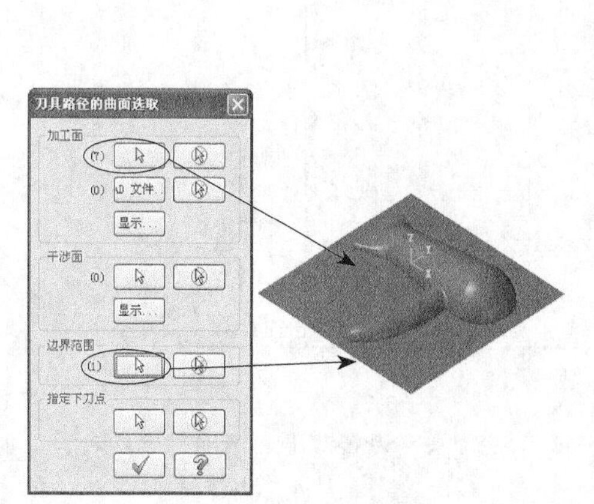

图17-221　选择曲面和串联

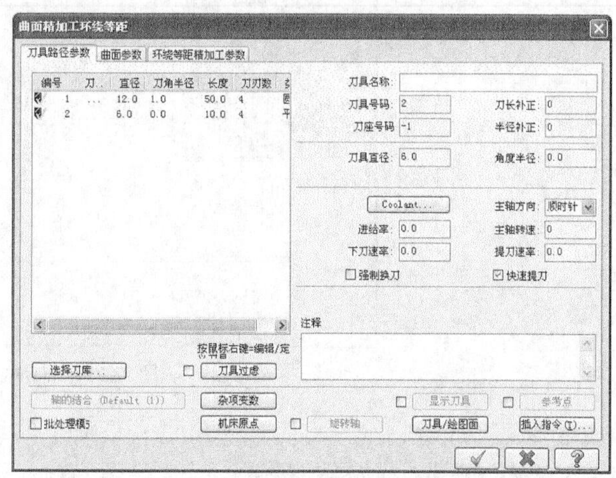

图17-222　曲面精加工环绕等距

03 在【刀具路径参数】选项卡的空白处单击鼠标右键，从快捷菜单中选择【创建新刀具】选项，弹出定义刀具对话框，如图17-223所示。选择刀具类型为【球刀】，设置直径为6，如图17-224所示。单击【完成】按钮完成设置。

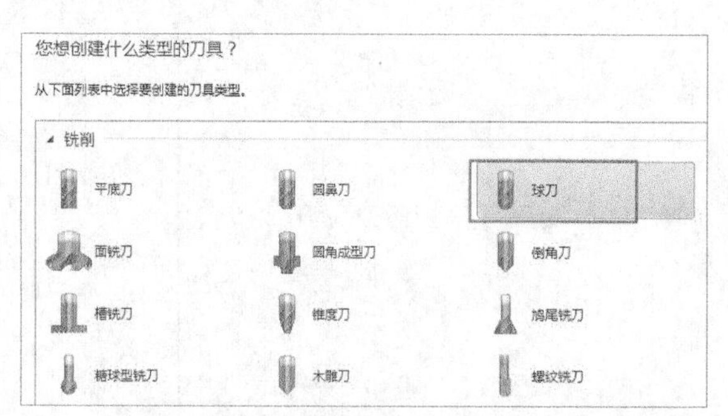

图17-223　选择刀具类型

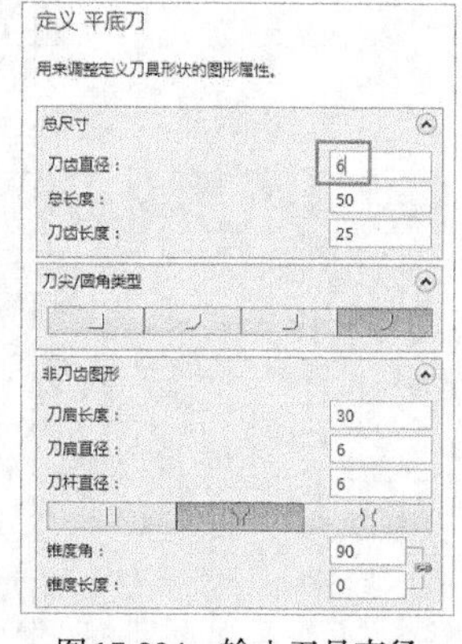

图17-224　输入刀具直径

04 在【刀具路径参数】选项卡中设置相关参数，如图17-225所示。单击【完成】按钮，完成刀路参数设置。

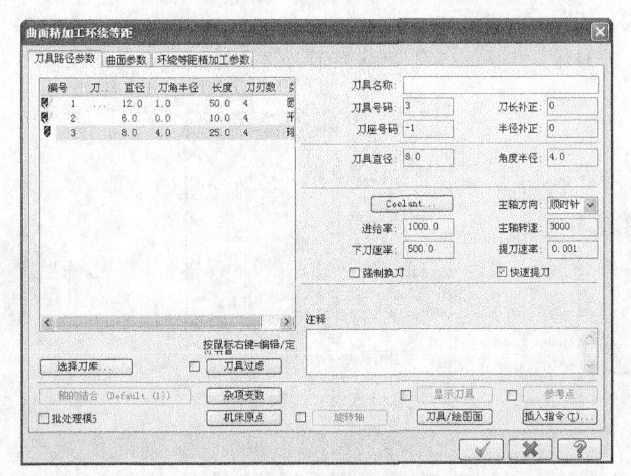

图17-225　设置刀路参数

05 在【曲面精加工环绕等距】对话框中打开【曲面参数】选项卡，设置曲面相关参数，如图17-226所示，单击【完成】按钮，完成参数设置。

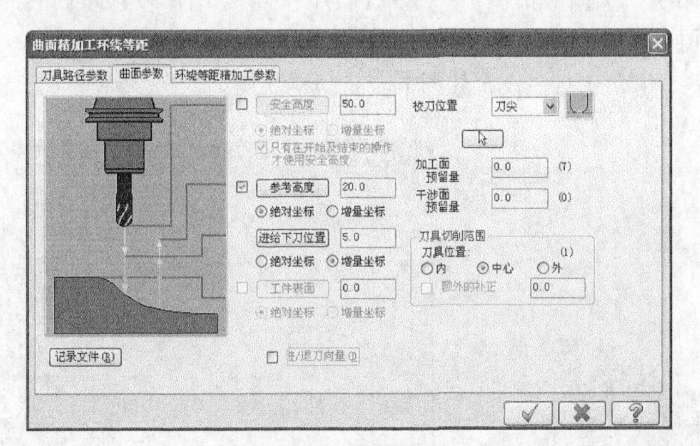

图17-226　曲面参数

06 在【曲面精加工环绕等距】对话框中打开【环绕等距精加工参数】选项卡，设置环绕等距精加工专用参数，如图17-227所示，单击【完成】按钮，完成参数设置。

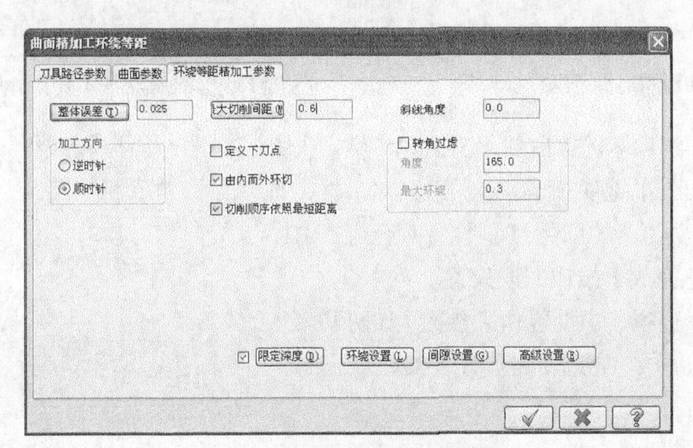

图17-227　环绕等距精加工参数

07 在【曲面精加工环绕等距】对话框中选中【限定深度】选项前的复选框，单击【限定深度】按钮限定深度(D)，弹出【限定深度】对话框，设置切削的深度，如图17-228所示。

08 在【曲面精加工环绕等距】对话框中单击【间隙设置】按钮[间隙设置]，弹出【刀具路径的间隙设置】对话框，设置间隙的控制方式，如图17-229所示。

09 系统根据用户所设置的参数，生成环绕等距精加工刀路，如图17-230所示。

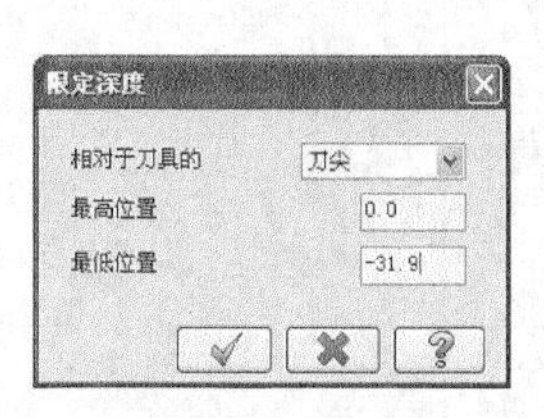

图17-228 限定深度

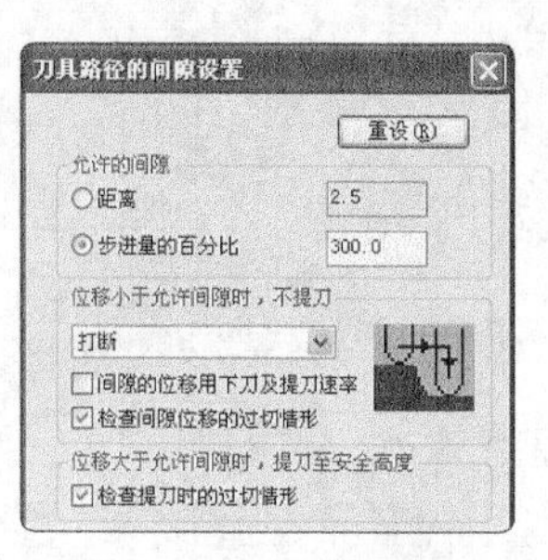

图17-229 间隙设置

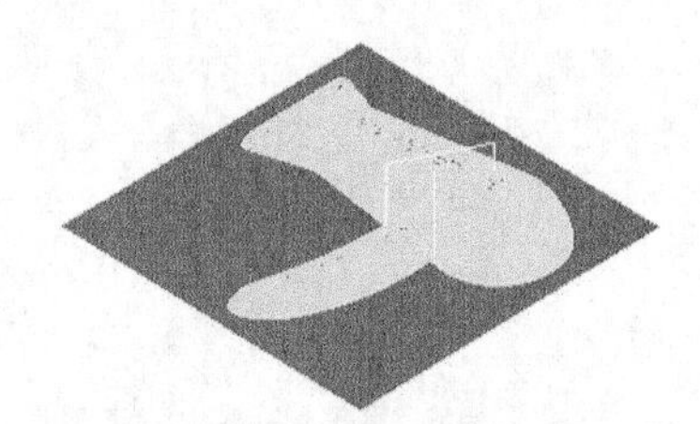

图17-230 生成精加工刀路

17.12.3 采用直径为D4R1的圆鼻刀对角落使用残料清角精加工刀路进行残料加工

01 在菜单栏执行【刀路】→【曲面精修】→【残料】命令，弹出【刀具路径的曲面选取】对话框，如图17-231所示，选择加工曲面和加工范围，单击【完成】按钮[✓]，完成选取。

02 弹出【曲面精加工残料清角】对话框，如图17-232所示。

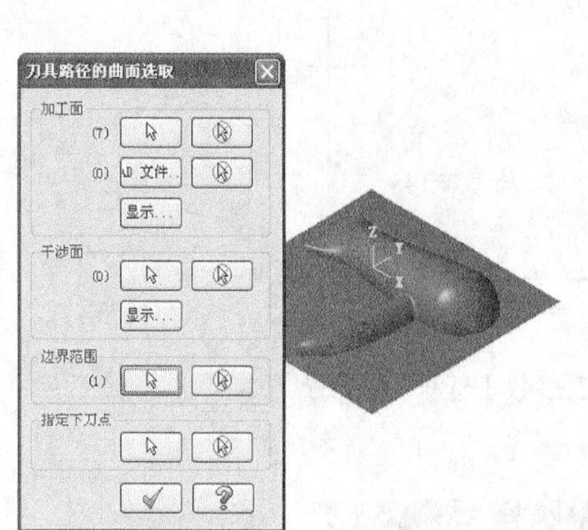

图17-231 选取曲面和边界范围

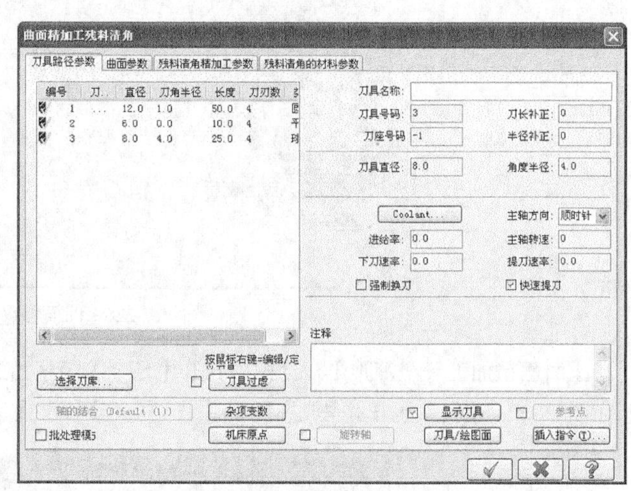

图17-232 【曲面精加工残料清角】对话框

03 在【刀具路径参数】选项卡的空白处单击鼠标右键，从快捷菜单中选择【创建新刀具】选项，弹出定义刀具对话框，如图17-233所示。选择刀具类型为【圆鼻刀】，设置直径为D4R1，如图17-234所示。单击【完成】按钮完成设置。

04 在【刀具路径参数】选项卡中设置相关参数，如图17-235所示。单击【完成】按钮[✓]，完成刀路参数设置。

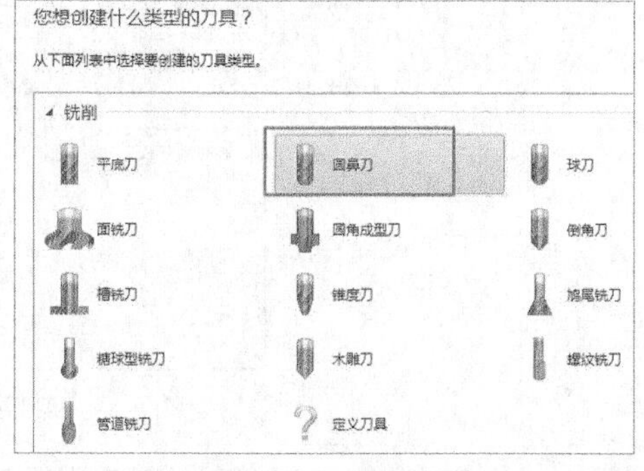

图17-233 圆鼻刀

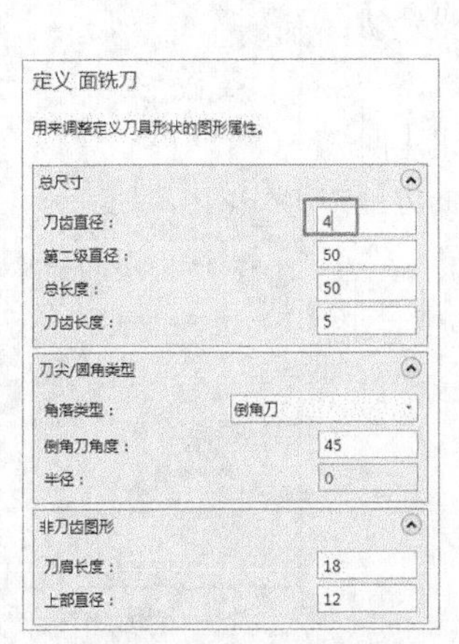

图17-234　设置刀具参数

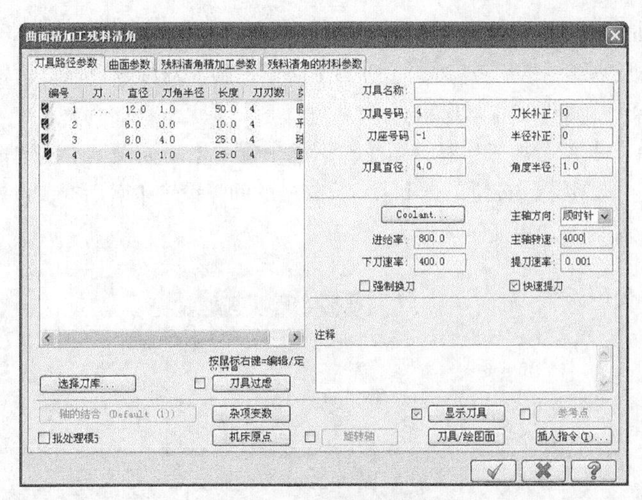

图17-235　设置刀路参数

05 在【曲面精加工残料清角】对话框中打开【曲面参数】选项卡，设置曲面相关参数，如图17-236所示，单击【完成】按钮✓，完成参数设置。

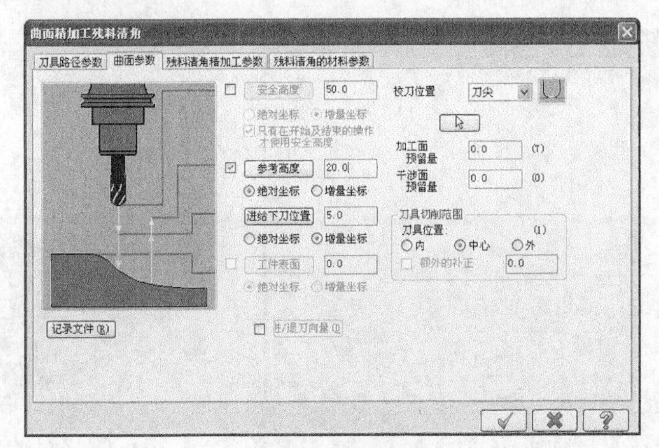

图17-236　曲面参数

06 在【曲面精加工残料清角】对话框中打开【残料清角精加工参数】选项卡，设置残料清角精加工专用参数，如图17-237所示，单击【完成】按钮✓，完成参数设置。

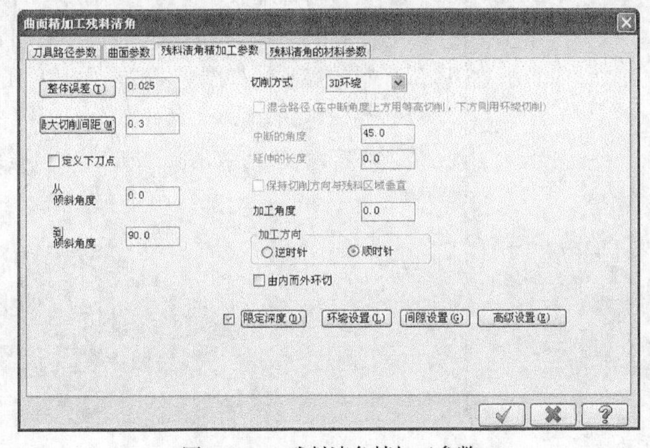

图17-237　残料清角精加工参数

07 在【曲面精加工残料清角】对话框中选中【限定深度】选项前的复选框，单击【限定深度】按钮限定深度(D)，弹出【限定深度】对话框，该对话框用来设置切削的深度，如图17-238所示。

08 在【曲面精加工残料清角】对话框中选中【间隙设定】复选框，单击【间隙设定】间隙设定按钮，弹出【刀具路径的间隙设置】对话框，设置间隙的控制方式，如图17-239所示。

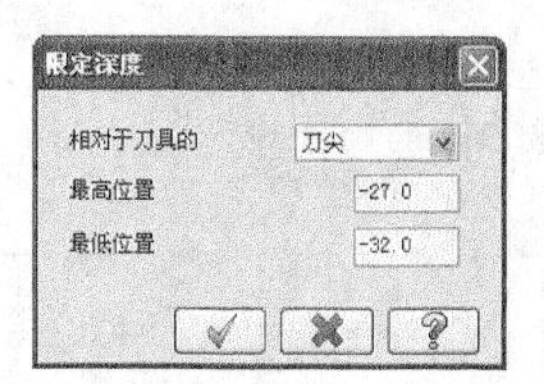

图17-238 限定深度

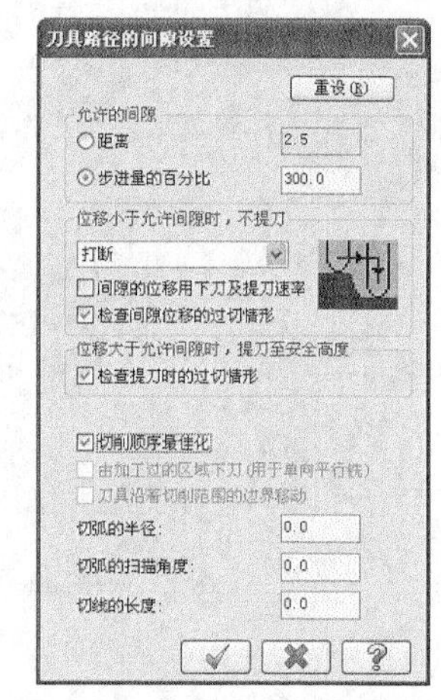

图17-239 间隙设置

09 在【曲面精加工残料清角】对话框中打开【残料清角的材料参数】选项卡，设置残料清角材料依据，如图17-240所示，单击【完成】按钮，完成参数设置。

10 系统根据用户所设置的参数，生成残料清角精加工刀路，如图17-241所示。

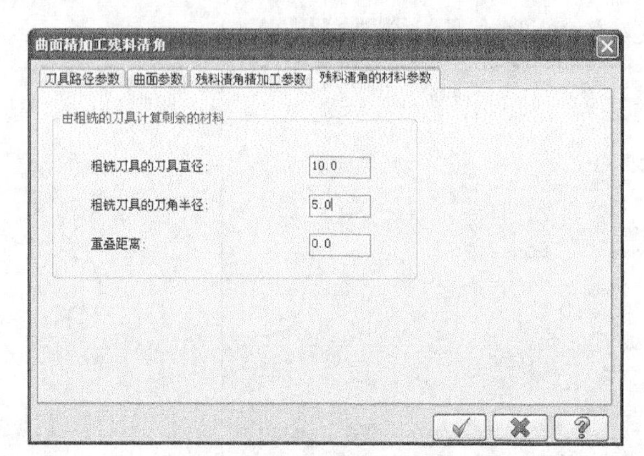

图17-240 残料清角材料参数

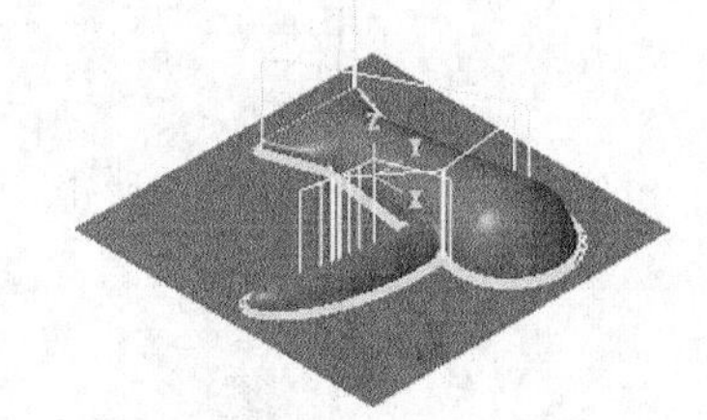

图17-241 生成刀路

17.12.4 实体仿真模拟加工刀路

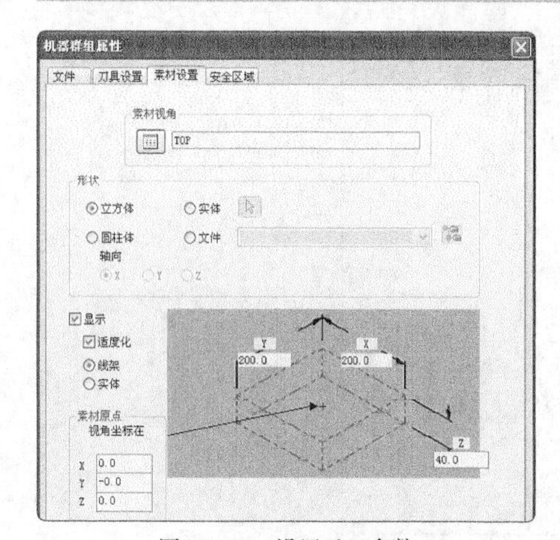

图17-242 设置毛坯参数

01 在刀路管理器中单击【属性】→【毛坯设置】选项，弹出【机器群组属性】对话框，打开【素材设置】选项卡，设置加工坯料的尺寸，如图17-242所示，单击【完成】按钮，完成参数设置。

02 坯料设置结果如图17-243所示，虚线框显示的即为毛坯。

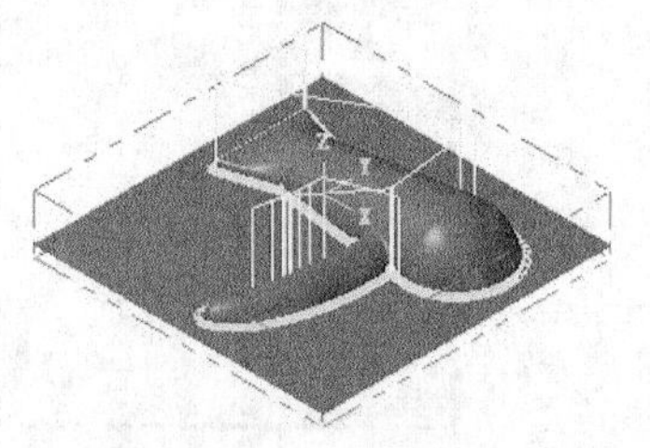

图17-243 生成毛坯

03 单击【模拟已选择的操作】按钮，弹出【验证】对话框，单击【播放】按钮，模拟结果如图17-244所示。

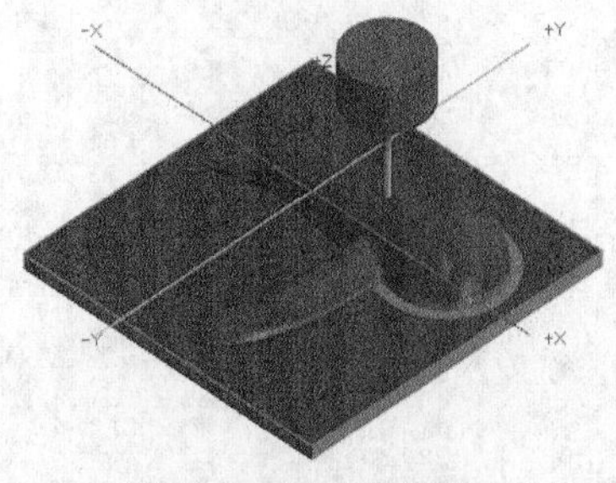

图17-244　实体模拟

17.13　课后习题

采用曲面精加工刀轨对图17-245所示的图形进行加工。

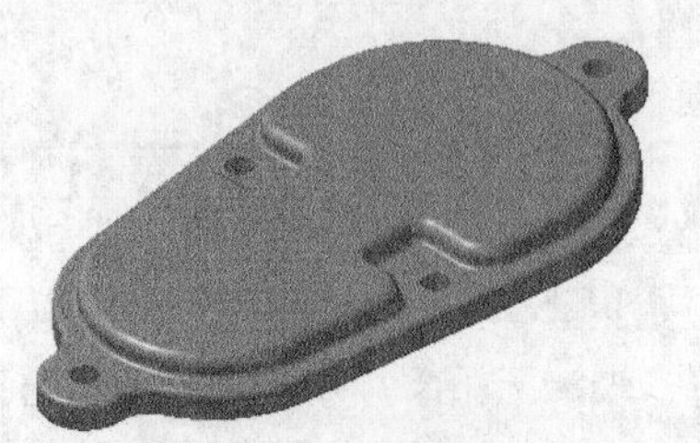
图17-245　曲面精加工

第 18 章

多轴加工

多轴加工也称变轴加工，是在切削加工中，加工轴方向和位置不断变化的一种加工方式。本章主要讲解各种形式的多轴加工参数和编程方法，读者可以通过实例了解多轴加工概念，掌握多轴加工方法。

知识要点

※ 了解五轴加工的概念。
※ 掌握五轴曲线加工参数含义及其编程技法。
※ 掌握五轴钻孔和五轴沿边加工参数含义及其编程技法。
※ 掌握五轴曲面加工参数含义及其编程技法。
※ 掌握四轴旋转加工参数含义及其编程技法。
※ 掌握五轴对接加工参数含义及其编程技法。

案例解析

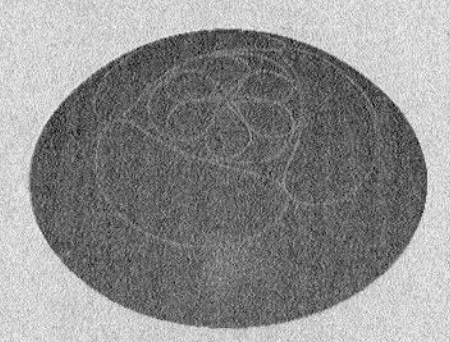
▲曲线五轴加工

▲沿面五轴加工

▲多曲面五轴加工

▲旋转四轴加工

▲五轴管道加工

▲五轴投影加工

18.1 多轴加工简介

多轴加工主要是指除两轴和三轴加工之外的四轴加工以及五轴加工。需要采用五轴机床来进行加工。五轴加工具有加工结构复杂、加工精度高、加工程序复杂等特点，越来越多地应用到现代加工制造业中。多轴加工适用于加工复杂的曲面、斜轮廓以及分布在不同平面上的孔系等。在加工过程中，刀具与工件的位置和方向可以随时变动，使刀具与工件达到最佳的切削状态，从而提高机床的加工效率。五轴加工是指在一台机床上至少有5个坐标轴，即X、Y、Z坐标轴和A、B旋转轴。五轴加工应用范围极为广泛，能够加工普通三轴无法加工的复杂机械零件，而且大大提高加工精度，五轴加工对航天、航空、军事等诸多工业领域有着非常重要的影响。

18.2 曲线五轴加工

曲线五轴加工主要用于加工三维曲线或可变曲面的边界线，可以加工各种图案、文字和曲线。

在菜单栏执行【刀路】→【多轴刀路】命令，在弹出的【输入新的NC名称】对话框中使用默认的名称，单击【完成】按钮，弹出【多轴刀具路径-曲线五轴】对话框，选择刀路类型为【曲线五轴】，如图18-1所示。

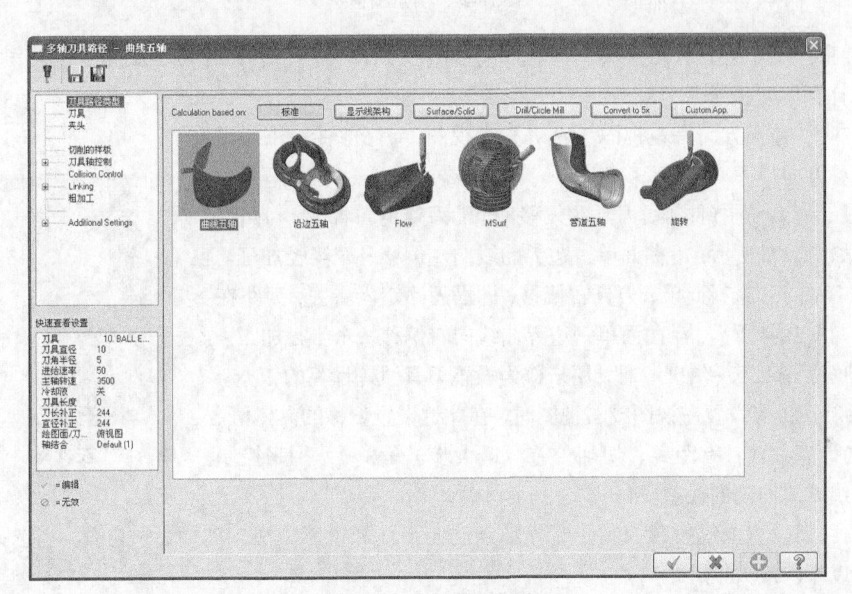

图18-1 选择刀具类型

在【多轴刀具路径-曲线五轴】对话框中单击【切削的样板】选项，弹出【切削的样板】选项区，从中设置曲线的类型、补正类型、补正方向等，如图18-2所示。

其参数含义如下。

❖ 曲线类型：用来设置曲线五轴加工中的曲线类型。有3D曲线、所有曲面的边界、单一曲面的边界3种类型。

❖ 3D曲线：选择此项，并单击右边的【选择】按钮，弹出【串联选项】对话框，用来选择已经存在的3D曲线，作为要加工的曲线。

❖ 所有曲面的边界：选择此项，并单击右边的【选择】按钮，选择曲面，系统将该曲面的所有边界作为要加工的曲线。

❖ 单一曲面的边界：选择此项，并单击右边的【选择】按钮，选择曲面，并移动箭头到边界，系统将曲面的该边界作为要加工的曲线。

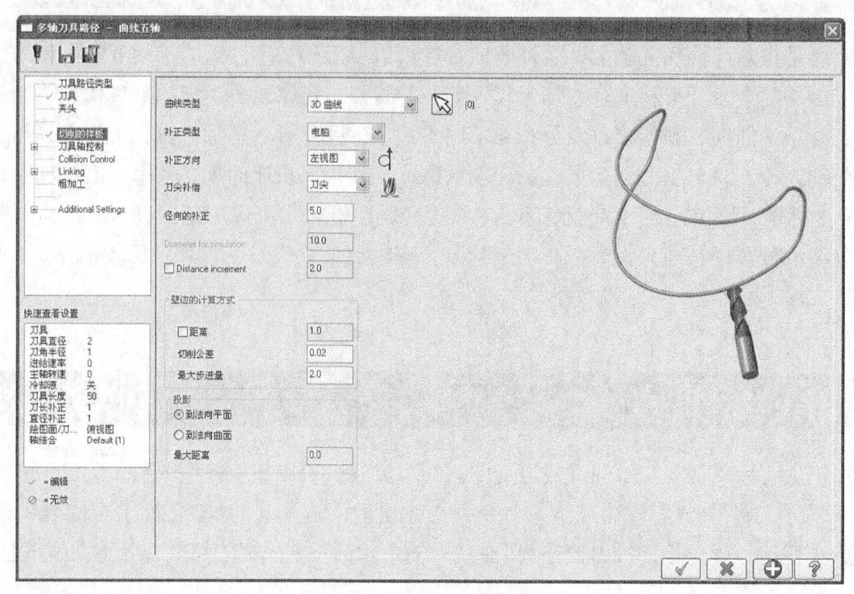

图18-2　切削的样板

❖ 补正类型：用于设置补偿类型。有电脑补偿、控制器补偿、磨损补偿、反向磨损补偿及关5种，与三轴加工中的补偿类型相同。

❖ 补正方向：补正方向有左视图（左）和右视图（右）2种。用来设置刀具补正偏移方向。

❖ 左视图（左）：选择此项，刀具左偏移，即沿刀路走向看去，刀路在曲线的左侧。如图18-3所示，沿曲面单一边界曲线向左偏移一个半径加工。

❖ 右视图（右）：选择此项，刀具右偏移，即沿刀路走向看去，刀路在曲线的右侧。如图18-4所示，沿曲面单一边界曲线向右偏移一个半径加工。

❖ 刀尖补偿：有刀尖和中心2种，用来作为设置刀具轨迹计算的依据。

❖ 径向的补正：当设置左视图或右视图时，在此栏设置偏移的具体值。

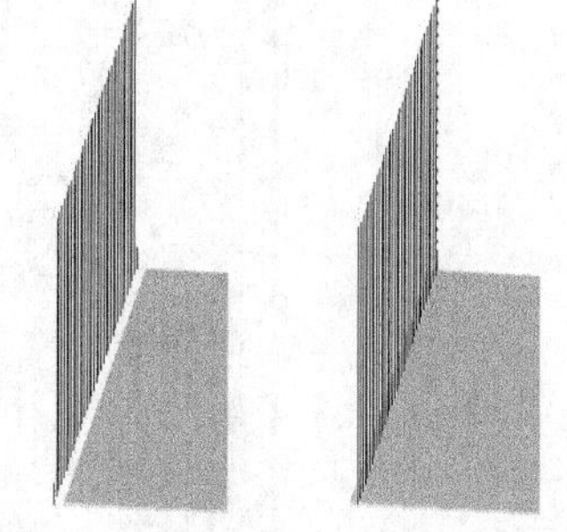

图18-3　左视图　　图18-4　右视图

❖ 壁边的计算方式：有距离、切削公差、最大步进量3项，用来控制沿曲面边界曲线方向切削的误差。

❖ 投影：用来设置曲线投影控制。有投影到法向平面和投影到法向曲面2个选项。当选择投影到法向曲面时，还可以输入最大投影距离。

在【多轴刀具路径-曲线五轴】对话框中单击【刀具轴控制】选项，弹出【刀具轴控制】选项区，如图18-5所示。

其参数含义如下。

❖ 刀具轴控制：用来控制刀具轴向。

❖ 直线：选择此项，可以选择某一存在的线段作为刀具轴向控制线。

❖ 曲面：系统默认的方式，用来选择某一存在的曲面来控制刀具轴向，使刀具轴向始终垂直于选择的曲面。

❖ 平面：选择此项，选择某一存在的平面来控制刀具轴向，使刀具轴向始终垂直于选择的平面。

❖ 从...点：选择此项，可以选择存在的点，使刀具轴向的起点均从此点开始。

❖ 到...点：选择此项，可以选择存在的点，使刀具轴向的终点均至该点结束。

❖ 串联：选择此项，可以选择存在的串联几何图形来控制刀具的轴向。

图18-5　刀具轴控制

❖ 汇出格式：设置刀路输出的形式，有三轴、四轴和五轴。三轴是刀具始终垂直于当前刀具平面。四轴是刀具始终垂直于选择的旋转轴。五轴是刀具始终垂直于选择的曲面。

❖ 模拟旋转轴：模拟时工件绕此轴旋转。

❖ 引线角度：设置刀具前倾和后倾的角度。

❖ 侧边倾斜角度：设置刀具侧倾的角度。

❖ 角度增量（Angle increment）：此项用于设置在弯曲的曲线段中刀路之间的增量角度。

❖ 刀具的向量长度：用于设置刀路中刀具轴线显示的长度。

在【多轴刀具路径-曲线五轴】对话框中单击【Collision Control（碰撞控制）】选项，弹出刀具【Collision Control（碰撞控制）】选项区，如图18-6所示。

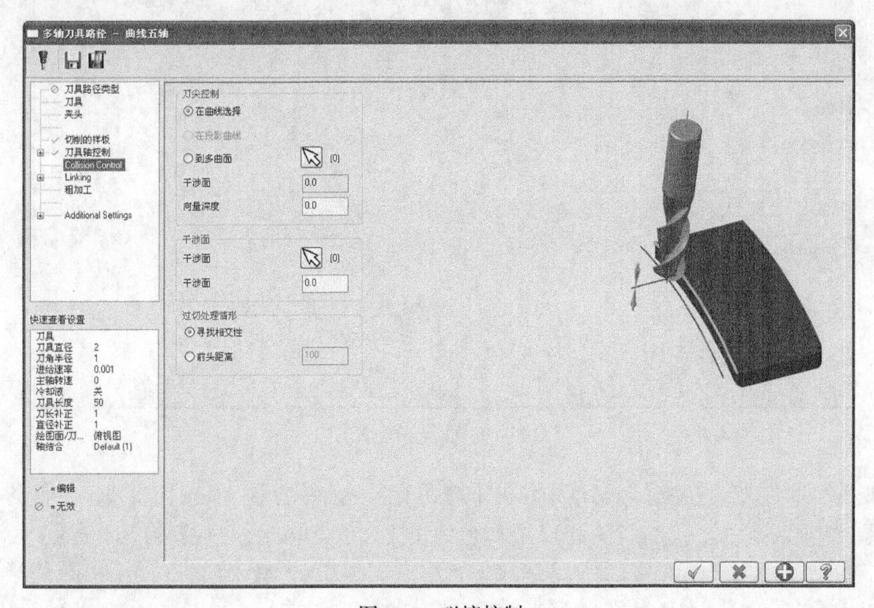

图18-6　碰撞控制

其参数含义如下。

❖ 刀尖控制：用来控制刀尖轨迹。
❖ 在曲线选择：选择此项，刀尖走所选择的曲线。即从刀路方向看，刀尖走选择的曲线。
❖ 在投影曲线：选择此项，刀尖走投影曲线。即从刀路方向看，刀尖走投影曲线。
❖ 到多曲面：选择此项，刀尖所走位置由所选曲面决定。
❖ 干涉面：用于选择不需要加工的曲面。

实训100——曲线五轴加工

对图18-7所示的图形进行加工，加工结果如图18-8所示。

01 在菜单栏执行【文件】→【打开】按钮，从资源文件中打开“实训\源文件\Ch18\18-1.mcx-9”，单击【完成】按钮，完成文件的调取。

02 在菜单栏执行【刀路】→【多轴刀路】命令，弹出【输入新的NC名称】对话框，使用默认的名称，单击【完成】按钮，完成输入，如图18-9所示。

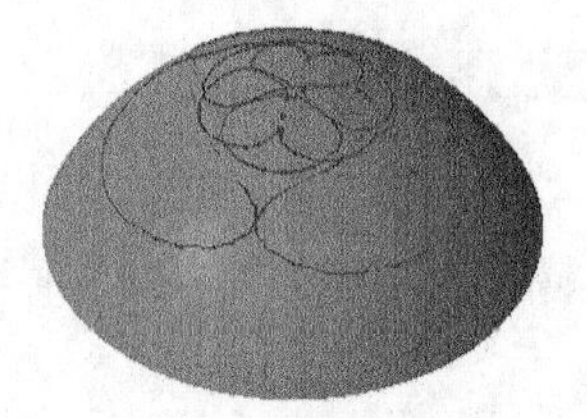
图18-7　加工图形

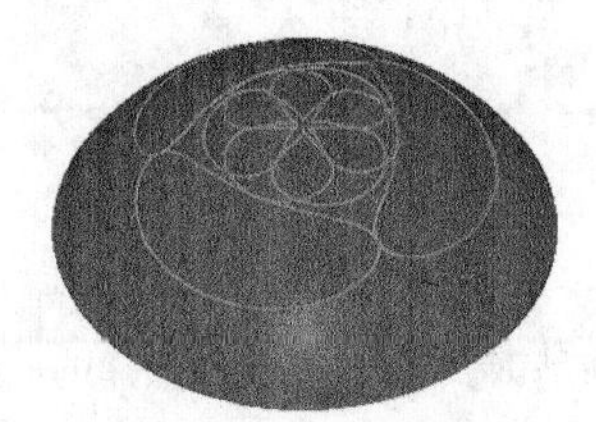
图18-8　加工结果

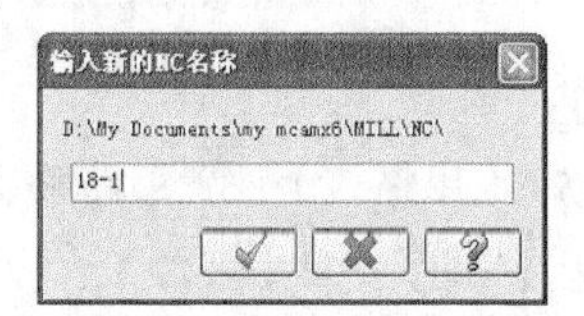

图18-9　输入新的NC名称

03 弹出【多轴刀具路径-曲线五轴】对话框，选择类型为【曲线五轴】，如图18-10所示。

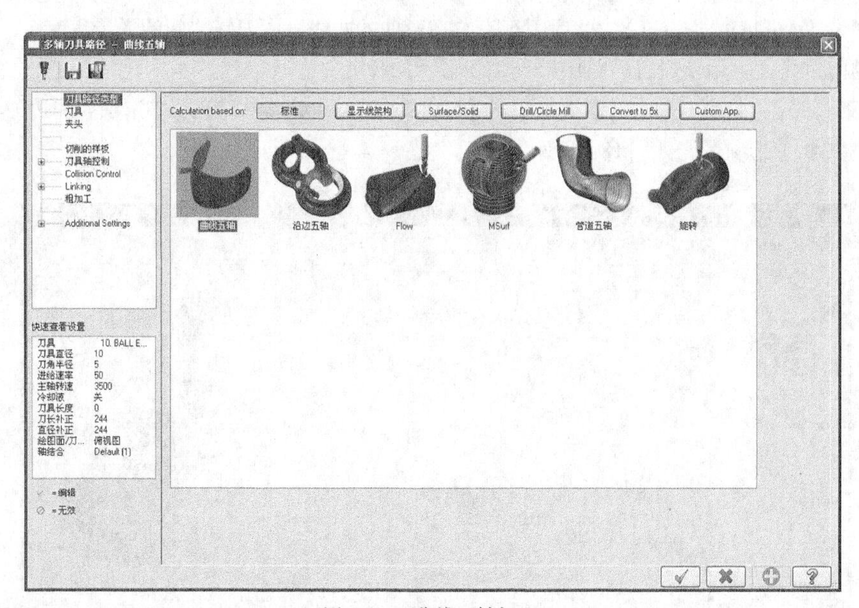

图18-10　曲线五轴加工

04 在【多轴刀具路径-曲线五轴】对话框中单击【刀具】选项，弹出【刀具】选项区，如图18-11所示。

05 在【刀具】选项区空白处单击鼠标右键，在弹出的快捷菜单中单击【创建新刀具】选项，弹出定义刀具类型对话框，如图18-12所示。单击【球刀】选项，系统设置球刀的参数，如图18-13所示。

06 刀具设置完毕后，在【刀具】选项区中设置参数，如图18-14所示。

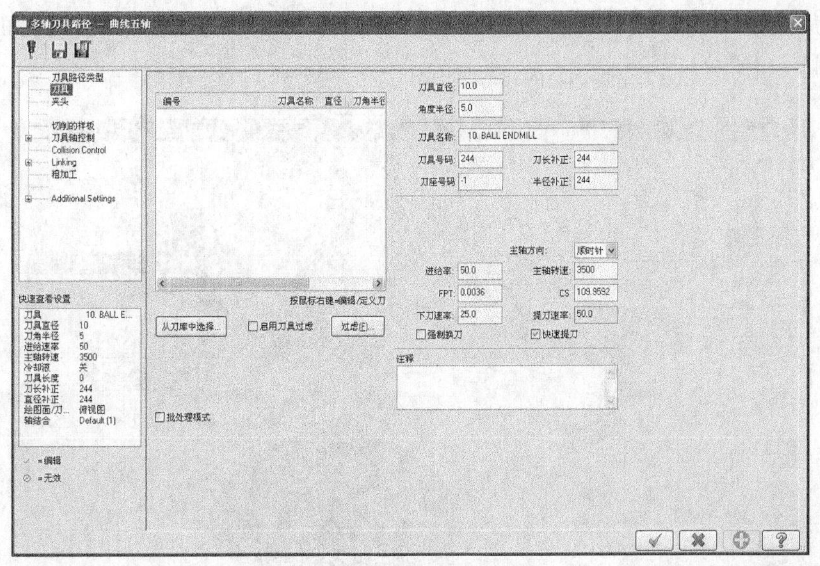

图 18-11　刀具参数

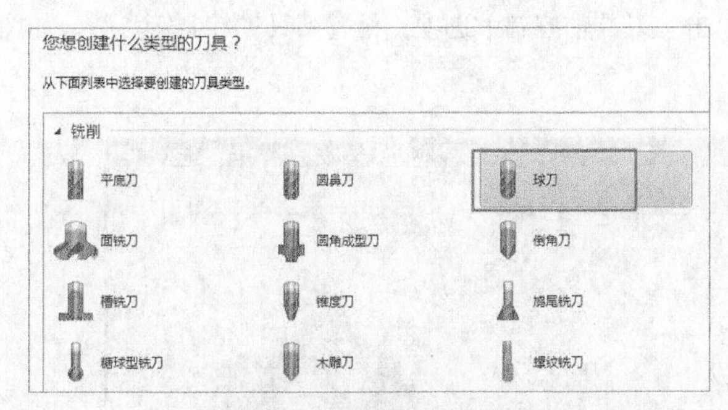

图 18-12　定义刀具类型

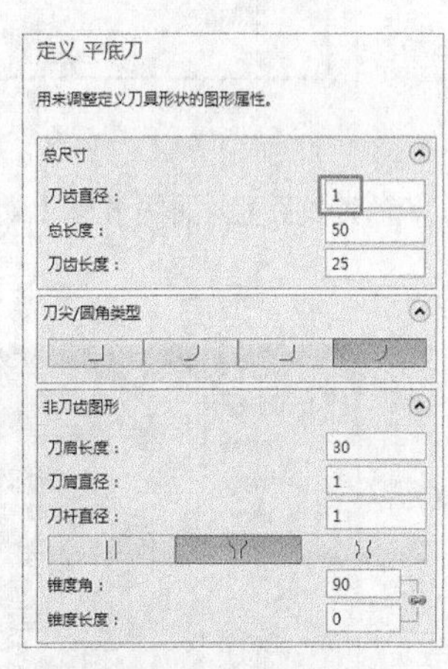

图 18-13　定义刀具参数

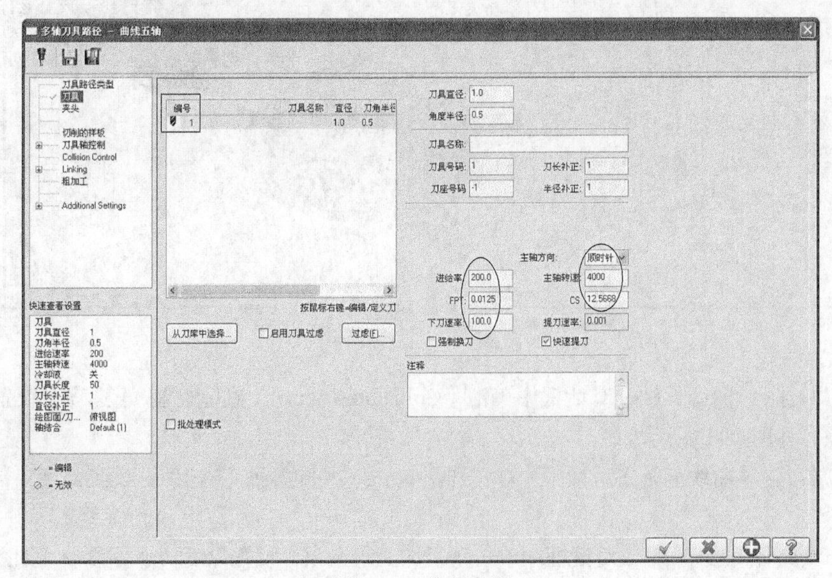

图 18-14　设置参数

07 在【多轴刀具路径-曲线五轴】对话框中单击【切削的样板】选项，设置曲线类型、补正类型、补正方向等参数，如图18-15所示。

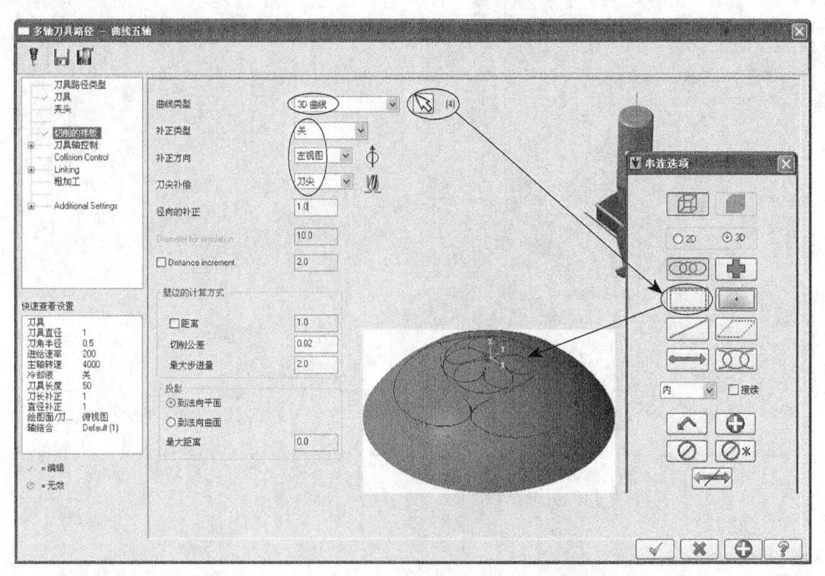

图18-15　切削的样板

08 在【多轴刀具路径-曲线五轴】对话框中单击【刀具轴控制】选项，设置刀具轴控制等参数，如图18-16所示。

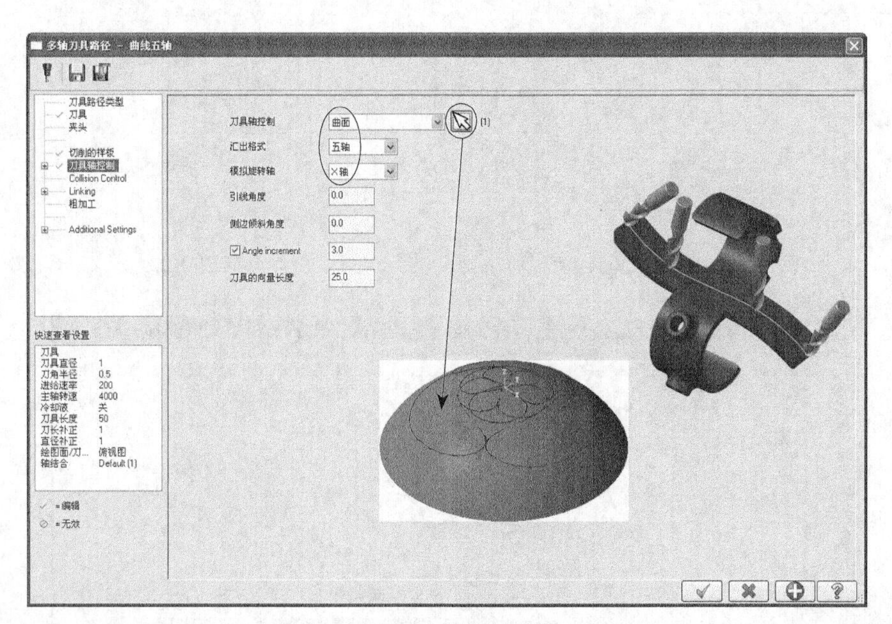

图18-16　刀具轴控制

09 在【多轴刀具路径-曲线五轴】对话框中单击【Collision Control（碰撞控制）】选项，设置刀尖的控制、向量深度等选项，如图18-17所示。

10 在【多轴刀具路径-曲线五轴】对话框中单击【Linking（共同参数）】选项，设置高度参数，如图18-18所示。

11 在【多轴刀具路径-曲线五轴】对话框中单击【粗加工】选项，设置深度切削等参数，如图18-19所示。

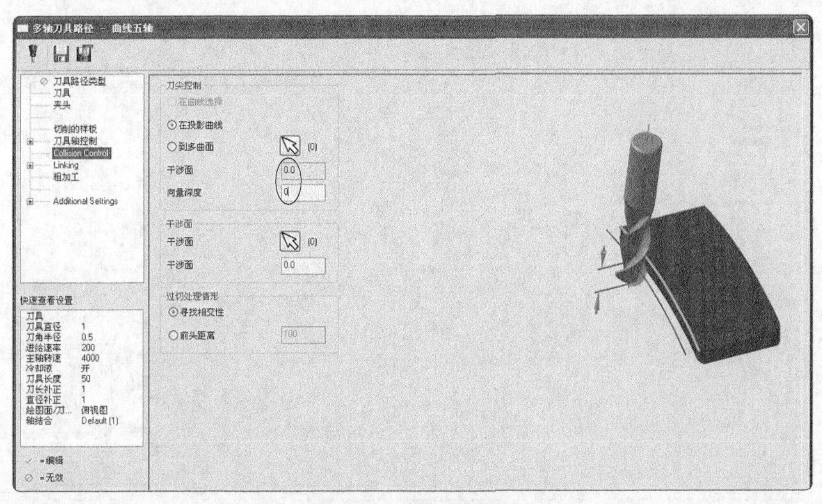

图18-17　碰撞控制参数

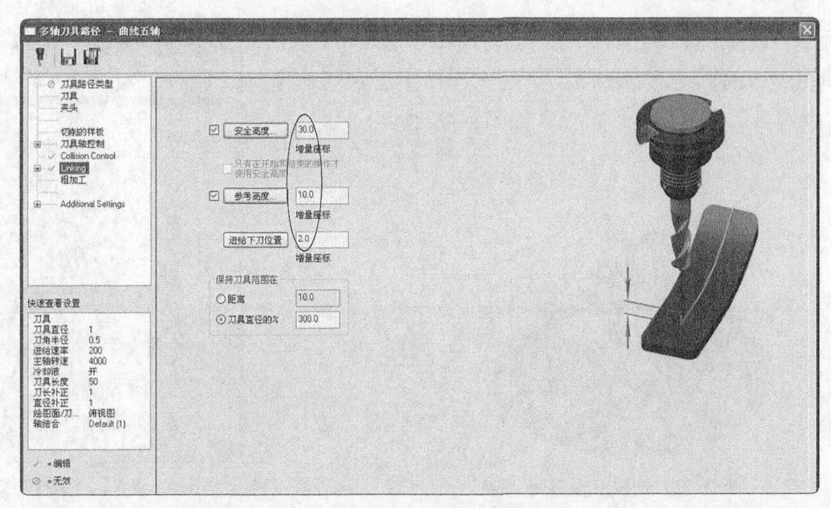

图18-18　共同参数

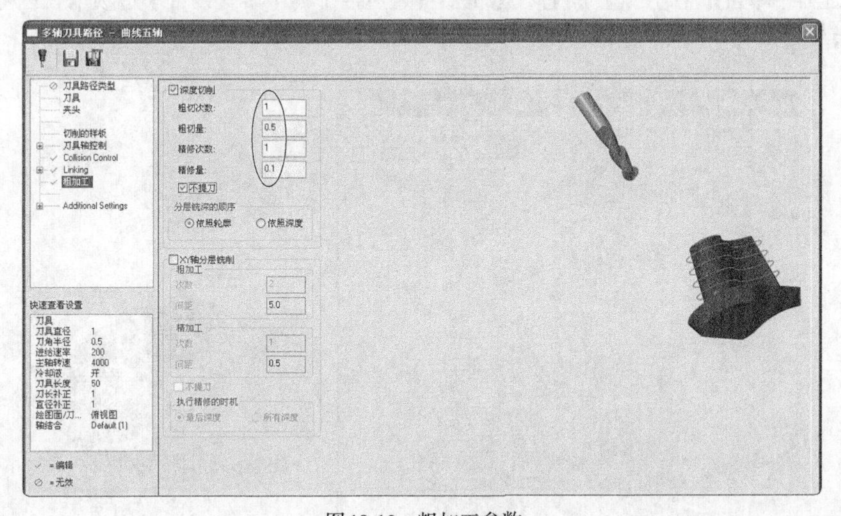

图18-19　粗加工参数

12 在【多轴刀具路径-曲线五轴】对话框中单击【冷却液】选项，设置冷却冲水（Flood）装置，如图18-20所示。

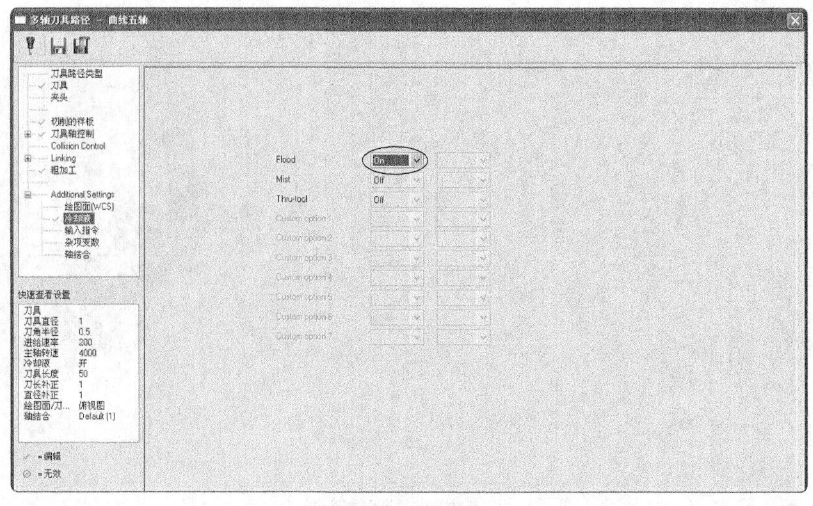

图18-20 冷却液

13 系统根据所设参数生成曲线五轴刀路，如图18-21所示。

14 在状态栏单击【层别】按钮，弹出【层别管理】对话框，将第二层打开，实体毛坯即可见，如图18-22所示。

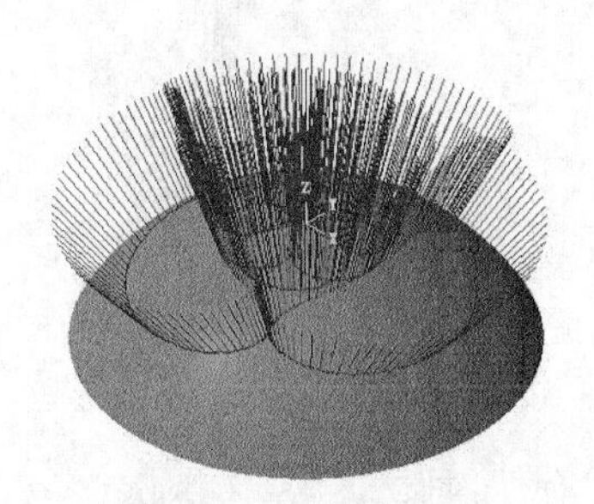

图18-21 曲线五轴刀路

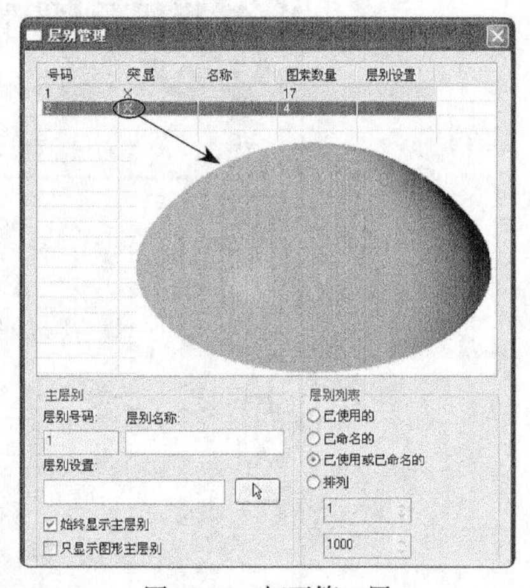

图18-22 打开第二层

15 在刀路管理器中单击【毛坯设置】，打开【机器群组属性】的【素材设置】选项卡，设置毛坯的参数，如图18-23所示。

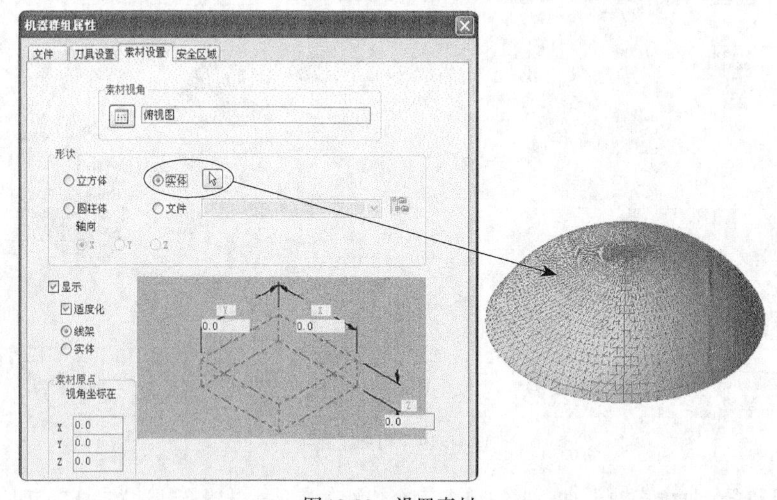

图18-23 设置素材

16 在刀路管理器中单击【模拟已选择的操作】按钮，弹出【验证】对话框，模拟结果如图18-24所示。结果文件见“实训\结果文件\Ch18\18-1.mcx-9”。

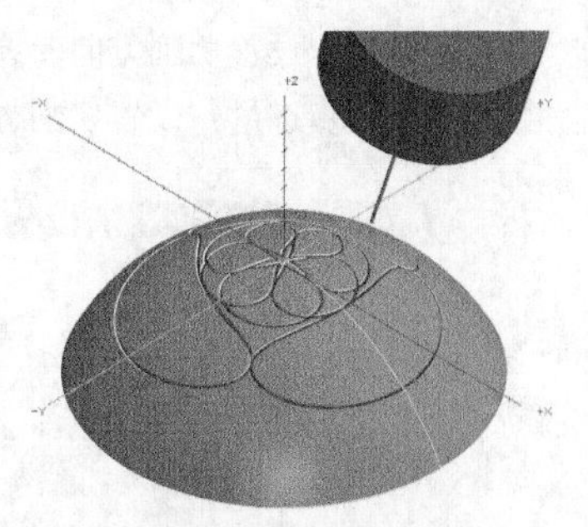

图18-24 模拟结果

操作技巧

曲线五轴加工主要是对曲面上的3D曲线进行变轴加工，刀具中心沿曲线走刀，因此曲线五轴加工的补正类型需要关闭。刀具轴向控制一般是垂直于所加工的曲面。

18.3 沿边五轴加工

沿边五轴加工是指使用刀具的侧刃对工件的侧壁进行加工。根据刀具轴控制方式的不同，可以生成四轴或五轴沿侧壁铣削的加工刀路。

在菜单栏执行【刀路】→【多轴刀路】命令，在弹出的【输入新的NC名称】对话框中使用默认的名称，单击【完成】按钮，弹出【多轴刀具路径-沿边五轴】对话框，选择刀路类型为【沿边五轴】，如图18-25所示。

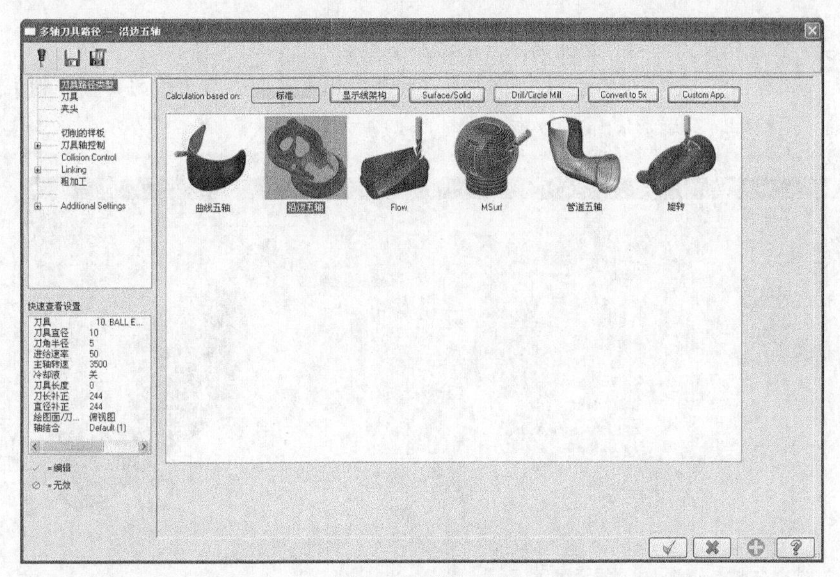

图18-25 沿边五轴

在【多轴刀具路径-沿边五轴】对话框中单击【切削的样板】选项，弹出【切削的样板】选项区，如图18-26所示。

其参数含义如下。

❖ 壁边：用来定义侧壁铣削曲面，有曲面和串联2种方式。

曲面：选择此项，单击右边的【选择】按钮，选择侧壁加工曲面，选择完毕后，根据提示选择第一个加工曲面并定义其侧壁下沿，然后在弹出的设置边界方向对话框中设置边界方向。

串联：选择此项，单击右边的【选择】按钮，选择两条侧壁串联来作为侧壁铣削加工曲面。首先要选择作为侧壁下沿的曲线串联，然后选择作为侧壁上沿的曲线串联。

❖ 补正类型：用来设置补偿参数，有电脑、控制器、两者、两者方向和无几种方式。

❖ 壁边预留量：设置铣削侧壁曲面的预留材料。

❖ 距离：设置切削方向曲线打断成直线的最小距离。

❖ 最大步进量：设置切削方向最大的步进距离。

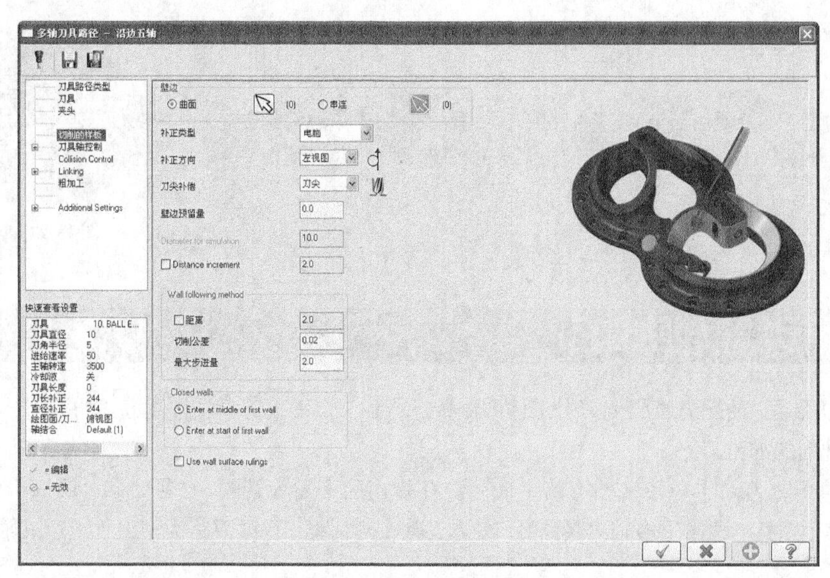

图18-26　切削的样板参数

❖ 切削公差：设置切削方向与理想曲面之间的最小误差。

在【多轴刀具路径-沿边五轴】对话框中单击【刀具轴控制】选项，弹出【刀具轴控制】选项区，设置汇出格式为五轴、模拟旋转、扇形展开等参数，如图18-27所示。

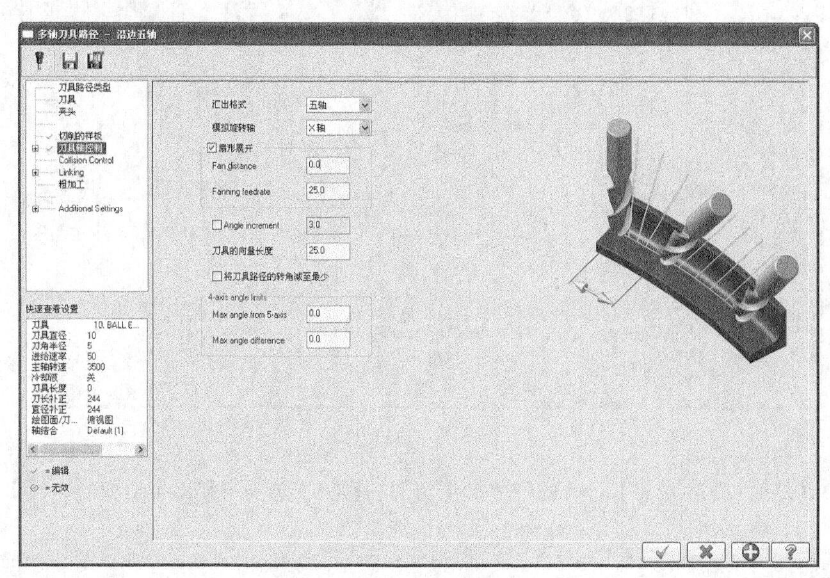

图18-27　刀具轴控制

其参数含义如下。

❖ 汇出格式：有四轴和五轴两种格式，可以根据选择的工件形状特征选择合适的格式。

❖ 模拟旋转轴：选择模拟时使用的旋转轴。

❖ 扇形展开：在沿边五轴加工中，由于上下线串大小不一致或曲面上下大小不一致，将该区域划分为等角度的扇形区域来加工。

❖ 扇形距离（Fan distance）：设置扇形区域的距离。

❖ 扇形进给率（Fanning feedrate）：设置刀具在切削扇形区域时的速率。

❖ 角度增量（Angle increment）：设置扇形区域等分时的增量角度。

❖ 刀具的向量长度：设置在刀路中显示的长度。

在【多轴刀具路径-沿边五轴】对话框中单击【Collision Control（碰撞控制）】选项，弹出【碰撞控制】选项区，如图18-28所示。

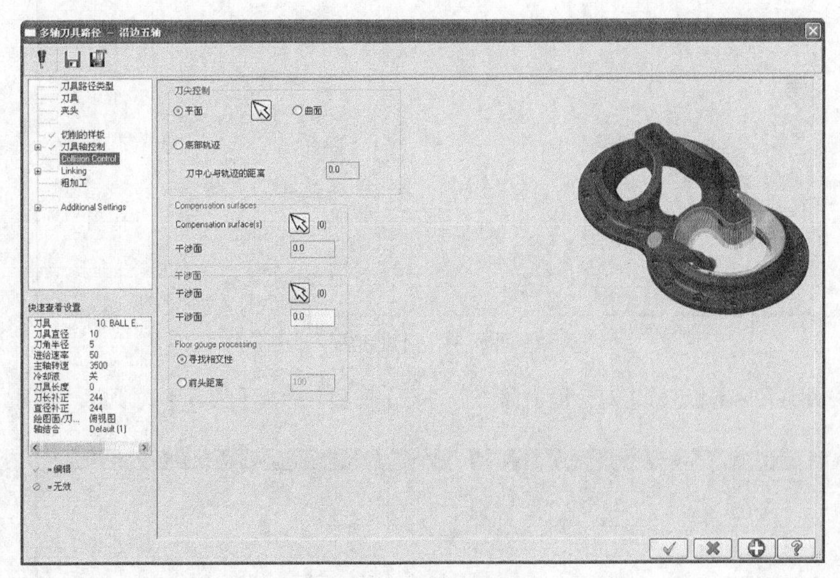

图18-28　碰撞控制参数

其参数含义如下。

❖ 刀尖控制组：该选项用于设置沿边五轴加工的刀尖位置。有3种控制方式，平面、曲面和底部轨迹。

❖ 平面：选择一个平面作为刀路的下底面，用此平面来控制刀尖所走的位置。

❖ 曲面：选择一个曲面作为刀路的下底面，用此曲面来控制刀尖所走的位置。

❖ 底部轨迹：选择此项，需设置刀中心与轨迹的距离，刀尖位置由此轨迹控制。

❖ 干涉面组：不需要加工的曲面或避免过切的曲面。

实训101——沿边五轴加工

对图18-29所示的图形进行加工，加工结果如图18-30所示。

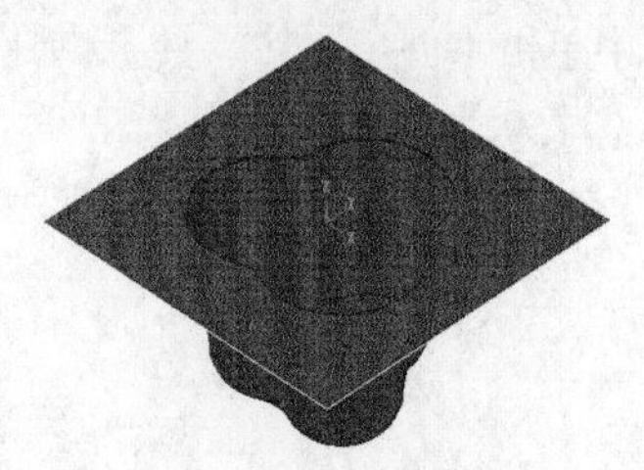

图18-29　加工图形

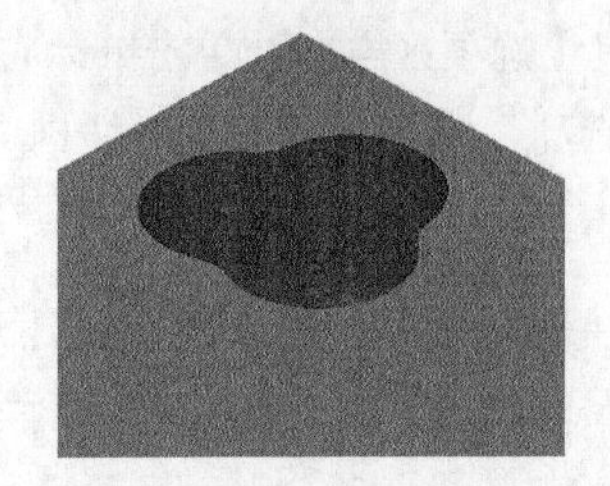

图18-30　加工结果

01 在菜单栏执行【文件】→【打开】按钮，从资源文件中打开“实训\源文件\Ch18\18-2.mcx-9”，单击【完成】按钮，完成文件的调取。

02 在菜单栏执行【刀路】→【多轴刀路】命令，弹出【多轴刀具路径-沿边五轴】对话框，选择刀路类型为【沿边五轴】，如图18-31所示。

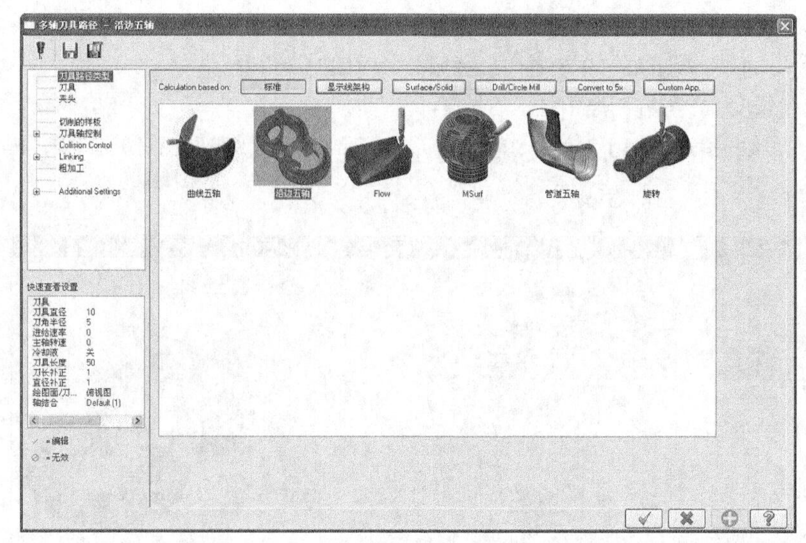

图18-31　沿边五轴

03 在【多轴刀具路径-沿边五轴】对话框中单击【刀具】选项，弹出【刀具】选项区，如图18-32所示。

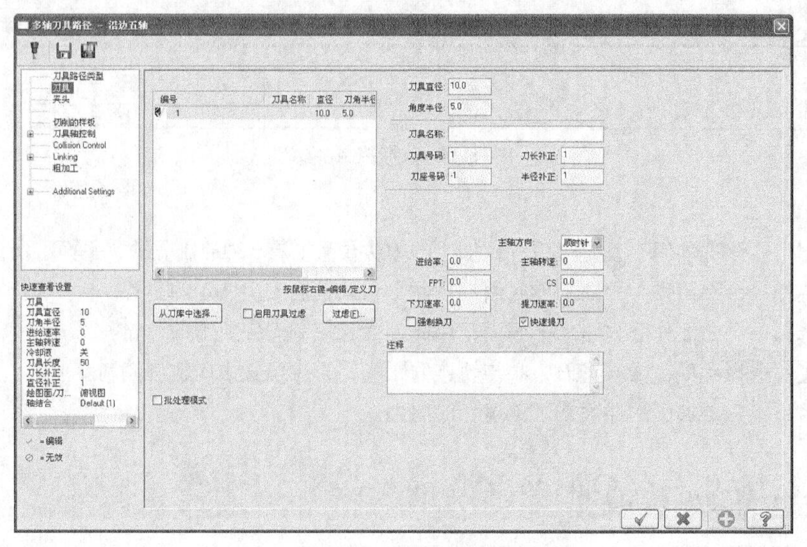

图18-32　沿边五轴加工

04 在【刀具】选项区空白处单击鼠标右键，在弹出的快捷菜单中单击【创建新刀具】选项，弹出定义刀具对话框，如图18-33所示。单击【球刀】选项，设置刀具参数，如图18-34所示。

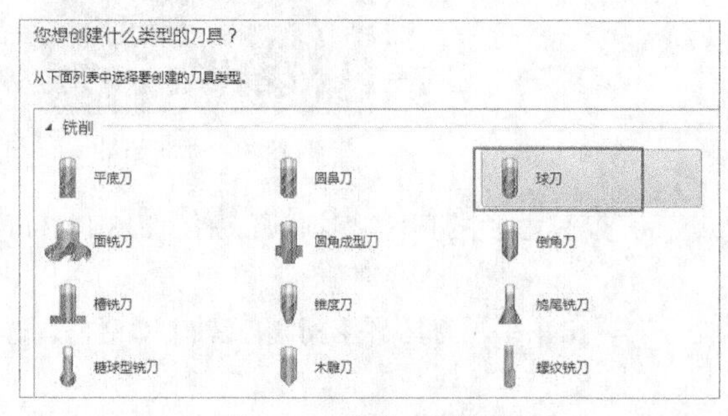

图18-33　定义刀具类型

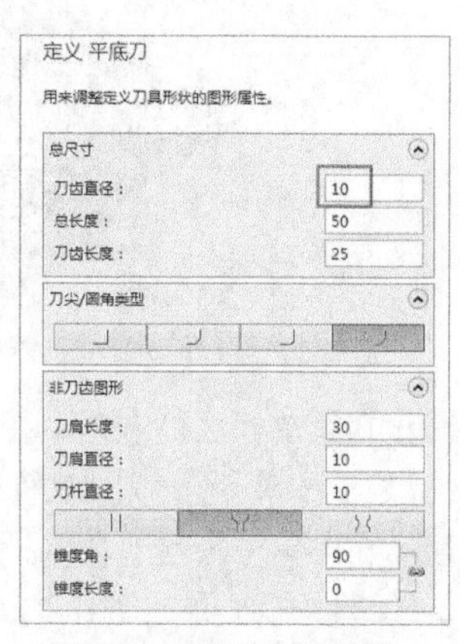

图18-34　定义刀具参数

05 刀具设置完毕后，在【刀具】选项区中设置进给率等参数，如图18-35所示。

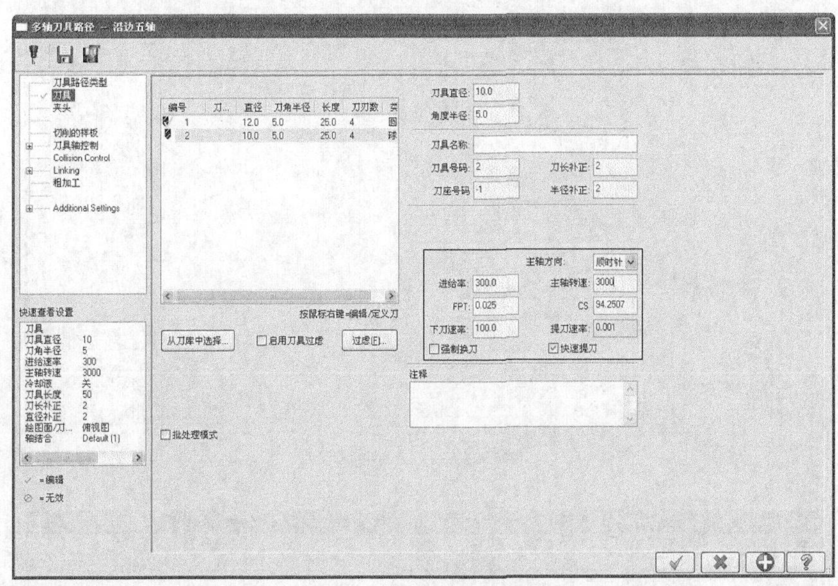

图18-35　设置刀具参数

06 在【多轴刀具路径-沿边五轴】对话框中单击【切削的样板】选项，设置壁边、补正类型等参数，如图18-36所示。

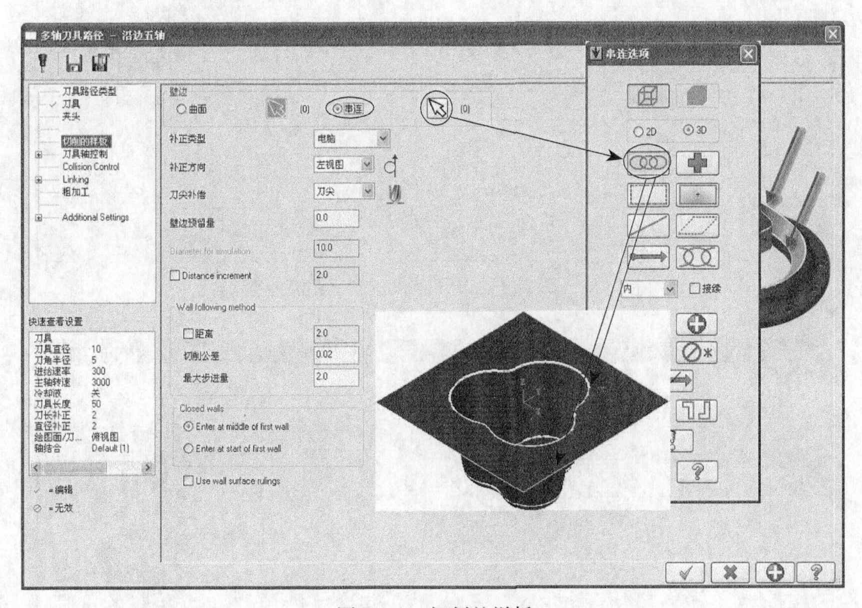

图18-36　切削的样板

07 在【多轴刀具路径-沿边五轴】对话框中单击【刀具轴控制】选项，控制加工刀具轴向，如图18-37所示。

08 在【多轴刀具路径-沿边五轴】对话框中单击【Collision Control（碰撞控制）】选项，设置刀尖控制、向量深度等选项，如图18-38所示。

09 在【多轴刀具路径-沿边五轴】对话框中单击【Linking（共同参数）】选项，设置高度参数，如图18-39所示。

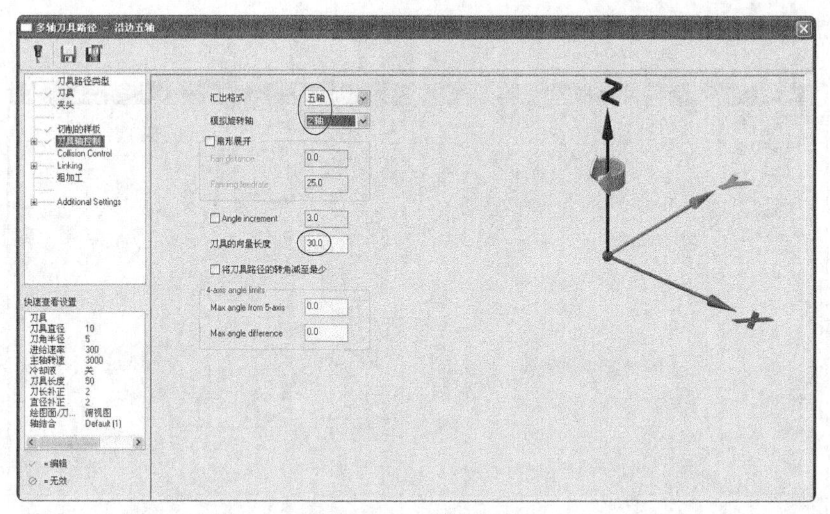

图 18-37　刀具轴控制

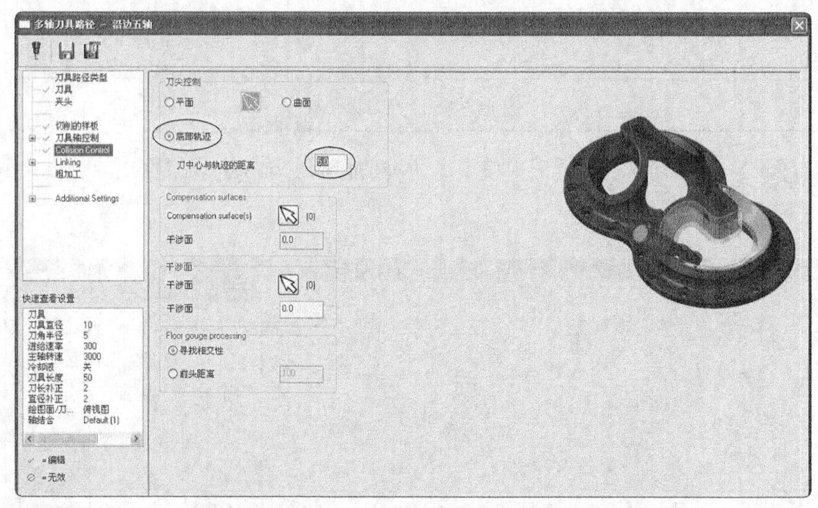

图 18-38　设置【Collision Control（碰撞控制）】

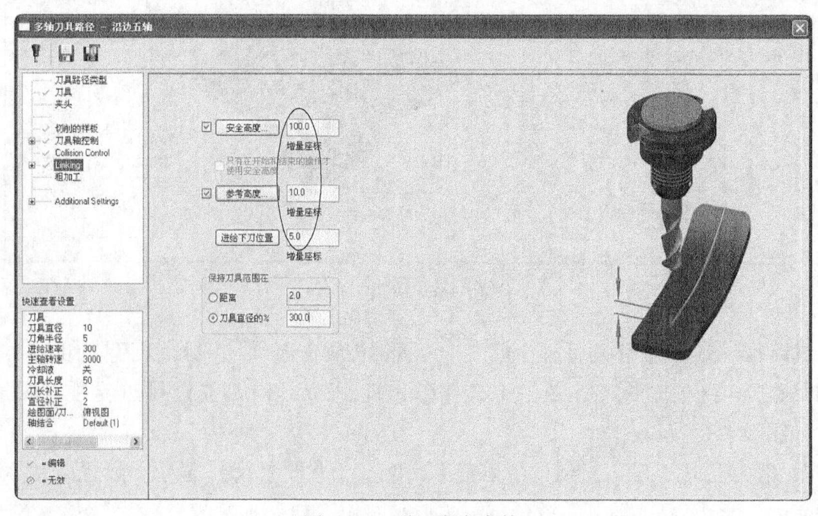

图 18-39　设置高度参数

10 在【多轴刀具路径-沿边五轴】对话框中单击【冷却液】选项，设置冷却冲水装置，如图 18-40 所示。

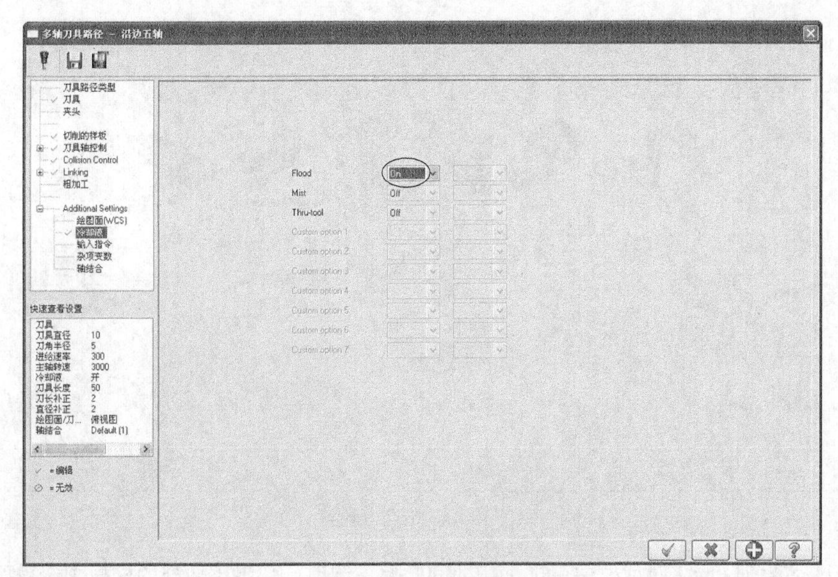

图18-40　设置冷却液

11 在【机器群组属性】中单击【素材设置】，设置毛坯的参数，如图18-41所示。

12 在刀路管理器中单击【模拟已选择的操作】按钮，弹出【验证】对话框，按图18-42所示的步骤操作。结果文件见“实训\结果文件\Ch18\18-2.mcx-9”。

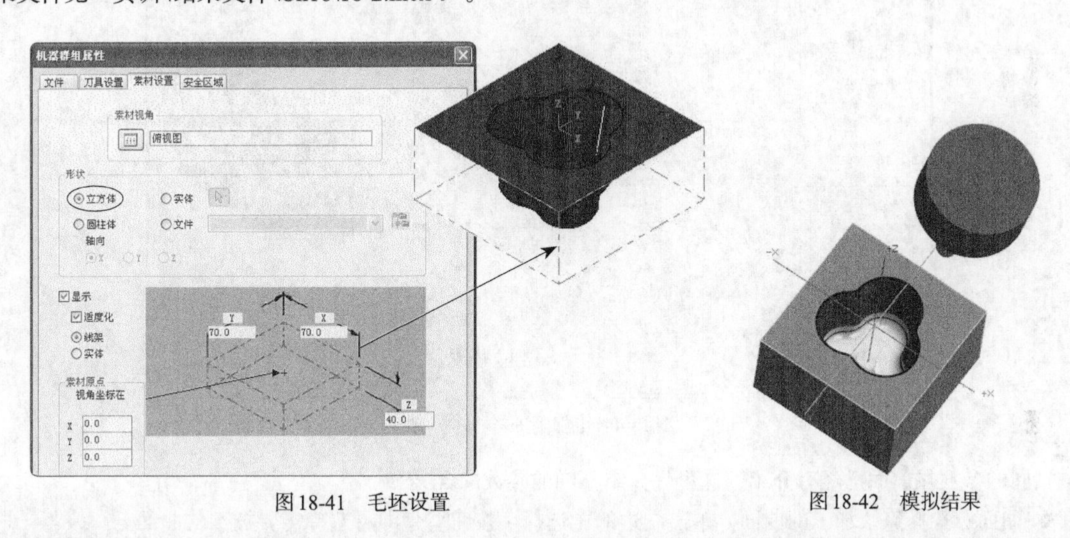

图18-41　毛坯设置

图18-42　模拟结果

18.4　沿面五轴加工

沿面五轴加工用来加工流线比较明显的空间曲面。沿面五轴加工即流线五轴加工，是Mastercam最先开发的比较优秀的五轴加工刀路，比其他的CAM系统都要早。沿面五轴加工与三轴的流线加工操作基本类似，但由于切削方向可以调整，刀具的轴向可以控制，切削的前角和后角都可以改变，因此，沿面五轴加工的适应性大大提高，加工质量也非常好，是实际中应用较多的五轴加工方法。

在菜单栏执行【刀路】→【多轴刀路】命令，在弹出的【输入新的NC名称】对话框中使用默认的名称，单击【完成】按钮后，弹出【多轴刀具路径-Flow】对话框，从中选择刀路类型为【Flow】，如图18-43所示。

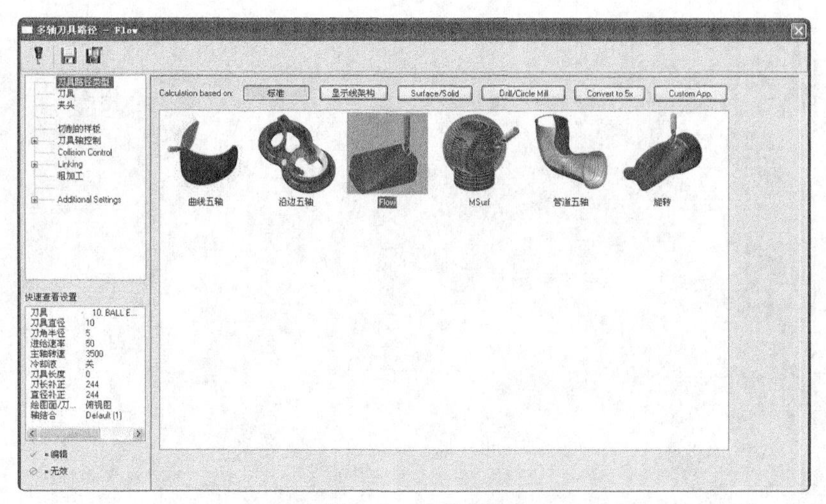

图18-43　沿面五轴

在【多轴刀具路径-Flow】对话框中单击【切削的样板】选项，弹出【切削的样板】选项区，如图18-44所示。

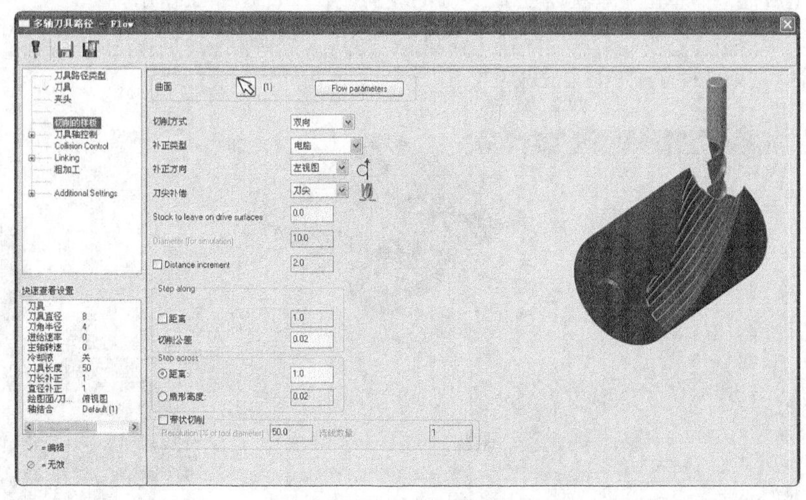

图18-44 【切削的样板】参数

相同的参数在前面已经有介绍，这里只介绍不同的参数的含义。

❖ 曲面：选择流线加工的曲面。单击右边的【选择】按钮，即可选择需要加工的曲面。

❖ 流线透数（Flow parameters）：用来设置控制流线加工方向等参数的选项，与三维曲面流线加工中的流线参数类似。

❖ 切削控制（Step along）：有距离和公差两种方式，控制沿切削进给方向上的距离或公差。

❖ 切削间距（Step across）：有距离和扇形高度两种方式。距离是直接输入距离来控制在截断方向上两个刀路之间的距离。扇形高度是采用球刀加工后留下的残脊高度来控制截断方向上刀路之间的距离。

实训102——沿面五轴加工

对图18-45所示的图形进行加工，加工结果如图18-46所示。

01 在菜单栏执行【文件】→【打开】按钮，从资源文件中打开“实训\源文件\Ch18\18-3.mcx-9”，单击【完成】按钮，完成文件的调取。

02 在菜单栏执行【刀路】→【多轴刀路】命令，弹出【输入新的NC名称】对话框，使用默认的名称，单击【完成】按钮，完成输入，如图18-47所示。

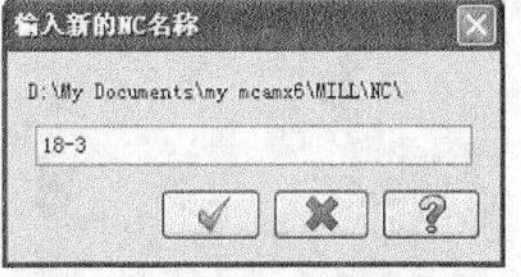

图18-45　加工图形　　图18-46　加工结果　　图18-47　输入新的NC名称

03 弹出【多轴刀具路径-Flow】对话框，选择刀路类型为【Flow】，如图18-48所示。

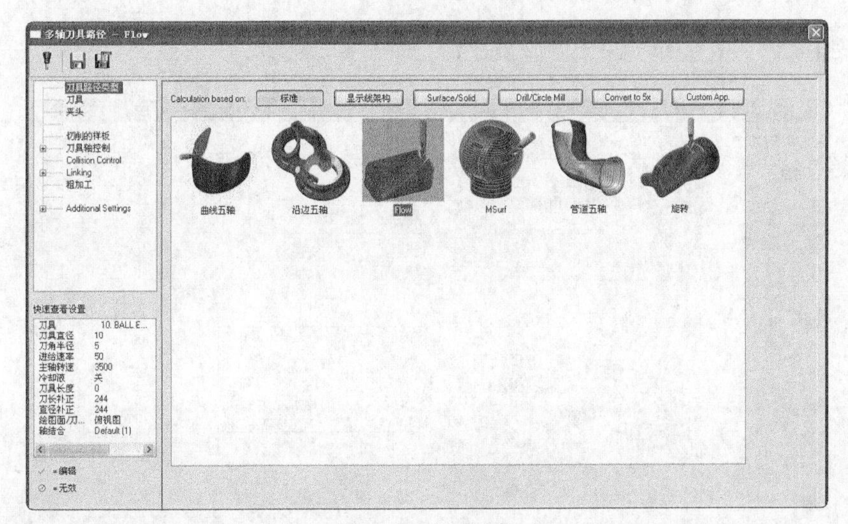

图18-48　沿面五轴

04 在【多轴刀具路径-Flow】对话框中单击【刀具】选项，设置刀具相关参数，如图18-49所示。

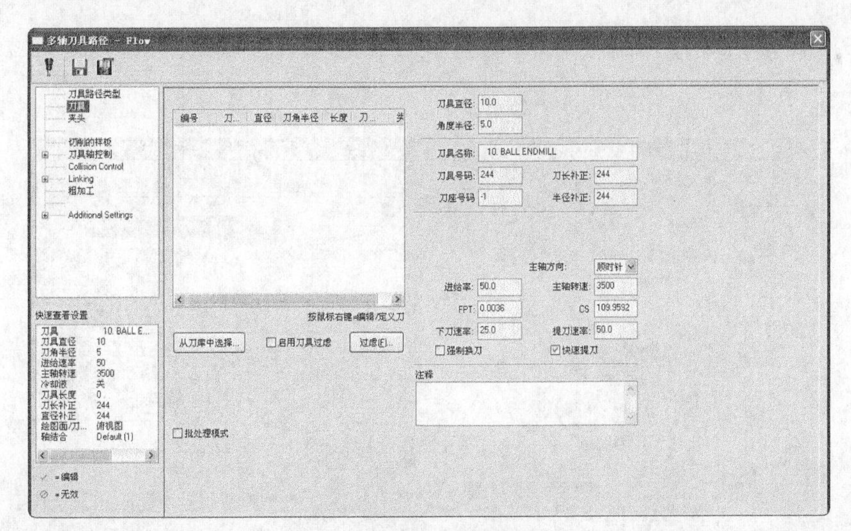

图18-49　刀具参数

05 在【刀具】选项区空白处单击鼠标右键，在弹出的快捷菜单中单击【创建新刀具】选项，弹出定义刀具对话框，如图18-50所示。单击【球刀】选项，设置球刀的参数，如图18-51所示。

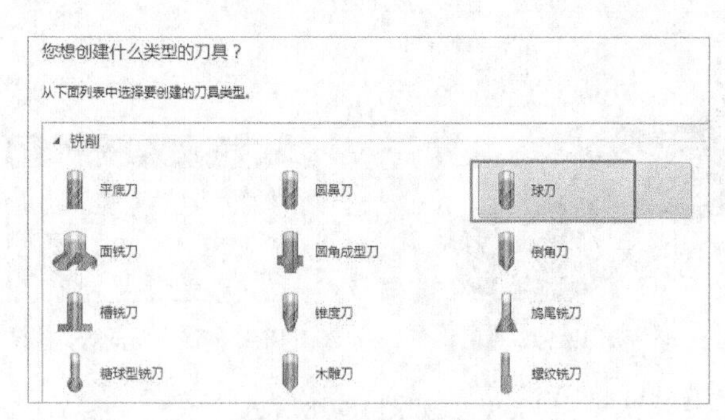

图18-50　定义刀具类型

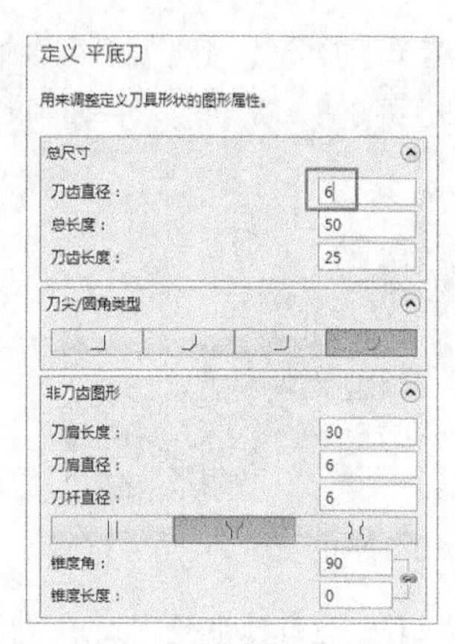

图18-51　定义刀具参数

06 刀具设置完毕后，在【刀具】选项区中设置参数，如图18-52所示。

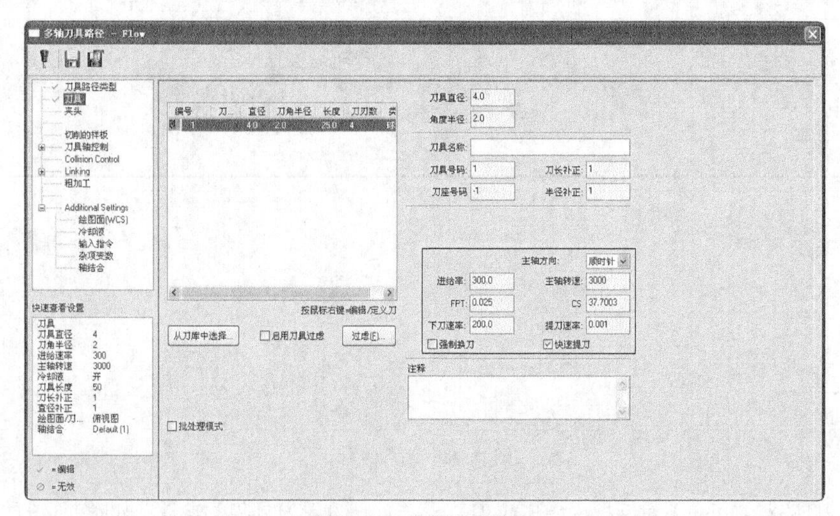

图18-52　设置刀具参数

07 在【多轴刀具路径-Flow】对话框中单击【切削的样板】选项，设置曲面、切削方式等参数，如图18-53所示。

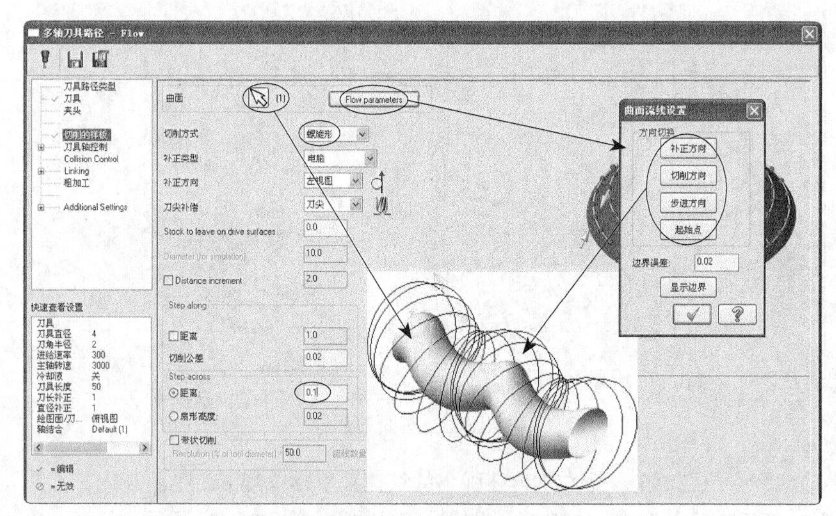

图18-53　切削的样板

08 在【多轴刀具路径-Flow】对话框中单击【刀具轴控制】选项，控制加工刀具轴向，如图18-54所示。

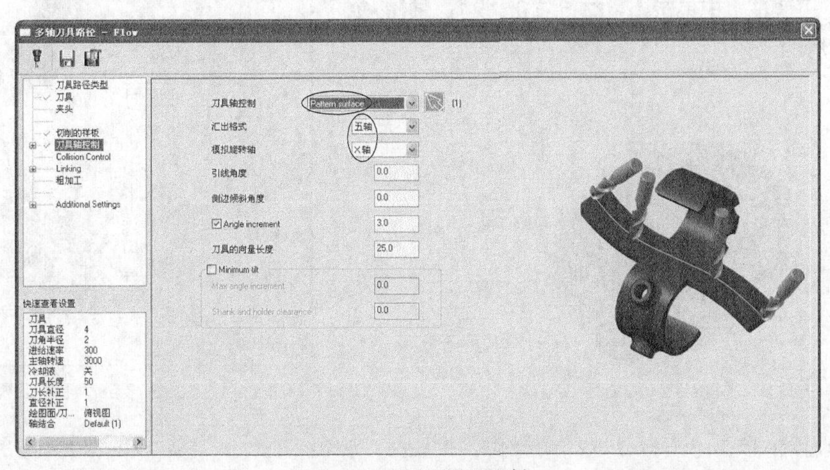

图18-54　刀具轴的控制

09 在【多轴刀具路径 - Flow】对话框中单击共同参数选项，设置安全高度等参数，如图18-55所示。

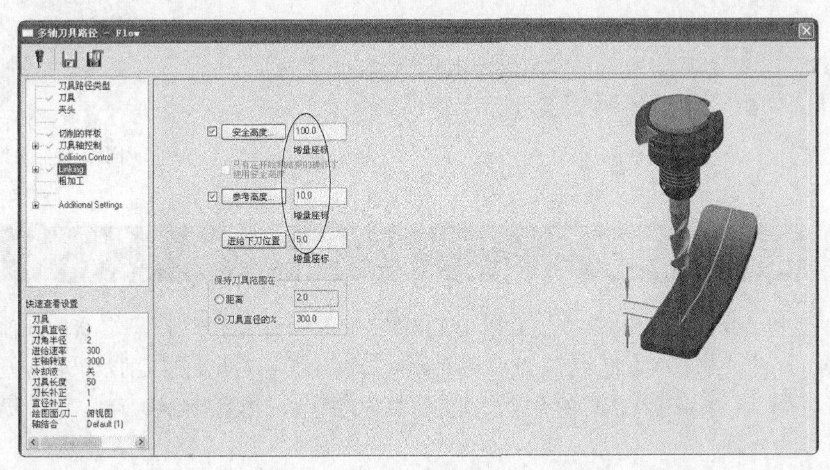

图18-55　高度参数

10 在【多轴刀具路径 - Flow】对话框中单击【冷却液】选项，设置冷却冲水装置，如图18-56所示。

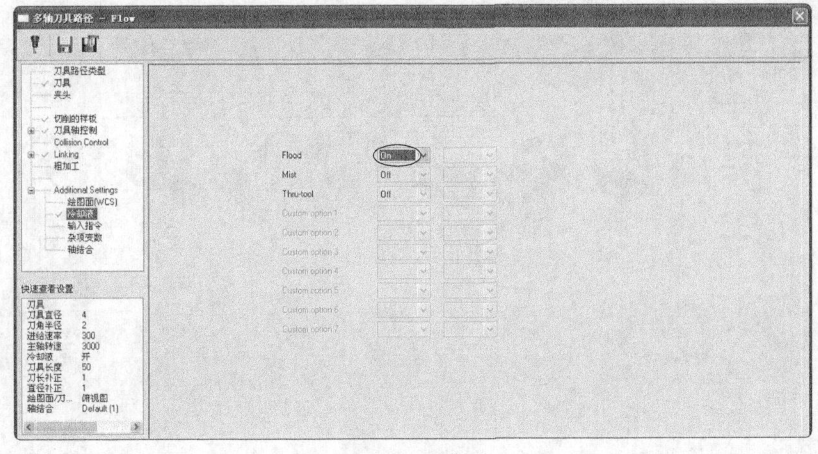

图18-56　冷却液

11 系统根据所设的参数生成刀路，如图18-57所示。

12 在【机器群组属性】中单击【素材设置】，设置素材的参数，如图18-58所示。

图18-57　刀路

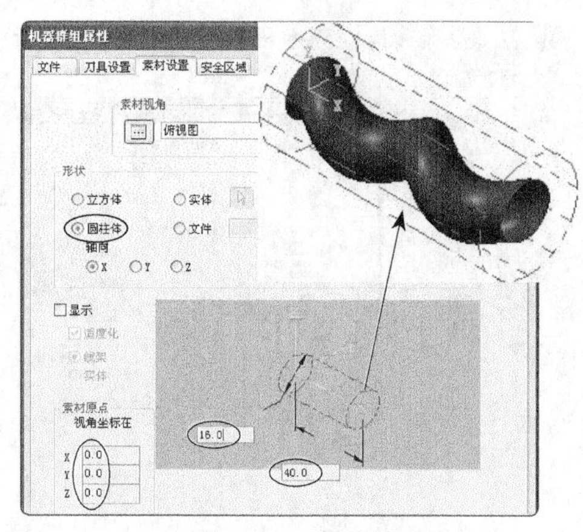

图18-58　毛坯设置

13 在刀路管理器中单击【模拟已选择的操作】按钮，弹出【验证】对话框，模拟结果如图18-59所示。结果文件见"实训\结果文件\Ch18\18-3.mcx-9"。

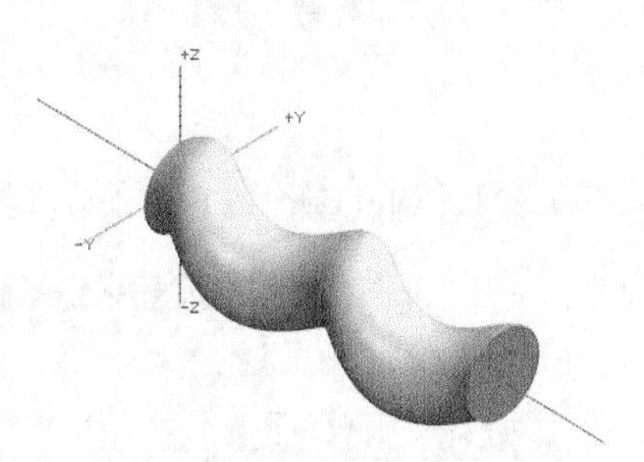

图18-59　模拟结果

操作技巧

沿面五轴加工即五轴流线加工，参数与三轴曲面流线加工类似，对于曲面流线比较规律的单曲面，五轴加工效果比较好。

18.5　曲面五轴加工

曲面五轴加工主要用于对空间上多个曲面相互连接在一起的曲面组进行加工。传统的五轴加工只能生成单个的曲面刀路，因此，对于多曲面而言，生成的曲面片间的刀路不连续，加工的效果非常差。曲面五轴加工就解决了这个问题，它采用流线加工的方式，在多曲面片之间生成连续的流线刀路，大大提高了多曲面片的加工精度。

在菜单栏执行【刀路】→【多轴刀路】命令，在弹出的【输入新的NC名称】对话框中使用默认的名称，单击【完成】按钮后，弹出【多轴刀具路径-MSurf】对话框，该对话框用来选择多轴加工类型，选择刀路类型为【MSurf】(多曲面五轴)，如图18-60所示。

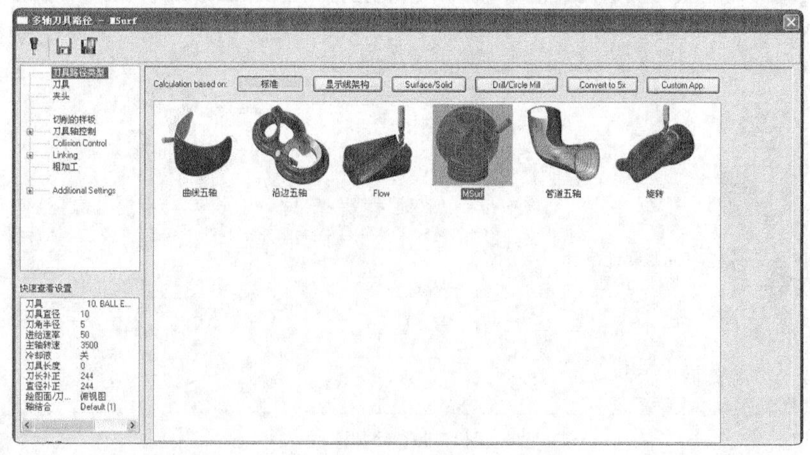

图18-60　多曲面五轴

在【多轴刀具路径-MSurf】对话框中单击【切削的样板】选项，设置补正类型等参数，如图18-61所示。

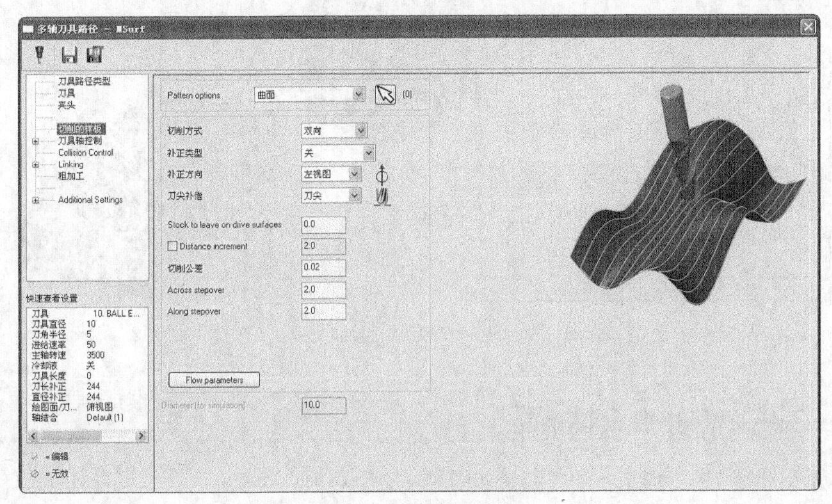

图18-61　切削的样板

各参数含义如下。

❖ 模式选项（Pattern options）：设置加工区域。有曲面、圆柱体、球体、立方体4种方式。

❖ 曲面：选择多曲面片作为加工区域。

❖ 圆柱体：定义圆柱体范围作为加工的区域，如图18-62所示。

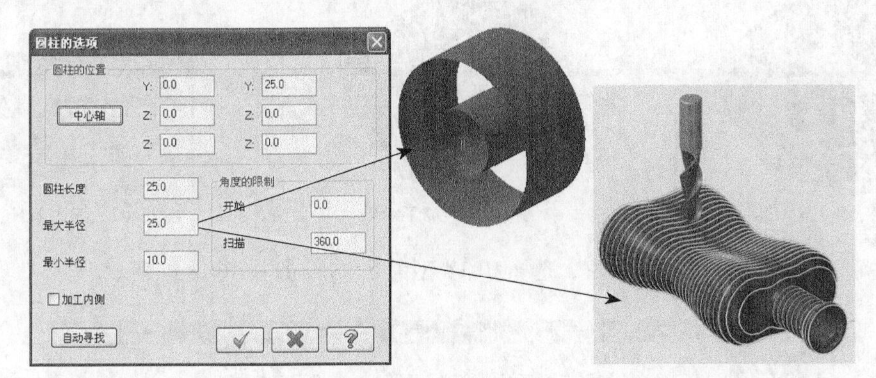

图18-62　圆柱体区域

❖ 球体：定义简单球体范围作为加工区域，如图18-63所示。

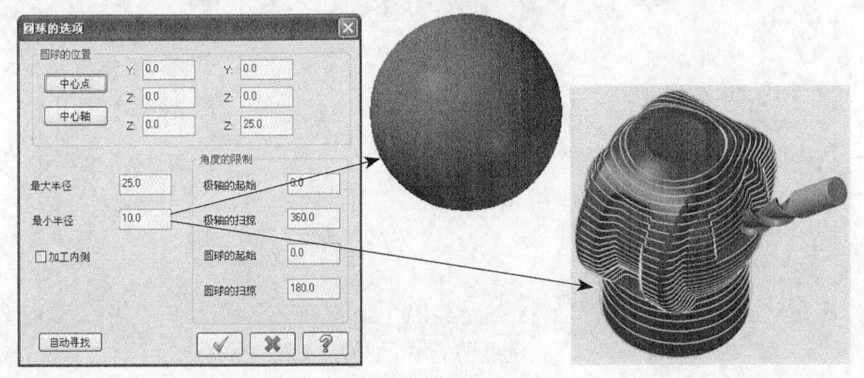

图18-63　球体区域

❖ 立方体：定义简单立方体的范围作为加工区域，如图18-64所示。

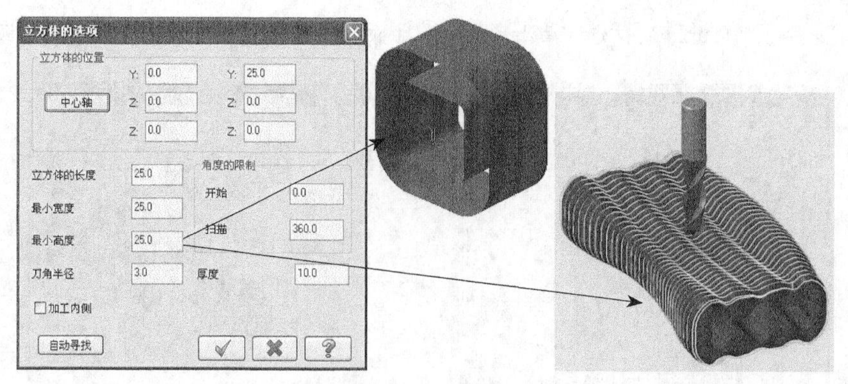

图18-64　立方体

实训103——多曲面五轴加工

对图18-65所示的图形进行加工，加工结果如图18-66所示。

01 在菜单栏执行【文件】→【打开】按钮，从资源文件中打开“实训\源文件\Ch18\18-4.mcx-9”，单击【完成】按钮，完成文件的调取。

02 在菜单栏执行【刀路】→【多轴刀路】命令，弹出【输入新的NC名称】对话框，使用默认的名称，单击【完成】按钮，完成输入，如图18-67所示。

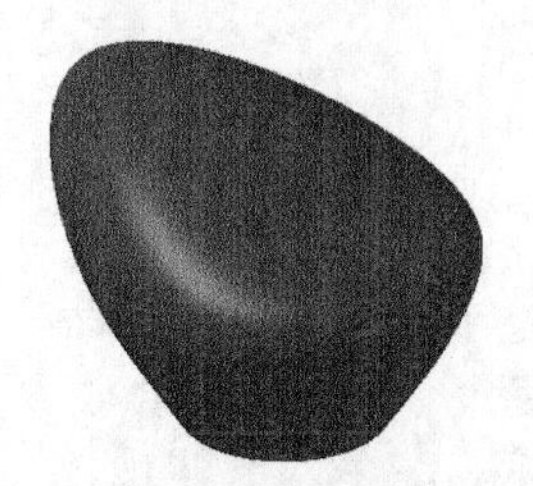

图18-65　加工图形

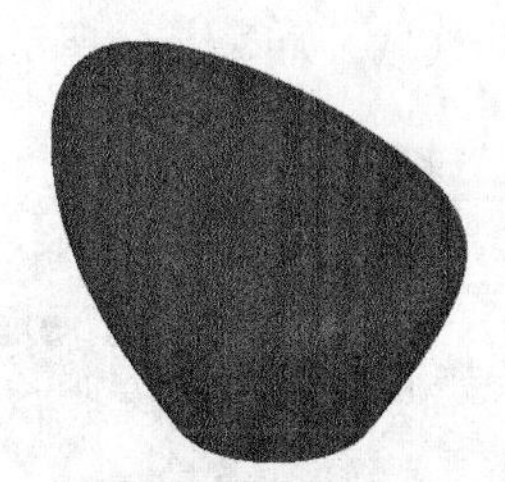

图18-66　加工结果

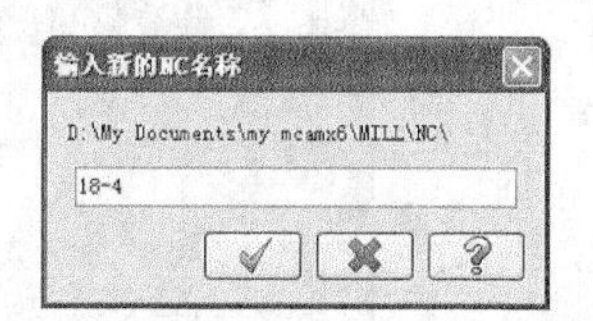

图18-67　输入新NC名称

03 弹出【多轴刀具路径-MSurf】对话框，选择刀路类型为【MSurf】，如图18-68所示。

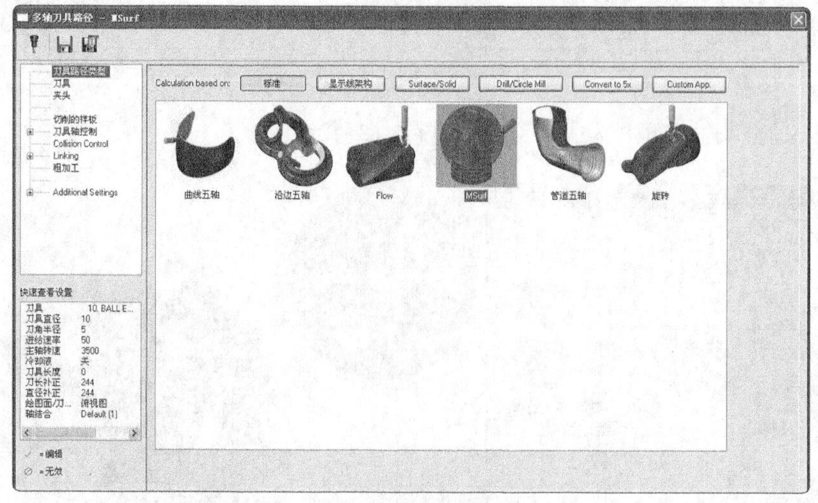

图18-68　沿面五轴

04 在【多轴刀具路径-MSurf】对话框中单击【刀具】选项，如图18-69所示。

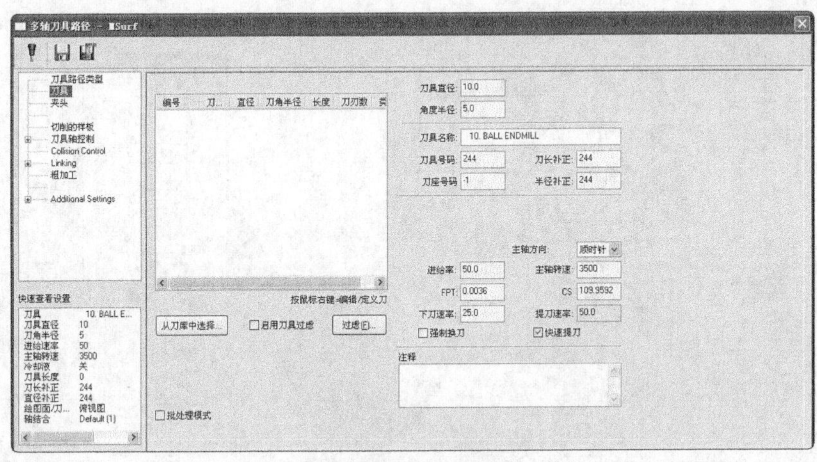

图18-69　刀具参数

05 在【刀具】选项区空白处单击鼠标右键，在弹出的快捷菜单中单击【创建新刀具】选项，弹出定义刀具对话框，如图18-70所示。单击【球刀】选项，在【球刀】选项卡中设置球刀的参数，如图18-71所示。

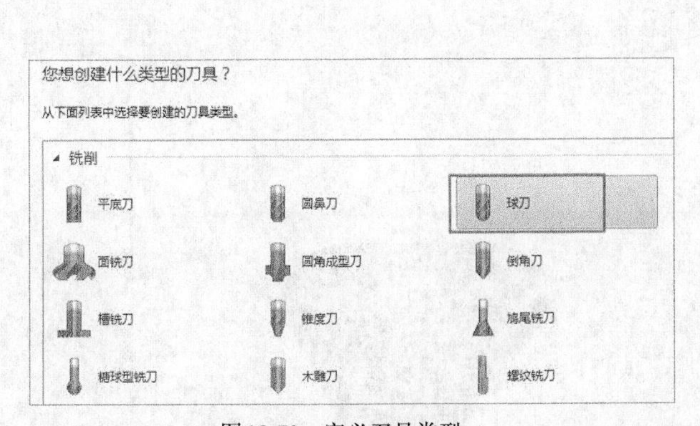

图18-70　定义刀具类型

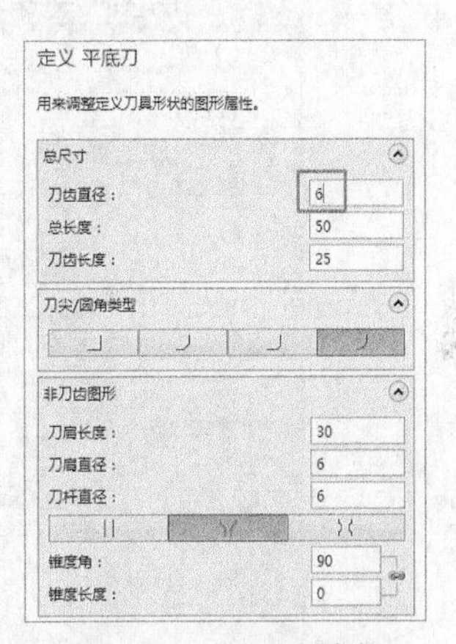

图18-71　定义刀具参数

06 刀具设置完毕后，在【刀具】选项区中设置参数，如图18-72所示。

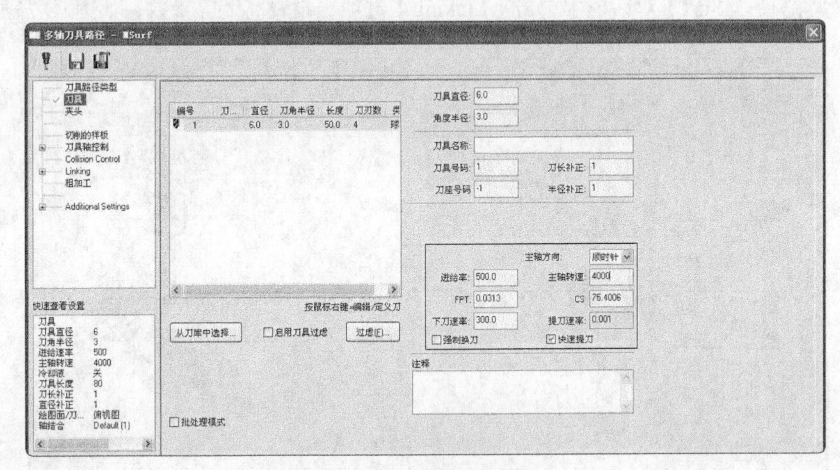

图18-72　设置刀具参数

07 在【多轴刀具路径-MSurf】对话框中单击【切削的样板】选项，设置加工曲面、切削方式等参数，如图18-73所示。

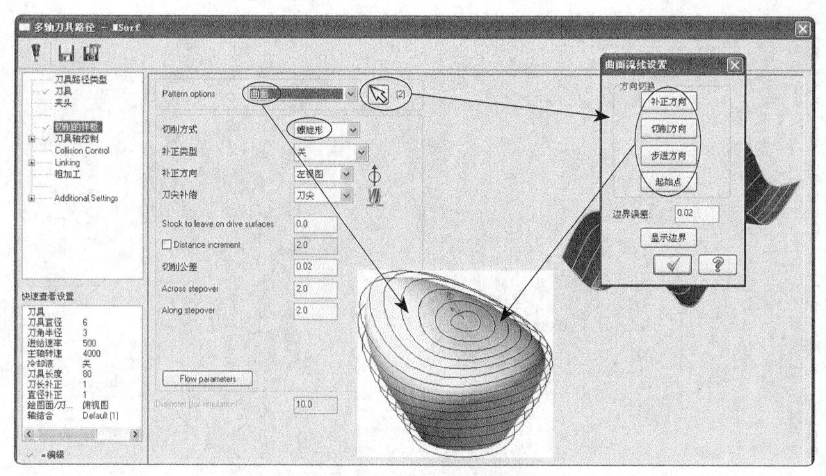

图18-73　切削的样板

08 在【多轴刀具路径-MSurf】对话框中单击【刀具轴控制】选项，控制加工刀具轴向，如图18-74所示。

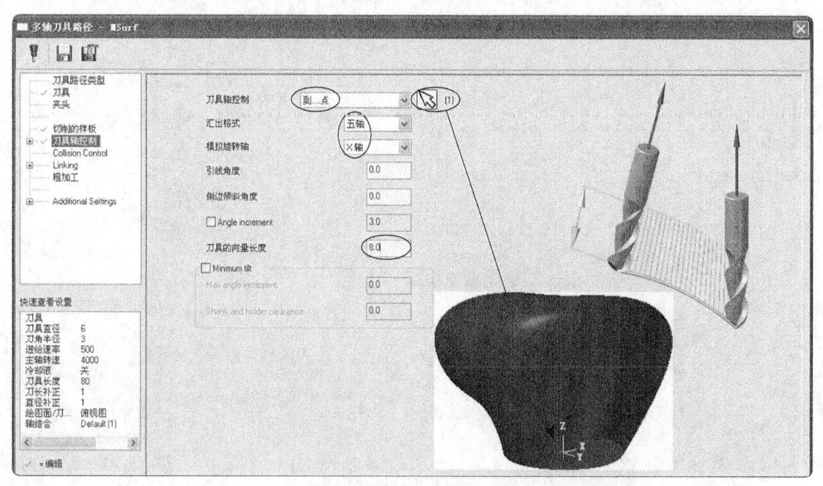

图18-74　刀具轴控制

09 在【多轴刀具路径-MSurf】对话框中单击【Linking】选项，设置高度等参数，如图18-75所示。

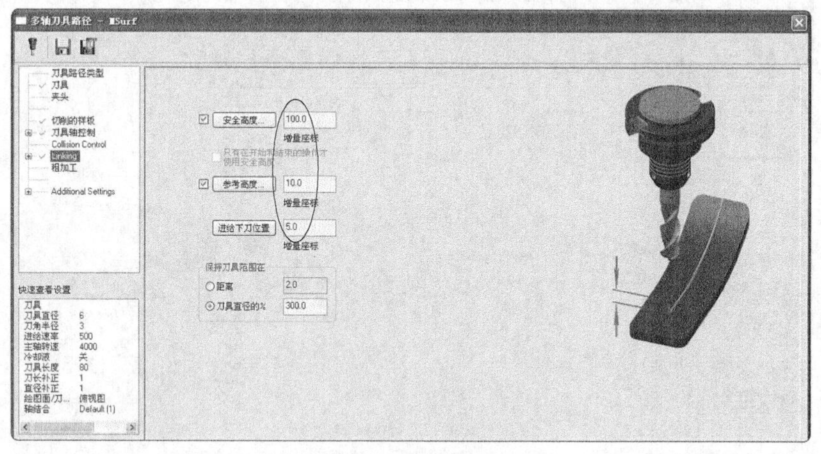

图18-75　共同参数

10 在【多轴刀具路径-MSurf】对话框中单击【冷却液】选项，设置冷却冲水装置，如图18-76所示。

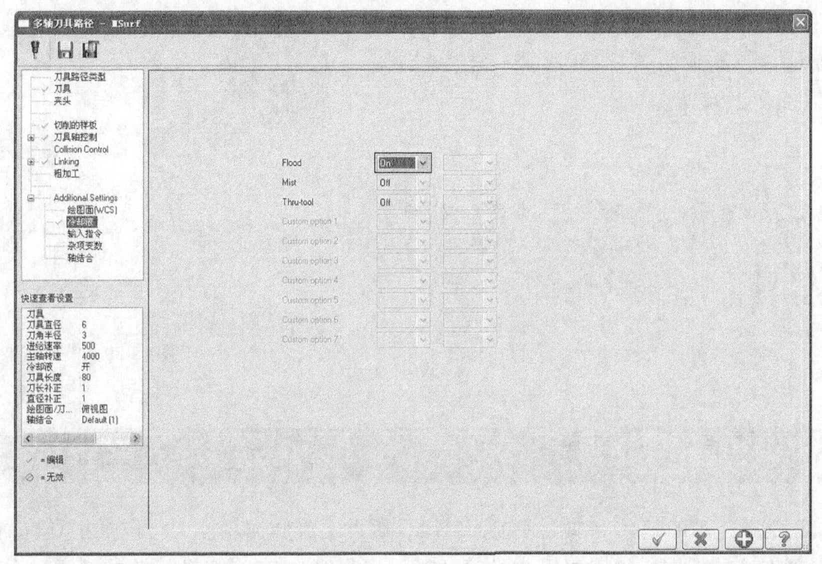

图18-76　冷却液

11 系统根据所设的参数生成刀路，如图18-77所示。

12 在状态栏单击图层按钮，弹出【层别管理】对话框，将第二层打开，实体毛坯即可见，如图18-78所示。

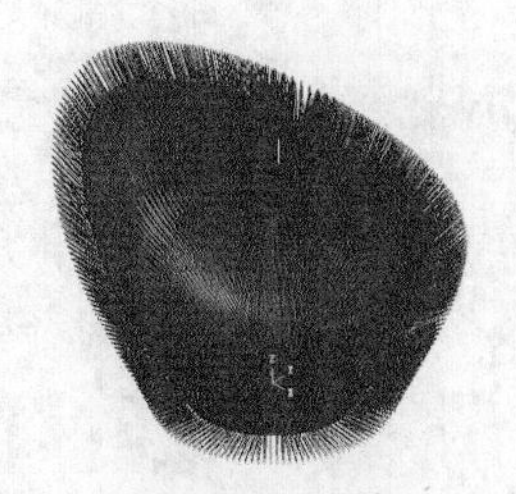

图18-77　刀路

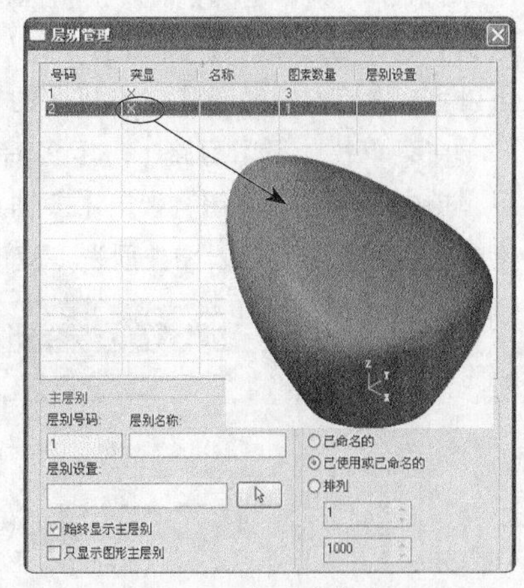

图18-78　打开实体毛坯

13 在【机器群组属性】中单击【素材设置】，设置素材的参数，如图18-79所示。

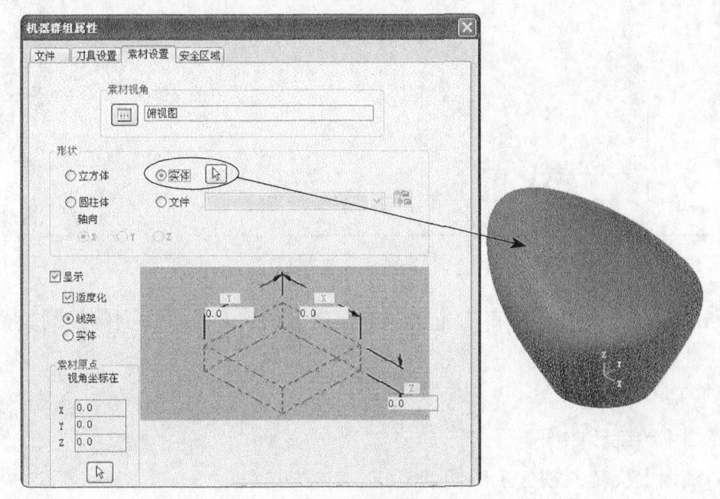

图18-79　设置素材

14 在刀路管理器中单击【模拟已选择的操作】按钮，弹出【验证】对话框，结果如图18-80所示。结果文件见“实训\结果文件\Ch18\18-4.mcx-9”。

操作技巧

多曲面五轴加工是根据多个曲面的流线产生沿曲面的五轴刀轨，多曲面五轴加工实现的前提条件是多个曲面的流线方向类型，不能相互交叉，否则无法生成五轴刀轨。

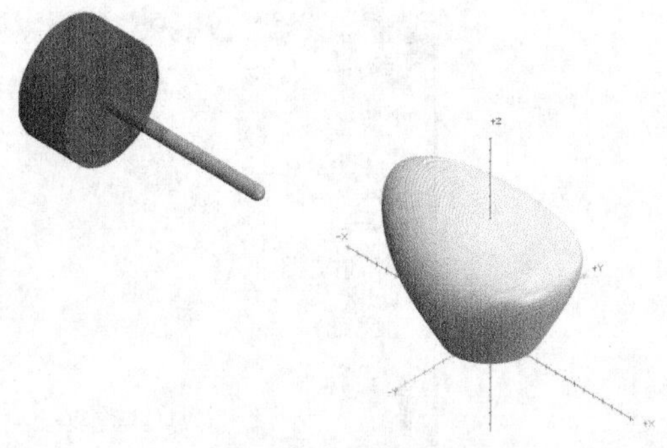

图18-80 模拟结果

18.6 旋转四轴加工

旋转四轴加工是在三轴的基础上加上一根回转轴，因此，旋转四轴加工可以加工具有回转轴的零件或沿某一轴四周需要加工的零件。CNC机床中的第四轴可以是绕X、Y或Z轴旋转的任意一个轴，通常用A、B或C表示，具体是哪根轴，由机床的配置决定。Mastercam只提供了绕A或B轴产生刀路的功能，当机床是具有C轴的四轴CNC机床时，可以通过绕A或B轴产生四轴刀路的方法产生刀路，通过修正后处理程序，可以生成具有C轴的四轴CNC机床的加工代码。

在菜单栏执行【刀路】→【多轴刀路】命令，在弹出的【输入新的NC名称】对话框中使用默认的名称，单击【完成】按钮，弹出【多轴刀路】对话框，该对话框用来选择多轴加工类型，在【多轴刀具路径-旋转】对话框中选择刀路类型为【旋转】，如图18-81所示。

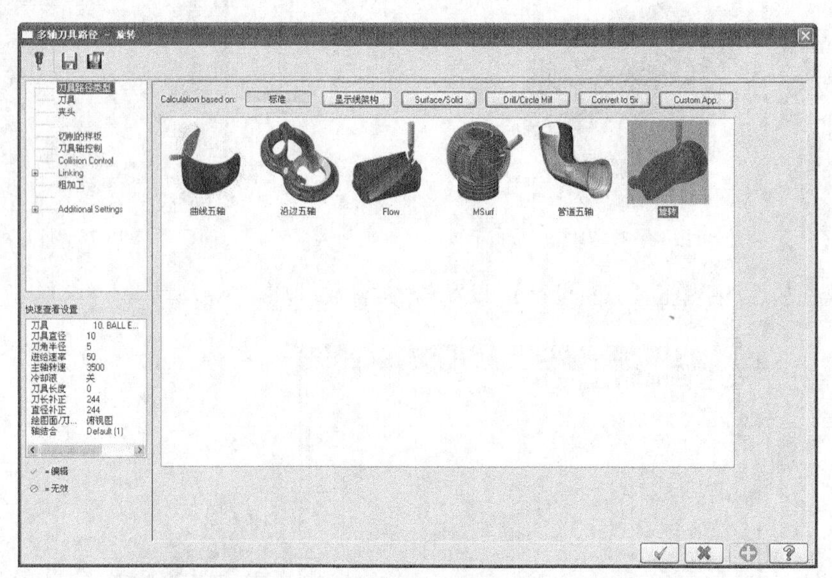

图18-81 旋转四轴

在【多轴刀具路径-旋转】对话框中单击【切削的样板】选项，设置切削的控制、补偿、加工曲面等参数，如图18-82所示。

部分参数含义如下。

❖ 曲面：选择要加工的旋转曲面。

❖ 切削控制：用来设置旋转四轴加工的切削方式、补偿方式等。

❖ 绕着旋转轴切削：绕着指定的旋转轴旋转切削。

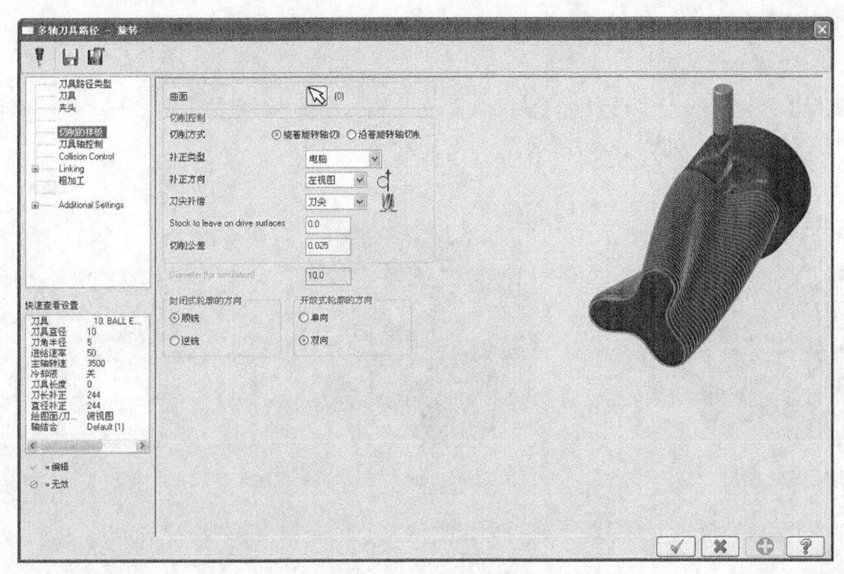

图18-82　切削的样板

❖ 沿着旋转轴切削：沿着指定的旋转轴方向切削。

❖ 封闭式轮廓的方向：设置封闭轮廓加工方向，有顺铣和逆铣两种方式。

❖ 开放式轮廓的方向：设置开放轮廓的加工方式，有单向和双向两种方式。

在【多轴刀具路径-旋转】对话框中单击【刀具轴控制】选项，设置沿旋转轴、轴点等参数，如图18-83所示。

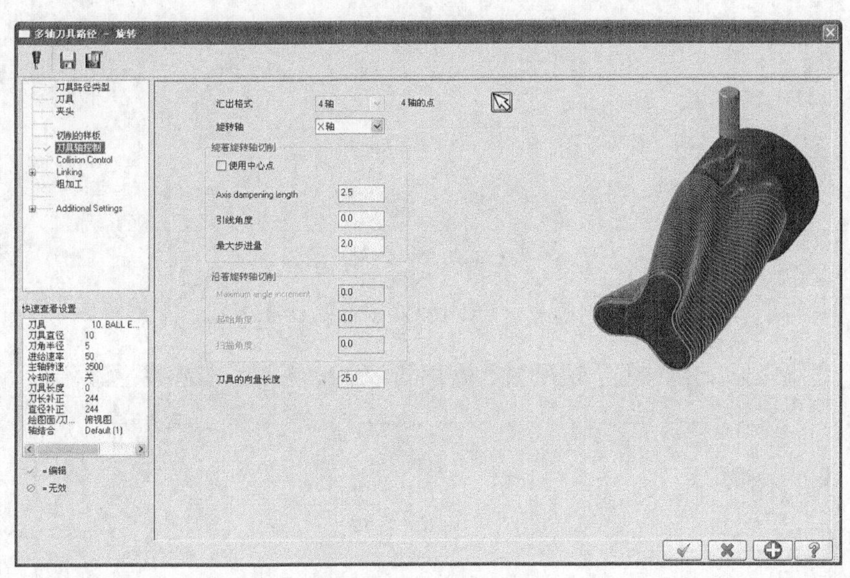

图18-83　刀具轴控制

部分参数含义如下。

❖ 4轴的点：选择4轴旋转加工的旋转轴所在的点。

❖ 旋转轴：设置4轴旋转加工的旋转轴。

实训104——旋转四轴加工

对图18-84所示的图形进行加工，加工结果如图18-85所示。

01 在菜单栏执行【文件】→【打开】按钮，从资源文件中打开“实训\源文件\Ch18\18-5.mcx-9”，单击【完成】按钮，完成文件的调取。

02 在菜单栏执行【刀路】→【多轴刀路】命令，弹出【输入新的NC名称】对话框，使用默认的名称，单击【完成】按钮，完成输入，如图18-86所示。

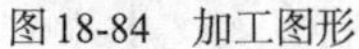

图18-84 加工图形

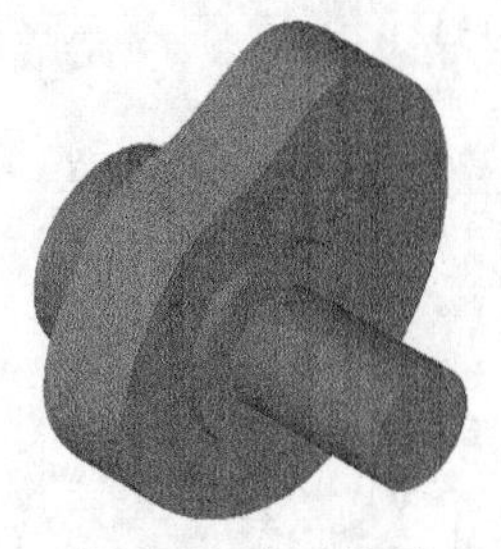

图18-85 加工结果

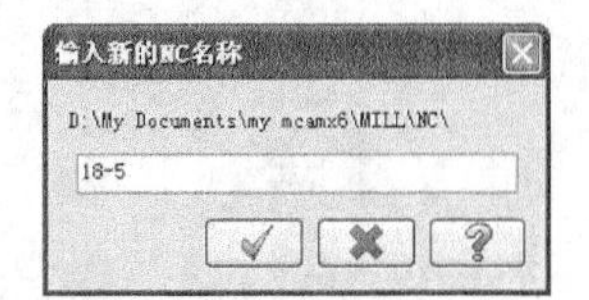

图18-86 输入新的NC名称

03 弹出【多轴刀具路径-旋转】对话框，选择刀路类型为【旋转】，如图18-87所示。

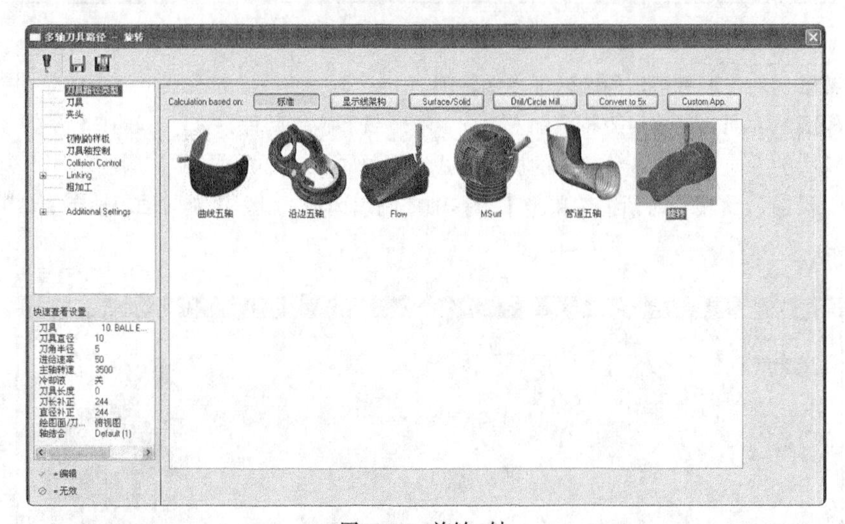

图18-87 旋转4轴

04 在【多轴刀具路径-旋转】对话框中单击【刀具】选项，如图18-88所示。

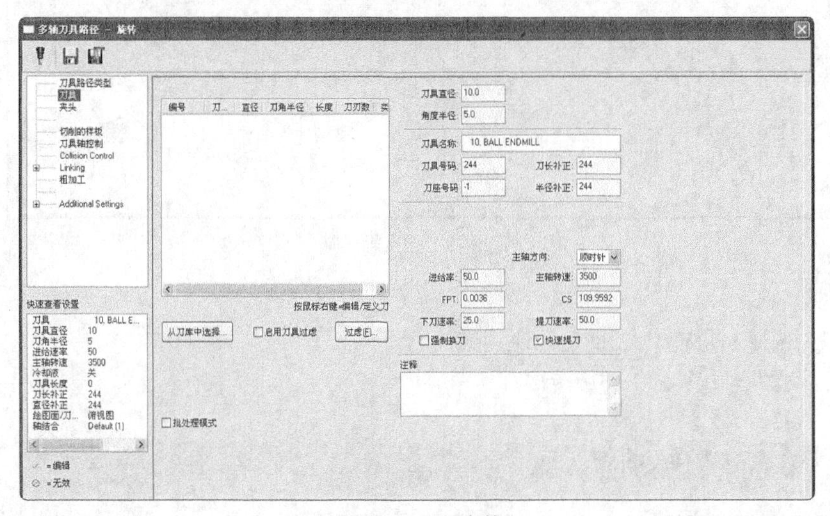

图18-88 刀具参数

05 在【刀具】选项区空白处单击鼠标右键，在弹出的快捷菜单中单击【创建新刀具】选项，弹出定义刀具对话框，如图18-89所示。单击【球刀】选项，设置球刀的参数，如图18-90所示。

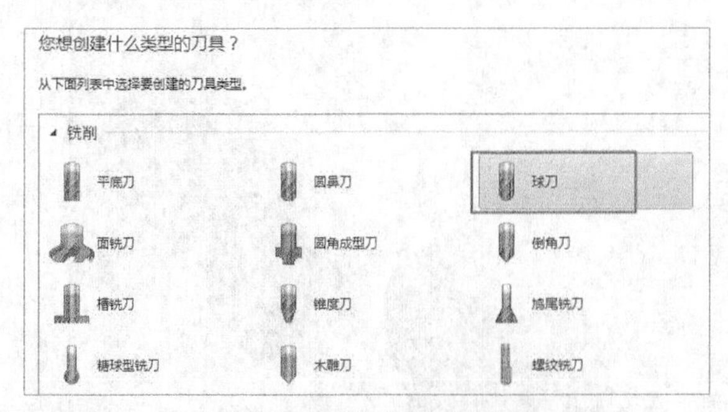

图18-89 定义刀具类型

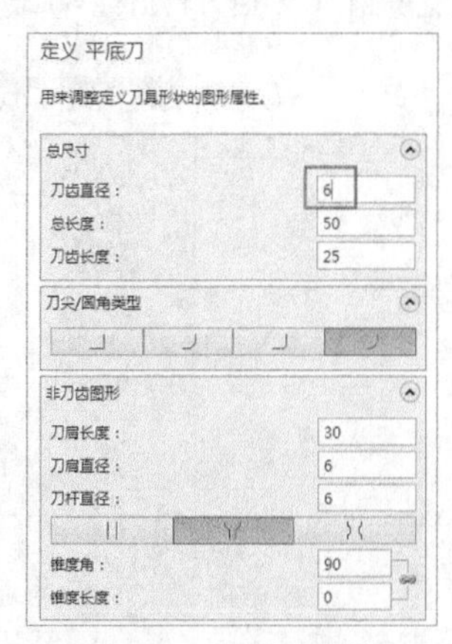

图18-90 定义刀具参数

06 刀具设置完毕后，在【刀具】选项区中设置参数，如图18-91所示。

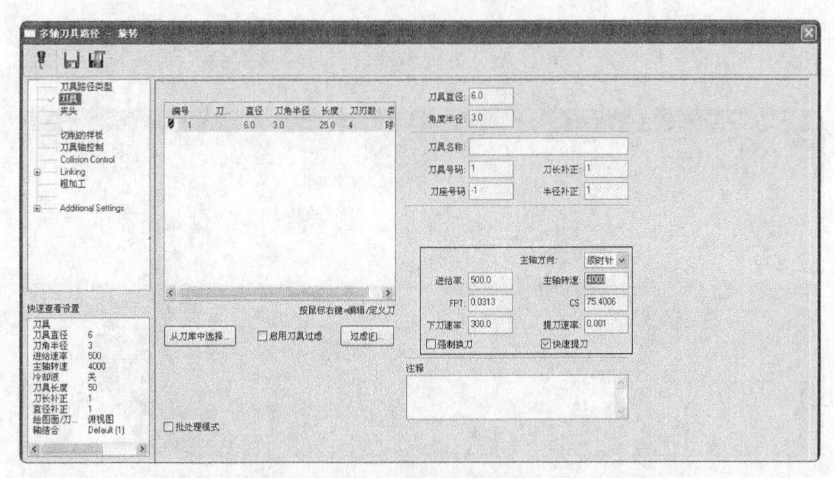

图18-91 设置刀具参数

07 在【多轴刀具路径-旋转】对话框中单击【切削的样板】选项，设置加工曲面、切削方式等参数，如图18-92所示。

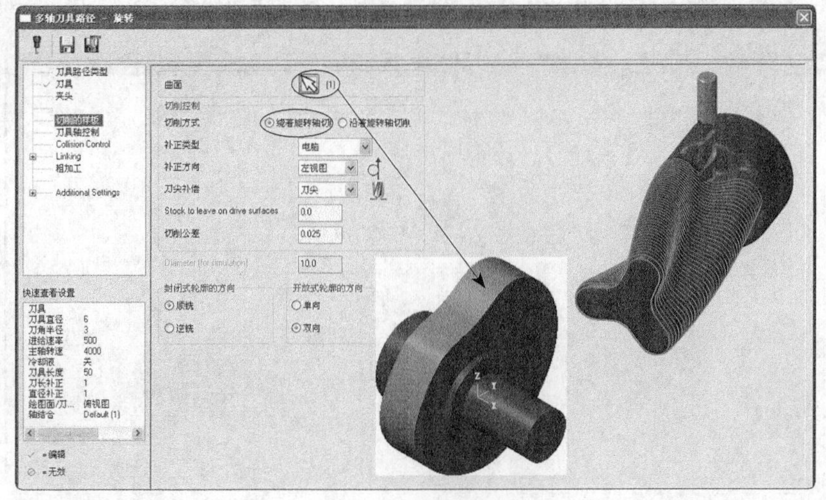

图18-92 切削的样板

08 在【多轴刀具路径-旋转】对话框中单击【刀具轴控制】选项，设置旋转轴等参数，如图18-93所示。

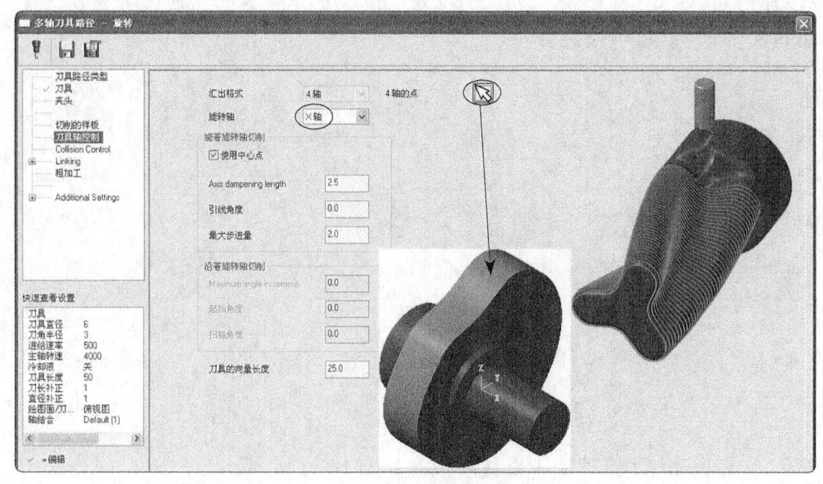

图18-93　刀具轴控制

09 在【多轴刀具路径-旋转】对话框中单击共同参数选项，设置高度参数，如图18-94所示。

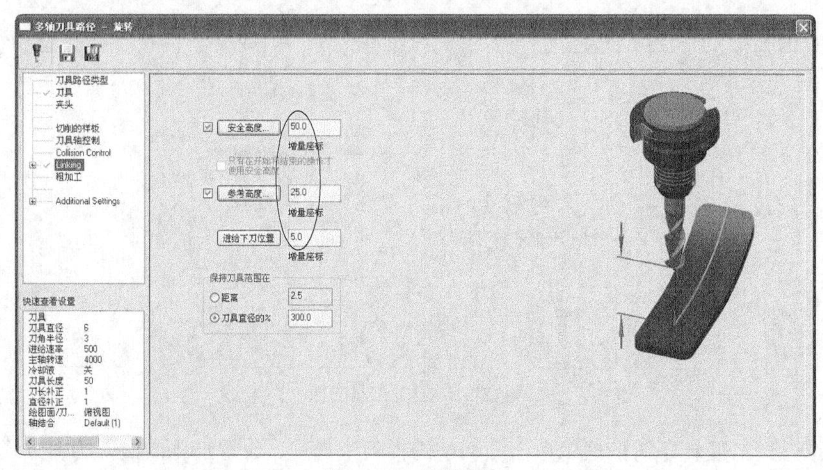

图18-94　共同参数

10 在【多轴刀具路径-旋转】对话框中单击【冷却液】选项，设置冷却冲水装置，如图18-95所示。

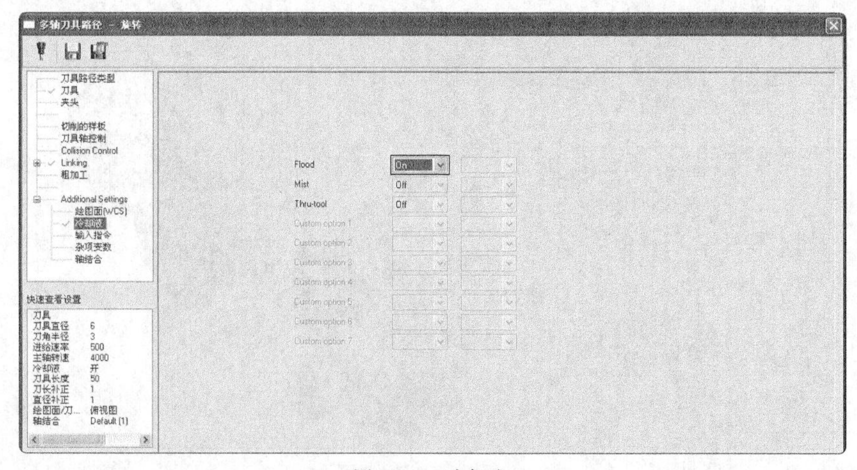

图18-95　冷却液

11 系统根据所设的参数生成刀路，如图18-96所示。

12 在状态栏单击【层别】按钮，弹出【层别管理】对话框，将第二层打开，实体毛坯即可见，如图18-97所示。

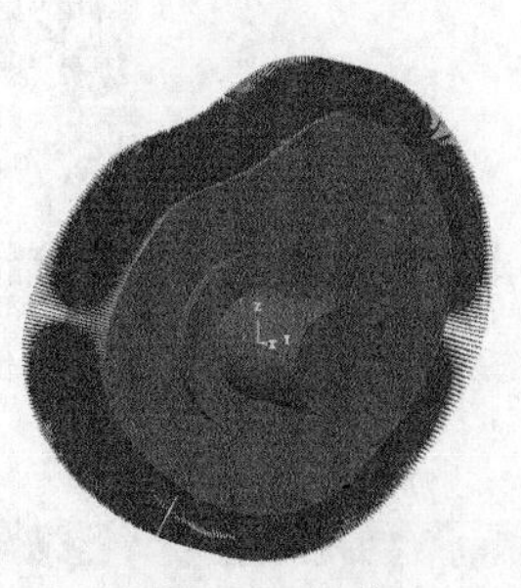

图18-96　刀路

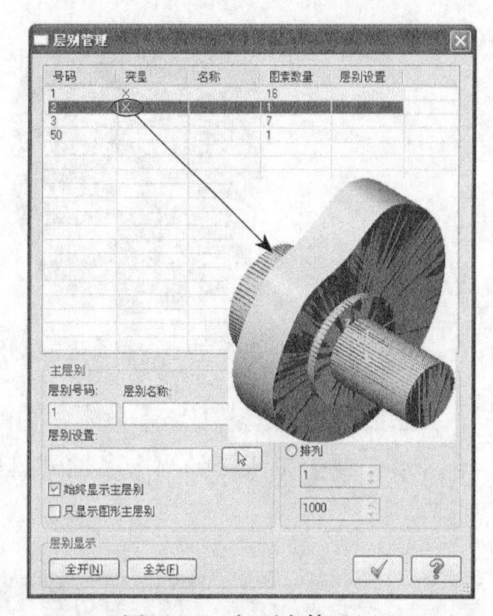

图18-97　打开实体毛坯

13 在【机器群组属性】中单击【素材设置】，设置毛坯的参数，如图18-98所示。

14 在刀路管理器中单击【模拟已选择的操作】按钮，弹出【验证】对话框，模拟结果如图18-99所示。结果文件见“实训\结果文件\Ch18\18-5.mcx-9”。

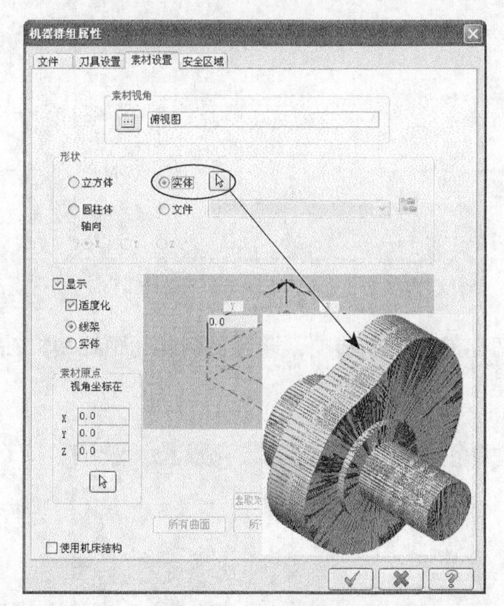

图18-98　设置素材

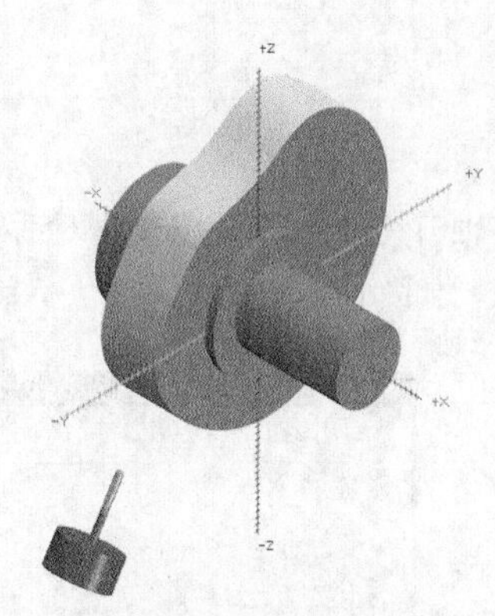

图18-99　模拟结果

操作技巧

旋转四轴加工是针对回转体的加工方式，用于三轴机床上加装的可旋转工作台的四轴加工，工件可以绕第四轴旋转。机床主轴和三轴机床相同。

18.7　管道五轴加工

管道五轴加工刀路也称通道五轴加工刀路。管道五轴加工主要用于管件以及管件连接件的加工，也可以用于内凹的结构件加工。管道加工也是根据曲面的流线产生沿U向流线或V向流线五轴加工刀路，可以加工管道内腔，如图18-100所示，也可以加工管道外壁，如图18-101所示。

图18-100　加工内腔管道内腔的加工

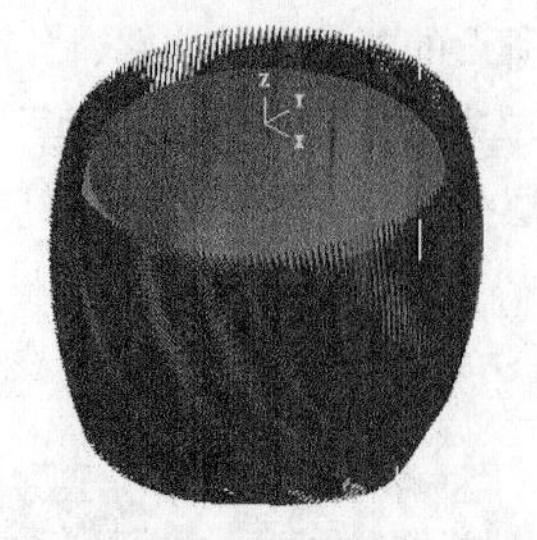

图18-101　加工外壁管道外壁的加工

在菜单栏执行【刀路】→【多轴刀路】命令，在弹出的【输入新的NC名称】对话框中使用默认的名称，单击【完成】按钮，弹出【多轴刀具路径-管道五轴】对话框，选择刀路类型为【管道五轴】，如图18-102所示。

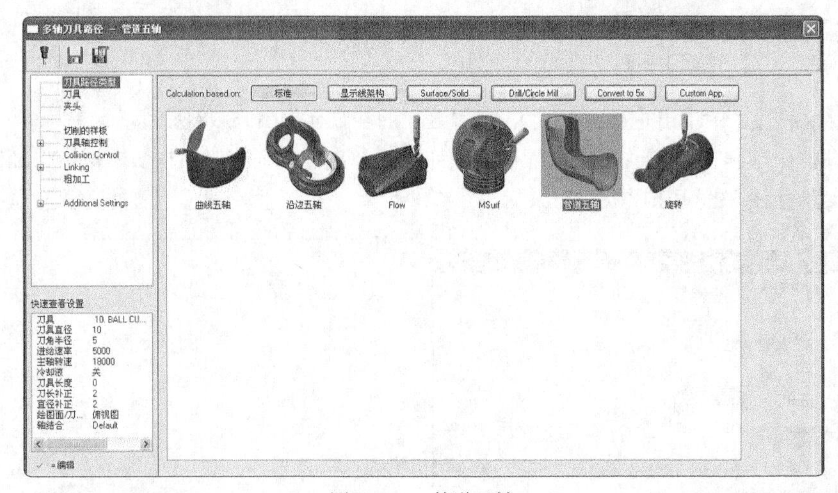

图18-102　管道五轴

在【多轴刀具路径-管道五轴】对话框中单击【切削的样板】选项，设置切削的间距控制、补偿、加工曲面等参数，如图18-103所示。

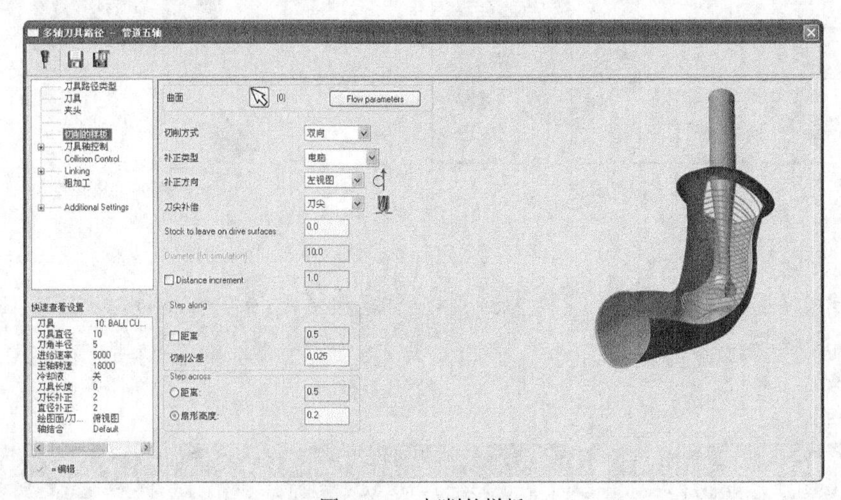

图18-103　切削的样板

各参数含义如下。

❖ 曲面：用来选择加工曲面。单击右边的【选择】按钮，即可进入绘图区选择加工曲面。

❖ Flow parameters（流线参数）：用来设置曲面流线控制选项。包括补正方向、切削方向、起始点等选项。

❖ Step along（切削控制）：设置切削方向的步进量，有距离和切削公差两种方式，通常采用公差控制。

❖ Step across（切削间距）：设置截断方向的步进量，有距离和扇形高度方式，通常采用距离控制。

在【多轴刀具路径-管道五轴】对话框中单击【刀具轴控制】选项，弹出刀具轴的控制对话框，设置刀具轴控制、汇出格式等参数，如图18-104所示。

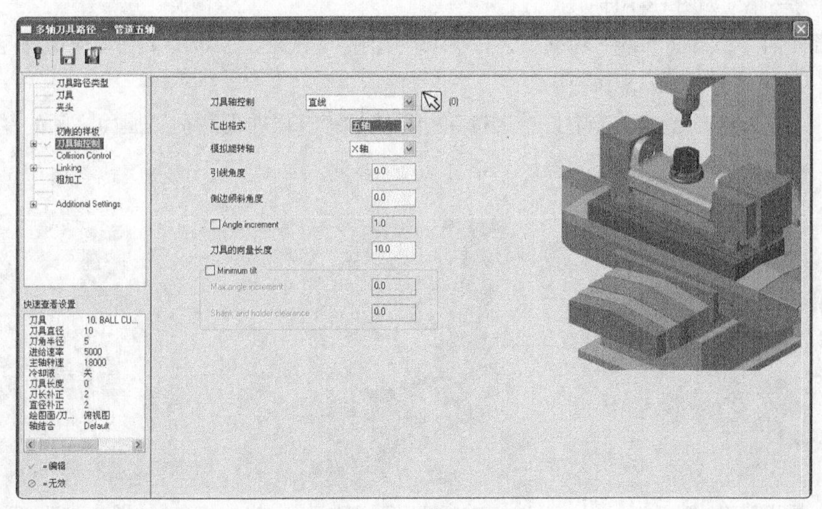

图18-104　刀具轴控制

部分参数含义如下。

❖ 刀具轴控制：用来设置刀具的轴向参数，有直线、曲面、平面、从…点、到…点、串联、边界等方式。

❖ 汇出格式：设置管道五轴输出的格式，有四轴和五轴两种。

❖ 模拟旋转轴：设置旋转轴。如果汇出格式是四轴，则此处设置的是四轴中的旋转轴，如果汇出格式是五轴，则此处设置的是模拟时的旋转轴。

在【多轴刀具路径-管道五轴】对话框中单击【Collision Control】选项，弹出刀具碰撞控制选项区，如图18-105所示。

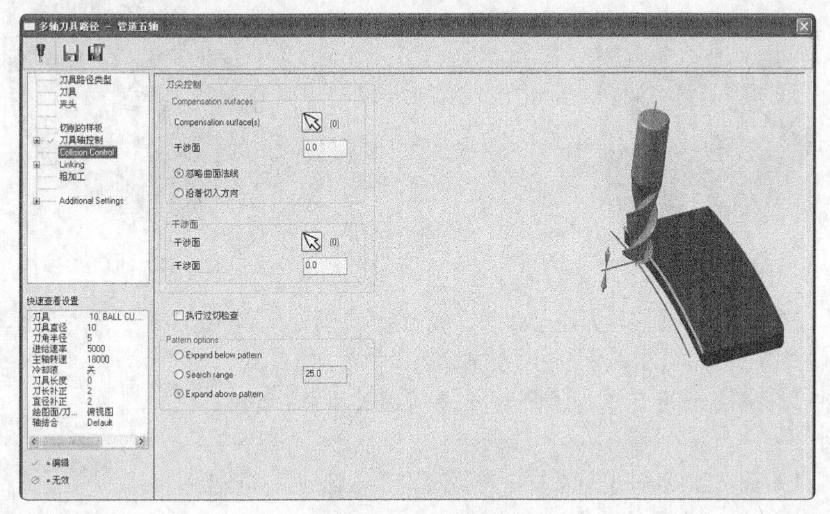

图18-105　碰撞控制

部分参数含义如下。

❖ 补正曲面（Compersation surfaces）：补偿曲面，即设置刀尖控制曲面。单击右边的【选择】按钮，即可进入绘图区选择曲面作为补偿曲面。

❖ 预留量：设置补偿面的补偿量。

❖ 模式选项（Pattern options）：用来设置补偿曲面的控制模式。只有当补正曲面选择曲面后，此项才有控制作用。

❖ 展开底部曲面（Expand below pattern）：选中该单选按钮，系统加工补偿曲面的内侧，方向由补偿曲面指向加工曲面的一侧，如图18-106所示。

❖ 展开顶部曲面（Expand above pattern）：选中此项前的复选框，系统加工补偿曲面外侧，方向由加工曲面指向补偿曲面的一侧。如图18-107所示。

❖ 搜索范围（Search range）：选中该单选按钮，系统加工补偿曲面和加工曲面之间的部分，需要设置加工曲面和补偿曲面之间的距离，如图18-108所示。

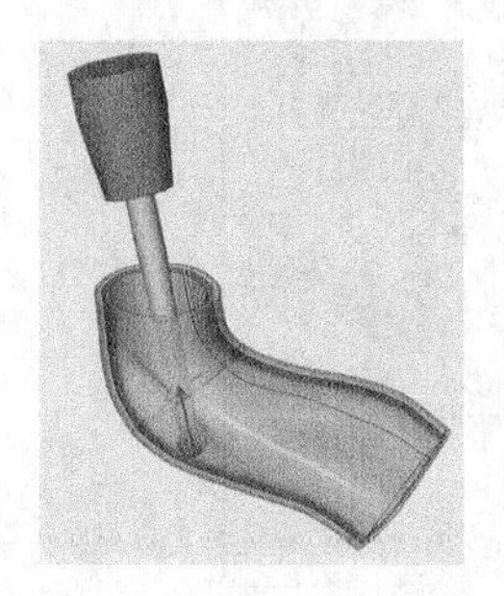

图18-106　展开底部曲面（Expand below pattern）

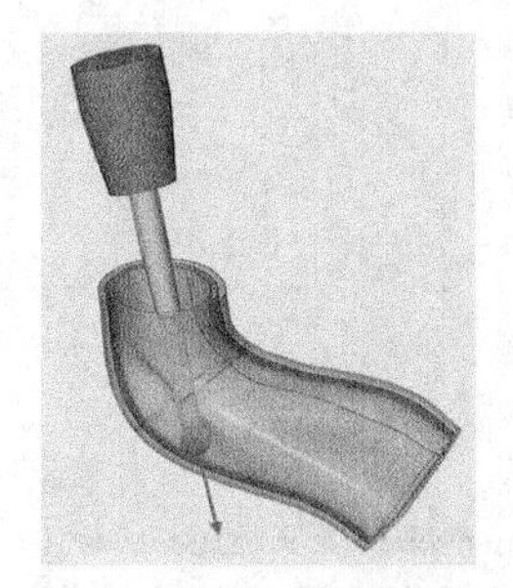

图18-107　展开顶部曲面（Expand above pattern）

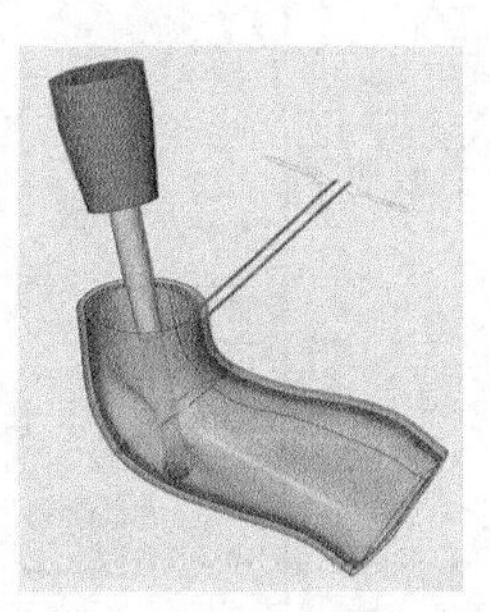

图18-108　搜索范围（Search range）

实训105——管道五轴加工

对图18-109所示的图形进行加工，加工结果如图18-110所示。

01 在菜单栏执行【文件】→【打开】按钮，从资源文件中打开"实训\源文件\Ch18\18-6.mcx-9"，单击【完成】按钮，完成文件的调取。

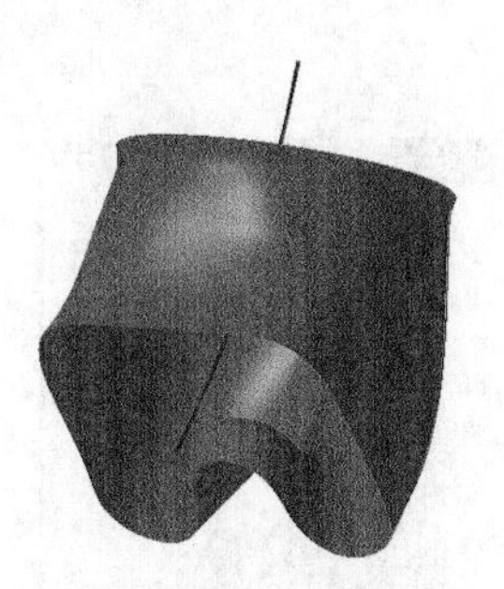

图18-109　加工图形

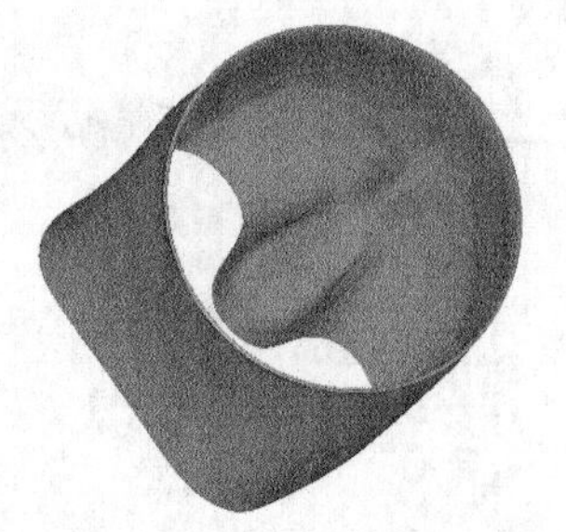

图18-110　加工结果

02 在菜单栏执行【刀路】→【多轴刀路】命令，弹出【输入新的NC名称】对话框，使用默认的名称，单击【完成】按钮，完成输入，如图18-111所示。

图18-111　输入新的NC名称

03 弹出【多轴刀具路径-管道五轴】对话框，选择刀路类型为【管道五轴】，如图18-112所示。

04 在【多轴刀具路径-管道五轴】对话框中单击【刀具】选项，如图18-113所示。

05 在【刀具】选项区空白处单击鼠标右键，在弹出的快捷菜单中单击【创建新刀具】选项，弹出定义刀具对话框，如图18-114所示。单击【球刀】选项，在【球刀】选项卡中设置球刀的参数，如图18-115所示。

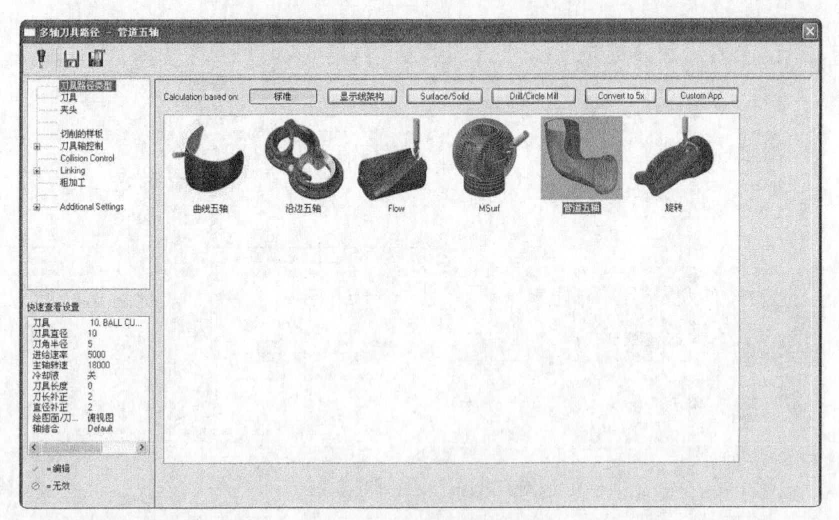

图18-112　管道五轴

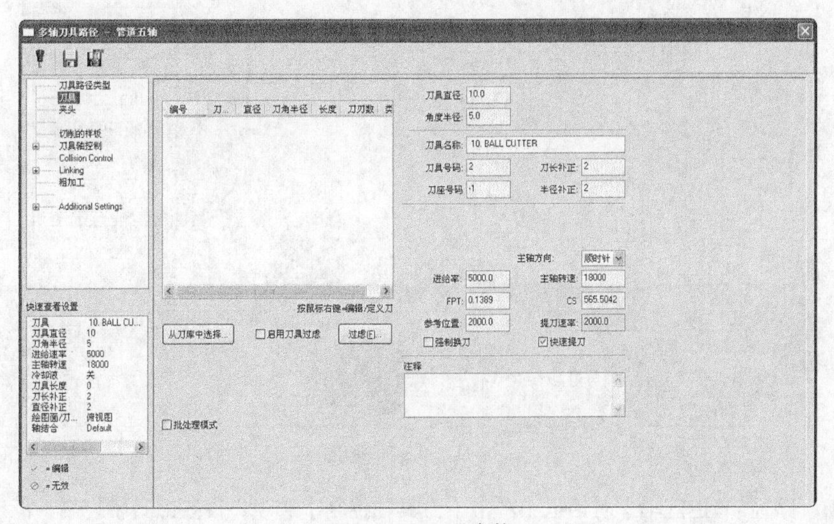

图18-113　刀具参数

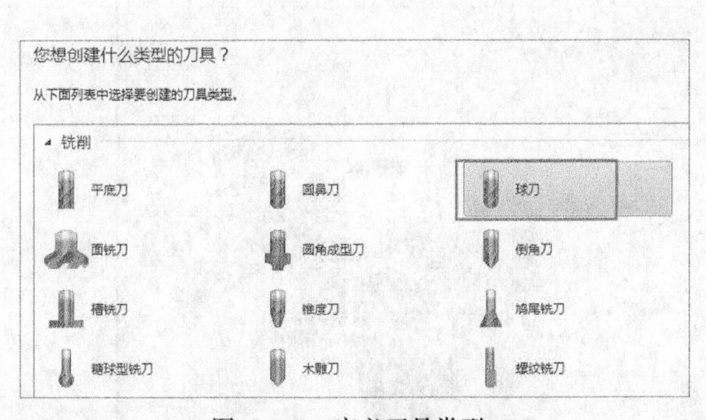

图18-114　定义刀具类型

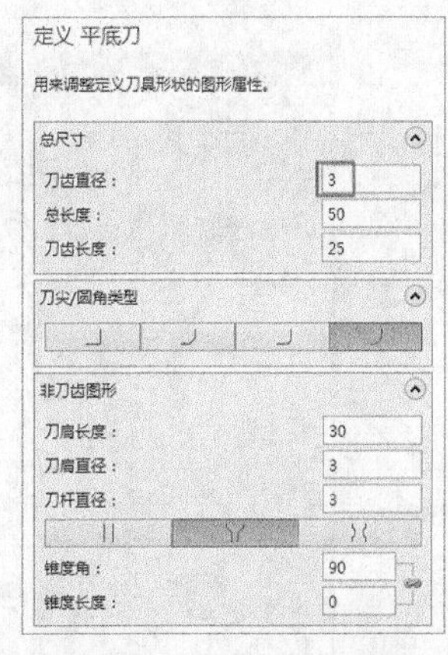

图18-115　定义刀具参数

06 刀具设置完毕后，在【刀具】选项区对话框中设置参数，如图18-116所示。

07 在【多轴刀具路径-管道五轴】对话框中单击【切削的样板】选项，设置加工曲面、切削方式等参数，如图18-117所示。

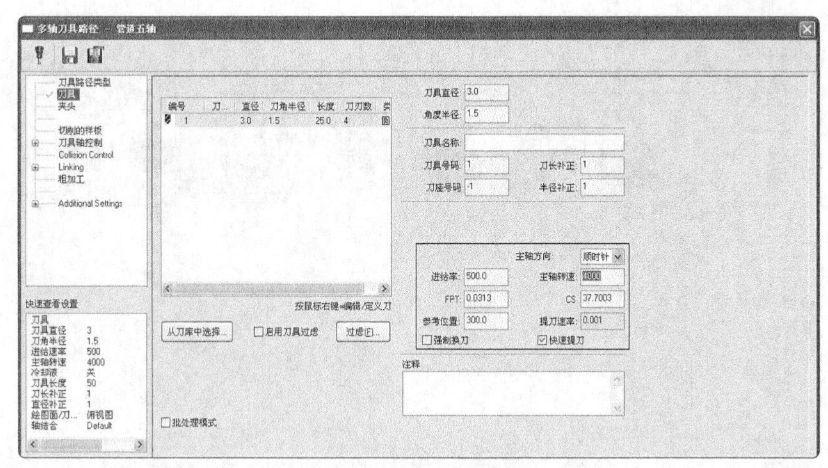

图18-116　设置刀具参数

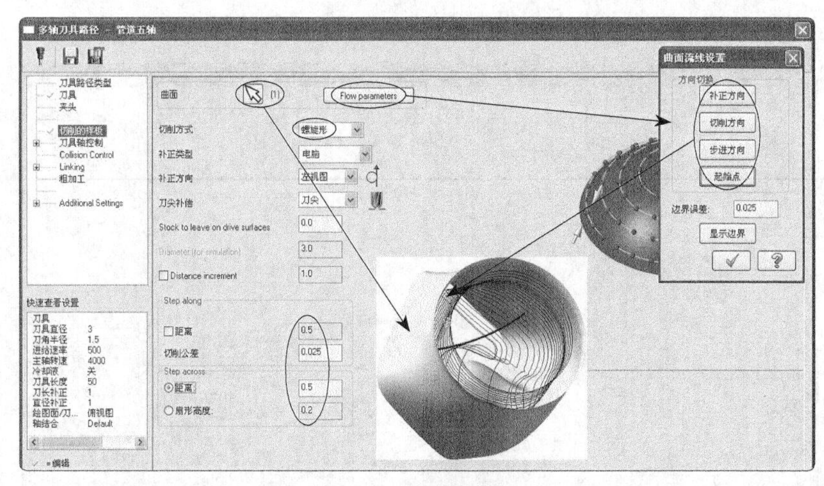

图18-117　切削的样板

08 在【多轴刀具路径-管道五轴】对话框中单击【刀具轴控制】选项，设置刀具轴控制、汇出格式等参数，如图18-118所示。

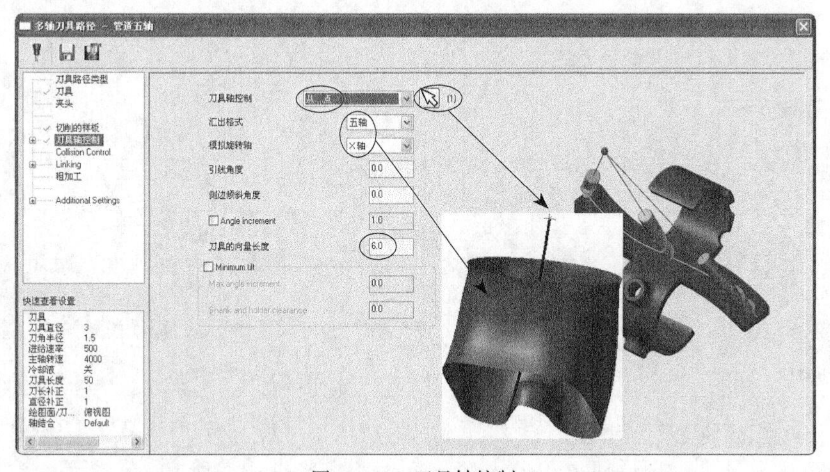

图18-118　刀具轴控制

09 在【多轴刀具路径-管道五轴】对话框中单击【Linking】选项，设置高度参数，如图18-119所示。

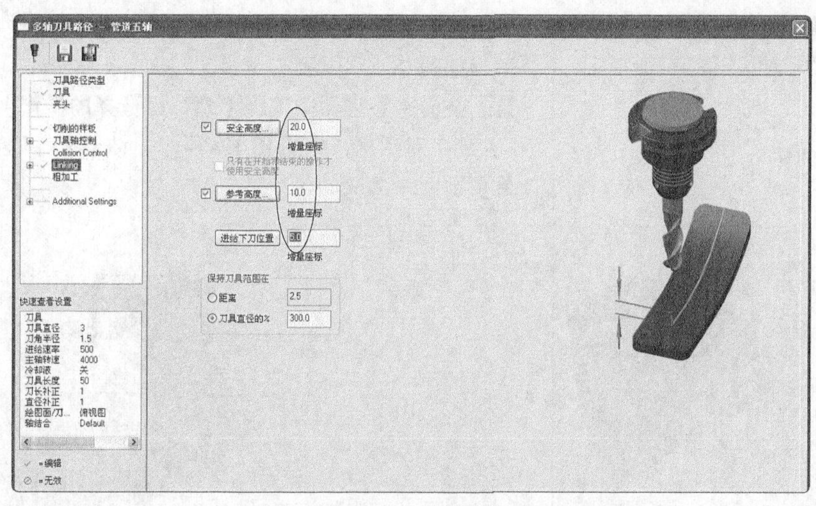

图18-119　共同参数

10 在【多轴刀具路径-管道五轴】对话框中单击【冷却液】选项，设置冷却冲水装置，如图18-120所示。

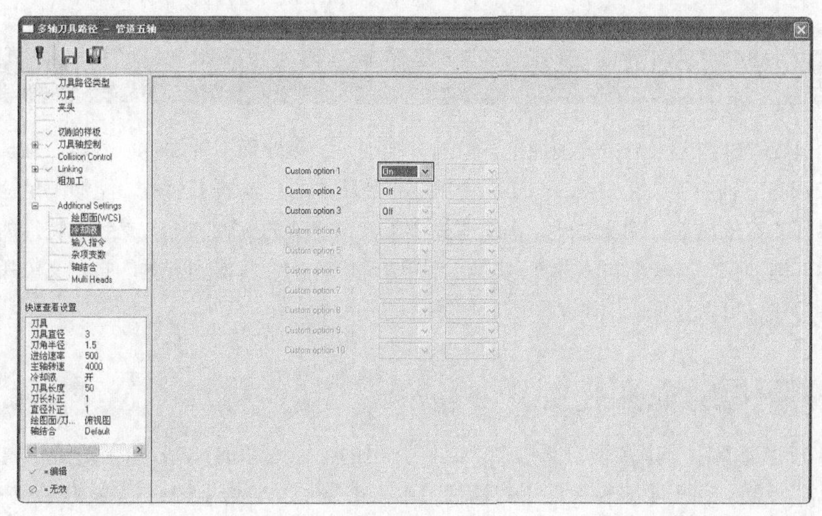

图18-120　冷却液

11 系统根据所设的参数生成刀路，如图18-121所示。

12 在状态栏单击【层别】按钮 层别: 1 ，弹出【层别管理】对话框，将第二层打开，实体毛坯即可见，如图18-122所示。

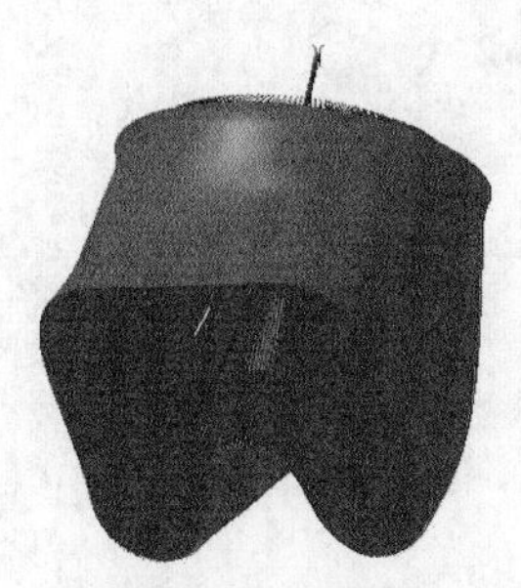
图18-121　刀路

图18-122　打开实体毛坯

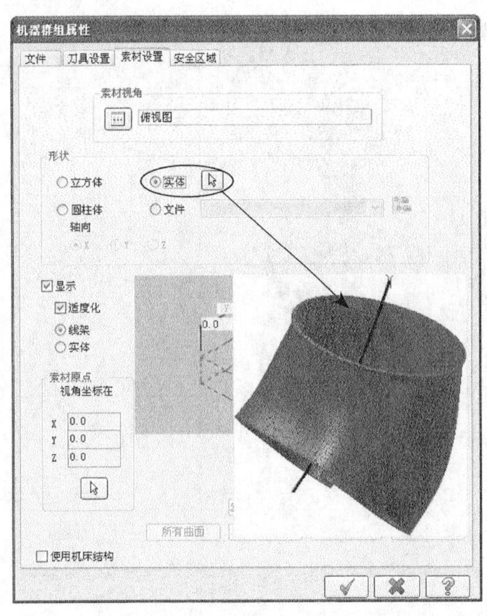

图18-123 设置素材

13 在【机器群组属性】中单击【素材设置】，设置毛坯的参数，如图18-123所示

14 在刀路管理器中单击【模拟已选择的操作】按钮，弹出【验证】对话框，如图18-124所示。结果文件见“实训\结果文件\Ch18\18-6.mcx-9”。

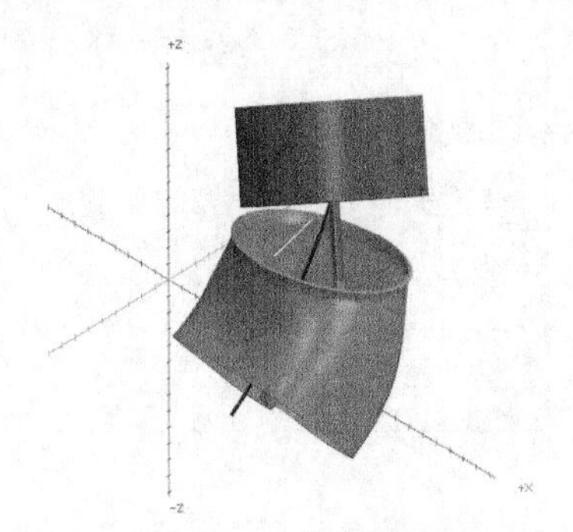

图18-124 模拟结果

18.8 其他五轴加工

前面介绍的曲线五轴加工、沿边五轴加工、沿面五轴加工、多曲面五轴加工、旋转四轴加工和管道五轴加工等，都属于标准五轴加工，是Mastercam系统开发的最基本的五轴加工功能。能够满足一般行业加工需要，适合一般零件的五轴加工。除此之外，系统还提供了大量特殊的五轴加工，是针对特殊的行业和特殊的零件开发的专用五轴加工。有线架构、曲面/实体、钻孔/全圆铣削、转操到五轴、自定义应用等类型，而每种类型又有多种刀路，可以分别应用于某一类专用零件的五轴加工。

18.8.1 线架构五轴加工

在菜单栏执行【刀路】→【多轴刀路】命令，在弹出的【输入新的NC名称】对话框中使用默认的名称，单击【完成】按钮，弹出【多轴刀路】对话框，单击【显示线架构】按钮显示线架构，在弹出的线架构类五轴刀路对话框中选中五轴子类型【Morph between 2 curves】选项，如图18-125所示。弹出两曲线之间形状相关参数设置对话框，该类型五轴加工主要是在两条空间曲线之间生成五轴刀路。

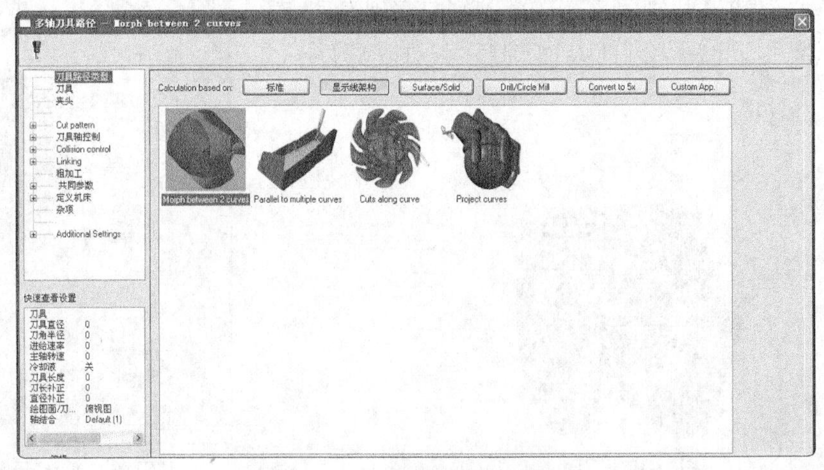

图18-125 选择两曲线之间形状

在【多轴刀具路径-Morph between 2 curves】对话框中单击【Cut pattern】选项，系统弹出【Cut pattern】对话框，该对话框用来设置切削的间距控制、补偿、加工曲面等参数，如图18-126所示。

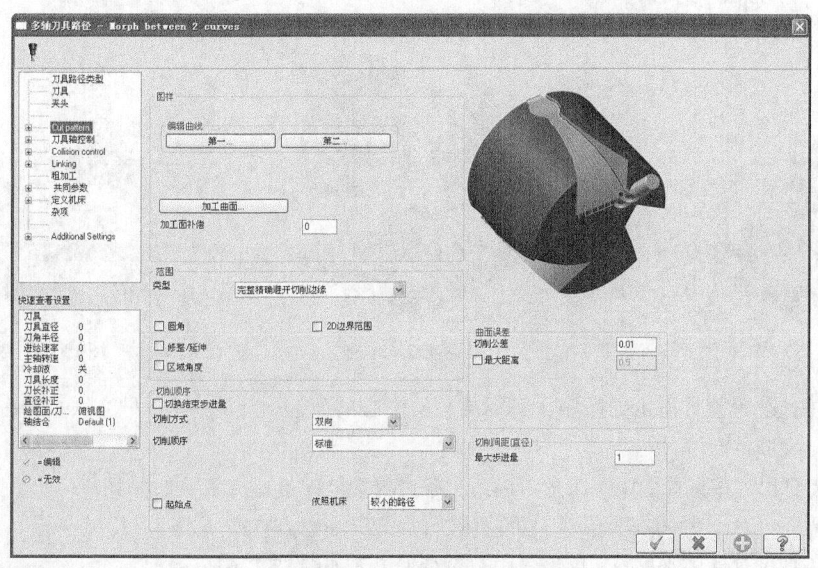

图18-126　两曲线之间形状

各参数含义如下。

❖ 图样：设置加工需要的曲线和曲面等图样。

❖ 第一编辑曲线：选择第一条空间曲线作为加工起始边界。

❖ 第二编辑曲线：选择第二条空间曲线作为加工终止边界。

❖ 加工曲面：选择需要加工的曲面。

❖ 加工面补偿：设置加工面的补偿值，即预留量。

❖ 范围：用来设置加工范围，以控制刀具加工区域。有完整精确避开切削边缘、完整精确开始与结束在曲面边缘、决定切削次数、限制切削依照1个或2个点。

❖ 完整精确避开切削边缘：刀具中心向边界内偏移1个半径，完全避开选择的两边缘曲线，如图18-127所示。

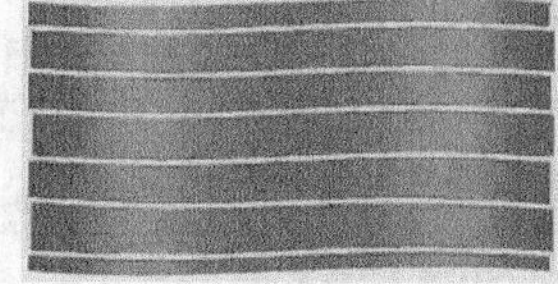

图18-127　完整精确避开切削边缘

❖ 完整精确开始与结束在曲面边缘：刀具中心走在曲面边缘上，实际切削比边缘大1个刀具半径，如图18-128所示。

❖ 决定切削次数：由用户直接输入切削次数来决定加工次数，如图18-129所示。

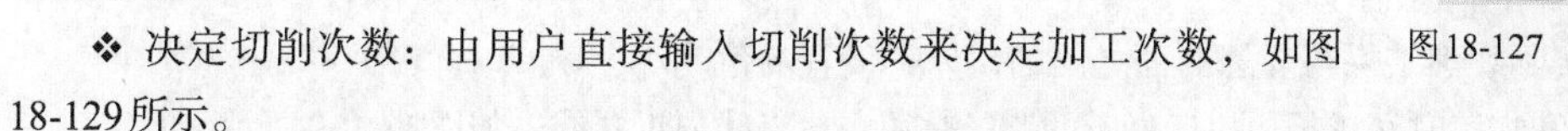

❖ 限制切削依照1个或2个点：指定1个或2个点作为需要加工的边界，如图18-130所示。

图18-128　完整精确开始与结束在曲面边缘

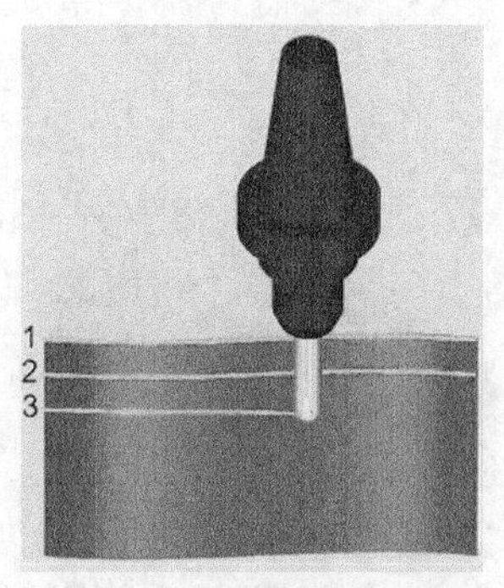

图18-129　决定切削次数

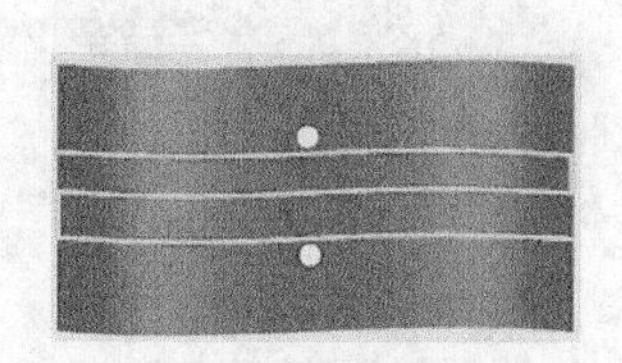

图18-130　限制切削依照1个或2个点

❖ 切削方式：设置五轴加工的切削走刀方式，有双向、单向、螺旋形3种方式。双向是刀具来回走刀，如图18-131所示。单向是刀具切削到终点后，抬刀到起点再进行切削，如图18-132所示。螺旋形是刀具采用螺旋的方式走刀，如图18-133所示。

图18-131　双向

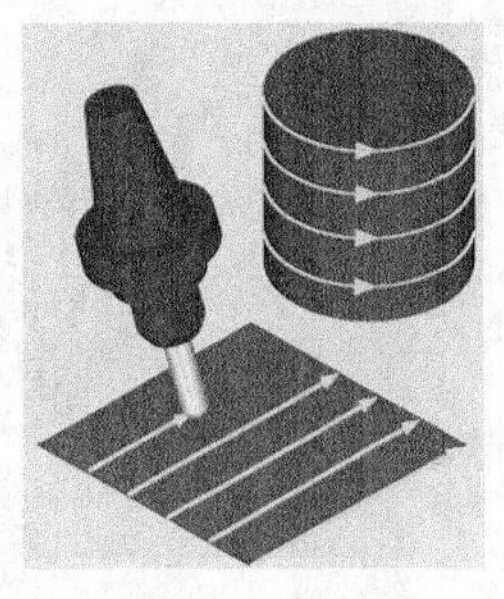

图18-132　单向

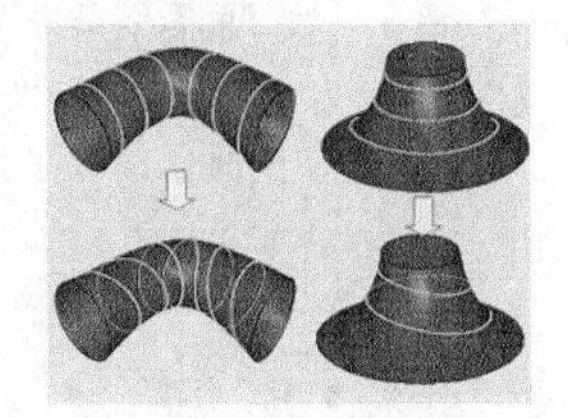

图18-133　螺旋

❖ 切削顺序：设置刀具加工的顺序。有标准、从中心离开、从外到中心3种方式。只有当切削方式为双向或单向时，切削顺序才可用。

❖ 标准：刀具加工按选择的第一条边界向第二条边界的顺序进行加工，如图18-134所示。

❖ 从中心离开：刀具从中心开始，慢慢向外进行加工，如图18-135所示。

❖ 从外到中心：刀具从外开始，慢慢向中心进行加工，如图18-136所示。

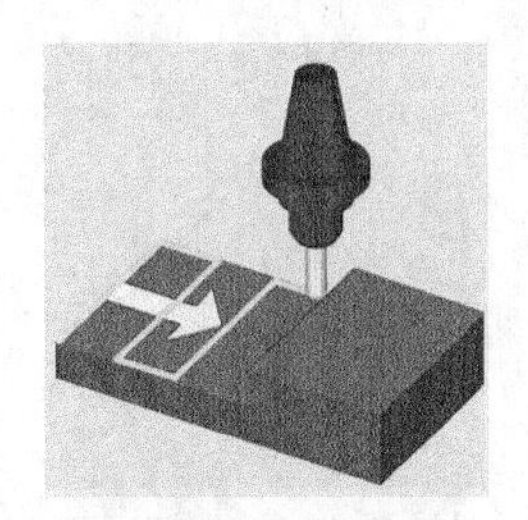

图18-134　标准

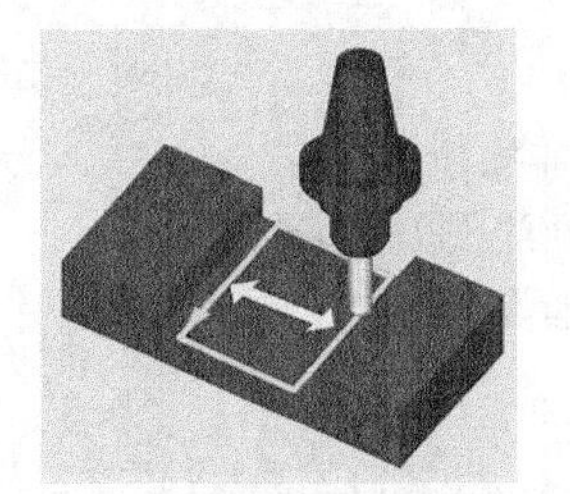

图18-135　从中心离开

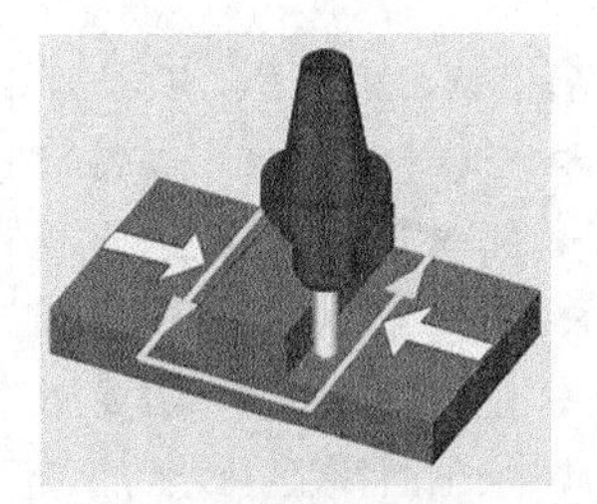

图18-136　从外到中心

❖ 依照机床：设置刀具遇到间隙时的处理方式，有较小的路径和区域两种方式。

❖ 较小的路径：当间隙较小时，刀路不提刀，如图18-137所示。

❖ 区域：当间隙较大时，刀路处理方式为将有间隙的地方进行分区域铣削，如图18-138所示。

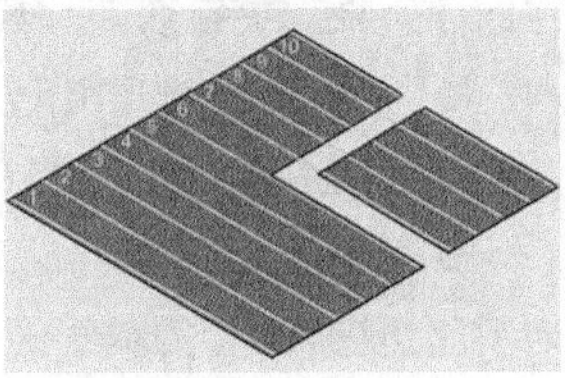

图18-137　较小的路径

❖ 切削公差：实际切削结果与理想曲面之间的误差，设置的值越小，误差越小，但计算时间和加工时间越长。机床所走的路径是用小段直线逼近曲线，如图18-139所示。

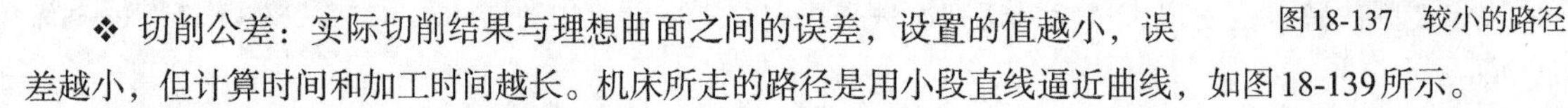

❖ 最大步进量：刀路之间的切削距离，如图18-140所示。

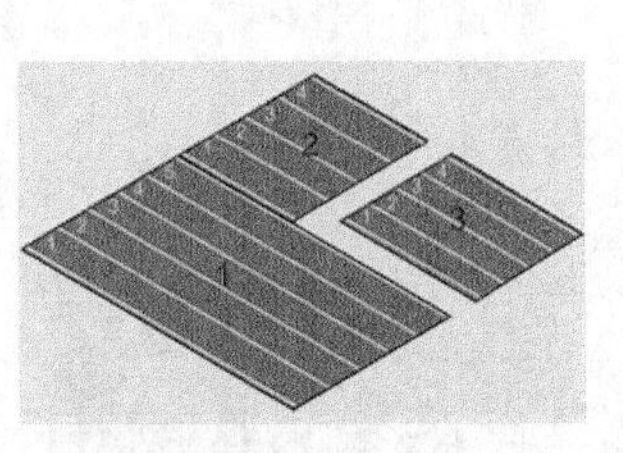

图18-138　区域

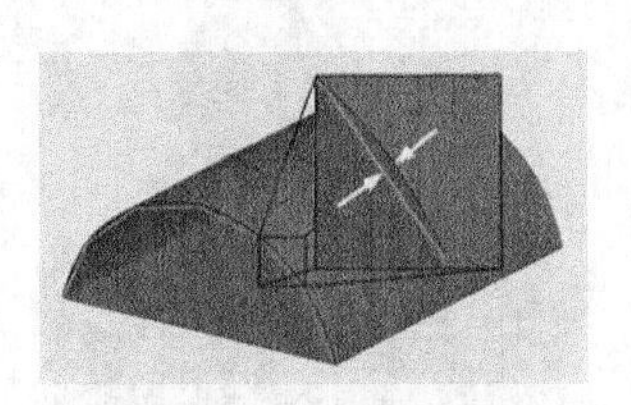

图18-139　切削公差

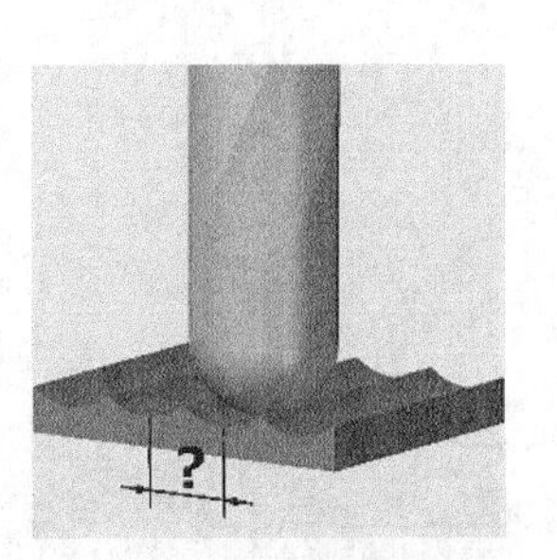

图18-140　切削间距

在【多轴刀具路径-Morph between 2 curves】对话框中单击【刀具轴控制】选项，如图18-141所示。

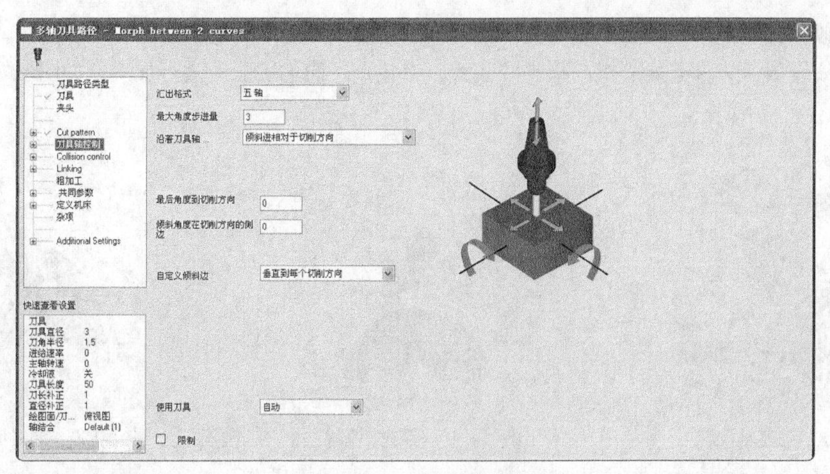

图18-141 刀具轴的控制

部分参数含义如下。

❖ 汇出格式：设置刀路汇出的格式，有三轴、四轴和五轴3种格式。

❖ 三轴：即刀路采用三轴方式输出，只有X、Y、Z三轴，如图18-142所示。

❖ 四轴：在三轴的基础上加上1根旋转轴，即第四轴A或B，如图18-143所示。

❖ 五轴：在三轴的基础上加两根旋转轴A、B或C中的任意两轴，一般是A和B，如图18-144所示。

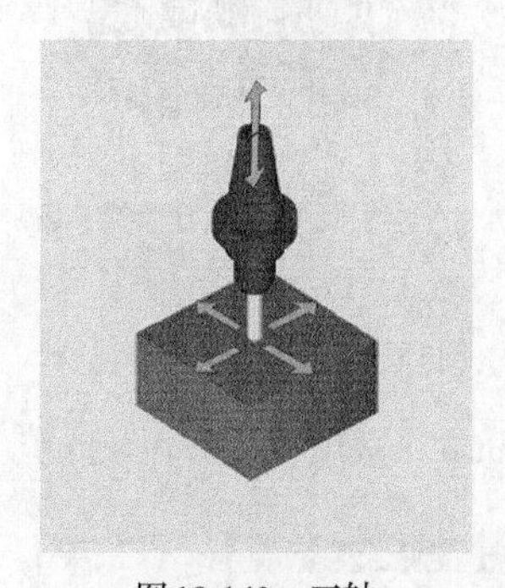

图18-142 三轴

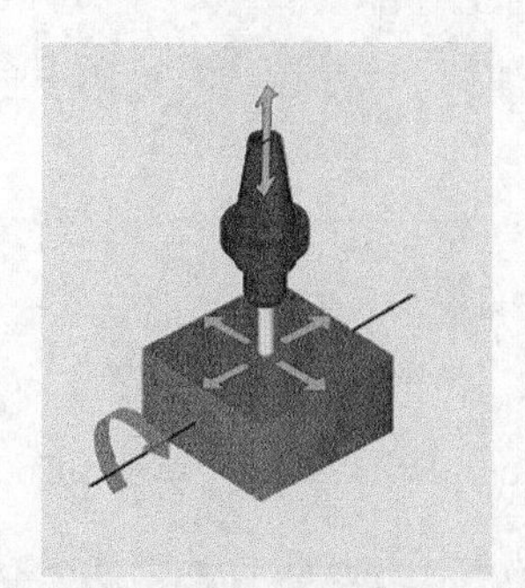

图18-143 四轴

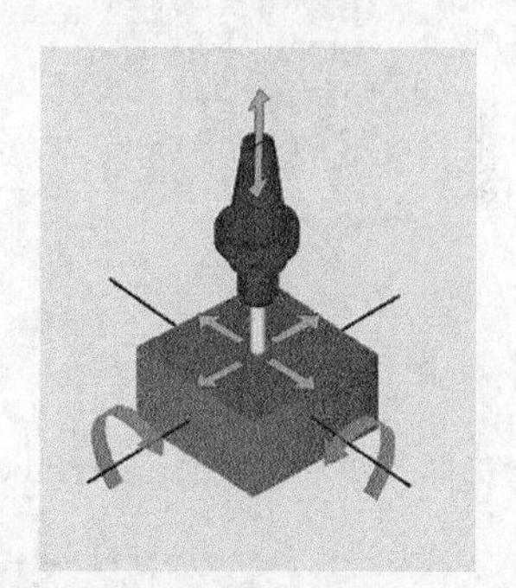

图18-144 五轴

❖ 沿着刀具轴...：用来设置刀具轴向方向，有多种控制方式。

❖ 没有被倾斜而且停留在标准的曲面上：即刀具轴线不倾斜，刀具轴直接垂直于曲面。

❖ 倾斜进相对于切削方向：刀具以指定的角度倾斜于切削方向进入，如图18-145所示。

❖ 以角度倾斜：相对于曲面的法向倾斜一指定的角度，如图18-146所示。

❖ 以固定轴倾斜角度：以相对于指定的轴倾斜指定的角度，如图18-147所示。

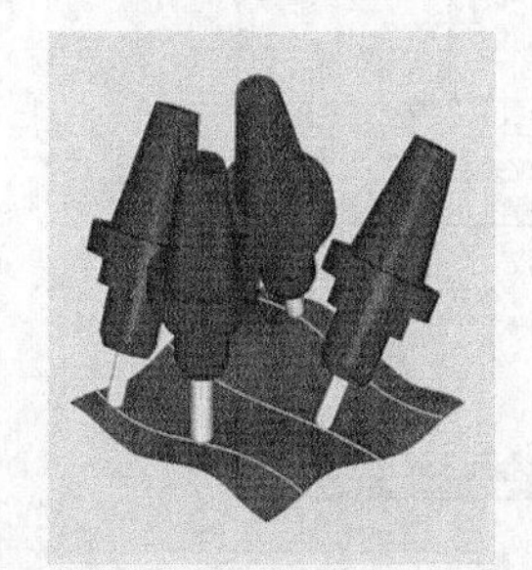

图18-145 倾斜进相对于切削方向

图18-146 以角度倾斜

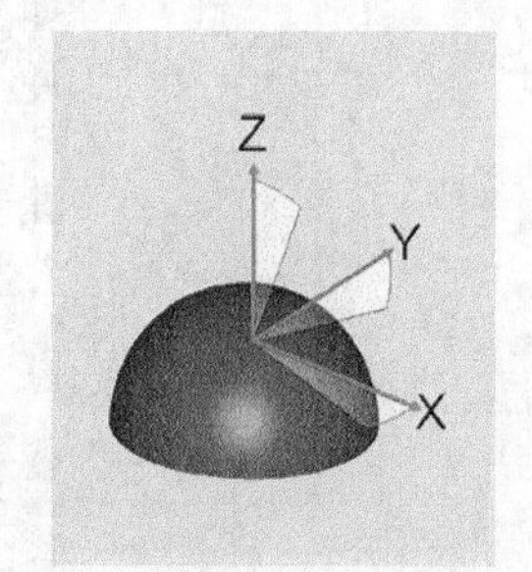

图18-147 以固定轴倾斜角度

❖ 绕着轴旋转：绕指定的轴旋转指定的角度，如图18-148所示。

❖ 穿过点倾斜：穿过指定起始点指向曲面进行加工，如图18-149所示。

❖ 穿过曲线倾斜：刀具起始端指向指定的曲线，终止点指向加工曲面进行加工，如图18-150所示。

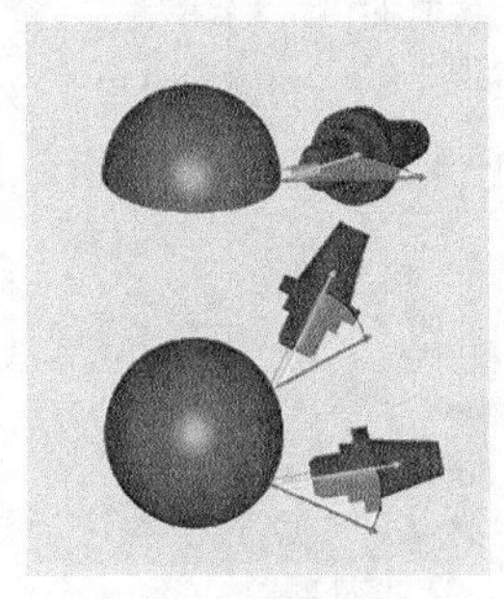

图18-148　绕着轴旋转

图18-149　穿过点倾斜

图18-150　穿过曲线倾斜

❖ 穿过线倾斜：刀具轴穿过选择的倾斜线，如图18-151所示。

❖ 从离开点倾斜：刀具轴终点指向指定的点，如图18-152所示。

❖ 离开从曲线倾斜：刀具轴终点始终指向指定的曲线，如图18-153所示。

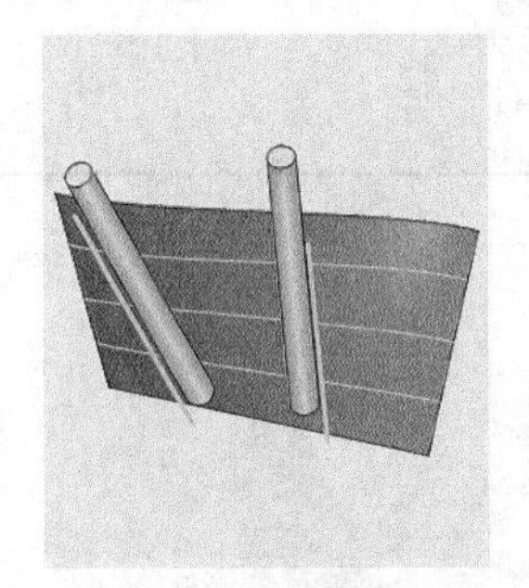

图18-151　穿过线倾斜

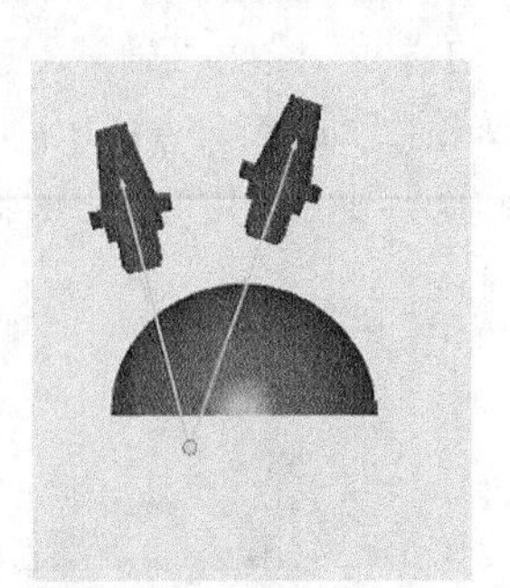

图18-152　从离开点倾斜

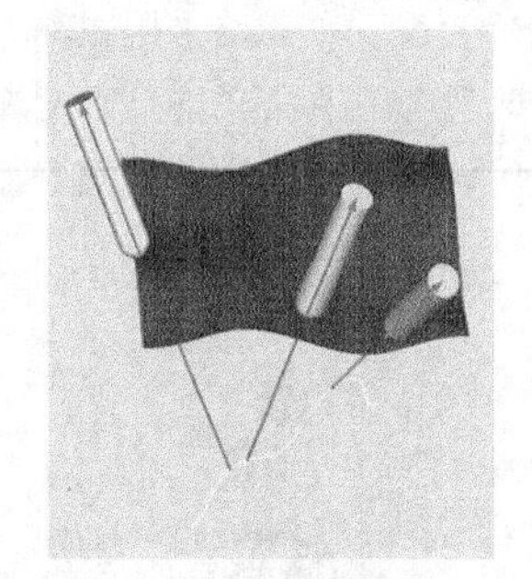

图18-153　离开从曲线倾斜

在【多轴刀具路径-Morph between 2 curves】对话框中单击【Collision control】选项，如图18-154所示。

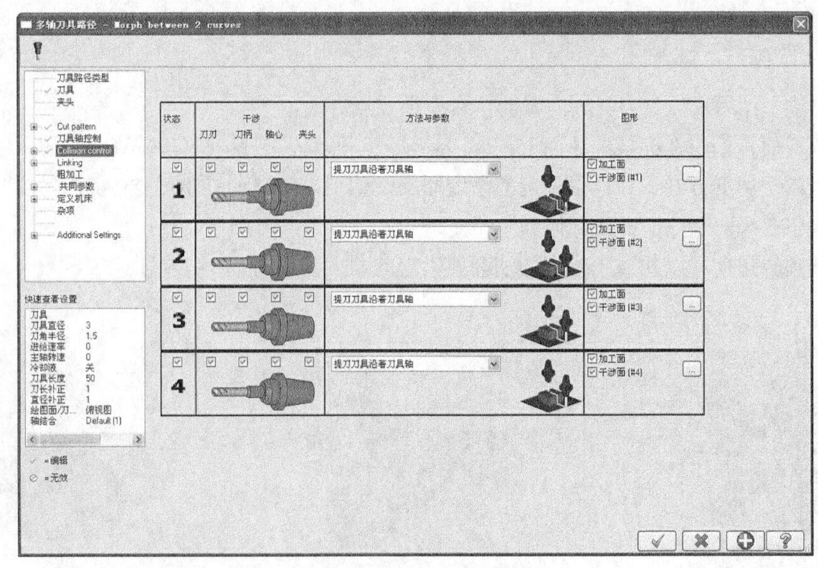

图18-154　碰撞控制

部分参数含义如下。

❖ 提刀刀具沿着刀具轴：刀具在两区域间提刀时，沿着刀具轴向提刀，如图18-155（a）所示。

❖ 移开刀具：刀具以设置的指定方式直接避开干涉区域，如图18-155（b）所示。

❖ 离开以刀具最大的角度倾斜：刀具以设置的指定方式和角度直接避开干涉区域，如图18-155（c）所示。

❖ 指定离开切削点：刀具碰到指定点或干涉区域时，直接返回继续切削，如图18-155（d）所示。

❖ 停止刀路计算：刀具碰到指定区域或干涉区域时，将停止计算和切削，如图18-155（e）所示。

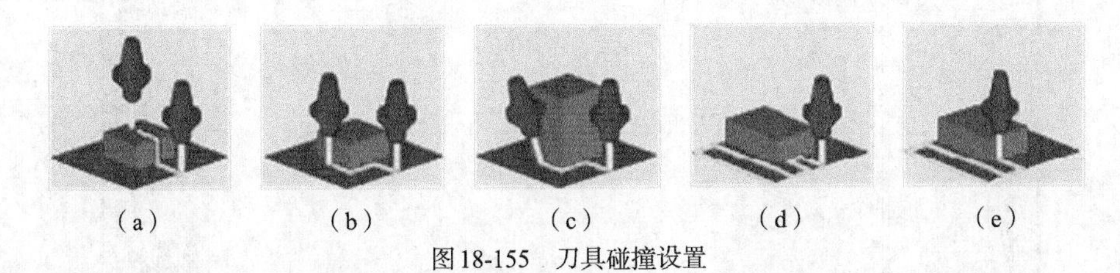

（a）　（b）　（c）　（d）　（e）

图18-155　刀具碰撞设置

18.8.2　曲面/实体五轴加工技法

在菜单栏执行【刀路】→【多轴刀路】命令，在弹出的【输入新的NC名称】对话框中使用默认的名称，单击【完成】按钮，弹出【多轴刀具路径】对话框，单击【Surface/Solid】按钮，弹出子类型对话框，有平等（行）到曲面、平行切削、两曲面之间形式和三维网状铣制4种加工类型，如图18-156所示。参数设置与18.8.1中的参数相同，这里不再赘述。

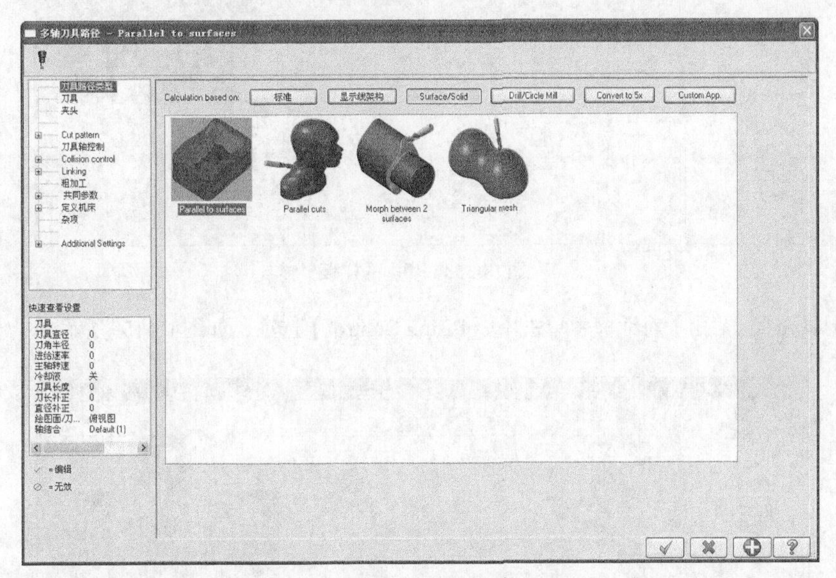

图18-156　曲面/实体

18.8.3　钻孔五轴加工技法

在菜单栏执行【刀路】→【多轴刀路】命令，在弹出的【输入新的NC名称】对话框中使用默认的名称，单击【完成】按钮，弹出【多轴刀路】对话框，单击【Drill/Circle Mill】按钮，弹出子类型对话框，有钻孔五轴和全圆铣削五轴2种加工类型，选中【钻孔】子类型，如图18-157所示。

在【多轴刀具路径-钻孔】对话框中单击【切削的样板】选项，设置切削所需的钻孔点和钻孔循环等参数，如图18-158所示。

图素类型用来选择钻孔加工需要的图素，可以是单独存在的点，也可以是选中直线的端点，钻孔循环参数与三轴钻孔循环参数一样。

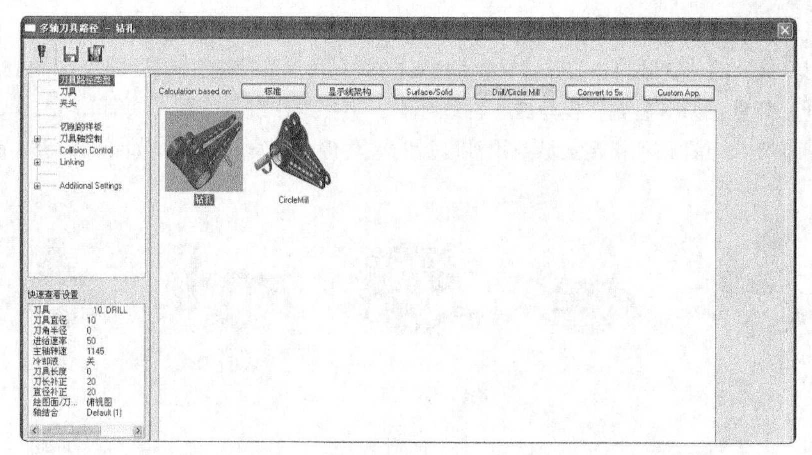

图 18-157　钻孔

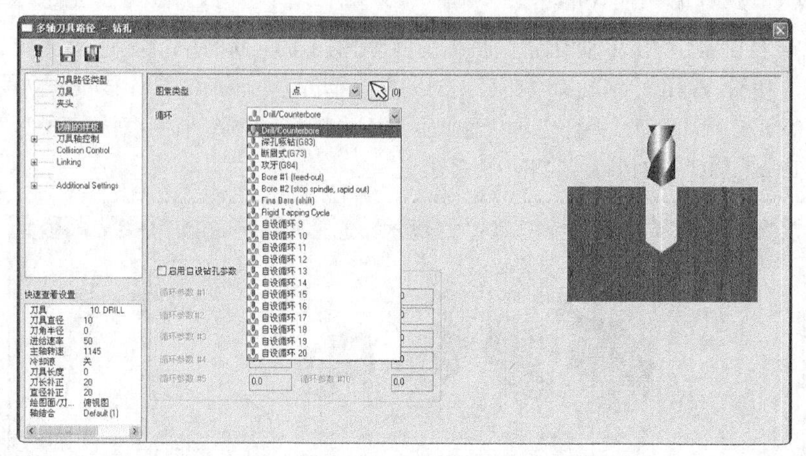

图 18-158　切削的样板

在【多轴刀具路径 - 钻孔】对话框中单击【Collision Control】选项，如图 18-159 所示。

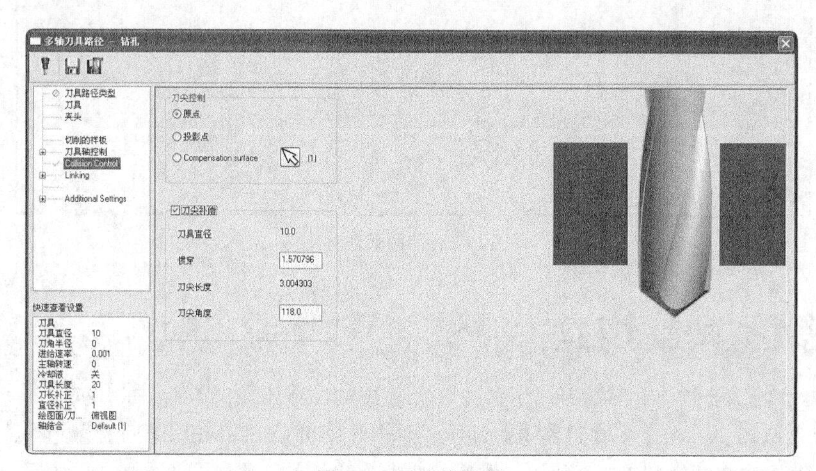

图 18-159　碰撞控制

部分参数含义如下。

❖ 刀尖控制：控制钻头的刀尖钻削的位置参数，有原点、投影点、补正曲面 3 种方式。

❖ 原点：是刀尖加工到选择的原始的点，如图 18-160（a）所示。

❖ 投影点：是刀尖加工到原始点投影到曲面之后的投影点，如图 18-160（b）所示。

❖ Compensation Surface（补正曲面）：刀尖加工到指定的曲面上，如图18-160（c）所示。

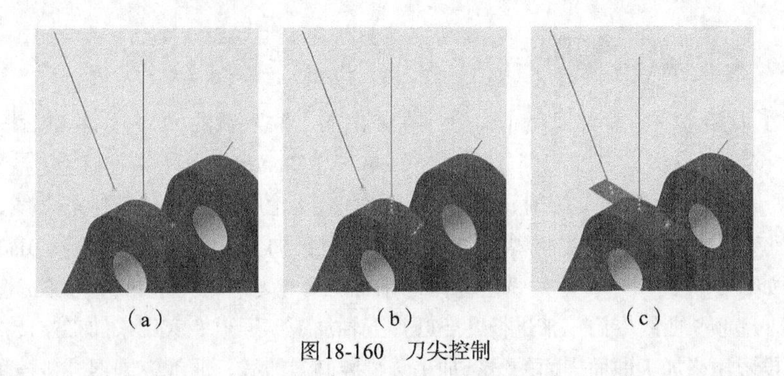

图18-160　刀尖控制

18.8.4　转换到五轴加工

在菜单栏执行【刀路】→【多轴刀路】命令，在弹出的【输入新的NC名称】对话框中使用默认的名称，单击【完成】按钮，弹出【多轴刀路】对话框，单击【Convert to 5x】按钮Convert to 5x，弹出【多轴刀具路径-Convert to 5axes】对话框，如图18-161所示。

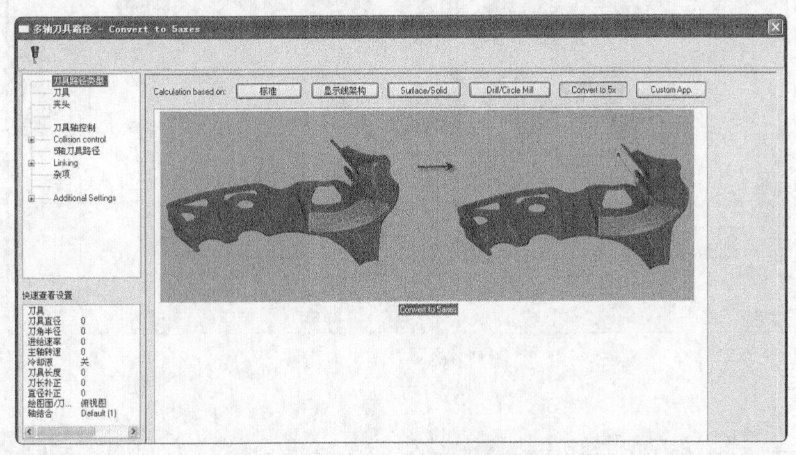

图18-161　转换到五轴

在【多轴刀具路径-Convert to 5axes】对话框中单击【刀具轴控制】选项，设置刀具轴向、汇出格式等参数，如图18-162所示。

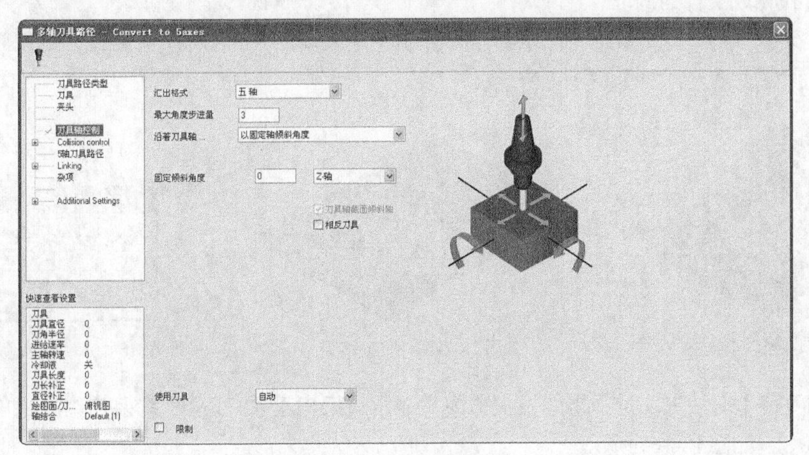

图18-162　刀具轴控制

参数设置与前面的其他五轴刀路参数相同，在此不再赘述。

18.8.5　自定义应用五轴加工

在菜单栏执行【刀路】→【多轴刀路】命令，在弹出的【输入新的NC名称】对话框中使用默认的名称，单击【完成】按钮，弹出【多轴刀路】对话框，单击【Custom App】按钮 Custom App. ，弹出子类型对话框，有薄片铣削、叶轮叶片精加工切削、叶轮底层曲面、叶轮底层曲面外部倾斜曲线、通道专家（Port Expert）、投影、型腔倾斜曲线、曲线控制型腔碰撞、4+1轴电极加工、叶轮根部加工（Blade root machining）等多种加工类型，如图18-163所示。薄片铣削专门用来加工薄壁零件。叶轮叶片精加工切削、叶轮底层曲面、叶轮底层曲面外部倾斜曲线专门用来进行叶轮叶片五轴加工。通道专家用来加工连接件或管件，与前面的管道加工一样。投影用来加工曲面表面的线条加工。型腔倾斜曲线、曲线控制型腔碰撞用来加工模具型腔或腔体零件。4+1轴电极加工专门用来加工电极和型芯。叶轮根部加工专门用来加工涡轮叶片零件。

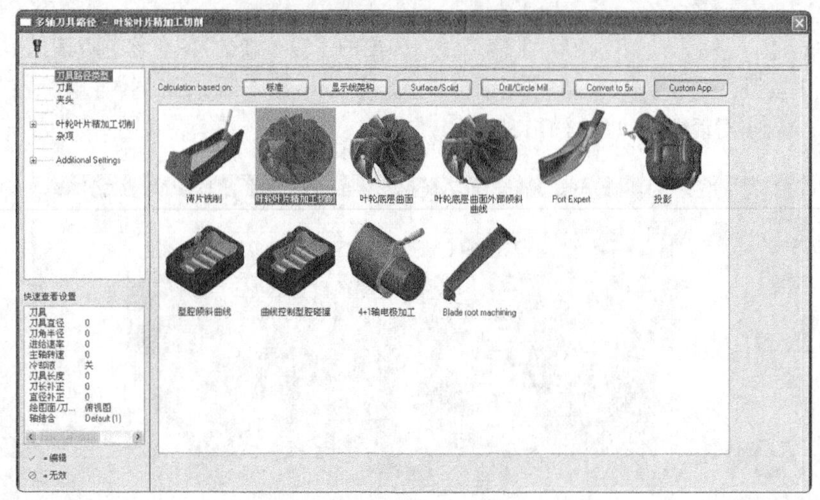

图18-163　自定义应用

实训106——投影五轴加工

对图18-164所示的图形进行加工，加工结果如图18-165所示。

01 在菜单栏执行【文件】→【打开】按钮，从资源文件中打开“实训\源文件\Ch18\18-7mcx-9”，单击【完成】按钮，完成文件的调取。

02 在菜单栏执行【刀路】→【多轴刀路】命令，弹出【输入新的NC名称】对话框，使用默认的名称，单击【完成】按钮，完成输入，如图18-166所示。

图18-164　加工图形

图18-165　加工结果

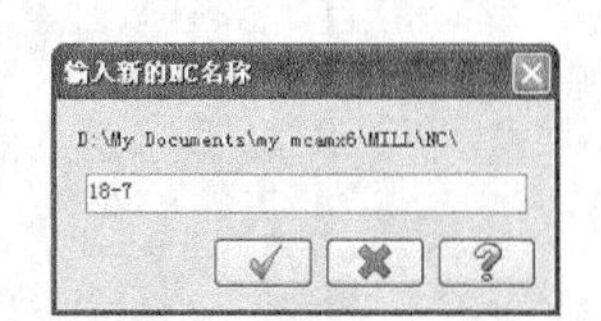

图18-166　输入新的NC名称

03 弹出【多轴刀路】对话框，选择刀路主类型为【显示线架构】，再在显示线架构类型栏单击刀路子类型为【Project curves】，如图18-167所示。

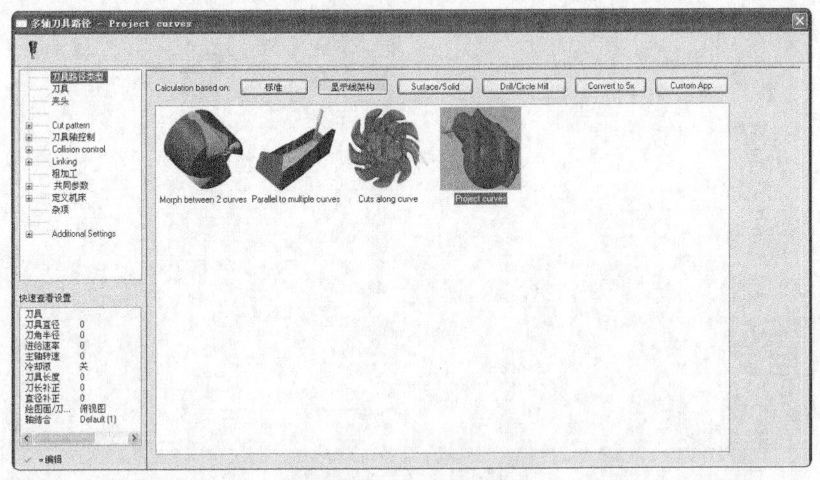

图18-167　投影到曲线

04 在【多轴刀具路径-Project curves】对话框中单击【刀具】选项，如图18-168所示。

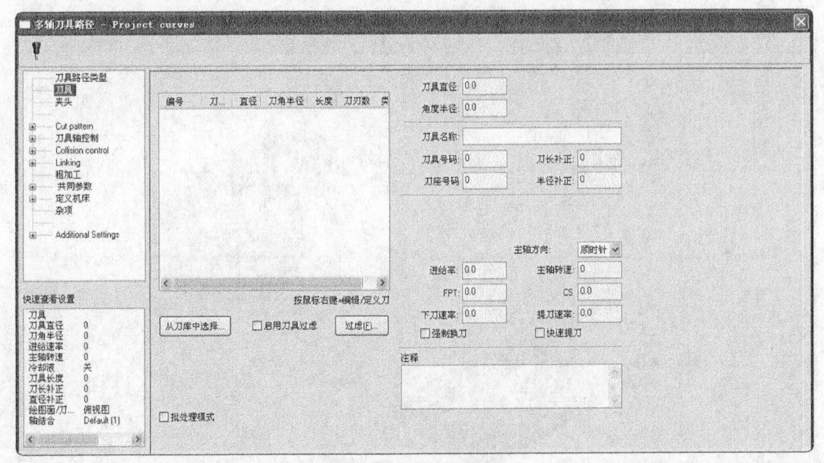

图18-168　刀具参数

05 在【刀具】选项卡空白处单击鼠标右键，在弹出的快捷菜单中单击【创建新刀具】选项，弹出定义刀具对话框，如图18-169所示。单击【锥度刀】选项，设置锥度刀的直径参数为0.5，如图18-170所示。

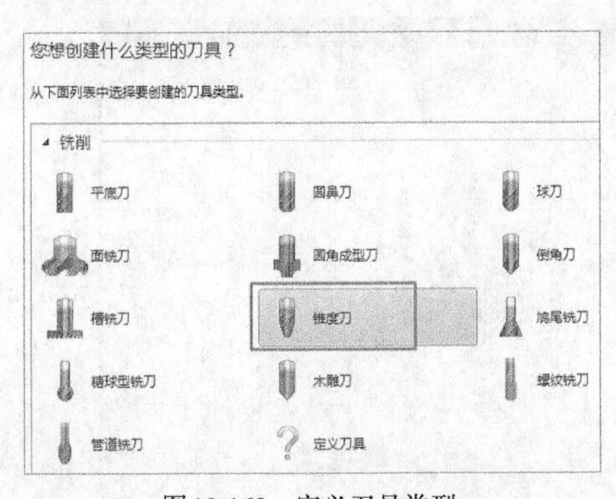

图18-169　定义刀具类型

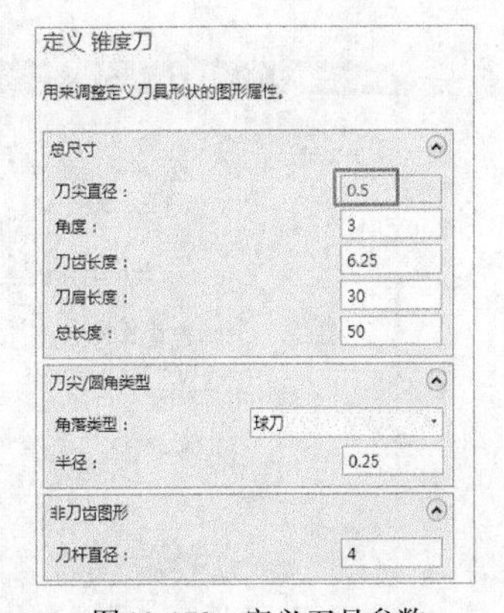

图18-170　定义刀具参数

06 刀具设置完毕后，在【刀具】选项区中设置参数，如图18-171所示。

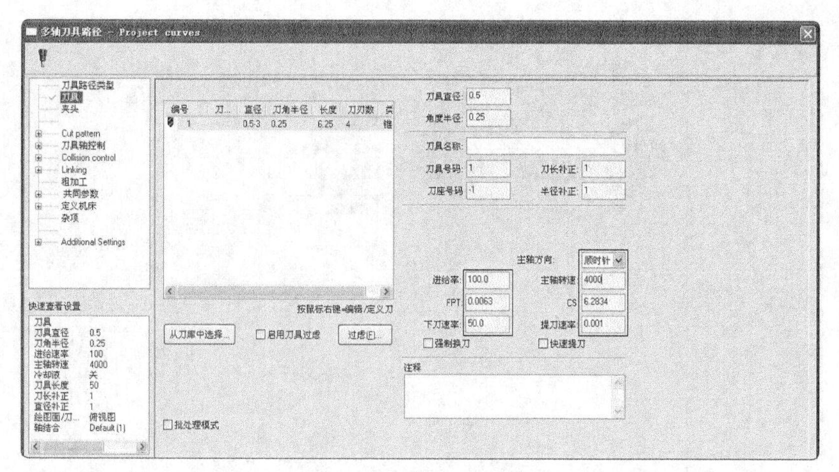

图18-171　设置刀具参数

07 在【多轴刀具路径-Project curves】对话框中单击【Cut pattern】选项，设置加工曲面、投影曲线等参数，如图18-172所示。

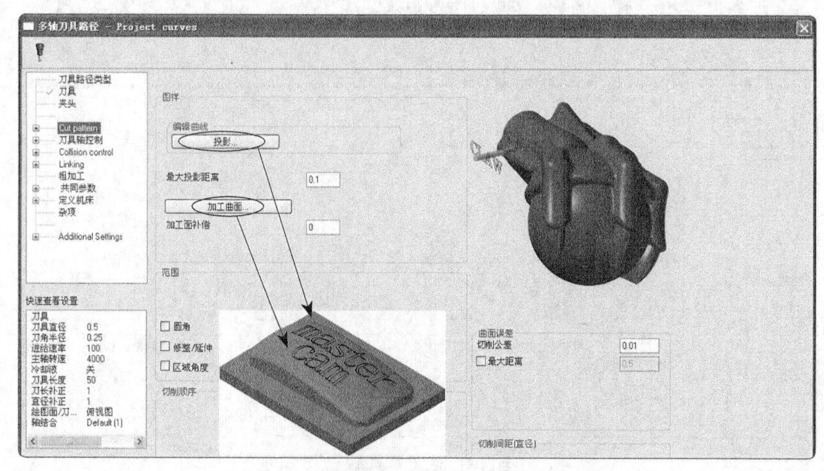

图18-172　切削的样板

08 在【多轴刀具路径-Project curves】对话框中单击【刀具轴控制】选项，设置刀具轴控制、汇出格式等参数，如图18-173所示。

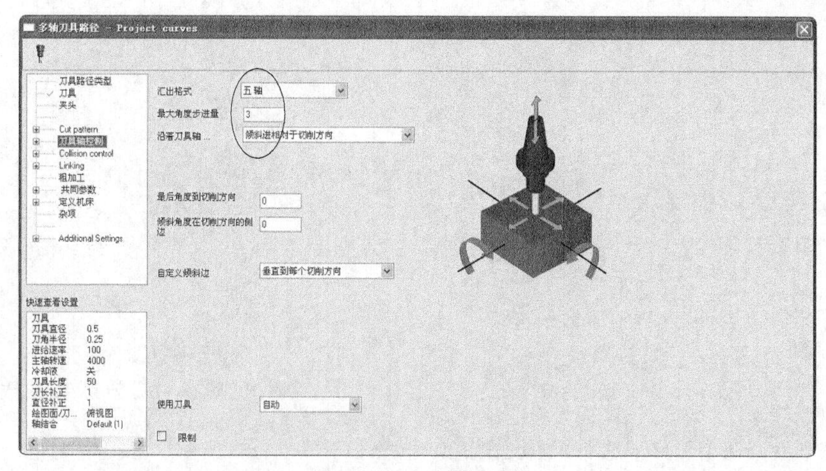

图18-173　刀具轴控制

09 在【多轴刀具路径-Project curves】对话框中单击【完成】按钮，系统根据所设的参数生成刀路，如图18-174所示。

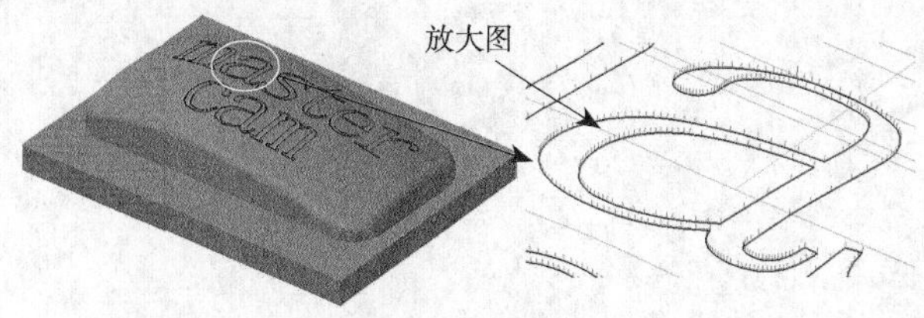

图18-174　刀路

10 在状态栏单击【层别】按钮 层别: 1 ，弹出【层别管理】对话框，将第三层打开，实体毛坯即可见，如图18-175所示。

11 在【机器群组属性】中单击【素材设置】，设置毛坯的参数，如图18-176所示。

图18-175　打开实体毛坯

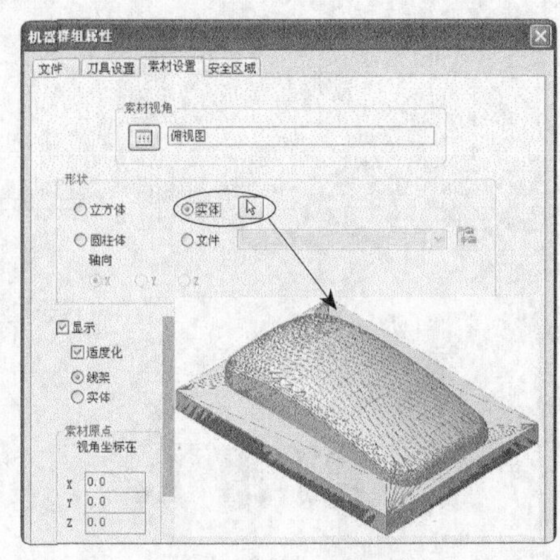

图18-176　设置素材

12 在刀路管理器中单击【模拟已选择的操作】按钮，弹出【验证】对话框，模拟结果如图18-177所示。结果文件见“实训\结果文件\Ch18\18-7.mcx-9”。

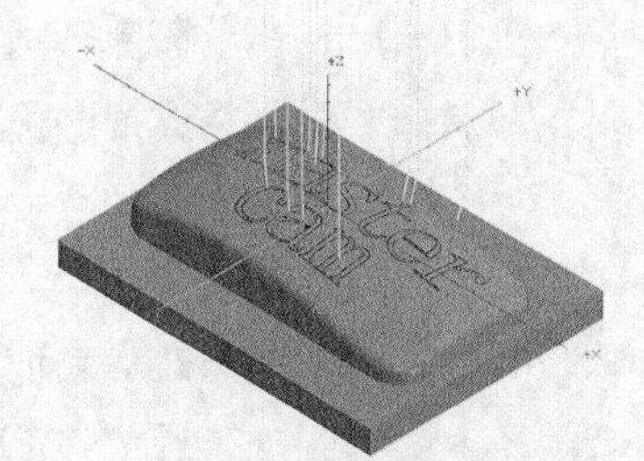

图18-177　模拟结果

操作技巧

投影五轴加工与曲线五轴加工类似，不同的是，投影五轴加工是将2D或3D曲线先投影到曲面上，再根据投影后的曲线产生沿面上曲线走刀的五轴加工刀轨。而曲线五轴是对3D空间曲线进行加工，可以不需要曲面。

18.9　课后习题

采用五轴曲面加工和五轴投影加工对图18-178所示的图形进行加工。

图18-178　五轴加工

第19章

车削加工

Mastercam X9的车削加工包含粗车加工、精车加工、车槽、螺纹车削、截断车削、端面车削、钻孔车削、快速车削模组和循环车削模组等。下面将详细讲解车削加工的各种参数及操作步骤。

知识要点

※ 了解车床加工坐标系。
※ 掌握粗车加工参数和操作步骤。
※ 掌握精车加工参数和操作步骤。
※ 掌握车槽和螺纹车削等的参数设置和操作步骤。
※ 掌握截断车削和端面车削的操作步骤。
※ 掌握循环车削的参数设置和操作步骤。

案例解析

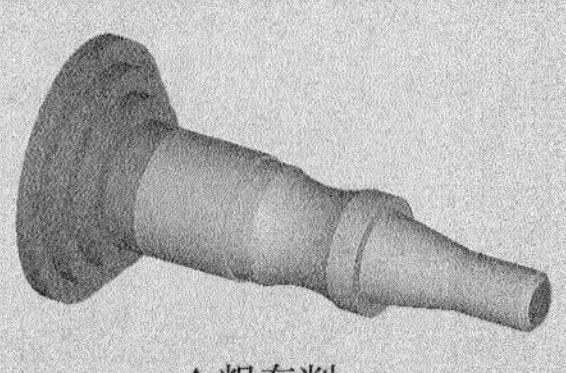
▲粗车削

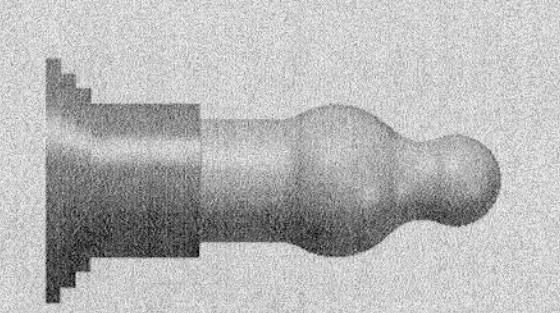
▲精车削

▲车槽

▲端面车削

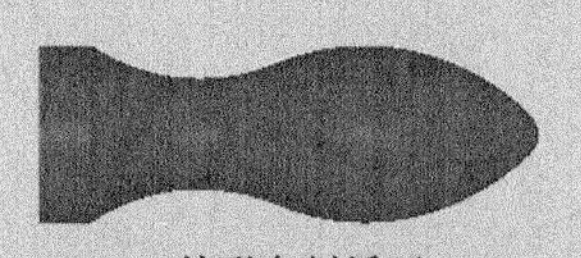
▲外形车削循环

19.1　车削加工基础

本节主要讲解车削加工的基础知识，包括车床坐标系、工件设置、刀具管理器和刀具参数设置。

19.1.1　车床坐标系

数控机床坐标系用右手笛卡儿坐标系作为标准确定。数控车床平行于主轴方向，即纵向为Z轴，垂直于主轴方向，即横向为X轴，刀具远离工件方向为正向。

数控车床有3个坐标系，即机械坐标系、编程坐标系和工件坐标系。机械坐标系的原点是生产厂家在制造机床时的固定坐标系原点，也称机械零点。它是在机床装配、调试时已经确定下来的，是机床加工的基准点。在使用中，机械坐标系由参考点确定，机床系统启动后，进行返回参考点操作，机械坐标系就建立了。坐标系一经建立，只要不切断电源，就不会变化。编程坐标系是编程序时使用的坐标系，一般把使Z轴与工件轴线重合，X轴放在工件端面上。工件坐标系是机床进行加工时使用的坐标系，系统启动后进行回参考点操作，即可确定工件坐标系。

19.1.2　工件设置

刀路生成后即可设置工件参数，工件设置包括工件尺寸、原点、卡盘尺寸、尾座、中心架及工件材料等参数设置。

在【机器群组属性】对话框单击【素材设置】选项卡，设置车削加工工件参数，如图19-1所示。

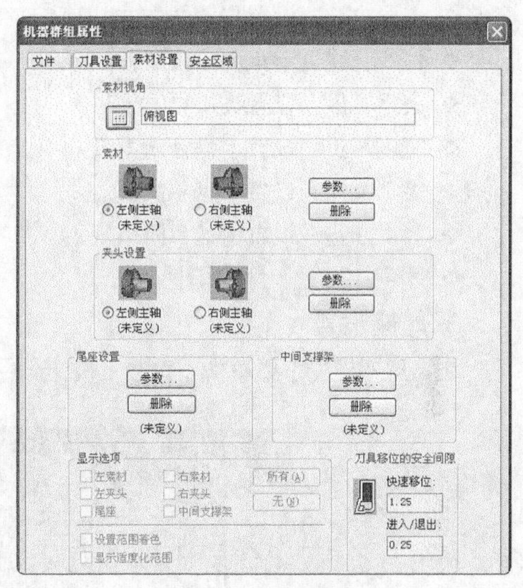

图19-1　毛坯设置

1. 设置工件尺寸

在【素材】栏单击【参数】按钮 参数... ，弹出【机床组件材料】对话框，如图19-2所示。

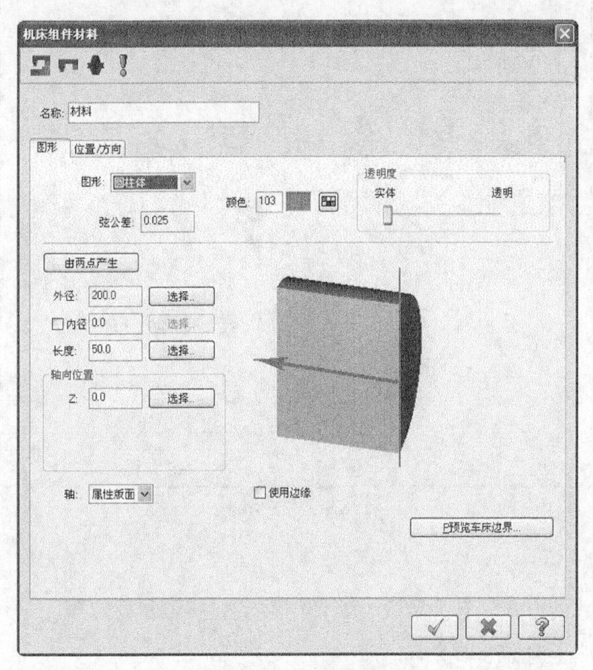

图19-2　工件参数

部分参数含义如下。

❖ 图形：用来设置工件的形状，包括立方体、圆柱体、实心图素、挤出、旋转等。
❖ 颜色：设置工件显示的颜色。
❖ 透明度：设置工件在实体模拟时的透明度。
❖ 外径：设置圆柱体工件的外径。
❖ 内径：设置圆柱体工件内孔的直径。
❖ 长度：设置圆柱体工件的长度。
❖ 轴向位置：设置工件在Z轴的固定位置。

2. 卡盘夹头设置

在【夹头设置】栏单击【参数】按钮 参数... ，弹出【机床组件夹爪的设定】对话框，如图19-3所示。各参数含义如下。

❖ 夹紧方法：设置夹紧的方式，有OD和ID两类，OD是夹外径，ID是夹内径。
❖ 位置：设置卡盘夹紧位置。
❖ 夹爪宽度：设置夹爪总宽度。
❖ 宽度步进：设置卡盘台阶宽度。
❖ 夹爪高度：设置卡盘总高度。
❖ 高度步进：设置卡盘台阶高度。
❖ 厚度：设置卡盘的厚度。

3. 尾座设置

在【尾座设置】栏单击【参数】按钮 参数... ，弹出【机床组件中心】对话框，如图19-4所示。

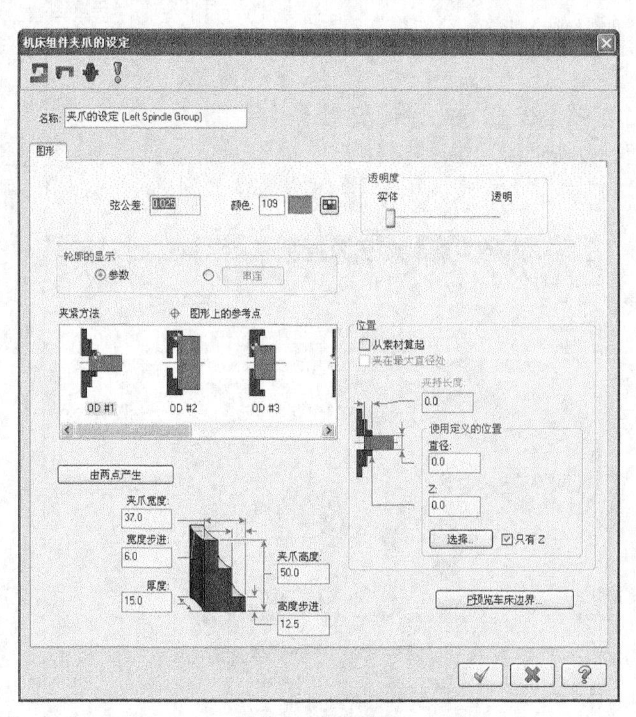

图19-3　夹头设置

部分参数含义如下。

❖ 图形：设置尾座尺寸的方式，有参数式、实体图素、圆柱体和旋转等。
❖ 中心直径：设置尾座中心圆柱的直径。

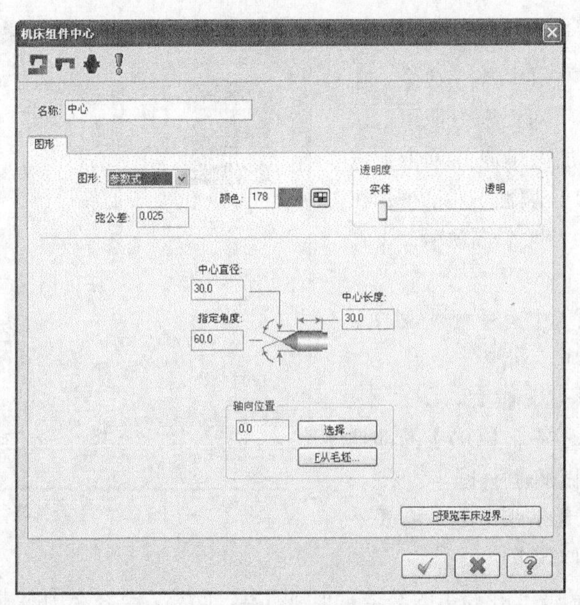

图19-4　尾座设置

❖ 指定角度：设置尾座的锥尖角度。

❖ 中心长度：设置中心圆柱的长度。

4. 中间支撑架设置

在【中间支撑架】栏单击【参数】按钮[参数...]，弹出【机床组件中间支撑架】对话框，从中设置中间支撑架参数，如图19-5所示。

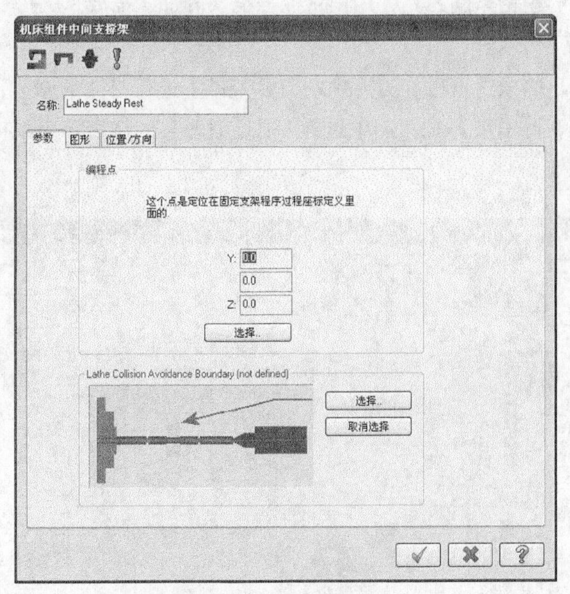

图19-5　中间支撑架设置

19.1.3　刀具管理器

在进行车削编程时首先需要设置刀具，刀具可以直接创建，也可以通过修改原有刀库的刀具来创建。刀具有多种形式，下面将详细讲解。

1. 从刀库选择刀具

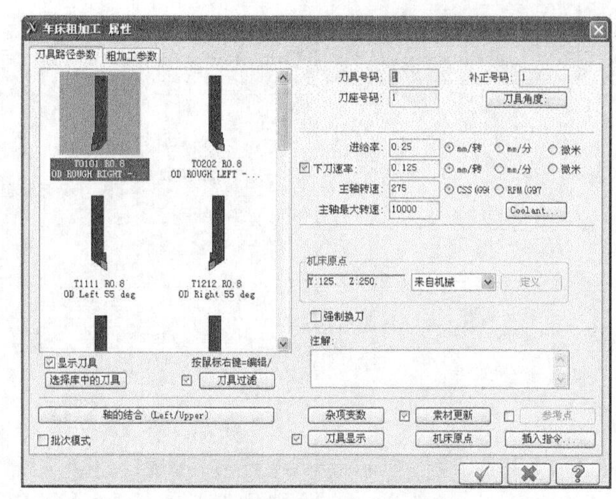

图19-6 【刀具路径参数】选项卡

在菜单栏执行【刀路】→【粗车】命令，在弹出的【输入新的NC名称】对话框中使用默认的名称，在绘图窗口选择加工串联并单击【完成】按钮，弹出【车床粗加工 属性】对话框，在该对话框中单击【刀具路径参数】选项卡，设置刀具参数，如图19-6所示。

【刀具路径参数】选项卡中有系统预设的刀库，直接选择需要的刀具即可，非常方便。

刀库中的刀具主要有以下几种：

❖ 外圆车刀：名称中凡是带【OD】的都是外圆车刀，此类刀具主要用来车削外圆。

❖ 内孔车刀：名称中凡是带【ID】的都是内孔车刀，此类车刀主要用来车削内孔。

❖ 右车刀：名称中凡是带【Right】的都是右车削刀具，此类刀具在车削时由右向左车削。大部分车床采用此类加工方式。

❖ 左车刀：名称中凡是带【Left】的都是左车削刀具，此类刀具在车削时由左向右车削。

❖ 粗车刀：名称中凡是带【ROUGH】的都是粗车削刀具，此类刀具刀尖角大、刀尖强度大、适合大进给速度和大背吃刀量的铣削，主要用在粗车削加工中。

❖ 精车刀：名称中凡是带【FINISH】都是精车削刀具，此类刀具刀尖角小、适合车削高精度和高表面光洁度的工件，主要用于精车削加工。

刀库中提供了多种形式的粗精车削刀具，用户可以根据实际加工需要从刀库中选择合适的刀具。

2. 修改刀库中的刀具

如果刀库中的刀具不满足需求，可以在刀库中的刀具基础上进行必要的修改，改变其中的部分或全部参数，生成新的刀具，以满足实际需要。在刀库中选择1把近似刀具，然后单击鼠标右键，弹出快捷菜单，如图19-7所示。

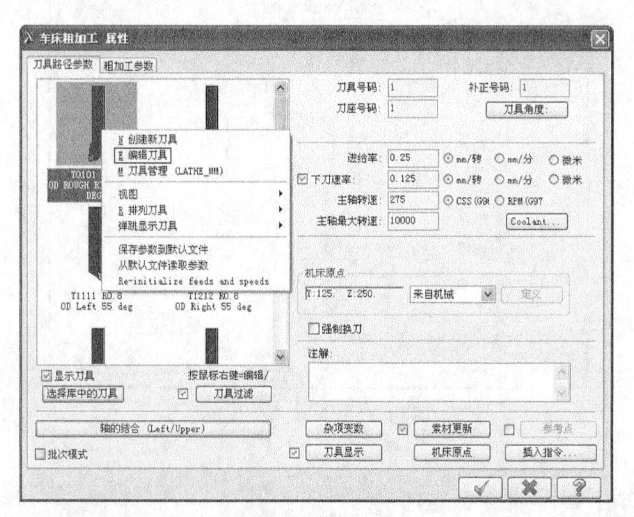

图19-7 编辑刀具

在弹出的快捷菜单中单击【编辑刀具】命令，弹出【定义刀具】对话框，从中修改系统默认的刀具参数，如图19-8所示。

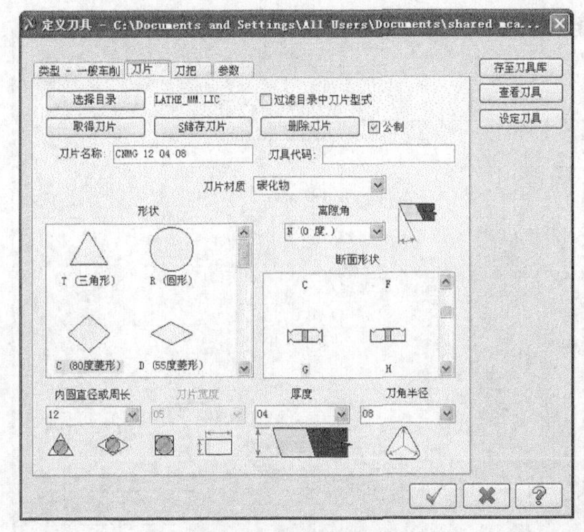

图19-8　编辑刀具参数

【定义刀具】对话框中可以设置的参数有类型、刀片、刀把和参数4种，下面将详细讲解各种参数的含义。

3. 刀具类型

在定义刀具对话框中单击【类型-一般车削】选项卡，如图19-9所示。

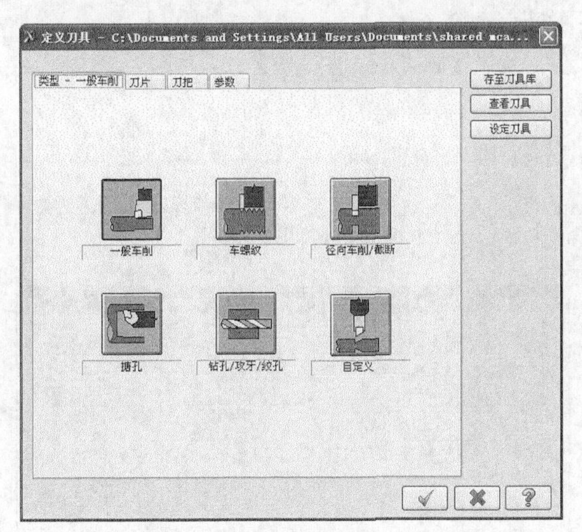

图19-9 【类型-一般车削】选项卡

各种刀具的用途如下。

- ❖ 一般车削：用于外圆车削加工。
- ❖ 车螺纹：用于螺纹车削加工。
- ❖ 径向车削/截断：用于车槽或截断车削加工。
- ❖ 搪孔：用于镗孔车削加工。
- ❖ 钻孔/攻牙/绞孔：用于钻孔/攻牙/绞孔车削加工。
- ❖ 自定义：用于用户自己设置符合实际加工的车削刀具。

4. 刀片

在【定义刀具】对话框中单击【刀片】选项卡，如图19-10所示。

部分参数含义如下。

- ❖ 形状：设置刀片形状，有三角形、圆形、菱形、四边形、多边形等形状。

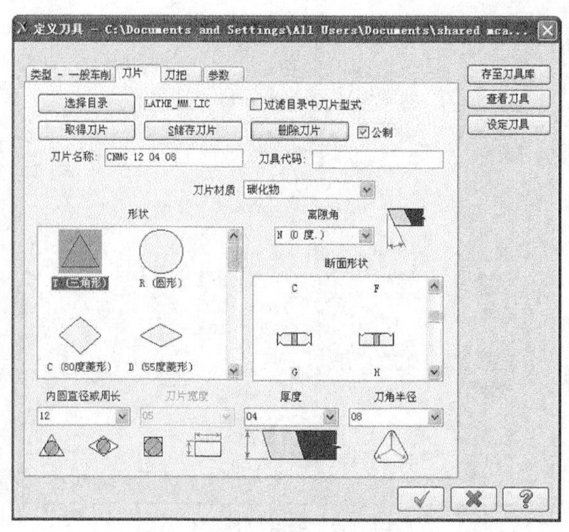

图19-10 【刀片】选项卡

❖ 刀片材质：用于选择刀片所用的材料，有碳化物、金属陶瓷、陶瓷、立方氮化硼、金刚石以及用户自己定义材料。

❖ 离隙角：设置刀具的间隙角。

❖ 断面形状：设置刀片的断面形状。

❖ 内圆直径或周长：设置刀片内接圆直径，直径越大，刀片越大。

❖ 厚度：设置刀片的厚度。

❖ 刀角半径：设置刀片的刀尖圆角半径。

5. 刀把

在【定义刀具】对话框中单击【刀把】选项卡，如图19-11所示。

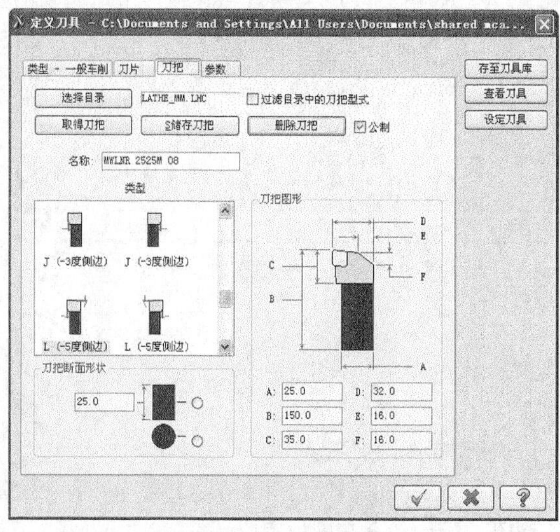

图19-11 【刀把】选项卡

各参数含义如下。

❖ 类型：设置刀把的类型，主要设置的是刀把的朝向和角度。

❖ 刀把断面形状：设置刀把的断面形状。

❖ 刀把图形：设置刀把结构参数。

6. 参数

在【定义刀具】对话框中单击【参数】选项卡，弹出【参数】对话框，该对话框用来设置刀具参数，如图19-12所示。

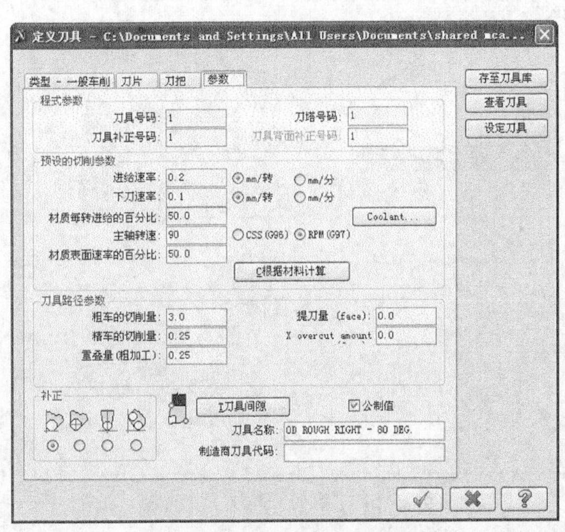

图19-12 【参数】选项卡

除了从刀库中直接或间接得到车削刀具外，还可以直接新建刀具或删除刀库中的刀具，操作方式类似于修改刀具，这里将不做介绍，用户可以自行操作演练。

19.2　粗车削加工

粗车削是通过车刀逐层车削工件轮廓来产生刀路。粗车削目的是快速将工件上多余的材料去除，尽量接近设计零件外形，方便下一步进行精车削。要进行车削加工，必须先设置机床类型。在菜单栏执行【机床类型】→【车床】→【默认】命令。

在菜单栏中单击【刀路】→【粗车】选项，弹出【车床粗加工 属性】对话框，该对话框用来设置粗车削参数，包括【刀具路径参数】和【粗加工参数】，如图19-13所示。本节主要讲解【粗加工参数】。

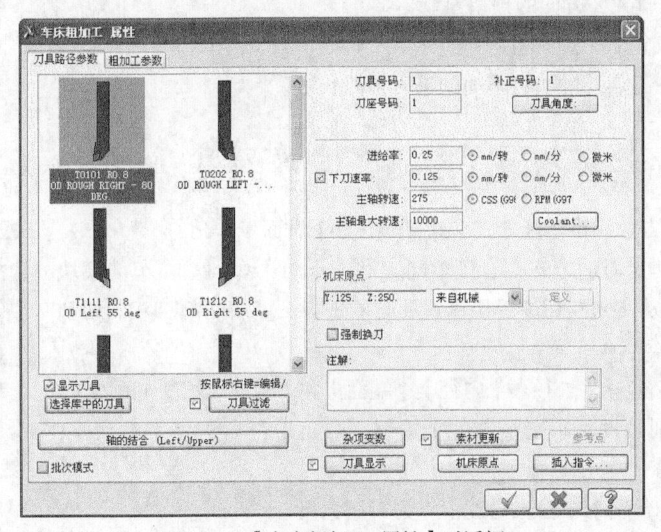

图19-13 【车床粗加工 属性】对话框

在【车床粗加工 属性】对话框中单击【粗加工参数】选项卡，设置粗车步进量、预留量、车削方式、补正、进/退刀向量、凹槽车削方式、过滤、半精车等参数，如图19-14所示。

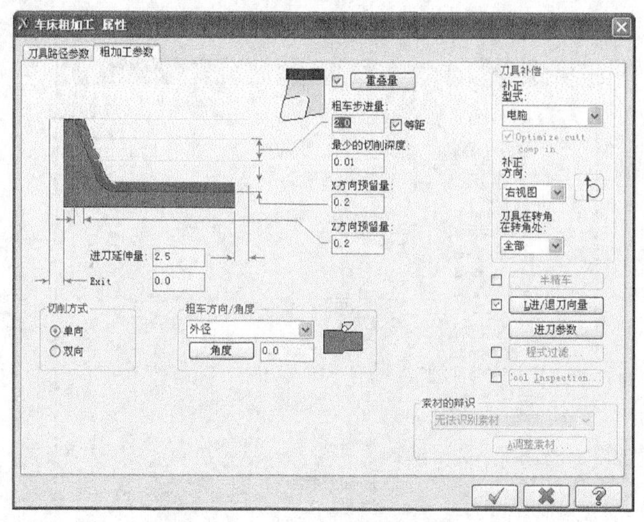

图19-14 【粗加工参数】选项卡

19.2.1 粗车步进量和预留量

粗车步进量和预留量等参数含义如下。

❖ 粗车步进量：表示每刀吃刀的深度。

❖ 等距：选择此复选框，粗车削每层车削的深度相同，每层切削深度将不是设置的粗车步进量。如果不选中，则每层切削深度按粗车步进量给，最后一层值按剩余的材料深度进行车削。

❖ 最少的切削深度：输入车削时最小的切削深度。

❖ 重叠量：单击此按钮，弹出【粗车重叠量参数】对话框，设置每层粗车削结束后进入下一层粗车削时相对前一层的回刀量。一般设为0.2~0.5，如图19-15所示。

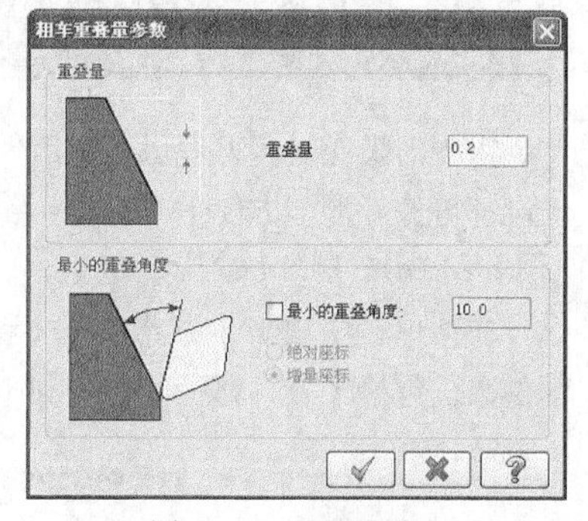

图19-15 重叠量设置

❖ X方向预留量：输入X方向的预留量。

❖ Z方向预留量：输入Z方向的预留量。

❖ 进刀延伸量：在起点处增加粗车削的进刀刀路长度。

19.2.2 车削方式

车削方式包括车削方法、粗车削方式和车削角度3个方面。

❖ 切削方式：车削走刀的方式，有【单向】和【双向】切削。在车削模块一般采用单向，即快速从右向左切削后快速返回右侧进行下一层切削。双向切削是来回2个方向切削。

❖ 粗车方向/角度：包括【外径】、【内径】、【端面】和【背面】切削4种形式。

❖ 角度：设置车削角度。单击【角度】按钮，弹出【粗车角度】对话框，如图19-16所示。

图19-16 粗车角度设置

❖ 角度：在【粗车角度】中输入角度值作为车削角度。

❖ 选择线段：选择某一线段，以此线段的角度作为粗车角度。

❖ 任意2点：选择任意两点，以两点的角度作为粗车的角度。

❖ 旋转倍率：输入旋转的角度基数，设置的角度值将是此值的整数倍。

19.2.3　补偿设置

在数控车床使用过程中，为了降低被加工工件表面的粗糙度，减缓刀具磨损，提高刀具寿命，通常将车刀刀尖刃磨成圆弧，圆弧半径一般为0.4~1.6mm。在数控车削圆柱面或端面时不会有影响，在数控车削带有圆锥或圆弧曲面的零件时，刀尖半径的存在，会造成过切或少切的现象，采用刀尖半径补偿，既可以保证加工精度，又为编制程序提供了方便。合理编程和正确测算出刀尖圆弧半径是刀尖圆弧半径补偿功能得以正确使用的保证。

为了消除刀尖带来的误差，系统提供了多种补正形式和补正方向供选择，满足用户需要。

刀具补正形式包括【电脑】补偿、【控制器】补偿、【两者】补偿、【两者反向】补偿和【关】补偿5类。

❖ 当设置为【电脑】补偿时，系统采用电脑补偿，遇到车削锥面、圆弧面和非圆曲线面时。自动将刀具圆角半径补偿量加入刀路中。刀具中心向指定的方向（左或右）移动1个补偿量（一般为刀具的半径），NC程序中的刀具移动轨迹坐标是加入了补偿量的坐标值。

❖ 当设置为【控制器】补偿时，系统采用控制器补偿，遇到车削锥面、圆弧面和非圆曲线面时，自动将刀具圆角半径补偿量加入刀路中。刀具中心向（左或右）移动1个存储在寄存器里的补偿量（一般为刀具半径），系统将在NC程序中给出补偿控制代码（左补G41或右补G42），NC程序中的坐标值是外形轮廓值。

❖ 当设置为【两者】补偿时，即刀具磨损补偿时，同时具有电脑补偿和控制器补偿，且补偿方向相同，并在NC程序中给出加入了补偿量的轨迹坐标值，同时输出控制代码G41或G42。

❖ 当设置为【两者反向】补偿时，即刀具磨损反向补偿时，同样也同时具有电脑补偿和控制器补偿，但控制器补偿的补偿方向与设置的方向相向。即当采用电脑左补偿时，系统在NC程序中输出反向补偿控制代码G42，当采用电脑右补偿时，系统在NC程序中输出反向补偿控制代码G41。

❖ 当设置为【关】补偿时，系统关闭补偿设置，在NC程序中给出外形轮廓的坐标值，并在NC程序中无控制补偿代码G41或G42。

可以设置刀具补偿为刀具磨损补偿或刀具磨损反向补偿，使刀具同时具有计算机刀具补偿和控制器刀具补偿，用户可以按指定的刀具刀尖圆弧直径来设置计算机补偿，而实际刀具刀尖圆弧直径与指定刀具刀尖圆弧直径的差值可以由控制器补偿来补正。当两个刀具刀尖圆弧直径相同时，在暂存器里的补偿值应该是0，当两个刀尖圆弧直径不相同时，在暂存器里的补偿值应该是两个刀尖圆弧直径的差值。

除了需要设置补正形式外，还需要设置补正方向，补正方向有左补偿和右补偿2种。刀具从选择串联的起点方向向终点方向走刀，刀尖往工件左边偏移即为左补偿，刀尖往工件右边偏移即为右补偿。

19.2.4　转角设置

转角设置用于两条及两条以上的相连线段转角处的刀路，即根据不同选择模式决定在转角处是否采用弧形刀路。有无、尖角和全部3种。

❖ 当设置为【无】时，不走圆角，不管转角的角度是多少，都不采用圆弧刀路。

❖ 当设置为【尖角】时，在尖角处走圆角，在小于135°转角处采用圆弧刀路。

❖ 当设置为【全部】时，在所有转角处都走圆角，在所有转角处都采用圆弧刀路。

19.2.5　进刀参数

进刀参数用来设置是否对粗车中的凹槽进行粗切削。单击【进刀参数】按钮［进刀参数］，弹出【进刀的切削参数】对话框，从中设置进刀的切削设定参数，如图19-17所示。

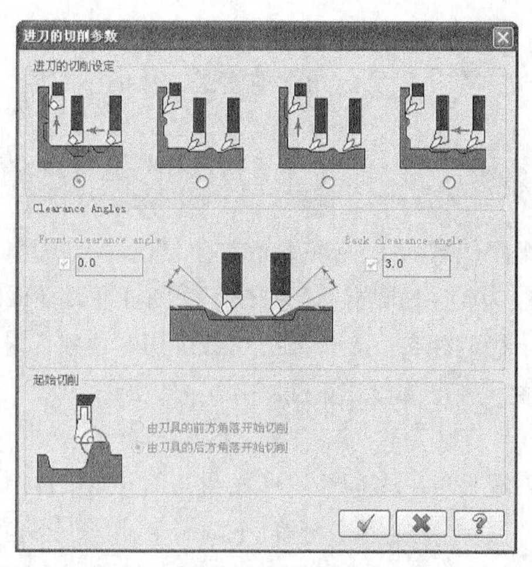

图19-17 【进刀的切削参数】对话框

粗车时可以在该对话框设置，外圆方向和径向方向的凹槽在切削和进刀时的角度等参数，方便半精加工和精加工，提高加工精度。

19.2.6 半精车

在粗车切削完成后，在不更换刀具的情况下，可以对工件进行半精加工，由于没有更换刀具，所以加工的精度和光洁度都不高，在后续的加工工序中要继续进行精加工。此工序只为将残料加工均匀，方便后续的精加工。在【粗加工参数】对话框中单击【半精车】按钮 半精车，弹出【半精车参数】对话框，如图19-18所示。

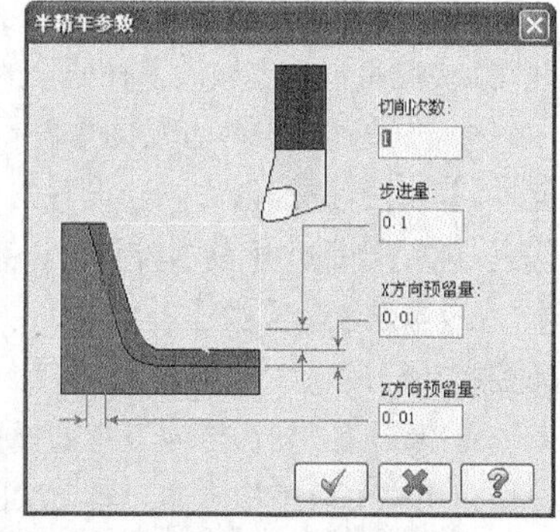

图19-18 半精车

各参数含义如下。

- ❖ 切削次数：输入半精车削的次数。
- ❖ 步进量：输入半精车削的粗车步进量。
- ❖ X方向预留量：输入工件在X方向的预留量。
- ❖ Z方向预留量：输入工件在Z方向的预留量。

实训107——粗车削加工

对图19-19所示的图形进行粗车削加工，结果如图19-20所示。

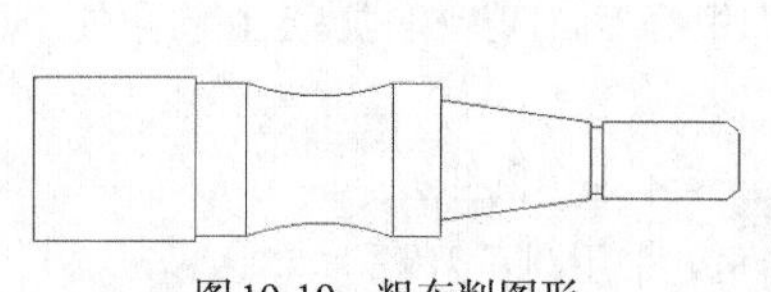

图19-19 粗车削图形

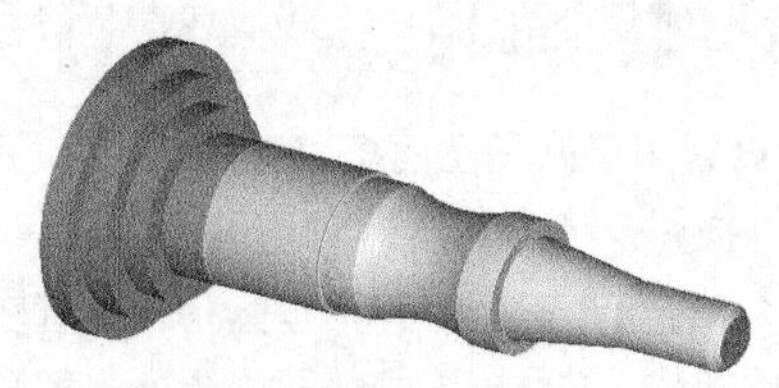

图19-20 粗车削结果

技术支持

本实训需要加工轴零件，由于轴上还有凹槽，所以需要采用针对凹槽的参数。但是，由于零件前端凹槽比较窄，所以在粗加工中不需要加工。为了区别对待凹槽，粗加工中先不加工外圆方向凹槽，另外再走刀加工圆弧形凹槽。

刀路规划如下。

❖ 采用【T0101 R0.8 OD ROUGH RIGHT】车刀对零件进行粗车削加工。

❖ 采用【T0303 R0.4 OD FINISH RIGHT】车刀对零件中的圆弧凹槽进行粗车削加工。

❖ 采用实体模拟。

1. 粗车刀路

首先采用粗车刀路进行加工。粗车削步骤如下。

01 在菜单栏执行【文件】→【打开】按钮，从资源文件中打开“实训\源文件\Ch19\19-1.mcx-9”，单击【完成】按钮，完成文件的调取。

02 在菜单栏执行【刀路】→【粗车】命令，弹出【输入新的NC名称】对话框，使用默认名称，单击【完成】按钮，如图19-21所示。

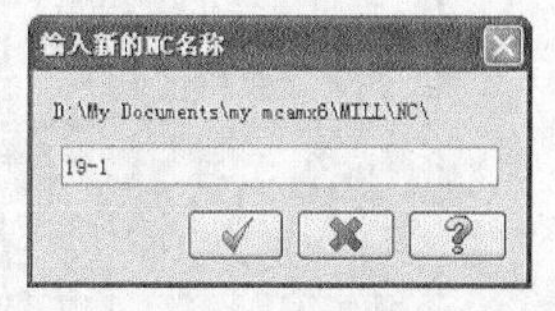

图19-21　输入新的NC名称

03 弹出【串联选项】对话框，单击【局部串联】按钮，在绘图区选择加工串联，如图19-22所示。

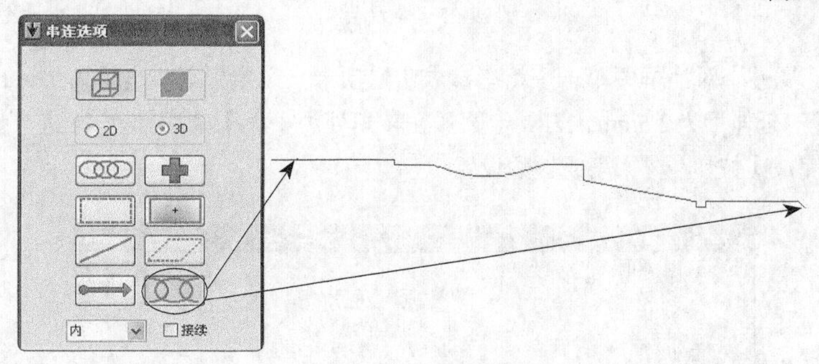

图19-22　选择串联

04 弹出【车床粗加工 属性】对话框，如图19-23所示。在【刀具路径参数】选项卡中设置相关参数，选择外圆车刀【T0101 R0.8 OD ROUGH RIGHT】为车削刀具，设置进给率为0.3mm/转，主轴转速为1000RPM。

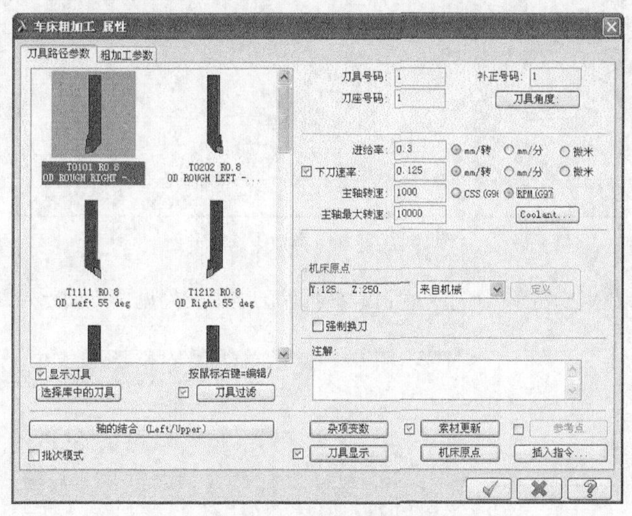

图19-23　车床粗加工

05 在【刀具参数】选项卡中单击【Coolant】按钮，弹出【Coolant】对话框，将【Flood】(油冷)设为【ON】，如图19-24所示。单击【完成】按钮，完成冷却液设置。

06 在【刀具参数】选项卡中设置机床原点为【使用自定义】选项，单击右边的【定义】按钮，弹出【换刀点-使用者定义】对话框，如图19-25所示，设置换刀坐标值为（Y40，Z20），单击【完成】按钮，完成换刀点设置。

07 在【刀具参数】选项卡中选中【参考点】复选框，弹出【参考位置】对话框，选中【退出点】复选框，输入退刀点坐标值为（Y40，Z20），单击【完成】按钮，完成参考点设置，如图19-26所示。

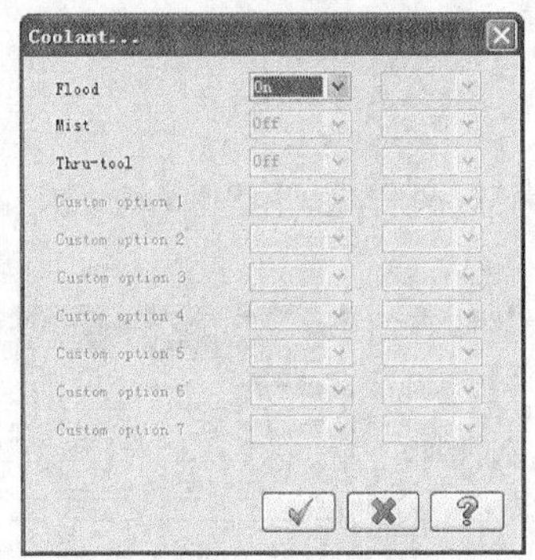

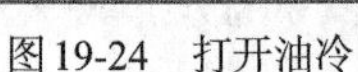

图19-24　打开油冷

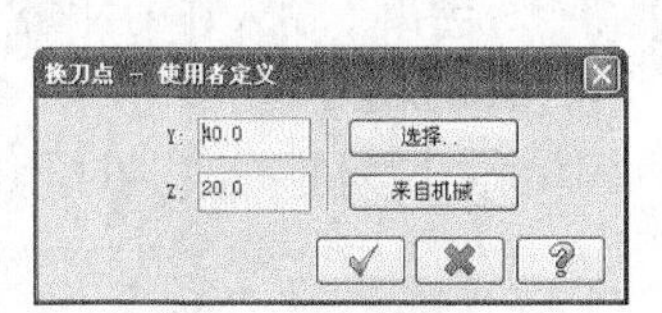

图19-25　换刀点

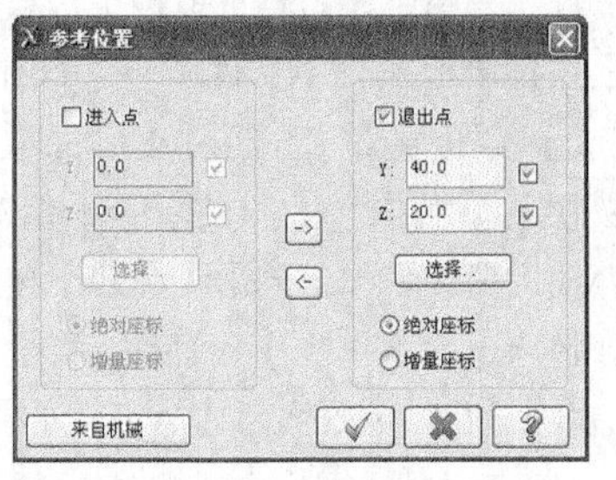

图19-26　设置参考点

08 在【车床粗加工 属性】对话框中单击【粗车参数】选项卡，设置粗车步进量为0.8mm，X和Z方向预留量分别为0.2mm，进刀延伸量为2.5mm，刀具走圆弧在转角处为【无】，取消选中【进/退刀】复选框，如图19-27所示。单击【完成】按钮，完成参数设置。

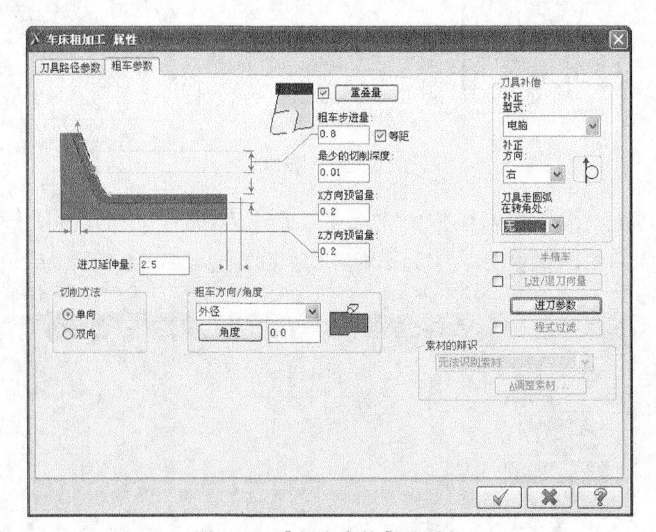

图19-27 【粗车参数】选项卡

09 系统根据所设置的参数生成粗车刀路，如图19-28所示。结果文件见“实训\结果文件\Ch19\19-1.mcx-9”。

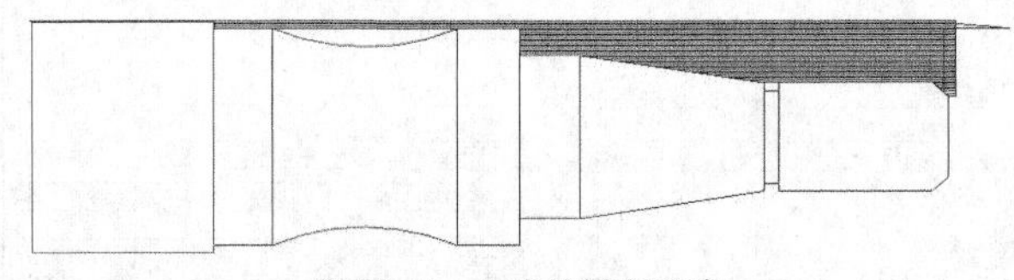

图19-28　生成的粗车刀路

2. 车槽加工刀路

接下来采用车槽加工刀路加工圆弧凹槽。车槽加工刀路步骤如下。

01 在菜单栏上单击【刀路】→【粗车】命令，弹出【串联选项】对话框，单击【选取单体】按钮，在绘图区选择图19-29所示的单体外形，单击【完成】按钮，完成粗车外形选择。

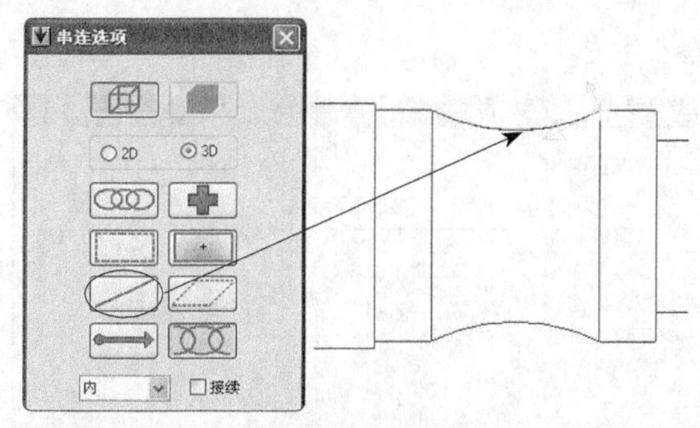

图19-29　选择单体

02 弹出【车床粗加工 属性】对话框，设置刀具相关参数，如图19-30所示。

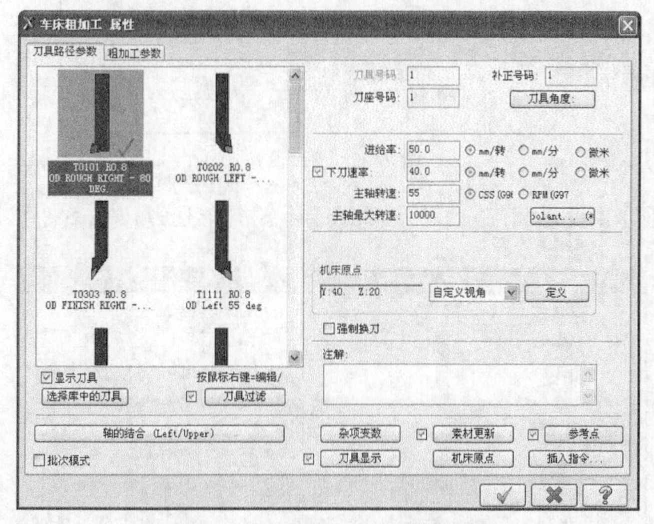

图19-30 【车床粗加工 属性】对话框

03 在【刀具路径参数】选项卡空白处单击鼠标右键，在弹出的快捷菜单中选中【创建新刀具】选项，弹出【定义刀具】对话框，如图19-31所示。在【类型一般车削】选项卡中选择【一般车削】。

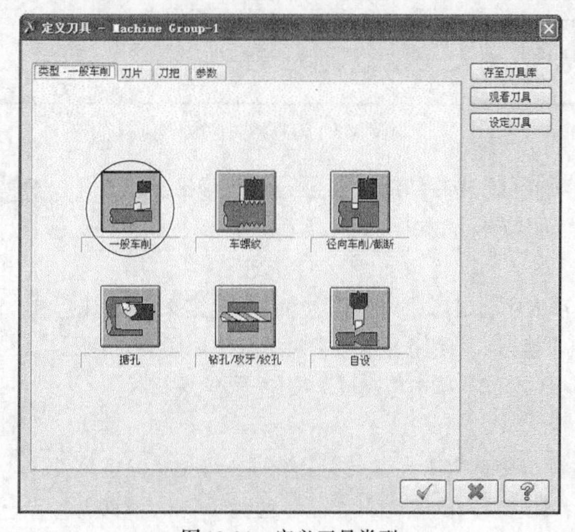

图19-31　定义刀具类型

04 在定义刀具对话框中打开【刀片】选项卡，如图19-32所示。将刀角半径设置为04，单击【完成】按钮，完成粗车车刀的新建。

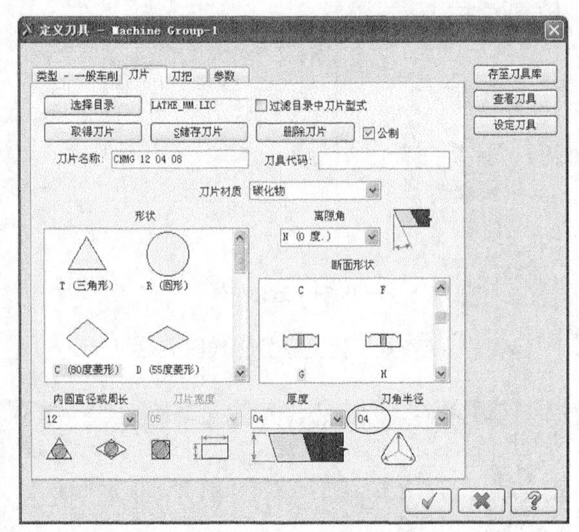

图19-32　刀片设置

05 在【刀具参数】选项卡中设置车削进给率为0.3mm/转，主轴转速为1000CSS，如图19-33所示。

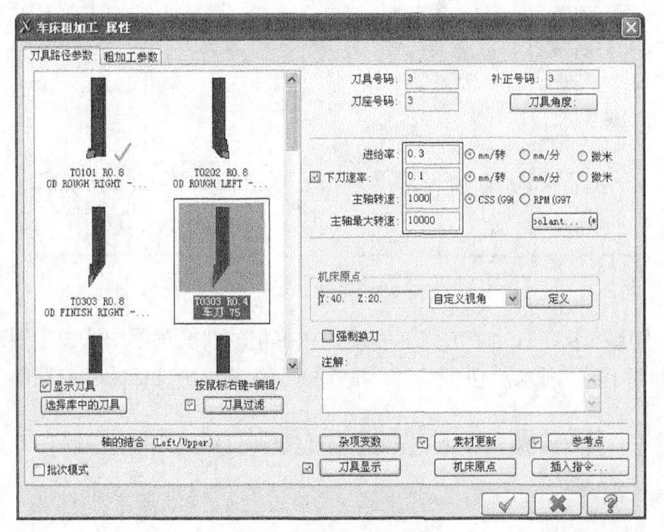

图19-33　刀具相关参数

06 在【刀具路径参数】选项卡中单击冷却液按钮 Coolant... ，弹出冷却液设置对话框，将【Flood】设置为【ON】，如图19-34所示。单击【完成】按钮，完成冷却液设置。

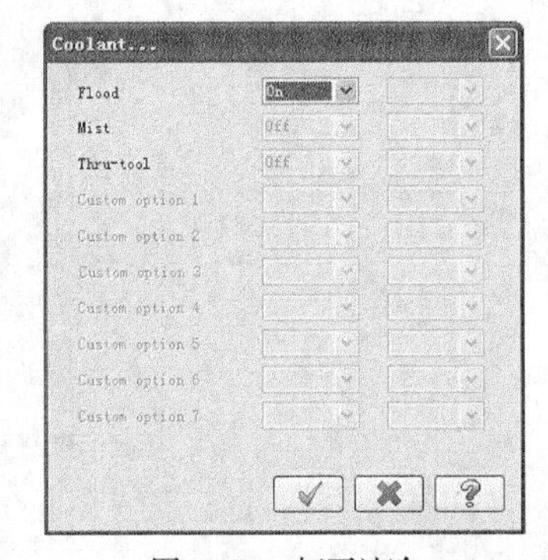

图19-34　打开油冷

07 在【刀具路径参数】选项卡中将机床原点设置为【使用自定义】，单击右边的【定义】按钮，弹出【换刀点-使用者定义】对话框，如图19-35所示，设置换刀坐标值为（Y40，Z20），单击【完成】按钮，完成换刀点设置。

08 在【刀具路径参数】选项卡中选中【参考点】复选框，弹出【参考位置】对话框，选中【退出点】选项，设置退出点坐标值为（Y40，Z20），单击【完成】按钮，完成参考点设置，如图19-36所示。

09 在【车床粗加工 属性】对话框中单击【粗车参数】选项卡，设置粗车步进量为0.6mm，X和Z方向预留量为0.2mm，刀具走圆弧在转角处设置为【无】，如图19-37所示。单击【完成】按钮，完成参数设置。

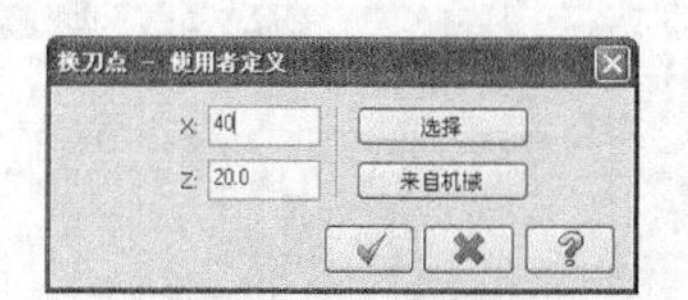

图19-35　换刀点

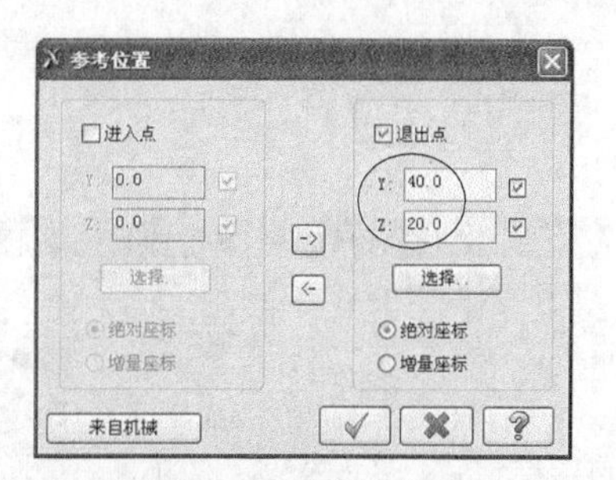

图19-36　参考点设置

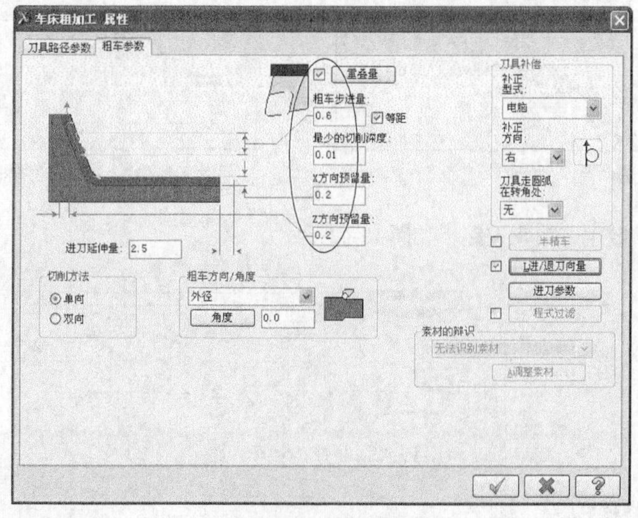

图19-37　粗车参数

10 在【粗车参数】选项卡中单击【进/退刀】按钮，弹出【进退/刀参数】对话框，取消选中【使用进刀向量】复选框，选中【进刀切弧】复选框，如图19-38所示。

11 在【进刀】选项卡中单击【进刀切弧】按钮，弹出【进/退刀切弧】对话框，如图19-39所示。将扫掠角度设为90°，半径设置为10。单击【完成】按钮，完成切弧设置。

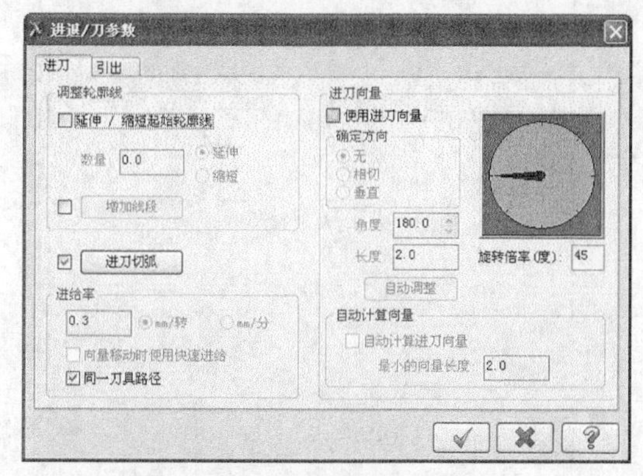

图19-38　【进退/刀参数】对话框

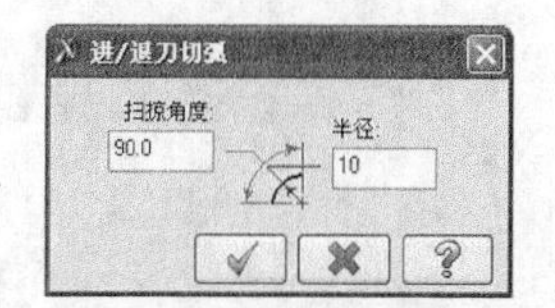

图19-39　切弧设置

12 在【进退/刀参数】对话框中单击【引出】选项卡，如图19-40所示。取消选中【使用退刀向量】复选框。单击【完成】按钮，完成参数设置。

13 在【粗车参数】选项卡中单击【进刀参数】按钮，弹出【进刀的切削参数】对话框，选中第二项【切削所有凹槽】，如图19-41所示。单击【完成】按钮，完成进刀参数设置。

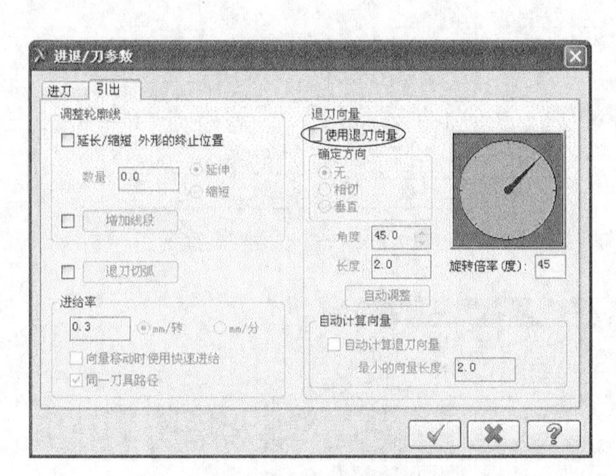

图19-40　引出设置

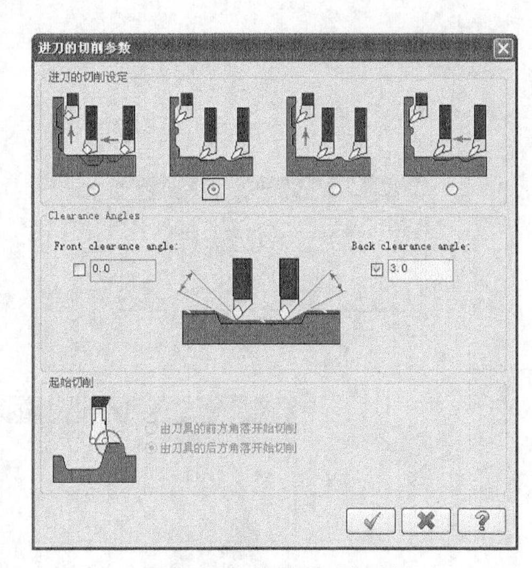

图19-41　进刀的切削参数

14 系统根据所设置的参数生成粗车刀路，如图19-42所示。

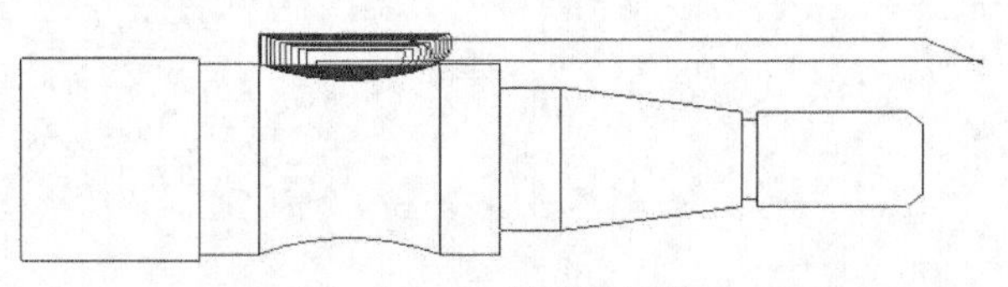

图19-42　生成的粗车刀路

3. 材料设置和刀路模拟

所有刀路编制完毕，设置材料，并模拟刀路。其步骤如下。

01 在【刀具操作管理器】中单击【刀具设置】选项，如图19-43所示。弹出【机器群组属性】对话框的【素材设置】选项卡，如图19-44所示。

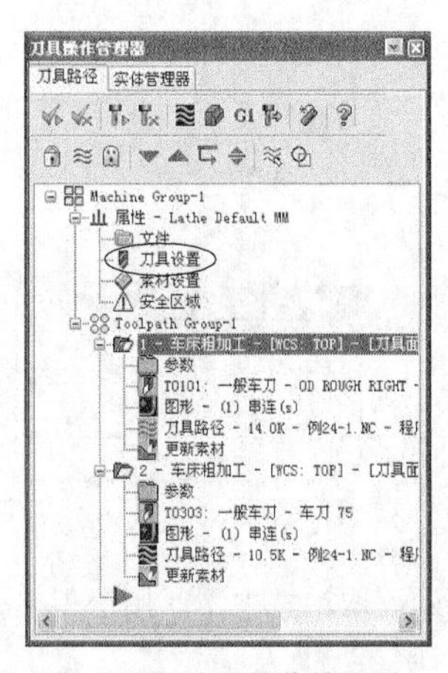

图19-43　刀具操作管理器

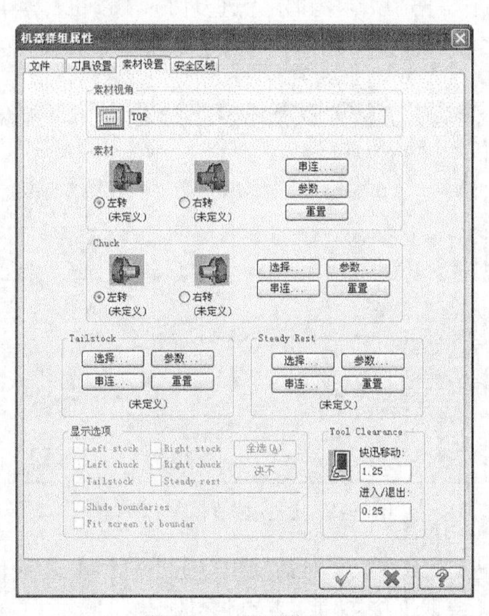

图19-44　毛坯设置

02 在【素材设置】对话框中单击【素材】选项区中的【参数】按钮，弹出【机床组件材料】对话框，如图19-45所示。设置外径为86，长度为320，单击【完成】按钮，完成毛坯设置。

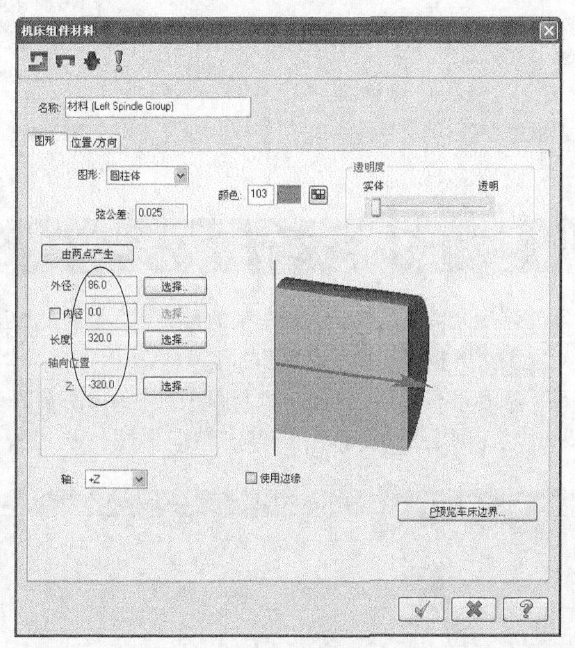

图19-45　毛坯设置

03 在【素材设置】选项卡中单击【Chuck】（夹爪）选项区中的【参数】按钮，弹出【机床组件夹爪的设定】对话框，设置参数如图19-46所示。单击【完成】按钮，完成夹爪设置。

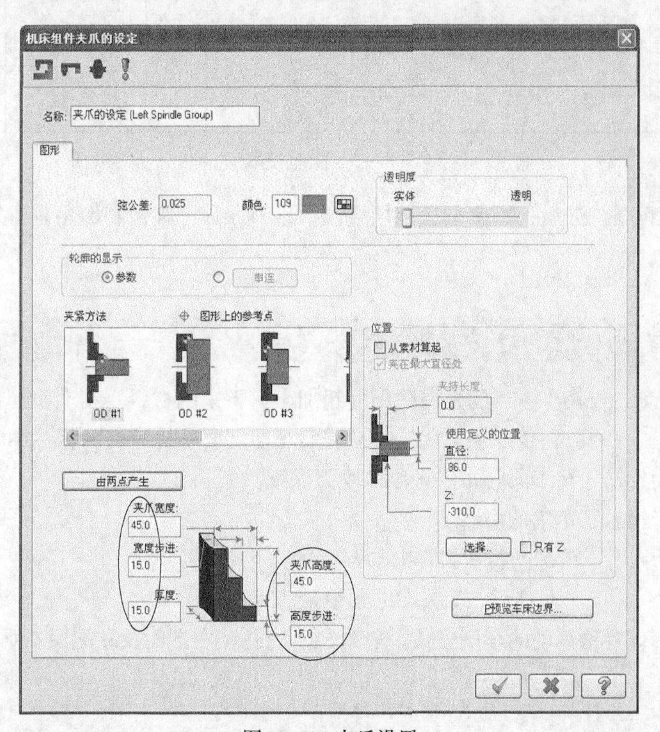

图19-46　夹爪设置

04 夹爪设置结果如图19-47所示。模拟结果如图19-48所示。

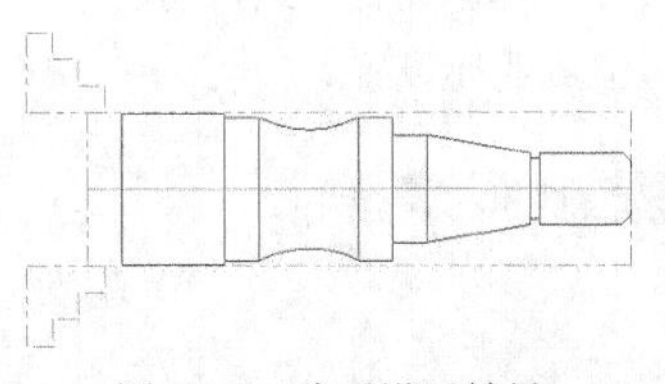

图19-47　夹爪设置结果

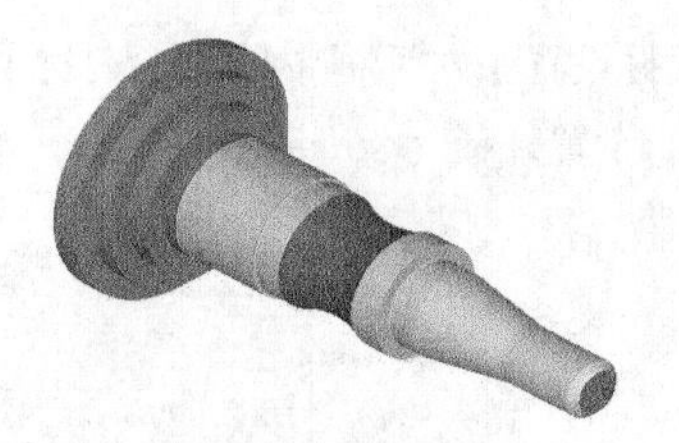

图19-48　模拟结果

19.3　精车削加工

精车削主要车削工件上粗车削后余留下的材料，精车削的目的是尽量满足加工要求和光洁度要求，使工件与设计图纸要求一致。下面主要讲解精车削加工参数和加工步骤。

精车削参数主要包括刀路参数和精车参数，刀路参数与粗车削中的刀路参数一样，本节主要介绍精车参数。在菜单栏执行【刀路】→【精车削】命令，弹出【车床-精车 属性】对话框，如图19-49所示。

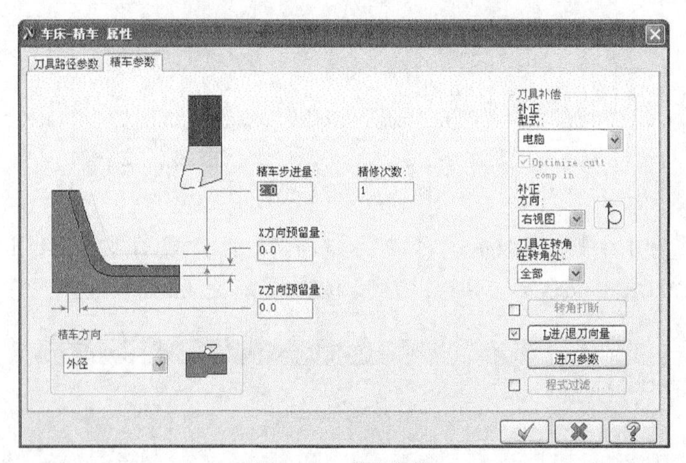

图19-49　精车参数

精车参数主要包括精车步进量、预留量，补偿设置，进刀参数，圆角和倒角设置等。下面将详细讲解其含义。

19.3.1　精车步进量和预留量

精车削的精车步进量一般较小，目的是清除前面粗加工留下来的材料。精车削预留量的设置是为了下一步的精车削或最后精加工，一般在精度要求比较高或表面光洁度要求比较高的零件中设置。

❖ 精车步进量：用于输入精车削时每层车削的吃刀深度。

❖ 精修次数：用于输入精车削的层数。

❖ X方向的预留量：用于精车削后在X方向的预留量。

❖ Z方向的预留量：用于精车削后在Z方向的预留量。

❖ 精车方向：用于设置精车削的车削方式。有外径、内孔、右端面及左端面4种方式。

19.3.2　补偿设置

由于试切对刀时的对象都是对端面和圆柱面，对于由锥面、圆弧面或非圆曲线组成的面，精车削时会导致误差，因此需要采用刀具补偿功能来消除可能存在的过切或少切现象。

补偿方式：包括电脑补偿、控制器补偿、两者、两者反向和无补偿5种形式。具体含义与粗车削补偿形式相同。

❖ 补偿方向：包括左、右和自动3种补偿形式。左补偿和右补偿与粗加工相同，自动补偿是系统根据工件轮廓自行决定。

❖ 转角设置：主要设置在轮廓转向的地方是否采用圆弧刀路。有全部、无、尖角3种方式，含义与粗车削相同。

19.3.3　进刀参数

进刀参数用来设置在精车削过程中是否切削凹槽。设置进刀参数可以在【精车参数】选项卡中单击【进刀参数】按钮[进刀参数]，弹出【进刀的切削参数】对话框，如图19-50所示。参数含义与粗加工相同。

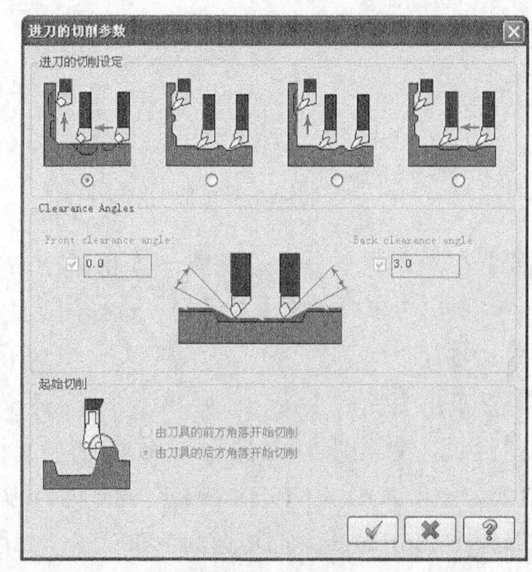

图19-50　进刀参数

19.3.4　圆角和倒角设置

在进行精车削时，系统允许对工件的凸角进行圆角或倒角处理。在【精车参数】选项卡中选中【转角打断】复选框，单击【转角打断】按钮[转角打断]，弹出【角落打断的参数】对话框，从中设置转角采用圆角或倒角的参数，如图19-51所示。

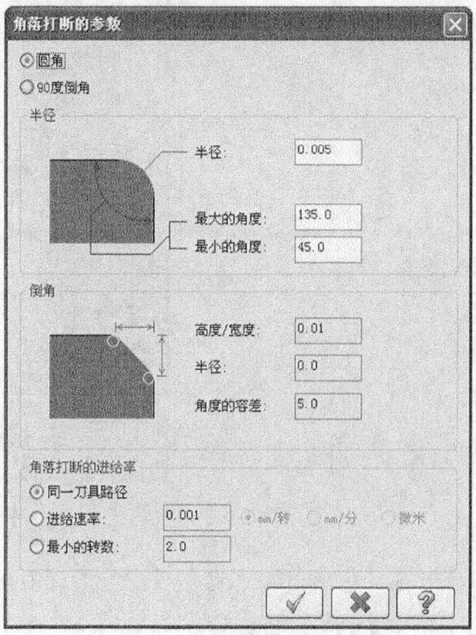

在【角落打断的参数】对话框中单击【圆角】单选按钮，激活圆角设置。可以设置半径、最大的角度、最小的角度等。其参数含义如下。

❖ 半径：设置凸角倒圆角半径。

❖ 最大的角度：设置凸角倒圆角的最大角度，大于此角度的凸角将不进行倒圆角。

❖ 最小的角度：设置凸角倒圆角的最小角度，小于此角度的凸角将不进行倒圆角。

❖ 90度倒角：选中该单选按钮，可以设置倒角的高度/宽度、半径、角度的容差等。其参数如下。

图19-51　圆角和倒角设置

❖ 高度/宽度：输入倒角的高度和宽度。

❖ 半径：输入倒角两端的圆角半径。

❖ 角度的容差：输入倒角误差。

❖ 角落打断的进给率：在倒角或圆角刀路时可以另外设置切削速度，以加工出高精度的圆角和倒角。

❖ 同一刀具路径：圆角或倒角时的切削进给速度与工件轮廓切削速度相同。

❖ 进给速率：输入圆角和倒角的切削进给速度。

❖ 最小的转数：输入最小进给转速。

实训108——精车削加工

采用精车削对图19-52所示的图形进行车削加工，加工结果如图19-53所示。

01 在菜单栏执行【文件】→【打开】按钮，从资源文件中打开“实训\源文件\Ch19\19-2.mcx-9”，单击【完成】按钮，完成文件的调取。

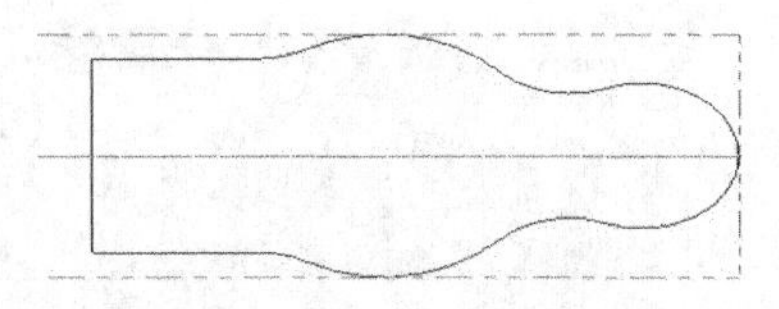

图19-52　加工图形

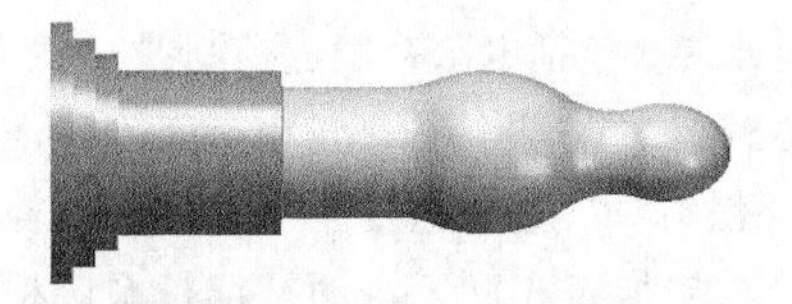

图19-53　加工结果

02 在菜单栏执行【刀路】→【精车削刀路】命令，弹出【串联选项】对话框，选择加工串联，如图19-54所示。

03 单击【完成】按钮，弹出【车床-精车 属性】对话框，单击【刀具路径参数】选项卡，选择T2121 R0.8 OD FINISHI RIGHT的车刀，设置进给率为0.3mm/转，主轴转速为1000CSS，如图19-55所示。

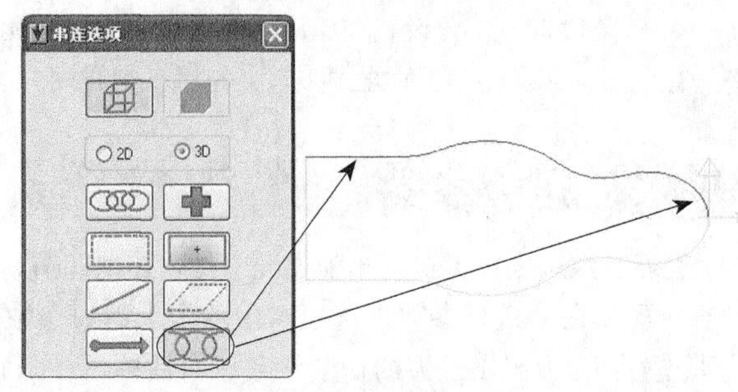

图19-54　精车削

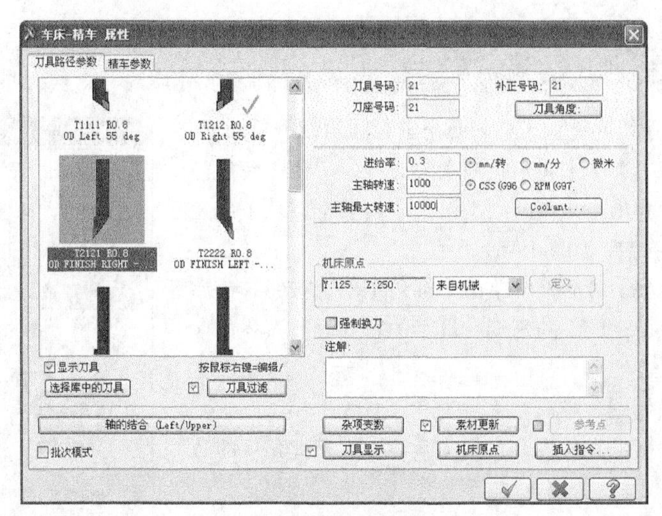

图19-55　刀路参数

04 在【刀具路径参数】选项卡中单击【Coolant】按钮 Coolant... (*) ，弹出【Coolant】对话框，将【Flood】设置为【On】，如图19-56所示。

05 在【刀具路径参数】选项卡中将机床原点设置为自定义，单击【定义】按钮 定义 ，弹出【换刀点-使用者定义】对话框，将换刀点设置为Y50，Z30，如图19-57所示。单击【完成】按钮 ✓ ，完成换刀点的设置。

06 在【刀具路径参数】选项卡中单击【参考点】按钮，弹出【参考位置】对话框，将退刀点设为Y50，Z30，如图19-58所示。单击【完成】按钮 ✓ ，完成参考点的设置。

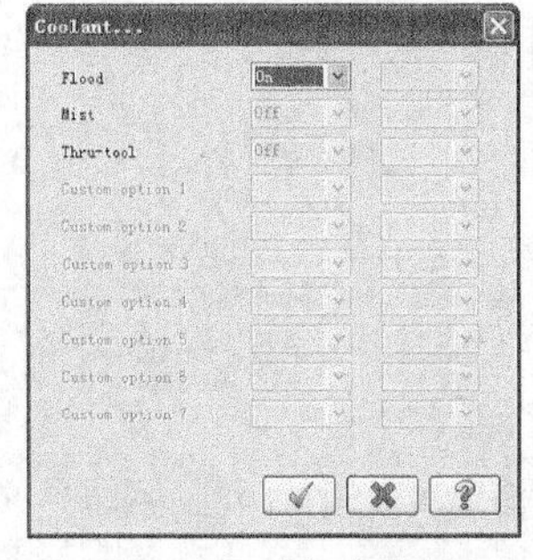

图19-56　冷却液设置

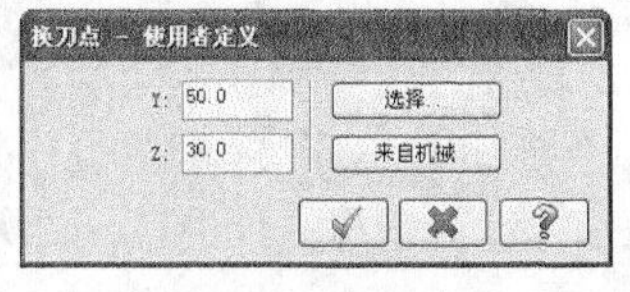

图19-57　换刀点

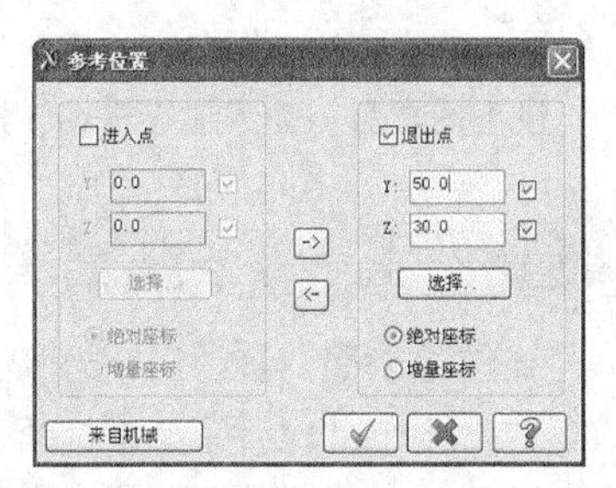

图19-58　参考点

07 在【车床-精车 属性】对话框中打开【精车参数】选项卡，如图19-59所示。设置精车步进量为0.5，精修次数为1，X和Z方向预留量为0。

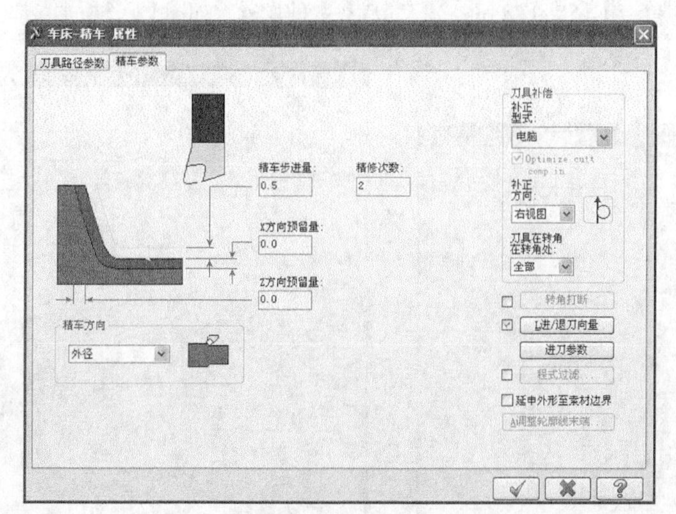

图19-59　精车参数

08 在【精车参数】选项卡选中【进/退刀】复选框，并单击【进/退刀向量】按钮，弹出【输入/输出】对话框，如图19-60所示。在【引入】选项卡中取消选中【使用进刀向量】复选框，选中复选框，并单击【进刀切弧】按钮，弹出【进/退刀切弧】对话框，设置参数如图19-61所示。

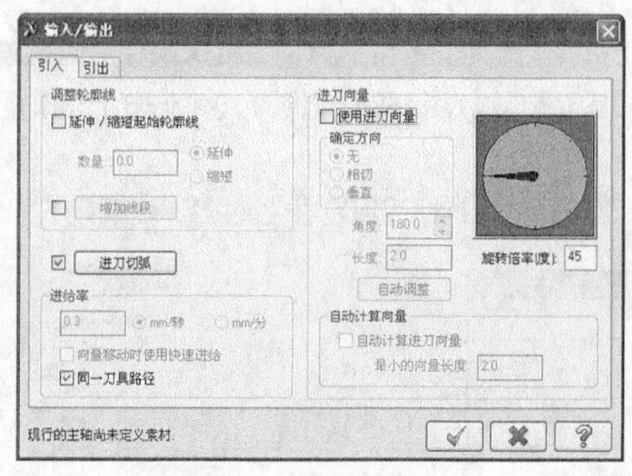

图19-60　输入/输出参数

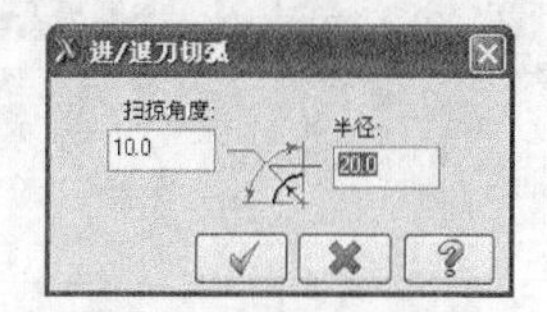

图19-61　进/退刀切弧

09 在【精车参数】选项卡单击【进刀参数】按钮，弹出【进刀的切削参数】对话框，设置参数如图19-62所示。

10 单击【完成】按钮，完成精车参数设置，系统根据所设参数生成精车刀路，如图19-63所示。

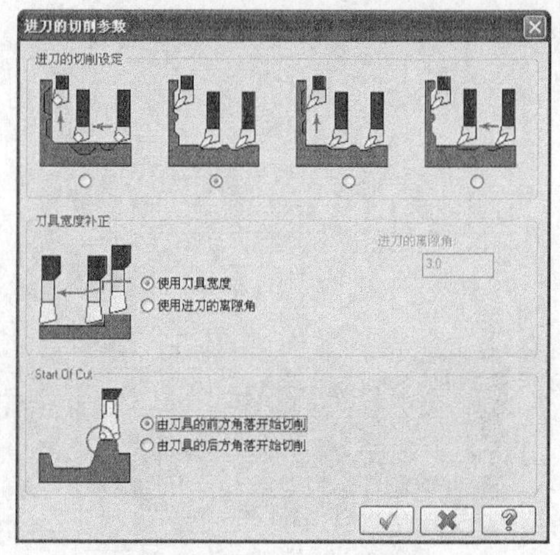

图19-62　进刀的切削参数

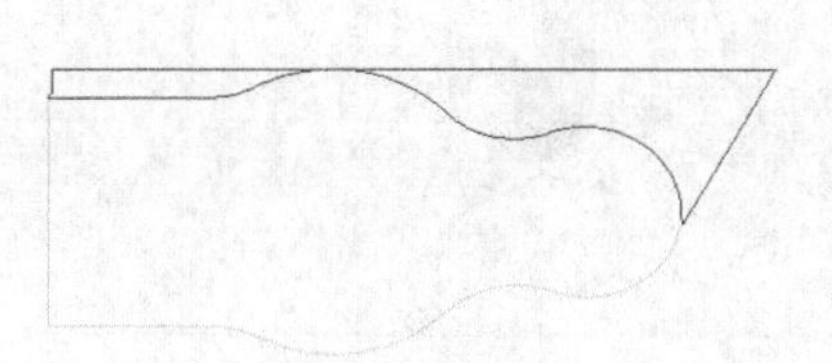

图19-63　刀路

11 在【机器群组属性】对话框中单击【素材设置】选项，弹出【素材设置】选项卡，如图19-64所示。

12 在【素材设置】选项卡的【素材】选项组中单击【参数】按钮，弹出【机床组件材料】对话框，设置外径为100，长度为300，单击【完成】按钮☑，完成参数的设置，如图19-65所示。

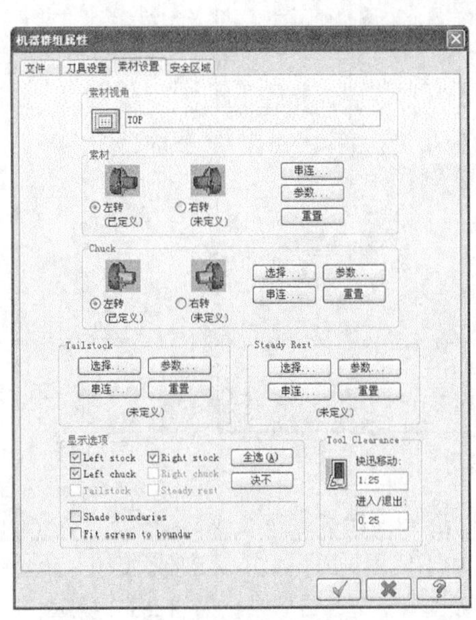

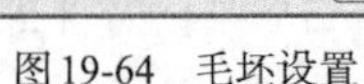
图19-64　毛坯设置

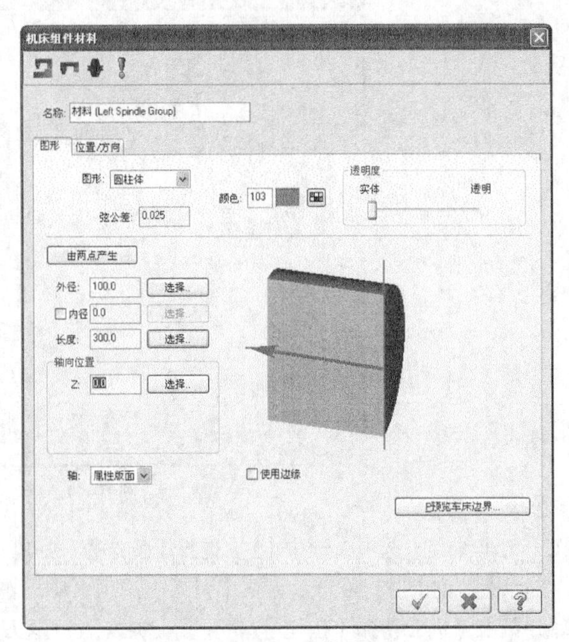

图19-65　参数设置

13 在【素材设置】选项卡的【Chuck】选项组中单击【参数】按钮，弹出【机床组件夹爪的设定】对话框，如图19-66所示，设置宽度步进和高度步进为10，夹爪高度和夹爪宽度为30，单击【完成】按钮☑，完成夹爪的设置。

14 模拟刀路，结果如图19-67所示。结果文件见“实训\结果文件\Ch19\19-2.mcx-9”。

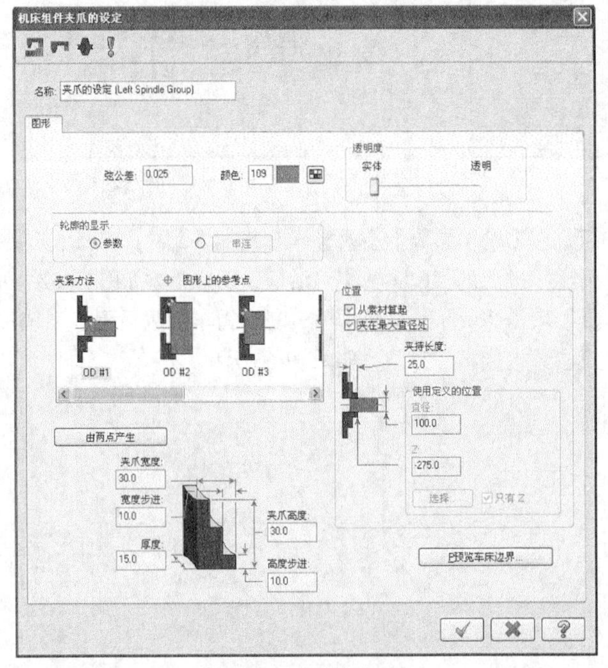

图19-66　夹爪设置

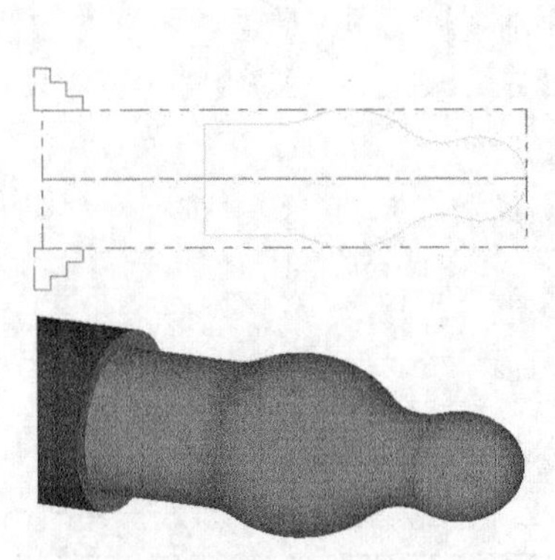

图19-67　模拟结果

19.4 车槽加工

径向车削的凹槽加工刀路主要用于车削工件上的凹槽部分。在菜单栏执行【刀路】→【径向车削刀路】命令，弹出【车床-径向粗车 属性】对话框，如图19-68所示。该对话框除了共同的刀路参数外，还有径向车削外形参数、径向粗车参数和径向精车参数。

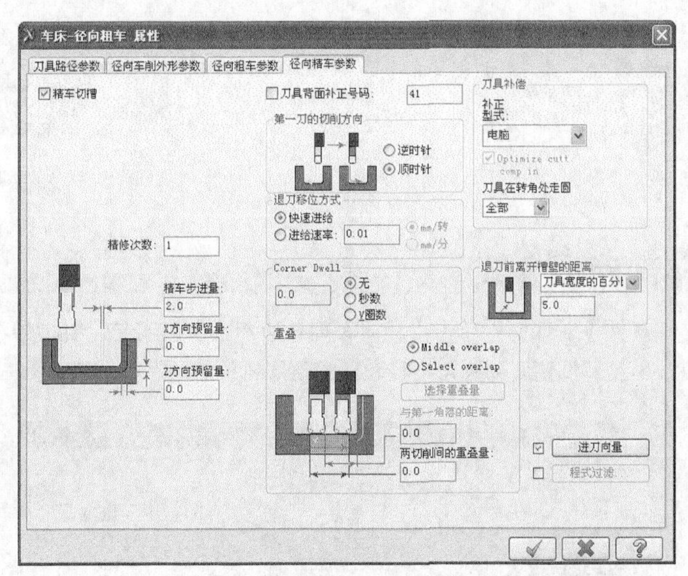

图19-68 【车床-径向粗车 属性】对话框

19.4.1 车槽选项

在菜单栏执行【刀路】→【径向车削刀路】命令，弹出【径向车削的切槽选项】对话框，如图19-69所示。该对话框用来设置凹槽的位置，有5种方式，包括一点、两点、三直线、串联和多串联（Multiple chains）。

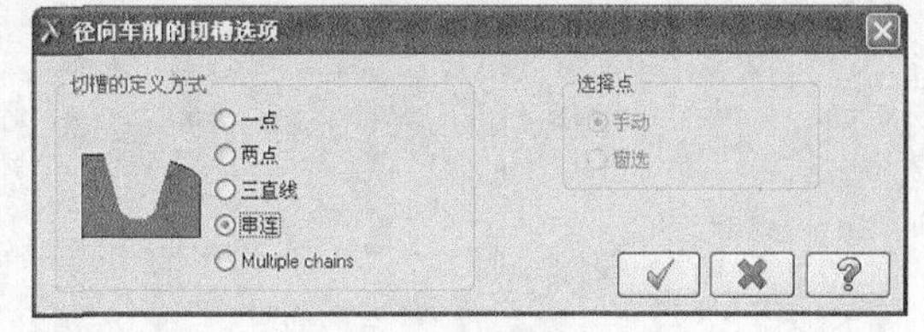

图19-69 切槽选项

1. 一点

通过选择凹槽右上角点的方法来定义凹槽的位置，而凹槽的大小由车槽外形参数决定，点的选择也有手动和窗选2种方式。图19-70为选择一点的方式示意图。

2. 两点

通过选择凹槽右上角点和左下角点的方法来定义凹槽的位置，此方法还定义了凹槽的宽度和高度。图19-71为选择两点方式的示意图。

3. 三直线

通过定义凹槽的3条边界线来定义凹槽位置，此方法还定义了凹槽的高度、宽度和锥度。图19-72为定义凹槽三直线示意图。

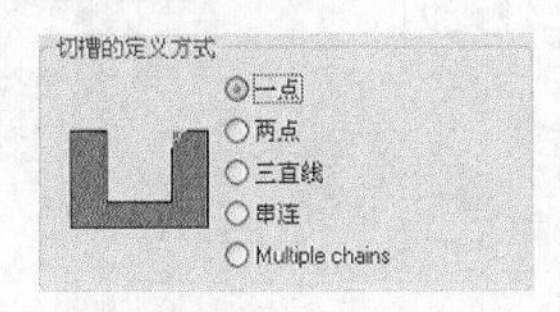

图19-70 一点

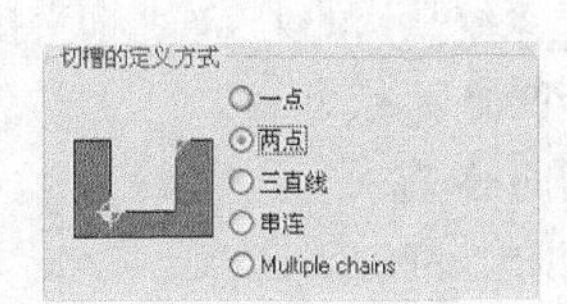

图19-71 两点

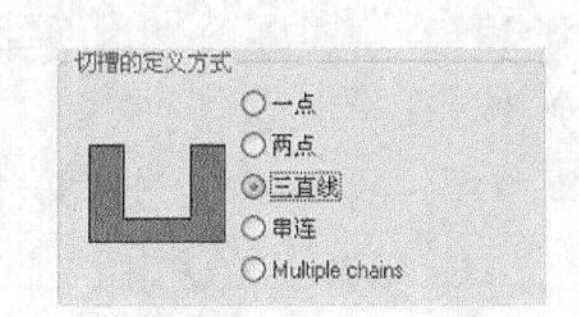

图19-72 三直线

4. 串联

通过选择凹槽的串联几何图形和凹槽边界的方式来定义凹槽的位置。图19-73为串联选择示意图。

5. 多串联

多串联通过选择多条串联几何图形来定义工件中有多处凹槽位置的零件。图19-74为多串联方式选择示意图。

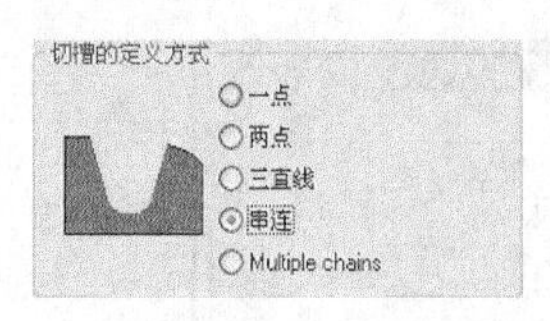

图19-73　串联

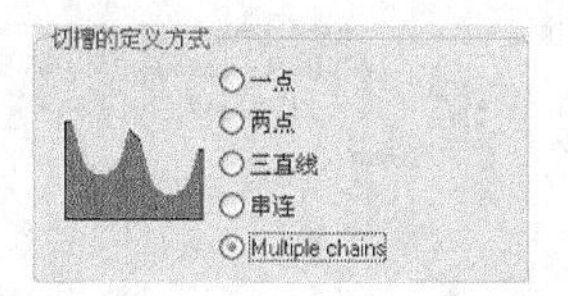

图19-74　多串联

19.4.2　径向车削外形参数

在【车床-径向粗车 属性】对话框中单击【径向车削外形参数】选项卡，如图19-75所示。从中设置切槽的角度、高度、宽度、斜度，凹槽底部圆角半径和凹槽顶部圆角半径等。

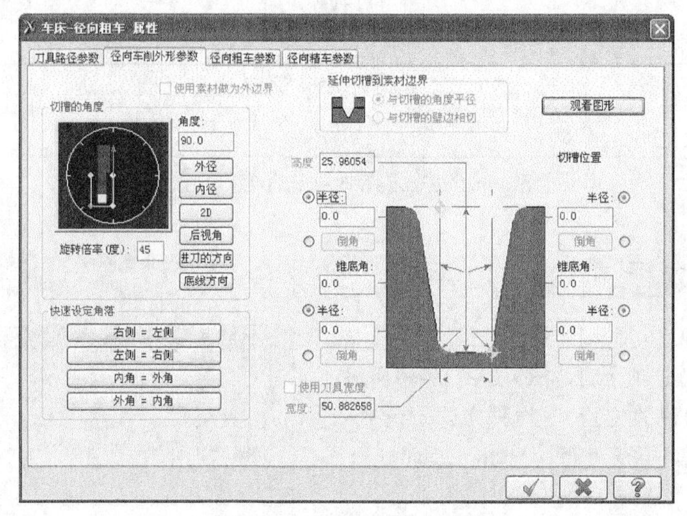

图19-75　径向车削外形参数

各参数含义如下。

1. 凹槽边界设置

❖ 使用素材做内外边界：选择此复选框，凹槽的边界延伸到用户设置的工件边界上。

❖ 与切槽的角度平径：延伸的凹槽边界与凹槽的几何图形边界平行。

❖ 与切槽的壁边相切：延伸的凹槽边界与凹槽的几何图形边界相切。

❖ 观看图形：单击此按钮，设置的凹槽边界将在绘图区中以几何图形的方式显示。

2. 切槽的角度

❖ 角度：用于输入凹槽的进刀角度，系统默认的为90°，即直接垂直于工件进刀。

❖ 外径：单击外径按钮，进行外径凹槽切削。

❖ 内径：单击内径按钮，进行内径凹槽切削。

❖ 2D：单击2D按钮，进行端面凹槽切削。

❖ 后视角：单击后视角按钮，进行背面凹槽切削。

❖ 进刀的方向：选择某条线段作为进刀角度方向。

❖ 底线方向：选择凹槽的底边作为凹槽进刀角度。

❖ 旋转倍率：输入凹槽轮盘转动的基础角度。转动的角度只能是基础角度的整数倍。

3. 凹槽尺寸设置

凹槽尺寸设置主要用来定义凹槽形状参数。部分参数含义如下。

❖ 高度：输入凹槽的高度。

❖ 半径：输入凹槽左上、左下、右上或右下4个角点的倒圆角半径。

❖ 倒角：设置倒角尺寸。

❖ 宽度：凹槽底部的宽度。

4. 快速设定角落

当凹槽角落的角点及斜度对称时，只需要设置凹槽的一侧角点及斜度参数，另一侧的参数系统提供了以下快速设置方式，如图19-76所示。

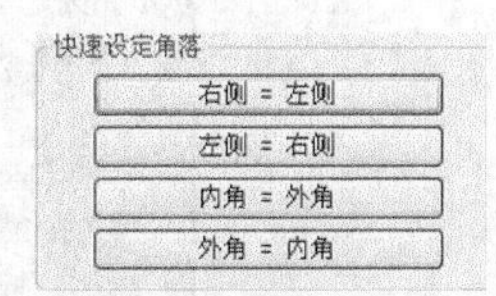

图19-76　快速设定角落

各选项含义如下。

❖ 右侧 = 左侧 按钮：凹槽右侧角点和斜度参数与左侧相同。

❖ 左侧 = 右侧 按钮：凹槽左侧角点和斜度参数与右侧相同。

❖ 内角 = 外角 按钮：凹槽的内角点和斜度参数与外角相同。

❖ 外角 = 内角 按钮：凹槽的外角点和斜度参数与内角点相同。

19.4.3　车削粗加工参数

在【车床-径向粗车 属性】对话框中单击【径向粗车参数】选项卡，从中设置凹槽粗车削时的粗切量、切削方向、预留量及凹槽的槽壁等参数，如图19-77所示。

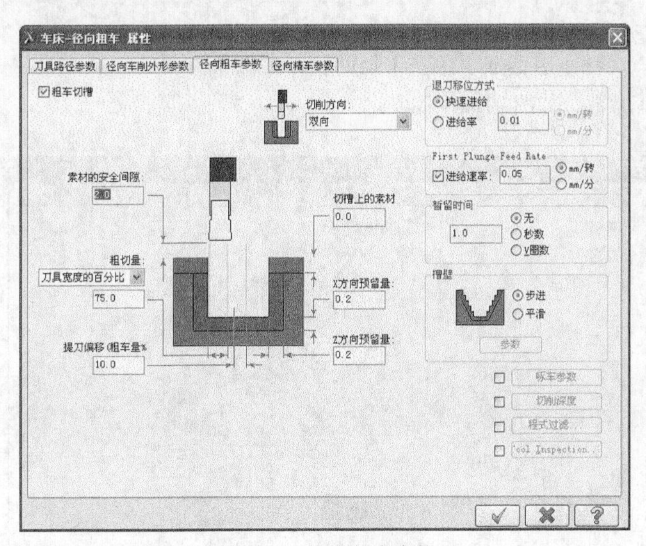

图19-77　径向粗车参数

其参数含义如下。

❖ 粗车切槽：选择此复选框，系统启用凹槽车削功能。

❖ 切削方向：设置凹槽车削方向，有正数、负数和双向。

❖ 素材的安全间隙：输入车槽时车刀起点高于工件的尺寸。

❖ 粗切量：输入凹槽车削的步进量。

❖ 提刀偏移（粗车量）：输入每车完一刀，车刀往后面的回刀量。

❖ 切槽上的素材：输入工件高于轮廓的尺寸。

❖ X/Z方向预留量：输入粗车后，X和Z方向预留量。

❖ 退刀移位方式：设置车刀回刀速度。有快速进给和进给率两种。

❖ 暂留时间：设置车刀在凹槽底部停留的时间。有无、秒数和圈数3种方式。

❖ 槽壁：设置凹槽斜壁的连接形式。有步进和平滑两种。

❖ 啄车参数：选择【啄车参数】前的复选框，再单击【啄车参数】按钮 啄车参数 ，弹出【啄钻参数】对话框，设置啄车车削加工凹槽的参数。啄车参数用于凹槽比较深、排削困难的情况，如图19-78所示。

❖ 分层切削：选择【切削深度】前的复选框，再单击【切削深度】按钮 分层切削 ，弹出【切槽的分层切深设定】对话框，设置分层切削加工凹槽的参数。主要用于凹槽深度比较大时的加工，如图19-79所示。

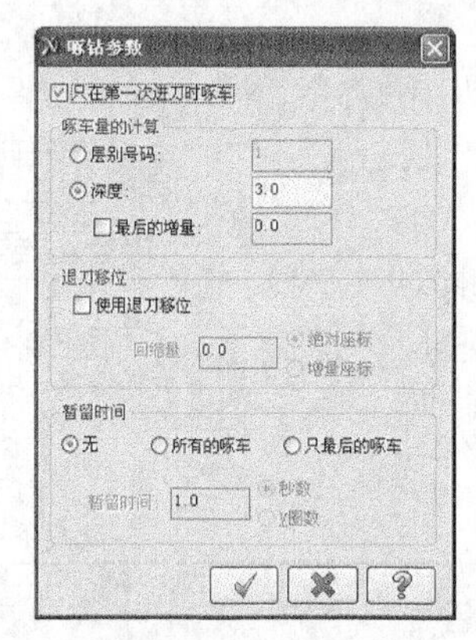

图19-78 啄钻参数

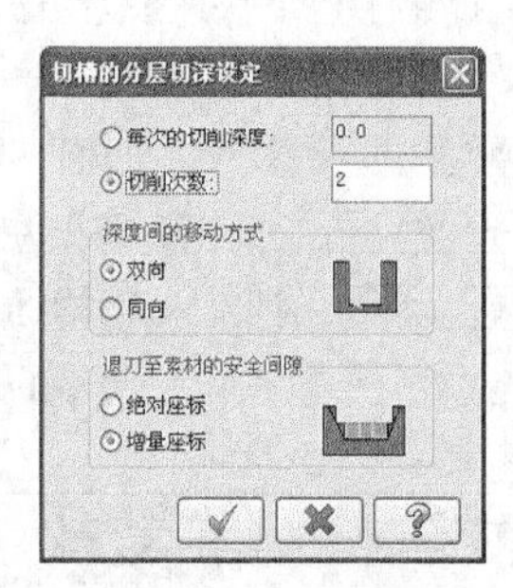

图19-79 分层切削

19.4.4 径向精车参数

在【车床-径向粗车 属性】对话框中单击【径向精车参数】选项卡，从中设置凹槽精车削时的精修次数、预留量及刀具补偿等参数，如图19-80所示。

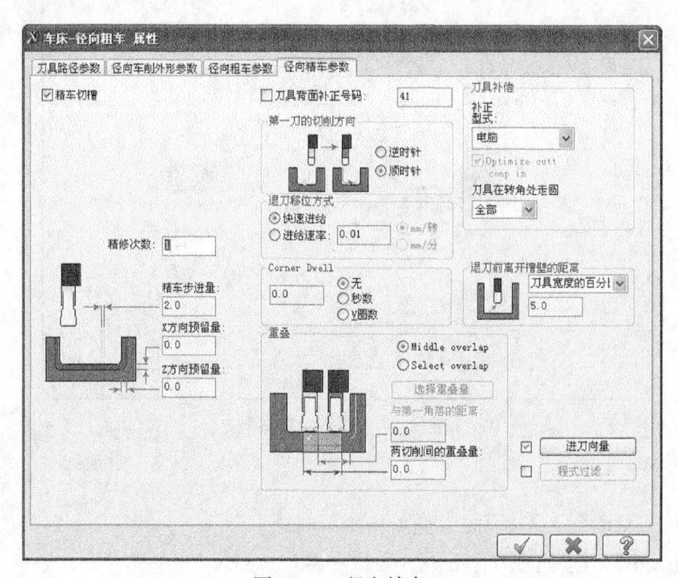

图19-80 径向精车

其参数含义如下。

❖ 精车切槽：选择此复选框，系统采用凹槽精车削功能。

❖ 精修次数：输入精车削次数。

❖ 第一刀的切削方向：设置第一次精车削时的车削方向。

❖ 退刀位移方式：设置车刀的回刀速度。

❖ 两切削间的重叠量：输入每次精车削的重叠量。

❖ 刀具补偿：设置精车削的补偿方式。

❖ 刀具在转角处走圆：设置刀具在转角处是否走圆弧刀路。

❖ 退刀前离开壁槽的距离：输入每车削完一刀，车刀往回的回刀距离。

实训109——车槽加工

对图19-81所示的图形进行车槽加工，结果如图19-82所示。

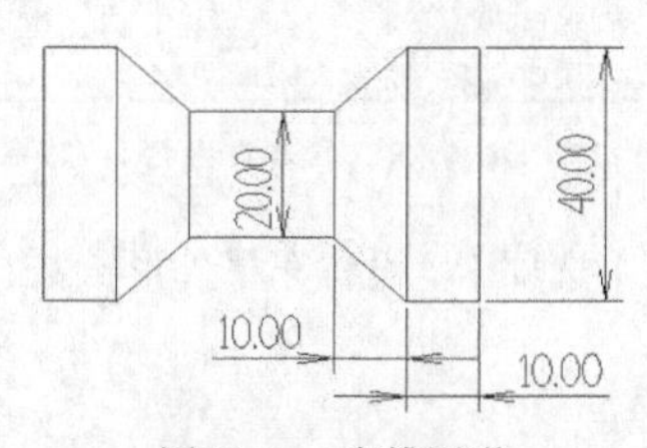

图19-81　车槽图形

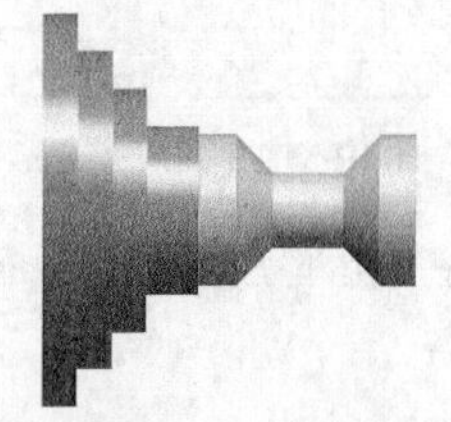

图19-82　加工结果

01 在菜单栏执行【文件】→【打开】按钮，从资源文件中打开“实训\源文件\Ch19\19-3.mcx-9”，单击【完成】按钮，完成文件的调取。

02 在菜单栏执行【刀路】→【径向车削刀路】命令，弹出【径向车削的切槽选项】对话框，如图19-83所示。

03 在【径向车削的切槽选项】对话框中选择【Chain】选项，返回绘图区选择图19-84所示的串联几何。

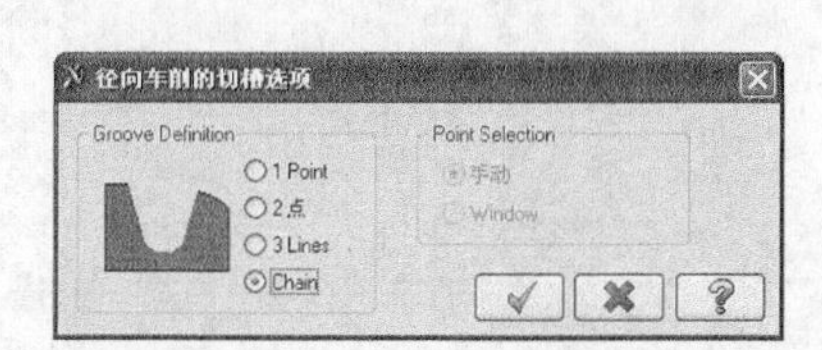

图19-83　径向车削的切槽选项

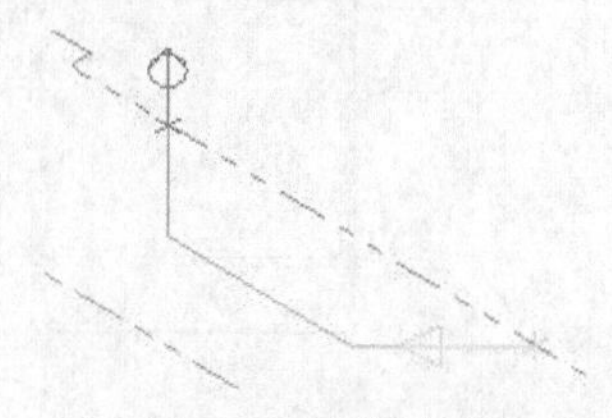

图19-84　选择串联

04 弹出【车床-进刀粗车 属性】对话框，在【刀具参数】选项卡中选择【T1818 R0.3 OD GROOVE CENTER】车刀，并设置进给率为0.3mm/转，主轴转速为1000RPM，如图19-85所示。

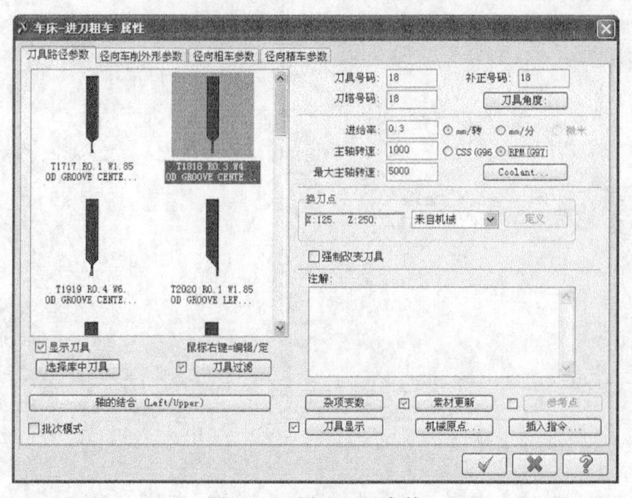

图19-85　设置刀具参数

05 在【刀具路径参数】选项卡中单击冷却液按钮Coolant... (*)，弹出【Coolant】对话框，将【Flood】设置为【On】，如图19-86所示。

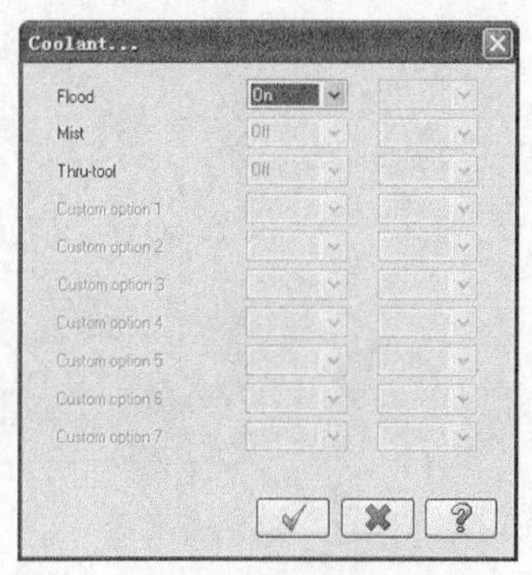

图19-86　冷却液设置

06 在【刀具路径参数】选项卡中将换刀点设置为自定义，单击【定义】按钮 定义 ，弹出【换刀点-使用者定义】对话框，将换刀点设置为X50、Z30，如图19-87所示。单击【完成】按钮 ✓ ，完成换刀点的设置。

07 在【刀具路径参数】选项卡中选中【参考点】复选框，单击【参考点】按钮，弹出【备刀位置】对话框，将退出点设为（X: 50，Z: 30），如图19-88所示。单击【完成】按钮 ✓ ，完成参考点的设置。

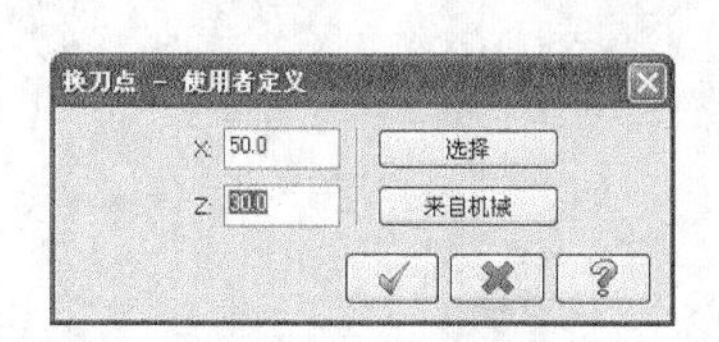

图19-87　换刀点设置

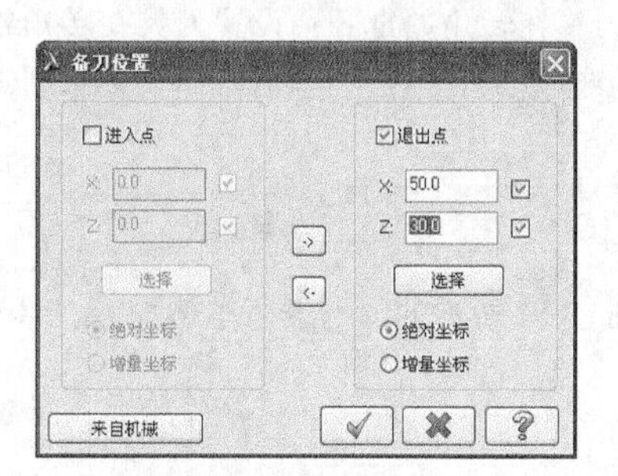

图19-88　参考点设置

08 在【车床-进刀粗车 属性】对话框中打开【径向车削外形参数】选项卡，设置车槽外形参数，如图19-89所示。

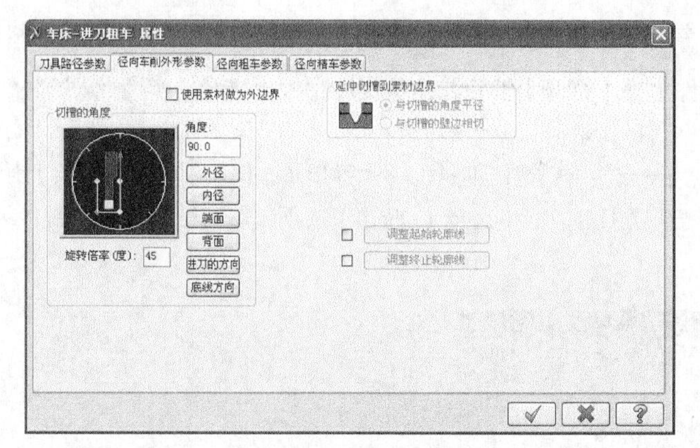

图19-89　车槽外形设置

09 在【车床-进刀粗车 属性】对话框中打开【径向粗车参数】选项卡，设置径向粗车参数，如图19-90所示。

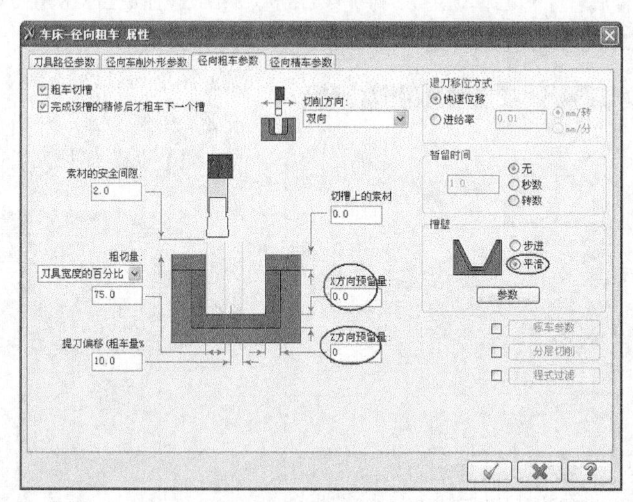

图19-90　径向粗车参数

10 在【车床-进刀粗车 属性】对话框中打开【径向精车参数】选项卡，设置径向精车参数，如图19-91所示。

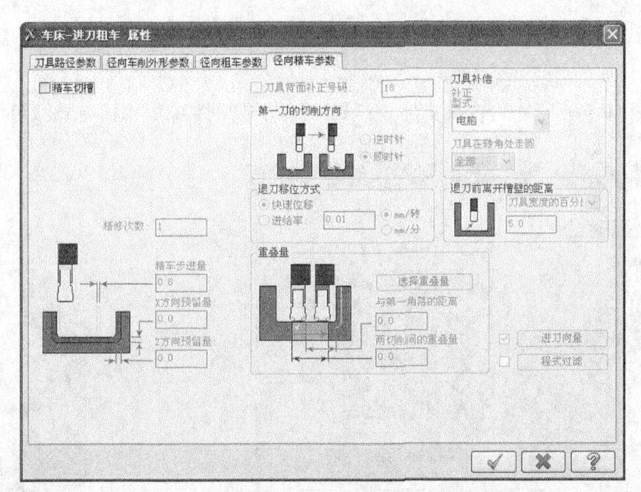

图19-91　径向精车参数

11 单击【完成】按钮，完成车槽参数设置，系统根据所设参数生成车槽刀路，如图19-92所示。

12 在【机器群组属性】中单击【素材设置】选项，弹出【素材设置】选项卡，如图19-93所示。

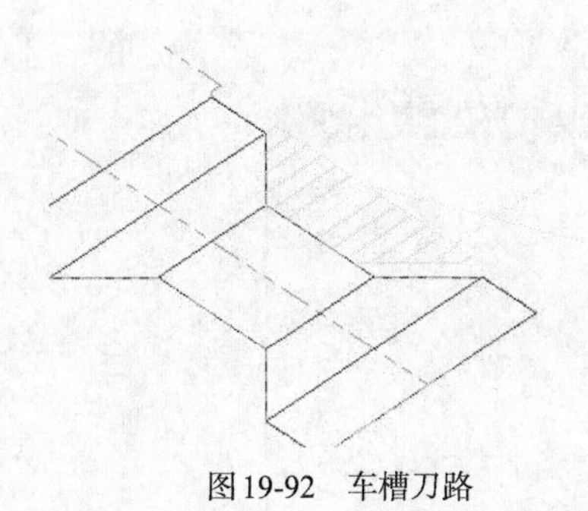

图19-92　车槽刀路

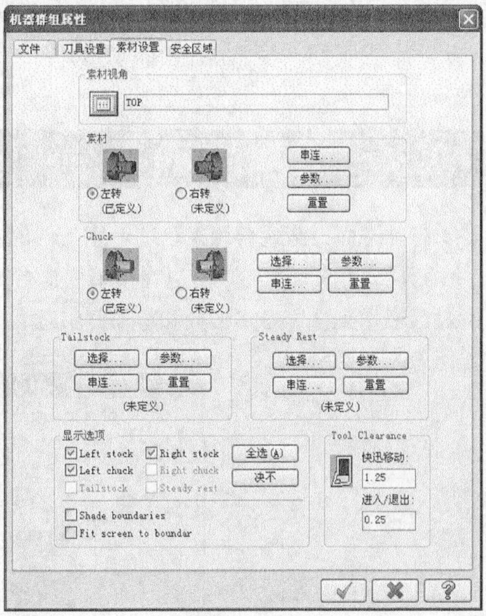

图19-93　素材设置

13 在【素材设置】选项卡的【素材】选项组中单击【参数】按钮，弹出【长条状毛坯的设定换刀点】对话框，设置OD为45，长度为100，单击【完成】按钮，完成素材的设置，如图19-94所示。

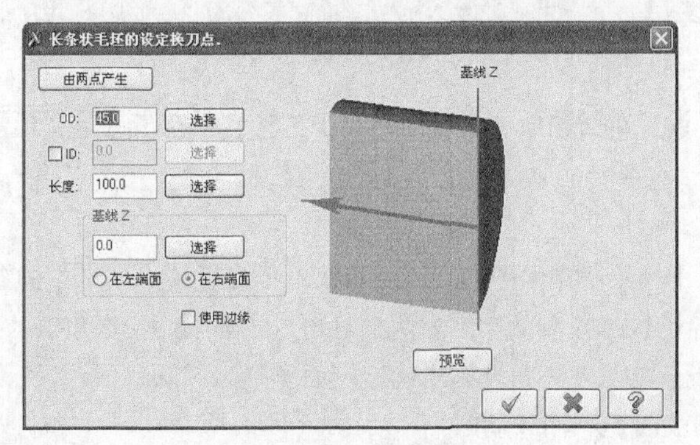

图19-94　毛坯设置

14 在【素材设置】选项卡的【Chuck】选项组中单击【参数】按钮，弹出【夹爪的设定换刀点】对话框，如图19-95所示，设置宽度步进和高度步进为10，夹爪高度和夹爪宽度为30，单击【完成】按钮✓，完成夹爪的设置。

15 模拟刀路，结果如图19-96所示。结果文件见“实训\结果文件\Ch19\19-3.mcx-9”。

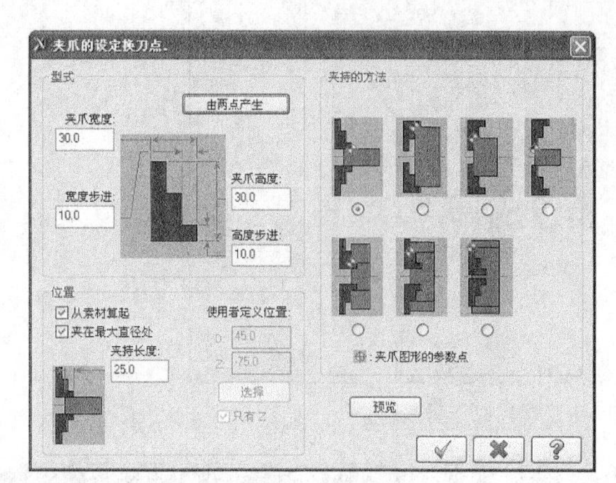

图19-95 夹爪设置

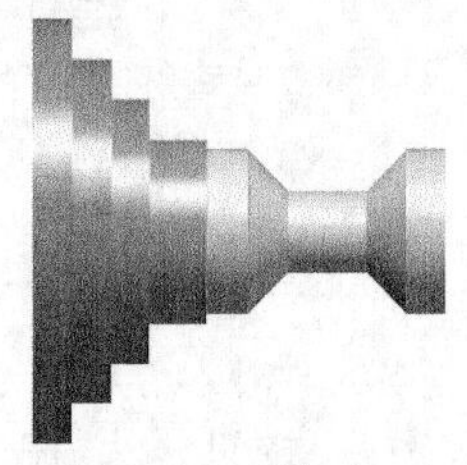

图19-96 模拟结果

19.5 车削端面加工

车削端面刀路适合用来车削毛坯工件的端面，或在Z方向尺寸较大的零件。

要启动车端面命令，可以在菜单栏执行【刀路】→【车端面】命令，弹出【车床-车端面 属性】对话框，该对话框用来设置刀路参数和车端面参数，如图19-97所示。

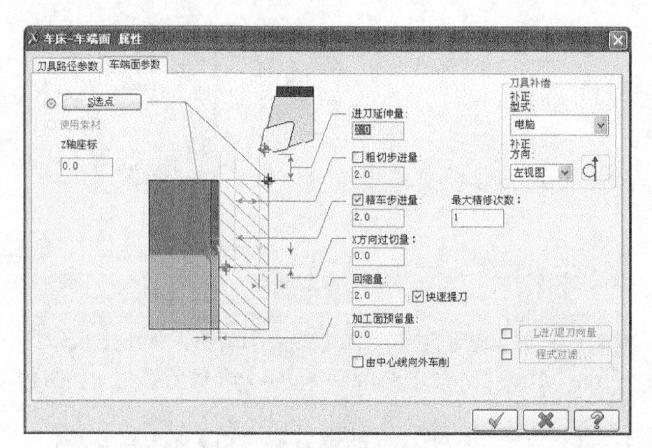

图19-97 车端面参数

车削端面参数主要用于设置车削端面加工时的粗车步进量、精车步进量、预留量、刀具补偿和进退刀向量等。

1. 车削端面的区域

车削端面时，用户可以不用绘制端面图形，而由【车端面参数】选项卡中的参数来设置端面车削区域。

❖ 选点：用户可以在绘图区选择端面车削的两个对角点或输入两个对角点的坐标来产生端面车削区域。

❖ 使用素材：系统以设置的工件坯料外形来确定端面车削区域。

❖ Z轴坐标：输入车削端面Z方向的长度。

2. 端面车削参数

端面车削参数含义如下。

❖ 进刀延伸量：输入进刀路径离开工件的距离。
❖ 粗车步进量：输入每次粗车削的厚度。
❖ 精车步进量：输入每次精车削的厚度。
❖ 最大精修次数：输入精车的次数。
❖ X方向过切量：输入X方向相对于工件中心的过切量。
❖ 回缩量：在车削端面后输入Z方向的回缩量。
❖ 加工面预留量：输入Z方向预留量。
❖ 由中心向外车削：选中此复选框，车削由中心向外车削，否则由外向内车削。

3. 刀具补偿

刀具补偿参数如下。

❖ 补正形式：选择补偿的类型。与粗车削相同。
❖ 补正方向：设置补偿方向，有左补偿和右补偿。

实训110——车削端面加工

对图19-98所示的图形进行端面车削，车削结果如图19-99所示。

01 在菜单栏执行【文件】→【打开】按钮，从资源文件中打开“实训\源文件\Ch19\19-4.mcx-9”，单击【完成】按钮，完成文件的调取。

02 在菜单栏执行【刀路】→【车端面】命令，弹出【输入新的NC名称】对话框，使用默认的名称，单击【完成】按钮，如图19-100所示。

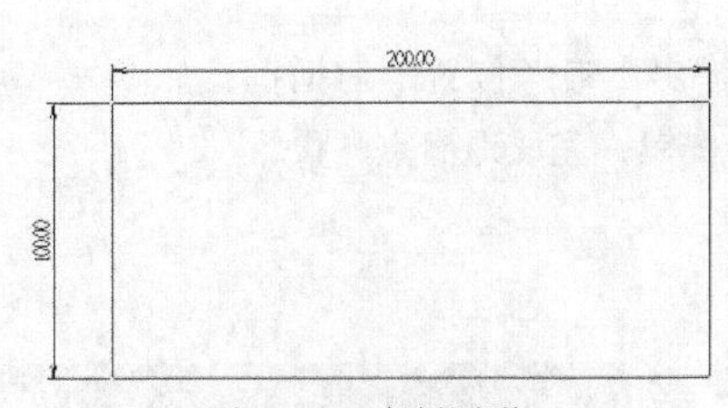

图19-98　车削图形

图19-99　加工结果

图19-100　输入新的NC名称

03 弹出【车床-车端面 属性】对话框，如图19-101所示。

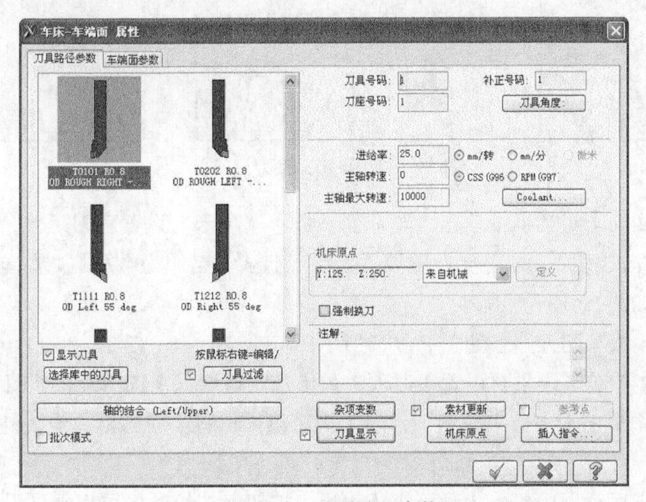

图19-101　刀具路径参数

04 在【车床-车端面 属性】对话框中的【刀具路径参数】选项卡中设置刀具和刀具参数。选择端面车刀T3131 R0.8 ROUGH FACE RIGHT，设置进给率为0.3mm/转，主轴转速为1000CSS，如图19-102所示。

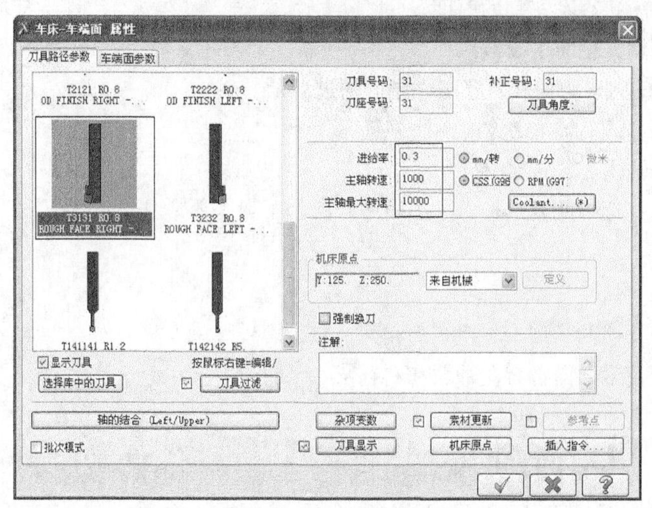

图19-102　刀具参数

05 在【刀具路径参数】对话框中单击【冷却液】按钮Coolant... (*)，弹出【Coolant】对话框，设置【Flood】为【ON】，如图19-103所示。单击【完成】按钮，完成冷却液设置。

06 在【刀具路径参数】选项卡将【机床原点】设为【自定义】，单击【定义】按钮定义，弹出【换刀点-使用者定义】对话框，如图19-104所示。设置换刀点为（Y60，Z30），单击【完成】按钮，完成换刀点设置。

07 在【刀具路径参数】选项卡中选中【参考点】前的复选框，弹出【参考位置】对话框，如图19-105所示。选中【退出点】复选框并设置Y为60、Z为30，单击【完成】按钮，完成退出点的设置。

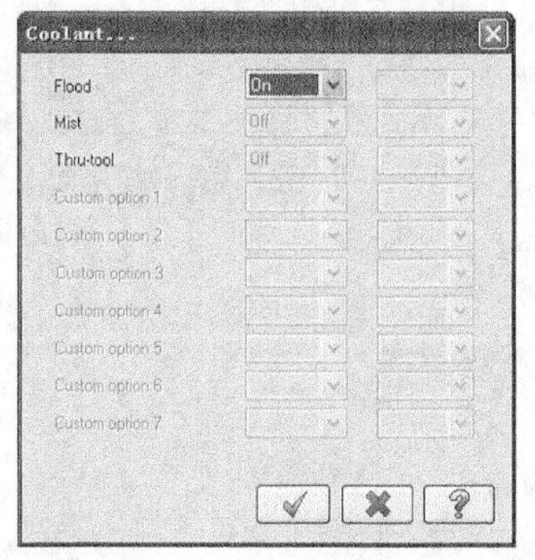

图19-103　冷却液

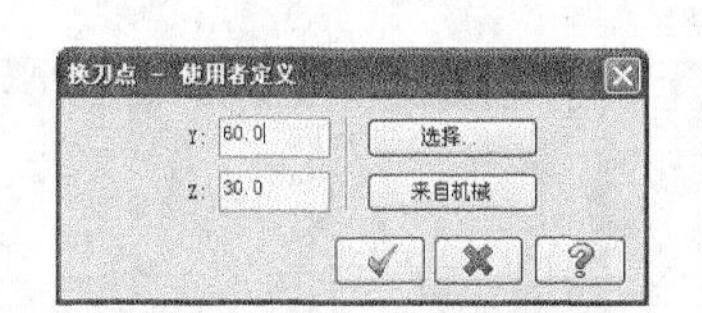

图19-104　自定义换刀点

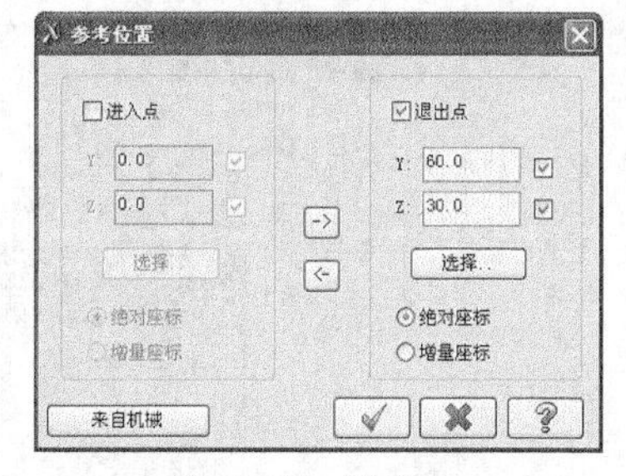

图19-105　退出点

08 在【车床-车端面 属性】对话框中单击【车端面参数】选项卡。设置进刀延伸量为1，粗切步进量为1，精车步进量为0.5，X方向过切量为2，再设置端面区域，选择2点作为端面区域。单击【完成】按钮，完成车端面参数设置，如图19-106所示。

09 系统根据所设参数生成车削刀路，如图19-107所示。

10 在【机器群组属性】中单击【素材设置】选项，弹出【素材设置】选项卡，如图19-108所示。

11 在【素材】选项区中单击【参数】按钮，弹出【机床组件材料】对话框，设置外径为100，长度为200，如图19-109所示。

12 在【机床组件材料】对话框中单击【预览车床边界】按钮，在绘图区可以看到设置的毛坯，如图19-110所示。

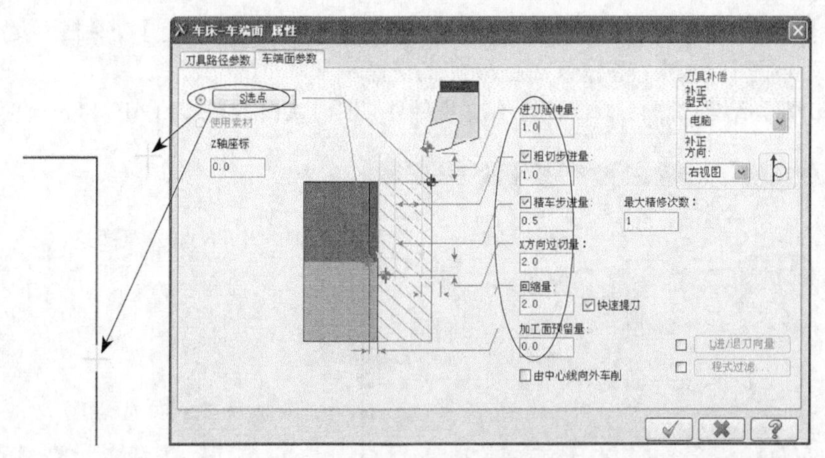

图19-106　车端面参数

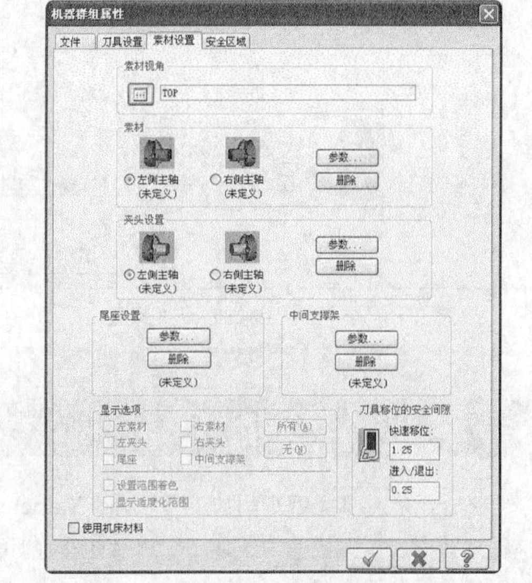

图19-107　车削刀路　　图19-108　素材设置

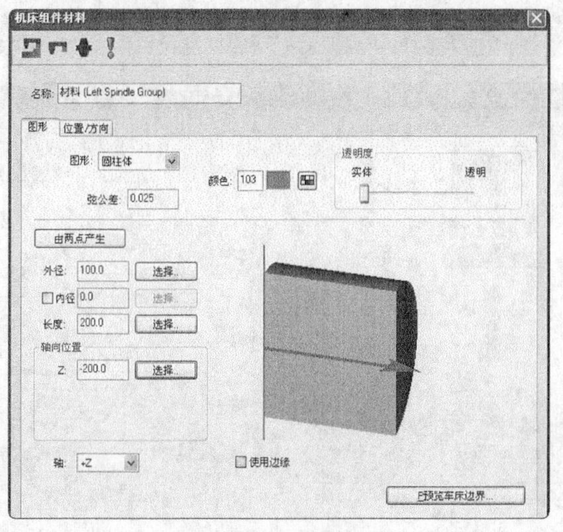

图19-109　毛坯参数

图19-110　毛坯

13 在【夹头设置】选项区中单击【参数】按钮，弹出【机床组件夹爪的设定】对话框，设置夹爪的参数，如图19-111所示。单击【完成】按钮，完成夹爪的设置。

14 模拟车端面刀路，结果如图19-112所示。结果文件见“实训\结果文件\Ch19\19-14.mcx-9”。

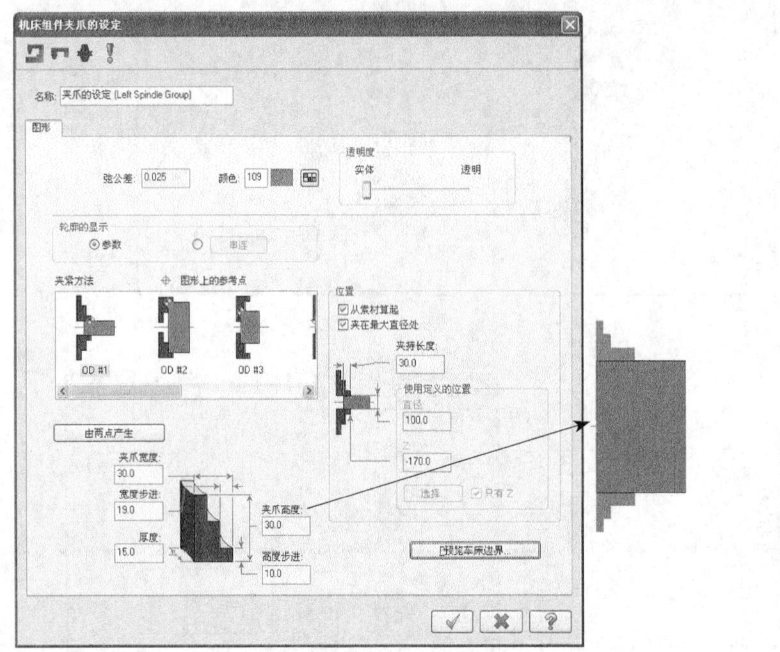

图19-111　夹爪设置

图19-112　模拟结果

19.6　其他车削加工

除了上述介绍的基本类型车削加工刀轨外，Mastercam X9还提供了快速简式粗车加工、快速减式精车加工、快速简式径向加工等快速简式加工，以及粗车循环、精车循环、径向车削循环、外形车削循环等车削循环加工。下面将做简要介绍。

19.6.1　快速简式粗车加工

对于较简单的工件，用户可以采用快速简式粗车来进行粗车削加工。在菜单栏执行【刀路】→【快速】→【粗车】命令，选择需要加工的外形并单击【完成】按钮，弹出【车床 简式粗车 属性】对话框，该对话框用来设置简式车削刀具参数和简式粗车参数，如图19-113所示。

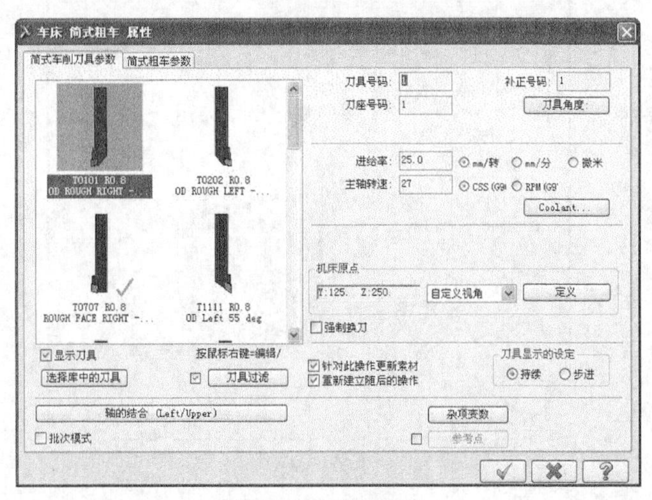

图19-113　简式粗车

在【车床 简式粗车 属性】对话框中单击【简式粗车参数】选项卡，该对话框主要用来设置简式粗车参数，如图19-114所示。

部分参数含义如下。

❖ 粗切量：每层粗切的吃刀量。

❖ X方向预留量：在X方向的预留残料。

❖ Z方向预留量：Z方向的预留残料。

❖ 进刀延伸量：进刀方向的进入点离工件的距离。

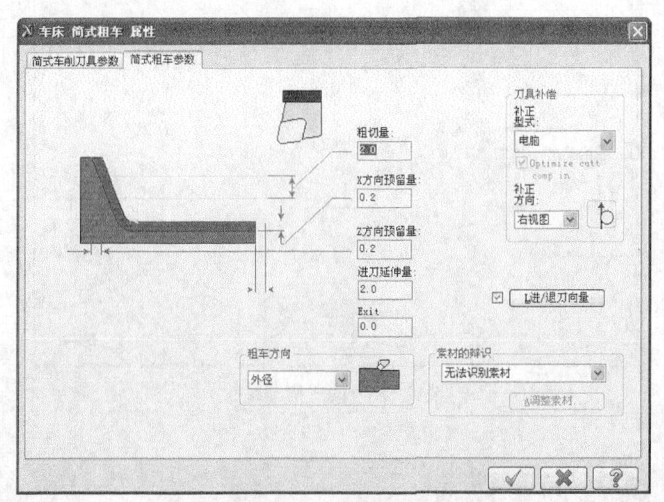

图19-114　简式粗车参数

19.6.2　快速简式精车加工

用户可以采用快速简式精车来精车削外形较简单的工件。在菜单栏执行【刀路】→【快速】→【精车】命令，使用默认的NC名称确定后，弹出【车床 简式精车 属性】对话框，该对话框用来设置简式车削刀具参数和简式精车参数，如图19-115所示。

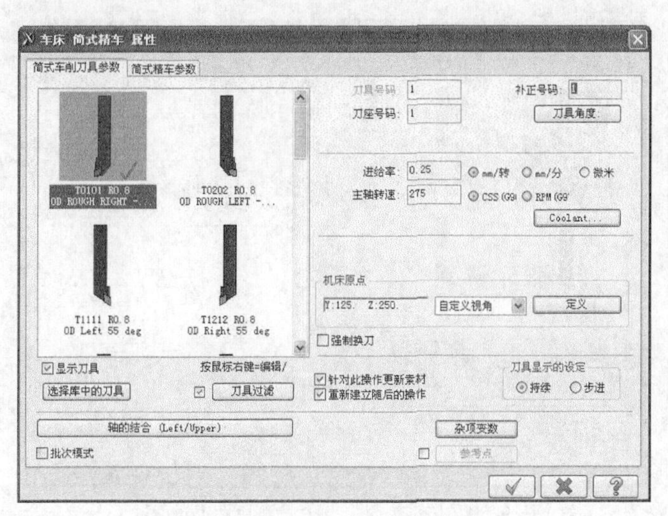

图19-115　简式精车

在【车床 简式精车 属性】对话框中单击【简式精车参数】选项卡，如图19-116所示。

部分参数含义如下。

❖ 精车的外形：选择精车削需要的外形加工串联。

❖ 精车步进量：精车削时每层切削的吃刀量。

❖ 精修次数：输入精修的切削次数。

❖ 精车方向：指定精车的类型，有外径、内径、2D、后视角（背面）等。

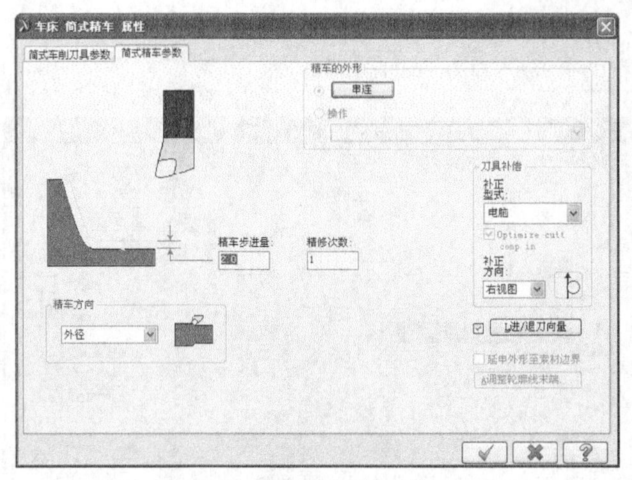

图19-116　简式精车参数

19.6.3　快速简式径向车削加工

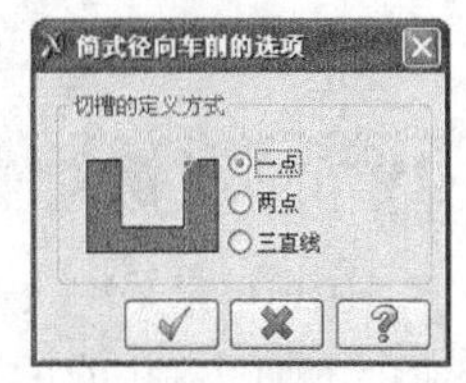

图19-117 【简式径向车削的选项】对话框

对于凹槽形状简单的工件，用户可以采用快速简式径向车削来进行凹槽车削。在菜单栏执行【刀路】→【快速】→【简式径向车削】命令，使用默认的NC名称确定后，弹出【简式径向车削的选项】对话框，如图19-117所示。选择需要的类型并在绘图区选择凹槽图元后单击确定，弹出【车床 简式径向车削 属性】对话框，该对话框用来设置简式车削刀具参数、简式径向车削形式参数、简式径向车削参数等，如图19-118所示。

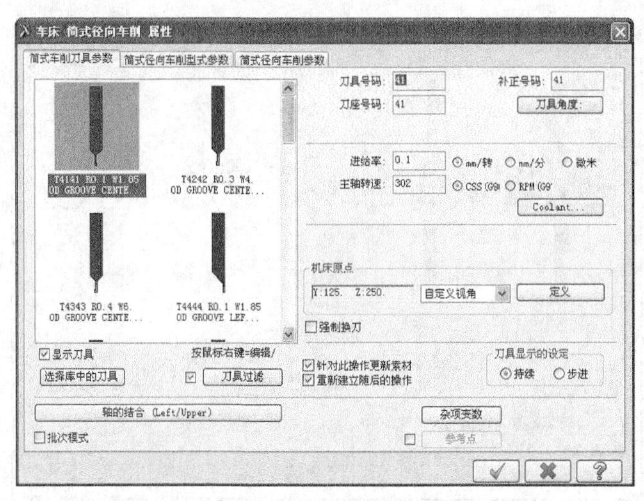

图19-118 【车床 简式径向车削 属性】对话框

在【车床 简式径向车削 属性】对话框中单击【简式径向车削型式参数】选项卡，如图19-119所示。部分参数含义如下。

❖ 半径：输入凹槽上下角点的圆角半径。

❖ 45度倒角：输入凹槽上下角点的倒角值。

❖ 宽度：输入凹槽的宽度。

❖ 高度：输入凹槽径向高度。

在【车床 简式径向车削 属性】对话框中单击【简式径向车削参数】选项卡，如图19-120所示。

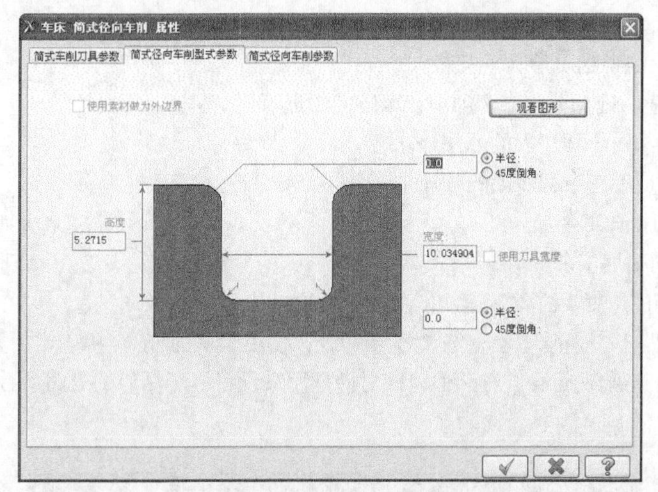

图19-119　简式径向车削型式参数

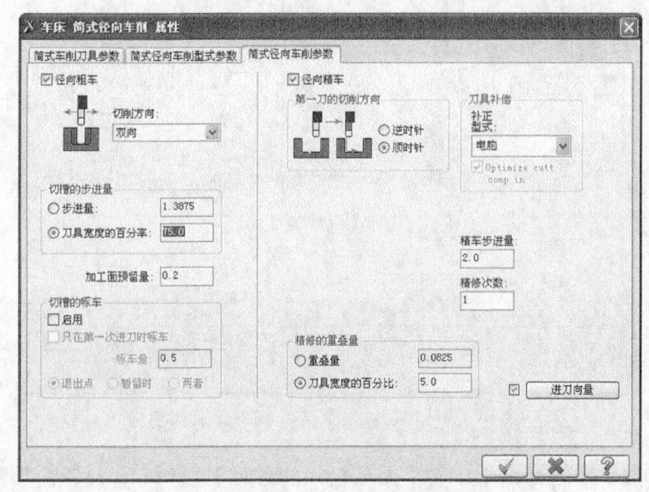

图19-120　简式径向车削参数

部分参数含义如下。

❖ 径向粗车：设置径向粗车削参数。

❖ 切削方向：设置刀具在凹槽中切削的走刀方式，有双向、正的和负的3种走刀方式。

❖ 切槽的步进量：设置切槽粗车的步进量。

❖ 加工面预留量：设置预留残料，留给精加工的余量。

❖ 径向精车：设置精车凹槽的参数。

❖ 第一刀的切削方向：设置精车削的切削方向，有逆时针和顺时针两种。

❖ 刀具补偿：设置切削半径补偿。

19.6.4　粗车循环

粗车循环通过产生外圆粗切削复合循环指令G71来车削工件，参数与粗车参数类似。只是在切削时分层循环切削，并在程序中产生G71指令。

G71指令的格式如下。

G71　U（Δd）R（e）

G71　P（ns）Q（nf）U（Δu）W（Δw）F（f）S（s）T（t）

各参数的含义如下。

❖ △d：粗车削每层的半吃刀量。

❖ e：每层车削完毕后进行下一层车削前在X方向的退刀量。

❖ ns：精加工路线第一个程序段的顺序号。

❖ nf：精加工路线最后一个程序段的顺序号。

❖ △u：X方向上的精加工余量。

❖ △w：Z方向上的精加工余量。

❖ f、s、t：进给切削速度、主轴转速功能及刀具功能。

在菜单栏执行【刀路】→【循环】→【 粗车】命令，使用默认的NC名称确定后，选择需要加工的串联并确定，弹出【车床 粗车循环 属性】对话框，该对话框用来设置粗车循环的刀路参数、循环粗车的参数等，如图19-121所示。

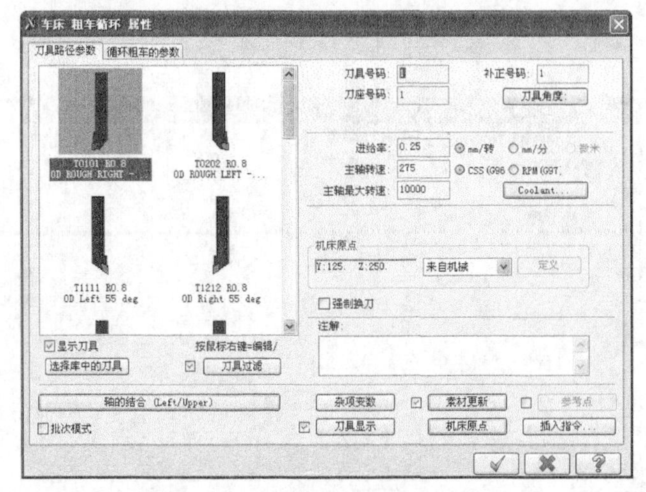

图19-121 【车床 粗车循环 属性】对话框

在【车床 粗车循环 属性】对话框中单击【循环粗车的参数】选项卡，设置循环粗车的粗切量、预留量等参数，如图19-122所示。

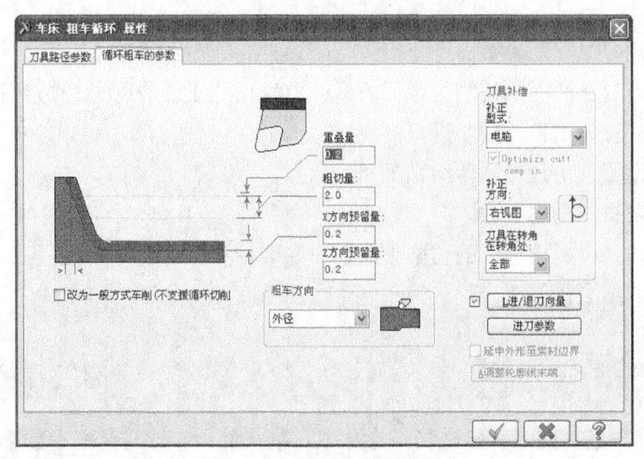

图19-122 循环粗车参数

部分参数含义如下。

❖ 重叠量：每相邻的两层粗切循环重叠在一起的材料厚度。

❖ 粗切量：每层切削量。

❖ X方向预留量：在X方向，即径向预留的量。

❖ Z方向预留量：在Z轴方向，即切削进给方向的预留量。

19.6.5　精车循环

精车循环通过产生外圆精切削复合循环指令G70来车削零件。在产生的NC程序中输出G70指令。参数与精车削参数类似。

G70的格式如下。

G70　P（ns）Q（nf）

❖ ns：精加工路线第一个程序段的顺序号。

❖ nf：精加工路线最后一个程序段的顺序号。

在菜单栏执行【刀路】→【循环】→【 精车】命令，使用默认的NC名称确定后，选择需要加工的串联并确定，弹出【车床 精车循环 属性】对话框，设置精车循环的刀路参数、循环精车的参数等，如图19-123所示。

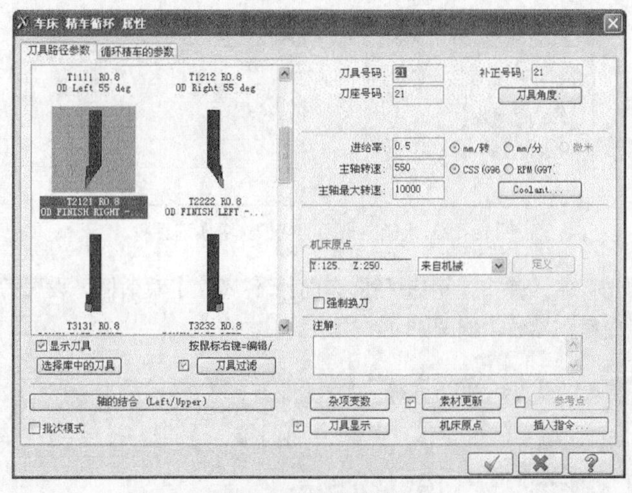

图19-123　精车循环

在【车床 精车循环 属性】对话框中单击【循环精车的参数】选项卡，设置循环精车的刀具补偿、进退刀点等参数，如图19-124所示。

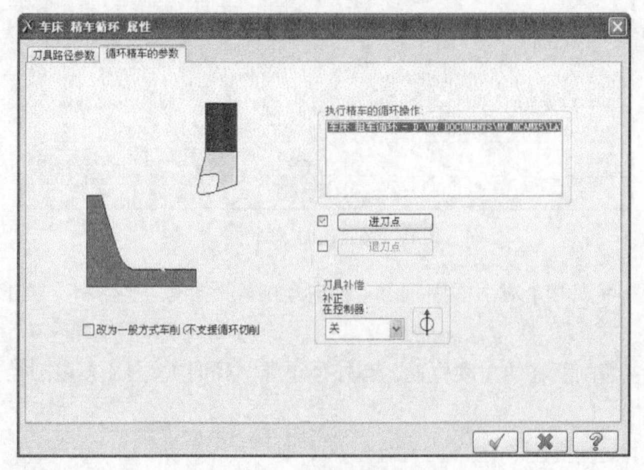

图19-124　循环精车的参数

19.6.6 径向车削循环

径向车削循环通过产生车槽复合循环指令G75来车削工件上的凹槽部位。在NC程序中输出G75指令，参数与径向车削类似。

G75格式如下。

G75　R（e）

G75　X　　Z　　P（u）Q（w）F（f）S（s）T（t）

❖ e：每层车削完后进行下一层车削前在X方向的退刀量。

❖ X、Z：凹槽左下角点的坐标。

❖ u：每层车削在X方向的下刀量。

❖ w：每层车削在Z方向的步进量。

❖ f、s、t：进给切削速度、主轴转速、刀具功能。

在菜单栏执行【刀路】→【循环】→【径向车削】命令，使用默认的NC名称并确定后，弹出【径向车削的切槽选项】对话框，定义循环径向车削的凹槽，如图19-125所示。

图19-125 【径向车削的切槽选项】对话框

选择凹槽特征点后单击确定，弹出【车床 径向车削循环 属性】对话框，设置刀路参数、径向车削外形参数、径向粗车参数、径向精车参数，如图19-126所示。

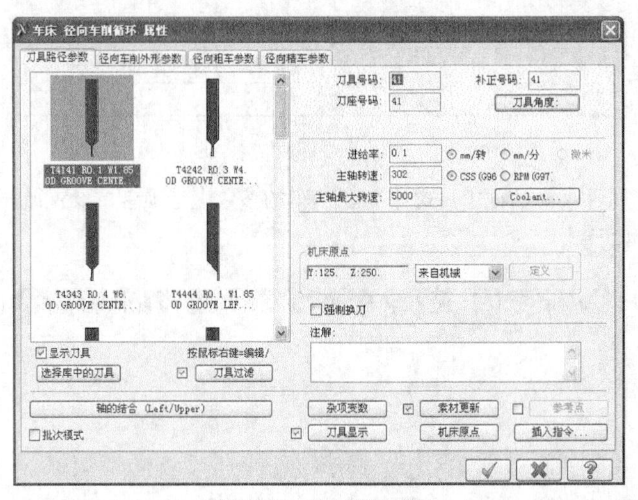

图19-126 径向车削循环

在【车床 径向车削循环 属性】对话框中单击【径向车削外形参数】选项卡，如图19-127所示。

部分参数含义如下。

❖ 切削的角度：设置切削所在的角度位置，有外径（外圆径向）、内径（内圆径向）、2D（端面）、后视角（后端面）4种方式。

❖ 高度：设置凹槽的径向高度。

❖ 半径：设置凹槽上下角点的圆角半径。

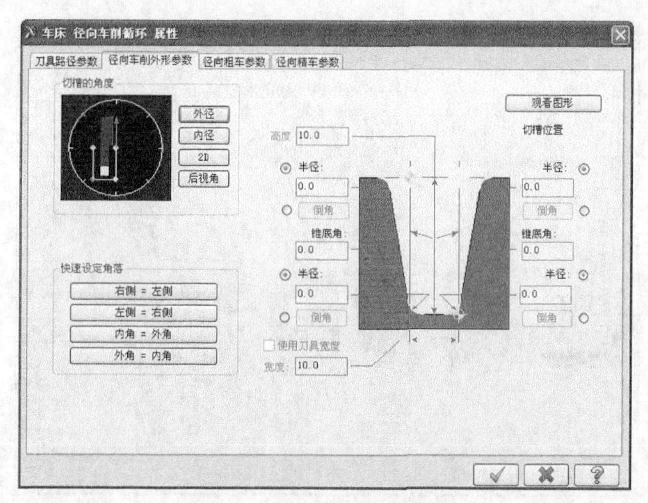

图19-127 径向车削外形参数

❖ 倒角：设置凹槽上下角点的45°倒角值。

❖ 锥底角：设置凹槽径向侧壁的锥度角。

在【车床 径向车削循环 属性】对话框中单击【径向粗车参数】选项卡，设置粗车切削方向、步进量、预留量等参数，如图19-128所示。

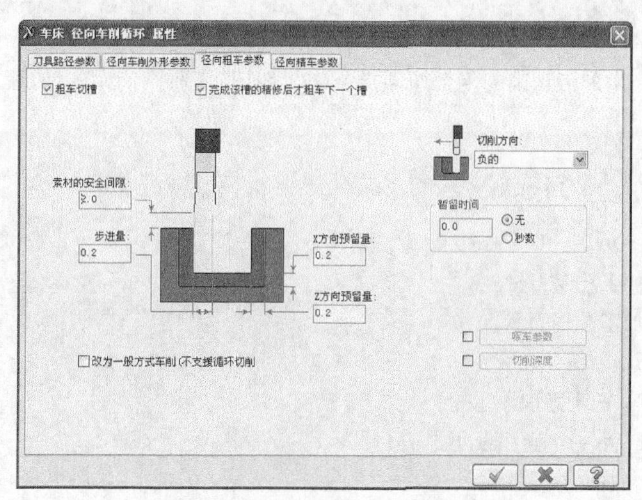

图19-128 径向粗车参数

部分参数含义如下。

❖ 完成该槽的精修后才粗车下一个槽：选中此复选框，则系统对某一凹槽粗车和精车完毕后才进行下一凹槽的切削，否则对全部的凹槽进行粗车后再精修。

❖ 素材的安全间隙：刀具在进入素材前在X方向上与素材的间隙。

❖ 步进量：粗车切槽在Z方向的步进量。

❖ X、Z方向预留量：在X、Z方向粗车凹槽预留的材料。

❖ 切削方向：有正的和负的。正的是沿Z轴正向切削，负的是沿Z轴负向切削。

在【车床 径向车削循环 属性】对话框中单击【径向精车参数】选项卡，设置精修次数、步进量、预留量等参数，如图19-129所示。

部分参数含义如下。

❖ 精修次数：设置径向精车加工的次数。

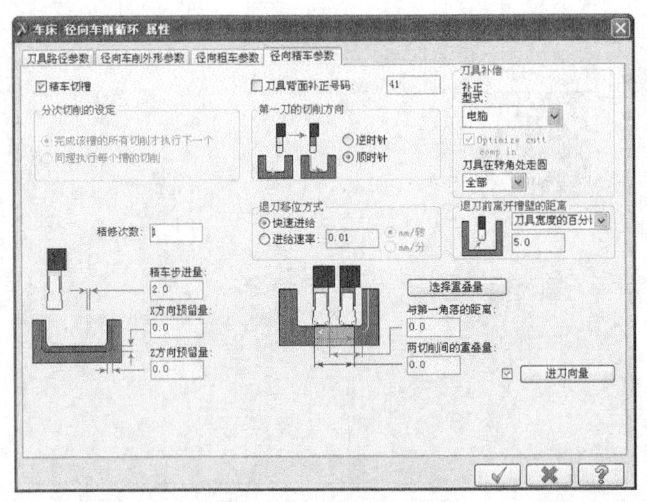

图19-129 径向精车参数

❖ 精车步进量：每层精车加工的厚度。

❖ X、Z方向预留量：X、Z方向预留给下一工序的残料。

❖ 第一刀的切削方向：有逆时针和顺时针方向，设置第一刀精车的切削方向。

19.6.7 外形车削循环

外形车削循环通过产生外形切削的复合循环指令G73来车削工件。产生的NC程序输出G73指令，产生的刀路和外形保持一致。

G73格式如下。

G73 U（△I） W（△k） R（d）

G73 P（ns） Q（nf） U（△u） W（△w） F（f） S（s） T（t）

❖ △I：X轴方向粗加工总退刀量。

❖ △k：Z轴方向粗加工总退刀量。

❖ d：重复加工次数。

❖ ns：精加工路线第一个程序段的顺序号。

❖ nf：精加工路线最后一个程序段的顺序号。

❖ △u：X轴方向的精加工余量。

❖ △w：Z轴方向的精加工余量。

❖ f、s、t：进给速度、主轴转速、刀具功能。

在菜单栏执行【刀路】→【循环】→【外形重复】命令，使用默认的NC名称确定后，选择需要车削的外形串联并单击确定，弹出【车床 外形重复循环 属性】对话框，设置刀路参数和循环外形重复的参数，如图19-130所示。

在【车床 外形重复循环 属性】对话框中单击【循环外形重复的参数】选项卡，如图19-131所示。

部分参数含义如下。

❖ 外形补正角度：外形刀路沿设定的角度向外偏移。

❖ 步进量：每层切削的厚度。

❖ 切削次数：外形循环的次数。

❖ X、Z方向预留量：给下一工序预留的材料。

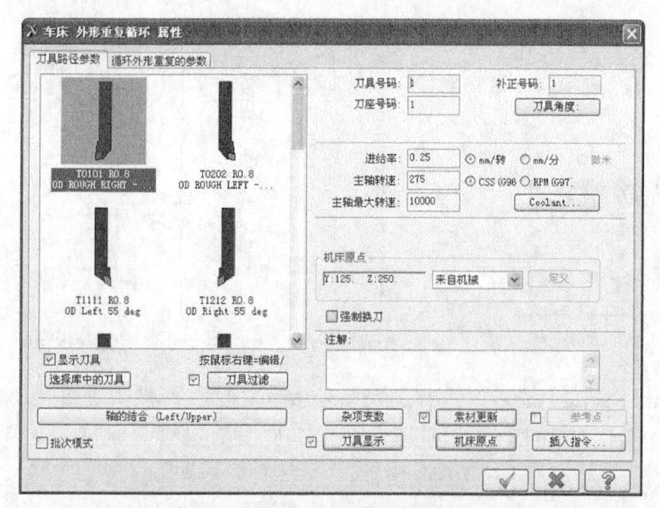

图19-130 外形重复循环

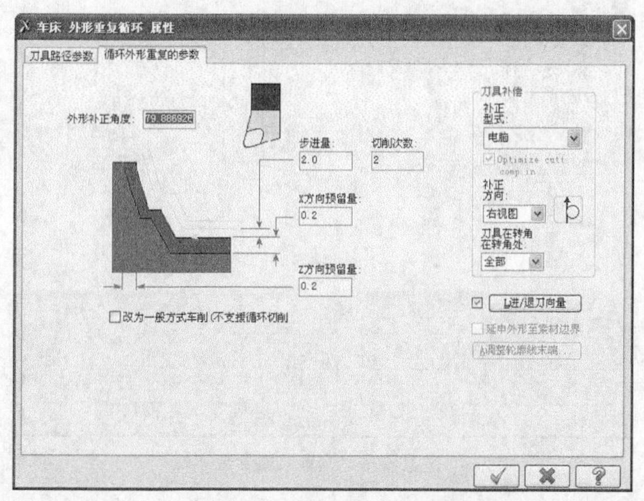

图19-131 循环外形重复的参数

实训111——其他车削加工

对图19-132所示的手柄采用外形车削循环进行车削加工，结果如图19-133所示。

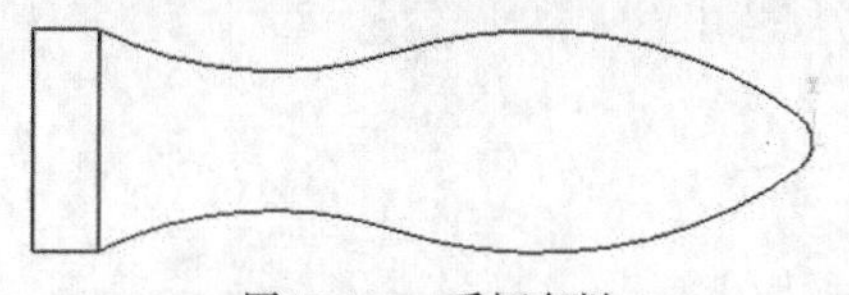

图19-132 手柄车削

图19-133 加工结果

01 在菜单栏执行【文件】→【打开】按钮，从资源文件中打开“实训\源文件\Ch19\19-5.mcx-9”，单击【完成】按钮，完成文件的调取。

02 在菜单栏执行【刀路】→【循环车削】→【外形重复】命令，弹出【输入新的NC名称】对话框，使用默认的名称，单击【完成】按钮，如图19-134所示。

03 弹出【串联选项】对话框，选择加工串联，如图19-135所示。

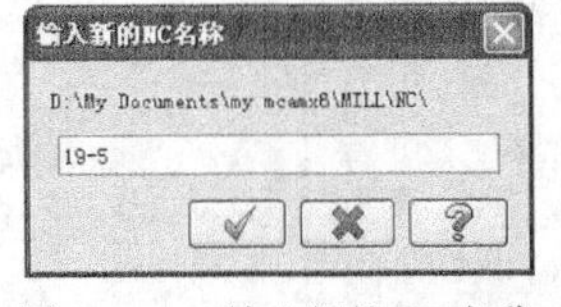

图19-134 输入新的NC名称

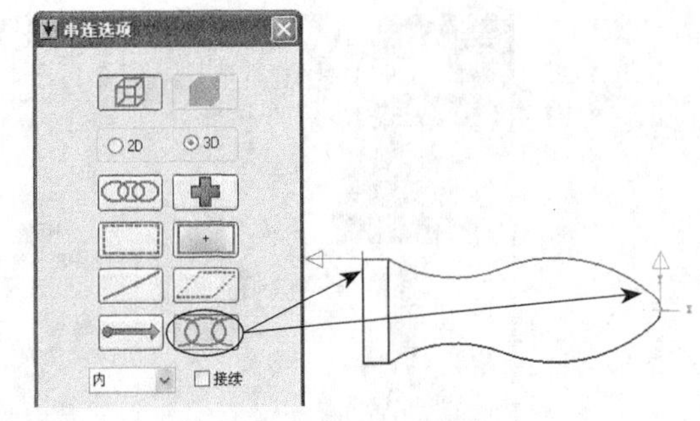

图19-135 选择串联

04 串联选择完毕后单击【完成】按钮，弹出【车床 外形重复循环 属性】对话框，单击【刀具参数】选项卡，选中T2121 R0.8 OD FINISH RIGHT的刀具作为加工刀具，设置进给率为0.1mm/转，主轴转速为800RPM，如图19-136所示。

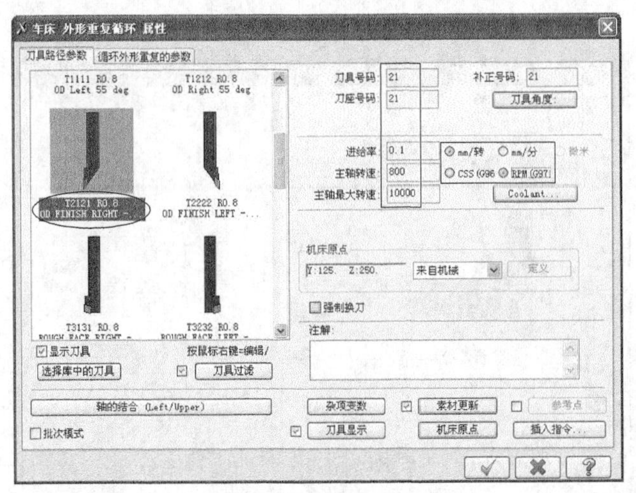

图19-136 设置刀路参数

05 在【刀具路径参数】选项卡中单击【冷却液】按钮Coolant... (*)，弹出【Coolant】对话框，设置【Flood】为【ON】，如图19-137所示。单击【完成】按钮，完成冷却液设置。

06 在【刀具路径参数】选项卡将【机床原点】设为【自定义】，单击【定义】按钮定义，弹出【换刀点-使用者定义】对话框，如图19-138所示。设置换刀点为（Y25，Z20），单击【完成】按钮，完成换刀点设置。

07 在【刀具路径参数】选项卡中选中【参考点】复选框，弹出【参考位置】对话框，选中【退刀点】并输入Y25、Z20，如图19-139所示，单击【完成】按钮，完成退刀点的设置。

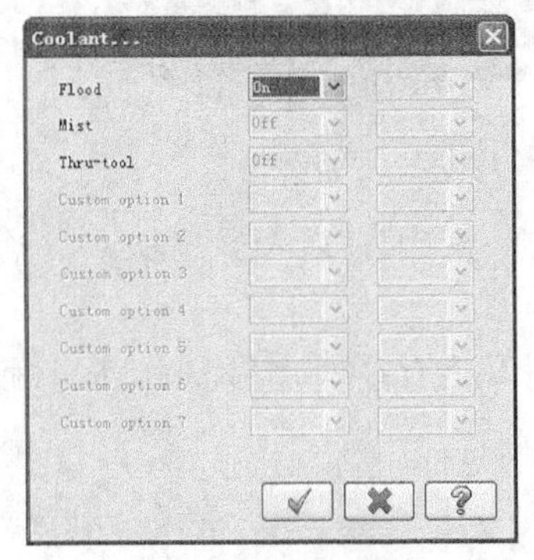

图19-137 冷却液

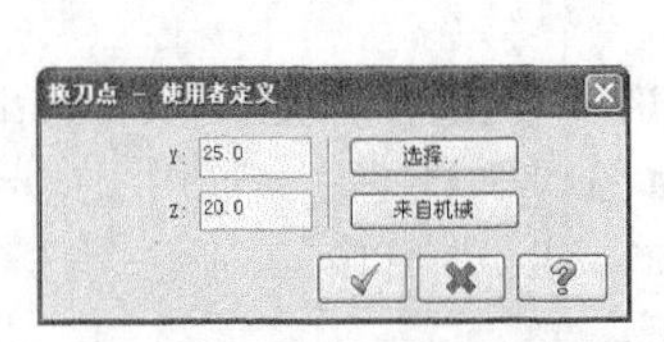

图19-138 换刀点设置

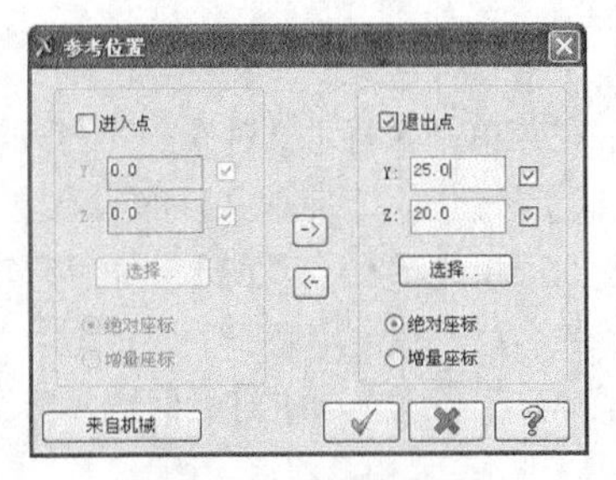

图19-139 参考位置设置

08 在【车床 外形重复循环 属性】对话框中单击【循环外形重复的参数】选项卡，设置参数如图19-140所示，单击【完成】按钮，完成车端面参数设置。

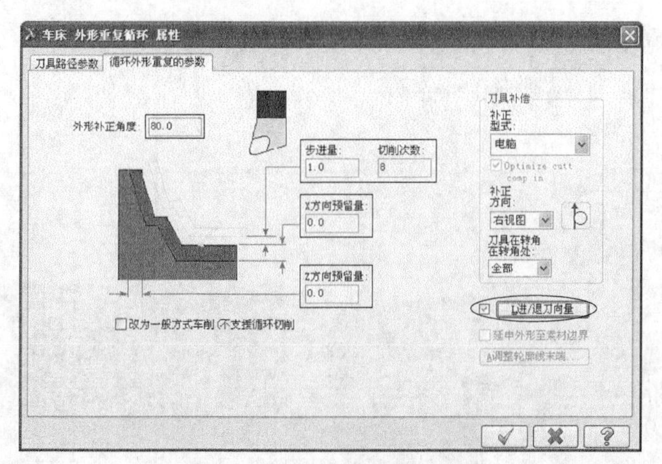

图19-140　循环外形重复的参数

09 在【循环外形重复的参数】选项卡中选中【进/退刀向量】复选框，单击【进/退刀向量】按钮，弹出【进退/刀设置】对话框，设置进退/刀的轮廓参数，如图19-141所示。

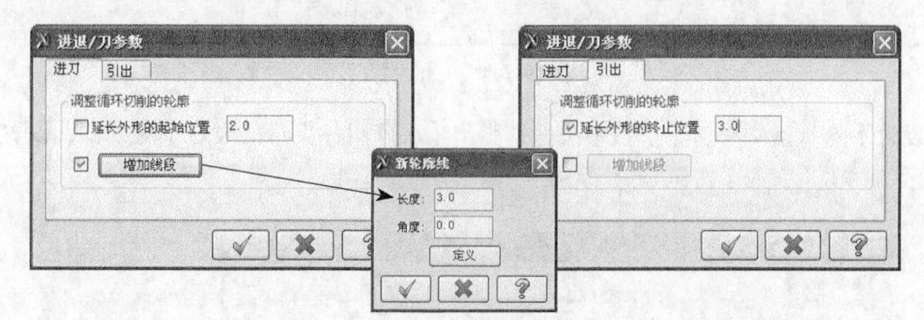

图19-141　进退/刀参数

10 系统根据所设参数生成车削刀路，如图19-142所示。

11 在刀路管理器中单击【素材设置】选项，弹出【素材设置】选项卡，设置工件参数和卡盘参数，如图19-143所示。

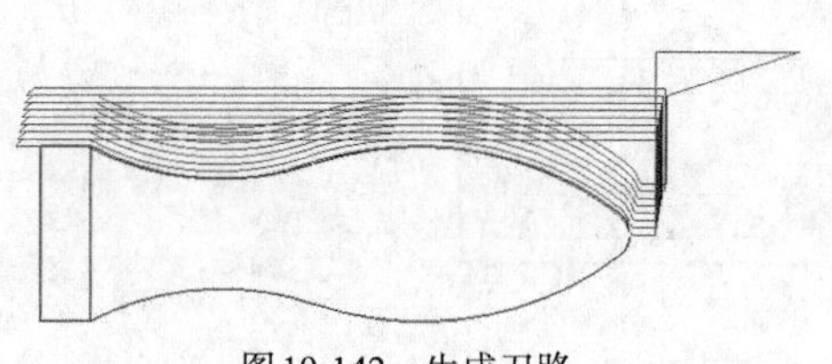

图19-142　生成刀路

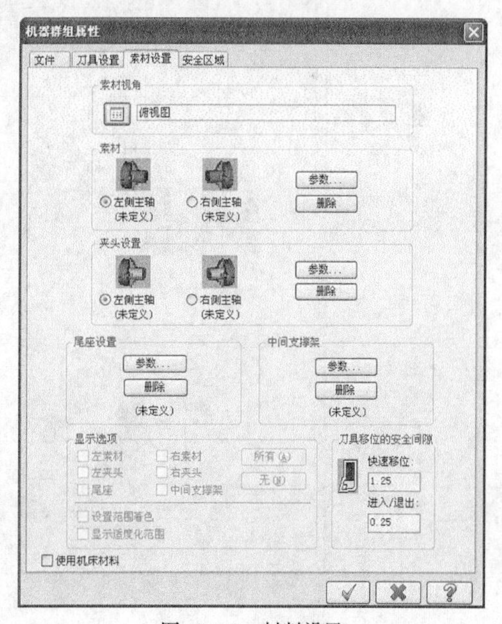

图19-143　材料设置

12 在【素材】选项区中单击【参数】按钮，弹出【机床组件材料】对话框，设置外径为25，长度为100，如图19-144所示。

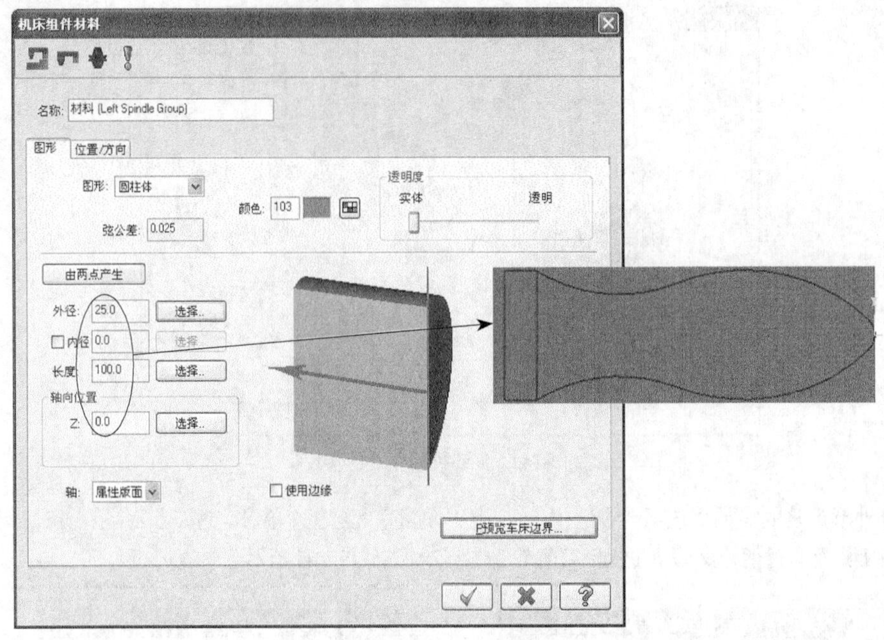

图19-144　毛坯设置

13 在【夹头设置】选项区中单击【参数】按钮，弹出【机床组件夹爪的设定】对话框，设置夹爪的参数，如图19-145所示。单击【完成】按钮✓，完成夹爪的设置。

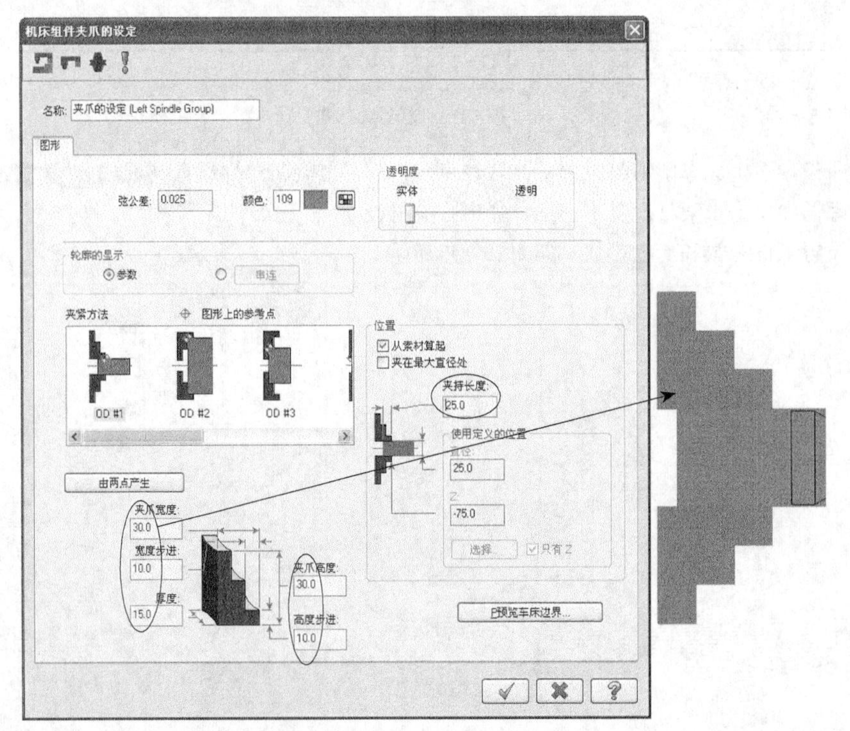

图19-145　卡爪设置

14 对工件进行实体模拟，结果如图19-146所示。结果文件见“实训\结果文件\Ch19\19-5.mcx-9”。

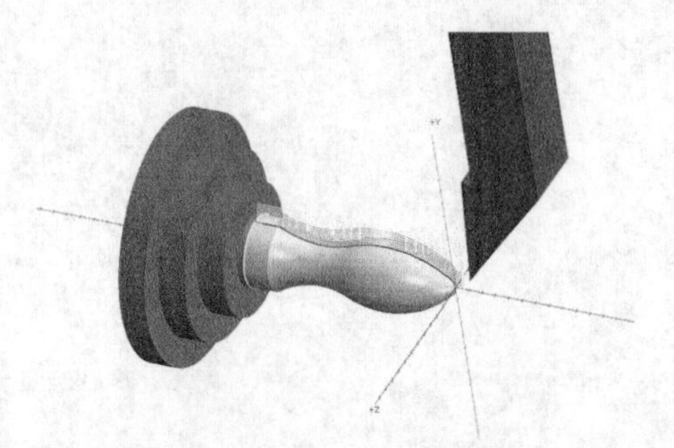

图19-146　模拟结果

操作技巧

外形车削循环刀轨可以按用户选择的外形线走刀，并进行分层车削，得到比较完美的外形车削件。常用于比较复杂的并且外形线是曲线的回转体加工。

19.7　课后习题

采用本章所学的粗车和精车车削刀轨对图19-147所示的图形进行车削加工。

图19-147　车削加工

第20章

线切割加工

线切割技术在现在的制造业中应用及其广泛，尤其是在模具制造业中。线切割加工是线电极电火花切割的简称，Mastercam X9提供了线切割的多种加工方式，包括外形线切割、无屑线切割和四轴线切割等。

知识要点

※ 了解线切割的加工原理。
※ 了解线切割的适用范围。
※ 理解放电加工的火花位和脉冲等概念。
※ 掌握外形线切割以及带锥度的线切割加工技法。
※ 掌握无屑线切割加工的参数设置和加工步骤。
※ 掌握四轴线切割的加工参数设置和编程技法。

案例解析

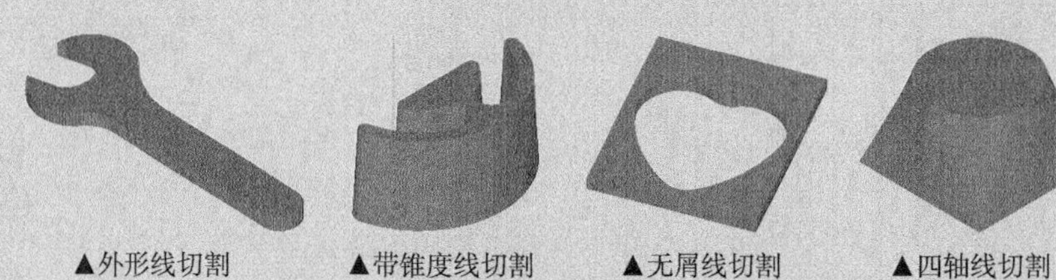

▲外形线切割　▲带锥度线切割　▲无屑线切割　▲四轴线切割

20.1 线切割加工概述

电火花线切割简称线切割。它是在电火花穿孔、成形加工的基础上发展起来的。它不仅使电火花加工的应用得到了发展，而且某些方面已取代了电火花穿孔、成形加工。如今，线切割机床已经非常普及，一般的小模具作坊都具备线切割机进行模具加工的能力。线切割加工属电加工范畴，是拉扎林科夫妇在研究开关触点受火花放电腐蚀损坏的现象和原因时，发现电火花的瞬时高温可以使局部的金属熔化、氧化而被腐蚀掉，从而开创和发明的电火花加工方法。第一台线切割机于1960年发明。线切割加工采用电进行腐蚀加工，其物理上的原理是自由正离子和电子在场中积累，很快形成一个被电离的导电通道。在这个阶段，两板间形成电流，使粒子间发生无数次碰撞，形成一个等离子区，并很快升高到8000~12 000℃的高温，在两导体表面瞬间熔化一些材料，同时，由于电极和电介液的汽化，形成一个气泡，并且它的压力规则上升到非常高，然后电流中断，温度突然降低，引起气泡内向爆炸，产生的动力把溶化的物质抛出弹坑，然后被腐蚀的材料在电介液中重新凝结成小的球体，并被电介液排走，然后通过NC控制的监测和管控，伺服机构执行，使这种放电现象呈周期性均匀进行，从而达到将物体成型的目的，使之成为合乎要求的尺寸大小及形状精度的产品。

电流电压以及脉冲对切割速度和质量都有影响。在一定条件下，但其他工艺条件不变时，增大短路峰值电流，或提高电压，都可以提高切割速度，但表面粗糙度会变差。这是因为短路峰值电流越大，单个脉冲能量越大，放电的电痕就越大，切割速度高，表面粗糙度就比较差。在增大脉冲宽度时，切割速度提高，但是表面粗糙度变差。这是因为脉冲宽度增大，单个脉冲放电能量增大，致使切割速度提高，表面粗糙度变差。

20.2 外形线切割加工

外形线切割是电极丝根据选择的加工串联外形切割出产品的形状的加工方法。可以切割直侧壁零件，也可以切割带锥度的零件。外形线切割加工应用较广泛，可以加工很多较规则的零件。要启动线切割加工，在编程之前必须先选择线切割机床，在菜单栏执行【机床类型】→【线切割】→【默认】命令，在刀路操作管理器中创建一个默认的线切割加工群组，如图20-1所示。

选择默认的线切割机床后，即启动线切割加工模组，接下来进行线切割加工编程。

在菜单栏执行【刀路】→【外形切割】命令，弹出【输入新的NC名称】对话框，使用默认的名称，单击【完成】按钮，选择加工串联并单击【完成】按钮，弹出【线切割刀具路径-外形参数】对话框，从中设置外形线切割刀路的参数，如图20-2所示。

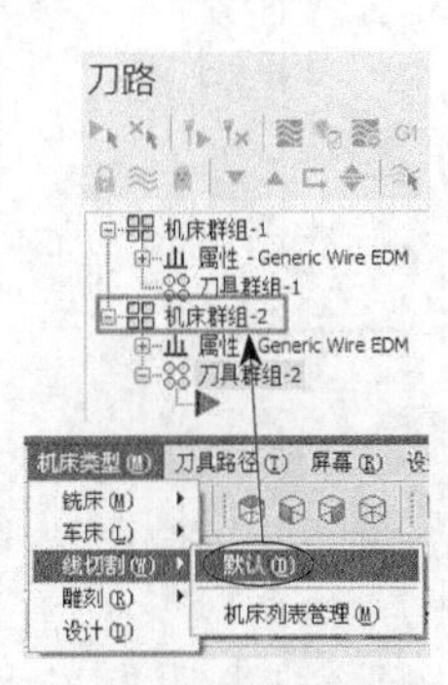

图20-1　启动线切割机床

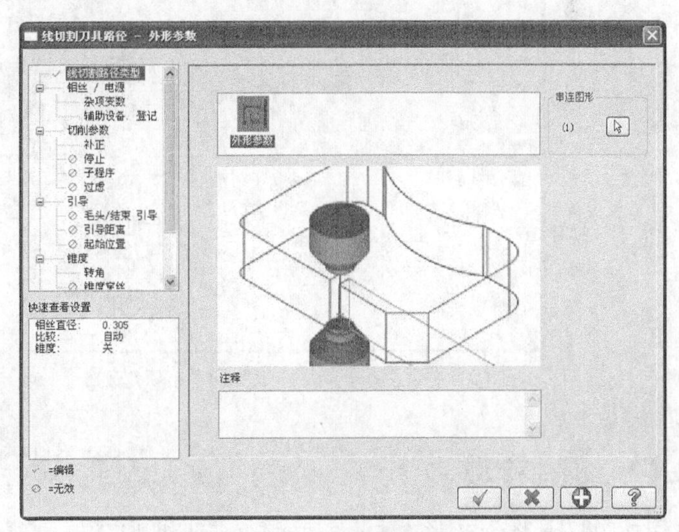

图20-2　外形线切割参数

外形线切割刀路需要设置切削参数、补正、停止、引导、锥度等参数，下面讲解各参数的含义。

20.2.1 钼丝/电源设置

在外形参数对话框中单击【电极丝/电源设置】选项，弹出【钼丝/电源】选项区，如图20-3所示。

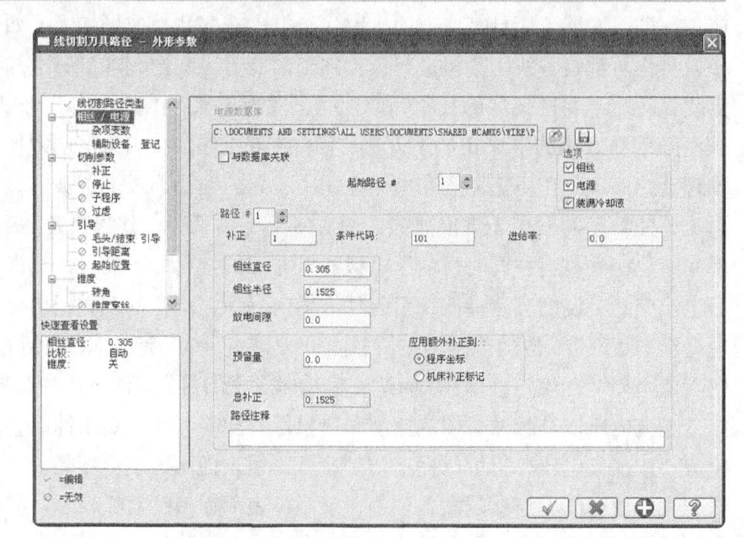

图20-3 钼丝/电源

各参数含义如下。

❖ 线切割路径选项：选中此选项前的复选框，表示为机床装上电极丝。

❖ 电源：选中此复选框，为机床装上电源。

❖ 装满冷却液：选中此复选框，为机床装满冷却液。

❖ 路径#：线切割刀路对应的编号。

❖ 钼丝直径：设置电极丝的直径。

❖ 钼丝半径：设置电极丝半径。

❖ 放电间隙：设置电火花的放电间隙，即火花位。

❖ 预留量：设置放电加工的预留材料。

20.2.2 杂项参数

在【线切割刀具路径-外形参数】对话框中单击【杂项变数】选项，弹出【杂项变数】选项区，设置辅助相关参数，如图20-4所示。

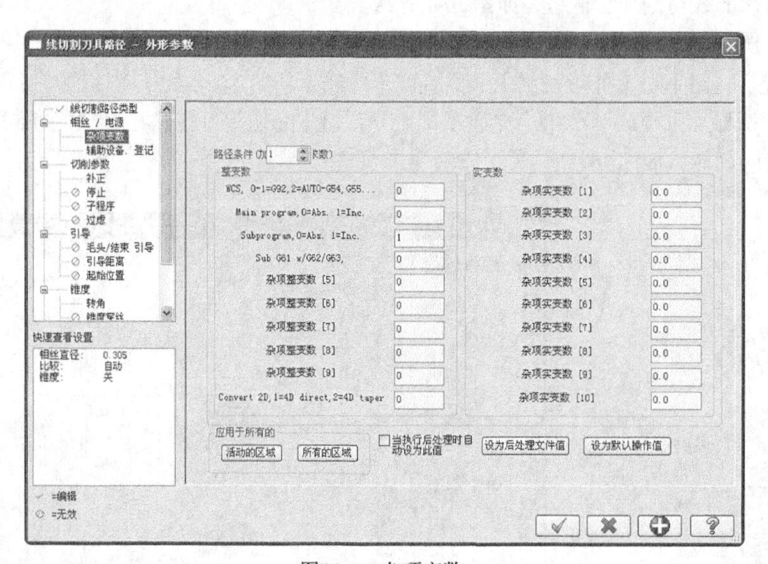

图20-4 杂项变数

20.2.3 切削参数

在【线切割刀具路径-外形参数】对话框中单击【切削参数】选项，弹出【切削参数】选项卡，从中设置切削相关参数，如图20-5所示。

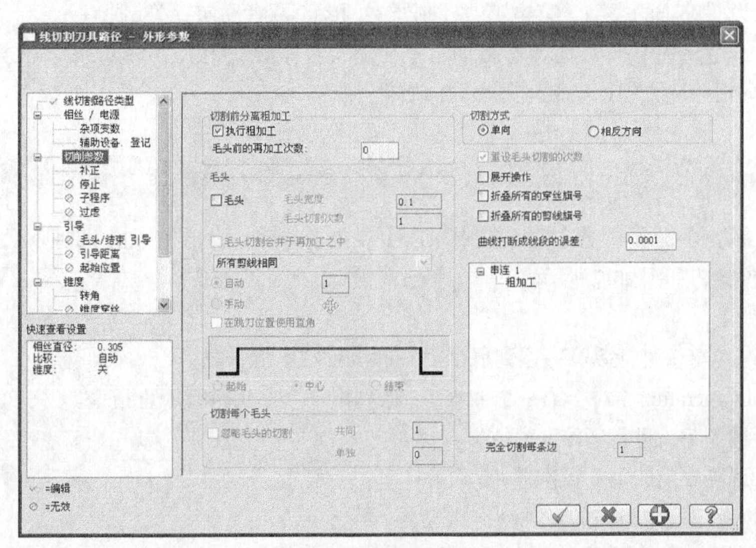

图20-5　切削参数

部分参数含义如下。

❖ 切割前分离粗加工：将粗加工和精加工分离，方便支撑切削。

❖ 毛头前的再次加工次数：设置支撑加工前的粗加工次数。

❖ 毛头：在进行多次加工时，在前几次的粗加工中，线切割电极丝并不将所有外形切割完，而是留一段不加工，最后再进行加工。

❖ 毛头宽度：设置毛头的宽度。

❖ 切割方式：有单向和相反方向。单向是自始至终都采用相同的方向。相反方向是每切割一次，下一次切割都进行反向切割。

20.2.4　补正

在【线切割刀具路径-外形参数】对话框中单击【补正】选项，弹出【补正】选项区，如图20-6所示。

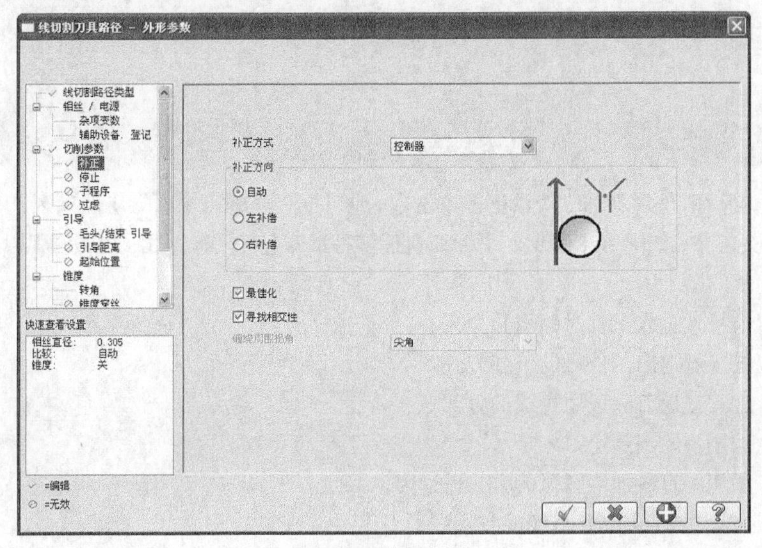

图20-6　补正

部分参数含义如下。

❖ 补正方式：设置补正的类型，有电脑、控制器、两者、两者反向、关5种。

❖ 补正方向：设置刀补偏移方向，有自动、左补偿、右补偿3种。左补偿即沿串联方向，电极丝往串联向左偏。右补偿即沿串联方向，电极丝往串联向右偏。

20.2.5　停止

在【线切割刀具路径-外形参数】对话框中单击【停止】选项，弹出【停止】选项区，设置线切割电极丝遇到毛头停止的参数，如图20-7所示。

部分参数含义如下。

❖ For each tab（对于每个毛头）：遇到每个毛头都执行停止指令。

❖ For first tab in operation（对于第一个毛头）：遇到第一个毛头执行停止指令。

❖ 暂时停止：遇到毛头进行暂停。

❖ 再次停止：遇到之前的毛头再次停止。

❖ 串联1：显示此串联中刀路的各种动作轨迹。

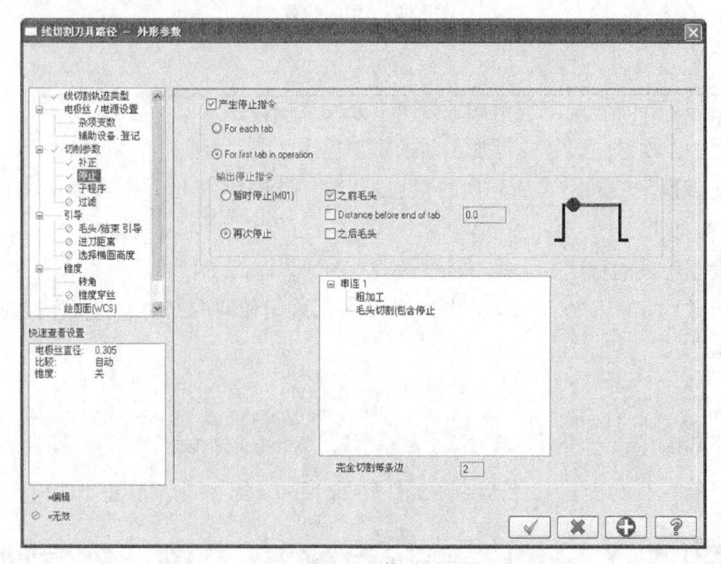

图20-7　停止

20.2.6　引导

在【线切割刀具路径-外形参数】对话框中单击【引导】选项，弹出【引导】选项区，用来设置线切割电极丝进刀和退刀相关参数，如图20-8所示。引导线包括多种形式，有只有直线、线与圆弧以及2线和圆弧等。

部分参数含义如下。

❖ 进刀：设置电极丝进入工件时的引导方式。

❖ 列出：设置电极丝退出工件时的引导方式。

❖ 只有直线：进刀或退刀只采用直线的方式。

❖ 单一圆弧：采用一段圆弧退刀。

❖ 线与圆弧：采用一直线加一圆弧的方式进退刀。

❖ 圆弧和2线：采用圆弧加2条直线的方式进退刀。

❖ 重叠量：退刀点相对于进刀点多走一段重复的路径再执行退刀动作。

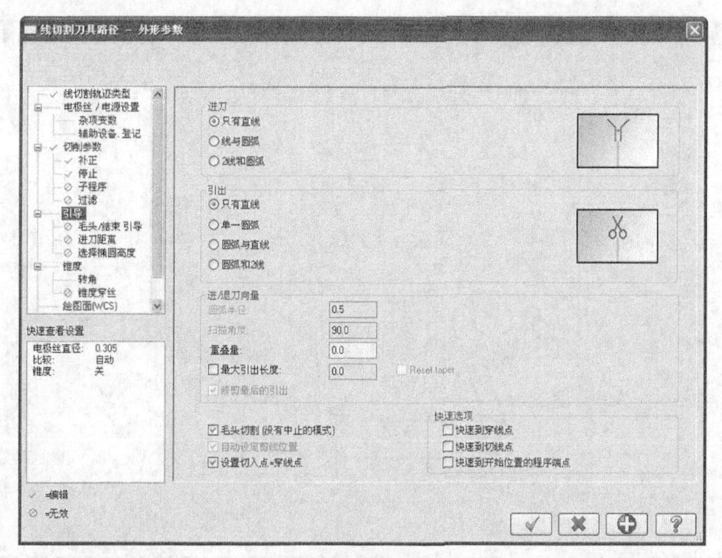

图20-8　引导

20.2.7　进刀距离

在【线切割刀具路径-外形参数】对话框中单击【进刀距离】选项，弹出【进刀距离】选项区，从中设置线切割电极丝进刀点和工件之间的距离，如图20-9所示。进刀距离一般不宜过大，过大浪费时间，一般取10mm以下。

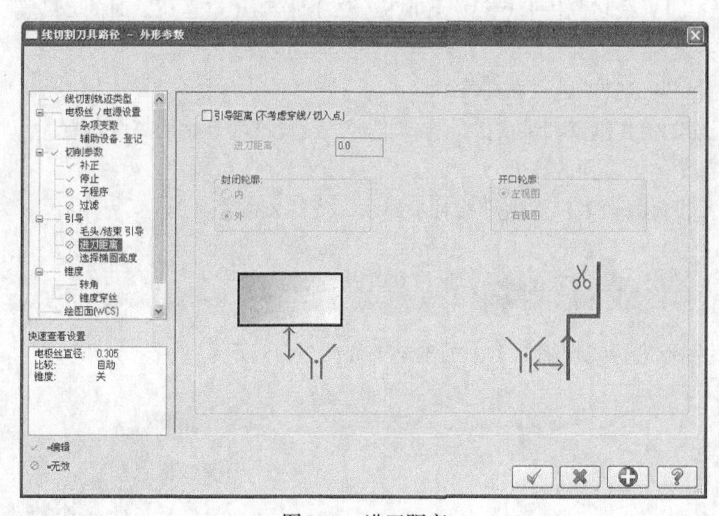

图20-9　进刀距离

20.2.8　锥度

在【线切割刀具路径-外形参数】对话框中单击【锥度】选项，弹出【锥度】选项区，从中设置线切割电极丝加工工件的锥度类型和锥度，如图20-10所示。

切割工件呈锥度涉及的参数如下。

❖ /\：切割成下大上小的锥度侧壁。

❖ \/：切割成上大下小的锥度侧壁。

❖ /‾\：切割成下大上小，并且上方带直立侧面的复合锥度。

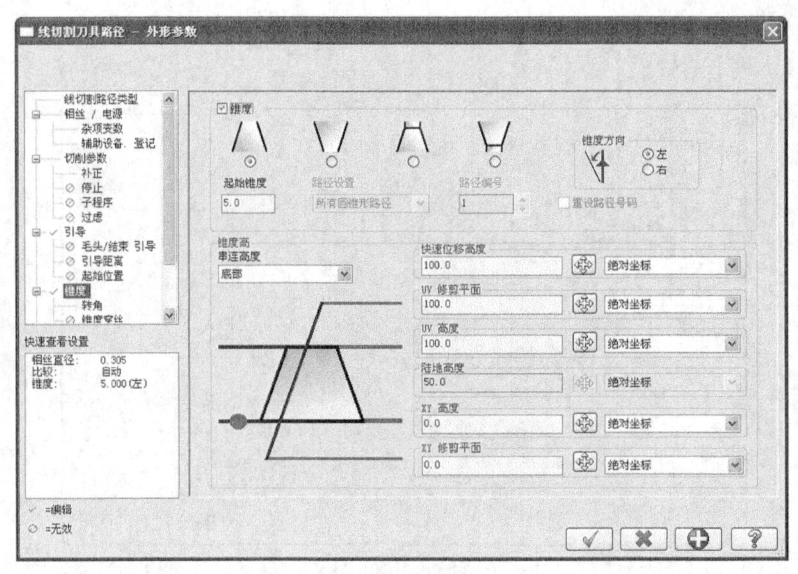

图20-10　锥度

❖ ：切割成上大下小，并且下方带直立侧面的复合锥度。

❖ 起始锥度：输入锥度值。

❖ 串联高度：设置选择的串联所在的高度位置。

❖ 锥度方向：设置电极丝的锥度方向。单击【左】单选按钮，沿串联方向往电极丝左侧偏置。单击【右】单选按钮，将沿串联方向往电极丝右侧偏置。

❖ 快速位称高度：设置线切割机上导轮引导电极丝快速移动（空运行）时的Z高度。

❖ UV修剪平面：设置线切割机上导轮相对于串联几何的Z高度。

❖ UV高度：设置切割工件的上表面高度。

❖ 陆地高度：当切割带直侧壁和锥度的复合锥度时，设置锥度开始的高度位置。

❖ XY高度：切割工件下表面的高度。

❖ XY修剪平面：设置线切割机下导轮相对于串联几何的Z高度。

实训112——外形线切割加工

对图20-11所示的图形进行线切割加工，加工结果如图20-12所示。

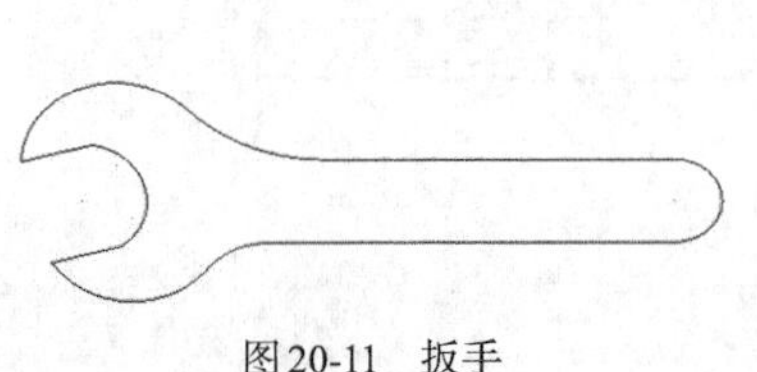

图20-11　扳手

图20-12　加工结果

技术支持

本实训采用直径为D0.14的电极丝进行切割，放电间隙为单边0.02mm，因此，补偿量为0.14/2+0.02=0.09mm，采用控制器补偿，补偿量即0.09mm，穿丝点为原点。设置进刀线长度为5mm，切割一次完成。

01 在菜单栏执行【文件】→【打开】按钮，从资源文件中打开“实训\源文件\Ch20\20-1.mcx-9”，单击

【完成】按钮，完成文件的调取。

02 在菜单栏执行【绘图】→【绘点】→【穿线点】命令，选择原点为穿线点，结果如图20-13所示。

03 在菜单栏执行【刀路】→【外形切割】命令，弹出【输入新的NC名称】对话框，使用默认的名称，如图20-14所示。单击【完成】按钮，完成输入。

图20-13　穿丝点　　　　图20-14　输入新的NC名称

04 弹出【串联选项】对话框，先选择穿丝点，再选择加工串联，操作方式如图20-15所示。单击【完成】按钮，完成选择。

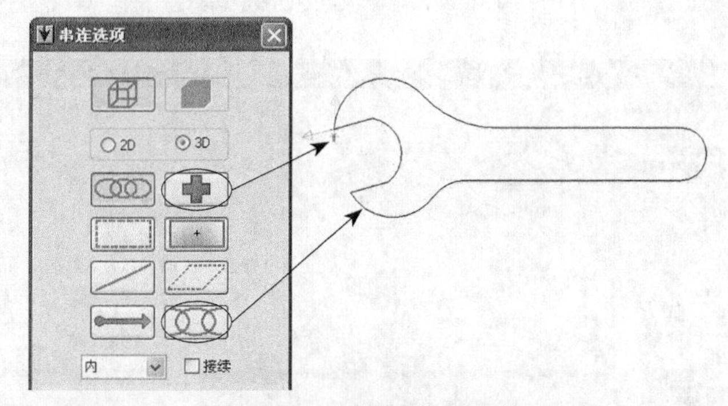

图20-15　选择穿丝点和串联

05 弹出【线切割刀具路径-外形参数】对话框，设置外形线切割参数，如图20-16所示。

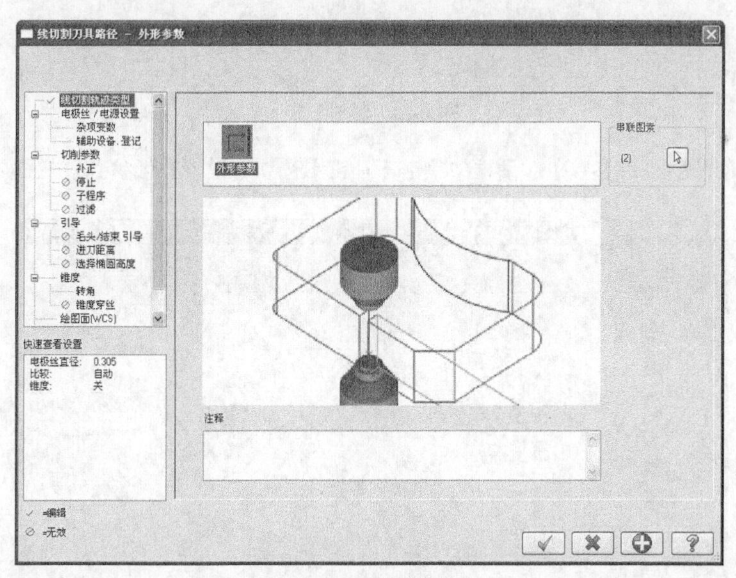

图20-16　外形参数

06 在【线切割刀具路径-外形参数】对话框中单击【电极丝/电源设置】选项，设置电极丝参数，如图20-17所示。

07 在【线切割刀具路径-外形参数】对话框中单击【切削参数】选项，设置切削相关参数，如图20-18所示。

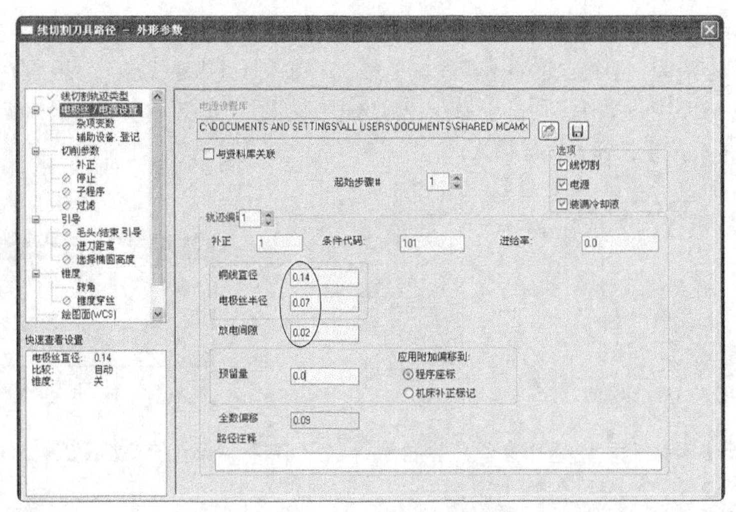

图20-17　设置【电极丝/电源】参数

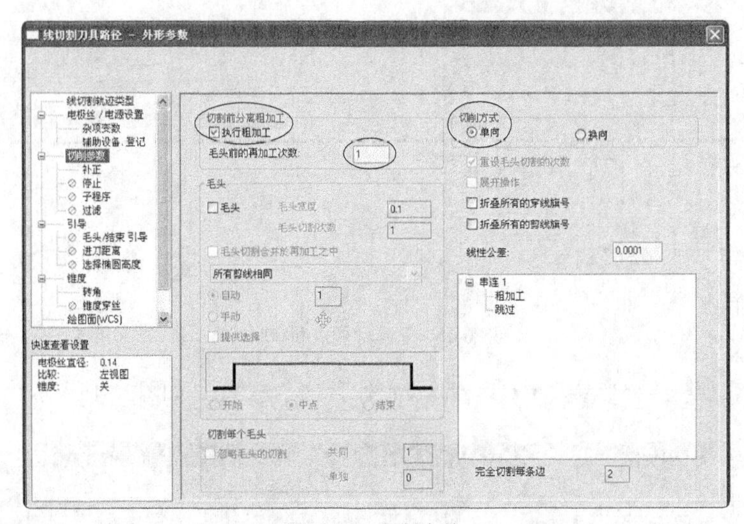

图20-18　切削参数

08 在【线切割刀具路径-外形参数】对话框中单击【补正】选项，设置补偿参数，如图20-19所示。

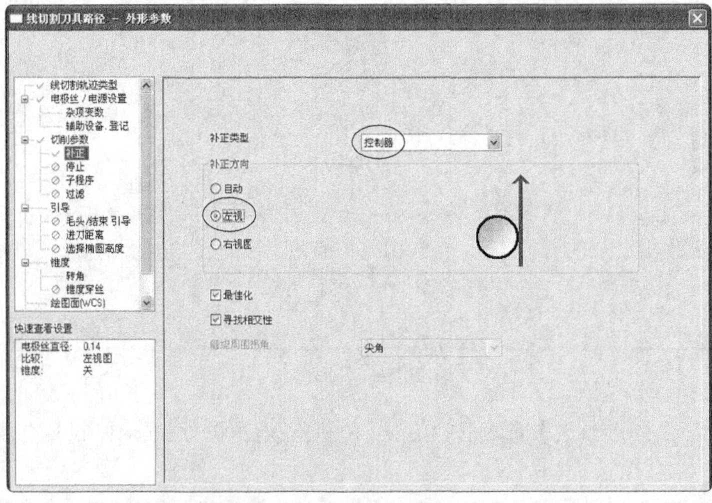

图20-19　补正参数

09 在【线切割刀具路径-外形参数】对话框中单击【锥度】选项，设置线切割锥度和高度参数，如图20-20所示。

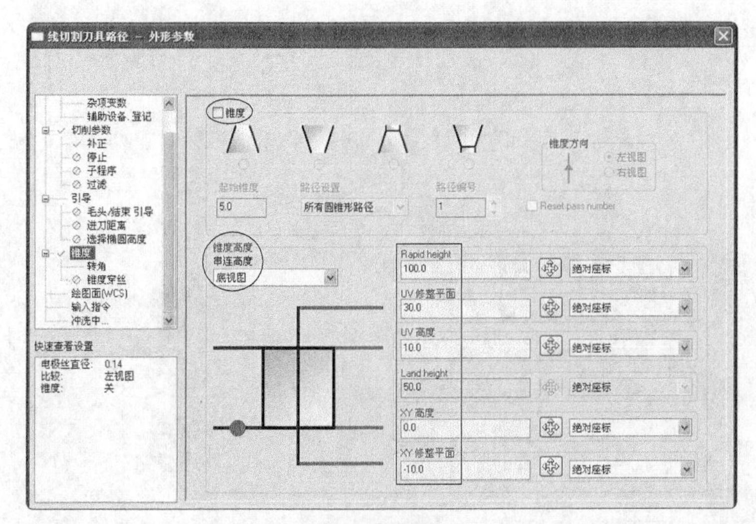

图20-20　锥度

10 在【线切割刀具路径-外形参数】对话框中单击【冲洗中】选项，将冷却液冲洗【Flushing】设为【On】，如图20-21所示。单击【完成】按钮，完成参数的设置。

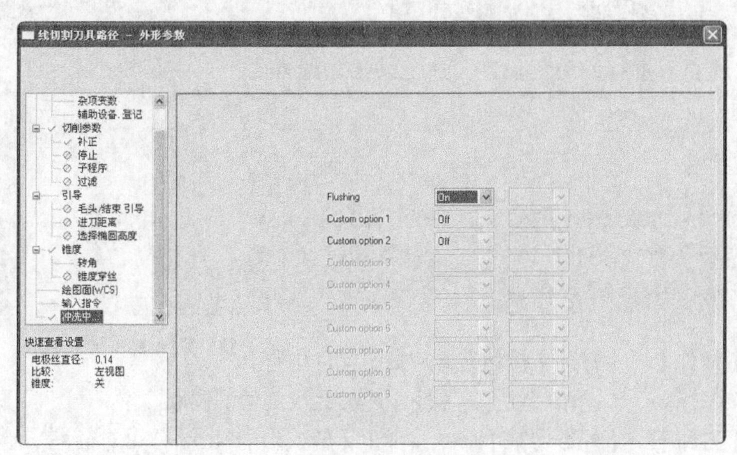

图20-21　冷却液

11 弹出【串联管理】对话框，显示选择了2个串联，如图20-22所示。单击【完成】按钮。

12 系统根据参数生成线切割刀路，如图20-23所示。

图20-22　串联管理

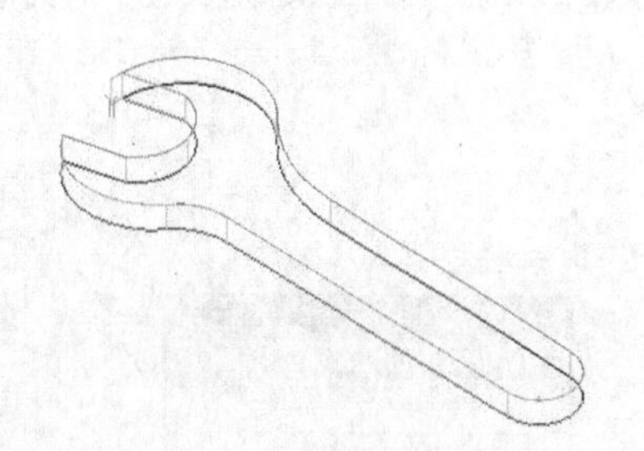

图20-23　线切割刀路

13 在刀路管理器中选择【素材设置】选项，弹出【素材设置】选项卡，设置素材的参数，如图20-24所示。

14 在刀路管理器中单击【模拟已选择的操作】按钮，弹出【验证】对话框，模拟结果如图20-25所示。结果文件见“实训\结果文件\Ch20\20-1.mcx-9”。

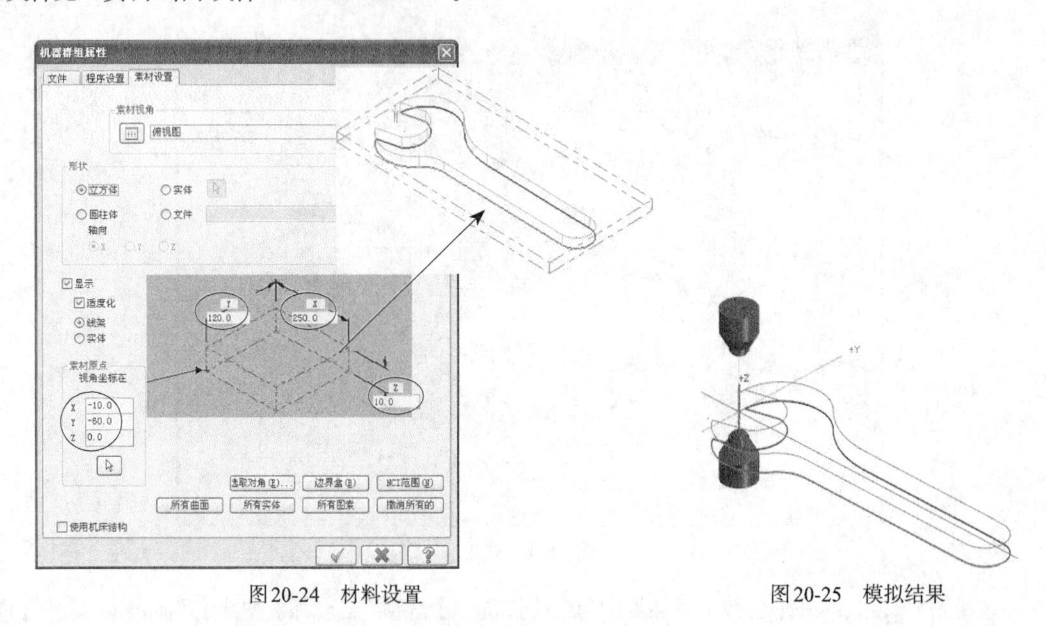

图20-24　材料设置　　　　图20-25　模拟结果

实训113——外形带锥度线切割加工

对图20-26所示的图形进行线切割加工，加工结果如图20-27所示。

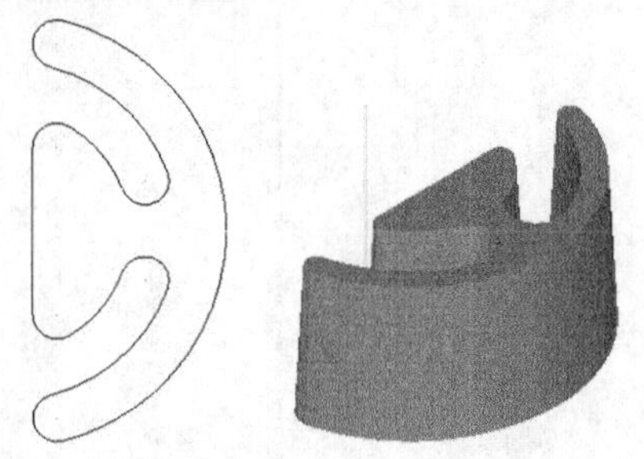

图20-26　加工图形　　图20-27　加工结果

技术支持

本实训采用直径为0.14的电极丝进行切割，放电间隙为单边0.01mm，因此，补偿量为0.14/2+0.01=0.08mm，采用控制器补偿，补偿量即0.08mm，穿丝点为原点。锥度为3°。进刀线长度为5mm，切割一次完成。

01 在菜单栏执行【文件】→【打开】按钮，从资源文件中打开“实训\源文件\Ch20\20-2.mcx-9”，单击【完成】按钮，完成文件的调取。

02 在菜单栏执行【刀路】→【外形切割】命令，弹出【输入新的NC名称】对话框，使用默认的名称，如图20-28所示。单击【完成】按钮，完成输入。

03 弹出【串联选项】对话框，先选择穿丝点，再选择加工串联，操作方式如图20-29所示，单击【完成】按钮，完成选择。

04 弹出【线切割刀具路径-外形参数】对话框，如图20-30所示。

图20-28　输入新的NC名称

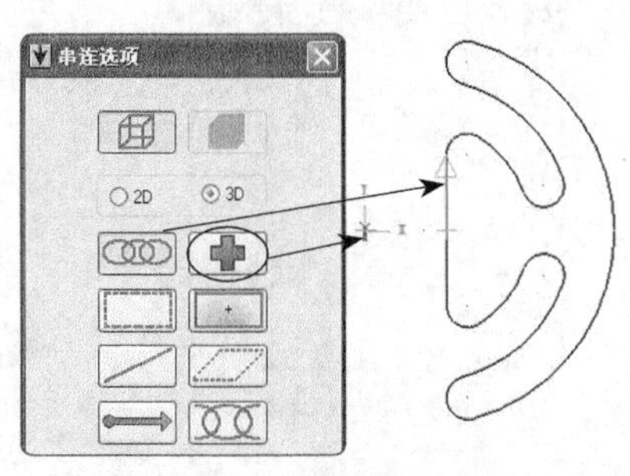

图20-29　选择穿丝点和串联

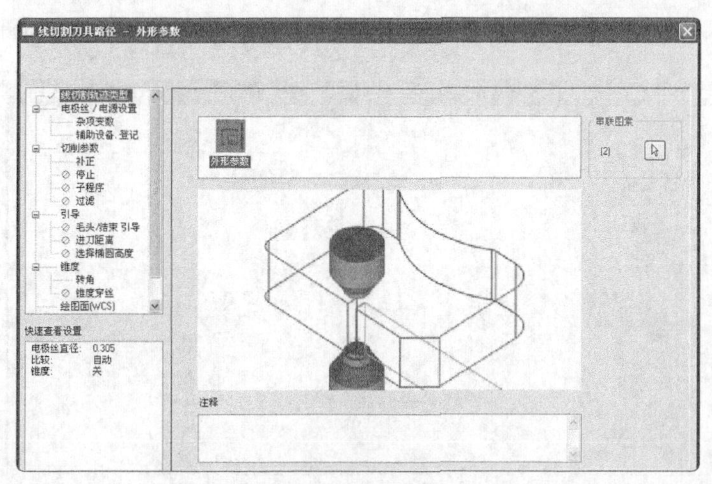

图20-30　外形参数

05 在【线切割刀具路径-外形参数】对话框中单击【电极丝/电源设置】选项，设置电极丝参数，如图20-31所示。

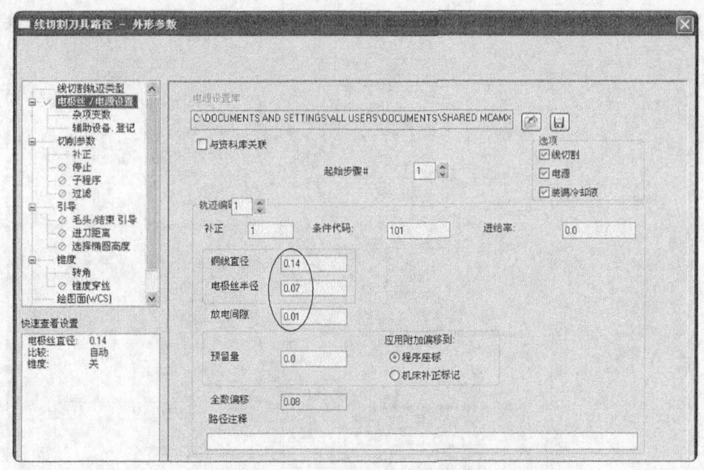

图20-31　设置电极丝参数

06 在【线切割刀具路径-外形参数】对话框中单击【切削参数】选项，设置切削相关参数，如图20-32所示。

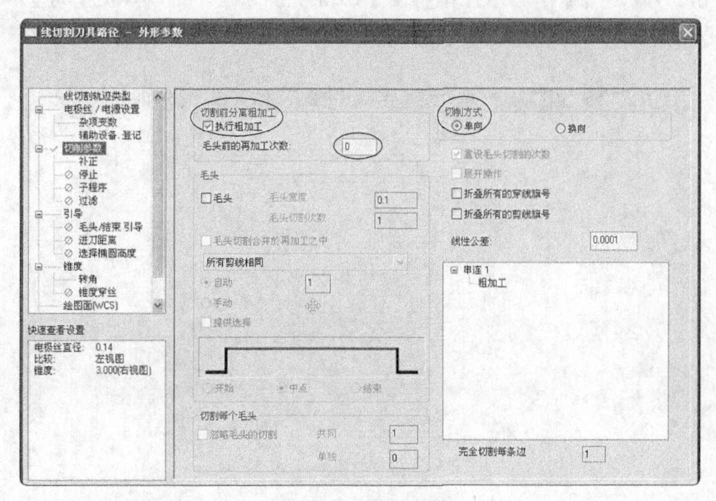

图20-32　切削参数

07 在【线切割刀具路径-外形参数】对话框中单击【补正】选项，设置补偿参数，如图20-33所示。

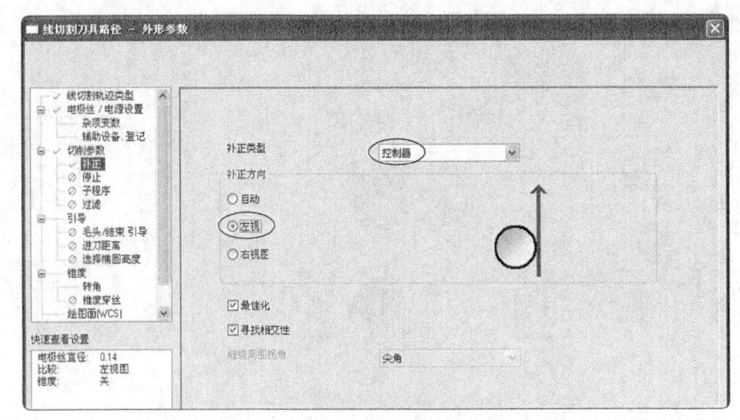

图20-33　补正参数

08 在【线切割刀具路径-外形参数】对话框中单击【锥度】选项，设置线切割锥度和高度参数，如图20-34所示。

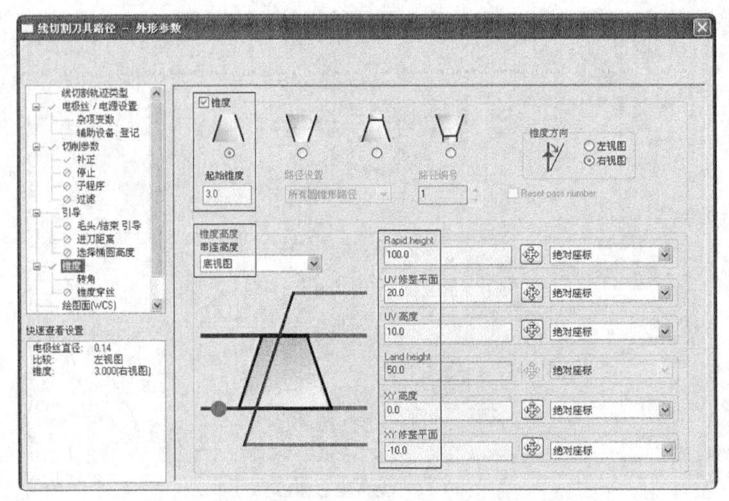

图20-34　锥度

09 在【线切割刀具路径-外形参数】对话框中单击【冲洗中】选项，将冷却液冲洗【Flushing】设为【On】，如图20-35所示。单击【完成】按钮，完成参数的设置。

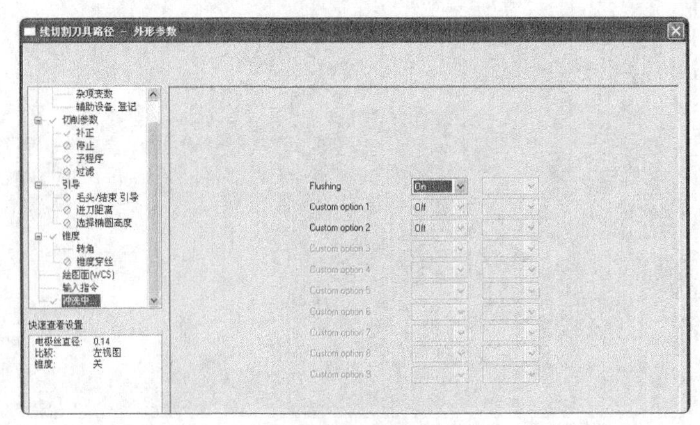

图20-35　冷却液

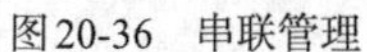

图20-36　串联管理

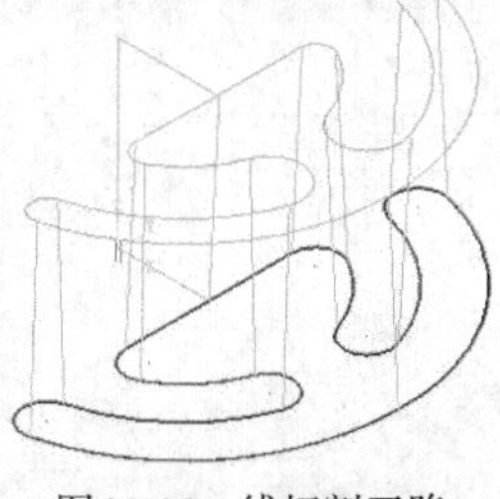

图20-37　线切割刀路

10 弹出【串联管理】对话框，显示选择了2个串联，如图20-36所示。单击【完成】按钮，系统根据参数生成线切割刀路，如图20-37所示。

11 在刀路管理器中单击【素材设置】选项，弹出【素材设置】选项卡，设置素材的参数，如图20-38所示。

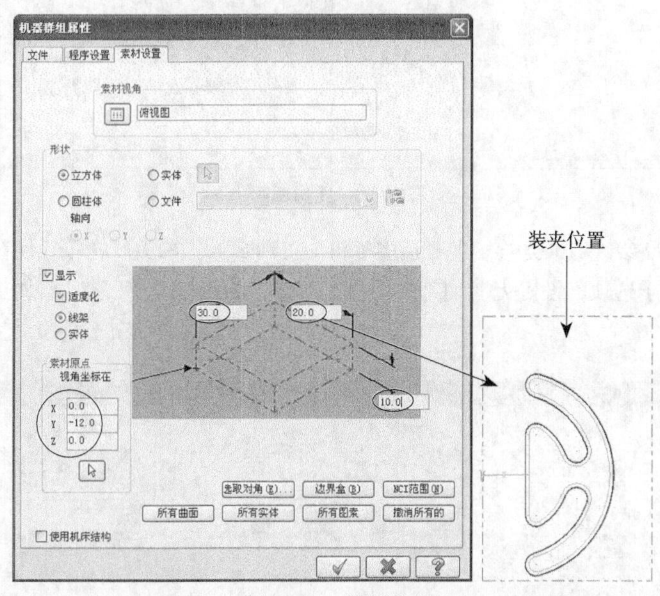

图20-38　素材设置

12 在刀路管理器中单击【模拟已选择的操作】按钮，弹出【验证】对话框，结果如图20-39所示。结果文件见“实训\结果文件\Ch20\20-2.mcx-9”。

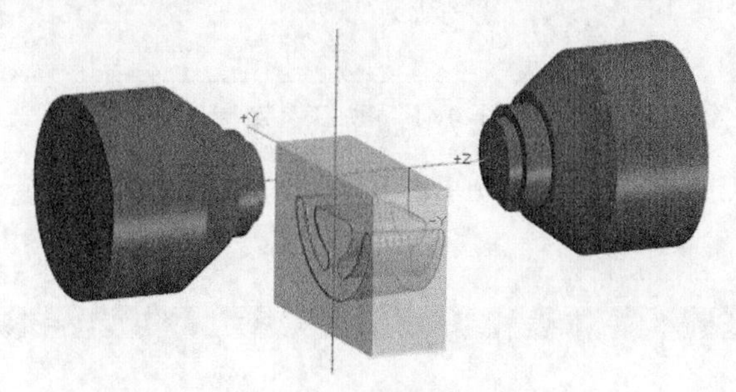

图20-39　模拟结果

20.3　无屑线切割加工

无屑线切割加工即采用线切割将要加工的区域全部切割掉，无废料产生，相当于铣削效果。类似于铣削挖槽加工。

在菜单栏执行【刀路】→【无屑切割】命令，弹出【输入新的NC名称】对话框，使用默认的名称，单击【完成】按钮，选择加工串联并单击【完成】按钮，弹出【线刀割刀具路径-无屑切割】对话框，从中设置无屑切割相关参数，如图20-40所示。

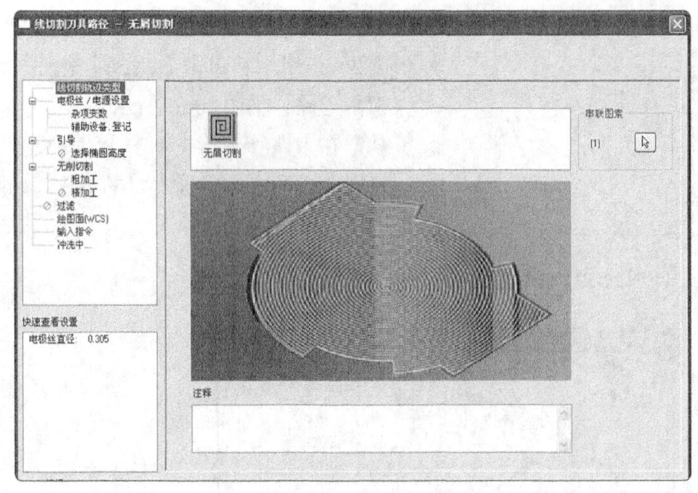

图20-40　无屑切割

无屑切割参数与外形参数基本类似，主要是多了粗加工和精加工参数。在【线切割刀具路径-无屑切割】对话框中单击【粗加工】选项，设置无屑切割的粗加工参数，如图20-41所示。粗加工参数与挖槽参数完全相同。

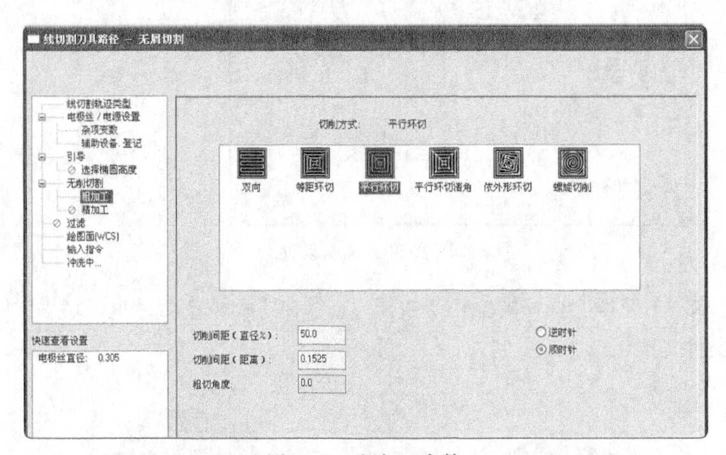

图20-41　粗加工参数

在【线切割刀具路径-无屑切割】对话框中单击【精加工】选项，从中设置无屑切割的精加工次数和间距等参数，如图20-42所示。

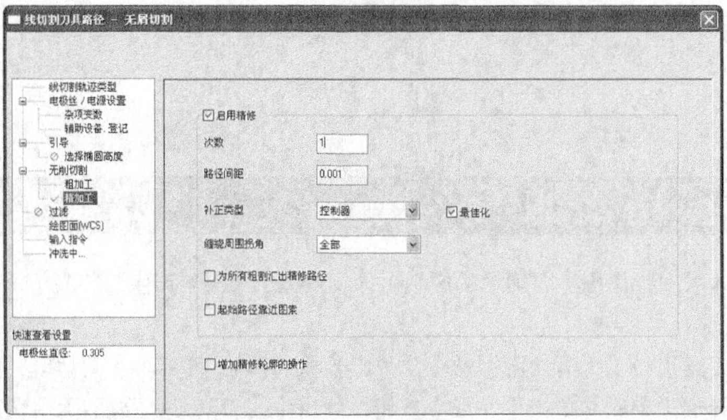

图20-42　精加工参数

实训114——无屑线切割加工

对图20-43所示的图形进行无屑线切割加工，加工结果如图20-44所示。

技术支持

采用直径为0.14mm的电极丝进行切割，放电间隙为单边0.01mm，因此，补偿量为0.14/2+0.01=0.08mm，采用控制器补偿，补偿量即0.08mm，穿丝点为原点。切割一次完成。

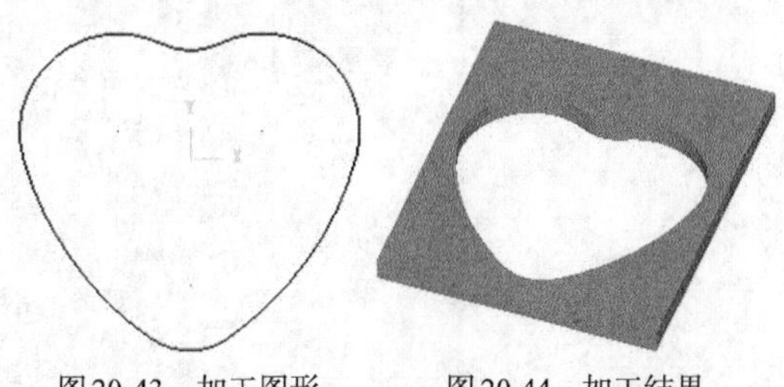

图20-43　加工图形　　图20-44　加工结果

01 在菜单栏执行【文件】→【打开】按钮，从资源文件中打开"实训\源文件\Ch20\20-3.mcx-9"，单击【完成】按钮，完成文件的调取。

02 在菜单栏执行【刀路】→【无屑切割】命令，弹出【输入新的NC名称】对话框，使用默认的名称，单击【完成】按钮，完成新的NC名称的输入，如图20-45所示。

03 弹出【串联选项】对话框，在该对话框中单击【串联】按钮，选择加工串联，单击【完成】按钮，完成选择，结果如图20-46所示。

图20-45　输入新的NC名称

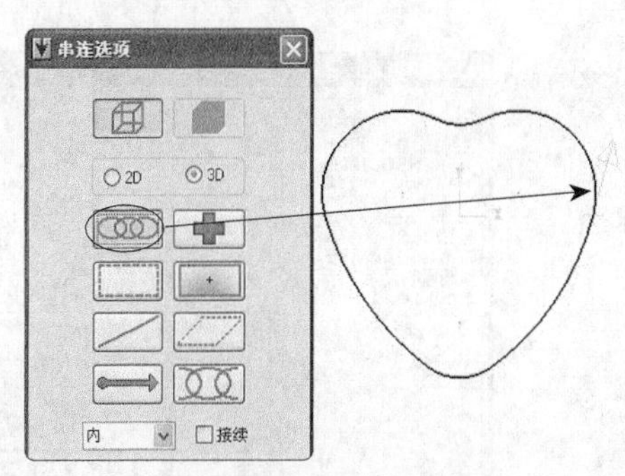

图20-46　选择加工串联

04 弹出【线切割刀具路径-无屑切割】对话框，设置无屑切割参数，如图20-47所示。

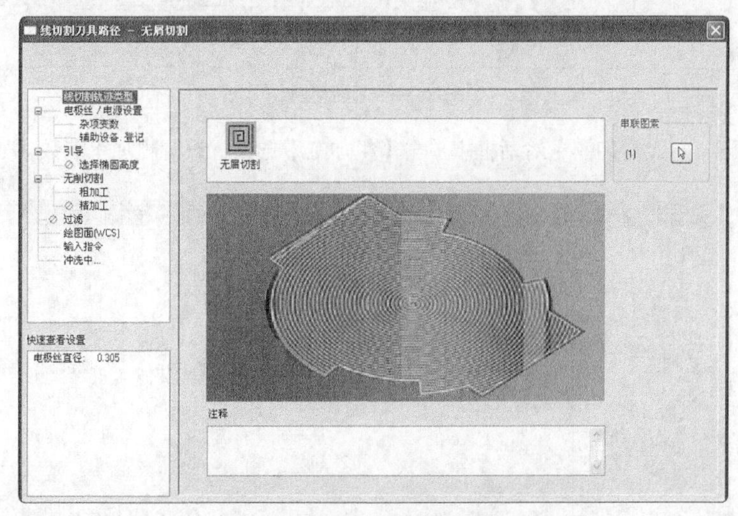

图20-47　无屑切割

05 在【线切割刀具路径-无屑切割】对话框中单击【电极丝/电源设置】选项，设置电极丝半径、放电间隙、预留量等参数，如图20-48所示。

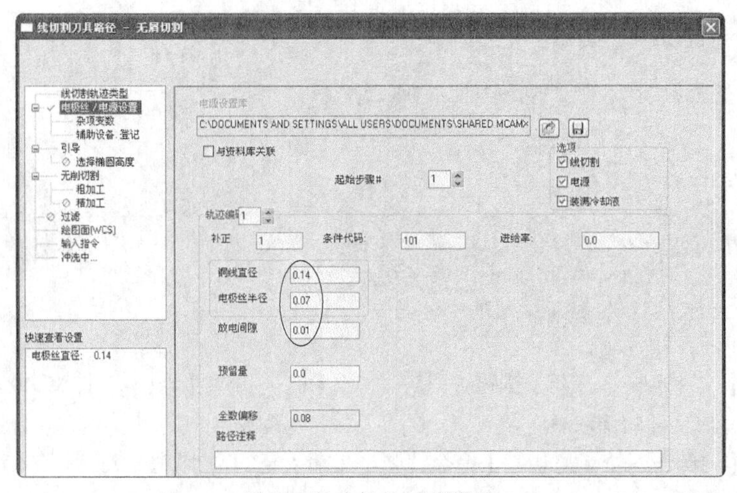

图20-48　电极丝/电源设置

06 在【线切割刀具路径-无屑切割】对话框中单击【无削切割】选项，弹出【线切割刀具路径-无屑切割】对话框，该对话框用来设置高度参数，如图20-49所示。

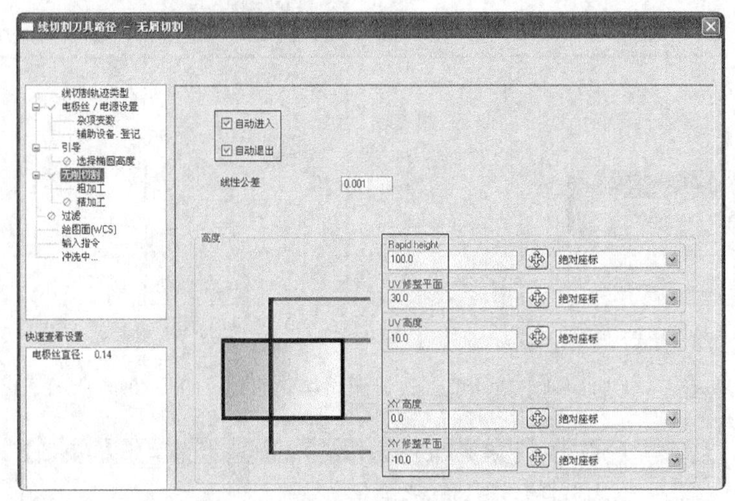

图20-49　无削切割

07 在【线切割刀具路径-无屑切割】对话框中单击【粗加工】选项，设置粗加工参数，如图20-50所示。

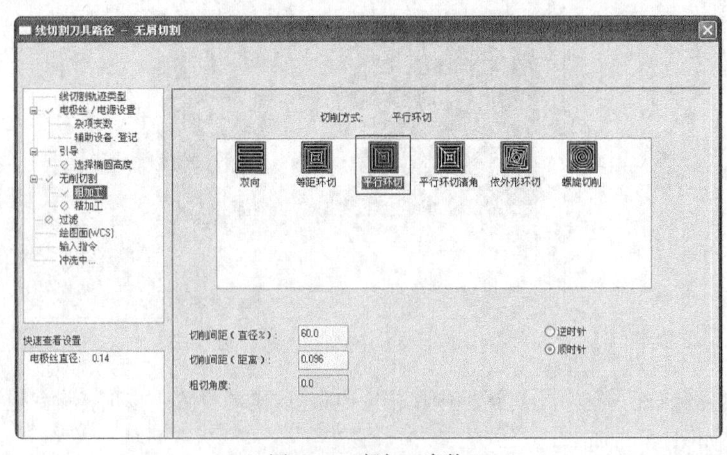

图20-50　粗加工参数

08 在【线切割刀具路径-无屑切割】对话框中单击【冲洗中】选项，设置冷却液参数，如图20-51所示。

09 系统根据所设置的参数生成无屑线切割刀路，如图20-52所示。

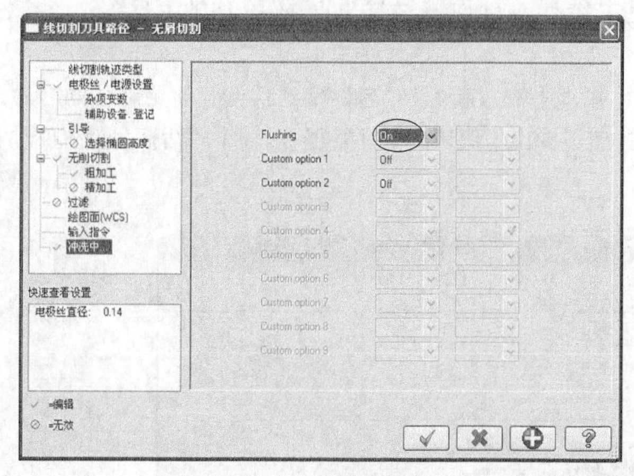

图20-51　冷却液参数

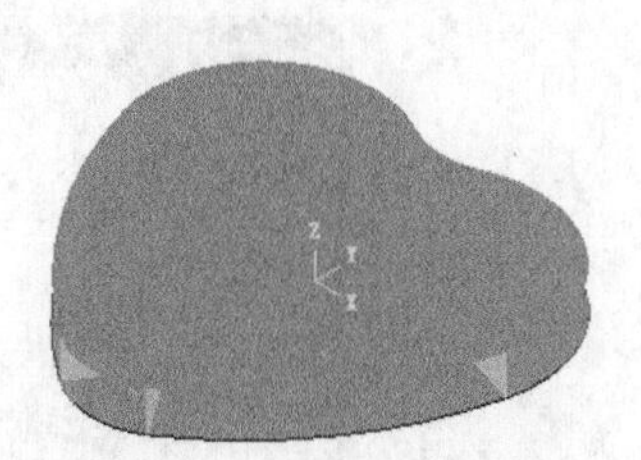

图20-52　无屑线切割刀路

10 在刀路管理器中单击【素材设置】选项，弹出【素材设置】选项卡，设置素材的参数，如图20-53所示。

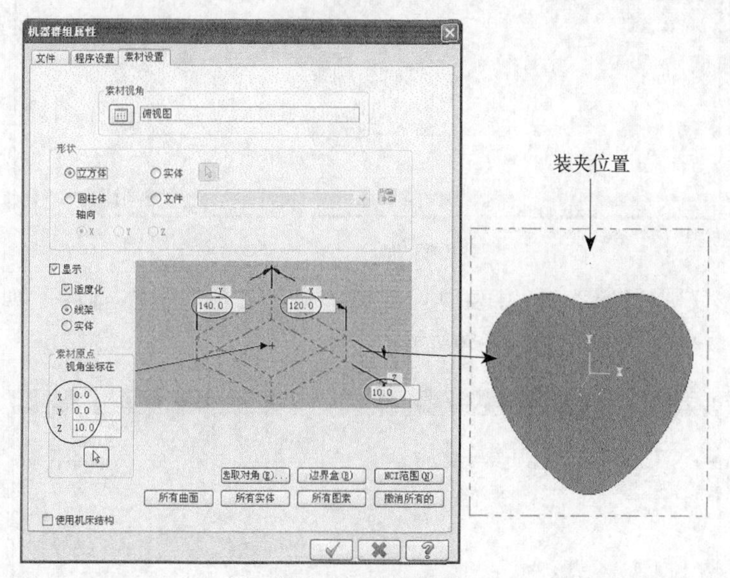

图20-53　素材设置

11 在刀路管理器中单击【模拟已选择的操作】按钮，弹出【验证】对话框，结果如图20-54所示。结果文件见“实训\结果文件\Ch20\20-3.mcx-9”。

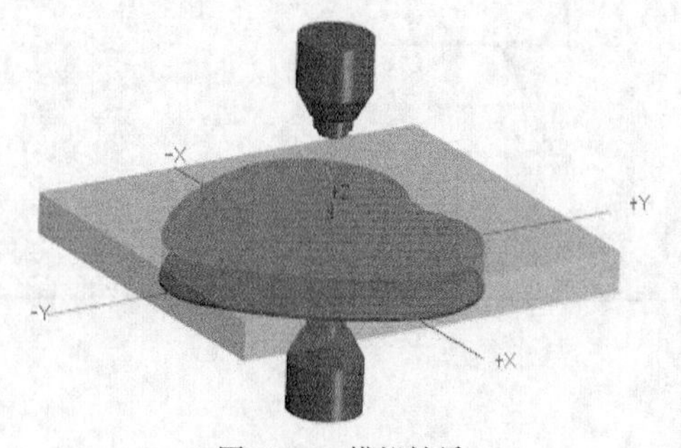

图20-54　模拟结果

20.4 四轴线切割加工

四轴线切割主要用来切割具有上下异形的工件，可以加工比较复杂的零件。四轴主要是X、Y、U、V 4个轴方向。

在菜单栏执行【刀路】→【四轴】命令，弹出【输入新的NC名称】对话框，使用默认的名称，单击【完成】按钮，选择加工串联并单击【完成】按钮，弹出【线切割刀具路径-四轴】对话框，设置四轴相关参数，如图20-55所示。

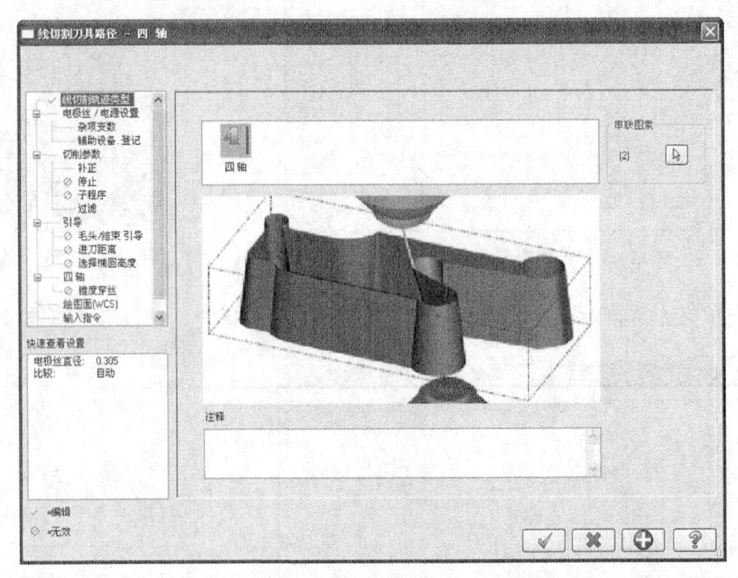

图20-55 四轴

四轴参数与外形线切割参数类似，主要增加了四轴参数。在【线切割刀具路径-四轴】对话框中单击【四轴】选项，用来设置四轴参数，如图20-56所示。

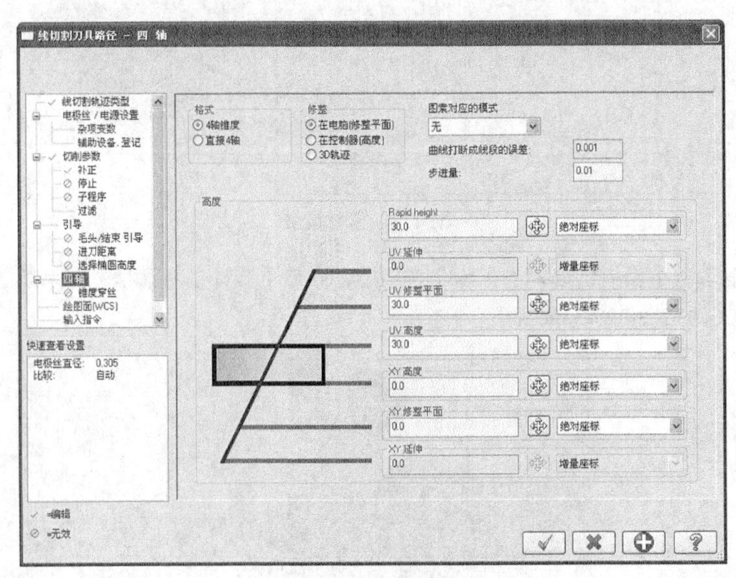

图20-56 四轴参数

部分选项含义如下。

❖ 格式：设置输出的格式。

- ❖ 4轴锥度：在输出的NC程序中，采用将曲线打断成直线，代码中全部采用G01的方式逼近曲线。
- ❖ 直接4轴：在输出的代码中采用直线和圆弧的指令来逼近曲线。
- ❖ 图素对应的模式：当上下异形，外形上存在差异时，可以通过设置图素对应模式来解决对应关系。
- ❖ 在电脑（修整平面）：选择此项，切割机导轮Z高度为UV修整平面和XY修整平面所设的高度。
- ❖ 在控制器（高度）：选择此项，切割机导轮Z高度为UV高度和XY高度所设的高度。
- ❖ 3D轨迹：选择此项，切割机导轮Z高度随几何截面Z高度的变化而变化。

实训115——四轴线切割加工

对图20-57所示的图形进行面铣加工，加工结果如图20-58所示。

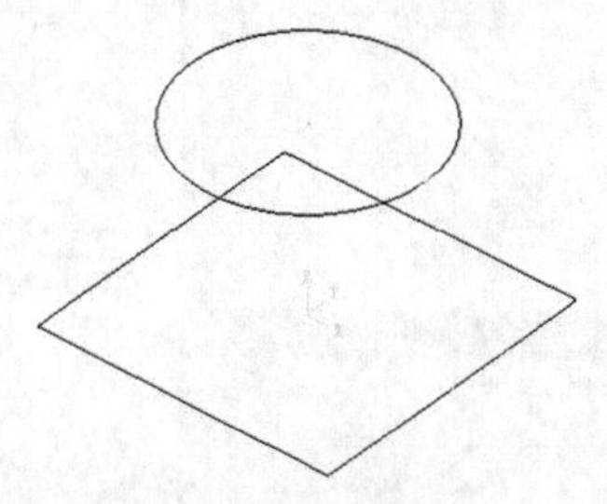

图20-57 加工图形

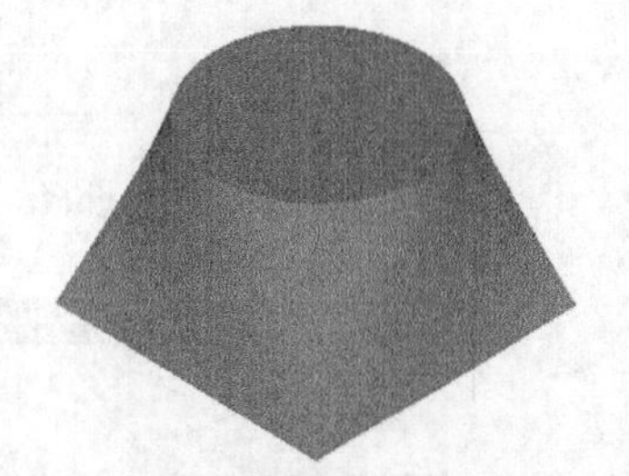

图20-58 加工结果

技术支持

本实训采用直径为0.3mm的电极丝进行切割，放电间隙为单边0.02mm，因此，补偿量为0.3/2+0.02=0.17mm，采用控制器补偿，补偿量即0.17mm。本实训加工的是天圆地方模型，外形上下不一样，因此需要采用四轴线切割进行加工。

01 在菜单栏执行【文件】→【打开】按钮，从资源文件中打开“实训\源文件\Ch20\20-4.mcx-9”，单击【完成】按钮，完成文件的调取。

02 在菜单栏执行【刀路】→【四轴】命令，弹出【输入新的NC名称】对话框，使用默认的名称，单击【完成】按钮，完成新的NC名称的输入，如图20-59所示。

03 弹出【串联选项】对话框，单击【串联】按钮，选择加工串联，单击【完成】按钮，完成选择，结果如图20-60所示。

图20-59 输入新的NC名称

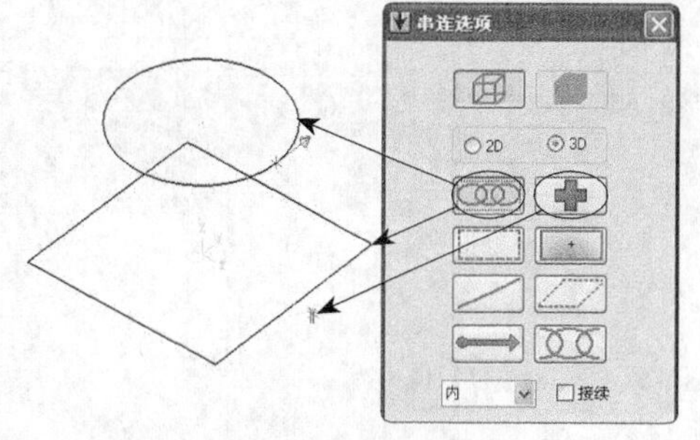

图20-60 选择串联

04 弹出【线切割刀具路径-四轴】对话框，设置四轴线切割相关参数，如图20-61所示。

05 在【线切割刀具路径-四轴】对话框中单击【电极丝/电源设置】选项，设置电极丝半径、放电间隙等，如图20-62所示。

06 在【线切割刀具路径-四轴】对话框中单击【切削参数】选项，设置切削参数，如图20-63所示。

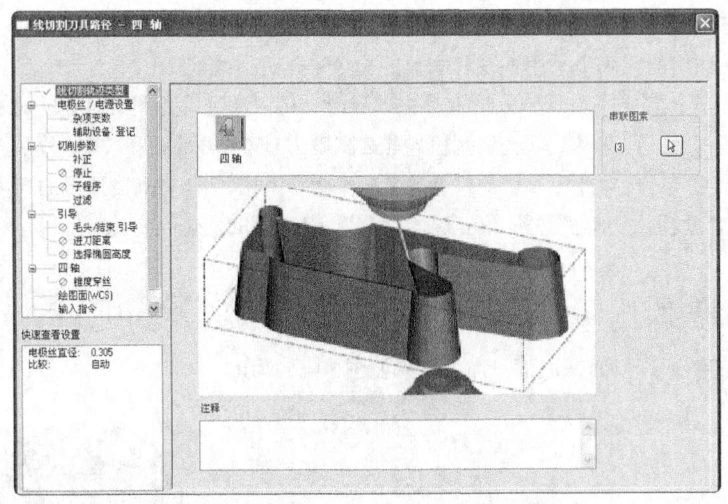

图20-61 【线切割刀具路径 - 四轴】对话框

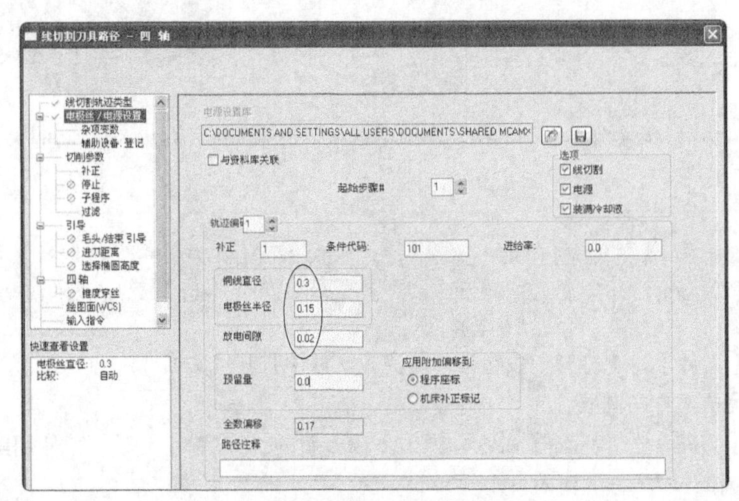

图20-62 电极丝/电源设置

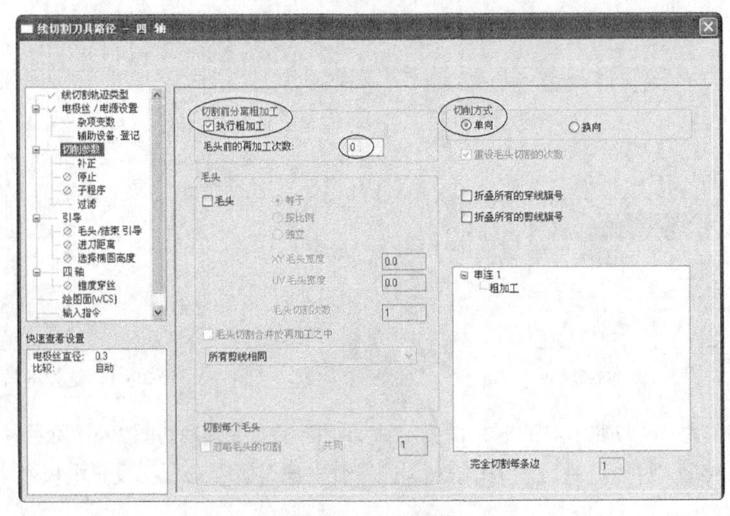

图20-63 切削参数

07 在【线切割刀具路径 - 四轴】对话框中单击【补正】选项，设置补偿参数，如图20-64所示。

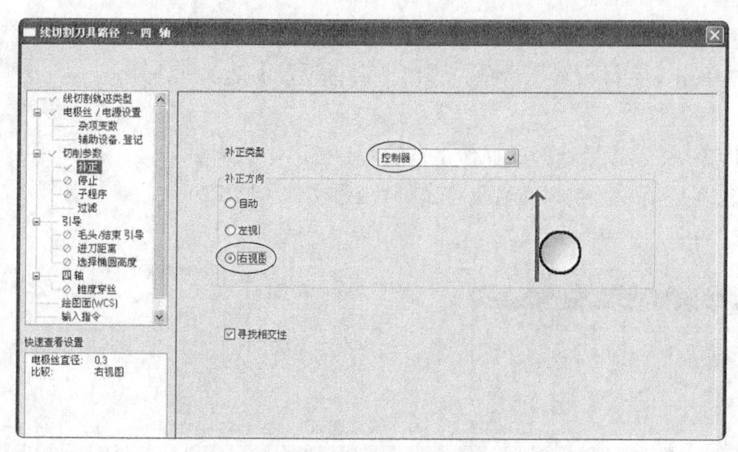

图20-64　补正参数

08 在【线切割刀具路径-四轴】对话框中单击【四轴】选项，设置高度等参数，如图20-65所示。

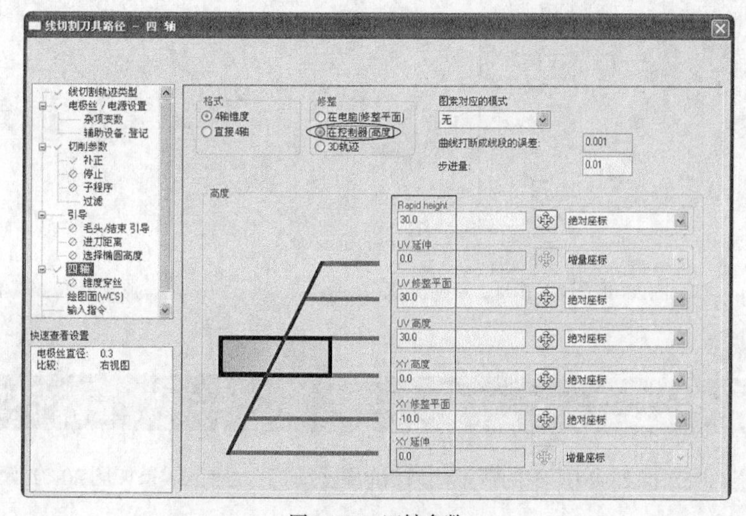

图20-65　四轴参数

09 在【线切割刀具路径-四轴】对话框中单击【冲洗中】选项，设置冷却液参数，如图20-66所示。

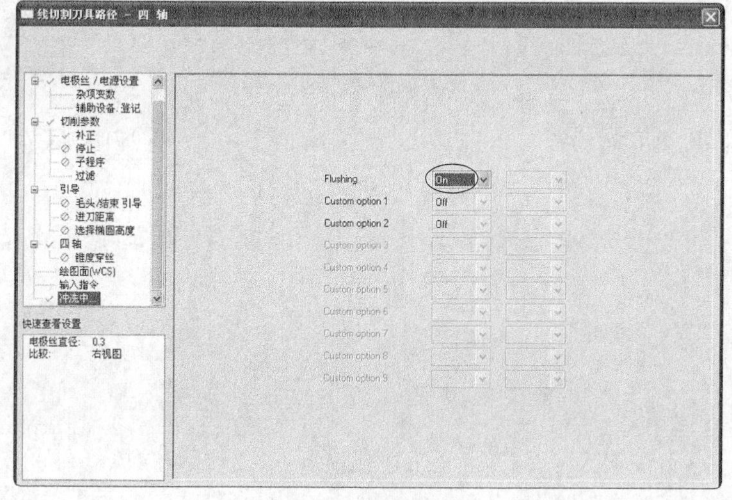

图20-66　冲洗中

10 系统根据所设参数生成刀路，如图20-67所示。

11 在刀路管理器中单击【素材设置】选项，弹出【素材设置】选项卡，如图20-68所示。

12 在刀路管理器中单击【模拟已选择的操作】按钮，弹出【验证】对话框，模拟结果如图20-69所示。结果文件见“实训\结果文件\Ch20\20-4.mcx-9”。

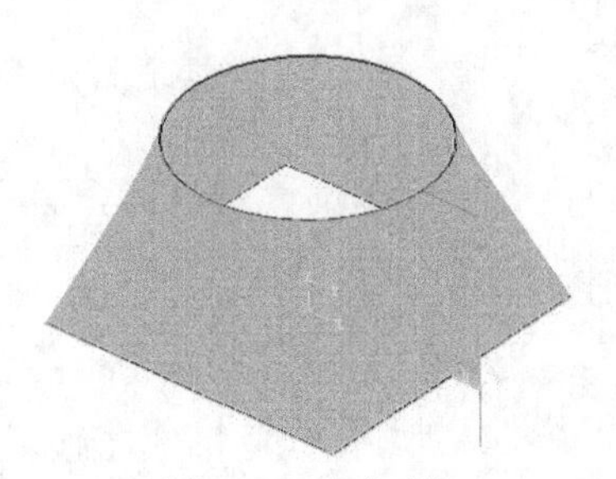

图20-67　生成刀路

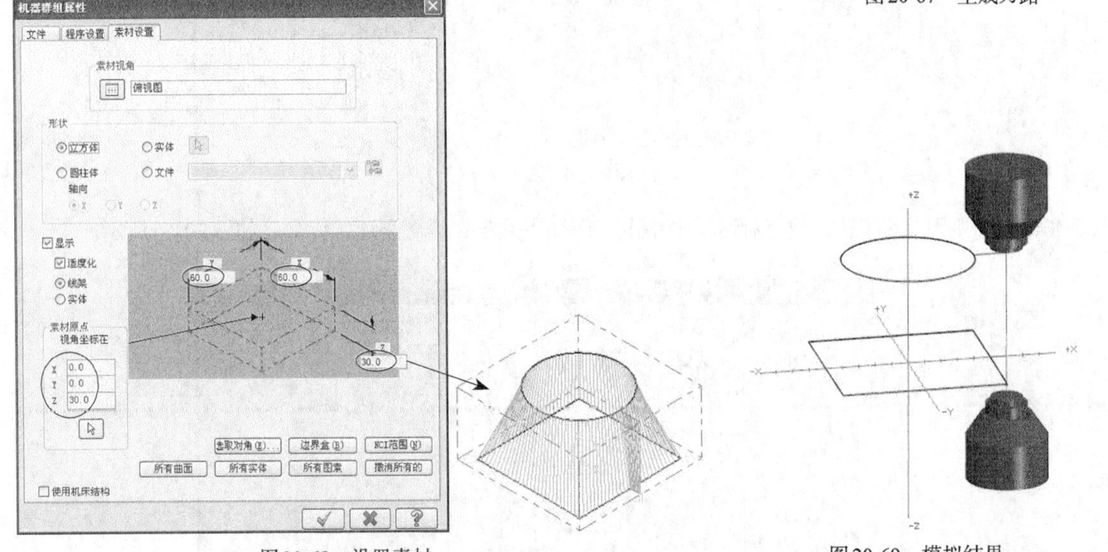

图20-68　设置素材

图20-69　模拟结果

20.5　课后习题

采用外形线切割命令对图20-70所示的燕尾槽形滑轨进行加工，加工结果如图20-71所示。

图20-70　燕尾槽形滑轨

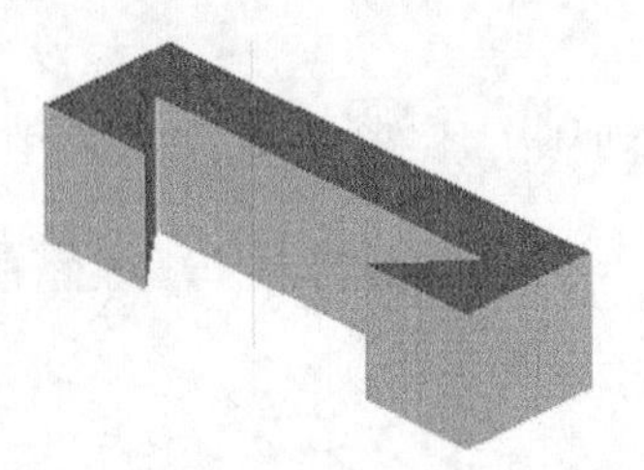

图20-71　加工结果

第21章

模具加工案例

模具有很多种，如金属冲压模具、塑胶成型模、压铸模具、锻造模具、粉末冶金模具、橡胶模具等。模具加工是指成型和制坯工具的加工。通常情况下，模具由上模和下模两部分组成。冲压模具是将钢板放置在上下模之间，在压力机的作用下实现材料的成型，当压力机打开时，获得由模具形状所确定的工件或去除相应的废料。塑料注塑成型所用的模具，称为注塑成型模具，简称注塑模。使用时，将模具固定在注塑机上，通过注塑机将高温高压熔融后的塑料注入模腔，经过冷却及固化成型后，开模取出制品。

知识要点

※ 掌握模具加工的特点。
※ 理解刀具选用的原则。
※ 掌握刀路的选用技巧。
※ 掌握开粗和精光的技巧。

案例解析

▲小车模型的精加工

▲小车模型加工结果

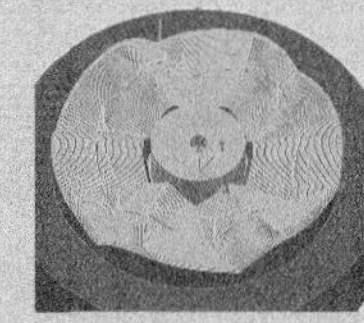
▲风扇凸模精加工

▲风扇凸模加工结果

21.1 模具加工基础

模具的前后模是模具中最重要的零件，也是模具直接参与成型的零件，因此，模具前后模的编程加工是模具加工的重中之重。

21.1.1 模具前模加工

将整体铜公图在前视图或侧视图内旋转180°，再加上枕位和PL面就变成了前模图。前模是成型制品外表面，直接影响制品外表面质量。前模加工时要考虑以下特点。

❖ 前模钢材硬度非常高。

❖ 前模不可轻易烧焊，不能出差错。

❖ 前模加工的刀路顺序是挖槽刀路开粗→等高外形刀路二次开粗→平行铣削进行光刀→环绕等距进行精修。前模开粗时一般有相对应的铜公，以开粗刀路为主，辅以局部光刀即可。

❖ 开粗时的用刀原则是先大刀再小刀。

❖ 带有分型面和枕位面，要一起加工时，分型面、枕位面加工到位，不留余量。型腔部位要留余量0.2~0.5mm，以便铜公打火花。前模碰穿位、擦穿位留余量0.1mm，以便前后模配模。

❖ 前模开粗时，尽量使用大直径的圆鼻刀（刀把），刀具直径过小容易导致断刀和弹刀。

❖ 前模开粗要限定范围加工，要记住所设置的范围是刀具中心的范围，不是刀具边界的范围，实际加工范围要比选定的范围大一个半径。合理设置范围参数，避免加工范围超出实际加工需要。

21.1.2 模具后模加工

通常将铜公图缩小料位加上分型面、枕位、原身科等生成的模型即为后模图。后模是成型塑料制品的内表面，对制品的影响比前模要小一些。后模加工编程应考虑以下特点。

❖ 后模有原身科和镶科2种，后模同前模一样，钢料较硬，应尽量用刀把加工。

❖ 后模加工刀路顺序是曲面挖槽刀路开粗→局部挖槽开粗、清角→平行铣削光刀→局部平行铣光刀、清角。

❖ 后模如果由铜公图直接转换过来，并且料位即壁厚均匀，可在加工时直接作负料位加工余量。分型面、碰穿面、枕位面不能缩料位。可以将这些面正向偏移一个料位再加工。

❖ 加工藏科板上藏框时要多走几遍空刀，不然藏框会有斜度，上大下小，难以配模。加工时尽量用大刀、新刀。

❖ 为了方便配模，框尺寸可以比科芯外形尺寸小单边0.02mm。

21.2 加工刀具的选用原则

在Mastercam的加工中，刀具是必须设置的参数之一，刀具的选用合理与否对加工质量的好坏有很大的影响，因此，合理选用刀具就显得尤为重要。刀具的种类比较多，根据加工材料、加工刀路的不同，加工刀具的材料和形状也有所不同。下面主要讲解一些常用刀具的选用。

21.2.1 刀具形状的选用

（1）平刀：也称平底刀、平头锣刀、端铣刀或棒刀。开粗和光刀都可使用。主要用于平面开粗和平面光刀、外形光刀、清角、清根等。

（2）圆鼻刀：也称圆角刀、牛鼻刀、牛头刀、刀把。主要用于坯料开粗或平面光刀，曲面开粗加工中比较常用。常用来加工硬度较高的材料。常用的圆鼻刀刀角半径为0.2~6mm。

（3）球刀：也称球头铿刀、R刀。主要用于曲面光刀。

以上3种刀具在加工中最为常用，其他刀具使用较少，在此就不一一讲解了。

21.2.2　刀具材料的选用

刀具材料的种类也非常多，较常用的有高速钢、硬质合金钢等。

（1）高速钢刀具：如白钢刀，刀具容易磨损，但价格便宜，常用于加工硬度较低的工件，如铜料、45#钢等。

（2）硬质合金刀具：如钨钢刀、硬质合金刀等。刀具的硬度极高，耐高温，主要用于加工硬度较高的工件，如一些模具钢、淬火钢，模具的凸、凹模等。硬质合金钢要求转速高，速度过低不利于刀具，易崩刀。

21.2.3　刀具结构的选用

此处的刀具结构主要针对硬质合金钢刀具，常用的结构有整体式和镶嵌式2种。

（1）整体式：整个刀具是一个整体，全部由硬质合金材料制成。加工效果好，价格昂贵。一般为平刀和球刀，常用于光刀。

（2）镶嵌式：由于硬质合金材料比较贵，所以，刀具前端采用镶嵌的刀片，即舍弃式刀粒，刀片采用螺丝固定，表面有涂层。刀粒形状有圆形、三角形、菱形、方形等。可以转位，刀片改换角度即可重新使用，损坏了也可以更换。刀杆采用一般的钢材。因此，镶嵌式硬质合金钢使用寿命长、成本低。

21.2.4　刀具大小的选用

刀具需要合理选用大小，选用不得当，可能浪费时间和效率，还可能出现事故，因此，刀具大小的选用非常重要。主要考虑以下两点。

（1）在满足使用的前提下，一般尽可能选用大直径刀具，大直径刀具刚性足，加工速率高，效率也高。精光的刀具一般参考曲面的最小曲率半径或折角的最小折角半径。通常情况下，先用大直径刀具开粗，再用小直径刀具精光，最后换更小直径的刀具清残料。

（2）选用小直径刀具时注意过切。小直径刀具一般小于$\phi 6$，通常都是带锥度的，即通常情况下，刀柄比刀尖部分的直径要大，切削比较深、比较窄的区域时就不易采用，否则会出现干涉。

21.3　刀路选用原则

Mastercam提供了多种二维和三维刀路，合理选用刀路，能大大节省模具加工时间，提高效率。

21.3.1　二维加工刀路

二维加工刀路是Mastercam X9中比较好的刀路，效率高，操作简单，主要有以下几种。

（1）平面铣：专门用来铣削平面区域。

（2）钻孔：用于钻盲孔、通孔、攻螺纹、镗孔等。

（3）挖槽：对凹槽形工件进行挖槽加工，也可以对开放式串联进行开放式挖槽。对封闭槽形挖槽时注意选用下刀方式，一般沿边界螺旋下刀或采用斜向下刀。

（4）外形：用于加工外形轮廓。可以加工工件外形进刀，这样更安全。还可以用于曲面光刀清角。

（5）木雕：用于对文字、线条进行加工。常用于厂牌、商标、材料、日期等木雕加工，作用是对产品进行修饰。

21.3.2 三维刀路之曲面粗加工

曲面粗加工专门用于模具开粗，主要用于大批量去除材料，开粗注重效率，采用大直径刀具快速去除残料，主要有以下刀路。

（1）平行粗加工：采用相互平行的刀路沿某一设定的方向来回分层铣削，加工完的表面呈条纹状，计算时间稍长，刀路提刀次数稍多。加工比较平坦的规则曲面效果较好，加工凸凹较多的不规则曲面或稍陡的曲面则效果不理想。

（2）放射粗加工：以放射中心向四周发散的方式进行铣削。通常用于加工回转体或类似回转体的零件。放射粗加工抬刀次数过多，刀路计算时间长，效率低。

（3）流线粗加工：沿曲面的横向或纵向流线方向加工。通常用于对曲面流线比较规则的曲面进行加工。

（4）投影粗加工：将已有的刀路、点或曲线投影到曲面产生刀路进行加工。

（5）等高外形粗加工：沿曲面等高线产生分层铣削。常用于二次开粗或铸件毛坯的开粗。

（6）残料粗加工：对上一步或先前所有的刀路加工剩余的残料进行清除加工。常用来二次开粗，刀路计算时间较长。

（7）挖槽粗加工：采用二维挖槽的计算方式和加工方式对曲面和边界之间的残料进行快速清除。加工效率高，计算时间短，是优秀的万能开粗刀路，常作为开粗的首选刀路。

（8）钻削式粗加工：采用类似于钻孔刀路的方式钻削残料。用于比较深的工件清除残料。

21.3.3 三维刀路之曲面精加工

曲面精加工主要用来对模具中的曲面进行光刀操作，由于精加工要求高，因此，光刀主要注重的是加工精度，使切削出的模具型腔尽可能地接近模型档案。主要有以下几种刀路。

（1）平行精加工：采用相互平行的刀路沿某一设定的方向来回铣削，刀具切削负荷平稳，加工精度高。通常用于模具分型面等重要部位的精加工。

（2）放射精加工：以放射中心向四周发散的方式进行铣削，通常用于加工回转体或类似回转体的零件。越靠近中心位置，加工刀路越密集，越靠近四周，加工刀路越稀疏，因此，加工效果不均匀，靠近放射中心，加工质量高，靠近四周，加工质量差。

（3）曲面流线精加工：沿曲面的横向或纵向流线方向加工。通常用于曲面流线比较规则的曲面进行加工。

（4）投影精加工：将已有的刀路、点或曲线投影到曲面，产生刀路进行加工。通常采用投影曲线精加工，此时曲面预留量通常为负值。

（5）等高外形精加工：沿曲面等高线产生分层铣削，或沿曲面的外形线产生切削刀路。常用于比较陡的曲面精加工。

（6）陡斜面精加工：类似于平行精加工，采用相互平行的刀路对比较陡的曲面进行精加工。

（7）浅平面精加工：采用来回双向平行或环绕的方式对比较浅的平面进行精加工铣削。

（8）残料清角精加工：对先前刀路留下的残料进行清除加工。计算时间长，加工效率低。

（9）交线清角精加工：对两曲面相交部位进行清角加工。

（10）环绕等距精加工：以等间距环绕加工曲面的刀路进行加工，陡斜面和浅平面都可以加工。

（11）熔接精加工：将两串联间形成的刀路投影到曲面上形成曲面精加工刀路进行加工。此刀路实际上是双线投影加工，Mastercam X以后的版本将此刀路从投影精加工中分离出来单独成为熔接精加工。

21.4　模具加工基本技巧

Mastercam加工将二维刀路和三维刀路分开，并且三维刀路又分为开粗和光刀，因此，合理选用刀路能获得高质量的加工结果。掌握一些常用的技巧，能快速掌握Mastercam的编程加工。

Mastercam加工主要分为开粗、精光和清角3个阶段。

21.4.1　开粗阶段

粗加工阶段主要的目的是去除毛坯残料，尽可能快地将大部分残料清除干净，而不需要在乎精度高低或表面光洁度的问题。主要从两方面来衡量粗加工，一是加工时间，二是加工效率。一般使用低的主轴转速，大吃刀量进行切削。从以上两方面考虑，粗加工挖槽是首选刀路，挖槽加工的效率是所有刀路中最高的。加工时间也最短。铜公开粗时外形余量已经均匀了，可以采用等高外形进行二次开粗。对于平坦的铜公曲面，一般也可以采用平行精加工大吃刀量开粗。在采用小直径刀具进行等高外形二次开粗，或利用挖槽以及残料进行二次开粗，使余量均匀。粗加工除了要保证时间和效率外，就是要保证粗加工完后，局部残料不能过厚，因为局部残料过厚的话，精加工阶段容易断刀或弹刀。因此，在保证效率和时间的同时，要保证残料的均匀。

21.4.2　精光阶段

精光工阶段的主要目的是精度，尽可能满足加工精度和光洁度要求，因此，会牺牲时间和效率。此阶段不能求快，只有精雕细琢，才能达到精度要求。对于平坦的或斜度不大的曲面，一般采用平行精加工进行加工，此刀路在精加工中应用非常广泛，刀路切削负荷平稳，加工精度也高。此刀路通常也用于加工重要曲面，如模具分型面位置。对于比较陡的曲面，通常采用等高外形精加工来光刀。对于曲面中的平面位置，通常采用挖槽中的面铣功能来加工，效率和质量都非常高。当曲面非常复杂，平行精加工和等高外形满足不了要求时，还可以配合浅平面精加工和都斜面精加工来加工。此外，环绕等距精加工通常用于清除最后一层残料，此刀路呈等间距排列，不过计算时间稍长，刀路较费时，对复杂的曲面比较好。环绕等距精加工可以加工浅平面，也可以加工陡斜面。但是千万不要用于加工平面，那样会极大地浪费时间。

21.4.3　清角阶段

通过粗加工阶段和精加工阶段，零件的残料基本清除干净了，只有少数或局部存在一些无法清除的残料，此时就需要采用专门的刀路来加工了。特别是当两曲面相交，在交线处由于球刀无法进入，前面的曲面精加工就无法达到要求。此时一般采用清角刀路。对于平面和曲面相交所得的交线，可以用平刀采用外形刀路进行清角，或采用挖槽面铣功能进行清角也是比较好的选择。除此之外，也可以采用等高外形精加工来清角。如果是比较复杂的曲面和曲面相交所得的交线，就只能采用交线清角精加工来清角了。

21.5　拓展训练一：玩具车凹模加工

引入文件：拓展训练\源文件\Ch21\21-1.mcx-9

结果文件：拓展训练\结果文件\Ch21\21-1.mcx-9

视频文件：视频\Ch21\拓展训练一：玩具车凹模加工.avi

对图21-1所示的玩具车凹模型腔进行加工，加工结果如图21-2所示。

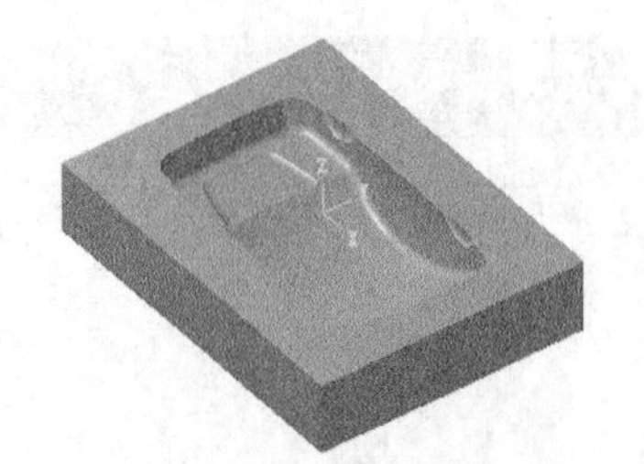

图21-1　玩具车凹模

图21-2　加工结果

21.5.1　加工规划

根据凹模加工特点，规划刀路如下。

（1）使用D16R1的圆鼻刀，对凹模型腔采用挖槽粗加工刀路进行开粗加工。

（2）使用D8的球刀对凹模侧壁采用等高外形精加工刀路进行精加工。

（3）使用D8的球刀对凹模底部采用平行精加工刀路进行精加工。

（4）使用D6的球刀对凹模型腔采用环绕等距精加工刀路进行精加工。

（5）实体仿真模拟。

21.5.2　使用D16R1的圆鼻刀，对凹模型腔采用挖槽粗加工刀路进行开粗加工

01 打开源文件。单击【打开】按钮，从资源文件中打开“拓展训练\源文件\Ch21\21-1.mcx-9”，单击【完成】按钮，完成文件的调取。

02 在菜单栏执行【刀路】→【曲面粗切】→【挖槽】命令，弹出【输入新的NC名称】对话框，使用默认的名称，单击【完成】按钮，完成输入，如图21-3所示。

03 选择曲面，确定后弹出【刀具路径曲面的选取】对话框，如图21-4所示。选择曲面和边界后，单击【完成】按钮，完成选择。

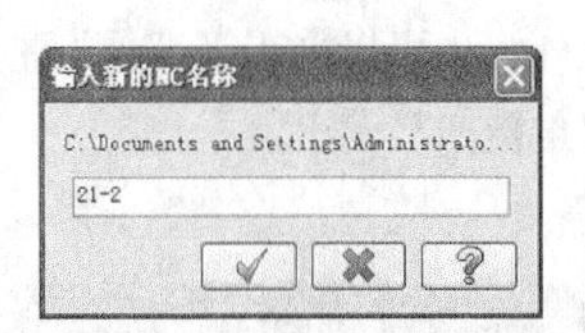

图21-3　输入新的NC名称

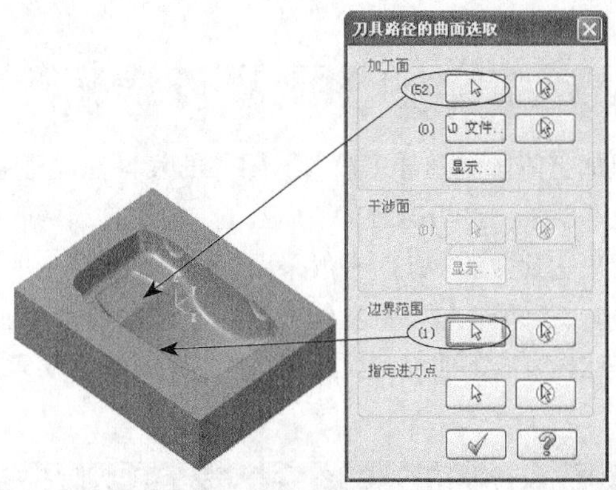

图21-4　选取曲面和边界

04 弹出【曲面粗加工挖槽】对话框，如图21-5所示，单击【刀具参数】选项卡。

05 在【刀具路径参数】选项卡的空白处单击鼠标右键，从快捷菜单中选择【创建新刀具】选项，弹出定义刀具对话框，如图21-6所示。选择刀具类型为【圆鼻刀】，设置参数为D16R1，如图21-7所示。单击【完成】按钮，完成设置。

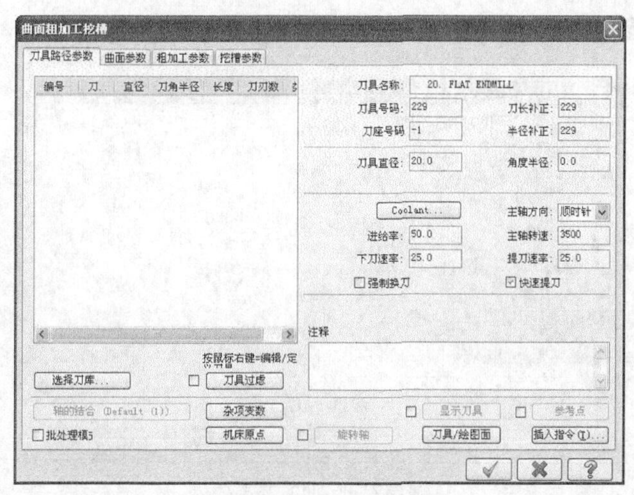

图21-5　曲面加工挖槽参数

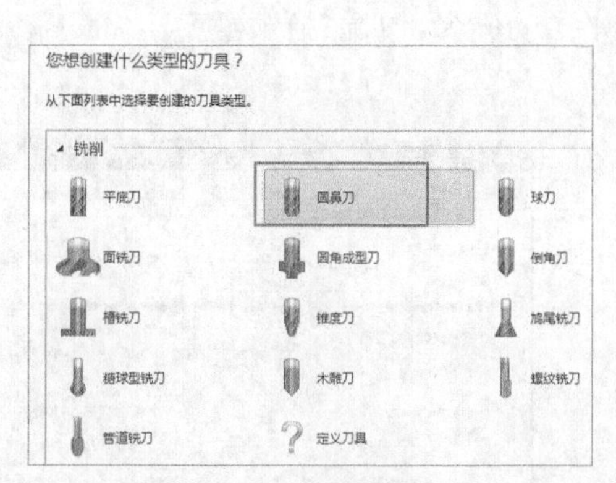

图21-6　选择刀具类型

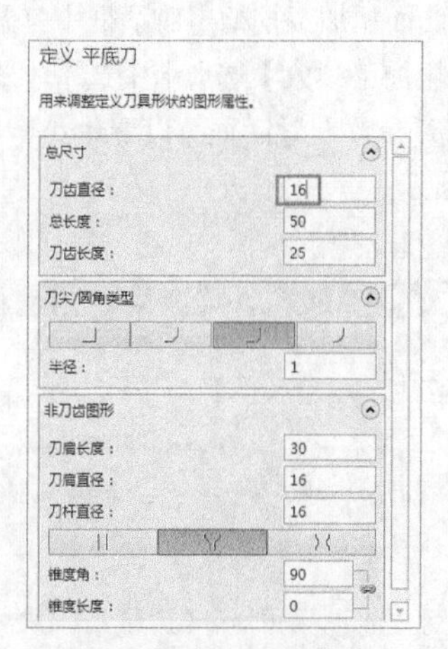

图21-7　设置刀具参数

06 在定义刀具对话框中单击【完成】按钮，系统返回【刀具路径参数】选项卡，设置刀具切削速度相关参数，如图21-8所示。

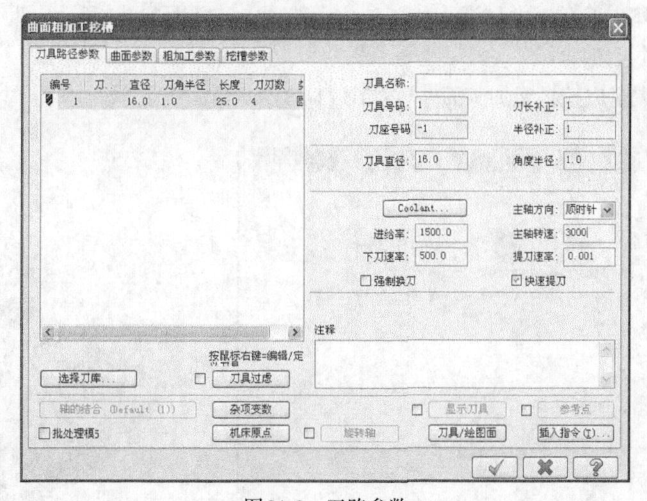

图21-8　刀路参数

07 在【曲面粗加工挖槽】对话框中打开【曲面参数】选项卡，如图21-9所示。设置曲面相关参数，单击

【完成】按钮，完成参数设置。

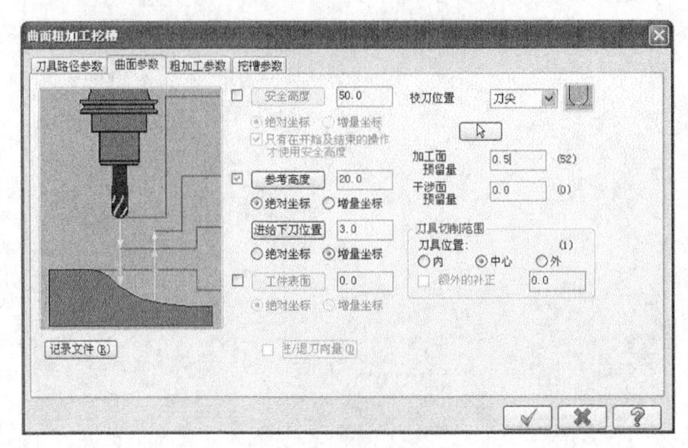

图21-9　曲面参数

08 在【曲面粗加工挖槽】对话框中打开【粗加工参数】选项卡，设置Z轴最大进给量为1，如图21-10所示。

09 在【粗加工参数】选项卡中选中【螺旋式下刀】前的复选框，并单击【螺旋式下刀】按钮，弹出【螺旋/斜插式下刀参数】对话框，设置最小半径为5，最大半径为10，单击【完成】按钮，完成参数设置，如图21-11所示。

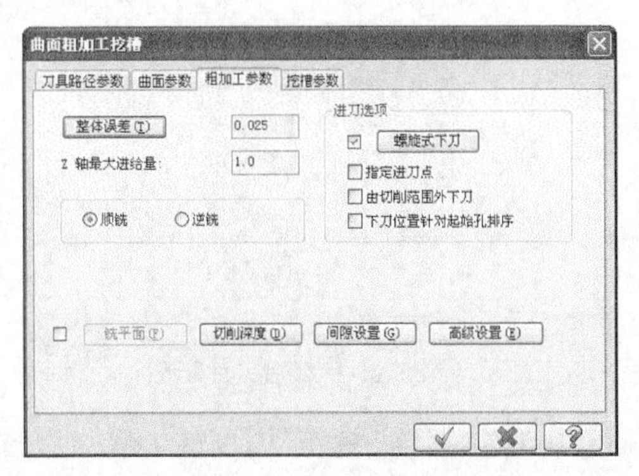

图21-10　粗加工参数

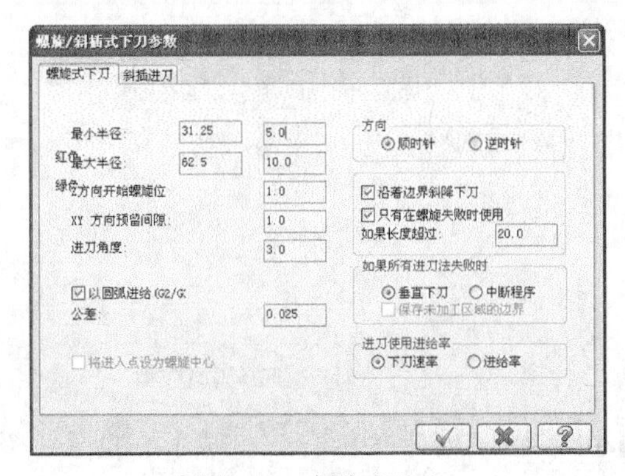

图21-11　螺旋式下刀

10 在【曲面粗加工挖槽】对话框中打开【挖槽参数】选项卡，如图21-12所示。设置挖槽参数，单击【完成】按钮，完成参数设置。

11 系统根据设置的参数生成挖槽粗加工刀路，如图21-13所示。

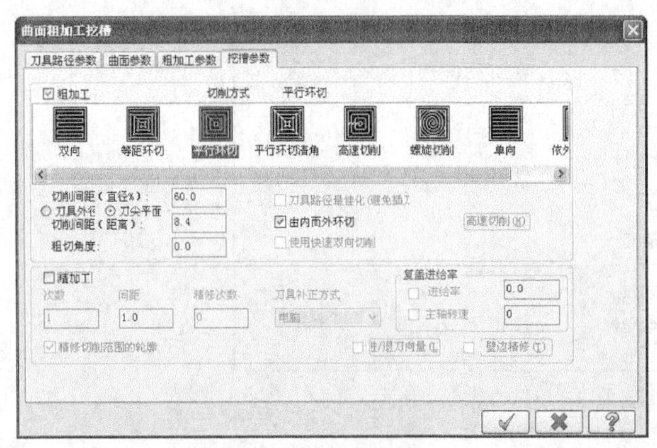

图21-12　挖槽参数

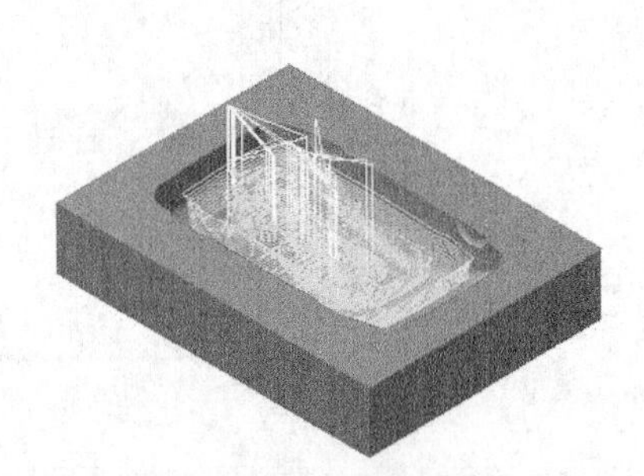

图21-13　生成刀路

21.5.3 采用D8的球刀对凹模侧壁进行等高外形精加工刀路精加工

01 在菜单栏执行【刀路】→【曲面精修】→【等高】命令，弹出【刀具路径的曲面选取】对话框，如图21-14所示，选取加工曲面和边界范围曲线，单击【完成】按钮，完成选取。

02 弹出【曲面精加工等高外形】对话框，如图21-15所示。

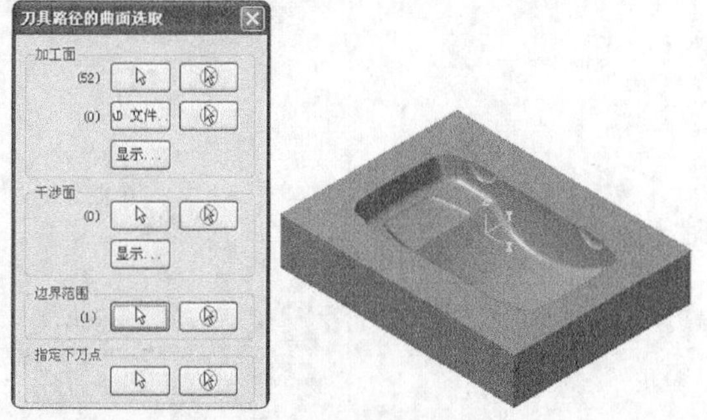

图21-14 选取曲面

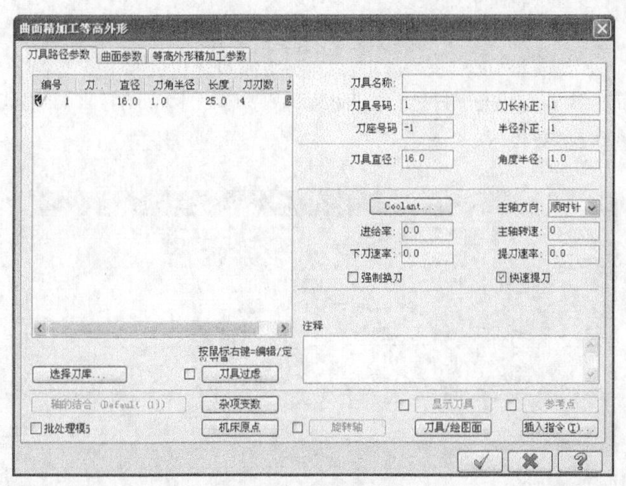

图21-15 刀路参数

03 在【刀具路径参数】选项卡的空白处单击鼠标右键，从快捷菜单中选择【创建新刀具】选项，弹出定义刀具对话框，如图21-16所示。选择刀具类型为【球刀】，设置直径为8，如图21-17所示。单击【完成】按钮完成设置。

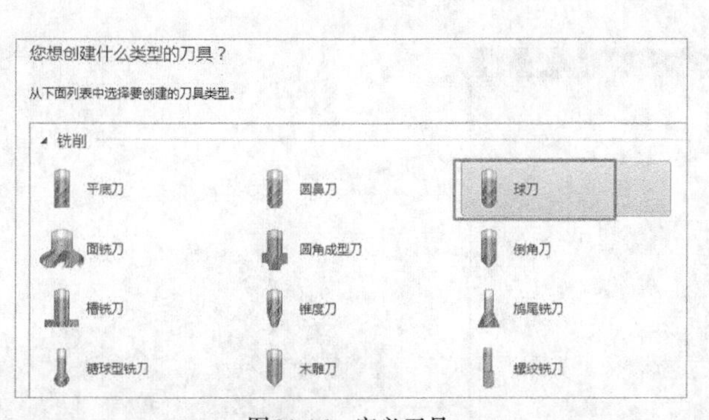

图21-16 定义刀具

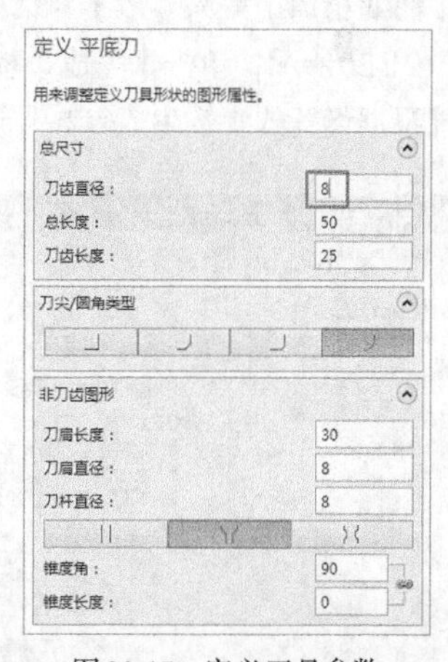

图21-17 定义刀具参数

04 在【刀具路径参数】选项卡中设置相关参数，如图21-18所示。单击【完成】按钮，完成刀路参数设置。

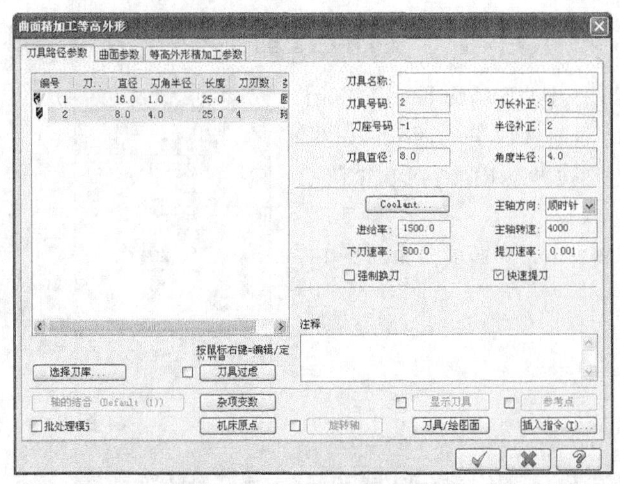

图21-18　设置切削参数

05 在【曲面精加工等高外形】对话框中打开【曲面参数】选项卡，设置曲面相关参数，如图21-19所示，单击【完成】按钮，完成参数设置。

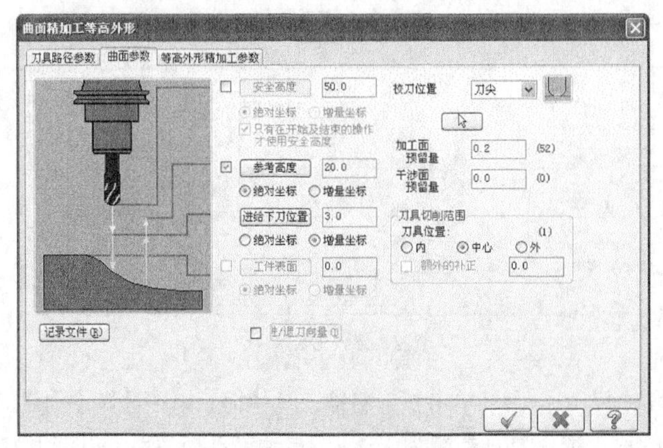

图21-19　曲面参数

06 在【曲面精加工等高外形】对话框中打开【等高外形精加工参数】选项卡，设置等高外形精加工专用参数，如图21-20所示，单击【完成】按钮，完成参数设置。

07 系统根据设置的参数生成等高外形精加工刀路，如图21-21所示。

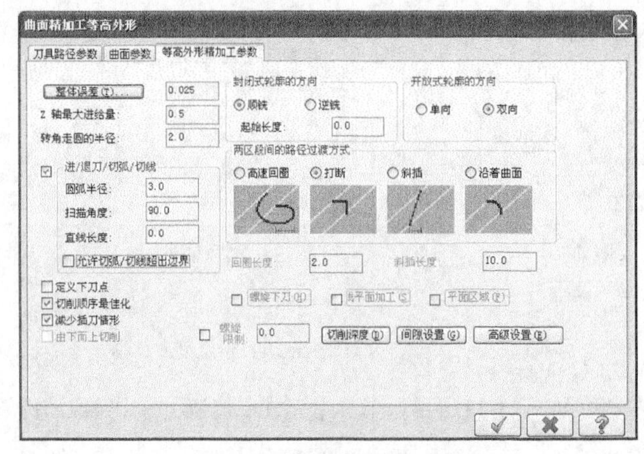

图21-20　等高外形精加工参数

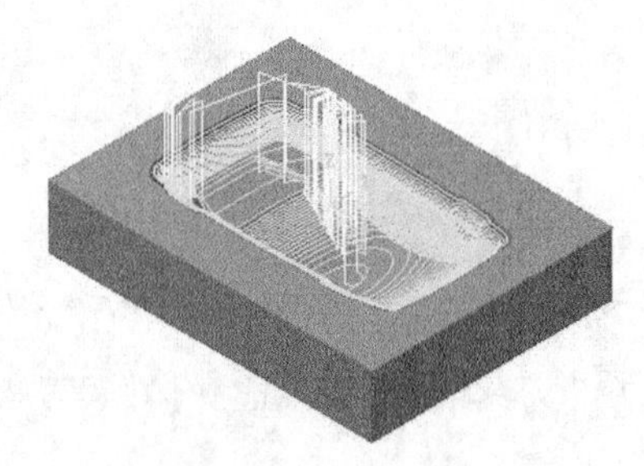
图21-21　生成刀路

21.5.4　采用D8的球刀对凹模底部进行平行精加工刀路精加工

01 在菜单栏执行【刀路】→【曲面精修】→【平行】命令，弹出【刀具路径的曲面选取】对话框，如图21-22所示。选择加工曲面和曲面加工范围，单击【完成】按钮，完成选择。

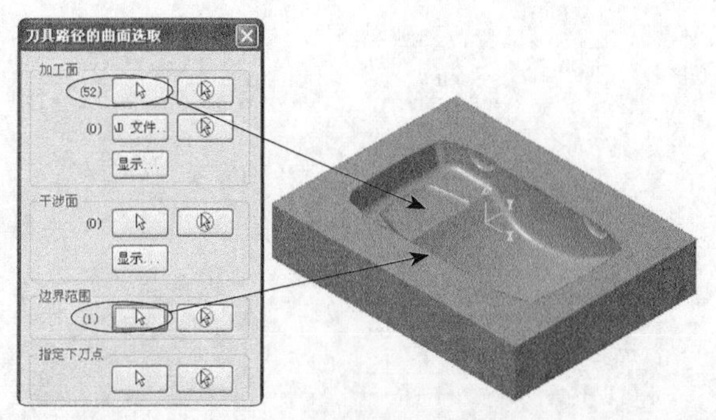

图21-22　选取加工曲面和边界

02 弹出【曲面精加工平行铣削】对话框，如图21-23所示。采用上一步创建的D8球刀作为当前刀路使用的刀具。

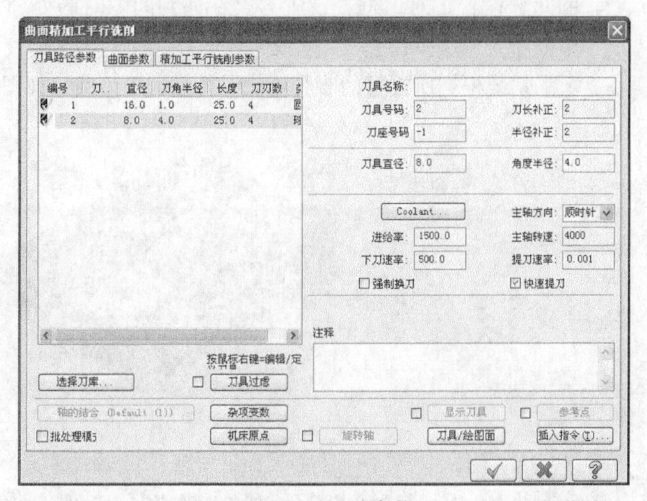

图21-23　刀路参数

03 在【曲面精加工平行铣削】对话框中打开【曲面参数】选项卡，设置曲面相关参数，如图21-24所示，单击【完成】按钮，完成参数设置。

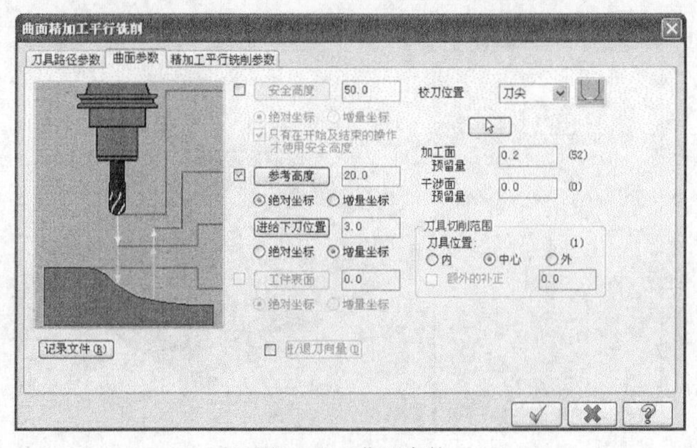

图21-24　曲面参数

04 在【曲面精加工平行铣削】对话框中打开【精加工平行铣削参数】选项卡，设置平行精加工专用参数，如图21-25所示，单击【完成】按钮，完成参数设置。

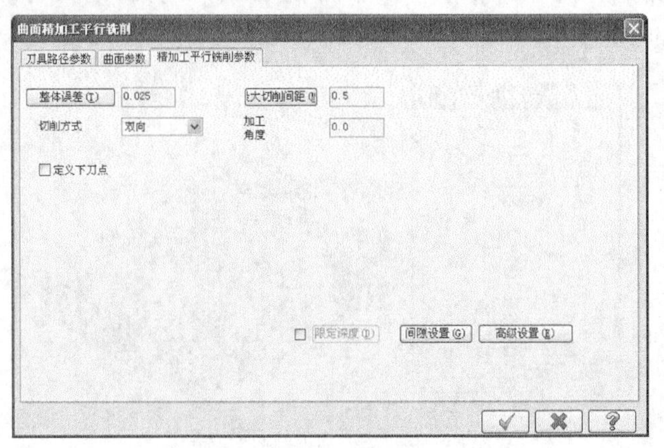

图21-25 精加工平行铣削参数

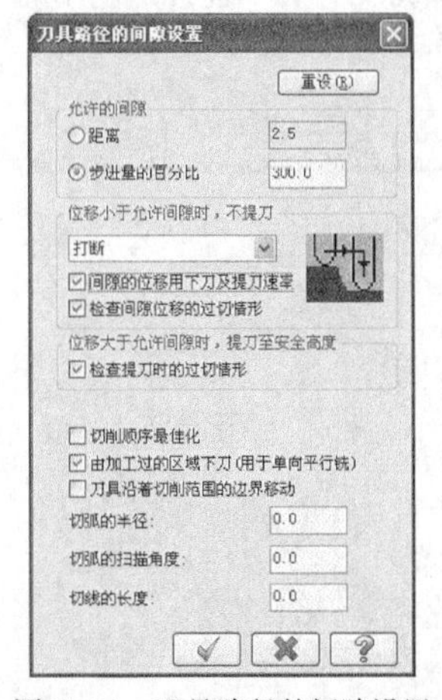

图21-26 刀具路径的间隙设置

05 在【曲面精加工平行铣削】对话框中单击间隙设定按钮，弹出【刀具路径的间隙设置】对话框，设置刀路在遇到间隙时的处理方式，如图21-26所示。单击【完成】按钮，完成间隙设置。

06 系统根据所设置的参数生成平行精加工刀路，如图21-27所示。

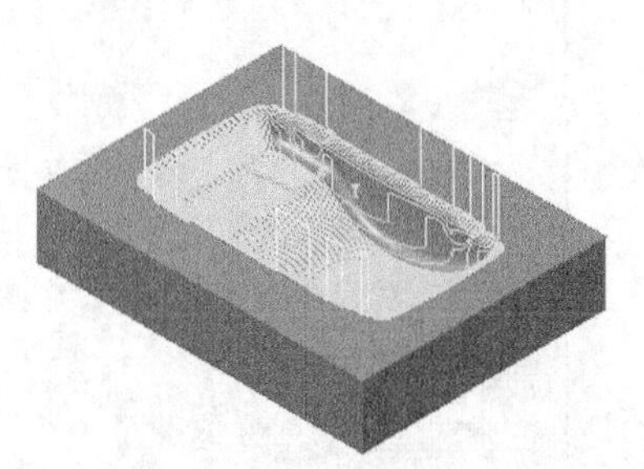

图21-27 生成刀路

21.5.5 采用D6的球刀对凹模型腔进行环绕等距精加工刀路精加工

01 在菜单栏执行【刀路】→【曲面精修】→【环绕】命令，弹出【刀具路径的曲面选取】对话框，如图21-28所示。选取加工曲面和边界范围曲线，单击【完成】按钮，完成选取。

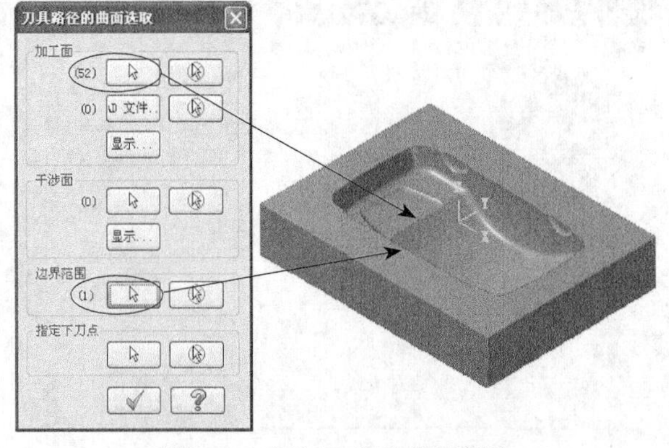

图21-28 选取加工面和边界范围

02 弹出【曲面精加工环绕等距】对话框，如图21-29所示。

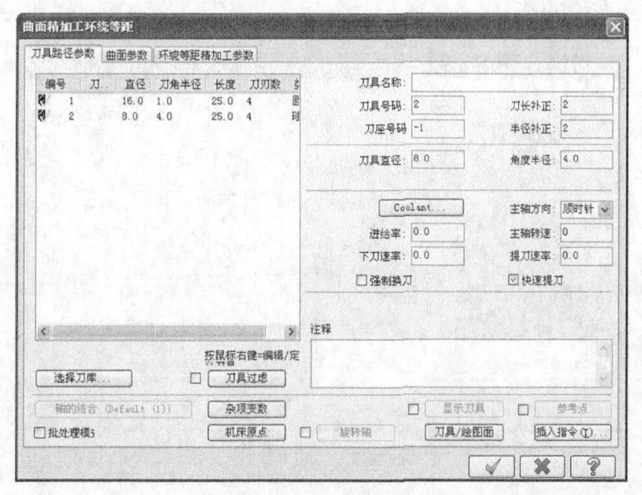

图21-29　刀路参数

03 在【刀具路径参数】选项卡的空白处单击鼠标右键，从快捷菜单中选择【创建新刀具】选项，弹出定义刀具对话框，如图21-30所示。选择刀具类型为【球刀】，设置直径为6，如图21-31所示。单击【完成】按钮，完成设置。

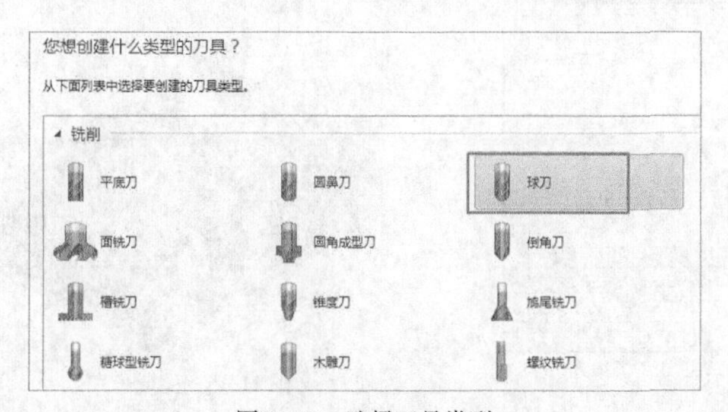

图21-30　选择刀具类型

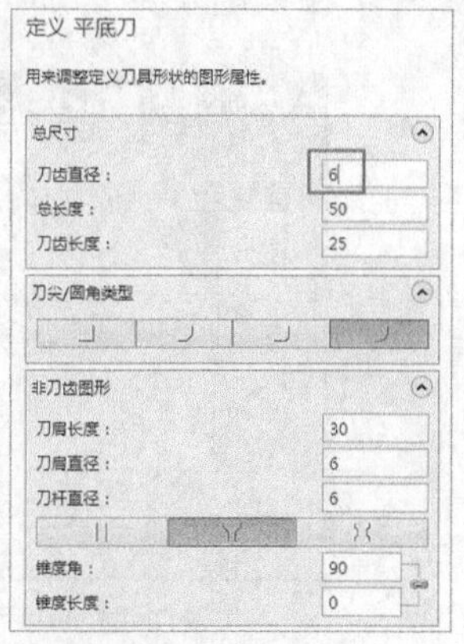

图21-31　定义刀具

04 在【刀具路径参数】选项卡中设置相关参数，如图21-32所示。单击【完成】按钮，完成刀路参数设置。

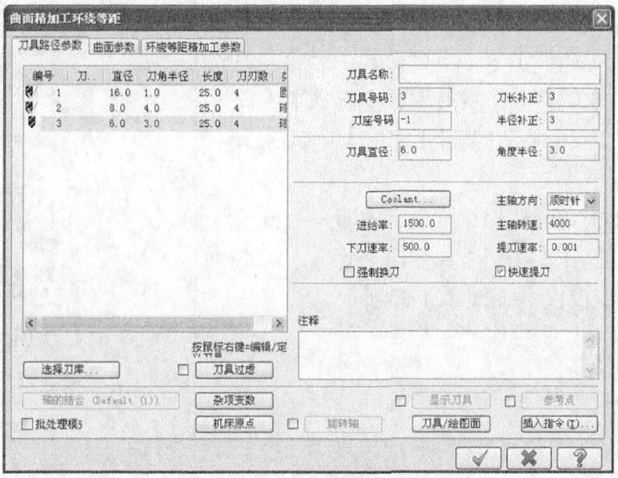

图21-32　刀路参数

05 在【曲面精加工环绕等距】对话框中打开【曲面参数】选项卡，设置曲面相关参数，如图21-33所示，单击【完成】按钮✓，完成参数设置。

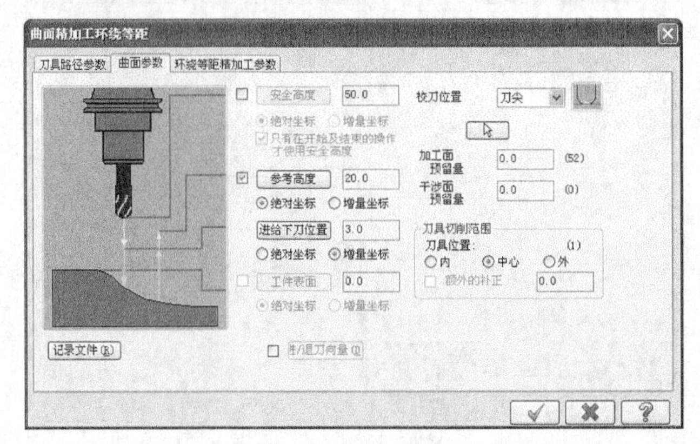

图21-33　曲面参数

06 在【曲面精加工环绕等距】对话框中打开【环绕等距精加工参数】选项卡，设置环绕等距精加工专用参数，如图21-34所示，单击【完成】按钮✓，完成参数设置。

07 系统根据用户所设置的参数，生成环绕等距精加工刀路，如图21-35所示。

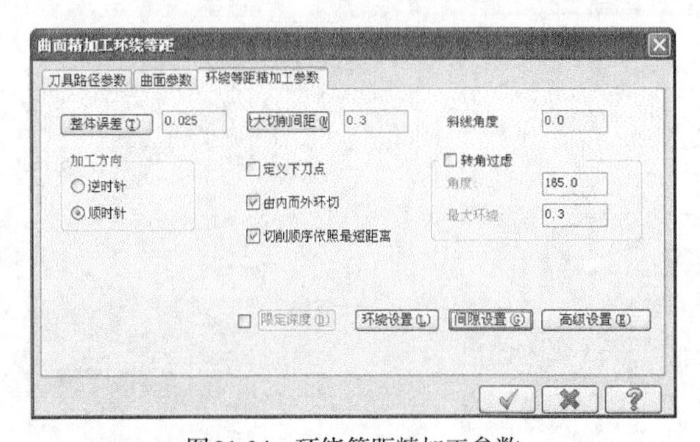

图21-34　环绕等距精加工参数

图21-35　生成刀路

21.5.6　实体仿真模拟

接下来对所有刀路进行实体模拟，其步骤如下。

01 在刀路管理器中单击【属性】→【素材设置】选项，弹出【机器群组属性】对话框，打开【素材设置】选项卡，设置加工坯料的尺寸，如图21-36所示，单击【完成】按钮✓，完成参数设置。

02 坯料设置结果如图21-37所示，虚线框显示的即为毛坯。

03 单击【模拟已选择的操作】按钮，弹出【验证】对话框，单击【播放】按钮▶，模拟结果如图21-38所示。

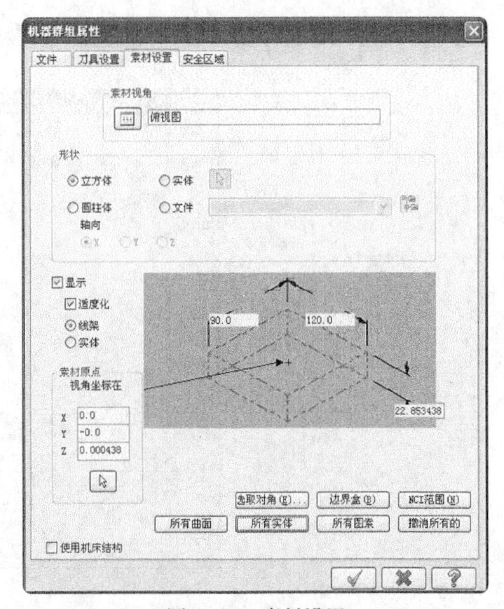

图21-36　素材设置

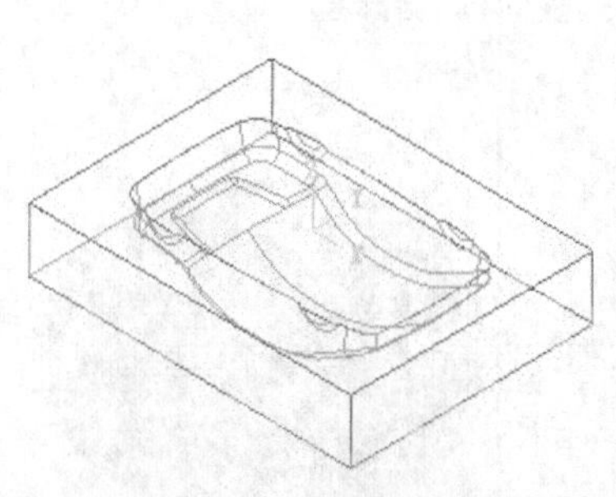
图21-37　毛坯设置结果

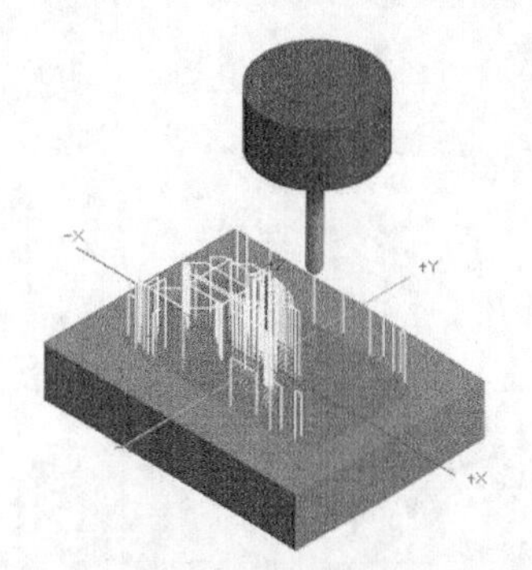

图21-38　实体模拟

21.6　拓展训练二：电风扇公模加工

引入文件：拓展训练\源文件\Ch21\21-2.mcx-9
结果文件：拓展训练\结果文件\Ch21\21-2.mcx-9
视频文件：视频\Ch21\拓展训练二：电风扇公模加工.avi

对图21-39所示的图形进行精加工，加工结果如图21-40所示。

图21-39　加工图形

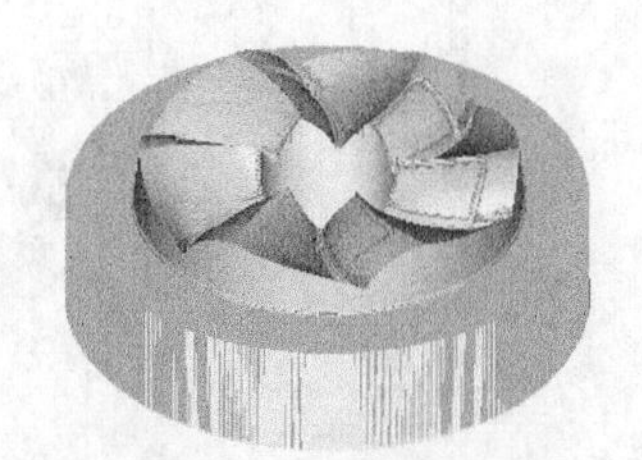
图21-40　加工结果

21.6.1　加工规划

本实训的电风扇凸模由于分型面部位比较复杂，因此需要采用多种刀路进行加工。其规划如下。

（1）采用D20的平底刀对电风扇凸模外围进行二维外形加工。

（2）采用D10R5的球刀对电风扇胶位进行挖槽开粗。

（3）采用D6R3的球刀进行环绕等距精加工。

（4）采用D1R0.5的球刀对胶位进行残料精加工。

（5）采用D1R0.5的球刀对侧面进行等高精加工。

（6）实体仿真模拟加工。

21.6.2　采用D20的平底刀对电风扇凸模外围进行二维外形加工

01 在菜单栏执行【文件】→【打开】按钮，从资源文件中打开“拓展训练\源文件\CH21\21-2.mcx-9”，单击【完成】按钮，完成文件的调取。

02 在菜单栏执行【刀路】→【外形】命令，弹出【输入新的NC名称】对话框，使用默认名称，如图21-41所示。单击【完成】按钮，弹出【刀具路径的曲面选取】对话框，选取串联，方向如图21-42所示。单击【完成】按钮，完成选取。

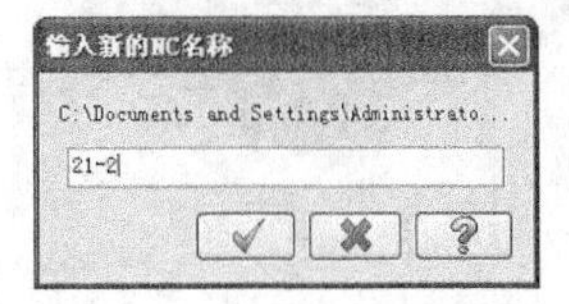

图21-41　输入新的NC名称

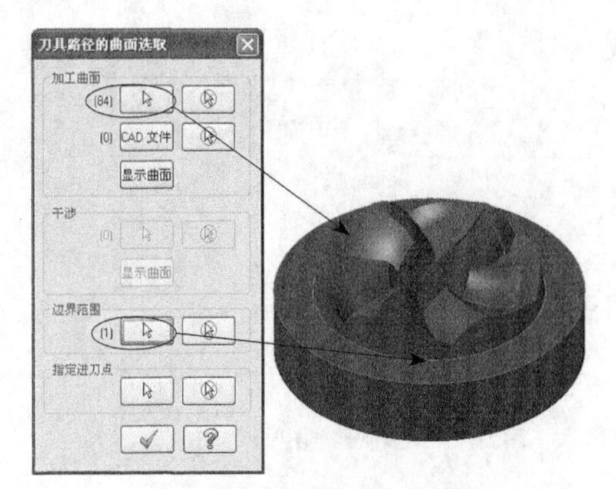

图21-42　刀具路径的曲面选取

03 弹出【2D刀具路径-外形铣削】对话框，选择类型为外形铣削，如图21-43所示。

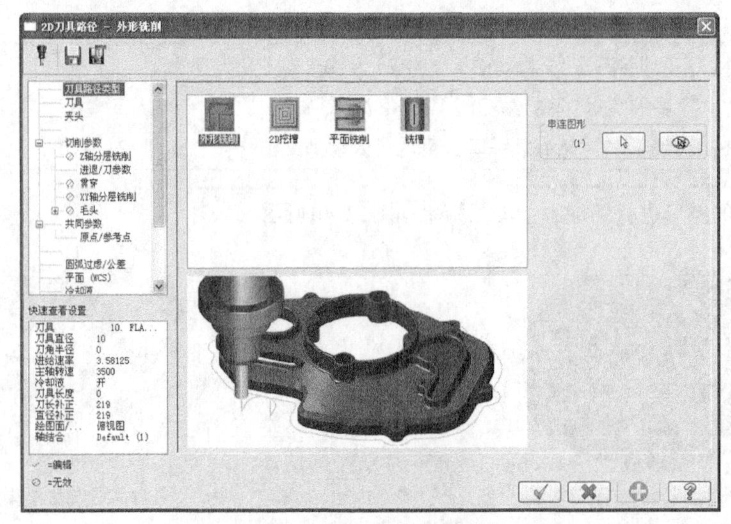

图21-43　【2D刀具路径-外形铣削】对话框

04 在【2D刀具路径-外形铣削】对话框中单击【刀具】选项，设置刀具及相关参数，如图21-44所示。

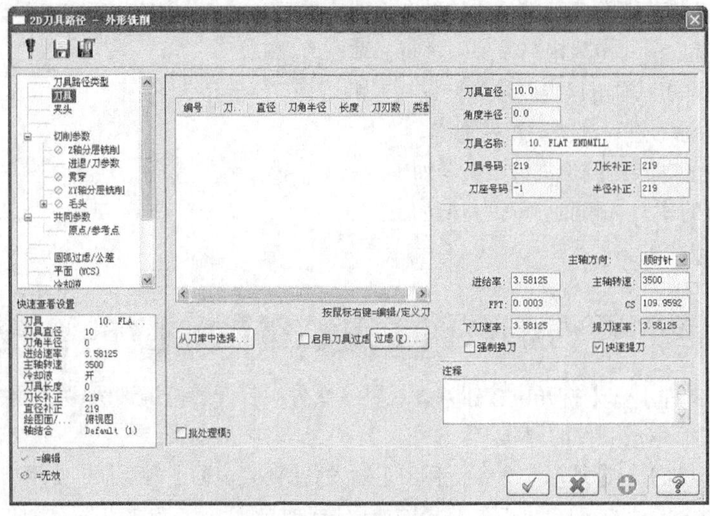

图21-44　刀具参数

05 在【刀具】参数选项区的空白处单击鼠标右键，从快捷菜单中选择【创建新刀具】选项，弹出定义刀具对话框，如图21-45所示。选择刀具类型为【平底刀】，设置直径为20，如图21-46所示。单击【完成】按钮完成设置。

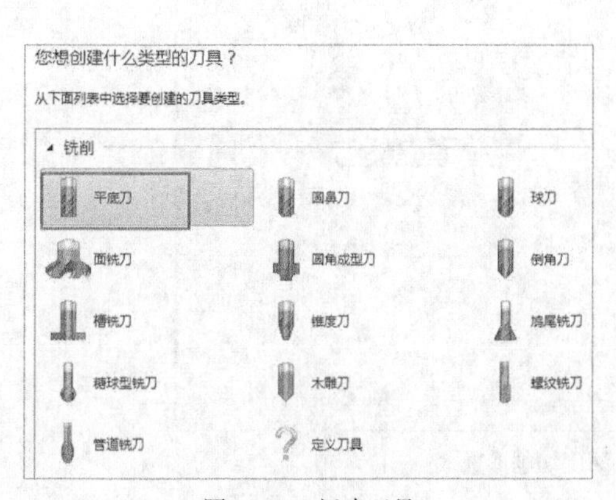

图21-45　新建刀具

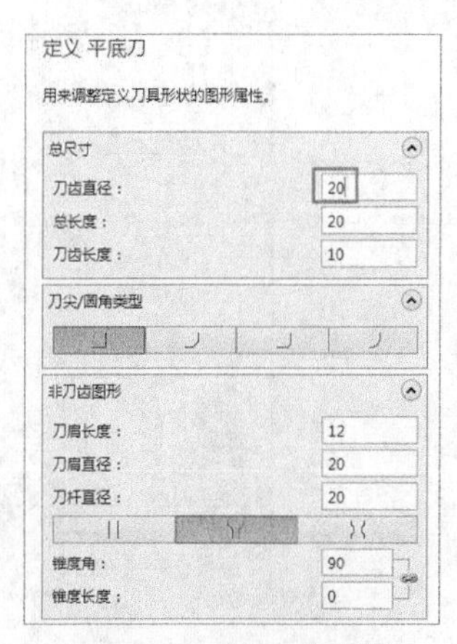

图21-46　设置刀具参数

06 在【刀具】参数选项区中设置相关参数，如图21-47所示。单击【完成】按钮，完成刀具参数设置。

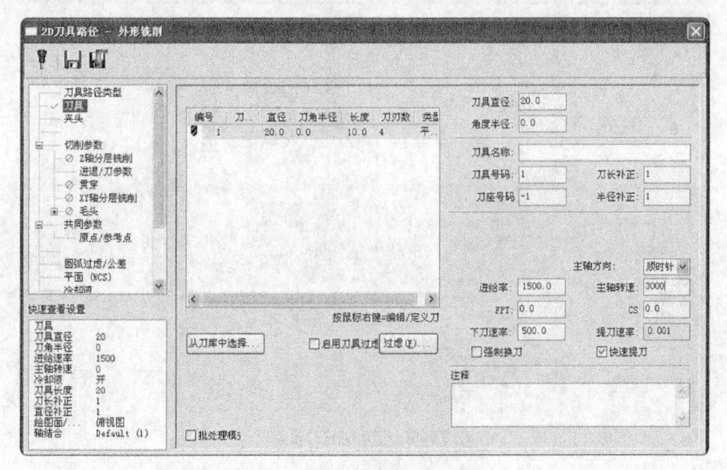

图21-47　刀具相关参数

07 在【2D刀具路径-外形铣削】对话框中单击【切削参数】选项，设置切削参数，如图21-48所示。

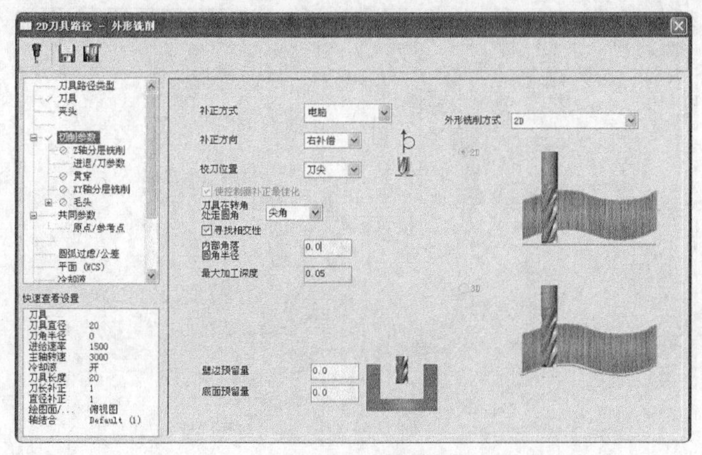

图21-48　切削参数

08 在【2D刀具路径-外形铣削】对话框中单击【Z分层铣削】选项，设置深度分层等参数，如图21-49所示。

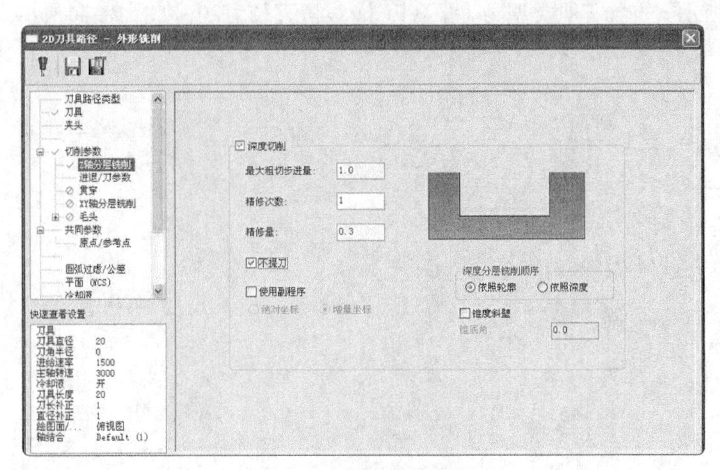

图21-49　深度切削参数

09 在【2D刀具路径-外形铣削】对话框中单击【进退/刀参数】选项，设置进刀和退刀参数，如图21-50所示。

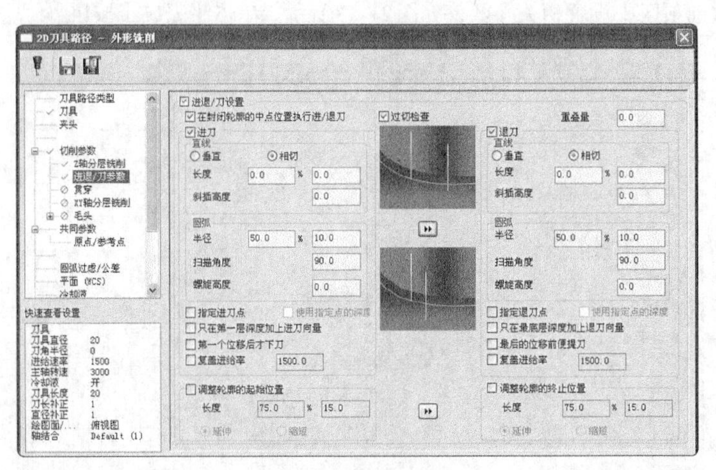

图21-50　进退/刀参数

10 在【2D刀具路径-外形铣削】对话框中单击【共同参数】选项，设置二维刀路共同的参数，如图21-51所示。

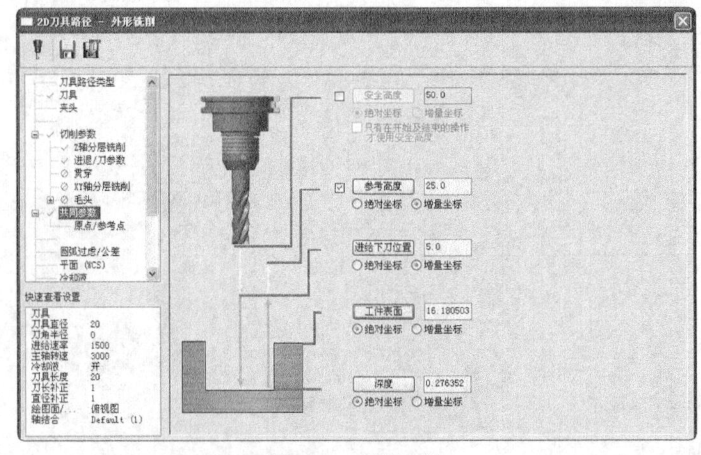

图21-51　共同参数

11 系统根据所设参数，生成刀路，如图21-52所示。

12 复制粘贴刀路。在刀路管理器中选中刚生成的外形刀路，单击鼠标右键，在弹出的快捷菜单中单击【复制】，再在快捷菜单中单击【粘贴】，系统复制刚才选中的刀路，如图21-53所示。

图21-52　生成刀路

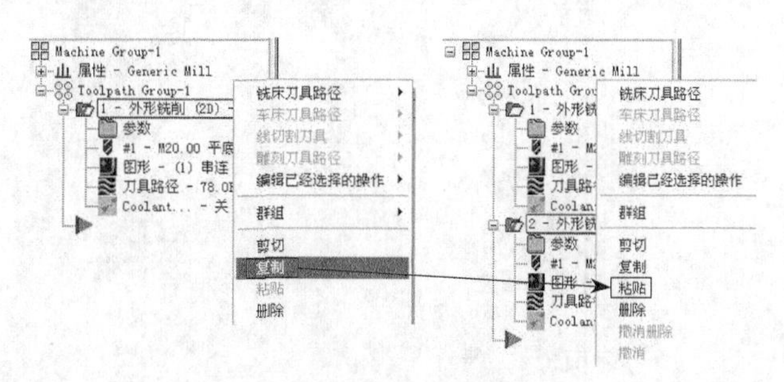

图21-53　复制刀路

13 编辑加工串联。单击刚才复制的刀路串联标签，弹出【串联管理】对话框，重新选择串联，如图21-54所示。

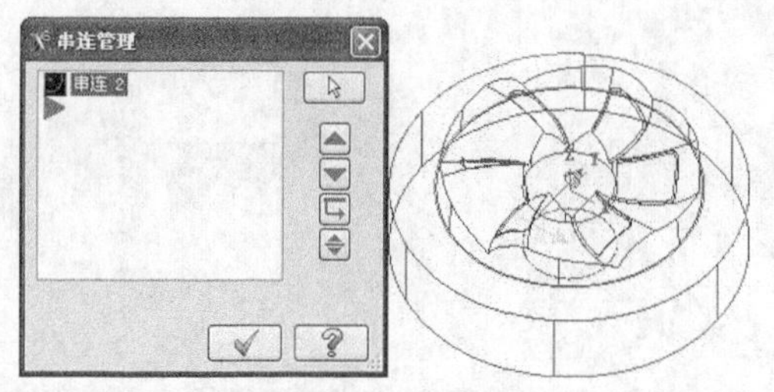

图21-54　重新串联

14 编辑参数。单击刚才复制的刀路参数标签，弹出【2D刀具路径-2D挖槽】对话框，将刀路类型修改为2D挖槽，如图21-55所示。

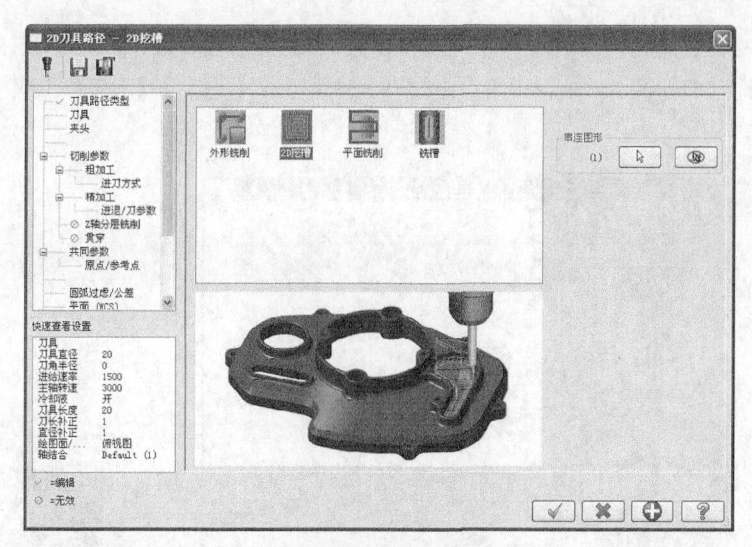

图21-55　修改为2D挖槽

15 在【2D刀具路径-2D挖槽】对话框中单击【粗加工】选项，将切削方式修改为平行环切，如图21-56所示。

16 在【2D刀具路径-2D挖槽】对话框中单击【Z分层铣削】选项，参数设置如图21-57所示。

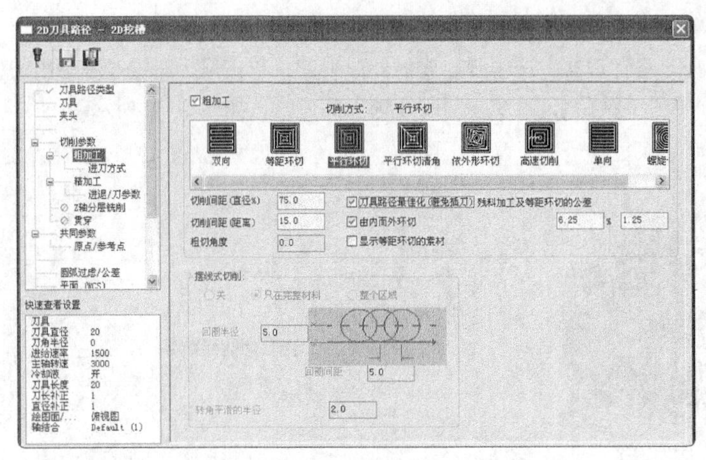

图21-56　平行环切

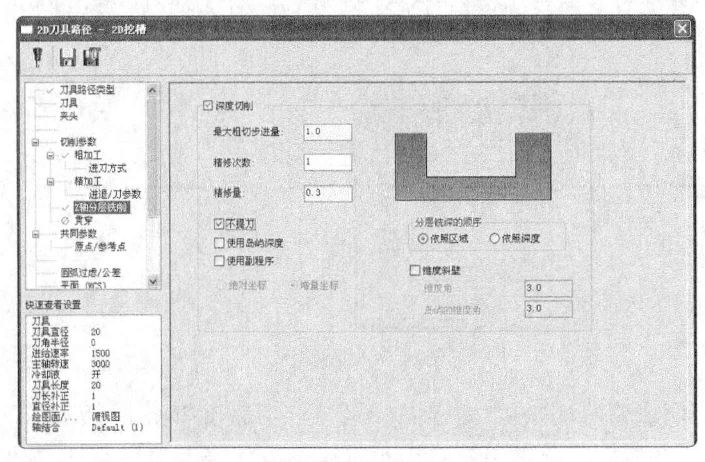

图21-57　深度切削

17 在【2D刀具路径-2D挖槽】对话框中单击【共同参数】选项，设置参数如图21-58所示。

18 在【2D刀具路径-2D挖槽】对话框中单击【完成】按钮，系统根据设置的参数生成挖槽加工刀路，如图21-59所示。

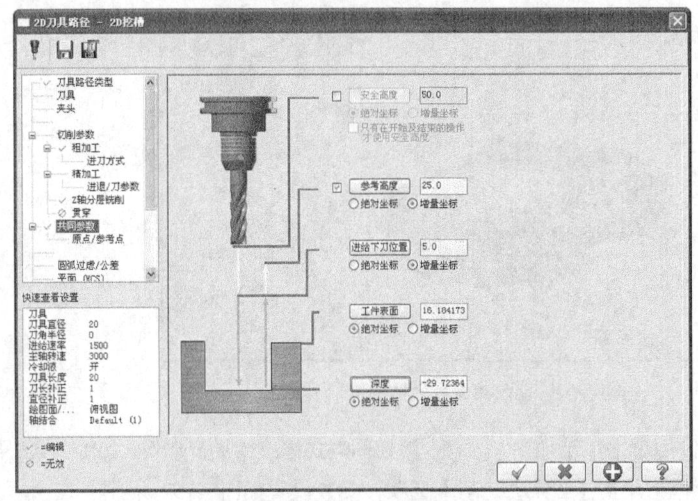

图21-58　设置共同参数

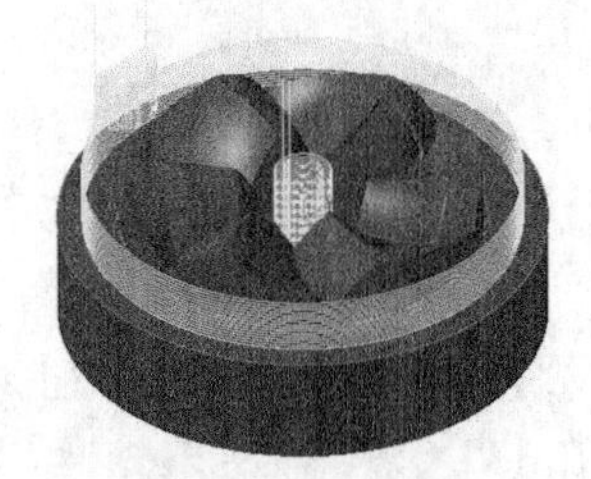

图21-59　生成刀路

21.6.3　采用D10R5的球刀对电风扇胶位进行挖槽开粗

01 单击【图层】按钮，打开图层，将第11层打开，显示电风扇镶件，结果如图21-60所示。

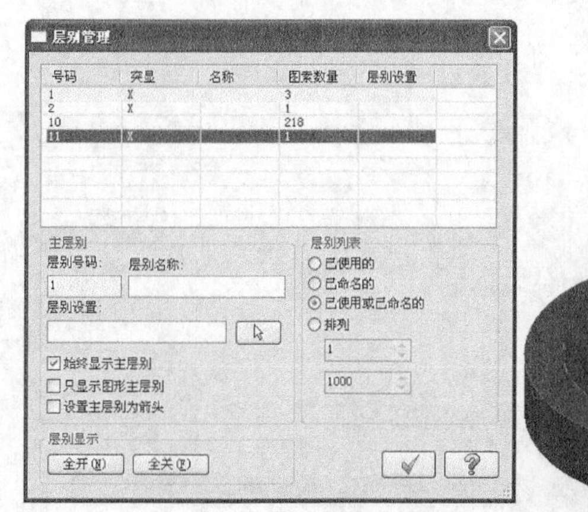

图21-60　显示镶件

02 在菜单栏执行【刀路】→【曲面粗切】→【挖槽】命令，选择曲面后弹出【刀具路径的曲面选取】对话框，如图21-61所示。选择曲面和边界后，单击【完成】按钮✓，完成选择。

03 弹出【曲面粗加工挖槽】对话框，单击【刀具路径参数】选项卡，设置刀具及相关参数，如图21-62所示。

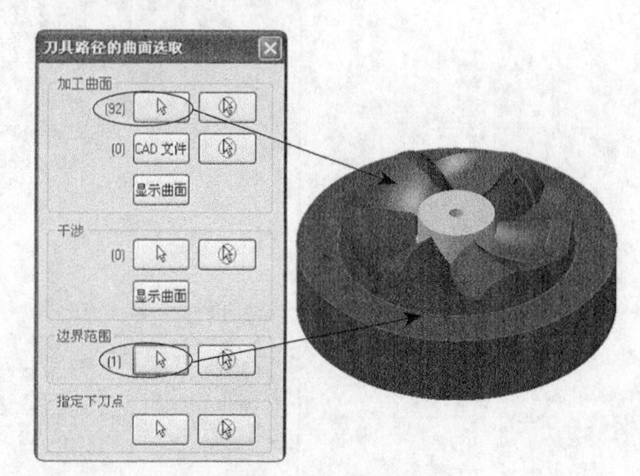

图21-61　曲面的选取

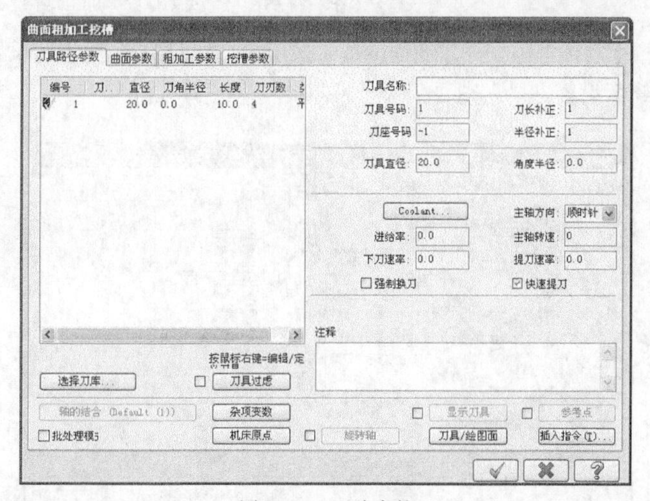

图21-62　刀路参数

04 在【刀具路径参数】选项卡的空白处单击鼠标右键，从快捷菜单中选择【创建新刀具】选项，弹出定义刀具对话框，如图21-63所示。选择刀具类型为【球刀】，设置参数为D10R5，如图21-64所示。单击【完成】按钮完成设置。

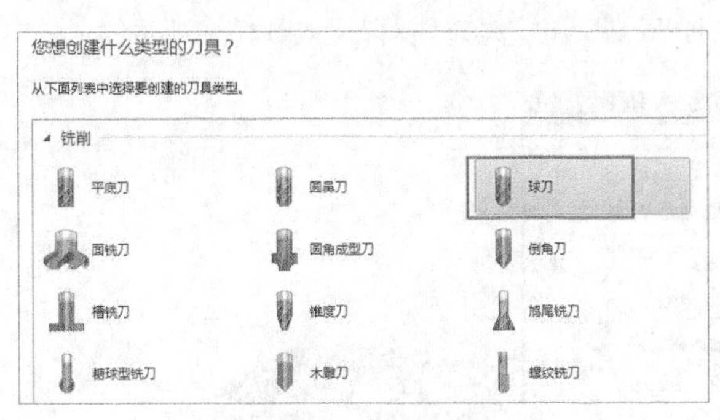

图21-63　新建刀具

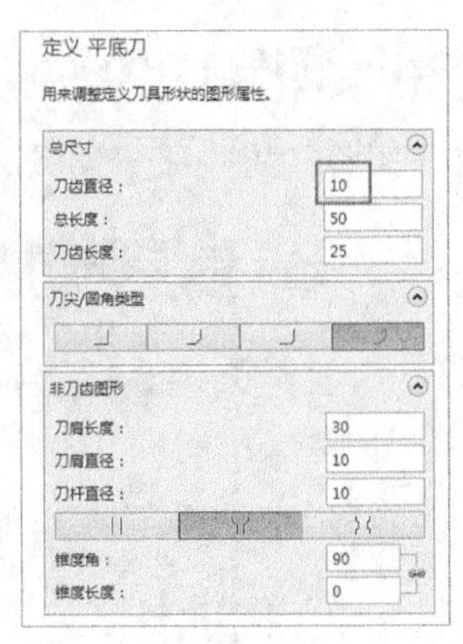

图21-64　设置球刀参数

05 在【刀具路径参数】对话框中设置相关参数，如图21-65所示。

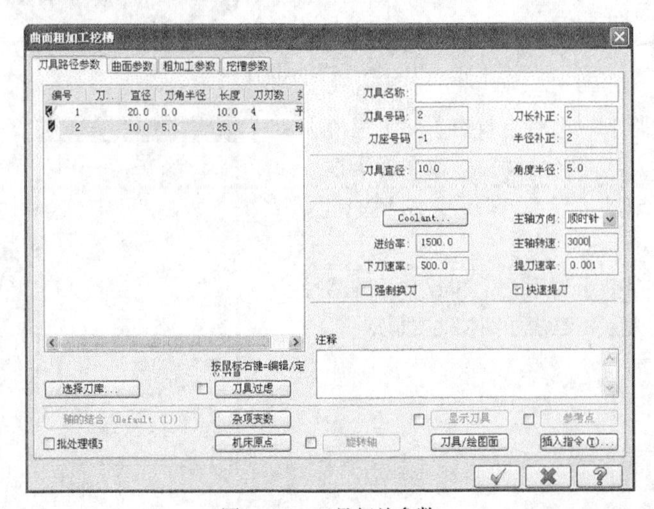

图21-65　刀具相关参数

06 在【曲面粗加工挖槽】对话框中打开【曲面参数】选项卡，如图21-66所示。设置曲面相关参数，单击【完成】按钮，完成参数设置。

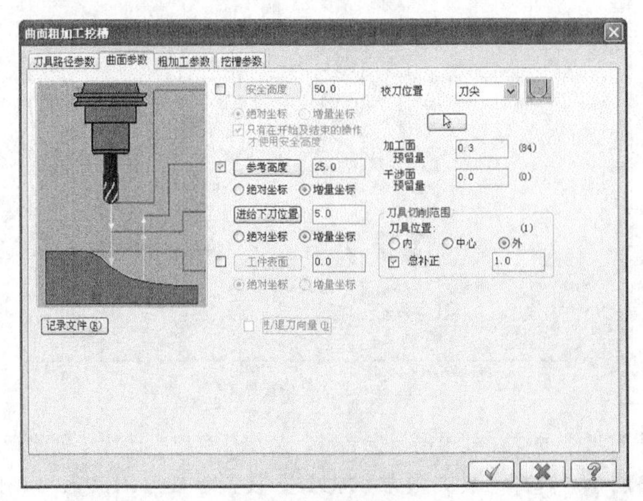

图21-66　曲面参数

07 在【曲面粗加工挖槽】对话框中打开【粗加工参数】选项卡，如图21-67所示。设置挖槽粗加工参数，单击【完成】按钮，完成参数设置。

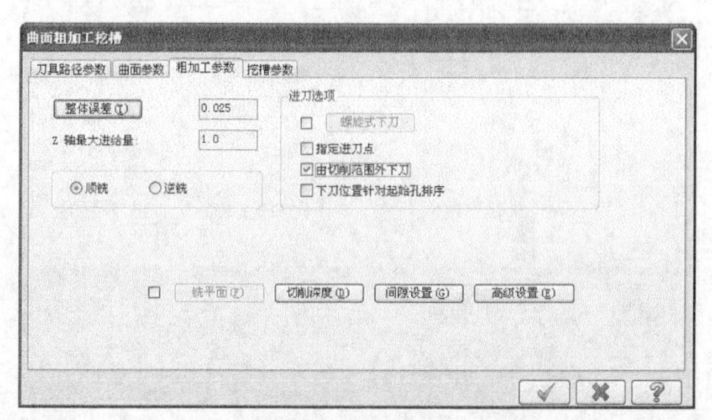

图21-67　粗加工参数

08 在【曲面粗加工挖槽】对话框中打开【挖槽参数】选项卡，如图21-68所示。设置挖槽参数，单击【完成】按钮，完成参数设置。

09 系统根据设置的参数生成挖槽粗加工刀路，如图21-69所示。

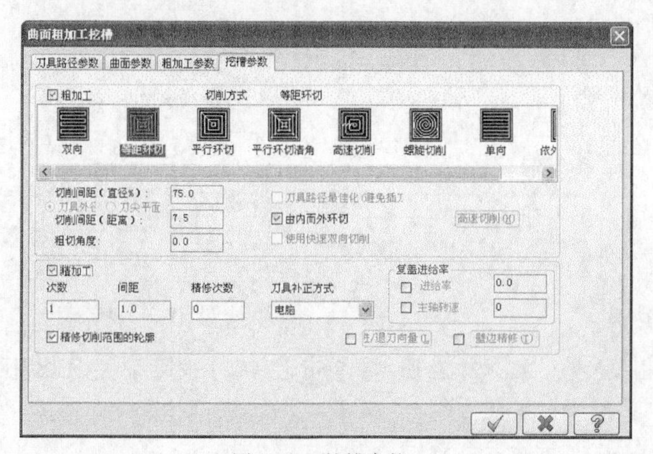

图21-68　挖槽参数

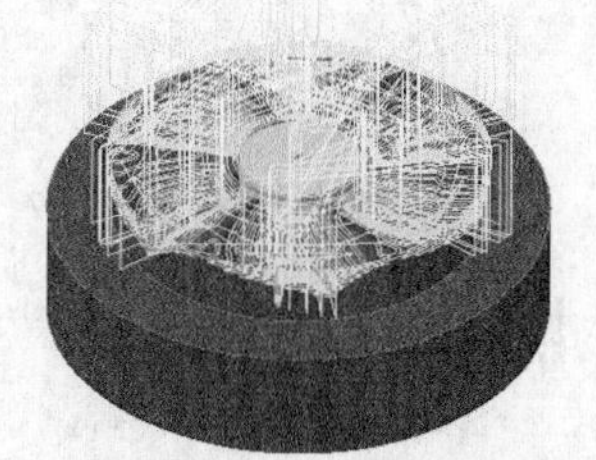

图21-69　挖槽粗加工刀路

21.6.4　采用D6R3的球刀进行环绕等距精加工

01 在菜单栏执行【刀路】→【曲面精修】→【环绕】命令，弹出【刀具路径的曲面选取】对话框，如图21-70所示。选择加工曲面和边界范围曲线，单击【完成】按钮，完成选择。

02 弹出【曲面精加工环绕等距】对话框，如图21-71所示。

03 在【刀具路径参数】选项卡的空白处单击鼠标右键，从快捷菜单中选择【创建新刀具】选项，弹出定义刀具对话框，如图21-72所示。选择刀具类型为【球刀】，设置参数为D6R3，如图21-73所示。单击【完成】按钮完成设置。

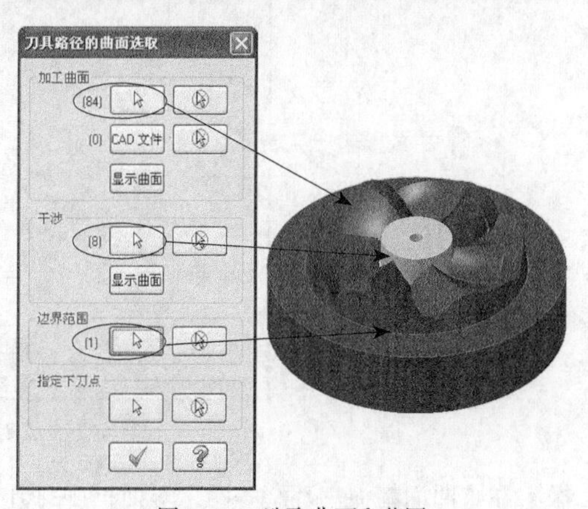

图21-70　选取曲面和范围

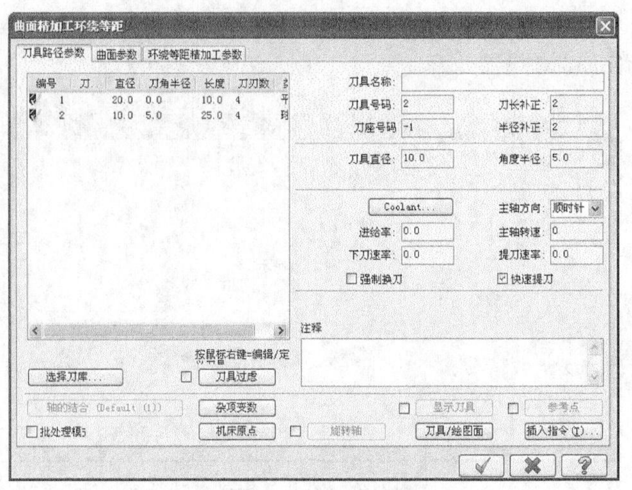

图21-71　曲面精加工环绕等距

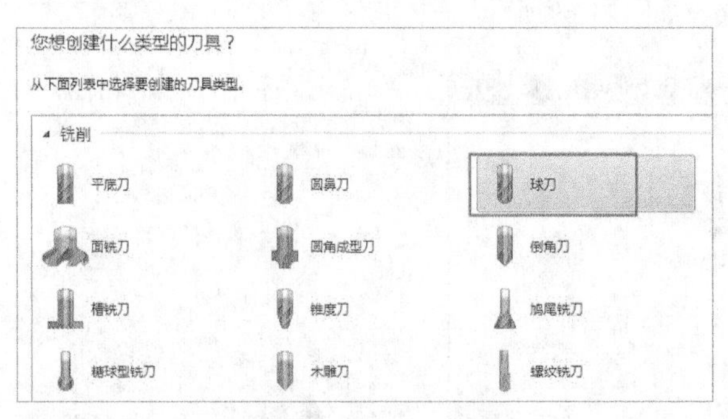

图21-72　新建刀具

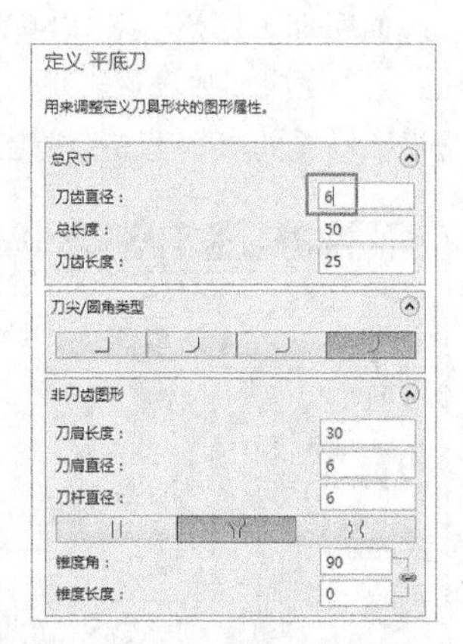

图21-73　设置刀具参数

04 在【刀具路径参数】选项卡中设置相关参数，如图21-74所示。单击【完成】按钮，完成刀路参数设置。

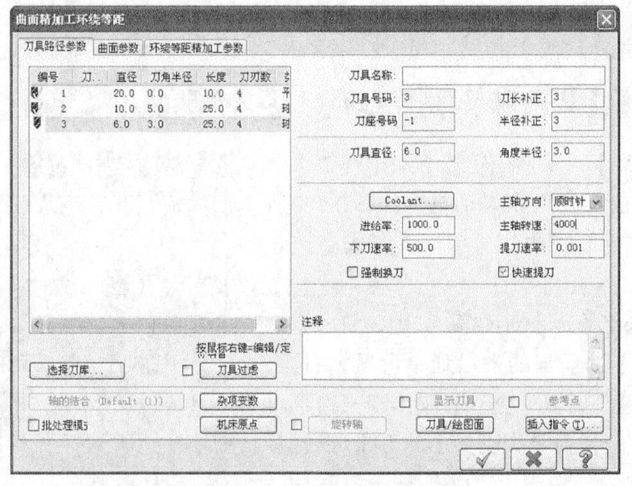

图21-74　刀具相关参数

05 在【曲面精加工环绕等距】对话框中打开【曲面参数】选项卡，设置曲面相关参数，如图21-75所示，单击【完成】按钮，完成参数设置。

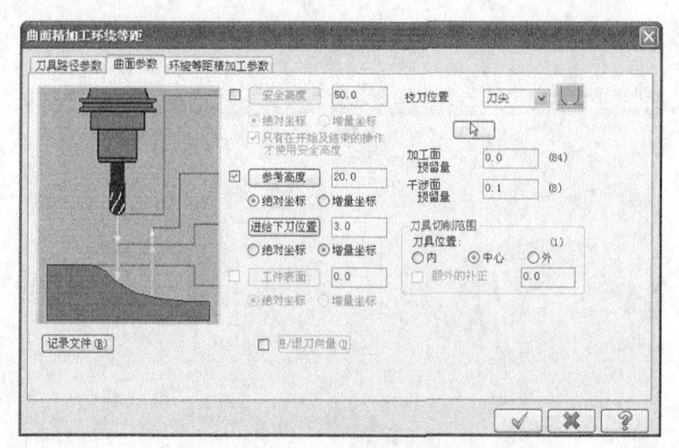

图21-75　曲面参数

06 在【曲面精加工环绕等距】对话框中打开【环绕等距精加工参数】选项卡，设置环绕等距精加工专用参数，如图21-76所示，单击【完成】按钮，完成参数设置。

07 系统根据用户设置的参数，生成环绕等距精加工刀路，如图21-77所示。

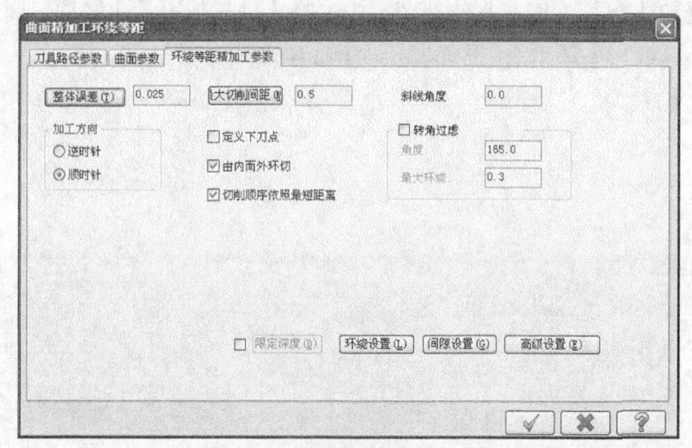

图21-76　环绕等距精加工参数

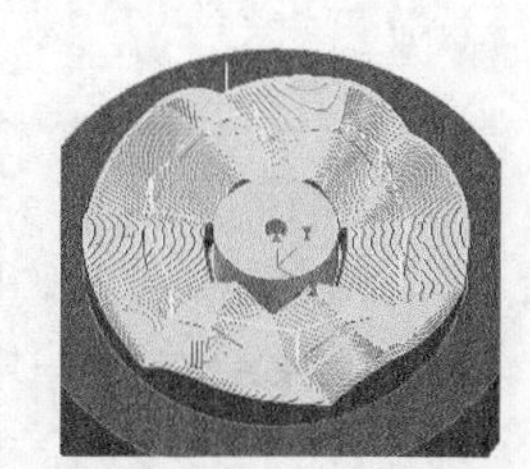

图21-77　环绕等距精加工

21.6.5　采用D1R0.5的球刀对胶位进行残料精加工

01 在菜单栏执行【刀路】→【曲面精修】→【精加工残料加工】命令，弹出【刀具路径的曲面选取】对话框，如图21-78所示。选择加工曲面和加工范围，单击【完成】按钮，完成选择。

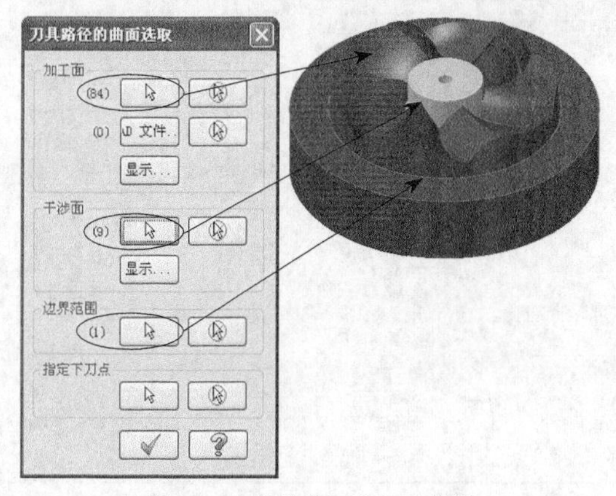

图21-78　选取曲面和加工范围

02 弹出【曲面精加工残料清角】对话框，如图21-79所示。

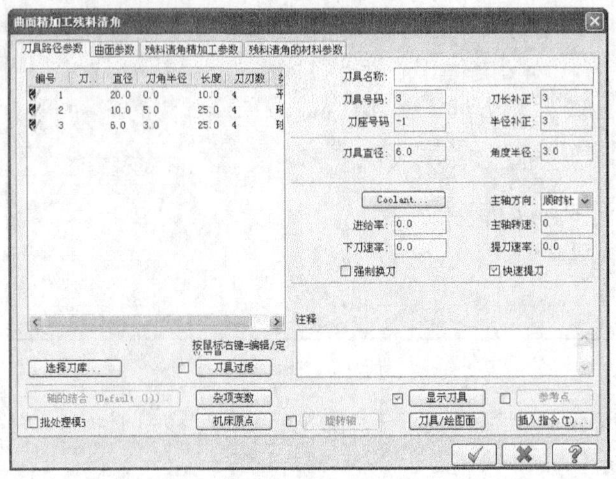

图21-79 【曲面精加工残料清角】对话框

03 在【刀具路径参数】选项卡的空白处单击鼠标右键，从快捷菜单中选择【创建新刀具】选项，弹出定义刀具对话框，如图21-80所示。选择刀具类型为【球刀】，设置直径为D1R0.5，如图21-81所示。单击【完成】按钮完成设置。

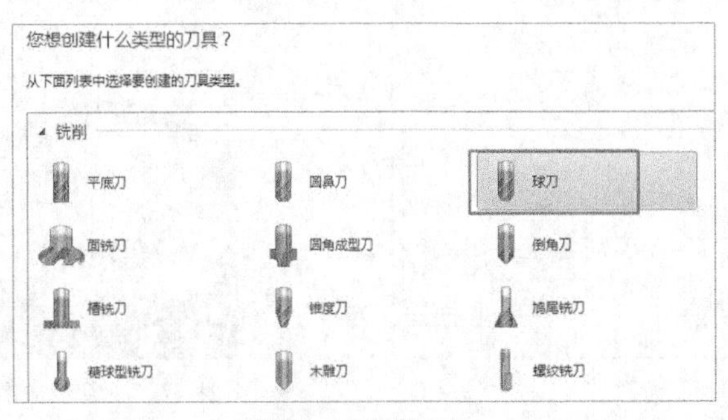

图21-80 新建刀具

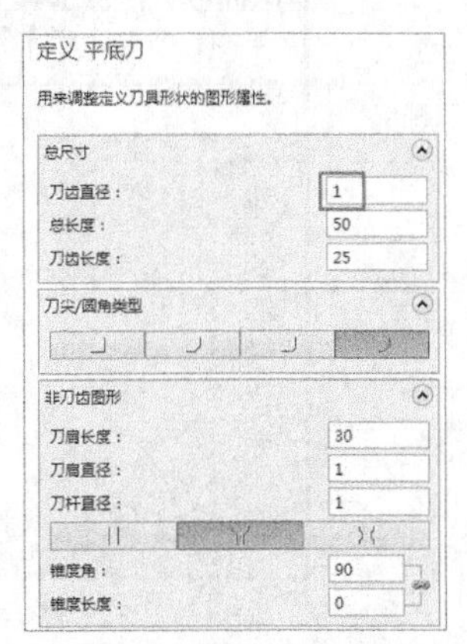

图21-81 设置刀具参数

04 在【刀具路径参数】选项卡中设置相关参数，如图21-82所示。单击【完成】按钮✓，完成刀路参数设置。

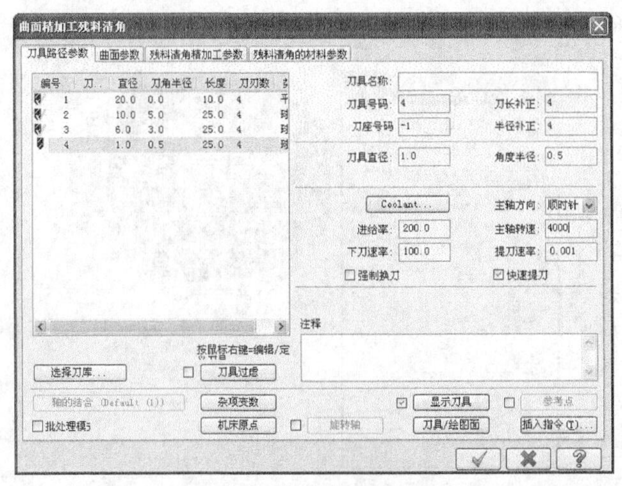

图21-82 刀具路径参数

05 在【曲面精加工残料清角】对话框中打开【曲面参数】选项卡，设置曲面相关参数，如图21-83所示，单击【完成】按钮✓，完成参数设置。

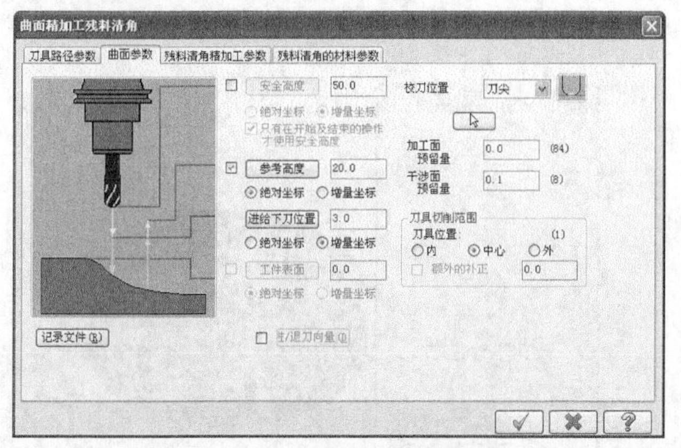

图21-83　曲面精加工残料清角参数

06 在【曲面精加工残料清角】对话框中打开【残料清角精加工参数】选项卡，设置残料清角精加工专用参数，如图21-84所示，单击【完成】按钮✓，完成参数设置。

07 在【残料清角精加工参数】选项卡中选中【限定深度】前的复选框，单击限定深度按钮，弹出【限定深度】对话框，设置参数如图21-85所示。

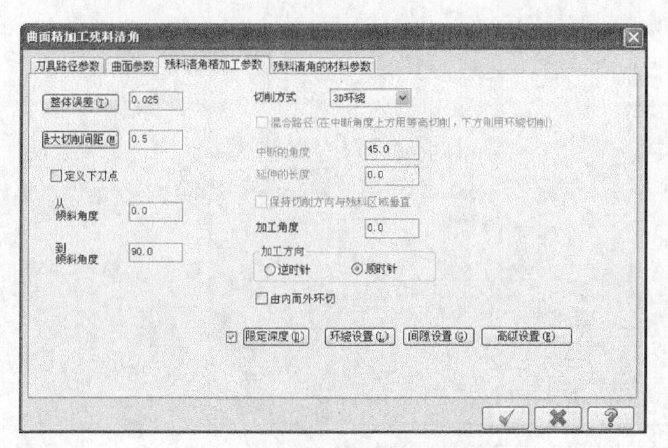

图21-84　残料清角精加工参数

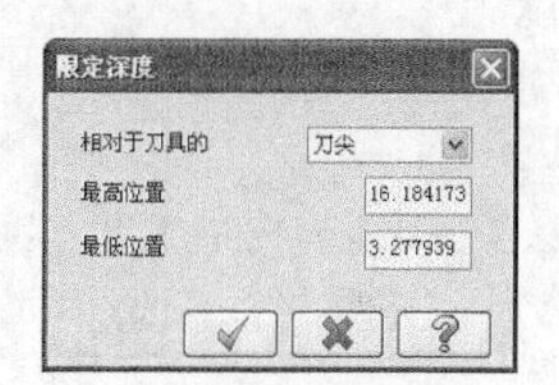

图21-85　深度限定

08 在【曲面精加工残料清角】对话框中打开【残料清角的材料参数】选项卡，设置残料清角材料依据，如图21-86所示，单击【完成】按钮✓，完成参数设置。

09 系统根据用户所设置的参数，生成残料清角精加工刀路，如图21-87所示。

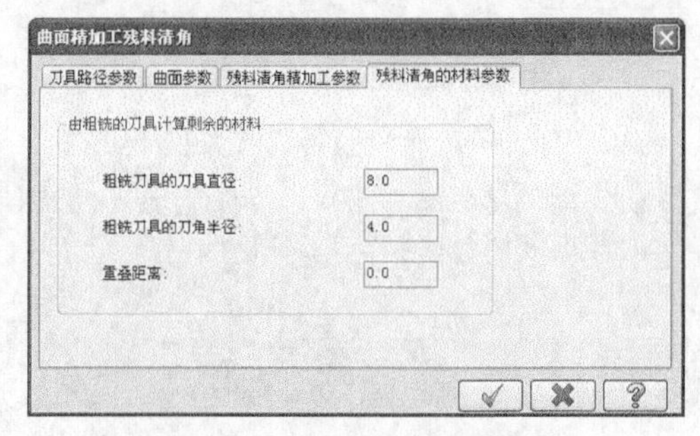

图21-86　残料清角的材料参数

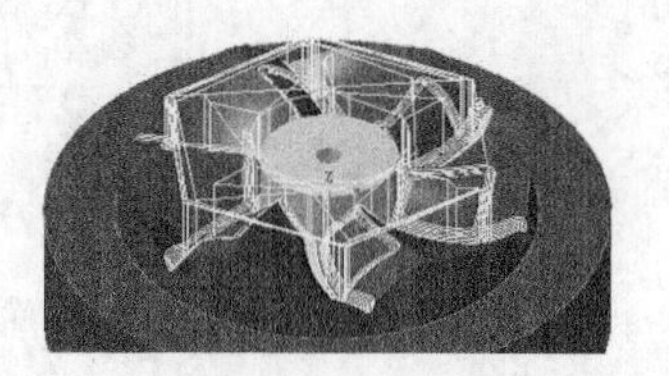

图21-87　刀路

21.6.6 采用D1R0.5的球刀对侧面进行等高精加工

01 在菜单栏执行【刀路】→【曲面精修】→【等高】命令，弹出【刀具路径的曲面选取】对话框，如图21-88所示，选择加工曲面和边界范围曲线，单击【完成】按钮，完成选择。

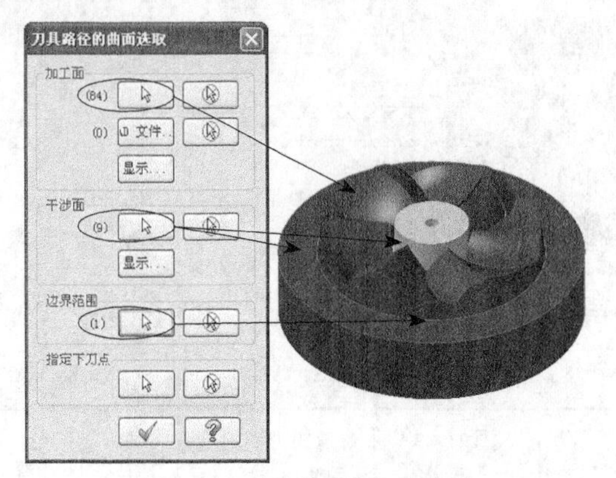

图21-88　选取曲面和加工范围

02 弹出【曲面精加工等高外形】对话框，如图21-89所示。

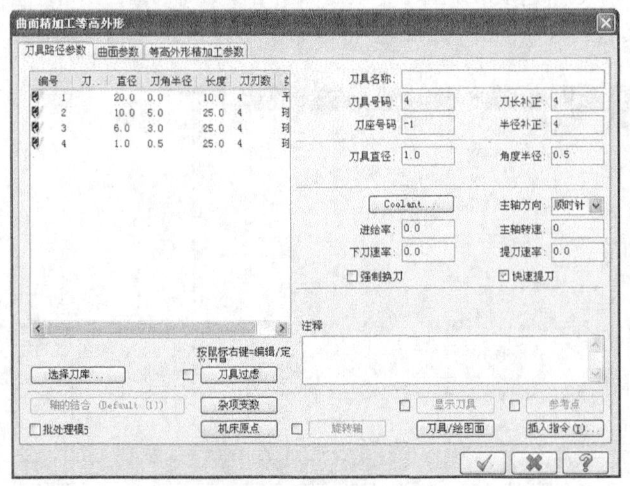

图21-89 【曲面精加工等高外形】对话框

03 在【刀具路径参数】选项卡的空白处单击鼠标右键，从快捷菜单中选择【创建新刀具】选项，弹出定义刀具对话框，如图21-90所示。选择刀具类型为【球刀】，设置参数为D1R0.5，如图21-91所示。单击【完成】按钮，完成设置。

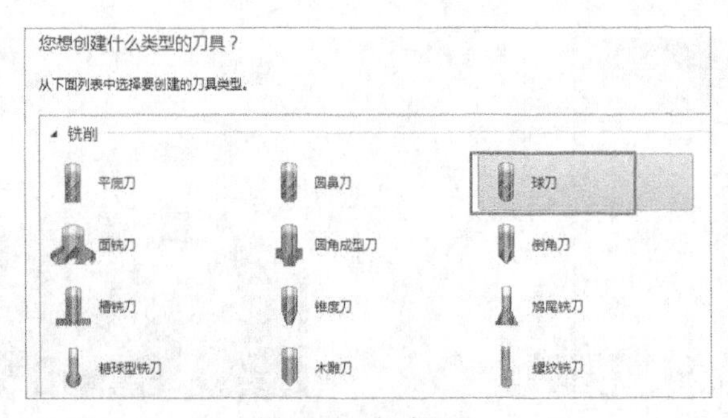

图21-90　新建刀具

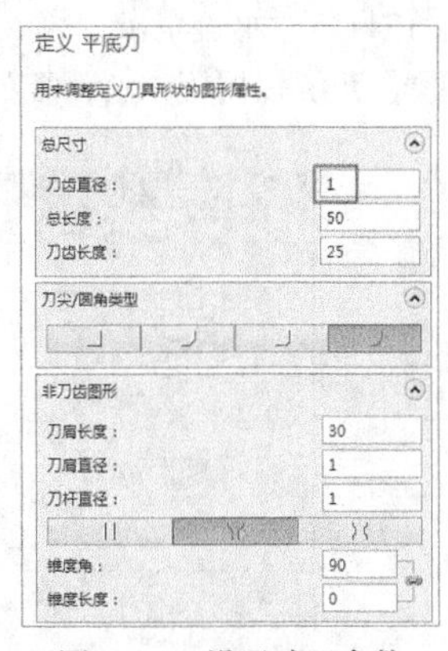

图21-91　设置球刀参数

04 在【刀具路径参数】选项卡中设置相关参数，如图21-92所示。单击【完成】按钮，完成刀路参数设置。

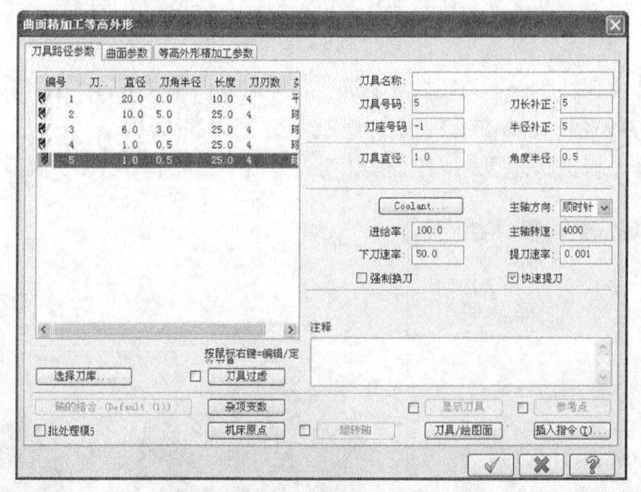

图21-92 刀具相关参数

05 在【曲面精加工等高外形】对话框中打开【曲面参数】选项卡，设置曲面相关参数，如图21-93所示，单击【完成】按钮，完成参数设置。

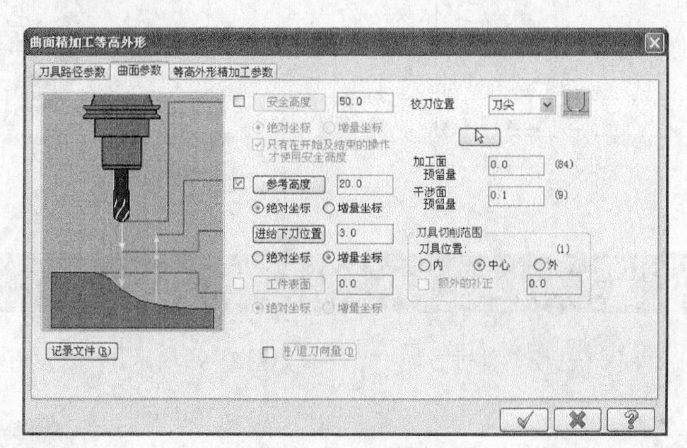

图21-93 曲面参数

06 在【曲面精加工等高外形】对话框中打开【等高外形精加工参数】选项卡，设置等高外形精加工专用参数，如图21-94所示，单击【完成】按钮，完成参数设置。

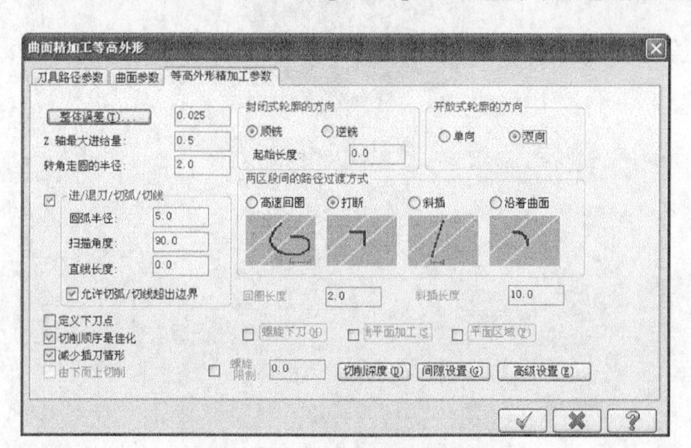

图21-94 等高外形精加工参数

07 系统根据设置的参数生成等高外形精加工刀路，如图21-95所示。

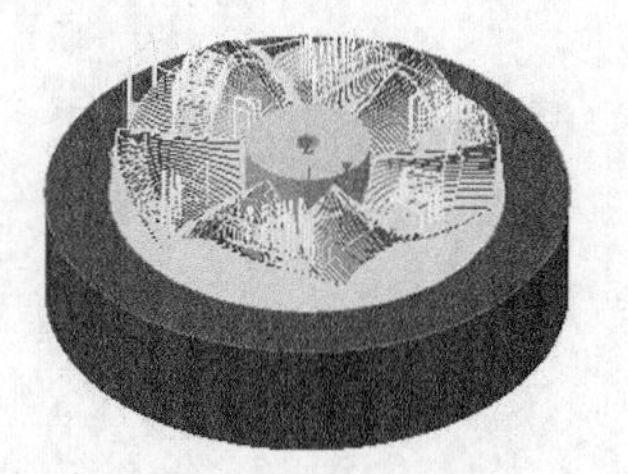

图21-95 加工刀路

21.6.7 实体模拟仿真加工

刀路全部编制完毕后，对刀路设置毛坯并进行模拟，检查刀路是否出现问题。下面将讲解毛坯的设置和模拟加工操作。

01 在刀路管理器中单击【属性】→【毛坯设置】选项，弹出【机器群组属性】对话框，在【材料设置】选项卡中设置毛坯，如图21-96所示，单击【完成】按钮，完成参数设置。

02 选择所有刀路，单击【模拟已选择的操作】按钮，弹出【验证】对话框，模拟结果如图21-97所示。

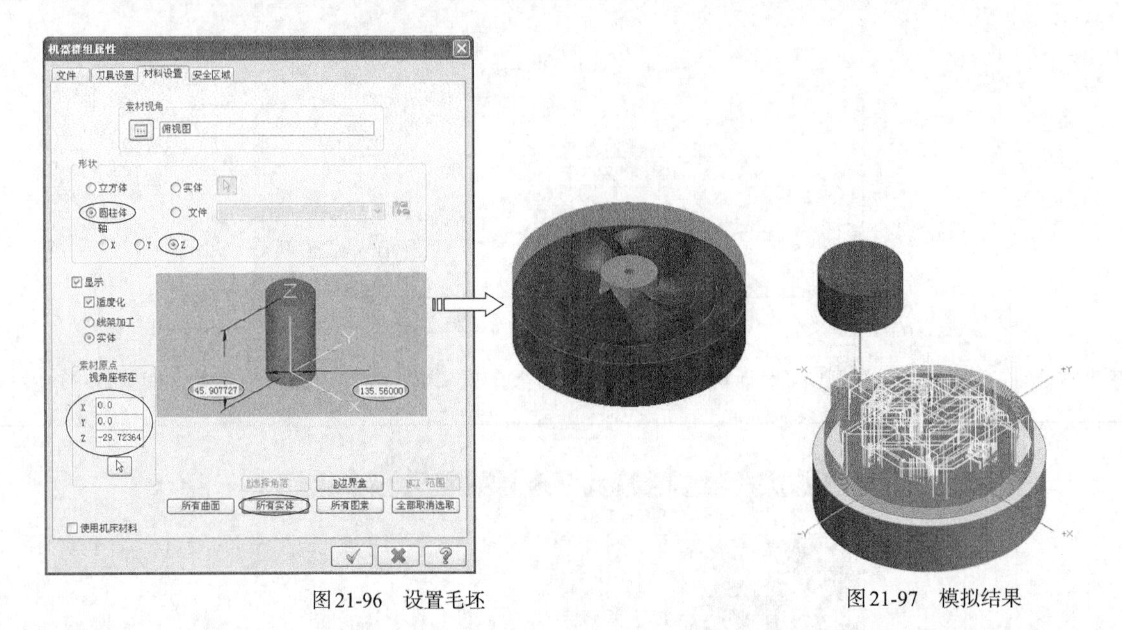

图21-96　设置毛坯　　　　图21-97　模拟结果

21.7 课后习题

对图21-98所示的一次性勺子凸模零件进行加工，结果如图21-99所示。

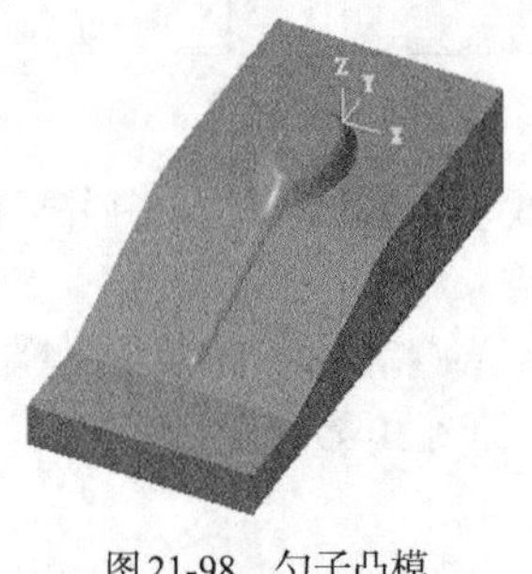

图21-98　勺子凸模

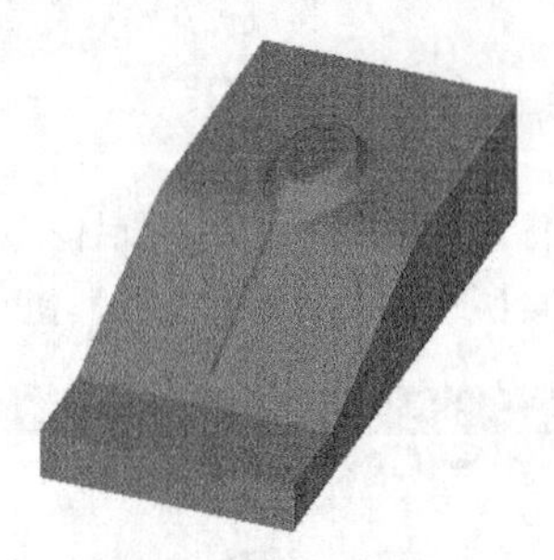

图21-99　加工结果

附录1 数控编程基本的G代码

代码名称	功能简述
G00	快速定位
G01	直线插补
G02	顺时针方向圆弧插补
G03	逆时针方向圆弧插补
G04	定时暂停
G05	通过中间点圆弧插补
G06	抛物线插补
G07	Z 样条曲线插补
G08	进给加速
G09	进给减速
G10	数据设置
G16	极坐标编程
G17	加工XY平面
G18	加工XZ平面
G19	加工YZ平面
G20	子程序调用
G22	半径尺寸编程方式
G220	系统操作界面上使用
G23	直径尺寸编程方式
G230	系统操作界面上使用
G24	子程序结束
G25	跳转加工
G26	循环加工
G30	倍率注销
G31	倍率定义
G32	等螺距螺纹切削，英制
G33	等螺距螺纹切削，公制
G34	增螺距螺纹切削
G35	减螺距螺纹切削
G40	刀具补偿/刀具偏置注销
G41	刀具补偿（左）
G42	刀具补偿（右）
G43	刀具偏置（正）
G44	刀具偏置（负）
G45	刀具偏置+/+
G46	刀具偏置+/−
G47	刀具偏置−/−

续表

代码名称	功能简述
G48	刀具偏置 -/+
G49	刀具偏置 0/+
G50	刀具偏置 0/-
G51	刀具偏置 +/0
G52	刀具偏置 -/0
G53	直线偏移，注销
G54	直线偏移 x
G55	直线偏移 y
G56	直线偏移 z
G57	直线偏移 xy
G58	直线偏移 xz
G59	直线偏移 yz
G60	准确路径方式（精）
G61	准确路径方式（中）
G62	准确路径方式（粗）
G63	攻螺纹
G68	刀具偏置，内角
G69	刀具偏置，外角
G70	英制尺寸，寸
G71	公制尺寸，毫米
G74	回参考点（机床零点）
G75	返回编程坐标零点
G76	车螺纹复合循环
G80	固定循环注销
G81	外圆固定循环
G331	螺纹固定循环
G90	绝对尺寸
G91	相对尺寸
G92	预制坐标
G93	时间倒数，进给率
G94	进给率，每分钟进给
G95	进给率，每转进给
G96	恒线速度控制
G97	取消恒线速度控制

附录2 G功能代码一般格式

G00：快速定位

格式：G00 X(U)__Z(W)__

说明：

（1）该指令使刀具按照点位控制方式快速移动到指定位置。移动过程中不得对工件进行加工。

（2）所有编程轴同时以参数所定义的速度移动，当某轴走完编程值便停止，而其他轴继续运动。

（3）不运动的坐标无须编程。

（4）G00可以写成G0。

例如：

G00 X75 Z200

G01 X-25 Z-100

先是X和Z同时快速走到起始点（X75 Z200），接着再直线走刀到第二点X-25Z-100。

G01：直线插补

格式：G01 X(U)__Z(W)__F__(mm/min)

说明：

（1）该指令使刀具按照直线插补方式移动到指定位置。移动速度是由F指令所设定的进给速度。所有坐标都可以联动运行。

（2）G01也可以写成G1。

例如：G01 X40 Z20 F150

G02：顺时针方向圆弧插补

格式1：G02 X(u)____Z(w)____I____K____F____

说明：

（1）X、Z在G90时，圆弧终点坐标是相对编程零点的绝对坐标值。在G91时，圆弧终点是相对圆弧起点的增量值。无论是在G90，还是在G91，I和K均是圆弧终点的坐标值。I是X方向值，K是Z方向值。圆心坐标在圆弧插补时不得省略，除非用其他格式编程。

（2）用G02指令编程时，可以直接编过象限圆、整圆等。

（3）过象限时，会自动进行间隙补偿，如果参数区末输入间隙补偿或机床实际反向间隙悬殊，都会在工件上产生明显的切痕。

（4）G02也可以写成G2。

例如：G02 X60 Z50 I40 K0 F120

格式2：G02 X(u)____Z(w)____R（+\-）__F__

说明：

（1）不能用于整圆的编程

（2）R为工件单边R弧的半径。R为带符号，“+”表示圆弧角小于180°；“-”表示圆弧角大于180°。其中“+”可以省略。

（3）它以终点点坐标为准，当终点与起点的长度值大于2R时，以直线代替圆弧。

例如：G02 X60 Z50 R20 F120

格式3：G02 X(u)____Z(w)____CR=__（半径）F__

格式4：G02 X(u)____Z(w)__D__（直径）F__

这两种编程格式基本上与格式2相同。

G03：逆时针方向圆弧插补

说明：除了圆弧旋转方向相反外，格式与G02指令相同。

G04：定时暂停

格式：G04__F__或G04__K__

说明：加工运动暂停，时间到后，继续加工。暂停时间由F后面的数据指定。单位是秒。范围是0.01~300秒。

G05：中间点圆弧插补

格式：G05 X(u)____Z(w)____IX____IZ____F____

说明：

（1）X、Z为终点坐标值，IX、IZ为中间点坐标值。其他与G02/G03相似。

例如：G05 X60 Z50 IX50 IZ60 F120

G08/G09—加速/减速

格式：G08

说明：它们在程序段中独自占一行，当程序运行到这一段时，进给速度将增加10%，如要增加20%，则需要写成单独的两段。

G22(G220)：半径编程

格式：G22

说明：在程序中独自占一行，系统以半径方式运行，程序中下面的数值也是以半径为准的。

G23(G230)：直径编程

格式：G23

说明：在程序中独自占一行，系统以直径方式运行，程序中下面的数值也是以直径为准的。

G25：跳转加工

格式：G25 L×××

说明：当执行到这段程序时，转移它指定的程序段。（×××为程序段号）

G26：循环加工

格式：G26 L××× Q××

说明：当执行到这段程序时，从它指定的程序段开始到本段作为一个循环体，循环次数由Q后面的数值决定。

G30：倍率注销

格式：G30

说明：在程序中独自占一行，与G31配合使用，注销G31的功能。

G31：倍率定义

格式：G31 F____

G32：等螺距螺纹加工（英制）

G33：等螺距螺纹加工（公制）

格式：G32/G33 X(u)____Z(w)____F____

说明：

（1）X、Z为终点坐标值，F为螺距。

（2）G33/G32只能加工单刀、单头螺纹。

（3）X值的变化，能加工锥螺纹。

（4）使用该指令时，主轴的转速不能太高，否则刀具磨损较大。

G50：设定工件坐标/设定主轴最高（低）转速。

格式：G50 S____Q____

说明：S为主轴最高转速，Q为主轴最低转速。

G54：设定工件第一个坐标系。

格式：G54

说明：在系统中可以有几个坐标系，G54对应于第一个坐标系，其原点位置数值在机床参数中设定。

G55至G59：设定工件坐标，设定方式和G54完全相同。

G60：准确路径方式

格式：G60

说明：在实际加工过程中，当几个动作连在一起，用准确路径编程时，在进行下一段加工时，将会有一个缓冲过程（即减速）。

G64：连续路径方式

格式：G64

说明：相对G60而言，主要用于粗加工。

G74：回参考点（机床零点）

格式：G74 X Z

说明：

（1）本段中不得出现其他内容。

（2）G74后面出现的坐标将以X、Z依次回零。

（3）使用G74前，必须确认机床装配了参考点开关。

（4）也可以进行单轴回零。

G75：返回编程坐标零点

格式：G75 X Z

说明：返回编程坐标零点。

G76：返回编程坐标起始点

格式：G76

说明：返回到刀具开始加工的位置。

G81：外圆（内圆）固定循环

格式：G81__X(U)__Z(W)__R__I__K__F__

说明：

（1）X、Z为终点坐标值，U、W为终点相对于当前点的增量值。

（2）R为起点截面要加工的直径。

（3）I为粗车进给，K为精车进给，I、K为有符号数，并且两者的符号应相同。符号约定为：由外向中心轴切削（车外圆）为“−”，反之为“+”。

（4）不同的X、Z、R决定外圆不同的开关。例如，有锥度或没有度、正向锥度或反向锥度、左切削或右切削等。

（5）F为切削加工的速度（mm/min）。

（6）加工结束后，刀具停止在终点上。

例如：G81 X40 Z 100 R15 I-3 K-1 F100

加工过程如下。

（1）G01进刀2倍的I（第一刀为I，最后一刀为I+K精车），进行深度切削。

（2）G01两轴插补，切削至终点截面，如果加工结束，则停止。

（3）G01退刀I到安全位置，同时进行辅助切面光滑处理。

（4）G00快速进刀到高工面I外，预留I进行下一步切削加工，重复至1。

G90：绝对值方式编程

格式：G90

说明：

（1）G90编入程序时，以后所有编入的坐标值全部是以编程零点为基准的。

（2）系统上电后，机床处在G状态。

N0010 G90 G92 x20 z90

N0020 G01 X40 Z80 F100

N0030 G03 X60 Z50 I0 K-10

N0040 M02

G91：增量方式编程

格式：G91

说明：G91编入程序时，之后所有坐标值均以前一个坐标位置作为起点来计算运动的编程值。在下一段坐标系中，始终以前一点作为起始点来编程。

例如：

N0010 G91 G92 X20 Z85

N0020 G01 X20 Z-10 F100

N0030 Z-20

N0040 X20 Z-15

N0050 M02

G92：设定工件坐标系

格式：G92 X__ Z__

说明：

（1）G92只改变系统当前显示的坐标值，不移动坐标轴，达到设定坐标原点的目的。

（2）G92的效果是将显示的刀尖坐标改成设定值 。

（3）G92后面的XZ既可分别编入，也可全编。

G94：进给率，每分钟进给

说明：这是机床的开机默认状态。

G20：子程序调用

格式：

G20 L__

N__

说明：

（1）L后为要调用的子程序N后的程序名，但不能输入N。N后面只允许带数字1~99999999。

（2）本段程序不得出现以上描述以外的内容。

G24：子程序结束返回

格式：G24

说明：

（1）G24表示子程序结束，返回到调用该子程序的下一段。

（2）G24与G20成对出现。

（3）G24本段不允许有其他指令出现。

通过下例说明在子程序调用过程中参数的传递过程，请注意应用。

程序名：P10

M03 S1000

G20 L200

```
M02
N200 G92 X50 Z100
G01 X40 F100
Z97
G02 Z92 X50 I10 K0 F100
G01 Z-25 F100
G00 X60
Z100
G24
```

如果要多次调用，请按如下格式使用。

```
M03 S1000
N100 G20 L200
N101 G20 L200
N105 G20 L200
M02
N200 G92 X50 Z100
G01 X40 F100
Z97
G02 Z92 X50 I10 K0 F100
G01 Z-25 F100
G00 X60
Z100
G24
```

G331：螺纹加工循环

格式：G331 X__ Z__I__K__R__p__

说明：

（1）X向直径变化，X=0是直螺纹。

（2）Z是螺纹长度，绝对或相对编程均可。

（3）I是螺纹切完后在X方向的退尾长度，±值。

（4）R螺纹外径与根径的直径差，正值。

（5）K螺距KMM。

（6）p螺纹的循环加工次数，即分几刀切完。

提示：

（1）每次进刀深度为R/p并取整，最后一刀不进刀来光整螺纹面。

（2）内螺纹退尾根据沿X的正负方向决定I值的符号。

（3）螺纹加工循环的起始位置为将刀尖对准螺纹的外圆处。

例如：

```
M3
G4 f2
G0 x30 z0
G331 z-50 x0 i10 k2 r1.5 p5
G0 z0
M05
```

附录3　数控编程通用M代码

M03：主轴正传

M04：主轴反转

M05：主轴停止

M07：雾状切削液开

M08：液状切削液开

M09：切削液关

M00：程序暂停（无条件暂停）

M01：有条件暂停

M02：机床复位

M30：程序结束，返回程序到开头

M98：调用子程序

M99：返回主程序

附录4 常用刀具种类

电脑锣用的刀具按直径有以下几种，公制（MM）有直径0.5、1、2、2.5、3、4、5、6、8、10、12、16、20、25、30、32、40。按其他类型又有不同种类的刀具。

按材质来分

（1）高速钢，有公制和英制两种。这种刀最常用，特别是加工铜公，加工模料也常用，这种刀是电脑锣最常用的刀具，价格便宜，易买，但易磨损，易损耗，进口的高速钢刀含有Co、Mn等合金，较耐用，精度也高，如LBK、YG等。

（2）合金刀，也称CAB刀，刀具用合金材料制成。耐高温、耐磨损，能加工高硬度材料（如烧焊过的模）。因耐高温，所以转速通常会比较高，加工效率及质量都比高速钢刀要好，但低转速时容易崩刀。

（3）舍弃式刀粒，这种刀因刀粒是可以更换的，而刀粒是合金材料做成的，刀粒通常又有涂层，耐用，价格也便宜，加工钢料最好用这种刀。刀粒有方形、菱形、圆形的。方形、菱形刀粒只能用二个角，而圆形刀粒一圈都可以用，当然更耐用一些，常用的有直径25×R5、直径12×0.4、直径30×R5、直径32×R5、直径32×R6、直径32×0.8、直径16×R0.6、直径20×R0.6、直径25×R0.8、直径30×R0.8等。还有一种半圆刀粒，即球形刀粒用于曲面光刀，常用的有R5、R6、R8、R10、R12.5等。

按形状来分

（1）平头锣刀，公制、英制，各种尺寸大小的刀都有。

（2）球头锣刀，即R刀，公制、英制，刀把都有，各种尺寸大小的刀都有，因电脑锣经常要加工曲面，所以这种刀很常用。

（3）斜度刀，公制、英制都有，这种刀用于加工斜度，有0.5°、1°、1.5°、2°、3°、4°、5°、8°、10°、15°等，斜度刀的大小以小头大小表示，例如，直径10×1度表示小头为10的1度刀，这种刀磨过以后就不准确了。

（4）T形刀，形状似T形而命名，用于加工行位槽。

（5）螺纹刀（也称粗皮刀），这种刀专用于开粗，刀侧锋上有波浪纹，易排铁削，粗皮刀一般比标准尺寸大，直径3/4刀，其刀锋直径通常为19.3。

附录5　常用刀具选用

根据不同情况或者不同的加工材料来选用合适的刀具。下面介绍刀具选用原则。

根据材料来选择刀具

一、铜、铝

这种材料比较软，是比较好加工的材料，一般各种刀具都能加工，铜比较软，但韧性大，如果刀不锋利会起毛，另外如果不方便螺旋进刀时，可以垂直下刀（进刀量$H<0.5$），刀一般不会断，加工铜时，刀具的转速要高一些，这样走刀快，从而提高加工效率。

二、钢料

钢的种类比较多，按硬度分为以下种类

1. 软，如进口王牌，国产45#钢、50#钢，这种料也算比较容量加工，用国产的高速钢刀，如AIA，或进口的，如LBK、STK、YG等可方便地加工。

2. 硬，如738、p20等，用AIA刀较难加工，用进口的，如YG可以加工，最好用合金刀或刀把加工。

3. 很硬，如718、S136、油钢及五金模用的合金钢、很硬，用AIA刀很难加工，用YG类可以加工，最好用合金刀把加工。

三、淬火或烧焊模料

一般不允许用高速钢刀加工，改用合金刀或刀把加工，把上面所介绍的刀具归结为下表。

不同刀具应用

材料	高速钢刀	合金刀	舍弃或刀粒
铜铝	好	好	一般
钢料	一般	好	好
烧焊，淬火	不	好	好

根据刀具大小和种类来选择刀具

（1）尽可能选择大刀，因为刀大，则刚性大，不易断，加工质量有保证。

（2）根据加工深度选刀，深度越深，刀越大，简单地讲，深度大于50mm，刀具要大于直径1/2，深度大于30mm，刀具要大于直径1/4。

（3）根据工件大小选刀，工件大的，选大刀，反之选择小刀。

（4）加工钢料，尽量选刀把，这种刚性能好，耐磨，吃刀量大，加工效率高，也比较经济，是加工钢料的首要选择。

（5）根据加工种类选择刀具，开粗要用平头锣刀或→（即刀把），不允许用R刀，光曲面则尽量用球刀，用平刀光曲面效果不好。

（6）根据加工效率选择刀具，如光平面用平刀或圆鼻刀效率高些，光斜度面用球刀好些。